ASPECTOS BÁSICOS SOBRE EL TRATAMIENTO DE AGUAS RESIDUALES I

TRATAMIENTO DE LÍQUIDOS

2020

Water Environment Federation
601 Wythe Street
Alexandria, VA 22314–1994 USA
http://www.wef.org

Association of Boards of Certification
2805 SW Snyder Blvd., Suite 535
Ankeny, IA 50023
http://www.abccert.org

ISBN: 978-1-57278-368-3

Acerca de la WEF

La Water Environment Federation (WEF) es una organización técnica y educativa sin fines de lucro con 33 000 miembros individuales y 75 asociaciones miembro afiliadas que representan a profesionales en calidad del agua de todo el mundo. La WEF y sus miembros protegen la salud pública y el medio ambiente desde 1928. Como líder mundial en el sector del agua, nuestra misión es establecer vínculos entre los profesionales del agua, favorecer la experiencia de los profesionales del agua, aumentar la consciencia sobre el impacto y el valor del agua, y ofrecer una plataforma para la innovación en el sector del agua. Para obtener más información, visite www.wef.org.

Acerca de la ABC

La Association of Boards of Certification (ABC) se fundó con la misión de propiciar la calidad y la integridad de los programas de certificación ambiental en todo el mundo. Esto se mantiene desde hace más de 40 años, con conocimientos y recursos para aproximadamente 100 autoridades de certificación que representan más de 40 estados, 10 provincias y territorios canadienses, y varios programas internacionales y tribales. Según la ABC, la certificación es un medio para promover la salud pública y el medio ambiente. Además, la ABC ofrece a sus miembros las herramientas necesarias para asegurar que los operadores cuenten con conocimiento y herramientas.

Preparado por

Sidney Innerebner, Ph.D., P.E., CWP, PO, un operador de aguas residuales industriales y aguas residuales municipales de Colorado (profesional del agua certificado), operador profesional de aguas residuales de Grado IV, Indigo Water Group, *Contratista*

Asistencia y revisión proporcionadas por

Mike Bell, supervisor, Municipalidad de Hamilton, Hamilton, Ontario, Canadá (jubilado) (ABC)

Mark Cherniak

Nathan Coey, director de Pataskala Ohio Utility

Frank J. DeOrio, PO, director técnico superior, O'Brien & Gere, Syracuse, Nueva York (ABC)

Justin Elkins, Municipalidad de Louisville, Colorado

John J. Fortin, P.E., Hazen and Sawyer, Nueva York, Nueva York

Sarah Galst

Mike Gosselin, PO (ABC)

Paul Krauth, Statepoint Engineering

Shaun Livermore, PO, gerente de operaciones, Poarch Band of Creek Indians Utility Authority, Atmore, Alabama (ABC)

Jorj Long

Michael P. Lutz, P.E., ingeniero principal, Dewberry Engineers, Inc., Denver, Colorado

Timothy Meloveck, PO, CWP, supervisor de servicios públicos, Autoridad Municipal de Carbondale, Carbondale, Colorado (ABC)

Andy O'Neill, PO, especialista ambiental, Departamento de Ecología del Estado de Washington, Spokane, Washington (ABC)

Stacy J. Passaro, P.E., Passaro Engineering, LLC, Mount Airy, Maryland

Paul Pitt

Mark Poling

John R. Reynolds, PO, operador por contrato e instructor, Sooke, British Columbia, Canadá (ABC)

Kim Riddell, Alloway, Lima, Ohio

Joel C. Rife, P.E.

LeAnna Risso, PO, gerente de control del proceso, Distrito de Recuperación de Aguas del Condado de Clark District (ABC)

Kenneth Schnaars, P.E., Brown and Caldwell

Greg Seaman, presidente, O&M Solutions, LLC, Howell, Nueva Jersey (ABC)

Ron Trygar

Jack Vanderland, director del programa de capacitación y asistencia para operadores de aguas residuales, Departamento de Calidad Ambiental de Virginia, Richmond, Virginia (jubilado) (ABC)

Rich Weigand

Chris White, P.E., Hazen and Sawyer

Brian Woods, Distrito de Saneamiento de Clifton

Con la ayuda y revisión en la traducción al español de

José Antonio Díaz Lázaro-Carrasco
Jesus Garibay, Jr.
Hector Montanez Rivera, B.S. Env. Eng; Operador Certificado en el estado de Texas y Puerto Rico (EEUU)
Luis Ortega Regato
Benito Reig Carriedo
Julian Sandino Ph.D., P.E., B.C.E.E, IWA Fellow, WEF Fellow
Manuel Suárez Novoa
Jorge Reyes Vega P.E.

Bajo la dirección del grupo rector de aspectos básicos de tratamiento de aguas residuales del **Comité de Práctica Técnica**

Rudy Fernandez
John Hart
Cordell Samuels

Contenido

Fórmulas de la Association of Boards of Certification

Tratamiento de aguas residuales, recolección, residuos industriales y análisis de laboratorio para aguas residuales

*Al final de las fórmulas, se muestra el formato circular para esta ecuación.

$$\text{Alcalinidad, mg/L como } CaCO_3 = \frac{\text{(Volumen de titulante, mL)(Normalidad ácida)(50 000)}}{\text{Volumen de la muestra, mL}}$$

$$\text{Amp} = \frac{\text{Voltios}}{\text{Ohmios}}$$

Área de un círculo* = (0.785)(Diámetro^2)

Área de un círculo = (3.14)(Radio^2)

Área de un cono (área lateral) = (3.14)(Radio) $\sqrt{\text{Radio}^2 + \text{Altura}^2}$

Área de un cono (área superficial total) = (3.14)(Radio)(Radio + $\sqrt{\text{Radio}^2 + \text{Altura}^2}$)

Área de un cilindro (área superficial exterior total) = [Fin del AS n.º 1] + [Fin del AS n.º 2] + [(3.14)(Diámetro)(Altura o profundidad)]
Donde AS = área superficial

Área de un rectángulo* = (Largo)(Ancho)

$$\text{Área de un triángulo recto*} = \frac{\text{(Base)(Altura)}}{2}$$

$$\text{Promedio (media aritmética)} = \frac{\text{Suma de todos los términos}}{\text{Cantidad de términos}}$$

Promedio (media geométrica) = $[(X_1)(X_2)(X_3)(X_4)(X_n)]^{1/n}$ La raíz *enésima* del producto de *n* números

$$\text{Demanda bioquímica de oxígeno (con inóculo), mg/L} = \frac{\text{[(OD inicial, mg/L)} - \text{(OD final, mg/L)} - \text{(Corrección de inóculo, mg/L)][300 mL]}}{\text{Volumen de la muestra, mL}}$$

$$\text{Demanda bioquímica de oxígeno (sin inóculo), mg/L} = \frac{\text{[(OD inicial, mg/L)} - \text{(OD final, mg/L)][300 mL]}}{\text{Volumen de la muestra, mL}}$$

Ecuación normal de tres o combinación = $(C_1 \times V_1) + (C_2 \times V_2) = (C_3 \times V_3)$ *Donde* $V_1 + V_2 = V_3$*; C = concentración, V = volumen o caudal; las unidades de concentración deben coincidir; las unidades de volumen deben coincidir*

$$\text{Cant. de CFU/100 mL} = \frac{\text{[(Cant. de colonias en la placa)(100)]}}{\text{Volumen de la muestra, mL}}$$

$$\text{Configuración de la bomba de alimentación de químicos, \% de carrera} = \frac{\text{Caudal deseado}}{\text{Caudal máximo}} \times 100\%$$

Configuración de la bomba de alimentación de químicos,

$$\text{mL/min} = \frac{\text{(Caudal, mgd)(Dosis, mg/L)(3.785 L/gal)(1 000 000 gal/mil. gal)}}{\text{(Densidad química de alimentación, mg/mL)(Químico activo, \% expresado como decimal)(1440 min/d)}}$$

Configuración de la bomba de alimentación de químicos,

$$\text{mL/min} = \frac{(\text{Caudal, m}^3\text{/d})(\text{Dosis, mg/L})}{(\text{Densidad química de alimentación, g/cm}^3)(\text{Químico activo, \% expresado como decimal})(1440\text{ min/d})}$$

Circunferencia de un círculo = (3.14)(Diámetro)

$$\text{Parte única de la muestra del compuesto} = \frac{(\text{Caudal instantáneo})(\text{Volumen total de la muestra})}{(\text{Cantidad de porciones})(\text{Caudal promedio})}$$

$$\text{Tiempo del ciclo, min} = \frac{\text{Volumen de almacenamiento, gal}}{(\text{Capacidad de la bomba, gpm}) - (\text{Afluencia al pozo sumidero, gpm})}$$

$$\text{Tiempo del ciclo, min} = \frac{\text{Volumen de almacenamiento, m}^3}{(\text{Capacidad de la bomba, m}^3\text{/min}) - (\text{Afluencia al pozo sumidero, m}^3\text{/min})}$$

$$\text{Grados Celsius} = \frac{(°\text{F} - 32)}{1.8}$$

Grados Fahrenheit = (°C)(1.8) + 32

$$\text{Tiempo de detención} = \frac{\text{Volumen}}{\text{Caudal}}$$ *Las unidades deben ser compatibles*

Ecuación normal de dos o dilución = $(C_1 \times V_1) = (C_2 \times V_2)$ *Donde C* = Concentración, *V* = caudal o volumen; las unidades de concentración deben coincidir; las unidades de volumen deben coincidir

Fuerza electromotriz, V* = (Corriente, A)(Resistencia, ohmios - Ω)

$$\text{Tasa de alimentación, lb/d*} = \frac{(\text{Dosificación, mg/L})(\text{Caudal, mgd})(8.34\text{ lb/gal})}{\text{Pureza, \% expresado como decimal}}$$

$$\text{Tasa de alimentación, kg/d*} = \frac{(\text{Dosificación, mg/L})(\text{Caudal, m}^3\text{/d})}{(\text{Pureza, \% expresado como decimal})(1000)}$$

$$\text{Tasa de lavado a contracorriente del filtro, gpm/ft}^2 = \frac{\text{Caudal, gpm}}{\text{Área del filtro, ft}^2}$$

$$\text{Tasa de lavado a contracorriente del filtro, L/(m}^2\cdot\text{s)} = \frac{\text{Caudal, L/s}}{\text{Área del filtro, m}^2}$$

$$\text{Tasa de aumento de lavado a contracorriente del filtro, in/min} = \frac{(\text{Tasa de lavado a contracorriente, gpm/ft}^2)(12\text{ in/ft})}{7.48\text{ gal/ft}^3}$$

$$\text{Tasa de aumento de lavado a contracorriente del filtro, cm/min} = \frac{\text{Elevación del agua, cm}}{\text{Tiempo, min}}$$

$$\text{Rendimiento del filtro, lb/ft}^2\text{/h} = \frac{(\text{Carga de sólidos, lb/d})(\text{Recuperación, \% expresado como decimal})}{(\text{Operación del filtro, h/d})(\text{Área, ft}^2)}$$

$$\text{Rendimiento del filtro, kg/m}^2\cdot\text{h} = \frac{(\text{Concentración de sólidos, \% expresado como decimal})(\text{Tasa de alimentación de lodo, L/h})(10)}{(\text{Área superficial del filtro, m}^2)}$$

Caudal, ft^3/s* = (Área, ft^2)(Velocidad, ft/s)

Caudal, m^3/s* = (Área, m^2)(Velocidad, m/s)

$$\text{Relación alimento:microorganismos} = \frac{\text{DBO}_5\text{, lb/d}}{\text{MLVSS, lb}}$$

$$\text{Relación alimento:microorganismos} = \frac{\text{DBO}_5\text{, kg/d}}{\text{MLVSS, kg}}$$

$$\text{Fuerza, lb}^* = (\text{Presión, psi})(\text{Área, in}^2)$$

$$\text{Fuerza, newtons}^* = (\text{Presión, Pa})(\text{Área, m}^2)$$

$$\text{Dureza, como mg CaCO}_3\text{/L} = \frac{(\text{Volumen de titulante, mL})(1000)}{\text{Volumen de la muestra, mL}}$$

Únicamente cuando el factor de titulación es de 1.00 de ácido etilendiaminotetraacético (EDTA)

$$\text{Caballos de fuerza, Freno, HP} = \frac{(\text{Caudal, gpm})(\text{Carga hidráulica, ft})}{(3960)(\text{Eficiencia de la bomba, \% expresado como decimal})}$$

$$\text{Caballos de fuerza, Freno, kW} = \frac{(9.8)(\text{Caudal, m}^3\text{/s})(\text{Carga hidráulica, m})}{(\text{Eficiencia de la bomba, \% expresado como decimal})}$$

$$\text{Caballos de fuerza, Motor, HP} = \frac{(\text{Caudal, gpm})(\text{Carga hidráulica, ft})}{(3960)(\text{Eficiencia de la bomba, \% expresado como decimal})(\text{Eficiencia del motor, \% expresado como decimal})}$$

$$\text{Caballos de fuerza, Motor, kW} = \frac{(9.8)(\text{Caudal, m}^3\text{/s})(\text{Carga hidráulica, m})}{(\text{Eficiencia de la bomba, \% expresado como decimal})(\text{Eficiencia del motor, \% expresado como decimal})}$$

$$\text{Caballos de fuerza, Agua, HP} = \frac{(\text{Caudal, gpm})(\text{Carga hidráulica, ft})}{3960}$$

$$\text{Caballos de fuerza, Agua, kW} = (9.8)(\text{Caudal, m}^3\text{/s})(\text{Carga hidráulica, m})$$

$$\text{Tasa de carga hidráulica, gpd/ft}^2 = \frac{\text{Caudal aplicado total, gpd}}{\text{Área, ft}^2}$$

$$\text{Tasa de carga hidráulica, m}^3\text{/(m}^2\cdot\text{d)} = \frac{\text{Caudal aplicado total, m}^3\text{/d}}{\text{Área, m}^2}$$

$$\text{Tasa de carga, lb/d}^* = (\text{Caudal, mgd})(\text{Concentración, mg/L})(8.34\text{ lb/gal})$$

$$\text{Tasa de carga, kg/d}^* = \frac{(\text{Caudal, m}^3\text{/d})(\text{Concentración, mg/L})}{1000}$$

$$\text{Masa, lb}^* = (\text{Volumen, mil. gal})(\text{Concentración, mg/L})(8.34\text{ lb/gal})$$

$$\text{Masa, kg}^* = \frac{(\text{Volumen, m}^3)(\text{Concentración, mg/L})}{1000}$$

$$\text{Tiempo medio de residencia de células o tiempo de retención de sólidos, días} = \frac{(\text{SST del tanque de aireación, lb}) + (\text{SST del clarificador, lb})}{(\text{SST desechados, lb/d}) + (\text{SST efluentes, lb/d})}$$

$$\text{Miliequivalente} = (\text{mL})(\text{Normalidad})$$

$$\text{Molaridad} = \frac{\text{Moles de soluto}}{\text{Litros de solución}}$$

$$\text{Eficiencia del motor, \%} = \frac{\text{HP de frenado}}{\text{HP del motor}} \times 100\%$$

$$\text{Normalidad} = \frac{\text{Cantidad de pesos equivalentes de soluto}}{\text{Litros de solución}}$$

$$\text{Cantidad de pesos equivalentes} = \frac{\text{Peso total}}{\text{Peso equivalente}}$$

$$\text{Cantidad de moles} = \frac{\text{Peso total}}{\text{Peso molecular}}$$

$$\text{Tasa de carga orgánica-RBC, lb DBOS}_5\text{/1000 ft}^2\text{/d} = \frac{\text{Carga orgánica, lb DBOS}_5\text{/d}}{\text{Área superficial del medio, 1000 ft}^2}$$

$$\text{Tasa de carga orgánica-RBC, kg DBOS}_5\text{/m}^2\cdot\text{d} = \frac{\text{Carga orgánica, kg DBOS}_5\text{/d}}{\text{Área superficial del medio, m}^2}$$

$$\text{Tasa de carga orgánica-filtro percolador, lb DBO}_5\text{/1000 ft}^3\text{/d} = \frac{\text{Carga orgánica, lb DBO}_5\text{/d}}{\text{Volumen, 1000 ft}^3}$$

$$\text{Tasa de carga orgánica-filtro percolador, kg/m}^3\cdot\text{d} = \frac{\text{Carga orgánica, kg DBO}_5\text{/d}}{\text{Volumen, m}^3}$$

$$\text{Tasa de captación de oxígeno o tasa de consumo de oxígeno, mg/L}\cdot\text{min} = \frac{\text{Uso de oxígeno, mg/L}}{\text{Tiempo, min}}$$

$$\text{Población equivalente, orgánico} = \frac{\text{(Caudal, mgd)(DBO, mg/L)(8.34 lb/gal)}}{\text{0.17 lb DBO/d/persona}}$$

$$\text{Población equivalente, orgánico} = \frac{\text{(Caudal, m}^3\text{/d)(DBO, mg/L)}}{\text{(1000)(0.077 kg DBO/d}\cdot\text{persona)}}$$

$$\text{Energía, kW} = \frac{\text{(Caudal, L/s)(Carga hidráulica, m)(9.8)}}{1000}$$

$$\text{Relación de recirculación-filtro percolador} = \frac{\text{Caudal recirculado}}{\text{Caudal efluente primario}}$$

$$\text{Reducción de sólidos volátiles, \%} = \left(\frac{\text{VS entrante} - \text{VS saliente}}{\text{VS entrante} - (\text{VS entrante} \times \text{VS saliente})}\right) \times 100\%$$

Toda la información (entrada y salida) debe estar en forma decimal

$$\text{Eliminación, \%} = \left(\frac{\text{Entrante} - \text{Saliente}}{\text{Entrante}}\right) \times 100\%$$

$$\text{Tasa de retorno, \%} = \frac{\text{Caudal de retorno}}{\text{Caudal de entrada}} \times 100\%$$

$$\text{Tasa de lodo de retorno-equilibrio de sólidos, mgd} = \frac{\text{(MLSS, mg/L)(Caudal, mgd)}}{\text{(Sólidos en suspensión en LAR, mg/L)} - \text{(MLSS, mg/L)}}$$

$$\text{Pendiente, \%} = \frac{\text{Disminución o aumento}}{\text{Distancia}} \times 100\%$$

$$\text{Índice de densidad del lodo} = \frac{100}{\text{SVI}}$$

$$\text{Índice de volumen del lodo, mL/g} = \frac{(\text{SSV}_{30}\text{, mL/L})(1000 \text{ mg/g})}{\text{MLSS, mg/L}}$$

$$\text{Sólidos, mg/L} = \frac{(\text{Sólidos secos, g})(1\ 000\ 000)}{\text{Volumen de la muestra, mL}}$$

$$\text{Captura de sólidos, \% (Centrífugas)} = \left[\frac{\text{TS de la torta, \%}}{\text{TS del lodo de alimentación, \%}}\right] \times \left[\frac{(\text{TS del lodo de alimentación, \%}) - (\text{SST de centrifugado, \%})}{(\text{TS de la torta, \%}) - (\text{SST de centrifugado, \%})}\right] \times 100\%$$

$$\text{Concentración de sólidos, mg/L} = \frac{\text{Peso, mg}}{\text{Volumen, L}}$$

$$\text{Tasa de carga de sólidos, lb/ft}^2\text{/d} = \frac{\text{Sólidos aplicados, lb/d}}{\text{Área superficial, ft}^2}$$

$$\text{Tasa de carga de sólidos, kg/m}^2\cdot\text{d} = \frac{\text{Sólidos aplicados, kg/d}}{\text{Área superficial, m}^2}$$

Tiempo de retención de sólidos: *consulte Tiempo medio de residencia de células*

$$\text{Gravedad específica} = \frac{\text{Peso específico de la sustancia, lb/gal}}{8.34 \text{ lb/gal}}$$

$$\text{Gravedad específica} = \frac{\text{Peso específico de la sustancia, kg/L}}{1.0 \text{ kg/L}}$$

$$\text{Tasa de captación específica de oxígeno o tasa de respiración, (mg/g)/h} = \frac{(\text{TCO, mg/L}\cdot\text{min})(60 \text{ min})}{(\text{MLVSS, g/L})(1 \text{ h})}$$

$$\text{Tasa de carga superficial o tasa de sobreflujo superficial, gpd/ft}^2 = \frac{\text{Caudal, gpd}}{\text{Área, ft}^2}$$

$$\text{Tasa de carga superficial o tasa de sobreflujo superficial, L/m}^2\cdot\text{d} = \frac{\text{Caudal, L/d}}{\text{Área, m}^2}$$

$$\text{Sólidos totales, \%} = \frac{(\text{Peso seco, g}) - (\text{Tara, g})}{(\text{Peso húmedo, g}) - (\text{Tara, g})} \times 100\%$$

$$\text{Velocidad, ft/s} = \frac{\text{Caudal, ft}^3\text{/s}}{\text{Área, ft}^2}$$

$$\text{Velocidad, ft/s} = \frac{\text{Distancia, ft}}{\text{Tiempo, s}}$$

$$\text{Velocidad, m/s} = \frac{\text{Caudal, m}^3\text{/s}}{\text{Área, m}^2}$$

$$\text{Velocidad, m/s} = \frac{\text{Distancia, m}}{\text{Tiempo, s}}$$

$$\text{Sólidos volátiles, \%} = \left[\frac{(\text{Sólidos secos, g}) - (\text{Sólidos fijos, g})}{(\text{Sólidos secos, g})}\right] \times 100\%$$

Volumen de un cono* = (1/3)(0.785)(Diámetro^2)(Altura)

Volumen de un cilindro* = (0.785)(Diámetro^2)(Altura)

Volumen de un tanque rectangular* = (Largo)(Ancho)(Altura)

$$\text{Uso de agua, gpcd} = \frac{\text{Volumen de agua producido, gpd}}{\text{Población}}$$

$$\text{Uso de agua, L/cap·d} = \frac{\text{Volumen de agua producido, L/d}}{\text{Población}}$$

Vatios (circuito de CA) = (Voltios)(Amperios)(Factor de potencia)

Vatios (circuito de CC) = (Voltios)(Amperios)

$$\text{Tasa de sobreflujo de vertedero, gpd/ft} = \frac{\text{Caudal, gpd}}{\text{Longitud del vertedero, ft}}$$

$$\text{Tasa de sobreflujo de vertedero, L/m·d} = \frac{\text{Caudal, L/d}}{\text{Longitud del vertedero, m}}$$

$$\text{Eficiencia alambre-agua, \%} = \frac{\text{HP del agua}}{\text{HP del motor}} \times 100\%$$

$$\text{Eficiencia alambre-agua, \%} = \frac{(\text{Caudal, gpm})(\text{Carga hidráulica dinámica total, ft})(0.746\ \text{kW/hp})(100\%)}{(3960)(\text{Demanda eléctrica, kW})}$$

Gráficos circulares

- Para determinar la cantidad por arriba de la línea horizontal: multiplique las partes del gráfico que se encuentran por debajo de la línea.
- A fin de resolver para una de las partes del gráfico circular por debajo de la línea horizontal: cubra esa parte del gráfico y, a continuación, divida la cantidad por arriba de la línea horizontal por las partes restantes del gráfico.
- Las unidades que se proporcionen deben coincidir con las unidades que se muestran en los gráficos.
- Cuando las unidades anglosajonas y métricas difieren, las métricas se muestran entre paréntesis, p. ej., (m^2).

Área de un círculo

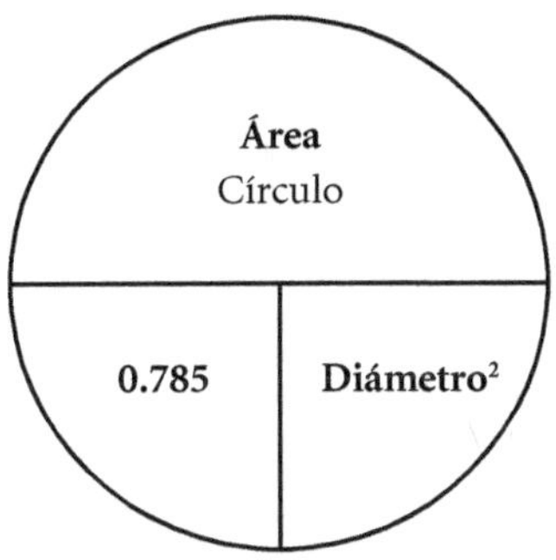

Área de un rectángulo

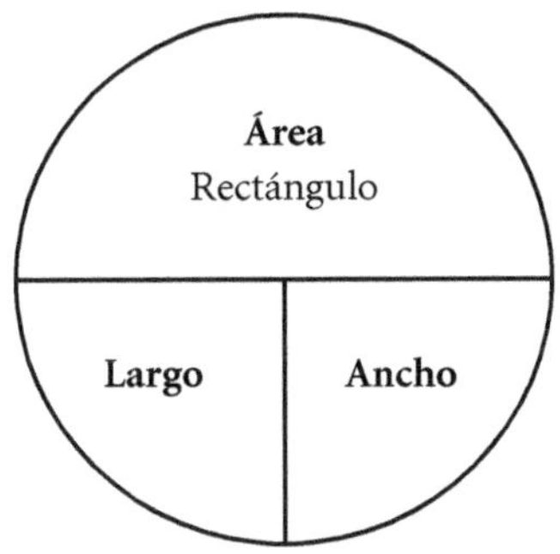

Área de un triángulo recto

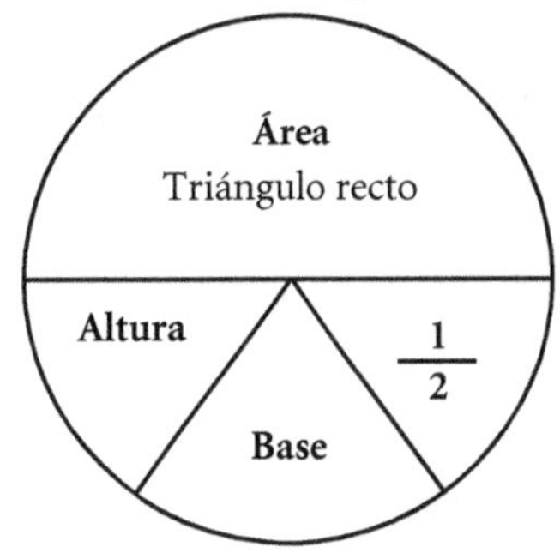

Fuerza electromotriz (EMF), voltios

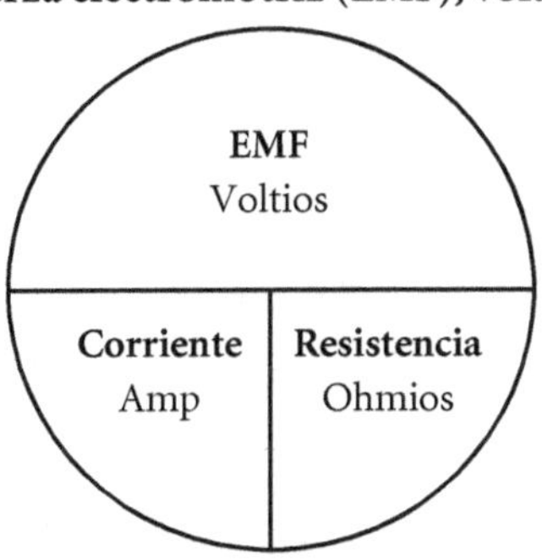

Tasa de alimentación, lb/día (kg/día)

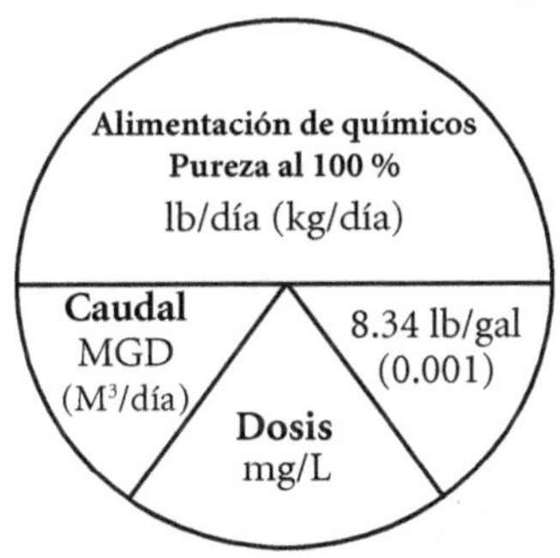

Caudal, ft^3/s (m^3/s)

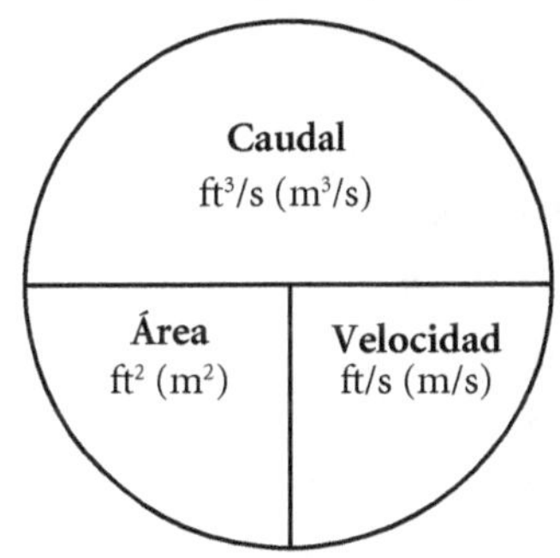

Fuerza, lb (newtons)

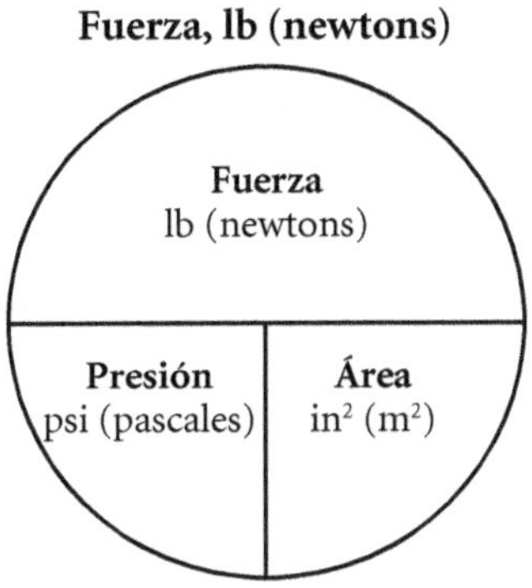

Tasa de carga, lb/día (kg/día)

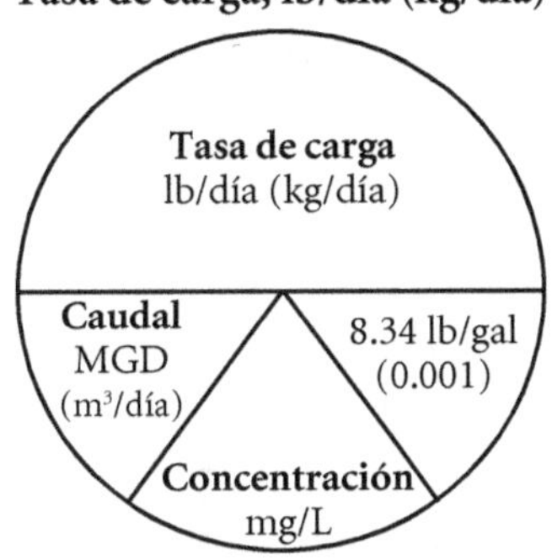

Masa, lb (kg)

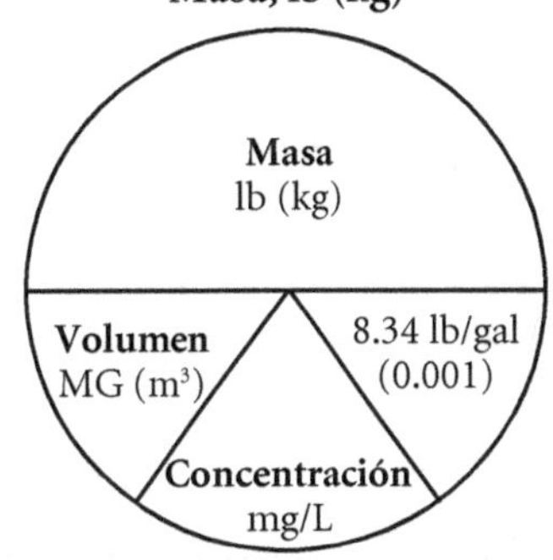

Volumen de un cono

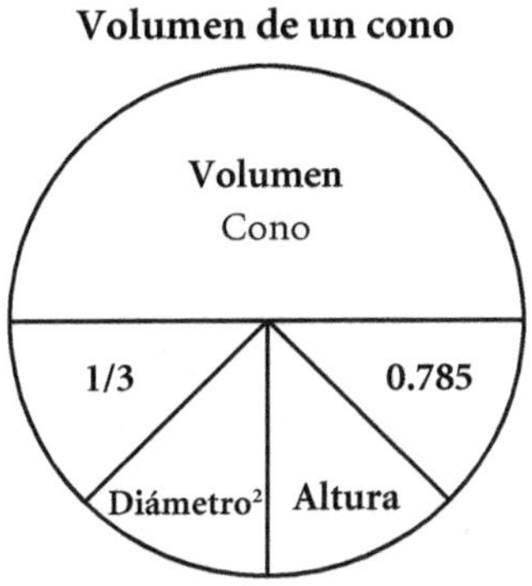

Volumen de un cilindro

Volumen de un tanque rectangular

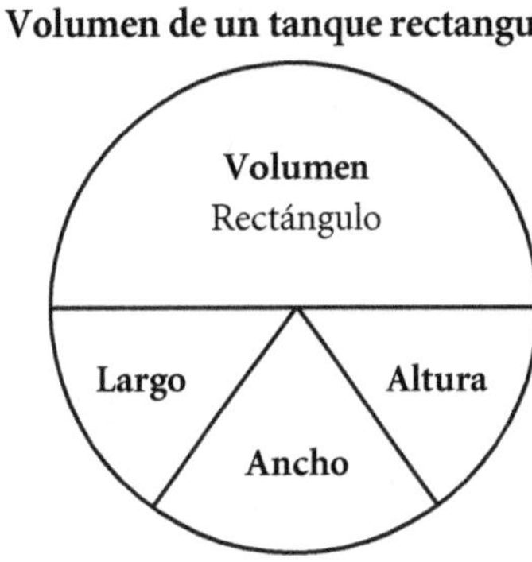

Factores de conversión

1 ac = 4046.9 m^2 o 43 560 ft^2

1 ac ft de agua = 326 000 gal

1 atm = 33.9 ft de agua

= 10.3 m de agua

= 14.7 psi

= 101.3 kPa

1 cfs = 0.646 mgd

= 448.8 gpm

1 ft^3 de agua = 7.48 gal

= 62.4 lb

1 ft = 0.305 m

1 ft H_2O = 0.433 psi

1 gal (EE. UU.) = 3.79 L

= 8.34 lb de agua

1 gr/gal (EE. UU.) = 17.1 mg/L

1 ha = 10 000 m^2

1 HP = 0.746 kW

= 746 W

= 33 000 ft lb/min

1 in = 25.4 mm o 2.54 cm

1 L/s = 0.0864 ML/d

1 lb = 0.454 kg

1 m de agua = 9.8 kPa

1 m^2 = 1.19 yarda cuadrada

1 m^3 = 1000 kg

= 1000 L

= 264 gal

1 tonelada métrica = 2205 lb

1 milla = 5280 ft

1 mgd = 694 gpm

= 1.55 cfs

= 3.785 ML/d

Población equivalente (PE), hidráulico = 378.5 L/cap·d

= 100 gpd/cap

PE, orgánico = 0.077 kg DBO/cap·d

= 0.17 lb DBO/cap/d

1 psi = 2.31 ft de agua

= 6.89 kPa

1 tonelada = 2000 lb

1 % = 10 000 mg/L

π o pi = 3.14

CAPÍTULO 1

Introducción al tratamiento de aguas residuales

Introducción

En este capítulo se describe la necesidad de tratar las aguas residuales, se presenta información general acerca de algunos de los contaminantes en las aguas residuales, se repasan las diversas leyes y regulaciones pertinentes a la obtención de permisos para las instalaciones de recuperación de recursos hídricos (*water resource recovery facilities*, WRRF), se describen los *procesos unitarios* típicos utilizados para proporcionar un tratamiento seguro y aceptable de las aguas residuales y se describen alternativas de tratamiento y disposición de los sólidos extraídos de las aguas residuales. A fin de mantener uniformidad con la evolución de la terminología federal y estatal, este manual utiliza el término *lodo* para hacer referencia a los sólidos separados de las aguas residuales después del tratamiento y el término *biosólidos* para hacer referencia al lodo después de alcanzar los criterios de procesamiento (es decir, al final del proceso de estabilización).

Los *procesos unitarios* son una manera de hacer referencia a los distintos pasos de tratamiento dentro de una instalación de tratamiento. Un ejemplo de un proceso unitario es un depósito para arena. Un depósito para arena es un tanque donde la velocidad de las aguas residuales se disminuye a aproximadamente 0.3 m/s (1 ft/s) para permitir que las partículas de arena y grava grandes se sedimenten por gravedad.

OBJETIVOS DE APRENDIZAJE

Después de completar este capítulo, podrá:

- Comprender la necesidad del tratamiento de las aguas residuales.
- Detallar algunos componentes de las aguas residuales domésticas.
- Identificar los principales procesos unitarios de las WRRF domésticas.
- Comprender los vínculos entre los sectores de tratamiento de sólidos y de flujo de líquidos de una WRRF. Etiquetar adecuadamente.
- Dibujar un ejemplo de WRRF, etiquetar claramente los procesos unitarios principales y explicar la función de cada uno.
- Dibujar un sistema de tratamiento natural típico y de un sistema de tratamiento mecánico típico.
- Describir los requisitos de permisos de la Ley de Agua Limpia (*Clean Water Act*, CWA) y las regulaciones 503 sobre biosólidos.

La historia de un nombre

Cuando se sancionó la Ley de Agua Limpia en 1972, hacía referencia a las estaciones de tratamiento del sector público (*publicly owned treatment works*, POTW). La sigla *POTW* incluía la instalación de tratamiento y, además, toda la infraestructura aguas arriba necesaria para transportar las aguas residuales a la instalación, incluidas las tuberías de la red de alcantarillado y las estaciones elevadoras. La Ley de Agua Limpia y la legislación de varios estados aún utilizan la sigla *POTW*. Con el transcurso de los años, debido al esfuerzo de nuestra industria por transmitir al público los valiosos servicios que prestamos, el nombre de una instalación de tratamiento evolucionó de POTW a planta de tratamiento de aguas residuales o instalación de tratamiento de aguas residuales, a instalación de recuperación de aguas y, finalmente, instalación de recuperación de recursos hídricos (*water resource recovery facility*, WRRF). En 2014 la Water Environment Federation adoptó oficialmente la sigla *WRRF* porque refleja mejor nuestras metas como profesión. Ya no solo tratamos el agua para eliminar contaminantes. Un instalación bien diseñada y operada puede también recuperar efluentes para irrigación y otros usos; aplicar biosólidos a la tierra para la reutilización beneficiosa; producir gas metano, electricidad y calor; e incluso, recuperar nutrientes. Las metas de una WRRF actual son proteger la salud pública y el medio ambiente y recuperar recursos valiosos.

Razones para tratar las aguas residuales

Los ríos, los arroyos, los lagos y el océano tienen cierta *capacidad asimilativa*; sin embargo, cuando grupos de personas o animales viven cerca entre sí, la cantidad de aguas residuales que ingresan en un río o lago en un mismo lugar puede fácilmente sobrepasar los procesos de tratamiento naturales. Sobrecargar un cuerpo de agua con aguas residuales puede provocar

La *capacidad asimilativa* es la cantidad de contaminante que el medio ambiente puede absorber o tratar sin dañarse ni tener otras consecuencias negativas.

1. Un bajo nivel de oxígeno disuelto (OD) en el agua,
2. La muerte de peces,

3. La proliferación de algas,
4. La propagación de enfermedades de transmisión por agua como el cólera, e
5. Infracciones a los estándares de agua potable segura.

Los objetivos al tratar las aguas residuales son limpiarlas lo suficiente como para proteger tanto la salud pública como el medio ambiente. El personal de una instalación de recuperación de recursos hídricos lleva a cabo esta tarea mediante la reducción de las concentraciones de sólidos, materia orgánica, nutrientes, *patógenos* y otros contaminantes presentes en las aguas residuales.

Un *patógeno* es un organismo capaz de causar enfermedades. Los patógenos incluyen parásitos, bacterias y virus.

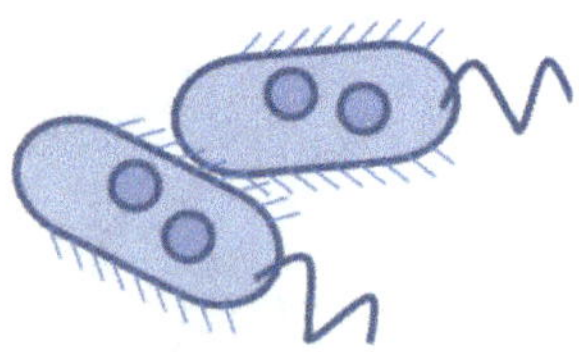

Componentes de las aguas residuales

Antes de continuar, se deben definir ciertos términos utilizados para describir los componentes del caudal de entrada de aguas residuales. Para esta descripción inicial, las definiciones de los términos se mantuvieron lo más simple posible. En el capítulo 2 se tratarán estos términos en mayor detalle, incluidos los rangos típicos de concentración para las aguas residuales municipales y de qué manera se relacionan entre sí los distintos componentes.

AGUA

Las aguas residuales municipales contienen distintos residuos; en general, consisten aproximadamente en un 99.94 % de líquidos y en un 0.06 % de sólidos. Una ciudad típica de los Estados Unidos, incluidos los establecimientos comerciales, las viviendas privadas y los aportes industriales, produce entre 379 y 455 L/d por persona (100 y 120 gpd/por persona) de aguas residuales (sin incluir la infiltración y exfiltración de agua en la red de alcantarillado). La *infiltración* son las aguas subterráneas que ingresan a las alcantarillas por grietas en las tuberías o tapas de registro. La *afluencia* son las aguas subterráneas, la lluvia y las aguas superficiales que ingresan a las alcantarillas a través de aberturas directas, como las bocas de limpieza. La exfiltración puede producirse cuando el nivel de las aguas subterráneas cae por debajo de las alcantarillas. En este caso, las aguas residuales pueden filtrarse de las tuberías al suelo. El uso de agua por persona ha ido decreciendo, en especial en la zona oeste de los Estados Unidos, debido a una combinación de conservación, instalación de artefactos para el ahorro del agua y modernización de los sistemas de alcantarillas con tuberías plásticas. Un estudio de 12 ciudades del oeste con 1188 hogares dio como resultado una mediana de uso de agua puertas adentro de entre 204 y 241 L/d por persona (54.0 y 63.8 gpd/por persona); sin embargo, estos datos no incluyen los aportes de los usuarios comerciales o industriales (EPA de los EE. UU., 2005).

SÓLIDOS

Las aguas residuales crudas contienen una gran variedad de materiales sólidos. Los desechos grandes, como trozos de tela, trapos, prótesis dentales, trapeadores y cualquier cosa que pudiera escurrirse por un inodoro o un drenaje del piso (incluido el ocasional anillo de diamantes) aparecen en el extremo frontal de una WRRF. Estos sólidos pueden dañar los equipos de la WRRF y obturar las tuberías. Las aguas residuales crudas también contienen sólidos más pequeños, como arena, sales disueltas y material orgánico sólido proveniente de retretes, lavarropas, trituradoras de basura y otras fuentes. Los sólidos se clasifican de acuerdo con su tamaño, según pasen o no a través de un filtro de 1.2 *μm* y según sean orgánicos o inorgánicos. Los sólidos orgánicos se pueden quemar o volatilizar en un horno a 550 °C. Los sólidos inorgánicos o las cenizas son lo que queda después de que la muestra ha sido volatilizada. En la tabla 1.1 se incluyen términos utilizados con frecuencia al describir los sólidos en las aguas residuales.

El símbolo *μm* significa micra. Hay 1000 μm en un milímetro. Un cabello humano tiene entre 40 y 50 μm de ancho y las bacterias pueden tener apenas 0.5μm de ancho y 1μm de largo.

DEMANDA BIOQUÍMICA DE OXÍGENO

El *análisis de demanda bioquímica de oxígeno* (*DBO*) se realizó originalmente en Inglaterra como forma de estimar la concentración orgánica de las aguas residuales. Debido a que hay muchos compuestos orgánicos

El *análisis de DBO* se lleva a cabo por 5 días a 20 °C debido a una convención histórica. Consideramos la DBO como una medida del material orgánico, pero el análisis en realidad mide la cantidad necesaria de oxígeno para tratar las aguas residuales.

Tabla 1.1 Tipos de sólidos en las aguas residuales

Sigla	Término	Definición
SST	Sólidos en suspensión totales	Sólidos que no pueden pasar a través de un filtro de 1.2μm
TVSS	Total de sólidos volátiles en suspensión	Sólidos que no pueden pasar a través de un filtro de 1.2μm Y se consumen en un horno a 550 °C
SDT	Sólidos disueltos totales	Sólidos que son lo suficientemente pequeños como para pasar a través de un filtro de 1.2μm. La muestra debe secarse completamente para que los sólidos disueltos puedan verse a simple vista.
TS	Sólidos totales	Todo el material sólido de una muestra. Esto incluye tanto los sólidos orgánicos como inorgánicos. TS = SST + SDT
TVS	Total de sólidos volátiles	Todos los sólidos de una muestra que se consumen en un horno a 550 °C.

diferentes en las aguas residuales, sería muy costoso y casi imposible medir cada uno de manera individual. En cambio, el análisis de DBO mide la cantidad de oxígeno necesario para que las bacterias estabilicen el material orgánico biodegradable presente en las aguas residuales. La demanda bioquímica de oxígeno permite a los legisladores estimar el efecto que un efluente de una WRRF puede tener sobre un río o un lago. Cuando se descargan cantidades excesivas de DBO en un río o lago, se puede sobrepasar la capacidad de tratamiento natural y consumir la mayoría del oxígeno disponible, o todo, y esto puede resultar en la muerte de peces y en otras degradaciones ambientales. La capacidad de tratamiento de una WRRF se expresa en términos del caudal que pueda tratar en metros cúbicos por día (millones de galones por día) y la cantidad de material orgánico que puede procesar en kilogramos por día (libras por día).

Para el análisis de DBO, se toma una muestra de aguas residuales, que se diluye si fuera necesario para llevarla al rango de medición requerido por la prueba, se mide la concentración de OD inicial, se incuba la muestra a 20 °C (68 °F) por un periodo fijo en la oscuridad y, a continuación, se mide la concentración final de OD (figura 1.1). Para calcular la concentración de DBO en miligramos por litro, se toma la cantidad de oxígeno consumido durante el periodo de análisis dividido por el tamaño de la muestra utilizada. La razón por la que el análisis se lleva a cabo en un periodo de 5 días es porque el río más largo de Inglaterra es el Támesis. El agua tarda aproximadamente 5 días en ir desde Londres hasta el océano. Una vez que las aguas residuales llegaban al océano, se pensaba que no importaba la DBO restante. Asimismo, el análisis se lleva a cabo a 20 °C porque la temperatura más alta que alcanzaba el río Támesis en verano era de 18.6 °C (65.5 °F). Para estandarizar el análisis, se redondeó en 20 °C.

Cuanto mayor sea la cantidad de material orgánico que contengan las aguas residuales, mayor será la cantidad de oxígeno que usarán las bacterias para consumirlo y estabilizarlo. Por definición, 1 kg de DBO consumirá 1 kg de oxígeno (1 lb de DBO consume 1 lb de oxígeno). La DBO se piensa en términos de concentración orgánica, pero el análisis en realidad mide la cantidad necesaria de oxígeno para tratar o estabilizar las aguas residuales. La DBO puede ser material orgánico sólido, como trozos de comida de un triturador de basura, o material orgánico disuelto, como azúcar en té.

La DBO también puede dividirse en demanda bioquímica de oxígeno carbonosa (DBOC) y demanda de oxígeno de compuestos nitrogenados (DON), como se muestra a continuación. La cantidad de oxígeno utilizada en el análisis DBO que actúa en la descomposición del material orgánico es la DBOC. Un grupo especial de bacterias, las bacterias nitrificantes, puede utilizar oxígeno adicional para convertir amoníaco en nitrito y nitrato. Esta reacción consume 4.5 kg de oxígeno cada 1 kg de amoníaco convertido en nitrato. Cuando ocurre esta reacción en el análisis de DBO, la demanda de oxígeno adicional es la DON. Si un analista desea medir solamente la DBOC, se debe agregar al análisis DBO una sustancia tóxica para las bacterias nitrificantes. Para las aguas residuales domésticas crudas (caudal de entrada), la DBOC constituye aproximadamente el 85 % del total de la DBO (WEF, 2012).

$$\text{DBO}_{\text{total}} = \text{DBOC} + \text{DON}$$

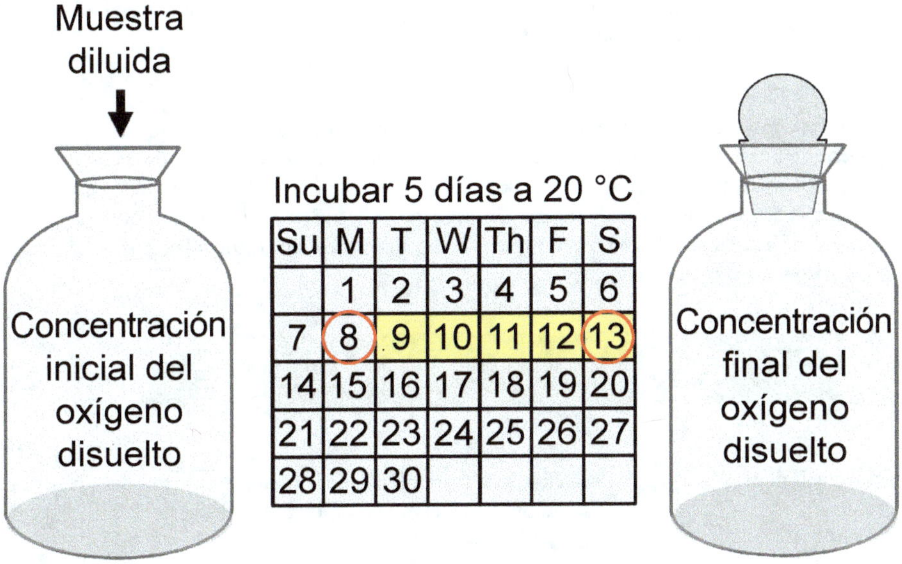

Figura 1.1 Demanda bioquímica de oxígeno (cortesía de Indigo Water Group)

La DBO consiste tanto en fracciones solubles (disueltas) como particuladas. Si la muestra de aguas residuales se filtra con un papel filtrante, una parte del material orgánico pasará a través del filtro y otra parte no podrá pasar. El material orgánico que pasa a través del filtro es la DBO disuelta o soluble. El material orgánico que permanece en el papel filtrante es la DBO particulada. Una lata de bebida gaseosa contiene mucha azúcar que es orgánica y puede atravesar el papel filtrante porque está disuelta. El porcentaje de DBO que es soluble depende del tamaño de la red de alcantarillado y de las clases de clientes involucrados. En las aguas residuales domésticas, incluidas las entidades comerciales livianas como tiendas y escuelas, la DBO soluble es en general de entre el 20 y el 40 % de la DBO total (WEF, 2012).

NUTRIENTES

El caudal de entrada de las aguas residuales también contiene macronutrientes (nitrógeno y fósforo) y elementos traza como el hierro y el manganeso. El nitrógeno está presente en muchos compuestos en el caudal de entrada de las aguas residuales, incluidos la orina, el nitrógeno orgánico ligado (proteínas y otros compuestos) y el amoníaco. El nitrógeno orgánico ligado puede ser soluble o particulado, mientras que el amoníaco solamente está presente como soluble. El fósforo también puede ser particulado o disuelto. El fósforo está presente en proteínas, orina y detergentes.

El amoníaco puede ser tóxico para los peces y otras formas de vida acuática. Puede transformarse en nitrato durante el proceso de tratamiento, lo que mitiga la toxicidad para la vida acuática pero no reduce la cantidad de nitrógeno que accede al arroyo o al lago receptor. Las concentraciones de nitrato de 10 mg/L como nitrógeno en los suministros de agua potable pueden producir síndrome del bebé azul o metahemoglobinemia en bebés, personas mayores y personas con enfermedades sanguíneas. Para proteger mejor los arroyos, los lagos y a los usuarios aguas abajo, puede ser necesaria la eliminación total del nitrógeno. Para la eliminación total del nitrógeno, el nitrato se convierte en gas nitrógeno de manera biológica y, después, se libera a la atmósfera, que está compuesta aproximadamente en un 78 % de nitrógeno.

La *proliferación de algas* es un crecimiento excesivo repentino de algas.

La *turbiedad* mide la opacidad del agua. Se emite luz a través del agua y un detector, ubicado a un ángulo de 90 grados con respecto a la fuente de luz, mide la cantidad de luz dispersada por las partículas en suspensión en el agua.

Cuando se descargan nutrientes en ríos y lagos, dichos nutrientes actúan como fertilizantes y pueden producir *proliferación de algas*. Cantidades excesivas de algas pueden producir grandes fluctuaciones del pH y de las concentraciones de OD en un período de 24 horas, que pueden ser perjudiciales para los peces y otras formas de vida acuática. Las algas también pueden aumentar la *turbiedad* del agua y ocasionar dificultades a los peces para encontrar un lugar adecuado para dejar sus huevos. Aunque aumentos menores de la cantidad de nitrógeno y fósforo descargados en un río o lago pueden no producir proliferación de algas, igualmente pueden ocasionar modificaciones en el medio ambiente al alterar la cantidad y las clases de especies animales y vegetales que pueden prosperar en condiciones con mayor cantidad de nutrientes.

LÍPIDOS, ACEITES Y GRASAS

Los lípidos, los aceites y las grasas (*fats, oil and grease*, FOG) en los efluentes de la instalación pueden resultar en materiales flotantes en las aguas receptoras. Es posible que ingresen FOG a una instalación como partículas flotantes discretas, como material emulsionado o como una solución. En su mayoría, al ingresar FOG a una WRRF doméstica, provienen de plantas y animales, como en el caso de FOG de origen alimenticio. Algunos ejemplos son la preparación de alimentos con aceite vegetal o la fritura de tocino. También pueden provenir del petróleo, como los lubricantes industriales. Ocasionan problemas en la red de alcantarillado y en las WRRF porque se pueden adherir a las superficies y producir obturaciones.

BACTERIAS Y PATÓGENOS

Las aguas residuales crudas contienen grandes cantidades de bacterias, virus y protozoos. Algunos de estos organismos son patógenos o pueden provocar enfermedades. Algunas enfermedades de transmisión por agua que continúan siendo problemáticas en países en desarrollo han sido prácticamente eliminadas en los Estados Unidos, incluido el cólera, la fiebre tifoidea y la disentería. En su mayoría, las WRRF y las instalaciones de tratamiento de agua potable desinfectan el agua con químicos como cloro o con luz ultravioleta para reducir la cantidad de bacterias y patógenos a niveles seguros.

COMPROBACIÓN DE CONOCIMIENTOS

1. **Los sistemas naturales tienen suficiente capacidad asimilativa para tratar las aguas residuales de las áreas urbanas.**
   - ☐ Verdadero
   - ☐ Falso

2. **Es necesario el tratamiento de las aguas residuales para proteger la salud pública y el medio ambiente.**
   - ☐ Verdadero
   - ☐ Falso

3. **La Water Environment Federation adoptó el término *instalación de recuperación de recursos hídricos* (WRRF) recientemente porque refleja mejor las metas de la profesión.**
   - ☐ Verdadero
   - ☐ Falso
4. **La mayoría de los lípidos, los aceites y las grasas (FOG) presentes en el caudal de entrada de las aguas residuales proviene de productos derivados del petróleo.**
   - ☐ Verdadero
   - ☐ Falso
5. **Un patógeno**
   a. Es una bacteria o un virus que se encuentra en las aguas residuales
   b. Es cualquier organismo que puede producir enfermedades
   c. Es incapaz de sobrevivir por un periodo prolongado fuera de las aguas residuales
   d. Depende de los SST para sobrevivir
6. **Los sólidos retenidos en un papel filtrante de 1.2 μm y quemados en un horno a 550 °C son:**
   a. Sólidos disueltos totales (SDT)
   b. Total de sólidos volátiles (TVS)
   c. Total de sólidos volátiles en suspensión (TVSS)
   d. Total de sólidos no volátiles disueltos (TVDS)
7. **El análisis de demanda bioquímica de oxígeno (DBO) mide:**
   a. El material orgánico biodegradable
   b. El porcentaje de sólidos orgánicos en suspensión
   c. La cantidad de bacterias vivas
   d. La cantidad de oxígeno necesaria para estabilizar las aguas residuales
8. **Los sólidos que pueden atravesar un papel filtrante de 1.2 μm y se mantienen inalterados después de permanecer un tiempo en un horno a 550 °C pueden describirse como**
   a. Disueltos e inorgánicos
   b. En suspensión e inorgánicos
   c. Disueltos y orgánicos
   d. En suspensión y orgánicos
9. **A algunas instalaciones de tratamiento se les exige que eliminen el amoníaco como parte de su permiso para descargar por esta razón.**
   a. Hay un límite de amoníaco para el agua potable segura.
   b. El amoníaco reacciona con la materia orgánica en los sistemas naturales y forma gas mostaza.
   c. Para evitar que los usuarios agricultores aguas abajo tengan un exceso de fertilizante en sus cultivos.
   d. El amoníaco es tóxico para los peces y otras formas de vida acuática.
10. **El análisis de demanda bioquímica de oxígeno (DBO) hace en general durante un periodo de 5 días por esta razón.**
   a. El río Támesis solo tarda 5 días en llegar al mar.
   b. Las botellas contienen cantidad suficiente de oxígeno disuelto solamente para un análisis de 5 días.
   c. Las bacterias solo viven 5 días.
   d. Todo el material orgánico se consume en 5 días.
11. **Por definición, ¿cuánto oxígeno se necesita para estabilizar o tratar 1 kg (lb) de DBO?**
   a. 1 kg (lb)
   b. 2 kg (lb)
   c. 3 kg (lb)
   d. 4 kg (lb)
12. **¿Cuál de los siguientes contaminantes es más propenso a producir una proliferación de algas en un lago o río?**
   a. Sólidos en suspensión totales (SST)
   b. Demanda bioquímica de oxígeno (DBO)
   c. Fósforo
   d. Turbiedad

La Ley de Agua Limpia

Las instalaciones de recuperación de recursos hídricos protegen el medio ambiente natural de las aguas residuales generadas en áreas urbanas. Debido a que el vertido de forma incontrolada de aguas residuales ocasionaría una degradación del agua, del suelo y del aire de los que depende la vida, el gobierno ha desarrollado una serie de leyes y regulaciones integrales sobre el tratamiento y la disposición seguros de las aguas residuales y los lodos, que se resumen a continuación. Cualquiera que descargue aguas residuales al medio ambiente debe cumplir con estas leyes y poseer un permiso de descarga vigente. El proceso para obtener el permiso se explica más detalladamente en esta sección. Los organismos gubernamentales modifican continuamente las leyes y regulaciones y por ello los profesionales dedicados al tratamiento del agua y de las aguas residuales deben estudiar las normas sobre descarga vigentes al momento de preparar y entregar las solicitudes de permiso para una instalación en particular. Los operadores deben familiarizarse con los requisitos para el permiso de descarga para su instalación. Es aconsejable leer completamente el permiso de descarga en forma periódica para asegurar el cumplimiento de todos los requisitos. Algunos requisitos de monitoreo y presentación de informes pueden ser trimestrales o anuales y pueden pasarse por alto u olvidarse fácilmente.

El Congreso sancionó la Ley de Control de la Contaminación del Agua (*Water Pollution Control Act*) de 1948 en respuesta a la creciente preocupación de la gente acerca de la contaminación del agua. Cuando se modificó la ley, en 1972, se hizo conocida como Ley de Agua Limpia (*Clean Water Act*, CWA). Estableció la estructura básica para regular las descargas de contaminantes a las aguas de los EE. UU. Los cuatro principios rectores de esta ley son:

1. Nadie tiene derecho a contaminar las aguas de los EE. UU.; por lo tanto, se exige un permiso para descargar cualquier contaminante;

2. Los permisos limitan los tipos y las concentraciones de contaminantes que se pueden descargar y las infracciones a los permisos pueden ser castigadas con multas y prisión;
3. Algunos permisos industriales exigen que las empresas utilicen la mejor tecnología de tratamiento disponible con prescindencia de la capacidad asimilativa del agua receptora; y
4. Los límites para los contaminantes que incluyan un tratamiento de un nivel superior a los basados en la tecnología, tratamiento secundario (para municipalidades) o la mejor tecnología viable (para las industrias) se basan en estándares de calidad del agua para cuerpos de aguas específicos. Los estándares basados en la calidad del agua se establecen para proteger la vida acuática, los suministros aguas abajo y otros usos, como la agricultura y la recreación.

El objetivo principal de la Ley de Agua Limpia es restablecer y conservar la integridad química, física y biológica de las aguas de los EE. UU. La Ley de Agua Limpia estableció dos metas nacionales: lograr para 1983 que las aguas sean aptas para la pesca y la natación (en donde fuera posible) y eliminar todas las descargas contaminantes en aguas navegables para 1985. Las modificaciones realizadas a esta ley en 1981 y en 1987 reafirman la importancia de lograr estas metas y les otorgan a los estados la responsabilidad principal de implementar la Ley de Agua Limpia por medio del sistema de permisos establecido en el artículo 402.

Cualquiera que descargue contaminantes en las aguas de los EE. UU. debe poseer un permiso conforme al Sistema Nacional de Eliminación de Descargas Contaminantes (*National Pollutant Discharge Elimination System*, NPDES). En algunos estados, los permisos de descarga son emitidos por la Agencia de Protección Ambiental (*Environmental Protection Agency*, EPA) de los EE. UU. Algunos estados tienen primacía, lo que significa que la EPA de los EE. UU. ha delegado su autoridad para emitir los permisos de descarga a los estados. Estos permisos se rigen por el Sistema Estatal de Eliminación de Descargas Contaminantes (*State Pollution Discharge Elimination System*, SPDES). Los descargadores que no posean permisos y los que excedan los límites de sus permisos infringirán la ley y recibirán sanciones civiles, administrativas o penales. En la tabla 1.2 se detallan las sanciones penales federales máximas (título 18, Código de los Estados Unidos, artículo 1001). Las sanciones federales detalladas en la tabla 1.2 rigen cuando una persona con conocimiento e intencionalmente falsifica, oculta o cubre una infracción al permiso o realiza una manifestación falsa sobre la infracción a un permiso con declaraciones fraudulentas. El sistema de permisos depende del monitoreo propio y de la presentación de informes precisos. Además de las sanciones federales, cada uno de los estados puede imponer sus propias sanciones civiles, administrativas o penales. Debe destacarse que las agencias federales y estatales comprenden que las WRRF en ocasiones pueden obtener resultados no deseados en sus procesos e infringir permisos de descargas. Una infracción a un permiso de descargas en general no resulta en una multa o sanción excepto que el descargador sea un infractor recurrente o intencional. Es importante que los operadores revelen completamente cualquier infracción, sus razones y la manera en la que se evitará que ocurra nuevamente en el futuro.

Las *concentraciones de contaminantes* habitualmente se expresan en µg/L (partes por mil millones) o mg/L (partes por millón). La carga másica es la cantidad total de contaminantes en kilogramos o libras.

Los permisos conformes al NPDES o al SPDES en general especifican la ubicación de la descarga, los caudales de descarga permitidos, las *concentraciones (cargas másicas) de contaminantes* permitidas en la descarga, los límites de la zona de mezcla (si la hubiera) y los requisitos de muestreo, monitoreo y presentación de informes específicos de la instalación. El permiso también incluirá la capacidad de tratamiento de la WRRF en términos de caudal y carga orgánica. La mayoría de los permisos de descarga exige que la WRRF se encuentre en etapa de planificación

Tabla 1.2 Sanciones federales máximas por infracciones al permiso de descarga

Tipo de infracción		Multa federal máxima (US$/día por infracción)	Prisión (Años)
Negligente*	La infracción tuvo lugar debido a una acción (o inacción) del operador no consistente con los estándares industriales. En otras palabras, la infracción no fue intencional, pero fue consecuencia de malas prácticas operativas.	US$25 000	1
Con conocimiento*	La infracción fue el resultado directo de una acción (o inacción) por parte del operador aún a sabiendas de que resultaría en una infracción al permiso.	US$50 000	3
Riesgoso con conocimiento*	La infracción fue el resultado directo de una acción (o inacción) por parte del operador a sabiendas de que 1) resultaría en una infracción al permiso 2) tendría un efecto negativo en el medio ambiente.	US$250 000	15

*Los términos *infracción negligente*, *infracción con conocimiento* y *riesgoso con conocimiento* no están explícitamente definidos en la Ley de Agua Limpia.

de la próxima expansión cuando la carga o el caudal mensual alcance el 80 % de la capacidad permitida y que se encuentre en construcción cuando la carga o el caudal mensual alcance el 95 % de la capacidad permitida. Antes de poder ser descargadas a las aguas de los EE. UU., las aguas residuales municipales deben recibir tratamiento secundario, o un tratamiento más riguroso si fuera necesario, para cumplir con los estándares de calidad de agua. Los estándares de tratamiento secundario se muestran en la tabla 1.3 (40 CFR § 133.102). El *pH* del efluente debe mantenerse entre 6.0 y 9.0 unidades estándar (*standard units*, SU). Cuando se establecen los requisitos del permiso para una WRRF, el organismo regulador debe considerar los siguientes factores además de los requisitos regulatorios mínimos:

El pH se expresa en unidades estándar (SU) y es el logaritmo negativo de la concentración del ion hidrógeno. El pH se describe en más detalle en el capítulo 2.

1. Prevenir enfermedades,
2. Evitar molestias,
3. Proteger los suministros de agua potable,
4. Conservar el agua,
5. Mantener las aguas navegables,
6. Proteger las aguas para la natación y los usos recreativos,
7. Mantener hábitats saludables para los peces y otras formas de vida acuática y
8. Preservar las aguas impolutas para proteger los ecosistemas.

La EPA de los EE. UU. define la *interferencia* como una descarga que inhibe o perturba la WRRF, sus procesos de tratamiento u operaciones, o sus procesos, su utilización o su disposición de lodos y, por lo tanto, causa infracciones a algún requisito del permiso de descarga de la WRRF.

Las solicitudes de permisos y los informes exigidos deben estar firmados por una persona con autorización estatal y cargo de responsabilidad, un funcionario ejecutivo principal o un funcionario electo de jerarquía. Según 40 CFR 122.22, todos los permisos e informes presentados por una corporación deben estar firmados por un funcionario responsable, los presentados por una sociedad o por una empresa unipersonal deben estar firmados por uno de los socios, y los presentados por un organismo gubernamental municipal, estatal, federal u otro deben estar firmados por un funcionario ejecutivo principal o un funcionario electo de jerarquía.

Las instalaciones de recuperación de recursos hídricos que estén diseñadas para tratar 19 000 m^3/d (5 mgd) o más (y las más pequeñas con *interferencias* o problemas de atravesamiento) deben establecer programas de pretratamiento para regular los residuos industriales y otros residuos no domésticos descargados en las alcantarillas. Un programa de pretratamiento permite a una WRRF emitir permisos de descarga a usuarios comerciales e industriales en su área de servicio. Un usuario industrial que descarga aguas residuales en las alcantarillas se denomina *descargador indirecto*. Una WRRF o un usuario industrial que descarguen aguas residuales tratadas directamente al flujo receptor se denominan *descargador directo*. Los descargadores directos obtienen el permiso de la EPA de los EE. UU. o un ente estatal (consulte la figura 1.2). Los descargadores indirectos obtienen el permiso de la WRRF que recibe sus aguas residuales.

Si una WRRF no está diseñada para eliminar un contaminante en particular de un *descargador indirecto*, o si una cantidad lo suficientemente grande de un contaminante en particular ingresa a la WRRF, puede "pasar de largo" por el proceso de tratamiento de manera parcial o completamente sin tratar. El programa de pretratamiento ayuda a evitar que estos contaminantes ingresen a la WRRF.

La Ley de Agua Limpia autoriza a la EPA de los EE. UU. a regular la descarga de químicos tóxicos al medio ambiente. También manifiesta que la política de los EE. UU. es prohibir la descarga de cantidades tóxicas de estos contaminantes. Los tóxicos solubles pueden presentar una amenaza para la salud humana si se encuentran en el agua utilizada para beber o nadar. Los tóxicos no solubles pueden ser incorporados a los sedimentos y pueden ser consumidos por la vida acuática, y por ende ingresar a la cadena alimenticia humana (por medio de la *bioacumulación*).

La *bioacumulación* es un aumento gradual de un contaminante dentro de un organismo. El contaminante es recogido más rápido de lo que puede ser procesado y eliminado. La bioaumentación puede concentrar aún más contaminantes a lo largo de la cadena alimenticia. Las algas pueden bioacumular selenio. Los peces pequeños comen las algas y el selenio se traslada a los peces; sin embargo, debido a que los peces siguen viviendo y comen muchas algas, la concentración de selenio en el pez será mayor que en las algas. Un pez más grande puede comer al pez más pequeño, lo que aumenta aún más la concentración de selenio. Finalmente, un oso o un ser humano pueden comerse al pez. El selenio se concentra a medida que sube en la cadena alimenticia.

Esta ley actualmente enumera 126 contaminantes prioritarios (40 CFR 423, Anexo A) que deben ser controlados. Estos contaminantes están divididos en cuatro clases: metales pesados y cianuro, compuestos orgánicos volátiles, compuestos orgánicos semivolátiles, y pesticidas y bifenilos policlorados (PCB). Además, algunos compuestos orgánicos no tóxicos presentes en las aguas residuales pueden convertirse en compuestos orgánicos clorados tóxicos, como los trihalometanos, cuando se desinfecta el agua con cloro.

Para determinar si el efluente de una WRRF es tóxico para los seres humanos o para el medio ambiente acuático, se utiliza la prueba de toxicidad del efluente total. Dicha prueba es un bioensayo en el cual se colocan organismos acuáticos sensibles en un recipiente con el efluente y se monitorean durante varios días para observar si sobreviven. Si el efluente es tóxico, los legisladores exigen que el personal de la WRRF reduzca sistemáticamente los compuestos tóxicos mediante una evaluación de reducción de tóxicos y modificaciones adecuadas a la WRRF o al programa de pretratamiento.

Tabla 1.3 Estándares del tratamiento secundario

	Promedio de 30 días, mg/L	Promedio de 7 días, mg/L	Eliminación porcentual mínima
DBO_5	30	45	85 %
$DBOC_5$	25	40	85 %
SST	30	45	85 %

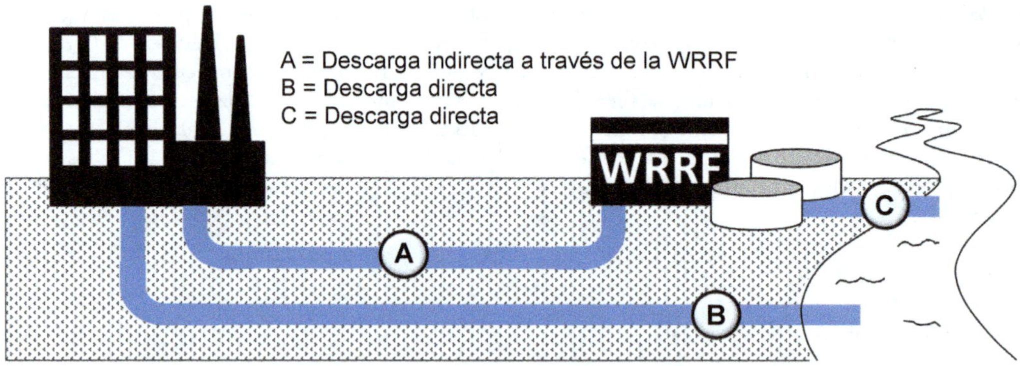

Figura 1.2 Descargadores directos e indirectos (cortesía de Indigo Water Group)

La Ley de Agua Limpia ha ayudado a mejorar enormemente la calidad del agua. Muchos lagos y ríos que se encontraban muy contaminados en la década de 1970, cuando se sancionó la Ley de Agua Limpia, y ahora albergan vida acuática. En la década de 1960, los peores niveles de OD se encontraban entre 1 y 4 mg/L en cursos de agua altamente contaminados; análisis realizados en 1985 y 1986 mostraron que los niveles de OD habían aumentado a entre 5 y 8 mg/L.

COMPROBACIÓN DE CONOCIMIENTOS

1. **La Ley de Agua Limpia fue sancionada en 1972.**
   - ☐ Verdadero
   - ☐ Falso
2. **A todos los descargadores directos se les exige un permiso de descarga.**
   - ☐ Verdadero
   - ☐ Falso
3. **El sistema de permisos de descarga depende de informes propios precisos sobre la calidad del efluente.**
   - ☐ Verdadero
   - ☐ Falso
4. **Un operador será multado y pasará tiempo en prisión si la concentración promedio de sólidos en suspensión en el efluente supera el límite establecido en el permiso de descarga.**
   - ☐ Verdadero
   - ☐ Falso
5. **El informe mensual de monitoreo de descargas debe estar firmado por el representante legal municipal.**
   - ☐ Verdadero
   - ☐ Falso
6. **La EPA de los EE. UU. puede establecer límites para los metales pesados, el cianuro, los compuestos orgánicos volátiles y los pesticidas en los permisos de descarga directa.**
   - ☐ Verdadero
   - ☐ Falso
7. **Una WRRF tiene un límite de DBO_5 promedio mensual de 30 días en su permiso de 30 mg/L. Se recolectaron dos muestras en mayo con resultados de 28 y 36 mg/L. El operador debe:**
   a. Informar solamente el primer resultado para permanecer debajo del límite del permiso.
   b. Calcular el promedio de ambos e informar una infracción al permiso.
   c. Alterar el segundo resultado para que sea de 26 mg/L y después calcular el promedio de ambos.
   d. Volver a su oficina y redactar su currículum.
8. **Los estándares de tratamiento secundario establecen límites para efluentes para estos parámetros:**
   a. DBO_5, $DBOC_5$, SST y pH
   b. FOG, DBO_5 y SST
   c. Nitrógeno y fósforo
   d. Organismos patógenos
9. **La empresa ABC fabrica neumáticos en la ciudad Metropolitana. Toda el agua del proceso que genera se descarga en las alcantarillas y se envía a la instalación de recuperación de recursos hídricos (WRRF) de la ciudad. ¿Qué clase de descargador es la empresa ABC y quién emite su permiso de descarga?**
   a. Directo, EPA de los EE. UU.
   b. Indirecto, el estado
   c. Indirecto, EPA de los EE. UU.
   d. Indirecto, la WRRF de la ciudad

Metas de tratamiento

Las instalaciones de recuperación de recursos hídricos pueden estar diseñadas y operadas para eliminar la DBO y los SST, para convertir el amoníaco en nitrato o el nitrato en gas nitrógeno, o para eliminar el fósforo. Se necesitan grupos específicos de bacterias para eliminar el amoníaco, el nitrato y el fósforo. En otros capítulos se detallan las

Tabla 1.4 Procesos básicos de tratamiento de aguas residuales

Físicos	Biológicos	Químicos
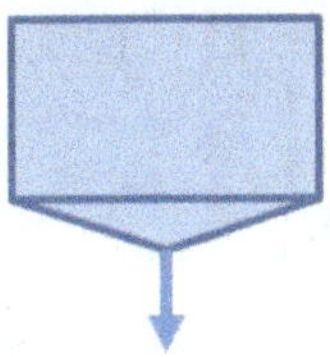	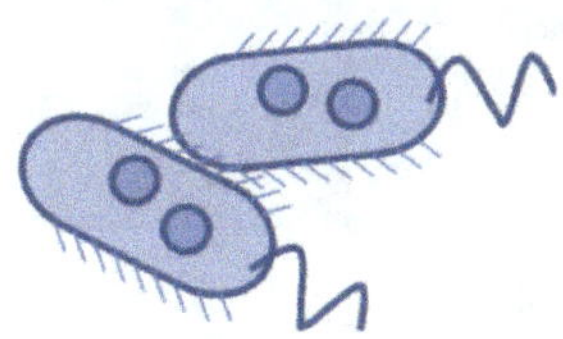	
Los procesos de tratamiento físicos separan de manera mecánica los sólidos grandes de las aguas residuales. Las rejas con frecuencia constituyen la primera etapa en una WRRF. Hay distintos tipos de rejas, con abertura pequeñas de unos poco milímetros o grandes de hasta 5 cm (2 in). Las rejas eliminan trozos de tela, palos y otros desechos grandes. Las partículas demasiado pequeñas como para ser atrapadas por las rejas pero más pesadas que el agua pueden sedimentarse mediante la gravedad. La separación por gravedad se produce en tanques grandes inactivos, incluidos los depósitos para arena, los clarificadores primarios y los clarificadores secundarios. Lo opuesto a la separación por gravedad es la flotación. Algunos tipos de sólidos pueden ser eliminados de las aguas residuales mediante la creación de una cortina de burbujas de aire comprimido en el fondo del tanque. Las burbujas transportan el material flotante hacia la parte superior del tanque, donde se elimina mediante el proceso de desnatación. La filtración es otro tipo de proceso de tratamiento físico.	Cuando las aguas residuales se descargan en sistemas naturales como ríos, lagos y pantanos, las bacterias y otros organismos utilizan la materia orgánica y los nutrientes en las aguas residuales como alimento. Estos contaminantes se convierten en más bacterias, dióxido de carbono, agua y otros subproductos. En tanto no se supere la capacidad asimilativa del sistema natural, estos sistemas naturales son capaces de tratar nuestros residuos. La mayoría de los sistemas de tratamiento natural no cuenta con poblaciones bacterianas lo suficientemente grandes ni con suficiente oxígeno para tratar grandes cantidades de residuos rápidamente. Las instalaciones de recuperación de recursos hídricos utilizan las mismas bacterias y los mismos organismos para descomponer los residuos. El proceso se acelera mediante la concentración de la cantidad de bacterias disponibles para hacer el trabajo, el agregado de más oxígeno que el que estaría disponible en un sistema natural y manteniendo las temperaturas del tratamiento lo más cálidas posibles.	Se utilizan químicos en el tratamiento de las aguas residuales con distintos propósitos, que incluyen: 1. Hidróxido de sodio (soda cáustica) o compuestos de carbonato/bicarbonato de sodio (sosa anhidra) para regular el pH o la alcalinidad de las aguas residuales. 2. Cloruro férrico para el control de olores; 3. Alumbre o compuestos de aluminio para coagular sólidos y hacer que las partículas se unan para facilitar la eliminación; 4. Cloruro férrico, alumbre u otras sales de hierro o aluminio para eliminar el fósforo; 5. Gas cloro o blanqueador para desinfectar las aguas residuales tratadas; 6. Bisulfito de sodio, dióxido de azufre y otros químicos para eliminar el cloro antes de devolver las aguas residuales tratadas al medio ambiente y 7. Polímeros para la floculación y para espesar y deshidratar biosólidos.

características de los diferentes microorganismos y las reacciones biológicas necesarias para lograr cada uno de estas metas. También se pueden diseñar y operar instalaciones de recuperación de recursos hídricos para recuperar recursos valiosos como agua reciclada, biosólidos, biogás, calor, electricidad, nitrógeno y fósforo. Las siguientes secciones abordarán algunas de las metas del proceso para cada uno de los objetivos de diseño citados anteriormente.

Procesos básicos de tratamiento de aguas residuales

Los procesos de tratamiento de aguas residuales se pueden agrupar en tres grandes categorías: tratamiento físico, tratamiento biológico y tratamiento químico (consulte la tabla 1.4). La mayoría de las WRRF usa una combinación de los tres.

Procesos de tratamiento de líquidos

El tratamiento de aguas residuales es un proceso con múltiples etapas diseñado para limpiar el agua y proteger los cuerpos de agua naturales. Las instalaciones de recuperación de recursos hídricos pueden incluir tratamiento preliminar, tratamiento primario, tratamiento secundario, tratamiento terciario o desinfección, como se muestra en la instalación de lodo activado de ejemplo descrita en la figura 1.3. La mayoría de las WRRF también tienen instalaciones de procesamiento de sólidos que estabilizan aún más los materiales eliminados de las aguas residuales que ingresan. En este ejemplo se muestra un digestor anaerobio; sin embargo, las instalaciones más pequeñas en general utilizan digestores aerobios. Los sectores de tratamiento de líquido y sólidos de una WRRF interactúan, ya que los sólidos y los líquidos se reciclan entre ellos. Una WRRF en particular puede tener una o más de estas etapas de tratamiento. Hay una enorme diferencia entre los procesos utilizados por distintas WRRF, en parte porque se han ido construyendo a lo largo de más de 100 años, pero también porque los requisitos de tratamientos pueden variar de acuerdo con la ubicación de la instalación. Una WRRF que descarga un gran volumen de aguas residuales tratadas en un pequeño arroyo impoluto donde hay truchas tendrá límites de

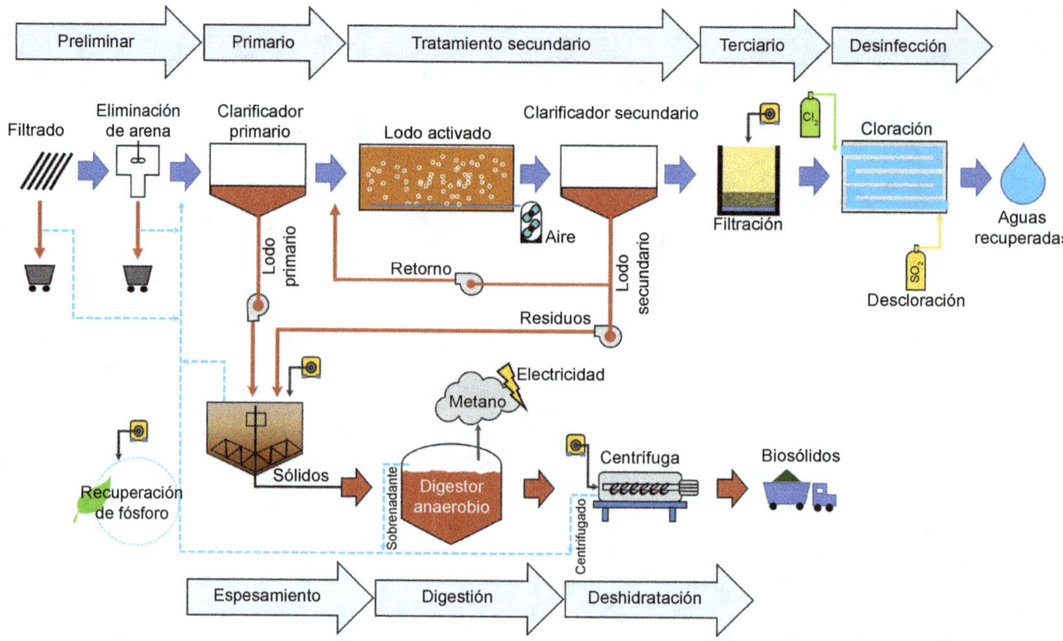

Figura 1.3 Descripción general del proceso de tratamiento (cortesía de Indigo Water Group)

amoníaco más rigurosos en su permiso de descarga que una instalación de tamaño similar que descargue en el punto de vuelco de un océano o un gran río.

RED DE ALCANTARILLADO

Una red de alcantarillado es una red de tuberías, conductos, túneles, equipos y accesorios utilizados para recolectar, transportar y bombear aguas residuales. Habitualmente, las aguas residuales fluyen por la red a través de alcantarillados por gravedad convencionales, diseñados de tal manera que el tamaño y la inclinación de cada tubo mantendrá el curso hacia el punto de descarga sin necesidad de bombear. Las estaciones elevadoras y las estaciones de bombeo se utilizan para mover las aguas residuales cuando no es posible hacerlo por gravedad. Las líneas sujetas a presión de bombeo se denominan *tuberías de impulsión*.

Hay tres clases principales de sistemas de transporte de aguas residuales municipales: los alcantarillados sanitarios, los alcantarillados pluviales y los alcantarillados combinados. Los alcantarillados sanitarios transportan aguas residuales desde fuentes residenciales, comerciales, institucionales o industriales, así como también pequeñas cantidades de infiltración de aguas subterráneas y afluencias pluviales. Los alcantarillados pluviales transportan escorrentía de aguas pluviales y otras clases de drenajes. Los alcantarillados combinados transportan tanto residuos sanitarios como aguas pluviales.

La clase de red de alcantarillado puede afectar en gran medida las operaciones de la WRRF. Por ejemplo, los caudales altos y las cargas con sedimentos pesados descargados por un sistema combinado durante una tormenta o con posterioridad hacen más dificultoso un tratamiento eficaz. Una afluencia o una infiltración excesivas en un sistema sanitario con escaso mantenimiento pueden tener resultados similares. En climas cálidos, las redes de alcantarillado largas, planas o extensas pueden descargar aguas residuales sépticas de mal olor a la instalación, salvo que se controlen los olores en el trayecto, y también tienen elevados niveles de componentes orgánicos solubles.

Actualmente, las municipalidades rara vez construyen alcantarillas combinadas y la mayoría ha intentado separar las aguas pluviales de las aguas residuales sanitarias. Las modificaciones pueden ser económicas, como exigir a los propietarios de viviendas desconectar los drenajes de los techos de los sistemas de alcantarillados municipales, o pueden ser grandes proyectos de construcción, como cambiar el curso de las aguas pluviales de las alcantarillas sanitarias hacia los arroyos o ríos cercanos.

TRATAMIENTO PRELIMINAR

El tratamiento preliminar habitualmente comienza con la eliminación de materiales más grandes, como madera, cartón, trozos de tela, arena, grasa y natas que podrían dañar equipos o afectar las operaciones aguas abajo. Estos materiales pueden ser eliminados con el agregado de químicos, rejas de barras, rejas, trituradores o cámaras del desarenador. El tratamiento preliminar se realiza en las obras de cabecera de la WRRF. Las obras de cabecera también pueden incluir mediciones de caudal, compensación de caudal, bombeo o control de olores.

En la figura 1.4 se muestra un ejemplo de obras de cabecera en una WRRF. Las obras de cabecera de una WRRF dada pueden tener todos, algunos o ninguno de los procesos unitarios que se muestran en la figura 1.4. Los procesos unitarios individuales también pueden estar dispuestos en un orden diferente, con las mediciones de caudal ubicadas antes de la eliminación del material resultante del filtrado y la arena, por ejemplo. En el ejemplo de las obras de cabecera que se muestra en la figura 1.4, el primer proceso unitario es una reja. Las rejas eliminan los desechos más grandes y pueden tener aberturas tan pequeñas como de unos pocos milímetros o tan amplias como de 5 cm (2 in). En la figura 1.5 se muestra una reja de barras manual con aberturas que tienen una separación de 2.5 cm (1 in). Las rejas deben limpiarse o rastrillarse automáticamente, o debe hacerlo manualmente un operador o una persona de mantenimiento, varias veces por día. Esto evitará que los desechos grandes ingresen a la WRRF, pero puede que aún pasen trozos de tela y materiales fibrosos. Una reja manual con aberturas grandes es a veces denominada una *reja para basura flotante*. Muchos tipos diferentes de rejas se utilizan en el tratamiento de aguas residuales y se analizarán en mayor detalle en el capítulo 3. El segundo proceso unitario es un triturador o molino. El triturador reduce el tamaño de los desechos que pueden pasar a través de la reja. La meta es reducir el riesgo de daños a equipos o procesos aguas abajo y de obturación de los tubos.

En general, a las rejas le siguen los depósitos para arena, que son canales o pequeños tanques donde la velocidad de las aguas residuales se reduce a aproximadamente 0.3 m/s (1 ft/s). Aquí, las partículas más pesadas, como arena, cáscaras de huevo y las partículas orgánicas más pesadas se sedimentan en el fondo del tanque donde pueden ser entonces eliminadas, mientras que las partículas orgánicas más livianas se mantienen en suspensión en las aguas residuales y pasan al siguiente proceso. En la figura 1.6 se muestran dos depósitos para arena paralelos en las obras de cabecera de una WRRF que trata hasta 6057 m^3/d (1.6 mgd) de caudal. Una compuerta deslizante dirige el caudal a un depósito para arena. Puede verse arena acumulada en el fondo del depósito para arena seco. Los depósitos para arena tipo vórtice aumentan la velocidad de un depósito circular para separar las partículas de arena más pesadas de las partículas orgánicas más livianas mediante fuerza centrífuga. El volumen recolectado de material resultante del filtrado y de arena depende en gran medida de la comunidad involucrada y del tipo de equipo de filtrado utilizado. El material resultante del filtrado y la arena se envían normalmente a un relleno sanitario para su disposición.

TRATAMIENTO PRIMARIO

El tratamiento primario se realiza a continuación del tratamiento preliminar. Algunas instalaciones utilizan un proceso de tratamiento primario, como por ejemplo un clarificador primario, para disminuir más la velocidad del agua y eliminar el material orgánico más pesado y otras partículas por gravedad. La grasa y el material flotante se recogen de la superficie del agua y se eliminan mediante el proceso de desnatación. Las aguas residuales permanecen en un clarificador primario durante aproximadamente 2 horas (WEF, 2017). Los clarificadores primarios pueden ser rectangulares, como el que se muestra en la figura 1.7, o circulares, como el que se muestra en la figura 1.8. Es importante tener en cuenta que un clarificador primario solo puede eliminar material sedimentable y flotante, lo que significa que las tasas de eliminación están limitadas por las características de las aguas residuales que ingresan, es decir, los porcentajes de material particulado y soluble. En las aguas residuales domésticas que provienen principalmente de hogares y actividades comerciales livianas como escuelas y tiendas, un clarificador primario puede eliminar de un 60 a un 75 % de los sólidos en suspensión y entre 20 y 35 % del total de DBO_5. Sin embargo, no elimina *sólidos coloidales*, sólidos disueltos, DBO_5 soluble, fósforo soluble o amoníaco. El tratamiento primario mejorado químicamente es un método que aumenta la eficacia de la eliminación de los sólidos en suspensión y la DBO_5.

Los *sólidos coloidales* son partículas con un diámetro de entre 1 y 1000 μm. Son demasiado pequeños como para sedimentarse en el clarificador en el tiempo disponible. Las partículas coloidales se miden con el análisis de sólidos disueltos totales, a pesar de que no están verdaderamente disueltos.

Otro tipo de proceso de tratamiento primario es el espesador de flotación por aire disuelto (*dissolved air flotation thickener*, DAFT). Los espesadores de flotación por aire disuelto agregan aire comprimido en el fondo de un tanque y utilizan la cortina de burbujas resultante para elevar y hacer flotar los sólidos. Son capaces de alcanzar un porcentaje de eliminación de DBO_5 y SST similar a los clarificadores primarios. Los espesadores de flotación por aire disuelto son más comunes en las instalaciones de tratamiento industriales que en las WRRF.

El propósito del clarificador primario o el DAFT es reducir la cantidad de DBO_5 y SST que van al proceso de tratamiento secundario. La reducción de la carga del proceso de tratamiento secundario reduce su tamaño total y la cantidad de energía necesaria para suministrar oxígeno y operar el equipo para el proceso de tratamiento aguas abajo. Generalmente, solo las instalaciones más grandes (con una capacidad mayor a 1900 m^3/d [5 mgd]) poseen clarificadores primarios o DAFT, porque estos procesos habitualmente se utilizan en forma conjunta con la digestión anaerobia para estabilizar los lodos.

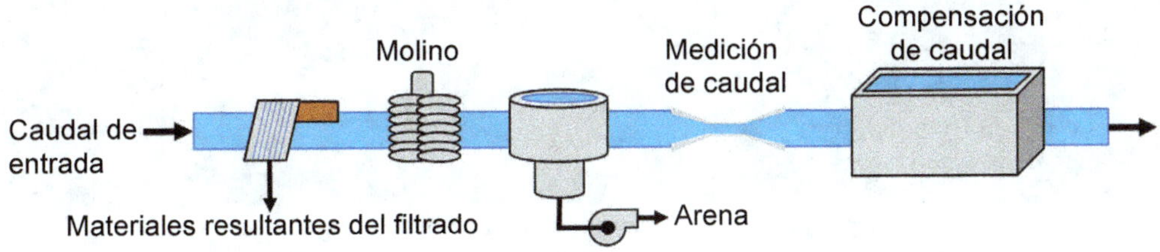

Figura 1.4 Obras de cabecera típicas de una WRRF

Figura 1.5 Reja de barras manual (reimpreso con autorización de Keith Radick)

Figura 1.6 Depósitos para arena paralelos (reimpreso con autorización de Indigo Water Group)

Figura 1.7 Clarificador primario rectangular (reimpreso con autorización de Indigo Water Group)

Figura 1.8 Clarificador primario circular (reimpreso con autorización de Indigo Water Group)

COMPROBACIÓN DE CONOCIMIENTOS

1. **Otro término para molino es triturador.**
   - ☐ Verdadero
   - ☐ Falso
2. **Una reja para basura flotante es una reja de barras manual con aberturas entre las barras inferiores a 5 mm (0.25 in).**
   - ☐ Verdadero
   - ☐ Falso
3. **¿Cuál de los procesos de tratamiento siguientes sería considerado un proceso de tratamiento físico?**
   a. Depósito para arena
   b. Filtro percolador
   c. Desinfección con cloro
   d. Digestión anaerobia
4. **Los alcantarillados sanitarios reciben este tipo de caudal.**
   a. Aguas pluviales
   b. Aguas residuales municipales
   c. Aguas pluviales y aguas residuales municipales
   d. Aguas residuales municipales y aguas residuales industriales
5. **La mayoría de las municipalidades dejaron de construir alcantarillados combinados y están eliminando los alcantarillados combinados existentes por la siguiente razón.**
   a. Los alcantarillados combinados depositan las aguas residuales crudas en ríos y lagos.
   b. Los alcantarillados combinados afectan la operación de la WRRF durante las tormentas y con posterioridad.
   c. Es difícil mantener limpios los alcantarillados combinados, y pueden generar olores.
   d. Los alcantarillados combinados son costosos de construir debido al mayor diámetro de los tubos.
6. **¿Cuál tecnología puede encontrar en las obras de cabecera de una WRRF?**
   a. Medición de caudal
   b. Clarificador primario
   c. Desinfección ultravioleta
   d. Estanque
7. **La velocidad de las aguas residuales que pasan a través de un depósito para arena rectangular debe ser de aproximadamente __________ para permitir que la arena se sedimente y al mismo tiempo las partículas más livianas permanezcan en suspensión.**
   a. 0.15 m/s (0.5 ft/s)
   b. 0.3 m/s (1.0 ft/s)
   c. 0.6 m/s (2.0 ft/s)
   d. 1.5 m/s (5.0 ft/s)
8. **Un clarificador primario puede eliminar:**
   a. DBO_5 soluble
   b. Amoníaco
   c. Sólidos en suspensión totales
   d. Sólidos coloidales
9. **Una WRRF que usa estanques para el tratamiento secundario está equipada con una reja de barras manual con aberturas que tienen una separación de 5 cm (2 in). ¿Qué tipos de desechos captura esta reja con mayor probabilidad?**
   a. Ramas
   b. Trozos de tela
   c. Piedras pequeñas
   d. Papel

TRATAMIENTO SECUNDARIO

Para cuando las aguas residuales alcanzan el proceso de tratamiento secundario, casi todas las partículas más grandes capaces de sedimentarse por sí solas ya fueron eliminadas de las aguas residuales por medio del filtrado, la eliminación de arena o la clarificación primaria. Las partículas que permanecen son muy livianas y no se sedimentan rápidamente por sí solas. Los materiales coloidales inferiores a 1000 μm pueden tardar 2 años o más en sedimentarse. Para que continúe el tratamiento, el tamaño de las partículas remanentes debe ser aumentado para que puedan eliminarse eficazmente. Esto puede realizarse de manera química o biológica. Las instalaciones de recuperación de recursos hídricos con *tratamiento secundario* eliminan por lo menos el 85 % de los SST y la DBO_5 del caudal de entrada, lo que da como resultado concentraciones en el efluente de entre 10 y 30 mg/L. Los procesos de tratamiento secundario también pueden eliminar amoníaco, nitrato y fósforo, a pesar de que, técnicamente, cualquier tratamiento que supere los estándares del tratamiento secundario es considerado tratamiento terciario. El tratamiento secundario es central para el sector de flujo de líquidos de una WRRF y se explica en detalle en los capítulos 5 a 9. En las secciones siguientes se ofrecerán descripciones breves de algunas clases de tratamiento secundario.

Los estándares de *tratamiento secundario* (tabla 1.3) exigen un porcentaje mínimo de eliminación de DBO_5 y SST. Ocasionalmente, una WRRF puede tener dificultades para cumplir con la eliminación del 85 % debido a que las concentraciones de DBO_5 y SST de su caudal de entrada se han diluido con la afluencia y la infiltración.

La mayoría de los procesos de tratamiento secundario incluyen tratamiento biológico (en general, sistemas de crecimiento adherido o en suspensión). En la figura 1.9 se muestran ejemplos de clases de tratamiento secundario; sin embargo, existen otras clases no descritas aquí. Los procesos de tratamiento biológico se destacan por convertir las partículas más pequeñas y el material orgánico biodegradable soluble de las aguas residuales crudas en partículas más grandes y pesadas que después pueden ser separadas del agua tratada por gravedad. Los procesos de tratamiento biológico se basan en un conjunto variado de microorganismos, oxígeno y elementos traza utilizados para tratar

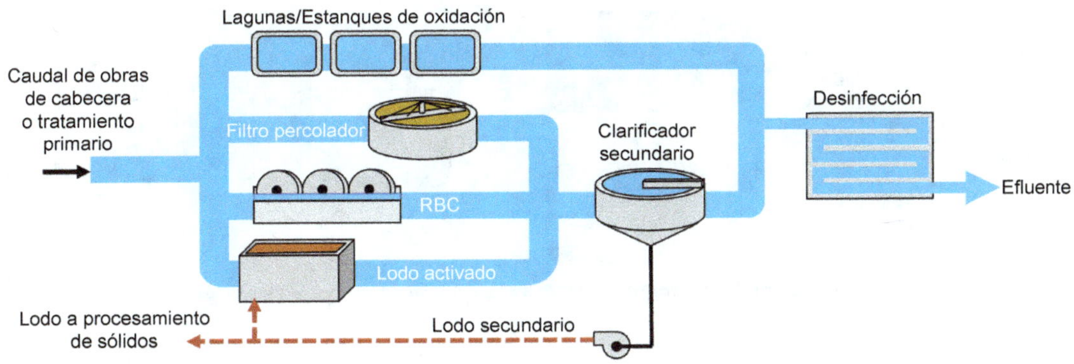

Figura 1.9 Alternativas de tratamiento secundario (reimpreso con autorización de Indigo Water Group)

las aguas residuales. Los microorganismos consumen el material orgánico de las aguas residuales como forma de sustento propio y reproducción. Se encuentran presentes de manera natural en el caudal de entrada y no es necesario agregarlos al proceso de tratamiento. El tratamiento rápido depende de la presencia, en el proceso de tratamiento, de cantidades mayores de microorganismos que las que se encuentran en general en los sistemas naturales.

En los sistemas de crecimiento adherido, como los filtros percoladores, las torres empacadas y los contactores biológicos rotativos, los microorganismos forman una *biopelícula* que se adhiere a los *medios de soporte*. En los sistemas de crecimiento en suspensión, como los estanques y los procesos de lodo activado, los microorganismos se desplazan por las aguas residuales. Los procesos de tratamiento híbridos combinan los procesos de tratamiento biológico de película fija y de crecimiento en suspensión convencional. Los procesos híbridos en general consisten en un medio fijo en el que crecen los microorganismos dentro de un tanque de tratamiento biológico aereado. Una ventaja de los sistemas híbridos es que permiten un tratamiento mayor dentro en un tanque de un tamaño determinado o el mismo nivel de tratamiento en un tanque más pequeño. Es importante recordar que todos los procesos de tratamiento biológicos utilizan los mismos microorganismos y se basan en los mismos principios: convertir partículas pequeñas en partículas más grandes para que puedan ser separadas fácilmente de las aguas residuales tratadas.

La *biopelícula* es la capa de fango que se forma en casi cualquier superficie que está continuamente mojada cuando también hay disponible alimentos y nutrientes.

Los *medios de soporte* les proporcionan a los microorganismos una superficie para colonizar, de manera similar a la capa de fango que se forma en un inodoro o en una ducha que no se limpian con frecuencia. El medio puede ser piedra, hormigón o plástico.

El efluente del proceso de tratamiento secundario contiene altos niveles de sólidos biológicos en suspensión que deben ser eliminados antes de que el efluente reciba mayor tratamiento o sea descargado a un cuerpo de agua receptor. La mayoría de las WRRF utilizan clarificadores secundarios para separar los sólidos del líquido, como se muestra en la figura 1.9, aunque también pueden usarse métodos de flotación, membranas u otros.

ESTANQUES

Los estanques son una de las formas más simples de tratamiento de aguas residuales. Se han utilizado por más de 3000 años y actualmente constituyen aproximadamente el 50 % de todas las WRRF de los EE. UU. (EPA de los EE. UU., 2011). Sin embargo, requieren grandes espacios para la instalación y por ende se encuentran con mayor frecuencia en el medio oeste o el oeste del país, que disponen de mayor cantidad de amplios terrenos asequibles. Los estanques también son más comunes en las comunidades rurales que en las urbanas. Los estanques son fundamentalmente sistemas de tratamiento natural que han sido recreados para aislar el tratamiento de las aguas residuales de los ríos y lagos.

Los sistemas actuales de tratamiento con estanques habitualmente consisten en tres o más estanques separados o celdas interconectadas con tuberías y válvulas, de forma tal que cada uno de los estanques puede quedar fuera de servicio para la limpieza y el mantenimiento sin alterar el funcionamiento de los otros dos. En condiciones de operación normal, funcionan los tres estanques. Se pueden o no filtrar las aguas residuales crudas, o puede eliminarse su arena, antes de dirigirlas al proceso de tratamiento. Los primeros dos estanques de un sistema de estanque pueden ser operados en *serie* o en *paralelo*. Los microorganismos en los primeros dos estanques tratan las aguas residuales entrantes. El tercer estanque es el estanque de sedimentación o afinamiento. El propósito de este estanque es proporcionar una zona quieta en la que puedan sedimentarse los sólidos biológicos generados en los primeros dos estanques. Observe en la figura 1.10 que el sistema de estanques no va a un clarificador secundario. El estanque de sedimentación o el estanque de afinamiento cumplen este propósito. Los estanques pueden estar revestidos con un revestimiento sintético, como el que se muestra en la figura 1.11, o simplemente tener fondos y laterales de arcilla compacta. Este estanque en particular está equipado con pantallas deflectoras para evitar que se produzcan cortocircuitos y que los aereadores flotantes agreguen oxígeno. Muchos sistemas de estanques dependen del viento y de las algas para el suministro de oxígeno, en lugar de usar aereadores mecánicos. Los estanques se describen con mayor detalle en el capítulo 6, junto con otros sistemas de tratamiento natural.

Operación *en serie* significa una después de la otra. Operación *en paralelo* significa en simultáneo.

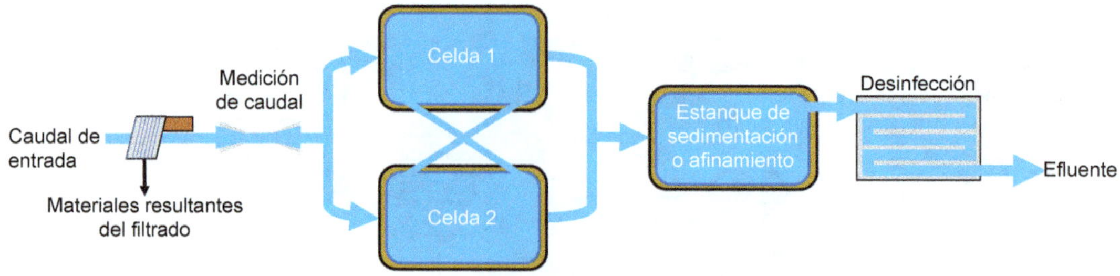

Figura 1.10 Esquema de un estanque (reimpreso con autorización de Indigo Water Group)

LODO ACTIVADO

El proceso del lodo activado puede considerarse un sistema de tratamiento de estanques modificado. Los sistemas de estanques son sistemas de una pasada. El agua ingresa por el extremo frontal del proceso y pasa hasta el final del proceso. Cualquier sólido biológico que se genere en el estanque se sedimenta en el fondo del estanque de afinamiento o queda en el efluente final. En un estanque, la cantidad de microorganismos del que se dispone para el tratamiento es limitada, porque los sólidos pasan la misma cantidad de tiempo en el sistema que las aguas residuales. Los microorganismos no tienen mucho tiempo para reproducirse y aumentar en cantidad. En consecuencia, los estanques tienden a ser grandes en comparación con la cantidad de caudal que tratan. El proceso de lodo activado agrega una línea de reciclado que regresa los sólidos biológicos que sedimentan en el clarificador nuevamente al extremo frontal del proceso. En la figura 1.3 se muestra un ejemplo del proceso de lodo activado. Esta modificación relativamente simple permite mantener los sólidos biológicos en el sistema por más tiempo que las aguas residuales. En consecuencia, la cantidad de microorganismos en el sistema aumenta, lo que significa que se puede realizar un mayor tratamiento en un espacio más pequeño. En un sistema de tratamiento de estanques, las aguas residuales pueden permanecer en los estanques durante apenas 12 días o durante más de 180 días. Con el lodo activado, las aguas residuales permanecen en el sistema de 6 a 24 horas.

En el depósito de lodo activado, las aguas residuales que ingresan reciben una mezcla compleja de bacterias y otros microorganismos que forman una comunidad conocida como *biomasa* o *sólidos en suspensión en el licor mezclado* (*mixed liquor suspended solids*, MLSS). Los operadores con frecuencia hacen referencia a los MLSS como

Figura 1.11 Sistema de tratamiento con estanque con revestimiento sintético (reimpreso con autorización de Indigo Water Group)

los "bichos", que es una breve referencia a las bacterias que intervienen en el proceso. El material orgánico presente en el caudal de entrada de las aguas residuales se convierte en su alimento. A medida que las bacterias consumen el alimento disponible, forman colonias flotantes más grandes llamadas *flóculos* que, en condiciones adecuadas, crecen lo suficiente (*floculación*) y se hacen lo suficientemente pesadas como para poder ser separadas de las aguas residuales tratadas por gravedad. Los sólidos no biodegradables presentes en las aguas residuales crudas también se vuelven parte de las partículas floculadas por medio de la *biofloculación* o son "barridas" del caudal de entrada cuando las partículas floculadas se sedimentan. En la figura 1.12 se muestra una imagen de MLSS tomada con un microscopio con un aumento de 200×. Los flóculos contienen fibras, bacterias, material inerte y otros microorganismos más complejos como la *Vaginicola* que se muestra aquí. Las partículas floculadas individuales tienen un ciclo de vida de formación inicial y crecimiento. A medida que las partículas floculadas envejecen, acumulan bacterias muertas y demás material inerte y aumentan de tamaño. Las colisiones entre flóculos más pequeños forman flóculos más grandes. Mientras más aumenta el tamaño de la partícula floculada, más difícil les resulta a las bacterias en el centro liberarse de productos residuales y acceder a los nutrientes y al oxígeno. Finalmente, el flóculo se rompe en flóculos más pequeños y el ciclo comienza de nuevo. Las concentraciones de flóculos de MLSS en el depósito de lodo activado es generalmente de entre 1200 y 3500 mg/L. Como se muestra en la figura 1.13, todo el depósito se tiñe de marrón con un poco de espuma blanca o clara en la superficie.

La *floculación* es un proceso por el cual se forman partículas más grandes por medio de colisiones que ayudan a que las partículas pequeñas se unan.

La *biofloculación* utiliza una combinación de floculación y conversión biológica y crecimiento para aglomerar partículas más pequeñas en unas más grandes.

En la mayoría de los procesos con lodo activado, los MLSS se transportan a un clarificador secundario y se los deja sedimentar, como muestra la figura 1.9. Para que la etapa de separación resulte eficiente, las partículas floculadas que crecieron en el depósito de aereación deben ser grandes y densas. El proceso de control se basa en producir un MLSS que flocule, sedimente, compacte y asegure que el efluente final cumpla con los requisitos del permiso de descarga (Wahlberg, 2016). Las aguas residuales tratadas y clarificadas salen por la parte superior del clarificador, mientras que los MLSS sedimentan en el fondo formando una capa de lodos denominada *manto*. Los operadores usan una prueba de sedimentación para predecir qué tan bien sedimentarán y se compactarán los MLSS en el clarificador. Una muestra de 2 L de MLSS se revuelve suavemente en un medidor de sedimentación Mallory de boca ancha y se deja sedimentar. La prueba finalizada que se muestra en la figura 1.14 demuestra lo que deseamos lograr en el clarificador secundario: un manto de lodos compacto bien definido con agua completamente transparente por arriba. La mayoría de los MLSS sedimentados en el manto de lodos retornan al proceso de lodo activado en el que se utilizarán para tratar más caudal de entrada de aguas residuales. Este es el lodo activado recirculado. El exceso de MLSS se retira del proceso completamente como lodo activado residual. En un proceso de lodo activado del tipo reactor secuencial por lotes, el tratamiento y la clarificación ocurren en el mismo depósito. El lodo activado se describe con mayor detalle en el capítulo 8.

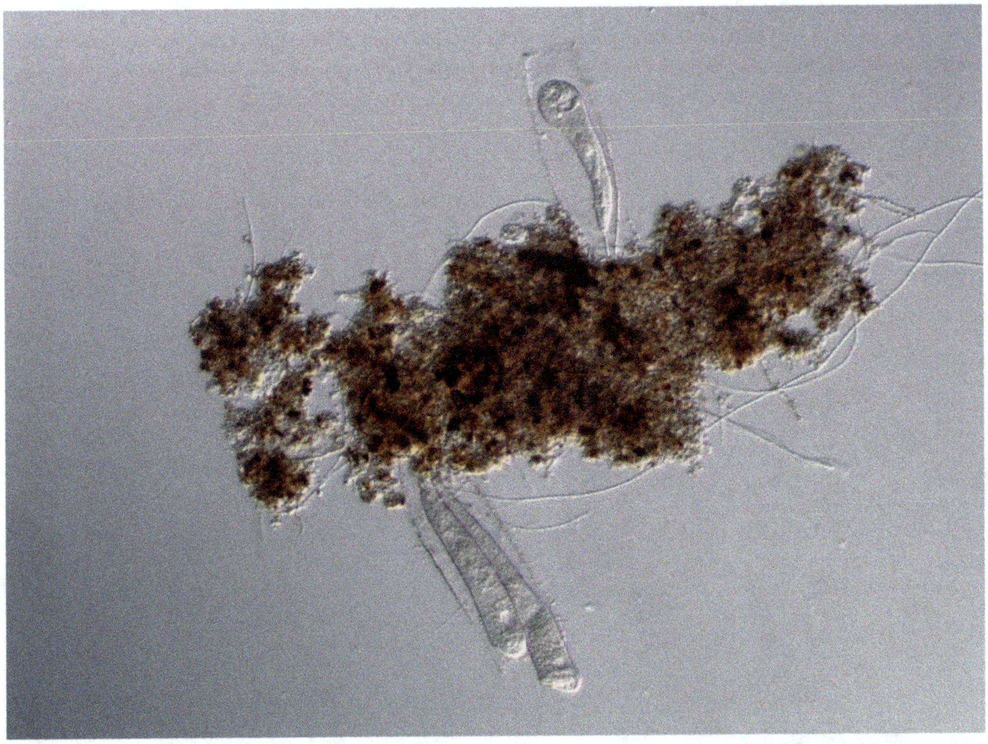

Figura 1.12 Lodo activado con aumento de 200× (reimpreso con autorización de Richard Weigand, CET)

Figura 1.13 Depósito para lodo activado (reimpreso con autorización de Indigo Water Group)

FILTROS PERCOLADORES Y CONTACTORES BIOLÓGICOS ROTATIVOS

Los filtros percoladores y contactores biológicos rotativos (RBC) son procesos de película fija. Utilizan los mismos microorganismos que los estanques y el lodo activado para tratar las aguas residuales, pero los microorganismos crecen adheridos a una superficie. Un filtro percolador consiste en un tanque lleno de algún medio (piedra, plástico, madera, etc.) en el que las bacterias crecen. El medio está contenido en un sistema con drenaje inferior que mantiene al medio dentro del tanque y al mismo tiempo permite que el agua se escurra. El sistema de drenaje inferior también se utiliza para ventilar el medio del filtro percolador. Las aguas residuales se bombean hacia la parte superior del filtro percolador, donde se distribuyen por medio de boquillas rociadoras o un brazo

Figura 1.14 Prueba de sedimentación (reimpreso con autorización de Indigo Water Group)

giratorio, como se muestra en la figura 1.15. El agua percola hacia abajo sobre el medio y hacia el drenaje inferior. Los filtros percoladores no están sumergidos. El agua que percola por el medio ocupa muy poco del espacio total del interior del filtro. El filtro percolador que se muestra en la figura 1.15 está lleno de piedras naturales como medio y tiene una profundidad de aproximadamente 1.5 m (5 ft).

Los contactores biológicos rotativos se usan a gran escala desde mediados de la década de 1970. Consisten en múltiples platos o ruedas apilados de un medio que están sumergidos entre un 30 y un 70 % en aguas residuales (figura 1.16). Las ruedas giran lentamente hacia adentro y hacia afuera de las aguas residuales. Los contactores biológicos rotativos son procesos de película fija en los que los microorganismos forman una biopelícula en el medio. A diferencia de los filtros percoladores, los RBC no necesitan bombeo ni ventilación mecánica. Tanto los filtros percoladores como los RBC producen un exceso de biopelícula que periódicamente se desprende del medio. La biopelícula que se desprende se sedimenta en el fondo del clarificador secundario. En algunas instalaciones, los filtros percoladores y los RBC poseen pequeñas tolvas para recolectar la biopelícula desprendida en lugar de clarificadores. A diferencia del lodo activado, la biopelícula desprendida no regresa a los filtros percoladores o RBC. Se envía al sector de tratamiento de sólidos de la WRRF para que reciba un procesamiento adicional. Los procesos de película fija se describen con mayor detalle en el capítulo 7.

TRATAMIENTOS FÍSICO-QUÍMICOS

Los procesos de tratamiento físicos y químicos se utilizan para eliminar aceites, grasa, metales pesados, sólidos y nutrientes de las aguas residuales. Por ejemplo, el filtrado, la sedimentación y la filtración se utilizan para separar físicamente los sólidos de las aguas residuales. La coagulación química y la precipitación se utilizan para provocar la sedimentación. También se utiliza la coagulación para mejorar la captura y la eliminación de los sólidos coloidales. La adsorción por carbón activado se utiliza para eliminar contaminantes orgánicos. La cloración al breakpoint y el agregado de cal se utilizan para reducir las concentraciones de nitrógeno y fósforo, respectivamente.

Hay una enorme cantidad de tipos de tratamientos secundarios. Los estanques, el lodo activado, los filtros percoladores y los RBC son algunos de los más frecuentes.

TRATAMIENTO AVANZADO DE AGUAS RESIDUALES

Los procesos de tratamiento avanzado de aguas residuales (*advanced wastewater treatment*, AWT) se utilizan en general para reducir aún más las concentraciones de nutrientes (nitrógeno o fósforo) y los químicos orgánicos solubles en un efluente de tratamiento secundario. Estos procesos pueden ser físicos, químicos o biológicos, o una combinación. Por ejemplo, la filtración mediante membranas (microfiltración, ultrafiltración, nanofiltración y ósmosis inversa) se utiliza para eliminar sustancias orgánicas, nutrientes y patógenos de las aguas residuales. Tradicionalmente se utilizaba para el tratamiento de aguas residuales industriales, pero se ha vuelto frecuente en las instalaciones de tratamiento municipales.

Los requisitos de los permisos en general determinan cuáles procesos AWT, si fuera el caso, se utilizan. Las tecnologías de reducción de fósforo separado cada vez son más comunes debido a la imposición de límites más rigurosos en los permisos de descarga. Hay cada vez más requisitos tanto para monitorear como para potencialmente tratar microconstituyentes (a veces llamados *compuestos de preocupación emergente*). Los

Figura 1.15 Filtro percolador (reimpreso con autorización de Indigo Water Group)

Figura 1.16 Contactor biológico rotativo (reimpreso con autorización de Indigo Water Group mediante el distrito de saneamiento de Upper Blue)

microconstituyentes pueden incluir productos farmacéuticos y de cuidado personal que también pueden ser denominados *compuestos disruptores endócrinos*. Esto es de gran interés en lugares donde el efluente de la WRRF puede ser utilizado como agua potable.

DESINFECCIÓN

La desinfección inactiva o destruye bacterias, virus y quistes de protozoos patógenos habitualmente presentes en las aguas residuales. Estos patógenos causan enfermedades transmitidas por el agua, como disentería bacilar, cólera, hepatitis infecciosa, paratifoidea, poliomielitis y fiebre tifoidea. La desinfección no es esterilización. Resultaría muy caro inactivar o destruir cada microorganismo presente en el efluente tratado. La desinfección reduce la cantidad de bacterias y patógenos a niveles seguros para evitar la propagación de enfermedades transmitidas por el agua y proteger el medio ambiente. La mayoría de las WRRF utilizan gas cloro, hipoclorito de sodio (blanqueador) o radiación ultravioleta para desinfectar sus efluentes tratados; sin embargo, estas no son las únicas alternativas disponibles para la desinfección.

La demanda y el interés crecientes en la reutilización de las aguas residuales tratadas para irrigación y otros fines y las modificaciones en los requisitos para los tóxicos, incluido el cloro, para proteger la vida acuática, están cambiando las políticas de desinfección y, por consiguiente, las prácticas de desinfección. Los procesos químicos de desinfección que incluyen cloro históricamente dominaron la industria del tratamiento de aguas residuales. Sin embargo, la preocupación sobre la seguridad del cloro y los requisitos de declorar algunas descargas hicieron que otros métodos de desinfección, como la ozonización y la radiación ultravioleta, se vuelvan más frecuentes. Para la ozonización se utilizan radicales de ozono para destruir las paredes celulares de los patógenos. La radiación ultravioleta incluye la utilización de energía luminosa para destruir el material genético de un organismo. Ambas son más costosas que la desinfección con cloro, pero son alternativas de tratamiento eficaces. Para que la radiación ultravioleta sea eficaz, la luz debe poder atravesar fácilmente las aguas residuales, lo que restringe su aplicación a sistemas con baja turbiedad y baja cantidad de sólidos en suspensión totales en el efluente.

DESCARGA DE EFLUENTE

La calidad del efluente es relevante porque el lugar donde se descarga o la manera en que va a ser reutilizado influyen sobre los requisitos establecidos para el permiso y sobre los procesos de tratamiento necesarios para cumplir con tales requisitos. El efluente de una instalación de recuperación de recursos hídricos puede ser descargado a un cuerpo de aguas superficiales o a un pantano, utilizado para recargar acuíferos subterráneos por medio de la percolación en el suelo o la inyección en pozo profundo, o aplicado a la tierra. Puede ser considerado una fuente de agua alternativa (debido a su contenido de nitrógeno y fósforo) y utilizado para regar campos de golf, parques, invernaderos y granjas. También puede ser el agua fuente de un pantano artificial, al agregar nutrientes que favorezcan el medio ambiente acuático y mejorar, de esa forma, el hábitat de la vida silvestre y las actividades recreativas. Además, las industrias pueden utilizar el efluente como agua de refrigeración o reposición para ciertos procesos químicos.

COMPROBACIÓN DE CONOCIMIENTOS

1. **El tratamiento secundario utiliza químicos o bacterias para aumentar el tamaño de las partículas en las aguas residuales.**
   - ☐ Verdadero
   - ☐ Falso

2. **Las instalaciones de recuperación de recursos hídricos con tratamiento secundario en general eliminan más del 85 % de la DBO_5 y de los SST del caudal de entrada.**
   - ☐ Verdadero
   - ☐ Falso

3. **Los microorganismos de las aguas residuales consumen el material orgánico de las aguas residuales como forma de sustento propio y reproducción.**
   - ☐ Verdadero
   - ☐ Falso

4. **Los sistemas de tratamiento secundario no suelen incluir un clarificador u otros procesos de separación de sólidos después del tratamiento biológico.**
   - ☐ Verdadero
   - ☐ Falso

5. **Los estanques, en general, no tienen revestimiento.**
   - ☐ Verdadero
   - ☐ Falso

6. **Un proceso de lodo activado que funcione correctamente se teñirá de marrón claro a oscuro y tendrá una pequeña cantidad de espuma blanca en la superficie.**
   - ☐ Verdadero
   - ☐ Falso

7. **Un filtro percolador con piedras como medio debe estar completamente sumergido y no debe haber espacio entre las piedras.**
   - ☐ Verdadero
   - ☐ Falso

8. **Los sistemas de tratamiento biológico utilizan los mismos microorganismos que los sistemas naturales, pero están diseñados para disminuir la duración del tratamiento al aumentar la cantidad de microorganismos en el proceso de tratamiento.**
   - ☐ Verdadero
   - ☐ Falso

9. **La desinfección utiliza químicos o luz ultravioleta para esterilizar las aguas residuales tratadas.**
   - ☐ Verdadero
   - ☐ Falso

10. **¿Cuál de los procesos de tratamiento siguientes sería considerado un proceso de tratamiento biológico?**
    - a. Agregado de alumbre para la eliminación de fósforo
    - b. Lodo activado
    - c. Prensa de filtro de banda
    - d. Desinfección ultravioleta

11. **Un sistema de estanques es un tratamiento de este tipo:**
    - a. Primario
    - b. De crecimiento en suspensión
    - c. De crecimiento fijo
    - d. Físico

12. **¿De dónde provienen los microorganismos de los sistemas de estanques, filtros percoladores y lodo activado?**
    - a. Los agrega el operador.
    - b. Están presentes de manera natural en el caudal de entrada de las aguas residuales.
    - c. Se generan espontáneamente a partir de los sólidos en suspensión.

13. **Este término se utiliza para describir el conjunto de microorganismos que crecen o se adhieren a una superficie que sirve de medio como una piedra.**
    - a. Flóculos
    - b. Fango
    - c. Biopelícula
    - d. Algas

14. **En un sistema de tratamiento con estanques, ¿cuál es el propósito del último estanque de la serie?**
    - a. Aumentar el riesgo de cortocircuitos
    - b. Eliminar los sólidos biológicos producidos en los primeros dos estanques
    - c. Calentar las aguas residuales antes de la descarga
    - d. Actuar como clarificador primario o depósito para arena

15. **¿Cuál es la diferencia principal entre un sistema de tratamiento con estanques y un sistema de lodo activado?**
    - a. El de lodo activado recicla los sólidos sedimentados transportándolos hacia el comienzo del proceso.
    - b. Los sistemas de tratamiento con estanques utilizan bacterias especializadas que toleran el frío.
    - c. Los sistemas de lodo activado utilizan algas para el tratamiento.
    - d. Los sistemas de tratamiento con estanques dan mejores resultados a mayores alturas.

16. **En lo referente al sistema de lodo activado, ¿cuál de las siguientes afirmaciones es FALSA?**
    - a. El lodo activado necesita menos tiempo para tratar las aguas residuales que los estanques.
    - b. El sistema de lodo activado es un proceso biológico de crecimiento en suspensión.
    - c. El sistema de lodo activado utiliza hongos para tratar las aguas residuales.
    - d. El sistema de lodo activado conserva los sólidos biológicos por más tiempo que las aguas residuales.

17. **Un ejemplo de proceso de tratamiento con película fija es**
    - a. Lodo activado
    - b. Estanque
    - c. Contactor biológico rotativo
    - d. Clarificador

18. ¿Cuáles dos métodos de desinfección se utilizan con mayor frecuencia en las WRRF domésticas?

a. Ozono y cloro
b. Cloro y luz ultravioleta
c. Blanqueador y ozono
d. Luz ultravioleta y hervido

19. Una el proceso unitario con su lugar en el sector de tratamiento de líquidos.

1. Red de alcantarillado — a. Pretratamiento
2. Depósito para arena — b. Tratamiento primario
3. Clarificador primario — c. Desinfección
4. Lodo activado — d. Tratamiento preliminar
5. Agregado de cloro — e. Tratamiento secundario

20. Una con una línea el tipo de tratamiento de líquidos con su meta.

1. Tratamiento preliminar — a. Reducir la cantidad de bacterias y patógenos
2. Tratamiento primario — b. Aumentar el tamaño de las partículas para la etapa de separación
3. Tratamiento secundario — c. Proteger los equipos aguas abajo
4. Tratamiento terciario — d. Eliminar el nitrógeno y el fósforo
5. Desinfección — e. Disminuir el tamaño y el costo del tratamiento secundario

El *lodo* abarca todo el material sólido (natas, sólidos sedimentados y material flotante) que se elimina de las aguas residuales durante el tratamiento.

Biosólidos hace referencia a los sólidos estabilizados que han sido completamente tratados y cumplen con los criterios regulatorios. Los biosólidos pueden ser reutilizados de manera beneficiosa para corrección de suelo y como fertilizante o pueden enviarse a un relleno sanitario.

Materiales residuales hace referencia al material sólido remanente después de completado el tratamiento de líquidos.

Procesos de tratamiento de sólidos

El material sólido que se elimina en los procesos de flujo de líquidos se transfiere al sector de tratamiento de sólidos de la WRRF para un procesamiento adicional. Los proceso de estabilización de lodos transforman *los lodos* en *biosólidos* mediante la reducción del porcentaje de material orgánico, los olores, los patógenos y las toxinas biodegradables y, además, la unión de metales pesados con los sólidos inertes para que no se filtren a las aguas subterráneas. Los biosólidos resultantes pueden ser reutilizados de manera beneficiosa o desechados de forma segura. Los procesos de tratamiento de sólidos típicos incluyen espesamiento, estabilización, digestión, estabilización química, compostaje, deshidratación, secado por calor e incineración. Estos procesos se describen brevemente a continuación. Un ejemplo de proceso de tratamiento de sólidos se muestra en la figura 1.17. Una WRRF específica puede tener algunos, todos o ninguno de estos procesos. De manera similar a lo que ocurre con el sector de tratamiento de líquidos de la WRRF, cada uno de los procesos de tratamiento de sólidos puede llevarse a cabo con una variedad de tecnologías diferentes.

TIPOS DE MATERIAL RESIDUAL

Los materiales residuales de las aguas residuales incluyen lodos primarios, lodos secundarios y lodos químicos, así como también material resultante del filtrado, arena, natas y cenizas. En general, el material resultante del filtrado y la arena se depositan en rellenos sanitarios. Los lodos primarios consisten en sólidos orgánicos e inorgánicos no procesados (crudos). Es material que fue separado de las aguas residuales crudas, en general por gravedad, pero que no ha recibido un tratamiento adicional. Los lodos primarios en general tienen

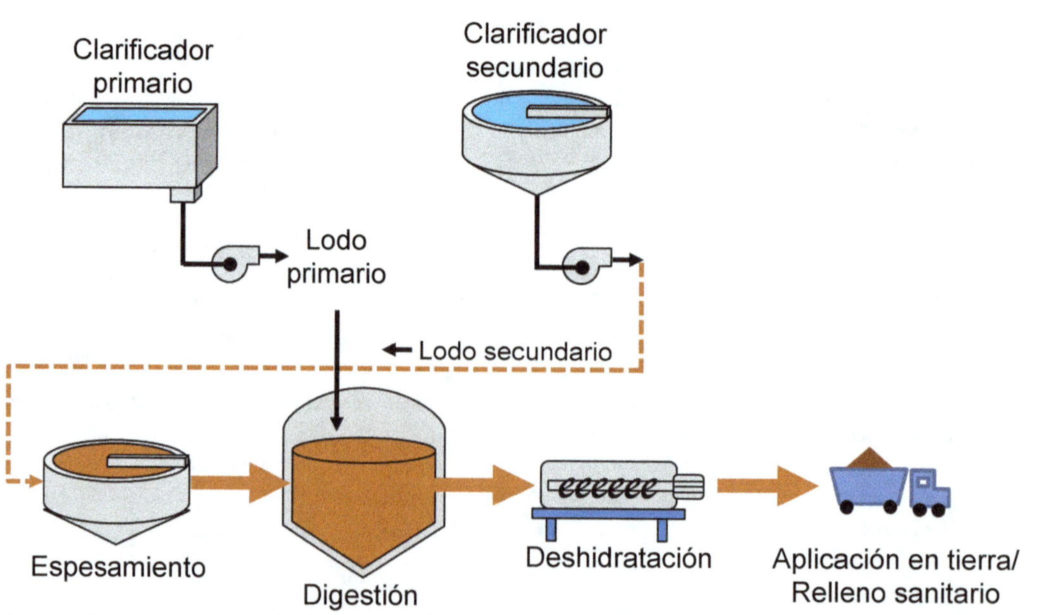

Figura 1.17 Esquema general del proceso de flujo de sólidos (reimpreso con autorización de Indigo Water Group)

concentraciones de sólidos de 2 a 6 % cuando se los retira de los clarificadores primarios. Los lodos secundarios (biológicos) están compuestos en gran medida por microorganismos que crecieron durante el tratamiento secundario. Los lodos secundarios en general tienen una concentración de sólidos menor al 1 % y con frecuencia pasan por un proceso de espesamiento antes de recibir otro tratamiento. En algunos procesos de lodo activado, el lodo secundario regresa al clarificador primario, donde se sedimenta y se espesa junto con el lodo primario. La concentración y las características de los lodos químicos dependen de los químicos utilizados para el tratamiento (alumbre, sales ferrosas o cal). El lodo químico se genera en las WRRF que cuentan con tratamiento terciario, como por ejemplo eliminación de fósforo.

REQUISITOS REGULATORIOS PARA BIOSÓLIDOS

El uso o el método para la disposición de materiales residuales dependen de cuánto tratamiento recibieron. Los materiales residuales combustibles, como los materiales resultantes del filtrado, pueden ser incinerados o depositados en rellenos sanitarios. Los materiales residuales no combustibles, como la arena, en general se depositan en rellenos sanitarios. Los lodos primarios y secundarios pueden tratarse o descomponerse aún más mediante diversas tecnologías de tratamiento diferentes para producir biosólidos. Los biosólidos pueden utilizarse para corrección del suelo (aplicación en la tierra), colocarse en un depósito superficial, incinerarse o depositarse en un relleno sanitario. Aproximadamente un 50 % de todos los biosólidos producidos en los Estados Unidos es reutilizado de manera beneficiosa como aplicación en tierra (EPA de los EE. UU., 2016). La aplicación en tierra se realiza esparciendo los biosólidos en la superficie del suelo o inyectándolos en el suelo. El material, que agrega materia orgánica y nutrientes al suelo, debe cumplir con los estándares Clase A o Clase B para ser aplicado en tierra.

La EPA de los EE. UU. regula todos los biosólidos que son aplicados en tierra, incinerados o desechados en superficie conforme al título 40 del Código de Regulaciones Federales (*Code of Federal Regulations*, CFR), Parte 503 (58 FR 9248-9415). A este conjunto de normas se lo denomina *regulaciones 503*. Los lodos que se utilizan para relleno sanitario junto con otros residuos están regulados por 40 CFR 258. Los estados con frecuencia tienen sus propias regulaciones que rigen el uso y la disposición de biosólidos; sin embargo, las regulaciones estatales nunca pueden ser más indulgentes que las regulaciones federales. Las regulaciones locales pueden ser más rigurosas que los requisitos federales. Los permisos para biosólidos se emiten para generadores y para aplicadores en tierra. El personal de una instalación de recuperación de recursos hídricos debe evaluar la disponibilidad de tierra local, la aceptación pública y las limitaciones de transporte antes de seleccionar una alternativa de uso o disposición.

Las regulaciones 503 establecen requisitos para la reducción de patógenos, definen dos clasificaciones principales de biosólidos (Clase A y Clase B), establecen límites para los metales y compuestos orgánicos en los biosólidos, y establecen requisitos para la reducción de atracción de *vectores*. Algunos de estos requisitos se enumeran en la tabla 1.5. Los biosólidos Clase A necesitan mayor estabilización para reducir los patógenos por debajo de los límites detectables, pero pueden ser comercializados y puestos a disposición del público o aplicados en tierra sin restricciones concernientes a patógenos. Los biosólidos Clase B pueden ser aplicados en tierra en terrenos privados sin acceso al público. Tanto los biosólidos Clase A como los Clase B pueden utilizarse para corrección del suelo y como fertilizantes para cultivos. Este tipo de reciclaje de biosólidos se denomina reutilización beneficiosa. Las regulaciones 503 también contienen normas y pautas que rigen la cantidad de biosólidos que pueden ser aplicados en tierra y el lugar en que pueden ser aplicados. Por ejemplo, los biosólidos no pueden ser aplicados en tierras cercanas a ríos o arroyos, debido a la probabilidad de que se escurran hacia el agua cuando llueve o nieva.

Un *vector* transfiere patógenos de un lugar a otro. Algunos ejemplos de vectores son las ratas, los pájaros y otros animales que puedan rodar o cavar en los biosólidos y después transportar esos biosólidos a otros lugares en su pelaje o plumas. Gran parte de la estabilización de sólidos consiste en reducir el contenido orgánico de los biosólidos para que no resulten atractivos como fuente de alimento para la vida silvestre.

ESPESAMIENTO

Los procesos de espesamiento eliminan agua para reducir el volumen del lodo líquido, pero el material conserva las características de un líquido (por ej., fluye). El lodo espesado habitualmente contiene entre un 1.5 y un 8 % de sólidos. El espesamiento busca reducir el volumen del lodo a fin de reducir los procesos de tratamiento, almacenamiento y acarreo, y los equipos y costos.

Tabla 1.5 Definiciones regulatorias de los biosólidos Clase A y Clase B

	Clase A	Clase B
Bacterias coliformes fecales, cant./gramos de los sólidos totales	1000	2 000 000
Salmonela, cant./gramos de los sólidos totales	4	
Técnica de tratamiento	Proceso para reducir aún más los patógenos (*process to further reduce pathogens*, PFRP)	Proceso para reducir de manera significativa los patógenos (*process to significantly reduce pathogens*, PSRP)
Requisito de reducción de atracción de vectores	Debe cumplirse	Debe cumplirse

El *espesamiento* ocurre antes de la estabilización y la deshidratación ocurre después de la estabilización. El espesamiento y la deshidratación utilizan muchas tecnologías en común. La precisión en la terminología permite a los profesionales en aguas residuales saber de qué parte del proceso están hablando.

Hay tres tipos de *espesamiento*:

1. Preespesamiento (espesamiento anterior a la estabilización y la deshidratación),
2. Postespesamiento (espesamiento posterior a la estabilización pero anterior a la utilización beneficiosa), y
3. Espesamiento recuperativo (espesar los biosólidos y regresarlos al proceso de estabilización).

Los procesos de preespesamiento incluyen espesadores por gravedad, DAFT, centrífugas, espesadores de banda por gravedad y espesadores con tambor rotativo. Los espesadores por gravedad funcionan mejor con lodos primarios y químicos, y no funcionan bien con lodos combinados. Los espesadores de flotación por aire disuelto se utilizan generalmente para espesar lodos secundarios y también se pueden utilizar para espesar de manera conjunta una mezcla de lodos primarios y secundarios. Los espesadores mecánicos, como las centrífugas, los espesadores de banda por gravedad y los espesadores con tambor rotativo, se utilizan con toda clase de lodos. Eliminan más agua de los lodos que un espesador por gravedad o un DAFT. El agua eliminada durante el espesamiento se envía nuevamente al sector de tratamiento de líquidos de la WRRF a un punto anterior al tratamiento biológico pero posterior al monitoreo del caudal de entrada.

En la figura 1.18 se muestran imágenes del exterior y el interior de un espesador con tambor rotativo. Esta es una de las diversas tecnologías que se pueden utilizar para espesar y deshidratar. Un espesador con tambor rotativo consiste en una reja fina o un filtro trómel en el lateral. El lodo se mezcla con una pequeña cantidad de polímeros para ayudar a que las partículas en el lodo se unan y formen partículas más grandes. La mezcla de lodo y polímeros después se vierte en un extremo del filtro trómel. La reja del filtro trómel rota lentamente a una velocidad aproximada de entre 5 y 20 rpm haciendo girar el lodo suavemente, lo que permite al agua libre drenar del lodo. Un tornillo interno u otro dispositivo a lo largo del tambor transporta el lodo hacia el conducto de descarga. Se aplica agua de lavado tanto dentro como fuera del tambor de manera periódica para retirar los sólidos de las aberturas de la reja. Según la clase de lodo que ingrese en el espesador con tambor (primario o secundario) el lodo espesado estará compuesto por sólidos entre un 4 y un 9 % (WEF, 2017).

ESTABILIZACIÓN

La estabilización por medio de la digestión o estabilización química reduce el contenido de patógenos del lodo, transformando el lodo en biosólidos adecuados para una utilización beneficiosa.

DIGESTIÓN

La digestión de lodos puede realizarse de manera aerobia (es decir, con presencia de oxígeno) o anaerobia (es decir, con ausencia de oxígeno). En general, el lodo primario es digerido de forma anaerobia, mientras que el lodo secundario puede ser digerido de manera tanto aerobia como anaerobia. Tanto la digestión aerobia como la anaerobia reducen el contenido de *sólidos volátiles* y patógenos del lodo, reduciendo de esa manera los olores y produciendo una corrección de suelo aceptable en términos ambientales. La digestión también hace que los biosólidos finales no sean atractivos para las ratas y los insectos (vectores) como fuente posible de alimento al reducir el porcentaje de material orgánico remanente. De esta manera, la digestión cumple con el requisito de reducción de atracción de vectores estipulado por las regulaciones 503.

El método de *sólidos volátiles* permite estimar la cantidad de material orgánico remanente en el lodo o los biosólidos. Sólidos volátiles mayores indican cantidades más grandes de material orgánico y son un indicador de que la conversión de lodo a biosólidos no está completa.

Los digestores se alimentan con lodo primario, lodo secundario o un mezcla de ambos. En el proceso de tratamiento secundario, se cultiva una masa de microorganismos alimentándolos con material orgánico (DBO_5) del caudal de entrada de las aguas residuales. Los microorganismos en exceso son retirados del proceso y enviados a espesamiento o directamente a un digestor, como se muestra en las figuras 1.3 y 1.17. Una vez que se encuentran en el digestor, los microorganismos ya no tienen acceso a una fuente de alimento. Piense qué sucedería si de repente usted no tuviera acceso al alimento. Gradualmente perdería peso y finalmente moriría. Lo mismo sucede con los microorganismos en el digestor por medio de un proceso denominado *respiración endógena*. Los microorganismos agotan sus suministros internos de alimento y, si estuviera disponible, consumen también el material orgánico del lodo primario. La cantidad de alimento disponible para cada microorganismo es muy reducida por lo que, con el tiempo, hay una pérdida neta de microorganismos vivos y el porcentaje de sólidos volátiles disminuye.

Los clarificadores primarios en general se utilizan de manera conjunta con los digestores anaerobios porque no necesitan el agregado de oxígeno para estabilizar el lodo. Si un clarificador primario envía lodo a un digestor aerobio no hay un beneficio global para la WRRF. Recuerde que el propósito del tratamiento primario es reducir el tamaño y el costo operativo del tratamiento secundario. El costo más grande tanto del tratamiento secundario como de la digestión aerobia es el costo del suministro de oxígeno.

La digestión aerobia utiliza microbios en tanques o estanques abiertos o cerrados para descomponer la materia orgánica del lodo en dióxido de carbono, agua y amoníaco. El amoníaco es un componente de las proteínas y se libera cuando se descomponen las proteínas. Los sólidos permanecen en el digestor aerobio durante 40 días a 20 °C (68 °F) o durante un periodo mayor cuando las temperaturas del agua son menores (WEF, 2017). Un digestor aerobio bien operado puede reducir más del 40 % de los sólidos volátiles.

Figura 1.18 Vista exterior e interior de un espesador con tambor rotativo (reimpreso con autorización de Indigo Water Group)

La digestión anaerobia utiliza microbios en un tanque cerrado que contiene poco o nada de oxígeno (figura 1.19). El tanque se opera habitualmente a temperaturas entre 35 y 38 °C (95 y 100 °F), pero puede operarse a más de 55 °C (131 °F) para reducir aún más los patógenos y sólidos volátiles. Los sólidos permanecen en un digestor anaerobio por entre 15 y 20 días o más (WEF, 2017). La digestión anaerobia destruye más del 40 % de los sólidos volátiles y genera ungas residual que contiene aproximadamente un 65 % de metano y 35 % de dióxido de carbono, que puede ser recolectado y utilizado como combustible. Los digestores anaerobios también producen agua y amoníaco. Ambos tipos de digestión pueden producir biosólidos Clase A o Clase B adecuados para la utilización beneficiosa, dependiendo de las configuraciones de tiempo, temperatura y caudal (40 CFR 503).

ESTABILIZACIÓN QUÍMICA

La estabilización química habitualmente incluye el uso de cal para aumentar el pH del lodo a 12.0 por 2 horas y mantenerlo en un pH de 11.5 o mayor durante otras 22 horas. Esto reduce los patógenos y los olores. Las normas concernientes a la estabilización química pueden encontrarse en el 40 CFR 503. Este método de estabilización también puede producir biosólidos Clase A o Clase B adecuados para la utilización beneficiosa (40 CFR 503).

Figura 1.19 Digestor anaerobio (reimpreso con autorización de Jorj Long)

COMPOSTAJE

El compostaje (específicamente en hileras, en hileras aereadas, en pilas estáticas, en pilas estáticas aereadas y en contenedores) incluye la utilización de microorganismos, un material estructurante (como virutas de madera, hojas o serrín) y un ambiente controlado (habitualmente de 55 a 60 °C [131 a 140 °F]) para descomponer la materia orgánica del lodo, así como también reducir su volumen y sus olores. Los niveles de humedad y oxígeno también se controlan para minimizar olores durante el proceso. Los biosólidos se utilizan habitualmente en los sistemas en hileras, mientras que el lodo se puede utilizar para el compostaje en pilas estáticas aereadas o en un sistema de contenedor. El compostaje es muy utilizado porque el material final es un excelente acondicionador de suelo y con frecuencia cumple con los estándares de biosólidos Clase A.

DESHIDRATACIÓN

La deshidratación ocurre después de completarse la estabilización del lodo. La deshidratación reduce aún más el volumen y el peso de los biosólidos mediante el secado por aire (en arena); lechos de secado por vacío o equipos de deshidratación mecánica como prensas de filtros de banda, centrífugas, prensas filtro de placas y marcos, o varios tipos de prensas de tornillo horizontales o inclinadas. Cuando se utilizan con polímeros, las prensas de filtro de banda y las centrífugas pueden producir una "torta" de biosólidos que contiene entre un 15 y un 25 % de sólidos. Los lechos de secado de arena en general producen una torta que contiene entre un 10 y un 50 % de sólidos. Los lechos por vacío producen una torta que contiene de 10 a 15 % de sólidos (cuando se utilizan polímeros). Las prensas de placas y marcos pueden producir una torta que contiene de 30 a 60 % de sólidos (cuando se utiliza cal, cloruro férrico o ceniza volante). Los filtros al vacío pueden producir una torta que contiene de 12 a 30 % de sólidos (cuando antes se acondicionó a los biosólidos con cal, cloruro férrico o polímeros). Algunas de estas tecnologías se describen en los siguientes párrafos.

PRENSA DE FILTRO DE BANDA

Las prensas de filtro de banda (*belt filter presses*, BFP) deshidratan con la gravedad y al exprimir para eliminar el agua de los biosólidos. Después de que el agua se drena en la banda de la zona de gravedad, los biosólidos quedan atrapados entre dos bandas porosas y se los somete a cantidades cada vez mayores de presión para forzar el agua a escurrirse entre las partículas. Hay cinco etapas básicas en el proceso de BFP: el acondicionamiento químico del lodo ingresante para liberar el agua ligada, el drenaje por gravedad en la zona de gravedad, una zona de cuña de baja presión para consolidar los sólidos, una zona de alta presión para hacer escurrir el agua entre las partículas del lodo y, por último, se liberan los sólidos de la prensa. Cada una de estas zonas puede verse en la figura 1.20. Las prensas de filtro de banda operan de manera continua.

Figura 1.20 Prensa de filtro de banda (reimpreso con autorización de Richard Weigand, CET)

CENTRÍFUGA

Las centrífugas utilizan fuerza centrífuga (en general ente 500 y 3000 veces la fuerza de gravedad) para acelerar la separación de sólidos y líquidos de manera muy similar a la manera en que el tambor giratorio de un lavarropas elimina el agua de las prendas de vestir (figura 1.21). La fuerza centrífuga arroja partículas al caparazón interno de un tambor giratorio. Los líquidos más livianos permanecen en el centro del tambor. Las centrífugas modernas poseen un diseño con tornillo y campana. La campana es el cilindro exterior y el tornillo rota dentro del cilindro

Figura 1.21 Centrífuga (reimpreso con autorización del distrito de saneamiento del condado de Los Ángeles)

para empujar a los sólidos hacia afuera de la centrífuga. La campana y el tornillo giran de manera independiente y cada uno tiene su motor impulsor. Un parámetro operativo importante de las centrífugas es la velocidad diferencial o la diferencia entre la velocidad del tornillo y la velocidad de la campana. Mientras mayor sea la diferencia en velocidades, con mayor rapidez se eliminarán los sólidos de la centrífuga. Piense en usar un taladro para introducir un tornillo en una pared. Si la pared gira a la misma velocidad que el taladro, el tornillo no podrá introducirse en la pared. Si hay una diferencia de velocidades, el taladro podrá hacer su trabajo.

SECADO POR CALOR

Los procesos de secado por calor, como el secado por calor a baja temperatura, el secado instantáneo, el secado con horno rotativo, el secado indirecto, el secado indirecto vertical, el secado directo-indirecto y el secado infrarrojo reducen el volumen del lodo secundario y destruyen los patógenos. En general, producen biosólidos comercializables. La digestión habitualmente no es un prerrequisito.

INCINERACIÓN

La incineración, en general, incluye la cocción de biosólidos a altas temperaturas en un combustor de hogar múltiple o de lecho fluidizado que los convierte en ceniza y destruye los sólidos volátiles y los patógenos en el proceso. La incineración no es una práctica extendida en los Estados Unidos, debido a la disponibilidad de lugares económicos en los que se puede realizar aplicación en tierra y rellenos sanitarios. La incineración degrada muchos químicos orgánicos, pero puede formar otros (por ej., dioxinas) y, por lo tanto, deben controlarse los productos de la combustión incompleta. También deben controlarse las emisiones al aire. Los metales no se degradan; se concentran en la ceniza. La mayor parte del lodo municipal incinerado produce cenizas no peligrosas que pueden utilizarse para rellenos sanitarios (40 CFR 258). También se pueden utilizar como agregado en el hormigón o como fundente en el procesamiento de mena. Si los componentes inorgánico u orgánicos exceden lo dispuesto en el anexo II de la sección 258, se exigirá su disposición en un relleno sanitario de residuos peligrosos.

COMPROBACIÓN DE CONOCIMIENTOS

1. **Los procesos de estabilización de lodos, como los digestores, transforman el lodo en biosólidos.**
   - ☐ Verdadero
   - ☐ Falso
2. **El lodo primario habitualmente contiene entre un 2 y un 6 % de sólidos totales.**
   - ☐ Verdadero
   - ☐ Falso
3. **En 40 CFR 258 se regula la utilización beneficiosa de los biosólidos.**
   - ☐ Verdadero
   - ☐ Falso
4. **El tiempo necesario para la digestión aerobia depende de la temperatura del lodo.**
   - ☐ Verdadero
   - ☐ Falso
5. **Ponga los siguientes procesos de tratamiento de sólidos en el orden correcto.**
   a. Deshidratación
   b. Clarificador secundario
   c. Espesamiento
   d. Digestión
6. **El material resultante del filtrado y la arena en general:**
   a. Se envían a un relleno sanitario
   b. Se deshidratan y se aplican en tierra
   c. Se utilizan como base para carreteras
   d. Se digieren de manera anaerobia
7. **El lodo primario consiste en**
   a. Microorganismos que crecen durante el tratamiento
   b. Trozos de tela, plástico y otros materiales pesados
   c. Sólidos orgánicos e inorgánicos no procesados sedimentables
   d. Arena y materiales resultantes del filtrado
8. **El lodo secundario consiste en**
   a. Microorganismos que crecen durante el tratamiento
   b. Trozos de tela, plástico y otros materiales pesados
   c. Sólidos orgánicos e inorgánicos no procesados sedimentables
   d. Arena y materiales resultantes del filtrado
9. **Este tipo de biosólido puede estar disponible para la venta al público.**
   a. Clase A
   b. Clase B
   c. Clase C
   d. Clase D
10. **El requisito de reducción de atracción de vectores de las regulaciones 503 sobre biosólidos**
   a. Limita las concentraciones de metales pesados en los biosólidos
   b. Permite que los materiales resultantes del filtrado y la arena se mezclen con el lodo digerido
   c. Reduce la probabilidad de que las ratas y los insectos sean atraídos por los biosólidos finales
   d. Evita la aplicación de biosólidos cerca de arroyos y lagos

11. El espesamiento de lodos y la deshidratación de los biosólidos se llevan a cabo por esta razón:

a. Reducir el volumen total de lodos o biosólidos
b. Lo exige el permiso de descarga
c. Reducir la masa total de lodos o biosólidos
d. Lo exigen las regulaciones 503

12. Todas las afirmaciones siguientes acerca de la digestión anaerobia son verdaderas EXCEPTO:

a. Reduce la cantidad de biosólidos
b. Cumple con los requisitos de reducción de atracción de vectores
c. En general se lleva a cabo en forma conjunta con los clarificadores primarios
d. Descompone sólidos en presencia de oxígeno

13. El gas del digestor anaerobio contiene aproximadamente

a. 70 % de nitrógeno y 22 % de oxígeno
b. 65 % de metano y 35 % de dióxido de carbono
c. 70 % de nitrógeno y 30 % de dióxido de carbono
d. 65 % de metano y 22 % de oxígeno

14. Una el proceso con la característica que lo define.

1. Digestión aerobia
2. Digestión anaerobia
3. Espesamiento
4. Deshidratación
5. Estabilización química

a. Utiliza cal para aumentar el pH del lodo
b. Ocurre antes de la digestión
c. Descompone el lodo con oxígeno
d. Produce gas metano
e. Produce una "torta" con más de un 50 % de sólidos

15. Este equipo hace girar los biosólidos rápidamente para eliminar el agua.

a. Prensa de filtro de banda
b. Espesador con tambor rotativo
c. Centrífuga
d. Secador por calor

Ejemplos de instalaciones de recuperación de recursos hídricos

Las figuras 1.22, 1.23 y 1.24 presentan tres ejemplos de procesos de tratamiento completos. En la figura 1.22 se muestra un sistema de tratamiento natural (un sistema de estanque de tres celdas operado en serie y seguido de un pantano natural). Los sistemas de tratamiento natural son los más simples y tienen la menor cantidad de equipos asociados. En este ejemplo, el estanque se aerea mediante la acción del viento y las olas, y con el oxígeno producido por las algas. No hay sopladores ni aereadores superficiales para complementar el oxígeno producido de manera natural. Observe que una instalación de tratamiento con estanques no tiene procesos de tratamiento de sólidos. Esto se debe a que los sólidos biológicos producidos en las primeras dos celdas se sedimentan en el estanque de sedimentación o afinamiento (celda 3). Estos sólidos se retiran cada unos pocos años para su utilización beneficiosa o para relleno sanitario. Este sistema de estanques tampoco posee eliminación de arena. La eliminación de arena no es tan importante para un estanque como para una instalación de tratamiento mecánico, porque no hay muchos equipos aguas abajo, como bombas, que se pudieran dañar o desgastar con la arena. La arena puede sedimentarse en las primeras dos celdas.

Al final de este capítulo, podrá dibujar una WRRF de ejemplo y etiquetar claramente los procesos unitarios importantes y describir la función de cada uno de ellos.

En la figura 1.23 se muestra un sistema de tratamiento por filtro percolador de dos etapas. El nivel de complejidad aumentó sustancialmente comparado con un sistema de estanques. Esta WRRF posee obras de cabecera completas que incluyen tanto filtrado como eliminación de arena. Dos estaciones de bombeo y múltiples líneas de reciclado permiten al operador flexibilidad para el direccionamiento de las aguas residuales crudas y de los caudales de reciclado en ambos filtros percoladores. Los sólidos residuales se procesan en un digestor aerobio sin espesamiento previo. Observe que el sector de tratamiento de líquidos de esta WRRF

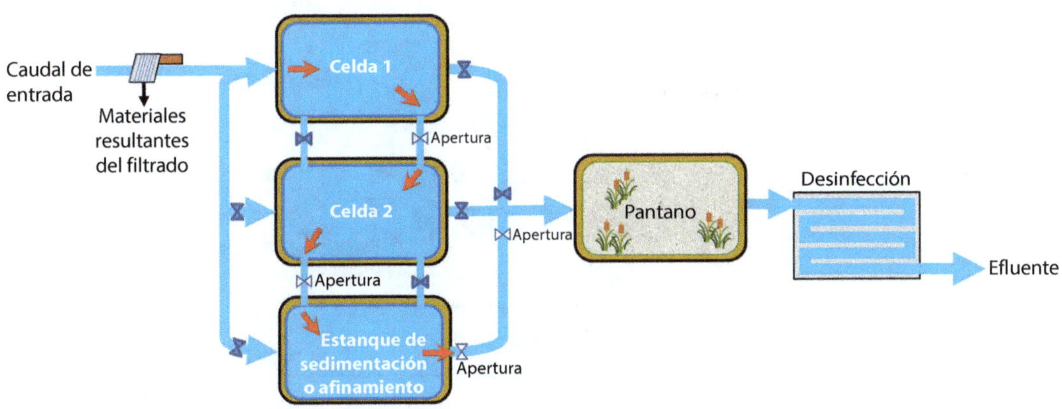

Figura 1.22 Ejemplo de un proceso de tratamiento con estanque y pantano (reimpreso con autorización de Indigo Water Group)

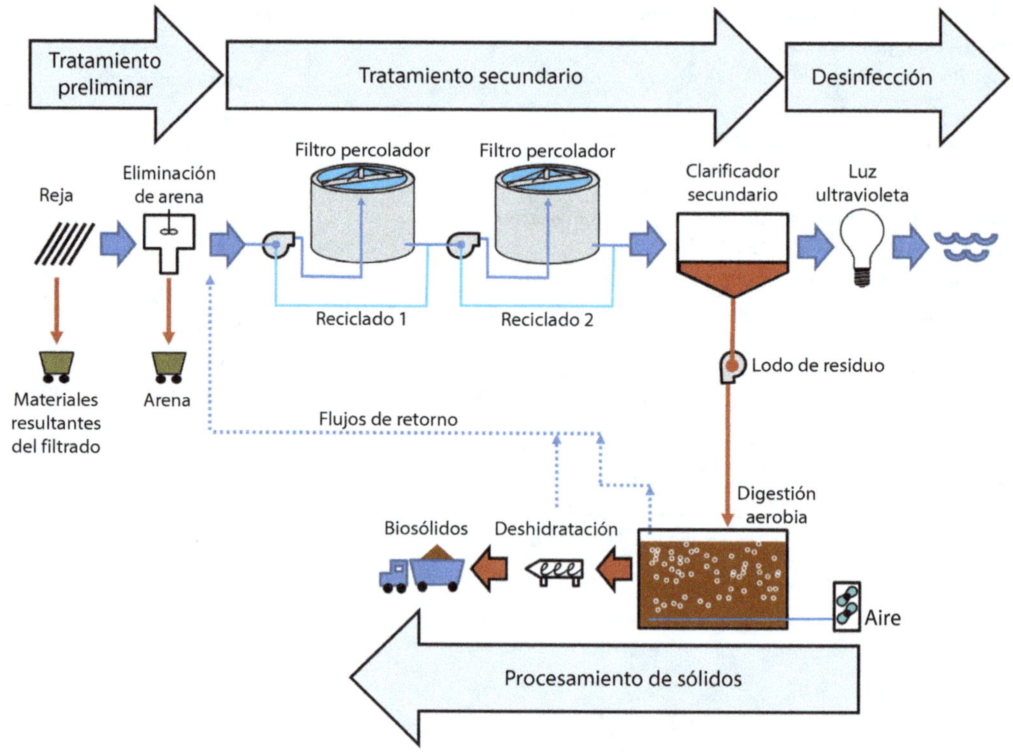

Figura 1.23 Ejemplo de un filtro percolador de dos etapas (reimpreso con autorización de Indigo Water Group)

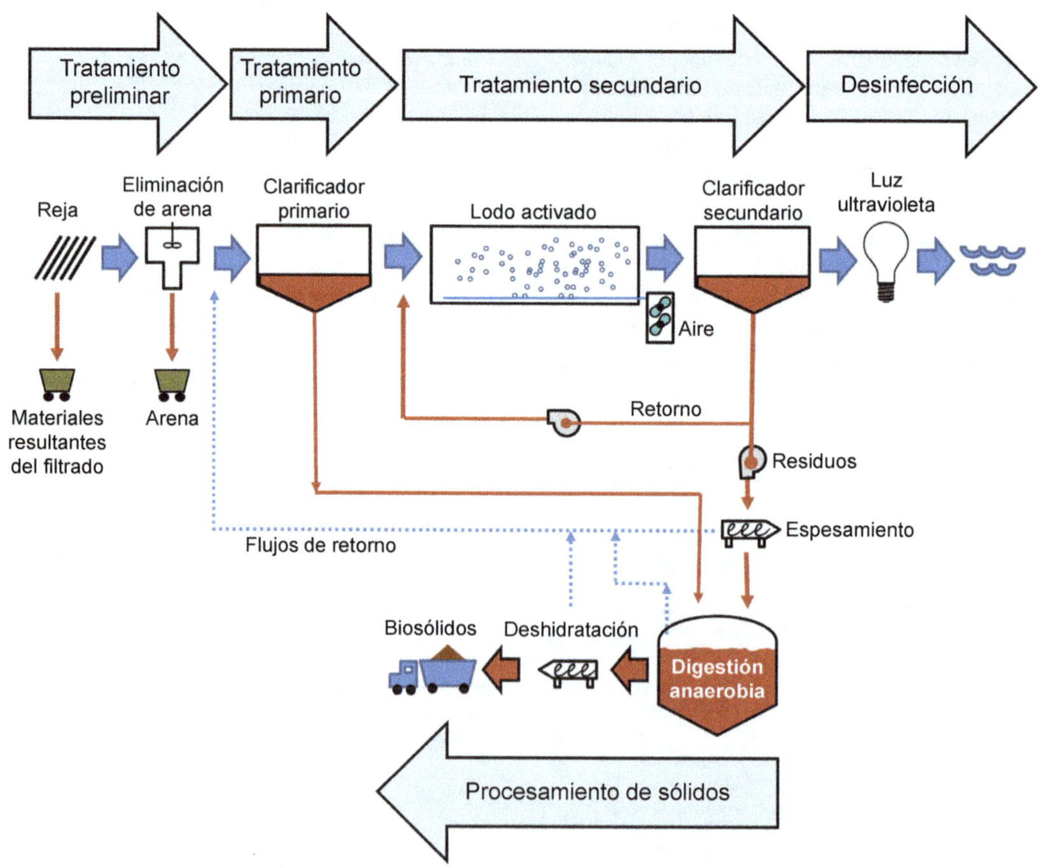

Figura 1.24 Ejemplo de un proceso de tratamiento con lodo activado (reimpreso con autorización de Indigo Water Group)

no posee clarificador primario. Los filtros percoladores se ventilan de manera natural, lo que los hace muy económicos de operar. Los filtros percoladores casi siempre están precedidos por clarificadores primarios, aún cuando el lodo primario se envía a un digestor aerobio. Esto se debe a que los filtros percoladores y los contactores biológicos rotativos solo pueden eliminar DBO soluble. En el sector de tratamiento de sólidos de la WRRF, observe el soplador que suministra oxígeno al digestor y los flujos de reciclaje que retornan al sector de líquidos. Los procesos de tratamiento de líquidos y sólidos de las WRRF tienen influencia unos sobre otros, por lo que a veces es necesario un control cuidadoso tanto de los sólidos como de los flujos de reciclaje.

En la figura 1.24 se muestra un proceso de tratamiento de lodo activado completo con clarificación primaria y digestión anaerobia. Observe las diferencias entre esta WRRF y la WRRF con filtro percolador de dos etapas. El proceso de lodo activado cuenta con sopladores, lo que eleva los costos operativos. Para minimizar los costos operativos y reducir el tamaño del proceso de tratamiento secundario, se incluyó un clarificador primario. Hay tres flujos de reciclado que conectan al sector de sólidos de la WRRF de regreso al sector de líquidos. Estas tres instalaciones de ejemplo representan algunas pocas de las miles de combinaciones diferentes de procesos unitarios con las que se puede encontrar un operador de aguas residuales en campo.

RESUMEN DEL CAPÍTULO

	Procesos de tratamiento de líquidos	Procesos de tratamiento de sólidos	
REGULACIONES	1. La Ley de Agua Limpia se enmendó en 1972. 2. Todos los descargadores deben tener un permiso. 3. Establece estándares para tratamiento secundario de 30 mg/L cada uno para DBO_5 y SST y de 25 mg/L para DBOC. 4. Los permisos para los descargadores directos son emitidos por la EPA de los EE. UU. o sus organismos estatales. 5. Los permisos para los descargadores indirectos son emitidos por la WRRF. 6. Depende del monitoreo propio con informes mensuales.	1. Los estándares para el uso o disposición de lodos de aguas residuales, también conocidos como regulaciones 503, se sancionaron en 1993. 2. Rigen el uso o disposición de los biosólidos cuando se aplican en tierra. 3. Establece estándares para biosólidos Clase A y Clase B. 4. Limita las concentraciones de metales pesados y otros compuestos químicos en los biosólidos. 5. Exige la reducción de patógenos y la reducción de atracción de vectores antes de la aplicación en tierra.	REGULACIONES
PRELIMINAR	1. Proceso de tratamiento físico. 2. Ocurre en las obras de cabecera de la WRRF. 3. Elimina desechos grandes para proteger los procesos y el equipo aguas abajo. 4. Puede incluir filtrado, eliminación de arena, medición de caudal o compensación de caudal. 5. El volumen del material resultante del filtrado y de arena producido depende del área a la que se presta servicio.	1. Proceso de tratamiento físico. 2. Reduce el volumen total de lodos mediante la eliminación de agua. Puede ser necesario agregar polímeros. 3. Los lodos espesados habitualmente contienen entre un 2 y un 8% de sólidos totales. 4. Ocurre antes de la estabilización del lodo. 5. Muchas tecnologías diferentes están disponibles, incluidos DAFT, espesadores con tambor rotativo, espesadores con banda de gravedad y otros.	ESPESAMIENTO
PRIMARIO	1. Proceso de tratamiento físico. 2. Disminuye la velocidad de las aguas residuales para eliminar el material sedimentable y flotante. 3. Puede utilizar la gravedad o la flotación. 4. Reduce el tamaño y el costo de operación de los procesos de tratamiento secundario. 5. No puede eliminar material coloidal, DBO soluble, fósforo soluble o amoníaco. 6. Las tasas de eliminación dependen de las características de los caudales de entrada. En las aguas residuales domésticas, habitualmente elimina entre un 20 y un 35 % de la DBO_5 del caudal de entrada y entre un 60 y un 75 % de los SST del caudal de entrada. 7. Utilizado en forma conjunta con la digestión anaerobia y otras formas de estabilización de lodos que no necesitan oxígeno.	1. Proceso de tratamiento biológico o químico. 2. Convierte el lodo en biosólidos. 3. Reduce los patógenos. 4. El tratamiento biológico consiste en digestión aerobia o anaerobia. Cualquiera de los dos métodos puede reducir la masa total de biosólidos en un 40 %. 5. El tratamiento biológico puede reducir el contenido de sólidos volátiles hasta en un 50 %. 6. El tratamiento biológico convierte los lodos primario y secundario en dióxido de carbono y agua. En la digestión anaerobia también se produce biogás que contiene aproximadamente un 65 % de metano y 35 % de dióxido de carbono. 7. Produce biosólidos Clase A o B.	ESTABILIZACIÓN
SECUNDARIO	1. Proceso de tratamiento biológico. 2. Los microorganismos consumen el material orgánico de las aguas residuales y lo convierten en más microorganismos, dióxido de carbono y agua. 3. Aumenta el tamaño promedio de las partículas y de esa manera los sólidos biológicos se pueden separar de las aguas residuales por gravedad. 4. Algunas variantes del tratamiento secundario incluyen procesos con película fija (filtros percoladores y RBC) y procesos de crecimiento en suspensión (estanques y lodo activado). Todos los procesos dependen de los mismos tipos de microorganismos. 5. El efluente secundario cumple con los estándares para tratamiento secundario de 30 mg/L de DBO_5 y SST y 25 mg/L para DBOC.	1. Proceso de tratamiento físico. 2. Reduce el volumen total de biosólidos para disposición. 3. Ocurre después de la estabilización del lodo. 4. Utiliza varias de las mismas tecnologías que el espesamiento de lodos, pero también puede utilizar prensas de filtro de bandas, prensas filtro de placas y marcos y centrífugas. Es necesario el agregado de polímeros. 5. Se hace referencia a los sólidos deshidratados como "torta" y pueden contener hasta un 50 % de sólidos totales según la tecnología utilizada.	DESHIDRATACIÓN

	Procesos de tratamiento de líquidos	Procesos de tratamiento de sólidos	
TERCIARIO	1. Puede ser un tratamiento físico, biológico o químico. 2. Incluye todos los tratamientos que superan los estándares de tratamiento secundario, como la eliminación de amoníaco, nitrato, fósforo, metales y otros componentes. 3. Incluye tecnologías como la filtración y la precipitación química.		
DESINFECCIÓN	1. Reduce el número de bacterias y patógenos en el efluente final. 2. La desinfección no es esterilización. 3. La mayoría de las WRRF utilizan gas cloro, hipoclorito de sodio (blanqueador) o luz ultravioleta para desinfectar; sin embargo existen otras tecnologías disponibles. 4. Protege la salud pública y el medio ambiente.		

Referencias

Criteria for Municipal Solid Waste Landfills (1996) *Code of Federal Regulations*, parte 258, titulo 40.

National Research Council (2002) *Biosolids Applied to Land: Advancing Standards and Practices;* National Academies Press: Washington, D.C.

Standards for the Use or Disposal of Sludge; Agency Response to the National Research Council Report on Biosolids Applied to Land and the Results of EPA's Review of Existing Sewage Sludge Regulations (2003) *Fed. Regist.*, **68** (68), 17379–17395.

U.S. Environmental Protection Agency (1999) *Biosolids Generation, Use, and Disposal in the United States;* EPA-530-R/99-009; U.S. Environmental Protection Agency: Washington, D.C.

U.S. Environmental Protection Agency (2003) Watershed Rule; 40 CFR 122, 124, y 130; U.S. Environmental Protection Agency: Washington, D.C.

U.S. Environmental Protection Agency (2005) *Onsite Wastewater Treatment Systems Manual;* EPA-625-R/00-008; U.S. Environmental Protection Agency, Office of Water, Office of Research and Development.

U.S. Environmental Protection Agency, Law & Regulations, Clean Water Act. http://www.epa.gov/r5water/cwa.htm (acceso en abril de 2006).

U.S. Environmental Protection Agency (2000) Progress in Water Quality: An Evaluation of the National Investment in Municipal Wastewater Treatment; EPA/832-R/00/008; junio.

U.S. Environmental Protection Agency (2011) *Principles of Design and Operations of Wastewater Treatment Pond Systems for Plant Operators, Engineers, and Managers;* EPA/600/R-11/088; U.S. Environmental Protection Agency, Office of Research and Development, National Risk Management Research Laboratory - Land Remediation and Pollution Control Division: Cincinnati, Ohio.

U.S. Environmental Protection Agency Frequently Asked Questions about Biosolids (2016); https://www.epa.gov/biosolids/frequent-questions-about-biosolids (acceso en oct de 2016).

Water Environment Federation (2011) *Prevention and Control of Sewer System Overflows*, 3.ª ed.; Manual of Practice No. FD-17; Water Environment Federation: Alexandria, Virginia.

Water Environment Federation (2012) *Basic Laboratory Procedures for the Operator-Analyst*, 5.ª ed.; Special Publication; Water Environment Federation: Alexandria, Virginia.

Water Environment Federation (2017) *Operation of Water Resource Recovery Facilities*, 7.ª ed.; Manual of Practice No. 11; Water Environment Federation: Alexandria, Virginia.

Wahlberg, E. (2016) Comunicación personal.

CAPÍTULO 2

Características de las aguas residuales

Introducción

Para la operación y el control eficaces de una instalación de recuperación de recursos hídricos (*water resource recovery facility*, WRRF), es necesario que el operador tenga pleno conocimiento de la composición del caudal de entrada, del efluente y de los flujos del proceso interno. El operador, para obtener dicho conocimiento, debe determinar las características de las aguas residuales crudas y de los flujos mediante la recolección y el análisis de muestras representativas de toda la instalación. En este capítulo se ofrece a los operadores información para la caracterización de las aguas residuales a fin de lograr una operación eficaz de la instalación. En el capítulo 1 se presentaron dos de los componentes que conforman las aguas residuales domésticas: la demanda bioquímica de oxígeno al cabo de cinco días (DBO_5) y diversos sólidos. En el capítulo 2 se describen otros componentes de las aguas residuales.

OBJETIVOS DE APRENDIZAJE

Después de completar este capítulo, podrá:

- Detallar las fuentes significativas de aguas residuales para una WRRF doméstica.
- Evaluar el efecto que las actividades en el área de servicio tienen sobre los patrones de caudal de la WRRF.
- Explicar de qué manera el tamaño de la red de alcantarillado y de la población afectan los patrones de caudal diurno.
- Detallar y definir componentes adicionales de las aguas residuales domésticas.
- Estimar caudales y cargas en la WRRF a partir de los datos poblacionales. Calcular las tasas de generación per cápita.
- Convertir compuestos de nitrógeno y fósforo en expresiones como N y P, respectivamente.

Caracterización de las aguas residuales

La caracterización de los caudales de entrada, los efluentes y los flujos del proceso interno ofrece a los operadores de la instalación la información necesaria para controlar correctamente los procesos de tratamiento. Según el tamaño de la WRRF y de la composición del caudal de entrada, es posible que la caracterización de las aguas residuales requiera algunos análisis sencillos o análisis más complejos en un laboratorio bien equipado. Como alternativa a mantener un laboratorio en la instalación, es posible que un organismo externo o un laboratorio privado aprobado por la agencia reguladora ofrezcan los servicios de análisis necesarios. En cualquiera de los casos, el operador debe determinar la información específica necesaria para cada lugar de muestreo. En las secciones siguientes se describen los diversos datos que pueden requerirse para el control del proceso y el monitoreo del caudal de entrada y el efluente. Los permisos expedidos para la instalación en conformidad con el Sistema Nacional para la Eliminación de Descargas Contaminantes (*National Pollutant Discharge Elimination System*, NPDES) o con el Sistema Estatal para la Eliminación de Descargas Contaminantes (*State Pollutant Discharge Elimination System*, SPDES) detallan muchos de los contaminantes que deben analizarse.

FUENTES DE AGUAS RESIDUALES

En general, es posible categorizar las aguas residuales como provenientes de fuentes domésticas, comerciales o industriales. En la mayoría de los distritos de tratamiento, las aguas residuales sanitarias se trasladan hacia las instalaciones de tratamiento mediante sistemas de tuberías o redes de alcantarillado separadas. Este es el sistema del colector sanitario. A la escorrentía en la superficie del terreno provocada por la lluvia se la denomina aguas pluviales. Habitualmente, se recolectan volúmenes de aguas pluviales, que pueden ser altos, mediante drenajes dirigidos a depósitos de captación de gran tamaño, y se trasladan a lugares específicos del distrito de tratamiento. Es posible dirigir mediante tubería estas aguas residuales, en gran medida sin tratar, directamente a arroyos, ríos, lagos, bahías o áreas de percolación natural diseñadas especialmente. Estos caudales altos e intermitentes se gestionan mediante su propio sistema de tuberías. Esta es la red de alcantarillado de aguas pluviales. También hay redes de alcantarillado combinadas que trasladan tanto aguas pluviales como aguas residuales. La combinación de aguas residuales y aguas pluviales puede alterar en gran medida las características de las aguas residuales. Como resultado, se ven afectados los procesos de tratamiento en las instalaciones.

AGUAS RESIDUALES DOMÉSTICAS

Las aguas residuales domésticas provienen principalmente de fuentes residenciales, comerciales (no industriales) e institucionales. Excepto las WRRF pequeñas para comunidades residenciales, en su mayoría, las instalaciones tratan cierta cantidad de aguas residuales comerciales e industriales. Las aguas residuales de origen mayormente doméstico suelen ser bastante uniformes en su composición. La composición presenta variaciones según las comunidades, debido a las distintas condiciones sociales, económicas, geográficas y climáticas. La composición y la cantidad de aguas residuales domésticas en algunas redes presentan variaciones estacionales debido a la influencia de instituciones de gran tamaño, como universidades, o de áreas turísticas donde hay fluctuaciones importantes de población.

AGUAS RESIDUALES INDUSTRIALES Y COMERCIALES

En su mayoría, los alcantarillados municipales trasladan aguas residuales de fuentes industriales y comerciales, y de fuentes sanitarias domésticas. En general, el grupo de pretratamiento monitorea las aguas residuales *industriales* y *comerciales* para verificar que no se descarguen residuos peligrosos a las redes de alcantarillado que podrían afectar el tratamiento en la WRRF. Las aguas residuales industriales pueden contener sustancias derivadas de materias primas, productos intermedios, subproductos y productos finales de los procesos industriales de manufactura o producción. Las aguas residuales industriales cambian con las diferentes combinaciones de producción y con los diferentes horarios. Estas aguas residuales son más variables que las aguas residuales domésticas. Los residuos del procesamiento de alimentos, en general con altas concentraciones de componentes orgánicos solubles, frecuentemente provocan variaciones extremas en la carga de las instalaciones debido a la producción estacional asociada a las cosechas. Los residuos del procesamiento de alimentos también pueden tener deficiencias en nutrientes (es decir, pueden ser bajos en nitrógeno o fósforo). Esto puede tener un efecto perjudicial sobre los procesos de tratamiento biológico en la WRRF. La descarga de cantidades importantes de glicol en los aeropuertos durante los meses invernales también puede afectar los procesos secundarios de las instalaciones. El glicol tiene una alta demanda bioquímica de oxígeno (DBO) y contribuye a la deficiencia en nutrientes de fósforo. Las fuentes comerciales, como las tiendas minoristas, producen principalmente aguas residuales domésticas. Otras fuentes comerciales, como centros de almacenamiento y de distribución, pueden producir aguas residuales variables provenientes de las actividades de lavado y otras.

En la Ley Federal de Pretratamiento (*Federal Pretreatment Act*), las aguas residuales *industriales* y *comerciales* se definen como cualquier fuente no doméstica de aguas residuales. En dicha ley, no se distingue entre las fuentes industriales y comerciales; sin embargo, la mayoría de las personas piensa que la industria pesada se relaciona con el procesamiento de materias primas o con la manufactura, y que las fuentes comerciales livianas se relacionan con edificios de oficinas y centros de almacenamiento. Algunos ejemplos de industrias pesadas que se regulan específicamente en la ley son la producción de azúcar, la producción de hierro a partir de mena, el refinado de petróleo y las fábricas textiles.

INFILTRACIÓN Y AFLUENCIA

La infiltración y la afluencia pueden afectar las cargas hidráulicas. La infiltración ingresa al alcantarillado a través de uniones con fugas, grietas u orificios en los tubos, líneas laterales domésticas dañadas y tapas de aliviadero rotas o faltantes. Las aguas subterráneas son una fuente común de infiltración, especialmente cuando el suelo está saturado. La afluencia se produce cuando ingresan aguas pluviales o escorrentía a la red mediante aperturas directas, como fugas en las tapas de registro o grietas en las cubiertas. Las conexiones ilegales desde los canalones de los techos y desde bombas de pozo húmedo también son una fuente de afluencia.

VARIACIONES EN EL CAUDAL DE ENTRADA

El operador de la instalación debe saber si el caudal de entrada de aguas residuales proviene de redes de alcantarillado separadas o combinadas, debido a que los caudales de aguas pluviales provenientes de redes combinadas pueden afectar negativamente la hidráulica y los procesos de la instalación. Incluso las instalaciones que admiten distintas redes de alcantarillado sanitario separadas reciben aguas adicionales por afluencia de escorrentía superficial e infiltración de aguas subterráneas. La infiltración y la afluencia provocan variaciones estacionales en el caudal. La antigüedad, el estado y el tipo de red de alcantarillado influyen sobre estos efectos. Las redes combinadas pueden provocar cambios importantes en el caudal de aguas residuales proveniente de la escorrentía de aguas pluviales o de deshielo. Además de los efectos hidráulicos sobre la instalación, es posible que haya cambios en la materia orgánica y en los contaminantes disueltos presentes en la escorrentía proveniente de calles y otras superficies. Los efectos de las cargas hidráulicas y contaminantes de las redes de alcantarillado combinadas son particularmente importantes durante las primeras horas de una tormenta después de un periodo seco.

En el capítulo 1 se presenta un resumen de las tasas de generación per cápita para las aguas residuales municipales. Durante un día promedio, cada persona del *área de servicio* aporta entre 204 y 455 litros per cápita por día (L/cap·d) (54 y 120 galones per cápita por día [gpd/cap]). Las aguas residuales no se generan a una tasa constante durante todo el día, sino que fluyen en mayor cantidad a través de la red de alcantarillado y hacia la WRRF en determinados momentos del día. Piense en una comunidad pequeña con menos de 1000 habitantes. En su mayoría, los habitantes de esta comunidad se despertarán, se ducharán, evacuarán el retrete y cocinarán el desayuno dentro de la misma hora o las mismas dos horas. Se dirigen al trabajo a aproximadamente la misma hora y regresan a sus casas a aproximadamente la misma hora para preparar la cena y lavar platos y ropa. Pasan tiempo con su familia, frente al televisor o jugando a las cartas y, a continuación, en su mayoría se van a dormir 7 u 8 horas antes de volver a comenzar el mismo ciclo. Algunos integrantes de la comunidad trabajan durante dos turnos o tienen horarios distintos. Los patrones de la vida cotidiana se reflejan en la manera en que las aguas residuales se generan y se dirigen a la WRRF. En la WRRF, los caudales de entrada suelen ser mayores durante el día y menores durante la noche. Este patrón repetido de caudales cambiantes durante un periodo de 24 horas se denomina *patrón de caudal diurno*.

El *área de servicio* es el terreno donde la red de alcantarillado y la WRRF prestan servicio. Puede tratarse de un solo edificio o puede abarcar un área metropolitana.

Diurno significa que algo ocurre cada día o durante un día entero. El patrón de caudal de entrada es diurno porque el patrón se repite cada 24 horas.

En la figura 2.1 se muestra el patrón de caudal de entrada de una comunidad de aproximadamente 20 000 habitantes. Observe que hay dos puntos altos distintivos en el gráfico. El primero aparece a aproximadamente las 10:00 a. m. y el segundo aparece a aproximadamente las 9:00 p. m. El primer punto alto es mayor. Se trata del caudal en la hora pico o el caudal por hora más alto en un periodo de 24 horas. Aunque, en su mayoría, los habitantes de esta comunidad comienzan el día a aproximadamente la misma hora, las aguas residuales que generaron no aparecieron de inmediato en el caudal de entrada a la WRRF. El caudal tarda algo de tiempo en trasladarse a través de la red de alcantarillado. Los ingenieros que diseñan redes de alcantarillado tienen un objetivo de velocidad del caudal de entre 0.61 y 1.22 m/s (2 y 4 ft/s). Esto equivale a entre 2.2 y 4.4 km/h (1.36 y 2.72 mph). Estas velocidades evitan que los sólidos se sedimenten en la red de alcantarillado. Cuanta más extensión tenga la red de alcantarillado, más tiempo tardarán las aguas residuales en llegar a la WRRF. En las comunidades muy pequeñas con redes de alcantarillado de poca extensión, el caudal de la hora pico suele llegar antes de las 9:00 a. m. En las comunidades de mayor tamaño con redes de alcantarillado más extensas, el caudal de la hora pico posiblemente no ocurra hasta casi terminada la mañana o hasta las primeras horas de la tarde. En general, más tarde, por la noche, se produce un segundo pico, cuando los habitantes regresan a sus casas para preparar la cena, lavar los platos y, quizá, lavar ropa. Observe la disminución importante al finalizar el gráfico diurno, cuando ingresa muy poco caudal a la WRRF. Para las comunidades pequeñas, los caudales de entrada pueden aproximarse a cero entre la medianoche y las 7:00 a. m. En la figura 2.2 se puede observar fácilmente este patrón repetido de caudales en horas pico y caudales bajos. En la figura 2.2 se muestra un registro gráfico con poco más de 3 días de caudal de entrada. Observe el patrón con dos picos pronunciados. La comunidad de este registro gráfico incluye aproximadamente 500 habitantes.

El mantenimiento de los equipos a veces se programa tarde por la noche, cuando los caudales de entrada son menores. Los caudales bajos pueden permitir que los operadores retiren del servicio los equipos con mayor facilidad sin afectar la operación de la WRRF.

A medida que el área de servicio crece en tamaño e incluye a más habitantes y más empresas, la forma del patrón de caudal diurno cambia. Los picos se hacen menos pronunciados y el patrón diurno se hace más plano. Cuando el área de servicio se hace más grande, ocurren dos cosas. En primer lugar, la red de alcantarillado se hace más grande y más extensa. Se incorpora caudal en muchos puntos de diversos tubos de gran extensión, lo cual distribuye o *atenúa* el caudal. Es como arrojar un cubo de agua sobre una pendiente. El agua no llega a la parte inferior de la pendiente en una gran cantidad unificada, sino que se distribuye a lo largo del recorrido. Cuanto más prolongada sea la pendiente, más se distribuirá el agua. Lo mismo ocurre en la red de alcantarillado. En segundo lugar, a medida que el área de servicio se hace más grande, la población tiende a hacerse más diversa. Es más probable que las comunidades de mayor tamaño tengan tiendas y otras empresas que están abiertas por la noche o, incluso, las 24 horas. Es posible que los habitantes trabajen en el turno del día, de la tarde o de la noche.

Atenuar significa reducir la intensidad de algo.

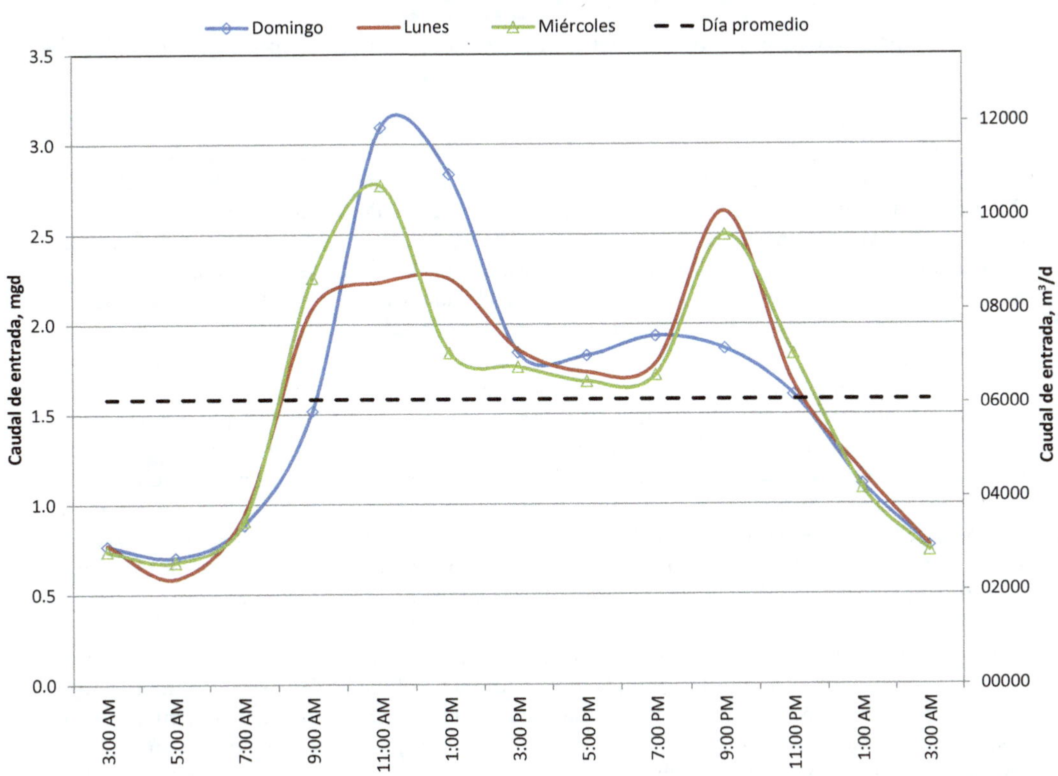

Figura 2.1 Patrón de caudal diurno de una ciudad de 20 000 habitantes (reimpreso con autorización de Indigo Water Group)

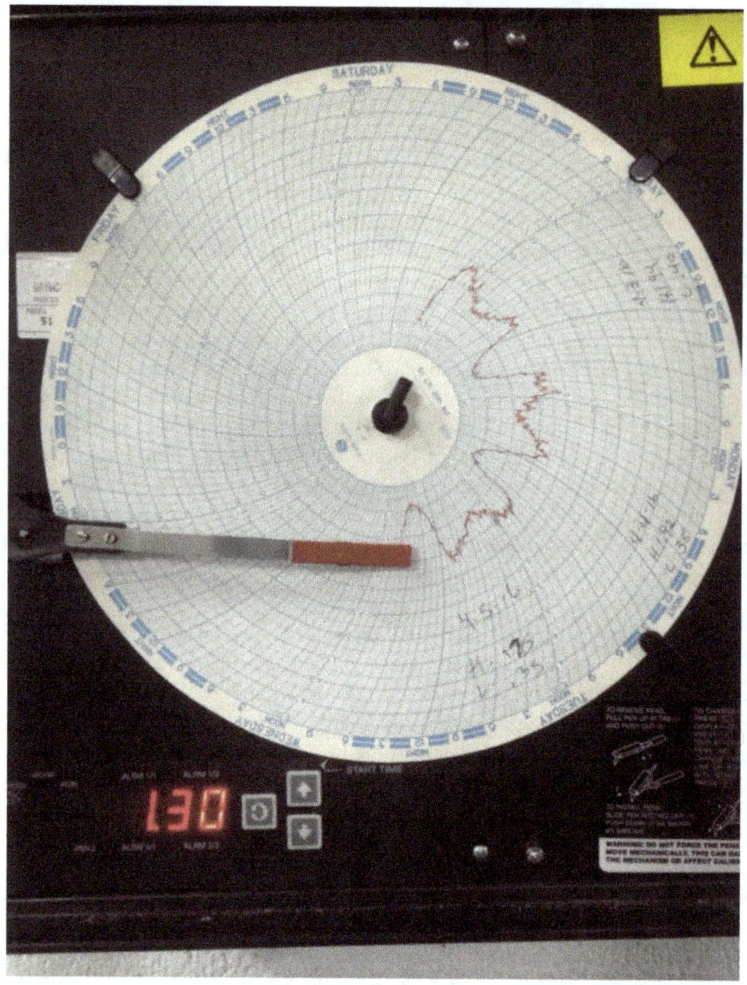

Figura 2.2 Mediciones de caudal de entrada en un registro gráfico (reimpreso con autorización de Indigo Water Group)

Como resultado, los picos se hacen más pequeños y las disminuciones importantes presentes en las comunidades más pequeñas se hacen menos pronunciadas. En la figura 2.3 se muestran algunos datos de caudal diurno en una WRRF de gran tamaño para aproximadamente 250 000 habitantes. El patrón diurno existe, pero no es tan pronunciado. El caudal de la hora pico solo es de aproximadamente 1.4 veces el caudal diario promedio. En el ejemplo anterior (figura 2.1), el caudal de la hora pico era aproximadamente 2 veces el caudal diario promedio. Otros aspectos que influyen sobre la variación del caudal son la cantidad y los tipos de estaciones de bombeo, los tipos de industrias a las que se presta servicio y las características de la población.

Observe con detenimiento la figura 2.3. En esta comunidad, el caudal de la hora pico llega más tarde los sábados y domingos, y el caudal total aumenta levemente. Estos cambios se relacionan con el hecho de que los habitantes se levantan más tarde durante los fines de semana y hacen tareas domésticas que generan aguas residuales, como lavar ropa y limpiar la casa. El pico de la noche (la hora de la cena) no cambia. En las zonas residenciales, es posible que los caudales aumenten durante los fines de semana, debido a que más habitantes están en sus casas en lugar de trasladarse al trabajo fuera del área de servicio. En contraposición, es posible que los caudales sean mayores en el centro de la ciudad durante la semana, debido a la presencia de personas que trabajan. Las industrias de gran tamaño y las tormentas pueden cambiar también los patrones de caudal.

Es importante que los operadores conozcan bien los patrones de caudal de sus instalaciones. Los operadores deben registrar todos los días el caudal de entrada diario promedio y el caudal de la hora pico. En la mayoría de las WRRF, el caudal promedio mensual y el caudal máximo del día deben informarse en el informe mensual de monitoreo de descargas. Al mantener registros diarios, el operador podrá percatarse de los cambios que se produzcan. Los cambios en el caudal de entrada pueden requerir que el operador ajuste los ciclos de bombeo o las tasas de alimentación de químicos. Un aumento repentino e inesperado en el caudal puede ser síntoma de una nueva fuente de afluencia e infiltración, o puede indicar que una nueva subdivisión o un nuevo usuario

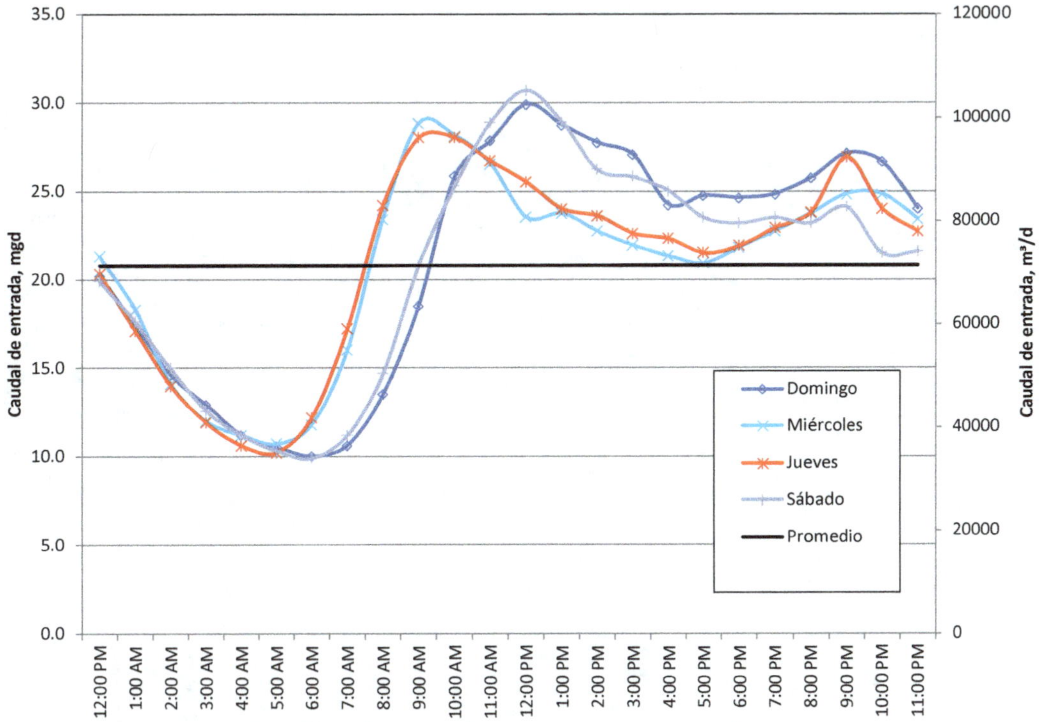

Figura 2.3 Patrón de caudal diurno de una ciudad de 250 000 habitantes (reimpreso con autorización de Indigo Water Group)

industrial se pusieron en actividad. En la figura 2.4 se muestra el caudal de entrada de una WRRF que opera en un área que está atravesando una sequía. Entre enero y diciembre, el caudal de entrada de la WRRF se redujo regularmente de un promedio de aproximadamente 71.9 ML/d (19 mgd) a un promedio de aproximadamente 49.2 ML/d (13 mgd). Las concentraciones de DBO del caudal de entrada aumentaron con la reducción del caudal. Esto indica una pérdida de caudal, pero no una pérdida de carga. Una tormenta, en marzo de 2004, provocó el aumento repentino del caudal de entrada y la reducción temporal de las concentraciones de DBO. Muchas

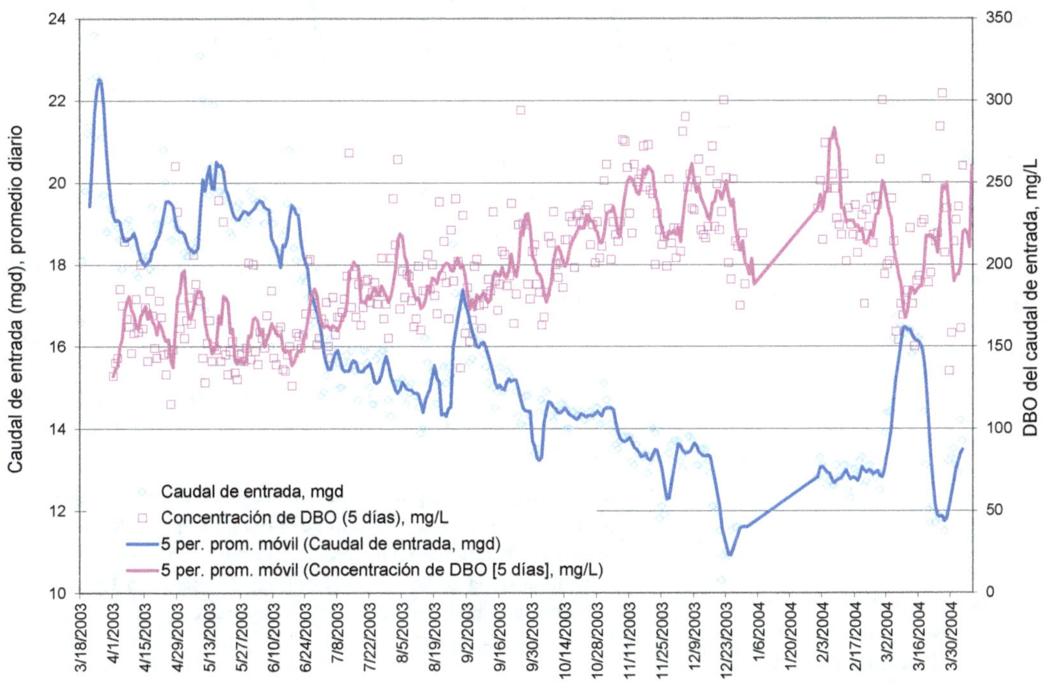

Figura 2.4 Efecto de la afluencia y de la infiltración en las concentraciones de caudal de entrada (reimpreso con autorización de Indigo Water Group)

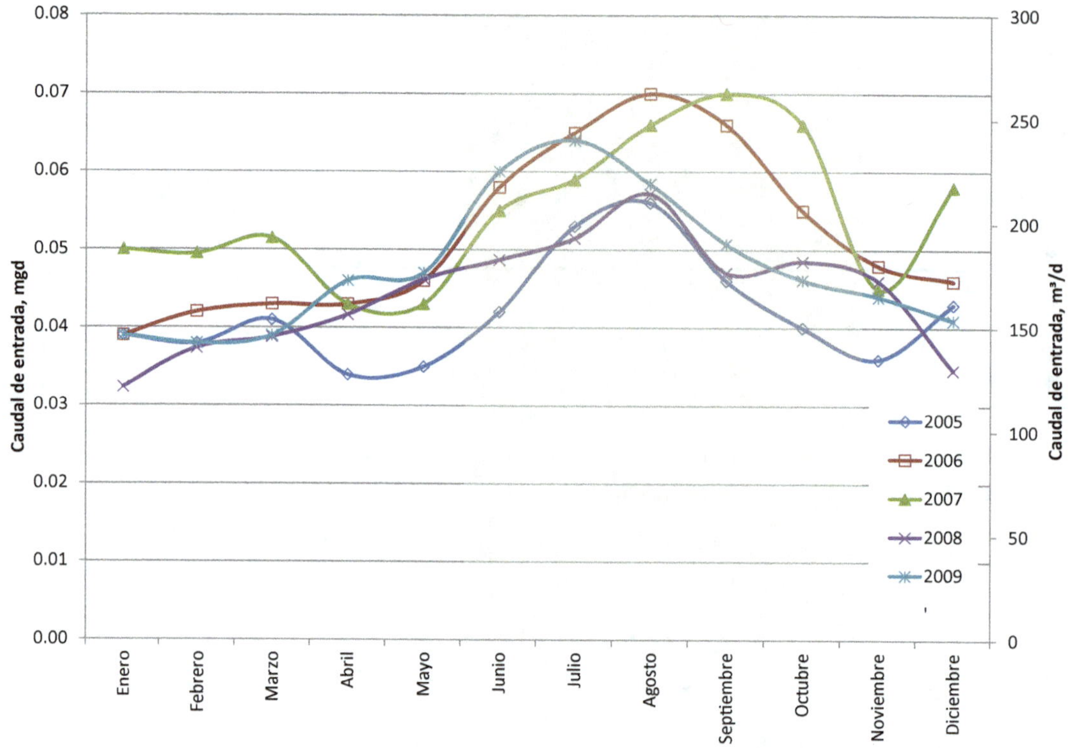

Figura 2.5 Variaciones estacionales en el caudal (reimpreso con autorización de Indigo Water Group)

WRRF abarcan sectores de actividad estacionales, como el turismo o el procesamiento de cultivos, en sus áreas de servicio. Los usuarios estacionales pueden provocar aumentos repentinos en el caudal y en la carga orgánica a la WRRF. Las escuelas y las universidades también pueden afectar los patrones de caudal y las cargas cuando están en actividad. Ambos pueden afectar las operaciones. En la figura 2.5 se muestran patrones de caudal estacional para una comunidad pequeña que depende del turismo estival. Observe que los caudales son mucho mayores entre mayo y noviembre que durante el resto del año.

COMPROBACIÓN DE CONOCIMIENTOS

1. **La Ley Federal de Pretratamiento (*Federal Pretreatment Act*) define a los usuarios industriales y comerciales de manera distinta.**
   - ☐ Verdadero
   - ☐ Falso

2. **El caudal de entrada de aguas residuales consiste en aguas residuales domésticas, industriales y comerciales, además de los aportes de afluencia e infiltración.**
   - ☐ Verdadero
   - ☐ Falso

3. **Los patrones de caudal de entrada reflejan las actividades que se producen en el área de servicio.**
   - ☐ Verdadero
   - ☐ Falso

4. **Un operador debe retirar del servicio un equipo para su mantenimiento. Durante las reparaciones, debe desviar por bombeo las aguas residuales fuera de este equipo. Si suponemos que la WRRF tiene un patrón de caudal diurno típico para las aguas residuales domésticas, ¿para cuándo debe programarse el mantenimiento a fin de minimizar la desviación por bombeo?**
   a. Durante la media mañana
   b. Después del almuerzo
   c. Durante la tarde
   d. En medio de la noche

5. **¿Qué tipo de área de servicio recibirá las mayores variaciones en el caudal de entrada en un mismo día?**
   a. Una población con 500 habitantes
   b. Una ciudad con alcantarillados domésticos y pluviales separados
   c. Una ciudad con más de 50 000 habitantes
   d. Una población sin usuarios comerciales o industriales de gran tamaño

6. **Una WRRF recibe aguas residuales de dos centros de esquí. Si suponemos que la cantidad de personas que residen de manera permanente en el área de servicio es constante durante todo el año, ¿cuándo observará el operador los mayores caudales de entrada y las mayores cargas?**
   a. Durante la primavera
   b. Durante el verano
   c. Durante el otoño
   d. Durante el invierno

CARACTERÍSTICAS DEL CAUDAL DE ENTRADA

Las aguas residuales crudas están compuestas de residuos humanos, materia vegetal triturada de la eliminación de basura, desechos generales, trozos de tela, arena y otros materiales. En la tabla 2.1 se detallan algunos de los muchos componentes de las aguas residuales y sus concentraciones típicas en aguas residuales domésticas crudas. Los sólidos y la DBO se mencionaron en el capítulo 1. Aquí se definen componentes adicionales de las aguas residuales. Las aguas residuales domésticas incluyen aportes de escuelas, tiendas y otras operaciones comerciales livianas, pero no caudales de usuarios industriales *importantes* o *categóricos*. Las concentraciones se describen como de baja, media o alta concentración. La concentración alta o baja de aguas residuales específicas refleja la composición del área de servicio y la cantidad de agua que usa la población de dicha área de servicio.

Un usuario industrial *importante* aporta 94 635 L/d (25 000 gpd), O BIEN, más del 5 % de la capacidad permitida hidráulica u orgánica de una WRRF.

En los Estados Unidos, la cantidad de agua utilizada en general puede variar entre 204 y 455 L/cap d (54 y 120 gpd/cap). Los caudales mayores que 455 L/cap d (120 gpd/cap) deben investigarse para determinar si hay aportes de afluencia e infiltración. En las comunidades que utilizan menos agua, la concentración de materia orgánica y de sólidos será mayor que en las comunidades que usan más agua, siempre y cuando ambas comunidades generen la misma cantidad de kilogramos (libras) de materia orgánica y sólidos. Una mayor utilización de agua diluye la concentración. Las instalaciones comerciales (incluidos restaurantes, escuelas, empresas y centros comerciales) también pueden aumentar la concentración de las aguas residuales al descargar más kilogramos (libras) de materia orgánica y de sólidos. La concentración de las aguas residuales también puede verse afectada por las aguas pluviales, ya sea que provengan de una red combinada o sean el resultado de afluencia e infiltración importantes. En esta situación, la concentración de las aguas residuales puede variar de manera importante en función de si el tiempo es húmedo o seco.

Un usuario industrial *categórico* es cualquier industria que se incluye en el Título 40 del Código de Regulaciones Federales (*Code of Federal Regulations*) (40 CFR) Partes 400-424 y 425-699. Estas industrias tienen una alta probabilidad de afectar la manera en que opera una WRRF y su capacidad de cumplir los límites de los permisos de descarga.

Las aguas residuales industriales suelen tener concentraciones mucho mayores que las aguas residuales domésticas en determinados componentes, especialmente lípidos, aceites, grasas, metales pesados y solventes. En la tabla 2.2 se ofrecen los rangos de concentración de los contaminantes convencionales (DBO, sólidos en suspensión totales [SST], aceites y grasas, nitrógeno Kjeldahl total [NKT] y fósforo [P]) para una extensa variedad de aguas residuales industriales. Si alguna de estas industrias descarga cantidades importantes en la red de alcantarillado sin pretratamiento, esto puede afectar la composición de las aguas residuales que llegan a la WRRF.

Tabla 2.1 Concentraciones típicas de parámetros seleccionados en aguas residuales domésticas crudas (Metcalf and Eddy/AECOM, 2014. Copyright © 2014 por McGraw-Hill Education, reimpreso con autorización).

Parámetro	Baja concentración	Media concentración	Alta concentración
Sólidos totales, mg/L	537	806	1612
Sólidos disueltos totales, mg/L	374	560	1121
Sólidos en suspensión totales, mg/L	130	195	389
Residuos fijos, mg/L	29	43	86
Sólidos en suspensión volátiles, mg/L	101	152	304
Sólidos sedimentables, mg/L	8	12	23
Demanda bioquímica de oxígeno, 5 días, 20 °C, mg/L	133	200	400
Carbono orgánico total, mg/L	109	164	328
Demanda química de oxígeno, mg/L	339	508	1016
Nitrógeno total, mg/L como nitrógeno	23	35	69
Nitrógeno Kjeldahl total, mg/L como nitrógeno	24	34	70
Nitrógeno orgánico, mg/L como nitrógeno	10	14	29
Amoníaco sin ionizar como nitrógeno, mg/L	14	20	41
Nitritos como nitrógeno, mg/L	0	0	0
Nitratos como nitrógeno, mg/L	0	0	0
Fósforo total, mg/L	3.7	5.6	11.0
Aceite y grasa, mg/L	51	76	153

Nota: mg/L = g/m^3

Tabla 2.2 Concentraciones típicas de parámetros seleccionados para algunas aguas residuales industriales (WEF, 2008)

Tipo de industria	DBO_5 mg/L	SST mg/L	Aceite y grasa mg/L	DQO mg/L	NKT mg/L como N	P mg/L como P
Lácteos	1000–2500	1000–2000	300–1000		50–100	
Procesamiento de frutas y verduras	300–1000	200–800				
Curtiembres	400–5900	710–8600	86–1600	1800–13 600	46–890	
Procesamiento de carnes	1500–7200	360–3300	150–1800		24–310	35–82
Productos metálicos y maquinarias	2000	1000	2300	11 300	600	170
Formulación de pinturas	280–65 500	180–148 000	42–3400			
Caucho sintético	9–420	15–770	1–200	50–2800		
Productos de madera	56–4000	400–1100	300	2600–19 300	0.17–4	0.3–3

TEMPERATURA

Las temperaturas de las aguas residuales se miden en grados Celsius o Fahrenheit. Las dos escalas se relacionan mediante las ecuaciones siguientes.

Conversión de grados Celsius a Fahrenheit:

$$\text{Grados Celsius} = (\text{Grados Fahrenheit} - 32)\left(\frac{5}{9}\right)$$

O bien

$$\text{Grados Celsius} = \frac{(\text{Grados Fahrenheit} - 32)}{1.8}$$

Conversión de grados Fahrenheit a Celsius:

$$\text{Grados Fahrenheit} = (\text{Grados Celsius})\left(\frac{9}{5}\right) + 32$$

O bien

$$\text{Grados Fahrenheit} = (\text{Grados Celsius})\,(1.8) + 32$$

Las escalas de los grados Celsius y Fahrenheit se cruzan a los −40 grados. En la tabla 2.3 se detalla la temperatura en grados Celsius y en grados Fahrenheit para algunos puntos de referencia. Puede resultar útil recordar varios de estos puntos como manera fácil de comparar temperaturas.

Un *clima templado* tiene cambios estacionales con temperaturas distintivas: primavera, verano, otoño e invierno.

Las aguas residuales suelen tener una mayor temperatura que el agua corriente sin calentar, debido a que las aguas residuales contienen agua calentada de viviendas y otras fuentes. Debido a que los tubos subterráneos trasladan aguas residuales por distancias extensas hasta la instalación, la temperatura del caudal de entrada en general se aproxima a la temperatura del suelo. Del mismo modo, las temperaturas estivales de las aguas residuales son más elevadas que las temperaturas invernales en los *climas templados*. Las temperaturas de las aguas residuales en general son de entre 10 y 20 °C (50 y 68 °F); sin embargo, las temperaturas pueden ser mayores o menores según la ubicación de la WRRF. La temperatura de las aguas residuales afecta la operación de la WRRF.

La *densidad* es la masa por volumen unitario. El agua tiene una densidad de 998.2 kg/m^3 (62.300 lb/ft^3) a una temperatura de 20 °C (68 °F). A medida que el agua se enfría, se hace más densa. El agua tiene una densidad de 1000 kg/m^3 (62.424 lb/ft^3) a 4 °C (39 °F).

El agua fría es *más densa* que el agua tibia. La velocidad con la que las partículas se sedimentan en los clarificadores se relaciona con la diferencia de densidad entre las partículas y el agua. A medida que el agua se hace más densa con temperaturas menores, la diferencia de densidad se reduce y las tasas de sedimentación pueden disminuir. Con las partículas pesadas y densas, como la arena, este efecto es demasiado bajo como para

Tabla 2.3 Puntos de referencia en grados Celsius y en grados Fahrenheit

Punto de referencia	Grados Celsius	Grados Fahrenheit
Punto de congelamiento del agua a nivel del mar	0	32
Temperatura típica de las aguas residuales en invierno	10	50
Temperatura ambiente	20	68
Temperatura corporal (humanos)	37	98.6
Punto de ebullición del agua a nivel del mar	100	212

percibirse. Con los materiales orgánicos menos densos y los flóculos biológicos producidos en procesos de tratamiento secundario, los cambios en la temperatura del agua pueden tener un efecto importante sobre las tasas de sedimentación.

En general, la tasa de actividad biológica y las reacciones químicas dependen de la temperatura. A medida que la temperatura aumenta, los microorganismos se hacen más activos y aceleran el consumo de fuentes de energía (alimento) y oxígeno. Las tasas de reacción aproximadamente se duplican cada 10 °C (18 °F) de aumento en la temperatura, hasta que las temperaturas superiores comienzan a *inhibir* la actividad biológica. Un proceso de tratamiento biológico que opera a 10 °C puede requerir el doble de tiempo para la misma cantidad de tratamiento que el mismo proceso con una operación a 20 °C. Las reacciones químicas se ven afectadas de manera similar por la temperatura y se llevan a cabo más rápidamente a temperaturas más cálidas.

Inhibir significa ralentizar o impedir. Cuando se inhiben los procesos biológicos, ya no funcionan a las tasas máximas.

Un aumento importante en la temperatura del caudal de entrada durante poco tiempo indica, en general, la presencia de una descarga industrial. Una caída de temperatura importante con frecuencia indica la entrada de aguas pluviales o deshielo.

OXÍGENO DISUELTO

El oxígeno disuelto (OD) es sencillamente el oxígeno molecular presente en el agua o en las aguas residuales. Se expresa como miligramos por litro. La cantidad máxima de OD que puede disolverse en agua es la concentración de saturación. La concentración de saturación depende de la temperatura del agua, la salinidad y la presión atmosférica. El agua más fría tiene capacidad para contener más OD que el agua tibia a la misma salinidad y a la misma presión. La salinidad es la cantidad de sal disuelta en el agua. A medida que la salinidad aumenta, la cantidad de OD que el agua puede mantener también se reduce.

La presión atmosférica es el peso del aire por arriba de determinado punto. A nivel del mar, la presión atmosférica es igual a una atmósfera, que equivale a 101 kPa (14.7 psi). Al elevarnos en un avión, en un ascensor o en las montañas, hay menos aire arriba y una menor presión atmosférica. Es como estar sentado en el fondo de una piscina. El peso del agua que está arriba es como el peso de la atmósfera. Hay más presión en la parte inferior de la piscina que en la parte superior de la piscina. A una elevación de 1609 m (1 milla), hay aproximadamente un 17 % menos de atmósfera que a nivel del mar. Hay menos presión disponible para mantener los gases disueltos en solución. El agua expuesta a una presión atmosférica mayor puede contener más OD que la misma agua a menor presión.

Un recipiente de agua pura (salinidad cero) a nivel del mar puede mantener hasta 11.29 mg/L de OD a 10 °C (50 °F), pero solo 9.09 mg/L a 20 °C (68 °F). Si la salinidad del agua (también a nivel del mar) aumenta a 45.2 partes por billón (ppb), la cantidad máxima de OD que puede contener el agua se reducirá a 8.45 mg/L a 10 °C y a 6.96 mg/L a 20 °C. Recuerde que el hecho de que el agua pueda contener una concentración de OD específica no implica que efectivamente contenga dicha concentración. Un recipiente de agua a nivel del mar con salinidad cero y una temperatura de 20 °C tiene capacidad para contener 9.09 mg/L, pero puede contener cualquier concentración hasta ese punto, o puede no contener ninguna concentración.

Cuando el agua se congela, el oxígeno y otros gases disueltos en el agua provocan la opacidad del hielo. El agua caliente conforma un hielo más transparente porque el agua caliente contiene menos gases/oxígeno disueltos que el agua fría.

El oxígeno disuelto es crítico para algunos tipos de tratamiento biológico. Los microorganismos del proceso de tratamiento respiran oxígeno y exhalan dióxido de carbono. Algunas bacterias pueden utilizar nitrato en lugar de OD. Las bacterias necesitan el oxígeno para convertir el amoníaco en nitrito y nitrato. Sin oxígeno, esta reacción no podría producirse. Cuando hay oxígeno presente, el agua es aerobia. Otro término para "aerobia" es *óxica*.

Las aguas residuales se vuelven *sépticas* cuando los microorganismos utilizaron todo el oxígeno y todo el nitrato. Un grupo de bacterias denominado *anaerobios facultativos* puede convertir el sulfato en ácido sulfhídrico en condiciones sépticas. El ácido sulfhídrico tiene un olor fuerte a huevo podrido. Otros compuestos de azufre que pueden producirse en condiciones sépticas incluyen el dimetil disulfuro (ajo) y el metil mercaptano (col podrida).

COLOR

El color de las aguas residuales depende de las cantidades y de los tipos de materias disueltas, en suspensión y coloidales que hay presentes. Las aguas residuales frescas en general son de color marrón claro a grisáceo. Las aguas residuales que se hacen *sépticas* son de un gris más oscuro, o incluso negras. Otros colores suelen indicar la presencia de descargas industriales. Por ejemplo, es posible que emanen descargas verdes, azules o anaranjadas de las operaciones de enchapado; las descargas rojas, azules o amarillas con frecuencia son tinturas; y las descargas blancas opacas a menudo provienen de residuos lácteos o de pinturas de látex. El conocimiento de los tipos de industrias que aportan a la red de alcantarillado y el color de sus descargas es de mucho valor para el operador. Siempre que se observen un color o un olor inusuales en el caudal de entrada a la WRRF, deben recolectarse muestras para su análisis.

OLOR

El olor, un parámetro muy subjetivo, puede ofrecer información valiosa. La nariz humana, un sistema sensible para la detección de olores, con frecuencia puede oler los componentes de las aguas residuales a bajas concentraciones. Las aguas residuales frescas en general producen un olor rancio. Otros olores, como el olor a petróleo o a solventes, u otros aromas anómalos, pueden indicar un derrame industrial.

Debido a que algunos de los componentes presentes en las aguas residuales pueden ser tóxicos, debe tenerse precaución al oler las aguas residuales, en particular al oler muestras envasadas. La detección de olores inusuales en una instalación, especialmente en espacios confinados, requiere precaución y el cumplimiento estricto de los procedimientos de seguridad.

La descomposición de las aguas residuales en ausencia de oxígeno puede producir ácido sulfhídrico, que tiene un olor distintivo a huevo podrido. Cuando hay presente ácido sulfhídrico, deben tomarse medidas para aumentar el contenido de oxígeno del flujo líquido. Además de indicar problemas en el proceso, la presencia de ácido sulfhídrico provoca inquietud por otros motivos: es tóxico a niveles relativamente bajos, es corrosivo para el hormigón y los metales, y es potencialmente explosivo. También es importante tener en cuenta que el ácido sulfhídrico es particularmente peligroso porque, básicamente, paraliza el sentido del olfato cuando está presente a concentraciones altas. En esta situación, se percibe inicialmente el olor a huevo podrido, pero parece irse rápidamente. Si interpretamos la falta de olor a huevo podrido como ausencia de ácido sulfhídrico, pueden producirse fatalidades de inmediato. El ácido sulfhídrico puede estar acompañado de gas metano, aún más explosivo. Por lo tanto, la presencia de ácido sulfhídrico y de gas metano exige una precaución extrema y la aplicación rigurosa de los procedimientos de seguridad establecidos. Esto incluye el uso de equipos adecuados para la detección de gases antes de ingresar a un espacio confinado y la activación de los equipos de ventilación, si están disponibles.

TURBIEDAD

Cuando la mayoría de las personas piensa en la palabra *turbiedad*, se imagina agua lechosa u opaca con una alta concentración de sólidos en suspensión. Una definición más correcta es la tendencia de una sustancia a dispersar la luz. Cuando la luz se dispersa, rebota en las partículas en suspensión de la sustancia y se desplaza en todas las direcciones. Esto es distinto a la absorción, donde la luz no puede penetrar completamente en un líquido, y a la transmitancia, que se produce cuando la luz atraviesa la sustancia total o parcialmente. La turbiedad del agua es provocada por los materiales en suspensión y coloidales, como la arcilla, la grava, la materia orgánica e inorgánica fina, el plancton, las algas y otros microorganismos. Los análisis de turbiedad ofrecen una medida indirecta de la cantidad de materiales en suspensión y coloidales presentes en el flujo del caudal, en particular a concentraciones bajas de sólidos.

La turbiedad se mide con un dispositivo especial denominado *turbidímetro*. En la figura 2.6 se ofrece una representación simplificada de la manera en que funcionan los turbidímetros. Observe que la fuente de luz está a un ángulo de 90 grados en relación con el detector. La turbiedad real siempre se mide a un ángulo de 90 grados para que el detector solo perciba la luz que rebotó y se dispersó. Si el detector se coloca frente a la fuente de luz al otro lado de la muestra, mide en cambio la luz transmitida. La turbiedad se mide en unidades nefelométricas de turbiedad (UNT).

La turbiedad no se correlaciona directamente con las concentraciones de sólidos en suspensión por los siguientes motivos: (1) el tamaño y la cantidad de las partículas pueden variar, y (2) el color puede interferir con la medición de turbiedad. Es posible que el agua tenga SST bajos y una alta turbiedad. En este caso, las partículas serían pequeñas y finas sin mucha masa total. En conjunto, provocan turbiedad, pero esto no resultaría en una alta medición de SST. También es posible que el agua tenga SST altos y una baja turbiedad. En este caso, las partículas sólidas serían de gran tamaño, pero habría mucha agua transparente entre las partículas. Los sólidos tendrían mucha masa, pero, en su mayoría, la luz se transmitiría en lugar de dispersarse. El efluente final de un proceso de tratamiento secundario en buen estado de funcionamiento puede tener una turbiedad de entre 0.5 y 3 UNT.

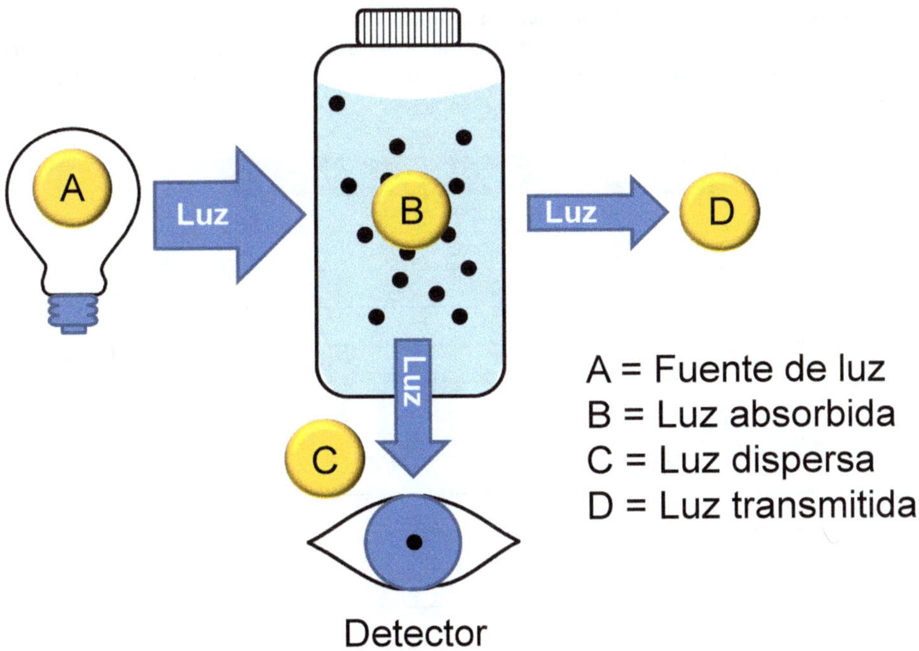

Figura 2.6 Dispersión de la luz con la turbiedad (reimpreso con autorización de Indigo Water Group)

Es posible establecer una relación entre los SST y la turbiedad para un sistema específico bajo un conjunto específico de condiciones operativas. Para hacerlo, deben analizarse los SST y la turbiedad de una serie de muestras. Si las condiciones cambian de manera importante, la correlación debe volver a establecerse.

CONDUCTIVIDAD

La conductividad mide la capacidad de una solución acuosa de transportar una corriente eléctrica. La conductividad de las aguas residuales domésticas es en general de entre 50 y 1500 μS/cm, aunque algunas aguas residuales industriales tienen conductividades de más de 10 000 μS/cm. La unidad *μS/cm* es microsiemens por centímetro. La conductividad de las aguas residuales se relaciona con la cantidad de sólidos disueltos totales (SDT), principalmente sales, presentes en el agua; sin embargo, la conductividad y los SDT no son lo mismo. Se trata de dos mediciones distintas de dos aspectos diferentes: la conductividad eléctrica y los sólidos disueltos.

Hay muchos medidores disponibles comercialmente que leen la conductividad y los SDT; sin embargo, la única manera real de medir los SDT es filtrar la muestra, evaporar el agua y pesar físicamente los sólidos secos que quedaron. Los medidores de sólidos disueltos totales miden de hecho la conductividad y, a continuación, usan un factor de conversión para estimar los SDT. Este factor de conversión puede ser de entre 0.47 y 0.85 según el fabricante (HM Digital, 2008). Para obtener datos confiables con equipos de monitoreo de la conductividad, deben cuidarse los electrodos a fin de evitar que se dañen y debe mantenerse una circulación adecuada de las muestras. Las conductividades de más de 10 000 a 50 000 μS/cm o de menos de 10 μS/cm pueden resultar difíciles de medir.

pH

El término *pH* se utiliza tradicionalmente como una representación conveniente de la concentración de iones de hidrógeno en una solución. La escala de pH abarca de 0 a 14, y la lectura neutra es de 7. Las lecturas por debajo de 7 son acídicas y las lecturas por arriba de 7 son básicas. Una lectura de exactamente 7 se define como neutra. Las aguas residuales crudas suelen tener un pH próximo a 7, aunque las descargas industriales y otras descargas no domésticas pueden hacer que el pH sea mucho mayor o mucho menor. Hay otras condiciones que pueden hacer que el pH se desvíe de la norma. Las condiciones anaerobias reducen el pH de las aguas residuales. Los valores bajos de pH, en conjunto con otras observaciones, como el olor a huevo podrido (ácido sulfhídrico) y el color negro, ofrecen evidencia de condiciones sépticas en la red de alcantarillado o en el proceso de tratamiento.

El término *pH* es una abreviatura matemática para el logaritmo inverso de la concentración de iones de hidrógeno:

$$\mathrm{pH} = -\log[\mathrm{H}^+]$$

Un *mol* es una unidad de medida que se utiliza con átomos y moléculas. El calzado viene en pares, el papel viene en resmas, los lápices vienen en cajas y los huevos vienen en docenas. Los átomos y las moléculas vienen en moles. Un mol contiene 6.022×10^{23} átomos o moléculas. Un milimol es una milésima de mol, o 6.022×10^{20} átomos o moléculas. ¿Por qué una cifra tan grande? Esto se debe a que los átomos y las moléculas son tan pequeños que necesitamos una gran cantidad de ellos en un mismo lugar para poder medirlos con exactitud. Un mol de átomos de hidrógeno pesa 1.007 94 g.

Donde $[H^+]$ es la concentración real de iones de hidrógeno en *milimoles* por litro (mmol/L) en una solución. La parte de −log de la ecuación significa que el pH se expresa en escala logarítmica. En una escala logarítmica, cada segmento de la escala aumenta en un factor de 10; por lo tanto, una muestra con un pH de 4 tiene 10 veces más átomos de hidrógeno que una muestra con un pH de 5. Por ejemplo:

pH	Concentración de iones de hidrógeno, mmol/L
14	0.00000000000001
13	0.0000000000001
12	0.000000000001
11	0.00000000001
10	0.0000000001
9	0.000000001
8	0.00000001
7	0.0000001
6	0.000001
5	0.00001
4	0.0001
3	0.001
2	0.01
1	0.1

Debido a que el pH se expresa en una escala logarítmica, se requiere un cambio importante en la concentración de iones de hidrógeno para llevar a cabo un cambio pequeño en la lectura del medidor de pH. Los operadores deben tener en cuenta que las mediciones de pH por sí solas no suelen ser adecuadas para el control del proceso y que deben utilizarse en conjunto con mediciones de alcalinidad. Con frecuencia, en el momento en que un cambio en el pH es observable, el proceso se degradó mucho y es más difícil hacerlo regresar al rango operativo normal.

El pH es importante en los procesos de tratamiento biológico y químico. La mayoría de los microorganismos permanecen suficientemente activos solo en un rango reducido de pH, en general, entre 6.5 y 8.0. Fuera de este rango, el pH puede inhibir o detener completamente la actividad biológica. Los procesos de precipitación química funcionan mejor en rangos de pH más reducidos que difieren según el tipo de químico que se utilice.

ALCALINIDAD

La alcalinidad del agua es su capacidad de neutralizar ácidos. En otras palabras, representa la cantidad de ácidos que el agua puede absorber antes de que se produzca un cambio importante en el pH. La alcalinidad y el pH están relacionados, pero no miden lo mismo. La alcalinidad es la capacidad de buffer y el pH es la concentración de iones de hidrógeno. La alcalinidad se compone principalmente de los iones siguientes: carbonato (CO_3^-), bicarbonato (HCO_3^-), hidróxidos (OH^-) y fosfatos (PO_4^{-3}). Las características del suministro de agua cruda influyen sobre la alcalinidad, que puede ser alta en las áreas con agua dura (relacionadas en general con las fuentes de aguas subterráneas) o extremadamente baja en las áreas con agua blanda.

En el laboratorio, una concentración conocida de ácido se agrega gradualmente a una muestra mientras se mezcla constantemente (figura 2.7). El pH se monitorea directamente con un medidor de pH o indirectamente mediante el agregado de soluciones con indicadores especiales. Los indicadores cambian de color con pH específicos. El primer indicador que se utiliza es la fenolftaleína, que es de color rosa por arriba de un pH de 8.3 y transparente por debajo. El segundo indicador que se utiliza es el verde de bromocresol rojo de metilo, que es azul brillante cuando el pH está por arriba de 4.55 y rojo cuando está por debajo. Por definición, cuando el pH llega al 4.55, se consumió completamente la alcalinidad y el resultado se informa como alcalinidad total. La alcalinidad se informa como miligramos por litro de carbonato de calcio (mg/L $CaCO_3$).

NITRÓGENO

El nitrógeno y el fósforo, ambos nutrientes, se presentaron en el capítulo 1. Son fundamentales para la vida. En las aguas residuales, el nitrógeno aparece en cuatro formas básicas: nitrógeno orgánico, amoníaco, nitrito y nitrato (figura 2.8). Las formas de nitrógeno presentes en las aguas residuales indican el nivel de tratamiento. En general, las aguas residuales frescas tienen concentraciones mayores de nitrógeno orgánico y de amoníaco que de nitrito

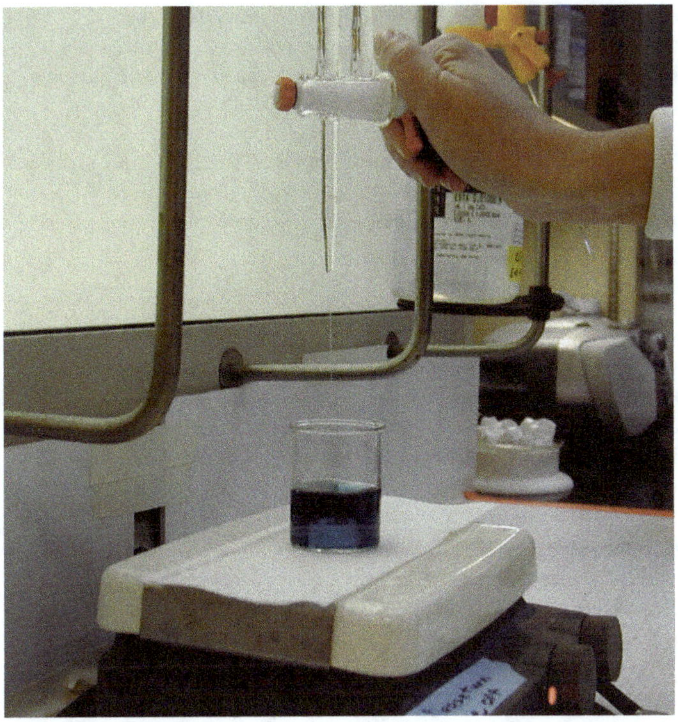

Figura 2.7 Titulación de la alcalinidad total (reimpreso con autorización de Indigo Water Group)

y de nitrato. El nitrógeno orgánico se encuentra en proteínas y en moléculas orgánicas. Cuando el material orgánico se descompone, se libera amoníaco. Si las condiciones son adecuadas, distintos grupos de bacterias del proceso de tratamiento transforman gradualmente el nitrógeno orgánico en amoníaco y, a continuación, en nitrito, nitrato y, finalmente, gas nitrógeno. El gas nitrógeno no es muy soluble en agua. Después de que se produce en el proceso, pasa de las aguas residuales a la atmósfera. Además de la conversión del nitrógeno de una forma a otra, parte del nitrógeno se incorporará en nuevas bacterias. Esto se denomina *captación asimilativa*.

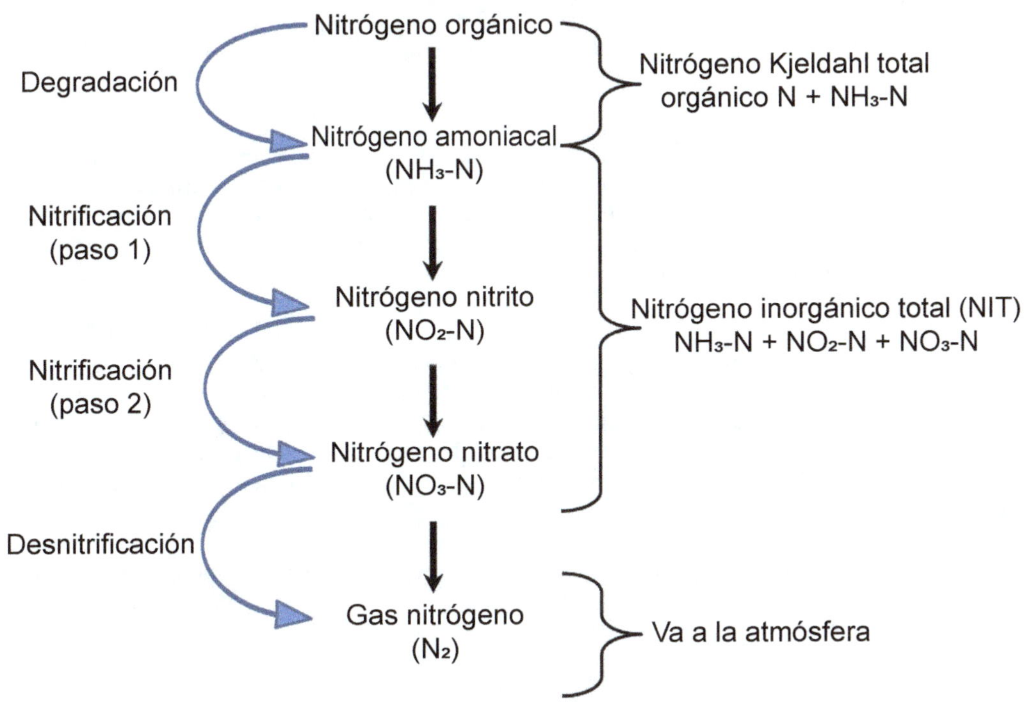

Figura 2.8 Especies de nitrógeno en aguas residuales (reimpreso con autorización de Indigo Water Group)

Los rangos típicos de las concentraciones de hidrógeno en las aguas residuales domésticas crudas se proporcionan en la tabla 2.1. El nitrógeno Kjeldahl total es la suma del nitrógeno orgánico y del nitrógeno amoniacal (figura 2.8). Algunas WRRF deben monitorear el NKT en el caudal de entrada o en el efluente final. Los ingenieros utilizan el nitrógeno Kjeldahl total al diseñar nuevas instalaciones o al actualizar instalaciones ya existentes. El nitrógeno inorgánico total (NIT) es la suma del nitrógeno amoniacal, del nitrógeno nitrito y del nitrógeno nitrato (figura 2.8). Muchas WRRF tienen límites en sus permisos para el NIT, debido a que incluso pequeñas cantidades de nitrógeno liberadas en el medio ambiente pueden propiciar el crecimiento de algas y provocar otros cambios ambientales a partir de la *eutroficación*. Los efectos de la liberación de nitrógeno en el medio ambiente se describen en el capítulo 1.

La *eutroficación* es un enriquecimiento de nutrientes en un sistema natural, como un lago o un río. La mayor cantidad de nutrientes puede promover el crecimiento de algas y modificar las especies de plantas y animales que pueden prosperar.

Los compuestos de nitrógeno se expresan como miligramos por litro como N (p. ej., 1 mg/L de nitrógeno amoniacal [NH_3-N]). Este método de expresión convierte todos los compuestos de nitrógeno en el mismo parámetro: nitrógeno. El nitrógeno orgánico, el amoníaco, el nitrito y el nitrato contienen otros elementos además de nitrógeno, como hidrógeno, oxígeno y carbono. El nitrógeno es el elemento de preocupación desde una perspectiva ambiental. La expresión de todos los compuestos de nitrógeno como N concentra la atención en el contaminante primario. También permite que se agreguen y quiten los distintos componentes de nitrógeno para determinar el nitrógeno total, NKT o NIT.

En el capítulo 9 se incluye un repaso de *química* básica.

La expresión de los compuestos de nitrógeno como N requiere conocimientos de *química*. La tabla periódica contiene el peso atómico de distintos elementos. Al agregar los pesos atómicos de un compuesto específico, como el nitrato, se obtiene el peso de la fórmula. En el siguiente ejemplo se convierten 20 mg/L de nitrato en miligramos por litro de nitrógeno nitrato.

Paso 1: Busque el peso atómico del nitrógeno y del oxígeno. El nitrógeno pesa 15 g/mol. El oxígeno pesa 16 g/mol.

Paso 2: Agregue los pesos atómicos para determinar el peso de la fórmula.

1 nitrógeno = (1)(14) = 14 g/mol

3 oxígeno = (3)(16) = 48 g/mol

Peso total de la fórmula = 62 g/mol

Paso 3: Utilice el análisis dimensional para convertir de mg/L de nitrato a mg/L de nitrógeno nitrato.

$$\frac{20\text{ mg NO}_3}{\text{L}}\left|\frac{1\text{ g}}{1000\text{ mg}}\right|\left|\frac{1\text{ mol NO}_3}{62\text{ g NO}_3}\right|\left|\frac{1\text{ mol N}}{1\text{ mol NO}_3}\right|\left|\frac{14\text{ g N}}{1\text{ mol N}}\right| 1000\text{ mg/1 g} = 4.5\text{ mg/L NO}_3 - \text{N}$$

FÓSFORO

El fósforo, al igual que el nitrógeno, asume distintas formas en las aguas residuales y sirve como elemento fundamental para el crecimiento y la reproducción biológicos. Los rangos típicos de las concentraciones de fósforo en las aguas residuales domésticas crudas se proporcionan en la tabla 2.1. Un suministro excesivo de nitrógeno o fósforo produce proliferación de algas y eutroficación. Como resultado de estos efectos, muchas WRRF tienen límites de fósforo en sus efluentes.

El fósforo puede ser soluble o particulado. La forma soluble más común del fósforo es el ortofosfato. Las formas más comunes de fósforo particulado son el polifosfato y el fosfato orgánico. El fósforo puede expresarse como fosfato (PO_4^{-3}) o como fosfato como fósforo (PO_4-P). Los laboratorios de análisis suelen informar de manera uniforme todos los compuestos de nitrógeno como N, pero no son igualmente coherentes al informar compuestos de fósforo. Es fundamental que los operadores puedan convertir entre miligramos por litro de PO_4^{-3} y miligramos por litro de PO_4-P. A continuación hay un ejemplo que demuestra cómo convertir 3 mg/L de PO_4^{-3} en mg/L de PO_4-P.

Paso 1: Busque los pesos atómicos del fósforo y del oxígeno. El fósforo pesa 31 g/mol. El oxígeno pesa 16 g/mol.

Paso 2: Agregue los pesos atómicos para determinar el peso de la fórmula.

1 fósforo = (1)(31) = 31 g/mol

4 oxígeno = (4)(16) = 64 g/mol

Peso total de la fórmula = 95 g/mol

Paso 3: Use el análisis dimensional para convertir de PO_4^{-3} a PO_4-P.

$$\left.\frac{3\text{ mg }PO_4^{-3}}{\text{L}}\right|\left.\frac{1\text{ g}}{1000\text{ mg}}\right|\left.\frac{1\text{ mol }PO_4^{-3}}{95\text{ g }PO_4^{-3}}\right|\left.\frac{1\text{ mol P}}{1\text{ mol }PO_4^{-3}}\right|\left.\frac{31\text{ g P}}{1\text{ mol P}}\right| 1000\text{ mg/1 g} = 0.98\text{ mg/L }PO_4\text{-P}$$

DEMANDA QUÍMICA DE OXÍGENO

La demanda bioquímica de oxígeno se describió en el capítulo 1. La demanda bioquímica de oxígeno es una medida de la cantidad de oxígeno consumido por los microorganismos cuando consumen y estabilizan compuestos orgánicos y nitrógeno amoniacal en las aguas residuales. Las aguas residuales contienen compuestos orgánicos adicionales que los microorganismos no pueden consumir durante el análisis de DBO de 5 días o durante la mayoría de los procesos de tratamiento de aguas residuales. Estos compuestos orgánicos no son biodegradables, pero pueden descomponerse químicamente. Todos los compuestos orgánicos de una muestra que pueden ser consumidos por microorganismos u oxidados químicamente componen la demanda química de oxígeno (DQO). El análisis de DQO no incluye la demanda de oxígeno del nitrógeno amoniacal. Los químicos definen la *DQO* como la cantidad de un químico específico que reacciona con la muestra en condiciones controladas.

El análisis de DQO se lleva a cabo mediante la combinación de la muestra con dicromato de potasio ($K_2Cr_2O_7$) y ácido sulfúrico concentrado. A continuación, las muestras se calientan a 150 °C durante 2 horas. Cuando el dicromato de potasio reacciona con los componentes orgánicos de la muestra, se convierte en ion de cromo (Cr^{+3}), que puede entonces medirse. La concentración de ion de cromo producida durante el análisis es *directamente proporcional* a la cantidad de oxígeno necesaria para descomponer los compuestos orgánicos presentes al principio del análisis. Los resultados se expresan en términos de equivalencia de oxígeno. En otras palabras, el análisis de DQO suministra una medida de la cantidad de oxígeno que consumirá una muestra (demanda de oxígeno) y lo hace en pocas horas.

Directamente proporcional significa que dos variables aumentan o disminuyen juntas. *Inversamente proporcional* significa que cuando una variable aumenta, la otra disminuye.

El análisis de DQO puede utilizarse para estimar rápidamente la DBO_5 de una muestra. La correlación entre DBO y DQO varía según la instalación. Sin embargo, los resultados de DQO serán iguales o mayores que los resultados de DBO debido a toda la materia orgánica oxidada. Para las aguas residuales domésticas sin aportes industriales importantes, la relación de DQO a demanda bioquímica de oxígeno carbonosa (DBOC) es, en general, de entre 1.9 y 2.2. El uso del análisis de DQO para el control del proceso requiere que el análisis de DBO se ejecute primero en paralelo con el análisis de DQO para determinar esta correlación. Esto permite desarrollar relaciones de DBO a DQO para cada instalación, si bien dichas relaciones varían del caudal de entrada al efluente de la misma instalación. La relación cambia cuando las aguas residuales se trasladan por el proceso de tratamiento y se consume casi toda la DBOC.

CONTAMINANTES PRIORITARIOS

Contaminantes prioritarios es un término general aplicado originalmente a una lista de compuestos químicos identificados por la Agencia de Protección Ambiental de los EE. UU. (EPA de los EE. UU.) como de preocupación importante debido a su uso extendido y a su toxicidad. Esta lista se amplió y modificó desde entonces para incluir contaminantes tóxicos y sustancias peligrosas. La EPA de los EE. UU. revisa con frecuencia esta lista en función de sus conocimientos cada vez mayores sobre los compuestos tóxicos. La lista específica de estos compuestos aparece en el Código de Regulaciones Federales (*Code of Federal Regulations*) Título 40, Parte 122, Apéndice D, "Tablas de contaminantes tóxicos y sustancias peligrosas" (*Tables of Toxic Pollutant and Hazardous Substances*). Es posible obtener copias del documento de la EPA de los EE. UU. Deben conservarse en la biblioteca de referencia de cada instalación. Si la instalación lo solicita, la EPA de los EE. UU. la incluirá en su lista de correo para enviarle los detalles actualizados.

Los compuestos de la lista de contaminantes tóxicos en general provienen de fuentes industriales. Los compuestos tóxicos pueden dividirse en dos categorías: compuestos tóxicos orgánicos (incluidos los solventes orgánicos y muchos pesticidas) y otros compuestos tóxicos (incluidos metales pesados, cianuro y fenoles). El análisis de la mayoría de los componentes detallados requiere instrumentos sofisticados. Además, sus concentraciones en las aguas residuales domésticas suelen ser bajas (medidas en partes por mil millones). Es posible que se necesiten equipos especiales de muestreo para prevenir la contaminación de las muestras.

Muchos de los compuestos tóxicos incluidos en la lista, en concentraciones suficientemente altas, inhiben la actividad biológica. Las descargas industriales de metales pesados, como el cromo, pueden producir perturbaciones o fallas en el proceso y pueden afectar negativamente la calidad de los biosólidos y el desempeño del proceso. La descarga de compuestos tóxicos puede perjudicar los entornos acuáticos receptores debido a su toxicidad inmediata y a que muchos de los tóxicos, como el mercurio y los bifenilos policlorados, son bioacumulativos. Esto significa que los organismos biológicos eliminan las sustancias tóxicas del agua y las concentran en el cuerpo. El efecto de concentración generalmente progresa hacia arriba en la cadena alimentaria hasta que se alcanzan niveles altos y posiblemente tóxicos al final de la cadena en organismos más complejos, incluidos los humanos.

COMPROBACIÓN DE CONOCIMIENTOS

1. **Cuando aumenta la utilización de agua en una comunidad, las concentraciones en el caudal de entrada de aguas residuales se reducen (siempre y cuando la población del área de servicio no cambie).**
   - ☐ Verdadero
   - ☐ Falso

2. **Una afluencia de aguas pluviales en una red de alcantarillado combinada puede aumentar las temperaturas promedio del caudal de entrada de aguas residuales.**
   - ☐ Verdadero
   - ☐ Falso

3. **Las condiciones sépticas en la red de alcantarillado aguas arriba del caudal de entrada a una WRRF puede hacer que el caudal de entrada sea más oscuro de lo habitual y que huela a huevo podrido.**
   - ☐ Verdadero
   - ☐ Falso

4. **Los medidores de conductividad también pueden utilizarse para medir con exactitud los sólidos disueltos totales.**
   - ☐ Verdadero
   - ☐ Falso

5. **Las aguas residuales domésticas incluyen aportes de:**
   a. Usuarios industriales importantes
   b. Usuarios industriales categóricos
   c. Hogares y empresas
   d. Usuarios industriales pesados

6. **Las aguas residuales domésticas frescas típicamente son de color:**
   a. Blanco a amarillo pálido
   b. Marrón claro a gris
   c. Gris a negro
   d. Anaranjado, amarillo o azul

7. **El ácido sulfhídrico genera preocupación por todos estos motivos EXCEPTO QUE:**
   a. Es tóxico a bajas concentraciones
   b. Corroe el hormigón y los metales
   c. Es potencialmente explosivo
   d. Huele a ajo

8. **La turbiedad es una medida de:**
   a. La dispersión de la luz
   b. La opacidad
   c. La concentración de sólidos
   d. La materia orgánica

9. **La alcalinidad es una medida de:**
   a. El pH
   b. La capacidad de buffer
   c. La concentración de carbonato de calcio
   d. El contenido de hidróxido

10. **¿Cuál de los siguientes valores de pH se consideraría acídico?**
    a. 4.6
    b. 7.1
    c. 8.3
    d. 9.4

11. **Si se consume toda la alcalinidad, ¿cuál es el pH?**
    a. 1.2
    b. 4.5
    c. 7.0
    d. 8.3

12. **Una muestra de caudal de entrada se analiza para determinar la DQO y la DBO. ¿Cuál de los siguientes enunciados debe ser verdadero?**
    a. La DBO es igual o mayor que la DQO
    b. El análisis de DBO se llevó a cabo antes que el análisis de DQO
    c. La DQO es igual o mayor que la DBO
    d. El análisis de DQO se llevó a cabo a 20 °C

13. **El laboratorio informó una concentración de fósforo en el efluente final de 2.5 mg/L como PO_4^{-3}. ¿Qué representa esto en miligramos por litro de PO_4-P?**
    a. 0.25 mg/L PO_4-P
    b. 0.81 mg/L PO_4-P
    c. 2.5 mg/L PO_4-P
    d. 7.7 mg/L PO_4-P

TASAS DE GENERACIÓN PER CÁPITA

Las aguas residuales domésticas tienen una composición química similar en las distintas municipalidades. Los usuarios industriales importantes de un área de servicio pueden producir sesgos en la composición química. Sin embargo, incluso el efecto de los usuarios industriales importantes con frecuencia se promedia en un área de servicio de gran tamaño debido a que sus aportes son pequeños en comparación con el caudal y la carga totales que recibe la WRRF. En las áreas de servicio de menor tamaño, los efectos de un único descargador industrial o comercial pueden ser importantes. Los modelos para estimar las aguas residuales y el diseño de las instalaciones deben incluir suposiciones razonables sobre la composición del caudal de entrada de aguas residuales cuando no hay disponibles datos concretos. Las mismas suposiciones pueden llegar a ser de mucho valor para los operadores a la hora de determinar si el caudal y la carga medidos en el caudal de entrada de la instalación son razonables para el área de servicio. En la tabla 2.4 se presentan las tasas de generación típicas per cápita (por persona) en gramos por persona por día (libras por persona por día). Estas tasas de generación son para aguas residuales municipales típicas y no deben aplicarse a aguas residuales industriales ni a aguas residuales municipales que contengan porcentajes altos de aguas residuales industriales.

Como ejemplo, supongamos que una instalación de aguas residuales presta servicio a una población de 5000 habitantes. El caudal diario promedio de la instalación hipotética es de 1.61 ML/d (0.425 mgd). En julio, los resultados de la muestra del compuesto de caudal de entrada fueron de 450 mg/L para DBO_5, de 320 mg/L para SST y de 45 mg/L para NKT. Para establecer la tasa de generación per cápita, divida el caudal de entrada o la masa por la cantidad de personas en el área de servicio. Para verificar que los datos suministrados son razonables según lo que sabemos del área de servicio, consulte la tabla 2.4.

Paso 1: Calcule la masa en kilogramos o libras.

Sistema Internacional de Unidades para calcular la masa:

$$\text{kg} = \frac{\left[\left(\text{Concentración, } \frac{\text{mg}}{\text{L}}\right)(\text{Volumen, m}^3)\right]}{1000}$$

De manera alternativa, puede utilizar el análisis dimensional:

$$\frac{X\text{ mg}}{\text{L}}\left[\frac{1\text{ g}}{1000\text{ mg}}\right]\left[\frac{1\text{ kg}}{1000\text{ g}}\right]\left[\frac{1000\text{ L}}{1\text{ m}^3}\right]\left[\frac{X\text{ m}^3}{}\right] = \text{kg}$$

Unidades habituales en los EE. UU. para calcular la masa:

$$\text{Libras} = \left(\text{Concentración, } \frac{\text{mg}}{\text{L}}\right)(\text{Volumen, mil. gal})\left(8.34\ \frac{\text{lb}}{\text{mil. gal}}\right)$$

De manera alternativa, puede utilizar el análisis dimensional:

$$\frac{X\text{ mg}}{\text{L}}\left[\frac{1\text{ g}}{1000\text{ mg}}\right]\left[\frac{1\text{ kg}}{1000\text{ g}}\right]\left[\frac{2.204\text{ lb}}{1\text{ kg}}\right]\left[\frac{3.785\text{ L}}{1\text{ gal}}\right]\left[\frac{1\,000\,000\text{ gal}}{1\text{ mil. gal}}\right]\left[\frac{X\text{ mil. gal}}{}\right] = \text{lb}$$

Paso 2: Divida el caudal o la masa por la población del área de servicio para determinar la tasa de generación per cápita.

Tabla 2.4 Caudales y cargas per cápita (Metcalf and Eddy/AECOM, 2014. Copyright © 2014 por McGraw-Hill Education, reimpreso con autorización).

Parámetro	Tasa de generación per cápita
Caudal diario promedio	204 y 455 L/d (54 y 120 gpd/cap)
Demanda química de oxígeno (DQO)	110-295 g/d (0.30-0.65 lb/d)
Demanda bioquímica de oxígeno (DBO)	50 y 120 g/d (0.11 y 0.26 lb/d)
Sólidos en suspensión totales (SST)	60 y 150 g/d (0.13 y 0.33 lb/d)
Nitrógeno Kjeldahl total como N (NKT)	9 y 18 g/d (0.020 y 0.040 lb/d)
Fósforo total como P (TP)	1.5 y 4.5 g/d (0.003 y 0.010 lb/d)

Tabla 2.5 Ejemplo de caudales y cargas per cápita

Parámetro	Caudal de entrada total	Tasa diaria per cápita	Rango esperado
Caudal	1.61 ML/d (0.425 mgd)	321.7 L/cap·d (85 gpd/cap)	204 y 455 L/d (54 y 120 gpd/cap)
DBO	450 mg/L o 723 kg/d (1595 lb/d)	0.15 kg/cap·d (0.32 lb/cap·d)	0.05 y 0.12 kg/d (0.11 y 0.26 lb/d)
SST	320 mg/L o 514 kg/d (1134 lb/d)	0.10 kg/cap·d (0.23 lb/cap·d)	0.06 y 0.15 kg/d (0.13 y 0.33 lb/d)
NKT	45 mg/L o 72.6 kg/d (160 lb/d)	0.014 kg/cap·d (0.031 lb/cap·d)	0.09 y 0.022 kg/d (0.020 y 0.048 lb/d)

Nota: Para convertir kilogramos en gramos, divida por un factor de 1000.

En el caso que se detalla en la tabla 2.5, todas las tasas de generación por persona están dentro de los rangos esperados, excepto la DBO. Es recomendable que el operador investigue por qué la carga de DBO es mayor que la esperada para las aguas residuales domésticas. Es posible que la muestra de DBO no se haya tomado correctamente y no sea representativa, o que el análisis de DBO no se haya llevado a cabo correctamente y que el resultado se haya informado como mayor de manera incorrecta. Otra posibilidad es que un descargador del área de servicio esté aportando un exceso de DBO soluble. Según establecimos en el capítulo 1, la DBO puede ser particulada o soluble. Debido a que los SST están en el rango esperado, pero la concentración de DBO es mayor que la esperada, la DBO adicional debe ser DBO soluble.

Las tasas de generación per cápita pueden resultar útiles al estimar el efecto de una nueva subdivisión. Suponga que la población hipotética del ejemplo anterior planea dos nuevos desarrollos urbanísticos. La primera subdivisión tendrá 50 nuevos hogares y 130 habitantes. La segunda subdivisión tendrá 520 nuevos hogares y 1250 habitantes. ¿Cuál es el aumento esperado en caudal y carga en la WRRF? Si se supone que cada nuevo habitante generará 321.7 L (85 gal) de caudal y 0.09 kg (0.20 lb) de DBO, las nuevas subdivisiones agregarán 444 028 L (117 300 gal) de caudal de entrada y 125 kg (276 lb) de DBO. Aunque se trata de estimados generales, ayudarán al operador a saber qué esperar con respecto al caudal de entrada de la WRRF en el futuro.

Observemos otro ejemplo. El operador de una instalación específica suele detectar concentraciones de DBO y SST en el caudal de entrada de 280 a 320 mg/L. Este mes, las concentraciones en el caudal de entrada fueron mucho menores: 178 mg/L de DBO y 213 mg/L de SST. ¿El análisis de laboratorio está sesgado o sucedió otro evento que afectó las concentraciones tanto de DBO como de SST? Esta población hipotética tiene 8300 habitantes. Los caudales suelen estar cerca de los 2.95 ML/d (0.78 mgd), pero este mes el caudal diario promedio en el día específico en que se recolectaron las muestras del caudal de entrada fue de 4.23 ML/d (1.12 mgd). Para verificar que los datos suministrados son razonables según lo que sabemos del área de servicio, consulte la tabla 2.4.

En este ejemplo, las tasas de generación per cápita de DBO y SST están en el rango esperado, pero la tasa de generación per cápita de caudal es más alta de lo esperado (tabla 2.6). Los resultados de DBO y de SST son razonables. Los mayores caudales de entrada diluyeron la carga de DBO y SST, y resultaron en la medición de concentraciones menores. Es recomendable que el operador repase los registros de precipitaciones pluviales para determinar si hubo una cantidad importante de lluvia el día o los días anteriores a la recolección de las muestras. Un aumento importante en los caudales de entrada puede indicar un problema de afluencia e infiltración en la red de alcantarillado.

Tabla 2.6 Ejemplo de infiltración y afluencia

Parámetro	Caudal de entrada total	Tasa diaria per cápita	Rango esperado
Caudal	4.23 ML/d (1.12 mgd)	511 L/cap·d 135 gpd/cap	284 y 492 L/cap·d (70-130 gpd/cap)
DBO	178 mg/L o 753 kg/d (1660 lb/d)	0.09 kg/cap·d (0.20 lb/cap·d)	0.08 y 0.10 kg/cap·d (0.18-0.22 lb/cap·d)
SST	213 mg/L o 904 kg/d (1992 lb/d)	0.11 kg/cap·d (0.24 lb/cap·d)	0.09-0.11 kg/cap·d (0.20-0.25 lb/cap·d)

libras = (mg/L) (Caudal, mgd) (8.34 lb/mil. gal).
kg/cap·d = kilogramos per cápita por día; L/cap·d = litros per cápita por día.
lb/cap·d = libras per cápita por día; gpd/cap = galones per cápita por día.

RESUMEN DEL CAPÍTULO

FUENTES DE AGUAS RESIDUALES	1. Las aguas residuales domésticas provienen de fuentes residenciales, comerciales livianas (no industriales) e institucionales. No incluyen los residuos por separación de grasa ni los residuos de manufactura. 2. Las aguas residuales industriales y comerciales incluyen los residuos por separación de grasa, los residuos de manufactura y otras aguas residuales de actividades industriales. 3. Las aguas residuales industriales y comerciales son más variables que las domésticas en su composición y caudal. 4. La infiltración y la afluencia son aguas pluviales y aguas subterráneas que ingresan a la red de alcantarillado mediante grietas y otras aperturas.
VARIACIONES EN LOS CAUDALES	1. Las aguas residuales domésticas tienen un patrón de caudal diurno. 2. El patrón de caudal refleja las actividades en el área de servicio. 3. El caudal de entrada generalmente es mayor durante las horas del día que de la noche. 4. Las áreas de servicio más pequeñas generalmente tienen una mayor variación en los caudales de entrada durante un periodo de 24 horas que las áreas de servicio de mayor tamaño. 5. Las concentraciones de DBO, SST, NKT y otros parámetros se ven influidas por la cantidad de agua utilizada en el área de servicio. Una mayor utilización de agua diluye las aguas residuales y, por lo tanto, las concentraciones se reducen.
CARACTERÍSTICAS DEL CAUDAL DE ENTRADA	1. La demanda bioquímica de oxígeno, la DBOC, la DQO y el COT miden de manera indirecta la cantidad de material orgánico en las aguas residuales al medir la cantidad de oxígeno necesario para descomponerlo. 2. Los sólidos se clasifican por tamaño (solubles o particulados) y según sean orgánicos (volátiles) o inorgánicos (no volátiles). 3. La temperatura influye sobre la sedimentación, las tasas de reacción química y la actividad microbiana. El tratamiento es más rápido a temperaturas más cálidas. 4. Las concentraciones de oxígeno disuelto se ven influidas por la temperatura del agua, la salinidad y la presión atmosférica. El oxígeno disuelto es crítico para algunos tipos de tratamiento biológico. 5. El color es un indicador de la frescura de las aguas residuales. Los colores inusuales pueden indicar descargas industriales. 6. Si no hay oxígeno, algunas bacterias convierten el sulfato en ácido sulfhídrico y otros compuestos de azufre. El ácido sulfhídrico huele a huevo podrido. 7. La turbiedad es una medida de la dispersión de la luz mediante las partículas presentes en el agua. Aunque puede establecerse una relación entre los SST y la turbiedad para aguas residuales específicas, los SST y la turbiedad no pueden utilizarse para predecirse mutuamente sin crear antes una correlación. 8. La conductividad mide la capacidad de una solución con base de agua de transportar una corriente eléctrica. Se relaciona indirectamente con los SDT. 9. El pH mide la concentración de iones de hidrógeno. La escala de pH abarca de 0 a 14, con un pH de 7 definido como neutro. Un pH menor que 7 es acídico y un pH mayor que 7 es básico. El pH se expresa en una escala logarítmica, de modo que el agua con un pH de 4 tiene 10 veces más iones de hidrógeno que el agua con un pH de 5. 10. La alcalinidad mide la capacidad de buffer, es decir, la cantidad de ácido que puede absorber el agua sin que cambie el pH. La alcalinidad y el pH están relacionados, pero no pueden predecirse mutuamente. 11. El nitrógeno está presente en las aguas residuales de cuatro formas: orgánico, amoníaco, nitrito y nitrato. Los microorganismos del proceso convierten el nitrógeno de una forma a otra. Los compuestos de nitrógeno se expresan como N. 12. El fósforo y el nitrógeno son nutrientes fundamentales para la vida. Cuando están presentes en cantidades excesivas en los sistemas naturales, las algas proliferan y pueden producirse otros cambios ambientales. Muchas WRRF tienen límites de nitrógeno y fósforo en los efluentes finales.
TASAS DE GENERACIÓN PER CÁPITA	1. Los habitantes individuales suelen producir aproximadamente la misma cantidad de caudal, DBO, DBOC, SST, NKT y otros componentes a diario. 2. Cuando se conocen el caudal de entrada, la concentración y la población, las tasas de generación per cápita pueden calcularse en L/cap·d (gpcd) o kg/cap·d (lb/cap·d). 3. Las tasas de generación per cápita son útiles para determinar la presencia de descargas industriales y el efecto del crecimiento poblacional futuro sobre el caudal de entrada a la WRRF.

Referencias

HM Digital (2008) *TDS Meters, Conductivity, and Conversion Factors;* http://www.tdsmeter.com/what-is?id=0019 (acceso en abril de 2017).

Metcalf and Eddy/AECOM (2014) *Wastewater Engineering Treatment and Resource Recovery*, 5.ª ed.; Tchobanoglous, G., Burton, F., Stensel, D.H., Abu-Orf, M., Bowden, G., Pfrang, W., editores; McGraw-Hill: Nueva York.

Water Environment Federation (2008) *Industrial Wastewater Management, Treatment, and Disposal,* 3.ª ed.; McGraw-Hill: Nueva York; p. 135.

Bibliografía sugerida

Código de Regulaciones Federales (*Code of Federal Regulations*), Título 40, Partes 136 y 503. Most Current Requirements for Sampling Containers, Holding Times, and Preservation Methods.

Water Environment Federation (2012) *Basic Laboratory Procedures for the Operator-Analyst*, 5.ª ed.; Water Environment Federation: Alexandria, Virginia.

CAPÍTULO 3

Tratamiento preliminar de las aguas residuales

El objeto del tratamiento preliminar es eliminar, reducir o modificar en el caudal de entrada crudo los componentes de las aguas residuales que podrían provocar problemas operativos en los procesos aguas abajo o aumentar el mantenimiento de los equipos aguas abajo. Estos componentes consisten principalmente en sólidos grandes y trozos de tela (materiales resultantes del filtrado); material abrasivo inerte (arena); desechos flotantes; y lípidos, aceites y grasas (*fats, oils, and grease*, FOG). En este capítulo se presentan descripciones de los procesos de tratamiento preliminar y consideraciones operativas pertinentes. En este capítulo se incluye una sección independiente dedicada al procesamiento de residuos de tanques sépticos acarreados al lugar (agua de pozos sépticos).

OBJETIVOS DE APRENDIZAJE

Después de completar este capítulo, podrá:

- Describir el objeto de las rejas para basura flotante, de las rejas de barras, de los trituradores y molinos, y de los depósitos para arena;
- Comparar y contrastar diferentes tipos de rejas;
- Seleccionar una categoría de rejas dados los requisitos de los equipos aguas abajo;
- Poner en funcionamiento o sacar de funcionamiento una reja o un depósito para arena;
- Comparar y contrastar diferentes tipos de depósitos para arena;
- Calcular la velocidad de caudal para un canal o un tubo lleno;
- Determinar la cantidad óptima de depósitos para arena que deben ponerse en funcionamiento para mantener una velocidad de caudal deseada;
- Resolver problemas frecuentes en el control y en la mecánica de los procesos de filtrado y eliminación de arena; y
- Describir efectos potenciales de la recepción de agua de pozos sépticos sobre las operaciones de la instalación.

Introducción

En general, el tratamiento preliminar utiliza rejas de barras, rejas, trituradores o cámaras del desarenador. El tratamiento preliminar se realiza en las obras de cabecera de la instalación de recuperación de recursos hídricos (*water resource recovery facility*, WRRF). Las obras de cabecera también pueden incluir mediciones de caudal, caudal compensado, bombeo y control de olores, y recepción de *agua de pozos sépticos*. Las mediciones de caudal se describieron en el capítulo 2.

El agua de pozos sépticos son las aguas residuales domésticas provenientes de tanques sépticos, sistemas sépticos individuales, letrinas de pozo, inodoros portátiles y campamentos que se transporta en camiones a la WRRF. El agua de pozos sépticos no incluye residuos por separación de grasas ni ningún otro tipo de residuos comerciales o industriales.

Un ejemplo de las obras de cabecera de la WRRF se muestra en la figura 3.1. Las obras de cabecera de una determinada WRRF puede tener todos, algunos o ninguno de los procesos unitarios que se muestran en la figura 3.1. Los procesos unitarios individuales pueden estar dispuestos en un orden diferente, por ejemplo, con las mediciones de caudal ubicadas antes del filtrado y de la eliminación de arena. En el ejemplo de las obras de cabecera que se muestra en la figura 3.1, el primer proceso unitario es una reja. Las rejas eliminan los desechos

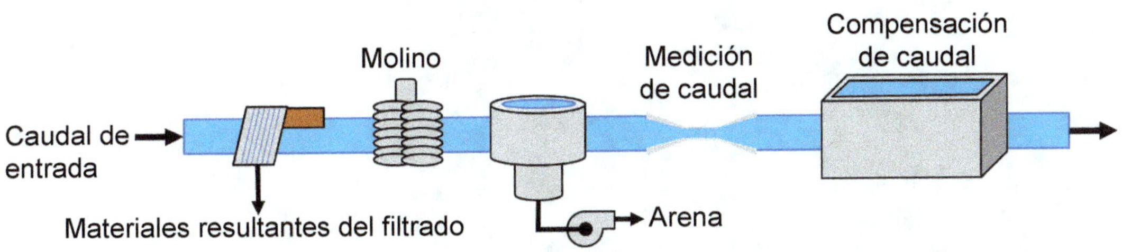

Figura 3.1 Obras de cabecera de la WRRF típicas (reimpreso con autorización de Indigo Water Group)

Figura 3.2 Reja de barras manual (reimpreso con autorización de Keith Radick)

más grandes y pueden tener aberturas tan pequeñas como unos pocos milímetros o tan amplias como 5 cm (2 in). La figura 3.2 muestra una reja de barras manual con aberturas que tienen una separación de 2.5 cm (1 in). Las rejas deben limpiarse o rastrillarse automáticamente, o debe hacerlo manualmente un operador o una persona de mantenimiento, varias veces durante el día. Una reja de barras con aberturas amplias evitará que los desechos grandes ingresen a la WRRF, pero puede que aún pasen trozos de tela y materiales fibrosos. Una reja manual con aberturas grandes es a veces denominada una *reja para basura flotante*. Muchos tipos diferentes de rejas se utilizan en el tratamiento de aguas residuales y se describirán en este capítulo. Las obras de cabecera también pueden incluir un triturador o molino. Un triturador, o molino, reduce el tamaño de todo desecho que haya pasado por la reja. Los trituradores y molinos están siendo retirados de muchas de las instalaciones dando paso al filtrado. La meta es reducir el riesgo de daños a equipos o procesos aguas abajo y de obturación de los tubos.

Los molinos y trituradores reducen el tamaño de los desechos que ingresan a la instalación de tratamiento, pero no los eliminan de las aguas residuales. Los desechos triturados pueden provocar daños a los equipos aguas abajo, atascar tubos y bombas, y ocupar espacios de tratamiento valiosos en los tanques.

En general, a las rejas le siguen los depósitos para arena, que son canales o pequeños tanques donde la velocidad de las aguas residuales se reduce a alrededor de 0.3 m/s (1 ft/s). Aquí, las partículas más pesadas, como arena, arena, cáscaras de huevo, y las partículas orgánicas más pesadas, se sedimentan en el fondo del tanque, donde pueden ser entonces eliminadas, mientras que las partículas orgánicas más livianas se mantienen en suspensión en las aguas residuales y pasan al siguiente proceso. La figura 3.3 muestra dos depósitos para arena paralelos en las obras de cabecera de una WRRF que trata hasta 6057 m^3/d (1.6 mgd) de caudal. Una *compuerta deslizante* dirige el caudal a un depósito para arena. Puede verse arena acumulada en el fondo del depósito para arena seco. En el tratamiento de aguas residuales se utilizan diferentes tipos de depósitos para arena, y se describirán en este capítulo. El material resultante del filtrado y la arena se envían normalmente a un relleno sanitario para su disposición.

Para dirigir el caudal, se coloca una *compuerta deslizante* dentro de un canal. En las WRRF más pequeñas, las compuertas deslizantes pueden ser simplemente placas de metal o fibra de vidrio que se deslizan manualmente hacia dentro y fuera de las correderas montadas en la pared del canal. En las WRRF más grandes, se pueden elevar o bajar las compuertas deslizantes utilizando ruedas que mueven la compuerta hacia arriba y abajo de un eje roscado. Las compuertas proporcionales incorporan un vertedero que le permite al operador controlar la velocidad del agua que se mueve a través del proceso aguas arriba.

Figura 3.3 Depósitos para arena paralelos (reimpreso con autorización de Indigo Water Group)

COMPROBACIÓN DE CONOCIMIENTOS

1. **Todas las obras de cabecera de la WRRF incluyen filtrado, eliminación de arena y mediciones de caudal.**
   - ☐ Verdadero
   - ☐ Falso
2. **El filtrado y la eliminación de arena deben completarse antes de las mediciones de caudal.**
   - ☐ Verdadero
   - ☐ Falso
3. **Este dispositivo puede utilizarse para distribuir el caudal hacia o alrededor de una reja o un depósito para arena.**
   a. Rueda dentada
   b. Compuerta deslizante
   c. Bloque del vertedero
   d. Válvula Fraser
4. **Puede que una reja de barras no evite que este tipo de material ingrese a la WRRF.**
   a. Palos
   b. Piedras grandes
   c. Trozos de tela
   d. Pallets
5. **Los depósitos para arena normalmente eliminan arena, grava, cáscaras de huevo y café molido al**
   a. Colocar una malla metálica en la trayectoria del caudal como un tamiz
   b. Retirar la superficie del agua
   c. Introducir microorganismos que los consumen
   d. Disminuir la velocidad del agua dando lugar a que se sedimenten

Filtrado

OBJETO Y FUNCIÓN

Al ser las primeras unidades de tratamiento de la WRRF, las rejas protegen a los equipos de la instalación contra daños como el atascamiento de tubos y bombas. El tipo de desechos retenidos en la reja depende del espaciado, el tamaño y la configuración de las aberturas y de la cantidad de desechos. El tipo de reja seleccionado dependerá de los procesos de tratamiento que se realizarán aguas abajo y de la cantidad de protección que requieran. Las membranas, que son un tipo de proceso aguas abajo, sufren con facilidad daños provocados por los desechos y, por lo tanto, requieren rejas con aberturas muy pequeñas aguas arriba. Los estanques, por el otro lado, son mucho más tolerantes a los desechos y a la arena, y tienden a tener rejas con aberturas mucho más grandes en sus obras de cabecera. Si las aberturas de la reja son demasiado grandes, no se retendrán algunos desechos, lo que puede provocar dificultades aguas abajo. El pasaje de trozos de tela y desechos a los procesos aguas abajo es una de las causas más importantes de fallas y mantenimiento de los equipos debido a atascamientos en los impulsores de bomba y en las tuberías de lodo y natas, y a desequilibrios en las operaciones de los equipos giratorios. El material flotante en los procesos aguas abajo no es una presencia vistosa y puede representar un riesgo para la seguridad de los operadores que intenten eliminarlo. Dado que los procesos de aguas residuales continúan avanzando, la prevención del daño provocado por el material que puede filtrarse se vuelve cada vez más importante. Por estos motivos, existe una tendencia hacia la instalación de rejas con aberturas más pequeñas. A medida que las aberturas de las rejas se vuelven más pequeñas, se elimina una mayor cantidad de material orgánico y se vuelve importante lavar y compactar el material filtrado y devolver el material orgánico al caudal de aguas residuales. El material filtrado que no haya sido lavado lo suficiente puede pudrirse y generar olores y gases peligrosos. La eliminación de demasiado material orgánico con los materiales resultantes del filtrado también puede impedir que algunos sistemas de tratamiento biológico eliminen el nitrato.

Algunas bacterias en el proceso de tratamiento son capaces de convertir el nitrato, un contaminante, en gas nitrógeno en ciertas condiciones. Esto se denomina *desnitrificación*. El gas nitrógeno que retorna a la atmósfera contiene aproximadamente un 78 % de nitrógeno. Estas bacterias requieren una fuente de alimentos orgánicos para poder realizar la conversión. Cuando se elimina demasiado material orgánico con los materiales resultantes del filtrado y la arena, se puede impedir la desnitrificación. Los aspectos básicos del tratamiento biológico se describen en el capítulo 5.

Los desechos acumulados en las rejas se eliminan en intervalos convenientes mediante el uso de métodos de control manuales o automáticos. La frecuencia de la limpieza depende de muchas variables que incluyen el tipo de red de alcantarillado (separada o combinada), la demografía, los patrones de caudal diurno, la condición de la red de alcantarillado, y los factores estacionales, como las hojas que caen durante el otoño. Los desechos eliminados de las rejas con aberturas amplias, en general, consisten en madera, ramas de árboles, piedras y otros elementos grandes. Los desechos eliminados de las rejas con aberturas más pequeñas generalmente incluyen trozos de tela, partículas de alimentos, huesos, tapas de botella, objetos plásticos pequeños, hojas, papel, plásticos, toallas húmedas, productos de higiene personal y otros objetos pequeños. Los materiales resultantes del filtrado pueden depositarse directamente dentro de los contenedores, lavarse y comprimirse antes de volcarse en los contenedores, o colocarse en la cinta transportadora para su traslado a cualquier otro lugar dentro de la instalación. En última instancia, los materiales resultantes del filtrado se transportan a un relleno sanitario o incinerador para su disposición final. Las prensas de lavado y los contenedores de vacío del filtrado se utilizan cada vez más en las WRRF para eliminar el líquido de los materiales resultantes del filtrado antes del transporte, lo que reduce el volumen y peso de los materiales resultantes del filtrado.

PARÁMETROS DE DISEÑO Y DESEMPEÑO ESPERADO

La cantidad de materiales resultantes del filtrado que se elimina puede variar de manera significativa según el tamaño de la abertura de la reja y las actividades en el área de servicios. En 2008, la Water Environment Federation (WEF) inspeccionó 328 WRRF en los Estados Unidos. Se informaron variaciones extremas en las cantidades de filtrado desde menos de 0.75 a 150 L/1000 m^3 (0.1 a 20 ft^3/mil. gal) (WEF et al., 2018). Para las aberturas de reja de entre 25 y 50 mm (1 y 2 in), para cada reducción de 13 mm (0.5 in) del tamaño de abertura libre, el volumen de los materiales resultantes del filtrado se duplicará aproximadamente. En otras palabras, una reja con aberturas de 38 mm (1.5 in) eliminará alrededor del doble de la cantidad de material que elimina una reja con aberturas de 50 mm (2 in). Para las aberturas de la reja cuyo tamaño es menor a 25 mm (1 in), el volumen de materiales resultantes del filtrado eliminado aumenta rápidamente a medida que disminuye el tamaño de la abertura (WEF et al., 2018).

Existen cuatro tipos de medios de filtrado que se usan comúnmente: barras, alambre de cuña, placa perforada y malla. Históricamente, las barras han sido las utilizadas con mayor frecuencia, dado que se las prefiere para rejas gruesas y rejas para basura flotante (figura 3.2). Los largos espacios verticales y horizontales entre las barras permiten el pasaje de objetos largos y delgados, como trozos de tela, palos y cabellos. Las rejas con aberturas grandes permiten el pasaje de objetos más grandes, que pueden incluir escombros y vigas de madera. Si el material no se elimina de la reja con regularidad, la acumulación de material y agua detrás de la reja puede forzar el pasaje de grandes trozos de desechos por entre las aberturas. El alambre de cuña es similar a las barras, pero es más delgado y tiene aberturas más pequeñas. Los alambres individuales tienen una forma trapezoidal, con aberturas más pequeñas que miran hacia el caudal, tal como se muestra en la figura 3.4. La forma trapezoidal ayuda a prevenir el atascamiento, ya que cualquier objeto que es capaz de pasar a través de la abertura inicial más pequeña debería poder moverse fácilmente a través de la abertura más amplia que se encuentra detrás. El alambre de cuña permite el pasaje de materiales largos y delgados, como cabellos. Los medios de placa perforada tienen orificios circulares o rectangulares de un mínimo de 1 mm de diámetro (figura 3.5). La placa perforada mejora la retención de cabellos y otros materiales finos que pueden pasar a través de las rejas de barras y del alambre de cuña. La placa perforada es más propensa a atascarse u "*obstruirse*", y requerirá limpieza con una mayor frecuencia. El último tipo de medios es la malla. Los medios de malla son similares en apariencia a una tela metálica, pero están hechos de un alambre más grueso y fuerte.

"*Obstrucción*" significa que un exceso de material se ha acumulado en la reja y que el agua ya no puede desplazarse con facilidad a través de las aberturas.

Las rejas están agrupadas en diferentes categorías en función del tamaño de sus aberturas. Las rejas gruesas o las rejas para basura flotante tienen las aberturas más grandes, seguidas por las rejas de barras, las rejas finas, y las microrrejas. Distintas publicaciones utilizan rangos ligeramente diferentes para los tamaños de abertura al clasificar las rejas.

Los anchos totales típicos para un canal de reja varían de 0.6 a 4.2 m (2 a 14 ft). La eficiencia al filtrar (eliminación de materiales resultantes del filtrado) de una reja y el caudal hidráulico a través de la reja dependen del espacio libre entre las barras. Mientras más pequeño sea el espacio, se retendrá mayor cantidad de desechos, y habrá una mayor carga perdida en toda la reja. La carga perdida es la diferencia en el nivel del agua entre el lado aguas arriba de la reja y el lado aguas abajo de la reja, también conocido como *diferencial* (figura 3.6). A medida que el material se acumula en la reja, se vuelve más difícil el pasaje del agua a través de la reja. Como resultado, el agua se acumula detrás de la reja y puede desbordar el canal si la reja no se limpia con la frecuencia suficiente. Las rejas con aberturas más pequeñas requieren canales más amplios para un caudal determinado para permitir el pasaje del caudal a través de las rejas. Las rejas están disponibles en diferentes anchos, pero cada tipo de reja está limitado por sus componentes mecánicos y tiene un tamaño máximo disponible. Para adaptarse a caudales más grandes, la mayoría de las WRRF tendrán múltiples rejas. En general, los ingenieros suponen que las rejas se obstaculizarán

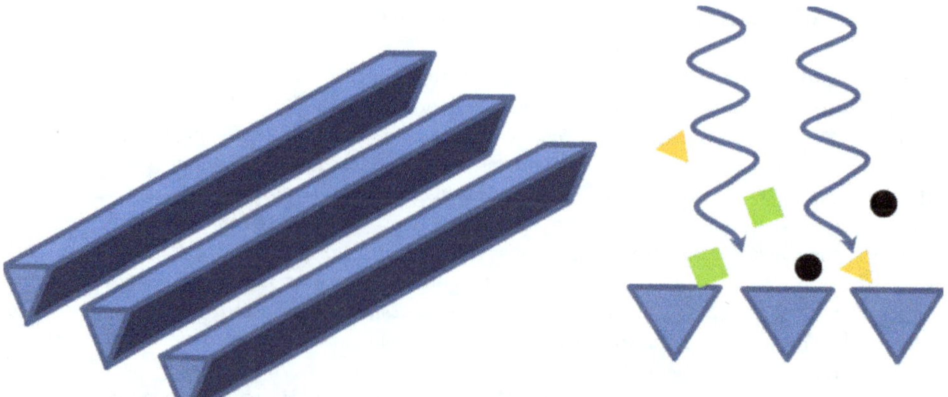

Figura 3.4 Material de reja de alambre de cuña (reimpreso con autorización de Indigo Water Group)

Figura 3.5 Medios de placa perforada (reimpreso con autorización de Indigo Water Group)

en aproximadamente un 50 % en algún momento. Esto ayuda a garantizar que la WRRF tendrá una importante capacidad de filtrado en diferentes condiciones de operación.

Las obras de cabecera de una WRRF pueden tener uno o más canales de filtrado y depósitos para arena según el tamaño y la complejidad de la instalación. Por lo tanto, si una unidad sufre desperfectos, la otra unidad y el otro canal pueden continuar en funcionamiento durante la reparación. El diseño típico de una WRRF pequeña se muestra en la figura 3.7. La trayectoria del caudal de entrada durante el funcionamiento normal se muestra en azul oscuro. El canal de desviación se muestra en azul claro. Tenga en cuenta que hay un canal de desviación tanto para la reja como para el depósito para arena. Las compuertas deslizantes se encuentran ubicadas aguas arriba y aguas abajo de cada equipo. Las compuertas pueden utilizarse para desviar el caudal y permitir que se saque de funcionamiento un determinado equipo para su inspección, limpieza y mantenimiento, mientras se dejan otros equipos en funcionamiento. En el ejemplo que se muestra en la figura 3.7, es posible sacar de funcionamiento la reja mecánica o el depósito para arena mientras se deja el otro equipo en funcionamiento.

En este ejemplo, la trayectoria del caudal utilizada para el funcionamiento normal contiene una reja de barras de limpieza mecánica seguida por un depósito para arena de tipo vórtice. Si, por cualquier motivo (por ej., para eliminar desechos atascados), se debe desconectar la reja de barras mecánica, las compuertas deslizantes ubicadas a los lados de la reja de barras mecánica pueden cerrarse y las compuertas deslizantes ubicadas a los lados de la reja de barras manual pueden abrirse. La apertura y el cierre de las compuertas dirigirá el caudal hacia el canal de desviación. Las compuertas deslizantes encajan dentro de cubiertas incrustadas dentro del canal. La parte superior de la compuerta generalmente se extiende por arriba del nivel de agua más alto esperado. Si se dejan caer las compuertas para bloquear el canal de desviación y el caudal retrocede hacia el canal debido a un atascamiento en la reja de barras mecánica, o porque el operador no está disponible, el caudal puede escapar por sobre la parte superior de la compuerta hacia el canal de desviación. Puede que las instalaciones más grandes con

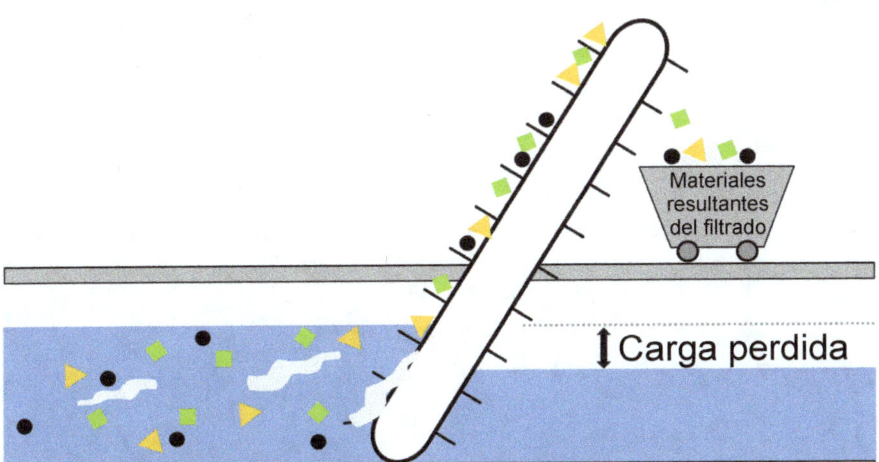

Figura 3.6 Carga perdida a lo largo de una reja (reimpreso con autorización de Indigo Water Group)

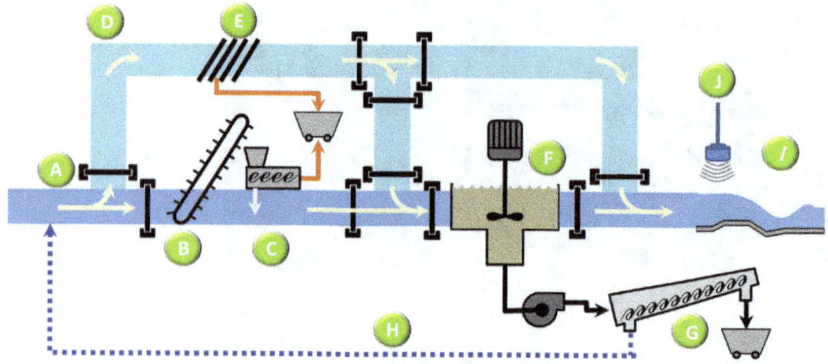

Figura 3.7 Diseño de obras de cabecera (reimpreso con autorización de Indigo Water Group)

múltiples rejas de barras mecánicas y depósitos para arena no tengan canales de desviación porque se encuentran disponibles equipos redundantes.

Cuando hay disponibles múltiples rejas, los caudales de entrada deben estar distribuidos equitativamente entre todos los canales utilizados durante el funcionamiento normal para garantizar la carga uniforme entre las rejas. La carga desigual requerirá que se limpien algunas rejas con mayor frecuencia que otras.

COMPROBACIÓN DE CONOCIMIENTOS

1. **La eliminación de arena, trozos de tela y otros desechos es muchas veces necesaria para proteger contra daños a los equipos aguas abajo.**
   - ☐ Verdadero
   - ☐ Falso
2. **Si se elimina demasiado material orgánico en las obras de cabecera de la WRRF, el proceso biológico aguas abajo puede verse afectado.**
   - ☐ Verdadero
   - ☐ Falso
3. **La carga perdida es la diferencia en el nivel del agua entre los lados aguas arriba y aguas abajo de una reja.**
   - ☐ Verdadero
   - ☐ Falso
4. **Una de las consecuencias de permitir que se elimine el exceso de material orgánico junto con trozos de tela y otros desechos inertes es**
   - a. Generación de oxígeno
   - b. Reducción en la retención de trozos de tela
   - c. Generación de olores
   - d. Reducción en los costos de disposición
5. **Este tipo de reja tiene las aberturas más amplias y solo detiene los desechos más grandes.**
   - a. Reja para basura flotante
   - b. Reja de barras manual
   - c. Reja de barras mecánica
   - d. Reja de escalera
6. **Actualmente una WRRF tiene una reja de barras con aberturas de 50 mm (2 in). Los operadores de la WRRF están considerando reemplazar la reja con una que tenga aberturas de 25 mm (1 in). ¿Cuánto deben esperar que cambie el volumen de materiales resultantes del filtrado que se elimina?**
   - a. El volumen se mantendrá aproximadamente igual
   - b. El volumen de materiales resultantes del filtrado se duplicará
   - c. El volumen de materiales resultantes del filtrado aumentará 4 veces
   - d. El volumen de materiales resultantes del filtrado disminuirá en un 50 %
7. **¿Cuál es el efecto más probable de recibir grandes cantidades de grasa en una reja de tipo placa perforada?**
   - a. Obstrucción de la reja
   - b. Disminución en la frecuencia de limpieza
   - c. Pasaje de cabellos y trozos de tela a la WRRF
   - d. Mejora en la lubricación de los dientes
8. **Ponga en orden los siguientes tipos de reja, desde el tamaño de abertura más pequeño al más grande.**
   - a. Reja fina
   - b. Reja para basura flotante
   - c. Reja de barras
   - d. Microrreja

EQUIPOS

REJAS GRUESAS

Rejas para basura flotante/rejas de barras

Las rejas gruesas se clasifican como rejas para basura flotante o rejas de barras, según el espacio que existe entre las barras. Las rejas para basura flotante, también denominadas *rejas de barras*, se construyen con barras de acero redondas o rectangulares pesadas, ubicadas de manera paralela con un amplio espacio entre ellas y colocadas en un canal. Están diseñadas para eliminar solo los desechos más grandes. Las barras presentan una inclinación en un ángulo de 30 a 45 grados respecto de la vertical (figura 3.2 y figura 3.8). Las rejas de barras deben limpiarse de forma manual o mecánica con rastrillos de acero resistentes. Los dientes del rastrillo encajan entre las barras y raspan los desechos acumulados hacia la parte superior de la reja. La plataforma en la parte superior de la reja en la figura 3.8 es perforada para permitir que el agua se drene del material filtrado. Las rejas para basura flotante se utilizan principalmente en las WRRF que reciben importantes cantidades de desechos grandes, pero también pueden instalarse en un canal de desviación (figura 3.7). Las rejas de desviación se utilizan para eventos de filtrado de emergencia, como cuando debe sacarse de funcionamiento una reja de limpieza mecánica.

Rejas de barras

Las rejas de barras se asemejan a las rejas de barras más grandes con la excepción de que el espacio libre entre las barras es más pequeño (figura 3.9). Las rejas de barras más grandes fueron diseñadas como estructuras fijas empotradas en canales de hormigón. Algunas unidades mecánicas fueron diseñadas con cadenas o cables y ruedas dentadas adosados al extremo sumergido de la reja y una disposición de pivote en el extremo superior para permitir la elevación del extremo sumergido y así facilitar la inspección y el mantenimiento. En general, las rejas de barras mecánicas se posicionan en un ángulo de 65 a 70 grados para facilitar la operación del mecanismo de rastrillado (figura 3.10). La limpieza mecánica reduce el costo de mano de obra, mejora las condiciones de caudal y la retención de filtrado, y reduce los inconvenientes. Para las WRRF con alcantarillas combinadas, las rejas de limpieza mecánica son mejores que las rejas de limpieza manual para el procesamiento de grandes cantidades de desechos de aguas pluviales. En las WRRF, actualmente se están utilizando muchos diseños de rejas de barras de limpieza mecánica. Estos diseños incluyen transmisión por cadena o cable, rastrillo individual, rastrillo múltiple, catenaria y autolimpieza continua.

Figura 3.8 Reja de barras manual con compuerta deslizante: (1) Reja de barras manual y (2) Compuerta deslizante (reimpreso con autorización de Indigo Water Group)

Figura 3.9 Aberturas de la reja de barras mecánica (reimpreso con autorización de Indigo Water Group)

Rejas con transmisión por cadena

Una *rueda dentada* se utiliza para accionar una cadena o cinta.

Un tipo común de reja de barras de limpieza mecánica es el de la unidad con transmisión por cadena de limpieza frontal que presenta un mecanismo de rastrillo en el lado aguas arriba de la reja de barras (figura 3.11). Estas rejas tienen dos puntos de tensión en las *ruedas dentadas* superior e inferior que mantienen tensa la cadena. La unidad de limpieza frontal típica incluye una tolva dentada (rastrillo) que sale con movimiento de vaivén hacia afuera de la reja de barras mientras se desplaza hacia el fondo del canal. Al llegar al fondo del canal, los cables, las cadenas o las ruedas dentadas arrastran la tolva dentada hacia la reja de barras. Los dientes de la tolva (rastrillo) se deslizan entre las barras y, durante el movimiento ascendente, arrastran los materiales resultantes del filtrado fuera de las aguas residuales. Piense en cuando arrastra un tenedor a lo largo de una parrilla. Los dientes del

Figura 3.10 Tres rejas de barras mecánicas instaladas en paralelo (reimpreso con autorización de Indigo Water Group)

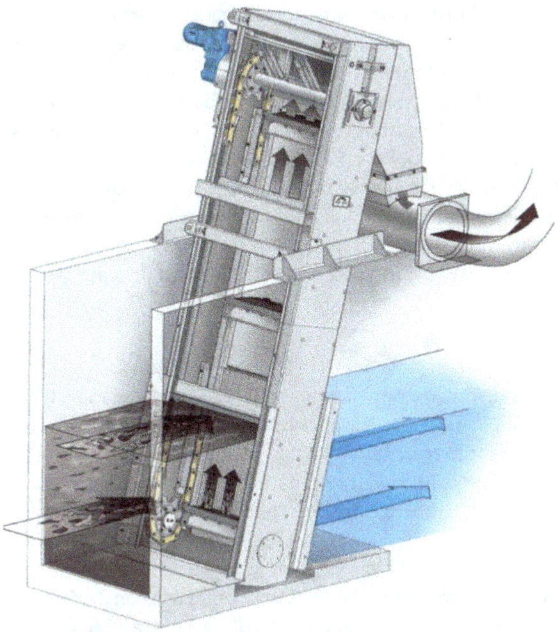

Figura 3.11 Reja de limpieza frontal (cortesía de Huber Technology, Inc.)

tenedor se deslizan fácilmente dentro de las aberturas entre las barras de la parrilla y eliminan los desechos retenidos de la superficie de las barras. Una variación de este tipo de reja es la unidad de limpieza trasera, que tiene el mecanismo de rastrillo en el lado aguas abajo de la reja de barras, cuyos dientes de rastrillo sobresalen a través de las barras hacia el lado aguas arriba.

Rejas de rastrillo individual

Una reja de barras de rastrillo individual o rastrillo alternativo simula el movimiento de una persona al limpiar la reja (InfoBarScreens, 2009). Una reja de barras de rastrillo *alternativo* consta de componentes fijos (marco, reja de barras, placa fija y armazón de pasadores) a lo largo de los cuales se desplaza el montaje del rastrillo (figura 3.12). La reja de barras de rastrillo alternativo normalmente pasa por un ciclo de operación único

Alternativo hace referencia a algo que se mueve hacia adelante y atrás en una línea recta.

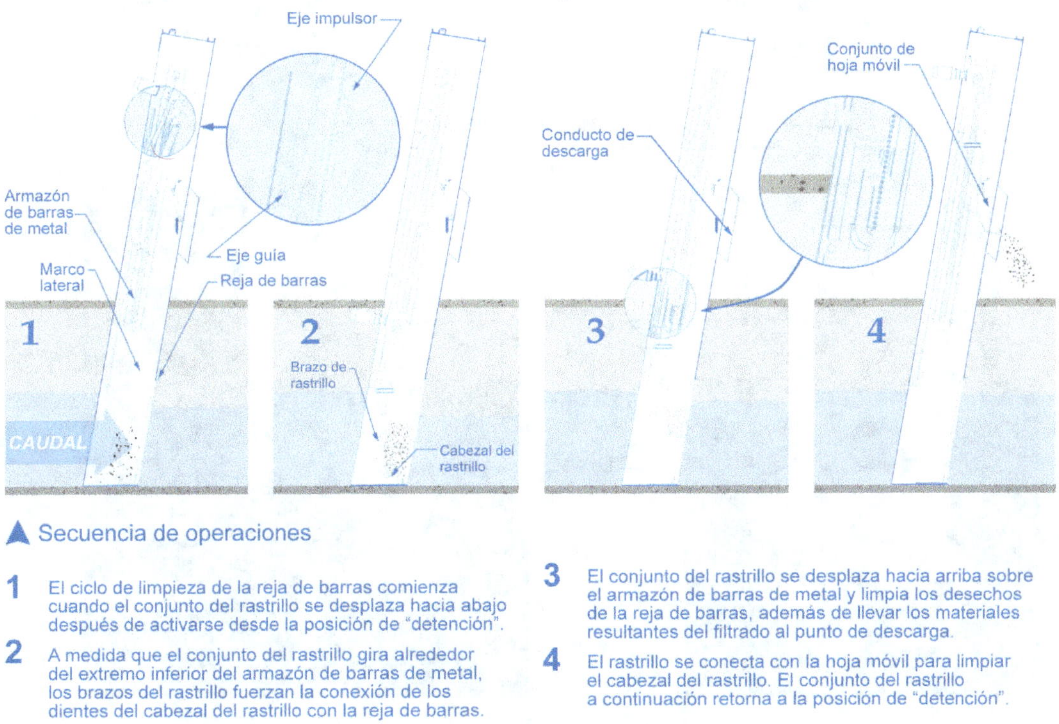

Figura 3.12 Reja de rastrillo alternativo (cortesía de Vulcan Industries, Inc.)

El *mecanismo de accionamiento* hace referencia a las piezas de la reja que mueven físicamente el rastrillo a lo largo de la reja.

Una *rueda dentada* es una rueda con dientes en todo su borde, diseñados para conectarse con otros mecanismos dentados. Es básicamente un engranaje grande.

(de posición de reposo superior, a recorrido descendente con el rastrillo en posición abierta, a recorrido de limpieza ascendente con el rastrillo acoplado a la reja de barras, a operación de descarga de materiales resultantes del filtrado, y retorna a la posición de reposo superior) al ser iniciado por el temporizador o la señal de nivel de agua diferencial. El montaje del rastrillo consiste en un montaje de accionamiento, brazos de rastrillo, rastrillo y seguidores de leva, estos últimos controlan la posición del rastrillo. Aunque se encuentran disponibles muchos *mecanismos de accionamiento* (cadena y cable, hidráulico, accionado por tornillo), el diseño más popular es la *rueda dentada*. Para estos diseños, el montaje total del rastrillo de limpieza, incluido el motorreductor, está montado sobre ruedas dentadas que se desplazan sobre una barra de metal fija o una cremallera. El mecanismo de accionamiento está normalmente diseñado para permitir que el rastrillo se desplace hasta las obstrucciones durante el recorrido de limpieza. En el caso poco probable de que se atasque el rastrillo, se activa un interruptor de límite para apagar el motor de accionamiento.

Rejas catenarias

Las rejas de barras catenarias son similares a las rejas con transmisión por cadena. En la figura 3.13 se muestra un ejemplo de una reja híbrida catenaria y de rastrillo múltiple. En lugar de tener una cadena flexible, una reja catenaria utiliza eslabones o barras de metal rígidos con juntas que los conectan unos con otros. Una vez asegurados en su lugar, los eslabones se comportan como una sola unidad inquebrantable a lo largo de toda la reja. En la parte superior e inferior de la reja, los eslabones giran sobre las juntas, lo que les permite curvarse tanto en la parte superior como inferior de la reja, tal como se muestra en la figura 3.13. Una de las diferencias entre una reja catenaria y una reja con transmisión por cadena es que la reja catenaria solo tiene un punto de tensión: la rueda dentada en la parte superior. El mecanismo de limpieza de una reja catenaria consta de pesados rastrillos dentados sujetados en contra de la reja por el peso de su cadena, rastrillo y contrapesos del rastrillo. El término *catenario* proviene de la trayectoria circular catenaria formada por la cadena de operación delante de la reja. Una pieza de transición curva en la base de la reja permite una eliminación eficiente de los sólidos retenidos en el fondo. Como en el caso de las rejas de rastrillos alternativas, todos los ejes, las ruedas dentadas y los cojinetes están ubicados fuera del flujo del caudal para reducir el desgaste y la corrosión y facilitar el mantenimiento requerido. Sin embargo, las superficies de las juntas de la cadena de articulación que están sumergidas son propensas a sufrir desgaste abrasivo y fallas por fatiga. Debido a que el rastrillo de limpieza es sujetado en contra de las barras principalmente por tan solo el peso de las cadenas, el rastrillo puede ser arrastrado por trozos de tela o sólidos grandes, lo que evitará la eliminación.

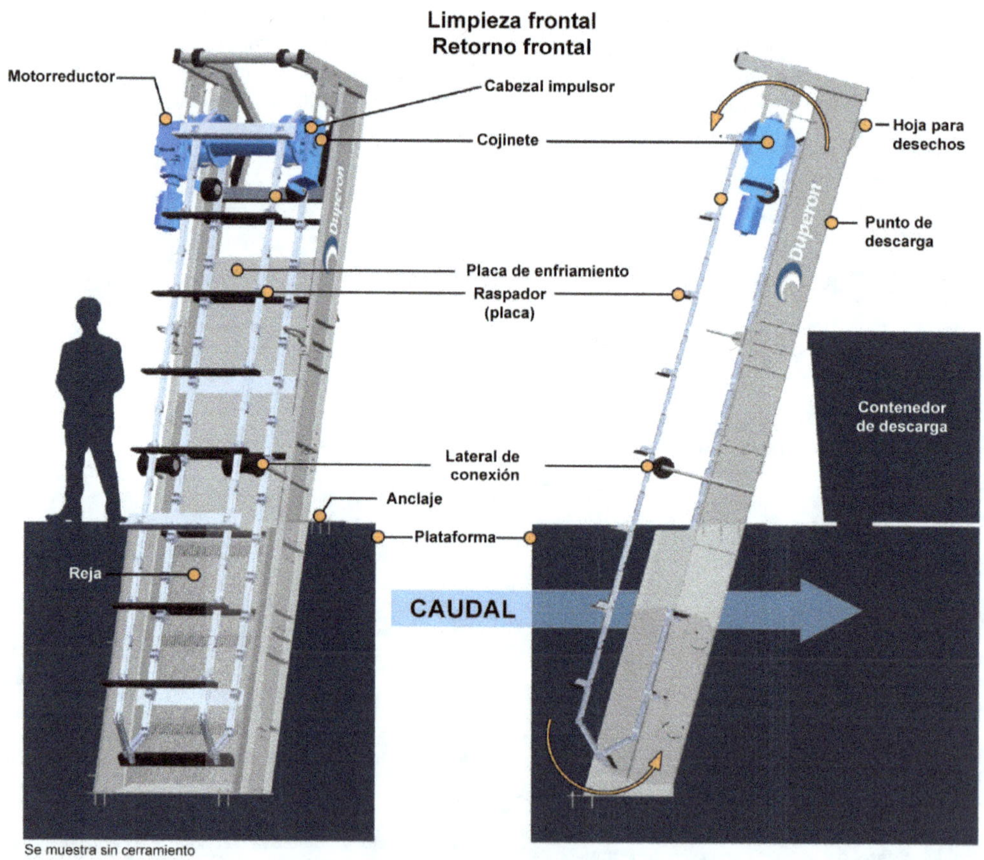

Figura 3.13 Reja de barras catenaria de rastrillos múltiples (cortesía de Duperon Corporation)

Rejas de autolimpieza continua

Otro tipo de reja de barras de limpieza mecánica es la reja de autolimpieza continua (figura 3.14). Esta reja consiste en una cinta continua de elementos plásticos o de acero inoxidable que es arrastrada a través de las aguas residuales para ofrecer filtrado a lo largo de toda la extensión de la reja sumergida. Las aberturas de la reja están limitadas tanto en longitud como en ancho para evitar el pasaje de materiales largos y delgados. Las rejascontinuas pueden tener aberturas tan pequeñas como de 1 mm (0.039 in) más grandes que 72 mm (3 in) (WEF et al., 2018). Los sólidos se capturan en la parte frontal de la reja y, a medida que la cinta gira, los dientes sobresalen en el movimiento ascendente para recolectar los materiales resultantes del filtrado. Algunas de estas rejas incluyen barras o cepillos de rociado para mejorar la limpieza de los elementos de filtrado. Las rejas continuas tienen o una rueda dentada inferior o un carril de guía en el fondo del canal para sostener a las partes de la reja que están sumergidas.

TRITURADORES, MACERADORES Y OTROS DISPOSITIVOS DE TRITURACIÓN

Los trituradores y maceradores trituran o cortan en trozos los sólidos que pueden interferir con los procesos de tratamiento de aguas residuales aguas abajo. Un macerador es un molino con velocidad reducida. Tenga en cuenta que los trituradores aumentan la cantidad de material inerte que se acumulará en los depósitos y digestores de aereación, lo que disminuye eficazmente la capacidad de tratamiento. En los tubos y canales que utilizan ejes dobles con dientes de corte se están utilizando otros tipos de dispositivos de trituración (figura 3.15). Los dientes de corte están apilados sobre ejes giratorios que rotan uno hacia el otro. La rotación, junto con los dientes, ayuda a desplazar los desechos por entre los ejes donde se los corta en trozos más pequeños. Estos dispositivos, generalmente precedidos por una reja de barras, no eliminan los sólidos cortados en trozos del caudal de aguas residuales y, por el contrario, dependen de unidades de tratamiento posterior para su eliminación. En algunas instalaciones pequeñas, se utilizan los dispositivos de trituración en lugar de las rejas de barras. Sin embargo, los trozos de tela triturados pueden tener efectos adversos sobre la operación y el mantenimiento de los clasificadores primarios, las unidades de espesamiento y las unidades de deshidratación. Debido a los posibles efectos adversos aguas abajo y a las muchas otras dificultades relacionadas con la operación y el mantenimiento de los trituradores y otros dispositivos de trituración, su uso se encuentra limitado.

Los trituradores, maceradores y otros dispositivos de trituración se utilizan con frecuencia en las estaciones de bombeo, aguas arriba de las bombas de procesamiento de sólidos, y en lugar de las rejas en algunas WRRF más pequeñas. Estos equipos pueden ayudar a prevenir los bloqueos en los tubos, las bombas y los canales, los que podrían provocar un desborde de aguas residuales crudas. Son especialmente adecuados para las instalaciones más pequeñas que tienen un personal reducido. Los ejemplos de los lugares y las condiciones correspondientes que pueden requerir un triturador o macerador en el canal del caudal de entrada incluyen los siguientes:

Figura 3.14 Reja de autolimpieza continua (reimpreso con autorización de Indigo Water Group)

Figura 3.15 Molino de canal (Muffin Monster) (cortesía de JWC Environmental)

- Estación de bombeo en la red de alcantarillado que recibe trozos de tela de talleres y otros desechos que habitualmente atascan las bombas y los tubos. Las estaciones de bombeo no disponen de personal habitual;
- WRRF más pequeñas con canales del caudal de entrada estrechos;
- Instalación de estanque con exceso de capacidad de almacenamiento de sólidos;
- Una WRRF aguas abajo de un complejo carcelario o de una industria similar. Los prisioneros habitualmente arrojan al inodoro ropa sucia, sábanas, uniformes y muchos otros materiales más grandes. Estos materiales pueden ser difíciles de eliminar, especialmente en instalaciones más pequeñas. Las sábanas y los uniformes se pueden atascar aguas arriba de la reja y bloquear por completo el canal del caudal de entrada. Los molinos pueden ayudar a aliviar este problema; y
- Aguas arriba de las bombas y procesos de procesamiento de sólidos. Los desechos que ingresan a la WRRF finalmente terminan en el contenedor de desechos de materiales resultantes del filtrado o en el proceso de procesamiento de sólidos. Una vez en el proceso de procesamiento de sólidos, los trozos de tela, las bolsas de plástico y otros desechos pueden enredarse y formar masas más grandes. El pasaje de lodo a través de un molino en línea puede reducir los daños potenciales a los equipos aguas abajo.

REJAS FINAS

Las rejas finas normalmente constan de alambre de cuña, placa perforada o barras poco espaciadas con aberturas de 0.5 a 6 mm (0.02 a 0.25 in). Estas rejas son unidades autónomas que, en general, se instalan aguas abajo de las rejas gruesas. La limpieza mecánica de estas rejas es esencial. En general, para limpiar estas rejas se utilizan los cepillos o rociadores de agua. El agua caliente ofrece mejores resultados que el agua fría al limpiar las rejas finas, porque ayuda a eliminar la grasa que se adhirió a la superficie.

Los materiales resultantes del filtrado de las rejas finas normalmente contienen concentraciones más altas de materia orgánica. Con las rejas finas se deben usar las lavadoras/compactadoras, ya sean integrales a la reja o independientes. Algunos diseños embolsan estos materiales resultantes del filtrado, mientras que otros dispositivos de filtrado fino los descargan directamente a los contenedores de almacenamiento. Debido al mayor contenido orgánico de estos materiales resultantes del filtrado, los operadores deben transferirlos con mayor frecuencia a su disposición final, antes de que se produzcan olores excesivos.

Reja de elemento continuo

Las rejas de elemento continuo están compuestas por rejas con una grilla sin fin de limpieza adosada al accionamiento principal mediante diferentes configuraciones. Los materiales resultantes del filtrado se recolectan y se transportan a la parte superior de la reja y después se descargan. Existe una variedad de formas de rejas de elemento continuo; sin embargo, las más populares son la placa perforada y las tecnologías del tipo de banda.

Las rejas de placa perforada (figura 3.5 y figura 3.16) se construyen con paneles de plástico o acero inoxidable, con orificios a lo largo de todo el panel, y se presentan en una configuración de paneles apilados con rastrillos en intervalos regulares para evitar que las rejas *retrocedan*. En general, los orificios son circulares para facilitar su construcción. Se requiere un mecanismo de limpieza adecuado (cepillos o rociadores de agua) para eliminar la acumulación de material orgánico.

El "*retroceso*" ocurre cuando los materiales resultantes del filtrado caen o ruedan fuera del frente de la reja en lugar de ser arrastrados hacia arriba y afuera de la trayectoria del caudal.

Las rejas de placa perforada en una configuración de caudal continuo normalmente requieren un ángulo de inclinación de entre 60 a 75 grados y tienen el más alto potencial de arrastre de materiales resultantes del filtrado. Aunque tienen una carga perdida considerable, las rejas de elemento continuo tienen una de las mejores retenciones de materiales resultantes del filtrado en la industria. Se las utiliza con frecuencia en ocasiones en las que es importante la minimización de materiales resultantes del filtrado para los procesos aguas abajo.

Rejas de escalera

También conocidas como *Step Screens*® (figura 3.17), las rejas de escalera están compuestas por placas largas y delgadas ubicadas de forma paralela, denominadas *láminas*, hechas de acero inoxidable, con aberturas entre las placas de 3 a 6 mm (0.12 a 0.24 in). Las placas tienen un borde en forma de escalera, tal como se muestra en la figura 3.18 y en la figura 3.19. En una reja de escalera hay dos conjuntos de láminas; la mayoría de los diseños tiene un conjunto fijo y uno móvil que rotan hacia dentro y fuera de la reja para ofrecer un patrón de movimiento de escalera que eleva los materiales resultantes del filtrado recolectados hacia arriba hasta que se los descarga en la parte superior de la reja (figura 3.19). Con cada ciclo, una lámina por medio se mueve mientras que las otras se mantienen en su lugar. Las láminas móviles normalmente están conectadas mediante accionamiento por cadena o palancas.

Las láminas delgadas son vulnerables al daño provocado por objetos grandes, piedras, vidrios rotos y arena. Los objetos más grandes han sido un problema para este diseño. Las láminas flexibles en la parte inferior se utilizan para prevenir los bloqueos o daños provocados por objetos grandes. Las conexiones de descarga de agua previenen la acumulación de arena debajo de las láminas. Las rejas de escalera ofrecen un espacio abierto más alto en comparación con otras rejas finas porque tienen ranuras abiertas que se extienden desde la parte inferior a la parte superior de la grilla de la reja. Esta configuración de ranuras permite el pasaje de sólidos fibrosos, lo que puede minimizarse a través de la "operación de apelmazado" en la que la reja se opera con una película hecha con acumulación de materiales resultantes del filtrado creada con la utilización de un control de carga diferencial.

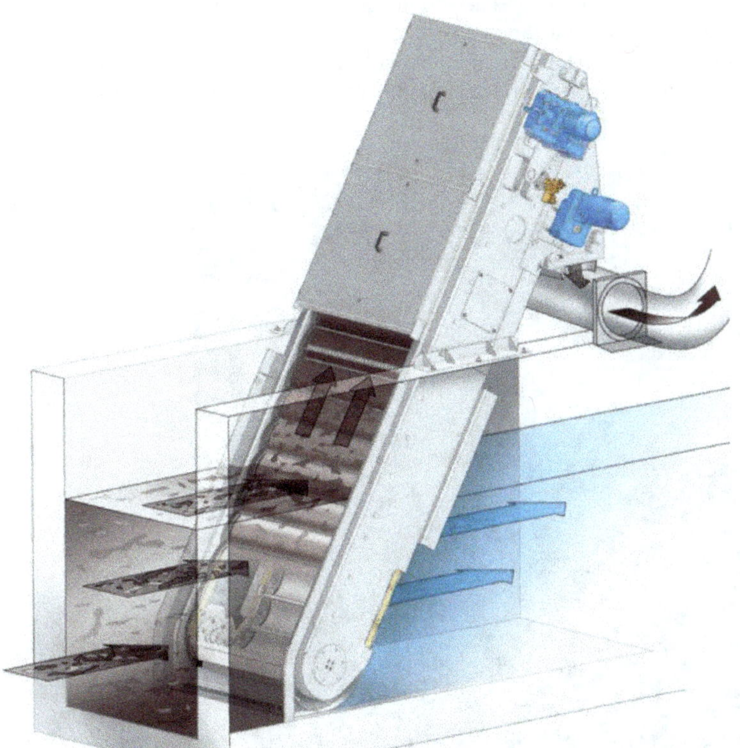

Figura 3.16 Reja de placa perforada (cortesía de Huber Technology, Inc.)

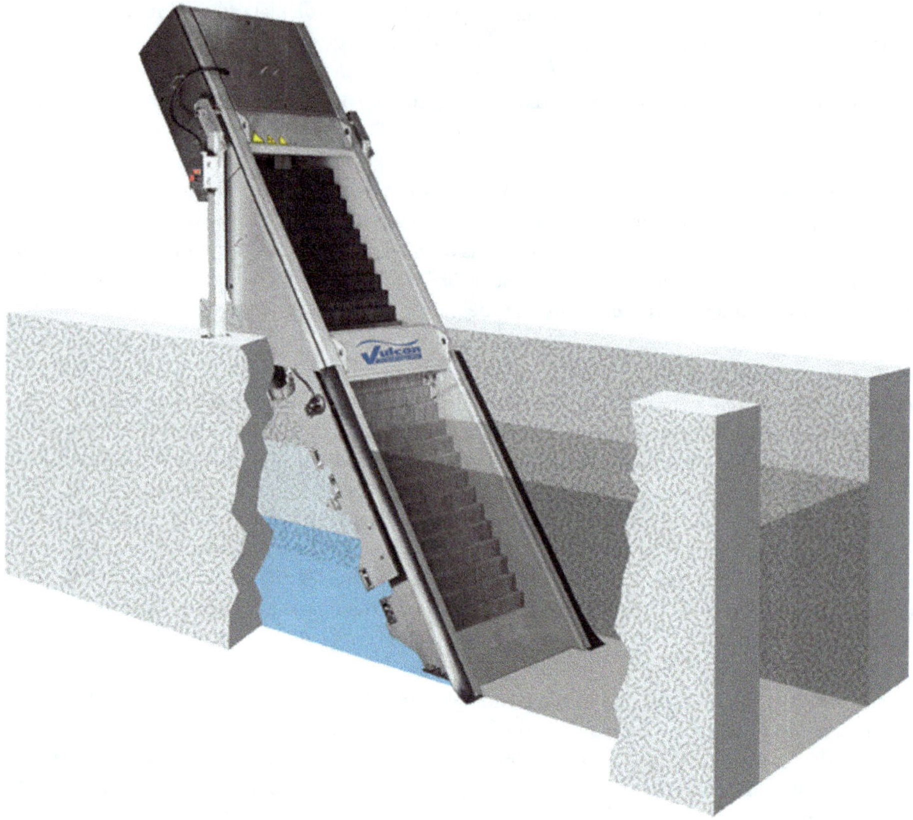

Figura 3.17 Reja de escalera en un canal (cortesía de Vulcan Industries, Inc.)

Rejas cilíndricas inclinadas

Las rejas cilíndricas inclinadas (figura 3.20) están compuestas de una cesta cilíndrica para filtrado con un mecanismo de eliminación interno de materiales resultantes del filtrado que generalmente es un tornillo helicoidal. En general, la reja se instala con una inclinación de 30 a 45 grados. Estos tipos de rejas pueden ser "fijas", donde la eliminación de materiales resultantes del filtrado está a cargo del tornillo helicoidal, o "giratorias", donde la eliminación de materiales resultantes del filtrado es realizada por la barra o cepillo

Figura 3.18 Desechos de reja de escalera (cortesía de Huber Technology, Inc.)

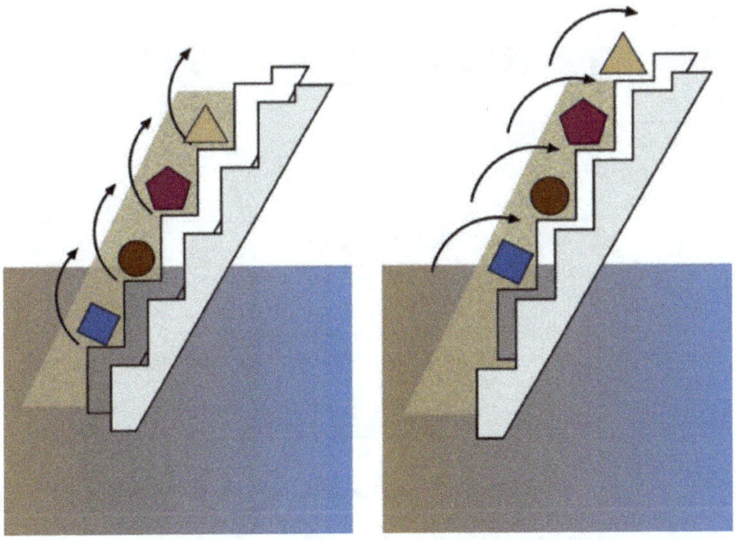

Figura 3.19 Operación de la reja de escalera (cortesía de Huber Technology, Inc.)

de rociado. Los materiales resultantes del filtrado caen en una tolva que alimenta un tornillo y se los transporta a través de un tubo de lavado/compactación inclinado. Una de las mayores ventajas de esta reja es que cuenta con una lavadora/compactadora interna. Sin embargo, ocupa un mayor espacio y requiere un canal del caudal de entrada mucho menos profundo en comparación con otras rejas.

En la tabla 3.1. se presenta un resumen de las ventajas y desventajas de los tipos de reja descritos en este capítulo. Se encuentran disponibles muchos otros tipos de rejas para su instalación en las WRRF.

PRENSAS PARA MATERIALES RESULTANTES DEL FILTRADO

El lavado y la compactación de materiales resultantes del filtrado son funciones críticas del proceso de filtrado, en particular para las rejas finas. Ambas se recomiendan para las rejas gruesas con aberturas menores a 38 mm (1.5 in) y para todas las rejas finas y microrrejas. Las lavadoras/compactadoras tienen dos funciones igualmente importantes. El lavado elimina el material orgánico y lo devuelve al caudal de aguas residuales. La compactación

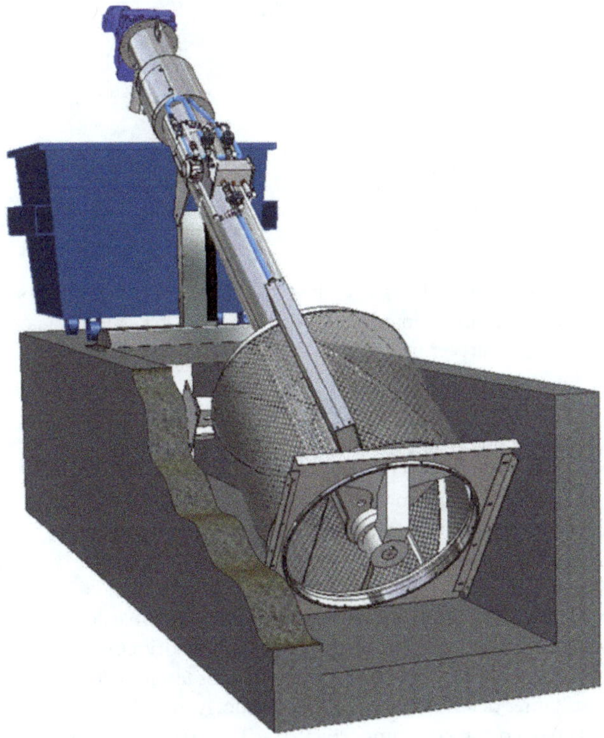

Figura 3.20 Reja cilíndrica inclinada (cortesía de Lakeside Equipment Corporation)

Tabla 3.1 Ventajas y desventajas de diferentes rejas (WEF et al., 2018)

Tipo de reja	Ventajas	Desventajas
Rejas gruesas		
Rejas con transmisión por cadena o cable	Alta tasa de carga de materiales resultantes del filtrado No afectadas por lípidos, aceites y grasas	Componentes sumergidos
Rejas de rastrillo alternativo	Sin componentes críticos sumergidos Ofrece un diseño de pivote para realizar reparaciones a la unidad desde arriba del canal	Tasa de carga de filtrado baja Alto espacio libre superior, en particular en los canales profundos Puede ser difícil hacer girar la reja fuera del canal si está conectada directamente a una unidad de lavado y compactación
Rejas catenarias	Sin componentes críticos sumergidos	La eliminación de sólidos grandes puede ser un problema
Reja de autolimpieza continua	Se requiere una altura libre de media a baja Ofrece un diseño de pivote para realizar reparaciones a la unidad desde arriba del canal	Varios componentes móviles Puede ser difícil hacer girar la reja fuera del canal si está conectada directamente a una unidad de lavado y compactación
Rejas finas		
Rejas de elemento continuo	Tecnología comprobada Alta tasa de retención de materiales resultantes del filtrado Ofrece un diseño de pivote para realizar reparaciones a la unidad desde arriba del canal	Diversas piezas móviles Algunos diseños tienen componentes propensos al desgaste y a las roturas Carga perdida alta Potencial alto de obstrucción por grasas Motor y rejas de rociado adicionales para la limpieza Puede ser difícil hacer girar la reja fuera del canal si está conectada directamente a una unidad de lavado y compactación
Rejas de rastrillo múltiple	Alta tasa de carga de materiales resultantes del filtrado Requisitos de altura libre bajos	Algunos diseños tienen componentes sumergidos propensos al desgaste y a las roturas Carga perdida media Potencial alto de obstrucción por grasas
Rejas de escalera	Carga perdida baja Ofrece un diseño de pivote para realizar reparaciones a la unidad desde arriba	Sólidos fibrosos pueden pasar a través de la reja No se recomienda cuando se esperan piedras o cargas excesivas de arena Para su instalación requiere un espacio mucho más grande en comparación con otras Puede ser difícil hacer girar la reja fuera del canal si está conectada directamente a una unidad de lavado y compactación

puede reducir el contenido de agua de los materiales resultantes del filtrado en hasta un 50 % con una reducción de volumen de 60 a 85 %, lo que permite reducir los costos de almacenamiento y disposición. Una especificación habitual de desempeño para las lavadoras/compactadoras es ofrecer un mínimo de 90 % de eliminación de sustancias orgánicas en suspensión.

Las prensas para materiales resultantes del filtrado, como la que se muestra en la figura 3.21, constan de una sección de tolva, un barreno o ariete, y una sección de cuña o zona de compactación. El material filtrado se transfiere de la reja a la tolva, donde después cae hacia el armazón principal de la prensa de lavado. Un barreno o ariete mueve el material filtrado hacia la sección de cuña o zona de compactación. La unidad impulsora hace girar el barreno. Al mismo tiempo, se rocía agua de lavado sobre los materiales resultantes del filtrado para ayudar a enjuagar el material orgánico. El barreno revuelve el material filtrado a medida que lo empuja, lo que facilita el drenaje del agua a través de los materiales resultantes del filtrado y hacia fuera del fondo de la prensa de lavado. El agua de enjuague y el material orgánico retornan al caudal principal de aguas residuales. En las aplicaciones de filtrado fino, esta mezcla se envía con frecuencia a los tanques de lavado individuales, los que agitan los materiales resultantes del filtrado en agua de lavado. A medida que los materiales resultantes del filtrado son trasladados a la cuña o zona de compactación, se los estruja y comprime para eliminar el agua. Las prensas operan a un rango de 4500 a 6000 kPa (1500 a 2000 psig) (WEF, 2016).

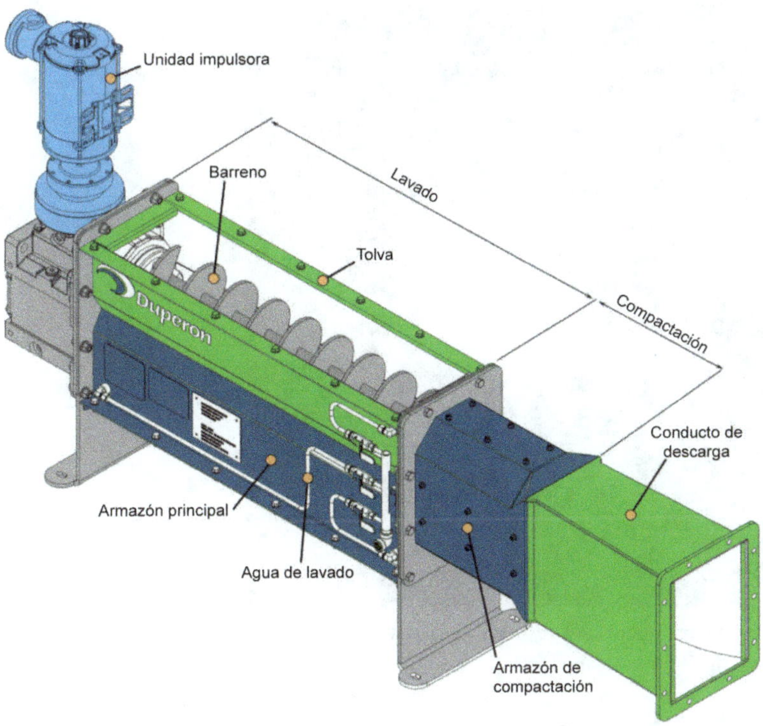

Figura 3.21 Prensa de lavado de materiales resultantes del filtrado (cortesía de Duperon Corporation)

En la figura 3.22 se muestra el material filtrado, lavado y comprimido, al salir de la prensa de lavado. Algunos sistemas depositan el material filtrado en bolsas para controlar olores (figura 3.23).

Los palos y otros objetos grandes que se encuentren en los materiales resultantes del filtrado pueden provocar desperfectos mecánicos. La mayoría de las prensas de lavado tienen controles que detectan atascos, revierten el mecanismo de manera automática y accionan una alarma cuando se sobrecarga un motor. Las lavadoras/compactadoras pueden estar equipadas con molinos delante del barreno para reducir de manera significativa la cantidad de materiales resultantes del filtrado y proporcionar un lavado máximo.

Figura 3.22 Materiales resultantes del filtrado lavados y compactados (reimpreso con autorización de Indigo Water Group)

Figura 3.23 Sistema de embolsado para materiales resultantes del filtrado lavados y compactados (reimpreso con autorización de Indigo Water Group)

SISTEMAS DE TRANSPORTE

Las cintas transportadoras son uno de los métodos utilizados en los procesos de eliminación de materiales resultantes del filtrado para transportar los desechos desde el punto de eliminación hasta el punto de recolección y, finalmente, disposición. Los sistemas de cintas transportadoras pueden operarse de manera continua o intermitente en función de las condiciones de carga. Una alternativa a una cinta transportadora, en especial cuando las rejas están ubicadas bajo tierra, es descargar los materiales resultantes del filtrado a una bomba de molino, que bombea la *solución espesa* hacia arriba hasta las unidades de deshidratación/filtrado a nivel del suelo.

Un *solución espesa* es un líquido que contiene concentraciones altas de sólidos no disueltos.

Los tornillos barreno también se utilizan para el transporte de materiales resultantes del filtrado, en particular cuando se requiere un sistema cerrado para el control de olores. Se utilizan tanto los barrenos con eje como los sin eje, pero debido a la naturaleza abrasiva de los materiales resultantes del filtrado, puede que se prefieran los barrenos con eje para evitar el reemplazo frecuente de las barras de desgaste y de los revestimientos. El mayor beneficio de los barrenos es la capacidad que tienen de funcionar como la primera parte de un sistema de lavado/compactación antes de la descarga a un tubo de compactación. Los barrenos pueden tener múltiples puntos de introducción. El barreno debe estar inclinado hacia un drenaje. Se requiere un sistema de rociado bien diseñado a lo largo del barreno y, en particular, en el punto de drenaje. El punto de drenaje debe ser de fácil acceso en caso de que se produzca un bloqueo.

COMPROBACIÓN DE CONOCIMIENTOS

1. **Las rejas para basura flotante y las rejas de barras se instalan en un ángulo de 30 a 45 grados respecto de la vertical.**
   - ☐ Verdadero
   - ☐ Falso
2. **La limpieza mecánica de las rejas de barras aumenta los costos de mano de obra debido a un aumento en la necesidad de mantenimiento.**
   - ☐ Verdadero
   - ☐ Falso
3. **Las rejas finas retienen una menor cantidad de sólidos orgánicos que las rejas gruesas.**
   - ☐ Verdadero
   - ☐ Falso
4. **Los retrocesos ocurren cuando el material filtrado retrocede hacia la parte frontal de la reja, lo que posiblemente provoque que retorne al caudal de aguas residuales.**
   - ☐ Verdadero
   - ☐ Falso
5. **Existe una mayor probabilidad de que una WRRF de estanque tenga este tipo de reja en sus obras de cabecera.**
   a. Reja de barras manual
   b. Reja de placa perforada
   c. Reja de escalera
   d. Microrreja

6. Una el tipo de reja con su característica identificatoria.

1. Reja para basura flotante	a. Ciclo de operación único
2. Reja de barras manual	b. Eslabones de enlazado, sin rueda dentada inferior.
3. Reja de rastrillo individual	c. Elimina de manera eficiente cabellos y materiales fibrosos
4. Reja catenaria	d. Prensa de lavado integrada
5. Reja de autolimpieza continua	e. Elimina solo los desechos más grandes
6. Reja de placa perforada	f. Aberturas rectangulares limitadas en altura y ancho
7. Reja de escalera	g. Puede estar ubicada en un canal de desviación
8. Reja cilíndrica inclinada	h. Dos conjuntos de láminas elevan sólidos por los escalones

7. En una reja de rastrillo individual, un interruptor de límite

a. Establece los límites superior e inferior de desplazamiento para el rastrillo
b. Ajusta el voltaje de la línea de entrada
c. Modifica el tamaño mínimo de partículas retenido
d. Apaga el motor de accionamiento si se atasca el rastrillo

8. Una desventaja de la utilización de trituradores y molinos es

a. Una reducción del potencial de atascamiento de tubos y de daños a los equipos
b. Un aumento en los costos de disposición de materiales resultantes del filtrado
c. El material triturado reduce la capacidad de tratamiento aguas abajo
d. Desbordes más frecuentes en el canal del caudal de entrada

CONTROL DEL PROCESO

Algunas instalaciones tienen rejas diseñadas para limpiarse manualmente. En este caso, se eliminan los desechos con un rastrillo manual, en general, a diario o varias veces en el día. Debido a que la cantidad de materiales resultantes del filtrado es diferente de una WRRF a otra, los operadores necesitarán conocer qué es lo normal para su instalación y ajustar la frecuencia de limpieza conforme a sus necesidades. Si las rejas no se limpian con la frecuencia suficiente, se acumularán cantidades excesivas de material, lo que puede provocar que el agua se acumule en el canal. Cuando finalmente se eliminan los materiales resultantes del filtrado, una onda de aguas residuales puede ingresar súbitamente a la WRRF, lo que podría afectar la eficacia de los equipos aguas abajo. Los materiales resultantes del filtrado deben eliminarse de la parte frontal de la reja la cantidad de veces que sea necesario para garantizar una circulación considerablemente libre del caudal de aguas residuales. A menos que el fabricante o el manual de operaciones y mantenimiento (*operations and maintenance*, O&M) de la WRRF especifique lo contrario, como mínimo, las rejas deben limpiarse cuando la carga perdida a lo largo de la reja alcance los 7.6 cm (3 in) (Bristow, 2008). Durante las tormentas, debe aumentarse la frecuencia de limpieza. En las instalaciones con canales múltiples, se pueden poner en funcionamiento rejas adicionales durante una tormenta.

Un *PLC* es una minicomputadora que controla un equipo.

En general, las instalaciones con rejas de barras utilizan rastrillos automatizados operados por un motor para la limpieza porque las rejas suelen dejarse sin atención durante largos períodos de tiempo. En comparación con la limpieza manual, el uso de un dispositivo de limpieza mecánico tiende a reducir los costos de mano de obra, proporciona mejores condiciones de caudal y produce una menor propensión a los inconvenientes. Dichos dispositivos se utilizan casi siempre en instalaciones más grandes que 3.79 ML/d (1 mgd) y ocasionalmente en instalaciones más pequeñas.

La mayoría de los equipos en una WRRF contarán con un interruptor de selector de modo que define el modo de control de los equipos. Cuando el interruptor se encuentra en la posición "manual", el equipo puede operarse utilizando interruptores montados en el campo que mueven el rastrillo hacia arriba o abajo o que hacen que la unidad realice el ciclo. Cuando se cambia a "automático", un temporizador, interruptor de nivel o PLC controlará el equipo. Cuando está en modo automático, normalmente también se puede controlar el equipo de manera remota con el sistema de computación de la WRRF.

Las rejas pueden controlarse utilizando ciclos temporizados, cargas perdidas conforme a lo medido por un sensor de nivel ubicado inmediatamente aguas arriba de la reja; o mediante carga perdida diferencial. La mayoría de los sistemas utilizan una combinación de estos métodos de control. En estos casos, la reja puede operar normalmente en base a la carga perdida (ya sea aguas arriba o diferencial), pero puede revertirse a un ciclo temporizado si la cantidad de tiempo entre los ciclos es demasiado larga. Esto evita que los desechos que se han acumulado en la reja se abran camino gradualmente a través de la reja e ingresen a la WRRF. Los interruptores de temporizado operados por reloj, los dispositivos de detección de nivel o los *controladores lógicos programables* (*programmable logic controllers*, PLC) pueden controlar los motores de manera automática. Además del control automático, el operador puede controlar manualmente los ciclos de las rejas mediante un interruptor de encendido/apagado para activar el motor de accionamiento. El control manual de los ciclos puede requerirse para verificar el funcionamiento correcto durante las inspecciones a la instalación.

Con un interruptor de temporizado operado por reloj, el operador selecciona un intervalo de tiempo fijo durante el que opera la reja. Por ejemplo, un operador puede seleccionar un intervalo de 10 minutos en el temporizador, lo que provocaría que la reja recorra su secuencia operativa y retire los desechos acumulados una vez cada 10 minutos.

Un *punto de ajuste* es un límite determinado por el operador o el fabricante. El punto de ajuste determina la frecuencia con la que operará un equipo.

Con el control de carga perdida, los dispositivos de detección de nivel miden la altura del agua en el canal inmediatamente aguas arriba de una reja. Si el nivel del agua está en aumento, significa que se está acumulando material en la reja y se está incrementando la carga perdida. La reja realizará el ciclo y retirará los desechos en función de un *punto de ajuste* elegido por el operador. Por ejemplo, el operador puede determinar que un nivel de agua aceptable en el canal del caudal de entrada es de 1 m (3.3 ft). Cada vez que el nivel del agua alcance el punto de ajuste de 1 m (3.3 ft), la reja atravesará el ciclo y eliminará los desechos.

Con el control de carga perdida diferencial, los dispositivos de detección de nivel miden la altura del agua tanto antes como después de la reja para determinar la carga pedida. El operador selecciona el nivel de agua aguas arriba o la cantidad de carga perdida que activará una secuencia operativa. Por ejemplo, si el indicador de nivel está ajustado para 1 m (3.3 ft), entonces la reja se pondrá en funcionamiento cada vez que el nivel del agua llegue a 1 m (3.3 ft). Una vez que se hayan retirado los desechos de la reja, descenderá el nivel del agua. Finalmente, puede utilizarse un PLC para controlar la reja con una combinación de ciclos temporizados e indicadores de nivel o con algún otro tipo de información.

De los cuatro métodos de control, los interruptores de temporizado operados por reloj son los que se utilizan con mayor frecuencia; sin embargo, cada vez más instalaciones usan PLC. Una vez que la experiencia determina la cantidad de operaciones de rastrillado que se requieren durante el día promedio en una instalación en particular, se ajustan los temporizadores operados por reloj para que pongan en funcionamiento el mecanismo de rastrillado la cantidad necesaria de veces al día. Los temporizadores funcionan bien, pero no pueden ajustarse para que se adapten a grandes acumulaciones repentinas de desechos que pueden ocurrir durante los períodos de caudal alto. Si una gran cantidad de desechos ingresa de una sola vez a una WRRF, como puede ocurrir durante una tormenta, un ciclo temporizado puede permitir que los desechos se acumulen en la reja durante mucho tiempo, lo que puede provocar un bloqueo total y un desborde. Por lo tanto, los dispositivos de detección de nivel, como los *sistemas de nivel ultrasónicos*, son generalmente instalados en paralelo con los temporizadores, y están diseñados para anular el control del temporizador. Otros tipos de sensores de nivel incluyen los flotadores y los tubos burbujeadores (WEF, 2016). El sistema de detección de nivel detecta el aumento en la carga perdida a través de la reja de barras cuando los desechos obstruyen las barras, provocando que un interruptor eléctrico active el mecanismo de rastrillado. El cableado del circuito le otorga al sistema de detección de nivel prioridad por sobre el temporizador, por lo que el sensor de nivel activará el mecanismo de rastrillado siempre que una cantidad excepcionalmente grande de desechos se acumule en la reja. En general, los controles se configuran de modo tal que si un sensor de nivel activa un ciclo de limpieza, el ciclo del temporizador se reinicia. En el siguiente intervalo de tiempo preestablecido después de que el indicador de nivel activa el mecanismo de rastrillado, el interruptor operado por temporizador iniciará el rastrillado a menos que se vuelva a producir una acumulación de desechos grandes. Los controles se pueden configurar con una activación inducida por nivel como control primario, y con una función de anulación inducida por temporizador, o viceversa, con poca diferencia en la función del sistema. En cualquiera de los casos, la activación del temporizador ofrece protección contra la acumulación de desechos durante largos periodos, lo que resulta en desafíos de atravesamiento y adhesión, y la activación de nivel aborda la acumulación repentina de desechos grandes en las barras.

Un *sistema de nivel ultrasónico* hace rebotar una onda de sonido contra la superficie del agua. Al medir el tiempo que le toma al sonido devolver un eco de rebote, es posible calcular la altura del agua. Los indicadores de nivel ultrasónicos se describen en el capítulo 2.

Algunas instalaciones con rejas tienen un monitoreo del nivel del agua de respaldo en el lado de entrada de la reja. La alarma de nivel aguas arriba puede ser un sensor ultrasónico, un sistema de burbujeador, un transductor sumergido o un interruptor de flotación. Este dispositivo activará una alarma y un ciclo de limpieza si se detecta un nivel alto de líquido en el lado aguas arriba de la reja. Los dispositivos de filtrado incluyen un interruptor de límite para garantizar que el mecanismo de rastrillo se detenga o estacione fuera del agua después de un ciclo de limpieza. Se proporcionan interruptores de límite para apagar el motor si se detecta una fuerza excesiva debida a un atasco o a una falla del rastrillo.

Los *pasadores de seguridad* se utilizan en diferentes tipos de equipos para prevenir la acumulación excesiva de fuerza o presión. El pasador de seguridad está diseñado para romperse antes de que los equipos sufran daños.

La *torsión* es la cantidad de fuerza que se aplica para que algo gire.

Las rejas más antiguas pueden estar equipadas con un pasador de seguridad. Los *pasadores de seguridad* se utilizan en muchos tipos de equipos para ofrecer protección contra una situación de torsión excesiva. La *torsión* es la cantidad de fuerza que se aplica para que algo gire. Si un trozo de desecho se atasca en la reja y la reja no puede moverse, el motor continuará operando y empujará la reja. Puede desarrollarse una torsión excesiva, que posiblemente dañe la reja. Un pasador de seguridad conecta el motor y los engranajes con la reja. El pasador está diseñado para romperse cuando se haya alcanzado un determinado nivel de torsión o presión. Cuando se rompa el pasador de seguridad, la reja ya no estará conectada al motor. El motor girará libremente, pero la reja ya no se verá forzada contra la obstrucción. El motor girará al menos una revolución, en la que activará un interruptor de límite u otro dispositivo de seguridad que apagará el motor y encenderá una alarma. El pasador de seguridad se rompe para que no se rompa la reja.

Los *accionadores de frecuencia variable* son controles de velocidad ajustables que se pueden utilizar para controlar la velocidad y la torsión del motor en los motores que utilizan alimentación de CA.

La corriente eléctrica se mide en amperios. La energía eléctrica se mide en vatios. [Energía = (voltios) (amperios)]. Los equipos eléctricos que realicen una mayor cantidad de trabajo requieren más energía. El consumo eléctrico y el amperaje aumentarán si la reja se atasca.

La mayoría de las rejas modernas no depende de un pasador de seguridad. En su lugar, se utiliza un controlador de monitoreo de potencia, un relé de monitoreo de corriente o un sensor de ausencia de movimiento. Los controladores de monitoreo de potencia y los monitores de corriente se utilizan junto con *accionadores de frecuencia variable* (*variable-frequency drives*, VFD). Los controladores de monitoreo de potencia monitorean el uso de energía, y los relés de monitoreo de corriente monitorean el consumo de corriente. Tanto el consumo eléctrico como el consumo de corriente son mediciones indirectas de la cantidad de torsión que están generando el motor y los engranajes. Los sensores de ausencia de movimiento, también denominados *interruptores de velocidad cero*, monitorean los puntos de arranque y detención en el eje impulsor. El eje impulsor conecta el motor y los engranajes con la reja. Un bloqueo u otro tipo de tensión sobre la reja provocará la ralentización de la rotación del eje impulsor, lo que hará que le tome más tiempo moverse entre los puntos de arranque y detención. La velocidad de rotación del eje es otra medición indirecta de la cantidad de torsión.

Si la cantidad de torsión excede el límite de torsión máximo establecido por el fabricante (o el operador), el controlador de monitoreo de potencia, el relé de monitoreo de corriente o el sensor de ausencia de movimiento debería detener la reja. La reja puede entonces invertir la dirección durante algunos minutos para quitar los desechos atascados. La reja puede realizar ciclos en operación normal e inversa varias veces. Si se elimina el bloqueo, la reja retornará a la operación normal. Si no puede eliminarse el bloqueo, la reja se detendrá por completo y sonará una alarma para alertar al operador.

OPERACIÓN

En condiciones normales de operación de una reja de barras de limpieza mecánica, el operador debe revisar de manera visual el equipo varias veces durante un turno para garantizar que funciona correctamente. La utilización de controles manuales locales permite la observación inmediata de la operación de rejas de barras de limpieza mecánica u otros equipos, aunque puedan estar inactivos al comenzar la inspección. Las rejas deben operarse con conmutaciones manuales hasta que se hayan retirado los sólidos acumulados. Mientras el equipo esté en funcionamiento, el operador debe revisar en busca de ruidos inusuales, raspaduras en la reja, movimientos bruscos de los mecanismos de accionamiento, acumulaciones excesivas de materiales resultantes del filtrado, y revisar la lubricación de la cadena o el mecanismo de accionamiento.

El operador debe evitar todo tipo de desbordes en las áreas de almacenamiento de filtrado. Los materiales orgánicos que no se transportan fuera de la instalación se descomponen y provocan olores desagradables. La generación de sulfuro de hidrógeno, un gas tóxico, puede crear una atmósfera peligrosa si el espacio no se ventila adecuadamente. Los materiales resultantes del filtrado son una fuente importante de olores. Los contenedores de materiales resultantes del filtrado deben revisarse a diario y vaciarse tanto como sea necesario. Sobre todo, los trabajadores deben cumplir las buenas prácticas de higiene debido a que los desechos empapados en aguas residuales albergan organismos patógenos. Por este motivo, los equipos deben lavarse con manguera una vez a la semana o con mayor frecuencia para eliminar el material acumulado y prevenir olores. Al menos una vez a la semana, se deben eliminar la arena, las piedras y otros materiales que puedan haberse sedimentado en la parte frontal de la reja. Los desechos pueden eliminarse utilizando un rastrillo, una pala o un cucharón de mango largo únicamente después de que la reja se ha desconectado y sacado de funcionamiento. Si primero se drena el canal, esto facilitará la visión y eliminación de los desechos.

Para poner una reja en funcionamiento,

- Inicie las rejas de limpieza mecánica conforme a las recomendaciones del fabricante,
- Abra la compuerta del canal aguas abajo, y
- Abra la compuerta de entrada del canal.

Para sacar una reja de funcionamiento,

- Cierre la compuerta de entrada del canal;
- Cierre la compuerta aguas abajo;
- Deje que la reja de barras mecánica empiece a operar y elimine el material recolectado;
- Apague las rejas de limpieza mecánica conforme a las recomendaciones del fabricante;
- Aplique el *bloqueo y etiquetado* (*lockout and tagout*, LOTO) a la reja y a los equipos relacionados con ella;
- Drene el canal y elimine los desechos. En las instalaciones pequeñas suele utilizarse una bomba de pozo húmedo portátil. Las instalaciones más grandes pueden estar equipadas con pozos colectores y bombas de pozo húmedo. El agua debe transferirse a un punto aguas arriba de una segunda reja o al canal de desviación de filtrado. Los desechos pueden eliminarse utilizando un rastrillo, una pala o un cucharón de mango largo únicamente después de que la reja se ha desconectado y sacado de funcionamiento;
- Lave la reja para eliminar los desechos. Siempre que sea posible, utilice agua caliente para facilitar la disolución de la grasa;
- Lave los laterales del canal; y
- Drene el canal.

Bloqueo y etiquetado es un protocolo de seguridad utilizado para desconectar los equipos y prevenir su operación accidental. Los procedimientos de LOTO pueden incluir la colocación de un seguro físico en el interruptor de alimentación o un disyuntor en un equipo. Esto garantiza que nadie encienda accidentalmente el equipo mientras se está trabajando en él.

Verifique el funcionamiento correcto de la prensa de lavado de materiales resultantes del filtrado todos los días inspeccionando los materiales resultantes del filtrado para asegurarse de que están compactados y secos. Al mismo tiempo, verifique que la tasa de agregado de agua de lavado cumpla las especificaciones del fabricante y revise en busca de fugas. Para minimizar la acumulación de grasa y otros materiales, lave la canaleta de recolección de manera regular con agua caliente, siempre que sea posible. Al menos una vez a la semana, limpie minuciosamente la prensa de lavado de materiales resultantes del filtrado, incluso la tolva o los conductos.

MANTENIMIENTO

Los equipos y sistemas descritos en esta sección se ven favorecidos con los procedimientos de mantenimiento planificado. La empresa de servicios públicos debe incluir las obras de cabecera en su programa de direccionamiento de inspección, lubricación y reparación, bajo la orientación de las recomendaciones de los proveedores de los equipos. Tenga en cuenta que los canales de rejas, los depósitos para arena, y el edificio de las obras de cabecera pueden ser espacios confinados. Asegúrese de cumplir los protocolos de seguridad en espacios confinados al realizar actividades de mantenimiento en espacios confinados. Asegúrese de aplicar el LOTO a los equipos antes de realizar el mantenimiento.

Las rejas para basura flotante/rejas de barras requieren una inspección diaria en busca de indicios visibles o auditivos de posibles desperfectos, conforme a lo recomendado por los procedimientos de mantenimiento preventivo en los manuales de O&M. Como práctica habitual, el operador debe observar todos los mecanismos móviles para determinar si los componentes no presentan obstrucciones, se encuentran alineados correctamente, se mueven a velocidades constantes y no producen vibraciones inusuales. El operador debe verificar periódicamente que todas las lámparas de control estén en funcionamiento y que no haya bombillas quemadas. El operador debe escuchar todos los mecanismos móviles y reconocer sus sonidos operativos normales. Por ejemplo, los chirridos anormales podrían ser indicios de falta de lubricación y los ruidos de golpes podrían ser indicios de componentes rotos o sueltos.

El mantenimiento preventivo requiere que las partes y los componentes desgastados se reemplacen antes de que se produzca una falla, y que la lubricación correcta de todas las piezas móviles se realice en los intervalos recomendados. El operador debe seguir siempre las recomendaciones del fabricante acerca del tipo de lubricante a utilizar debido a que las cualidades del lubricante se seleccionan conforme a las condiciones de operación anticipadas y a la compatibilidad con los materiales utilizados en los equipos.

Las cadenas utilizadas en las rejas de barras con transmisión por cadena tienden a desgastarse con el tiempo, lo que puede provocar que la cadena se vea estirada. Gradualmente, la cadena se aflojará con el tiempo. En la figura 3.24 se muestra un eslabón de cadena individual con su perno correspondiente (a la izquierda). Cuando las dos piezas se rozan, se desgasta la superficie de ambas. Para compensar, puede que el operador deba ajustar periódicamente los tensores conforme a las recomendaciones del fabricante. Puede que sea necesario retirar un eslabón para garantizar el desplazamiento fluido de la cadena sobre las ruedas dentadas. Para minimizar la cantidad de desperfectos en los equipos y mantener la eficiencia operativa, deben reemplazarse las piezas demasiado desgastadas. Las transmisiones por cadena requieren el reemplazo frecuente de cadenas, ruedas dentadas y otras piezas. La vida útil de la cadena también depende de la forma en que se opera la unidad. Por ejemplo, si la unidad se opera de manera continua, la vida útil de la cadena podría reducirse notablemente. Debe aplicarse lubricante semanalmente (o según sea necesario) para garantizar que las guías de las rejas operen de manera fluida y silenciosa.

Figura 3.24 Eslabón de cadena y perno desgastados (impreso con autorización de Kenneth Schnaars)

Una vez al mes, se debe limpiar minuciosamente el área de filtrado en su totalidad, la prensa de lavado y las cintas transportadoras, incluidos los laterales de los canales y el interior de las tapas. Inspeccione los orificios de drenaje de la prensa de lavado de materiales resultantes del filtrado en busca de suciedad y límpielos con agua a alta presión, según sea necesario. Siempre que sea posible, debe usarse agua caliente para eliminar la grasa. La limpieza mensual ayuda a prevenir la adherencia de grasa. Los equipos de filtrado deben limpiarse e inspeccionarse minuciosamente una vez al año, o según lo recomendado por el fabricante. Algunos puntos a revisar incluyen la alineación del mecanismo de rastrillo, la tensión de la cadena y la cinta, la condición de la cadena, tornillos y pernos sueltos, desprendimientos de pintura, óxido, tapas dobladas o sueltas, dientes de las ruedas dentadas desgastados o faltantes, y cualquier otro punto de inspección recomendado por el fabricante. El canal de filtrado debe desagotarse para la inspección anual, de modo tal que los componentes sumergidos puedan verse. En ese momento, revise todas las tuercas y los pernos, y vuelva a ajustarlos si es necesario. Inspeccione y lubrique los cojinetes anualmente o según lo recomendado por el fabricante de los equipos.

Una vez al mes, se deben inspeccionar los sellos del cojinete principal de la prensa de lavado de materiales resultantes del filtrado en busca de fugas y desgaste. Inspeccione las unidades hidráulicas, incluidas todas las mangueras y conexiones en busca de desgaste y fugas. Inspeccione las barras guía del transportador helicoidal en busca de desgaste. Los materiales resultantes del filtrado y la arena son sumamente abrasivos y desgastarán tanto las barras guía como los bordes del transportador helicoidal. Al provocarse el desgaste, los materiales resultantes del filtrado giran en su lugar en lugar de ser desplazados y compactados. Con el tiempo, será necesario reemplazar las barras guía y el tornillo compactador.

Tabla 3.2 Cuadro de resolución de problemas de equipos de filtrado (EPA de los EE. UU., 1978)

Indicador/observaciones	Causa probable	Revisar o monitorear	Soluciones
1. Olores desagradables, moscas y otros insectos	1. Acumulación de trozos de tela y desechos	1. Método y frecuencia de la eliminación de desechos	1. Aumentar la frecuencia de eliminación y disposición a una instalación aprobada.
2. Cantidad excesiva de arena en la cámara de la reja de barras	2. Velocidad de caudal demasiado baja	2. Profundidad de la arena en la cámara, irregularidades en el fondo de la cámara, velocidad de caudal	2. Eliminar las irregularidades del fondo o volver a establecer la inclinación del fondo. Aumentar la velocidad de caudal en una cámara. Limpiar regularmente con una manguera.
3. Atascamiento excesivo de la reja	3a. Cantidades inusuales de desechos en las aguas residuales. Revisar los residuos industriales. 3b. Frecuencia de limpieza inadecuada.	3a. Condiciones aguas arriba 3b. Frecuencia de limpieza	3a. Identificar la fuente de residuos que provoca el problema para que se pueda detener la descarga. 3b. Aumentar la frecuencia de limpieza.
4. Rastrillo mecánico inutilizable, no se restablecerá el disyuntor	4. Mecanismo atascado	4. Canal de la reja	4. Eliminar la obstrucción. Ajustar la tensión del resorte, si corresponde.
5. Rastrillo fuera de funcionamiento, motor en funcionamiento	5a. Pasador de seguridad roto 5b. Cadena o cable rotos 5c. Interruptor de límite roto	5a. Inspeccionar el pasador de seguridad. 5b. Inspeccionar la cadena. 5c. Inspeccionar el interruptor.	5a. Identificar la causa de la rotura y reemplazar el pasador de seguridad. 5b. Reemplazar la cadena o el cable. 5c. Reemplazar el interruptor de límite.
6. Rastrillo fuera de funcionamiento, ningún problema visible	6. Circuitos de control remoto defectuosos	6. Revisar los circuitos de conmutación.	6. Verificar la operación correcta del PLC. Reemplazar el circuito. Después reemplazar el circuito y el motor.
7. Marcas o metal contra metal en la unión de la reja	7. La reja necesita ajustes	7. Operar la reja a través de un ciclo, y escuchar y observar en busca de contactos de metal con metal.	7. Ajustes del fabricante recomendados en el manual de O&M del equipo.
8. Operación lenta de molinos, prensas para materiales resultantes del filtrado, o cintas transportadoras. Chirridos durante la operación	8. Componentes desgastados	8. Operar a través de un ciclo para identificar los componentes. Revisar los registros de mantenimiento.	8. Lubricar la máquina según lo indicado. Reemplazar los componentes desgastados.
9. Ruidos de golpe durante la operación de rejas, molinos, prensas para materiales resultantes del filtrado, o cintas transportadoras	9. Componentes rotos o sueltos	9. Completar la inspección de todos los componentes, las tuercas y los pernos.	9. Reemplazar o ajustar el componente.
10. La cinta no se desliza correctamente	10. Cinta estirada; rodillos autoalineables atascados, poleas de cola desalineadas	10. Inspeccionar las cintas, los rodillos y las poleas de cola.	10. Ajustar el regulador de tensión; limpiar y lubricar los rodillos autoalineables; ajustar la alineación de las poleas de cola.

RESOLUCIÓN DE PROBLEMAS

Los problemas más frecuentes en el proceso de filtrado están relacionados con las tres categorías que se presentan a continuación:

1. Condiciones operativas inusuales, tales como cargas repentinas de desechos que obstruyen o atascan los equipos de filtrado;
2. Desperfectos en los equipos y fallas en los componentes; y
3. Fallas en el control.

Para conocer la instalación de filtrado, los equipos utilizados y las limitaciones de los equipos, el operador debe consultar los manuales de O&M donde obtendrá más información sobre los equipos específicos utilizados en la instalación. Después de haber leído y comprendido estos manuales, la resolución eficiente de problemas se volverá rutinaria. Consulte la tabla 3.2 que se encuentra en la página anterior, donde encontrará un cuadro de resolución de problemas relacionado con los equipos de filtrado.

COMPROBACIÓN DE CONOCIMIENTOS

1. **Una WRRF con un sistema de alcantarillado combinado está esperando una gran tormenta. Las rejas de barras manuales se limpian con normalidad a cada hora. El operador debe planificar la disminución de la frecuencia de limpieza durante e inmediatamente después de la tormenta.**
   - ☐ Verdadero
   - ☐ Falso
2. **Los pasadores de seguridad están diseñados para romperse bajo una determinada cantidad de fuerza o presión para así evitar provocar daños adicionales a los equipos.**
   - ☐ Verdadero
   - ☐ Falso
3. **Las rejas deben limpiarse antes de que la carga perdida en toda la reja alcance _______ o según las recomendaciones del fabricante de la reja.**
   a. 2.5 cm (1 in)
   b. 7.6 cm (3 in)
   c. 12.7 cm (5 in)
   d. 17.8 cm (7 in)
4. **Este tipo de mecanismo de control es el más adecuado para las tormentas u otras condiciones que producen cantidades excesivamente variables de material filtrable.**
   a. Temporizador
   b. Sensor de nivel
   c. Contador de partículas
   d. Interruptor manual-apagado-automático (*Hand-Off-Auto*, HOA)
5. **Una reja de barras mecánica debe sacarse de funcionamiento para realizar el mantenimiento. Coloque los siguientes pasos en el orden correcto.**
   a. Apague la reja conforme a las recomendaciones del fabricante.
   b. Cierre la compuerta (entrada) aguas arriba.
   c. Cierre la compuerta (salida) aguas abajo.
   d. Lave la reja para eliminar los desechos.
   e. Drene el canal y elimine los desechos.
   f. Aplique el bloqueo y etiquetado a los equipos.
   g. Lave los laterales del canal y realice el drenaje final del canal.
6. **Como mínimo, ¿con qué frecuencia deben inspeccionarse las rejas en busca de indicios visibles o auditivos de posibles desperfectos?**
   a. A diario
   b. Semanalmente
   c. Mensualmente
   d. Trimestralmente

Eliminación de arena

La velocidad de sedimentación es la rapidez con la que una partícula cae o se sedimenta a través del agua.

Una *micra* es la millonésima parte de un metro. El cabello humano promedio tiene de 70 a 100 μm de diámetro y un grano de sal tiene 70 μm de ancho.

OBJETO Y FUNCIÓN

La arena de aguas residuales está normalmente compuesta por partículas finas, separadas, no biodegradables, que tienen una *velocidad de sedimentación* mayor que la de los sólidos orgánicos. En general, se define a la arena como con una variación de tamaño de 0.050 a 1.0 mm, lo que equivale a 50 a 1000 μm (Metcalf and Eddy, Inc./AECOM, 2013). Dichos materiales incluyen arena, cenizas, piedras, café molido, semillas, cáscaras de frutas, y otras sustancias orgánicas e inorgánicas relativamente *no putrescibles*. La arena actúa como un papel de lija líquido que desgasta y erosiona los equipos y los tubos a medida que pasa sobre y a través de ellos. La eliminación de arena, un elemento esencial del tratamiento preliminar, protege a los equipos contra la abrasión y el desgaste consiguiente. La eliminación de arena previene la acumulación de estos materiales en los procesos aguas abajo, como los tanques de proceso y digestores, donde la acumulación de arena puede provocar la pérdida de volumen utilizable y capacidad de tratamiento. La sedimentación de arena en los clarificadores primarios (capítulo 4) puede provocar el aumento de concentración de lodo primario de manera tal que se torne difícil bombear el lodo.

Los microorganismos descomponen con rapidez las sustancias *putrescibles*.

Las cámaras del desarenador se utilizan para sedimentar la arena de las aguas residuales. La arena sedimentada se consolida y se separa de las aguas residuales utilizando transportadores helicoidales, sistemas de cadenas y placas, elevadores de cangilones, bombas y ciclones. Finalmente, los clasificadores enjuagan la arena para eliminar las sustancias orgánicas no deseadas.

PARÁMETROS DE DISEÑO Y DESEMPEÑO ESPERADO

Las variables que afectan la cantidad de arena incluyen el tipo de red de alcantarillado (combinada o separada), la presencia de trituradoras de basura domésticas, la condición de la red de alcantarillado, la presencia y los tipos de residuos industriales, y la eficiencia de la eliminación de arena. Con frecuencia, la arena se acumula en la red de alcantarillado y se la descarga en la WRRF en grandes cantidades durante los caudales altos (WEF et al., 2018). En la inspección de miembros de la WEF de 2008, las WRRF informaron cantidades de arena que variaron de 3.7 a 148 L/1000 m^3 (0.5 a 20 ft^3/mil. gal) con un promedio de 37 L/1000 m^3 (5.0 ft^3/mil. gal). Debido a que la cantidad de arena eliminada es diferente de una WRRF a otra, los operadores necesitarán saber qué es lo normal para su sistema. Los sistemas de eliminación de arena se valen de las diferencias en las velocidades de sedimentación para eliminar la arena mientras permiten el pasaje de sólidos orgánicos al siguiente proceso de tratamiento. La velocidad de sedimentación (es decir, cuán rápido se hunde una partícula) depende de la densidad de la partícula así como también de su forma y tamaño. La densidad es el peso por unidad de volumen. Por ejemplo, el agua tiene una densidad de 999 kg/m^3 (62.4 lb/ft^3) a 15.6 °C (60 °F). La arena tiene una densidad de alrededor de 1280 kg/m^3 (80 lb/ft^3) y el grano de maíz entero tiene una densidad de alrededor de 719 kg/m^3 (44.8 lb/ft^3). Si la densidad de una partícula es mayor a la densidad del agua, se hundirá. Si la densidad de una partícula es menor a la densidad del agua, flotará. La rapidez con que una partícula se hunde o flota (velocidad de sedimentación) está relacionada con la diferencia de la densidad de la partícula respecto de la densidad del agua. Una partícula que es apenas más densa que el agua se hundirá lentamente, mientras que las partículas que tengan densidades más altas se hundirán rápido. Los sólidos redondos y compactos se hundirán más rápido que las partículas planas y ligeras. Las partículas más grandes se hundirán con mayor rapidez que las partículas más pequeñas hechas del mismo material.

Para ver la velocidad de sedimentación en acción, coloque varios centímetros (pulgadas) de una mezcla de arena fina y grava en una botella de 2 L. Complete el resto de la botella con agua y deje un espacio de al menos 2.5 cm (1 in) de aire en la parte superior. Agite la botella enérgicamente. Al colocar la botella en una encimera y dejarla reposar, la grava llegará al fondo del contenedor, y formará primero una capa a la que se sumará la arena de sedimentación lenta.

Cuando una partícula ingresa al depósito para arena, la gravedad la atrae hacia abajo en una línea recta (figura 3.25). Mientras más densa y compacta sea la partícula, mayor será la rapidez con la que será atraída al fondo del depósito. Al mismo tiempo, el agua que se desplaza a través del depósito para arena empuja a la partícula hacia adelante (figura 3.25). La rapidez con la que las partículas avanzan está relacionada con la *velocidad* del agua. El resultado es que la mayoría de las partículas que ingresan al depósito para arena tendrá una trayectoria diagonal desde la parte frontal del depósito en dirección al extremo posterior del depósito (figura 3.25). Las partículas que se sedimenten lentamente o que tengan densidades menores a la densidad del agua serán arrastradas a través del depósito antes de que hayan tenido tiempo de sedimentarse. En términos generales, los depósitos para arena cuadrados o rectangulares tienen un objetivo de velocidad horizontal del agua a través del depósito de alrededor de 0.3 m/s (1 ft/s) para retener la arena y dejar pasar las sustancias orgánicas. Los depósitos para arena de tipo vórtice tienen un objetivo de velocidad del agua de 0.45 a 1.1 m/s (1.5 a 3.5 ft/s), según cuál sea el fabricante. Si la velocidad de caudal a través del depósito para arena es demasiado alta, incluso las partículas densas serán desplazadas hacia el proceso unitario siguiente. Los operadores pueden realizar ajustes a la velocidad de caudal al cambiar el área de la sección transversal de un depósito para arena mediante el aumento o disminución del nivel del agua, al poner en funcionamiento los depósitos y sacarlos de funcionamiento, y a través del uso de vertederos especializados. Los depósitos para arena aereados utilizan aire difuso para mantener las velocidades deseadas, mientras que los depósitos para arena de tipo vórtice utilizan la fuerza centrífuga en lugar de la gravedad.

La *velocidad* es la rapidez. La velocidad puede calcularse de dos maneras diferentes. La velocidad es igual a la cantidad de flujo dividida por el área de la sección transversal del canal, tubo o depósito (ecuación 3.1). La velocidad también es igual a la distancia recorrida por unidad de tiempo. Un ejemplo de velocidad es un auto que se desplaza a 120 km/h (75 mph).

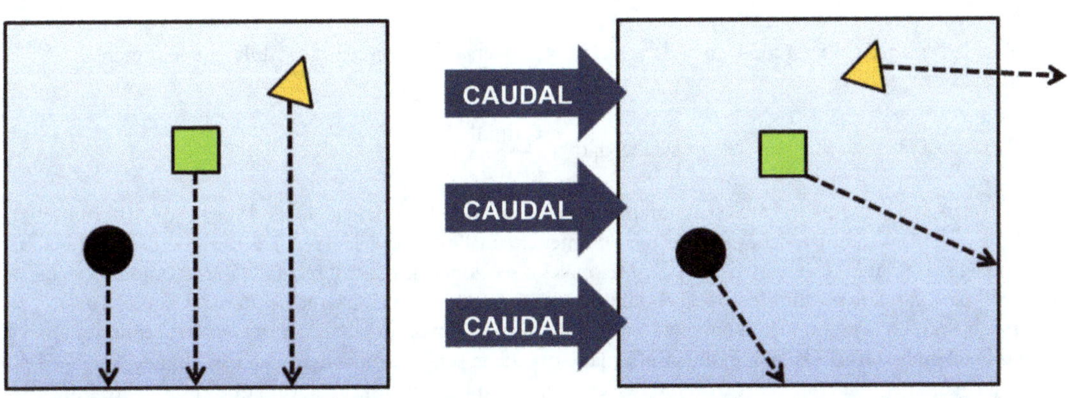

Figura 3.25 Velocidad de sedimentación (reimpreso con autorización de Indigo Water Group)

COMPROBACIÓN DE CONOCIMIENTOS

1. **El volumen de arena eliminada de cada m^3 (mgd) del caudal recibido es bastante consistente de una instalación a la siguiente.**
   - ☐ Verdadero
   - ☐ Falso
2. **A medida que aumente la velocidad de caudal a través del depósito, las partículas más grandes y densas pasarán hacia el siguiente proceso.**
   - ☐ Verdadero
   - ☐ Falso
3. **Todas las características que se presentan a continuación afectarán la velocidad de sedimentación de una partícula A EXCEPCIÓN DE**
   a. Densidad
   b. Tamaño
   c. Color
   d. Forma
4. **La gravedad atrae las partículas directamente hacia abajo, pero esto las hace avanzar hacia la salida del depósito para arena:**
   a. Velocidad
   b. Densidad
   c. Viscosidad
   d. Conductividad
5. **¿Cuáles de las siguientes partículas deberían sedimentarse con mayor rapidez a través de una columna de agua?**
   a. Granos de maíz
   b. Café molido
   c. Arena
   d. Grava
6. **Un depósito para arena tiene una velocidad de caudal de 0.3 m/s (1 ft/s) a las 9 a. m. A medida que los caudales aumenten a lo largo del día, el desempeño del depósito para arena se verá afectado de esta forma.**
   a. Aumentará el porcentaje de material orgánico retenido.
   b. Disminuirá la eficiencia de la eliminación de arena.
   c. Disminuirá la velocidad a través del depósito.
   d. Aumentará el consumo de aire.

EQUIPOS

CÁMARAS DEL DESARENADOR

Tanques de detritos

Una de las cámaras del desarenador más antiguas era un tanque de sedimentación de nivel constante y de *tiempo de retención hidráulica* (TRH) corto denominado *tanque de detritos* (desarenador de tanque cuadrado). El caudal se distribuye a lo largo de la entrada del tanque para minimizar la velocidad en todo el tanque. Para minimizar la turbulencia, pueden encontrarse deflectores en la entrada del tanque. El ajuste correcto de los deflectores mantiene la distribución uniforme del caudal. Debido a que sedimentan sustancias orgánicas y arena, estos tanques requieren un paso de lavado de arena para eliminar el material orgánico y devolverlo al caudal de aguas residuales. Algunos diseños incorporan un barreno para arena y un rastrillo que eliminan la arena del tanque. Los tanques de detritos no se recomiendan para las WRRF con caudales demasiado variables. La velocidad del agua a través de un tanque de detritos variará con la cantidad de caudal que ingrese a la instalación. Cuando los caudales aumenten en la mitad del día, puede pasar un poco de arena a través del depósito. Cuando los caudales disminuyan a la noche, junto con la arena se retendrá un poco de material orgánico adicional.

El *TRH* es el tiempo que toma llenar o vaciar un contenedor. Si el contenedor ya contiene agua, y el agua está tanto ingresando *como* saliendo, entonces el TRH mide la cantidad de tiempo que una porción pequeña promedio de agua permanece en el contenedor. El TRH y el tiempo de detención hacen referencia a lo mismo. El TRH es usado normalmente por los ingenieros, aunque los operadores suelen usar el tiempo de detención. El examen de certificación de la Association of Boards of Certification (ABC) utiliza el tiempo de detención.

Detritos es material suelto o desechos.

Tanques de control de velocidad

La velocidad está relacionada con el área de la sección transversal conforme a la fórmula que se presenta a continuación:

$$\text{Velocidad} = \frac{\text{Caudal}}{\text{Área}} \tag{3.1}$$

Cuando el caudal aumente y el área se mantenga igual, aumentará la velocidad. Cuando se produzcan cambios en el caudal, el área también debe cambiar para mantener constante a la velocidad. Las cámaras del desarenador de caudal horizontal utilizan vertederos proporcionales o secciones de control rectangulares (como las canaletas Parshall) para variar la profundidad del caudal y mantener la velocidad constante de flujo del caudal a unos 0.3 m/s (1 ft/s). En la figura 3.26 se muestra un tipo de vertedero proporcional. El vertedero está configurado de modo tal que el área en la que se mueve el agua se mantiene proporcional al caudal. Este tipo de vertedero es capaz de mantener una velocidad de caudal casi constante a lo largo de un canal. Para que el vertedero funcione correctamente, no se debe permitir la acumulación de desechos en la abertura. La velocidad constante también puede mantenerse si se le da al canal de arena un área de la sección transversal parabólica (en forma de u)

En el capítulo 2 se puede encontrar información adicional sobre los vertederos y las canaletas.

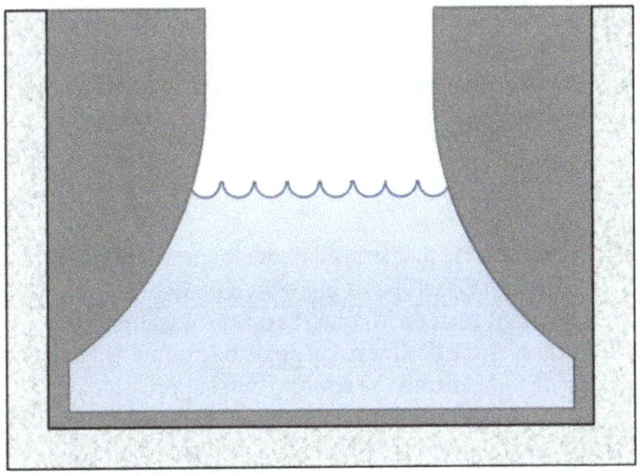

Figura 3.26 Vertedero proporcional al caudal

o trapezoidal. Esta forma de canal funciona de manera similar al vertedero proporcional al caudal al mantener una relación caudal/agua constante.

Los tiempos de retención hidráulica para las cámaras del desarenador de caudal horizontal normalmente son de entre 45 y 90 segundos (EPA de los EE. UU., 2003). El tamaño y la densidad de la partícula promedio que debe eliminarse determinan la longitud del depósito. Las partículas de sedimentación lenta requieren depósitos más largos que las partículas de sedimentación rápida (figura 3.25).

Depósito para arena aereado

En los sistemas de cámaras del desarenador aereadas, se introduce *aire difuso* a lo largo de uno de los laterales del depósito cerca del fondo. Los difusores están adosados a *tuberías colectoras* que normalmente están ubicadas en alrededor de un 70 % de la profundidad total del depósito para evitar que queden cubiertas con arena. (WEF et al., 2018). En general, el caudal de aire es de entre 4.7 y 12.4 L/(m·s) (3 y 8 ft^3/ft) y el operador puede ajustarlo (GLUMRB, 2004). El aire provoca un patrón en espiral perpendicular al caudal a través del tanque (figura 3.27). La velocidad del patrón en espiral afectará el tipo de partículas que caerán al fondo, y las partículas restantes serán arrastradas hacia el efluente del tanque. La velocidad del espiral está regida por la forma del depósito para arena y la cantidad de aire introducida. La velocidad del espiral es independiente del caudal a través del tanque, lo que permite que este tipo de depósitos para arena operen de manera eficaz en un amplio rango de caudales. Los depósitos para arena de tipo vórtice se utilizan habitualmente en instalaciones con caudales de entrada muy variables. Las áreas de servicio más pequeñas tienden a tener un horario de demanda pico mayor para los caudales diarios promedio y pueden verse favorecidos con los depósitos para arena de tipo vórtice. El caudal en espiral mueve las partículas más pesadas que se sedimentan a lo largo del fondo del tanque y después hacia una canaleta o tolva para arena.

Los depósitos para arena aereados tienden a ser largos y estrechos con una relación largo/ancho de entre 3 : 1 y 8 : 1 (WEF et al., 2018). Los depósitos para arena más largos tienden a ofrecer una mejor eliminación de arena. La relación largo/ancho es casi cuadrada (0.8 a 0.9) para garantizar que el patrón en espiral llene el depósito (figura 3.27).

Un buen ejemplo de *aire difuso* es una piedra difusora de aire en un acuario que crea burbujas finas de aire. El aire comprimido ingresa a través de tuberías desde un compresor a la piedra difusora de aire. El aire difuso en los depósitos para arena aereados es similar, pero a mayor escala.

Las *tuberías colectoras* de aire son piezas de tubos que se extienden desde la fuente de aire (es decir, el compresor o soplador) hacia el depósito para arena y a lo largo del fondo. En general, los difusores están montados directamente en las tuberías colectoras.

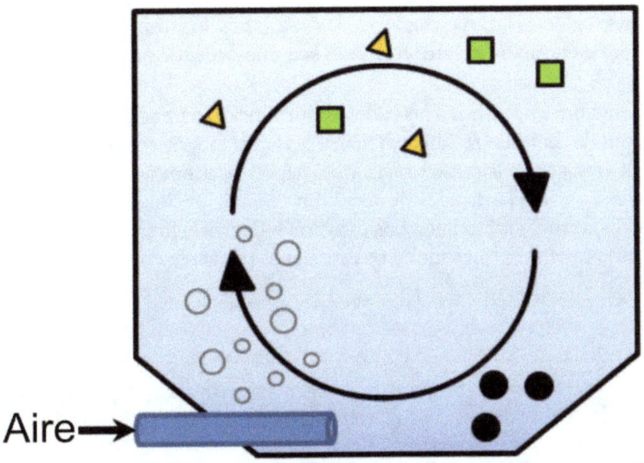

Figura 3.27 Depósito para arena aereado (reimpreso con autorización de Indigo Water Group)

En general, los depósitos para arena aereados están diseñados para eliminar partículas de 0.21 mm (malla 65) o más grandes con un TRH de 2 a 5 minutos (Metcalf and Eddy/AECOM, 2013). La malla mide el número de orificios o aberturas en una parte de la reja de 2.54 cm por 2.54 cm (1 in por 1 in). Generalmente se utiliza para describir el tamaño de partículas que las diferentes tecnologías de tratamiento pueden retener. En la tabla 3.3. se ofrece una comparación de malla, micra, pulgadas y milímetros.

Depósito para arena de tipo vórtice

Los depósitos para arena de tipo vórtice son cámaras del desarenador de tipo gravedad que hace rotar en espiral dentro de la cámara las aguas residuales crudas (figura 3.28). Las aguas residuales ingresan a un depósito para arena de tipo vórtice a través de un canal de entrada largo y recto. Al final de la canaleta de entrada, una rampa hace que la arena que ya pueda encontrarse en el fondo de la canaleta se deslice hacia abajo a lo largo de la rampa hasta que alcance el piso de la cámara, donde se la retiene. El canal de entrada se conecta con la porción circular del depósito a lo largo de uno de los lados, lo que provoca un efecto de remolino o vórtice en el depósito circular (figura 3.29). La velocidad del patrón en espiral vertical (remolino) permite que las partículas más densas se sedimenten y, a la vez, mantiene en suspensión al material orgánico más liviano. Los depósitos para arena de tipo vórtice tienen un objetivo de velocidad del agua de 0.45 a 1.1 m/s (1.5 a 3.5 ft/s), según cuál sea el fabricante.

Algunos diseños de tanques de tipo vórtice dependen de la hidráulica natural para alcanzar la tasa de rotación correcta, mientras que otros diseños utilizan un mezclador con paletas giratorias de velocidad reducida para mejorar la hidráulica natural y lograr la separación correcta. La arena que se sedimenta en estos tanques puede eliminarse con el uso de una bomba de ventilación de aire o una bomba para arena de tipo impulsor empotrado no atascable.

Los sistemas de tipo vórtice de bandejas múltiples son cámaras de tipo gravedad que utilizan bandejas apiladas para proporcionar una mayor área superficial para permitir la eliminación de partículas finas y gruesas de arena (figura 3.30). El caudal de entrada se distribuye a cada bandeja, y la arena se retiene en el fondo del tanque. La solución espesa de arena se bombea a un sistema de clasificación y deshidratación de arena antes de su disposición. El efluente desarenado sale a través del vertedero montado en la pared.

Limpieza manual en comparación con limpieza mecánica

Las cámaras del desarenador de limpieza manual se utilizan en las instalaciones más pequeñas con caudales habitualmente menores que 3.8 ML/d (1 mgd). Algunas tienen fondos con forma de tolva para el almacenado de arena. Se proporcionan drenajes de piso para vaciar los tanques, y así realizar la eliminación manual de arena con palas. En la figura 3.3. se muestra un ejemplo de una cámara del desarenador de limpieza manual.

Las cámaras del desarenador de limpieza mecánica son unidades de tipo gravedad que son tanques rectangulares, circulares o cuadrados. Las cámaras del desarenador de limpieza mecánica utilizan diversos métodos diferentes para empujar la arena hacia una tolva central y eliminarla del depósito. Los tornillos barreno son el método utilizado con mayor frecuencia para mover la arena a lo largo del fondo del tanque hacia el pozo colector de arena. Los colectores o barrenos de tipo tornillo giran para empujar la arena hacia adelante (figura 3.31). Otros métodos incluyen colectores de cadenas y placas, colectores de cadenas y cangilones, cucharones de almeja (figura 3.32), y bombas.

En las instalaciones más grandes con canales más amplios, los colectores de cadenas y placas o de tipo tornillo desplazan la arena hacia un pozo colector central para su eliminación. Un sistema de cadenas y placas utiliza una serie de planchas, denominadas *placas*, que abarcan el ancho del depósito para empujar la arena hacia un pozo colector o una tolva (figura 3.33). Los tanques circulares incluyen un mecanismo recolector circular que raspa la arena hacia una tolva de recolección central (pozo colector). Los elevadores de cangilones, los transportadores helicoidales, las bombas para arena o las bombas de elevación de aire eliminan la arena de la tolva.

Los elevadores de cangilones son simplemente cangilones adosados a las cadenas que retiran la arena del pozo colector de la cámara del desarenador y la eliminan de las aguas residuales (figura 3.34). La cadena se extiende verticalmente desde el fondo del pozo colector de arena hasta la parte superior del depósito, donde la arena se vierte a un contenedor o se transfiere a una lavadora y a un clasificador de arena. En general, los cangilones están hechos de acero, pero también pueden estar hechos de otros materiales. Los cangilones de nylon fundido u otros cangilones ligeros y fuertes reducen el desgaste de la cadena del elevador. Los cangilones para arena tienen zapatas

Tabla 3.3 Tamaños de partículas

Malla	Micras	Pulgadas	Milímetros
50	297	0.0117	0.297
70	210	0.0083	0.210

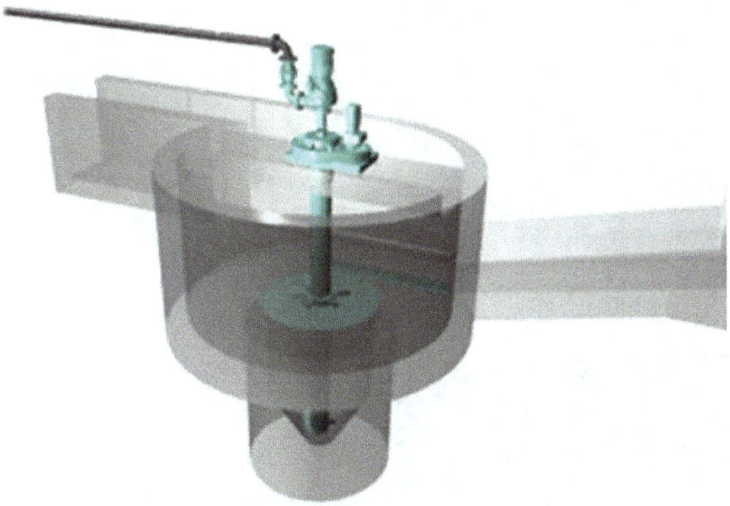

Figura 3.28 Depósito para arena de tipo vórtice forzado hidráulicamente (cortesía de Smith & Loveless Inc.)

Figura 3.29 Instalación de depósito para arena de tipo vórtice (reimpreso con autorización de Indigo Water Group)

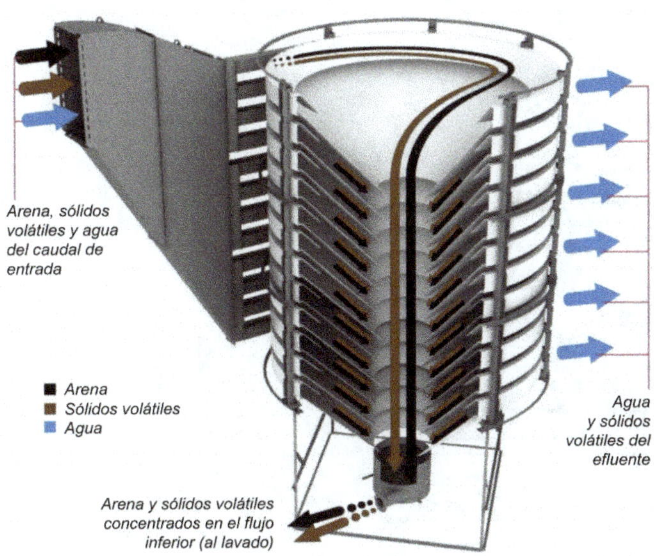

Figura 3.30 Separador de arena de bandejas múltiples (cortesía de Hydro International)

Figura 3.31 Barreno para arena (reimpreso con autorización de Indigo Water Group)

Figura 3.32 Cucharón de almeja (Getty Images)

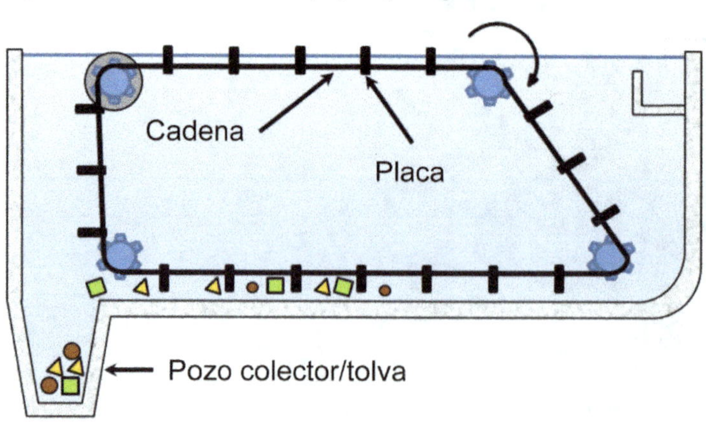

Figura 3.33 Mecanismo de recolección de cadenas y placas (reimpreso con autorización de Indigo Water Group)

Figura 3.34 Elevador de cangilones (reimpreso con autorización de Kim Riddell)

de desgaste en cada extremo; estas son piezas de metal que ayudan a los cangilones a moverse a lo largo del piso del depósito para arena y reducen la cantidad de desgaste en el propio cangilón. A medida que las zapatas se desgastan, se las reemplaza con un costo mejor que el que tendría el reemplazo del cangilón en su totalidad. El rociado de agua sobre la cadena a medida que emerge de las aguas residuales ayuda a prevenir que la arena se aloje en las juntas de la cadena. Los flotadores de poliuretano adosados a las placas reducirán su peso efectivo, lo que implica la reducción del desgaste de las zapatas y los carriles. Sin embargo, como precaución, la arena debe mantenerse debajo de la altura de los flotadores. De vez en cuando, deben limpiarse los orificios de drenaje en el fondo de los cangilones.

Los raspadores o las cintas transportadoras deben operarse a una velocidad baja para empujar la arena hacia la tolva para arena, mientras que el elevador de cangilones debe funcionar a una tasa lo suficientemente rápida para eliminar la arena recolectada. Si los raspadores o transportadores helicoidales empujan la arena con una velocidad mayor a la velocidad con la que el elevador de arena puede eliminarla, esto puede provocar daños debido a la acumulación de arena en el depósito. Aunque los raspadores, los transportadores helicoidales y los cangilones para arena son equipos individuales, se encuentran disponibles para su comercialización unidades que incluyen tanto el raspador como el elevador de arena en una única unidad.

Una bomba para arena es básicamente una bomba centrífuga con un impulsor empotrado. El bombeo de arena puede ser más difícil que el bombeo de otros sólidos debido a que el simple peso de la arena puede atascar las bombas, y su naturaleza abrasiva deteriora con rapidez las tuberías. Para minimizar estos problemas, las bombas están hechas de aleaciones resistentes a la abrasión. Están diseñadas para ser operadas con mayor frecuencia para que las grandes cantidades de arena no se puedan acumular. Para obtener más información consulte el capítulo 8 de *Operation of Water Resource Recovery Facilities* (MOP 11; WEF, 2016) y el capítulo 6 de *Design of Water Resource Recovery Facilities* (MOP 8; WEF et al., 2018).

La eliminación de arena mediante bombas ofrece la ventaja de que se elimina la necesidad de un elevador de cangilones y sus ruedas dentadas sumergidas. Sin embargo, pueden producirse bloqueos en la línea de aspiración de la bomba, en el área de admisión del pozo colector, o en las tuberías de descarga. Si esto ocurre, la eliminación del bloqueo puede requerir que se revierta la dirección de bombeo o se envíe aire hacia el pozo colector. Algunas instalaciones contienen conexiones de descarga de agua o aire en el lado de aspiración y descarga de las bombas para eliminar los bloqueos.

Una *tangente* es una línea que toca una curva o un círculo en un lugar. La alimentación tangencial significa que la alimentación ingresa al ciclón a lo largo del borde o perímetro del borde externo.

Orificio es otro término para abertura.

CICLONES

Los ciclones (figura 3.35) utilizan fuerza centrífuga en una unidad en forma de cono para separar la arena y las sustancias orgánicas de las aguas residuales. Una bomba descarga una solución espesa de arena y sustancias orgánicas hacia el ciclón a una tasa controlada. La solución espesa ingresa al ciclón *de forma tangencial* cerca de su perímetro superior (A) y fluye a través de una abertura hacia la cámara de alimentación. La cámara de alimentación es la parte más alta del ciclón. La abertura entre el tubo de alimentación y la cámara de alimentación se denomina *orificio de alimentación*. Es habitualmente rectangular y tiene la dimensión longitudinal en línea con el cuerpo del ciclón. La velocidad de alimentación crea un vórtice (remolino) en la zona de clasificación (B). Las partículas más grandes y densas descienden y crean una solución espesa de arena en la abertura inferior más estrecha (C), y, a la vez, a través del puerto superior (D) se descarga un gran volumen de solución espesa que contiene principalmente material volátil. La parte inferior de la sección cónica es el orificio ápex (C). Si funcionan correctamente, los ciclones retienen aproximadamente un 95 % de las partículas de arena. El flujo de arena cae en una lavadora de arena, y el caudal desarenado sale del ciclón a través de la abertura que se encuentra cerca de la parte superior de la unidad (D) y retorna al proceso de tratamiento. En algunos sistemas, se utiliza un mezclador mecánico para crear el efecto centrífugo.

El ciclón no tiene piezas móviles. La bomba que desplaza la solución espesa de arena desde el tanque para arena genera la velocidad inicial, la que proporciona energía en la boca del ciclón. La velocidad del fluido inicia el proceso de desarenado. El volumen bombeado de solución espesa y la presión resultante en el ciclón son requisitos críticos especificados por el fabricante del ciclón. La temperatura, la concentración de sólidos, y otras características de la solución espesa pueden requerir cambios en los tamaños de los orificios superiores e inferiores después de la instalación y de un poco de experiencia de operación inicial. En algunos diseños, estos orificios se ajustan de forma manual.

CLASIFICADORES

Los clasificadores de arena eliminan de manera eficaz las sustancias orgánicas de la arena. Los clasificadores de tipo tornillo y rastrillo (figura 3.36) pueden eliminar de manera eficaz las sustancias orgánicas de algunas soluciones espesas de arena. Múltiples artículos científicos han demostrado que los clasificadores de tipo tornillo no lavan los sólidos de arena de manera eficaz (Boldt, 2005; Kern and Pisano, 1998). Sin embargo, para garantizar un contenido orgánico bajo, se requiere abundante agua de dilución para enjuagar la arena. En general, las bombas proporcionan suficiente agua de dilución, pero puede que los elevadores de cangilones no lo hagan, particularmente durante períodos pico de retención de arena. Por consiguiente, puede que requieran líquido adicional.

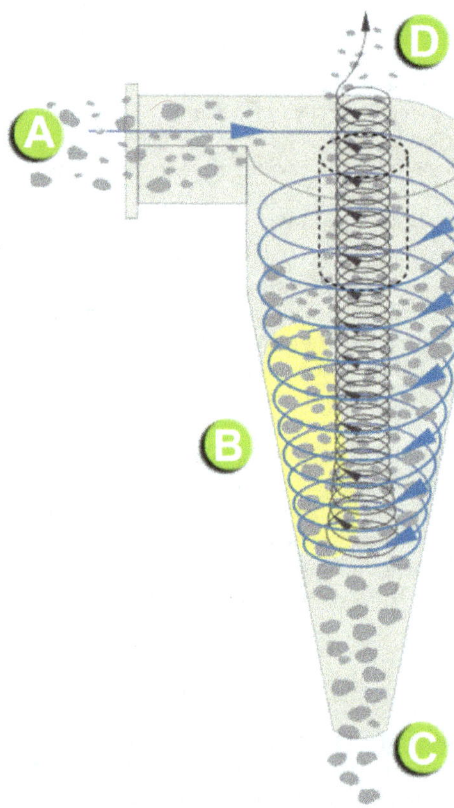

Figura 3.35 Hidrociclón (cortesía de Weir Minerals)

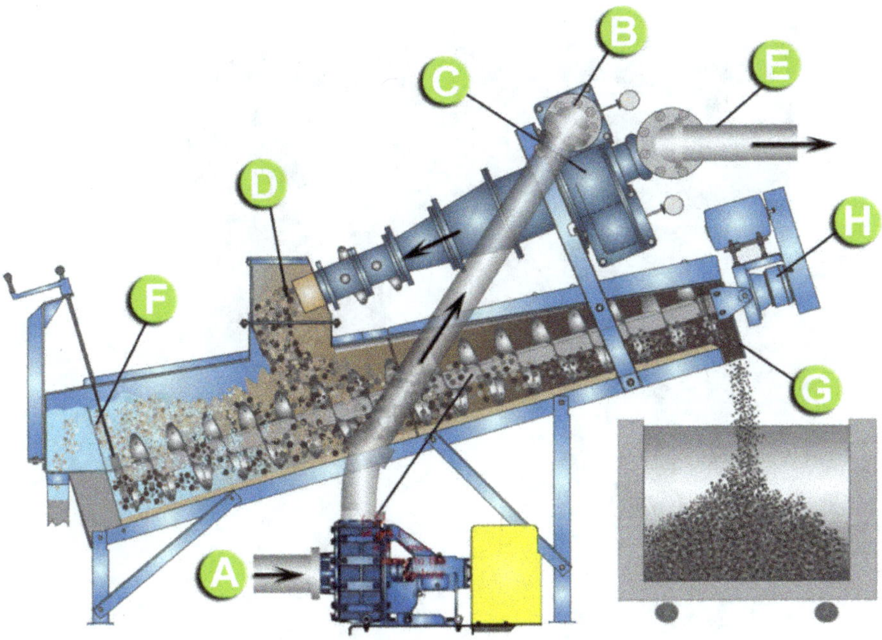

Figura 3.36 Clasificador de arena (cortesía de Weir Specialty Pumps)

El clasificador de arena que se muestra en la figura 3.36 está combinado con un ciclón de arena. La arena se bombea del pozo colector del depósito para arena (A) a la entrada del ciclón (B). El buscador de vórtice (C) es un cilindro dentro del ciclón que se extiende hacia el perno e induce el patrón de caudal en espiral a través del ciclón. Las partículas más grandes y densas salen a través del fondo del ciclón, donde pasan hacia el clasificador y la lavadora de arena (D). Las partículas orgánicas más ligeras y menos densas salen del ciclón por la parte superior y retornan al caudal de aguas residuales (E). El lavado de arena se produce en el extremo inferior del clasificador en un pozo que tiene un vertedero ajustable regido por la profundidad del líquido que se encuentra sobre la arena sedimentada (F). La mayoría de las lavadoras están equipadas con boquillas de rociado a lo largo de las cintas transportadoras para eliminar los materiales putrescibles que se hayan desviado. Para lograr un lavado óptimo, algunos ciclones utilizan un orificio inferior ajustable para cambiar el volumen de líquido que se descarga con la arena. El clasificador puede ser un dispositivo de rastrillo alternativo o un colector de tipo tornillo. Cualquiera de estos tipos pueden incluir rociadores de agua para el lavado de arena. Tanto el colector de tipo tornillo como el de rastrillo alternativo se inclinan hacia arriba en un ángulo óptimo para el drenaje de agua y materia orgánica. La arena cae entonces a una carretilla, contenedor de desechos, contenedor, camión o tolva de almacenamiento (G). En la imagen, el reductor de velocidad de accionamiento se muestra como (H). Para el transporte de la arena lavada y deshidratada puede usarse un sistema de cinta transportadora. Las lavadoras deben lubricarse con regularidad, y se deben revisar en busca de desgaste. El transportador helicoidal se desgastará con el tiempo debido al contacto constante con la arena, y pueden aparecer astillas y orificios. El interior del clasificador también se desgastará. Con el tiempo, aparecerá un espacio entre la cinta transportadora y la pared del clasificador, y se acumulará arena en el interior.

Los sistemas clasificadores de arena basados en el tipo vórtice libre (figura 3.37) utilizan la fuerza centrífuga para lavar las sustancias orgánicas de la arena. La solución espesa de arena se bombea al clasificador cilíndrico, lo que crea fuerzas centrífugas que concentran partículas de arena en la pared exterior (A). Las partículas de arena después se sedimentan debido a la gravedad en el fondo del tanque (B). Las partículas orgánicas más ligeras y menos densas son barridas hacia arriba y afuera a través del centro del vórtice (C) a medida que el vórtice barre las partículas de arena hacia la salida inferior, mientras se inyecta agua de enjuague para un enjuague final (D). La arena lavada se descarga a través de un controlador de caudal hacia una unidad de escalera mecánica de deshidratación para su disposición final (E). El efluente desarenado sale por la parte superior del clasificador llevando consigo sustancias orgánicas de vuelta al proceso de tratamiento (F). Los clasificadores basados en el tipo vórtice libre de este tipo pueden producir arena de salida con menos de 15 % de *sólidos volátiles*, y, a la vez, retienen un 95 % de partículas de arenas tan finas como 75 µm. Los sistemas de este tipo pueden ser eficaces para las empresas de servicios públicos con un caudal muy variable que se encuentren con contenido orgánico alto durante los caudales bajos.

Sólidos volátiles son sólidos orgánicos.

Las escaleras mecánicas de deshidratación de arena (figura 3.38) se utilizan habitualmente en conjunto con los clasificadores de arena de tipo vórtice libre. Al contrario de lo que sucede con los clasificadores de tipo tornillo y rastrillo, las unidades de escalera mecánica de deshidratación están diseñadas para capturar todos los sólidos que ingresan al clarificador. De este tipo de unidad no se esperara ningún lavado. La arena del separador de arena se descarga en una tolva grande llena de agua que funciona como clarificador. El clarificador es básicamente un tanque sin agitación en el que los sólidos se pueden sedimentar en el fondo mientras las sustancias orgánicas más

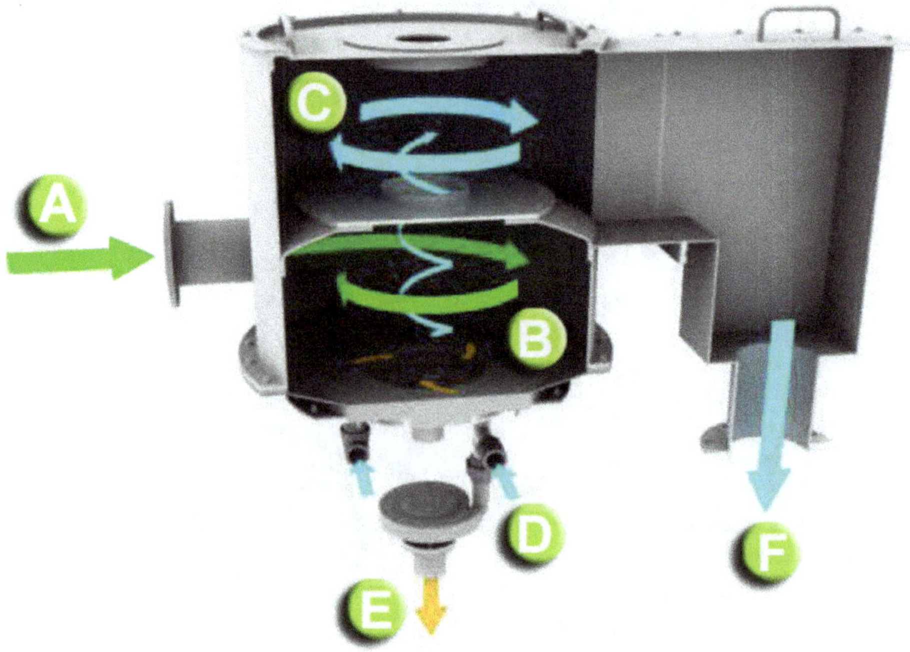

Figura 3.37 Sistema clasificador de arena basado en el tipo vórtice libre (cortesía de Hydro International)

ligeras fluyen hacia afuera con el agua desarenada. Las escaleras mecánicas de deshidratación de arena utilizan una mayor área superficial de clarificador para alcanzar una tasa de carga superficial baja, lo que permite la retención de partículas de 75 µm y más grandes. Se utiliza una cinta transportadora inclinada con tacos de goma para transportar lentamente los sólidos de arena al punto de descarga, mientras una hoja móvil limpia cada taco a medida que pasa. Un sistema de transmisión por cadenas y ruedas dentadas mueve la cinta a una velocidad de entre 0.005 y 0.01 m/s (1 a 2 ft/min).

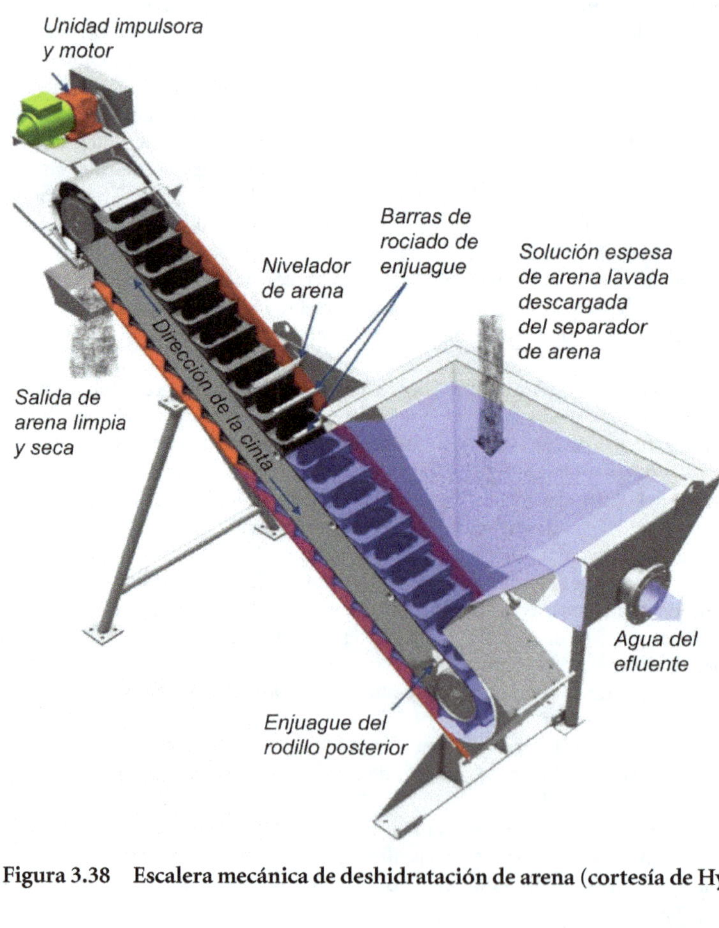

Figura 3.38 Escalera mecánica de deshidratación de arena (cortesía de Hydro International)

La tecnología del lavador de arena cónico utiliza un tanque en forma de cono para retener la arena. Los brazos giratorios dentro del tanque mezclan lentamente la arena sedimentada, y un chorro de lavado en el fondo de la unidad, activado mediante una válvula solenoide de un temporizador, la lava enérgicamente. El material más liviano desborda la unidad constantemente y el material orgánico más pesado es eliminado en intervalos regulares desde un desborde a nivel intermedio.

La arena lavada se sedimenta en el fondo, donde un tornillo transporta y deshidrata la arena de salida. Los sistemas de este tipo están diseñados para retener el 95 % de las partículas de arena de 212 μm y más grandes mientras producen arena de salida con 5 % de sólidos volátiles. La velocidad de caudal superficial, que incluye el agua de lavado, debe ser menor a 25 m/h (0.02 ft/s) y la tasa de desborde del vertedero debe ser menor a 15 m^2/h (160 ft^2/s).

TRANSPORTE DE ARENA DENTRO DE LA INSTALACIÓN

El equipo de eliminación de arena está normalmente ubicado junto a las tolvas o contenedores de almacenamiento. Si este equipo se encuentra ubicado en cualquier otro lado, las cintas transportadoras deben utilizarse para transferir la arena hacia el área de carga. El cucharón de almeja suspendido, los colectores de cadenas y placas, y los barrenos pueden utilizarse para eliminar arena de los depósitos para arena, pero la mayoría de las instalaciones utilizan el bombeo mecánico. Esto se debe a que la solución espesa de arena puede bombearse directamente a los equipos de lavado y deshidratación.

La arena puede transportarse directamente a camiones, contenedores de desechos o tolvas de almacenamiento. Los contenedores deben estar cubiertos para evitar olores durante el almacenamiento y el acarreo. Con frecuencia, las cintas transportadoras se utilizan para transportar arena de las instalaciones de procesamiento a los contenedores. Las tolvas de almacenamiento elevadas que realizan descargas hacia los contenedores de camiones evitan que sea necesario contar siempre con un camión en la instalación.

COMPROBACIÓN DE CONOCIMIENTOS

1. **La velocidad se calcula multiplicando el caudal por el área de la sección transversal.**
   - ☐ Verdadero
   - ☐ Falso

2. **Los clasificadores de arena devuelven el material orgánico al caudal de aguas residuales y eliminan el exceso de agua de la arena.**
   - ☐ Verdadero
   - ☐ Falso

3. **En este momento, una WRRF tiene un depósito para arena en funcionamiento. La velocidad de caudal a través del depósito es de 0.8 m/s (2.6 ft/s). ¿Cuántos depósitos para arena deben estar en funcionamiento para mantener una velocidad de caudal de entre 0.24 y 0.3 m/s (0.8 y 1.0 ft/s)?**
   a. 1
   b. 2
   c. 3
   d. 4

4. **Los vertederos proporcionales al caudal se utilizan en los depósitos para arena de caudal horizontal de control de velocidad con este fin:**
   a. Producir una tasa de descarga constante
   b. Reducir la acumulación de arena detrás del vertedero
   c. Medir el caudal
   d. Mantener una velocidad constante

5. **En un depósito para arena aereado, este parámetro de control del proceso afectará el tipo de partículas que se hundirán y el tipo de partículas que continuarán en el proceso siguiente.**
   a. Velocidad del patrón en espiral
   b. Profundidad del depósito
   c. Dimensiones del vórtice
   d. Sedimentación en vertedero proporcional al caudal

6. **Este tipo de depósito para arena puede utilizar paletas para mantener el patrón de circulación del caudal.**
   a. Tanque de detritos
   b. Depósito para arena aereado
   c. Depósito para arena de tipo vórtice
   d. Control de velocidad

7. **Un operador debe derivar su depósito para arena aereado durante varios días mientras se realiza el mantenimiento anual en los difusores. ¿Cuál de los siguientes enunciados es verdadero?**
   a. El caudal de aire debe estar ajustado al 50 % del máximo después del desagote del depósito.
   b. La arena puede pasar y provocar daños a los equipos aguas abajo.
   c. Aumentará la carga orgánica a los procesos aguas abajo.
   d. Los materiales resultantes del filtrado se acumularán en el canal de arena.

8. **La arena con frecuencia se elimina de esta manera del depósito para arena de tipo vórtice.**
   a. Eliminación manual con palas
   b. Sistema de cadenas y placas
   c. Tornillo barreno
   d. Bombas para arena

CONTROL DEL PROCESO

La eficiencia de la eliminación de arena es difícil de medir. El desempeño deficiente durante un largo período de tiempo provocará un aumento en el desgaste de los equipos aguas abajo, un aumento en los costos de mantenimiento, y la acumulación de depósitos de arena en tubos, canales y procesos de tratamiento, lo que dará como resultado una pérdida en la capacidad. Por lo tanto, un nivel alto de eliminación temprana de arena es un objetivo razonable. Sin embargo, el operador debe sopesar el desgaste de los equipos de eliminación de arena en comparación con el aumento en la eficiencia de eliminación y la longevidad resultante de los equipos aguas abajo. El aumento del tiempo de ejecución de los equipos aumentará los costos de O&M.

Los sistemas de eliminación de arena se ponen en funcionamiento en los tiempos preestablecidos y operan durante los tiempos preestablecidos. Por ejemplo, un operador puede seleccionar puntos de ajuste para que una bomba para arena opere durante 8 minutos una vez cada 20 minutos. Al seleccionar los puntos de ajuste, tenga en cuenta que la bomba debe realizar ciclos con la frecuencia suficiente para evitar que la arena se compacte en la tolva. La duración del ciclo, o la cantidad total de minutos del tiempo de bombeo, debe estar coordinada con el tamaño de la tolva. Por ejemplo, si la tolva tiene capacidad para 2 m^3 (528 gal) de arena y la bomba tiene una capacidad de 0.2 m^3/min (53 gpm), entonces el tiempo de ejecución de la bomba debe ser de aproximadamente 10 minutos. El tiempo que demora la tolva para llenarse con arena determina el tiempo entre los ciclos de bombeo. El tiempo de llenado de la tolva depende del caudal de entrada y de la cantidad de arena en las aguas residuales del caudal de entrada. Los operadores deberán prestar atención a las condiciones en sus instalaciones para determinar el ciclo y el tiempo de ejecución óptimos para la bomba.

La arena debe eliminarse del área de recolección de arena a diario. Los operadores deben inspeccionar visualmente las muestras de arena en condiciones de caudal bajo, alto y promedio. La arena que sea gris, grasosa o que tenga un olor nauseabundo a huevo podrido indica la presencia de cantidades excesivas de material orgánico. Esto es un indicio de que las velocidades de caudal son demasiado bajas o de que se requiere hacer algún otro ajuste al proceso de eliminación de arena o al de lavado de arena. La acumulación de partículas de arena pesadas e inorgánicas aguas abajo del depósito para arena es un indicio de que las velocidades de caudal a través del depósito para arena son muy altas al menos durante parte del tiempo. Los operadores deben esperar una variación en la calidad de la arena en función de la hora del día en que se recolectan las muestras.

El material orgánico en la arena puede causar problemas de olores en las obras de cabecera de la instalación. Los operadores deben optimizar la operación del depósito para arena y de los sistemas de lavado de arena para minimizar olores. Además, una cantidad importante de sustancias orgánicas/olores puede causar problemas de transporte y disposición de arena. Al igual que sucede con los materiales resultantes del filtrado, la arena debe pasar la prueba del filtro de pintura para ser aceptable para su disposición en un relleno sanitario.

TANQUES DE DETRITOS Y DE CONTROL DE VELOCIDAD

El operador no puede ajustar los tanques de detritos y de control de velocidad, solo puede poner más tanques en funcionamiento o sacar tanques de funcionamiento. La meta del control del proceso es mantener una velocidad de 0.3 m/s (1 ft/s). En general, los tanques de detritos y los depósitos para arena de control de velocidad están diseñados para mantener un TRH de aproximadamente 1 minuto (WEF et al., 2018). En la sección de cálculos de este capítulo se incluyen ejemplos de cálculos de velocidad y TRH.

DEPÓSITO PARA ARENA AEREADO

Las cámaras del desarenador aereadas proporcionan un TRH de 3 a 10 minutos (WEF et al., 2018). El aire comprimido, generalmente del suministro de aire del proceso de la instalación, ingresa a la cámara del desarenador a través de difusores a una tasa controlada para inducir la velocidad del espiral adecuada para la sedimentación de la arena. Las tasas de aire normalmente varían de 5 a 12 L/s·m (3 a 8 cfm/ft) de longitud del tanque. Se han utilizado tasas tan bajas como 2 L/s·m (1 cfm/ft) para los tanques menos profundos y más estrechos. Las tasas tan bajas como 8 L/s·m (5 cfm/ft) se utilizan con frecuencia para los tanques profundos y anchos. La meta es alcanzar la rotación inducida por aire de las aguas residuales a aproximadamente 0.6 m/s (2 ft/s) cerca de la entrada del tanque y a 0.5 m/s (1.5 ft/s) en la salida del tanque (WEF, 2007). La tasa de caudal de aire debe ajustarse para maximizar la eliminación de arena inorgánica y, a la vez, minimizar la retención de partículas orgánicas. El suministro de aire inconsistente puede provocar patrones en espiral erráticos, porcentajes altos de materia orgánica en la arena eliminada y eficiencias de eliminación bajas.

Cuando se llena inicialmente una cámara del desarenador aereada o después de que el tanque se vuelve a poner en funcionamiento, el operador debe activar el aire cuando las aguas residuales lleguen a los difusores. Esto ayudará a evitar que se dañen los difusores. No se debe permitir que se acumule arena debajo de los difusores. Las acumulaciones importantes de arena dificultan la inspección del difusor, lo que puede provocar daños al difusor y puede reducir la eficiencia de la recolección de arena.

DEPÓSITO PARA ARENA DE TIPO VÓRTICE

Los operadores deben garantizar que el tanque mantenga la velocidad de la espiral correcta. La velocidad de la espiral puede ajustarse mediante la limitación de la cantidad de depósitos en funcionamiento o mediante el ajuste de la velocidad de la paleta, siempre que sea posible. Si se retienen cantidades excesivas de material orgánico con la arena, debe aumentarse la velocidad de la paleta. Si se encuentran cantidades excesivas de arena en los procesos aguas abajo, puede que sea necesario disminuir la velocidad de la paleta. Los operadores deben inspeccionar el sistema de bombeo durante cada turno para garantizar que el equipo no está obstruido. Los ciclones pueden devolver arena, previamente retenida por el depósito para arena, al canal del caudal de entrada. Si el líquido excedente y la arena no retenida de estos procesos retornan al flujo del caudal de entrada aguas abajo del depósito para arena, pueden acumularse en canales y depósitos aguas abajo. Asegúrese de revisar todas las posibles fuentes de arena en su instalación antes de hacer algún cambio de control del proceso.

MECANISMOS DE RECOLECCIÓN DE ARENA

Los mecanismos de recolección de arena pueden sufrir daños si se permite la acumulación de cantidades excesivas de arena o el flujo rápido del agua. Cuando se llenan inicialmente los tanques para arena equipados con mecanismos de recolección, la compuerta del caudal de entrada debe abrirse lentamente. Después de que se haya sumergido el mecanismo de recolección, el operador puede activar los colectores longitudinales (placas), el colector de tipo tornillo (si lo hubiera), el elevador de cangilones o la bomba para arena, y, si se cuenta con ellos, la lavadora y el clasificador de arena. Este método evita el arranque en condiciones de carga después de que se ha acumulado arena. Muchos mecanismos de recolección de arena tienen una velocidad de operación fija que no puede ajustarse. Otros están equipados con VFD, lo que le permite al operador ajustar la velocidad de accionamiento y del mecanismo. Los accionadores de frecuencia variable pueden disminuir el consumo eléctrico y los costos de operación. De ser posible, ajuste la velocidad del mecanismo de recolección para mantener un nivel de arena por debajo de la partes superiores del tornillo barreno y de las placas. Todos los componentes del sistema suelen estar interconectados eléctricamente para que, en caso de que cualquiera de los componentes dejara de funcionar, se detenga todo el sistema y suene una alarma. Esta característica ayuda a evitar que se produzcan daños en los equipos y pérdidas en el tanque utilizado.

Cangilones

Durante la operación, se deben inspeccionar con frecuencia los cangilones para controlar el volumen de arena recolectado. Si los cangilones están llenos, se debe aumentar la velocidad del elevador o se debe poner en funcionamiento un canal de arena adicional. Si el volumen de arena disminuye, puede ser apropiado tomar las medidas contrarias. Si no es posible ajustar la velocidad de operación, los operadores pueden poner en funcionamiento los cangilones con mayor frecuencia o aumentar el tiempo de ejecución total. Por ejemplo, puede realizarse un cambio en un mecanismo de cangilones para arena para que en lugar de operar una vez cada 15 minutos lo haga una vez cada 10 minutos. También puede ajustarse la cantidad de minutos de operación por ciclo de operación.

Ciclones

Si un ciclón se está poniendo en funcionamiento por primera vez, si ha estado fuera de servicio durante más de unas pocas semanas, o si la vibración fue la causa de apagado, se deben inspeccionar los dos orificios del ciclón antes del arranque para asegurarse de que no presenten obstrucciones. Para ver ambos orificios, levante el extremo ápex del ciclón y mire hacia arriba del ciclón en el área de entrada. El orificio de entrada rectangular debe ser claramente visible. Para poner en funcionamiento el sistema, el operador abre la válvula de entrada y pone en funcionamiento el colector, la bomba y la lavadora de arena. Los ciclones tienen un tamaño diseñado para un caudal, una presión y un tamaño de ápex (salida) específicos y no funcionarán correctamente si una o más de estas variables se encuentra fuera del rango. Asegúrese de consultar el manual de O&M y las especificaciones del fabricante del ciclón en cada instalación. Se deben controlar con regularidad las presiones en el ciclón y la entrada de la bomba. La operación debe ser rutinaria, siempre y cuando el volumen adecuado de solución espesa sea suministrado al ciclón con la presión correcta. Por lo tanto, es necesario observar los equipos con regularidad. La vibración excesiva del ciclón puede ser provocada por una obstrucción en el puerto superior o inferior, y el caudal excesivo en el extremo inferior puede ser estar provocado por un revestimiento dañado o una obstrucción en el puerto superior. Los elementos que requieren una inspección regular incluyen los cojinetes, las bombas, las válvulas, las tuberías, el revestimiento del ciclón (desgaste) y otros elementos recomendados por el fabricante.

CÁLCULOS

El control del proceso de los sistemas de eliminación de arena puede requerir que un operador calcule el TRH o la velocidad. La fórmula para el TRH, también denominada *tiempo de detención*, es

$$\text{Tiempo de detención} = \frac{\text{Volumen}}{\text{Caudal}} \tag{3.2}$$

Los TRH típicos para los diferentes tipos depósitos para arena son los siguientes (Metcalf and Eddy/AECOM, 2013):

- Depósito para arena de caudal horizontal = 45 a 90 s,
- Depósitos para arena aereados = 2 a 5 min, y
- Depósitos para arena de tipo vórtice = 20 a 30 s.

La velocidad está relacionada con el área de la sección transversal en la que se desplaza el agua conforme a la fórmula que se presenta a continuación:

$$\text{Velocidad} = \frac{\text{Caudal}}{\text{Área}} \tag{3.3}$$

La velocidad normalmente se expresa como metros por segundo (m/s) o pies por segundo (ft/s) para las aguas residuales que fluyen a través de una red de alcantarillado, un tubo, un conducto o un depósito para arena. Para los clarificadores primarios y secundarios, que se describen en capítulos posteriores, la velocidad está expresada como $m^3/m^2{\cdot}d$ o gpd/ft^3.

MANTENIMIENTO

Debido a que el equipo de eliminación de arena tiene muchas piezas móviles, diversos tipos de posibles desperfectos y averías pueden tener efectos adversos sobre la operación y eficiencia del dispositivo. El operador debe aprender todo sobre el equipo y cómo evaluar los problemas que puedan ocurrir. El operador debe cumplir siempre con los manuales de O&M del fabricante para sus equipos.

Además, se deben controlar con regularidad los elementos que se presentan a continuación:

- Compuertas;
- Pernos en las placas y cangilones del elevador, cadenas y ruedas dentadas;
- Zapatas y carriles de las placas;
- Tornillos de los colectores; y
- Pasadores de seguridad.

Se deben lubricar los equipos sumergidos y los tensores de cadena con el lubricante del fabricante con la frecuencia de lubricación recomendada. Deben controlarse con frecuencia las unidades de engranaje impulsor para prevenir la contaminación de los lubricantes debido a la acumulación excesiva de agua.

DEPÓSITO PARA ARENA AEREADO

Si el depósito es cerrado, la ventilación adecuada es esencial; de lo contrario, la atmósfera corrosiva afectará el cableado eléctrico expuesto, los controles y el hormigón, así como también los tubos ascendentes y las tuberías colectoras. Los tubos ascendentes y las tuberías colectoras deben revisarse al menos una vez al año en busca de corrosión o rupturas. Algunos sistemas están equipados con tuberías colectoras y difusores desmontables que pueden elevarse por fuera del depósito como una unidad completa. La mayoría de los sistemas, en especial los sistemas más nuevos, tienen tuberías colectoras y difusores que están fijados al fondo del tanque. Si las tuberías colectoras no pueden elevarse, se debe drenar el depósito para su inspección. Los difusores o las tuberías colectoras que presenten curvaturas o daños deben enderezarse o reemplazarse, según sea necesario. Las aberturas del difusor (el dispositivo que libera aire hacia las aguas residuales) deben limpiarse con frecuencia. Si disminuye la turbulencia superficial, puede ser necesaria la limpieza de los difusores para eliminar trozos de tela o arena. La turbulencia excesiva en un área puede ser un indicio de difusores o tuberías colectoras dañados o faltantes. Los trozos de tela deben eliminarse siempre que las tuberías colectoras estén expuestas.

Si se deben elevar los difusores para permitir la eliminación de arena con un cangilón operado por grúa, el operador debe mantener un caudal de aire reducido a través de los difusores elevados para evitar atascamientos. Los cangilones operados por grúa eliminan arena sólo en las instalaciones más grandes (en general, en las instalaciones más grandes que 400 ML/d [100 mgd]). Si los difusores no tienen que elevarse durante la eliminación de arena, por lo general será necesaria una reducción en el volumen de aire para permitir el control del cangilón mientras este desciende hacia la tolva del depósito. El caudal de aguas residuales puede mantenerse sin ningún tipo de restricción durante la eliminación de arena con cangilones.

DEPÓSITO PARA ARENA DE TIPO VÓRTICE

Los operadores deben deshidratar e inspeccionar la unidad después de 6 meses de operación y, a partir de entonces, una vez por año. La inspección requiere que el depósito sea deshidratado con la bomba de caudal inferior para arena. Los operadores deben inspeccionar las bandejas, la estructura de soporte y el piso de la cámara en busca de acumulación de sólidos. Los sólidos acumulados pueden ser desplazados, utilizando una manguera, hacia el colector de caudal inferior para que los elimine la bomba de caudal inferior para arena. Los sólidos más grandes deben eliminarse de forma manual.

DESARENADORES CICLÓNICOS Y LAVADORAS DE ARENA

Los elementos que requieren una inspección regular incluyen los cojinetes, las bombas, las válvulas, las tuberías, el revestimiento (desgaste) y la conexión del revestimiento con la cubierta. Las lavadoras deben lubricarse con regularidad, y se deben revisar en busca de desgaste.

ESCALERA MECÁNICA DE DESHIDRATACIÓN DE ARENA

Los operadores deben revisar el mecanismo de accionamiento, el de la cinta y el del limpiador semanalmente.

RESOLUCIÓN DE PROBLEMAS

Para comprender la eliminación de arena, los equipos utilizados y las limitaciones de los equipos, el operador debe consultar los manuales de O&M donde obtendrá más información sobre los equipos específicos utilizados en la instalación. Después de haber leído y comprendido estos manuales, la resolución eficiente de problemas se volverá rutinaria. En la tabla 3.4 se detallan los problemas más frecuentes con los equipos de arena, sus causas y su reparación.

COMPROBACIÓN DE CONOCIMIENTOS

1. **El aumento del tiempo de ejecución de los equipos aumentará los costos de O&M.**
   - ☐ Verdadero
   - ☐ Falso
2. **Cuando las bombas para arena se utilizan para eliminar arena de una tolva, se debe utilizar siempre un ciclo temporizado de 10 minutos de operación una vez cada 30 minutos.**
   - ☐ Verdadero
   - ☐ Falso
3. **Al poner en funcionamiento un depósito para arena rectangular con un sistema de cadenas y placas, el depósito debe llenarse por completo antes de iniciar el mecanismo.**
   - ☐ Verdadero
   - ☐ Falso
4. **Una muestra de arena es de color grisáceo y huele a huevo podrido. El operador debe considerar**
   a. Disminuir la velocidad de la paleta del vórtice
   b. Aumento de la velocidad de caudal a través del depósito para arena
   c. Disminución del agua de enjuague al clasificador de arena
   d. Poner en funcionamiento otro depósito para arena
5. **El puerto inferior de un ciclón de arena está bloqueado parcialmente por un trozo de basura. El bloqueo probablemente provocará**
   a. Vibración excesiva del ciclón
   b. Aumento de la velocidad de caudal a través del depósito para arena
   c. Disminución del agua de enjuague al clasificador de arena
   d. Delaminación del revestimiento
6. **El edificio de las obras de cabecera en una WRRF nueva muestra indicios de corrosión del metal y el hormigón. El problema parece empeorar en los canales cubiertos. La causa más probable es**
   a. Descargas industriales
   b. Acumulación de grasa
   c. Ventilación inadecuada
   d. Aereación excesiva
7. **Un operador está acostumbrado a ver un patrón de mezcla uniforme en la superficie del depósito para arena aereado. Hoy la superficie está bastante suave y no muestra indicios de una buena mezcla. El operador debe**
   a. Aumentar la tasa de caudal de aire al depósito
   b. Revisar los difusores en busca de trozos de tela
   c. Reemplazar las tuberías colectoras y los difusores dañados
   d. Ajustar el vertedero de entrada

Consideraciones de pretratamiento adicionales

COMPENSACIÓN DE CAUDAL

La reducción de fluctuaciones de caudal (diurnas y por tormenta) en la red de alcantarillado favorecen la operación y el desempeño de la WRRF. Algunas WRRF están equipadas con tanques de compensación de caudal como parte del tratamiento preliminar. Los tanques de compensación de caudal almacenan de manera temporal aguas residuales del caudal de entrada durante las horas pico y las tormentas. El nivel del agua en el tanque cambia a lo largo del día; se llena durante los caudales de horario de demanda pico y se vacía durante los períodos de caudal bajo. Lo ideal sería que el caudal hacia fuera de un tanque de compensación de caudal y hacia la WRRF presente una tasa constante. Los caudales de la instalación a través de unidades paralelas, tales como rejas y cámaras del desarenador, deben estar equilibrados para contribuir al desempeño óptimo de cada unidad.

Tabla 3.4 Cuadro de resolución de problemas de equipos de eliminación de arena (EPA de los EE. UU., 1978)

Indicadores/observaciones	Causa probable	Revisar o monitorear	Soluciones
1. Acumulación de arena en los colectores	1a. El colector opera a velocidades excesivas 1b. El elevador de cangilones o los equipos de eliminación operan a velocidades bajas	1a. Velocidad del colector 1b. Velocidad del sistema de eliminación	1a. Reducir la velocidad del colector. 1b. Aumentar la velocidad de eliminación de arena del colector.
2. Vibración del desarenador ciclónico	2a. Obstrucción en el puerto inferior 2b. Obstrucción en el puerto superior	2a. El caudal desde el puerto inferior 2b. Demasiado caudal en el extremo inferior	2a. Eliminar la obstrucción. 2b. Reducir el caudal de entrada.
3. Olor a huevo podrido en la cámara del desarenador	3. Formación de sulfuro de hidrógeno/ácido sulfhídrico	3. Tomar muestras de depósitos de lodo, de sulfuros totales y disueltos	3. Lavar la cámara y agregar una dosis de hipoclorito (blanqueador).
4. Acumulación de arena en la cámara	4a. Desechos sumergidos 4b. Velocidad de caudal demasiado baja, o cadena o placa rotas	4a. Inspeccionar la cámara en busca de desechos. 4b. Revisar los equipos.	4a. Lavar la cámara a diario. Eliminar los desechos. 4b. Reparar los equipos
5. Corrosión del metal y el hormigón	5. Ventilación inadecuada	5. Ventilar y tomar muestras de depósitos de lodo, de sulfuros totales y disueltos	5. Aumentar la ventilación y, una vez al año, realizar las reparaciones y volver a pintar.
6. La arena eliminada es de color gris, huele y se siente grasosa	6a. Presión incorrecta en el desarenador ciclónico 6b. Tasa de caudal de aire inadecuada 6c. La velocidad del sistema de eliminación de arena es demasiado baja	6a. Presión de descarga en el desarenador ciclónico. 6b. Revisar la tasa de caudal de aire. 6c. Utilizar tintura u objetos flotantes para controlar la velocidad.	6a. Mantener la presión del ciclón entre 28 y 41 kPa (4 y 6 psi) mediante la regulación de la velocidad de la bomba. Aceitar conforme a las especificaciones del manual de O&M. 6b. Aumentar la tasa de caudal de aire. 6c. Aumentar la velocidad en la cámara del desarenador.
7. Se redujo la turbulencia superficial en la cámara del desarenador aereada	7. Los difusores están cubiertos de trozos de tela o arena	7. Difusores	7. Limpiar los difusores y corregir las rejas y otros pasos de pretratamiento para evitar que vuelva a ocurrir este problema.
8. La turbulencia superficial en la cámara del desarenador aereada aumentó en uno o más lugares, pero se redujo en otros	8. Difusores o tuberías colectoras rotos	8. Difusores y tuberías colectoras	8. Reparar o reemplazar, según sea necesario.
9. Tasa de recuperación de arena baja	9a. Socavación del fondo a velocidades excesivas 9b. Demasiada aereación	9a. Velocidad 9b. Aereación	9a. Mantener la velocidad a alrededor de 0.3 m/s (1 ft/s). 9b. Reducir la aereación. Aumentar el tiempo de retención mediante la utilización de una mayor cantidad de unidades o la reducción del caudal a la unidad.
10. Desbordes en la cámara del desarenador	10a. Problema de fluctuación la bomba 10b. Caudal de entrada excesivo	10a. Bombas 10b. Caudal de entrada	10a. Ajustar los controles de la bomba. 10b. Controlar la afluencia y la infiltración.
11. Residuos sépticos con grasas y burbujas de gas que se elevan en el depósito	11. Lodo en el fondo del depósito	11. Fondo del depósito para arena	11. Lavar el depósito a diario.
12. Disminuyó la eficiencia de la bomba para arena	12. Desgaste en los sellos, los componentes del eje, o el impulsor	12. Componentes de la bomba	12. Reemplazar sellos; lubricar la bomba según lo especificado; inspeccionar y reemplazar el impulsor según sea necesario.
13. Disminuyó la eficiencia de eliminación de arena a través del ciclón	13. La presión en la entrada es demasiado baja	13. Presión de la entrada	13. Aumentar la presión de la entrada mediante el ajuste de la descarga de la bomba para arena.
14. Operación ruidosa del ciclón	14. Revestimiento rasgado o colapsado	14. Revestimiento	14. Reemplazar el revestimiento.

OLORES Y CONTROL DE OLORES

Con frecuencia, emanan olores de las obras de cabecera de una instalación debido a la larga duración del tránsito de aguas residuales a través de la red de alcantarillado durante el clima caluroso. Esto puede producir sulfuro de hidrógeno/ácido sulfhídrico y otros subproductos anaerobios de descomposición que provocan situaciones peligrosas en espacios confinados y quejas. Siempre que sea posible, deben evitarse los caudales de entrada sépticos en la red de alcantarillado mediante la utilización de técnicas apropiadas. De lo contrario, puede ser necesario realizar el control de olores con precloración, sales de hierro, permanganato de potasio, peróxido de hidrógeno, nitratos o preaereación.

Dentro de la WRRF, las unidades de control de olores especiales utilizan hidróxido de sodio, hipoclorito de sodio, carbón activado, o permanganato de potasio para controlar las liberaciones de olores. Estas unidades habitualmente requieren alojar las estructuras del caudal de entrada, recolectar los gases y tratar dichos gases.

PROCESAMIENTO DE AGUA DE POZOS SÉPTICOS

Los residuos sépticos son aguas residuales domésticas recolectadas de tanques sépticos, pozos negros, inodoros portátiles, letrinas de pozo y vehículos recreativos. En general, se acarrea a la WRRF en camiones cisterna. Las instalaciones de recuperación de recursos hídricos pueden aceptar agua de pozos sépticos de fuentes domésticas, pero no deben tomar residuos por separación de grasa o agua de pozos sépticos industriales ya que se regulan de manera diferente a las aguas residuales domésticas. El agua de pozos sépticos domésticos está regulada en el Código de Regulaciones Federales (*Code of Federal Regulations*) en 40 CFR parte 503. El agua de pozos sépticos domésticos incluyen el material líquido o sólido que se elimina de un tanque séptico, pozo negro, inodoro portátil, u otro sistema similar que solo recibe agua de pozos sépticos domésticos. No incluyen residuos por separación de grasa, residuos de pozos de talleres, residuos de pozos de lavaderos de autos, o residuos de limpieza a seco (tintorerías). Si estos residuos se mezclan con agua de pozos sépticos domésticos, todo el lote de agua de pozos sépticos se convierte en agua de pozos sépticos no domésticos y deja de estar contemplada en las regulaciones 503. El agua de pozos sépticos no domésticos, como los residuos por separación de grasa, está regulada en 40 CFR parte 257.

El agua de los pozos sépticos suele tener una concentración mayor a la de las aguas residuales domésticas habituales y puede contener concentraciones más altas de FOG, metales pesados, sustancias orgánicas tóxicas, basura, piedras y desechos. La demanda bioquímica de oxígeno (DBO) es normalmente 26 veces más concentrada en comparación con las aguas residuales domésticas crudas habituales y puede llegar a ser 300 veces más concentrada (WEF, 1997). Los sólidos en suspensión totales (SST) es normalmente 51 veces más concentrado y puede llegar a ser 374 veces más concentrado (WEF, 1997). El aumento en la carga a la WRRF puede ser importante, en especial para las instalaciones más pequeñas. Al aceptar el agua de pozos sépticos, los operadores deben monitorear y realizar un seguimiento de las cargas entrantes, y calcular la masa total recibida de DBO, SST y nitrógeno amoniacal (kilogramos [libras]). El seguimiento de la masa total recibida ayudará a garantizar que la cantidad de agua de pozos sépticos recibida no exceda la capacidad de tratamiento diseñada para la WRRF.

Muchas municipalidades han sancionado una ordenanza de acarreo de residuos que autoriza y controla el acceso de los descargadores de agua de pozos sépticos, lo que incluye el muestreo de cargas de residuos. Cada carga recibida debe contar con un manifiesto de seguimiento que incluye las secciones descritas a continuación:

- Sección de caracterización de las aguas residuales (por ej., concentraciones de DBO, SST y FOG)
  - Cantidad de agua de pozos sépticos
  - Tipo de residuos (municipal, comercial, industrial)
  - Ubicación desde donde se realiza el bombeo
- Sección del generador
  - Nombre e información de contacto del generador
  - Declaración de certificación (tipo, fuente y volumen)
- Sección del acarreador
  - Nombre e información de contacto del acarreador
  - Número de permiso y número de matrícula del acarreador
  - Fecha de bombeo
  - Certificación firmada por el acarreador
  - Sección de quien está a cargo de la disposición/recepción
  - Fecha de recepción del agua de pozos sépticos
  - Número de identificación de la muestra (si corresponde)
  - Firma

El agua de pozos sépticos puede recibirse en una tapa de registro aguas arriba, en las obras de cabecera de la instalación, o en el proceso de procesamiento de sólidos. La aceptación de agua de pozos sépticos en una tapa de registro aguas arriba permite contar con una estación de recepción simple y económica. Otra de las ventajas es que permite la dilución del agua de pozos sépticos antes de que llegue a la WRRF. Las desventajas incluyen un aumento en el potencial de olores cerca de la tapa de registro, un aumento en la posibilidad de que se produzcan bloqueos en las alcantarillas, un aumento en las necesidades de limpieza de las líneas aguas abajo del punto de adición, el potencial de corrosión por ácido sulfhídrico de la red de alcantarillado en el punto de adición e inmediatamente aguas abajo, dificultades en la regulación y el control del acceso, y efectos sobre los patrones de tránsito y sobre las empresas. La aceptación de agua de pozos sépticos en las obras de cabecera de la WRRF le ofrece a la instalación la posibilidad de controlar la descarga de agua de pozos sépticos en los procesos de tratamiento así como también la capacidad de segregar los residuos y mantenerlos separados del resto del caudal de entrada. Esto le permite al operador realizar la compensación y el muestreo antes de la adición. Las desventajas de este enfoque incluyen un aumento en el potencial de olores en la instalación (pero, a la vez, un mayor potencial de control de olores) y un aumento en el tiempo de trabajo del personal para gestionar el acceso a la instalación. La aceptación de agua de pozos sépticos en el proceso de procesamiento de sólidos puede ser costosa debido a los requisitos de la estación de recepción, pero reduce las cargas sobre los procesos de líquidos y disminuye el riesgo de perturbaciones en el proceso biológico. Sin embargo, el agua de pozos sépticos puede afectar la deshidratación de sólidos procesados. El pretratamiento adecuado con aereación, eliminación de arena y filtrado debe preceder al tratamiento de residuos de agua de pozos sépticos en la WRRF.

Algunas WRRF están equipadas con estaciones de recepción de agua de pozos sépticos diseñadas especialmente como parte de las obras de cabecera de la WRRF o, a veces, inmediatamente aguas arriba de la instalación. Las estaciones de recepción de agua de pozos sépticos están equipadas con rejas para eliminar desechos, uno o más tanques de retención y bombas para agua de pozos sépticos. Las bombas les permiten a los operadores introducir lentamente el agua de pozos sépticos al caudal de entrada, lo que disminuye el efecto de niveles altos de DBO, SST y amoníaco en los procesos aguas abajo. Las estaciones de recepción suelen estar equipadas con sistemas de lectura de tarjetas que permiten que los acarreadores sépticos autorizados puedan acceder al sistema y realicen las entregas sin asistencia alguna. Una estación de recepción de agua de pozos sépticos puede reducir notablemente la cantidad de tiempo de trabajo requerido al personal de la WRRF y facilitar la documentación de la facturación.

En la tabla 3.5. se presenta un resumen de las potenciales inquietudes operativas que deben abordarse antes de aceptar el agua de pozos sépticos.

Tabla 3.5 Inquietudes operativas relacionadas con la recepción de agua de pozos sépticos

Inquietud	Descripción
Onda hidráulica en instalaciones más pequeñas	Un camión séptico puede contener hasta 5000 gal de agua de pozos sépticos. Los camiones pueden descargar su contenido en menos de 30 min. Si no se ha realizado la compensación de caudal en el agua de pozos sépticos, el caudal instantáneo puede ser tan alto como 167 gal/min (0.24 mgd). En una instalación más pequeña, esta onda hidráulica puede interrumpir el tratamiento biológico y empujar sólidos desde el clarificador secundario al efluente final.
Aumentos en las cargas de sólidos y sustancias orgánicas	Aumentos repentinos en las cargas de sustancias orgánicas y nutrientes que tienen el potencial para pasar a través de la WRRF sin haber sido tratadas o con un tratamiento parcial. La carga excesiva de sustancias orgánicas y nitrógeno también puede reducir la concentración de oxígeno disuelto en el depósito de aereación si la capacidad del soplador es inadecuada para la carga.
Daños a los equipos aguas abajo	El agua de pozos sépticos contiene desechos grandes, tales como piedras, trozos de tela, trozos de metal y otros elementos que pueden dañar los equipos aguas abajo. Se recomienda el filtrado previo del agua de pozos sépticos antes de permitir que ingrese a la WRRF.
Espumas y toxicidad potenciales en los depósitos de aereación	El agua de pozos sépticos contiene ácidos grasos volátiles y ácido sulfhídrico, y puede contener metales pesados y sustancias orgánicas que pueden perjudicar los procesos de tratamiento biológico y afectar las opciones de disposición de biosólidos. Los ácidos grasos volátiles y el ácido sulfhídrico pueden propiciar el crecimiento de ciertos tipos de bacterias filamentosas en el proceso de lodos activados. Se ha demostrado que las concentraciones de ácido sulfhídrico disuelto tan bajas como 1 mg/L inhiben la nitrificación.
Operación y mantenimiento (O&M) adicionales	La aceptación de agua de pozos sépticos implica aumentos en diversas áreas de O&M, tales como ■ Tiempo de trabajo del personal para gestionar el acceso al lugar de recepción, la recolección de muestras, la producción de manifiestos, el mantenimiento de registros, y la disposición de arena, materiales resultantes del filtrado, y biosólidos; ■ Disposición de materiales resultantes del filtrado y arena; ■ Olores en las obras de cabecera; ■ Natas en los clarificadores; y ■ Procesamiento y disposición de sólidos.

Consideraciones regulatorias

Para completar el procesamiento de arena y materiales resultantes del filtrado, el material debe transportarse para su disposición conforme a lo estipulado por las regulaciones locales, estatales y federales. La utilización de rellenos sanitarios es el método de disposición más común; sin embargo, las regulaciones europeas cada vez más estrictas para la utilización de rellenos sanitarios están diseñadas para requerir la incineración y otros métodos de disposición. Los materiales resultantes del filtrado y la arena deben, como mínimo, pasar la prueba del filtro de pintura para líquidos antes de que puedan ser aceptados para su disposición en un relleno sanitario. Esta prueba mide la cantidad de agua libre extraída por lixiviación de los materiales resultantes del filtrado mediante la medición de la cantidad de líquido de una muestra de filtrado representativa que pasa a través de un filtro de malla número 60. Después del período de prueba de 5 minutos, si cualquier tipo de líquido pasa a través del filtro, se considerará que el material contiene líquido libre. Algunos estados cuentan con requisitos adicionales de prueba y desempeño. Los operadores deben revisar el relleno sanitario que recibirá los materiales resultantes del filtrado y la arena para asegurarse de que se cumplan todos los requisitos.

Consideraciones de seguridad

Es importante que el personal de O&M cumpla con las pautas de seguridad especificadas por los fabricantes de los equipos de las obras de cabecera y puestas en práctica habitualmente por la empresa de servicios públicos. Estas incluyen, entre otros, procedimientos que describen el bloqueo adecuado de los equipos, la entrada a espacios confinados, el corte de energía eléctrica localizado, y el personal de rescate de guardia durante las actividades de mantenimiento. El personal de operaciones debe familiarizarse con y respetar las pautas de seguridad para las operaciones recomendadas por los fabricantes de los equipos, y mantener un entorno limpio, bien ventilado y bien iluminado para evitar accidentes.

Existe una tendencia a considerar a las rejas como no peligrosas debido a que los equipos se mueven con lentitud. Aunque sean lentos, los equipos son potentes. No se ponga en contacto directo con las rejas ni intente limpiar los equipos con la mano. Si se alojan desechos en una reja, la misma debe sacarse de funcionamiento y desconectarse antes de que se intente corregir la situación. Utilice un rastrillo o cualquier otra herramienta de mango largo para buscar el elemento que bloquea la reja. De manera similar, el material filtrado no debe manejarse sin la utilización de guantes gruesos y resistentes a perforaciones, dado que pueden encontrarse jeringas y otros objetos punzantes.

Dado que los equipos para arena y de filtrado se encuentran en el caudal de entrada de la instalación, la acumulación de gases tóxicos o potencialmente explosivos siempre es motivo de preocupación. El estándar 820 de la Asociación Nacional de Protección contra Incendios (*National Fire Protection Association*, NFPA), *Protección contra Incendios en Instalaciones de Tratamiento y Recolección de Aguas Residuales* (2016), establece los estándares de protección contra incendios en las WRRF y clasifica los espacios en función del riesgo de incendio o explosión que presenten. La mayoría de los edificios de las obras de cabecera se clasificará como Clase 1 División 1. Estos son lugares donde pueden encontrarse concentraciones inflamables de gases inflamables en condiciones normales de operación o al realizarse el mantenimiento. En las áreas Clase 1 División 1, las fallas en los equipos eléctricos pueden ser una fuente potencial de ignición. Por este motivo, todo equipo instalado en las obras de cabecera de una WRRF debe estar clasificado como a prueba de explosiones. El personal de operación debe proceder con extrema cautela en estas áreas confinadas y cumplir rigurosamente con todos los procedimientos de seguridad para las entradas a espacios confinados. Las buenas prácticas de seguridad exigen el monitoreo constante de los niveles de sulfuro de hidrógeno y metano en estas áreas confinadas y debe estar prohibido fumar.

Los operadores deben cumplir con los buenos procedimientos de limpieza en el área de tratamiento preliminar. Los derrames de materiales resultantes del filtrado, arena, grasa y otros elementos similares debe limpiarse con regularidad para evitar lesiones por resbalones o caídas. El operador debe asegurarse de que todos los protectores de seguridad estén en su lugar y de que todos los dispositivos de seguridad estén funcionando correctamente. Los equipos giratorios utilizados en el tratamiento preliminar, en general, no están equipados con dispositivos de seguridad, tales como cortinas de luz o cuerdas de disparo de corte de energía eléctrica (a excepción de algunas cintas transportadoras), por lo que el personal debe estar entrenado para apagar y bloquear los equipos antes de intentar liberar los desechos problemáticos.

Alrededor de todos los equipos y tanques deben mantenerse colocadas barreras apropiadas. Por ejemplo, los tanques para arena aereados presentan turbulencia y son menos flotantes que el agua no aereada, por lo que resulta muy difícil para un trabajador que ha caído dentro del tanque salir por sus propios medios. Los materiales resultantes del filtrado y la arena contienen organismos patógenos y objetos punzantes que pueden provocar enfermedades y lesiones. El personal de la instalación debe utilizar guantes al trabajar cerca de estos materiales. Mantenga una buena higiene personal, lávese las manos con frecuencia y evite tocarse la cara, los ojos y el cabello.

COMPROBACIÓN DE CONOCIMIENTOS

1. **El nivel de agua en los tanques de compensación de caudal debe fluctuar durante un período de 24 horas.**
   - ☐ Verdadero
   - ☐ Falso
2. **Debido a que los residuos sépticos ya han sido parcialmente tratados, tienden a tener una concentración menor a la de las aguas residuales domésticas habituales.**
   - ☐ Verdadero
   - ☐ Falso
3. **El agua de pozos sépticos puede contener piedras y otros desechos que pueden dañar los equipos aguas abajo si no se los filtra.**
   - ☐ Verdadero
   - ☐ Falso
4. **Los residuos por separación de grasa pueden aceptarse y tratarse en la mayoría de las WRRF conforme a lo estipulado por las regulaciones 503 siempre que provenga de restaurantes y no de usuarios industriales categóricos.**
   - ☐ Verdadero
   - ☐ Falso
5. **Un manifiesto de acarreo y recepción de agua de pozos sépticos debe incluir toda la información que se presenta a continuación A EXCEPCIÓN DE**
   a. Fuente, tipo y cantidad de agua de pozos sépticos
   b. Certificación firmada por el generador
   c. Número de licencia de conducir comercial del acarreador
   d. Fecha de recepción del agua de pozos sépticos
6. **Los residuos de agua de pozos sépticos que recibe una WRRF deben monitorearse y se les debe realizar un seguimiento para**
   a. Repartir proporcionalmente el costo de servicio entre los clientes
   b. Asegurarse de que no se exceda la capacidad de tratamiento
   c. Calcular el porcentaje recibido de agua de pozos sépticos industriales
   d. Cumplir con los requisitos de la prueba del filtro de pintura
7. **Esta prueba mide la cantidad de agua libre en los materiales resultantes del filtrado y la arena:**
   a. Sólidos en suspensión totales
   b. Tamaño de la malla
   c. Demanda bioquímica de oxígeno
   d. Filtro de pintura

RESUMEN DEL CAPÍTULO

	Procesos de filtrado	Procesos de eliminación de arena	
OBJETO	■ Bloquea físicamente la entrada de desechos grandes (trozos de tela, palos, ladrillos, madera, plásticos) a la WRRF ■ Protege los equipos aguas abajo ■ Evita bloqueos	■ Disminuye la velocidad a alrededor de 0.3 m/s (1 ft/s) ■ Las partículas más grandes y densas se sedimentan mientras que las partículas orgánicas más ligeras y menos densas pasan hacia el siguiente proceso de tratamiento ■ Protege los equipos aguas abajo ■ Evita bloqueos	OBJETO
CANTIDAD	■ Depende del área de servicios, del tipo de red de alcantarillado y del tipo de reja utilizados ■ Varía entre menos de 0.75 a 150 L/1000 m^3 (0.1 a 20 ft^3/mil. gal)	■ Depende del área de servicios y del tipo de red de alcantarillado ■ Varia entre 3.7 a 148 L/1000 m^3 (0.5 a 20 ft^3/mil. gal) con un promedio de 37 L/1000 m^3 (5.0 ft^3/mil. gal)	CANTIDAD
GENERAL	Tres tipos principales de rejas: ■ Rejas para basura flotante ■ Rejas gruesas ■ Rejas finas	■ Tres sistemas de eliminación de arena principales: sistemas de arena controlados por velocidad, sistemas de arena aereados, y sistemas de arena de tipo vórtice ■ Todos se valen de las diferencias en la velocidad de sedimentación para separar la arena, el material orgánico y el agua ■ La velocidad de sedimentación depende de la densidad, el tamaño y la forma de las partículas	GENERAL
REJAS PARA BASURA FLOTANTE	■ Aberturas de entre 38 y 152 mm (1.5 y 6 in) ■ Eliminan los desechos más grandes ■ Pueden utilizarse en canales de desviación para un uso a corto plazo	■ Método más antiguo de eliminación de arena ■ Sedimenta tanto arena como sustancias orgánicas ■ Se requiere el lavado de arena ■ Los tanques rectangulares disminuyen la velocidad de caudal ■ La arena puede eliminarse manualmente o con el uso de tornillos barreno, sistemas de cadenas y placas, elevadores de arena, cucharones de almeja, o bombas	TANQUES DE DETRITOS
REJAS GRUESAS	■ Rejas de barras ■ De limpieza manual o mecánica ■ Aberturas libres de 6 a 51 mm (0.25 a 2 in) ■ Eliminan el material más pequeño para proteger aún más las bombas y los equipos ■ El material fibroso puede pasar a través de ellas ■ Muchos tipos diferentes: rejas de limpieza frontal, rejas con transmisión por cadena, rejas alternativas, rejas catenarias, de autolimpieza continua, y otros tipos	■ La velocidad se calcula dividiendo el caudal por el área de la sección transversal ■ Los canales tienen áreas de la sección transversal parabólicas o trapezoidales para mantener constante la relación entre caudal y área cuando el caudal presenta cambios ■ También pueden usarse vertederos proporcionales al caudal para ajustar el área de la sección transversal al caudal ■ Eliminación de arena de forma manual o con transportadores helicoidales, colectores de cadenas y placas, y elevadores de arena	TANQUES DE CONTROL DE VELOCIDAD
REJAS FINAS	■ Diseñadas para eliminar sólidos más pequeños que las rejas gruesas ■ Aberturas libres de 3 a 6 mm (0.12 a 0.24 in) ■ Las aberturas más pequeñas retienen más material ■ El frente de la reja está compuesto por alambre de cuña, placa perforada o malla ■ El material fibroso es retenido por la placa perforada y la malla ■ Muchos tipos diferentes que incluyen rejas de elemento continuo, rejas de escalera, rejas cilíndricas inclinadas, y otros tipos	■ Se introduce aire difuso en un lado del depósito para crear un patrón en espiral ■ La velocidad del patrón en espiral influye en el tipo de sólidos que se sedimentan ■ La velocidad del patrón en espiral es independiente del caudal de entrada ■ El patrón en espiral empuja la arena sedimentada hacia la tolva ■ Diseñadas para alcanzar las metas de los procesos en los tiempos de detención de 4 a 5 minutos con caudal máximo	DEPÓSITO PARA ARENA AEREADO
REJAS ADICIONALES	■ Se encuentra disponible una amplia variedad de rejas diferentes ■ Todas operan basadas en el mismo principio básico: separación por tamaño ■ Consulte el capítulo 11 de MOP 8, *Design of Municipal Wastewater Treatment Facilities* (WEF et al., 2018) para obtener más información sobre otros tipos de rejas	■ Depósitos circulares ■ Se introduce el caudal de forma tangencial para crear un efecto de remolino ■ Las velocidades varían de 0.3 a 1.1 m/s (1 a 3.5 ft/s) ■ Las partículas más densas se sedimentan en el fondo del depósito ■ Las partículas más ligeras y menos densas se desbordan hacia el próximo proceso ■ Las bombas para arena arrastra la arena desde la tolva inferior	DEPÓSITO PARA ARENA DE TIPO VÓRTICE

CONTROL DEL PROCESO	■ Los ciclos de limpieza se ajustan como ciclos temporizados o ■ Activados por una diferencia en el nivel de agua de un lado de la reja al otro (carga perdida) o ■ Combinación de ambos métodos. ■ La frecuencia mínima de limpieza ocurre cuando la carga perdida alcanza los 7.6 cm (3 in)	Ajuste el proceso para mantener una velocidad objetivo: ■ Controlado por velocidad; ajuste el área de la sección transversal ■ Aereado; ajuste el caudal de aire ■ De tipo vórtice; ajuste la velocidad de la paleta ■ Todos los tipos; limite la cantidad de unidades en funcionamiento Inspeccione la arena: ■ La presencia de material orgánico es un indicio de que las velocidades son demasiado bajas. ■ La acumulación de arena en los procesos aguas abajo son un indicio de que las velocidades son demasiado altas.
PROCESAMIENTO	■ Los materiales resultantes del filtrado se depositan directamente en contenedores de desechos o ■ Se lavan y se prensan para eliminar hasta el 90 % de material orgánico y hasta un 50 % de contenido de agua ■ La compactación a entre 4500 y 6000 kPa (1500 y 2000 psig) reducen el volumen en un 60 a 85 %	■ La arena se deposita directamente en contenedores de desechos o camiones o ■ Se concentran con ciclones o ■ Se lavan y concentran con clasificadores de arena; ■ Diferentes tipos de clasificadores que incluyen ciclón combinado con un clasificador de arena, clasificador de arena basado en el tipo vórtice libre, escaleras mecánicas de deshidratación de arena, y lavadoras de arena cónicas
MANTENIMIENTO	■ Observación diaria en busca de indicios visibles o auditivos de desperfectos ■ Mantenimiento preventivo y reemplazo planificado de piezas desgastadas ■ Limpieza y lavado con regularidad para eliminar el material adherido ■ Lubricar conforme a las recomendaciones del fabricante	
REGULATORIO	■ La arena y los materiales resultantes del filtrado deben pasar la prueba del filtro de pintura antes de ser enviados al relleno sanitario.	

EJERCICIO DEL CAPÍTULO

Este ejercicio se basa en algunos de los conocimientos adquiridos en este capítulo. En esta sección, un operador debe completar las siguientes tareas:

- Determinar la frecuencia con la que se deben vaciar los contenedores de desechos de materiales resultantes del filtrado,
- Seleccionar un tipo de reja conforme a la información obtenida sobre los equipos aguas abajo, y
- Determinar la cantidad de depósitos para arena que deben estar en funcionamiento para mantener una velocidad objetivo.

Información de la WWRF:

Tipo de reja actual: reja de barras de 2.0 in.

El nuevo proceso aguas abajo no tolera material fibroso, como trozos de tela y cabellos. La nueva reja debería eliminar de manera eficaz estos materiales.

Se han ubicado cuatro canales de arena de control de velocidad trapezoidales para que operen en paralelo. Ponga en funcionamiento uno o más depósitos para arena para mantener una velocidad objetivo lo más cercana posible a 0.3 m/s (1.0 ft/s).

Parámetro	Unidades del SI	Unidades del sistema anglosajón
Caudal de entrada	10.598 ML/d	2.8 mgd
Materiales resultantes del filtrado producidos	0.075 m^3/ML	10 ft^3/mil. gal
Volumen del contenedor de materiales resultantes del filtrado	1.133 m^3	40 ft^3

Longitud del depósito para arena	4.57 m	15 ft
Ancho del depósito para arena	0.457 m	1.5 ft
Altura/profundidad del depósito para arena	0.457 m	1.5 ft

SOLUCIONES AL EJERCICIO DEL CAPÍTULO

1. Determine la frecuencia con la que se deben vaciar los contenedores de materiales resultantes del filtrado.

Paso 1: Determine el volumen total de materiales resultantes del filtrado producidos cada día.

SI

$$\frac{\text{Caudal de entrada de 10 598 m}^3}{\text{d}}\left[\frac{1\text{ ML}}{1000\text{ m}^3}\right]\left[\frac{0.0748\text{ m}^3\text{ de materiales resultantes del filtrado producidos}}{\text{Caudal de entrada de 1 ML}}\right]=0.79\text{ m}^3/\text{d}$$

Sistema anglosajón

$$\frac{\text{Caudal de entrada de 2.8 mil. gal}}{\text{d}}\left[\frac{10\text{ ft}^3\text{ de materiales resultantes del filtrado producidos}}{\text{Caudal de entrada de 1 mil. gal}}\right]=28\text{ ft}^3$$

Paso 2: Determine el tiempo que tomará llenar el contenedor de materiales resultantes del filtrado.

SI

$$\frac{1.13\text{ m}^3\text{ de espacio disponible}}{}\left[\frac{1\text{ día}}{0.79\text{ m}^3\text{ de materiales resultantes del filtrado producidos}}\right]=1.43\text{ días}$$

Sistema anglosajón

$$\frac{40\text{ ft}^3\text{ de espacio disponible}}{}\left[\frac{1\text{ día}}{28\text{ ft}^3\text{ de materiales resultantes del filtrado producidos}}\right]=1.43\text{ días}$$

Paso 3: Convierta el tiempo en días a horas.

$$\frac{1.43\text{ días}}{}\left[\frac{24\text{ horas}}{1\text{ día}}\right]=34.3\text{ horas}$$

2. Seleccione una reja nueva que cubrirá las necesidades del proceso aguas abajo. El proceso aguas abajo es sensible a los trozos de tela y a los materiales fibrosos. Relea las descripciones de las rejas. Una de ellas es mejor para eliminar el material fibroso que las otras. Seleccione la reja de placa perforada de elemento continuo para obtener el mejor desempeño.

3. Determine la cantidad de depósitos para arena que deben estar en funcionamiento para mantener una velocidad de caudal lo más cercana a 0.3 m/s (1 ft/s). Si la velocidad es demasiado baja, con la arena se eliminarán cantidades excesivas de material orgánico. Si la velocidad es demasiado alta, los procesos aguas abajo pueden quedar desprotegidos.

Paso 1: Determine la fórmula para calcular la velocidad.

$$\text{Velocidad}=\frac{\text{Caudal}}{\text{Área}}$$

Paso 2: Determine qué unidades de velocidad, caudal y área deben estar presentes para resolver la ecuación. La velocidad objetivo se presenta en metros por segundo o pies por segundo. Las unidades seleccionadas para caudal y área deben trabajar en conjunto para producir las unidades deseadas de velocidad. Observe las ecuaciones, tanto en unidades del SI como en unidades del sistema anglosajón, que se presentan a continuación. Observe cómo las unidades en el lado derecho de la ecuación se cancelan para dejar unidades que coinciden con el lado izquierdo de la ecuación.

SI

$$\text{Velocidad, }\frac{\text{m}}{\text{s}}=\frac{\text{Caudal, m}^3/\text{s}}{\text{m}^2}$$

Sistema anglosajón

$$\text{Velocidad, }\frac{\text{ft}}{\text{s}}=\frac{\text{Caudal, cfs}}{\text{Área, ft}^2}$$

Paso 3: Suponga que todo el caudal se está desplazando a través de un único depósito para arena. Determine el área de un depósito para arena. La fórmula para el área del rectángulo es longitud multiplicada por ancho. Esto es engañoso porque el problema ofrece dimensiones de longitud, ancho, y altura o profundidad del canal. El área de importancia para la velocidad a través de un depósito para arena es el área de la sección transversal. El área de la sección transversal, que se muestra en verde en la figura a continuación, es el área por la que el agua está fluyendo o por la que ya pasó. El área de la sección transversal se calculará utilizando las dimensiones dadas para ancho y altura. Estas son la longitud y el ancho de este rectángulo. Tenga en cuenta que el área utilizada para la velocidad no es toda el área de la sección transversal del canal, sino solo el área por la que está fluyendo el agua. Si la pregunta hubiese ofrecido tanto la profundidad del canal como la profundidad del agua, entonces la profundidad del agua sería utilizada para determinar el área de la sección transversal del agua.

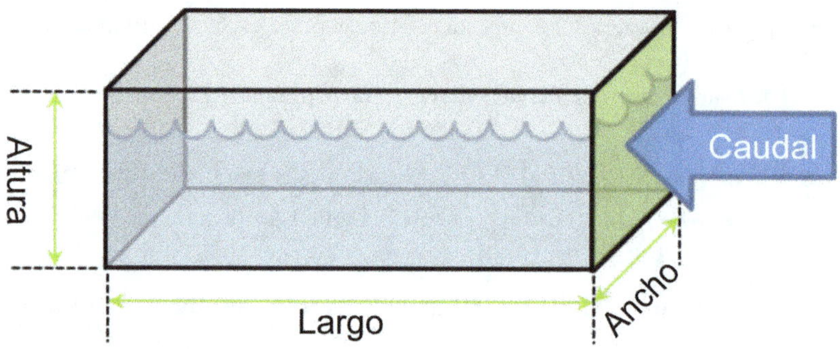

SI

$$\text{Área} = (\text{Longitud})\,(\text{Ancho})$$

$$\text{Área} = (0.457\text{ m})\,(0.457\text{ m})$$

$$\text{Área} = 0.209\text{ m}^2$$

Sistema anglosajón

$$\text{Área} = (\text{Longitud})\,(\text{Ancho})$$

$$\text{Área} = (1.5\text{ ft})\,(1.5\text{ ft})$$

$$\text{Área} = 2.25\text{ ft}^2$$

Paso 4: Convierta el caudal de entrada a unidades compatibles.

SI

$$\frac{10.598\text{ ML}}{\text{día}}\left[\frac{1\text{ día}}{24\text{ horas}}\right]\left[\frac{1\text{ hora}}{60\text{ minutos}}\right]\left[\frac{1\text{ minuto}}{60\text{ segundos}}\right]\left[\frac{1\,000\,000\text{ L}}{1\text{ ML}}\right]\left[\frac{1\text{ m}^3}{1000\text{ L}}\right] = 0.123\text{ m}^3/\text{s}$$

Sistema anglosajón

$$\frac{2.8\text{ mil. gal}}{\text{d}}\left[\frac{1\text{ día}}{24\text{ horas}}\right]\left[\frac{1\text{ hora}}{60\text{ minutos}}\right]\left[\frac{1\text{ minuto}}{60\text{ segundos}}\right]\left[\frac{1\,000\,000\text{ gal}}{1\text{ mil. gal}}\right]\left[\frac{1\text{ ft}^3}{7.48\text{ gal}}\right] = 4.33\text{ cfs}$$

Paso 5: Calcule la velocidad con un único depósito para arena en funcionamiento.

SI

$$\text{Velocidad, }\frac{\text{m}}{\text{s}} = \frac{\text{Caudal, m}^3/\text{s}}{\text{Área, m}^2}$$

$$\text{Velocidad, }\frac{\text{m}}{\text{s}} = \frac{0.123\frac{\text{m}^3}{\text{s}}}{0.209\text{ m}^2}$$

$$\text{Velocidad, }\frac{\text{m}}{\text{s}} = 0.59$$

Sistema anglosajón

$$\text{Velocidad, } \frac{\text{ft}}{\text{s}} = \frac{\text{Caudal, cfs}}{\text{Área, ft}^2}$$

$$\text{Velocidad, } \frac{\text{ft}}{\text{s}} = \frac{4.33 \text{ cfs}}{2.25 \text{ ft}^2}$$

$$\text{Velocidad, } \frac{\text{ft}}{\text{s}} = 1.93$$

Paso 6: Compare la velocidad con un depósito en funcionamiento a la velocidad deseada. La velocidad deseada es 0.3 m/s (1 ft/s) y la velocidad con un depósito en funcionamiento sería de 0.59 m/s (1.93 cfs). Esto es aproximadamente el doble del caudal deseado. El operador debe poner en funcionamiento dos depósitos para arena.

Referencias

Boldt, J. (2005) Eliminating Grit Deposition Problems Through Objective Grit System Design: A Case Study at the Fox Lake NRWRP, Illinois. Artículo científico presentado en la Illinois Water Environment Association Conference, 9–13 de marzo.

Bristow, L. (2008) Racks, Screens, Comminutors, and Grit Removal. En *C. S. University, Operation of Wastewater Treatment Plants: A Field Study Program*, Vol. 1, 7.ª ed.; California State University en la Oficina de Programas de Agua de Sacramento (Sacramento Office of Water Programs): Sacramento, California; pp 57–100.

Great Lakes-Upper Mississippi River Board (2004) *Recommended Standards for Wastewater Facilities;* Health Research Inc., Health Education Services Division: Albany, Nueva York.

InfoBarScreens (2009) About Reciprocating Rake Bar Screens. www.infobarscreens.com (acceso en dic. de 2016).

Kern, J. W.; Pisano, W. (1998) Vortex Grit Chambers: Process, Performance, and Modifications. *Actas de la 71.ª Exposición y Conferencia Técnica Anual de la Water Environment Federation*; Orlando, Florida, 3 a 7 de oct.; Water Environment Federation: Alexandria, Virginia.

Metcalf and Eddy, Inc./AECOM (2013) *Wastewater Engineering: Treatment and Resource Recovery*, 5.ª ed. McGraw Hill: Nueva York.

National Fire Protection Association (2016) *Fire Protection in Wastewater Treatment and Collection Facilities;* NFPA 820; Asociación Nacional de Protección contra Incendios (National Fire Protection Association): Quincy, Massachusetts.

U.S. Environmental Protection Agency (1978) *Field Manual for Performance Evaluation and Troubleshooting at Municipal Wastewater Treatment Facilities;* Agencia de Protección Ambiental de los EE. UU.: Washington, D.C.

U.S. Environmental Protection Agency (2003) Wastewater Technology Fact Sheet: Screening and Grit Removal; Agencia de Protección Ambiental de los EE. UU. Oficina de Aguas (Office of Water), Sección de Tecnología Municipal (Municipal Technology Branch): Washington, D.C.

Water Environment Federation (1997) *Septage Handling*; Manual of Practice No. 24; Water Environment Federation: Alexandria, Virginia.

Water Environment Federation (2016) *Operation of Water Resource Recovery Facilities*, 7.ª ed.; WEF Manual of Practice No. 11; Water Environment Federation: Alexandria, Virginia.

Water Environment Federation; American Society of Civil Engineers; Environmental and Water Resources Institute (2018) *Design of Water Resource Recovery Facilities*, 6.ª ed.; WEF Manual of Practice No. 8/ASCE Manuals and Reports on Engineering Practice No. 76; Water Environment Federation: Alexandria, Virginia.

Bibliografía sugerida

Arasmith, S. (2011) Pumps and Pumping www.acrp.com (acceso en ago. de 2017).

Gravette, B.; Strehler, A.; Finger, D.; Palepu, S. (2000) Troubleshooting a Grit Removal System. *Actas de la 73.ª Exposición y Conferencia Técnica Anual de la Water Environment Federation* [CD-ROM]; Anaheim, California, 14 a 18 de oct.; Water Environment Federation: Alexandria, Virginia.

U.S. Environmental Protection Agency (1987) *Preliminary Treatment Facilities, Design and Operational Considerations;* EPA 430/9-87-007; Agencia de Protección Ambiental de los EE. UU.: Washington, D.C.

U.S. Environmental Protection Agency (1994) *Guide to Septage Treatment and Disposal*; EPA 625/R-9-402; Agencia de Protección Ambiental de los EE. UU.: Washington, D.C.

Water Environment Federation; American Society of Civil Engineers; Environmental and Water Resources Institute (2018) Capítulo 11:Preliminary Treatment. En *Design of Water Resource Recovery Facilities*, 6.ª ed.; WEF Manual of Practice No. 8/ASCE Manuals and Reports on Engineering Practice No. 76; Water Environment Federation: Alexandria, Virginia.

CAPÍTULO 4

Tratamiento primario de las aguas residuales

Introducción

El tratamiento primario incluye la separación y eliminación de sólidos en suspensión fácilmente sedimentables (lodos) y material fácilmente flotante (natas) mediante la utilización de un tanque *quiescente* donde la velocidad de las aguas residuales se reduce a una fracción de un metro por segundo (pie por segundo). Los sólidos sedimentables se precipitan al fondo del tanque, donde se recolectan y eliminan. Los sólidos sedimentables consisten en partículas inorgánicas densas, como la arena y la arena, así como también en sólidos orgánicos densos. Eliminar la arena y demás material abrasivo ayuda a proteger el equipo aguas abajo del desgaste y el daño. Los materiales flotantes suben a la superficie del tanque donde se eliminan mediante el proceso de desnatación. El material flotante en general es orgánico e incluye grasas, aceites, plásticos y jabones. La eliminación del material flotante de las aguas residuales minimiza los problemas operativos ocasionados por la acumulación de natas y mejora el aspecto y el olor generales de las aguas residuales. La eliminación de los materiales sedimentables y flotantes reduce la masa del sólidos en suspensión totales (SST), la demanda química de oxígeno (DQO) y demanda bioquímica de oxígeno (DBO) que pasan al tratamiento secundario. Una menor cantidad de sólidos y sustancias orgánicas en los procesos de tratamiento secundario reduce el tamaño global y la cantidad de energía necesaria para ese proceso.

Quiescente significa calmo o sin perturbaciones. Los procesos de separación por gravedad funcionan de manera más eficiente cuando se minimizan las corrientes.

Con frecuencia, se utilizan los términos *clarificación* y *espesamiento* o *sedimentación* para describir procesos de separación por gravedad, según el foco del tratamiento se encuentre en el líquido clarificado (efluentes) o en los sólidos espesados (lodos). Aunque el propósito primario de un clarificador primario es eliminar los sólidos sedimentables y flotantes, a muchos clarificadores primarios se los opera deliberadamente para producir lodo espesado. Las publicaciones antiguas a veces hacen referencia a los clarificadores primarios como *depósitos de sedimentación*.

OBJETIVOS DE APRENDIZAJE

Después de completar este capítulo, podrá:

- Describir el propósito de la clarificación primaria,
- Categorizar los parámetros del caudal de entrada conforme con la posibilidad de ser eliminados por clarificación primaria,
- Etiquetar todos los componentes de los clarificadores primarios circulares y rectangulares y describir la función de cada uno de ellos,
- Inspeccionar y realizar el mantenimiento del equipo clarificador,
- Poner en servicio o sacar de servicio un clarificador primario,
- Calcular el tiempo de detención hidráulica y la tasa de carga superficial,
- Determinar la cantidad óptima de clarificadores en servicio para mantener la tasa de carga superficial y el tiempo de detención deseados,
- Estimar la cantidad de lodo producido según las concentraciones de SST en el caudal de entrada primario y el efluente,
- Calcular el tiempo necesario de bombeo del lodo según el espesor y el volumen de un lodo en particular,
- Recolectar muestras para el control del proceso, llevar a cabo análisis de sólidos sedimentables y evaluar los resultados,
- Anticipar cambios estacionales y realizar cambios de control del proceso adecuados, y
- Resolver problemas mecánicos y de control del proceso comunes.

Objeto y función

El tratamiento primario se realiza a continuación del tratamiento preliminar. El tratamiento primario está diseñado para eliminar materiales más pesados que el agua por gravedad y materiales más livianos que el agua por flotación. Algunas instalaciones utilizan un proceso de tratamiento primario, como por ejemplo un clarificador primario, para disminuir más la velocidad del agua y eliminar el material orgánico denso y otras partículas por gravedad. Las grasas y el material flotante se acumulan en la superficie del agua y se eliminan mediante el proceso de desnatación. Se puede construir un modelo simple de un clarificador primario con un poco de tierra, aceite vegetal y un frasco grande lleno de agua. Cuando se agregan tierra y aceite vegetal al frasco lleno de agua, la mayor parte de la tierra se va a precipitar en el fondo y la mayor parte del aceite se va a acumular en la superficie. Algunas partículas van a ser muy livianas como para precipitar y permanecerán en suspensión. Si revolvemos el modelo de clarificador, los sólidos sedimentables volverán rápidamente al fondo y el aceite regresará a la superficie. Los clarificadores primarios pueden ser rectangulares, como el que se muestra en la figura 4.1, o circulares, como el que se muestra en la figura 4.2. La operación de los clarificadores rectangulares y circulares con parámetros idénticos en Winnipeg, Canadá no mostró diferencias de desempeño significativas (Ross y Crawford, 1985).

Aerobio significa que hay presencia de oxígeno molecular. También puede haber nitrato y nitrito.

Anaerobio significa que no hay presencia de oxígeno molecular ni de nitrito o nitrato.

El propósito del clarificador primario es reducir la cantidad de DQO o demanda bioquímica de oxígeno (prueba de 5 días) (DBO_5) y SST que van al tratamiento secundario. La reducción de la carga del proceso de tratamiento secundario reduce su tamaño total y la cantidad de energía necesaria para suministrar oxígeno y operar los equipos aguas abajo. Un kilogramo (una libra) de DBO_5 que ingresa a un proceso de tratamiento secundario *aerobio* consume un kilogramo (una libra) de oxígeno. Generalmente, solo las instalaciones más grandes (es decir, aquellas con una capacidad mayor a 1900 m^3/d [5 mgd]) poseen clarificadores primarios, porque estos procesos habitualmente se utilizan en forma conjunta con la digestión *anaerobia* para estabilizar los lodos. Un digestor anaerobio descompone material orgánico en ausencia de oxígeno. Un digestor aerobio necesita oxígeno para descomponer el material orgánico. Si se transfiere el lodo primario a un digestor aerobio, el uso de energía aumenta en lugar de disminuir, debido a que el lodo aún continúa descomponiéndose (digiriéndose) con oxígeno y se usará energía adicional para operar el clarificador y llevar a cabo el bombeo.

Figura 4.1 Clarificador primario rectangular (reimpreso con autorización de Indigo Water Group)

Figura 4.2 Clarificador primario circular (reimpreso con autorización de Indigo Water Group)

COMPROBACIÓN DE CONOCIMIENTOS

1. **Los clarificadores primarios pueden eliminar el 100 % de los SST y la DBO_5 del caudal de entrada.**
   - ☐ Verdadero
   - ☐ Falso

2. **¿Cuál de los siguientes componentes se encuentra con mayor probabilidad en el lodo en el fondo de un clarificador primario?**
   a. Amoníaco
   b. DBO soluble
   c. Grasas
   d. Sólidos sedimentables

3. **El propósito principal del tratamiento primario es**
   a. Eliminar la arena y los desechos más grandes para proteger los equipos aguas abajo.
   b. Reducir la carga del proceso de tratamiento secundario.
   c. Convertir la DBO particulada en DBO soluble para facilitar el tratamiento.
   d. Generar electricidad mediante la reducción de la carga orgánica en el digestor

Teoría de operación

Los clarificadores dependen de las diferencias en la densidad para separar las partículas de las aguas residuales que las contienen. Las partículas que son más *densas* que el agua se decantan por efecto de la gravedad hacia el fondo del clarificador. Las partículas que son menos densas que el agua flotan a la superficie del clarificador. La gravedad no es la única fuerza que influye en el movimiento de las partículas. Las partículas crean resistencia al movimiento a medida que se desplazan por el agua. Rozan contra el agua, lo que crea una fricción entre las moléculas del agua y las partículas. La resistencia al movimiento disminuye la velocidad de las partículas. Es como los paracaidistas que saltan de un avión (figura 4.3). Los paracaidistas son mucho más densos que el aire circundante, pero la velocidad de la caída depende de la cantidad de superficie corporal que se encuentre en contacto con el aire (área superficial). Un paracaidista que estire su cuerpo en forma plana caerá más lentamente que un paracaidista que se encoja formando una bola. Mayor área superficial significa más fricción y más resistencia al movimiento. Por esta razón los paracaídas son tan eficaces: tienen mucha área superficial. La masa y la densidad también influyen en la velocidad de sedimentación de las partículas. La masa es cuánto pesa algo. La densidad es la cantidad de masa por volumen. En el ejemplo del paracaidista, la masa del paracaidista no cambia, esté encogido en una bola o estirado. Al estirarse, los paracaidistas distribuyen su masa en un área más grande, lo que disminuye su densidad y aumenta la cantidad de resistencia al movimiento. Ahora, imagine dos paracaidistas con la misma densidad (masa por volumen), pero uno de los paracaidistas pesa 80 kg (176 lb) y el otro pesa 120 kg (264 lb). ¿Cuál caerá más rápido? El paracaidista más pesado caerá más rápido. La velocidad a la que se sedimentan las partículas en un clarificador primario depende de la forma (área superficial y resistencia al movimiento), densidad y masa total de las partículas.

La densidad es la masa por volumen. El agua tiene una densidad de 998.2 kg/m^3 (8.34 lb/gal o 62.3 lb/ft^3) a 20 °C (68 °F). A medida que el agua se enfría, se hace más densa. El agua tiene una densidad máxima de 1000 kg/m^3 (62.4 lb/ft^3) a 4 °C.

La gravedad específica es la relación de la densidad de una sustancia dividida por la densidad del agua. El agua tiene una gravedad específica de 1. Si la gravedad específica es mayor a 1, la sustancia es más densa que el agua.

Flocular significa que se adhiere una a otra. Las partículas que floculan tienden a chocar entre sí y pegarse, y de esa manera se forman partículas más grandes. La floculación puede ocurrir naturalmente o se pueden agregar productos químicos en el proceso para ayudar a las partículas a flocular.

Las partículas en suspensión se pueden clasificar en granulares o floculares. Las partículas granulares (arena y gravilla) se sedimentan a una velocidad constante, sin cambios de tamaño, forma o peso. Lo ideal es que la mayoría de las partículas granulares se eliminen aguas arriba en las cámaras del desarenador. Las partículas floculares (materia orgánica y flóculos formados por coagulantes o crecimientos biológicos) tienden a *flocular* durante la sedimentación, con cambios de tamaño, forma y densidad relativa. Los grupos formados por floculación en general se sedimentan con mayor rapidez que las partículas individuales. Los sólidos sedimentables, incluidas las partes de material granular y floculante, se sedimentan cuando están en reposo por un período razonable. Los sólidos no sedimentables y los materiales coloidales finamente divididos son demasiado finos como para sedimentarse en el periodo en que el agua permanece en el clarificador.

Las corrientes en el clarificador empujan las partículas en diferentes direcciones. La corriente más importante es la velocidad del agua que atraviesa el tanque y se dirige al vertedero de efluentes. Este tipo de velocidad tiene un nombre específico: tasa de carga superficial (*surface overflow rate*, SOR). La SOR empuja las partículas hacia arriba y afuera del clarificador con las aguas residuales. Para que el clarificador sedimente los sólidos de manera eficaz, la SOR (velocidad ascendente) debe ser menor que la velocidad de sedimentación, que se ve afectada por la fuerza descendente causada por la gravedad. La SOR empuja las partículas que son menos densas que el agua hacia la superficie a una tasa acelerada.

Como se describe en el capítulo 3, las partículas de arena se sedimentan en el fondo del depósito para arena cuando la velocidad de las aguas residuales disminuye a aproximadamente 0.3 m/s (1 ft/s). En el clarificador primario, la velocidad se reduce mucho más para permitir que se sedimenten otras partículas. El agua se mueve tan lentamente que ya no resulta útil expresar la velocidad en metros por segundo (pies por segundo). En cambio, la SOR, que puede pensarse como la velocidad del caudal a través del tanque, se expresa como $m^3/m^2 \cdot d$ (gpd/ft^2). Las corrientes también pueden crearse por el movimiento del mecanismo de recolección de lodos o el viento en la superficie del clarificador. Diferencias en temperatura y densidad en los clarificadores también pueden provocar la formación de corrientes. Estas corrientes, junto con la SOR, pueden impedir que las partículas se sedimenten en el fondo antes de que el agua salga del tanque.

En la sección de control de proceso de este capítulo se incluyen cálculos para la SOR y el tiempo de detención.

El desempeño del clarificador primario depende, en parte, del área superficial del tanque y el volumen del tanque. Para cada caudal de entrada, el área superficial del tanque controla la SOR y el volumen del tanque controla el tiempo de retención hidráulica (TRH). El tiempo de retención hidráulica también se denomina *tiempo de detención hidráulica* (TDH) o, simplemente, tiempo de detención (TD). El TDH puede ser (1) el tiempo necesario para llenar un contenedor o (2) el tiempo necesario para vaciar un contenedor, o (3) la cantidad de tiempo promedio que el agua permanece en un contenedor. A pesar de que la tasa de eliminación de las partículas granulares que se sedimentan a velocidades uniformes depende casi por completo del área superficial del tanque, la tasa de eliminación de las partículas floculares que se sedimentan a velocidades variables depende del tiempo de detención. Un mayor tiempo de detención les da a las partículas floculares más tiempo y oportunidades para colisionar entre ellas y formar partículas más grandes.

Figura 4.3 Los paracaidistas crean resistencia al movimiento para lentificar sus caídas (Getty Images)

El lodo que se sedimenta en el fondo del clarificador se acumula y forma una capa denominada *manto*. La concentración de los sólidos totales en el manto del clarificador depende, en parte, de la rapidez con la que el lodo es eliminado del clarificador. Cuando se eliminan los sólidos rápidamente, no tienen oportunidad de compactarse y, por lo tanto, la concentración de sólidos en el lodo es menor. Todos los lodos tienen una concentración máxima que puede lograrse, y los tiempos de detención más largos no aumentarán la concentración de sólidos más allá de este máximo. Si se permite que se asiente una muestra de aguas residuales sin ser alterada, una capa de sólidos sedimentados se formará en el fondo del contenedor. Cuando se permite que los sólidos permanezcan en el clarificador durante períodos de tiempo más largos, el manto de lodos tendrá tiempo para comprimirse y se exprimirá el agua de los espacios entre las partículas. El resultado es un lodo más espeso con una concentración de sólidos total más alta. La sedimentación y la compactación se completan básicamente en alrededor de 2 horas. Sin embargo, si los sólidos permanecen en el clarificador por demasiado tiempo, los microorganismos pueden comenzar a descomponerlos y el lodo se puede tornar séptico. El lodo *séptico* genera *sulfuro de hidrógeno/ácido sulfhídrico* y generalmente es de un color de marrón más oscuro a negro que el lodo no séptico. Los lodos muy compactos son difíciles o imposibles de bombear, según el tipo de bomba de lodo utilizada.

Las aguas residuales se vuelven *sépticas* cuando los microorganismos utilizaron todo el oxígeno y todo el nitrato. Un grupo de bacterias denominado *anaerobios facultativos* puede convertir el sulfato en ácido sulfhídrico en condiciones sépticas. El *ácido sulfhídrico* tiene un olor fuerte a huevo podrido.

COMPROBACIÓN DE CONOCIMIENTOS

1. **Los clarificadores dependen de las diferencias de densidad para separar las partículas de las aguas residuales.**
   - ☐ Verdadero
   - ☐ Falso
2. **Dos partículas tienen la misma densidad. La partícula con mayor área superficial se sedimenta más rápido que la partícula con menor área superficial.**
   - ☐ Verdadero
   - ☐ Falso
3. **El lodo primario se continuará compactando y logrará mayores concentraciones de sólidos totales mientras más tiempo permanezca en el clarificador.**
   - ☐ Verdadero
   - ☐ Falso
4. **¿Cuál de las siguientes partículas alcanzaría el fondo del clarificador primero?**
   - a. Grasa
   - b. Pluma
   - c. Arena
   - d. Lechuga
5. **¿Qué fenómeno en un clarificador empuja las partículas hacia arriba y fuera del clarificador?**
   - a. Arrastre
   - b. Tensión superficial
   - c. Gravedad
   - d. Tasa de carga superficial
6. **La tasa de carga superficial se puede comparar con**
   - a. Tiempo de detención
   - b. Velocidad
   - c. Tasa de carga del vertedero
   - d. Densidad
7. **La capa de lodo que se forma en el fondo del clarificador se denomina**
   - a. Schmutzdecke
   - b. Flotante
   - c. Manto
   - d. Emulsión
8. **Una consecuencia negativa potencial de dejar el lodo primario en el clarificador por un periodo de tiempo extendido puede ser**
   - a. Gas sulfuro de hidrógeno
   - b. Mayores concentraciones de sólidos
   - c. Menores concentraciones de sólidos
   - d. Descomposición de partículas de arena

Parámetros de diseño

Los clarificadores primarios se diseñan generalmente para cumplir con los siguientes criterios (WEF, 2005):

- Tiempo de detención hidráulica de 1.5 a 2.5 horas,
- SOR promedio de 24.4 a 48.9 $m^3/m^2 \cdot d$ (600 a 1200 gpd/ft^2),
- SOR de hora pico de 102 a 122 $m^3/m^2 \cdot d$ (2500 a 3000 gpd/ft^2),
- Profundidad del manto de lodo de 0.6 a 0.9 m (2 a 3 ft) y
- Concentración del lodo de 3 a 6 % de sólidos totales.

Desempeño esperado

El desempeño del clarificador primario está limitado por la SOR, el TDH y las características de las aguas residuales que ingresan (es decir, el porcentaje de material particulado y soluble). En las aguas residuales domésticas que provienen principalmente de hogares y actividades comerciales livianas como escuelas y tiendas, un clarificador primario puede eliminar entre el 50 y el 70% de los SST, entre el 25 y el 40 % de la DBO_5 total y entre el 5 y 10% del total de fósforo (WEF et al., 2018). También se eliminará el nitrógeno particulado hasta cierto punto. Sin embargo, los clarificadores primarios no eliminan *sólidos coloidales*, sólidos disueltos, DBO_5 soluble, fósforo soluble ni amoníaco. El tratamiento primario mejorado químicamente es un método que aumenta la eficacia de la eliminación de los sólidos en suspensión y la DBO_5.

Los *sólidos coloidales* son partículas con un diámetro de entre 1 y 1000 µm. Son demasiado pequeños y livianos como para sedimentarse en el clarificador en el tiempo disponible. Las partículas coloidales se miden con el análisis de sólidos disueltos totales, a pesar de que no están verdaderamente disueltos.

Para comprender el desempeño del clarificador primario es necesario comprender las relaciones subyacentes entre los diferentes componentes de las aguas residuales del caudal de entrada. Las aguas residuales domésticas son aguas residuales que provienen principalmente de hogares, escuelas, oficinas, tiendas o otras actividades comerciales sin procesos de manufactura. En la figura 4.4 se muestra la relación gráfica entre la DBO_5 y los SST. En las aguas residuales domésticas, entre un 20 y un 40 % de la DBO_5 del caudal de entrada es soluble. El clarificador primario no puede eliminarla. La DBO soluble pasará al tratamiento secundario. La DBO_5 restante es particulada, pero solo algunas de esas partículas son lo suficientemente grandes y densas para sedimentarse en el clarificador. Considere aguas residuales domésticas típicas que contienen 200 mg/L de DBO_5 que es soluble en un 30 %. Esto significa que 60 mg/L es soluble y 140 mg/L de la DBO_5 es particulada. Si la mitad de la DBO_5 particulada es sedimentable (es decir, lo suficientemente grande y densa), entonces el clarificador primario podrá eliminar un máximo de 70 mg/L de DBO_5. ¿Cómo se expresa esto en porcentaje de eliminación?

$$\text{Eliminación porcentual} = \left(\frac{\text{Entrante} - \text{Saliente}}{\text{Entrante}}\right) \times 100 \tag{4.1}$$

$$\text{Eliminación porcentual} = \left(\frac{200\ \text{mg/L} - \left(60\frac{\text{mg}}{\text{L}}\text{soluble} + 70\frac{\text{mg}}{\text{L}}\text{particulado}\right)}{200\ \text{mg/L}}\right) \times 100$$

$$\text{Eliminación porcentual} = 35\ \%$$

Los SST del caudal de entrada pueden ser inorgánicos (arena y gravilla) u orgánicos. En la figura 4.4 se puede ver la relación entre los sólidos volátiles en suspensión (SVS) (orgánicos) y la DBO_5 particulada. En las aguas residuales domésticas, estos componentes con frecuencia se encuentran en cantidades casi iguales. El material

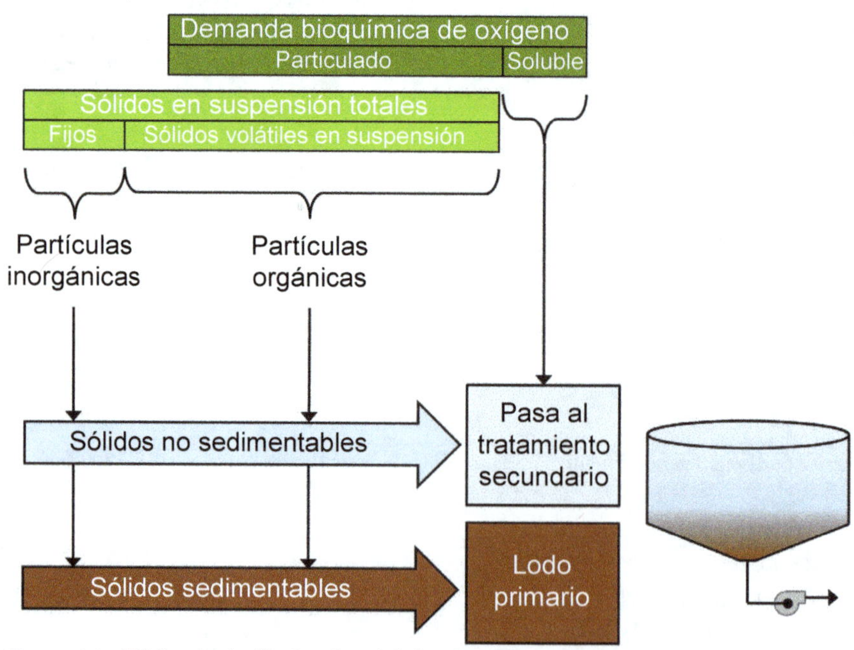

Figura 4.4 Eficiencia de eliminación del clarificador primario (reimpreso con autorización de Indigo Water Group)

sólido orgánico puede medirse como SVS o como DBO_5. En otras palabras, los sólidos orgánicos contribuyen a la DBO_5. Cuando los sólidos orgánicos se depositan en el lodo, la DBO también se elimina del proceso. No todos los SVS son lo suficientemente grandes y densos como para sedimentarse en el clarificador. Algunos SVS pasarán al tratamiento secundario.

Muchas instalaciones de recuperación de recursos hídricos (*water resource recovery facilities*, WRRF) utilizan clarificadores primarios para espesar el lodo primario y para separar los sólidos de las aguas residuales. En estos casos, los clarificadores primarios deben ser más grandes o más profundos para proveer espacio para la sedimentación y el espesamiento. Algunas instalaciones utilizan sus clarificadores primarios como fermentadores de lodo para descomponer el material orgánico complejo en compuestos orgánicos más simples denominados *ácidos grasos volátiles* (AGV). Los ácidos grasos volátiles son necesarios para la eliminación del fósforo biológico.

COMPROBACIÓN DE CONOCIMIENTOS

1. **Un clarificador primario bien operado siempre eliminará el 40 % de la DBO_5 total.**
   - ☐ Verdadero
   - ☐ Falso
2. **El desempeño del clarificador primario está limitado por la SOR, el TDH y las características de las aguas residuales que ingresan.**
   - ☐ Verdadero
   - ☐ Falso
3. **Los sólidos orgánicos biodegradables se miden con los análisis de laboratorio de DBO y de SVS.**
   - ☐ Verdadero
   - ☐ Falso
4. **El caudal de entrada de un clarificador primario contiene 190 mg/L de SST. El efluente contiene 125 mg/L de SST. Calcule el porcentaje de eliminación.**
   a. 26.1 %
   b. 34.2 %
   c. 65.7 %
   d. 87.4 %
5. **El caudal de entrada de un clarificador primario contiene 250 mg/L de DBO. Son 50 mg/L solubles y 200 mg/L particulados. Si el clarificador elimina el 50 % de la DBO particulada ¿cuál será la concentración total de DBO en el efluente primario?**
   a. 50 mg/L
   b. 100 mg/L
   c. 125 mg/L
   d. 150 mg/L
6. **Un TDH típico de un clarificador primario sería**
   a. 30 minutos
   b. 1.5 horas
   c. 3 horas
   d. 6 horas

Equipos

Los clarificadores primarios pueden ser rectangulares, circulares o cuadrados. En los circulares y cuadrados, las aguas residuales en general ingresan por el centro y fluyen hacia el borde exterior mientras que los sólidos sedimentados son raspados o transportados de alguna otra forma al centro. En algunos diseños de tanques circulares (denominados *clarificadores de alimentación perimetral*) las aguas residuales ingresan por la periferia y fluyen hacia dentro. En el tipo rectangular, las aguas residuales fluyen desde un extremo del tanque hacia el otro y unos raspadores mueven el lodo sedimentado hacia el extremo de entrada. Los tanques Imhoff desempeñan la doble función de sedimentación y digestión anaerobia; sin embargo, estos tanques poseen tecnología antigua y ya no están permitidos en la mayoría de los estados.

El proceso de recolección de lodo implica mover los sólidos sedimentados a un punto en el clarificador en el que se extrae. Los clarificadores primarios utilizan recolección mecánica, a excepción de aquellos que se encuentran en instalaciones pequeñas y dependen de la eliminación manual. Puede utilizarse alguno de los siguientes tipos de equipos:

- Raspadores giratorios (depósitos circulares y cuadrados),
- Placa y cadena (depósitos rectangulares), o
- Puente móvil con rejas (depósitos rectangulares).

La eliminación del lodo de los clarificadores primarios se realiza, en general, por bombeo, pero a veces por gravedad. Habitualmente se utilizan bombas de desplazamiento positivo como las bombas de pistón, de cavidad progresiva o de diafragma debido a las altas concentraciones de sólidos. Sin embargo, algunas instalaciones también utilizan bombas torque-caudal, centrífugas o de manguera (peristálticas). Para mayor información acerca de las bombas, consulte el capítulo 8 sobre bombeo de aguas residuales y lodo en el manual de práctica n.º 11 de la Water Environmental Federation titulado *Operation of Water Resource Recovery Facilities*. En la eliminación por gravedad, el lodo fluye desde el punto de recolección hasta una bóveda con un nivel superficial de líquido menor al del tanque primario.

TANQUES IMHOFF

Los tanques Imhoff, que raramente se utilizan, contienen dos compartimentos y los sólidos sedimentables caen a través de una ranura en el fondo de la cámara superior al compartimento inferior. Los sólidos son digeridos en el compartimento inferior de la misma unidad. Como se mencionó anteriormente, algunas agencias reguladoras estatales no permiten el diseño de tanques Imhoff en instalaciones nuevas o en proceso de ampliación.

COMPONENTES DEL CLARIFICADOR CIRCULAR

Los clarificadores circulares se utilizan con mucha frecuencia en tratamiento primario, secundario y terciario. Los clarificadores circulares son apreciados por ser los más exentos de problemas con respecto a los mecanismos de recolección de lodo. Los tanques cuadrados, hexagonales y octogonales son similares a los tanques circulares en cuanto a la manera en que el agua se mueve a través de ellos; sin embargo, puede quedar lodo sedimentado en las esquinas y deteriorar el desempeño. Si las esquinas cuentan con *filetes* y se utilizan mecanismos de recolección simples, estas formas alternativas son casi iguales a los tanques circulares. A efectos de este capítulo, los tanques con estas formas se consideran básicamente equivalentes a los tanques circulares.

Los *filetes* son material de relleno extra utilizado para reducir las esquinas angulosas. Al rellenar el espacio con lechada o cemento, se reduce el ángulo de la esquina y evita que se acumulen sólidos.

En la figura 4.5 se muestra un clarificador primario típico con todos los componentes importantes etiquetados. El caudal ingresa al clarificador por el fondo y sube por el tubo central. Una entrada de disipación de energía y un pozo de alimentación lentifican la corriente del caudal de entrada y lo dirigen hacia el fondo del clarificador, como se muestra en la figura 4.6. Estas barreras evitan que las aguas residuales del caudal de entrada vayan directamente a través de la superficie del clarificador hacia la salida. Se produce un cortocircuito cuando el caudal pasa rápidamente por el clarificador eludiendo la mayor parte del volumen del tanque. El pozo de alimentación evita el cortocircuito al forzar a la corriente del caudal de entrada a tomar una dirección descendente. A medida que el agua se mueve por el clarificador, los sólidos sedimentables caen al fondo donde un mecanismo de rastrillo empuja al lodo hacia el pozo de descarga de lodo, también denominado *tolva de lodo*. Una unidad impulsora ubicada en la plataforma central hace girar lentamente por el clarificador el mecanismo de rastrillo y el brazo desnatador. El agua tratada baja por el pozo de alimentación, a través del tanque, debajo de los deflectores de natas y sobre los vertederos hacia el depurador de efluentes. El deflector de natas evita que el material flotante pase sobre el vertedero hacia el depurador de efluentes. Un brazo desnatador rota con el mecanismo de rastrillo y retira el material flotante de la superficie y lo lleva hacia la bandeja para natas.

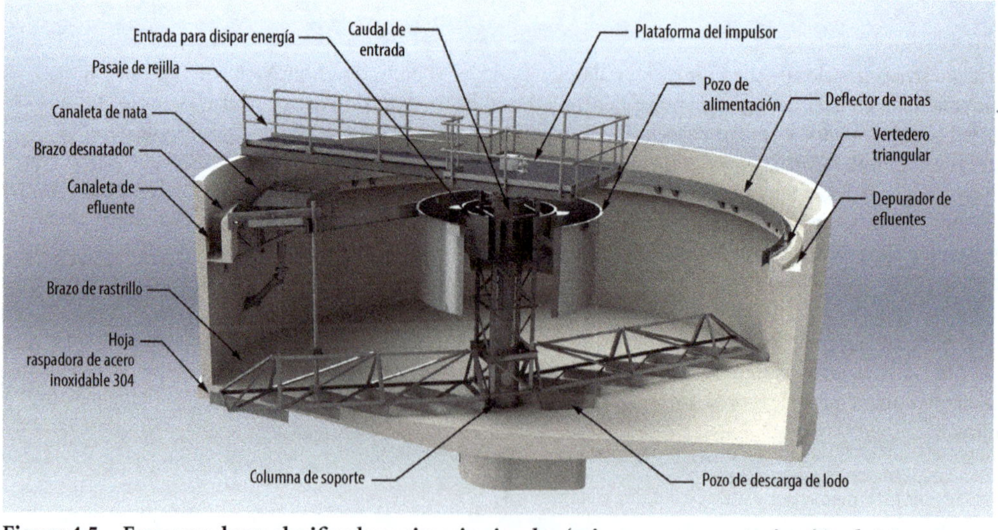

Figura 4.5 Esquema de un clarificador primario circular (reimpreso con autorización de Monroe Environmental [Monroe, MI] www.mon-env.com)

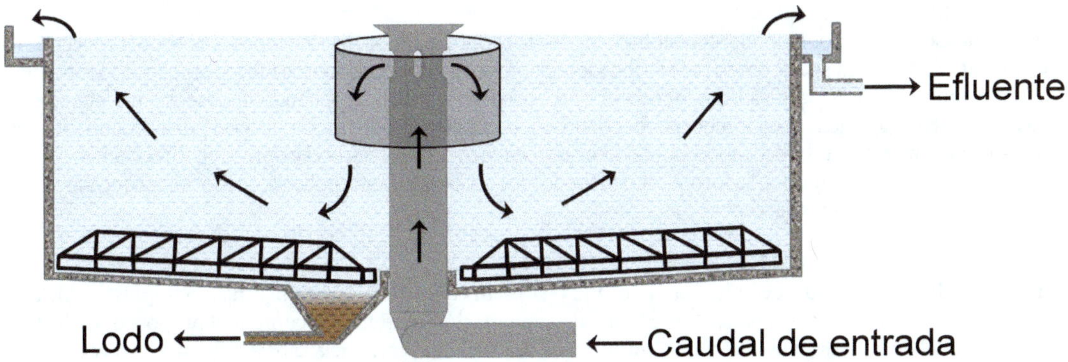

Figura 4.6 Patrón de caudal a través de un clarificador primario circular (EPA de EE. UU., 1975)

DIÁMETRO Y PROFUNDIDAD

Los clarificadores circulares utilizados en el tratamiento primario y secundario tienen tanques con rangos de diámetros desde los 3 m (10 ft) hasta mayores a 100 m (300 ft). Sin embargo, en la mayoría de las instalaciones, los diámetros son menores a 50 m (150 ft) para evitar los efectos adversos del viento en la superficie. En el tratamiento primario, las profundidades más comunes se encuentran entre los 3 y 4 m (10 a 12 ft). La mayoría de los clarificadores primarios poseen fondos con inclinación gradual, de manera que el clarificador es más profundo en el centro que en la pared exterior. No hay un estándar que fije cuán empinada debe ser la inclinación de los clarificadores primarios y puede variar considerablemente de una instalación a otra. La profundidad del tanque se mide en la pared exterior del tanque. Esto se denomina *profundidad del agua en un tanque.*

ALTURA LIBRE

Es práctica frecuente de los ingenieros de EE. UU. utilizar una altura libre de 0.5 a 0.7 m (1.5 a 2.0 ft) en la mayoría de los diseños de clarificadores, incluidos los clarificadores rectangulares. La altura libre es la distancia entre la parte superior de la pared del clarificador y la superficie del agua. El origen de este rango es incierto, pero es una práctica frecuente hace muchos años (WEF, 2005). Este espacio de altura libre permite que ante problemas hidráulicos aguas abajo (como fallas de la bomba o bloqueos parciales en la entrada del tubo) el caudal pueda regresar al clarificador.

COMPROBACIÓN DE CONOCIMIENTOS

1. **Se utilizan filetes para rellenar las esquinas de los clarificadores cuadrados y octogonales.**
   - ☐ Verdadero
   - ☐ Falso
2. **Los tanques Imhoff sedimentan el lodo primario en el compartimento superior y lo digieren en el compartimento inferior.**
   - ☐ Verdadero
   - ☐ Falso
3. **En general, se deja 1.5 m (5 ft) de altura libre. Esto permite almacenar el agua excedente cuando hay un bloqueo o una falla del equipo aguas abajo.**
   - ☐ Verdadero
   - ☐ Falso
4. **Este dispositivo ayuda a evitar que el material flotante se escape sobre el vertedero.**
   a. Disipador de energía
   b. Rastrillo
   c. Deflector de natas
   d. Franja de desgaste
5. **En un clarificador primario circular, la tolva del lodo está generalmente ubicada**
   a. Junto al borde exterior del clarificador
   b. Cerca del centro del clarificador
   c. Al lado del deflector de natas
   d. Debajo de la caja de natas
6. **La mayoría de los clarificadores primarios poseen un diámetro inferior a 100 m (300 ft) por esta razón:**
   a. El viento puede producir corrientes en los clarificadores más grandes
   b. No se dispone de mecanismos de recolección de lodos más grandes
   c. Es difícil acceder al equipo para limpiarlo
   d. No se puede soportar el peso del brazo desnatador

TUBO Y PUERTOS DE ENTRADA

Los clarificadores primarios circulares se alimentan desde el centro. En las disposiciones más frecuentes el tubo de alimentación ingresa por el fondo del clarificador, como se muestra en la figura 4.6; sin embargo, el tubo de alimentación en algunos clarificadores ingresa por un lateral del clarificador. Cuando ingresa por un lateral, el tubo de alimentación tiene posición horizontal a través del tanque del clarificador hacia el pozo de alimentación. La alimentación central produce que el caudal se mueva en forma radial hacia el exterior, en dirección al vertedero y, en muchos tanques, se forma un patrón de giro en forma de rosquilla, lo que produce que parte del caudal superficial regrese al centro.

VELOCIDADES Y TAMAÑO DEL TUBO

El *torque* es una fuerza generada mediante torsión. El impulsor en el centro del clarificador genera torque, que luego hace girar todo el mecanismo del clarificador.

La mayoría de los clarificadores circulares en los EE. UU. están equipados con un mecanismo impulsor ubicado en la parte superior de la columna central. El tubo de alimentación central debe cumplir el propósito doble de llevar el caudal de entrada al tanque y transmitir *torque* desde el impulsor hacia la base del fondo. En general, la velocidad del caudal de entrada en el caudal de hora pico no debe exceder 1.4 m/s (4.6 ft/s). Pueden ponerse en servicio más clarificadores para mantener la velocidad del caudal de entrada en este rango.

La mayoría de las columnas de alimentación central poseen cuatro puertos de abertura rectangular. Con frecuencia están sumergidos, aunque en algunos clarificadores los puertos pueden tener expuestos varios centímetros de la parte superior. En varios diseños de entrada de alimentación central, los puertos de entrada descargan de manera libre en el pozo de alimentación de entrada. En algunos, sin embargo, se construyen deflectores justo fuera de cada puerto para frenar la velocidad de los chorros hacia el área deflectada de la entrada. Como se muestra en la figura 4.7, los tanques de alimentación central se pueden alimentar con tubos horizontales o tubos verticales que descargan libremente por el extremo. A veces, estos equipos están equipados con una salida con boca de campana que reduce la velocidad de liberación al centro del tanque.

ENTRADA Y POZO DE ALIMENTACIÓN

En la figura 4.8 se muestra una configuración estándar de entrada de alimentación central para un tanque circular. Continúa siendo una de las formas más comunes de alimentar clarificadores primarios con alimentación central. El diámetro del pozo de alimentación es en general entre el 15 y el 25 % del diámetro del tanque; sin embargo, los diámetros de los pozos de alimentación habitualmente no exceden los 10 a 15 m (32 a 50 ft), independientemente del tamaño del tanque. Los pozos del centro pueden tener una profundidad de 1 a 2.5 m (3 a 8 ft) (Metcalf and Eddy, Inc./AECOM, 2014). De la misma manera, las velocidades del caudal descendente que abandonan el pozo de alimentación con frecuencia poseen límites de 0.7 m/min (2.3 ft/s). Los disipadores de energía reducen la velocidad por medio de puertos a 0.75 m/s (caudal máximo) y de 0.30 a 0.45 m/s (caudal promedio) (Metcalf and Eddy, Inc./AECOM, 2014).

La elevación de la parte superior del pozo de alimentación en general se extiende por encima de la superficie del agua durante el caudal de hora pico. Habitualmente, algunos puertos se cortan en la porción superior del deflector para permitir que las natas y demás material flotante se muevan desde el pozo de alimentación hacia el propio tanque. En general, hay cuatro de estas aberturas alrededor del deflector con la misma distancia entre ellas. El material flotante también puede pasar sobre la parte superior del deflector durante el caudal de hora pico.

Un pozo de alimentación típico se extiende hacia abajo entre apenas un 30 % y hasta un 75 % de la profundidad del tanque. También es común que el borde inferior del pozo de alimentación central se encuentre aproximadamente 0.3 m (1 ft) por debajo del fondo de los puertos del tubo de alimentación central. Debe ser lo suficientemente bajo como para que el caudal disparado desde los puertos no vaya por debajo del deflector y haga un cortocircuito a través de la parte superior del clarificador. En los tanques convencionales, el pozo de alimentación rota con el mecanismo raspador de lodo. En otros tanques permanece fijo. El pozo de alimentación puede estar sujeto desde el puente o desde el mecanismo de recolección de lodo.

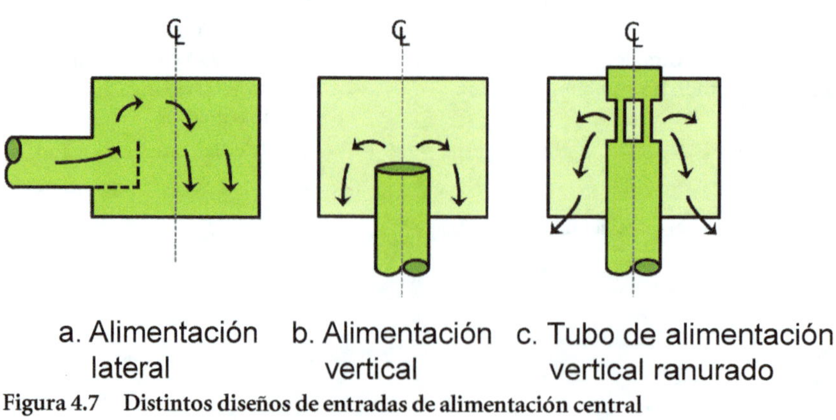

Figura 4.7 Distintos diseños de entradas de alimentación central

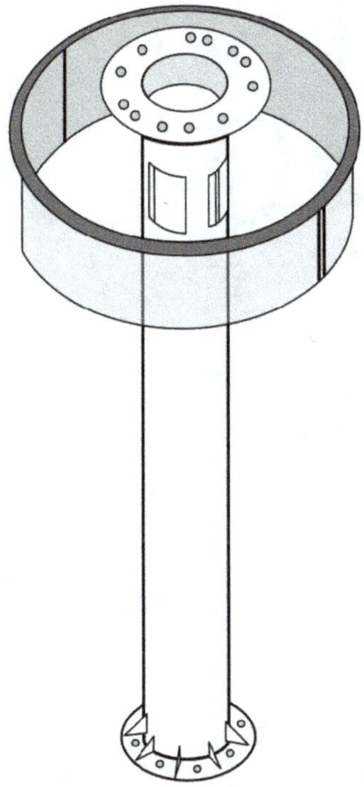

Figura 4.8 Disposición de alimentación central

COMPROBACIÓN DE CONOCIMIENTOS

1. **La mayoría de los clarificadores primarios circulares utilizan el patrón alimentación central, purga perimetral de caudal.**
   - ☐ Verdadero
   - ☐ Falso
2. **El pozo de alimentación dirige el caudal en dirección descendente hacia el fondo del clarificador y aumenta la velocidad del caudal.**
   - ☐ Verdadero
   - ☐ Falso
3. **Una WRRF posee tres clarificadores primarios pero actualmente solo dos de ellos están en servicio. La velocidad del caudal de entrada actualmente es de 2 m/s (6.6 ft/s). El operador debe**
   a. Registrar la velocidad del caudal de entrada en la hoja de registro.
   b. Poner en servicio el tercer clarificador.
   c. Ajustar los deflectores del pozo de alimentación.
   d. Sacar de servicio un clarificador.
4. **La función del pozo de alimentación de un clarificador primario es**
   a. Evitar el cortocircuito
   b. Dirigir el caudal hacia el vertedero de efluentes
   c. Aerear y mezclar el caudal de entrada de aguas residuales
   d. Recolectar natas y lodos

SALIDAS

Las salidas de la mayoría de los clarificadores de alimentación circulares consisten en un único vertedero triangular perimetral que desborda en una bandeja de efluentes. Las alternativas incluyen bandejas de vertedero dobles en voladizo o suspendidas y tubos de recolección con orificio sumergido. Se construyó una cantidad relativamente pequeña de tanques circulares con orificios sumergidos y no serán descritos con mayor detalle en este texto.

Vertedero perimetral

Existen dos diseños comunes de salidas de vertedero perimetral para clarificadores circulares. El primero es una bandeja de hormigón construida en la parte interna de la pared del tanque. La placa del vertedero se atornilla en la parte superior de la cara interna de la pared de la bandeja. Este se denomina *depurador interno* (figura 4.9 [a]). El material flotante puede subir hasta la parte baja del depurador interno y quedar atrapado. Es necesario limpiar

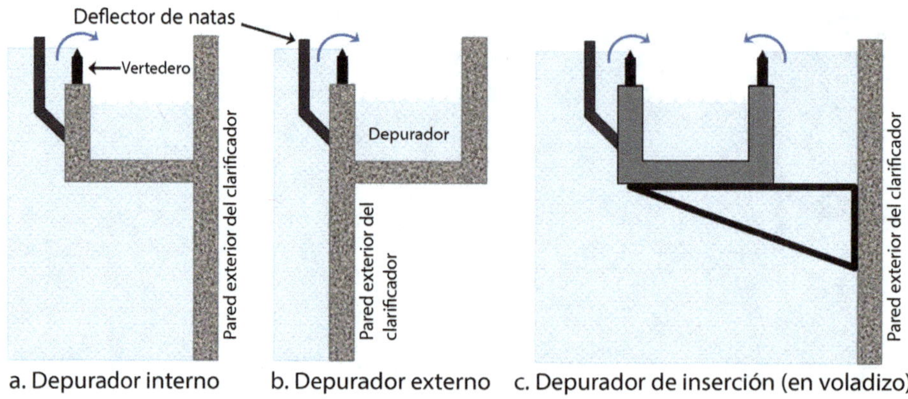

Figura 4.9 Depuradores internos, externos y de inserción (reimpreso con autorización de Indigo Water Group)

los vertederos y depuradores periódicamente. En otra disposición común de un vertedero perimetral, la placa del vertedero está atornillada a la parte interna de la pared del tanque. Luego se construye una bandeja de efluentes de hormigón en la parte exterior de la pared del tanque. Este se denomina *depurador externo* (figura 4.9 [b]). Los depuradores de inserciones (figura 4.9 [c]) se describen en la próxima sección.

El tipo más común de placa de vertedero incluye la colocación de vertederos triangulares de 90º a intervalos de 152 o 304 mm (6 o 12 in). En la figura 4.10 se muestra una placa de vertedero típica, con la placa de vertedero (B) delante y el deflector de natas (A) detrás. El vertedero que se muestra en la figura 4.10 se encuentra en un clarificador secundario; sin embargo, es idéntico al de los clarificadores primarios. Esta ubicación del vertedero permite un equilibrio de aumentos relativamente bajos en la elevación del agua cuando aumentan los caudales como resultado de los cambios diurnos u otros. Los vertederos triangulares también tornan irrelevantes las imperfecciones de nivelación de la placa del vertedero. Algunos clarificadores poseen muescas cuadradas, que son más propensas a obturaciones parciales ocasionadas por hojas y otros desechos superficiales. En la figura 4.11 se muestra una placa de vertedero rectangular, con la placa de vertedero (B) delante y el deflector de natas (A) detrás.

Depuradores dobles o múltiples en voladizo

En la figura 4.12 se muestra un depurador doble en voladizo típico. Este tipo de depurador aumenta la longitud total del vertedero para un diámetro dado de tanque. Esto reduce la tasa de carga del vertedero. La tasa de carga del vertedero es la cantidad de caudal que pasa a través del clarificador por longitud del vertedero. Los depuradores de inserciones pueden reducir los efectos de algunos tipos de cortocircuitos en los clarificadores;

Figura 4.10 Placa de vertedero triangular con deflector de nata en un clarificador secundario: (A) Deflector de nata y (B) vertedero (reimpreso con autorización de South Platte Water Renewal Partners)

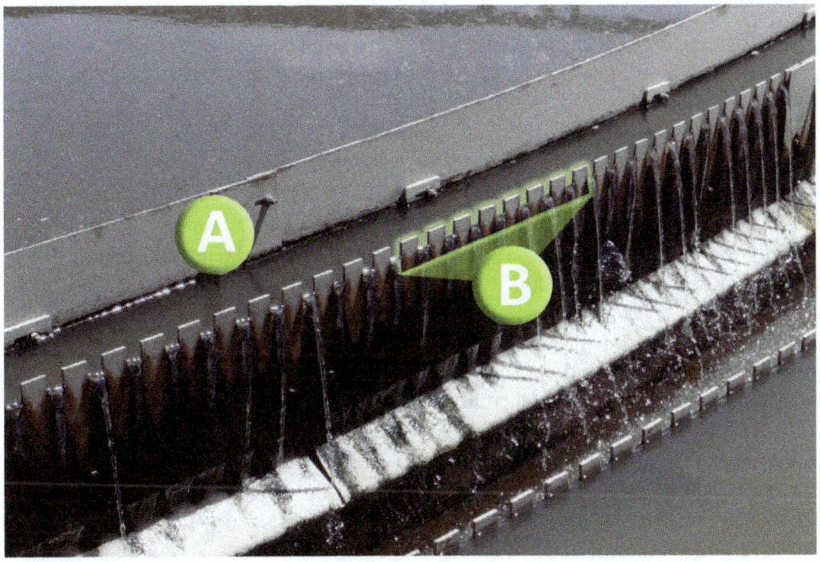

Figura 4.11 Vertedero rectangular en un clarificador primario: (A) Deflector de nata y (B) placa de vertedero (reimpreso con autorización de South Platte Water Renewal Partners)

sin embargo, el material flotante puede quedar atrapado entre el depurador de inserción y la pared del clarificador. Si no se quita el material atrapado, puede podrirse y generar olores.

Las bandejas de efluentes (depuradores) deben mantenerse limpias y prolijas. En los vertederos de los clarificadores primarios puede quedar atrapado material fibroso. Para asear los vertederos y depuradores, los operadores con frecuencia se inclinan sobre la pared del tanque y los limpian con una manguera. Algunos clarificadores están equipados con cepillos amarrados al extremo del brazo desnatador. Cuando el brazo gira, los cepillos ayudan a retirar los desechos de los vertederos. No sustituyen el mantenimiento habitual.

SISTEMAS DE ELIMINACIÓN DE LODO

El desempeño del proceso depende en gran medida de la eliminación eficaz del lodo de los tanques circulares. Existen dos tipos básicos de sistemas de eliminación de lodo: por arado y por aspiración hidráulica. Los arados se utilizan para todos los tipos de lodo presentes en el tratamiento de aguas residuales, mientras que la aspiración hidráulica se limita principalmente al lodo activado de los clarificadores secundarios.

Figura 4.12 Depurador de inserción con deflectores de nata dobles (reimpreso con autorización de South Platte Water Renewal Partners)

Raspadores

Hay varios diseños básicos de raspadores utilizados. En la figura 4.13 se muestran cuatro tipos diferentes de raspadores. En los EE. UU. está muy extendido el uso de arados de hoja múltiple raspadora recta. Los diseños que utilizan hojas curvas comúnmente se denominan *arados en espiral* y se han utilizado por décadas en Europa. La cantidad de clarificadores con hojas en espiral está aumentando en los Estados Unidos. El diseño de hoja múltiple recta (C) continua siendo el mecanismo más utilizado en los clarificadores primarios. Los raspadores rastrillan los surcos de lodo primario de manera progresiva hacia la tolva de lodo ubicada en el centro.

El tipo de arado convencional (figura 4.14) consiste en raspadores que barren el piso del tanque a una velocidad periférica de aproximadamente 1.8 a 3.7 m/min (6 a 12 ft/min). Los arados se ubican en ángulo para arrastrar el lodo primario hacia la tolva, en general en el centro del tanque, a medida que el dispositivo gira. El elemento giratorio del dispositivo puede estar impulsado desde la plataforma central o la pared exterior del tanque. Debe haber suficiente torque como para mover el lodo primario más denso esperado. Son necesarias muchas revoluciones para mover los sólidos desde el perímetro del tanque hasta la tolva central.

Actualmente se prefieren los raspadores de lodos en espiral, segmentados, cónicos y más profundos (figura 4.13[B]) a los raspadores tipo arado convencionales. Las hojas cónicas de los raspadores en espiral permiten velocidades periféricas operativas un poco más rápidas de 2.4 a 4.3 m/min (8 a 14 ft/min) y mueven los sólidos hacia la tolva central con apenas una revolución. Esto permite al operador de la instalación aumentar la capacidad de transporte de lodo y mejorar las concentraciones. Los raspadores en espiral se han utilizado de manera exitosa en clarificadores de hasta 68 m (225 ft).

Tolvas

El lodo sedimentado en general se raspa hacia la tolva donde se elimina por gravedad o bombeo. En los tanques circulares, la tolva en general se encuentra en el centro del tanque. La tolva, de hasta 3 m (10 ft) de profundidad, tiene lados empinados. Hasta hace algunos años, en los EE. UU. la mayoría de los clarificadores que utilizaban mecanismos de raspadores estaba equipada con tolvas trapezoidales. Según el tamaño del tanque, estas tolvas tienen varios metros de profundidad y paredes con inclinaciones de al menos 60° con respecto al plano horizontal. Esta es aún la clase de tolva más común en los clarificadores primarios.

Ubicación del impulsor

La mayoría de los clarificadores en los Estados Unidos poseen el mecanismo impulsor en el centro del clarificador, en la parte superior de la columna central. En los tanques más pequeños, con tubos de alimentación lateral, el mecanismo impulsor puede ubicarse sobre o debajo de un puente fijo que se extiende por todo el ancho del tanque. En Europa es común tener un impulsor en la pared del tanque. No es tan común en los Estados Unidos ubicar el impulsor en la pared del tanque. Este acciona ruedas con neumáticos de goma que se mueven en la parte superior de la pared del tanque y hacen girar el puente que abarca el diámetro del tanque y tiene un pivote en el medio.

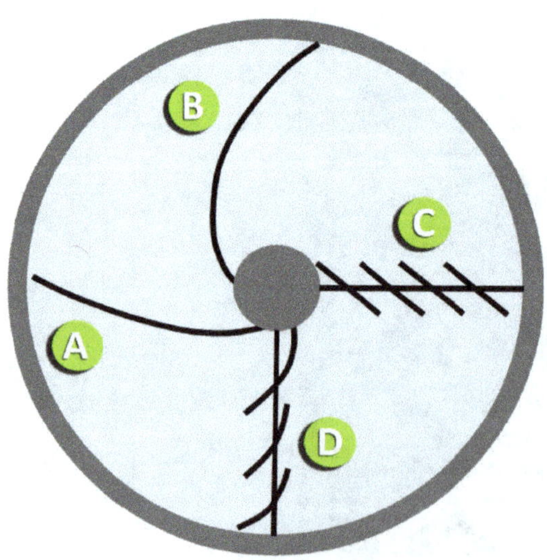

Figura 4.13 Configuración de los raspadores: (A) Arado en espiral Nierskratzer, (B) arado en espiral logarítmica, (C) arado parasol recto y (D) arado parasol curvo

Figura 4.14 Arados rectos convencionales (reimpreso con autorización de Keith Radick)

SISTEMAS DESNATADORES

La presencia de natas y material flotante en la superficie de los clarificadores es un problema común en la mayoría de las WRRF municipales. En los clarificadores primarios, el aporte principal proviene de grasas y aceites, plásticos, hojas, trozos de tela, cabello y otros materiales. Se ha convertido en una práctica común eliminar los materiales flotantes de las superficies de los clarificadores primarios y secundarios. Para los tanque circulares se han diseñado distintos mecanismos desnatadores que se operan con diversos grados de capacidad y éxito. En la figura 4.15 se muestra un desnatador giratorio (resaltado en verde), el sistema más común utilizado en los tanques de alimentación central. Este diseño se ha utilizado por varios años y muchos lo consideran el estándar, especialmente para clarificadores primarios. Incluye un brazo desnatador giratorio y un limpiador que se desplaza por el borde exterior del tanque, al lado del deflector de natas. Mueve el material flotante hacia una trampa de nata o rampa de egreso conectada a una caja de eliminación de natas (figura 4.16). En cada giro, los sólidos flotantes son empujados hacia la rampa de egreso (1) donde abandonan la superficie del agua, suben a la rampa y caen en la caja de natas (2). Luego la hoja del desnatador pasa sobre la caja de natas y se vuelve a sumergir en el agua para repetir el giro. El deflector de natas (3) evita que las natas sean empujadas hacia el vertedero de efluentes (4). En la figura 4.17 se muestra una trampa de natas expuesta. La mayoría de los clarificadores primarios poseen una hoja giratoria por clarificador, mientras que los clarificadores secundarios pueden tener dos o incluso cuatro hojas giratorias. Algunas cajas de natas también están equipadas con una válvula automática de descarga ubicada en el extremo más central de la caja (figura 4.18). La válvula se acciona mecánicamente con cada paso del desnatador, lo que produce una descarga de agua sobre los sólidos en el fondo de la tolva de la caja y el tubo de descarga. Habitualmente es el operador el que fija el volumen y la duración de la descarga. En la figura 4.19 se muestra la válvula de descarga en las posiciones abierta y cerrada. Cuando la válvula está abierta, ingresa agua por la válvula (A) y fluye hacia la caja de eliminación de natas (B). Una vez que el desnatador pasa por la caja de eliminación de natas, la válvula se cierra automáticamente y corta el caudal de agua de descarga.

La bandeja para natas con frecuencia tiene una extensión de varios metros (pies) desde el deflector de natas hacia el centro del tanque. Algunos diseños la extienden hasta el centro del pozo de alimentación con lo cual se logra un proceso de desnatación de radio completo. En las bandejas para natas más cortas, algunos sistemas cuentan con la posibilidad de mover el material flotante hacia el deflector de natas. Otro método para mover el material flotante hacia el deflector de natas consiste en la utilización de rocíos de superficie.

Figura 4.15 Brazo desnatador giratorio (reimpreso con autorización de Indigo Water Group)

Figura 4.16 Trampa de natas, deflector de natas y vertedero: (1) Trampa de natas, (2) descarga a caja de natas, (3) deflector de natas y (4) vertedero (reimpreso con autorización de South Platte Water Renewal Partners)

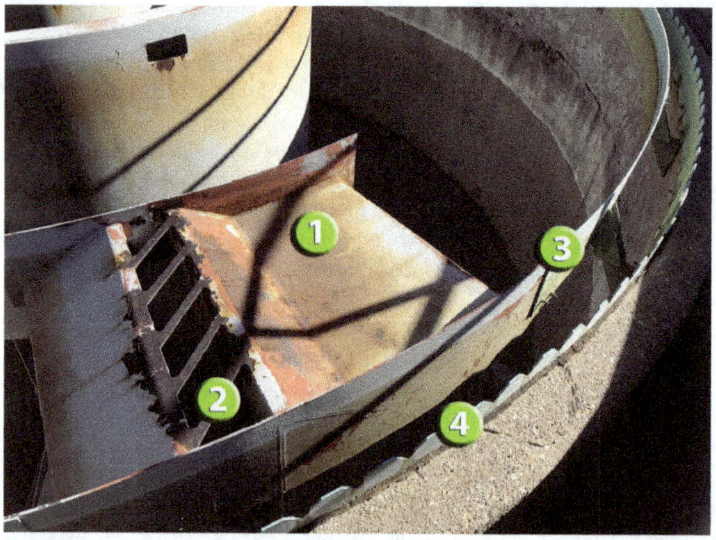

Figura 4.17 Trampa de natas expuesta: (1) Trampa de natas, (2) descarga a caja de natas, (3) deflector de natas y (4) vertedero (reimpreso con autorización de Indigo Water Group)

Figura 4.18 Dispositivo de lavado automático para caja de eliminación de nata (reimpreso, cortesía de la ciudad de Columbia, Metro WWTP. Foto de Adrian Martin).

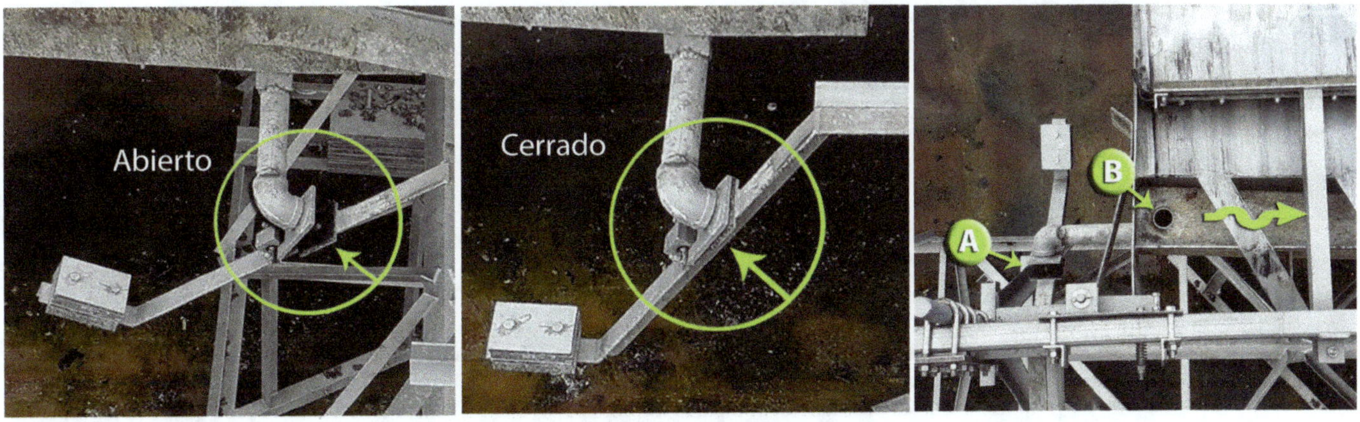

Figura 4.19 Operación del mecanismo de lavado de la caja de nata: (A) Válvula y (B) caja de eliminación de nata (reimpreso, cortesía de la ciudad de Columbia, Metro WWTP. Foto de Adrian Martin).

COMPROBACIÓN DE CONOCIMIENTOS

Etiquete los componentes de este clarificador primario circular. Controle sus respuestas con el figura 4.5.

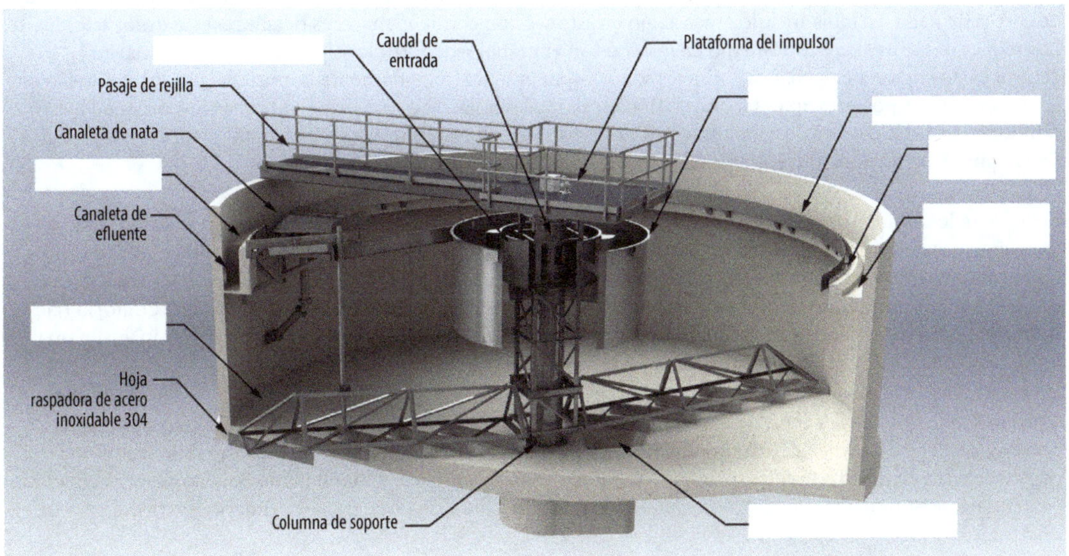

Reimpreso con autorización de Monroe Environmental (Monroe, MI) www.mon-env.com

1. **Los vertederos para clarificadores circulares en general consisten en aberturas rectangulares con una distancia de 0.3 m (1 ft) entre ellas.**
   - ☐ Verdadero
   - ☐ Falso
2. **Los arados de un mecanismo raspador de un clarificador circular están colocados en ángulo para dirigir el lodo a la tolva central.**
   - ☐ Verdadero
   - ☐ Falso
3. **El impulsor del mecanismo de recolección de lodo en general está montado a la pared del clarificador circular.**
   - ☐ Verdadero
   - ☐ Falso
4. **Este tipo de depurador se encuentra dentro del clarificador y está montado en la pared exterior.**
   a. Depurador de inserción
   b. Depurador externo
   c. Depurador en voladizo
   d. Depurador interno
5. **Una desventaja potencial del depurador interno es**
   a. La longitud del vertedero aumenta en comparación con un depurador de inserción
   b. Falta de lugar para montar la placa del vertedero
   c. El material flotante puede quedar atrapado debajo del depurador
   d. Es difícil acceder a las dos placas del vertedero para limpiarlas

6. **Una ventaja de utilizar un depurador de inserción o en voladizo es que**
   a. Aumenta la longitud total del vertedero
   b. Es difícil acceder a las placas del vertedero para limpiarlas
   c. El material flotante puede quedar atrapado
   d. Aumenta la tasa de carga del vertedero

7. **Las natas y demás material flotante**
   a. Pasan por debajo del deflector de natas, a los efluentes.
   b. Los empuja el brazo del desnatador hacia la rampa de egreso.
   c. Consisten principalmente en grasas y arena.
   d. Deben eliminarse aguas arriba durante el tratamiento preliminar.

PASARELAS Y PLATAFORMAS

La mayoría de los clarificadores circulares están equipados con una pasarela que se extiende desde el perímetro del tanque hasta el área central. Algunos clarificadores poseen pasarelas que se extienden todo el diámetro. En general, las pasarelas tienen un ancho mínimo de 1 m (3 ft). En los clarificadores circulares, las plataformas centrales de los clarificadores con impulsores centrales son en general lo suficientemente grandes como para proporcionar a los operadores un espacio mínimo de 1.4 m (4 ft) entre el mecanismo para que el operador pueda trabajar. Son habituales las plataformas de 2.4 m por 2.4 m (8 × 8 ft) o más grandes. Puede haber orificios de acceso y puertas trampa ubicados convenientemente para facilitar las actividades de mantenimiento, operación, muestreo y observación.

IMPULSORES

La unidad impulsora del clarificador hace girar el mecanismo de recolección de lodo y el brazo del desnatador. En la figura 4.20 se muestran ejemplos de las unidades impulsoras de eje y de compartimiento. Se acopla un motor ubicado en la parte superior de cada impulsor con los reductores de engranajes debajo. Las unidades impulsoras de los tanques circulares habitualmente consisten en tres juegos de reductores que transmiten velocidad del motor al mecanismo giratorio. Comúnmente se los denomina *reductores primarios*, *intermedios* y *finales*. Distintos fabricantes utilizan engranajes de tornillos sin fin, reductores de velocidad cicloidal y engranajes de correa dentada. La tabla incluida más abajo en esta sección contiene mayores detalles acerca de los engranajes. Los reductores primario e intermedio en general son engranajes de tornillos sin fin. El reductor final en general es un engranaje recto. Los cojinetes son componentes extremadamente importantes de los mecanismos impulsores. Los tipos principales incluyen uno en el que las bolas de acero giran en franjas revenidas de hierro fundido y otro con canales de rodamiento de acero forjado. Estos últimos se denominan *impulsores de precisión*. En la figura 4.20 se muestran cojinetes de precisión en los dos mecanismos impulsores.

En los Estados Unidos hay dos tipos comunes de mecanismos impulsores para un clarificador: los montados en puente y los montados en un pilar (columna) central. Los impulsores montados en puente se utilizan en clarificadores con puente completo, en general con un diámetro menor a 15 m (50 ft). El puente de acceso sirve de soporte para el impulsor central. La brida de salida del impulsor está sujeta al tubo de torque giratorio (eje impulsor) que hace girar el mecanismo de recolección. Las configuraciones típicas del impulsor incluyen una unidad de reducción de engranaje primaria y final.

Aquellos montados en pilar central se utilizan en clarificadores con medio-puente y soporte de columna central que en general poseen un diámetro superior a 15 m (50 ft). La columna central soporta el impulsor central y el engranaje recto giratorio está sujeto al compartimento del impulsor que hace girar el mecanismo de recolección. Las configuraciones típicas del impulsor incluyen una unidad de reducción de engranaje primaria, intermedia y final.

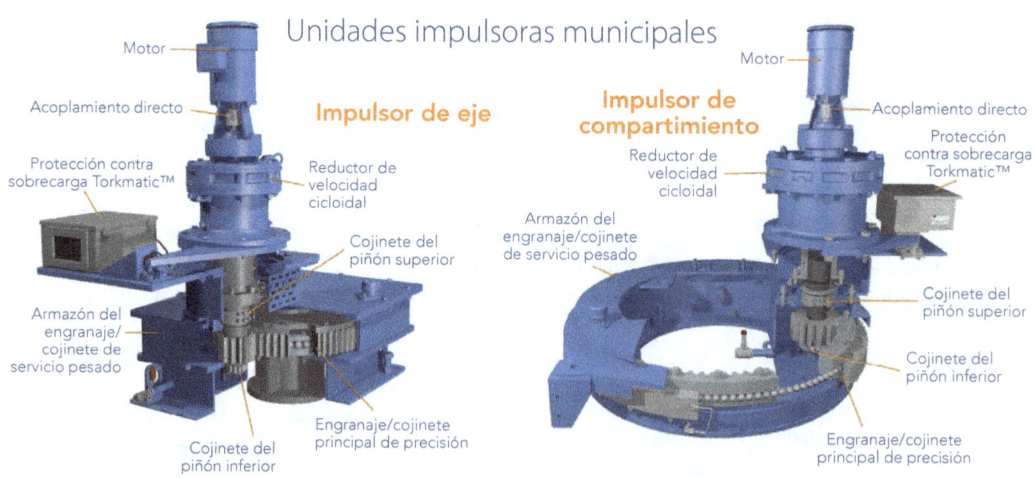

Figura 4.20 Unidades impulsoras del clarificador (cortesía de WesTech Engineering, Inc.)

Otro tipo de impulsor muy utilizado en Europa es el mecanismo impulsor de anillo. Incluye un motor, una caja de engranajes y una rueda impulsora que gira en la parte superior de la pared de un tanque circular. Hay algunas unidades operando en los Estados Unidos; sin embargo, debido a su número reducido, no se brinda mayor información en este texto.

El impulsor y el mecanismo clarificador de un clarificador circular deben estar protegidos de situaciones de sobrecarga. Si el mecanismo se traba por la presencia de desechos, una obstrucción en el suelo o no puede mover el lodo porque la concentración de sólidos es demasiado alta, o por cualquier otro motivo, se debe proteger al impulsor del clarificador mediante la fijación de alarmas de torque alto o la desconexión del mecanismo de recolección para evitar daños al impulsor o al mecanismo. Aunque el mecanismo se mueva lentamente, hay mucho torque en el sistema capaz de torcer o producir otro daño a todo el mecanismo del clarificador. La mayoría de los proveedores de empaquetaduras de impulsores para clarificadores proporcionan dispositivos de monitoreo de torque como parte del mecanismo impulsor. El torque se detecta en los brazos del raspador y se transmite a la unidad impulsora. En cada mecanismo impulsor de un clarificador en general se instalan interruptores de advertencia, alarma y desconexión por torque alto y torque muy alto. La lectura de indicación de torque en general puede estar en escala, expresada como un porcentaje de la carga máxima de torque. El sistema de sobrecarga puede operar con desplazamiento lateral o rotación libre (Weidler, 2017).

Se puede utilizar el método de desplazamiento lateral con mecanismos impulsores que incluyan un reductor primario, juego de cadena y rueda dentada, reductor intermedio y juego de engranajes rectos final (Weidler, 2017). El reductor intermedio en general es una combinación de engranaje de tornillo sin fin y engranaje y está diseñado para deslizarse o patinar cuando se aplica mucho torque. Cuando el engranaje con tornillo sin fin patina, cede o pone tensión en un mecanismo de resortes que luego dispara uno o más interruptores de límite dentro de la caja de engranajes. El deslizamiento es pequeño, en general de +/− 9.5 mm (3/8 in) (Weidler, 2017). Un interruptor de límite es un interruptor que se activa o dispara por el movimiento de otro componente. Los interruptores de límite de la figura 4.21 están en el interior de la caja de protección de sobrecarga. La mayoría de los impulsores tienen dos interruptores de límite. Si el interruptor de advertencia de torque alto detecta una condición de torque alto (en general cuando la carga de torque alcanza entre el 40 y el 50 % del torque del impulsor máximo del diseño) genera una alarma de torque alto. Esta alarma en general se visualiza en el panel de control principal del operador de la instalación. Si el interruptor de torque muy alto detecta que la carga de torque alcanzó entre el 80 y el 85 % del torque del impulsor máximo del diseño, genera una alarma de torque muy alto. Si no se desconecta el impulsor luego de que el torque real alcance el nivel muy alto, el interruptor de torque muy alto desconectará el motor del impulsor para protegerlo de la sobrecarga y para proteger de daños al mecanismo de recolección de lodo.

Muchos mecanismos impulsores poseen pasadores de seguridad como tercer nivel de protección. Un pasador de seguridad es una varilla que está diseñada para quebrarse bajo cierta carga o torque. En caso de que los interruptores de límite no se activen, se romperá el pasador de seguridad. Según el diseño, un pasador de seguridad quebrado permite que el motor del impulsor continúe operando, pero evita que se encienda el

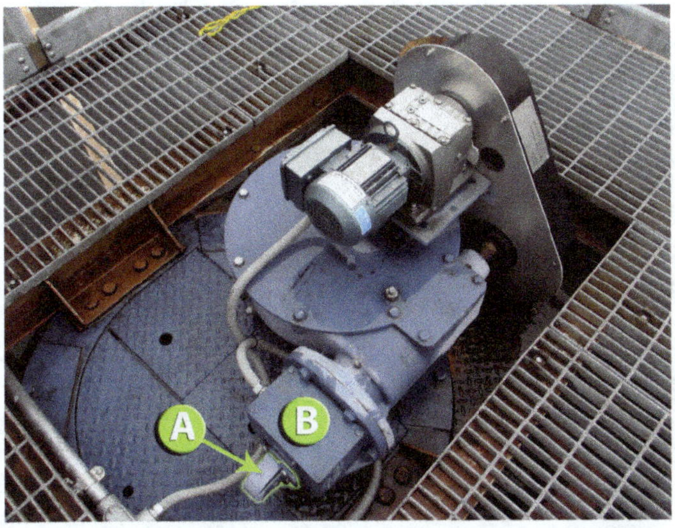

Figura 4.21 Mecanismo del impulsor del clarificador que muestra la ubicación del pasador de seguridad: (A) Sensor de torque y (B) caja del interruptor de torque (reimpreso con autorización de Kenneth Schnaars)

Figura 4.22 Ensamble de cadena y rueda dentada con pasador de seguridad (reimpreso con autorización de Kenneth Schnaars)

recolector; si el pasador de seguridad funciona en forma conjunta con un interruptor de límite con disparo, puede desconectar tanto el impulsor como el mecanismo de recolección. En la figura 4.21 se muestra un clarificador con ensamble de cadena y rueda dentada. En la figura 4.22, la cubierta fue retirada del ensamble de cadena y rueda dentada para mostrar la ubicación del ensamble del pasador de seguridad (resaltado en verde).

El segundo método es el sistema de reducción rotativo (Weidler, 2017). Con este sistema, los reductores primario e intermedio pueden girar con el mecanismo. Al rotar, se oprime un émbolo o varilla. La varilla interactúa con los interruptores de límite. A medida que el torque aumenta y los mecanismos del clarificador se lentifican, la rotación de los reductores primario e intermedio también se lentifica, y así dispara alarmas de torque alto y torque muy alto.

Los clarificadores rectangulares utilizan un dispositivo de apagado diferente. También utilizan interruptores de límite y pasadores de seguridad. La clase de interruptor de límite utilizado y la existencia de un control primario para el pasador de seguridad o el interruptor de límite depende tanto de la antigüedad del equipo como del fabricante. En el margen superior derecho de la figura 4.23 se muestra un ejemplo de interruptores de límite para el impulsor de un clarificador, al costado del indicador de carga.

En caso de que el mecanismo del clarificador se desconecte o el pasador de seguridad se quiebre, el operador debe sacar el clarificador de servicio y determinar la causa del problema. Entre las causas que pueden producir una condición de sobrecarga se encuentran el atascamiento de desechos en el mecanismo de recolección de lodo,

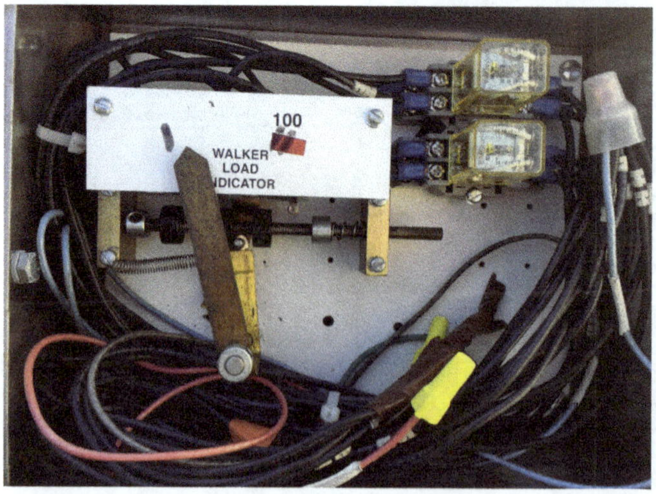

Figura 4.23 Interruptores de límite del impulsor del clarificador (reimpreso con autorización de Manuel Freyre, ciudad de Northglenn, Colorado)

concentraciones excesivamente altas de sólidos totales en el manto de lodo, una falla en el sistema de eliminación de lodo (bombas) o que el mecanismo de recolección de lodos se trabe en el piso del clarificador. Es muy importante determinar y corregir la causa de la sobrecarga. Bajo ninguna circunstancia el operador debe instalar un pasador de seguridad más grande y fuerte. El quiebre del pasador de seguridad actúa como advertencia de que algo del mecanismo de recolección está mal. Si se fuerza a que continúe la operación, puede provocarse un daño al equipo.

!Engranajes, engranajes, engranajes!

Gran parte de los equipos utilizados para el tratamiento de aguas residuales basa su funcionamiento en motores y engranajes. Los engranajes transmiten fuerza de una máquina a otra. Si se conectan dos o más engranajes de forma tal que sus dientes estén alineados, al girar un engranaje girará el otro también. Una caja de engranajes es un armazón que contiene uno o más engranajes. En la figura 4.24 se ilustran diferentes clases de engranajes. Un engranaje con dientes que sobresalen rectos desde el borde del engranaje se denomina *engranaje recto*. Muchos de los engranajes que se muestran en la figura 4.24 son engranajes rectos. Si se colocan dos engranajes juntos, el engranaje más grande se denomina *corona* y el más pequeño de los dos se denomina *piñón*. Un engranaje intermedio que transmite potencia de un engranaje a otro engranaje se denomina *engranaje loco*. Se utilizan engranajes locos cuando el piñón debe girar en el mismo sentido que la corona. Un engranaje con tornillo sin fin luce similar a un tornillo y en general es una pieza de un eje más grande. Se utilizan engranajes con tornillo sin fin para transmitir fuerza desde un eje horizontal hacia otro engranaje o equipo que se encuentre perpendicular al engranaje con tornillo sin fin. Una rueda dentada es similar a un engranaje pero no es realmente un engranaje. Las ruedas dentadas se utilizan en combinación con una correa o cadena. Los dientes de la rueda encajan en las aberturas de la cadena o correa y la hacen mover.

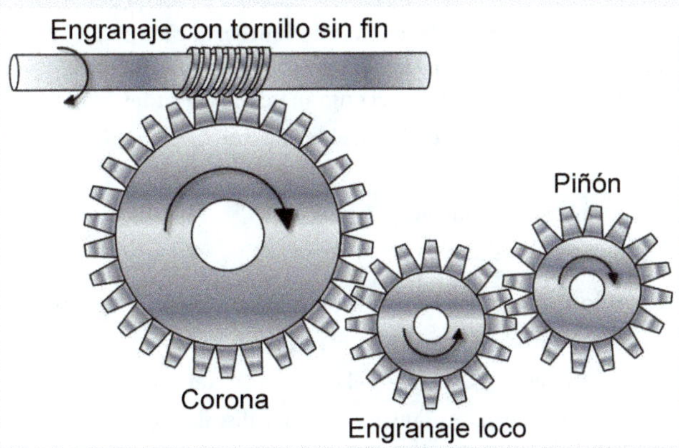

Figura 4.24 Tipos de engranajes (reimpreso con autorización de Indigo Water Group)

El torque es la fuerza que tiende a producir rotación. Imagine una regla con un clavo en el centro. Si empuja la regla en su punto de apoyo, no pasa nada. Si empuja la regla en un punto a cierta distancia del centro, la regla gira alrededor del punto de apoyo. La fuerza o potencia aplicada para hacer girar la regla se denomina *torque*. Cuando se aplica fuerza a un engranaje, se puede utilizar el torque resultante para mover otros engranajes o equipos. La fuerza, el torque y la velocidad se relacionan entre sí mediante la siguiente ecuación:

$$\text{Fuerza} = \text{Torque} \times \text{Velocidad}$$

Imagine un engranaje grande conectado con un engranaje pequeño (piñón). Si se aplica fuerza a la corona, rota a cierta velocidad y hace girar el piñón. El piñón más pequeño gira más rápido que el engranaje más grande porque tiene menos dientes a lo largo de su perímetro. Debido a que la cantidad de fuerza se mantiene aproximadamente igual entre los dos engranajes y el piñón más pequeño gira más rápido, el piñón tiene menos torque que el engranaje más grande.

Los engranajes con tornillo sin fin y los reductores cicloidales son dos tipos de reductores. Los reductores de engranajes conectan los engranajes más grandes con los más pequeños. Los reductores de engranajes crean una disminución de velocidad y un aumento de torque. En la unidad impulsora de un clarificador, el motor puede rotar de 1500 a 1800 rpm. El motor está conectado al mecanismo de recolección de lodo por medio de una serie de reductores. Esto permite que el mecanismo gire muy lentamente, a aproximadamente 0.04 rpm, a la vez que genera suficiente torque como para empujar el lodo por el fondo del clarificador hasta la tolva. La carga aplicada sobre el brazo del rastrillo giratorio es el torque operativo continuo o torque de rotación.

COMPROBACIÓN DE CONOCIMIENTOS

1. **Las unidades impulsoras de un clarificador habitualmente consisten en un motor y tres juegos de reductores.**
   - ☐ Verdadero
   - ☐ Falso
2. **Las ruedas dentadas se utilizan en combinación con una cadena o correa.**
   - ☐ Verdadero
   - ☐ Falso
3. **Los engranajes transmiten fuerza de una máquina a otra.**
   - ☐ Verdadero
   - ☐ Falso
4. **El mecanismo impulsor de un clarificador tiene un pasador de seguridad roto. El operador debe**
   a. Reemplazar el pasador de seguridad roto y reiniciar el impulsor.
   b. Determinar y corregir el origen de la condición de sobrecarga.
   c. Disminuir la velocidad del motor del impulsor.
   d. Ajustar la relación de los dientes de la corona y el piñón.
5. **El mecanismo del clarificador está trabajo en el piso del clarificador. La carga de torque resultante alcanza el 45 % del torque impulsor máximo para ese diseño. Como resultado, el engranaje con tornillo sin fin patina dentro de la caja de engranajes, lo que causa**
   a. Destrucción del engranaje recto
   b. Que se apague el motor impulsor
   c. Disminución de la velocidad del rastrillo
   d. Disparo de la alarma de sobretorque
6. **Cuando se colocan dos engranajes juntos, el engranaje más pequeño se denomina**
   a. Corona
   b. Loco
   c. Piñón
   d. Con tornillo sin fin
7. **Se puede utilizar este tipo de engranaje cuando es necesario conectar un eje horizontal a un engranaje perpendicular.**
   a. Rueda dentada
   b. Con tornillo sin fin
   c. Loco
   d. Piñón
8. **Dos engranajes están funcionando juntos. El más pequeño gira a 2000 rpm. El engranaje más grande gira a 500 rpm. ¿Cuánto torque más tiene el engranaje más grande?**
   a. Ambos engranajes tienen el mismo torque
   b. El doble
   c. Cuatro veces menos
   d. Ocho veces más
9. **Cuando se coloca un reductor entre un motor y un equipo**
   a. La velocidad disminuye y el torque aumenta.
   b. La velocidad aumenta y el torque disminuye.
   c. La velocidad disminuye y el torque disminuye.
   d. La velocidad aumenta y el torque aumenta.

TANQUES RECTANGULARES

En la figura 4.25 se muestra un clarificador primario rectangular típico con todos los componentes importantes etiquetados. El caudal ingresa al clarificador por un extremo. Habitualmente se utiliza un canal de entrada con múltiples aberturas para distribuir el caudal a lo ancho del tanque. Los deflectores dispersan la corriente del caudal de entrada, distribuyen aún más el caudal a lo ancho del tanque y dirigen el caudal hacia el fondo del clarificador. Estos deflectores evitan que el caudal de entrada de aguas residuales vaya directamente a través de la superficie del clarificador hacia la salida y produzca un cortocircuito. A medida que el agua se mueve por el clarificador, los sólidos sedimentables caen al fondo donde el mecanismo de recolección de lodo empuja el lodo hacia la tolva de lodo. En un sistema de recolección de lodo de cadenas y placas (figura 4.25), una unidad impulsora ubicada en la pared del clarificador mueve las placas lentamente por el clarificador. Estas unidades impulsoras son similares a las que se encuentran en los clarificadores circulares. El agua tratada fluye alrededor de los deflectores de entrada, a través del tanque, debajo de los deflectores de natas y sobre los vertederos hacia el canal de efluentes. Las natas y el material flotante suben hacia la superficie del clarificador. Los deflectores y los dispositivos desnatadores evitan que material no deseado pase sobre el vertedero al canal de efluentes. Los clarificadores primarios en general utilizan desnatadores giratorios para eliminar material flotante de la superficie.

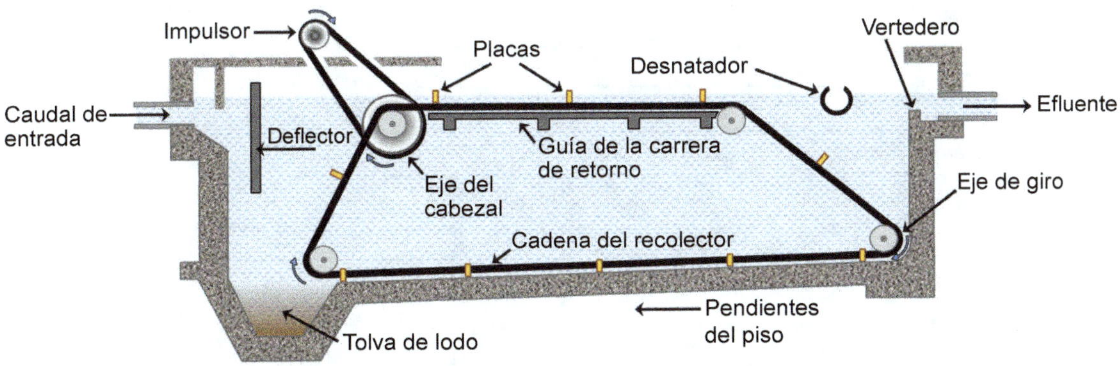

Figura 4.25 Diagrama de clarificador primario rectangular

Largo, ancho y profundidad

Un tanque rectangular, ya sea que funcione como unidad única o como una de varias adyacentes, en general tiene un largo varias veces mayor que el ancho. Habitualmente, la relación largo-ancho es mayor a 5 : 1 (WEF, 2005). En un tanque largo y angosto, el agua tiende a moverse a lo largo del tanque como si fuera un tubo muy largo y hay menos oportunidades de que se produzca un cortocircuito. Este tipo de patrón de caudal se denomina *flujo pistón*. Los clarificadores rectangulares tienen rangos de medidas que van de los 15 a los 90 m (50 a 300 ft) de largo y de 3 a 24 m (10 a 80 ft) de ancho (WEF et al., 2018). El ancho de un tanque depende de los tamaños disponibles de equipos de eliminación de lodo. La mayoría de los tanques primarios de las instalaciones medianas a grandes tienen un ancho de 12.5 m (41 ft) para ajustarse al ancho de dos mecanismos de cadenas y placas paralelos a 6 m (20 ft) cada uno, con un espacio entre ellos de 0.3 m (1 ft). Las profundidades varían de 3 a 4.9 m (10 a 16 ft). La mayoría de los tanques tienen una profundidad de entre 3 y 3.7 m (entre 10 y 12 ft). Recuerde que el área superficial del tanque, o el largo por el ancho, es importante porque determina la SOR. SOR es la velocidad ascendente del agua a través del tanque.

Altura libre

La altura libre de los tanques rectangulares es similar a la de los tanques circulares, entre 0.5 y 0.7 m (entre 1.5 y 2.0 ft) de altura libre para la mayoría de los diseños de clarificadores.

Condiciones de ingreso

El caudal se introduce en los clarificadores rectangulares con un canal abierto corto que abarca todo el ancho del clarificador o con un sistema de tubería *múltiple*. En ambas opciones, el caudal se dirige a múltiples aberturas de entrada en el tanque. La ubicación y el tamaño de los puertos múltiples de entrada permiten distribuir el caudal de manera uniforme a lo ancho del clarificador. Por ejemplo, en un tanque con 6 m (20 ft) de ancho, en general hay de tres a cuatro puertos de entrada. Los puertos de entrada tienen una distancia entre ellos de 2 a 3 m (6.5 a 10 ft). El tamaño de los puertos mantienen una velocidad de entrada de 3 a 9 m/min (10 a 30 ft) para distribuir los caudales a lo ancho del tanque rectangular (Metcalf and Eddy, Inc./AECOM, 2014). A veces se coloca un deflector de entrada en la trayectoria del caudal del flujo de entrada. Puede ser un deflector sólido para desviar el caudal o un deflector perforado para frenar chorros y dispersar el caudal.

Un sistema *múltiple* consiste en múltiples tubos conectados a un tubo central de manera similar a la que se conectan los dientes de un tenedor a la base del tenedor.

Salidas (vertederos)

Los dos tipos de recolectores de efluentes que se utilizan comúnmente son los depuradores de superficie (vertederos de desborde) y depuradores sumergidos (tubos de salida), que consisten en tubos con aberturas. Los depuradores de superficie son similares en apariencia a la disposición de vertedero triangular y depurador utilizada en los clarificadores circulares. En los tanques rectangulares, los depuradores de superficie pueden colocarse a lo largo del tanque (longitudinal), a lo ancho del tanque (transversal) o en cuadrícula (figura 4.26). En la figura 4.27 se muestran vertederos transversales instalados en un clarificador primario. Es importante que la carga de extracción a lo largo del vertedero sea uniforme para evitar regiones localizadas de alta velocidad. Se deben mantener limpios y nivelados los vertederos para distribuir el caudal de manera uniforme. Algunos clarificadores tienen depuradores sumergidos o tubos de salida en lugar de vertederos de desborde superficiales (figura 4.28). Los depuradores sumergidos consisten en tubos de salida con aberturas a distancias regulares dispuestas a lo largo que descargan en un tubo múltiple común. Los depuradores sumergidos pueden facilitar la eliminación de natas de la superficie y evitar el paso de material flotante al proceso de tratamiento secundario. El crecimiento de algas no ocasiona tanto problema en los depuradores sumergidos como lo hace en los vertederos de desborde superficiales. Sin embargo, los vertederos sumergidos pueden recolectar trozos de tela y desechos que no se eliminan con facilidad sin desagotar el tanque.

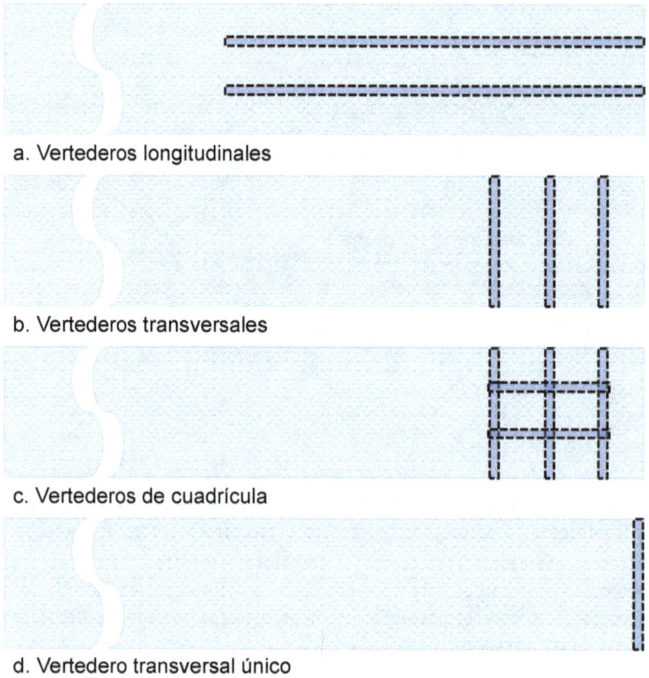

Figura 4.26 Vistas en planta de configuraciones típicas de vertederos superficiales

Figura 4.27 Vertederos transversales en un clarificador primario (reimpreso con autorización de Kenneth Schnaars)

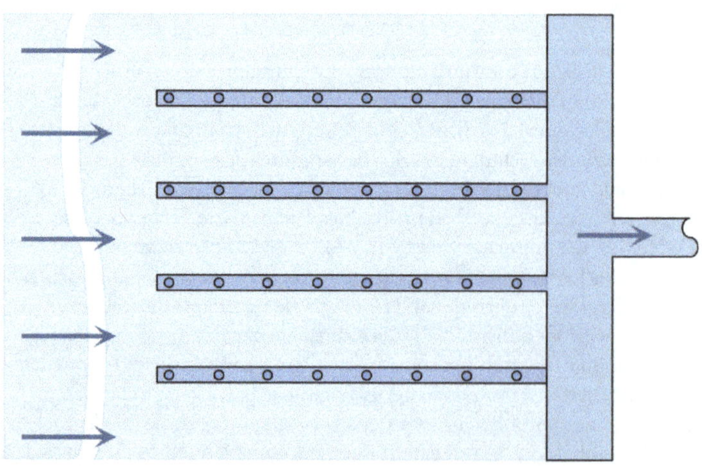

Figura 4.28 Depuradores sumergidos (adaptado de Larsen, 1977)

Sistemas de eliminación de lodo

Cadena y placa

El equipo de recolección de lodo primario de los tanques rectangulares en general incluye un sistema de cadenas y placas o un puente móvil. El sistema de cadenas y placas (figura 4.25) consiste en dos bucles de cadena paralelos sin fin con raspadores (placas) transversales adosados a intervalos aproximados de 3 m (10 ft). Las placas son tablas largas y angostas que abarcan todo el ancho del tanque, como se muestra en la figura 4.29. Las placas típicas miden de 5 a 6 m (16 a 20 ft), según el ancho del clarificador. Las ruedas dentadas se montan sobre ejes giratorios. Las placas se mueven lentamente por el piso del clarificador, barriendo el lodo sedimentado hacia la tolva de lodo. Al mismo tiempo, en su trayectoria de regreso cerca de la superficie, las placas parcialmente sumergidas funcionan como dispositivos desnatadores que empujan sólidos flotantes o espuma a un recipiente o bandeja para natas. Para ello, es necesaria la utilización de cuatro puntos de giro o ruedas dentadas (figura 4.25). Si no se utilizan las placas para mover las natas de la superficie, solo se necesitan tres puntos de giro y la cadena forma un triángulo largo. A veces se utiliza un sistema de cinco ruedas dentadas en el que la rueda dentada extra ayuda a guiar y sostener las placas en el fondo en la parte media de los tanques largos. En general, los recolectores de cadenas y placas se mueven aproximadamente de 5 a 15 mm/s (1 a 3 ft/min) y están impulsados por una única unidad impulsora ubicada en la pared. Velocidades operativas más altas empujan el lodo hacia la tolva con mayor rapidez y ayudan a asegurar que las placas no queden enterradas en el lodo de sedimentación. Si el manto de lodo se vuelve muy profundo, las placas pueden atorarse. Los tanques simples pueden tener una tolva simple o una doble. Los tanque múltiples o tanques con más de un ensamble de cadena y placa con frecuencia utilizan un recolector cruzado en una bandeja transversal.

Algunos clarificadores primarios son tan grandes que se hace necesario colocar dos o más sistemas de cadenas y placas uno al lado del otro en el mismo tanque. Cada sistema de cadenas y placas puede tener su propia tolva de lodo. De manera alternativa, el lodo puede recolectarse en una zanja única más grande llamada *recolector cruzado* que se extiende por todo el ancho del depósito. El lodo que se arrastra hasta la zanja del recolector cruzado puede ser eliminado con un barreno o transportador helicoidal o un sistema de cadenas y placas de tres ruedas dentadas como el que se muestra en la figura 4.30.

El equipo de eliminación de lodo de los clarificadores rectangulares necesita mayor mantenimiento que los tanques circulares de tamaño similar porque los cojinetes del impulsor de los tanques rectangulares están sumergidos. Anteriormente se utilizaban placas de hierro fundido y madera de cedro. En la actualidad, se utilizan, casi exclusivamente, cadenas de acero inoxidable o no metálicas (plásticas) y placas de fibra de vidrio. Actualmente se utilizan cadenas, placas y ruedas dentadas no metálicas con mayor frecuencia en las instalaciones nuevas o en modernizaciones de tanques existentes. El equipo no metálico es más liviano, lo que facilita su mantenimiento, y necesita menos energía para operar. Además, el equipo no metálico es menos susceptible a la corrosión. Otras

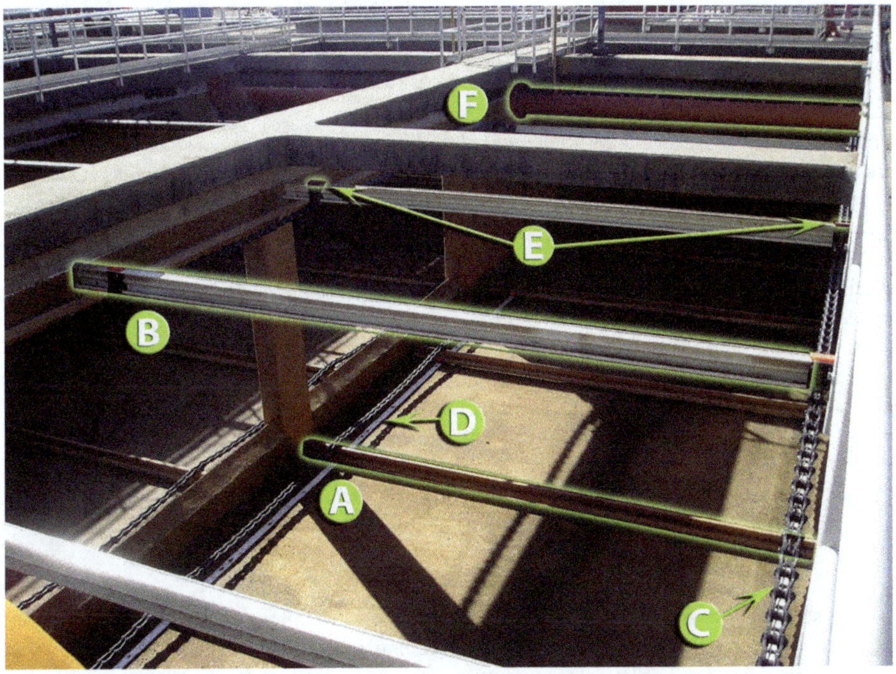

Figura 4.29 Mecanismo derecolección de cadenas y placas: (A) Placa sumergida que empuja el lodo, (B) placa desnatadora, (C) cadena, (D) franjas de desgaste, (E) zapata de desgaste y (F) desnatador con bandeja para natas giratoria (reimpreso con autorización de Kenneth Schnaars)

Figura 4.30 Recolector cruzado (reimpreso con autorización de Kenneth Schnaars)

instalaciones prefieren cadenas metálicas para sus mecanismos recolectores porque son menos propensas a la degradación por la luz solar y se ven menos afectadas por la temperatura o el estiramiento. En algunos tanques, rociadores de agua planos con orientación angular hacia la superficie líquida mueven la nata y la grasa hacia el dispositivo desnatador. Debido a que la cadena plástica se desgasta y estira con el tiempo, es parte normal del mantenimiento quitar un eslabón aproximadamente una vez al año en clarificadores largos.

Las zapatas de desgaste plásticas o metálicas (figura 4.29) adheridas a la parte inferior de las placas les permiten deslizarse por carriles cerca de la superficie y franjas de desgaste en el fondo del clarificador para que la cadena no soporte todo el peso de las placas. De esta manera, se utiliza menos energía para mover las placas. Las zapata de desgaste y las franjas de desgaste se deben reemplazar periódicamente. Habitualmente se acopla un raspador de goma ajustable en la parte inferior y lateral de al menos una de las placas para proporcionar un raspado completo del lodo y evitar depósitos estacionarios de lodo no deseados. Es común una inclinación del piso de 1 % para ayudar al lodo a moverse hacia la tolva.

Puente móvil

Los sistemas de puente móvil se desarrollaron para solucionar el problema de tener que *desagotar* el sistema de cadenas y placas para realizar el mantenimiento de rutina. Aunque el mantenimiento de estos sistemas es más sencillo, en general permiten que el lodo sedimentado se acumule en mayor medida antes de moverlo hacia la tolva de lodo para su extracción.

Desagotar significa vaciar el tanque mediante la eliminación del agua y el lodo.

Un puente móvil (figura 4.31) consiste en un mecanismo con raspadores que se pueden subir o bajar. El mecanismo con raspadores está montado en un puente o carro que se mueve a aproximadamente 1.8 m/min (6 ft/min) hacia delante y hacia atrás por pistas o carriles montados en la parte superior del tanque. El peso de la hoja del raspador con frecuencia está soportado por ruedas para minimizar la resistencia friccional. A medida que se aleja de la tolva a aproximadamente 3.7 m/min (12 ft/min), el mecanismo, que se encuentra en su mayor parte fuera del agua, actúa como un desnatador ya que empuja el material flotante hacia el mecanismo de eliminación de natas. Cuando llega al final del tanque, el mecanismo baja hacia el piso del tanque, invierte la dirección y se dirige al extremo del tanque donde se encuentra la tolva mientras empuja el lodo primario sedimentado hacia la tolva. Los recolectores con puente móvil no se pueden utilizar con tanques cubiertos.

Tolvas

Los sólidos sedimentados se pueden recolectar en una única tolva, en tolvas múltiples o en una zanja *transversal* con una tolva en un extremo. La tolva típica de los clarificadores rectangulares es una pirámide invertida con una abertura rectangular en la parte superior. Los laterales son empinados, con inclinaciones de 52° para evitar que los sólidos se acumulen en las paredes superiores (WEF, 2005). Un tanque rectangular simple puede tener dos o más tolvas de extracción, cada una equipada con un tubo de extracción. La tolva de los tanques rectangulares en general está ubicada en el extremo de la entrada del tanque para minimizar el tiempo de traslado de las

Transversal significa colocado a través de algo. En este caso, la zanja transversal se extiende a través de varios clarificadores primarios.

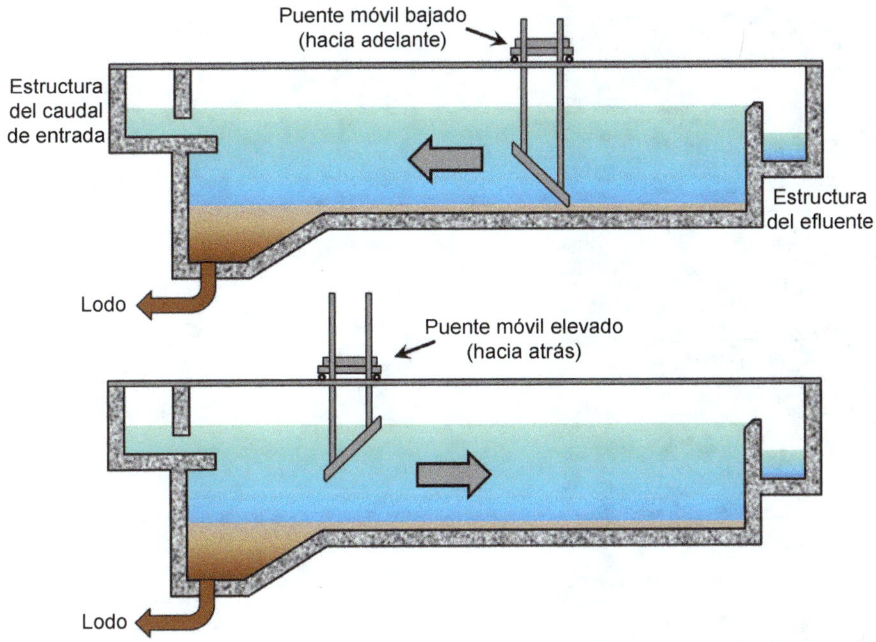

Figura 4.31 Puente móvil

partículas a la tolva. La zanja transversal puede estar equipada con un recolector de placa y cadena, denominado *recolector cruzado* o *transportador helicoidal*, que mueve el lodo hacia la tolva.

Sistema desnatador

El recolector de nata habitualmente se ubica en el extremo de efluentes del tanque rectangular del clarificador primario. En algunos clarificadores, sin embargo, el recolector de nata se ubica en el extremo del caudal de entrada del tanque del clarificador para disminuir la distancia del recorrido hasta el punto de recolección y asegurar una eliminación rápida de todo el material flotante. En los tanques primarios rectangulares se utiliza un tubo ranurado o limpiador helicoidal giratorio y en general se opera en forma manual o con un temporizador. El material luego se bombea o transporta a otro proceso, como un digestor, concentrador o depósito contenedor. Los métodos utilizados para transportar natas, grasas y demás materiales flotantes incluyen los eyectores neumáticos, bombas de desplazamiento positivo y bombas centrífugas con un impulsor empotrado.

En la figura 4.32 se muestra un desnatador con bandeja giratoria. Se conecta una tabla del desnatador al mecanismo de eliminación de lodo por medio de un ensamble articulado con contrapeso. Empuja el material flotante hacia la bandeja giratoria fija que vuelve a su posición cuando la tabla del desnatador se acerca y dispara un interruptor. Cuando la tabla llega a la bandeja giratoria, se hunde en la bandeja y el contrapeso la regresa a la

Figura 4.32 Desnatador con bandejapara natas giratoria (reimpreso con autorización de Jim Myers & Sons, Inc, (JMS))

Figura 4.33 Impulsor del desnatador con bandeja para natas giratoria: (1) Motor, (2) rueda dentada, (3) cadena y (4) rueda dentada del desnatador (reimpreso con autorización de Jim Myers & Sons, Inc, (JMS))

superficie para continuar el giro alrededor del tanque. Este dispositivo tiene la ventaja de ofrecer una eliminación de nata de radio completo. No es necesaria, por lo general, una descarga separada, aunque algunos clarificadores poseen una abertura de corte más profunda en el extremo interior de la bandeja giratoria para capturar más agua, lo que hace ingresar el material flotante en la caja de recolección al final de la bandeja. El giro de la bandeja puede programarse para que se dispare cada vez que se aproxime el brazo desnatador o puede saltearse algunos ciclos para concentrar la cantidad de material flotante eliminado. El movimiento de la bandeja se controla con un motor pequeño y sistema de engranajes. En la figura 4.33 se muestra un ejemplo de un impulsor de desnatador con bandeja giratoria con un motor pequeño en la parte superior (1) que gira una rueda dentada (2) que está conectada al desnatador (4) con una cadena (3).

COMPROBACIÓN DE CONOCIMIENTOS

Etiquete los siguientes componentes de un clarificador rectangular. Controle sus respuestas con el figura 4.25.

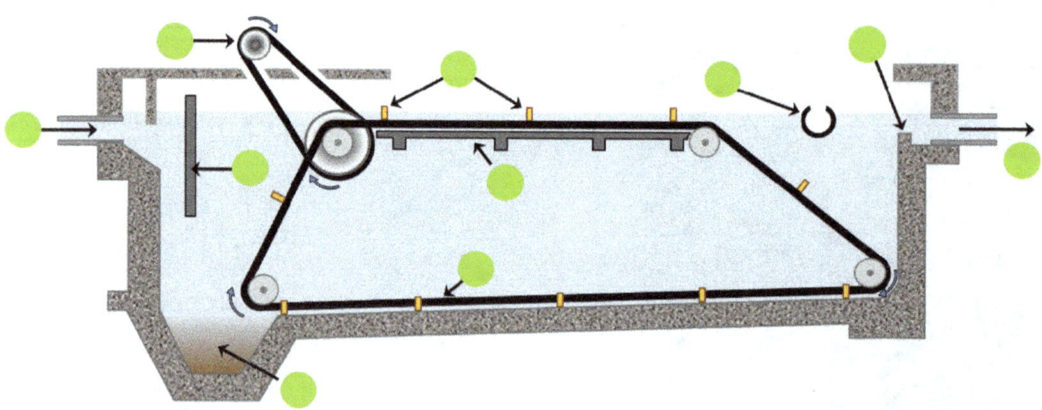

1. **El caudal de un clarificador rectangular es radial.**
   - ☐ Verdadero
   - ☐ Falso

2. **Un sistema de cadenas y placas consiste en dos bucles de cadenas paralelas continuas.**
   - ☐ Verdadero
   - ☐ Falso

3. **Se puede utilizar un deflector de entrada perforado para frenar chorros y dispersar el caudal en un clarificador rectangular.**
   - ☐ Verdadero
   - ☐ Falso

4. **Este tipo de mecanismo de recolección de lodo se utiliza comúnmente con los clarificadores rectangulares.**
   a. Espiral Niersfratzer
   b. Cadena y placa
   c. Arado parasol
   d. Arado en espiral logarítmico

5. **Cuando se dispara una alarma de torque muy alto, puede ocurrir lo siguiente.**
   a. El piñón puede perder un diente
   b. El mecanismo de recolección puede acelerarse
   c. El indicador de carga marca cero
   d. El pasador de seguridad se quiebra

6. **Se necesita un mínimo de _______ rueda/s dentada/s para soportar un sistema de cadenas y placas que elimina tanto el material sedimentable como el flotante.**
   a. 1
   b. 2
   c. 3
   d. 4

7. **La unidad impulsora de un clarificador rectangular se encuentra**
   a. En la pared del clarificador
   b. Debajo del deflector de entrada
   c. Paralelo al desnatador
   d. En el tubo múltiple del caudal de entrada

8. **El tubo múltiple de entrada**
   a. Es aproximadamente un 25 % del ancho del tanque
   b. Distribuye el caudal de manera uniforme a través del tanque
   c. Necesita un mínimo de 10 aberturas
   d. Incorpora una cascada

9. **Una desventaja de los depuradores sumergidos con respecto a los vertederos transversales es que**
   a. Hay menor crecimiento de algas
   b. Es más fácil eliminar la nata de la superficie del clarificador
   c. Los trozos de tela y los desechos atrapados pueden ser difíciles de eliminar
   d. Las velocidades de caudal son superiores

10. **Las zapatas de desgaste plásticas o metálicas en cualquiera de los extremos de una placa del clarificador**
   a. Soportan el peso de las placas
   b. No necesitan ser reemplazadas
   c. Compensan el estiramiento de la cadena
   d. Ayudan a limpiar la cuchara de nata

11. **Anteriormente se utilizaban cadenas de hierro fundido y placas de madera. En la actualidad, la mayoría de los sistemas utilizan placas de acero inoxidable o de plástico con fibra de vidrio por esta razón.**
   a. Las cadenas de plástico son menos propensas a degradarse con el sol.
   b. El hierro fundido es más caro.
   c. La Agencia de Protección Ambiental (EPA) de los EE. UU. exige la utilización de materiales aptos para uso alimenticio.
   d. Estos materiales son más livianos y más fáciles de mantener.

12. **Una zanja de recolección transversal se puede utilizar en esta situación.**
   a. Una zanja longitudinal no cabría en el espacio disponible
   b. La relación largo-ancho es menor a 3:1
   c. Se utilizan sistemas de cadenas y placas múltiples en paralelo
   d. Las concentraciones esperadas de lodo exceden el 10 %

13. **El giro de una bandeja de un desnatador giratorio**
   a. En general opera en un ciclo temporizado
   b. Gira en dirección al caudal hacia el vertedero
   c. Puede ser disparado por el acercamiento del un brazo desnatador
   d. No puede utilizarse con depuradores sumergidos

COMPUERTAS Y VÁLVULAS

Las instalaciones de recuperación de recursos hídricos utilizan compuertas deslizantes, compuertas de canal y válvulas para dirigir el caudal. También pueden utilizarse para aislar una unidad de tratamiento y sacarla de servicio para limpieza y mantenimiento. Si hay unidades de tratamiento múltiples, como por ejemplo clarificadores primarios, con frecuencia se utilizan tubos múltiples como los clarificadores primarios que se muestran en la figura 4.34. Aquí, el caudal de entrada se dirige hacia una cámara equipartidora con conexiones a cada clarificador. Se utiliza una compuerta o válvula para permitir el ingreso del caudal a un clarificador en particular o evitar que llegue a ese clarificador. El efluente primario proveniente de todos los clarificadores se junta en una cámara de unión. La cámara de unión también está equipada con múltiples compuertas o válvulas que pueden abrirse para permitir el ingreso del caudal a la cámara de unión o cerrarse para evitar que el caudal regrese a un clarificador desconectado.

Las compuertas se utilizan en canales abiertos y en cámaras equipartidoras o de unión. Se utilizan para cubrir las entradas a los canales y tubos. En las WRRF más pequeñas, las compuertas deslizantes pueden ser simplemente placas de metal o fibra de vidrio que se deslizan hacia dentro y fuera de las correderas montadas en la pared del canal. Las compuertas deslizantes pueden ser difíciles de maniobrar en los canales más grandes. La fuerza del agua que se mueve a través del canal presiona la compuerta y la empuja contra las correderas del canal. Las WRRF más grandes en general utilizan compuertas de canal (figura 4.35). Una compuerta de canal es similar a una compuerta deslizante pero incorpora un vástago roscado y una manivela. La manivela, que se parece a un volante de auto, se gira para subir o bajar la compuerta. La manivela actúa como una palanca que aumenta la cantidad de fuerza que puede ejercer un operador y así resulta más fácil subir y bajar la compuerta. Las compuertas de canal por lo general poseen vástagos ascendentes. Esto significa que a medida que la parte inferior de la compuerta se abre, el vástago sube por la manivela. Las compuertas y válvulas con vástago ascendente

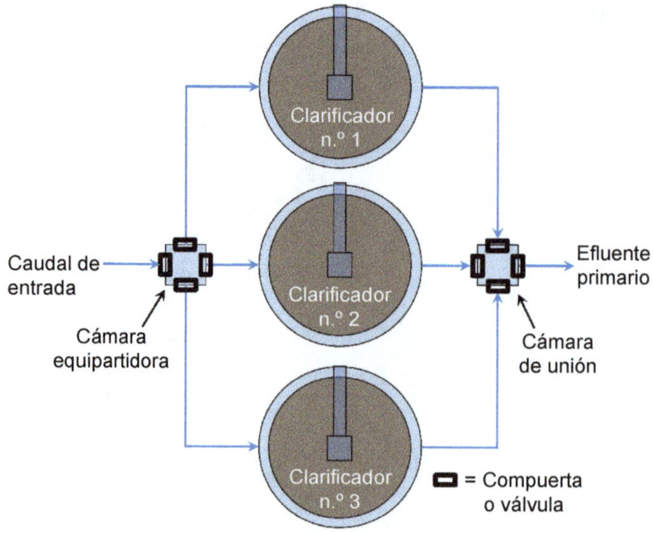

Figura 4.34 Tubo múltiple de clarificadores múltiples (reimpreso con autorización de Indigo Water Group)

facilitan la tarea del operador de observar a la distancia cuáles compuertas están abiertas y cuáles cerradas. Muchas compuertas de canal están equipadas con cubiertas transparentes para los vástagos ascendentes que ayuda a evitar la suciedad y la humedad, y la corrosión.

Las válvulas de aislamiento son una tercera opción para poner en servicio o sacar de servicio equipos y procesos. Las válvulas de aislamiento se ubican dentro de la tubería y se utilizan tanto en las WRRF más pequeñas como en las más grandes. Un tipo de válvula utilizada comúnmente con este propósito en la válvula de compuerta (figura 4.36 y figura 4.37). Las válvulas esféricas también se pueden utilizar como válvulas de aislamiento. Las válvulas de compuerta tienen una compuerta que se retira completamente de la trayectoria del caudal cuando está abierta. Esta es una ventaja importante para el tratamiento de aguas residuales en el que trozos de tela y otros sólidos pueden quedar atascados dentro de la válvula. La compuerta queda almacenada dentro del sombrerete de la válvula cuando la válvula está abierta. Las válvulas de compuerta están disponibles en formato con vástago ascendente y vástago no ascendente. Con un vástago no ascendente, la compuerta sube por la rosca dentro del sombrerete y no se puede ver desde fuera si la compuerta está abierta o cerrada. Las válvulas de compuerta están diseñadas para operar en posición totalmente abierta o totalmente cerrada. No deben ser operadas parcialmente abiertas porque se las somete a estrés.

Las compuertas de canal y las válvulas necesitan un mantenimiento periódico para evitar que se oxiden o queden fijas en una posición. Como mínimo se debe hacer mantenimiento de las compuertas de canal y las válvulas una vez al año. Para realizar el mantenimiento de una válvula o compuerta, se deben abrir y cerrar varias veces.

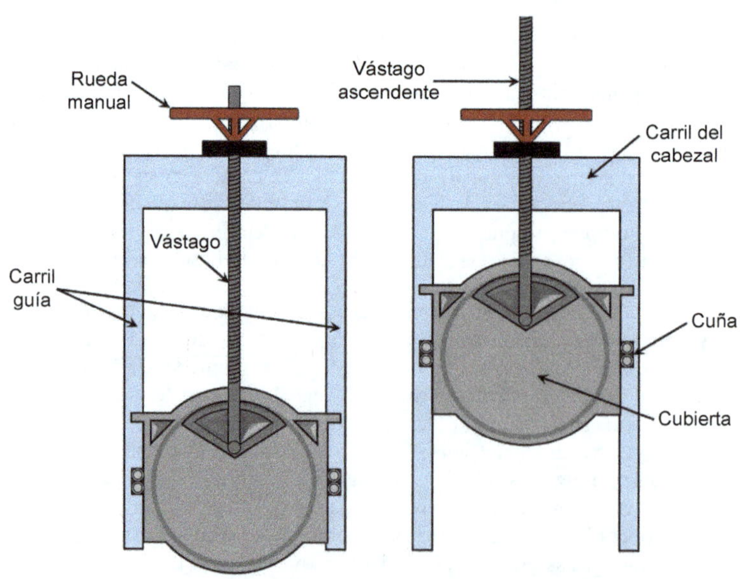

Figur 4.35 Compuerta del canal (reimpreso con autorización de Indigo Water Group)

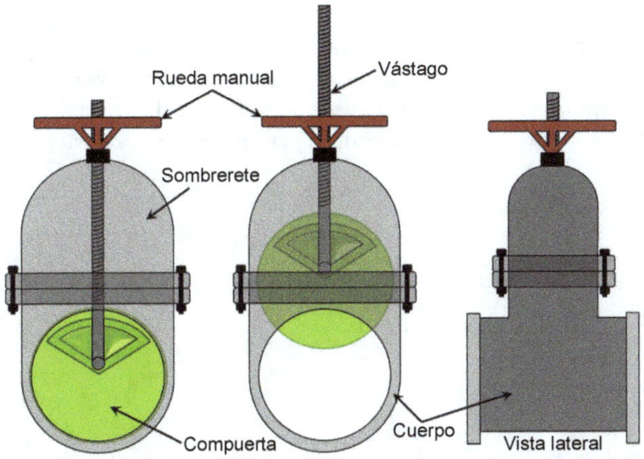

Figura 4.36 Diagrama de la válvula de la compuerta (reimpreso con autorización de Indigo Water Group)

El vástago se debe lubricar siguiendo las indicaciones del fabricante como mínimo una vez al año, aunque algunos fabricantes recomiendan una frecuencia mayor. Para mayor información acerca de distintas clases de válvulas, consulte *The Valve Primer* (1997).

Variables del proceso

VARIABLES QUE AFECTAN LA ELIMINACIÓN DE LOS SÓLIDOS SEDIMENTABLES

Los clarificadores primarios dependen de las diferencias en densidad para separar las partículas de las aguas residuales.

TASA DE CARGA SUPERFICIAL

La tasa de carga superficial y otras corrientes en el clarificador empujan la partículas en distintas direcciones, como hacia arriba y hacia abajo, en el clarificador. Para que las partículas se sedimenten, la fuerza descendente de la gravedad y la velocidad de sedimentación resultante deben ser mayores que la fuerza ascendente aplicada como resultado de la SOR (velocidad ascendente) y otras corrientes. La tasa de carga superficial se expresa de la siguiente manera:

En unidades estándar del Sistema Internacional:

$$\text{Tasa de carga superficial, } \frac{m^3}{m^2 \cdot d} = \frac{\text{Caudal, } m^3/d}{\text{Área superficial, } m^2} \quad (4.2)$$

En unidades habituales en los EE. UU.:

$$\text{Tasa de carga superficial, } \frac{gpd}{ft^2} = \frac{\text{Caudal, gpd}}{\text{Área superficial, } ft^2} \quad (4.3)$$

Figura 4.37 Exterior de la válvula de la compuerta (reimpreso con autorización de Indigo Water Group)

TIEMPO DE DETENCIÓN HIDRÁULICA

El tiempo de detención hidráulica es la cantidad de tiempo que el agua permanece en el clarificador. El tiempo de detención deber ser suficiente para permitir una eliminación casi completa de los sólidos sedimentables. Un periodo hidráulico más prolongado no mejora la eliminación y en realidad puede perjudicar la eficiencia de la eliminación ya que permite que las aguas residuales se tornen sépticas. La fórmula para el tiempo de detención es la siguiente:

En unidades estándar del Sistema Internacional:

$$\text{Tiempo de detención, días} = \frac{\text{Volumen, m}^3}{\text{Caudal, m}^3/\text{d}} \tag{4.4}$$

En unidades habituales en los EE. UU.:

$$\text{Tiempo de detención, días} = \frac{\text{Volumen, gal}}{\text{Caudal, gpd}} \tag{4.5}$$

Para calcular el área superficial de un clarificador circular, utilice la fórmula de un círculo.

¿Por qué hay dos fórmulas diferentes para calcular el área de un círculo o el volumen de un cilindro? Cuando el diámetro de un círculo se duplica, el área se cuadruplica. Un tubo de 30 cm (12 ft) transporta cuatro veces más caudal que un tubo de 150 cm (6 ft) cuando los dos tubos funcionan llenos y a la misma velocidad. Debido a que el radio es la mitad del diámetro, se debe ajustar la fórmula para compensar. El factor 0.785 es simplemente π o 3.14 dividido por 4. Las dos fórmulas dan el mismo resultado, por lo tanto utilice aquella con la que se sienta más cómodo.

$$\begin{gathered}\text{Área de un clarificador circular} = 0.785 \times \text{Diámetro} \times \text{Diámetro}\\ \text{o bien}\\ \text{Área de un clarificador circular} = \pi \times (\text{Radio}^2)\end{gathered} \tag{4.6}$$

Para calcular el área superficial de un clarificador rectangular o cuadrado, simplemente multiplique el largo del clarificador por su ancho.

Para calcular el volumen de un clarificador, multiplique el área superficial por la profundidad.

$$\begin{gathered}\text{Volumen de un clarificador circular} = 0.785 \times \text{Diámetro} \times \text{Diámetro} \times \text{Altura}\\ \text{o bien}\\ \text{Volumen} = 0.785 \times (\text{Diámetro})^2 \times \text{Altura}\end{gathered} \tag{4.7}$$

$$\text{Volumen de un clarificador rectangular o cuadrado} = \text{Largo} \times \text{Ancho} \times \text{Altura} \tag{4.8}$$

Debido a que las dimensiones de los clarificadores primarios son fijas, la SOR y el tiempo de detención varían con el caudal, lo que produce diferencias en las eficiencias de eliminación. En consecuencia, la cantidad de unidades necesarias para la clarificación puede variar si el caudal cambia significativamente.

Cálculos de ejemplo para la tasa de carga superficial y el tiempo de detención

Un clarificador primario tiene un diámetro de 22.9 m (75 ft) y tiene una profundidad de agua en tanque de 3.66 m (12 ft). El caudal de entrada diario promedio a la instalación es de 18.9 ML/d (5 mgd). Calcule la SOR y el TDH. Compare sus respuestas con los criterios aceptados por el diseño.

En unidades estándar del Sistema Internacional:

Paso 1: Calcule el área superficial del clarificador con la ecuación 4.6.

$$\text{Área} = 0.785 \times (\text{Diámetro})^2$$

$$\text{Área} = 0.785 \times (22.9\ \text{m})^2$$

$$\text{Área} = 411.66\ \text{m}^2$$

También puede utilizarse la fórmula más tradicional para el área.

$$\text{Área} = \pi \times (\text{radio})^2$$

$$\text{Área} = (3.14) \times (11.45\ \text{m})^2$$

$$\text{Área} = 411.66\ \text{m}^2$$

Paso 2: Convierta el caudal de entrada de ML/d a m^3/d.

$$\frac{18.9\ \text{ML}}{\text{d}}\left|\frac{1\,000\,000\ \text{L}}{1\ \text{ML}}\right|\left|\frac{1\ \text{m}^3}{1000\ \text{L}}\right| = 18\,900\ \text{m}^3/\text{d}$$

Paso 3: Calcule la SOR con la ecuación 4.2.

$$\text{Tasa de carga superficial, } \frac{\text{m}^3}{\text{m}^2\cdot\text{d}} = \frac{\text{Caudal, m}^3/\text{d}}{\text{Área superficial, m}^2}$$

$$\text{Tasa de carga superficial, } \frac{\text{m}^3}{\text{m}^2\cdot\text{d}} = \frac{18\,900\ \text{m}^3/\text{d}}{411.66\ \text{m}^2}$$

$$\text{Tasa de carga superficial, } \frac{\text{m}^3}{\text{m}^2\cdot\text{d}} = 45.9$$

Los criterios de diseño de los clarificadores primarios tienen una SOR entre 24.4 y 48.9 m^3/m^2·d. El valor calculado para este clarificador se encuentra dentro del rango aceptado.

Paso 4: Calcule el volumen del clarificador con la ecuación 4.7.

$$\text{Volumen} = 0.785 \times (\text{Diámetro})^2 \times \text{Altura}$$

$$\text{Volumen} = 0.785 \times (22.9\ \text{m})^2 \times 3.66\ \text{m}$$

$$\text{Volumen} = 1506.7\ \text{m}^3$$

Paso 5: Calcule el tiempo de detención con la ecuación 4.4.

$$\text{Tiempo de detención, días} = \frac{\text{Volumen, m}^3}{\text{Caudal, m}^3/\text{d}}$$

$$\text{Tiempo de detención, días} = \frac{1506.7\ \text{m}^3}{18\,900\ \text{m}^3/\text{d}}$$

$$\text{Tiempo de detención, días} = 0.08$$

Paso 6: Convierta los días a horas.

$$\frac{0.08\ \text{días}}{}\left|\frac{24\ \text{horas}}{1\ \text{día}}\right| = 1.9\ \text{horas}$$

Los criterios de diseño de los clarificadores primarios tienen tiempos de detención entre 1.5 y 2.5 horas. El valor calculado para este clarificador se encuentra dentro del rango aceptado.

En unidades habituales en los EE. UU.:

Paso 1: Calcule el área superficial del clarificador con la ecuación 4.6.

$$\text{Área} = 0.785 \times (\text{Diámetro})^2$$

$$\text{Área} = 0.785 \times (75\ \text{ft})^2$$

$$\text{Área} = 4415.6\ \text{ft}^2$$

También puede utilizarse la fórmula más tradicional para el área.

$$\text{Área} = \pi \times (\text{radio})^2$$

$$\text{Área} = (3.14) \times (37.5\ \text{ft})^2$$

$$\text{Área} = 4415.6\ \text{ft}^2$$

Paso 2: Convierta el caudal de entrada de millones de galones a galones por día.

$$\frac{5\ \text{mil. gal}}{\text{d}} \left| \frac{1\,000\,000\ \text{gal}}{1\ \text{mil. gal}} \right| = 5\,000\,000\ \text{gal/d}$$

Paso 3: Calcule la SOR con la ecuación 4.3.

$$\text{Tasa de carga superficial, } \frac{\text{gpd}}{\text{ft}^2} = \frac{\text{Caudal, gpd}}{\text{Área superficial, ft}^2}$$

$$\text{Tasa de carga superficial, } \frac{\text{gpd}}{\text{ft}^2} = \frac{5\,000\,000\ \text{gpd}}{4415.6\ \text{ft}^2}$$

$$\text{Tasa de carga superficial, } \frac{\text{gpd}}{\text{ft}^2} = 1132.3$$

Los criterios de diseño de los clarificadores primarios tienen una tasa SOR entre 600 y 1200 gpd/ft^2 en un caudal diario promedio. El valor calculado para este clarificador se encuentra dentro del rango aceptado.

Paso 4: Calcule el volumen del clarificador con la ecuación 4.8.

$$\text{Volumen} = 0.785 \times (\text{Diámetro})^2 \times \text{Altura}$$

$$\text{Volumen} = 0.785 \times (75\ \text{ft})^2 \times 12\ \text{ft}$$

$$\text{Volumen} = 52\,987.2\ \text{ft}^3$$

Paso 5: Convierta el volumen de ft^3 a millones de galones.

$$\frac{52\,987.2\ \text{ft}^3}{} \left| \frac{7.48\ \text{gal}}{1\ \text{ft}^3} \right| \left| \frac{1\ \text{mil. gal}}{1\,000\,000\ \text{gal}} \right| = 0.4\ \text{mil. gal}$$

Paso 6: Calcule el tiempo de detención con la ecuación 4.5.

$$\text{Tiempo de detención, días} = \frac{\text{Volumen, mil. gal}}{\text{Caudal, mgd}}$$

$$\text{Tiempo de detención, días} = \frac{0.4 \text{ mil. gal}}{5 \text{ mgd}}$$

$$\text{Tiempo de detención, días} = 0.08$$

Paso 7: Convierta los días a horas.

$$\left.\frac{0.08 \text{ días}}{}\right|\left.\frac{24 \text{ horas}}{1 \text{ día}}\right| = 1.9 \text{ horas}$$

Los criterios de diseño de los clarificadores primarios tienen tiempos de detención entre 1.5 y 2.5 horas. El valor calculado para este clarificador se encuentra dentro del rango aceptado.

CARACTERÍSTICAS DEL CAUDAL DE ENTRADA

Como se mencionó anteriormente en este capítulo en la sección titulada "Teoría de operación", las características del caudal de entrada de las aguas residuales determinan qué porcentaje de SST, DQO y DBO del caudal de entrada puede eliminar el clarificador. El clarificador solo puede eliminar material fácilmente sedimentable o flotante. Si un usuario industrial descarga una gran cantidad de DBO soluble, pasará por el clarificador sin modificaciones. Esto disminuye el porcentaje de eliminación de DBO en el clarificador aún cuando el desempeño del clarificador haya sido optimizado.

VELOCIDAD DE SEDIMENTACIÓN

Características de las partículas

La gravedad hace descender las partículas a una tasa específica. Esta es la velocidad de sedimentación. La velocidad de sedimentación se ve afectada por el tamaño y la forma de las partículas y por la diferencia de densidad entre la partícula y las aguas residuales que la contienen. Una partícula densa se sedimenta con mayor rapidez que una liviana, una partícula con una relación área superficial-peso grande se sedimenta lentamente y una partícula con una forma irregular se sedimenta lentamente debido a su alta resistencia al movimiento friccional. El tamaño, la forma y la densidad de las partículas que ingresan a un clarificador primario dependen de que sean inorgánicas u orgánicas y de la red de alcantarillado y las clases de procesos unitarios aguas arriba. Las partículas inorgánicas tienden a ser densas y compactas. Se sedimentan rápidamente. Las partículas orgánicas tienden a ser menos densas y pueden tener formas abiertas e irregulares. Las partículas orgánicas pueden degradarse en parte en la red de alcantarillado, lo que reduce su tamaño. Las redes de alcantarillado más largas o cálidas producen más degradación del material orgánico que las redes de alcantarillado más cortas o frías. Algunos dispositivos de tratamiento preliminar, como la trituración y el bombeo, fragmentan las partículas y reducen así su capacidad de sedimentarse.

Frescura de las aguas residuales

Los sólidos en las aguas residuales no frescas (sépticas) se sedimentan con menor facilidad que aquellas en aguas residuales frescas porque la degradación biológica de las aguas residuales no frescas reduce el tamaño de las partículas. La red de alcantarillado afecta la frescura de las aguas residuales. El tiempo que tardan las aguas residuales en pasar por el sistema de alcantarillado depende de las características físicas del sistema, como la inclinación y el largo del alcantarillado, el número de estaciones de bombeo y el método utilizado para operar la red de alcantarillado. Con respecto a esto último, muchas estaciones de bombeo de aguas residuales crudas almacenan caudales en las alcantarillas, lo que extiende el tiempo de permanencia en el sistema de alcantarillado. Este tiempo de almacenamiento extendido disminuye la frescura de las aguas residuales. Las grandes contribuciones de aguas residuales industriales también pueden afectar la frescura de las aguas residuales o el porcentaje de DBO soluble en comparación con el particulado. Los clarificadores primarios no pueden eliminar DBO soluble. Un aumento de la cantidad de DBO soluble puede dar la sensación de que la eficiencia de la eliminación está disminuyendo. Otro factor que afecta la frescura de las aguas residuales es la temperatura. En general, cuanto más cálida sea la temperatura de las aguas residuales, mayor será la probabilidad de que se tornen sépticas.

Como se explica en la sección titulada "Fermentación de lodo primario", la DBO soluble y los AGV son ingredientes claves para la eliminación del fósforo biológico. La DBO soluble y los AGV se producen en la red de alcantarillado, en especial cuando las aguas residuales son más viejas y más cálidas. Las aguas residuales no frescas o sépticas pueden facilitar la eliminación de fósforo pero las aguas residuales que son muy viejas pueden presentar problemas para sedimentar.

Temperatura

A medida que las aguas residuales se enfrían, aumenta su densidad. El agua alcanza su densidad máxima a 4 °C (39.2 °F). La densidad no cambia radicalmente cuando el agua se enfría de 20 °C (68 °F) a 10 °C (50 °F), un cambio de temperatura típico entre verano e invierno para muchas WRRF; sin embargo, el cambio es lo suficientemente grande como para afectar la manera en que se sedimentan las partículas en el clarificador primario. La mayoría de las partículas orgánicas de las aguas residuales poseen densidades muy cercanas a la densidad del agua, por lo tanto incluso cambios pequeños en la densidad del agua puede producir efectos importantes en el desempeño del clarificador. El agua más fría también se torna más *viscosa*, lo que aumenta la resistencia al movimiento. El aumento de la resistencia al movimiento hace aún más lenta la velocidad de sedimentación. Es de esperar que el desempeño del clarificador sea mejor en verano que en invierno en las instalaciones de recuperación de recursos hídricos que experimentan cambios en las temperaturas del caudal de entrada de las aguas residuales del verano al invierno. Cuando las aguas residuales se calientan, se tornan menos densas y disminuye la viscosidad. Las partículas se sedimentan con mayor rapidez. A una temperatura del agua de 27 °C (80 °F), la tasa de sedimentación excede la que se produce a 10 °C (50 °F) por casi un 50 % (WEF et al., 2018).

Si algo es *viscoso*, es espeso, pegajoso y gelatinoso debido a la fricción interna. El agua se torna más viscosa a temperaturas más frías porque las moléculas del agua se frotan unas contra otras con una frecuencia mayor a la que lo hacen a temperaturas más cálidas cuando el agua es menos densa.

El clima cálido aumenta la tasa de actividad biológica, y así disminuye la frescura de las aguas residuales en la red de alcantarillado y se favorece la gasificación en los depósitos de sedimentación y la sedimentación lenta. Por otra parte, la menor viscosidad del agua cálida, comparada con la del agua fría, permite que las partículas se sedimenten con mayor rapidez.

Las diferencias de temperatura y las diferencias de densidad asociadas entre el contenido del tanque y el caudal de entrada pueden crear corrientes de densidad dentro del depósito. Estas corrientes pueden afectar las características efectivas de la sedimentación de las partículas y de esa forma perjudicar el desempeño de la sedimentación.

MEJORAR LA VELOCIDAD DE SEDIMENTACIÓN

Favorecer que se produzca mayor floculación entre las partículas puede mejorar el desempeño del clarificador primario. El caudal de entrada de las aguas residuales puede a veces mezclarse y aerearse suavemente inmediatamente aguas arriba del clarificador primario para favorecer la floculación. Se pueden utilizar químicos, incluidos el alumbre y los ferrosos, para eliminar más material en suspensión y coloidal fino que solamente mediante sedimentación por gravedad. Estos productos químicos reaccionan con los componentes de las aguas residuales y con el agua o en combinación con otros productos químicos agregados para formar un precipitado flocular pesado. El precipitado sedimentado atrapa las partículas en suspensión y coloidales y las *adsorbe* en la superficie del flóculo. Algunas instalaciones de tratamiento instalan equipos de alimentación de productos químicos únicamente para la adición de productos químicos al caudal de entrada de las aguas residuales para mejorar la sedimentación. Otras WRRF utilizan productos químicos para el control de olores o la eliminación del fósforo y, durante el proceso, obtienen el beneficio adicional de mejorar la retención de sólidos en los clarificadores primarios. Sin embargo, la mayoría de las instalaciones con clarificadores primarios no utilizan productos químicos para mejorar la sedimentación.

Cuando algo es *absorbido*, es atraído dentro. Las esponjas absorben agua. Cuando algo es *adsorbido*, se adhiere a la superficie externa. El óxido de la carretera se adsorbe a un vehículo.

VARIABLES QUE AFECTAN LA ELIMINACIÓN DE MATERIAL FLOTANTE

La eficiencia de la eliminación de grasas y natas depende de la configuración del tanque, las características de las aguas residuales y el tipo y la condición del mecanismo de eliminación. Cada uno de ellos se describe a continuación.

CONFIGURACIÓN DEL TANQUE

El sistema deflector del tanque primario en la salida debe ser continuo y lo suficientemente profundo como para evitar que la grasa y la nata pasen por debajo de los deflectores. Las eficiencias de eliminación de grasa varían levemente según el equipo y el sistema utilizados.

CARACTERÍSTICAS DE LAS AGUAS RESIDUALES

Dos características de las aguas residuales que afectan la eficiencia de la eliminación de la grasa y nata son la temperatura y el pH. Cuando las aguas residuales poseen temperaturas estivales o un pH menor a 7 (acídico), la grasa y la nata pueden tender a permanecer en suspensión y parte puede ingresar al lodo activado en lugar de flotar en la superficie.

COMPROBACIÓN DE CONOCIMIENTOS

1. **El tiempo de detención hidráulica se puede definir como la cantidad de tiempo promedio que el agua permanece en un recipiente.**
   - ☐ Verdadero
   - ☐ Falso

2. **A medida que aumenta la SOR, disminuye la velocidad del agua a través del clarificador.**
   - ☐ Verdadero
   - ☐ Falso

3. **Un clarificador primario posee un diámetro de 36.6 m (120 ft) y una profundidad de 4.57 m (15 ft). Calcule el volumen del clarificador. ________________**

4. **El caudal de entrada de un clarificador primario es de 30.3 ML/d (8 mgd). Si el clarificador contiene 2.27 ML (0.6 mil. gal) ¿cuál es el TDH en horas? ________________**

5. **Calcule la SOR para un clarificador primario con un diámetro de 36.6 m (120 ft) y un caudal de entrada de 30.3 ML/d (8 mgd).**

 ____

6. **Todas las variables que se presentan a continuación pueden afectar la velocidad de sedimentación de una partícula A EXCEPCIÓN DE**
   a. Tamaño
   b. Forma
   c. Densidad
   d. Color

7. **Una red de alcantarillado cálida y larga puede tener el siguiente efecto sobre el caudal de entrada de las aguas residuales:**
   a. Disminuye el tamaño de la partícula
   b. Aumenta la relación de las partículas inorgánicas sobre las orgánicas
   c. Disminuye la concentración de amoníaco
   d. Aumenta las oportunidades de floculación

8. **Cuando las temperaturas del agua en el clarificador primario disminuyen,**
   a. Las partículas se sedimentan más lentamente
   b. Aumenta la posibilidad de olores
   c. Las partículas se sedimentan más rápidamente
   d. El agua se torna menos viscosa

9. **Una WRRF pequeña decide aceptar desechos de un pozo séptico acarreados desde un campamento cercano. Durante los días en los que se reciben los desechos sépticos**
   a. Aumenta el porcentaje de eliminación de SST
   b. Aumenta el porcentaje de eliminación de DBO soluble
   c. Disminuye el porcentaje de eliminación tanto de SST como de DBO
   d. El porcentaje de eliminación permanece inalterado

10. **El agua fría afecta la velocidad de sedimentación porque**
    a. El agua fría contiene más gases disueltos
    b. Hay menos resistencia al movimiento en las partículas
    c. La actividad microbiana aumenta cuando bajan las temperaturas
    d. El agua es más densa a temperaturas más frías

11. **Estas condiciones tienden a arrastrar la grasa y evitar que sea eliminada en el clarificador primario.**
    a. Presencia de patos
    b. pH bajo, temperaturas altas
    c. Falta de turbulencia en las alcantarillas
    d. pH alto, temperaturas bajas

Control del proceso

En la tabla 4.1 se resumen los factores que afectan el desempeño del clarificador primario. No todos estos factores pueden ser controlados por el operador.

Un buen control del proceso incluye siete aspectos operativos: consideraciones hidráulicas, procesamiento de sólidos, eliminación de material flotante, gestión del caudal de reciclado, control de olores, procedimientos de limpieza y adición de productos químicos (si correspondiera).

CONSIDERACIONES HIDRÁULICAS

Las dos variables del control hidráulico para el caudal de entrada primario son el caudal y el número de tanques en servicio. Ambos afectan la SOR y el TD. Debido a que la mayoría de las instalaciones deben aceptar el caudal tal como ingresa a la instalación, el control de caudal es limitado. Algunas instalaciones poseen *tanques de compensación* para suavizar las variaciones diurnas en los caudales. Si hay tanques de compensación disponibles, el caudal de entrada se puede desviar durante los períodos de caudal alto, como por ejemplo una tormenta. Después, las aguas residuales almacenadas se pueden bombear de regreso a los clarificadores primarios a una tasa constante. Los caudales de reciclado de la instalación deben ser programados para que suavicen y no agraven la carga hidráulica variable de las unidades de tratamiento primario.

Para el control del proceso, se deben calcular la SOR y el tiempo de detención para un caudal diario promedio y un caudal de hora pico. Verifique que la SOR y el tiempo de detención se encuentran dentro de los rangos aceptados mencionados en la sección sobre criterios de diseño del clarificador primario. Si la SOR es muy alta o el tiempo de detención es muy bajo, se deben poner tanques adicionales en servicio. Si la SOR es muy baja o el tiempo de detención es muy alto, se deben sacar de servicio tanques. Para sacar de servicio tanques primarios se deben tener en cuenta las siguientes condiciones operativas:

- Saque un tanque de servicio con una frecuencia menor a la mensual,
- Realice una rotación al sacar los tanques de servicio,
- Mantenga los tanques ociosos llenos de efluentes de la instalación y
- Haga funcionar los mecanismos de los tanques ociosos diariamente.

Las aguas subterráneas pueden desenterrar clarificadores y otros tanques grandes semienterrados. Cuando no hay mucha presión ascendente, los tanques tienen mucha área superficial. Cuando se combina una pequeña cantidad de presión con mucha área, se obtiene fuerza. Si la fuerza es superior al peso del tanque vacío, puede "flotar" hacia arriba. Si bien un tanque lleno de efluente final puede propiciar el crecimiento de algas que deberán ser eliminadas antes de poner nuevamente el clarificador en servicio, es preferible a que el tanque flote accidentalmente. Mantener el mecanismo del clarificador sumergido también ayuda a protegerlo de la radiación ultravioleta que puede dañar las escobillas y otros componentes no metálicos.

Tabla 4.1 Variables de control del proceso para los clarificadores primarios

Parámetro	Monitoreo	Ajuste
Características de los caudal de entrada de las aguas residuales	Porcentaje del material sedimentable en comparación con el soluble	No ajustar; solo monitorear
Tasa de carga superficial	Velocidad ascendente	Número de depósitos en servicio
Tiempo de retención hidráulica	Tiempo de sedimentación Floculación de partículas más pequeñas a partículas más grandes	Número de depósitos en servicio
Tasa de carga de sólidos	Masa total de sólidos que ingresan al clarificador	Número de depósitos en servicio
Adición de químicos	Floculación Control de olores Precipitación del fósforo	Dosis de productos químicos para maximizar la floculación y minimizar el uso de productos químicos
Tratamiento preliminar	Arrastre de arena y material proveniente del filtrado	Problemas del equipo aguas arriba como obstrucciones en tubos y equipos
Velocidad del mecanismo de recolección de lodo si está conectado a un impulsor de frecuencia variable	Los sólidos se acumulan en una o más áreas Profundidad del manto del clarificador	Mecanismo de recolección Tenga en cuenta que la mayoría de los mecanismos de recolección operan a una velocidad constante y el operador no la puede ajustar.
Tasa de extracción de lodo	Concentración de lodo Profundidad del manto del clarificador; septicidad y olores	Tiempo y duración del ciclo de la bomba
Naturaleza y cantidad de los flujos de reciclado internos	Masa total de sólidos que ingresan al clarificador Partículas finas	Tiempo y duración de los flujos de reciclado o ajustes a la tasa de extracción de lodo primario

Compensación significa uniformar la carga, habitualmente en un periodo de 24 horas. Algunas instalaciones están equipadas con tanques de compensación de caudal. El caudal, en este caso sobrenadante, fluye al tanque de compensación como se produce o recibe. El caudal se extrae del tanque a una tasa constante. El nivel de agua en el tanque aumenta y disminuye porque a veces el caudal entra más rápido de lo que es extraído y a veces el caudal es extraído más rápido de lo que ingresa nuevo.

Si los tiempos de detención del tanque primario son cortos debido a una falta de tanques, la flexibilidad del operador para el mantenimiento del tanque está limitada porque el tiempo de inactividad del tanque se debe mantener al mínimo. A continuación se mencionan algunas opciones de procedimiento:

- Utilice todos los tanque disponibles para la sedimentación del caudal de entrada primario a fin de que se pueda sacar de servicio temporalmente un tanque primario a la vez.
- Reduzca el tiempo de inactividad de los tanques mediante un programa de mantenimiento preventivo integral.
- Minimice el efecto de los caudales de reciclado mediante la modificación de la periodicidad o el momento del día, su redireccionamiento hacia otros sectores de la instalación y la eliminación de caudales no esenciales.
- Agregue productos químicos para aumentar la eliminación de sólidos sedimentables cuando un tanque se saca de servicio.
- Utilice tanques de compensación de caudal, si estuvieran disponibles, para almacenar temporalmente el caudal de entrada.

Son objetivos hidráulicos importantes asegurar caudales iguales en los tanques múltiples y una distribución uniforme del caudal a lo ancho de cada tanque rectangular (o alrededor del perímetro de los tanque circulares). Una buena distribución del caudal minimiza las variaciones en los mantos de lodos y contribuye al desempeño general. Vertederos limpios y alineados y compuertas de caudal de entrada con los ajustes adecuados ayudan a compensar los caudales de cada tanque. Debido a que los caudales varían a lo largo del día, las compuertas pueden necesitar varios ajustes durante el día para mantener una buena distribución del caudal. Las cámaras de distribución del caudal de entrada cuentan con un tubo de caudal ascendente y vertederos de caudal de entrada para cada tanque y fueron instaladas en la ciudad de Nueva York y en el condado de Nassau en Nueva York. La utilización de vertederos de caudal de entrada permite a la compuerta permanecer completamente abierta y da cuenta de las variaciones en los caudales a lo largo del día.

PROCESAMIENTO DE SÓLIDOS

Dos variables afectan las operaciones de procesamiento: el espesor del lodo (o la concentración de sólidos) y la cantidad. La cantidad depende del espesor y la carga de sólidos en suspensión y la eficiencia de eliminación de los tanques primarios. A continuación se describen estas dos variables y su interacción con las dos actividades de procesamiento de lodo (recolección y bombeo).

ESPESOR DEL LODO (CONCENTRACIÓN DE SÓLIDOS)

El espesor deseado del lodo eliminado de los clarificadores primarios depende del tipo de instalaciones de procesamiento de sólidos aguas abajo. Si se bombea el lodo hacia espesadores, se podrá permitir una concentración de lodo menor (0.5 a 1.0 %). Si el lodo se bombea a digestores o a un proceso de deshidratación, es conveniente una concentración más espesa.

Al permitir la formación de un manto de sólidos de 0.6 a 0.9 m (2 a 3 ft) y compactar el lodo primario, la mayoría de los tanques primarios de sedimentación pueden producir de manera consistente una concentración de sólidos de 3 a 6 % (WEF, 2005). Algunas instalaciones pueden lograr mayores concentraciones pero ello con frecuencia ocasiona problemas en los sistemas de recolección y bombeo de lodo. La concentración de sólidos alcanzable depende en última instancia de las características de las aguas residuales que ingresan al clarificador primario. Las aguas residuales que contienen mayor cantidad de arena y sólidos densos dan como resultado una mayor concentración de sólidos. Las aguas residuales con muy poca arena y pocos sólidos densos pueden producir un lodo con solo un 1 a 2 % de sólidos totales. La meta del control del proceso es lograr una profundidad o nivel del manto de lodo lo más espeso posible para esas aguas residuales sin afectar negativamente la eficiencia de la eliminación en el tanque, sobrecargar el equipo de recolección o permitir la descomposición en el fondo del clarificador.

CANTIDAD DE LODO

El operador puede estimar el volumen del lodo que debe ser eliminado del tanque primario por medio de la medición de las concentraciones de sólidos en suspensión en el caudal de entrada y en el efluente primarios. Los sólidos que no pasan hacia el efluente final se vuelven parte del manto de lodo. Se puede calcular la masa de lodo en el manto del clarificador mediante las siguientes ecuaciones:

En unidades estándar del Sistema Internacional:

$$\text{Sólidos secos eliminados, } \frac{\text{kg}}{\text{d}} = \frac{\left(\text{Caudal, } \frac{\text{m}^3}{\text{d}}\right)\left(\text{Concentración, } \frac{\text{mg}}{\text{L}}\right)}{1000} \tag{4.9}$$

En unidades habituales en los EE. UU.:

$$\text{Sólidos secos eliminados, } \frac{\text{lb}}{\text{d}} = (\text{Caudal, mgd})\left(\text{Concentración, } \frac{\text{mg}}{\text{L}}\right)\left(8.34\frac{\text{lb}}{\text{mil. gal}}\right) \tag{4.10}$$

Si la concentración de sólidos totales es inferior a 7 % y la gravedad específica del lodo es desconocida, utilice el valor 1.0 como gravedad específica. El lodo primario crudo en general tiene una gravedad específica de 1.0 más 0.010 por cada 1 % de sólidos totales (EPA de los EE. UU., 1987).

Si se conoce la concentración de lodo sedimentado, se puede calcular el volumen que debe ser eliminado del fondo del clarificador mediante las siguientes ecuaciones:

En unidades estándar del Sistema Internacional:

$$\text{Lodo húmedo eliminado, } \frac{\text{kg}}{\text{d}} = \text{Sólidos secos eliminados, kg/d} \times \left(\frac{100}{\text{Sólidos secos en lodo, \%}}\right) \tag{4.11}$$

Para los líquidos con una gravedad específica de 1.0 (igual al agua), 10 000 mg/L es igual a 1 %. Considere que 1 mg/L es igual que 1 ppm. Si toma 1 000 000 y lo multiplica por 1 % (0.01), el resultado es 10 000.

En unidades habituales en los EE. UU.:

$$\text{Lodo húmedo eliminado, } \frac{\text{lb}}{\text{d}} = \left(\frac{\text{Sólidos secos eliminados, lb/d} \times 100}{\text{Sólidos secos en lodo, \%}}\right) \tag{4.12}$$

En unidades estándar del Sistema Internacional:

$$\text{Lodo húmedo eliminado, } \frac{\text{m}^3}{\text{d}} = \frac{\text{Lodo húmedo eliminado, kg/d}}{998.2\frac{\text{kg}}{\text{m}^3} \times \text{Gravedad específica de lodo}} \tag{4.13}$$

En unidades habituales en los EE. UU.:

$$\text{Lodo húmedo eliminado, gpd} = \frac{\text{Lodo húmedo eliminado, lb/d}}{8.34\frac{\text{lb}}{\text{gal}} \times \text{Gravedad específica de lodo}} \tag{4.14}$$

A partir de las ecuaciones anteriores, el operador puede deducir la duración aproximada del bombeo para una capacidad de bombeo determinada. Si no se cuenta con información analítica diaria, no se podrán utilizar las ecuaciones anteriores diariamente; sin embargo, se pueden utilizar valores aproximados para realizar una estimación de los volúmenes de lodo húmedo que resulta valiosa para el operador como pauta general. El operador puede después ajustar esas pautas en base a observaciones diarias de los niveles del manto de lodo y el número de las pautas determinado semanalmente por medio de las ecuaciones 4.9 a 4.14. Evidentemente, la adición de productos químicos genera más material para eliminación que el indicado por las ecuaciones.

Los operadores deben calcular la cantidad de sólidos dentro y fuera del tanque primario para verificar que el sistema está operando de manera eficiente. El cálculo de los restos dentro y fuera del tanque proporciona a los operadores una herramienta útil para monitorear el sistema a fin de verificar que se encuentra dentro de los parámetros operativos.

Ejemplo de cálculo para estimar el tiempo de bombeo del lodo

Un clarificador primario recibe un caudal de entrada de 18.9 ML/d (5 mgd). La concentración de SST del caudal de entrada primario es de 250 mg/L y la concentración del efluente primario es de 125 mg/L. El lodo sedimentado contiene 5 % de sólidos totales. La bomba de lodo primario tiene una capacidad de 378.5 L/min (100 gpm). ¿Cuántos minutos necesita funcionar la bomba de lodos en un periodo de 24 horas?

En unidades estándar del Sistema Internacional:

Paso 1: Convierta el caudal de entrada de ML/d a m^3/d.

$$\frac{18.9\ \text{ML}}{\text{d}}\left|\frac{1\ 000\ 000\ \text{L}}{1\ \text{ML}}\right|\left|\frac{1\ \text{m}^3}{1000\ \text{L}}\right| = 18\ 900\ \text{m}^3/\text{d}$$

Paso 2: Calcule los sólidos secos eliminados con la ecuación 4.9.

$$\text{Sólidos secos eliminados, }\frac{\text{kg}}{\text{d}} = \frac{\left(\text{Caudal, }\frac{\text{m}^3}{\text{d}}\right)\left(\text{Concentración, }\frac{\text{mg}}{\text{L}}\right)}{1000}$$

$$\text{Sólidos secos eliminados, }\frac{\text{kg}}{\text{d}} = \frac{(18\ 900\ \text{m}^3/\text{d})\left(250\frac{\text{mg}}{\text{L}} - 125\ \text{mg/L}\right)}{1000}$$

$$\text{Sólidos secos eliminados, }\frac{\text{kg}}{\text{d}} = 2363$$

Paso 3: Calcule los sólidos húmedos eliminados en kg/d con la ecuación 4.11.

$$\text{Lodo húmedo eliminado, }\frac{\text{kg}}{\text{d}} = \text{Sólidos secos eliminados, kg/d} \times \left(\frac{100}{\text{Sólidos secos en lodo, \%}}\right)$$

$$\text{Lodo húmedo eliminado, }\frac{\text{kg}}{\text{d}} = 2363\ \text{kg/d} \times \left(\frac{100}{5\%}\right)$$

$$\text{Lodo húmedo eliminado, }\frac{\text{kg}}{\text{d}} = 47\ 260$$

Paso 4: Convierta los sólidos húmedos de kilogramos por día a volumen en m^3/d con la ecuación 4.13.

$$\text{Lodo húmedo eliminado, } \frac{m^3}{d} = \frac{\text{Lodo húmedo eliminado, kg/d}}{998.2\frac{kg}{m^3} \times \text{Gravedad específica de lodo}}$$

$$\text{Lodo húmedo eliminado, } \frac{m^3}{d} = \frac{47\,260 \text{ kg/d}}{998.2\frac{kg}{m^3} \times 1.0}$$

$$\text{Lodo húmedo eliminado, } \frac{m^3}{d} = 47.34$$

Paso 5: Convierta los sólidos húmedos de m^3/d a litros por día.

$$\frac{47.34 \text{ m}^3}{d}\left|\frac{1000 \text{ L}}{m^3}\right| = 47\,340 \text{ L/d}$$

Paso 6: Utilice la fórmula de tiempo de detención (4.4) para calcular el tiempo total de bombeo. Las unidades pueden ser distintas a las utilizadas en la fórmula (4.4) siempre y cuando las unidades de la parte superior de la ecuación concuerden con las unidades de la parte inferior de la ecuación.

$$\text{Tiempo de detención} = \frac{\text{Volumen}}{\text{Caudal}}$$

$$\text{Tiempo de detención} = \frac{47\,340 \text{ L lodo}}{378.5 \text{ L/min caudal de la bomba}}$$

$$\text{Tiempo de detención} = 125 \text{ minutos}$$

En unidades habituales en los EE. UU.:

Paso 1: Calcule los sólidos secos eliminados con la ecuación 4.10.

$$\text{Sólidos secos eliminados, } \frac{lb}{d} = (\text{Caudal, mgd})\left(\text{Concentración, } \frac{mg}{L}\right)\left(8.34\frac{lb}{MG}\right)$$

$$\text{Sólidos secos eliminados, } \frac{lb}{d} = (5 \text{ mgd})\left(250\frac{mg}{L} - 125 \text{ mg/L}\right)\left(8.34\frac{lb}{MG}\right)$$

$$\text{Sólidos secos eliminados, } \frac{lb}{d} = 5212.5$$

Paso 2: Calcule los sólidos húmedos eliminados en libras por día con la ecuación 4.12.

$$\text{Lodo húmedo eliminado, } \frac{lb}{d} = \frac{\text{Sólidos secos eliminados, } \frac{lb}{d} \times 100}{\text{Sólidos secos en lodo, \%}}$$

$$\text{Lodo húmedo eliminado, } \frac{lb}{d} = \frac{5212.5 \times 100}{5\,\%}$$

$$\text{Lodo húmedo eliminado, } \frac{lb}{d} = 104\,250$$

Paso 3: Convierta los sólidos húmedos de libras por día a volumen en galones por día con la ecuación 4.14.

$$\text{Lodo húmedo eliminado, gpd} = \frac{\text{Lodo húmedo eliminado, lb/d}}{8.34\frac{\text{lb}}{\text{gal}} \times \text{Gravedad específica de lodo}}$$

$$\text{Lodo húmedo eliminado, gpd} = \frac{104\ 250\ \text{lb/d}}{8.34\frac{\text{lb}}{\text{gal}} \times \text{Gravedad específica de lodo}}$$

$$\text{Lodo húmedo eliminado, gal} = 12\ 500$$

Paso 4: Utilice la fórmula de tiempo de detención (ecuación 4.5) para calcular el tiempo total de bombeo. Las unidades pueden ser distintas a las utilizadas en la fórmula (4.5) siempre y cuando las unidades de la parte superior de la ecuación concuerden con las unidades de la parte inferior de la ecuación.

$$\text{Tiempo de detención} = \frac{\text{Volumen}}{\text{Caudal}}$$

$$\text{Tiempo de detención} = \frac{12\ 500\ \text{gal de lodo}}{100\ \text{gpm de caudal de la bomba}}$$

$$\text{Tiempo de detención} = 125\ \text{minutos}$$

RECOLECCIÓN

Los recolectores pueden funcionar de manera continua o intermitente, según la clase de instalación, equipo y las características de las aguas residuales. Si la instalación está diseñada para bombear un lodo fino hacia los espesadores o a una unidad de desarenado, los recolectores deben funcionar de manera continua. Si los tanques primarios son cuadrados o circulares, los mecanismos de recolección de lodos en general funcionan de manera continua porque el movimiento del lodo hacia las tolvas requiere más tiempo que en los tanques rectangulares. La operación continua evita que se sobrecargue el mecanismo con sólidos acumulados. Independientemente del tipo de tanque o el diseño de la instalación, la operación continua del recolector facilita la operación de un sistema de extracción automático. Debido a sus muchas ventajas, la mayoría de las instalaciones prefieren la operación continua del recolector de lodo.

Puede ser necesaria la operación intermitente de los recolectores si los tanques primarios se utilizan para espesar el lodo de residuo proveniente del proceso secundario o si el lodo primario se bombea directamente para digestión o a las unidades de deshidratación. Constituye una buena práctica en los tanques rectangulares con operación intermitente que el operador ponga en marcha los mecanismos recolectores aproximadamente 1 hora antes de que el lodo sea extraído y luego desconecte el recolector cuando finalice el bombeo. Este procedimiento ayuda a evitar la sobrecarga de los mecanismos recolectores o la acumulación en el pozo colector.

BOMBEO DE LODO

Habitualmente se utilizan bombas de desplazamiento positivo como las bombas de pistón, de cavidad progresiva o de diafragma para eliminar el lodo de los clarificadores primarios. Rara vez se colocan bombas de pistón en instalaciones nuevas, pero pueden continuar en servicio en instalaciones más antiguas por su confiabilidad. Muchas instalaciones utilizan bombas centrífugas torque caudal o bombas de manguera para el lodo primario. Otras utilizan bombas centrífugas. El tipo de bomba elegida depende, en parte, de la concentración de sólidos esperada en el lodo. Las bombas centrífugas funcionan bien con un lodo con menos de 5 % de sólidos totales, mientras que las bombas de desplazamiento positivo son más adecuadas para concentraciones de sólidos totales más altas. La capacidad de bombeo debe guardar relación con el tamaño de la tolva de lodos, tanto si el clarificador es circular como rectangular. La bomba debe vaciar el volumen de una tolva en cada ciclo de bombeo. La secuencia de control puede utilizar temporizadores automáticos y la duración del ciclo debe poder ajustarse para que la bomba no se ponga en marcha antes de que la tolva tenga tiempo de volver a llenarse de lodo. El operador debe monitorear periódicamente el manto de lodo en el clarificador y la concentración de lodo primario. Si la línea de descarga de la bomba de lodo está equipada con un grifo de muestreo, se debe utilizar para recolectar una muestra de lodo en una cuba u otro contenedor para inspección. Verifique que las bombas de lodo funcionen el tiempo suficiente para que el lodo extraído del grifo de muestreo sea representativo de las condiciones operativas actuales. El tiempo de bombeo se puede aumentar si se acumula manto de lodo o disminuir si disminuye la concentración de sólidos en el lodo. Si el caudal de entrada de la instalación tiende a tornarse séptico o alguna otra condición específica del lugar que evita que el lodo se sedimente bien, se deben operar los clarificadores primarios con extracción continua de lodo primario diluido para minimizar el espesamiento, maximizar la eliminación y evitar la descomposición anaerobia de los sólidos sedimentados. Las condiciones anaerobias o sépticas producen la resolubilización de la DBO y pueden causar un aumento del manto de lodo y mala eliminación de sólidos.

Para mayor información acerca de distintas clases de bombas, consulte el capítulo 8 de MOP 11. Otro excelente material de referencia sobre bombas centrífugas es *Pumps & Pumping* de ACR Press.

Si se cuenta con varias bombas, cada una de ellas puede, simultáneamente, extraer el lodo de una sola tolva. Una sola bomba debe extraer de una tolva por vez para evitar una extracción de lodo desigual desde los tanque individuales. Es una buena práctica bombear por tiempos cortos a intervalos frecuentes y se debe evitar bombear por tiempos prolongados a intervalos poco frecuentes porque una cantidad excesiva de lodo en el digestor anaerobio puede dañar el proceso. Lo ideal es que el bombeo sea casi de operación continua a fin de alimentar los procesos aguas abajo de manera uniforme. Algunas instalaciones varían la cantidad de lodo bombeado de acuerdo al caudal diurno o la os patrones históricos de carga de sólidos.

La concentración adecuada de sólidos en el lodo bombeado desde los clarificadores primarios varía de instalación a instalación (consulte el capítulo 8). El operador monitorea las concentraciones de sólidos desde los puertos de muestra en las líneas de descarga y mide los niveles de lodo antes y después del bombeo para verificar que se han seleccionado la frecuencia y la duración adecuadas de bombeo. Algunas técnicas utilizadas para medir el manto de lodo son el uso de una vara para "sentir" la altura del manto, la aspiración de muestra a distintas profundidades, toma de muestra cilíndrica y medición electrónica de penetración de luz. El monitoreo de rutina del indicador de torque, si estuviera disponible, le brinda al operador información acerca de la profundidad y densidad del manto de lodo. Mediante la observación y el registro de las lecturas diarias de torque, el operador puede determinar si la tasa de bombeo del lodo primario necesita ser ajustada. Esta observación junto con otros parámetros operativos como la profundidad del manto de lodo, el volumen de lodo bombeado y observaciones visuales u olfativas (color negro o séptico, aumento del olor y lodo elevado/flotante/aglutinado) deben servir de base para que el operador ajuste el caudal de bombeo de lodo.

Muchas instalaciones utilizan bombeo automático de lodo controlado por un temporizador, un controlador lógico programable (PLC) o un temporizador con un medidor de densidad. En el caso de la primera y segunda opciones, los tiempos preestablecidos operan las bombas para cada tanque a la frecuencia y duración seleccionadas. En la tercera opción, el temporizador enciende la bomba y el medidor de densidad apaga la bomba. En esta opción, el espesor del lodo determina el tiempo de bombeo. Con cualquier tipo de sistema automático, son necesarias mediciones de rutina para que el operador pueda verificar que no se está acumulando lodo. Una WRRF típica diseñada hoy no incluye medidores de densidad debido a su costo y el mantenimiento necesario. Además, las WRRF actuales utilizan sistemas computarizados centralizados para controlar el bombeo de lodo y la eliminación de grasas.

ACCESORIOS DE BOMBEO

Los accesorios incluyen bocas de limpieza en líneas de grasas, líneas de lodo, bombas, sistemas de lavado y dispositivos de limpieza de la línea. El lavado de las líneas, bombas y los pozos colectores utiliza agua o aire a alta presión. Las líneas de lodo también se pueden limpiar con vapor o agua caliente. El equipo para la limpieza de líneas incluye herramientas hidráulicas (marranos) de metal o plástico y adaptadores especiales para insertar y fijar el dispositivo de limpieza.

Las bocas de limpieza que se encuentran con frecuencia en las líneas y bombas de lodo deben controlarse en caso de problemas de bombeo. Todas las líneas deben estar equipadas con bolas o herramientas hidráulicas para la limpieza ya que la limpieza periódica de la línea de lodo reduce obstrucciones en válvulas o adaptadores. La frecuencia de la limpieza de la línea depende de las velocidades en el tubo, el contenido de grasa del lodo, arena en el tubo, componentes químicos en la línea y temperatura. A medida que el clima se torna más frío, los recubrimientos de grasa se vuelven más espesos y duros, por lo que puede ser necesario limpiar la línea hasta dos veces por mes.

Los sistemas de lavado se utilizan para limpiar bombas de lodo, líneas de succión y tubería de descarga. Si se cuenta con un sistema de lavado, un lavado semanal de unos pocos minutos ayuda a mantener limpias las líneas. Cuando el lodo se torna difícil de bombear, se debe lavar el sistema. En general se cuenta con conexiones de agua en la instalación al final de la línea de succión para destapar la bomba de lodo. En algunas instalaciones también se utiliza aire comprimido para limpiar un pozo colector o una línea de succión llenos.

¡Consejo de seguridad! La actividad biológica en el lodo continúa aún cuando el lodo se encuentra dentro de las bombas y la tubería. Esta actividad puede generar sulfuro de hidrógeno y gas metano. Nunca debe permitirse al lodo reposar sin perturbaciones en tuberías y bombas. Es extremadamente importante verificar el lavado de todas las líneas y bombas para asegurar su limpieza antes de retirarlas de servicio. Esto incluye la rotación de bombas en la que una bomba puede estar fuera de servicio por varios días. Si no se limpia y almacena el equipo adecuadamente, se puede formar una cantidad excesiva de gas y puede explotar.

COMPROBACIÓN DE CONOCIMIENTOS

1. **Las profundidades del manto de lodo en general se deben mantener por debajo de 0.9 m (3 ft).**
   - ☐ Verdadero
   - ☐ Falso

2. **Gestionar la red de alcantarillado puede ayudar a reducir olores en una WRRF.**
   - ☐ Verdadero
   - ☐ Falso

3. **En base a la siguiente información, calcule la masa de sólidos secos que terminará en el manto del clarificador después de un periodo de 24 horas. Los SST del caudal de entrada primario es de 280 mg/L y los SST del efluente primario es de 168 mg/L. El caudal diario promedio que pasa por la WRRF es de 12.5 ML/d (3.3 mgd).**

   ____

4. **Un clarificador primario captura 2671 kg (5885 lb) de sólidos. Si la concentración de sólidos totales en el lodo es de 4.2 % ¿cuánto volumen se debe bombear? Exprese su respuesta en m^3 (gal).**

   ____

5. **Un clarificador primario produce 20.2 m^3 (5333 gal) de lodo primario con una concentración de sólidos totales de 4.2 %. Si la bomba de lodo tiene una capacidad de 435 L/min (115 gpm) ¿cuántos minutos necesitará la bomba de lodo para operar por día?**

   ____

6. **Concentraciones de lodo espesado mayores a 6 % de sólidos totales**
   a. Se logran fácilmente en los clarificadores primarios.
   b. Pueden ocasionar problemas en la recolección y el bombeo de lodo.
   c. Transmiten un exceso de agua a los digestores anaerobios.
   d. Serían consideradas lodo “fino”.

7. **La concentración de lodo primario se acerca al 8 % de sólidos totales. Ha sonado una alarma de torque alto para el mecanismo impulsor. El operador debe**
   a. Reemplazar el pasador de seguridad con un modelo más fuerte.
   b. Disminuir la velocidad del mecanismo del clarificador.
   c. Aumentar el caudal de bombeo de lodo para disminuir la concentración de sólidos totales.
   d. Retirar de servicio un clarificador para disminuir el tiempo de detención.

8. **Una WRRF comienza a agregar cloruro férrico a su canal de caudal de entrada para controlar olores. La producción de lodo primario**
   a. Aumenta
   b. Disminuye
   c. No se ve afectada
   d. Se duplica

9. **Cuando el bombeo de lodo es intermitente**
   a. La concentración de sólidos totales en el lodo tiende a disminuir
   b. Las líneas de lodo deben lavarse con agua
   c. Disminuye el riesgo de septicidad y la generación de ácido sulfhídrico
   d. Se deben coordinar los tiempos del ciclo de bombeo con el tamaño de la tolva de lodo

10. **Esta semana, el porcentaje de eliminación de DBO en el clarificador bajó de 40 a 25 %; sin embargo, el porcentaje de eliminación de SST no varió. ¿Cuál es la causa más probable?**
    a. Reciclado de sólidos y DBO provenientes del digestor anaerobio
    b. Descargas industriales de DBO soluble
    c. La temperatura cambia y afecta las velocidad de sedimentación
    d. El mecanismo de recolección está roto

ELIMINACIÓN DE SÓLIDOS FLOTANTES

Se deben eliminar constantemente grasas, lípidos, aceites, plásticos y demás material flotante. Las natas y el material flotante eliminados de los tanques primarios se bombean hacia distintas instalaciones de disposición en las WRRF. Algunas instalaciones transfieren sus natas a concentradores o espesadores de flotación por aire disuelto. Las natas concentradas luego se transfieren a un incinerador o se transportan en camiones para su disposición fuera de la instalación. Otras instalaciones transfieren las natas a instalaciones de deshidratación, como prensas de banda, mientras que otras bombean sus natas a digestores anaerobios; esta práctica de bombeo gradualmente están siendo retirada porque una cantidad excesiva de grasa en los digestores produce acumulación de natas y espuma. La frecuencia de eliminación depende de la cantidad de material flotante en las aguas residuales que ingresan, variaciones en los caudales a lo largo del día y la temperatura de las aguas residuales. Debido a su diseño, los tanques circulares se desnatan continuamente; la mayoría de los tanques rectangulares eliminan las natas de manera periódica. Los tanques rectangulares necesitan eliminación de natas al menos una vez al día y con mayor frecuencia cuando aparecen grasas o material flotante en el efluente primario, los canales de caudal de entrada secundario o clarificadores finales. Los tanques rectangulares en general utilizan bandejas para natas que se operan de forma manual o se pueden operar de manera automática por medio de un temporizador o PLC. Para el control de olores también puede ser necesaria una eliminación de natas más frecuente. El proceso de eliminación de natas debe retener una cantidad suficiente de aguas residuales como para permitir el transporte de natas por las bombas, los transportadores helicoidales y las tuberías.

GESTIÓN DE CAUDAL DE RECICLADO

La gestión de caudal de reciclado puede mejorar el desempeño del clarificador primario al minimizar las cargas hidráulicas y de sólidos a la vez que reduce la posibilidad de septicidad. Una buena gestión de caudal de reciclado incluye las siguientes acciones:

- Identificar cada caudal de reciclado y su duración y calidad;
- Evaluar el efecto de cada reciclado en el desempeño de la sedimentación por gravedad y
- Eliminar, reducir, redireccionar o hacer más uniformes los caudales de reciclado según lo indique la evaluación.

INTERACCIÓN CON OTRAS OPERACIONES DE LA UNIDAD

Los objetivos del tratamiento de proceso exigen que exista interrelación en la operación de todas las unidades del proceso, y las unidades de clarificación primaria no son la excepción. Un clarificador primario operado adecuadamente mejora la operación de las unidades aguas abajo. Por otro lado, la operación adecuada del clarificador primario depende en gran medida de la buena operación de diversas operaciones de unidad, tanto aguas arriba como aguas abajo. Es recomendable que los operadores del nivel inicial regresen a esta sección una vez familiarizados con los distintos tipos de procesos de tratamiento que pueden estar presentes en algún lugar de la WRRF.

UNIDADES AGUAS ARRIBA

A continuación se describen las unidades aguas arriba que afectan la clarificación primaria, incluidos la trituración (el molido), las rejas de barras, la eliminación de arena y el bombeo del caudal de entrada.

Las operaciones de trituración y molido reducen las concentraciones de sólidos flotantes y arrastrados, lo que modifica sus propiedades de sedimentación. Una trituración no adecuada produce el arrastre de trozos de tela y desechos que pueden atascarse y enredarse en los mecanismos de bombeo y recolección de lodo de los tanques primarios.

Las rejas de barras eliminan desechos más grandes que las aberturas de la reja. De otra manera, estos desechos afectarían otros procesos de la instalación. Una eliminación ineficiente de estos desechos produce arrastre de trozos de tela y desechos que atascan las bombas de lodo y se enredan en los recolectores del tanque primario. Las rejas de barras finas pueden fragmentar los sólidos orgánicos y alterar sus propiedades de sedimentación.

La cámara del desarenador elimina partículas inorgánicas discretas. El ingreso de arena a los tanques primarios produce problemas de bombeo y otros. La arena abrasiva causa desgaste excesivo de los mecanismos recolectores, los impulsores de bomba y las líneas de lodo. Además, la acumulación de arena en el tanque primario reduce su volumen efectivo para almacenamiento de lodo y reduce el tiempo de detención del tanque.

En las estaciones de bombeo de caudal de entrada, la seguridad de las operaciones depende de una operación cuidadosa de los tanques primarios. Cuando se drenan los tanques primarios, pueden entrar grandes cantidades de lodo séptico en el pozo sumidero de la estación de bombeo. Esta situación puede producir acumulaciones peligrosas de sulfuro de hidrógeno o gases combustibles.

UNIDADES AGUAS ABAJO

Entre las unidades aguas abajo que interactúan con los clarificadores primarios se encuentran los procesos de tratamiento secundario, los sistemas de procesamiento de sólidos y los caudales de reciclado provenientes del procesamiento de líquidos y de sólidos. Estas unidades se describen a continuación.

PROCESOS SECUNDARIOS

Una operación inadecuada del tanque primario puede sobrecargar el proceso secundario de sólidos y DBO. La sedimentación primaria elimina de manera eficiente los sólidos sedimentables y en suspensión y la DBO asociada (si el proceso está adecuadamente diseñado y operado). Si se permite a los sólidos sedimentables pasar al sistema secundario, también aumenta la cantidad de material orgánico que pasa. Recuerde que los sólidos que ingresan en la WRRF son en su mayoría orgánicos. Una mayor cantidad de sustancias orgánicas presentes en el proceso secundario aumenta el uso de energía, ya que los sopladores deben suministrar más oxígeno para tratarlos. Si pasan más sólidos al proceso secundario, aumenta la cantidad de lodo secundario producido, lo que puede afectar negativamente la operación de los clarificadores secundarios. El arrastre de grasa desde los tanques primarios puede interferir con las operaciones del sistema biológico de lodo activado o película fija (filtro percolador o contactor biológico rotativo), lo que posiblemente afecte negativamente la calidad de los efluentes finales. Si se opera un tanque primario como *fermentador* o si hay un espesador o fermentador aparte, se deben verificar cuidadosamente las tasas de reciclado y los tiempos de retención de sólidos adecuados. Si no se controlan adecuadamente, se puede afectar la eliminación biológica de fósforo.

Los *fermentadores* descomponen el material orgánico en ausencia de oxígeno y nitrato. La cerveza y el vino se fabrican mediante fermentación. Cuando se utiliza un clarificador primario como fermentador, el lodo permanece en el manto del clarificador el tiempo suficiente como para que las bacterias en el lodo comiencen a descomponerlo. Debido a que no hay oxígeno o nitrato en el manto de lodo, la descomposición es incompleta. Se produce un grupo de compuestos orgánicos más pequeños y simples llamados *AGV*. Los ácidos grasos volátiles son importantes para la eliminación biológica del fósforo y pueden favorecer el crecimiento de algunos organismos molestos en el proceso de lodo activado.

SISTEMAS DE PROCESAMIENTO DE SÓLIDOS

La operación de los tanques primarios puede afectar los sistemas de procesamiento de sólidos de varias formas. En las WRRF sin espesamiento previo del lodo primario eliminado, el bombeo de lodo fino puede reducir la capacidad del digestor de la instalación (ya sea aerobio o anaerobio), causar sobrecarga hidráulica de los tanques de concentración y los procesos de espesado y aumentar los costos de calentamiento de lodo. Un bombeo continuo de lodo diluido puede ocasionar fallas en el proceso de digestión. Si el lodo se torna séptico, los procesos aguas abajo, incluidos el espesamiento y la deshidratación, pueden verse negativamente afectados y resultar en problemas de malos olores o malas eficiencias operativas.

El bombeo de lodos primarios tóxicos a los digestores aerobios o anaerobios puede producir fallas en el digestor. En general, el operador puede evitar las fallas del proceso ocasionadas por la toxicidad únicamente de la siguiente forma:

- Observación de cambios físicos obvios en las aguas residuales como por ejemplo color, olor o consistencia;
- Modificación de las operaciones del proceso unitario que corresponda si se detectan cambios;
- Notificación al supervisor o personal de pretratamiento industrial si se sospecha la presencia de aportes industriales y
- Observación de cambios abruptos en la química del proceso de digestión anaerobia, como por ejemplo pH, alcalinidad, producción de gas, contenido de metano y nivel volátil de ácido.

CAUDALES DE RECICLADO

Las fuentes de caudales de reciclado incluyen espesamiento, acondicionamiento, deshidratación, digestión, procesos secundarios y terciarios y enfriamiento de aguas. Estas fuentes se describen a continuación.

Cuando están correctamente operados, los espesadores o las unidades de deshidratación capturan y concentran los sólidos. Luego del espesamiento, la concentración del lodo es mayor. El agua eliminada del lodo debe ser reducida en DBO y sólidos en suspensión y no debe afectar la clarificación primaria. El agua extraída recibe distintos nombres según el tipo de proceso de espesamiento o deshidratación que se utilice. Las prensas de filtro de banda producen filtrado. Las centrífugas producen centrifugados. Los espesadores por gravedad y los digestores producen sobrenadante. Habitualmente se agregan polímeros a los procesos de deshidratación para mejorar la captura de sólidos. El uso de polímeros mejora la calidad del caudal de retorno y en general no afecta el desempeño del tanque primario.

Se debe eliminar el agua excedente de los digestores aerobios y anaerobios para dar lugar a más sólidos. Los operadores hacen decantar el digestor por medio de la sedimentación de los sólidos en el digestor. Después, el agua puede ser eliminada del digestor. Esta agua decantada es el sobrenadante. El sobrenadante de los digestores puede contener altas concentraciones de SST en especial cuando el lodo de digestión no se sedimenta bien. Si se envían demasiados sólidos a los depósitos de sedimentación primaria, pueden sobrepasar las bombas de lodo y aumentará la profundidad del manto. Esto puede producir septicidad, olores y arrastre de sólidos. Si no se puede evitar la adición de licor sobrenadante con alto contenido de sólidos, la carga de sobrenadante debe ser *compensada* para reducir sus efectos. Los lodos activados de residuo de los procesos secundarios a veces se bombean hacia los clarificadores primarios para espesarlos con el lodo primario. Observe que la sedimentación conjunta del lodo activado de residuo en los clarificadores primarios reduce la SOR permitida. Debe tenerse precaución cuando se sedimenta el lodo activado de residuo en forma conjunta con el lodo primario. Si se utiliza eliminación biológica de fósforo, se liberan grandes concentraciones de fósforo y se reciclan en el proceso secundario, lo que puede ocasionar fallas en el proceso de eliminación biológica de fósforo. Esta práctica puede ocasionar problemas en el bombeo, septicidad y arrastre de sólidos si no se contemplan los sólidos extra durante su eliminación en el tanque primario. Si el lodo de residuo debe regresar al tanque primario, es necesario un caudal de bombeo uniforme, preferentemente limitado a periodos de caudal bajo o promedio. Además, el envío de lodo activado de residuo a los clarificadores primarios reduce la concentración de sólidos en el lodo primario, lo que produce tiempos de bombeo más prolongados a las instalaciones de procesamiento de sólidos. Es importante que el personal de operaciones tenga en cuenta la cantidad de lodo activado de residuo y lodo primario que se acumula en un clarificador primario porque este lodo combinado debe ser eliminado del tanque. Si la cantidad total de lodo sedimentado en forma conjunta no se tiene en cuenta en el proceso de extracción de lodo, los tanques primarios se sobrecargan de lodo y el lodo puede pasar al proceso de tratamiento secundario, lo que dificulta el proceso. Algunas instalaciones registraron ventajas de la sedimentación conjunta del residuo activado y el lodo primario. Estas ventajas incluyen una mejora en la eliminación de sólidos en suspensión, reducción de olores y mejora de la operación del digestor anaerobio.

Los procesos terciarios, como por ejemplo los filtros de arena, regresan los caudales de lavado a contracorriente a los tanques primarios, lo que aumenta la carga hidráulica del tanque y puede reducir las eficiencias de sedimentación. El retorno de las aguas de enfriamiento afecta principalmente la carga hidráulica.

COMPROBACIÓN DE CONOCIMIENTOS

1. **La adición de productos químicos para el control de olores y la eliminación de fósforo aguas arriba de los clarificadores primarios puede aumentar el porcentaje de DBO y SST que elimina el clarificador primario.**
   - ☐ Verdadero
   - ☐ Falso

2. **El mejor momento para hacer regresar los caudales de reciclado de otros procesos de la WRRF a los clarificadores primarios es la hora pico del caudal de entrada.**
   - ☐ Verdadero
   - ☐ Falso

3. **La superficie de un clarificador primario posee acumulación de nata y espuma y olor fuerte a huevo podrido. El operador debe**
   - a. Ajustar la frecuencia a bombeo de lodo
   - b. Retirar el deflector de natas
   - c. Aumentar la frecuencia de eliminación de natas
   - d. Verificar la operación adecuada de la bomba de lodo

4. **Un depósito para arena o una reja de barras que funcionan mal**
   - a. Retiene cantidades excesivas de arena
   - b. Reduce los olores aguas arriba del clarificador primario
   - c. Genera DBO soluble
   - d. Puede dejar pasar desechos al clarificador primario

5. **Una WRRF tiene dos clarificadores primarios. Uno debe ser retirado de servicio para limpieza y mantenimiento. Mientras se estén llevando a cabo esas tareas, la SOR en el clarificador restante será excesivamente alta. ¿Cuál es el efecto probable para las operaciones de la instalación en su conjunto?**
   - a. TRH más prolongados en el clarificador remanente
   - b. Aumento de la carga de DBO y SST al proceso de tratamiento secundario
   - c. Eficiencia reducida en el depósito para arena y el equipo de filtrado
   - d. Aumento de la carga de DBO y SST en el procesamiento de sólidos

Operación de los clarificadores primarios

En condiciones normales de operación de un clarificador primario, el operador debe revisar de manera visual el equipo al menos una vez por turno para garantizar que funciona correctamente. Verifique que el mecanismo de recolección de lodo se mueva de manera fluida. No debe haber ruidos inusuales, chirridos ni tironeos en el recolector de lodo o el desnatador. Verifique la operación adecuada de las bombas de lodo primario (si las hubiera). La utilización de controles locales permite la observación inmediata de la operación de las bombas, aunque puedan estar inactivas al comenzar la inspección.

PUESTA EN SERVICIO DE UN CLARIFICADOR PRIMARIO

Paso 1: Elimine los desechos del piso del tanque y de la tolva de lodo.

Paso 2: Controle el desgaste del equipo y la operación adecuada. A continuación se incluyen algunos puntos que se deben controlar:

Si se cuenta con un sistema de cadenas y placas, verificar que las zapata de desgaste, la franja de desgaste y los carriles se encuentren en buenas condiciones. Reemplace las piezas desgastadas. Verifique que las placas están niveladas y paralelas al piso y que las escobillas (si las hubiera) se encuentren en buenas condiciones. Ajuste según fuera necesario. Inspecciones las cadenas. Verifique que ambas cadenas tengan la misma cantidad de eslabones. Ajuste la tensión de la cadena conforme a las indicaciones del fabricante. Para ello puede ser necesario eliminar un eslabón si la cadena estuviera estirada. Controle todos los pernos y ajústelos si fuera necesario.

En un mecanismo con clarificador circular, verifique que los arados están nivelados y paralelos al piso y que las escobillas (si las hubiera) se encuentran en buenas condiciones. Ajuste según fuera necesario. Los arados deben poder moverse con facilidad por el piso del depósito. Controle todos los pernos y ajústelos si fuera necesario.

Paso 3: Verifique que el mecanismo impulsor de recolección de lodo está debidamente lubricado. En los mecanismos de cadenas y placas, se debe subir manualmente cada placa para verificar que no está adherida al fondo del tanque. Las placas con zapatas de desgaste de metal pueden quedar adheridas por el óxido.

Paso 4: Drene el condensado del impulsor del clarificador. Verifique la presencia de niveles adecuados de lubricación. Controle la alineación del impulsor.

Paso 5: Ponga en marcha el mecanismo de recolección de lodo en un tanque seco. En un mecanismo circular, observe varios giros completos. Controle que no se produzcan chirridos, fijaciones ni tironeos. En los tanques rectangulares puede ser necesario agregar una cantidad suficiente de agua como para cubrir las placas y hacer descender las ruedas dentadas antes de poner en marcha el mecanismo. Algunos tanques rectangulares utilizan agua en lugar de aceite para lubricar los cojinetes del eje inferior.

Asegúrese de seguir todos los procedimientos de seguridad requeridos cuando llene, drene o limpie un tanque.

Paso 6: Ajuste los arados o las placas si fuera necesario.

Paso 7: Verifique que el equipo auxiliar se encuentra en buenas condiciones operativas.

Paso 8: Abra las compuertas deslizantes o las válvulas en la salida del clarificador a continuación de la entrada del clarificador. El caudal debe poder moverse fácilmente hacia dentro y fuera del depósito. Continúe con la operación del mecanismo del clarificador.

Paso 9: Cuando la tolva de lodo se llene, ponga en marcha las bombas de lodo primario y permita que operen un ciclo completo. Verifique que las bombas funcionan adecuadamente.

Paso 10: Continúe llenando el tanque y coloque todo el equipo en operación automática.

SACAR DE SERVICIO UN CLARIFICADOR PRIMARIO

Los tanques se deben sacar de servicio anualmente para inspeccionar el equipo sumergido y el tanque mismo. En ese momento, los operadores también deben controlar la presencia de grietas en el hormigón, desprendimientos y evidencia de corrosión.

Paso 1: Desconecte el ingreso de caudal de entrada al clarificador. Si fuera posible, desvíe el caudal hacia otros clarificadores.

Paso 2: Drene el tanque del clarificador mediante el sistema de extracción de lodo. Se puede utilizar una bomba de pozo húmedo para eliminar el líquido restante del pozo colector. Cuando se drena un tanque, se lo debe lavar completamente de manera inmediata. Si el lodo no drena rápidamente, rocíe cal, hipoclorito de calcio o permanganato de potasio en la superficie del lodo para reducir olores. Debido a que incluso un tanque limpio puede producir olores, para reducirlos se puede lavar el tanque con una solución clorada o mantener el piso del tanque cubierto con una solución clorada de baja concentración.

Paso 3: Si el tanque no está completamente vacío, localice y marque huecos peligrosos como el pozo de lodo u otros lugares de drenaje.

Paso 4: Limpie el interior del clarificador con una manguera de alta presión y una escobilla para empujar los sólidos hacia el pozo de lodo. No olvide limpiar el mecanismo.

Paso 5: Lave las líneas y bombas exclusivas de lodo con agua. No debe permitirse la permanencia de lodo por periodos prolongados en las líneas o bombas de lodo. El gas producido por la descomposición anaerobia del lodo primario puede producir presión y dañar el equipo.

PROCEDIMIENTOS DE LIMPIEZA GENERAL Y CONTROL DE OLORES

La adopción en forma regular de las prácticas descritas a continuación aumenta la eficiencia de eliminación, reduce olores y proporciona mejores condiciones de trabajo para el operador:

- Programe actividades de limpieza para el área de tratamiento primario, incluidas las galerías, huecos de escaleras, salas de control y construcciones relacionadas y designe a un empleado específico para hacerse responsable de cada punto;
- Elimine natas regularmente y con una frecuencia mayor durante el clima cálido;
- Limpie el equipo de eliminación de natas periódicamente; caso contrario, habrá una apariencia y olores desagradables;
- Elimine el lodo antes de que forme burbujas o flote;
- Limpie periódicamente los vertederos y otros puntos donde se junta material flotante y fango;
- Limpie todos los derrames y recubrimientos de grasa;
- Si las aguas residuales son sépticas, agregue productos químicos en la red de alcantarillado o en la instalación, según correspondiera, para reducir los sulfuros;
- Si los tanques están recubiertos para control de olores, mantenga las placas y las escotillas de acceso en su lugar, excepto que para ciertas operaciones o mantenimiento fuera necesario su retiro;
- Las salpicaduras de efluente primario en las bandejas de los vertederos y los canales de efluentes puede ocasionar liberación de sulfuro de hidrógeno/ácido sulfhídrico. Si fuera posible, intente minimizar las salpicaduras de efluente primario en el canal o los vertederos;
- Elimine periódicamente material acumulado en los deflectores de entrada y vertederos de efluentes con una manguera o escoba con cerdas duras. Solo la experiencia puede determinar la frecuencia necesaria;
- Evite mojar motores y dispositivos de control bajo cubierta y
- Vuelva a pintar las superficies cuando resulte necesario para mejorar su protección y apariencia.

Recolección, muestreo y análisis de los datos

DATOS DE CONTROL DEL PROCESO

Los análisis realizados en el caudal de entrada, los efluentes y lodos del tratamiento primario varían de una instalación a otra. Al decidir cuáles análisis son esenciales, el operador debe tener en cuenta los requisitos del permiso, las unidades de tratamiento aguas abajo y los residuos industriales previstos. Los análisis típicos para evaluar los clarificadores primarios incluyen el de concentraciones de sólidos sedimentables, sólidos en suspensión, sólidos totales, sólidos volátiles, DQO o DBO_5, pH y aceite y grasa. Cada uno de estos análisis de laboratorio se describen en detalle en la quinta edición de *Basic Laboratory Procedures for the Operator-Analyst* (WEF, 2012). Es muy recomendable que los operadores cuenten con este material de referencia tanto para las operaciones diarias como para una referencia adicional al momento de estudiar para sus exámenes de certificación.

Tenga en cuenta que los clarificadores primarios no son habituales en instalaciones de menos de 19 ML/d (5 mgd) porque tienen a funcionar en conjunto con los digestores anaerobios. Las instalaciones más grandes son más complejas y poseen más recursos para destinar al monitoreo del proceso.

INSPECCIÓN VISUAL

La superficie de un clarificador primario debe ser entre gris y marrón amarillento. En la figura 4.38 se muestran los colores de superficie de cuatro clarificadores primarios diferentes que funcionan correctamente. Las aguas residuales en el clarificador deben tener un olor a tierra levemente agrio pero no deben oler a huevo podrido. El sulfuro de hidrógeno/ácido sulfhídrico huele a huevo podrido e indica condiciones sépticas. La septicidad puede ser el resultado del lodo que permanece por mucho tiempo en el clarificador. Controle la formación de burbujas y lodo flotante en la superficie del clarificador. Cuando el lodo se torna séptico, los microorganismos en el manto de lodo producen sulfuro de hidrógeno y gas metano. Estos gases forman burbujas en el manto de lodo que pueden subir a la superficie del clarificador y en algunas ocasiones transportan algo de lodo. A medida que el mecanismo de recolección de lodo se mueve por el manto de lodo, puede liberar los gases acumulados. El lugar donde se puede observar con mayor facilidad si están subiendo burbujas de gas a la superficie es de 0.3 a 0.6 m (1 a 2 ft) por detrás del brazo desnatador. Para mitigar la septicidad, aumente la frecuencia del bombeo de lodo.

ANÁLISIS DE SÓLIDOS SEDIMENTABLES

El análisis de sólidos sedimentables puede ser el mejor indicador sobre el desempeño del clarificador primario y se lo prefiere por sobre los cálculos simple de porcentaje de eliminación de SST, DQO y DBO. El análisis de sólidos sedimentables estima la eficiencia de eliminación de los clarificadores primario y secundario. El análisis se debe realizar con caudal promedio y de hora pico. El análisis se realiza con un cono Imhoff y se siguen los pasos descritos a continuación (figura 4.39):

- Paso 1: Llene el cono Imhoff hasta la marca 1 L con una muestra bien mezclada. En ocasiones, el material sedimentable de una muestra dada de aguas residuales puede exceder la graduación 40 mL/L en el lateral del cono. En estos casos, se debe utilizar un volumen de muestra de 500 mL.
- Paso 2: Sedimentar durante 45 minutos.
- Paso 3: Revolver suavemente la parte superior de la muestra con una varilla de vidrio para quitar material que pudiera estar adherido a los lados del cono.
- Paso 4: Sedimentar durante 15 minutos más.
- Paso 5: Leer el volumen de la materia sedimentable en mililitros por litro. Si hay material flotante en la parte superior del agua al final del análisis, no se debe incluir como parte del material sedimentable en la medición.

El análisis de sólidos sedimentables se debe realizar con el caudal de entrada primario del clarificador y el efluente primario del clarificador. El análisis del caudal de entrada primario revela cuánto material sedimentable hay en el caudal de entrada. El análisis del efluente primario revela la eficiencia con la cual el clarificador eliminó esos sólidos sedimentables. Lo ideal es que la muestra de efluente primario no muestre material sedimentable en la base del cono al final del análisis. Si pasa material sedimentable por el clarificador primario, la eficiencia del proceso de tratamiento se pudo mejorar.

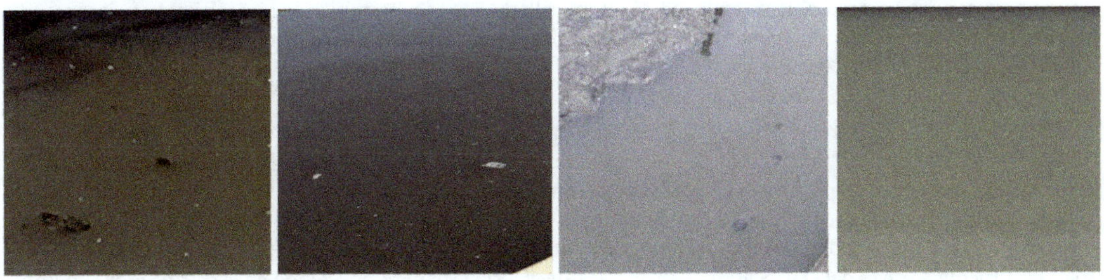

Figura 4.38 Color de superficie del clarificador primario

Figura 4.39 Análisis de sólidos sedimentables con un cono Imhoff (reimpreso con autorización de Indigo Water Group)

Recuerde que si la concentración de DBO soluble en el caudal de entrada aumenta, pasa al efluente primario. Un operador que solo está monitoreando las concentraciones de DBO en el caudal de entrada y efluente primarios vería un descenso en el porcentaje de eliminación a través del clarificador y concluiría erróneamente que algo no está bien en el clarificador y que es necesario realizar ajustes en el control del proceso. Por el contrario,el análisis de sólidos sedimentables mostraría que el clarificador se sigue desempeñando de la mejor manera dadas las características del caudal de entrada de las aguas residuales.

SÓLIDOS EN SUSPENSIÓN TOTALES

Los sólidos en suspensión en general se analizan con muestras compuestas, mientras que los sólidos sedimentables se pueden determinar con muestras compuestas o puntuales. Estos análisis en general se realizan diariamente en instalaciones grandes (caudales mayores a 19 ML/d [5 mgd]) y como mínimo dos veces por semana en instalaciones más pequeñas. Las muestras del caudal de entrada y los efluentes del tanque se toman en puntos en los que las aguas residuales están bien mezcladas. Se pueden utilizar los resultados de los análisis para calcular el porcentaje de eliminación a través del clarificador, la masa de carga de sólidos que ingresa a las unidades de tratamiento aguas abajo y la cantidad de lodo que debe bombearse.

SÓLIDOS TOTALES Y VOLÁTILES EN EL LODO

En general estos análisis se realizan diariamente en muestras compuestas manualmente extraídas de los tanques. Los resultados proporcionan información acerca de la carga de sólidos en los digestores y las unidades de deshidratación. El conocimiento preciso del porcentaje de humedad del lodo permite al operador controlar las observaciones visuales del grado de compactación, la necesidad de modificar las tasas y cantidades de eliminación de lodo y la cantidad de agua en exceso que ingresa a las unidades de digestión y deshidratación. Un aumento repentino de la cantidad de sólidos volátiles podría ser indicador de una descarga industrial. Un aumento repentino en el porcentaje de sólidos inorgánicos (no volátiles) podría indicar una falla del equipo de eliminación de arena aguas arriba o un problema en la red de alcantarillado que está permitiendo que ingrese más arena y gravilla a la instalación. El lodo primario de las aguas residuales domésticas debería tener una concentración de sólidos volátiles de 75 a 80 % (EPA de los EE. UU., 1987).

DEMANDA QUÍMICA DE OXÍGENO Y DEMANDA BIOQUÍMICA DE OXÍGENO

En general, los análisis de DQO o DBO_5 en muestras compuestas de caudal de entrada y efluentes se realizan al menos una vez por semana. Los análisis de los efluentes del tanque proporcionan una excelente medida de la carga orgánica en los procesos biológicos aguas abajo. Los análisis de DQO o DBO soluble en el caudal de entrada y los efluentes pueden servir como indicadores de condiciones sépticas en el tanque. Si la DQO o DBO soluble aumenta a través del clarificador, es probable que el lodo esté permaneciendo en el clarificador el tiempo suficiente como para que las bacterias descompongan el material orgánico.

COMPROBACIÓN DE CONOCIMIENTOS

1. **Todos los mecanismos de un clarificador rectangular deben operarse de manera segura en un tanque completamente seco.**
   - ☐ Verdadero
   - ☐ Falso

2. **Cuando se pone en servicio un clarificador circular, se debe hacer operar el mecanismo por varias revoluciones en un tanque seco para verificar que funciona correctamente.**
   - ☐ Verdadero
   - ☐ Falso

3. **Cuando se saca de servicio un clarificador primario, es aceptable dejar lodo en las tuberías y las bombas.**
   - ☐ Verdadero
   - ☐ Falso

4. **Se pondrá en servicio un clarificador rectangular con un mecanismo de recolección de lodo de cadena y placa. Debido a que la cadena plástica tiene una antigüedad de varios años, es probable que el operador necesite**
   a. Lubricar la cadena con un aceite de máquina liviano
   b. Verificar que la cadena no se oxidó en la unión con las ruedas dentadas
   c. Quitar un eslabón de cada cadena para compensar el daño
   d. Reemplazar las zapatas de desgaste de cada placa

5. **Cuando se saca de servicio un tanque, se debe lavar inmediatamente con agua por la siguiente razón.**
   a. Evitar la generación de olores
   b. El lodo seco es más difícil de eliminar
   c. Para una operación continua de los cojinetes lubricados con agua
   d. El tanque puede ser puesto nuevamente en servicio con mayor rapidez

6. **Se toma una muestra del efluente primario del clarificador para realizar el análisis de sólidos sedimentables. Luego de una hora de sedimentación, la punta del cono está vacía. El operador saca como conclusión que**
   a. Está ingresando una cantidad excesiva de arena al clarificador
   b. Se debe aumentar la velocidad del recolector de lodo
   c. Los sólidos sedimentables están pasando al proceso secundario
   d. No se puede mejorar la eficiencia del proceso

7. **Los análisis de laboratorio de rutina muestran que en la última semana disminuyó el porcentaje de sólidos volátiles en el lodo primario de 80 % a 70 %. ¿Cuál es la causa más probable?**
   a. Aumento de la carga de DBO a la WRRF
   b. Falla del equipo de eliminación de arena aguas arriba
   c. El manto de lodo tiene una profundidad mayor a 1.2 m (4 ft)
   d. Se debe disminuir el tiempo de retención hidráulica

Mantenimiento

Los elementos de un programa de mantenimiento incluyen el mantenimiento preventivo, procedimientos establecidos por escrito para el mantenimiento de emergencia y un sistema para asegurar un suministro adecuado de repuestos fundamentales. Los clarificadores primarios representan una inversión formidable en maquinarias, incluido el equipo que habitualmente opera bajo agua. Para proteger esta inversión es necesaria, como mínimo, una inspección anual de tanques y accesorios. Una inspección exhaustiva incluye los siguientes procedimientos:

- Desagotar completamente el depósito una vez al año para posibilitar una inspección completa de todos los equipos;
- Inspeccionar el nivel de daño y corrosión de todos los equipos mecánicos. Reemplazar, si fuera necesario, cadenas, ruedas dentadas, carriles guías, cojinetes de ejes, piezas de apoyo y otras piezas de los equipos, y aplicar un recubrimiento de protección;
- Lubricar todas las piezas metálicas;
- Controlar que las placas no estén rotas o presenten desprendimientos, no haya zapatas de desgaste faltantes o flojas o pernos faltantes. Reemplace estos elementos si fuera necesario;
- En los clarificadores rectangulares, controle que las tablas de los deflectores no estén deformadas o rotas y reemplácelas si fuera necesario. Ajuste todos los pernos;
- En los clarificadores rectangulares, inspeccione las franjas de desgaste. Repare las áreas en las que la franja se separe del piso del depósito;
- En los clarificadores circulares, controle que los arados no estén doblados o tengan piezas dañadas y reemplácelos si fuera necesario. Ajuste todos los pernos;
- Ajuste la tensión de las cadenas, tanto del recolector longitudinal como cruzado. Tenga en cuenta que una cadena no metálica necesita una tensión y laxitud distintas a las de acero, y la cadena no metálica se estira mucho más durante su periodo de asentamiento, por lo que son necesarios controles frecuentes;
- Controle en todas las líneas de succión y los pozos colectores la acumulación de desechos y obturaciones. Limpie todas las líneas antes de llenar los tanques;
- Controle que las piezas mecánicas de la unidad desnatadora no presenten desgaste o corrosión. Equilibre el peso de los baldes y carros o carritos en la cadena (puede ser necesario realizar ajustes); e
- Inspeccione todo el hormigón por encima y por debajo de la línea de agua, en especial las áreas ciegas como los pozos colectores y las áreas de anclaje del equipo mecánico. Emparche el hormigón y enmasille y selle las juntas si fuera necesario.

Entre los problemas más frecuentes del equipo del clarificador primario circular se encuentran los siguientes:

- Falla de la protección contra sobrecarga, que daña el equipo;
- Fuga o falla del sello de aceite y
- Falla en los cojinetes de agujas (cojinete de rodillos) o en el engranaje con tornillo sin fin o el piñón, que posiblemente sea el resultado de un desgaste excesivo o falta de lubricación.

El equipo de los tanques circulares necesita una lubricación periódica (placa giratoria, transmisión por tornillo sin fin, y transmisión por engranaje inferior), cambios de aceite e inspección (desgaste de engranajes y alineación de engranajes y cojinetes). Las actividades de mantenimiento necesarias incluyen el cepillado y la limpieza de los armazones de engranajes, la eliminación y limpieza de los filtros de la bomba de aceite y el reemplazo de las hojas del desnatador si fuera necesario. En la tabla 4.2 se presenta una muestra de hoja de registro de mantenimiento de la transmisión (cortesía de Wes Tech). Todas las empresas de servicios públicos deben elaborar sus propias hojas de registro de mantenimiento para la inspección, lubricación y reparación de rutina, bajo la orientación de las recomendaciones de los proveedores de los equipos.

Uno de los elementos más importantes de un programa de mantenimiento preventivo es la fijación de fechas para realizar el recubrimiento protector y la pintura. Los metales ferrosos que se encuentren por encima de la línea de agua deben ser pintados cada 3 años; los metales ferrosos que se encuentren por debajo de la línea del agua deben ser pintados cada 5 a 10 años. Las recomendaciones de los fabricantes de pinturas son útiles para establecer un programa de frecuencia de pintura.

Tabla 4.2 Muestra de hoja de registro de mantenimiento del impulsor

	Intervalo	Iniciales	Fecha
Requisitos de mantenimiento durante el asentamiento			
Drene y llene la/s cavidad/es de aceite (antes de operar)	0 horas		
Drene y reemplace el aceite	500 horas		
Requisitos de mantenimiento preventivo			
Engrase el reductor de ciclón	M		
Engrase el cojinete superior	M		
Engrase el cojinete principal	W		
Aceite el engranaje principal/cojinete inferior	W		
Aceite el émbolo sumergido de la caja de torque	W		
Requisitos de inspección			
Inspeccione la tensión de los sujetadores	M/A		
Inspeccione visualmente el desgaste del mecanismo impulsor	W/A		
Pruebe los interruptores de límite de la caja de torque	W		
Cheque/drene el condensado	W		
Cheque/drene el material particulado	S		
Inspeccione/repare la pintura de la unidad impulsora	A		
Inspeccione el dispositivo de control de torque	A		

A - anualmente, S - semestralmente, M - mensualmente, W - semanalmente, D - diariamente

Nota: Esta información sobre el mantenimiento es suministrada por WesTech Engineering Inc. como ejemplo. No está destinada a ser utilizada tal como está por ninguna planta. Cada planta debe elaborar su propio cronograma y hoja de registro específicos para el equipo que se encuentra en la instalación.

A continuación se detallan las actividades de mantenimiento sugeridas que exceden la inspección anual; sin embargo, esta lista no es exhaustiva y algunos fabricantes pueden recomendar frecuencias distintas para ciertas actividades de mantenimiento.

A diario

- Lleve a cabo recorridas de inspección por la instalación.
- Verifique la operación adecuada de todo el equipo.
- Elimine desechos de canales y de la superficie del clarificador.
- Cumpla con los procedimientos de limpieza descritos en la sección titulada "Operación de los clarificadores primarios" para evitar olores y mantener el equipo funcionando sin problemas.

Semanalmente

- Drene la condensación de la unidad impulsora. No se deben mezclar el aceite y el agua. La condensación se puede escurrir hacia los depósitos de aceite de la unidad impulsora. La mayoría de las unidades poseen una válvula en el fondo del depósito. Al ser el agua más densa que el aceite, se acumulará en el fondo cerca de la válvula. Abra la válvula y déjela drenar hasta que comience a salir aceite. Cierre la válvula. Complete con aceite hasta el tope si fuera necesario.
- Engrase cojinetes y reductores.
- Controle el aceite del impulsor y cámbielo si fuera necesario.
- Lubrique el émbolo sumergido de torque de acuerdo con las instrucciones del fabricante.
- Limpie los vertederos y depuradores del clarificador para eliminar algas. Puede ser necesario utilizar un cepillo de cerdas duras. Algunas instalaciones pintan sus vertederos con resina epoxi para facilitar la eliminación de algas.
- Inspeccione el vertedero para verificar que esté nivelado y que el caudal se distribuya de manera uniforme a lo largo del vertedero. Realice los ajustes necesarios. Si el vertedero no está nivelado, la cantidad de agua que pasa por algunas partes del vertedero será mayor que otras. Esto puede ocasionar que el desempeño del clarificador se deteriore a medida que aumentan las velocidades por ciertas áreas del vertedero.
- Lave los canales del caudal de entrada y los efluentes.

Mensualmente

- Verifique que el brazo desnatador esté nivelado y a la altura correcta. El brazo desnatador debe sobresalir del nivel de agua en los caudales de hora pico y al mismo tiempo permanecer parcialmente sumergido.
- Examine la flexibilidad de los limpiadores y escobillas y controle que no estén rasgados. Reemplace si fuera necesario.
- En los clarificadores circulares con válvulas de descarga, verifique la operación de la válvula de descarga.
- Engrase los cojinetes del impulsor.

Semestralmente

- Drene y complete el aceite del engranaje principal.

MANTENIMIENTO DE EMERGENCIA

A continuación se incluyen algunas consideraciones sobre el mantenimiento de emergencia. Cuando ocurre un problema, pare el caudal y drene el tanque. Notifique a todo el personal involucrado acerca del programa de drenaje del tanque y de la posible presencia de gases peligrosos tanto en el clarificador primario como en las áreas que reciben el lodo primario. Mientras drena, continúe operando el equipo de recolección y eliminación de lodo durante todo el tiempo posible. El mecanismo del clarificador debe ser operado de manera segura en un tanque seco hasta que no haya obstrucciones y el mecanismo se mueva sin dificultad. Se deben apagar las bombas de lodo primario cuando la tolva de lodo ya no pueda mantenerse llena. Si las bombas de lodo primario continúan operando luego de este punto, se puede introducir aire en las bombas y ocasionar daños. Se puede utilizar una bomba de pozo húmedo portátil en la bandeja de recolección de lodo para continuar con la eliminación de lodo y agua.

Para retirar el lodo restante de un tanque rectangular, pare el mecanismo de cadenas y placas y apoye las placas en bloques por encima del piso. De esta forma el operador podrá barrer el lodo hacia el pozo colector con una manguera y escobillas. Las válvulas de descarga en las paredes del efluente acelerarán la limpieza al permitir al efluente primario lavar las bahías inutilizables. Luego de completar la tarea, controle el piso y el pozo colector en busca de desechos, como placas o herramientas rotas y pasadores quebrados. Controle la correcta operación de todo el equipo mecánico antes de volver a poner el tanque en servicio. Inspeccione las placas para verificar que se encuentren sujetas en posición paralela al piso del tanque y que las zapatas de desgaste estén en buenas condiciones.

Para evitar resultados desastrosos, nunca utilice un pasador de seguridad de una longitud mayor a la correcta.

PIEZAS DE REPUESTO

El inventario de las piezas de repuesto debe incluir existencias de piezas necesarias para mantener la operación del tanque primario. Las existencias de piezas de repuesto importantes en general incluyen placas y cadenas de transmisión para los tanques rectangulares y hojas móviles, ensambles del desnatador,engranajes de placa giratoria y un motor para los tanques circulares. Los tanques rectangulares también utilizan zapatas de desgaste en las placas del recolector. Se recomienda incluir en las existencias zapatas de desgaste de repuesto. Debe haber suficiente cantidad de zapatas de desgaste como para equipar un tanque, más un 10 % adicionales para reemplazos. A continuación se incluye una lista de repuestos sugeridos para las existencias:

- Motores;
- Reductores de engranajes;
- Ruedas dentadas, cadenas y placas (suficientes como para equipar un tanque);
- Piezas de apoyo de pared (suficientes como para equipar un tanque);
- Pasadores de cadenas, seis por cada línea de cadena; y
- Pasadores de seguridad, 10 por tanque.

Al momento de determinar la composición de las existencias de repuestos, los operadores también deben tener en cuenta la incidencia de fallos de una parte del equipo y el tiempo de demora en la entrega. Por ejemplo, si una parte del equipo falla con frecuencia, la instalación de tratamiento debe contar con piezas adicionales de repuesto para esa parte. Además, si hay mucho tiempo de demora para la entrega de una parte del equipo, ese factor también debe ser tenido en cuenta al momento de solicitar piezas de repuestos para las existencias. Se debe consultar a los proveedores de equipos para obtener recomendaciones sobre piezas de repuesto.

COMPROBACIÓN DE CONOCIMIENTOS

1. **Se deben drenar los clarificadores y se deben inspeccionar todos los equipos y todo el hormigón anualmente.**
   - ☐ Verdadero
   - ☐ Falso
2. **Se debe drenar el condensado de las unidades impulsoras del clarificador.**
   a. A diario
   b. Semanalmente
   c. Mensualmente
   d. Anualmente
3. **Se deben mantener los vertederos libres de desechos, nivelados y limpios para evitar**
   a. Una distribución desigual del caudal
   b. Retención de material particulado fino
   c. Un crecimiento de algas antiestético
   d. Obturación de las válvulas de descarga
4. **Cada instalación debe elaborar sus propias hojas de registro de mantenimiento del equipo. ¿Cuál es la mejor fuente de información para determinar el tipo y la frecuencia de mantenimiento necesarios?**
   a. Libros como este que proporcionan información general
   b. Clases en línea de entrenamiento que proporcionan información general
   c. Manuales de operaciones y mantenimiento de los fabricantes
   d. La guía Chilton

Resolución de problemas

Para solucionar dificultades que se podrían presentar en las unidades de tratamiento primario, el operador debe conocer las características del lodo primario recolectado, las limitaciones de diseño de los tanques primarios y el equipo y los indicadores de problemas operativos. A continuación se ofrecen descripciones breves y tablas sobre estos tres aspectos de la resolución de problemas.

La naturaleza de un problema operativo y su severidad con frecuencia dependen de la temperatura. En climas más fríos, el lodo es más difícil de bombear, las líneas de lodo acumulan grasa con mayor rapidez y aumenta la cantidad de nata; sin embargo, probablemente disminuyan la septicidad y los olores.

En la tabla 4.3 se incluye una guía para resolución de problemas que permite al operador identificar problemas en la clarificación primaria y determinar sus soluciones.

Tabla 4.3 Guía de resolución de problemas para clarificadores primarios (EPA de EE. UU., 1978)

Indicadores/ observaciones	Causa probable	Revisar o monitorear	Soluciones
Lodo flotante	Acumulación excesiva de lodo en el tanque		Elimine el lodo con mayor frecuencia o a una tasa más elevada.
	Raspadores gastados o dañados	Inspeccione los raspadores.	Reparare o reemplace, según resulte necesario.
	Recirculación del lodo activado de purga nitrificado en el pozo	Nitratos del efluente	Reduzca la antigüedad del lodo recirculado o mueva el punto de reciclado del lodo de residuo.
	Línea de extracción de lodo obstruida	Salida de la bomba de lodo	Lave o limpie la línea.
	Deflectores de entrada dañados o faltantes	Deflectores dañados	Reparare o reemplace los deflectores.
Aguas residuales o lodo sépticos negros y con mal olor	Recolectores de lodo gastados o dañados	Inspeccione los recolectores de lodo	Reparare o reemplace, según resulte necesario.
	Ciclos de bombeo de eliminación de lodo inadecuados	Manto de lodo	Aumente la frecuencia y duración de los ciclos de bombeo hasta que disminuya el manto de lodo.
	Pretratamiento inadecuado de residuos industriales orgánicos	Prácticas de pretratamiento	Preaeree los residuos. Identifique la ubicación de la fuente de la descarga industrial. Requiere pretratamiento de residuos industriales.
	Las aguas residuales se descomponen en la red de alcantarillado	Tiempo de retención y velocidad en las líneas de recolección	Inspeccionar las condiciones de septicidad de la red de alcantarillado. Aumentar la frecuencia de bombeo de la estación de bombas. Controlar las condiciones de septicidad de la red de alcantarillado mediante la adición de productos químicos o el suministro de aeración y mezclado.
	Reciclado del sobrenadante del digestor excesivamente fuerte	Calidad y cantidad del sobrenadante del digestor	Mejore la digestión del lodo para obtener mejor calidad de sobrenadante. Reduzca o demore la extracción hasta que mejore la calidad. Seleccione sobrenadante de mejor calidad de otra zona del digestor. Descargue sobrenadante en estanques, tanques de aeración o lechos de secado de lodo.
	Línea de extracción de lodo obstruida	Salida de la bomba de lodo	Limpie la línea.
	Entrega de desechos sépticos (inodoros portátiles)	Recoja muestras del acarreador de desechos sépticos. Si no fuera posible tomar muestras de todos los camiones, tome muestras aleatoriamente.	Regule o reduzca los consentimientos para los desechos sépticos acarreados.
	Tiempo insuficiente de funcionamiento de los recolectores de lodo	Revise las hojas de registro de las operaciones	Aumente el tiempo de funcionamiento o hágalos funcionar de manera continua.
Desborde de natas	Frecuencia inadecuada de eliminación	Tasa de eliminación de natas	Elimine natas con mayor frecuencia.
	Contribuciones de residuos industriales pesados	Residuos del caudal de entrada	Limite las contribuciones de residuos industriales.
	Hojas móviles para natas gastadas o dañadas	Hojas móviles	Limpie o reemplace las hojas móviles.
	Alineación inadecuada del desnatador	Alineación	Ajuste la alineación.
	Profundidad inadecuada del deflector de natas	Las natas pasan los deflectores	Aumente la profundidad del deflector.
Lodo difícil de retirar de la tolva	Cantidad excesiva de arena, arcilla y demás material fácilmente compactado	Operación del sistema de eliminación de arena	Mejore la operación de la unidad de eliminación de arena.
	Baja velocidad en las líneas de extracción	Velocidad de eliminación de lodo	Aumente el caudal de bombeo de lodo. Verifique la capacidad de la bomba.
	Tubo o bomba obstruidos	Salida de la bomba. Presión de descarga de la bomba.	Limpie por contracorriente las tuberías obstruidas y el lodo de la bomba con mayor frecuencia.
	Carga excesiva de sólidos	Masa de sólidos (kg o lb) que ingresan al clarificador	Proporcione una distribución de caudal más uniforme en todos los tanques, si hubiera tanques múltiples. Si solo un tanque estuviera disponible, aumente la frecuencia del bombeo de lodo.

(continúa)

Tabla 4.3 Guía de resolución de problemas para clarificadores primarios (EPA de EE. UU., 1978) (*continúa*)

Indicadores/ observaciones	Causa probable	Revisar o monitorear	Soluciones
Contenido de sólidos en el lodo menor al deseado	Sobrecarga hidráulica	Caudal de entrada	Proporcione una distribución de caudal más uniforme en todos los tanques, si hubiera tanques múltiples.
	Cortocircuito de caudal a través de los tanques	Colorante u otro rastreador de caudal	(Consulte "Cortocircuito de caudal a través de los tanques").
	Sobrebombeo de lodo	Frecuencia y duración de bombeo de lodo; concentración de sólidos en suspensión	Reduzca la frecuencia y la duración de los ciclos de bombeo.
Cortocircuito de caudal a través de los tanques	Posición despareja de los vertederos	Posiciones de los vertederos	Modifique la posición de los vertederos.
	Deflectores de la línea de entrada dañados o faltantes	Deflectores dañados	Reparare o reemplace los deflectores.
Caudal pulsante	Mala programación de bombeo del caudal de entrada	Ciclos de bombeo	Modifique el ciclo de bombeo.
Acumulación excesiva de sólidos en el canal de entrada	Velocidad muy baja	Velocidad	Aumente la velocidad o agite con aire o agua para evitar la descomposición.
Sólidos sedimentables presentes en el efluente primario. Realice el análisis de sólidos sedimentables con un cono Imhoff.	Sobrecarga hidráulica	Caudal	Utilice la estructura de contención disponible, reduzca el caudal pico, adición de químicos para flocular sólidos.
	Cortocircuitos		(Consulte "Cortocircuito de caudal a través de los tanques").
	Malas prácticas de eliminación de lodo	Monitoree la duración del bombeo y los niveles de lodo.	Bombeo frecuente y uniforme
	Caudales de reciclado	Caudales de inventario: calidad y cantidad	(Consulte la sección "Tanques rectangulares" de este capítulo).
	Corrientes de densidad relacionadas con el viento o la temperatura	Monitoree el viento y la temperatura de las aguas residuales.	Elimine caudales de tormenta del sistema de alcantarillado. Instale barrera contra viento.
Crecimiento excesivo en superficies y vertederos	Acumulación de sólidos de aguas residuales y crecimiento resultante.	Inspeccione superficies.	Limpieza frecuente y exhaustiva de superficies.
Operación errática del mecanismo de recolección de lodo	Pasadores de seguridad rotos, recolector dañado	Pasadores de seguridad y recolector de lodo	Repare o reemplace piezas dañadas.
	Trozos de tela y desechos enredados en el mecanismo recolector	Recolector de lodo	Eliminar los desechos. Mejore el filtrado del caudal de entrada.
	Acumulación excesiva de lodo	Profundidad del manto de lodo	Aumente la frecuencia de bombeo del lodo del tanque.
	Programa de mantenimiento preventivo inadecuado		Drenaje e inspección anual del tanque
Cadenas del raspador rotas y falla frecuente del pasador de seguridad	Alineación inadecuada de la placa	Alineación de la placa	Vuelva a alinear las placas.
	Formación de hielo en paredes y superficies	Inspeccione paredes y superficies.	Elimine o frene la formación de hielo.
	Carga excesiva sobre el raspador de lodo mecánico	Carga de lodo	Opere el recolector por un tiempo más prolongado o elimine el lodo con mayor frecuencia.
	Programa de mantenimiento preventivo inadecuado		Drenaje e inspección anual del tanque
Corrosión excesiva en la unidad	Aguas residuales sépticas	Color y olor de las aguas residuales	Pinte las superficies con pintura o recubrimiento resistente a la corrosión.
Transmisión por cadena ruidosa	Las piezas móviles rozan las piezas fijas	Alineación	Ajuste y alinee la cubierta y la cadena. Elimine la suciedad u otra materia que interfiera.
	La cadena no encaja en las ruedas dentadas		Reemplace con las piezas correctas.
	Cadena floja		Ajuste la cadena de acuerdo con la tensión recomendada por el fabricante.
	Lubricación defectuosa	Lubricación	Lubrique adecuadamente.
	Ensamble mal alineado o inadecuado	Alineación y ensamble	Corrija la alineación y el ensamble de la transmisión.
	Piezas gastadas		Reemplace la cadena o los cojinetes gastados. Invierta las ruedas dentadas gastadas antes del reemplazo.

(*continúa*)

Tabla 4.3 Guía de resolución de problemas para clarificadores primarios (EPA de EE. UU., 1978) (*continúa*)

Indicadores/ observaciones	Causa probable	Revisar o monitorear	Soluciones
Desgaste rápido de la transmisión por cadena	Lubricación defectuosa	Lubricación	Lubrique adecuadamente.
	Piezas flojas o mal alineadas	Alineación	Alinee y ajuste toda la transmisión.
La cadena se monta en las ruedas dentadas	La cadena no encaja en las ruedas dentadas		Reemplace la cadena o las ruedas dentadas.
	Cadena o ruedas dentadas gastadas		Reemplace la cadena. Invierta o reemplace las ruedas dentadas.
	Cadena floja		Ajuste. Quite eslabones según resulte necesario.
	Alineación		Alinee rueda dentada y cadena.
Cadena rígida	Lubricación defectuosa	Lubricación	Lubrique adecuadamente.
	Óxido o corrosión		Limpie y lubrique.
	Ensamble mal alineado o inadecuado	Alineación y ensamble	Corrija la alineación y el ensamble de la transmisión.
	Cadena o ruedas dentadas gastadas		Reemplace la cadena. Invierta o reemplace las ruedas dentadas.
Cadena o ruedas dentadas rotas en el sistema de transmisión por cadena	Choque o sobrecarga	Tasa de carga de sólidos	Evite el choque y la sobrecarga o aísle por medio de empalmes.
	Tamaño incorrecto de cadena o la cadena no encaja en las ruedas dentadas		Reemplace la cadena. Invierta o reemplace las ruedas dentadas.
	Óxido o corrosión		Reemplace la cadena. Corrija las condiciones corrosivas.
	Alineación inadecuada	Alineación	Corrija la alineación.
	Interferencias		Controle que no haya sólidos que interfieran entre la cadena y los dientes de la rueda dentada. Afloje la cadena si fuera necesario para suministrar el espacio adecuado a los dientes de la rueda dentada.
Fuga del sello de aceite	Falla del sello de aceite	Sello de aceite	Reemplace el sello.
Falla del cojinete o de la junta universal	Desgaste excesivo		Reemplace la junta o el cojinete.
	Falta de lubricación	Lubricación	Lubrique la junta o el cojinete.
Fijación del eje de la bomba de lodo	Ajuste inadecuado de la empaquetadura		Ajuste la empaquetadura.

LIMITACIONES DE DISEÑO

El operador necesita reconocer las limitaciones de diseño que afectan el desempeño de la sedimentación y sus posibles soluciones. Algunas soluciones pueden ser llevadas a cabo por el personal de la instalación a bajo costo.

En la tabla 4.4 se incluye una lista de limitaciones de diseño identificadas en los clarificadores primarios y equipos asociados y las posibles soluciones para esas limitaciones.

COMPROBACIÓN DE CONOCIMIENTOS

1. **Las concentraciones del lodo primario son entre 1.5 y 3 %. ¿Qué medida debe tomar el operador para aumentar la concentración del lodo?**
   a. Disminuir el caudal de bombeo
   b. Aumentar la velocidad del recolector
   c. Sacar un clarificador de servicio
   d. Limpiar las líneas de lodo

2. **El análisis de sólidos sedimentables muestra una cantidad importante de material sedimentable en el efluente primario. ¿Qué medida debe tomar el operador para reducir los sólidos sedimentables del efluente?**
   a. Ajustar los caudales de reciclado para que coincidan con el caudal de hora pico
   b. Disminuir la velocidad del recolector
   c. Poner en servicio clarificadores adicionales
   d. Ajustar la tasa de extracción de lodo

3. El pasador de seguridad de un sistema de cadenas y placas se quebró tres veces en el transcurso de la semana pasada. El recolector se opera de manera intermitente. Para evitar que se siga quebrando, el operador puede

a. Instalar un pasador de seguridad más fuerte
b. Aumentar el tiempo operativo del recolector
c. Disminuir la tasa de extracción de lodo
d. Sacar un clarificador de servicio

4. En el transcurso del mes pasado, se ha tornado cada vez más difícil eliminar el lodo de la tolva. La carga a la WRRF no cambió. El equipo aguas arriba de las obras de cabecera funciona bien. ¿Cuál es la causa más probable?

a. Disminución del contenido de arena en el lodo
b. La velocidad en las líneas de lodo es demasiado alta
c. Se deben reemplazar las escobillas de las placas
d. Se acumula grasa u otro material en las líneas de lodo

Tabla 4.4 Limitaciones de diseño comunes y métodos para compensar (EPA de EE. UU., 1978)

Limitación	Solución
Mala flotación de grasa	Pre-aeración de aguasresiduales para aumentar la flotabilidad de lasgrasas
Desbor de denatas	Aleje el sistema de recolección delasali da delvertedero.
Lodo de difícil eliminación desde la tolva debido a exceso de arena	Instale cámara del desarenador o elimine fuentes de ingreso de arena al sistema.
Cortocircuito del caudal a través del tanque causa mala eliminación de sólidos	Modifique eldiseño hidráulico e instale deflectores adecuados para dispersar el caudal y reducir las velocidades de entrada.
Elevado desgaste y rotura frecuente de raspadores y pasadores de seguridad debido a la arena	Instale cámara del desarenador.
Las partículas de grasa se adhieren a las placas	Haga descender las placas de retorno por debajo de la superficie del agua o instale rociadores de agua para eliminar la grasa de las bandejas para nata.
Eliminación inadecuada de carga de grasa pesada	Instale equipo de flotacióno extractor.
Condiciones sépticas producidas por sobrecarga	Desvíe o provea de disposición alternativa para desechos de otros procesos de la instalación (es decir, centrifugados y sobrernadantes) que habitualmente son recirculados al clarificador primario.
Corrosión excesiva debido a aguas residualessépticas	Recubra todas las superficies con pintura adecuada u otro recubrimiento o instale protección catódica.
Problemas continuos con las corrientes térmicas en el clarificador	Instale compensador de caudal y depósito de mezcla antes del clarificador.
Mala eliminación de lodo debido al viento	Instale una barrera contra elviento para proteger el tanque de los efectos del viento.
Aguas residualessépticas	Mejore la hidráulica de la red de alcantarillado para reducir la acumulación de sólidos.

Registros e informes

Para mantener el buen desempeño de las unidades primarias, es necesario llevar un registro de las operaciones, del muestreo y de los análisis, y del mantenimiento. Los registros de operaciones deben incluir la siguiente información:

- Número de tanques operativos;
- Tiempos de funcionamiento del equipo;
- Niveles de manto de lodo;
- Tiempo de bombeo;
- Operador y turno;
- Lista de control de tareas de limpieza;
- Productos químicos utilizados (si correspondiera);
- Concentraciones de sólidos en suspensión en el caudal de entrada y efluente primarios (y lodo activado residual si se realizara sedimentación conjunta en la instalación);
- Las concentraciones de DQO y DBO_5 del caudal de entrada y el efluente primarios;
- Concentraciones de sólidos totales y total de sólidos volátiles (TVS) en el lodo;
- Tasas del caudal de entrada, los efluentes y el lodo;
- pH; y
- Temperatura.

Los registros de mantenimiento en general incluyen resúmenes de mantenimiento preventivo, predictivo y correctivo llevados a cabo. Además, estos registros deben proporcionar la hora, fecha, el equipo y empleado de cada tarea.

Consideraciones de seguridad

Es importante que el personal de operaciones y mantenimiento cumpla con las pautas de seguridad especificadas por los fabricantes de los equipos primarios y puestas en práctica habitualmente por la empresa de servicios públicos. Estas incluyen, entre otros, procedimientos que describen el bloqueo adecuado de los equipos, la entrada a espacios confinados, el corte de energía eléctrica localizado, y el personal de rescate de guardia durante las actividades de mantenimiento. El personal de operaciones debe conocer bien y respetar las pautas de seguridad para las operaciones recomendadas por los fabricantes de los equipos y mantener un entorno limpio, bien ventilado y bien iluminado para evitar accidentes. A continuación se mencionan algunas consideraciones de seguridad, especialmente para clarificadores primarios:

- Implemente procedimientos de ingreso a espacios confinados para pozos de bomba, pozos de eyectores y tanques primarios cerrados o parcialmente cerrados;
- Proceda con extrema precaución para evitar caídas durante el ingreso y la salida de los tanques drenados;
- Exija cascos duros y suministre buen calzado para evitar resbalones y caídas cuando se trabaja en los pisos del tanque;
- Suministre ventilación constante de los tanques cubiertos y prohíba fumar en las cercanías;
- Mantenga una higiene personal meticulosa cuando la tarea requiera el contacto con lodos, aguas residuales y natas;
- Proceda con cautela para evitar quemaduras o lesiones en los ojos producidas por las bombas y tanques de alimentación de químicos;
- Mantenga las placas y escotillas de acceso en su lugar;
- Mantenga las áreas del tanque bien iluminadas;
- Bloquee o etiquete las compuertas o válvulas de entrada antes de ingresar a un tanque vacío;
- Bloquee o etiquete el equipo eléctrico antes de realizar cualquier inspección de mantenimiento en un tanque vacío y
- Traslade a un lugar cómodo y seguro los artefactos livianos, interruptores, válvulas, etc., que son de difícil acceso.

RESUMEN DEL CAPÍTULO

OBJETO	■ Elimina con facilidad el material flotante por gravedad ■ Elimina el material flotante ■ Reduce la carga de DQO, DBO_5 y SST al proceso de tratamiento secundario ■ Reduce el tamaño y el costo operativo del proceso de tratamiento secundario	
TEORÍA	■ Diferencias de densidad utilizadas para separar las partículas del agua ■ La gravedad hace descender las partículas ■ La tasa de carga superficial empuja las partículas hacia arriba y afuera ■ El tamaño y la forma de la partícula afectan la capacidad de sedimentación ■ Las partículas son granulares o floculantes. Las partículas floculantes pueden aumentar de tamaño durante el proceso. ■ El tiempo de detención determina, en parte, cuánta floculación se puede producir ■ Se pueden agregar productos químicos para mejorar el desempeño ■ Si cambia el caudal cambia la SOR y el TD	
PARÁMETROS DE DISEÑO	■ Tiempo de detención de 1.5 a 2.5 horas ■ SOR promedio de 24.4 a 48.9 $m^3/m^2{\cdot}d$ (600 a 1200 gpd/ft^2) ■ SOR de hora pico de 102 a 122 $m^3/m^2{\cdot}d$ (2500 a 3000 gpd/ft^2) ■ Profundidad del manto de lodo de 0.6 a 0.9 m (2 a 3 ft) ■ Concentración del lodo de 3 a 6 % de sólidos totales	
DESEMPEÑO ESPERADO	■ Muy dependiente de las características del caudal de entrada ■ Las tasas de eliminación típicas de las aguas residuales domésticas son 50 a 70 % de SST, 25 a 40% de DBO y 5 a 10 % de fósforo total. ■ No puede eliminar material soluble o coloidal	
TANQUE DEL EQUIPO	Clarificadores circulares ■ Tanque circular con un diámetro de hasta 100 m (300 ft) ■ Profundidades de 3 a 4 m (10 a 12 ft) ■ Inclinación del piso de 1 en 12 ■ Altura libre típica de 0.5 a 0.7 m (1.5 a 2 ft)	Clarificadores rectangulares ■ Tanque rectangular con un largo de hasta 90 m (300 ft) y un ancho de 24 m (80 ft) ■ La relación largo-ancho habitualmente es mayor a 5:1 ■ Profundidades de hasta 4.9 m (16 ft), pero las profundidades de 3 a 3.7 m (10 a 12 ft) son más comunes ■ Inclinación del piso del 1 % ■ Altura libre típica de 0.5 a 0.7 m (1.5 a 2 ft)
PATRÓN DEL CAUDAL	■ Tres patrones: (1) alimentación central, purga perimetral, (2) alimentación perimetral, purga central y (3) alimentación perimetral, purga perimetral ■ El pozo de alimentación disipa el caudal de entrada y lo dirige hacia abajo para evitar el cortocircuito	■ El caudal ingresa por un extremo y se desplaza a lo largo hacia el depurador de efluentes ■ Se puede utilizar un canal de caudal de entrada o tubo múltiple para distribuir el caudal a lo ancho del tanque ■ Los deflectores de entrada disipan el caudal de entrada y dirigen el caudal hacia abajo para evitar el cortocircuito
ELIMINACIÓN DE LODO	■ Raspador de lodo giratorio con cuatro disposiciones diferentes de la hoja ■ El arado parasol de hoja múltiple recta es el más común ■ Habitualmente, la tolva de lodo está ubicada cerca del centro del tanque	■ Dos opciones: sistema de cadena y placa o puente móvil ■ El sistema de cadena y placa consiste en una serie de tablas (placas) jaladas por cadenas a través del piso del clarificador. También se pueden usar las mismas placas para eliminar natas. ■ La cadena y placa están disponibles en versiones de 3, 4 o 5 ruedas dentadas.

ELIMINACIÓN DE LODO	■ La forma más común de la tolva de lodo es trapezoidal con laterales empinados ■ En general se extrae el lodo de la tolva por medio de una bomba y se envía al sector de procesamiento de sólidos de la instalación donde recibe un procesamiento adicional.	■ Los tanques largos pueden tener más de un sistema de cadena y placa ubicados uno al lado del otro. Cada sistema puede tener su propia tolva de lodo o pueden descargar en un recolector cruzado más grande. ■ Las bandejas del recolector cruzado utilizan transportadores helicoidales o sistemas de cadena y placas para mover el lodo hacia una tolva central. ■ Un puente móvil posee un mecanismo con raspadores que se pueden subir o bajar. ■ Las bombas transportan el lodo hacia el sector de procesamiento de sólidos.
IMPULSOR DEL CLARIFICADOR	■ En general ubicado en el centro del clarificador, pero en ocasiones en la pared exterior ■ El motor está acoplado al mecanismo del clarificador por medio de una serie de reductores ■ Los reductores, como los engranajes con tornillo sin fin, aumentan el torque y disminuyen la velocidad. ■ Es necesario monitorear el torque para evitar daños en el equipo si el mecanismo se atora ■ Se pueden utilizar interruptores de límite para hacer sonar una alarma o desconectar el impulsor para evitar daños en el equipo. ■ También puede haber un pasador de seguridad	■ Ubicado en la pared exterior ■ Similar a los impulsores utilizados en los clarificadores circulares ■ Se utilizan pasadores de seguridad e interruptores de límite para evitar daños en el equipo frente a una situación de sobrecarga
VERTEDEROS	■ La placa del vertedero en general posee vertederos triangulares de 90° a intervalos de 152 o 304 mm (6 o 12 in). ■ El depurador interno se encuentra sobre la pared exterior de cara hacia la parte interna del clarificador. ■ El depurador externo se encuentra sobre la pared exterior, de cara hacia la parte externa. ■ El depurador de inserción está ubicado varios pies dentro del tanque del clarificador. ■ Las tres disposiciones del depurador y vertedero siguen la circunferencia o perímetro del tanque circular. ■ El deflector de natas ubicado dentro del vertedero evita que el material flotante pase al efluente final.	■ Puede utilizar vertederos de desborde similares a los de los tanques circulares o depuradores sumergidos (tubos de salida) ■ Los vertederos de desborde pueden ser longitudinales, transversales o en cuadrícula. ■ Los depuradores sumergidos poseen aberturas más grandes a intervalos regulares.
SISTEMA DESNATADOR	■ Desnatador giratorio con trampa de natas y descarga a caja de natas ■ El desnatador giratorio en general está unido al raspador de lodo giratorio.	■ Los desnatadores sumergibles son los más comunes en los tanques rectangulares. ■ Los desnatadores giratorios utilizan una bandeja giratoria para eliminar periódicamente la nata de la superficie del clarificador. ■ Las placas empujan el material flotante hacia el desnatador sumergible. ■ El acercamiento a la placa dispara un ciclo operativo en el que el desnatador gira para exponer sus aberturas a la nata que se aproxima.
VARIABLES DEL PROCESO	■ La gravedad hace descender las partículas mientras que la SOR empuja las partículas hacia arriba y afuera. ■ El tiempo de detención hidráulica contribuye a la retención de partículas. ■ La velocidad de sedimentación está determinada por el tamaño, la forma y la densidad de las partículas. ■ La floculación puede aumentar el tamaño de las partículas orgánicas y ayudar a eliminar parte del material coloidal. ■ El tamaño de las partículas puede ser más grande en aguas residuales frescas, no sépticas. ■ Las partículas se sedimentan con mayor rapidez en agua más cálida y menos densa. ■ Se pueden agregar productos químico para aumentar la floculación y mejorar el porcentaje de eliminación. ■ Un pH bajo y temperaturas altas aumentan la solubilidad de la grasa, lo que disminuye la eliminación de material flotante.	

CONTROL DEL PROCESO	■ Las variables que el operador puede controlar incluyen la SOR, el TD, la tasa de extracción de lodo y la sincronización de los flujos de reciclado. ■ Se deben poner tanques en servicio o sacarlos de servicio para mantener la SOR y el TD dentro de los limites aceptados. ■ Se puede lograr un grosor de los sólidos de 3 a 6 % de sólidos totales con una profundidad del manto de 0.6 a 0.9 m (2 a 3 ft). ■ Se pueden estimar la cantidad de lodo y los tiempos de bombeo necesarios a partir de los datos de control del proceso. ■ Los recolectores de lodo en general se operan de manera continua. ■ Los ciclos de bombeo de lodo deben estar coordinados con el volumen de la tolva para maximizar las concentraciones de lodo. ■ Los procesos unitarios aguas arriba pueden afectar la operación del clarificador primario cuando no logran retener la arena y los materiales resultantes del filtrado. ■ Los clarificadores primarios pueden afectar la operación de los procesos secundarios cuando no logran eliminar los sólidos sedimentables. Un aumento de la carga al proceso secundario aumenta los costos operativos. ■ Los clarificadores primarios pueden afectar la operación de los digestores anaerobios cuando la concentración orgánica (concentración de SVS) aumenta o cuando el lodo no se transfiere de manera constante. Cualquiera de ellos puede producir efectos no deseados.
DATOS DE CONTROL DEL PROCESO	■ Utilice el análisis de sólidos sedimentables para determinar el desempeño del proceso. ■ Monitoree los SST y DQO o DBO del caudal de entrada y los efluentes para calcular el porcentaje de eliminación y la carga al proceso de tratamiento secundario. ■ Monitoree la DQO o DBO soluble del caudal de entrada para identificar descargas industriales. ■ Monitoree los sólidos totales y TVS en el lodo primario para determinar el porcentaje de sólidos volátiles. Baja cantidad de sólidos volátiles puede indicar falla del equipo de obras de cabecera aguas arriba. Alta cantidad de sólidos volátiles puede indicar descarga industrial. ■ Monitoree los sólidos totales y TVS para determinar las tasas de carga orgánica a los procesos de tratamiento de sólidos como los digestores.
MANTENIMIENTO	■ Observación diaria en busca de indicios visibles o audibles de desperfectos ■ Se debe realizar un mantenimiento regular conforme a las recomendaciones del fabricante. ■ Desagote el clarificador y realice una inspección completa de todo el equipo una vez al año. ■ Realice otras tareas de mantenimiento diariamente, semanalmente o mensualmente, o con la frecuencia indicada por el fabricante. ■ Conserve un inventario de piezas de repuesto.

EJERCICIO DEL CAPÍTULO

Este ejercicio se basa en algunos de los conocimientos adquiridos en este capítulo. En esta sección, un operador debe completar las siguientes tareas:

- Estimar la DBO, los SST y las concentraciones totales de fósforo de un efluente primario a partir de datos de laboratorio.
- Calcular el porcentaje de eliminación de DBO.
- Determinar cuántos clarificadores primarios deben estar en servicio.
- Estimar el tiempo de bombeo de lodo total y establecer un cronograma de bombeo.

Información de la instalación de recuperación de recursos hídricos:

El caudal de entrada de la WRRF es de 28.4 ML/d (7.5 mgd). El caudal de entrada contiene 315 mg/L de SST, de los cuales el 50 % es sedimentable; 280 mg/L de DBO, de la cual 84 mg/L es soluble y 7 mg/L de fósforo total, del cual 50 % es soluble. Asumimos que el 50 % de la DBO particulada y el 50 % del fósforo particulado son sedimentables. Hay tres clarificadores primarios. Cada clarificador tiene un diámetro de 24.4 m (80 ft) y una profundidad de 3.66 m (12 ft). Cada clarificador tiene una bomba de lodo exclusiva con una capacidad de 265 L/min (70 gpm). El lodo sedimentado tiene una concentración promedio de sólidos totales de 3.5 %.

SOLUCIONES AL EJERCICIO DEL CAPÍTULO

Calcular las concentraciones del efluente primario:

Cuando se encuentre frente a mucha información compleja, puede resultar útil hacer un diagrama como el que aparece a continuación. La DBO soluble y el fósforo soluble pasan a través del clarificador sin modificaciones.

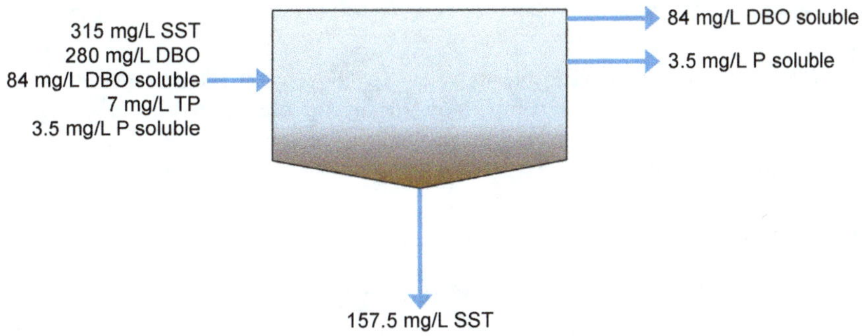

Cincuenta por ciento, o la mitad, de los SST son sedimentables.

$$\left(315\frac{\text{mg}}{\text{L}}\text{SST}\right)(50\ \%) = 157.5\ \text{mg/L}$$

Lo mismo sucede con la DBO particulada. Debido a que la DBO total incluye la DBO soluble, la DBO soluble debe restarse del total antes de poder aplicar el porcentaje de eliminación.

$$\left(280\frac{\text{mg}}{\text{L}} - 84\frac{\text{mg}}{\text{L}}\right)(50\ \%) = 98\frac{\text{mg}}{\text{L}}\ \text{de DBO particulada}$$

$$\text{DBO total} = \text{Particulada} + \text{Soluble}$$

$$\text{Total de DBO} = 98\frac{\text{mg}}{\text{L}} + 84\ \text{mg/L}$$

$$\text{DBO total} = 182\ \text{mg/L}$$

Calcule el fósforo del efluente mediante el mismo método.

$$\left(7\frac{\text{mg}}{\text{L}} - 3.5\frac{\text{mg}}{\text{L}}\right)(50\ \%) = 1.75\frac{\text{mg}}{\text{L}}\ \text{de P particulado}$$

$$\text{P total} = \text{Particulado} + \text{Soluble}$$

$$\text{Total de P} = 3.5\frac{\text{mg}}{\text{L}} + 1.75\ \text{mg/L}$$

$$\text{P total} = 5.25\ \text{mg/L}$$

Calcule el porcentaje de eliminación de DBO:

$$\text{Eliminación porcentual} = \left(\frac{\text{Entrante} - \text{Saliente}}{\text{Entrante}}\right) \times 100$$

$$\text{Eliminación porcentual, DBO} = \left(\frac{280\frac{\text{mg}}{\text{L}} - 182\frac{\text{mg}}{\text{L}}}{280\ \text{mg/L}}\right) \times 100$$

$$\text{Porcentaje de eliminación, DBO} = 35\ \%$$

Determine el número de clarificadores:

Se debe seleccionar el número de clarificadores en servicio en base tanto a la SOR como al TDH. La meta es mantener a ambos dentro de rangos aceptables. Comience con el cálculo de la SOR y el tiempo de detención con solo un depósito en servicio.

En unidades estándar del Sistema Internacional:

Paso 1: Calcule el área superficial del clarificador con la ecuación 4.6.

$$\text{Área} = 0.785 \times (\text{Diámetro})^2$$

$$\text{Área} = 0.785 \times (24.4\ \text{m})^2$$

$$\text{Área} = 467.36\ \text{m}^2$$

Paso 2: Convierta el caudal de entrada de ML/d a m^3/d.

$$\frac{28.4\ \text{ML}}{\text{d}}\left|\frac{1\,000\,000\ \text{L}}{1\ \text{ML}}\right|\left|\frac{1\ \text{m}^3}{1000\ \text{L}}\right| = 28\,400\ \text{m}^3/\text{d}$$

Paso 3: Calcule la SOR con la ecuación 4.2.

$$\text{Tasa de carga superficial, } \frac{\text{m}^3}{\text{m}^2\cdot\text{d}} = \frac{\text{Caudal, m}^3/\text{d}}{\text{Área superficial, m}^2}$$

$$\text{Tasa de carga superficial, } \frac{\text{m}^3}{\text{m}^2\cdot\text{d}} = \frac{28\,400\ \text{m}^3/\text{d}}{467.36\ \text{m}^2}$$

$$\text{Tasa de carga superficial, } \frac{\text{m}^3}{\text{m}^2\cdot\text{d}} = 60.8$$

Los criterios de diseño de los clarificadores primarios establecen una SOR entre 24.4 y 48.9 $m^3/m^2 \cdot d$. El valor calculado para este clarificador es demasiado alto. Si hay dos clarificadores en servicio, la SOR se reduce a la mitad, a 30.4 $m^3/m^2 \cdot d$, que se encuentra dentro del rango deseado. En base a la SOR, el operador debe poner dos clarificadores en servicio.

Paso 4: Calcule el volumen del clarificador con la ecuación 4.7.

$$\text{Volumen} = 0.785 \times (\text{Diámetro})^2 \times \text{Altura}$$

$$\text{Volumen} = 0.785 \times (24.4\ \text{m})^2 \times 3.66\ \text{m}$$

$$\text{Volumen} = 1710.5\ \text{m}^3$$

Paso 5: Calcule el tiempo de detención con la ecuación 4.4.

$$\text{Tiempo de detención, días} = \frac{\text{Volumen, m}^3}{\text{Caudal, m}^3/\text{d}}$$

$$\text{Tiempo de detención, días} = \frac{1710.5\ \text{m}^3}{28\,400\ \text{m}^3/\text{d}}$$

$$\text{Tiempo de detención, días} = 0.06$$

Paso 6: Convierta los días a horas.

$$\frac{0.06 \text{ días}}{} \left| \frac{24 \text{ horas}}{1 \text{ día}} \right| = 1.4 \text{ horas}$$

Los criterios de diseño de los clarificadores primarios establecen un TD entre 1.5 y 2.5 horas. El valor calculado para este clarificador se encuentra dentro del rango aceptado; sin embargo, la SOR necesita dos clarificadores en servicio.

En unidades habituales en los EE. UU.:

Paso 1: Calcule el área superficial del clarificador con la ecuación 4.6.

$$\text{Área} = 0.785 \times (\text{Diámetro})^2$$

$$\text{Área} = 0.785 \times (80 \text{ ft})^2$$

$$\text{Área} = 5024 \text{ ft}^2$$

Paso 2: Convierta el caudal de entrada de millones de galones a galones por día.

$$\frac{7.5 \text{ mil. gal}}{\text{d}} \left| \frac{1\,000\,000 \text{ gal}}{1 \text{ mil. gal}} \right| = 7\,500\,000 \text{ gpd}$$

Paso 3: Calcule la SOR con la ecuación 4.3.

$$\text{Tasa de carga superficial, } \frac{\text{gpd}}{\text{ft}^2} = \frac{\text{Caudal, gpd}}{\text{Área superficial, ft}^2}$$

$$\text{Tasa de carga superficial, } \frac{\text{gpd}}{\text{ft}^2} = \frac{7\,500\,000 \text{ gpd}}{5024 \text{ ft}^2}$$

$$\text{Tasa de carga superficial, } \frac{\text{gpd}}{\text{ft}^2} = 1492.8$$

Los criterios de diseño de los clarificadores primarios establecen SOR entre 600 y 1200 gpd/ft². El valor calculado para este clarificador es demasiado alto. Si hay dos clarificadores en servicio, la SOR se reduce a la mitad, a 746 gpd/ ft², que se encuentra dentro del rango deseado. En base a la SOR, el operador debe poner dos clarificadores en servicio.

Paso 4: Calcule el volumen del clarificador con la ecuación 4.8.

$$\text{Volumen} = 0.785 \times (\text{Diámetro})^2 \times \text{Altura}$$

$$\text{Volumen} = 0.785 \times (80 \text{ ft})^2 \times 12 \text{ ft}$$

$$\text{Volumen} = 60\,288 \text{ ft}^3$$

Paso 5: Convierta el volumen de pie cúbico a millones de galones.

$$\frac{60\,288 \text{ ft}^3}{} \left| \frac{7.48 \text{ gal}}{1 \text{ ft}^3} \right| \left| \frac{1 \text{ mil. gal}}{1\,000\,000 \text{ gal}} \right| = 0.45 \text{ mil. gal}$$

Paso 6: Calcule el tiempo de detención con la ecuación 4.5.

$$\text{Tiempo de detención, días} = \frac{\text{Volumen, mil. gal}}{\text{Caudal, mgd}}$$

$$\text{Tiempo de detención, días} = \frac{0.45 \text{ mil. gal}}{7.5 \text{ mgd}}$$

$$\text{Tiempo de detención, días} = 0.06$$

Paso 7: Convierta los días a horas.

$$\frac{0.06 \text{ días}}{} \left| \frac{24 \text{ horas}}{1 \text{ día}} \right| = 1.4 \text{ horas}$$

Los criterios de diseño de los clarificadores primarios tienen tiempos de detención entre 1.5 y 2.5 horas. El valor calculado para este clarificador se encuentra dentro del rango aceptado; sin embargo, la SOR necesita dos clarificadores en servicio.

Estime el tiempo de bombeo de lodo total y establezca un cronograma de bombeo:

En unidades estándar del Sistema Internacional:

Paso 1: Convierta el caudal de entrada de ML/d a m^3/d.

$$\frac{28.4 \text{ ML}}{\text{d}} \left| \frac{1\,000\,000 \text{ L}}{1 \text{ ML}} \right| \left| \frac{1 \text{ m}^3}{1000 \text{ L}} \right| = 28\,400 \text{ m}^3$$

Paso 2: Calcule los sólidos secos eliminados con la ecuación 4.9.

$$\text{Sólidos secos eliminados, } \frac{\text{kg}}{\text{d}} = \frac{\left(\text{Caudal, } \frac{\text{m}^3}{\text{d}}\right)\left(\text{Concentración, } \frac{\text{mg}}{\text{L}}\right)}{1000}$$

$$\text{Sólidos secos eliminados, } \frac{\text{kg}}{\text{d}} = \frac{\left(28\,400 \frac{\text{m}^3}{\text{d}}\right)\left(157.5 \frac{\text{mg}}{\text{L}}\right)}{1000}$$

$$\text{Sólidos secos eliminados, } \frac{\text{kg}}{\text{d}} = 4473$$

Paso 3: Calcule los sólidos húmedos eliminados en kilogramos por día con la ecuación 4.11.

$$\text{Lodo húmedo eliminado, } \frac{\text{kg}}{\text{d}} = \text{Sólidos secos eliminados, kg/d} \times \left(\frac{100}{\text{Sólidos secos en lodo, \%}}\right)$$

$$\text{Lodo húmedo eliminado, } \frac{\text{kg}}{\text{d}} = 4473 \text{ kg/d} \times \left(\frac{100}{3.5\%}\right)$$

$$\text{Lodo húmedo eliminado, } \frac{\text{kg}}{\text{d}} = 127\,800$$

Paso 4: Convierta los sólidos húmedos de kg/d a volumen en m³/d con la ecuación 4.13.

$$\text{Lodo húmedo eliminado, } \frac{m^3}{d} = \frac{\text{Lodo húmedo eliminado, kg/d}}{998.2\frac{kg}{m^3} \times \text{Gravedad específica de lodo}}$$

$$\text{Lodo húmedo eliminado, } \frac{m^3}{d} = \frac{127\ 800 \text{ kg/d}}{998.2\frac{kg}{m^3} \times 1.0}$$

$$\text{Lodo húmedo eliminado, } \frac{m^3}{d} = 128$$

Paso 5: Convierta los sólidos húmedos de metros cúbicos por día a litros por día.

$$\frac{128\ m^3}{d}\left|\frac{1000\ L}{m^3}\right| = 128\ 000\ L/d$$

Paso 6: Utilice la fórmula de tiempo de detención (ecuación 4.4) para calcular el tiempo total de bombeo. Las unidades pueden ser distintas a las utilizadas en la fórmula (ecuación 4.4) siempre y cuando las unidades de la parte superior de la ecuación concuerden con las unidades de la parte inferior de la ecuación.

$$\text{Tiempo de detención} = \frac{\text{Volumen}}{\text{Caudal}}$$

$$\text{Tiempo de detención} = \frac{128\ 000 \text{ L de lodo}}{265 \text{ L/min caudal de la bomba}}$$

$$\text{Tiempo de detención} = 483 \text{ minutos}$$

La bomba de lodo primario solo necesita operar durante 483 minutos cada día. Si se distribuye el tiempo de bombeo en un periodo de 24 horas, se puede calcular el número total de minutos por hora.

$$\frac{483 \text{ minutos}}{}\left|\frac{1 \text{ día}}{24 \text{ horas}}\right| = 20 \text{ minutos por hora}$$

Debido a que habrá dos clarificadores en servicio y cada clarificador posee su propia bomba de extracción de lodo, el operador debe establecer un periodo de operación de diez minutos por hora para cada bomba.

En unidades habituales en los EE. UU.:

Paso 1: Calcule los sólidos secos eliminados con la ecuación 4.10.

$$\text{Sólidos secos eliminados, } \frac{lb}{d} = (\text{Caudal, mgd})\left(\text{Concentración, } \frac{mg}{L}\right)\left(8.34\frac{lb}{MG}\right)$$

$$\text{Sólidos secos eliminados, } \frac{lb}{d} = (7.5 \text{ mgd})(157.5 \text{ mg/L})\left(8.34\frac{lb}{MG}\right)$$

$$\text{Sólidos secos eliminados, } \frac{lb}{d} = 9851.6$$

Paso 2: Calcule los sólidos húmedos eliminados en libras por día con la ecuación 4.12.

$$\text{Lodo húmedo eliminado, } \frac{\text{lb}}{\text{d}} = \frac{\text{Sólidos secos eliminados, } \frac{\text{lb}}{\text{d}} \times 100}{\text{Sólidos secos en lodo, \%}}$$

$$\text{Lodo húmedo eliminado, } \frac{\text{lb}}{\text{d}} = \frac{9851.6 \times 100}{3.5\%}$$

$$\text{Lodo húmedo eliminado, } \frac{\text{lb}}{\text{d}} = 281\ 474$$

Paso 3: Convierta los sólidos húmedos de libras por día a volumen en galones por día con la ecuación 4.14.

$$\text{Lodo húmedo eliminado, gpd} = \frac{\text{Lodo húmedo eliminado, lb/d}}{8.34 \frac{\text{lb}}{\text{gal}} \times \text{Gravedad específica de lodo}}$$

$$\text{Lodo húmedo eliminado, gpd} = \frac{281\ 474 \text{ lb/d}}{8.34 \frac{\text{lb}}{\text{gal}} \times \text{Gravedad específica de lodo}}$$

$$\text{Lodo húmedo eliminado, gal} = 33\ 750$$

Paso 4: Utilice la fórmula de tiempo de detención (ecuación 4.5) para calcular el tiempo total de bombeo. Las unidades pueden ser distintas a las utilizadas en la fórmula (ecuación 4.5) siempre y cuando las unidades de la parte superior de la ecuación concuerden con las unidades de la parte inferior de la ecuación.

$$\text{Tiempo de detención} = \frac{\text{Volumen}}{\text{Caudal}}$$

$$\text{Tiempo de detención} = \frac{33\ 750 \text{ gal de lodo}}{70 \text{ gpm de caudal de la bomba}}$$

$$\text{Tiempo de detención} = 482 \text{ minutos}$$

La bomba de lodo primario solo necesita operar durante 482 minutos cada día. Si se distribuye el tiempo de bombeo en un periodo de 24 horas, se puede calcular el número total de minutos por hora.

$$\frac{482 \text{ minutos}}{} \left| \frac{1 \text{ día}}{24 \text{ horas}} \right| = 20 \text{ minutos por hora}$$

Debido a que habrá dos clarificadores en servicio y cada clarificador posee su propia bomba de extracción de lodo, el operador debe establecer un periodo de operación de diez minutos por hora para cada bomba.

Referencias

Larsen, P. (1977) On the Hydraulics of Rectangular Settling Basins. *Report 1001*, Department of Water Resources Engineering, Universidad de Lund: Suecia.

Metcalf and Eddy, Inc./AECOM (2014) *Wastewater Engineering: Treatment and Reuse*, 4.ª ed.; McGraw Hill: Nueva York.

Ross, R. D.; Crawford, G. V. (1985) The Influent of Waste Activated Sludge on Primary Clarifier Operation. *J. Water Pollut. Control Fed.*, **57**, 1022–1026.

Stojkov, B. T. (1997) *The Valve Primer;* Industrial Press, Inc.: Nueva York.

U.S. Environmental Protection Agency (1978) *Field Manual for Performance Evaluation and Troubleshooting at Municipal Wastewater Treatment Facilities;* Agencia de Protección Ambiental de los EE. UU.: Washington, D.C.

U.S. Environmental Protection Agency (1987) *Design Manual: Dewatering Municipal Wastewater Sludges;* EPA-625-1/87-014; Office of Research and Development, Center for Environmental Research Information: Cincinnati, Ohio.

Water Environment Federation (2005) *Clarifier Design,* 2.ª ed.; Manual of Practice No. FD-8; Water Environment Federation: Alexandria, Virginia.

Water Environment Federation (2012) *Basic Laboratory Procedures for the Operator-Analyst,* 5.ª ed.; Water Environment Federation: Alexandria, Virginia.

Water Environment Federation (2016) *Operation of Water Resource Recovery Facilities,* 7.ª ed.; WEF Manual of Practice No. 11; Water Environment Federation: Alexandria, Virginia.

Water Environment Federation; American Society of Civil Engineers; Environmental and Water Resources Institute (2018) *Design of Water Resource Recovery Facilities,* 6.ª ed.; WEF Manual of Practice nro. 8/ASCE Manuals and Reports on Engineering Practice nro. 76; Water Environment Federation: Alexandria, Virginia.

Weidler, J. (2017) Hydraulic Overload Systems Provide Increased Protection for Clarifier Drives. En *WaterWorld.* http://www.waterworld.com/articles/print/volume-20/issue-2/editorial-focus/hydraulic-overload-systems-provide-increased-protection-for-clarifier-drives.html (acceso en ago. de 2017).

Bibliografía sugerida

Heinke, G. W.; Tay, A. J.-H.; Qazi, M. A. (1980) Effects of Chemical Addition on the Performance of Settling Tanks. *J. Water Pollut. Control Fed.*, **52**, 2946.

Stojkov, B. T. (1997) *The Valve Primer;* Industrial Press, Inc.: Nueva York.

Water Environment Federation (2012) *Basic Laboratory Procedures for the Operator-Analyst,* 5.ª ed.; Water Environment Federation: Alexandria, Virginia.

Water Environment Federation (2016) Capítulo 8: Pumping of Wastewater and Sludge y Capítulo 12: Maintenance. En *Operation of Water Resource Recovery Facilities,* 7.ª ed.; WEF Manual of Practice nro. 11; Water Environment Federation: Alexandria, Virginia.

CAPÍTULO 5

Aspectos básicos del tratamiento biológico

Introducción

El tratamiento biológico depende de una comunidad sana de bacterias y otros microorganismos para producir un efluente final tratado, limpio y transparente, con muy baja demanda bioquímica de oxígeno (DBO) y muy bajos sólidos en suspensión totales (SST) remanentes. Algunos procesos de tratamiento biológico también eliminan nitrógeno y fósforo, promoviendo el crecimiento de bacterias especializadas. En los siguientes capítulos se describirán varios tipos diferentes de procesos de tratamientos biológicos secundarios que incluyen lagunas, humedales, filtros percoladores, contactores biológicos rotativos y lodo activado. Estos procesos fueron descritos brevemente en el capítulo 1. Este capítulo describe algunos de los diferentes tipos de microorganismos y condiciones ambientales presentes en esos procesos. Aunque son importantes en la digestión anaerobia, las bacterias anaerobias (bacterias que prosperan en ausencia de oxígeno, nitrito y nitrato) no se tratarán en detalle en este capítulo debido a que no juegan un papel importante en la mayoría de los sistemas de tratamiento secundario.

La presencia de microorganismos dentro de los procesos de tratamiento biológico no se puede observar a simple vista. Los operadores solo pueden observar algunos de los efectos físicos de la actividad microbiana, como el cambio de color, el olor, el burbujeo de gases, el tamaño de los flóculos, la sedimentación de lodos y la formación de espuma. Estas observaciones directas del proceso de tratamiento se suplementan con mediciones de características físicas y químicas, incluidos DBO, SST, pH, alcalinidad, concentración de oxígeno disuelto (OD), amoníaco, nitrito, nitrato, fosfato, potencial de oxidación-reducción y otros parámetros. Con base solo en estas observaciones y en las mediciones físicas y químicas, un operador puede manejar eficazmente una instalación de recuperación de recursos hídricos (*water resource recovery facility*, WRRF). Sin embargo, entender por qué ocurren o no ocurren cambios en un proceso de tratamiento biológico requiere de la comprensión de lo que necesitan para vivir y crecer los distintos grupos de microorganismos, así como de las condiciones que pueden amenazar su supervivencia o disminuir su actividad. Entender la microbiología detrás del proceso facilita la optimización y resolución de problemas en los procesos de tratamiento secundario.

OBJETIVOS DE APRENDIZAJE

Después de completar este capítulo, podrá:

- Describir cómo es eliminada la materia orgánica disuelta y particulada por procesos de tratamiento biológico;
- Predecir el destino del material orgánico disuelto con base en sus características;
- Categorizar los principales grupos de microorganismos y sus funciones en los procesos de tratamiento secundario;
- Comparar y contrastar las fuentes de carbono y energía para bacterias heterotróficas y autotróficas;
- Comparar las tasas de crecimiento de bacterias heterotróficas y autotróficas;
- Definir y explicar el propósito de las condiciones aerobias, anóxicas y anaerobias en los procesos de tratamiento biológico;
- Predecir el comportamiento de las bacterias heterotróficas, de las bacterias autotróficas nitrificantes y de las bacterias acumuladoras de fosfato en condiciones aerobias, anóxicas y anaerobias;
- Comprender los términos *rendimiento, descomposición, tasa de crecimiento máxima, coeficiente de saturación media* y *sustrato*;
- Comparar tasas de crecimiento bacteriano a diferentes temperaturas de aguas residuales y explicar cómo afectan las tasas de crecimiento la capacidad del proceso de tratamiento; y
- Explicar el efecto de las concentraciones de sustratos en las tasas de crecimiento bacteriano.

Tratamiento biológico

El tratamiento biológico fue desarrollado a principios del siglo XX. El tratamiento biológico usa microorganismos naturales para descomponer en sustancias simples la materia orgánica contenida en las aguas residuales, mayoritariamente dióxido de carbono y agua. Algunos microorganismos usan la materia orgánica presente en las aguas residuales como alimento para crecer y reproducirse. Otros dependen de amoníaco u otros materiales para crecer y reproducirse. Estos microorganismos se retienen a concentraciones mucho más elevadas en procesos de tratamiento biológico que en la tierra o en cuerpos de agua naturales. Las altas concentraciones de microorganismos que se mantienen en los procesos de tratamiento permite la destrucción de los desechos mucho más rápido de lo que ocurriría en ambientes naturales. Una vez que se completa el tratamiento, la *biomasa* se separa de las aguas residuales tratadas, que posteriormente puede ser descargada de manera segura a un arroyo, a un río, a un lago, a un humedal o al mar.

Biomasa se refiere a la masa de microorganismos en los procesos de tratamiento biológico.

Requisitos físicos y químicos para el tratamiento biológico

Comprender las relaciones entre los diferentes componentes de las aguas residuales, y si son biodegradables o no, puede ayudar a predecir como cambiarán las características de las aguas residuales mientras se trasladan a través del proceso de tratamiento. En los capítulos 3 y 4 se trataron algunos de los procesos mecánicos (rejas, depósitos para arena y clarificadores primarios) que se usan para eliminar físicamente los desechos más grandes y los sólidos sedimentables. Las partículas que quedan en las aguas residuales no se sedimentarán por sí mismas en un plazo razonable. Durante el tratamiento secundario, los microorganismos consumen materia orgánica y nutrientes biodegradables para crecer y reproducirse, limpiando las aguas residuales durante este proceso. Bacterias especializadas convierten el amoníaco en nitrito y nitrato o captan fósforo. Otras bacterias convierten el nitrato a gas nitrógeno. Los microorganismos forman *biopelículas* o *flóculos*, según el tipo de proceso de tratamiento secundario utilizado. Las biopelículas y los flóculos son comunidades de microorganismos. Las biopelículas crecen adheridas a las superficies, mientras que las partículas floculadas crecen en suspensión en las aguas residuales circundantes. Estas comunidades de microorganismos incorporan materia biodegradable y la convierten en biomasa. Algunos de los microorganismos en las biopelículas y flóculos producen exopolímero, una sustancia pegajosa que permite a las bacterias mantenerse juntas. Las biopelículas y los flóculos eliminan partículas no biodegradables de las aguas residuales cuando quedan atrapadas en el exopolímero alrededor de los microorganismos. Las biopelículas y flóculos son más densos que el agua y se pueden separar por gravedad de las aguas residuales tratadas.

La formación de *biopelícula* se trata en el capítulo 7, "Tratamiento de película fija". La formación de flóculos se trata en el capítulo 8, "Lodos activados".

En la figura 5.1 se muestran algunos de los diferentes componentes de las aguas residuales que se tratarán en las siguientes secciones. Las barras del gráfico están dimensionadas proporcionalmente para mostrar porcentajes típicos de varios componentes de las aguas residuales encontrados en el caudal de entrada de las WRRF que reciben aguas residuales domésticas sin contribuciones industriales significativas. El ejemplo mostrado en la figura 5.1 fue creado a partir de datos promediados recopilados de muchas instalaciones diferentes (Pasztor et al., 2009). Debido a las diferencias entre áreas de servicio y a los pequeños errores en análisis de laboratorio, muestreo y submuestreo, el caudal de entrada de una instalación determinada no coincidirá exactamente con estos porcentajes promedio.

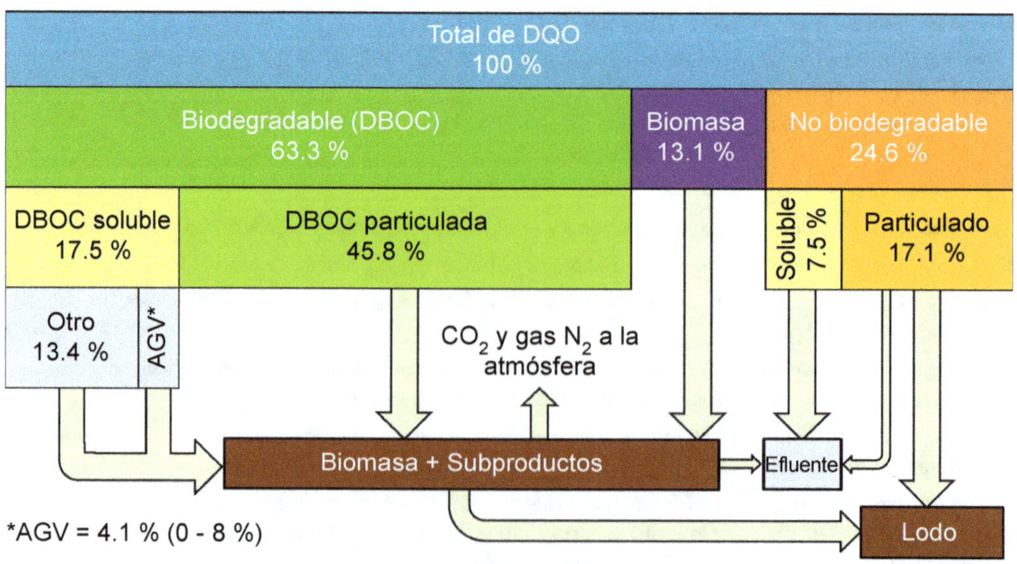

Figura 5.1 Fracciones en las aguas residuales orgánicas (DQO = demanda química de oxígeno, DBOC = demanda bioquímica de oxígeno carbonosa y AGV = ácidos grasos volátiles) (adaptado de Pasztor et al., 2009)

DESECHOS BIODEGRADABLES

Las bacterias son responsables de la mayoría de la biodegradación que se produce en las WRRF. Las aguas residuales domésticas contienen materia orgánica que consiste en carbohidratos, proteínas y grasas, que son biodegradables. La mayor parte de la materia orgánica en aguas residuales es biodegradable, pero parte no lo es. Si algo es biodegradable, se puede descomponer en componentes más simples por acción de organismos vivos.

DESECHOS NO BIODEGRADABLE E INERTES

Además de materia orgánica biodegradable, las aguas residuales contienen algo de materia orgánica y químicos que se degradan muy lentamente o no son biodegradables. Los químicos no degradables de denominan *recalcitrantes.* La materia inorgánica no degradable, como sales, gravilla y arena, se denominan *inertes.* Los desechos que se biodegradan lentamente no pueden ser tratados completamente por los microorganismos durante los tiempos de detención normales dentro de los procesos de tratamiento biológico y podrían no ser medidos en el análisis estándar de demanda bioquímica de oxígeno durante 5 días (DBO_5). Los desechos que se biodegradan lentamente y los inertes que no son eliminados físicamente durante el proceso de tratamiento se descargan con el efluente tratado de las aguas residuales. Los métodos de eliminación física incluyen la sedimentación y la filtración.

Si un desecho es *recalcitrante*, es que no responde al tratamiento.

Un material *inerte* no reacciona químicamente.

Los procesos de tratamiento secundario eliminan el material biodegradable transformándolo en biomasa. Las partículas inorgánicas son eliminadas cuando se adhieren y pasan a formar parte de biopelículas y flóculos.

DEMANDA BIOQUÍMICA Y QUÍMICA DE OXÍGENO

La demanda bioquímica de oxígeno mide cuánto oxígeno necesitan los microorganismos para el proceso de descomposición o estabilización de los desechos presentes en las aguas residuales. En los Estados Unidos, el análisis de la DBO se realiza comúnmente durante 5 días y se conoce como *análisis* DBO_5. Otros países a veces usan una prueba de 7 días, llamada DBO_7, o una prueba mucho más larga realizada durante 20 o 30 días y conocida como la DBO_{final}. En el capítulo 1 aprendimos que la DBO puede dividirse en demanda bioquímica de oxígeno carbonosa (DBOC) y demanda de oxígeno de compuestos nitrogenados (DON) como se muestra en la ecuación 5.1. La demanda bioquímica de oxígeno carbonosa es la cantidad de oxígeno necesaria para estabilizar los compuestos orgánicos. La demanda de oxígeno de compuestos nitrogenados es al cantidad de oxígeno necesaria para convertir el amoníaco en nitrito y nitrato. La demanda de oxígeno de compuestos nitrogenados no se muestra en la figura 5.1. Esta conversión la hace un grupo especializado de bacterias, las bacterias nitrificantes, por lo que es parte de la demanda bioquímica de oxígeno. Si un analista desea medir solamente la DBOC, se agrega a la muestra una sustancia tóxica para las bacterias nitrificantes en el análisis de DBO. Para las aguas residuales domésticas crudas (caudal de entrada), la DBOC constituye aproximadamente el 85 % del total de la DBO (WEF, 2012).

$$DBO_{Total} = DBOC + DON \tag{5.1}$$

En el capítulo 1 se ofrece una descripción más extensa de la DBO y de cómo se realiza el análisis.

La demanda bioquímica de oxígeno carbonosa consiste en ambas fracciones, la soluble y la particulada. La DBOC soluble incluye cualquier DBOC que pueda pasar a través de un pedazo de papel de filtro. En la práctica, algunas partículas muy pequeñas también pasarán a través del papel de filtro y se medirán como solubles. Un ejemplo de DBOC soluble es azúcar disuelto en té. La DBO soluble incluye tanto la DBOC soluble como la DON. La DBOC particulada permanece en el papel de filtro después del filtrado. En las aguas residuales domésticas, incluidos descargadores comerciales ligeros como tiendas y escuelas, la DBOC soluble está típicamente entre el 20 y el 40 % de la DBO total (WEF, 2012).

Las *enzimas* son moléculas producidas por las células que las ayudan a llevar a cabo funciones bioquímicas específicas. La amilasa es una enzima que se encuentra en la saliva y convierte almidón en azúcar. Las enzimas son catalizadores.

No toda la materia orgánica que entra en el proceso de tratamiento es biodegradable rápidamente. Parte del material orgánico está compuesto por bacterias vivas y otros microorganismos (biomasa). Además, parte del material orgánico no se puede descomponer debido a que las bacterias carecen de las *enzimas* necesarias. Parte del material orgánico puede ser descompuesto; sin embargo, debido a que es tan complejo, las bacterias necesitan más de los 5 o 7 días dados en el análisis de la DBO para procesar el material orgánico. Todos estos componentes orgánicos pueden ser *oxidados* químicamente. Con el tiempo suficiente pueden consumir oxígeno si son descargados al medio ambiente. Otras sustancias en las aguas residuales que consumen oxígeno incluyen el hierro ferroso y los sulfuros. Mientras que estas sustancias orgánicas e inorgánicas no pueden medirse en los análisis DOB_5 o DOB_7, pueden medirse en el análisis de demanda química de oxígeno (DQO).

En química, la *oxidación* se refiere a agregar oxígeno a un compuesto. El hierro metálico se combina con oxígeno para formar óxido de hierro u óxido. El hierro se oxida. Una sustancia también puede oxidarse si pierde hidrógeno o electrones.

El análisis de DQO utiliza ácido sulfúrico, dicromato de potasio y altas temperaturas para descomponer la materia orgánica. No importa si la materia orgánica es biodegradable o no. La demanda química de oxígeno incluye la DBOC, el material orgánico no biodegradable y la biomasa (ecuación 5.2). Los químicos en el análisis de la DQO no reaccionan con amoníaco y no lo convertirán en nitrito o nitrato, por lo que la DON no está incluida en el resultado del análisis de la DQO. Hay algunos tipos de compuestos orgánicos complejos que no se pueden descomponer, aún en el análisis de DQO.

$$\text{DQO} = \text{DBOC} + \text{Biomasa} + \text{Sustancias orgánicas no biodegradables} + \text{Demanda inorgánica} \qquad (5.2)$$

La concentración de la DQO siempre será mayor o igual que la concentración de la DBOC debido a la materia orgánica e inorgánica no biodegradable que puede ser *oxidada* químicamente. Para aguas residuales domésticas sin un componente industrial significativo, generalmente la relación de la DQO a $DBOC_5$ está en un rango de 1.8 a 2.2, pero puede variar de una WRRF a otra. En otras palabras, generalmente la DQO del caudal de entrada es aproximadamente del doble de la $DBOC_5$ del caudal de entrada. Generalmente la relación de la DQO a DBOC se mantiene bastante consistente en el tiempo para una determinada WRRF, lo cual permite estimar cualquiera de estos parámetros en función de mediciones del otro. Una instalación puede recolectar datos de la DQO y la $DBOC_5$ para su caudal de entrada y efluente a lo largo del tiempo para refinar mejor el cálculo para sus aguas residuales. Si una nueva industria comienza a descargar, la relación entre la DQO y la $DBOC_5$ podría cambiar; por lo tanto, es una buena idea determinar periódicamente tanto la DQO así como la $DBOC_5$.

Los porcentajes promedio de la DQO biodegradable y no biodegradable en aguas residuales se muestra en la figura 5.1. Las aguas residuales con alto contenido biodegradable tendrán una relación DQO a DBOC relativamente baja. Una relación alta de DQO a DBOC indica que el agua residual contiene cantidades relativamente altas de desechos no biodegradable y de biodegradación lenta.

MATERIA ORGÁNICA PARTICULADA

Alrededor del 60 % de la materia orgánica en las aguas residuales se encuentra en forma particulada (figura 5.1). Un poco menos de la mitad de la materia orgánica particulada es lo suficientemente grande como para sedimentarse a partir de la suspensión. Si la WRRF tiene un clarificador primario funcionando eficientemente, las sustancias sólidas y orgánicas sedimentables serán eliminadas aguas arriba del proceso de tratamiento secundario. Las partículas entre 1 y 100 μm permanecen en suspensión *coloidal*. Durante el tratamiento, las partículas coloidales se *adsorben* en la biomasa. Los microorganismos pueden descomponer las partículas biodegradables adsorbidas en materia orgánica soluble, que posteriormente puede ser utilizada como fuente da alimento.

Un nanómetro (nm) es la milmillonésima parte de un metro. Un micrómetro o una micra (μm) es una millonésima parte de un metro. Un cabello humano puede tener entre 17 y 181 μm de ancho.

Coloidal significa una mezcla de partículas finas que no se pueden separar por sedimentación por gravedad o filtrado ordinario.

Cuando algo se *adsorbe*, se adhiere a la superficie. Cuando algo se absorbe, se incorpora debajo de la superficie. La suciedad se adsorbe al exterior de un automóvil, pero una esponja absorbe agua.

Las partículas no biodegradables, que están adsorbidas a la biomasa, son eliminadas cuando la biomasa se desecha o descarga del sistema. En la figura 5.1, tanto la materia orgánica biodegradable soluble como particulada es transformada en biomasa adicional. Una pequeña cantidad de biomasa escapará en el efluente final; sin embargo, la mayoría de la biomasa y partículas adsorbidas no biodegradables, eventualmente terminarán en el lodo.

La demanda química de oxígeno, la DBOC, la DOB, los SST y el total de sólidos volátiles (TVS) están vinculados. Los sólidos orgánicos (TVS) también se miden como DQO y DBOC. Los resultados de la demanda química de oxígeno se pueden usar para estimar los resultados de la DBOC.

MATERIA ORGÁNICA SOLUBLE

Parte de la materia orgánica soluble en el caudal de entrada de aguas residuales es fácilmente biodegradable y será consumida rápidamente por los microorganismos. La materia orgánica biodegradable soluble se puede medir de dos maneras: como DBOC soluble o como DQO fácilmente biodegradable (DQOfb). Para determinar la DQOfb, se miden tanto la DQO del caudal de entrada como la del efluente. Si la DQO está presente en el efluente final, se asume que no es biodegradable (figura 5.1). Los microorganismos fueron incapaces de procesarla, por lo que terminó en el efluente final. La diferencia entre la DQO soluble del caudal de entrada y la DQO soluble del efluente es la DQO soluble que las bacterias pudieron consumir (ecuación 5.3), como sigue:

$$\text{DQOfb} = \text{DQO}_{\text{caudal de entrada}}\ \text{soluble} - \text{DQO}_{\text{efluente}}\ \text{soluble} \qquad (5.3)$$

La DQOfb en el caudal de entrada puede variar significativamente en climas templados, con rangos desde los 25 a 125 mg/L. Los microorganismos absorben y oxidan rápidamente la DQO del caudal de entrada. La DQO fácilmente biodegradable incluye a los ácidos grasos volátiles (AGV), necesarios para la eliminación biológica del fósforo. Los ácidos grasos volátiles son ácidos orgánicos de cadena corta como el *ácido acético*, el ácido propiónico, el ácido butírico, el ácido isobutírico, el ácido valérico y el ácido isovalérico. Desde una perspectiva química, los AGV son ácidos orgánicos que contienen cinco o menos átomos de carbono. Los caudales de entrada de las aguas residuales municipales generalmente contienen de 30 a 70 mg/L de AGV debido a la biodegradación *anaerobia* de la materia orgánica en las tuberías del sistema de recolección de aguas residuales. Las redes de alcantarillado largas, cálidas y planas generarán más AGV que las más cortas y frías con inclinaciones más pronunciadas. Esencialmente, cuanto más tiempo pasen las aguas residuales en la red de alcantarillado, más AGV serán generados. Algunos operadores agregan nitrato de sodio o calcio a sus sistemas de recolección para controlar el olor, esto puede reducir la concentración de AGV y DBOC soluble en el caudal de entrada de la WRRF.

El ácido acético se conoce con un nombre más común: *vinagre*. Tiene un olor intenso y agrio. Los ácidos propiónico, valérico e isovalérico contribuyen al olor corporal y le dan al sudor su olor agrio. El ácido butírico huele a manteca rancia o a vómito. Se necesitan los ácidos grasos volátiles a bajas concentraciones para la eliminación biológica de fósforo y también se usan en la desnitrificación. En concentraciones altas pueden ser una fuente de olores.

SÓLIDOS

El material sólido en el caudal de entrada puede ser clasificado por tamaño y por ser orgánico o inorgánico. En la figura 5.2 se muestran los diferentes tipos de sólidos y sus proporciones relativas en el caudal de entrada de las WRRF que reciben aguas residuales domésticas sin contribuciones industriales significativas. Los diferentes compuestos que forman los sólidos volátiles en suspensión (SVS) y los sólidos volátiles disueltos también se pueden medir como DQO o DBOC. La mayoría de los sólidos fijos disueltos son sales que no se pueden eliminar mediante procesos de tratamiento biológico. Pasan hasta el efluente final. Los sólidos particulados volátiles solubles que son biodegradables se transformarán en biomasa y terminarán en el lodo. Los sólidos volátiles solubles no biodegradables también pasarán hasta el efluente final. Los sólidos en suspensión no volátiles pasarán a formar parte del lodo.

La materia orgánica biodegradable, la materia particulada y los nutrientes pueden ser eliminados mediante el tratamiento biológico. La materia soluble no biodegradable no puede ser eliminada y pasa al efluente final.

PROPORCIONES TÍPICAS PARA EL CAUDAL DE ENTRADA DE AGUAS RESIDUALES DOMÉSTICAS

Por lo general, las aguas residuales domésticas sin tratar se encuentran dentro de los siguientes rangos (EnviroSim Associates, 2006):

$$\text{DQO} : \text{SST} = 0.82 \text{ a } 1.43$$
$$\text{DQO} : \text{DBOC} = 1.80 \text{ a } 2.20$$
$$\text{DBOC soluble} : \text{DBOC} = 0.20 \text{ a } 0.40$$
$$\text{DBOC} : \text{nitrógeno Kjedahl total} = 4.2 \text{ a } 7.1$$
$$\text{DBOC} : \text{fósforo total} = 20 \text{ a } 50$$

La relación de DQO a DBOC cambiará a medida que las aguas residuales se desplacen a través del proceso. Esto se debe a que casi toda la DBOC será eliminada durante el tratamiento, así como la mayoría de la DQO particulada. Sin embargo, la DQO soluble no biodegradable pasará sin cambios a través del proceso, terminando en el efluente final. Como ejemplo, imagine que el caudal de entrada a una WRRF tiene una DQO de 500 mg/L y una DBOC de 250 mg/L. Esta es una relación en el caudal de entrada de DQO a DBOC de 2 a 1. Si el 5 % de la DQO del caudal de entrada es soluble y no biodegradable, entonces el efluente final contendrá 25 ml/L de DQO soluble. El efluente también contendrá algo de DQO particulada. Por otra parte, la DBOC efluente, generalmente es mucho más baja. Si la DBOC efluente es 10 mg/L y la DQO total en el efluente es 35 mg/L, entonces la relación de DQO a DBOC será 3.5 a 1. Las relaciones, en el caudal de entrada, entre DQO y DBOC, son bastante uniformes de una WRRF a otra, pero las relaciones en los efluentes finales pueden ser bastante diferentes. Todo depende de la cantidad de DQO soluble no biodegradable en el caudal de entrada.

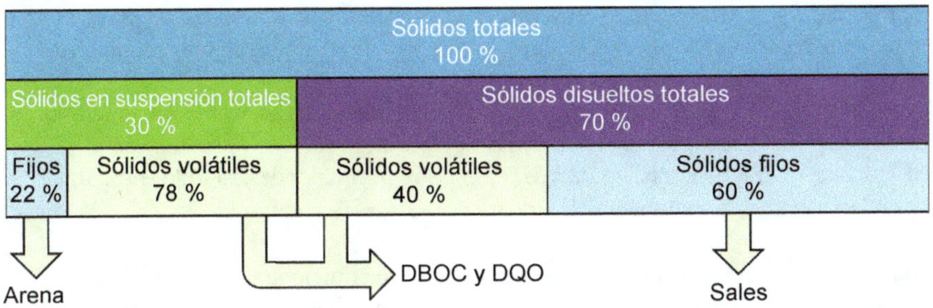

Figura 5.2 Fracciones sólidas en las aguas residuales (datos de Metcalf and Eddy, Inc./AECOM, 2013)

COMPROBACIÓN DE CONOCIMIENTOS

1. **Los procesos de tratamiento biológico secundarios contienen concentraciones mucho más altas de bacterias que los sistemas naturales.**
   - ☐ Verdadero
   - ☐ Falso
2. **Las bacterias individuales se observan fácilmente a simple vista.**
   - ☐ Verdadero
   - ☐ Falso
3. **El análisis de la DBOC a 5 días mide todo el material biodegradable presente en las aguas residuales.**
   - ☐ Verdadero
   - ☐ Falso
4. **El líquido puede ser adsorbido en una esponja.**
   - ☐ Verdadero
   - ☐ Falso
5. **Una meta de los sistemas de tratamiento biológico es**
   a. Aumentar los números de organismos patogénicos
   b. Liberar amoníaco y fósforo
   c. Convertir la DBO en biomasa
   d. Reducir el tamaño de las partículas en general
6. **Las bacterias pueden descomponer el almidón en azúcares simples. El almidón podría describirse como**
   a. Hidrolítico
   b. Biodegradable
   c. Inerte
   d. Inorgánico
7. **¿Cual de las siguientes sustancias puede ser medida con el análisis de DQO, pero no con el análisis de DBO?**
   a. Sustancias orgánicas biodegradables
   b. Amoníaco
   c. Sustancias orgánicas no biodegradables
   d. Sulfatos
8. **Las sustancias solubles y no biodegradables serán**
   a. Incorporadas a la biomasa
   b. Adsorbidas a las partículas de lodo
   c. Liberadas como gas dióxido de carbono
   d. Descargadas en el efluente final
9. **Una partícula de arena que no fue lo suficientemente densa como para ser capturada por el clarificador primario pasa al proceso de tratamiento biológico secundario. ¿Dónde es más probable que termine la partícula de arena una vez que se complete el tratamiento?**
   a. Biomasa
   b. Lodo
   c. Efluente
   d. Atmósfera
10. **La diferencia entre la DQO soluble en el caudal de entrada y efluente de la WRRF es**
   a. DQO fácilmente biodegradable
   b. Amoníaco
   c. Demanda de oxígeno de compuestos nitrogenados
   d. Ácido isobutírico

Microbiología

La biomasa en procesos de tratamiento biológico puede contener hasta 300 tipos diferentes de microorganismos. Los microorganismos de mayor importancia para los profesionales de las aguas residuales se pueden clasificar en cuatro grupos: bacterias, protozoos, metazoos y virus. Cada uno de estos grupos juega un papel clave en el complejo mundo de la biología de las aguas residuales. Los microorganismos individuales que son importantes particularmente en procesos de tratamiento secundario se tratarán en los capítulos que cubren dichos procesos. Aquellos lectores interesados en una discusión más profunda de la microbiología pueden consultar *Wastewater Biology: The Microlife* (WEF, 2017) y *Wastewater Biology: The Life Processes* (WEF, 1994).

Todas las células son procariotas o eucariotas. Los eucariotas mantienen su material genético, el ADN, separado del resto de la célula con una membrana. Imagine la membrana como una bolsa flexible. Los procariotas no tienen una membrana para separar su ADN del resto de la célula. Los hongos, los protozoos, los metazoos, las plantas y los animales son todos eucariotas.

BACTERIAS

Las bacterias son *procariotas*, un diverso grupo de microorganismos. Estos pequeños organismos unicelulares se encuentras en grandes cantidades en el agua contaminada. Vienen en una variedad de tamaños y formas y son los organismos más prolíficos de la tierra: se encuentras esencialmente en todas partes. Cada bacteria es una célula única que varia en tamaño desde alrededor de 0.2 a 2 μm, lo cual es demasiado pequeño para ser visto a simple vista. Para ver bacterias se necesitan microscopios poderosos con un aumento de 400 a 1000 veces. La mayoría de las bacterias son esféricas, pero algunas tienen forma de varilla o espiral. Las bacterias filamentosas son largas cadenas conformadas por pequeñas células bacterianas. A veces están rodeadas por una vaina tubular y pueden ser de cientos de micras de largo. Las bacterias son las responsables de casi todo el tratamiento biológico que se produce en los sistemas de tratamiento secundario.

La descripción de la célula sentará las bases para comprender como y por qué funciona y la manera en que lo hace. En la figura 5.3 se muestra un célula bacteriana típica con componentes significativos marcados.

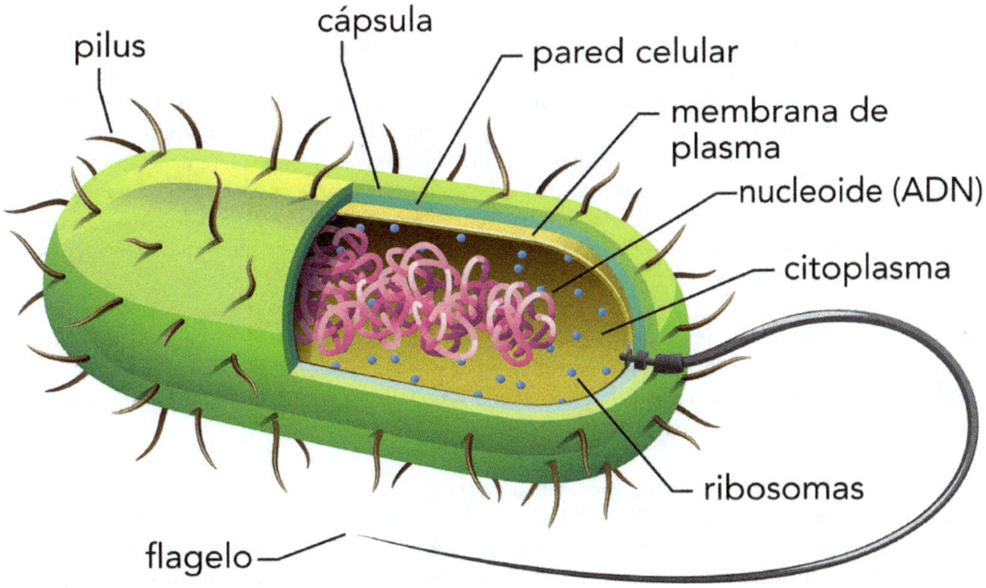

Figura 5.3 Estructura de la célula bacteriana (Getty Images)

Las bacterias tienen un revestimiento externo rígido que les brinda estructura y mantiene su forma. Esto es la pared celular. Las bacterias también tienen una membrana interna flexible llamada *membrana periplásmica* o *membrana celular*. Esta cobertura de doble capa ha sido comparada a un globo dentro de una caja. La membrana celular es muy importante porque controla la entrada de alimento y de otros nutrientes y la descarga de productos de desecho. Mantiene "dentro" lo que debe estar dentro (p. ej., *enzimas*, nutrientes y alimento) y mantiene "fuera" lo que debe estar fuera (p. ej., exceso de agua). La caja es la pared celular. La pared celular proporciona el soporte estructural y mantiene la forma de la célula. Gran parte del contenido celular son moléculas de proteínas de gran tamaño, conocidas como enzimas, que son fabricadas por la célula. Otros contenidos celulares pueden incluir gránulos de polifosfato, azufre o material orgánico almacenado.

Periplásmico significa "alrededor del plasma". El citoplasma es la mezcla de agua, proteínas, sales y otros compuestos que forman el relleno líquido de una célula.

En relación a *enzima*: un catalizador es una sustancia que participa en una reacción química, pero que no es consumida por dicha reacción. Una molécula de amilasa, una enzima que se encuentra en la saliva, se une a las moléculas de almidón y las descompone en azúcares. La reacción no consume ni altera la amilasa y esta puede unirse inmediatamente a una nueva molécula de almidón para repetir el proceso. Frecuentemente las enzimas aceleran las reacciones químicas. También pueden producir reacciones químicas que no pueden tener lugar por sí mismas.

COMPOSICIÓN ELEMENTAL DE LAS CÉLULAS BACTERIANAS

La fracción orgánica de los elementos químicos en las células microbianas se puede representar como $C_5H_7O_2N$. Una fórmula química más completa para la composición de una célula bacteriana es $C_{60}H_{87}O_{23}N_{12}P$. Como se muestra en la tabla 5.1, el carbono, el hidrógeno, el oxígeno, el nitrógeno, el fósforo y el azufre representan el 96 % de la masa seca de las bacterias. Otros elementos representan el 4 %. La biomasa promedio de las células microbianas contiene en peso un 50 % de carbono, un 12 % de nitrógeno y un 2 % de fósforo. Si uno o más de los componentes detallados en la tabla 5.1 no están presentes en el caudal de entrada de aguas residuales en concentraciones suficientemente altas, las bacterias no serán capaces de crecer y reproducirse a su tasa máxima. Inicialmente, los investigadores informaron que se necesitaba una relación de carbono orgánico (DBO_5) a nitrógeno (N) a fósforo (P) de 100 : 5 : 1 para un eficiente tratamiento de las aguas residuales. Estudios posteriores mostraron que estas proporciones mínimas dependían de los microorganismos, del proceso y de otros factores ambientales (WEF, 1994).

Tabla 5.1 Composición elemental de las células bacterianas (Gerardi, 2006; WEF, 1994)

Elementos	Porcentaje	Elementos	Porcentaje
Carbono	45-55	Potasio	0.8-1.5
Oxígeno	16-22	Sodio	0.5-2.0
Nitrógeno	12-16	Calcio	0.4-0.7
Hidrógeno	7-10	Cloro	0.4-0.7
Fósforo	2-5	Magnesio	0.4-0.7
Azufre	0.8-1.5	Hierro	0.1-0.4
		Oligoelementos	0.2-0.5
Total	96		4.0

TRANSPORTE QUÍMICO A TRAVÉS DE LA MEMBRANA CELULAR

Las bacterias absorben químicos a través de su membrana celular. Los productos de desecho son eliminados de la célula por movimiento a través de la membrana celular hacia el entorno externo. Muchos químicos atraviesan la membrana celular por difusión, pasando desde regiones de alta concentración fuera de la célula a regiones de baja concentración dentro de la célula. La difusión está impulsada por la diferencia en la concentración y no requiere gasto de energía. Los poros, o las aberturas, en la membrana celular tienen un tamaño aproximado de 0.008 mm. Los poros en la membrana celular son tan pequeños que la mayoría de las moléculas no puede pasar a través de la membrana a menos la célula las bombee activamente. Solo las moléculas de agua; iones tales como el cloruro (Cl^-), el potasio (K^+) y el sodio (Na^+); alcoholes; y algunas sustancias liposolubles pueden pasar pasivamente a través de los poros (Brock y Madigan, 1991; Gerardi, 2006).

La membrana celular también contiene moléculas portadoras que ayudan a transportar sustancias a través de la membrana celular. Las moléculas portadoras son proteínas que pueden unirse a sustancias específicas y asistir en su difusión a través de la membrana celular sin gasto de energía celular. El transporte químico mediante moléculas portadoras se denomina *difusión facilitada*.

Hidrofílico significa que adora el agua. Los compuestos hidrofílicos se disuelven fácilmente en agua. *Hidrofóbico* significa que teme al agua. El aceite es hidrofóbico. Cuando se mezclan, el aceite y el agua se separan en dos fases distintas.

Algunos químicos *hidrofílicos* son transportados activamente a través de la membrana celular. Las bacterias tienen una membrana interna compuesta de lípidos. Los lípidos son grasas y aceites. La mayor parte de la DBOC que es soluble en agua no es muy soluble en grasa. Piense en el aderezo para ensaladas. El aceite se separa y flota sobre el agua. Si agrega especias, terminan en el agua. Una agitación vigorosa mezclará el aceite y el agua y distribuirá las especias, pero si el aderezo para ensalada se deja reposar, las especias irán hacia el agua, y el aceite y el agua se separarán nuevamente en dos fases. Otro experimento culinario simple para probar (o pensar) es hacer un círculo en la encimera con manteca o mantequilla vegetal. Llene el círculo con una pequeña cantidad de agua. Posteriormente, agregue unas gotas de colorante. Después de algunos minutos, el colorante se dispersará y el agua tendrá un color uniforme, pero la manteca o la mantequilla vegetal no cambiarán de color. ¿Por qué? El colorante es soluble en agua, pero no es soluble en grasa. Si queremos que el colorante se desplace al otro lado de la barrera que hicimos con manteca o mantequilla vegetal, tenemos que hacer un canal a través de la barrera. La membrana lipídica es una barrera que la DBOC no puede atravesar muy fácilmente. Para atravesar la membrana lipídica, se debe bombear la DBOC. El bombeo es transporte activo. El transporte activo requiere de una molécula transportadora específica para cada tipo de químico y un gasto de energía celular para transportar químicos a través de la membrana celular.

Las bacterias transportan rápidamente la DBOC en aguas residuales a través de la membrana celular mediante transporte activo. Para alimentarse de la DBOC particulada, las bacterias deben primero adsorber la DBOC particulada y posteriormente excretar enzimas. Las enzimas convierten la DBOC particulada en DBOC soluble fuera de la célula. Solo entonces se pueden transportar las moléculas orgánicas a través de la membrana celular. La fase de descomposición seguida de transporte activo es comparable a tener que cortar el filete en trozos más pequeños antes de poder comerlo. En este caso, el cuchillo y el tenedor están haciendo el trabajo de las enzimas. Las células bacterianas pueden absorber y metabolizar rápidamente la DBOC soluble, y pueden adsorber la DBOC particulada rápidamente. Sin embargo, lleva tiempo convertir la DBOC particulada en DBOC soluble fuera de la célula. Si el filete llegara a la mesa ya cortado en trozos pequeños, podría comerlo rápidamente y con muy poco esfuerzo. Cuando llega a la mesa como un bistec grande, lleva tiempo cortarlo antes de poder comerlo.

En biología, *sustrato* puede tener varios significados distintos. Puede ser la superficie subyacente sobre la que crece un organismo, como el plástico o la madera. Puede ser el material que un organismo utiliza para crecer, como el amoníaco, el oxígeno o el azúcar. Piense en los sustratos como los recursos que un microorganismo necesita para sobrevivir, crecer y reproducirse.

El grado de *ionización* de *sustratos*, nutrientes, y desechos tóxicos afectan en gran medida el transporte químico a las células bacterianas. La ionización se produce cuando una molécula o átomo ganan o pierden electrones. Por ejemplo, el amoníaco disuelto tiene la formula química NH_4^+, con la carga positiva denotando que la molécula tiene un protón más que electrones. Este es el ion amonio. El amoníaco también puede estar presente como NH_3 sin carga. A un pH bajo, domina el NH_4^+ y, a un pH alto, domina el NH_3. Por lo tanto, el pH es un factor crítico para los microorganismos. Los desechos producidos por las bacterias pueden cambiar significativamente el pH en un proceso de tratamiento biológico. Un cambio de pH puede resultar en que diferentes bacterias se vuelvan dominantes en un proceso de tratamiento biológico, lo que puede afectar la eficiencia del tratamiento.

CAPA EXTERNA DE LIMO

Los *polisacáridos* son moléculas hechas de muchos (poli) azúcares (sacáridos) que se han unido químicamente. El almidón, la celulosa y el glucógeno son tres tipos de polisacáridos.

Muchas células bacterianas producen sustancias poliméricas extracelulares (EPS), que se secretan a través de la pared celular sobre la superficie exterior de la célula. Las EPS consisten principalmente en *polisacáridos*. Las sustancias poliméricas extracelulares generan una capa protectora en el exterior de la pared celular (llamada *glucocalix*). El recubrimiento protector puede ser una cápsula gelatinosa distinguible o una capa de gel o limo difuso e irregular. La capa externa de limo o cápsula gelatinosa minimiza la pérdida de agua y nutrientes de la célula. También puede proteger la célula de toxinas.

La capa de limo o gel permite a las bacterias adherirse a superficies sólidas y formar colonias, *biopelículas* y *partículas floculadas*. Esta capacidad de formar partículas más grandes, que pueden sedimentarse en el agua por gravedad es esencial para muchos procesos de tratamiento de aguas residuales, especialmente el proceso de lodos activados. Todas las bacterias producen múltiples químicos adhesivos que les permiten pasar de crecimiento en adhesión a formas de crecimiento en suspensión bajo diferentes influencias ambientales.

Una *biopelícula* se forma cuando las bacterias se adhieren a una superficie formando una capa de limo.

Las partículas orgánicas grandes o en suspensión no pueden pasar a través de la pared y membrana celular. Sin embargo, las bacterias pueden adsorber partículas orgánicas grandes en el limo o gel en el exterior de la pared celular. Las enzimas del limo o el gel descomponen las partículas orgánicas grandes en químicos más pequeños que se pueden ingerir y usar como alimento. Diferentes tipos de bacterias producen y secretan enzimas diferentes que determinan qué químicos pueden adsorber e ingerir como fuente de alimento.

Un *flóculo* es una forma de crecimiento bacteriano que en encuentra en los sistemas de lodos activados. Las bacterias forman colonias de varias centenas de micras (μm) de diámetro que se suspenden y mezclan en las aguas residuales.

PRODUCTOS DE ALMACENAMIENTO CELULAR

Las células bacterianas almacenan el exceso de alimentos y energía en su interior en forma de moléculas orgánicas e inorgánicas. Las principales moléculas de almacenamiento orgánico incluyen al glucógeno, el almidón y el poli-β-hidroxibutirato (PHB). Las moléculas de almacenamiento inorgánico incluyen cadenas largas de polifosfato, conocidas como *gránulos de volutina* y azufre elemental insoluble que se almacena como gránulos de azufre. Las bacterias usan estas moléculas de almacenamiento como fuente de energía cuando las fuentes externas de alimentos son limitadas o están ausentes.

Las bacterias solo pueden absorber materiales solubles. Primero las enzimas deben descomponer los sólidos. Las bacterias necesitan energía para absorber la mayoría de los materiales. La membrana celular restringe lo que puede entrar y salir de la célula.

CRECIMIENTO Y REPRODUCCIÓN MICROBIANOS

Cuando una célula bacteriana alcanza su tamaño final, se reproduce al dividirse en dos células por *fisión binaria* (figura 5.4). El rápido crecimiento y la división celular de las células resultantes produce un crecimiento exponencial en la cantidad de bacterias. Dos células se dividen en cuatro, cuatro células se dividen en ocho, ocho células se dividen en dieciséis, y así sucesivamente. En condiciones ideales, algunas bacterias pueden duplicar su número en tan solo 20 minutos.

Los microorganismos generalmente exhiben un patrón de fases de crecimiento secuenciales, las cuales tienen diferentes tasas de crecimiento (figura 5.5). En presencia de una nueva fuente de alimento, a menudo los microorganismos tienen una fase de retraso, durante la cual inicialmente no se observa crecimiento. Durante la fase de retraso, los microorganismos comienzan a producir las enzimas específicas necesarias para descomponer y oxidar la nueva fuente de alimento. La fase de retraso es seguida por un período de rápido incremento del crecimiento llamada *fase de aceleración*. Las fases iniciales de retraso y aceleración reflejan el tiempo requerido para que los microorganismos produzcan o activen las enzimas específicas necesarias para descomponer

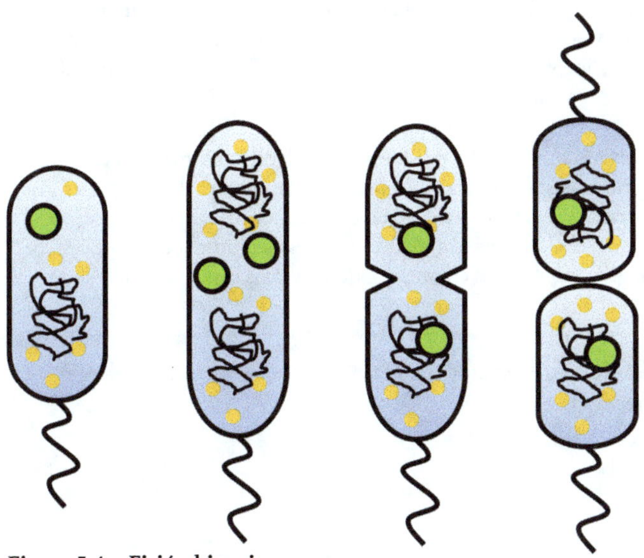

Figura 5.4 Fisión binaria

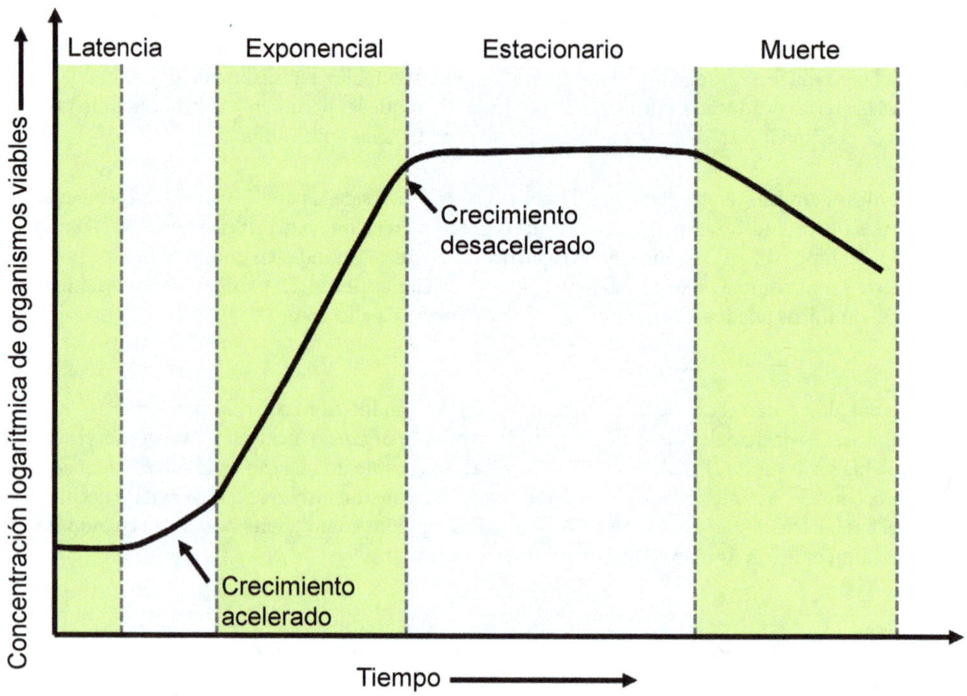

Figura 5.5 Curva de crecimiento bacteriano

la nueva fuente de alimento. La formación de una enzima específica bajo la influencia de su *sustrato* se conoce como *adaptación enzimática*. Cuando el sistema enzimático para la fuente de alimento específica está completamente activado, el crecimiento microbiano alcanza la tasa máxima, que permanece constante hasta que la concentración de alimento disminuye.

A la fase de aceleración le sigue una fase de crecimiento exponencial, durante la cual los microorganismos se reproducen a su velocidad máxima. En esta etapa de desarrollo, los recursos son abundantes. A medida que el número de bacterias aumenta, la cantidad de recursos disponibles para cada bacteria disminuye gradualmente y menos bacterias tendrán suficientes recursos para reproducirse. Los recursos y la energía inicialmente se utilizan para mantener la masa celular existente. Las bacterias solo pueden reproducirse si hay un exceso de recursos y energía. Este período de disminución gradual de la tasa de crecimiento se llama *fase de desaceleración*. Eventualmente, la cantidad de bacterias en el sistema se equilibrará con los alimentos y la energía disponibles que ingresan al sistema. Esta es la fase estacionaria. La fase estacionaria se muestra como una línea plana en la figura 5.5. En la fase estacionaria, la cantidad de nuevas bacterias formadas es aproximadamente equivalente a la cantidad de bacterias que mueren. Se estabiliza la población. Las bacterias en los procesos de tratamiento secundario estarán en la fase estacionaria la mayor parte del tiempo. Si la cantidad de recursos que ingresa al proceso disminuye, habrá más microorganismos vivos de los que los recursos disponibles pueden soportar y algunos comenzarán a morir. Cuando las células mueren, se lisan (se descomponen), liberando su contenido, que queda disponible como alimento para otros organismos.

Cuando una WRRF recibe desechos de una nueva fuente o recibe desechos prohibidos, la biomasa en el proceso de tratamiento puede carecer del tipo de bacteria o de las enzimas específicas necesarias para descomponer los desechos. Pueden producirse infracciones al permiso de descarga a medida que los nuevos desechos pasan a través de la instalación hacia el efluente. Si los nuevos desechos son biodegradables, la biomasa en el proceso de tratamiento puede desarrollar la capacidad de descomponerlos en un período de varios días o semanas.

Las bacterias en los procesos de tratamiento secundario generalmente están en la fase estacionaria porque los alimentos y demás recursos son limitados.

PROTOZOOS

Un operador puede observar protozoos y metazoos bajo el microscopio. Estos *organismos indicadores* también pueden dar una idea de la salud del sistema de tratamiento. Los protozoos son eucariotas unicelulares que incluyen las amebas, los flagelados y los ciliados (figura 5.6). El nombre *protozoo* deriva del griego *protos*, "primeros", + *zoia*, "animales". Muchos microbiólogos prefieren el nombre protista al nombre histórico *protozoos*. Se puede encontrar cualquiera de los dos nombres en muchos libros o manuales de microbiología. En las plantas de tratamiento de aguas residuales, los protozoos representan más del 90 % de la biomasa no bacteriana total. Los protozoos, como las bacterias, generalmente se encuentran en grandes cantidades en aguas contaminadas y aguas residuales, así como en sistemas naturales como arroyos y lagos. Muchos de ellos tienen bastante movilidad y nadan rápidamente a través de su mundo microscópico. Otros se adhieren a pequeñas partículas y se prolongan hacia el agua a su alrededor. Los protozoos comunes en los procesos de tratamiento secundario incluyen los flagelados, las amebas y los ciliados. Los ciliados son protozoos que pueden reptar, nadar libremente o ser pedunculados. Por lo general, son los protozoos dominantes en los sistemas de aguas residuales en términos de número de especies. Los ciliados representan el 10 % de la biomasa en sistemas de crecimiento en suspensión (10^4 ciliados por mililitro) y el 20 % de la biomasa total en biopelículas (Pauli et al., 2001).

Un *organismo indicador* "indica" o dice algo a cerca del proceso por su presencia o ausencia. Por ejemplo, no es normal la presencia de una gran cantidad de flagelados en un sistema de lodo activado, excepto durante el inicio del sistema cuando la carga orgánica es muy alta, o si una sustancia tóxica ingresó al proceso de tratamiento. La presencia de muchos flagelados "indica" una condición anormal.

En sistemas de crecimiento suspendido, las colonias bacterianas están en suspensión en las aguas residuales. Flotan y se hunden libremente. Un ejemplo de crecimiento en suspensión es el lodo activado. En los sistemas de película fija, las bacterias crecen sobre una superficie y no se mueven con el agua. Como se describió previamente, la capa de limo que se forma se denomina biopelícula. Los filtros percoladores son un ejemplo de un proceso de película fija.

Los protozoos son depredadores de bacterias y algas, que son sus fuentes de alimento. Generalmente los protozoos son más grandes que las bacterias, y cada protozoo puede consumir cientos de bacterias por hora. Algunos protozoos, como las amebas, pueden engullir partículas de alimentos y bacterias enteras. Algunos protozoos, como el paramecio, tienen una abertura similar a una boca para ingerir alimentos. Todos los protozoos digieren los alimentos en compartimentos especializados llamados *vacuolas*. El gran número de bacterias consumidas por los protozoos como alimento reduce en aproximadamente un 20 % el volumen de biomasa residual generada en las WRRF.

La absorción de partículas coloidales por los protozoos mejora la capacidad de sedimentación de las partículas en suspensión. Tanto en los depósitos de lodo activado como en los clarificadores, la población ciliada tiene tiempo suficiente para filtrar todo el volumen de aguas residuales varias veces, lo que ayuda a clarificar el agua mediante la eliminación de bacterias y partículas coloidales. Los experimentos han demostrado que cuando los protozoos no están en el proceso de tratamiento, un gran número de bacterias en suspensión permanecen en el efluente. Posterior a la restitución de los protozoos en el proceso de tratamiento, la población de bacterias en suspensión disminuye en un 70 % (Pauli et al., 2001). Los ciliados que se alimentan por filtración también reducen sustancialmente el número de bacterias patógenas en las instalaciones de tratamiento de aguas residuales.

Algunos protozoos están asociados con enfermedades transmitidas por el agua. La *Giardia* y el *Cryptosporidium* son dos protozoos responsables de brotes significativos de enfermedades en los Estados Unidos.

METAZOOS

Metazoos es un término que técnicamente se aplica a todos los animales compuestos por más de una célula. Desde un punto de vista práctico, se refiere a animales más grandes y complejos que los considerados protozoos. En el grupo de metazoos se incluyen los organismos conocidos como *rotíferos*, llamados así por sus coronas giratorias de cilios pilosos. Los rotíferos son bastante comunes en algunos procesos de tratamiento de aguas residuales y desempeñan un papel activo en la descomposición de los desechos orgánicos. Aunque generalmente son algo más grandes que las bacterias y los protozoos, también son de tamaño microscópico.

Se deben considerar muchos otros metazoos en la discusión de la microbiología de aguas residuales. Los nematodos, los osos de agua, los gusanos con cerdas, las pulgas de agua y los ostrácodos son metazoos que pueden residir en un proceso de tratamiento de aguas residuales.

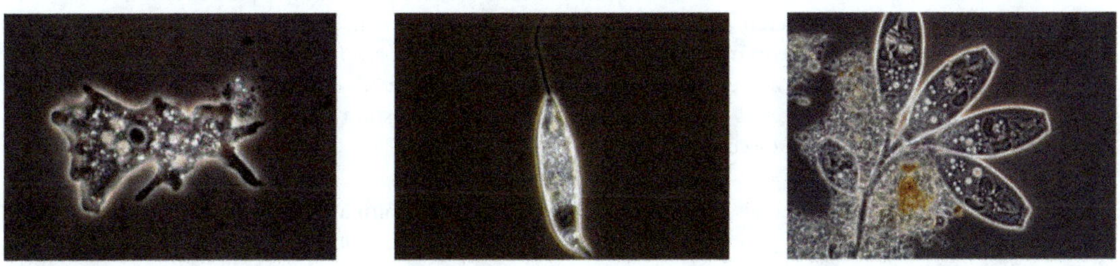

a) Ameba b) Flagelado c) Ciliado

Figura 5.6 Protozoos en aguas residuales (reimpreso con autorización de Steven C. Leach, Novozymes)

Los protozoos y los metazoos son organismos indicadores. Su observación bajo el microscopio puede proporcionar a los operadores información sobre el proceso biológico.

COMPROBACIÓN DE CONOCIMIENTOS

1. **La membrana celular sirve como una barrera selectiva que solo permite el paso de algunas sustancias.**
   - ☐ Verdadero
   - ☐ Falso
2. **Las enzimas son catalizadores.**
   - ☐ Verdadero
   - ☐ Falso
3. **Los protozoos son depredadores que pueden consumir grandes cantidades de bacterias nadadoras.**
   - ☐ Verdadero
   - ☐ Falso
4. **Los metazoos son animales multicelulares y suelen ser más pequeños que los protozoos y las bacterias.**
   - ☐ Verdadero
   - ☐ Falso
5. **Una bacteria puede desplazar _______ a través de su membrana celular sin gastar energía.**
   a. DBOC soluble
   b. Agua
   c. DQO particulada
   d. Iones fosfato
6. **Sustancias poliméricas extracelulares:**
   a. Le ayudan a la célula a adherirse a superficies y a otras bacterias
   b. Forman una capa protectora alrededor de la célula
   c. Consiste en azúcares químicamente unidos entre si
   d. Todas las anteriores.
7. **Cuando se reproduce una bacteria, ¿cuántas células se producen a partir de cada célula original?**
   a. 1
   b. 2
   c. 3
   d. 4
8. **Una única bacteria ingresa al proceso de tratamiento y tiene acceso a cantidades ilimitadas de alimentos, energía, oxígeno y otras sustancias que necesita para crecer y reproducirse. Si la bacteria puede reproducirse cada 20 minutos, ¿cuántas bacterias habrá después de 1 hora?**
   a. 2
   b. 4
   c. 8
   d. 16
9. **Durante la fase de retraso del crecimiento bacteriano:**
   a. No se observa crecimiento
   b. La tasa de crecimiento aumenta rápidamente
   c. Las tasas de crecimiento y mortalidad son casi iguales
   d. La tasa de mortalidad es mayor a la tasa de crecimiento

Bacterias en los procesos de tratamiento secundario

Las bacterias en los procesos de tratamiento secundario se pueden dividir en unos pocos grupos significativos según su fuente de energía, su fuente de carbono, sus requisitos de oxígeno y sus patrones de crecimiento preferidos. En las siguientes secciones se definirán, entre otros, los términos *heterótrofo, autótrofo, aerobio, facultativo y anaerobio*. Muchos profesionales en aguas residuales se inician en la profesión como mecánicos o tienen experiencia en mecánica. Por esta razón, se ha utilizado un enfoque mecánico para describir las necesidades y funciones de los diferentes grupos de bacterias. Tenga en cuenta que las siguientes descripciones que comparan microorganismos con motores y fábricas son útiles para aprender conceptos básicos, pero que hay muchos factores que contribuyen al crecimiento y supervivencia de diferentes microorganismos en los procesos de tratamiento biológico. Las bacterias anaerobias, importantes en la digestión anaerobia, tienen una fisiología única y no se han incluido en esta discusión.

Las bacterias son bastante predecibles y, en un nivel básico, se pueden comparar con motores de combustión en miniatura. Para que un motor funcione, requiere una fuente de combustible y una fuente de oxígeno (figura 5.7). La fuente de oxígeno se usa para quemar combustible químicamente para liberar energía. Técnicamente, el término correcto para este proceso es *oxidación*. Los subproductos de la combustión cuando se quema combustible orgánico con oxígeno son el dióxido de carbono (CO_2) y el agua (H_2O). En el ejemplo

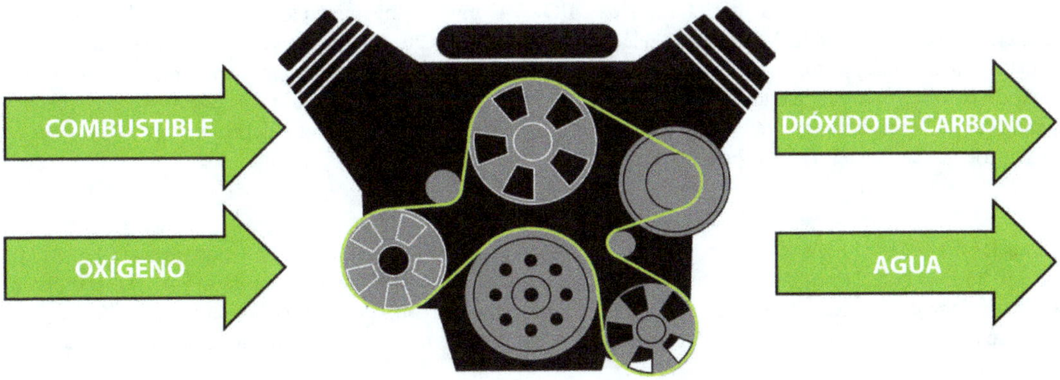

Figura 5.7 Motor de combustión (reimpreso con autorización de Indigo Water Group)

en la ecuación 5.4, el combustible orgánico es el azúcar de mesa común ($C_6H_{12}O_6$). La quema de compuestos orgánicos libera la energía química almacenada, de la misma manera que quemar gasolina proporciona la energía para operar un automóvil.

$$\text{Azúcar} + \text{Oxígeno} \rightarrow \text{Dióxido de carbono} + \text{Agua}$$
$$C_6H_{12}O_6 + O_2 \rightarrow CO_2 + H_2O \quad (5.4)$$

Las bacterias son un poco más complicadas que los motores de combustión simple porque tienen otro objetivo: producir más cantidad de ellas mismas. Es más útil pensar en las bacterias como fábricas con un motor central (figura 5.8). La fábrica necesita combustible y una fuente de oxígeno para hacer funcionar su motor y producir energía. Para producir más bacterias, la fábrica también necesita tener disponibilidad de un suministro de insumos. Las bacterias necesitan grandes cantidades de carbono, oxígeno, nitrógeno y fósforo, así como una diversidad de otros materiales como hierro, manganeso y potasio en cantidades más pequeñas. El carbono, el nitrógeno y el fósforo se denominan *macronutrientes* porque se necesitan en grandes cantidades. El hierro, el manganeso, el potasio y otros elementos vitales se denominan *micronutrientes*. Recuerde de la tabla 5.1 que las células bacterianas contienen en peso seco aproximadamente 50 % de carbono, 14 % de nitrógeno y 3 % de fósforo. Para todas las bacterias en los procesos de tratamiento biológico, la reacción bioquímica general que se produce se puede expresar de la siguiente manera:

$$\text{Combustible} + \text{Nutrientes} + \text{Bacterias} + \text{Fuente de oxígeno} \rightarrow \text{Bacteria nueva} + \text{Productos} \quad (5.5)$$

Generalmente, las aguas residuales domésticas tienen todos los ingredientes necesarios para mantener la vida. A menos que una WRRF reciba una cantidad significativa de aguas residuales industriales, debería haber cantidad suficiente nitrógeno y fósforo disponibles. Las aguas residuales domésticas de concentración media

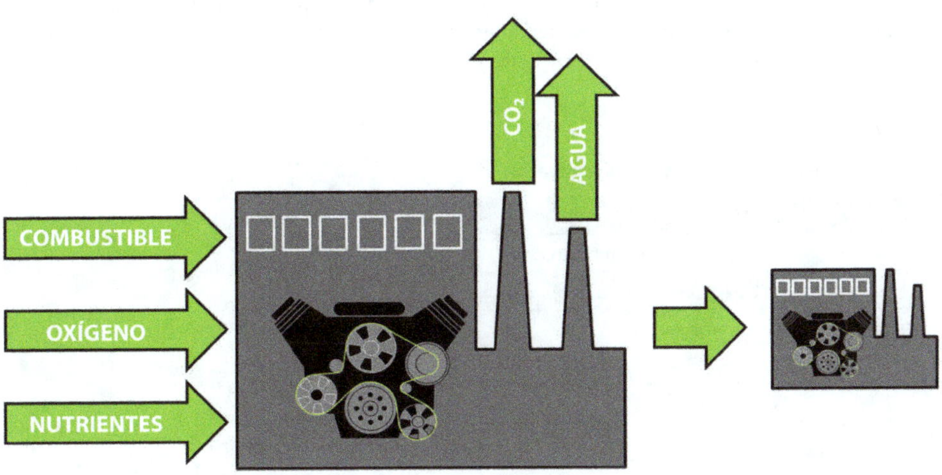

Figura 5.8 Factoría bacteriana (reimpreso con autorización de Indigo Water Group)

típicas contienen aproximadamente 200 mg/L de $DBOC_5$, 40 mg/L de nitrógeno total y 7 mg/L de fósforo total. Este ejemplo de aguas residuales tiene una relación C : N : P de 100 : 20 : 3.5, un exceso de nutrientes (nitrógeno y fósforo). Las aguas residuales producidas por ciertas industrias pueden ser deficientes en nitrógeno y fósforo. Cuando la concentración de estos nutrientes es demasiado baja, puede ser necesario agregar nitrógeno o fósforo para alcanzar la relación correcta para el crecimiento microbiano y lograr un tratamiento biológico óptimo. Sin nutrientes, las bacterias no se pueden reproducir.

FUENTES DE ENERGÍA Y CARBONO

Todos los organismos vivos se pueden agrupar en categorías generales según cómo obtienen carbono y energía del medio ambiente. Los organismos que usan dióxido de carbono como fuente de carbono para el crecimiento se denominan *autótrofos*. Las plantas, las algas y muchos tipos diferentes de bacterias son autótrofos. Todos los demás organismos vivos son heterótrofos que obtienen el carbono que necesitan para crecer a partir de compuestos orgánicos.

Los organismos vivos se pueden dividir en aún más categorías de acuerdo a la forma en que obtienen energía. Todas las plantas y algas y algunas especies bacterianas obtienen su energía de la luz solar a través de la fotosíntesis y se llaman *fotótrofos*. Todos los demás organismos obtienen su energía de la oxidación de sustancias químicas y se denominan quimiótrofos. Si dichas sustancias químicas son orgánicas, los organismos son *quimioorganótrofos*. Si dichos químicos son inorgánicos, los organismos son *quimiolitótrofos*.

Estas largas palabras científicas pueden ser un poco intimidatorias, pero, si se descomponen en sus componentes básicos, es un poco más fácil mantenerlas en claro. Muchas palabras científicas son griegas o latinas. De la tabla 5.2, un litoautótrofo es un organismo que come piedra y se autoalimenta, mientras que un fotoheterótrofo es un organismo que come luz y se alimenta de otros.

BACTERIAS HETEROTRÓFICAS

Las bacterias en una WRRF que se alimentan principalmente de materia orgánica (carbonosa) se llaman *heterótrofos*. La palabra *heterótrofo* significa nutrirse de otros y deriva de las palabras griegas *hetero* (otro) y *trofo* (de *trophé*, que significa nutrir). *Heterótrofo* se traduce literalmente en un organismo que se nutre de otros. Las bacterias no se consumen literalmente enteras entre sí, sino que obtienen su energía y carbono de compuestos orgánicos que fueron producidos por otros microorganismos y no por ellos mismos. Todos los animales y la mayoría de las bacterias son heterótrofos. Este gran grupo de bacterias de diferentes tipos obtiene su carbono y su energía de moléculas orgánicas como los carbohidratos, las proteínas y las grasas en las aguas residuales. Estos compuestos se miden colectivamente como la DBOC. Los heterótrofos requieren OD o un compuesto químico inorgánico oxidado como nitrato (NO_3^-), nitrito (NO_2^-), o sulfato (SO_4^{-2}) para procesar la DBOC. Las bacterias heterotróficas suelen ser los microorganismos dominantes en la mayoría de los ambientes, incluido la biomasa en los procesos de tratamiento de aguas residuales.

BACTERIAS AUTOTRÓFICAS

Los autótrofos son microorganismos que obtienen su carbono a partir de químicos inorgánicos como el dióxido de carbono (CO_2), el carbonato (CO_3^{-2}) y el bicarbonato (HCO_3^-). Las plantas, las algas y muchos tipos diferentes de bacterias son autótrofos. *Auto* significa "propio" y *trofo* significa "nutrirse". Un autótrofo literalmente se nutre a sí mismo. Los autótrofos no pueden usar compuestos orgánicos (DBOC) como fuente de energía o carbono. En cambio, obtienen su energía de fuentes inorgánicas. Los autótrofos construyen o sintetizan todas sus moléculas orgánicas. Aunque hay muchos tipos diferentes de bacterias autotróficas, algunas de las más importantes en el tratamiento de aguas residuales son las bacterias nitrificantes y las bacterias reductoras de sulfato.

Tabla 5.2 Descriptores de organismos y sus significados

Descripción	Significado
Auto	Propio (carbono inorgánico)
Hétero	Otro (carbono orgánico)
Trofo	Alimentar o nutrir
Foto	Luz
Quimio	Químico
Órgano	Orgánico
Lito	Piedra

REQUISITOS DE OXÍGENO

En los procesos de tratamiento de aguas residuales pueden estar presentes tres ambientes diferentes: aerobio (óxico), anóxico y anaerobio. Los ambientes aerobios contienen OD y pueden contener o no nitrito o nitrato. Los ambientes anóxicos contienen nitrito o nitrato, pero no contienen OD. Los ambientes anaerobios no contienen OD, nitrito ni nitrato. La presencia o ausencia de oxígeno, nitrito y nitrato influye sobre qué bacterias están activas y cómo procesan su combustible.

AEROBIOS OBLIGADOS

Los microorganismos que crecen solo en presencia de oxígeno se denominan *aerobios obligados* o *estrictos*. Los aerobios obligados no pueden sobrevivir sin oxígeno. Los seres humanos son aerobios obligados. Los humanos necesitan tener oxígeno para respirar y no sobreviven mucho sin él. Algunos heterótrofos requieren una fuente de oxígeno para la *respiración* y el crecimiento. La reacción bioquímica general que ocurre para los heterótrofos que usan OD puede expresarse de la siguiente manera:

$$\text{Materia orgánica} + \text{Nutrientes} + \text{Bacterias} + O_2 \rightarrow \text{Bacterias nuevas} + CO_2 + H_2O \quad (5.6)$$

La mayoría de las bacterias nitrificantes son aerobios obligados y deben tener OD. Funcionan bien en ambientes aerobios u óxicos, pero no pueden funcionar en ambientes anóxicos o anaerobios. La mayoría de los autótrofos nitrificantes permanecerán latentes durante el tiempo que estén en condiciones anóxicas o anaerobias.

La *respiración* es la extracción de energía de compuestos orgánicos o inorgánicos. En los procesos aerobios, el oxígeno se combina con otras moléculas para extraer energía. En los procesos anóxicos y anaerobios, el nitrato o sulfato reemplaza al oxígeno.

ANAEROBIOS OBLIGADOS

Los microorganismos que crecen solo en ausencia de oxígeno son *anaerobios obligados* o *estrictos*. Algunos ejemplos de anaerobios obligados son *Actinomyces, Bacteroides* y *Clostridium*. Estos microorganismos no pueden usar oxígeno ni nitrato para respirar. En su lugar, descomponen parcialmente la materia orgánica para obtener algo de energía y posteriormente usan los productos de la descomposición para la respiración. Este tipo de respiración anaerobia se denomina *fermentación*. Los subproductos de la fermentación son ácidos orgánicos y alcoholes. En los sistemas de tratamiento secundario, la fermentación es importante para generar los AGV necesarios para la eliminación biológica de fósforo.

En la digestión anaerobia, dos grupos de bacterias anaerobias descomponen la materia orgánica en el lodo primario y secundario para formar metano y dióxido de carbono. El primer grupo de anaerobios son los productores de ácido, también conocidos como *microorganismos saprófitos*. Los productores de ácido forman AGV a por fermentación. El segundo grupo de anaerobios son los metanógenos. Los metanógenos convierten los AGV en metano. Los metanógenos son de crecimiento extremadamente lento y muy sensibles a los cambios de pH y temperatura. Los metanógenos no juegan un papel significativo en la mayoría de los procesos de tratamiento secundario.

ANAEROBIOS FACULTATIVOS

Algunas bacterias heterotróficas son capaces de sobrevivir en diferentes condiciones ambientales porque son adaptables. Las bacterias heterotróficas facultativas prefieren utilizar el OD pero pueden cambiar a una forma de oxígeno *unido químicamente*, como el nitrito (NO_2^-) o el nitrato (NO_3^-), cuando no hay oxígeno disponible. Cuando las bacterias heterotróficas facultativas usan nitrito o nitrato como fuente de oxígeno en lugar de OD, los subproductos son nitrógeno gaseoso (N_2), dióxido de carbono (CO_2) y agua (ecuación 5.7). Este proceso se denomina *desnitrificación*. La mayoría de las especies de bacterias desnitrificantes pertenecen a tres géneros: *Alcaligenes, Bacillus* y *Pseudomonas*. Usar nitrato en lugar de oxígeno no es tan eficiente para las bacterias. La reacción bioquímica general que ocurre heterótrofos facultativos que usan nitrato como fuente de oxígeno puede expresarse de la siguiente manera:

Químicamente unido significa que el oxígeno se combina con otros elementos como el nitrógeno, el azufre, o el carbono.

$$\text{Materia orgánica} + \text{Nutrientes} + \text{Bacterias} + NO_X \rightarrow \text{Nuevos organismos} + N_2 + CO_2 + H_2O \quad (5.7)$$

Si las bacterias heterotróficas facultativas se introducen en un proceso de tratamiento secundario aerobio donde accederán a una fuente de combustible (DBOC), una fuente de oxígeno (OD) y los insumos (nitrógeno, fósforo y otros micronutrientes) que requieren para construir más de ellas mismas, los subproductos serán dióxido de carbono y agua. Cuando las mismas bacterias heterotróficas facultativas se someten a condiciones anóxicas en un proceso de tratamiento secundario, ya no tienen acceso a OD. Tendrán acceso a nitrato. La DBOC también está presente como nutrientes. En los procesos secundarios anóxicos, las bacterias heterotróficas facultativas seguirán creciendo y reproduciéndose, pero los subproductos serán ahora nitrógeno gaseoso, dióxido de carbono y agua. Si este mismo grupo de organismos se coloca en condiciones anaerobias, no podrá funcionar. No hay nitrato u oxígeno que puedan usar para quemar combustible. Los heterótrofos estarán inactivos durante el tiempo que permanezcan en el depósito anaerobio.

Los organismos vivos se clasifican por el tipo de carbono que usan (orgánico o inorgánico); de dónde obtienen su energía (luz solar, compuestos orgánicos o compuestos inorgánicos); y sus requisitos de oxígeno (aerobio, facultativo o anaerobio).

GRUPOS ESPECIALIZADOS DE BACTERIAS

BACTERIAS NITRIFICANTES

Las bacterias nitrificantes usan amoníaco (NH_3) o nitrito (NO_2^-) como fuente de combustible y OD como fuente de oxígeno. Los materiales de entrada para las bacterias autótrofas nitrificantes serán amoníaco o nitrito como combustible más OD e insumos (figura 5.9). Los materiales resultantes de las bacterias nitrificantes autotróficas serán nitrito (NO_2^-), nitrato (NO_3^-), dióxido de carbono (CO_2) y agua (H_2O).

La lista de piezas de insumos es un poco diferente para las bacterias autotróficas que para las bacterias heterotróficas, debido a que su fuente de combustible, que es amoníaco o nitrito, no contiene carbono. El carbono es un componente esencial de toda la vida en el planeta. Los autótrofos usan los compuestos de carbono inorgánico, carbonato (CO_3^{-2}) y bicarbonato (HCO_3^-) como su fuente de carbono en lugar la DBOC. El carbonato y el bicarbonato son dos componentes de la alcalinidad. Se forman cuando el dióxido de carbono gaseoso se disuelve en agua. Por cada 1 mg/L de amoníaco que se convierte en nitrato, se consumirán 7.14 mg/L de alcalinidad. La reacción bioquímica general que ocurre en las bacterias nitrificantes puede expresarse de la siguiente manera:

$$NH_3^+ + O_2 + HCO_3^- + \text{Bacterias nitrificantes} \rightarrow \text{Bacterias nuevas} + NO_3^- + CO_2 + H_2O \quad (5.8)$$

En el capítulo 2 se incluye una descripción en profundidad de la alcalinidad.

En el párrafo anterior, la conversión de amoníaco a nitrato se expresó como un solo paso. En realidad, hay dos grupos diferentes de bacterias nitrificantes: las bacterias oxidantes de amoníaco (BOA) y las bacterias oxidantes de nitrito (BON). Las bacterias oxidantes de amoníaco transforman el amoníaco (NH_3) en nitrito (NO_2^-). Las bacterias oxidantes de nitrito pueden transformar el nitrito en nitrato (NO_3^-), como se muestra en figura 5.10. Ambos grupos usan carbonato y bicarbonato inorgánico como fuente de carbono para construir las moléculas orgánicas necesarias para el crecimiento. Las bacterias oxidantes de amoníaco incluyen las siguientes: *Nitrosomonas, Nitrosococcus, Nitrosospira, Nitrosovibrio* y *Nitrosolobus* (Koops y Pommerening-Röser, 2001). El género *Nitrosomonas* parece ser el más importante en los sistemas de filtros de lodo activado y percoladores que reciben cargas específicas relativamente altas de nitrógeno amoniacal (≥20 mg/L). El género *Nitrosospira* es el más importante en sistemas de biopelículas que reciben concentraciones muy bajas de nitrógeno amoniacal (≤1 mg/L)(Grady y Filipe, 2000). Las bacterias oxidantes de nitrito incluyen las siguientes: *Nitrobacter, Nitrospira, Nitrococcus* y *Nitrospina*. Los miembros del género *Nitrospira* parecen ser los más importantes BON en sistemas de tratamiento de aguas residuales, aunque *Nitrobacter* también esté presente. *Nitrococcus* y *Nitrospina* son

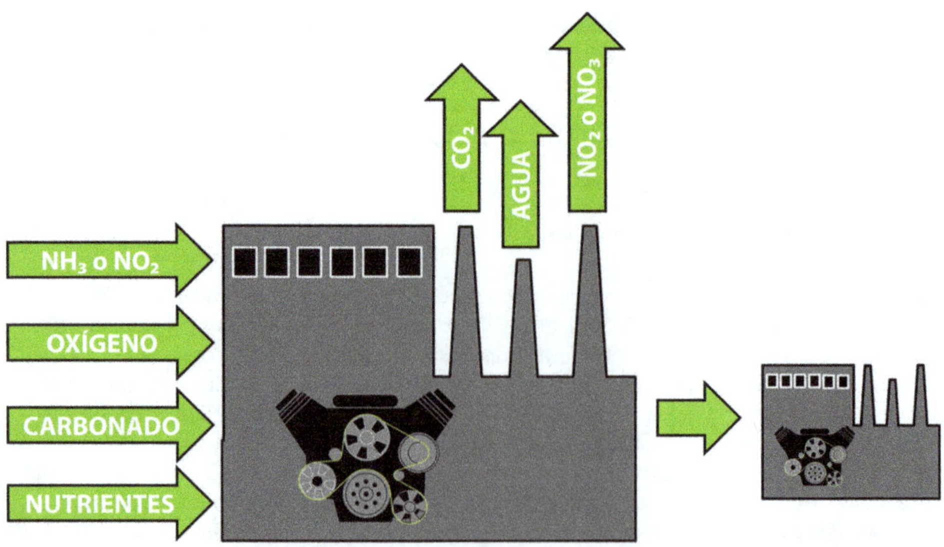

Figura 5.9 Factoría de bacterias nitrificantes autotróficas (reimpreso con autorización por Indigo Water Group)

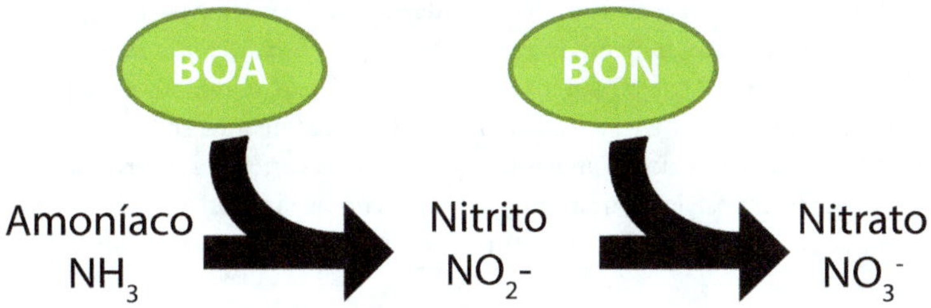

Figura 5.10 La nitrificación como un proceso de dos etapas

especies marinas que no viven en sistemas de tratamiento de aguas residuales. Las bacterias nitrificantes se tratan con más detalle en el capítulo sobre eliminación de nutrientes biológicos.

Muchas especies diferentes de bacterias pueden convertir el amoníaco en nitrito (BOA) y el nitrito en nitrato (BON). Todas son autótrofas o, más específicamente, quimiolitótrofas.

COMPARACIÓN DE HETERÓTROFOS Y AUTÓTROFOS

¿Qué grupo de bacterias crece más rápido, las heterótrofas o las autótrofas nitrificantes? Las heterótrofas usan compuestos orgánicos ricos en energía como fuente de combustible, mientras que las autótrofas nitrificantes usan amoníaco relativamente pobre en energía como fuente de combustible. Un combustible de mayor contenido energético significa que los heterótrofos pueden crecer mucho más rápido que los autótrofos. En condiciones ideales, una bacteria heterotrófica puede necesitar solo 20 minutos para reproducirse, mientras que una bacteria nitrificante puede necesitar entre 7 y 13 horas. Por esta razón, las bacterias nitrificantes estarán presentes en cantidades significativas en la biomasa solo cuando la biomasa sea retenida en una WRRF durante varios días. Los heterótrofos de rápido crecimiento tienden a superar a los autótrofos en cuanto a nutrientes y, por lo tanto, son los microorganismos dominantes en la mayoría de los entornos.

ORGANISMOS ACUMULADORES DE FOSFATO

Los organismos acumuladores de fosfato (OAF) son un subgrupo especializado de bacterias heterotróficas facultativas. Cuando estas bacterias hacen ciclos entre condiciones anaerobias y condiciones anóxicas o aireadas, recogen y almacenan el exceso de fósforo. Este proceso se denomina "*captación de lujo*" porque las bacterias están captando más fósforo del que necesitan para crecer. Los OAF son capaces de almacenar hasta el 40 % de su peso seco en fósforo. El fósforo se elimina de las aguas residuales cuando se elimina el exceso de biomasa del sistema.

Comprender por qué ocurre la "captación de lujo" comienza con la comprensión de lo que le sucede a la DBOC en condiciones anaerobias. En un proceso de tratamiento secundario anaerobio, parte de la DBOC se descompone a través de fermentación mediante bacterias anaerobias en DBOC soluble y moléculas orgánicas más simples llamadas AGV. Los ácidos grasos volátiles (AGV) son compuestos químicos que contienen 5 carbonos o menos, como el ácido acético (2 carbonos), el ácido propiónico (3 carbonos) y el ácido butírico (4 carbonos). El ácido acético se conoce, con más frecuencia, como *vinagre*. Los ácidos grasos volátiles son una fuente preferente de carbono y energía para las bacterias heterotróficas, incluidos los OAF, porque estos compuestos son fácilmente absorbidos por las bacterias. Los OAF tienen un problema logístico: cuando están en condiciones anaerobias, están expuestos a AGV, pero sin oxígeno, nitrito o nitrato, no pueden acceder a ellos. Recoger "combustible" requiere energía, no disponible para la mayoría de los heterótrofos facultativos en ausencia de oxígeno, nitrito y nitrato.

Los OAF tienen una solución creativa para este problema. Construyen una batería química de fósforo. La mayoría de las células, incluidas las humanas, utilizan un compuesto denominado *trifosfato de adenosina* (ATP) para almacenar energía. El trifosfato de adenosina consta de tres moléculas de fosfato unidas químicamente. El enlace químico entre los átomos de fósforo almacena la energía hasta que la célula la necesita. Dentro de las células el ATP se sintetiza y consume continuamente a medida que la energía se almacena y se recupera. Los OAF llevan el ATP al siguiente nivel y forman un compuesto rico en energía denominado *polifosfato*, que une grandes cantidades de moléculas de fosfato. El polifosfato es una batería química. Cuando el OAF necesita energía, rompe los enlaces químicos entre las moléculas de fósforo para recuperar la energía almacenada liberando fósforo temporalmente. Esta estrategia permite a los OAF recoger y almacenar AGV cuando están bajo condiciones anaerobias. Debido a que tienen una batería, pueden superar a otros tipos de bacterias al ir por los AGV disponibles.

Cuando los OAF están en condiciones anaerobias, usan la energía almacenada en el polifosfato para recoger los AGV. Los AGV se combinan en un producto de almacenamiento interno llamado *poli-β-hidroxibuirato* (PHB). La falta de oxígeno, nitrito o nitrato evita que los OAF consuman los AGV de inmediato. Cuando los OAF pasan a condiciones anóxicas o aerobias, inmediatamente comienzan a consumir el PHB y reconstruir su batería de polifosfato. Se requiere del ciclo de los OAF entre condiciones anaerobias y condiciones anóxicas o aereadas para que se produzca la "captación de lujo". Sin exposición a una zona anaerobia, no hay incentivos para que los OAF almacenen fósforo. Los organismos acumuladores de fosfato se tratan con más detalle en el capítulo sobre eliminación de nutrientes biológicos.

BACTERIAS REDUCTORAS DE SULFATO

Las bacterias *reductoras* de sulfato (BRS) son un grupo grande de microorganismos que viven en muchos entornos. Existen 220 especies conocidas en 60 géneros diferentes. Pueden tolerar valores de pH extremos, desde valores tan bajos como 2 hasta tan altos como 10. Las bacterias reductoras de sulfato obtienen energía oxidando compuestos orgánicos en condiciones anaerobias utilizando sulfato (SO_4^{-2}) como fuente de oxígeno. Las bacterias reductoras de sulfato producen dióxido de carbono (CO_2) y sulfuro de hidrógeno (H_2S) como productos de desecho. El sulfuro de hidrógeno huele a huevo podrido y es extremadamente tóxico. Además del sulfato, las BRS pueden reducir otros compuestos de azufre, incluidos el tiosulfato ($S_2O_3^{-2}$), el sulfito (SO_2^{-3}) y el azufre elemental (S^o) a sulfuro (S^{-2}). La mayoría de las BRS es anaerobia, pero algunas pueden cambiar a respiración aerobia cuando hay oxígeno disponible. El *Desulfovibrio desulficans* es una BRS que produce sulfuro de hidrógeno y se encuentra en las WRRF.

La reducción química es lo opuesto a la oxidación. Si un compuesto se reduce, pierde oxígeno, gana hidrógeno o electrones y se carga más negativamente.

BACTERIAS OXIDANTES DE AZUFRE

Las bacterias oxidantes de azufre son un grupo diverso de microorganismos capaces de oxidar el azufre como fuente de energía. Los compuestos de azufre reducido que utilizan las bacterias oxidantes del azufre incluyen el ácido sulfhídrico (H_2S), el azufre elemental (S^o) y el tiosulfato ($S_2O_3^{-2}$). El producto final de la oxidación del azufre es el sulfato (SO_4^{-2}) o el ácido sulfúrico (H_2SO_4), el cual puede corroer el hormigón y el acero. Las bacterias oxidantes de azufre incluyen *Thiobacillus* y *Beggiatoa*. Algunas bacterias oxidantes de azufre también pueden oxidar el hierro ferroso (p. ej., *Thiobacillus ferrooxidans* y especies de *Sulfolobus*). *Thiothrix*, común en las instalaciones de tratamiento de aguas residuales, y *Sulfolobus*, confinada a aguas termales ricas en azufre, transforman el ácido sulfhídrico en azufre elemental.

Tanto las bacterias oxidantes de azufre como las reductoras de sulfato viven en sistemas de recolección de aguas residuales y en WRRF. Dentro de tuberías y procesos de tratamiento bajo condiciones alternantes aerobias y anaerobias se pueden formar tanto H_2S como H_2SO_4.

Algunos de los grupos especializados de bacterias en aguas residuales incluyen los siguientes:

- Bacterias nitrificantes, que convierten amoníaco a nitrito y nitrato;
- Bacterias acumuladoras de fosfato, que captan fósforo;
- Bacterias anaerobias, que degradan DBOC a AGV;
- Bacterias reductoras de azufre, que convierten sulfato en ácido sulfhídrico; y
- Bacterias oxidantes de azufre, que convierten ácido sulfhídrico y azufre en ácido sulfúrico.

RESUMEN

Tabla 5.3 Resume las características de las condiciones anaerobias, anóxicas y aerobias, y enumera algunas de las reacciones biológicas que pueden ocurrir en cada condición o conjunto de condiciones. Dentro de algunos límites, se puede predecir el comportamiento de diferentes grupos de bacterias a partir de su entorno. Los heterótrofos facultativos utilizarán oxígeno cuando está disponible y nitrato en caso contrario. Los autótrofos nitrificantes convertirán el amoníaco en nitrito y nitrato cuando haya disponibilidad de oxígeno. En la figura 5.11 se ilustran algunas de las interrelaciones entre las bacterias heterotróficas y las bacterias nitrificantes autotróficas en condiciones aerobias y anóxicas.

Tabla 5.3 Condiciones anaerobias, anóxicas y aerobias

Condición ambiental	Definiendo características	Reacciones biológicas posibles
Anaerobio	No hay oxígeno presente No hay nitrito o nitrato presente Puede haber sulfato	DBOC descompuesta en DBOC soluble y AGV. Los heterótrofos están inactivos. Los nitrificantes están inactivos. Los OAF liberan fósforo. Los OAF captan AGV. Sulfato reducido a sulfuro de hidrógeno.
Anóxico	No hay oxígeno presente Hay nitrito o nitrato Puede haber sulfato	Los heterótrofos convierten la DBOC en biomasa. Los heterótrofos convierten el NO_2^- y el NO_3^- en gas nitrógeno. Los nitrificantes están inactivos. Los OAF consumen los AGV almacenados. Los OAF captan fósforo.
Aerobio/óxico	Hay oxígeno También puede haber nitrito y nitrato Puede haber sulfato	Los heterótrofos convierten la DBOC en biomasa. Los nitrificantes convierte el NH_3 a NO_2^- y NO_3^-. Los OAF consumen los AGV almacenados. Los OAF captan fósforo. Ácido sulfhídrico oxidado a sulfato.

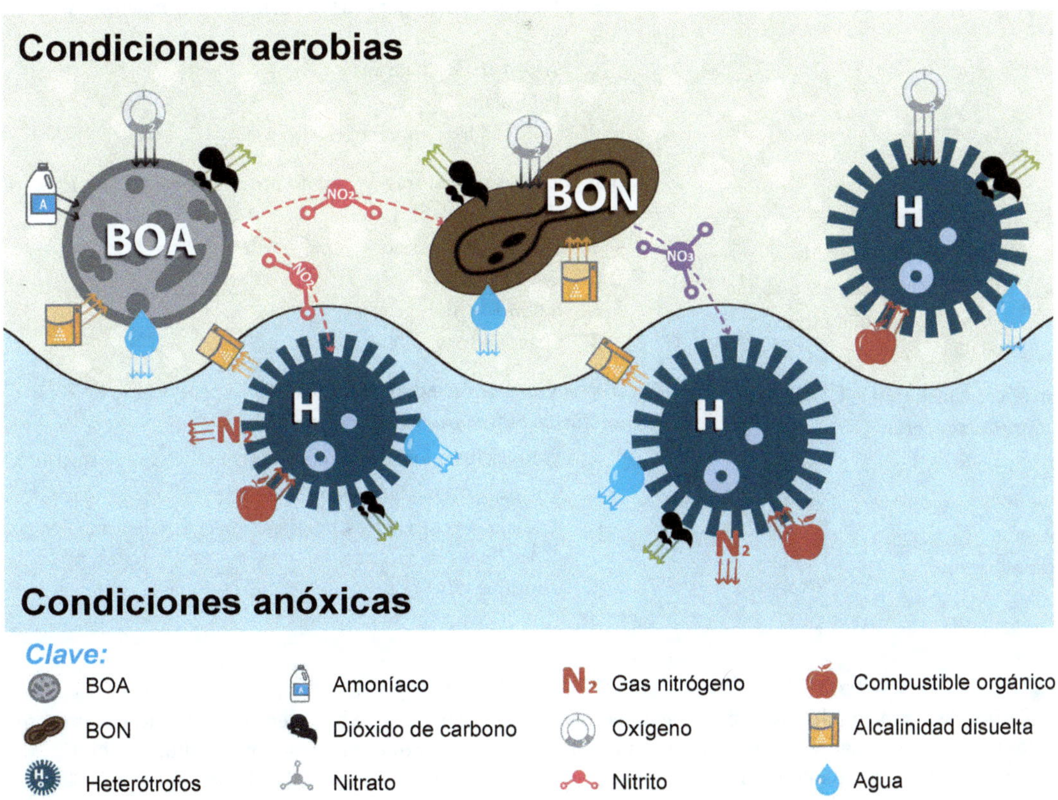

Figura 5.11 Resumen de los requisitos de las bacterias autotróficas y heterotróficas

COMPROBACIÓN DE CONOCIMIENTOS

1. **El azúcar se combina con oxígeno para producir dióxido de carbono y agua. En esta reacción, el azúcar está siendo oxidado.**
   - ☐ Verdadero
   - ☐ Falso

2. **Las bacterias autótrofas consumen DBOC y producen nuevas bacterias, dióxido de carbono y agua.**
   - ☐ Verdadero
   - ☐ Falso

3. **Las bacterias autótrofas crecen más rápido que las heterótrofas porque su fuente de combustible es rica en energía.**
   - ☐ Verdadero
   - ☐ Falso

4. **Los organismos que acumulan fosfato deben realizar ciclos entre condiciones anaerobias y anóxicas o aerobias para realizar una captación de fósforo de lujo.**
   - ☐ Verdadero
   - ☐ Falso

5. **Las bacterias heterotróficas obtienen su energía y su carbono de**
   a. Iones carbonato y bicarbonato
   b. OD
   c. Material orgánico biodegradable
   d. Sulfato

6. **Las algas se clasifican como**
   a. Autótrofas
   b. Fotótrofas
   c. Heterótrofas
   d. Taxítrofas

7. **Una la condición ambiental con su descripción.**

1. Anaerobio	a. Oxígeno disuelto presente
2. Anóxico	b. Nitrato presente, sin OD presente
3. Aerobio	c. No hay ni oxígeno ni nitrato presentes

8. **Cuando las bacterias heterotróficas consumen la DBOC en presencia de oxígeno, los subproductos serán**
   a. Nitrato, nitrito y agua
   b. Nitrato y dióxido de carbono
   c. Dióxido de carbono y agua
   d. Dióxido de carbono y gas nitrógeno

9. **Los aerobios obligados necesitan ________ para respirar.**
   a. Nitrato
   b. Oxígeno
   c. Amoníaco
   d. DBOC

10. **Se incuba una bacteria heterotrófica en condiciones anóxicas. La bacteria**
   a. Convertirá la DBOC en CO_2 y H_2O utilizando oxígeno
   b. Convertirá NH_3^- en NO_2^- y NO_3 utilizando oxígeno
   c. Convertirá la DBOC en N_2, CO_2 y H_2O utilizando nitrato
   d. Convertirá NH_3 en N_2, CO_2 y H_2O utilizando nitrato

11. **El proceso de consumir la DBOC con nitrato se denomina**
   a. Desnitrificación
   b. Nitrificación
   c. Fermentación
   d. Hidrólisis

12. **Las BON**
   a. Consumen solo DBOC soluble
   b. Necesitan una fuente de carbono inorgánico
   c. Prefieren los AGV
   d. Convierten el amoníaco en nitrito

13. **Las bacterias que acumulan fosfato obtienen la energía que necesitan para recolectar AGV en condiciones anaerobias de**
   a. AGV
   b. Trifosfato de adenosina
   c. Polifosfato
   d. Poli-β-hidroxibutirate

14. **Las bacterias reductoras de sulfato producen este gas tóxico en condiciones anaerobias.**
   a. Dióxido de carbono
   b. Gas nitrógeno
   c. Sulfuro de hidrógeno
   d. Oxido nitroso

15. **En sistemas de recolección y en WRRF la producción de ácido sulfúrico es una preocupación porque**
   a. Es tóxico para los humanos a bajas concentraciones en el aire.
   b. Corroe el hormigón y el acero.
   c. A bajas concentraciones, interfiere con el metabolismo de la DBOC.
   d. Consume OD.

Tasas de crecimiento microbiano

El diseño y la operación del proceso de tratamiento biológico secundario se basan en la cinética del crecimiento de los microorganismos. La cinética es qué tan rápidas o lentas se producen las reacciones químicas y biológicas. La cinética determina cuánto tiempo se requiere para tratar las aguas residuales. El resto de este capítulo define varios términos y conceptos clave que se utilizarán en capítulos posteriores: tasa de crecimiento específica máxima ($\mu_{máx}$), coeficiente de saturación, coeficiente de saturación media (K_s), rendimiento y descomposición. Es clave comprender los siguientes conceptos al final de este capítulo:

- Cada microorganismo en el proceso tiene una tasa de crecimiento máxima que puede alcanzar;
- La falta de carbono, oxígeno o nutrientes puede limitar el crecimiento;
- La tasa de crecimiento aumenta con la disponibilidad de recursos hasta que se alcanza la tasa máxima;
- Si más de un recurso está limitando el crecimiento, los efectos son sumatorios;
- Si hay un exceso de recursos disponibles, el crecimiento está limitado por la tasa de crecimiento máxima;
- Las condiciones ambientales (pH, temperatura, toxicidad) también pueden limitar el crecimiento; y
- El rendimiento es fijo. Las bacterias solo pueden crecer y reproducirse cuando hay alimentos disponibles.

No se preocupe por las matemáticas en esta sección. Entender los conceptos es más importante.

CURVA DE CRECIMIENTO DE MONOD

Cada tipo de bacteria solo crecerá a su velocidad máxima cuando el agua que la rodea tenga un pH óptimo y contenga cantidades suficientes de alimentos, fuentes de oxígeno, nutrientes y oligoelementos. Las tasas de crecimiento microbiano a menudo son más bajas que las tasas de crecimiento máximas debido a que una o más de las sustancias que necesitan para crecer y reproducirse no está disponible en cantidades suficientes. Cuando una sustancia no está presente en cantidades suficientes para soportar el crecimiento, se dice que es limitante. Los factores limitantes más comunes incluyen (a) el agotamiento de nutrientes, (b) la acumulación de subproductos tóxicos y (c) los cambios en las concentraciones de iones, especialmente el pH (Monod, 1949).

La cinética de Monod relaciona las tasas de crecimiento microbiano con la concentración de un sustrato limitante en un ambiente acuoso. Las tasas de crecimiento microbiano están representadas por una ecuación propuesta por Jacques Monod (1942, 1949). La ecuación de Monod establece que cuando las concentraciones de sustrato son bajas, la tasa de crecimiento de los microorganismos será proporcional a la concentración del sustrato limitado. En otras palabras, el crecimiento y la reproducción de los microorganismos estarán restringidos por la disponibilidad de recursos. La ecuación de Monod también establece que cuando los recursos son abundantes, se maximizará la tasa de crecimiento de los microorganismos. Sin embargo, cuando los recursos están disponibles en exceso, el microorganismo no puede crecer más rápido que su tasa máxima.

Vuelva a pensar en la analogía de la fábrica previamente utilizada en este capítulo. Imagine que una línea de ensamblaje dentro de esa fábrica está produciendo automóviles. La línea de ensamblaje necesita tener todas las piezas disponibles para seguir produciendo automóviles. ¿Qué pasaría con la velocidad de la línea de ensamblaje si se limitara un componente clave? Si la fábrica de automóviles solo tiene acceso a 60 radiadores en un día determinado, entonces el número máximo de automóviles que se pueden producir es 60. Si la fábrica de automóviles tenía acceso a todas las piezas necesarias, el número de automóviles que puede producir está limitado solo por la velocidad de la línea de montaje. La velocidad de la línea de montaje es la tasa de crecimiento máxima. Representa la velocidad a la que un microorganismo particular es capaz de operar sus líneas de ensamblaje celular internas. La tasa máxima de utilización de sustrato está relacionada con la tasa máxima de crecimiento. Cuando el microorganismo está creciendo a su velocidad máxima, utilizará los recursos, específicamente la DBOC, amoníaco, oxígeno, nitrato y nutrientes, a la velocidad máxima. Si la línea de ensamblaje solo es capaz de producir 100 automóviles nuevos cada día, el número máximo de radiadores que puede usar cada día es también de 100.

La ecuación de Monod genera una curva de crecimiento característica que se muestra en el gráfico de la figura 5.12. La tasa de crecimiento microbiano, mostrada como μ, está determinada por la concentración del sustrato limitante hasta alcanzar la tasa de crecimiento máxima ($\mu_{máx}$). La tasa de crecimiento se expresa en unidades de gramos de SVS producidos por gramo de SVS agregado al proceso por día (g SVS/g SVS·d). Generalmente, se muestra en ecuaciones matemáticas simplemente como "por día" (o d^{-1}).

La ecuación de Monod se expresa de la siguiente manera:

$$\mu = \mu_{máx} \times \left[\frac{S}{K_s + S}\right] \tag{5.9}$$

Donde

μ = tasa específica de crecimiento del microorganismo (pronunciado mu), por día;
$\mu_{máx}$ = tasa de crecimiento máxima posible de los microorganismos, por día;
S = concentración de sustrato, mg/L; y
K_s = coeficiente de saturación media, mg/L.

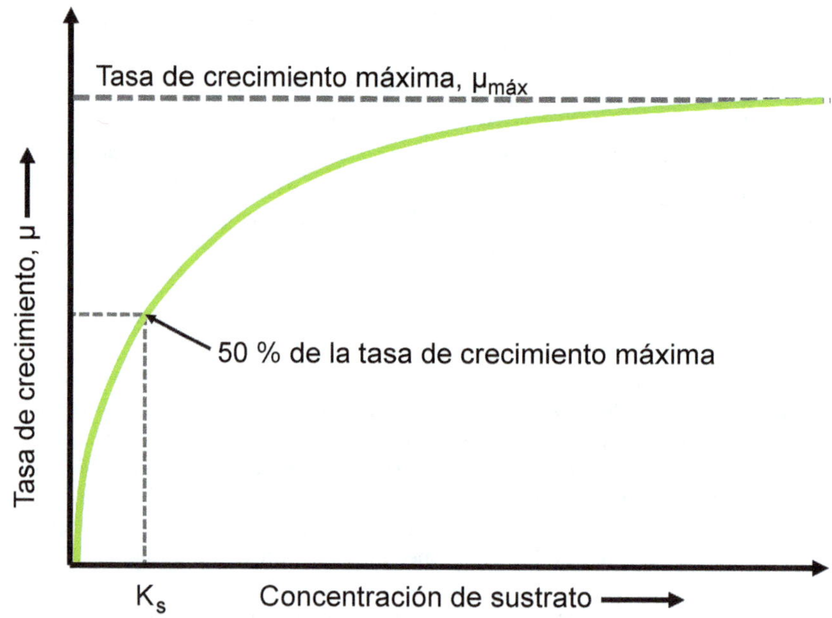

Figura 5.12 Gráfico de la ecuación de Monod

TASA DE CRECIMIENTO ESPECÍFICO MÁXIMA

La tasa de crecimiento específica máxima es un factor importante que, en parte, determina la capacidad de tratamiento biológico. Es lo más rápido que un microorganismo en particular puede crecer y reproducirse. Los microorganismos responden a concentraciones de sustrato (alimento) más altas aumentando su tasa de crecimiento hasta la tasa de crecimiento máxima ($\mu_{máx}$). Cuando el sustrato es escaso (baja concentración de alimentos), los microorganismos no pueden crecer tan rápido como si hubiera más alimentos disponibles. En contraste, una abundancia de sustrato permite a cada microorganismo consumir más alimentos y aumentar su tasa de crecimiento. El incremento de la cantidad de sustrato reduce la competencia por el alimento y permite que los microorganismos aumenten su tasa de crecimiento de manera proporcional a la fuente de alimento disponible.

Saturado significa que hay más sustrato disponible del que puede usarse inmediatamente.

En la figura 5.12, la curva de tasa de crecimiento aumenta rápidamente desde el origen en respuesta a una concentración de sustrato creciente. Se aplana gradualmente y se acerca a la línea horizontal, que indica la tasa de crecimiento máxima ($\mu_{máx}$). Cuando los microorganismos están *saturados* por sustrato y alcanzan la tasa de crecimiento máxima, la tasa de crecimiento permanece constante ante un aumento de las concentraciones de sustrato. Cuando hay un exceso de sustrato disponible, el crecimiento se ve limitado por la cantidad de microorganismos en el sistema en lugar de por la cantidad de sustrato disponible.

La tasa de crecimiento máxima ($\mu_{máx}$) y el coeficiente de saturación media (K_s) que se usan en la ecuación de Monod son coeficientes empíricos. *Empírico* significa que deben ser medidos experimentalmente. Se miden las tasas de crecimiento a varias concentraciones diferentes del sustrato limitante y se grafican los resultados. La tasa de crecimiento máxima ($\mu_{máx}$) y el coeficiente de saturación media (K_s) se estiman ajustando una línea curva al gráfico.

Cada especie de bacteria tiene una tasa de crecimiento máxima ($\mu_{máx}$) y un coeficiente de saturación media (K_s) diferentes para cada nutriente limitante y para las condiciones ambientales circundantes. La tasa de crecimiento máxima para la biomasa en un proceso de tratamiento secundario es simplemente el promedio de las tasas de crecimiento máximas para cada uno de los diferentes tipos de bacterias presentes en la biomasa. La tasa de crecimiento máxima promedio para la biomasa en un proceso de tratamiento secundario se puede determinar utilizando los mismos métodos que para un solo tipo de bacteria y un solo sustrato limitante. Cuando los ingenieros diseñan procesos de tratamiento secundario, utilizan una $\mu_{máx}$ de entre 3 y 13.2 g SVS/g SVS·d para bacterias heterotróficas y una $\mu_{máx}$ de entre 0.20 y 0.90 g SVS/g SVS·d para las bacterias nitrificantes autotróficas (Metcalf and Eddy, Inc./AECOM, 2013). Las grandes diferencias en la tasa de crecimiento máxima dejan claro que las bacterias heterotróficas pueden reproducirse mucho más rápido que las bacterias nitrificantes autotróficas.

La ecuación de Monod representa un cultivo estable de microbios. Las condiciones ambientales cambiantes o las características cambiantes de las aguas residuales pueden causar que diferentes microorganismos desplacen especies previamente dominantes en el proceso de tratamiento. Por ejemplo, un caudal de entrada de aguas residuales con alta DBO y bajo amoníaco favorecerá a los heterótrofos y aumentará su número rápidamente. A su vez, un caudal de entrada bajo en DBO y alto en amoníaco favorecerá a los autótrofos nitrificantes. La composición cambiante de la población de microorganismos en el proceso puede cambiar los valores de la $\mu_{máx}$ y la K_s, afectando de este modo el rendimiento del proceso.

Cada microorganismo tiene una tasa de crecimiento máxima. No pueden crecer más rápido que esto, incluso cuando hay un exceso de recursos disponibles.

COEFICIENTE DE SATURACIÓN

El coeficiente de saturación es la concentración de un recurso determinado que un microorganismo necesita para crecer a su velocidad máxima. Mayores concentraciones del recurso no seguirán aumentando las tasas de crecimiento. Si una línea de ensamblaje puede producir como máximo 75 automóviles por día, entonces tener acceso a 75 radiadores es saturación. La línea de ensamblaje no puede usar más de 75 radiadores. Si hay más radiadores disponibles, la línea de ensamblaje no producirá más automóviles. Esto es el coeficiente de saturación. Cuando los recursos están disponibles en concentraciones igual al coeficiente de saturación o superior, el microorganismo crecerá a su velocidad máxima. A concentraciones por debajo del coeficiente de saturación, la línea de ensamblaje estará limitada y la producción de nuevos microorganismos se ralentizará. Generalmente, el coeficiente de saturación se expresa en miligramos por litro (mg/L).

COEFICIENTE DE SATURACIÓN MEDIA

El coeficiente de saturación media, o coeficiente de velocidad media, que se muestra como K_s, es la concentración necesaria de un recurso para alcanzar exactamente la mitad de la tasa de crecimiento máxima. Generalmente, el coeficiente de saturación media se calcula a partir de mediciones de la tasa de crecimiento máxima y rara vez se mide directamente. Generalmente se expresa en miligramos por litro (mg/L).

Los valores de la tasa de crecimiento máxima ($\mu_{máx}$) y la constante de saturación media (K_s) son altamente dependientes de los microorganismos y sustratos presentes en el sistema biológico. Los sustratos biodegradables rápidamente tienen valores altos de $\mu_{máx}$ y bajos de K_s. En otras palabras, la DBO soluble, fácil de incorporar para las bacterias, las ayudará a crecer muy rápidamente. No necesitan perder tiempo y energía descomponiendo la DBO particulada antes de traerla al interior a través de la membrana celular. En contraste, los sustratos lentamente biodegradables tienen valores bajos de $\mu_{máx}$ y altos de K_s. Por lo tanto, los porcentajes de sustratos fácilmente biodegradables y lentamente biodegradables en las aguas residuales afectan los valores de la $\mu_{máx}$ y la K_s para cada WRRF.

Se necesitan muchos sistemas de tratamiento de aguas residuales para cumplir con los estrictos límites de descarga, que están cerca o por debajo de las concentraciones del coeficiente de saturación media (Shaw, 2015). Por esta razón, los sistemas de tratamiento de aguas residuales con límites bajos de efluentes operan a concentraciones de sustrato bajas y a tasas de crecimiento mucho más bajas que la tasa de crecimiento máxima ($\mu_{máx}$). Como se ve en la figura 5.12, estas instalaciones operan de acuerdo a la parte izquierda de la curva de crecimiento característica de Monod. En otras palabras, las bacterias a menudo crecen mucho más lentamente de lo que lo harían en condiciones ideales.

Para las bacterias heterotróficas facultativas, la K_s oscila entre 25 y 100 mg/L de la DBO, con un valor típico de 60 mg/L de la DBO (Metcalf and Eddy/AECOM, 2003). Esto significa que cuando la concentración de la DBO está en este rango, la tasa de crecimiento de los microorganismos es aproximadamente la mitad del máximo. Compare esto con un límite de 30 mg/L de DBO efluente para la mayoría de las instalaciones de tratamiento mecánico. Para las bacterias nitrificantes, la K_s para el nitrógeno amoniacal es 0.50 mg/L (EPA de los EE. UU., 2010). Cuando la concentración de nitrógeno amoniacal es superior a 1 mg/L en el proceso de lodo activado, es posible que las BOA crezcan a su velocidad máxima. A medida que la concentración de nitrógeno amoniacal disminuye progresivamente, la tasa de crecimiento de las BOA disminuye. Hay un efecto similar con las concentraciones de OD. La K_s para el oxígeno en bacterias nitrificantes oscila entre 0.13 y 0.47 mg/L (Manser et al., 2005). En última instancia, la tasa máxima de crecimiento de los microorganismos estará limitada por la disponibilidad de alguno o todos los recursos que necesitan, así como por la temperatura del agua.

Aunque probablemente los operadores nunca necesiten calcular las tasas de crecimiento, aquí se incluye un ejemplo de su cálculo para demostrar los efectos de la concentración de sustrato en la tasa de crecimiento. En este ejemplo, las bacterias se reproducen a una velocidad máxima de 3 veces por día y el coeficiente de saturación media (K_s) es de 0.7 mg/L. La concentración de sustrato será variada, de 0.5 mg/L hasta 12.5 mg/L (tabla 5.4).

$$\mu = \mu_{\text{máx}} \times \left[\frac{S}{K_s + S} \right]$$

$$\mu = 3\ \text{d}^{-1} \times \left[\frac{0.5\ \text{mg/L}}{0.7\ \text{mg/L} + 0.5\ \text{mg/L}} \right]$$

$$\mu = 3\ \text{d}^{-1} \times \left[\frac{0.5\ \text{mg/L}}{1.2\ \text{mg/L}} \right]$$

$$\mu = 1.25\ \text{d}^{-1}$$

La cantidad de sustrato es baja, por lo que la tasa de crecimiento también es baja. Si se realiza el mismo cálculo con concentraciones de sustrato que aumentan progresivamente, la tasa de crecimiento alcanzada comienza a acercarse mucho a la tasa de crecimiento máxima. En la tabla 5.4, se puede ver que cuando la concentración del sustrato es igual al coeficiente de saturación media (K_s) de 0.7 mg/L, la tasa de crecimiento resultante es igual a 1.5 al día, que es exactamente la mitad de la tasa de crecimiento máxima. A medida que el sustrato continúa aumentando, la tasa de crecimiento real se acerca cada vez más a la tasa de crecimiento máxima. Sin embargo, incluso cuando la concentración del sustrato es mayor que el doble del coeficiente de saturación media (K_s), la tasa de crecimiento nunca puede ser mayor que la tasa de crecimiento máxima. Mire lo que sucede cuando se realiza el mismo cálculo usando una concentración de 12.5 mg / L y cuando la K_s es 0.7 mg/L. No importa cuán alta sea la concentración de sustrato, el microorganismo no puede crecer más rápido que su $\mu_{\text{máx}}$.

$$\mu = \mu_{\text{máx}} \times \left[\frac{S}{K_s + S} \right]$$

Tabla 5.4 Efecto de la concentración de sustrato sobre la tasa de crecimiento

S, mg/L	μ, g SVS/g SVS·d
0.7	1.50
1.0	1.76
1.5	2.05
2.0	2.22
2.5	2.34
3.0	2.43
3.5	2.50
4.0	2.55
4.5	2.60
5.0	2.63
5.5	2.66
6.0	2.69
6.5	2.71
7.0	2.73
7.5	2.74
12.5	2.84

$$\mu = 3\ d^{-1} \times \left[\frac{12.5\ \text{mg/L}}{0.7\ \text{mg/L} + 12.5\ \text{mg/L}}\right]$$

$$\mu = 3\ d^{-1} \times \left[\frac{12.5\ \text{mg/L}}{13.2\ \text{mg/L}}\right]$$

$$\mu = 2.84\ d^{-1}$$

Cuando los recursos son limitados, como en la mayoría de los procesos de tratamiento secundario, la tasa de crecimiento será proporcional a la concentración del recurso. Cuando los recursos no están limitados, la tasa de crecimiento estará muy cerca de la tasa de crecimiento máxima, pero nunca será más alta.

EFECTO DE SUSTRATOS LIMITANTES MÚLTIPLES

Las tasas de crecimiento en los procesos de tratamiento de aguas residuales a menudo están limitadas por dos o más sustratos al mismo tiempo. Cuando las tasas de crecimiento están limitadas por más de un sustrato o factor de crecimiento (por ejemplo, las bacterias heterotróficas requieren tanto materia orgánica como oxígeno), se pueden multiplicar varios términos de la ecuación de Monod para estimar el efecto combinado de dos o más sustratos, como se muestra en la siguiente ecuación:

$$\mu = \mu_{\text{máx}} \times \left[\frac{S_1}{K_{s1} + S_1}\right] \times \left[\frac{S_2}{K_{s2} + S_2}\right] \tag{5.10}$$

Vuelva a pensar en la analogía de la fábrica previamente utilizada en este capítulo. La linea de ensamblaje de las bacterias nitrificantes autotróficas requiere OD y amoníaco. En este ejemplo, la K_{s1} representa el coeficiente de saturación media para el OD y S_1 es la concentración de OD en el proceso. El término K_{s2} representa el coeficiente de saturación media para el amoníaco y S_2 es la concentración de amoníaco en el proceso.

Las bacterias nitrificantes necesitan amoníaco y OD para crecer. La K_s para el amoníaco es 0.5 mg/L y la K_s para el OD es 0.47 mg/L. ¿Qué sucede cuando uno o ambos son limitados? Para las bacterias nitrificantes, utilizaremos una $\mu_{\text{máx}}$ de 1 por día (EPA de los EE. UU., 2010). En el primer ejemplo, el amoníaco será abundante a una concentración de 5 mg/L como N, pero el OD será escaso a una concentración de 0.3 mg/L. Se han cambiado los subíndices para que sea más fácil ver cuáles partes de la ecuación están asociadas con el amoníaco y cuáles están asociadas con el OD.

$$\mu = \mu_{\text{máx}} \times \left[\frac{S_{NH_3-N}}{K_{sNH_3-N} + S_{NH_3-N}}\right] \times \left[\frac{S_{OD}}{K_{sOD} + S_{OD}}\right]$$

$$\mu = 1\ d^{-1} \times \left[\frac{5\ \text{mg/L}}{0.5\ \text{mg/L} + 5\ \text{mg/L}}\right] \times \left[\frac{0.3\ \text{mg/L}}{0.47\ \text{mg/L} + 0.3\ \text{mg/L}}\right]$$

$$\mu = 1\ d^{-1} \times \left[\frac{5\ \text{mg/L}}{5.5\ \text{mg/L}}\right] \times \left[\frac{0.3\ \text{mg/L}}{0.77\ \text{mg/L}}\right]$$

$$\mu = 1\ d^{-1} \times [0.91] \times [0.39]$$

$$\mu = 0.35\ d^{-1}$$

Debido a que había mucho amoníaco, el resultado para el segundo término fue 0.91, muy cerca del 100 % de la tasa de crecimiento máxima. No había suficiente OD, por lo que el resultado del tercer término fue 0.39, que es bastante bajo. La tasa de crecimiento total se reduce de 1 por día a 0.35 por día. ¿Qué pasaría si tanto el amoníaco como el OD hubieran sido limitantes? Imagine que el cálculo para el término del amoníaco también hubiera sido 0.39. Entonces, la tasa de crecimiento total se reduciría aún más.

$$\mu = 1\ d^{-1} \times [0.39] \times [0.39]$$

$$\mu = 0.15\ d^{-1}$$

Recuerde, cuando trabaje en un problema de álgebra complicado, siga este orden de operaciones: (1) los paréntesis y otros símbolos de agrupación, (2) los exponentes, (3) la multiplicación y la división de izquierda a derecha, y (4) la suma y la resta de izquierda a derecha.

Parece extraño que la tasa de crecimiento continúe disminuyendo, pero tiene sentido si se piensa en términos de la población de bacterias nitrificantes en lugar de individuos. Cuanto más se reduzcan los recursos, será más probable que una bacteria individual carezca de algo esencial. Disminuye el porcentaje de bacterias en toda la población que tienen suficientes recursos para reproducirse y por su parte también lo hace la tasa de crecimiento total. Si a una sola bacteria le faltan dos recursos esenciales, el recurso más escaso determinará la tasa de crecimiento máxima. Piense en nuestra fábrica de automóviles. Si la fábrica tiene 10 líneas de producción y hay un suministro limitado de radiadores y ruedas, algunas de las líneas obtendrán suficientes radiadores y ruedas para producir algunos automóviles. Otras líneas recibirán muchas ruedas y solo unos pocos radiadores. En general, la producción de toda la fábrica disminuye.

RENDIMIENTO DE LA BIOMASA

El rendimiento es la cantidad de nuevos microorganismos producidos por cantidad de sustrato agregado al sistema (ecuación 5.11). El rendimiento es cuántos automóviles puede producir la fábrica. La tasa de crecimiento es qué tan rápido se producen esos automóviles. Los sustratos incluyen los compuestos orgánicos, el amoníaco, los AGV, el oxígeno y el nitrato. La disponibilidad de cada recurso afecta la eficiencia de los microorganismos para crecer y reproducirse. Las bacterias heterotróficas producen un promedio de SVS de 0.40 g, una medida sucedánea de nuevas bacterias, por cada 1 g de DQO agregada al proceso cuando hay oxígeno disponible (Metcalf and Eddy y AECOM, 2003). Para los procesos de tratamiento secundario que reciben aguas residuales domésticas, esto equivale aproximadamente a 0.6 g SVS/g de DBO. La DQO y la DBO que no se convierten en biomasa nueva se convierten en dióxido de carbono y agua. Las WRRF que reciben aguas residuales domésticas tienen rendimientos muy uniformes. No es posible producir más bacterias nuevas de las que soportará la cantidad de alimento en el caudal de entrada. Dicho de otra manera, si una persona consume una gran cantidad de rosquillas, puede aumentar de peso. La misma persona no puede aumentar de peso sin comer rosquillas. Sin alimento, no puede haber un incremento en la biomasa.

Cuando no hay oxígeno disponible los rendimientos son algo menores y los heterótrofos facultativos se ven obligados a sustituir el oxígeno por el nitrato o el nitrito (desnitrificación), lo que requiere que las bacterias usen más energía. El uso de nitrato o nitrito es menos eficiente que el uso de oxígeno para las bacterias.

Las BOA y las BON producen un promedio de SVS de solo 0.15 y 0.05 g respectivamente, por cada 1 g de amoniaco convertido en nitrato (EPA de los EE. UU., 2010). El rendimiento es mucho menor para los nitrificadores que para los heterótrofos, lo que significa que su crecimiento es más lento. La cantidad de nuevas células producidas es esencialmente constante cuando se conocen las fuentes de energía y oxígeno. El rendimiento no se ve afectado por los cambios en la temperatura del agua entre 4 °C y 20 °C, pero las tasas cambian sustancialmente (Sayigh y Malina, 1978). A medida que aumentan las temperaturas, las bacterias crecen más rápido, pero no es posible producir más biomasa sin recursos. El rendimiento se puede calcular de la siguiente manera:

$$\text{Rendimiento} = \frac{\text{Masa de nuevas células formadas}}{\text{Masa de sustrato eliminado}} \tag{5.11}$$

El rendimiento es fijo. No se pueden cultivar microorganismos sin alimentos, nutrientes y otros recursos.

TASA DE DESCOMPOSICIÓN DE LA BIOMASA

La descomposición explica las pérdidas del sistema causadas por microorganismos que consumen productos de almacenamiento interno, mueren y son comidos por otros microorganismos. La cantidad de sólidos perdidos cada día es una fracción del total de sólidos en el sistema (es decir, típicamente se pierden 0.10 g de SVS por gramo de SVS en el sistema por día para los heterótrofos y se pierden 0.17 g de SVS por gramo de SVS en el sistema por día para los autótrofos nitrificantes)(Metcalf and Eddy/AECOM, 2003; EPA de los EE. UU., 2010). En otras palabras, cada día alrededor del 10 % de los heterótrofos en el proceso morirá o se reducirá en tamaño. Cada día se producen nuevos microorganismos (rendimiento) y algunos se hacen más pequeños o mueren (descomposición). La diferencia entre el rendimiento y la descomposición es el rendimiento neto o el rendimiento observado. Este es un concepto importante para el control del proceso de tratamiento secundario. La cantidad de DQO o DBO que ingresa al proceso cada día determina la cantidad de nuevas células que potencialmente se pueden producir. Cuando la cantidad de DQO o DBO disminuye, se producen menos microorganismos nuevos. No es posible ensamblar una población de microorganismos vivos sin DQO o DBO o, en el caso de las bacterias nitrificantes, amoníaco. La descomposición se puede calcular de la siguiente manera:

$$\text{Descomposición} = \frac{\text{Masa de células perdidas por día}}{\text{Masa de células en el sistema}} \tag{5.12}$$

Tanto la tasa de crecimiento específica máxima como la cantidad de descomposición dependen de la temperatura. Las bacterias crecen más rápido cuando el proceso de tratamiento es más cálido, que cuando hace más frío (Metcalf and Eddy, Inc./AECOM, 2003). Desde un punto de vista práctico, significa que el tratamiento lleva menos tiempo cuando el agua tiene una temperatura cálida. La descomposición también depende de la temperatura. A temperaturas más frías, la cantidad de bacterias que mueren o pierden masa porque consumen productos de almacenamiento interno disminuye.

CINÉTICA DE MONOD

El rendimiento, la tasa de crecimiento específica máxima, la tasa de utilización de sustrato máxima y el coeficiente de saturación están relacionados a través de las siguientes ecuaciones (Metcalf and Eddy, Inc./AECOM, 2003):

$$\mu = Y \times \frac{kS}{K_s + S} - k_d \tag{5.13}$$

Alternativamente

$$Y = \left[\frac{K_s + S}{kS}\right][\mu + k_d] \tag{5.14}$$

Donde

μ = tasa de crecimiento específica, g SVS/g SVS·d;
Y = Rendimiento, g SVS/g DBO o DQO;
k = tasa de utilización máxima, g DQO/g SVS·d;
S = concentración de sustrato, mg/L DBO o DQO;
K_s = concentración de sustrato a la mitad de la tasa de utilización de sustrato específica máxima, mg/L; y
K_d = descomposición, g SVS/g SVS·d.

Este ejemplo en particular relaciona la tasa de crecimiento de bacterias heterotróficas con la disponibilidad de DBO o DQO. Existen ecuaciones similares para las bacterias autótrofas nitrificantes y se presentan en el capítulo sobre eliminación de nutrientes biológicos. Aunque los operadores no necesitarán calcular las tasas de crecimiento de los microorganismos, es útil mostrar la relación matemática para que podamos entender qué sucede con esta tasa a medida que disminuyen los recursos disponibles. La ecuación 5.14 puede reescribirse de la siguiente manera:

$$\text{Crecimiento} = (\text{Crecimiento potencial})(\text{Disponibilidad de recursos}) - \text{Descomposición} \tag{5.15}$$

Si la cantidad de recursos disponibles para el microorganismo es inferior al 100 % de lo que se necesita, el crecimiento potencial se reducirá. Es posible que también estén limitadas las fuentes de oxígeno o que haya una limitación en la cantidad y tipos de insumos (carbono y nutrientes). Si comienza a disminuir la cantidad de recursos disponibles para cada bacteria, no podrán crecer o reproducirse tan rápido. Si los recursos disponibles continúan disminuyendo, la bacteria comenzará a utilizar los recursos almacenados. Esto se llama *respiración endógena* y es similar a lo que sucede cuando uno se pone a dieta. Finalmente, la bacteria se queda sin recursos almacenados y se lisará o destruirá. Sus restos se convierten en alimento para otras bacterias en el proceso.

Los cuatro capítulos siguientes sobre los estanques de tratamiento de aguas residuales, sobre el tratamiento de película fija, sobre los lodos activados y sobre la eliminación de nutrientes se desarrollarán basados en los conceptos de este capítulo. Comprender cómo se alimentan, crecen y se multiplican los microorganismos es fundamental para comprender los procesos de tratamiento biológico.

COMPROBACIÓN DE CONOCIMIENTOS

1. **Cada tipo de bacteria tiene una tasa de crecimiento máxima que se puede alcanzar cuando hay un exceso de recursos y las condiciones ambientales son favorables.**
   - ☐ Verdadero
   - ☐ Falso

2. **Cuando los recursos son limitados, la tasa de crecimiento de la bacteria será proporcional a la concentración del sustrato más limitado.**
   - ☐ Verdadero
   - ☐ Falso

3. **El coeficiente de saturación para una bacteria heterotrófica particular es de 20 mg/L de DBO. La tasa de crecimiento aumentará rápidamente a concentraciones de DBO superiores a 20 mg/L.**
   - ☐ Verdadero
   - ☐ Falso

4. **Solo puede haber un sustrato limitante en cualquier momento.**
   - ☐ Verdadero
   - ☐ Falso

5. **La cantidad de nuevos microorganismos producidos cada día depende de la cantidad de alimentos que ingresan al proceso de tratamiento.**
   - ☐ Verdadero
   - ☐ Falso

6. **Suponiendo que una bacteria tiene todos los nutrientes y condiciones ambientales que necesita para crecer y reproducirse, ¿cuándo serán las tasas de crecimiento más rápidas?**
   a. Cuando la temperatura del agua alcanza los 10 °C
   b. Después de que se haya consumido toda la DBO
   c. Cuando la temperatura del agua es 22 °C
   d. Antes de que las concentraciones de amoníaco alcancen los 15 mg/L

7. **Este término se usa para describir qué tan rápida o lentamente se produce una reacción química o biológica.**
   a. Monod
   b. Cinética
   c. Coeficiente de saturación
   d. Crecimiento

8. **En los procesos de tratamiento secundario un factor limitante común para el crecimiento bacteriano es**
   a. Un exceso de DBO
   b. pH cerca de la neutralidad
   c. Abundancia de nutrientes
   d. Acumulación de subproductos tóxicos

9. **Esta ecuación predice la tasa de crecimiento de bacterias en función de la disponibilidad de recursos.**
   a. Rendimiento
   b. Monod
   c. Curva de descomposición
   d. $\mu_{máx}$ paramétrico

10. **La DBO del caudal de entrada a una WRRF disminuye repentinamente en un 30 %. El número de bacterias producidas en el proceso de tratamiento secundario**
   a. Depende del caudal de entrada
   b. Aumentará de acuerdo con la relación entre DBO y amoníaco
   c. No se ve afectado por el cambio
   d. Disminuirá para que coincida con el suministro de DBO del caudal de entrada

11. **El coeficiente de saturación media de DBO para una bacteria en particular es 15 mg/L y la tasa de crecimiento máxima es 12 g SVS/g SVS·d. Si en el proceso la concentración de la DBO es 15 mg/L, ¿cual es la tasa de crecimiento de la bacteria?**
   a. 6 d^{-1}
   b. 12 d^{-1}
   c. 15 d^{-1}
   d. 24 d^{-1}

RESUMEN DEL CAPÍTULO

Aspectos básicos de microbiología

REQUISITOS FÍSICOS Y QUÍMICOS PARA EL TRATAMIENTO BIOLÓGICO

- Se basa en microorganismos naturales
- Los procesos de tratamiento secundario tienen mayores concentraciones de microorganismos que los sistemas naturales.
- Algunos componentes de las aguas residuales son biodegradables.
- La materia orgánica puede ser particulada o soluble.
- Los desechos biodegradables se transforman en nuevos microorganismos. Se eliminan del proceso de tratamiento como lodo.
- Los desechos particulados no biodegradables, sedimentarán o se adherirán a los microorganismos en el proceso de tratamiento. En ambos casos, finalmente estos desechos se eliminan del proceso de tratamiento como lodo.
- Pequeñas cantidades de microorganismos y desechos no biodegradables particulados pasan a través de la WRRF y llegan al efluente final.
- Los desechos solubles no biodegradables pasan al efluente final.
- La relación de DQO a DBOC cambia a lo largo de la WRRF.

MICROBIOLOGÍA

- En los procesos de tratamiento secundario hay bacterias, protozoos, metazoos y virus.
- Las bacterias tienen una membrana celular que limita lo que puede entrar y salir de la bacteria.
- Solo la materia soluble puede pasar a través de la membrana celular.
- Mediante enzimas secretadas por la bacterias, la DBO particulada se convierte en DBO soluble.
- Las bacterias segregan EPS que forman una capa protectora y ayudan a los grupos de bacterias a unirse entre si y a adherirse a las superficies.
- Las bacterias se reproducen por fisión binaria.
- La mayoría de los procesos de tratamiento secundario operan en la fase estacionaria del crecimiento bacteriano.

Bacterias

ENERGÍA

- Los heterótrofos obtienen su energía de compuestos orgánicos.
- Los autótrofos obtienen su energía de compuestos inorgánicos que incluyen amoníaco, nitrito y sulfato.

CARBONO

- Los heterótrofos obtienen su carbono de compuestos orgánicos.
- Los autótrofos obtienen su carbono de carbonato y bicarbonato disuelto. Esto es la alcalinidad.

OXÍGENO

- En todas las WRRF potencialmente existen tres ambientes diferentes: anaerobio, anóxico y aerobio (óxico).
- *Anaerobio* significa la ausencia de OD, nitrato y nitrito. Puede haber sulfato.
- *Anóxico* significa ausencia de OD. Hay nitrato o nitrito. También puede haber sulfato.
- *Aerobio* u *óxico*, significa que hay OD. También puede haber nitrato, nitrito y sulfato.
- Los aerobios obligados deben tener oxígeno.
- Muchas bacterias son facultativas y pueden usar oxígeno, nitrato, nitrito o sulfato.

BACTERIAS NITRIFICANTES

- Obtienen su carbono de la alcalinidad
- Obtienen su energía del amoníaco o el nitrito
- Las bacterias oxidantes de amoníaco (BOA) convierten el amoníaco en nitrito.
- Las bacterias oxidantes de nitrito (BON) convierten el nitrito en nitrato.
- Se puede combinar con heterótrofos facultativos para convertir el amoníaco en nitrógeno gaseoso para la eliminación completa de nitrógeno

ORGANISMOS ACUMULADORES DE FOSFATO	■ Bacterias heterotróficas facultativas especializadas ■ Almacenan el exceso de fósforo para generar una fuente de energía química ■ Los AGV son la fuente de carbono preferida ■ En condiciones anaerobias los ácidos grasos volátiles son producidos por otras bacterias por fermentación.
BACTERIAS DEL AZUFRE	■ Las bacterias reductoras de sulfato convierten el sulfato en ácido sulfhídrico en condiciones anaerobias. ■ Las bacterias oxidantes de azufre convierten el ácido sulfhídrico en ácido sulfúrico en condiciones aerobias. ■ El sulfuro de hidrógeno es un gas tóxico que huele a huevos podridos. En los sistemas de recolección y las WRRF es una preocupación de seguridad. ■ El ácido sulfúrico puede corroer el hormigón y el metal.
	Tasas de crecimiento microbiano
RENDIMIENTO	■ La cantidad de nuevos organismos producidos por la cantidad de sustrato agregado al sistema. ■ Las bacterias heterotróficas tienen un rendimiento de 0.40 g de SVS por g de DQO consumida. ■ Las bacterias autótrofas nitrificantes tienen un rendimiento de 0.10 g de SVS por g de NH_3-N convertido a NO_3-N.
DESCOMPOSICIÓN	■ Microorganismos perdidos por muerte y depredación ■ La descomposición es una fracción de la biomasa total en el sistema. ■ La descomposición depende de la temperatura.
TASA DE CRECIMIENTO ESPECÍFICO MÁXIMA	■ La tasa de reproducción más rápida posible ■ Cada especie de microorganismo tiene su tasa de crecimiento específica máxima propia. ■ Los autótrofos nitrificantes crecen mucho más lentamente que los heterótrofos. ■ Dependiente de la temperatura
COEFICIENTE DE SATURACIÓN	■ Concentración de un recurso que un microorganismo necesita para crecer a su velocidad máxima ■ Concentraciones más altas no aumentarán la tasa de crecimiento. ■ El coeficiente de saturación media es la concentración de un recurso que produce exactamente la mitad de la tasa de crecimiento máxima.
CINÉTICA DE MONOD	■ La ecuación de Monod relaciona el rendimiento, la descomposición, la tasa de crecimiento específica máxima y el coeficiente de media saturación. ■ La ecuación de Monod se puede usar para predecir las tasas de crecimiento de los microorganismos si se conocen las condiciones ambientales, incluidas la temperatura y la disponibilidad de recursos.

Referencias

Brock, T. D.; Madigan, M. T. (1991) *Biology of Microorganisms*, 6.ª ed.; Prentice Hall: Nueva Jersey.

EnviroSim Associates, Ltd. (2006) Influent Specifier (Raw) 2_2.xls. Spreadsheet for fractionating domestic wastewater into components required for Biowin modeling.

Gerardi, M. H. (2006) *Wastewater Bacteria*; Wiley & Sons: Hoboken, Nueva Jersey.

Grady Jr., C. P. L.; Filipe, C. D. M. (2000) Ecological Engineering of Bioreactors for Wastewater Treatment, En *Environmental Challenges,* Belkin, S., Ed.; Springer: Dordrecht, Países Bajos.

Koops, H.-P.; Pommerening-Röser, A. (2001) Distribution and Ecophysiology of the Nitrifying Bacteria Emphasizing Cultured Species. *FEMS Microbiol. Ecol.,* **37** (1), 1–9.

Manser, R.; Gujer, W.; Siegrist, H. (2005) Consequences of Mass Transfer Effects on the Kinetics of Nitrifiers. *Water Res.*, **39** (19), 4633–4642.

Metcalf & Eddy, Inc./AECOM (2003) *Wastewater Engineering: Treatment and Resource Recovery*, 4.ª ed.; McGraw-Hill: Nueva York.

Metcalf & Eddy, Inc./AECOM (2013) *Wastewater Engineering: Treatment and Resource Recovery*, 5.ª ed.; McGraw-Hill: Nueva York.

Monod, J. (1942) *Recherches Sur la Croissance Des Cultures Bacteriennes*; Librairie Scientifique: París, Francia (en francés).

Monod, J. (1949) The Growth of Bacterial Cultures. *Annu. Rev. Microbiol.*, **3,** 371.

Pasztor, I.; Thury, P.; Pulai, J. (2009) Chemical Oxygen Demand Fractions of Municipal Wastewater for Modeling of Wastewater Treatment. *Int. J. Environ. Sci. Technol.*, **6** (1), 51–56.

Pauli, W.; Jax, K.; Berger, S. (2001) *Protozoa in Wastewater Treatment: Function and Importance, The Handbook of Environmental Chemistry Vol. 2 Parte K Biodegradation and Persistence, Capítulo 3*; Springer-Verlag: Heidelberg, Alemania.

Sayigh, B. A.; Malina, J. F. (1978) Temperature Effects on the Activated Sludge Process. *J. Water Pollut. Control Fed.,* **50** (4), 678–687.

Shaw, A. R. (2015) Investigating the Significance of Half-Saturation Coefficients on Wastewater Treatment Processes. Tesis doctoral, Illinois Institute of Technology: Chicago, Illinois.

U.S. Environmental Protection Agency (2010) *Nutrient Control Design Manual;* EPA-600/R-10-100; U.S. Environmental Protection Agency, Office of Research and Development: Cincinnati, Ohio.

Water Environment Federation (1994) *Wastewater Biology: The Life Process;* Water Environment Federation: Alexandria, Virginia.

Water Environment Federation (2012) *Basic Laboratory Procedures for the Operator-Analyst*, 5.ª ed.; Water Environment Federation: Alexandria, Virginia.

Water Environment Federation (2017) *Wastewater Biology: The Microlife*, 3.ª ed.; Water Environment Federation: Alexandria, Virginia.

Bibliografía sugerida

Gerardi, M. H.; Zimmerman, M. C. (2005) *Wastewater Pathogens*; Wiley & Sons: Hoboken, Nueva Jersey.

CAPÍTULO 6

Estanques de tratamiento de aguas residuales

Introducción

Los estanques de tratamiento de las aguas residuales se utilizan con frecuencia para tratar las aguas residuales municipales de pequeñas comunidades con poblaciones de menos de 20 000 habitantes; sin embargo, pueden tratar una variedad de aguas residuales, desde las aguas residuales domésticas hasta los desechos industriales complejos. Los estanques de tratamiento, por lo general, proveen tratamiento secundario y pueden alcanzar, en el efluente, una demanda bioquímica de oxígeno en el transcurso de 5 días (DBO_5) y sólidos en suspensión totales (SST) por debajo de los 30 mg/L. Pueden operar en diversas condiciones climáticas, desde los trópicos hasta el Ártico. Los estanques pueden combinarse con otros procesos de tratamiento o funcionar como sistemas independientes. Más del 50 % de las instalaciones de recuperación de recursos hídricos (*water resource recovery facilities*, WRRF) que funcionan en la actualidad en los Estados Unidos son sistemas de estanques (EPA de los EE. UU., 2011).

Las ventajas de los sistemas de estanques incluyen que son

- Relativamente económicos de operar,
- Fáciles de operar en comparación con otros procesos de tratamiento,
- Más capaces de soportar cargas de impacto (debido a su tamaño),
- Eficaces en la eliminación de la DBO, y
- Eficaces en la eliminación de patógenos.

Los lectores que no estén familiarizados con la microbiología de las aguas residuales deben repasar el capítulo 5 antes de continuar con los estanques.

Las desventajas de los sistemas de estanques incluyen que

- Requieren más terreno que otros tipos de procesos de tratamiento,
- Son menos eficientes en climas fríos,
- Pueden generar olores durante ciertas épocas del año o si se utilizan de forma incorrecta,
- Eliminan nutrientes (nitrógeno y fósforo) de manera inconsistente y
- Eliminan los SST de manera inconsistente.

OBJETIVOS DE APRENDIZAJE

Después de completar este capítulo, podrá:

- Enumerar y describir los tres tipos de estanques de aguas residuales;
- Describir las interrelaciones entre bacterias, algas y organismos depredadores;
- Explicar los tres mecanismos para eliminar el nitrógeno en los estanques;
- Evaluar los efectos de la temperatura del agua, la luz solar, la disponibilidad de nutrientes y otros parámetros operativos en la dinámica de la población;
- Analizar las causas de la inversión de otoño y primavera en los estanques facultativos;
- Inspeccionar y mantener los componentes del estanque;
- Determinar cuándo utilizar la operación en serie en lugar de la operación en paralelo;
- Calcular el tiempo de detención hidráulica y la tasa de carga orgánica;
- Poner en servicio o sacar de servicio un estanque;
- Recolectar muestras de control de procesos y evaluar los resultados, y
- Solucionar problemas comunes del control de procesos.

Objeto y función

Los estanques, también llamados lagunas, son una de las formas más simples de tratamiento de las aguas residuales y se han usado durante miles de años. Los estanques requieren más tierra que otros tipos de tratamiento secundario y son más comunes en las comunidades rurales que en las urbanas. Como todos los procesos biológicos de tratamiento secundario, los estanques dependen de las bacterias y de otros microorganismos para tratar las aguas residuales mediante la conversión de la demanda bioquímica de oxígeno (DBO) en el caudal de entrada en biomasa, dióxido de carbono, agua y otros subproductos. La sedimentación por gravedad separa los sólidos y la biomasa de las aguas residuales tratadas. Los sistemas de estanques de aguas residuales pueden o no tener obras de cabecera para eliminar los materiales filtrables o la arena antes de que las aguas residuales entren en los estanques.

Los estanques de tratamiento de las aguas residuales se clasifican, por lo general, de acuerdo con las condiciones ambientales y los procesos biológicos que se producen en ellos. Con este sistema de clasificación, los principales tipos de estanques son aerobios, anaerobios y facultativos. Los estanques aerobios tienen oxígeno disuelto (OD) distribuido en toda su profundidad. Los estanques anaerobios no contienen OD y los estanques facultativos tienen capas aerobias y anaerobias. Los estanques facultativos también pueden tener una capa anóxica. Los estanques aerobios y facultativos se clasifican de acuerdo con la forma en que se les añade oxígeno. Los estanques aereados utilizan equipos mecánicos para que les proporcionen oxígeno. Los estanques no aereados dependen de las algas y del viento, y de la acción de las olas para que les proporcionen oxígeno. Los estanques también se pueden clasificar según la frecuencia de descarga: continua, intermitente o nula. Los estanques de descarga nula también se denominan estanques de contención total o estanques de evaporación.

Las plantas, incluidas las algas, utilizan la energía de la luz solar para convertir el dióxido de carbono y el agua en moléculas orgánicas como los azúcares. Este proceso se llama *fotosíntesis.*

No se preocupe por memorizar los rangos de profundidad y del tiempo de detención para los diferentes tipos de estanques. Los rangos para cada uno varían de un manual de diseño a otro y cada agencia reguladora estatal tiene sus propios requisitos. Recuerde que los estanques aerobios son poco profundos, los estanques anaerobios son bastante profundos, y que los estanques facultativos están en el medio.

ESTANQUES AEROBIOS

Los estanques aerobios, también llamados estanques de oxidación, contienen OD en toda su profundidad. Por lo general, tienen una profundidad de 0.3 a 0.9 m (1 a 3 ft), lo que permite que la luz solar penetre en el fondo del estanque (WEF, 2016). En la figura 6.1, se muestra un ejemplo de un estanque aerobio mixto. Estos estanques poco profundos, a menudo, se mezclan para exponer todas las algas del sistema a la luz solar y evitar que los sólidos se sedimenten. La mayor parte del OD en el estanque es producida por algas durante la *fotosíntesis.* El viento, la acción de las olas o los dispositivos de aeración mecánica también pueden añadir la mayor parte del oxígeno disuelto. En este ambiente rico en oxígeno, las bacterias aerobias dominan y son los principales consumidores de DBO_5. Estos sistemas a menudo tienen tiempos de detención hidráulica cortos, de 4 a 6 días normales para los sistemas de alta velocidad y de 10 a 40 días para los sistemas de baja velocidad (EPA de los EE. UU., 1975). Los estanques aerobios se limitan, en general, a los climas cálidos y soleados, y se utilizan, con más frecuencia, en el sur de los Estados Unidos y en climas similares. Los estanques aerobios se utilizan, ocasionalmente, como un sistema autónomo, pero ahora se están convirtiendo en un paso de afinamiento de nutrientes después de otros procesos mecánicos.

ESTANQUES ANAEROBIOS

Los estanques anaerobios son lo opuesto a los estanques aerobios. Reciben una carga de sustancias orgánicas tan pesada que el OD, el nitrito y el nitrato no están disponibles. En este ambiente, las bacterias anaerobias dominan y son los principales estabilizadores de los residuos. Los subproductos del tratamiento anaerobio son los ácidos orgánicos, el gas metano y el dióxido de carbono. El tratamiento anaerobio también produce ácido sulfhídrico

Figura 6.1 Modelo de estanque aerobio de sedimentación, estado de Utah, Logan Utah (reimpreso con autorización de Paul Krauth P.E.)

y otros compuestos olorosos. El agua aerobia puede reciclarse en un proceso aerobio aguas abajo o en el extremo del caudal de entrada de un estanque anaerobio. El agua reciclada crea una fina capa aerobia en la parte superior del estanque, que ayuda a controlar los olores.

Los estanques anaerobios tienen, normalmente, de 2.5 a 4.5 m (8 a 16 ft) de profundidad y tienen tiempos de detención de 20 a 50 días (EPA de los EE. UU., 2011). Se necesitan largos tiempos de detención porque las bacterias responsables de la descomposición anaerobia de la DBO_5 crecen muy lentamente. Los estanques anaerobios muchas veces desarrollan una capa de nata flotante sobre su superficie cuando se dejan sin perturbar. La capa impide que el aire entre en las aguas residuales, mantiene al estanque anaerobio, anaerobio, y ayuda a contener los olores. Los estanques anaerobios también pueden estar cubiertos con una membrana flexible para retener el gas metano, que se puede quemar para calefacción o para generar electricidad (figura 6.2).

Los estanques anaerobios se utilizan con frecuencia para tratar residuos industriales y agrícolas sólidos, o como proceso de pretratamiento. El pretratamiento es el tratamiento que se produce aguas arriba del proceso principal de tratamiento. No proporciona un tratamiento completo, pero reduce la concentración de las aguas residuales. La concentración de DBO_5 en las aguas residuales de un proceso industrial o agrícola puede ser de hasta 3000 o 5000 mg/L. El pretratamiento con un estanque anaerobio puede reducir la DBO_5 y los SST hasta 100 a 300 mg/L, como las aguas residuales domésticas. Las aguas residuales pretratadas se envían a un proceso de tratamiento secundario, tal como otro estanque, un filtro percolador, un contactor biológico rotativo o un proceso de lodo activado, o pueden ser descargadas en el colector sanitario. Los estanques anaerobios no son ampliamente utilizados para el tratamiento secundario de aguas residuales municipales en los Estados Unidos y no se tratarán más a fondo en este capítulo.

ESTANQUES FACULTATIVOS

El tipo más común es el estanque facultativo. Estos estanques tienen una capa aerobia superior sobre una capa anaerobia más profunda. La capa anaerobia contiene lodo sedimentado. Los estanques facultativos no aereados suelen tener una profundidad de 1.1 a 2.5 m (3.5 a 7 ft) y los tiempos de detención oscilan entre 25 y más de 180 días. Al igual que los estanques aerobios, las algas (fotosíntesis), el viento y las olas suministran el OD. Algunos estanques facultativos también utilizan dispositivos de aeración mecánica además de algas y viento para suministrar OD, y pueden estar mezclados parcial o totalmente (figura 6.3). Todavía se consideran facultativos porque el OD no penetra en toda la profundidad. Los estanques aereados de forma mecánica son, en general, más profundos que los estanques no aereados. Tienen una profundidad de 1.8 a 6 m (6 a 20 ft) y los tiempos de detención oscilan entre 5 y 30 días. Los estanques aereados son capaces de tratar cargas de DBO más altas que los estanques no aereados, son menos susceptibles a los olores y, por lo general, requieren menos tierra porque son más profundos y más pequeños. Los sistemas de estanque aereado suelen incluir un estanque facultativo final no aereado que sirve como clarificador para reducir las concentraciones de SST antes de la descarga. El resto de este capítulo está dedicado a los sistemas de estanques facultativos.

Figura 6.2 Estanque anaerobio cubierto (reimpreso con autorización de Indigo Water Group)

Figura 6.3 Estanque facultativo con aereadores por debajo de la superficie (reimpreso con autorización de Paul Krauth P.E.)

FRECUENCIA DE DESCARGA

Los sistemas de estanques también se clasifican según la duración y frecuencia de sus descargas de efluentes. Los patrones de descarga incluyen

- Estanques de contención total (descarga nula),
- Estanques de descarga controlada,
- Estanques de descarga controlada por *hidrógrafos*, y
- Estanques de descarga continua.

Un *hidrógrafo* es un gráfico que muestra la cantidad de agua que fluye a través de un arroyo o río durante un período de tiempo.

Los estanques de contención total, también denominados estanques de evaporación, solo pueden utilizarse en climas en los que la tasa de evaporación supera la tasa de precipitación en el año. En otras palabras, el estanque debe perder más agua por evaporación y otras pérdidas que la que entrará al estanque en forma de aguas residuales, lluvia o nieve. Estos estanques están diseñados con grandes áreas de superficie para favorecer la evaporación. A veces, se utilizan estanques de contención total en lugar de tratamientos más complejos cuando sería demasiado difícil o costoso cumplir con los límites de los permisos de descarga de nutrientes, metales u otros parámetros. Una variación del estanque de contención total es el diseñado para el almacenamiento estacional de aguas residuales recuperadas. Las aguas residuales recuperadas son aguas residuales que se han tratado a un nivel lo suficientemente alto como para ser utilizadas para una variedad de propósitos, tales como irrigación y extinción de incendios. El agua recuperada puede ser usada en lugar del agua *potable* para algunos propósitos. El agua recuperada también se llama agua reciclada o agua de reutilización. Estos estanques suelen tener tiempos de detención hidráulica muy largos y almacenan agua durante meses. Los estanques de reutilización acumulan agua durante los momentos en que no se puede utilizar para el riego. Cuando el agua se puede utilizar, se bombea directamente desde el estanque. No se descarga en un lago, arroyo o río natural ni se retira antes de su uso.

El agua *potable* es el agua que los seres humanos pueden beber. El agua potable cumple con las normas de tratamiento y calidad que se describen en la Ley de Agua Potable Segura.

Las lagunas de descarga controlada solo se descargan cuando las condiciones del flujo son satisfactorias. Por ejemplo, un sistema de estanques puede tener límites bajos de amoníaco en los efluentes en su permiso de descarga durante algunos meses del año, pero no en otros. Las descargas en estanques se programan para que se produzcan durante los meses sin límites bajos de amoníaco o cuando las corrientes de los flujos son altos. Los estanques de descarga controlados por hidrógrafos, una variación del concepto de descarga controlada, limitan la cantidad de efluente descargado en función de la cantidad de corriente en el flujo receptor. Se descargan más efluentes cuando las corrientes de los flujos de recepción son mayores. Los operadores de los estanques de descarga controlados por hidrógrafos, a menudo, establecen sus caudales de descarga de efluentes iguales a un porcentaje del flujo de la corriente receptora y dejan de descargar, por completo, cuando el flujo de la corriente cae por debajo de un nivel crítico. En los estanques de descarga controlada y los de descarga controlada por hidrógrafo, el operador debe vigilar cuidadosamente los niveles de agua del estanque y descargar el agua antes de que se desborde. En los estanques de descarga continua, el efluente se descarga a la misma velocidad (menos la evaporación y las pérdidas por infiltración) que el flujo del caudal de entrada de las aguas residuales.

Las pérdidas por infiltración se refieren al agua que pasa a través del fondo del estanque al suelo.

COMPROBACIÓN DE CONOCIMIENTOS

1. **Todos los sistemas de estanques de aguas residuales tienen obras de cabecera para eliminar la arena y los trozos de tela antes de que las aguas residuales ingresen al estanque.**
   - ☐ Verdadero
   - ☐ Falso

2. **Las cubiertas de membrana en los estanques anaerobios retienen el gas metano para su reutilización.**
   - ☐ Verdadero
   - ☐ Falso

3. **Los sistemas de estanques de aguas residuales pueden eliminar, de forma confiable, los nutrientes de sus efluentes.**
   - ☐ Verdadero
   - ☐ Falso

4. **Este tipo de sistema de tratamiento de estanques es el más adecuado para los residuos industriales de alta concentración.**
   a. Aereado
   b. Aerobio
   c. Anaerobio
   d. Facultativo

5. **El tipo de sistema de estanque de aguas residuales más utilizado es el siguiente**
   a. Aereado
   b. Aerobio
   c. Anaerobio
   d. Facultativo

6. **Este tipo de estanque de aguas residuales es lo suficientemente poco profundo como para que la luz solar penetre en todo el estanque.**
   a. Aerobio
   b. Anóxico
   c. Facultativo
   d. Anaerobio

7. **¿Con qué frecuencia un estanque de evaporación descarga efluentes a un arroyo, río o lago receptor?**
   a. Continuamente
   b. Semanalmente
   c. Semestralmente
   d. Nunca

Teoría de operación: estanques facultativos

Los sistemas de estanques de aguas residuales actuales, en general, consisten en tres o más estanques separados o celdas interconectadas con tuberías y válvulas de forma tal que, cualquiera de los estanques se puede sacar de servicio para limpiarlo y mantenerlo sin alterar la operación de los otros dos. Hay muchos sistemas de estanques en los Estados Unidos que constan de solo uno o dos estanques; sin embargo, la mayoría de las agencias reguladoras ahora requiere un mínimo de tres estanques. Los estanques múltiples, también llamados celdas, les proporcionan a los operadores una mayor flexibilidad operativa y reducen la probabilidad de *cortocircuitos*. La figura 6.4 presenta esquemas de flujo típicos para un sistema de tres estanques. Normalmente, los tres estanques funcionan en serie con aguas residuales crudas que entran en el primer estanque y fluyen hacia el segundo, y después al tercero. Los estanques también pueden funcionar en paralelo. En la operación en paralelo, el caudal de entrada de las aguas residuales se divide en múltiples estanques, como se muestra en la figura 6.4. Cuando los estanques son operados en serie, el primer estanque de la serie recibe el caudal de entrada de las aguas residuales crudas y se lo conoce como el primer estanque. Cuando los estanques funcionan en paralelo, dos o más estanques reciben el caudal de entrada de las aguas residuales crudas. En este caso, todos los estanques que reciben aguas residuales crudas se consideran estanques primarios. En la figura 6.4, los estanques etiquetados como (1) son estanques primarios.

> El *cortocircuito* se produce cuando las aguas residuales pasan rápidamente de la entrada a la salida de un proceso de tratamiento. El cortocircuito puede provocar la descarga de aguas residuales no tratadas o tratadas de forma parcial. En función de la ubicación de la estructura de entrada y salida, pueden producirse cortocircuitos incluso en los sistemas de estanques múltiples. En general, cuantos más estanques haya en la serie, mayor será la eficiencia del tratamiento.

El primer estanque o estanques funcionan de manera muy parecida a los clarificadores primarios. Aquí, los materiales más pesados y densos se sedimentan y se acumulan en el fondo del estanque. En los estanques aerobios y facultativos, los microorganismos de las partes más altas de los primeros y segundos estanques utilizan oxígeno para convertir la DBO en nueva biomasa, dióxido de carbono y agua. Cuando las aguas residuales llegan al último estanque de la serie, queda muy poca DBO. El último estanque en el proceso de tratamiento a veces se denomina estanque terciario, estanque de sedimentación o estanque de afinamiento. Aquí, la biomasa producida aguas arriba y las algas muertas se depositan en el fondo del estanque. Las algas vivas flotan y pueden permanecer cerca de la superficie del estanque. Las algas vivas contribuyen a la cantidad de SST en el efluente final. Las aguas residuales tratadas del estanque de afinamiento, a menudo, se *desinfectan* antes de que se descarguen al medio ambiente. La desinfección no siempre es necesaria para cumplir con los límites de la autorización de descarga para las bacterias *coliformes fecales* y *E. coli*. Esto es, en particular, cierto en el caso de los estanques con períodos de detención largos.

> La *desinfección* utiliza cloro, luz ultravioleta u otros métodos para reducir el número de bacterias y otros microorganismos en el efluente. La desinfección se trata en el capítulo 10. Desinfección.

> La mayoría de los permisos de descarga establecen límites en el número de bacterias *coliformes fecales* y *E. coli* que pueden descargarse al medio ambiente. Si estas bacterias están presentes, es probable que los microorganismos causantes de enfermedades también estén presentes.

CAPA AEROBIA

Los estanques facultativos dependen de una variedad de diferentes bacterias y algas para tratar las aguas residuales. Tómese un momento para estudiar con cuidado la figura 6.5. Examinar las conexiones entre los diferentes grupos de microorganismos. Cada uno de ellos depende de los demás para obtener los materiales que necesitan para crecer y reproducirse. La clave para el éxito de la operación del estanque es mantener el equilibrio

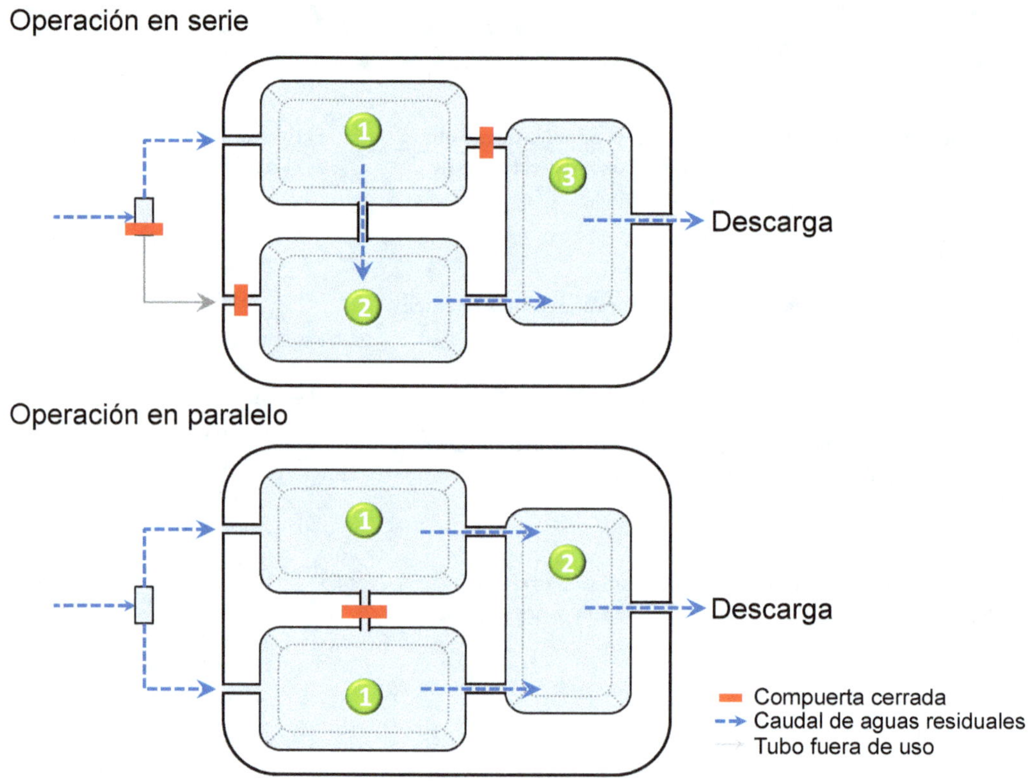

Figura 6.4 Sistema de tratamiento de tres estanques. Para la operación en serie: (1) Estanque primario; (2) estanque secundario; y (3) estanque terciario, de sedimentación o de afinamiento. Para la operación en paralelo: (1) Estanque primario y (2) estanque terciario, de sedimentación o de afinamiento.

Las BOA y las BON se denominan en su conjunto bacterias nitrificantes. Estas bacterias especializadas se presentan en el capítulo 5, "Aspectos básicos del tratamiento biológico", y se analizan en profundidad en el capítulo 9, Eliminación de nutrientes.

entre estos diferentes grupos. En la parte más alta del estanque, las algas utilizan la energía de la luz solar para convertir el dióxido de carbono (CO_2) y el agua (H_2O) en moléculas orgánicas como el azúcar ($C_6H_{12}O_6$). Este proceso se llama fotosíntesis. El oxígeno es un subproducto. Después, las bacterias heterótrofas utilizan el oxígeno para consumir DBO_5 en el caudal de entrada de las aguas residuales y convertirla en nuevas bacterias, dióxido de carbono y agua. A medida que se descompone la DBO_5, se liberan amoníaco (NH_3) y fosfato (PO_4^{-3}). Las algas utilizan como fertilizante parte del nitrógeno y fosfato liberado, junto con el nitrógeno y el fosfato del caudal de entrada de las aguas residuales. Las bacterias absorben una parte para crecer y crear nuevas bacterias. Cuando las condiciones son correctas, las bacterias oxidantes de amoníaco (BOA) y las bacterias oxidantes de nitrito (BON) utilizarán oxígeno para convertir el amoníaco en nitrito (NO_2^-) y nitrato (NO_3^-). En el proceso, las BOA y las BON producen ácido y agotan la alcalinidad. Para que las BOA y las BON conviertan el amoníaco, se necesitan temperaturas de agua más cálidas y tiempos de detención hidráulica más largos. Los estanques facultativos, a menudo, eliminan el amoníaco mediante nitrificación en el verano, pero no en el invierno.

CAPA ANÓXICA

Algunas bacterias heterótrofas pueden utilizar nitrito y nitrato en lugar de oxígeno para consumir la DBO_5. Solo lo hacen cuando el oxígeno no está disponible. Las algas y el viento mantienen altas las concentraciones de oxígeno cerca de la parte más alta del estanque durante el día, pero las concentraciones disminuyen desde la parte más alta hasta el fondo del estanque. Las concentraciones de oxígeno disuelto también disminuirán los días nublados y de noche cuando las algas no tienen acceso a la luz solar. En las profundidades del estanque, donde no puede llegar la luz del sol, puede no haber oxígeno en absoluto. Cuando las BOA y las BON en la capa aerobia están activas, se producen nitritos y nitratos, y una parte o la totalidad del estanque puede volverse anóxica. El nitrito y el nitrato se convertirán en gas nitrógeno cuando haya DBO. El gas nitrógeno producido forma pequeñas burbujas que suben por el agua hasta la atmósfera. Esta es una de las formas en que los estanques pueden lograr la eliminación total de nitrógeno.

CAPA ANAEROBIA

Los sólidos sedimentables del caudal de entrada junto con las algas muertas y las bacterias del proceso de tratamiento se depositan en el fondo del estanque para formar un manto de lodo. El oxígeno, nitrito y nitrato no están disponibles en el lodo sedimentado. Es anaerobio. Diferentes grupos de bacterias trabajan juntas para

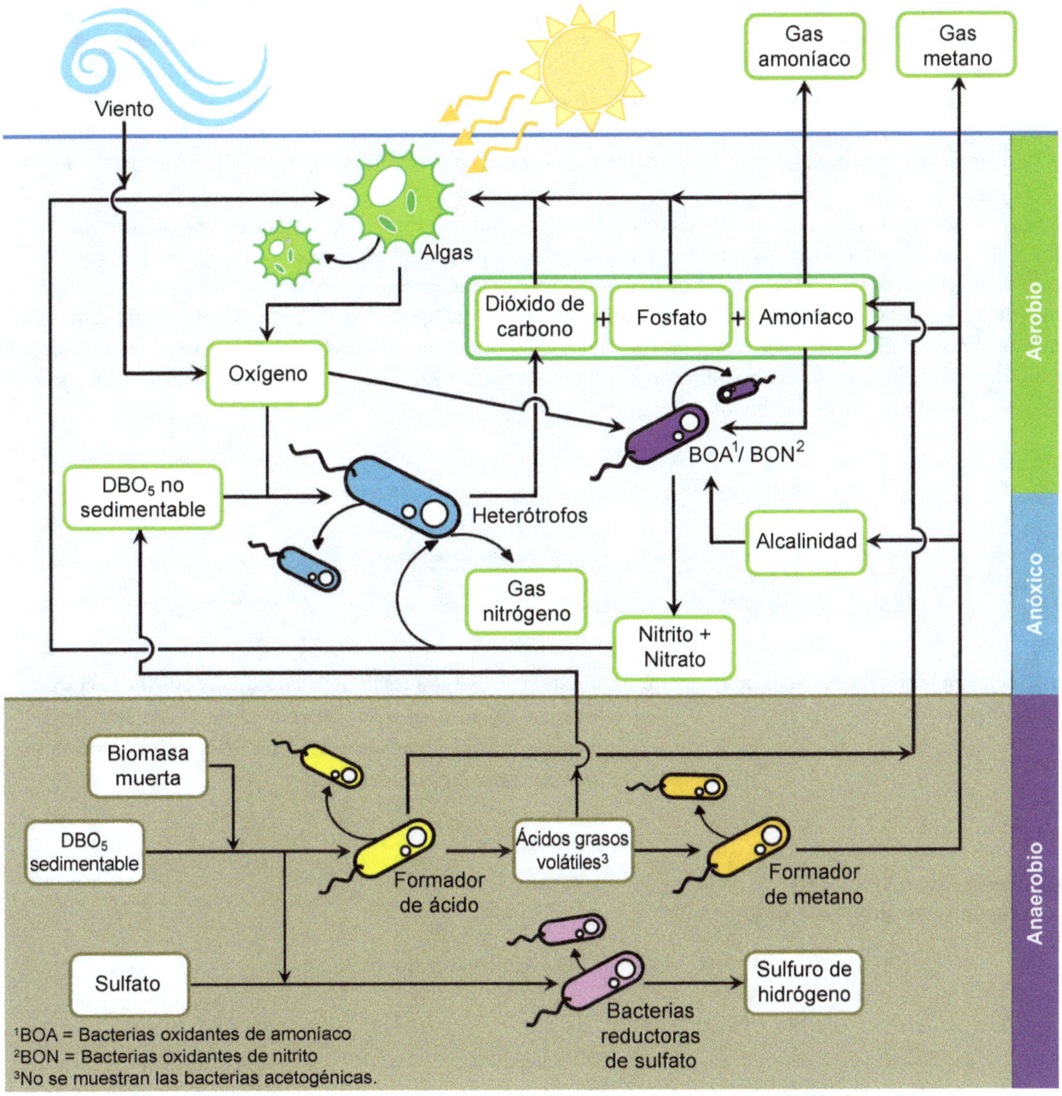

Figura 6.5 Reacciones biológicas en los estanques facultativos (reimpreso con autorización de Indigo Water Group)

descomponer anaerobiamente las sustancias orgánicas sólidas del lodo: los formadores de ácido (*bacterias acidogénicas*), los formadores de ácido acético (*bacterias acetogénicas*) y los formadores de metano (*metanógenos*). Los formadores de ácido a veces se denominan bacterias *saprofitas*. La descomposición anaerobia se muestra, en general, como un proceso de dos pasos que convierte la DBO_5 en metano y dióxido de carbono (figura 6.5). En realidad, la descomposición anaerobia es más compleja e implica, al menos, tres grupos diferentes de bacterias y cuatro pasos distintos (Bajpai, 2017). Cada grupo genera subproductos que son utilizados por el siguiente grupo.

En el primer paso, las *enzimas* extracelulares (enzimas que operan fuera de las células) degradan los compuestos orgánicos sólidos y complejos (carbohidratos, lípidos y proteínas) en compuestos orgánicos solubles más simples (ácidos grasos, alcoholes, dióxido de carbono y amoníaco). El término técnico para este paso es hidrólisis. En el segundo paso, la acidógenesis, los formadores de ácidos absorben estos compuestos orgánicos solubles y los vuelven a descomponer para extraer energía. Los productos finales son los *ácidos grasos volátiles* (AGV) y el dióxido de carbono. Los ácidos grasos volátiles son un grupo de ácidos orgánicos solubles que contienen cinco átomos de carbono o menos. Los AGV producidos en el manto de lodo incluyen el ácido acético, propriónico y butírico. El ácido acético se conoce, con más frecuencia, como vinagre. Tanto el ácido acético como el propriónico huelen a vinagre, mientras que el ácido butírico huele a mantequilla rancia o a vómito. Algunas de las sustancias orgánicas solubles y los AGV producidos en los dos primeros pasos se liberan del manto de lodo y viajan hacia el agua suprayacente. Después, otro grupo de bacterias, las bacterias acetogénicas, convierten algunas de las

Los organismos *saprofitos* obtienen carbono y energía de organismos muertos o de materia orgánica en descomposición.

Las *enzimas* pueden ser consideradas como tijeras químicas que cortan las moléculas más grandes en moléculas más pequeñas. Las enzimas solo pueden hacer cortes en moléculas particulares. Por ejemplo, la enzima amilasa puede descomponer el almidón, pero no los lípidos.

Los *ácidos grasos volátiles* son un componente de la DBO soluble.

Cuando los sólidos deben ser *retirados* de un estanque, asegúrese de contactar a la agencia reguladora o local, ya que pueden requerir permisos para la disposición de los sólidos del estanque.

Los primeros materiales de estudio de la EPA de los EE. UU. muestran la descomposición anaerobia de la materia orgánica con solo dos pasos y dos grupos de bacterias: los formadores de ácido y los formadores de metano. Otros manuales omiten el primer paso (hidrólisis), durante el cual las sustancias orgánicas se descomponen fuera de la célula. Muestran la descomposición en tres pasos: acidogénesis, acetogénesis y metanogénesis. Lo más correcto es mostrar el proceso como cuatro pasos distintos.

sustancias orgánicas solubles y AGV del paso dos en acetato, gas hidrógeno, y dióxido de carbono. Esto es la acetogénesis. En el cuarto y último paso, las bacterias formadoras de metano (*metanógenos*) convierten estos subproductos en metano, dióxido de carbono y alcalinidad. El amoníaco y el fosfato se liberan durante los cuatro pasos. Con el tiempo, aproximadamente, el 60 % de toda la materia orgánica que termina en el manto de lodo se convertirá en metano y dióxido de carbono. El material inorgánico y el material orgánico no biodegradable se acumularán, de forma gradual, en el fondo del estanque. En algún momento, se deberá *retirar* este material.

La capa anaerobia también contiene bacterias reductoras de sulfato (figura 6.5). Estas bacterias anaerobias facultativas se presentaron en el capítulo 5. Utilizan sulfato en lugar de oxígeno para consumir la DBO; y convierten el sulfato (SO_4^{-2}) en sulfuro de hidrógeno (H_2S) en el proceso. El ácido sulfhídrico puede permanecer disuelto en las aguas residuales o ser liberado como gas. El porcentaje de cada forma depende del pH, a medida que disminuye el pH aumenta la forma gaseosa. Por ejemplo, con un pH 7, habrá cantidades iguales de ácido sulfhídrico disuelto y gas de ácido sulfhídrico. Si el pH aumenta a 7.4, entonces los porcentajes cambian a solo el 26 % de gas y el 74 % de disolución.

COMPROBACIÓN DE CONOCIMIENTOS

1. **La mayor parte del oxígeno disuelto en los estanques aerobios y los facultativos no aereados proviene de**
   a. los aereadores superficiales
   b. el viento
   c. la fotosíntesis
   d. la respiración

2. **Estos organismos son los principales responsables de la eliminación de la DBO en los estanques de aguas residuales:**
   a. las algas
   b. las bacterias
   c. los protozoos
   d. los patos

3. **El primer estanque de un sistema de estanques de aguas residuales, ¿es similar a que proceso unitario de una instalación de tratamiento mecánico?**
   a. Obras de cabecera
   b. Clarificación primaria
   c. Filtro percolador
   d. Desinfección

4. **El número mínimo de estanques requerido por la mayoría de las agencias reguladoras para prevenir cortocircuitos es el siguiente**
   a. Uno
   b. Dos
   c. Tres
   d. Cuatro

5. **El principal gas producido por las bacterias en cualquier tipo de sistema de estanques de aguas residuales es el siguiente**
   a. Dióxido de carbono
   b. Metano
   c. Nitrógeno
   d. Oxígeno

6. **Un sistema de estanques de aguas residuales consta de cinco estanques que funcionan en paralelo. El caudal de entrada de las aguas residuales crudas se vierte en los dos primeros estanques. ¿Cuántos estanques primarios hay?**
   a. Uno
   b. Dos
   c. Tres
   d. Cuatro

7. **Una el organismo con su función.**

1. Algas	a. Convertir amoníaco en nitrito y nitrato
2. Bacterias	b. Consumir DBO y liberar ácido sulfhídrico
3. BOA y BON	c. Producir oxígeno
4. Formadores de ácidos	d. Convertir los AGV en metano
5. Bacterias productoras de sulfatos	e. Convertir la DBO y la biomasa sedimentables en AGV
6. Metanógenos	f. Consumir la DBO y liberar nutrientes

8. **Alrededor de la mitad del material orgánico que se asienta en el fondo del estanque se convertirá finalmente en los siguiente**
   a. Biomasa de algas y bacterias
   b. Metano y dióxido de carbono
   c. Dióxido de carbono y agua
   d. Ácidos grasos volátiles y oxígeno

BIOLOGÍA DEL ESTANQUE

Los estanques de aguas residuales contienen muchos tipos diferentes de bacterias, algas y otros organismos. No todos ellos se muestran en la figura 6.5. Los diferentes tipos de bacterias se presentan en el capítulo 5.

ALGAS

Algas es un término utilizado para describir un grupo grande y diverso de organismos fotosintéticos. Algunas algas existen como células individuales mientras que otras crecen en largas cadenas llamadas filamentos. Algunas algas pueden propulsarse a través del agua, mientras que otras crecen adheridas a las superficies o simplemente a la deriva con la corriente. Todas las algas son fototróficas. Obtienen su energía de la luz solar y el carbono del dióxido de carbono. No pueden utilizar la DBO como fuente de energía o de carbono. Al igual que las bacterias y otros microorganismos, las algas necesitan nitrógeno, fósforo y otros nutrientes para crecer y reproducirse. Las algas utilizan fosfato, amoníaco, nitrito y nitrato. Estos nutrientes están disponibles en el caudal de entrada de las aguas residuales y se liberan en el estanque durante el tratamiento, ya que las bacterias heterótrofas consumen la DBO (figura 6.5).

Las algas tienen dos modos de operativos: fotosíntesis y respiración (figura 6.6). Cambian de un modo a otro en función de si hay luz solar disponible o no. La fotosíntesis se produce cuando hay luz solar disponible. Las algas absorben dióxido de carbono y agua para producir compuestos orgánicos, como los azúcares. El oxígeno es un subproducto de esta reacción. Los compuestos orgánicos se almacenan o se utilizan para generar más algas (reproducción). Cuando la luz solar no está disponible, las algas operan su maquinaria celular al revés. Toman oxígeno y lo usan para quemar los compuestos orgánicos que se forman cuando hay luz solar disponible. Los subproductos de esta reacción son el dióxido de carbono y el agua. Este proceso se llama respiración. En esencia, las algas almacenan el exceso de energía de la luz solar dentro de los enlaces químicos de los compuestos orgánicos. Después, cuando necesitan la energía, el combustible orgánico almacenado se quema para liberarla. Durante un período de 24 horas, las concentraciones de dióxido de carbono y oxígeno disueltos pueden cambiar, de forma drástica, dentro de un estanque. Estos cambios afectan el pH del estanque y las concentraciones de alcalinidad. Las concentraciones de oxígeno disuelto y el pH serán las más altas al final de la tarde y las más bajas justo antes de que salga el sol por la mañana. El pH y la alcalinidad del estanque se tratan con más detalle en la sección sobre las variables del proceso en este capítulo.

Los *pigmentos* son compuestos que tienen color.

Las algas se agrupan en tres categorías principales según el tipo o los tipos de clorofila y otros pigmentos que contienen: verde, marrón o rojo. Las algas verdes y marrones son las más comunes en los estanques de aguas residuales. Las algas rojas son poco frecuentes. La clorofila y otros pigmentos fotosintéticos son grandes

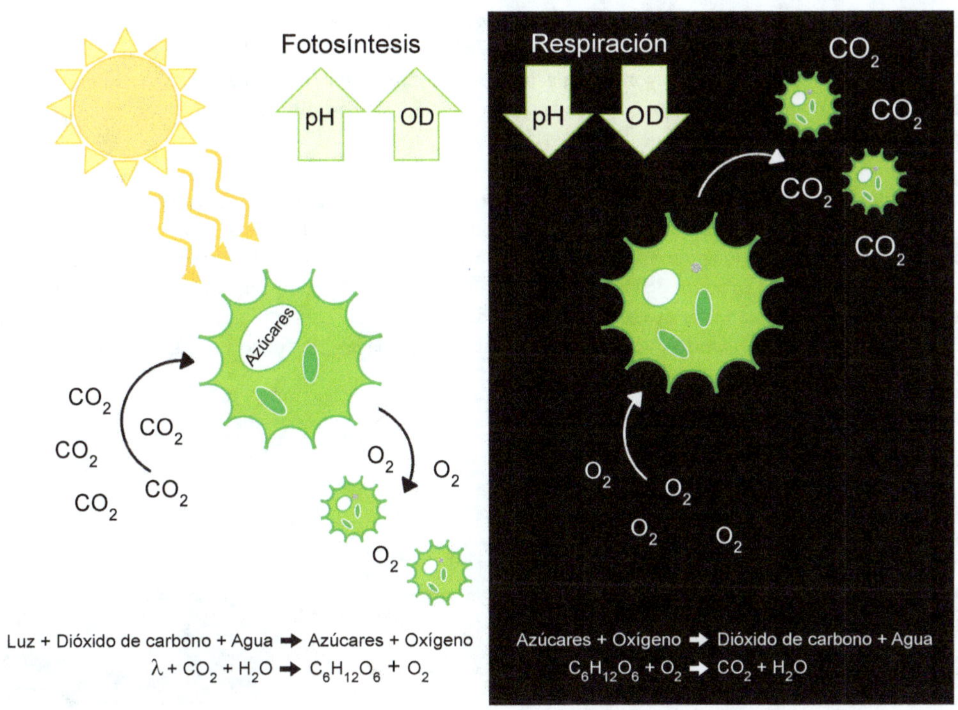

Figura 6.6 Fotosíntesis y respiración (reimpreso con autorización de Indigo Water Group)

moléculas orgánicas que reaccionan con la luz solar. Piense en estos compuestos como antenas químicas o paneles solares que las algas utilizan para absorber la energía de la luz. La clorofila y otros pigmentos absorben la luz dentro de rangos estrechos. Los colores de la luz que no son absorbidos se reflejan. La luz que se refleja es lo que vemos. En la figura 6.7 se muestra el espectro de luz. Las etiquetas numéricas en la parte superior del gráfico son las longitudes de onda en nanómetros (nm) asociadas a cada color. Piense en ello como un dial de radio que las algas pueden sintonizar. Las algas verdes parecen verdes porque contienen los tipos a y b de clorofila. Estos tipos de clorofila absorben la luz roja y azul. Si tapa los extremos rojos y azules del espectro de luz con los dedos, solo quedan las luces verde y amarilla. Esto es lo que hace que las algas verdes parezcan verdes. Dos ejemplos de los muchos tipos de algas verdes que se encuentran en las lagunas facultativas son *Scenedesmus* (figura 6.8) y *Volvox* (figura 6.9). Los sistemas de estanques con abundancia de algas verdes serán de color verde brillante y centellante (figura 6.10).

Un *nanómetro* equivale a la milmillonésima parte de un metro. Una hoja de papel tiene un grosor de unos 100 000 nm.

La temperatura y la disponibilidad de luz, carbono inorgánico y nutrientes afectan las tasas de crecimiento de las algas verdes. Recuerde la analogía de la fábrica en el capítulo 5. Las algas verdes solo pueden alcanzar sus tasas máximas de crecimiento cuando todos los insumos de la fábrica sobran, incluida la luz solar. En el hemisferio norte, los estanques de aguas residuales, en general, presentan *proliferaciones* de algas verdes en la primavera y el verano a medida que las temperaturas del agua aumentan y los días se alargan. Los estanques a menudo se enturbian debido al gran número de algas verdes presentes. Las algas absorben la luz solar que penetra y evitan que llegue más abajo en el estanque. Como resultado, a menudo, las algas verdes de crecimiento rápido superan a los tipos de algas y bacterias de crecimiento más lento. Las algas verdes son una fuente de alimento para otros microorganismos, caracoles, peces y crustáceos. Cuando la cantidad de algas perdidas por depredación es mayor que la cantidad de algas que se desarrollaron, la población de algas verdes en el estanque disminuye.

La aparición repentina de un gran número de algas o cianobacterias se denomina *proliferación*.

Las algas marrones y rojas contienen otros pigmentos además de la clorofila. Estos pigmentos ayudan con la fotosíntesis, capturan la energía de la luz en otras longitudes de onda, que después pasan a la clorofila. Las algas marrones contienen clorofila a, clorofila c y carotenoides (pigmentos rojo y amarillo) para retener la energía de la luz para la fotosíntesis. Esto permite que las algas marrones recojan luz en un rango más amplio que las algas verdes. Use sus dedos para cubrir el espectro de luz en la figura 6.7 en las longitudes de onda que aprovechan las algas marrones: clorofila a (430 y 662 nm), clorofila c (450 nm), y carotenoides (400 a 500 nm). Solo quedan las luces anaranjada y verde. Al mezclarse, la luz reflejada parece marrón.

Las algas marrones incluyen muchas especies diferentes de algas marinas y diatomeas. Estas algas unicelulares tienen una amplia variedad de formas y tamaños, y pueden ser flageladas. Las diatomeas tienen una cubierta exterior hecha de sílice. Sus cubiertas de sílice estampadas dispersan la luz y hace que las diatomeas parezcan muy brillantes y transparentes cuando se observan a través de un microscopio, como pequeños adornos navideños de vidrio. Una diatomea que se encuentra con frecuencia en los estanques facultativos es *Navicula* (figura 6.11). Las diatomeas, en general, dominan los sistemas de estanques cuando la luz del sol es menos abundante y el agua es más fría. Se cree que su cubierta de sílice las ayuda a sobrevivir en agua más fría. Debido a que las diatomeas pueden absorber la luz de una porción mayor del espectro de luz, están mejor equipadas para sobrevivir que las algas verdes cuando hay menos horas de luz solar cada día. Los sistemas de estanques que están dominados por algas marrones y las diatomeas parecerán de color marrón.

Un flagelo es una cola o rabo que algunos microorganismos utilizan para nadar.

Las algas rojas obtienen su color de un pigmento fotosintético llamado ficoeritrina. Este pigmento absorbe la luz azul y verde (470 a 550 nm) y refleja el rojo. Debido a que la luz azul penetra el agua a una mayor profundidad que otros colores, estos pigmentos permiten que las algas rojas realicen la fotosíntesis y vivan a mayores profundidades que la mayoría de las otras algas. La mayoría de las algas rojas son especies marinas, pero a veces se encuentran en estanques de contención total debido a su alto contenido de sal. El agua se evapora continuamente de los estanques dejando sales disueltas. Con el tiempo, la concentración de sal en un estanque evaporativo aumenta.

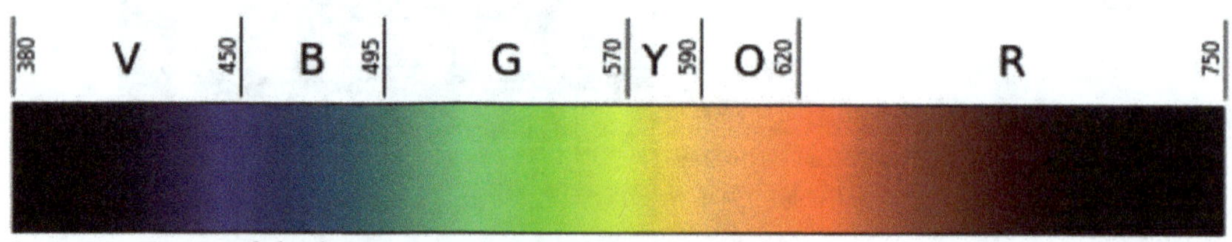

Figura 6.7 Espectro de luz (reimpreso con autorización de Gringer)

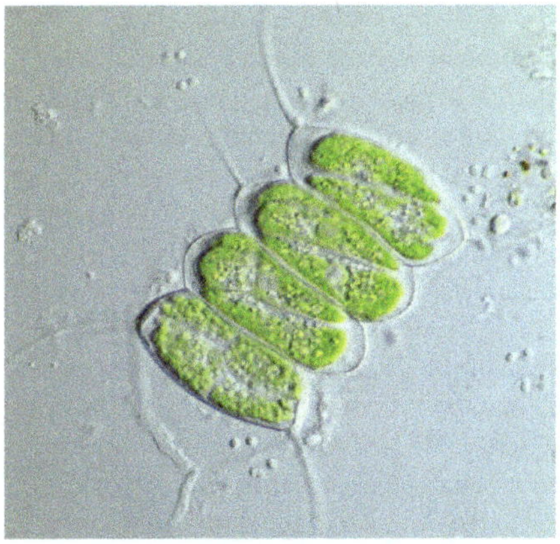

Figura 6.8 Algas verdes *Scenedesmus* (reimpreso con autorización de Frank Fox, www.mikro-foto.de)

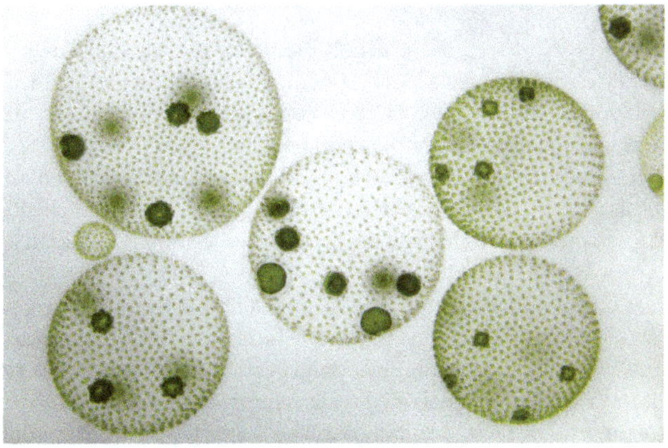

Figura 6.9 Algas verdes *Volvox* (reimpreso con autorización de Frank Fox, www.mikro-foto.de)

Figura 6.10 Estanque saludable con abundancia de algas verdes (reimpreso con autorización de Paul Krauth P.E.)

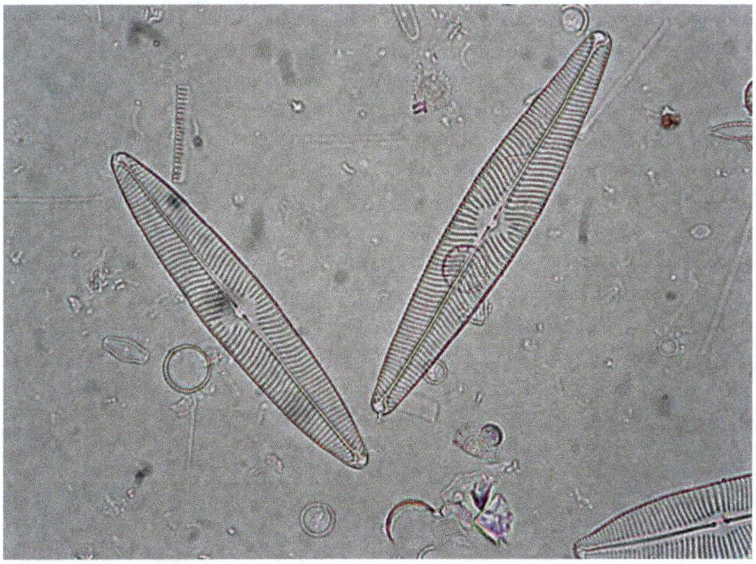

Figura 6.11 Algas marrones, las diatomeas *Navicula radiosa* (reimpreso con autorización de Kristian Peters)

CIANOBACTERIAS (ALGAS VERDE AZULADAS)

Antes, las cianobacterias se denominaban algas verde azuladas, pero no son algas verdaderas. Estas bacterias suelen ser de color verde azulado, como indica su nombre, pero también pueden ser azules, verdes, púrpura rojizo o marrones (WDNR, 2006). Crecen como células individuales o filamentos largos. Las cianobacterias son fototróficas y, al igual que las algas, obtienen su energía de la luz solar, utilizan dióxido de carbono disuelto y producen oxígeno como subproducto de la fotosíntesis. Las cianobacterias tienen una tasa máxima de crecimiento más baja que las algas verdes (Mur et al., 1999). Cuando la luz solar y los nutrientes son abundantes, las algas verdes crecen más rápido que las algas marrones y las cianobacterias, y dominarán la biología del estanque (tabla 6.1).

La *baja disponibilidad de luz* podría ser el resultado de agua turbia, días nublados o menos horas de luz solar cada día.

Las cianobacterias tienden a dominar cuando las condiciones son desfavorables para las algas verdes, incluidas las siguientes: *baja disponibilidad de luz*, bajas concentraciones de nitrógeno y alta presión de depredación. Las dos primeras condiciones retrasan el crecimiento de las algas verdes, pero no tienen el mismo efecto sobre las cianobacterias. Al igual que las algas marrones, las cianobacterias contienen clorofila a, carotenoides y otros pigmentos que les permiten cosechar la energía de la luz en todo el espectro de la luz (Mur et al., 1999). Son fotosintetizadores eficientes en condiciones de poca luz. La mayoría de las especies de cianobacterias utilizan el nitrógeno y el fósforo inorgánico presente en las aguas residuales. Sin embargo, algunas especies pueden utilizar el gas nitrógeno directamente de la atmósfera (Williams y Burris, 1952). Convierten el gas nitrógeno directamente en amoníaco. Esta capacidad les permite crecer más rápido que las algas verdes cuando las concentraciones de nitrógeno en las aguas residuales son limitadas, pero el fósforo no. Los depredadores consumen algas verdes y reducen su número, pero no consumen cianobacterias en general (WDNR, 2006). En los estanques facultativos en el hemisferio norte, la luz baja, el nitrógeno bajo y la gran depredación tienden a producirse juntos en los meses de otoño y principios del invierno. El efecto neto es acercar las tasas de crecimiento de cianobacterias y algas, o en algunos casos, reducir el crecimiento de algas por debajo de la tasa de crecimiento de cianobacterias. La proliferación de cianobacterias es más probable que suceda a finales del otoño cuando el agua todavía está bastante caliente, pero se puede producir en cualquier momento. Las bajas concentraciones de nitrógeno en los estanques pueden provocar la proliferación a principios y a mediados del verano. Incluso se han observado proliferaciones de cianobacterias debajo del hielo en estanques congelados (WDNR, 2006).

Las cianobacterias son problemáticas tanto en los estanques naturales como en los sistemas de estanques de aguas residuales por dos razones. Muchas especies de cianobacterias producen compuestos desagradables, olorosos o tóxicos. La exposición a algunos de estos compuestos puede causar cólicos estomacales, diarrea, vómitos e incluso convulsiones (WDNR, 2006). Las cianobacterias son responsables de muchos de los problemas de sabor y olor en los depósitos de agua potable. La mayoría de las especies de cianobacterias flotan y pueden formar grandes esteras flotantes como las que se muestran en las figuras 6.12 y 6.13. Estas esteras evitan que la luz del sol penetre a mayor profundidad en el estanque y que el aire llegue a la superficie del estanque. Sin acceso a la luz solar, las algas y las diatomeas no pueden producir oxígeno. La eliminación de la demanda bioquímica de oxígeno puede reducirse si no hay suficiente oxígeno disponible.

BACTERIA PÚRPURA DEL AZUFRE

El *azufre elemental* es azufre puro sin ningún otro elemento adherido, como el oxígeno.

Las bacterias púrpuras del azufre son otro grupo de bacterias fotosintéticas. Necesitan luz solar y condiciones anaerobias para sobrevivir. Durante la fotosíntesis, estas bacterias convierten el ácido sulfhídrico en *azufre elemental* (S) o sulfato (SO_4^{-2}). El ácido sulfhídrico es producido en la capa anaerobia por las bacterias reductoras de sulfato (figura 6.5). En general, las bacterias púrpuras del azufre se encuentran en una capa delgada entre el manto de lodo y la capa aerobia; con la suficiente profundidad como para ser, por completo, anaerobia, pero lo suficientemente superficial como para que la luz azul las alcance. Los estanques de aguas residuales pueden volverse, en su totalidad, anaerobios, ya sea porque reciben demasiada DBO o porque no se añade suficiente oxígeno para mantener el ritmo de la carga orgánica. Una proliferación de bacterias púrpuras del azufre puede producirse en un estanque anaerobio y convertir todo el estanque de color rosa oscuro a púrpura (figura 6.14).

Tabla 6.1 Tasas de crecimiento de cianobacterias y algas a 20 °C (68 °F) (creadas con información de Carr y Whitton [Eds.])*

Tipo	Tiempo para duplicar la población, horas
Cianobacteria	17-80
Diatomeas	12.5-30
Algas verdes (unicelulares)	10.5-18.5

*Debe haber exceso de luz.

Figura 6.12 Proliferación de cianobacterias (reimpreso con autorización de Paul Krauth P.E.)

Figura 6.13 Acercamiento de un tapete de cianobacterias flotantes (reimpreso con autorización de Paul Krauth P.E.)

Figura 6.14 Proliferación de bacterias púrpuras del azufre (reimpreso con autorización de Paul Krauth P.E.)

PROTOZOOS E INVERTEBRADOS

Aunque las bacterias y las algas son las principales responsables del tratamiento de las aguas residuales que se producen en los estanques, los protozoos y los invertebrados son una parte importante de la biología de los estanques. Las larvas de rotíferos, dafnias, jejenes y mosquitos crecen con relativa lentitud y, por lo general, solo están presentes en los sistemas de estanques con tiempos de detención hidráulica superiores a 10 días. Estos organismos se alimentan de bacterias y algas. Son demasiado pequeños para ver a simple vista y se deben ver a través de un microscopio. Los rotíferos se alimentan de bacterias y algas que nadan libremente. La depredación por rotíferos estimula a las bacterias y a otras partículas a flocular en masas más grandes y densas porque las bacterias individuales son presas más fáciles que los grupos más grandes. Hay seguridad en la cantidad. Las partículas más grandes y densas se depositan en el fondo del estanque y pasan a formar parte del manto de lodo. Los rotíferos se asocian con una menor turbiedad y menores SST en el efluente final.

La *floculación* es un proceso por el cual se forman partículas más grandes por medio de colisiones que ayudan a que las partículas pequeñas se unan.

La dafnia, también llamada pulga de agua, tiene una longitud de 0.2 a 5 mm (0.01 a 0.2 in) (figura 6.15). La dafnia recibe su apodo por su parecido con el insecto del mismo nombre (pulga) y por la forma en que se mueve a través del agua en pequeñas ráfagas erráticas. Las dafnias no son insectos, sino pequeños crustáceos que pertenecen a la misma familia que los cangrejos de río, el kril y los cangrejos. Se ven con facilidad a simple vista y, a menudo, se pueden observar nadando cerca de la superficie de un estanque. Crecen bien a temperaturas del agua por encima del 10 °C (50 °F). La dafnia tolera la mala calidad del agua y el bajo contenido de OD, pero es sensible en extremo a los metales pesados, como el cobre y el zinc, los pesticidas, los detergentes, el cloro y otras toxinas disueltas (Clare, 2002).

Las dafnias se alimentan, sobre todo, de algas verdes unicelulares y, a su vez, son consumidas por peces y salamandras. La depredación por dafnia también estimula la floculación y la sedimentación de partículas. Esto da como resultado agua más clara, mejor penetración de la luz, mayor crecimiento de algas y mayor producción de OD. El número de dafnias será, en general, proporcional a la cantidad de algas verdes a medida que las dos poblaciones se equilibran entre sí. Una proliferación de rotíferos o dafnias, a menudo, se produce justo después de una proliferación de algas. El aumento de la oferta de alimentos sustenta a un mayor número de depredadores. Los rotíferos y las dafnias consumen las algas, lo que disminuye su suministro de alimento y puede resultar en la extinción. Sin depredadores, la población de algas puede proliferar de nuevo estableciendo un ciclo de condiciones de altibajos para las dos poblaciones. Se pueden producir condiciones de OD bajas si se pierden demasiadas algas debido a la depredación.

La dafnia usa la *hemoglobina* para sacar el OD del agua y llevarlo a su cuerpo. La hemoglobina se vuelve de color rojo brillante en presencia del oxígeno. En condiciones de OD bajas, la dafnia produce más hemoglobina de lo normal para ayudar a maximizar la retención del OD que está disponible. La hemoglobina extra le da a la dafnia un color rojo brillante. Por lo tanto, la dafnia puede actuar como una sonda biológica de OD en un sistema de estanques. Las nubes rojas de dafnia se observan, con frecuencia, en los sistemas de estanques a primera hora de la mañana, cuando las concentraciones de oxígeno están en su punto más bajo (figura 6.16). Las nubes de dafnia roja no deben verse al final de la tarde cuando las algas deberían estar produciendo la mayor cantidad de oxígeno.

La *hemoglobina* es una proteína que contiene hierro. Es la misma proteína que utilizan los glóbulos rojos humanos para transportar oxígeno. Cuando hay oxígeno presente, la hemoglobina es de color rojo. En ausencia de oxígeno, la hemoglobina es de color azul.

Los mosquitos pueden ser problemáticos para algunos estanques. Los mosquitos ponen montones de huevos en el agua estancada, a menudo, en el borde del agua o adheridos a los tallos y las hojas de plantas. Los huevos eclosionan en larvas (gusanos) que están sumergidas en el agua, pero adheridas a la superficie del agua. Las larvas del mosquito respiran aire. Las larvas del mosquito proliferan en los estanques en los que no se elimina la vegetación de la orilla. La vegetación protege a los huevos y las larvas de las olas, y ayuda a esconderlos de los depredadores. Los mosquitos propagan muchas enfermedades, incluidas la encefalitis, la malaria y la fiebre amarilla (EPA de los EE. UU., 2011) Muchas agencias reguladoras exigen que se elimine la vegetación de la costa para reducir las poblaciones de mosquitos.

Una columna Winogradsky es un sistema de estanques en miniatura. Construya uno usando un cilindro graduado, sedimento de estanque, cáscaras de huevo, un poco de huevo crudo y agua de estanque. Coloque la columna terminada en un lugar soleado. Con el tiempo, la columna desarrollará capas de color a medida que las algas verdes y marrones, las bacterias reductoras de sulfato, las bacterias púrpuras del azufre y otros grupos de microorganismos proliferan y se reabsorben. Las instrucciones se pueden encontrar en muchos sitios web diferentes.

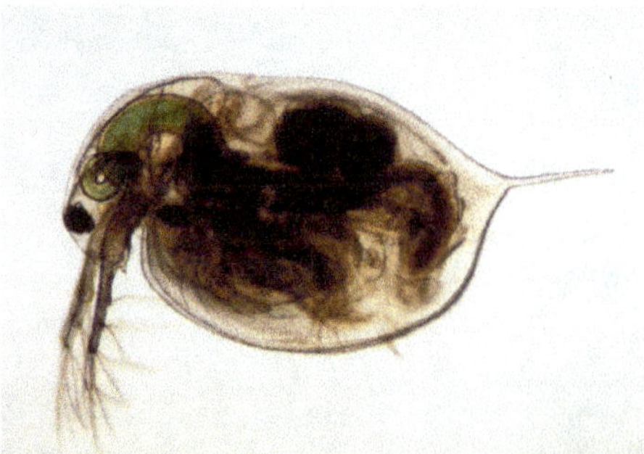

Figura 6.15 Dafnia (pulga de agua) (Fuente: *Are We Underestimating Species Extinction Risk?* PLoS Biology Vol. 3/7/2005, e253 doi:10.1371/journal.pbio.0030253)

Figura 6.16 Proliferación de dafnia (reimpreso con autorización de Paul Krauth P.E.)

COMPROBACIÓN DE CONOCIMIENTOS

1. **El pH en un estanque facultativo no aereado será más bajo**
   a. Temprano en la mañana
   b. Antes del almuerzo
   c. A última hora de la tarde
   d. A la noche
2. **Las algas obtienen carbono para su crecimiento y reproducción a partir de**
   a. la DBO
   b. los ácidos grasos volátiles
   c. el dióxido de carbono disuelto
   d. el azúcar
3. **Durante la fotosíntesis, las algas producen**
   a. Gas nitrógeno
   b. Oxígeno
   c. Dióxido de carbono
   d. Metano
4. **Las concentraciones de oxígeno disuelto serán más altas en un estanque facultativo no aereado.**
   a. Un día soleado y luminoso
   b. Después de la proliferación de dafnia
   c. Después de 3 días de lluvia
   d. En la mitad de la noche
5. **Este tipo de algas rara vez se ve en los estanques de tratamiento de las aguas residuales:**
   a. Marrones
   b. Verdes
   c. Verde azuladas
   d. Rojas
6. **Un estanque saludable con un alto contenido de oxígeno disuelto debe verse**
   a. Parduzco
   b. Entre rosa y púrpura oscuro
   c. Entre verde y verde claro
   d. Verde y brillante
7. **Los estanques tienden a cambiar de verde a marrón a medida que los días se acortan y hay menos luz solar disponible porque**
   a. La falta de oxígeno disuelto impide el crecimiento de algas
   b. Las diatomeas pueden retener más luz del espectro
   c. Hay presencia de un gran número de dafnias y rotíferos
   d. El agua tiene temperaturas más bajas
8. **Un aumento repentino de la cantidad de algas en un estanque se denomina**
   a. Explosión
   b. Floración
   c. Proliferación
   d. Destello
9. **Esta habilidad única de las cianobacterias, también llamadas algas verde azuladas, les permite prosperar cuando las algas verdes no pueden:**
   a. Usar gas nitrógeno de la atmósfera
   b. Reciclar el fósforo internamente
   c. Reproducirse más rápido en condiciones ideales
   d. Obtener carbono de la DBO

10. Es más probable que las proliferaciones de cianobacterias se produzcan

a. Durante la primavera

b. Durante el verano

c. Durante el otoño

d. Durante el invierno

11. Las cianobacterias son problemáticas en los sistemas de estanques naturales y de aguas residuales porque

a. Aumentan las concentraciones de fósforo

b. Algunas especies producen toxinas

c. Respaldan las proliferaciones de dafnias

d. Los estanques pueden sobrexigenarse

12. Una pequeña comunidad organiza un festival anual que duplica o triplica la población de la ciudad. Durante el festival, la superficie del estanque de aguas residuales cambia de verde brillante a rosa oscuro. ¿Cuál es la causa más probable?

a. El aumento de la carga de la DBO

b. El crecimiento de las cianobacterias

c. La floración de algas verdes

d. Los productos químicos de los inodoros portátiles

13. Se observan nubes rojas de movimientos rápidos de organismos diminutos en el borde de un estanque a primera hora de la mañana. ¿Cuál de los siguientes debe ser verdadero?

a. Este estanque ha experimentado recién una proliferación de algas verde azuladas.

b. Las concentraciones de oxígeno disuelto son bajas.

c. La vegetación costera debe ser podada para eliminar el hábitat de reproducción.

d. La generación de ácido sulfhídrico ha aumentado en el manto de lodo.

14. Es más probable que ocurra una proliferación de dafnias o rotíferos

a. Cuando las concentraciones de oxígeno disuelto son más bajas

b. Después de una tormenta o varios días nublados

c. Inmediatamente después de una proliferación de algas verdes

d. Cuando hay compuestos tóxicos presentes en el caudal de entrada

15. Un estanque facultativo se vuelve de color púrpura oscuro. ¿Cuál de los siguientes enunciados debe ser verdadero?

a. La población de dafnias han proliferado en respuesta a una proliferación de algas verdes.

b. Las concentraciones de nitrito y nitrato en el manto de lodo han descendido por debajo de un nivel crítico.

c. Las condiciones anaerobias han causado una proliferación de bacterias púrpuras del azufre.

d. El pH y el OD del estanque están aumentando.

Parámetros de diseño

El diseño de los estanques aerobios y facultativos para el tratamiento de las aguas residuales se basa en la temperatura mínima esperada del agua, la tasa de carga orgánica, la disponibilidad de OD y la necesidad de almacenar tanto el agua tratada como el lodo sedimentado. Estas variables determinan el volumen total del estanque, el tiempo mínimo de detención hidráulica y la cantidad de área superficial requerida. El área superficial está relacionada con la necesidad de OD. La profundidad del estanque está determinada en parte por la necesidad de almacenar los sólidos sedimentados a medida que se descomponen, pero está limitada por la disponibilidad de OD en lo más profundo del estanque. Los requisitos de almacenamiento suelen determinar el volumen total necesario para los estanques de descarga intermitente.

Los estanques de aguas residuales, como todos los procesos de tratamiento biológico, son sensibles a los cambios de la temperatura del agua. Por cada 10 °C de disminución de la temperatura del agua (18 °F de disminución), la tasa de crecimiento de las bacterias disminuye en, aproximadamente, un 50 %. Las tasas de crecimiento más lentas significan que las bacterias necesitan más tiempo para consumir la misma cantidad de DBO. Las algas también crecen con más lentitud a temperaturas más frías, por lo que se produce menos oxígeno. Como resultado, los estanques que funcionan a temperaturas más frías deben ser más grandes que los que funcionan a temperaturas más cálidas. Los estanques más grandes tienen más área superficial, lo que enfría el agua con mayor rapidez. Esto significa que los estanques en climas fríos tienden a ser mucho más grandes que los estanques que reciben cargas orgánicas similares en climas cálidos.

La cantidad de DBO_5 que puede procesar un estanque aerobio o uno facultativo depende de la cantidad de oxígeno disponible. Cada kilogramo (libra) de DBO_5 que entra en el estanque requerirá un mínimo de un kilogramo (una libra) de oxígeno. En la práctica, el oxígeno necesario será mayor que esto porque las nuevas bacterias producidas finalmente se descompondrán en el proceso de tratamiento y se convertirán en DBO_5. Las algas muertas también contribuyen a la carga de DBO_5. Piense en una cadena alimenticia en la que la DBO_5 del caudal de entrada se transmite de una bacteria a otra bacteria a los protozoos y a otros microorganismos. Cada uno de estos pasos requiere un poco de oxígeno adicional. La prueba de DBO_5 dura solo 5 días, pero las aguas residuales permanecerán en la mayoría de los sistemas de tratamiento de estanques facultativos durante mucho más de 5 días.

El oxígeno disuelto puede añadirse a los estanques aerobios y facultativos mediante tres mecanismos diferentes. Primero, el oxígeno es producido por las algas durante la fotosíntesis. Las algas están presentes en las capas superiores de los sistemas de estanques, pero solo a profundidades donde la luz del sol penetra completamente. Para la mayoría de los estanques, esto limitará el crecimiento de algas a la profundidad superior de 0.6 a 1.5 m (2 a 5 ft) del agua. Segundo, el oxígeno se disuelve en el agua desde el aire sobre el estanque (transferencia de oxígeno). El viento crea olas y turbulencias, lo que aumenta la transferencia de oxígeno. Tercero, los dispositivos mecánicos se pueden usar para inyectar aire, de forma directa, en el estanque o crear turbulencias o rociados para aumentar la transferencia de oxígeno desde el aire. Un ejemplo del sistema de aeración difusa se muestra en la figura 6.17. Este sistema utiliza un soplador para inyectar aire en el agua a través de *difusores*. En la figura 6.18, se muestra un tipo de aereador flotante. El tipo que aparece en la imagen es un aereador de aspiración. Crea una corriente ya que inyecta una mezcla de aire y agua en el estanque. Es como soplar burbujas en un vaso de líquido con una pajilla.

Los *difusores* contienen numerosos agujeros diminutos que ayudan a convertir una corriente constante de aire en muchas burbujas diminutas. Un ejemplo de un difusor de aire de cerámica es la piedra difusora de aire que se utiliza en un acuario doméstico. Los difusores pueden ser porosos, como una piedra difusora de aire, o estar perforados. Los difusores se clasifican como de burbuja gruesa (tamaño de burbuja común > 5 mm [0.2 in]) o de burbuja fina (tamaño de burbuja < 5 mm [0.2 in]).

Los estanques facultativos que dependen de las algas y de la transferencia de oxígeno de la atmósfera tendrán menos oxígeno disponible que los estanques aereados de manera mecánica. Como resultado, la cantidad de carga orgánica que pueden procesar es menor. Muchos estanques facultativos no aereados han sido mejorados para aumentar su capacidad de tratamiento añadiendo aeración mecánica. Estos estanques son poco profundos con grandes áreas superficiales para maximizar la cantidad de oxígeno transferido desde la atmósfera y el porcentaje de agua expuesta a la luz solar para el crecimiento de algas. Los estanques facultativos aereados de forma natural suelen tener una profundidad de solo 1.1 a 2.1 m (3.5 a 7 ft) (EPA de los EE. UU., 1975). El aumento de la profundidad del estanque no se traduce en mucho tratamiento adicional, ya que las concentraciones de OD disminuyen con la profundidad. Los estanques aereados de forma mecánica son más profundos; en general, entre 1.8 y 6 m (6 y 20 ft) de profundidad. Los dispositivos de aeración mecánica agregan oxígeno y proporcionan la combinación. La combinación a menudo impide que las algas crezcan en las celdas aereadas en grandes cantidades, ya que no pueden permanecer en la capa superior del estanque. La aeración mecánica puede utilizarse las 24 horas del día, lo que mantiene las concentraciones de OD por la noche cuando las concentraciones disminuyen en estanques con aeración natural. El oxígeno adicional reduce el tiempo de tratamiento necesario para tratar la misma cantidad de carga orgánica.

Se puede encontrar información adicional sobre los sistemas de aeración en el capítulo 8 de *Design of Water Resource Recovery Facilities* (WEF et al., 2018) y en el capítulo 8 de *Energy Conservation in Water and Wastewater Facilities* (WEF, 2009a).

Los ingenieros utilizan, al menos, cinco métodos diferentes para diseñar los estanques de aguas residuales y determinar el volumen y el área superficial necesaria. El método más simple y conservador se basa en la cantidad de DBO_5 aplicada por área superficial de estanque. En la tabla 6.2, se indican las tasas de carga para los diferentes tipos de estanques. Las tasas de carga orgánica en los estanques se expresan en kilogramos de DBO_5 por hectárea y por día (kg de DBO_5/ha·d) o libras de DBO_5 por acre y por día (lb de DBO_5/ac/d). Tómese un momento para examinar la Tabla 6.2. Observe que las tasas de carga aceptables de DBO_5 para estanques facultativos con aeración natural disminuyen con la temperatura. Con el agregado de la aeración mecánica, los tiempos de detención hidráulica disminuyen y las tasas de carga aumentan.

La carga de un sistema de estanque de aguas residuales debe distribuirse entre estanques para garantizar que el estanque o los estanques primarios no se vuelvan anaerobios. Las tasas de carga en la celda o las celdas primarias de los estanques con aeración natural suelen estar limitadas a 40 kg/ha·d (35 lb/ac/d) o menos cuando la temperatura media del aire es inferior a 0 °C (32 °F). En los climas templados en los que la temperatura del aire

Figura 6.17 Aeración por aire difuso (reimpreso con autorización de Indigo Water Group)

Figura 6.18 Aereador de superficie/Aspirador (reimpreso con autorización de Indigo Water Group)

es superior a 15 °C (59 °F), la tasa de carga de DBO_5 en la celda o las celdas primarias puede ser de hasta 100 kg/ha·d (89 lb/ac/d). En el caso de estanques con aeración mecánica, los operadores suelen tener cierta flexibilidad para aumentar o disminuir la cantidad de aeración proporcionada. Aun así, las cargas pesadas de DBO de los caudales de entrada pueden hacer que las concentraciones de OD desciendan a niveles inaceptablemente bajos, incluso en los estanques con aeración mecánica. Los operadores pueden reducir la carga a las celdas primarias y aumentar las concentraciones de OD si cambian de operación en serie a operación en paralelo. Se prefiere la operación en serie para minimizar la posibilidad de cortocircuitos, pero el cambio a una operación en paralelo durante los períodos de carga orgánica intensa puede evitar que los estanques se vuelvan anaerobios.

Tabla 6.2 Tasas de carga de la DBO_5 del estanque facultativo aereado naturalmente (EPA de los EE. UU., 1975; WEF, 2009b; WEF, 2016)

Tipo de estanque	Tiempo de detención hidráulica, en días	Profundidad, m (ft)	Tasa de carga de la DBO kg/ha·d (lb/ac/d)
Aerobios (oxidación)			
Tasa baja	10-40	0.5-0.9 (1.5-3)	67-135 (60-120)
Tasa alta	4-6	0.3-0.5 (1-1.5)	90-179 (80-160)
Estanques facultativos aereados naturalmente*			
<0 °C (<32 °F)	80-180	1.5-2.1 (5-7)	11-22 (10 a 20)
0-15 °C (32-59 °F)	40-60	1.2-1.8 (4-6)	22-45 (20 a 40)
>15 °C (>59 °F)	25-40	1.1 (3.5)	45-90 (40 a 80)
Estanques facultativos aereados, parcialmente mezclados	5-30	1.8-6 (6-20)	34-112 (30-100)
Estanques anaerobios	20-50	2.4-4.9 (8-16)	224-560 (200-500)

*La profundidad del estanque facultativo se basa en la temperatura media del aire en invierno.

COMPROBACIÓN DE CONOCIMIENTOS

1. **La carga de DBO_5 en estanques facultativos está limitada por**
   a. el área superficial
   b. el oxígeno disponible
   c. el volumen de almacenamiento del lodo
   d. el tiempo de detención hidráulica

2. **Un sistema de estanque facultativo con aeración mecánica tiene tres celdas que funcionan en serie. Las concentraciones de oxígeno disuelto en el estanque primario han estado disminuyendo de forma constante y ahora están por debajo de 1 mg/L incluso al final de la tarde. El operador debe**
   a. Desviar el flujo al estanque de afinamiento
   b. Disminuir el tiempo de operación del aereador
   c. Considerar cambiar a operación en paralelo
   d. Agregar fosfato para que crezcan las algas verdes

3. **Los estanques facultativos son capaces de procesar más carga de DBO cuando**
   a. Las aguas residuales están más frías
   b. Se proporciona menos oxígeno
   c. Las aguas residuales están más cálidas
   d. Hay presencia de cianobacterias

Desempeño esperado

Los estanques facultativos son capaces de cumplir consistentemente con los estándares de tratamiento secundario para la DBO_5 de menos de 30 mg/L (promedio de 30 días) y 45 mg/L (promedio de 7 días). No cumplen siempre con las normas de tratamiento secundario para los SST. El estanque de sedimentación al final del proceso de tratamiento elimina bacterias, algas muertas y otras partículas por sedimentación por gravedad, pero no puede eliminar algas vivas. Las algas deben permanecer en la parte más alta del estanque para tener acceso a la luz solar. Las diferentes especies de algas han desarrollado diferentes métodos para permanecer cerca de la superficie. Como resultado, se terminan descargando con las aguas residuales tratadas. Las concentraciones de SST en efluentes de 40 a 100 mg/L son frecuentes durante los períodos de máximo crecimiento de algas. Los sistemas de estanques a veces tienen múltiples tubos de salida que les permiten a los operadores descargar el agua desde diferentes profundidades; sin embargo, puede ser difícil evitar las algas y agitar los sólidos sedimentados en los estanques que tienen menos de 2.1 m (7 ft) de profundidad. Los operadores de estanques de descarga controlada y de descarga controlada por hidrógrafos, a menudo, programan las descargas de los estanques alrededor de los períodos de máxima producción de algas.

La Agencia de Protección Ambiental de los EE. UU. (EPA de los EE. UU.) reconoce que el alto nivel de SST en los efluentes de un sistema de estanques es, con frecuencia, el resultado del crecimiento de algas y no de un tratamiento incompleto. La EPA de los EE. UU. adoptó un reglamento en 1977 que permite a los estados ajustar las concentraciones máximas permitidas de SST para los estanques facultativos. La norma se actualizó en 1984. Desde entonces, muchos estados han adoptado límites alternativos de SST para los estanques (tabla 6.3). Estos límites de descarga alternativos solo se aplican a las plantas que utilizan estanques para el tratamiento secundario.

Los sólidos en suspensión totales también pueden perderse durante la inversión de primavera y otoño. La inversión se produce en la primavera cuando las temperaturas más altas del agua aumentan la actividad de las bacterias anaerobias en el manto de lodo. Debido a que los anaerobios están casi inactivos por debajo de los 10 °C (59 °F), el material orgánico tiende a acumularse en el manto de lodo durante el invierno. El aumento de la producción de gas en el manto de lodo que se calienta hace que se formen burbujas de dióxido de carbono y metano. Cuando salen del manto de lodo, pueden llevar el lodo sedimentado de vuelta a la parte superior del estanque. La inversión otoñal ocurre debido a las diferencias de temperatura entre la parte superior e inferior del estanque. La parte superior del estanque comienza a enfriarse a medida que la temperatura del aire disminuye. El fondo del estanque está protegido por la tierra circundante y no se enfría tan rápido como la parte superior del estanque. El estanque se estratifica. El agua fría es más densa que el agua tibia. En algún momento, el agua más fría y pesada se hundirá en el fondo del estanque y el agua más caliente y menos densa se elevará. Las dos capas intercambian posiciones. El intercambio puede ocurrir, de forma repentina, y retirar el lodo sedimentado y llevarlo a la superficie. El lodo que se eleva tanto en la primavera como en el otoño libera los olores desagradables y el amoníaco. Puede tomar varios días o semanas para que el lodo se reasiente. La inversión está fuera del control del operador en estanques no aereados y sin mezclar. Si es posible, evite descargar aguas residuales tratadas hasta que la calidad del efluente vuelva a ser normal.

La eliminación de nitrógeno oscila entre el 40 y el 95 % (Crites et al., 2006). Los sistemas de estanques eliminan el amoníaco de tres maneras: captación asimilativa, volatilización y nitrificación biológica. La captación asimilativa se refiere al amoníaco que absorben las algas y las bacterias como parte del crecimiento y la reproducción. El

Tabla 6.3 Requisitos ajustados de SST específicos de cada estado (49 FR 37005, 20 de septiembre de 1984 [Tabla 5-4 en EPA de los EE. UU., 2010])

Ubicación	Limitación alternativa de SST (promedio de 30 días) (mg/L)
Alabama	90
Alaska	70
Arizona	90
Arkansas	90
California	95
Colorado	
■ Estanques aereados	75
■ Todos los demás	105
Connecticut	Ninguno
Delaware	Ninguno
Distrito de Columbia	Ninguno
Florida	Ninguno
Georgia	90
Guam	Ninguno
Hawái	Ninguno
Idaho	Ninguno
Illinois	37
Indiana	70
Iowa	
■ Descarga controlada, 3 celdas	Caso por caso, pero no superior a 80
■ Todos los demás	80
Kansas	80
Kentucky	Ninguno
Luisiana	90
Maine	45
Maryland	90
Massachusetts	Ninguno
Michigan: Descarga estacional controlada	
■ Durante el verano	70
■ Durante el invierno	40
Minnesota	40
Mississippi	Ninguno
Missouri	80
Montana	100
Nebraska	80
Carolina del Norte	90
Dakota del Norte	
■ Norte y este de Missouri R.	60
■ Sur y oeste de Missouri R.	100
Nevada	90
New Hampshire	45
Nueva Jersey	Ninguno
Nuevo México	90
Nueva York	70
Ohio	65
Oklahoma	90
Oregón	
■ Al este de las montañas Cascade	85
■ Al oeste de las montañas Cascade	50
Pensilvania	Ninguno
Puerto Rico	Ninguno
Rhode Island	45
Carolina del Sur	90
Dakota del Sur	120
Tennessee	100
Texas	90
Utah	Ninguno
Vermont	55
Virginia	
■ Al este de las montañas Blue Ridge	60
■ Al oeste de las montañas Blue Ridge	78
■ Condados de la pendiente este	Aplicación caso por caso de los límites de 60/78
Islas Vírgenes	Ninguno
Washington	75
Virginia del Oeste	80
Wisconsin	80
Wyoming	100
Territorios en fideicomiso y N. Marianas	Ninguno

amoníaco se incorpora a las proteínas y otros compuestos, y pasa a formar parte de la nueva biomasa. En última instancia, el nitrógeno eliminado por captación asimilativa termina en el lodo sedimentado en el fondo del estanque. A medida que el lodo se descompone, de forma anaerobia, parte de este amoníaco se vuelve a liberar en el agua de arriba. La captación asimilativa representa entre el 5 y el 15 % del amoníaco total eliminado.

Cuando algo se *volatiliza*, se convierte en gas.

El amoníaco se pierde por *volatilización*. El amoniaco existe en dos formas en las aguas residuales: ion amonio (NH_4^+) y amoníaco sin ioinizar (NH_3). El amoníaco sin ionizar es un gas disuelto que puede ser transferido del estanque a la atmósfera. Al igual que el gas nitrógeno, el amoníaco sin ionizar no es muy soluble en agua.

El porcentaje de NH_4^+ y NH_3 cambia en función del pH. Con un pH 9.25, habrá cantidades iguales de cada forma. A medida que el pH disminuye, el porcentaje de NH_4^+ aumenta. Solo el amoníaco sin ionizar puede ser volatilizado, por lo que se perderá más amoníaco en la atmósfera cuando el pH sea mayor que cuando sea menor. La volatilización de los estanques es un proceso lento y puede representar solo del 3 al 5 % de la cantidad total de amoníaco eliminado cuando el pH está por debajo de 8 (Gross et al., 1998), pero puede llegar al 80 % del amoníaco total eliminado cuando el pH está por encima de 8 (Rockne y Brezonik, 2006). Las pérdidas de amoníaco por volatilización pueden desencadenar la proliferación de cianobacterias, en especial, en sistemas de estanques con aeración mecánica intermitente. Cuando los aereadores están encendidos, el agua se agita, lo que aumenta la volatilización. Después, cuando los aereadores están apagados, la superficie del estanque no se mezcla y puede producirse el crecimiento de algas. El ciclo entre las dos condiciones produce un bajo nivel de nitrógeno, un ambiente sin competencia que es ideal para el crecimiento de cianobacterias.

CONDICIONES DE OPERACIÓN EN INVIERNO

Los estanques pueden congelarse en invierno en los climas fríos. La actividad fotosintética puede continuar debajo del hielo y puede continuar proporcionando algo de oxígeno disuelto. Sin embargo, la cubierta de nieve en el hielo limitará la actividad de las algas y pueden desarrollarse condiciones anaerobias. Con un clima frío prolongado, la biodegradación de la materia orgánica se ralentizará. La materia orgánica sedimentable se acumulará en el fondo del estanque o de los estanques. La inversión de primavera volverá a introducir la materia orgánica almacenada en todo el estanque y causará una gran demanda bacteriana de oxígeno. Con frecuencia, se presentan condiciones anaerobias y problemas de olor. Si no se dispone de suficiente tiempo de detención hidráulica y oxígeno disuelto, la calidad del efluente se degradará de forma temporal.

ELIMINACIÓN DE NUTRIENTES

En el capítulo 5 se trataron las bacterias nitrificantes. Estas bacterias convierten el amoníaco en nitrito y nitrato, pero crecen con lentitud. Por lo general, los estanques solo eliminan el amoníaco mediante la nitrificación biológica cuando los tiempos de detención hidráulica son largos y el agua está caliente. Los requisitos para el crecimiento de nitrificantes se analizan en detalle en el capítulo 9, "Eliminación de nutrientes". En la mayor parte de los Estados Unidos, los estanques eliminarán el amoníaco y el nitrato mediante nitrificación biológica durante el verano, pero no el resto del año. Los sistemas de estanques en las zonas más meridionales de los Estados Unidos y Hawái pueden eliminar el amoníaco durante todo el año.

La eliminación de fósforo es baja, en general, inferior al 40 %. Los mecanismos de eliminación de fósforo incluyen la captación asimilativa seguida de la sedimentación.

COMPROBACIÓN DE CONOCIMIENTOS

1. **Dada la siguiente información, ¿cuál es la causa más probable de un alto contenido de SST en el efluente final? El estanque está en Minnesota. Es el comienzo de la primavera. Las temperaturas del aire han aumentado de 5 °C (41 °F) to 15 °C (59 °F) en las últimas 5 semanas. El estanque no tiene hielo, pero aún no ha alcanzado su brillo verde del verano. La DBO_5 del efluente es inferior a 10 mg/L. Los SST del efluente son de 120 mg/L.**
   a. Al aumento de la producción de algas
   b. Cortocircuitos
   c. Tratamiento incompleto
   d. La inversión del estanque

2. **¿Cuándo es más probable que el crecimiento de algas verdes contribuya a un alto nivel de SST en los efluentes?**
   a. En el comienzo de la primavera.
   b. Durante el verano
   c. Durante el otoño
   d. Durante el invierno

3. **Un estanque facultativo tiene un pH de 8.5 y una abundancia de algas verdes. El tiempo de detención hidráulica es inferior a 10 días. La concentración de amoníaco en el caudal de entrada es de 25 mg/L como N y la concentración final en el efluente es de 8 mg/L como N. ¿Cuál es el método principal de eliminación de amoníaco en estas condiciones de operación?**
   a. Captación asimilativa
   b. Conversión a nitrito y nitrato
   c. Volatilización a la atmósfera
   d. Sedimentación de las partículas en el lodo

4. **Para que la nitrificación biológica tenga lugar en un estanque de aguas residuales, ¿cuáles de las siguientes condiciones deben cumplirse?**
   a. Tiempos de retención hidráulica (TRH) largos y temperaturas cálidas
   b. TRH cortos y temperaturas cálidas
   c. TRH cortos y temperaturas frías
   d. TRH largos y temperaturas frías

Equipos

CONFIGURACIÓN FÍSICA DE LOS ESTANQUES DE TRATAMIENTO

Los estanques suelen estar construidos, por completo, de tierra compactada. Usando el corte y relleno para retirar el mantillo original, los estanques se construyen cerrando un área con diques de tierra (figura 6.19). El estanque terminado suele tener una parte por debajo y una parte por encima del nivel del suelo circundante. La proporción largo/ancho para los estanques de mezcla completa está cerca de 1 : 1, en la que el ancho del estanque casi igual al largo. Los estanques de flujo pistón tienen proporciones de largo/ancho de 3 : 1 o superior. En el flujo pistón, el agua se mueve a lo largo del estanque de un extremo al otro de la misma manera que el agua se mueve a través de un tubo. Con el flujo pistón, el agua en el extremo de salida del estanque no debe mezclarse mucho con el agua en el extremo de entrada del estanque. La meta es maximizar el tiempo de detención hidráulica y reducir la probabilidad de cortocircuito. En la práctica, los tiempos reales de detención hidráulica son más cortos que los tiempos de detención hidráulica calculados tanto para los estanques de mezcla completa como para los estanques de flujo pistón.

CONSTRUCCIÓN DE DIQUES

Las inclinaciones exteriores de los diques son de 3 a 1 (horizontal a vertical) o más planas para permitir que se corte el césped. Las inclinaciones interiores son, por lo general, más pronunciadas, y oscilan entre 2 a 1 y 3 a 1. Sin embargo, los estanques con aereadores superficiales pueden tener inclinaciones interiores de 4 a 1 para minimizar la erosión. Las inclinaciones pronunciadas en el interior del estanque minimizan la cantidad de agua poco profunda donde pueden crecer las totoras o eneas (*Thypha*) y otras plantas acuáticas. Los estanques más grandes incluyen un mínimo de 0.6 a 0.9 m (2 a 3 ft) de *altura libre* que proporciona estabilidad al dique y un espacio para la acumulación de hielo en los climas más fríos (Townshend y Knoll, 1987). Se deben proteger los diques para evitar los daños causados por la lluvia o la nieve, las olas, el tráfico de vehículos, los árboles y los arbustos, y los animales excavadores. Cada uno de estos puede comprometer la resistencia y la integridad de un dique, lo que puede provocar el colapso de partes de este. El colapso de un dique o de una parte de este puede descargar el contenido del estanque.

La altura libre es la distancia desde la parte más alta de la superficie del agua hasta la parte más alta del dique.

PROTECCIÓN CONTRA EL CLIMA Y LAS OLAS

Los *diques* de tierra que no están protegidos se erosionarán con el tiempo. Los daños causados por las fuertes lluvias o la nieve, a menudo, comienzan como canales apenas perceptibles que encauzan las aguas pluviales hacia el estanque (figura 6.20). Sin intervención, los canales se ensanchan y profundizan con cada tormenta hasta que desestabilizan el dique. El método más común de protección contra la erosión para los grandes diques es el césped. Las raíces del césped ayudan a estabilizar el dique al mantener el suelo en su lugar con raíces que se entrelazan. El césped es eficaz para proteger las partes altas y las inclinaciones exteriores de los diques. Para que las cubiertas de césped sean eficaces, deben cubrir el dique sin grandes áreas peladas. Los operadores deben cortar el césped y volver a sembrar según sea necesario para mantener una cubierta saludable. Se puede utilizar una capa delgada de grava en lugar de césped en las inclinaciones exteriores y en las partes altas de los diques.

Los *diques* también se llaman terraplenes.

Los estanques de más de 4 ha (10 ac) o que se encuentran en áreas ventosas, en general, tienen *rip-rap* a lo largo de la línea costera para proteger los diques de la erosión de las olas. El rip-rap es una piedra suelta que se coloca sobre la superficie. En la figura 6.21 se muestran ejemplos de rip-rap a lo largo de la costa de un estanque y alrededor de un tubo de entrada. El rip-rap puede mantenerse en su lugar con alambre para gallinero. El rip-rap debe extenderse desde 0.3 m (1 ft) por debajo de la superficie mínima del agua hasta, al menos, 0.3 m (1 ft) por encima de la superficie máxima del agua (Kays, 1986; Zickefoose y Hayes, 1977). La altura de las olas en un estanque depende de la velocidad del viento y de la longitud de la *zona de acción del viento*. Cuanto más larga la zona de acción del viento, más grandes son las olas y más erosión pueden causar. El tamaño de las piedras individuales utilizadas en el rip-rap también depende de la longitud de la zona de acción del viento (Kays, 1986). Generalmente, las olas más grandes requieren piedras más grandes que son más difíciles de desplazar. El rip-rap varía desde piedra de río de 15 a 20 cm (6 a 8 in) hasta piedra de cantera que pesan de 7 a 14 kg (15 a 30 lb) cada

La *zona de acción del viento* es la distancia que el viento sopla sobre el agua. Los estanques más grandes tienen una mayor zona de acción del viento y olas más grandes.

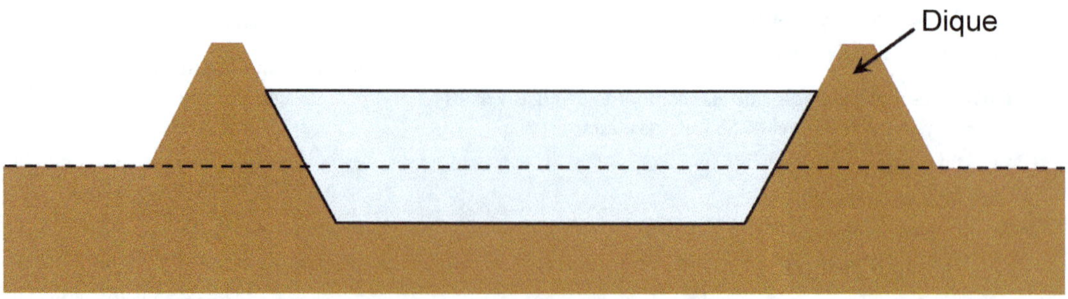

Figura 6.19 Construcción de estanques con el proceso de corte y rellenado

Figura 6.20 Erosión del dique al borde de un estanque (reimpreso con autorización de Indigo Water Group)

(a)

(b)

Figura 6.21 Rip-rap: (a) A lo largo del borde de un estanque y (b) alrededor de un tubo de entrada (reimpreso con autorización de Indigo Water Group)

una. Las piedras de río de un solo tamaño pueden ser inestables y deben mezclarse con material más pequeño, y colocarse con cuidado y presionarse en la tierra. Debido a que las piedras de río son lisas, la acción de las olas puede aflojarlas y hacer que se deslicen por los diques más inclinados con mayor facilidad que las piedras más ásperas. El hormigón en trozos también puede ser usado para el rip-rap. Los operadores deben inspeccionar la línea de la costa a diario y reemplazar el rip-rap según se requiera cuando se desarrollen áreas descubiertas.

El rip-rap puede dificultarles a los operadores la eliminación de malezas y el control de las poblaciones de roedores. En la figura 6.21(a), se pueden ver malezas entre el rip-rap. El asfalto, el hormigón, la tela geotextil y los pastos bajos también se pueden utilizar para proteger contra la acción de las olas. Los pastos bajos solo crecen hasta una cierta altura y no requieren ser cortados.

PROTECCIÓN DE LOS VEHÍCULOS

A menudo, se exige a los operadores que conduzcan sobre la parte superior de los diques como parte de la realización de rondas e inspecciones diarias. Esto es, en especial, cierto en el caso de los estanques más grandes. Los diques bien diseñados son lo bastante anchos en la parte superior para permitir que las ruedas del vehículo pasen sobre cada parte de la superficie. Los diques estrechos obligan a los vehículos a seguir el mismo camino cada vez, lo que puede desgastar las zonas de pasto y grava, y provocar la formación de surcos (figura 6.22). Los surcos, muchas veces, crean problemas de erosión por escorrentía en las áreas de gran intensidad de lluvias. Aunque los operadores no pueden cambiar el ancho de un dique después de su construcción, pueden tomar medidas para minimizar los daños. En los diques anchos, los operadores deben variar los patrones de conducción tanto como sea posible para evitar que se formen surcos y áreas peladas. Con diques estrechos, se puede utilizar un vehículo más pequeño, como un carro de golf, para las inspecciones diarias. Los operadores deben evitar conducir en diques después de una tormenta cuando el terreno puede estar blando y variar la ruta que siguen cada día para que el césped tenga la oportunidad de recuperarse. Se puede añadir grava a la parte superior de los diques para ayudar a minimizar el impacto de los vehículos.

ÁRBOLES Y ARBUSTOS

Nunca se debe permitir que los árboles y arbustos crezcan dentro o a través de un dique, o dentro de un estanque. Las raíces del césped ayudan a estabilizar la superficie del suelo y a prevenir la erosión. Las raíces más grandes de los árboles y los arbustos pueden penetrar todo el ancho de un dique y proporcionar un camino para que el agua se mueva a través del dique. Las raíces más grandes pueden separar el dique del interior y dañar los revestimientos del estanque, lo que puede permitir que las aguas residuales tratadas, en forma parcial, contaminen el agua subterránea que se encuentra bajo el estanque. Los árboles y los arbustos también proporcionan un hábitat para los roedores y otros animales que pueden cavar agujeros en los diques.

PROTECCIÓN CONTRA LOS ROEDORES

Los estanques de aguas residuales atraen una variedad de vida silvestre que incluye ratas almizcleras, nutrias, conejos, ardillas, visones y tejones. Todos estos animales viven en madrigueras subterráneas. Si se les da la oportunidad, excavan profundamente en los diques para construir sus casas. Los diques deben inspeccionarse a diario para buscar evidencia de animales excavadores.

Figura 6.22 Dique con césped en el que se muestra el desgate por el uso de los vehículos (reimpreso con autorización de Paul Krauth P.E.)

La prevención del daño causado por los animales comienza por hacer que el estanque sea lo menos amigable posible. Se debe eliminar la cubierta del suelo que no sea pasto corto, eliminar las totoras y otras plantas, y mantener en buen estado el rip-rap. Los animales necesitan comida, lugares para esconderse de los depredadores y acceso a la tierra blanda que se encuentra debajo del rip-rap. Si estas cosas no están disponibles, es menos probable que los animales intenten hacer sus hogares en el dique. Los operadores de los estanques de aguas residuales a veces bromean con que la clave para operar un estanque es cortar el césped, cortar el césped, cortar el césped y, cuando haya terminado con eso, cortar el césped. Un césped llano y verde sin un lugar donde esconderse no es un buen hogar. El estanque que se muestra en la figura 6.23 tiene una abundancia de totoras, cañas y juncos alrededor del borde exterior que proporcionan un hábitat ideal para mosquitos, cangrejos de río y roedores. Nunca debe permitirse esta situación.

Si se encuentran madrigueras, llenarlas con tierra puede ser suficiente para disuadir al animal y enviarlo en busca de un nuevo hogar. Las madrigueras que reaparecen pueden requerir trampas u otros medios para eliminar y reubicar o exterminar al animal responsable. Comuníquese con la agencia local de control de animales para obtener ayuda si es necesario. Las ratas almizcleras prefieren un túnel sumergido de forma parcial. La variación de la profundidad del agua del estanque puede desalentar las infestaciones de ratas almizcleras (Crites et al., 2006; Zickefoose y Hayes, 1977). Subir y bajar el nivel del agua durante un período de varias semanas las disuadirá de excavar en el dique.

REVESTIMIENTOS

La razón principal para sellar los estanques es evitar las pérdidas por infiltración. Las pérdidas por infiltración afectan el tratamiento, ya que causan fluctuaciones en la profundidad del agua y puede originar la contaminación de las aguas subterráneas. Los cambios en la profundidad del agua también producen cambios en el tiempo de detención hidráulica y en el área superficial del estanque. Los operadores deben estar familiarizados con la construcción del revestimiento porque a menudo se les exige que hagan parches y otras reparaciones.

La *pérdida por infiltración* se refiere al agua que sale del estanque porque pasa a través del revestimiento del estanque y de los diques.

Tradicionalmente, los estanques se han revestido con materiales naturales compactados, como bentonita y arcilla, pero también pueden revestirse con asfalto, arena-cemento o materiales sintéticos e impermeables. La bentonita es una arcilla natural que se expande cuando está húmeda, y absorbe varias veces su peso seco en agua. Existen varios métodos diferentes para crear revestimientos de bentonita (EPA de los EE. UU., 2011). Un método utiliza una mezcla de agua y bentonita esparcida sobre el fondo del estanque. La bentonita se asienta para formar un revestimiento delgado. Otra técnica es aplicar bentonita sobre un lecho de grava. La bentonita se asienta en la capa de grava y sella los espacios entre los fragmentos de grava. Otra opción es extender la bentonita en una capa de 2.5 a 5 cm (1 a 2 in) y después cubrirla con una capa de tierra y grava de 20 a 30 cm (7 a 12 in). La bentonita también puede mezclarse con arena o con parte del suelo (nativo) existente. La mezcla de suelo y bentonita se coloca sobre el fondo y las paredes interiores del dique, y después se compacta. Con todos estos métodos, la bentonita se expande cuando el estanque se llena de agua para crear un sello casi hermético. Los revestimientos de bentonita pueden desarrollar grietas permanentes si se dejan secar. Las pérdidas por infiltración a través de los revestimientos de bentonita enterrados son de aproximadamente 0.2 to 0.25 $m^3/m^2 \cdot d$ (5 to 6 gpd/ft^2). Esta cifra es para mantos finos y representa aproximadamente un 60 % de mejora sobre los estanques sin revestimiento. La

Figura 6.23 Totoras y otras malezas alrededor de un pequeño estanque (reimpreso con autorización de Indigo Water Group)

bentonita de mala calidad se deteriora con rapidez en presencia de agua dura, y también tiende a erosionarse con las corrientes o las olas. Los revestimientos de bentonita enterrados duran entre 8 y 15 años (EPA de los EE. UU., 2011).

El asfalto, conocido como brea en su forma natural, se usaba para impermeabilizar barcos mucho antes de que se use en superficies de carreteras y revestimientos de estanques. Las pérdidas por infiltración a través de los revestimientos de mezcla asfáltica en caliente (*hot mix asphalt*, HMA) suelen ser inferiores a 0.2 $m^3/m^2 \cdot d$ (0.5 gpd/ft^2), lo que los convierte en uno de los revestimientos más herméticos disponibles Un revestimiento de HMA bien mantenido debe durar, al menos, 15 años. La mezcla asfáltica en caliente se hace con una mezcla de aproximadamente el 6.5 % de cemento asfáltico y el 93.5 % de piedra (Schlect, 1990). Los revestimientos para estanques se suelen construir con capas de 5 a 7.5 cm (2 a 3 in) de asfalto sobre 20 cm (8 in) de piedra triturada. Los revestimientos de mezcla asfáltica en caliente son más flexibles que el hormigón. En un estanque vacío, la elevación del agua subterránea puede empujar el revestimiento hacia arriba, y ocasionar, a veces, que se hinche y se rompa. A menudo, se incluyen *válvulas de alivio de presión* (VAP) para proteger el revestimiento de los daños causados por las aguas subterráneas. Cuando el estanque está lleno, la presión del agua desde arriba mantiene estas válvulas cerradas. Cuando el estanque está vacío, la presión del agua subterránea fuerza a las válvulas a abrirse para permitir que el agua subterránea entre en el estanque. La cantidad de agua en el estanque se igualará de manera que la presión por encima y por debajo de la válvula sea la misma. Las válvulas de alivio de presión pueden ser una fuente de frustración para los operadores cuando intentan drenar un estanque por completo. Para vaciar el estanque, el caudal de bombeo debe ser mayor que el caudal de afluencia del agua subterránea.

Las plantas *emergentes* crecen en el agua, pero llegan a la superficie. Los ejemplos de plantas emergentes incluyen a las totoras, los juncos, los nenúfares y el sauce acuático.

Las raíces de las plantas, los cangrejos de río y los roedores dañan fácilmente los revestimientos de asfalto y bentonita. Las raíces de las plantas *emergentes* pueden penetrar el revestimiento del estanque y permitir que las aguas residuales se filtren al agua subterránea. Las profundidades operativas del agua deben mantenerse a 1.5 m (5 ft) o más para evitar el crecimiento de plantas emergentes. La inclinación del dique que entra en el estanque significa que siempre habrá un área alrededor del borde del estanque en el que el agua tiene menos de 1.5 m (5 ft) de profundidad. Los operadores deben retirar estas plantas antes de que puedan establecerse. El estanque que se muestra en la figura 6.24 tiene múltiples problemas, incluidos la abundancia de vegetación que crece alrededor del borde y la proliferación de cianobacterias. Las plantas que crecen en el centro del estanque sugieren que se ha permitido que el lodo se acumule y que la profundidad del agua es ahora inferior a 1.5 m (5 ft). Es probable que una abundancia de raíces de plantas haya comprometido el revestimiento.

Impermeable significa que el agua no puede pasar a través.

Los revestimientos de plástico sintéticos ofrecen el mayor nivel de protección contra las pérdidas por infiltración. Son esencialmente *impermeables*. Estos revestimientos se utilizan con mayor frecuencia cuando el suelo nativo subyacente no puede mejorarse lo suficiente como para reducir las pérdidas por infiltración a niveles aceptables. Debido a su alto costo, se utilizan con mayor frecuencia en estanques más pequeños. En la figura 6.25 se muestra un estanque facultativo de tres celdas con un revestimiento sintético. El material de revestimiento de plástico se vende en grandes láminas que se pueden combinar durante la instalación para cubrir superficies más grandes. La superficie del suelo debajo del revestimiento no debe tener piedras ni desechos que puedan dañar el revestimiento. Al igual que con los revestimientos de asfalto, la elevación del agua subterránea en un estanque vacío puede empujar hacia arriba y descolocar los revestimientos de plástico. Los revestimientos de plástico suelen tener conductos,

Figura 6.24 Vegetación y cianobacterias que proliferan en un pequeño estanque (reimpreso con autorización de Indigo Water Group)

Figura 6.25 Sistema de estanque con revestimiento sintético (reimpreso con autorización de Indigo Water Group)

aberturas en el revestimiento, que se cubren con material adicional de revestimiento para crear una solapa o capa protectora sobre la abertura. Cuando el estanque está lleno de agua, el peso del agua mantiene la solapa cerrada para que las aguas residuales no puedan entrar en el suelo. Cuando el estanque está vacío, el agua subterránea puede fluir a través de la abertura en el revestimiento en lugar de quedar atrapada entre el revestimiento y el fondo del estanque. Los revestimientos de plástico pueden estar cubiertos con una capa de tierra o grava para ayudar a protegerlos o pueden quedar expuestos (figura 6.26). Los revestimientos de plástico expuestos pueden resultar dañados por la luz solar, los animales, el equipo, el tráfico peatonal excesivo y el vandalismo. Algunos materiales de revestimiento en el mercado actual, como el polietileno clorosulfonado, son resistentes a los daños causados por la luz ultravioleta. La EPA de los EE. UU. recomienda cercar los estanques para mantener alejados a los animales y a los vándalos (EPA de los EE. UU., 2011). Los operadores deben inspeccionar los revestimientos sintéticos en busca de grietas y roturas, y hacer las reparaciones necesarias antes de que los daños se extiendan.

CONFIGURACIONES DE ENTRADA, SALIDA Y TRANSFERENCIA

Históricamente, el caudal de entrada de las aguas residuales ingresaba a los estanques a través de un solo tubo (figura 6.26) que estaba, en general, ubicado cerca del centro del estanque. Desde entonces, varios estudios han

Figura 6.26 Revestimiento sintético de estanque expuesto con (A) tubo de entrada y (B) tubo de salida (reimpreso con autorización de Indigo Water Group)

demostrado que esta no es la mejor ubicación y que puede contribuir al cortocircuito. En los diseños de estanques actuales, las entradas y salidas están situadas lo más lejos posible unas de otras. Las entradas de los estanques pequeños pueden consistir en un solo tubo, mientras que los estanques más grandes tienen más probabilidades de tener difusores de entrada. Una sola tubería de entrada o salida a menudo consiste en dos tubos que se cruzan para formar una forma en T (figura 6.27). El flujo también puede ir en la dirección opuesta, aunque en la parte superior. Esta disposición minimiza las molestias al manto de lodo y ayuda a evitar que el lodo entre en el tubo. Un difusor consiste en una extensión de tubo que puede estar perforada a lo largo o tener múltiples puertos de salida para ayudar a distribuir el caudal de entrada de las aguas residuales en un área más grande. La distribución del caudal ayuda a minimizar la posibilidad de cortocircuitos y asegura que todo el volumen del estanque se utilice para el tratamiento. Las aberturas de entrada y salida suelen estar situadas a cierta distancia por encima de la profundidad prevista del manto de lodo, pero por debajo de la superficie del estanque. Las entradas y salidas están, por lo general, escalonadas para minimizar aún más las oportunidades de cortocircuito. En otras palabras, la entrada al primer estanque puede estar más cerca del fondo, pero el tubo de conexión al siguiente estanque está más cerca de la parte superior del estanque. Esto obliga al agua a moverse a través de un volumen mayor, y tomar un camino serpenteante, en lugar de ir directamente de la entrada a la salida. Muchos estanques, en especial, los más grandes, están equipados con múltiples tuberías a diferentes profundidades para darles a los operadores flexibilidad tanto en la entrada como en la salida de cada estanque. Los operadores deben inspeccionar diariamente las estructuras de entrada y salida para verificar si hay obstrucciones y desechos.

La estratificación se produce cuando se forman capas de agua más fría y más caliente en el estanque. Esto es consecuencia de que el agua cerca de la parte superior del estanque gana o pierde calor en respuesta a la temperatura del aire, y a la tendencia del suelo y de los diques a actuar como aislante del agua cerca del fondo del estanque. Un estanque ubicado cerca de Denver, Colorado, puede alcanzar los 22 °C (71.6 °F) hacia el final del verano, pero puede caer hasta 0.5 °C (32.9 °F) en invierno. Por otro lado, el caudal de entrada de las aguas residuales en la mayoría de los sistemas de tratamiento es más consistente y, por lo general, permanece entre 10 °C (50 °F) y 20 °C (68 °F), incluso en climas muy fríos. El caudal de entrada de las aguas residuales obtiene calor de las duchas, los lavavajillas y otros usos. Si el estanque está frío y el caudal de entrada de las aguas residuales está caliente en comparación, entonces el caudal de entrada de las aguas residuales tenderá a permanecer cerca de la superficie del estanque. Si tanto los tubos de entrada como los de salida están cerca de la superficie, las aguas residuales calientes no se mezclarán mucho con el agua fría del estanque. En su lugar, el agua caliente formará una corriente desde la entrada hasta la salida y se producirá un cortocircuito. Si el tubo de entrada está cerca del fondo y el tubo de salida está cerca de la parte superior, se fuerza al agua a mezclarse en su camino a través del estanque. En el verano, las aguas residuales entrantes pueden ser más frías que el agua del estanque y tienden a hundirse hasta el fondo.

Las estructuras de transferencia y de salida entre los estanques y en el efluente final, por lo general, permiten que el nivel del agua baje a una velocidad inferior a 300 mm/sem. (1 ft/sem.) cuando el sistema está recibiendo un flujo normal. La profundidad del estanque (Middlebrooks et al., 1982) se controla típicamente con estructuras de tipo tapa de registro que contienen tuberías con válvulas, válvulas de descarga de tipo ataguías regulables o compuertas de vertedero. Las *válvulas de compuerta* a veces se usan en tubos entre estanques. Estas válvulas están diseñadas para ser operadas en la posición completamente abierta o completamente cerrada. A menudo, se utilizan para aislar equipos y procesos. Las válvulas de compuerta pueden estar enterradas en profundidad en los diques dentro de pequeños cerramientos llamados cajas de válvulas. Las cajas de válvulas suelen ser solo más grandes que la válvula alojada y están conectadas a la superficie de tierra por un tubo largo y estrecho. Pueden ser de hormigón, fibra de vidrio, plástico o metal. Las cajas están cubiertas con una pequeña tapa, en general, de metal. Una tapa de metal permite al operador localizar la caja de válvulas con un detector de metales si se cubre de tierra o vegetación y no se puede ver fácilmente. Para abrir o cerrar la válvula, el operador baja una llave de válvula dentro de la caja y la conecta a la *tuerca de operación* en la parte superior de la válvula. Las llaves de válvula son similares en apariencia a una barreta, pero mucho más largas y gruesas.

Las válvulas de compuerta tienen una placa deslizante o compuerta que puede bajarse para llenar toda la abertura o levantarse, por completo, fuera del tubo. Estas válvulas son menos propensas a obstruirse que otros tipos de válvulas.

Una *tuerca de operación* es la pieza en la parte superior de la válvula que está conectada al mecanismo dentro de la válvula. Mire una llave de agua en un grifo exterior. La pieza redonda que uno agarra y gira para abrir y cerrar la válvula se llama volante manual. La varilla de metal que sube a través de la válvula hacia el centro del volante manual es el vástago de la válvula, y la parte superior del vástago de la válvula es la tuerca de operación.

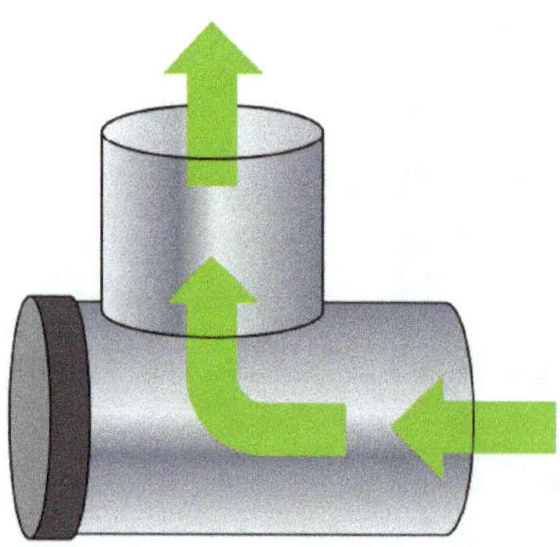

Figura 6.27 Disposición de los tubos de entrada, salida o transferencia (reimpresión cortesía de Indigo Water Group)

Las ataguías, también llamadas guardaguas de elevación, permiten a los operadores aumentar o disminuir el nivel de agua en el estanque ya que ajustan la altura del vertedero efluente. La altura del vertedero efluente, a su vez, controla el nivel del agua en el estanque. Las ataguías se ubican, en general, en una tapa de registro o estructura de salida inmediatamente aguas arriba del tubo de salida del estanque, como se muestra en la figura 6.28. Las ataguías están formadas por tablas que se cortan para que encajen entre sí superponiendo los dos bordes de las tablas. El ajuste a veces se denomina acanalado. El solapamiento ayuda a formar un sello casi hermético. Una cierta cantidad de pérdida por filtración entre las tablas es aceptable ya que el agua filtrada se une con el agua que pasa por encima de la ataguía. Ahora, las ataguías están disponibles en madera, fibra de vidrio, compuestos de resina y acero inoxidable. Las ataguías encajan dentro de los canales establecidos en la estructura de salida. El nivel de agua en el estanque aumenta o disminuye cuando se añaden o quitan las tablas individuales de la ataguía de la estructura de salida, respectivamente. Las ataguías les proporcionan a los operadores un control aproximado sobre el nivel de agua, ya que cada tabla tiene un grosor determinado. Por ejemplo, si un operador desea bajar el nivel del estanque en 18 cm (7 in), tendrá que retirar alguna combinación de tablas cuyo ancho sea de hasta 18 cm (7 in). La combinación deseada de anchos de tablas puede no estar siempre disponible.

Las compuertas de los vertederos han reemplazado a las ataguías en muchas instalaciones porque ofrecen un control más preciso y tienen menos probabilidades de atascarse. Las compuertas de los vertederos, como la que se muestra en la figura 6.29, tienen una compuerta rectangular (A) que se mueve hacia arriba y hacia abajo dentro de un canal (B). La parte superior de la compuerta es plana y está nivelada. El agua fluye por encima de la compuerta. La altura de la compuerta se ajusta con un volante manual (C). Observe que un solo volante manual acciona ambos lados de la compuerta. Esto asegura que el vertedero permanezca nivelado y que la compuerta no se atasque en su canal. Las mirillas (D) muestran la altura de los vástagos de la compuerta y permiten al operador ver desde una distancia en la que está fijada la apertura de la compuerta. A diferencia de las ataguías, el operador puede elegir cualquier nivel de agua que desee y que esté dentro del rango de la compuerta. Las compuertas del vertedero también se pueden utilizar para las mediciones de caudal cuando se combinan con los dispositivos de medición de caudal, como los indicadores de nivel ultrasónicos.

Los tubos y otras estructuras que penetran los diques se instalan, por lo general, en una zanja con una capa de roca o grava triturada en la parte inferior llamada lecho. La grava ayuda a asegurar que el tubo esté nivelado. La grava crea un camino para que el agua se mueva con facilidad a través del dique, causando potencialmente erosión dentro del dique. Para evitar este tipo de pérdidas por infiltración, se colocan anillos de retención de infiltración alrededor de cada penetración en el dique. Un anillo de retención para pérdidas por infiltración consiste en una placa plana que se extiende hacia afuera en todas las direcciones desde el tubo o la estructura. Después de la instalación, son similares en apariencia a una hoja de papel (anillo de retención para pérdidas por infiltración) con un lápiz (tubo) clavado en el centro. En general, los anillos de retención para pérdidas por infiltración se extienden, por lo menos, 0.7 m (2 ft) desde el tubo u otra estructura, y llegan muy por debajo de cualquier lecho de grava. Pueden estar construidos de caucho, hormigón, metal corrugado, espuma u otros materiales.

DEFLEXIÓN

Los estanques o celdas individuales a menudo se subdividen en compartimentos más pequeños mediante el agregado de deflectores. Los deflectores ayudan a reducir los cortocircuitos, ya que fuerzan al agua a seguir

Figura 6.28 Tablas o guardaguas del ensamble del elevador (https://webpages.uidaho.edu/larc380/new380/pages/qualityWetlands3.html)

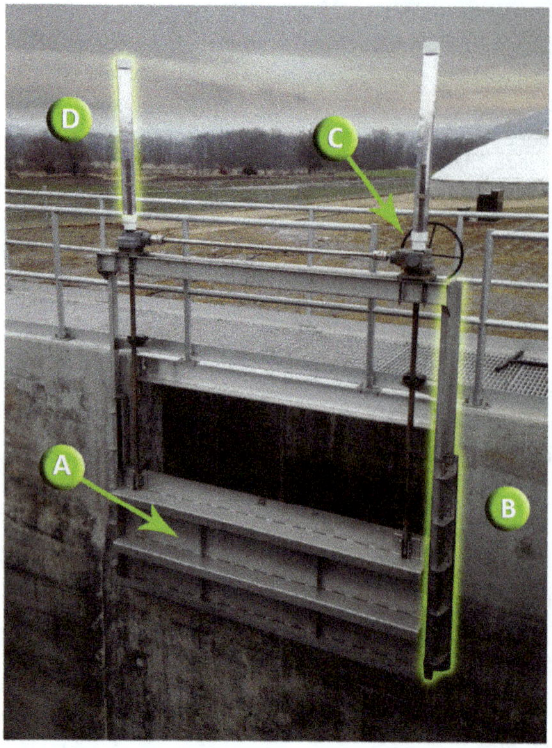

Figura 6.29 Compuerta de vertedero (Cortesía de RW Gate Company)

un camino a través del estanque. Los deflectores pueden construirse de tierra, piedra, hormigón o materiales sintéticos. Los deflectores de tierra y piedra son similares en apariencia a los diques exteriores del estanque. Los deflectores hechos de materiales sintéticos se parecen más a pantallas delgadas que cuelgan en el estanque. El borde superior de la pantalla contiene una serie de compartimentos sellados, cada uno de los cuales contiene un dispositivo de flotación. Imagínese un montón de fundas de almohada cosidas entre ellas, de punta a punta, con una almohada de espuma de poliestireno o de flotadores de piscina dentro de cada una de ellas. Cada extremo del borde superior de la pantalla está atado a un *poste de amarre* u otra estructura para mantenerla en su lugar. La parte superior de una pantalla deflectora se puede ver en la figura 6.30 resaltada en verde. La parte inferior de la pantalla está cargada con cadenas u otro tipo de lastre para mantener la pantalla estirada entre la parte superior e inferior del estanque. Las pantallas deflectoras sintéticas pueden extenderse por todo el ancho o largo del estanque. Las aberturas en la pantalla, llamadas ventanas, permiten que el agua fluya de un lado a otro de la pantalla.

Un *poste de amarre* es un palo grueso y corto. Los postes de amarre se hacen, muchas veces, a partir de un tubo parcialmente enterrado y rellenado con hormigón.

Las pantallas deflectoras pueden ser dañadas por vientos fuertes y deben mantenerse alejadas de cualquier dispositivo de aeración mecánica. Los operadores deben asegurarse de que las pantallas deflectoras y los dispositivos de aeración estén bien amarrados para evitar daños a ambos. Se recomiendan las comprobaciones diarias.

RECIRCULACIÓN Y CONFIGURACIÓN DE LOS ESTANQUES

La demanda de oxígeno en un estanque facultativo será mayor en la celda primaria. Los sistemas de estanques suelen estar equipados con bombas de recirculación que les permiten a los operadores transferir el agua desde la salida de un estanque hasta la entrada de otro estanque (figura 6.31). Los estanques que siguen al estanque primario tienden a tener menos DBO_5, menos SST, mayor penetración de luz, más algas y más OD. La recirculación transfiere el OD de nuevo al estanque o a los estanques primarios donde más se necesita. La recirculación también puede ayudar a aumentar el caudal a través de los estanques, lo que ayuda a la mezcla. Tenga en cuenta que la recirculación solo aumenta la velocidad del agua a medida que se mueve a través del proceso, pero no afecta el tiempo total de tratamiento. En otras palabras, el aumento de la recirculación no hará que el agua salga más rápido del sistema de tratamiento.

DISPOSITIVOS DE AERACIÓN MECÁNICA

Una amplia variedad de dispositivos de aeración mecánica se utiliza en los estanques facultativos, incluidos varios tipos diferentes de dispositivos de aeración difusa y flotante. Algunos aereadores flotantes que se utilizan con frecuencia con los sistemas de estanques incluyen los aereadores de alta velocidad y los aereadores de aspiración.

Figura 6.30 Parte superior de la pantalla deflectora (reimpreso con autorización de Indigo Water Group)

AEREADORES DE ALTA VELOCIDAD

Los aereadores de alta velocidad se montan, por lo general, sobre flotadores sostenidos por *tirantes de fijación* anclados en el borde del estanque. Un cable que puede estar sumergido en las aguas residuales lleva la energía al aereador. El motor está conectado directamente al *impulsor* del mezclador, ambos sobre un *eje vertical*. El impulsor salpica las aguas residuales en el aire, lo que hace que el oxígeno se mueva desde el aire hacia las gotas de agua. Un temporizador ajustado por el operador controla la aeración en función del flujo diario o estacional, y de la variación de la carga. El flotador sube y baja con la profundidad del líquido en el estanque. La inmersión del impulsor es relativamente constante. La operación de estas unidades debe ser monitoreada con cuidado durante el clima frío, ya que el hielo puede provocarle daños al equipo.

Un *tirante de fijación* es un cable que se ajusta tirante para ayudar a sostener una pieza de equipo.

El *impulsor* es el extremo giratorio de la mezcladora.

Los componentes del equipo que están alineados, de forma vertical, se apilan uno encima del otro. Los equipos alineados horizontalmente están uno al lado del otro.

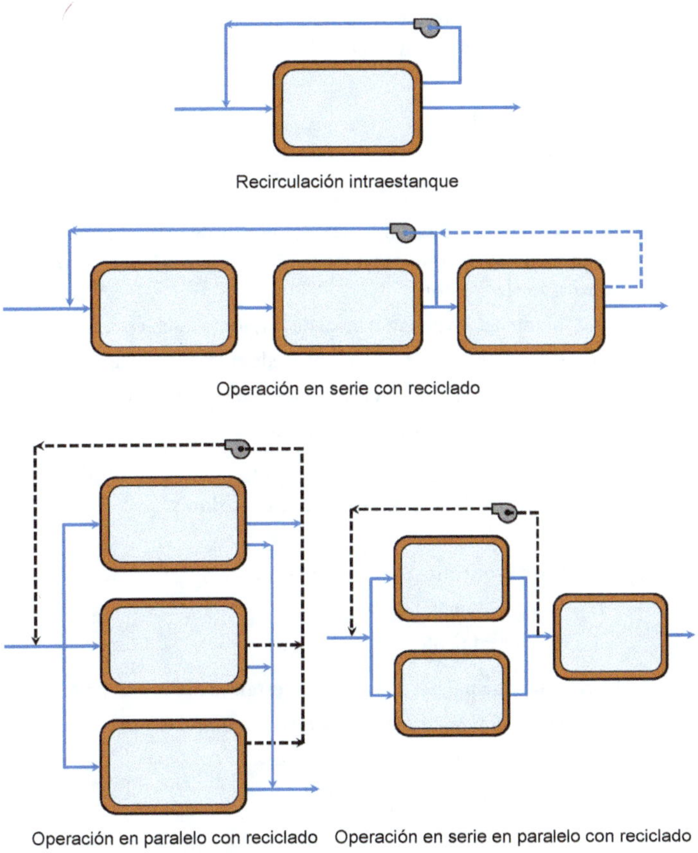

Figura 6.31 Patrones de recirculación dentro del estanque (EPA de los EE. UU., 1983)

AEREADORES DE ASPIRACIÓN

Los aereadores de aspiración están disponibles en dos configuraciones diferentes. En la figura 6.18, se muestra un ejemplo de la primera configuración. Consiste en un eje montado dentro de un tubo largo. La parte superior del eje está conectada a un motor por encima de la superficie del estanque. La parte inferior del eje está conectada a un impulsor sumergido. En la parte superior del tubo, cerca del motor, hay aberturas llamadas puertos de entrada de aire. Cuando el impulsor gira, el agua se empuja hacia abajo a través del tubo. Esto crea una zona de baja presión dentro del tubo que aspira aire a través de los puertos de entrada de aire. El aire queda atrapado o retenido dentro del agua bombeada Alternativamente, el dispositivo puede utilizar una bomba sumergible conectada a un tubo de aire vertical que está abierto a la atmósfera.

AEREADORES DE TUBO ESTÁTICOS

Los aereadores de tubo estáticos utilizan un soplador para generar aire presurizado. El aire se mueve desde el soplador hasta el fondo del estanque a través de un tubo largo llamado tubería colectora de aeración. Las tuberías colectoras de aeración tienen aberturas (orificios) espaciadas a intervalos regulares en toda su longitud. Por encima de cada orificio, hay un tubo de aproximadamente 0.30 m (12 in) de diámetro y 0.75 m (30 in) de altura. Dentro de cada tubo hay mezcladores estáticos (placas o dientes) que rompen el aire en burbujas más pequeñas a medida que sube. En general, estos son sistemas de burbujas gruesas.

COMPROBACIÓN DE CONOCIMIENTOS

1. **Los tiempos de detención calculados y los tiempos de detención reales son casi idénticos para los sistemas de estanques.**
   - ☐ Verdadero
   - ☐ Falso

2. **Las inclinaciones de los diques son más pronunciadas en el exterior del estanque que en el interior.**
   - ☐ Verdadero
   - ☐ Falso

3. **En general, los estanques más grandes requieren piedras más grandes para la protección de la orilla.**
   - ☐ Verdadero
   - ☐ Falso

4. **Un operador nota varios parches grandes pelados en la parte superior de un dique donde el césped ya no crece. Es casi invierno y es probable que nieve mucho. El operador debe**
   a. Cortar el césped circundante y volver a sembrar.
   b. Colocar una capa de grava sobre las áreas peladas.
   c. Esperar hasta la primavera para volver a sembrar el césped.
   d. Posponer las inspecciones de los diques hasta la primavera.

5. **Se debe retirar la vegetación de la línea costera y el césped debe mantenerse bien cortado para**
   a. Mantener el aspecto de la instalación.
   b. Proteger el revestimiento del estanque y evitar las fugas.
   c. Hacer que el estanque sea inhóspito para los animales excavadores.
   d. Aumentar las larvas de mosquitos y jejenes para alimentar a los peces.

6. **Una el término con su definición.**

1. Altura libre	a. Planta que crece en aguas poco profundas
2. Rip-rap	b. Mineral arcilloso utilizado para el revestimiento de los estanques
3. Zona de acción del viento	c. Distancia desde la parte superior del agua hasta la parte superior del dique
4. Plantas emergentes	d. El agua no puede pasar a través
5. Bentonita	e. La distancia que el viento recorre sobre el agua
6. VAP	f. Piedra suelta colocada para evitar la erosión
7. Impermeable	g. Evita que se hinche el revestimiento del estanque

7. **El rip-rap debe extenderse, por lo menos, ______ m (ft) por encima y por debajo de los niveles mínimos, y máximos de agua.**
   a. 0.3 m (1 ft)
   b. 0.7 m (2 ft)
   c. 1.0 m (3.3 ft)
   d. 1.3 m (4.3 ft)

8. **Al conducir vehículos en la parte superior de los diques de los estanques, los operadores deben ________________ para minimizar la erosión.**
   a. Mantener las llantas dentro de los surcos establecidos
   b. Conducir sobre los diques húmedos para recompactar el suelo
   c. Minimizar el uso de grava en los lados de los diques
   d. Variar los patrones de conducción

9. **Los diques deben inspeccionarse, por lo menos, ______________ para buscar evidencia de animales excavadores.**
   a. A diario
   b. Semanalmente
   c. Mensualmente
   d. Trimestralmente

10. **La razón principal para revestir un estanque es la siguiente**
    a. Desalentar la excavación de madrigueras
    b. Reducir el crecimiento de malezas
    c. Impedir las pérdidas por infiltración
    d. Eliminar a los mosquitos

11. Un operador necesita vaciar un estanque para hacer reparaciones. Calcula el volumen del estanque y determina que su bomba de desagüe debe poder vaciar por completo el estanque en 9 días. El nivel del agua bajó con rapidez al principio, pero después de dos semanas, parece que la bomba no está moviendo nada de agua. El nivel del agua no baja de 0.7 m (2 ft). ¿Cuál es la causa más probable?

a. El agua pasa a través del dique desde el estanque adyacente.
b. El agua subterránea está entrando al estanque a través de una VAP abierta.
c. El área del estanque aumenta con la profundidad, por lo que parece que el caudal de bombeo se ha ralentizado.
d. La válvula de entrada está en la posición completamente abierta.

12. Un estanque facultativo tiene totoras que crecen en el medio del estanque. ¿Qué debe ser cierto?

a. Se ha eliminado el criadero de mosquitos.
b. Hay rasgaduras en el revestimiento de plástico.
c. Se ha dañado el revestimiento de arcilla bentonita.
d. La profundidad del agua en ese lugar es menor de 1.5 m (5 ft).

13. Este tipo de revestimiento proporciona el más alto nivel de protección para las aguas subterráneas.

a. Bentonita
b. Suelo natural
c. Mezcla asfáltica en caliente
d. Sintético, plástico

14. Un difusor de entrada en un estanque

a. En general, solo está perforado en un extremo
b. Distribuye el flujo del caudal de entrada a lo largo del estanque
c. Requiere un tubo ascendente o una estructura en T
d. Se ubicaría en el centro de un estanque de construcción nueva

15. Un estanque facultativo tiene varios tubos de entrada en diferentes ubicaciones y profundidades. Es invierno y la temperatura del agua dentro del estanque es de 5 °C (41 °F) y la temperatura del caudal de entrada de las aguas residuales es de 15 °C (59 °F). Para minimizar la posibilidad de cortocircuito, ¿qué tubo de entrada se debe utilizar?

a. Una entrada cerca del centro del estanque en frente a la salida
b. Una entrada más cercana a la parte superior de la superficie del agua y más alejada de la salida
c. Una entrada más cercana al fondo del estanque y más alejada de la salida
d. Una entrada en el fondo del estanque y cerca del centro

16. Las estructuras de salida de los estanques a veces tienen dos tubos juntos para formar una forma de T para

a. Evitar que el lodo sedimentado sea arrastrado al interior de la tubería
b. Eliminar la estratificación térmica del estanque
c. Reducir el cortocircuito al disminuir la mezcla
d. Proporcionar flexibilidad operativa al operador

17. Este dispositivo se coloca alrededor de un tubo que penetra en un dique para evitar que el agua se desplace de un lado del dique al otro.

a. Poste de amarre
b. Pared del lecho
c. VAP
d. Anillos de retención para pérdidas por infiltración

Variables del proceso

Las variables del proceso importantes en los sistemas de estanques de aguas residuales incluyen: la tasa de carga orgánica, el oxígeno disuelto, el tiempo de detención hidráulica, el pH, la alcalinidad, la temperatura y el porcentaje de eliminación.

TASA DE CARGA ORGÁNICA

La tasa de carga orgánica es la masa de DBO_5 (kilogramos o libras) aplicada al primer estanque de la serie dividida por la superficie (hectáreas o acres) del primer estanque. Una hectárea equivale a 10 000 m^2. Un acre equivale a 43 560 ft^2. En la tabla 6.2, se indican las tasas de carga orgánica aceptables para los diferentes tipos de sistemas de estanques. La tasa de carga orgánica puede calcularse utilizando las fórmulas 6.1 a 6.5. Utilice el área superficial de todos los estanques del sistema para calcular la tasa de carga total del sistema. Para encontrar la tasa de carga en el (los) estanque(s) primario(s), solo utilice el área superficial de las lagunas que reciben el caudal de entrada de las aguas residuales crudas.

La tasa de carga orgánica también puede calcularse utilizando la DBO_5 carbonosa o la demanda química de oxígeno.

$$\text{Tasa de carga orgánica} = \frac{\text{Masa de DBO}_5 \text{ aplicada (kg o lb)}}{\text{Área superficial de los estanques (ha o ac)}} \quad (6.1)$$

La masa puede calcularse como kilogramos o libras.

En unidades estándares internacionales para calcular la masa:

$$\text{kg/d} = \frac{\left[\left(\text{Concentración, } \frac{\text{mg}}{\text{L}}\right)\left(\text{Caudal, } \frac{\text{m}^3}{\text{d}}\right)\right]}{1000} \quad (6.2)$$

De manera alternativa, puede utilizar el análisis dimensional:

$$\frac{X\text{ mg}}{\text{L}}\left|\frac{1\text{ g}}{1000\text{ mg}}\right|\left|\frac{1\text{ kg}}{1000\text{ g}}\right|\left|\frac{1000\text{ L}}{1\text{ m}^3}\right|\left|\frac{X\text{ m}^3}{\text{d}}\right| = \text{kg/d} \quad (6.3)$$

En unidades habituales en los EE. UU. para calcular la masa:

$$\frac{\text{lb}}{\text{d}} = (\text{Concentración, mg/L})(\text{Caudal, mgd})\left(8.34\frac{\text{lb}}{\text{mil. gal}}\right) \quad (6.4)$$

De manera alternativa, puede utilizar el análisis dimensional:

$$\frac{X\text{ mg}}{\text{L}}\left|\frac{1\text{ g}}{1000\text{ mg}}\right|\left|\frac{1\text{ kg}}{1000\text{ g}}\right|\left|\frac{2.204\text{ lb}}{1\text{ kg}}\right|\left|\frac{3.785\text{ L}}{1\text{ gal}}\right|\left|\frac{1\ 000\ 000\text{ gal}}{1\text{ mil. gal}}\right|\left|\frac{X\text{ mil. gal}}{\text{d}}\right| = \text{lb/d} \quad (6.5)$$

Las "*X*" en las ecuaciones de análisis dimensional indican números desconocidos. Estos números son los del problema que se está resolviendo. Las fórmulas para el área se dan en la parte delantera del libro en la hoja de fórmulas ABC.

Ejemplos de cálculos de la tasa de carga orgánica

Un sistema de estanque facultativo aereado, de forma natural, contiene tres estanques. En la actualidad, los estanques se están operando en serie. Los tres estanques tienen el mismo tamaño: 250 m (820 ft) de ancho × 750 m (2461 ft) de largo × 2.5 m (8 ft) de profundidad. El flujo del caudal de entrada promedia 4.5 ML/d (4500 m^3/d) (1.19 mgd) y tiene una concentración de DBO_5 de 200 mg/L. Calcular la tasa de carga orgánica del estanque primario. Compare su respuesta con los criterios de diseño en la tabla 6.2 y en la sección de criterios de diseño. Si la temperatura promedio del aire desciende por debajo de 0 °C (32 °F), ¿se debe cambiar al estanque a operación en paralelo?

En unidades estándar del Sistema Internacional:

Paso 1: Halle el área superficial del estanque mediante la ecuación del área provista en la hoja de fórmulas en la parte delantera del libro.

$$\text{Área} = \text{Longitud} \times \text{Ancho}$$
$$\text{Área} = 250\text{ m} \times 750\text{ m}$$
$$\text{Área} = 187\ 500\text{ m}^2$$

Paso 2: Las tasas de carga orgánica de las lagunas se expresan en kg/ha·d. Actualmente, el área está en metros cuadrados. Convierta metros cuadrados a hectáreas.

$$\frac{187\ 500\text{ m}^2}{}\left|\frac{1\text{ ha}}{10\ 000\text{ m}^2}\right| = 18.75\text{ ha}$$

Paso 3: Halle la masa de DBO_5 que entra en el estanque primario utilizando la fórmula 6.2 o 6.3.

$$\text{kg/d} = \frac{\left[\left(\text{Concentración, }\frac{\text{mg}}{\text{L}}\right)\left(\text{Caudal, }\frac{\text{m}^3}{\text{d}}\right)\right]}{1000}$$

$$\text{kg/d} = \frac{\left[\left(200\frac{\text{mg}}{\text{L}}\right)\left(4500\frac{\text{m}^3}{\text{d}}\right)\right]}{1000}$$

$$\text{kg/d} = 900$$

Paso 4: Obtenga la tasa de carga orgánica usando la fórmula 6.1.

$$\text{Tasa de carga orgánica} = \frac{\text{Masa de DBO}_5 \text{ aplicada (kg o lb)}}{\text{Área superficial de los primeros estanques (hectáreas o acres)}}$$

$$\text{Tasa de carga orgánica} = \frac{900 \text{ kg/d DBO}_5}{18.75 \text{ ha}}$$

$$\text{Tasa de carga orgánica} = 48 \text{ kg/ha} \cdot \text{d}$$

La tasa de carga recomendada para los estanques primarios que funcionan con temperaturas del aire inferiores a 0 °C (32 °F) es de 40 kg/ha·d. La tasa de carga calculada es superior a la tasa de carga recomendada. El operador debe cambiar de operación en serie a operación en paralelo. El cambio duplicará el área superficial (dos estanques primarios) y reducirá la tasa de carga orgánica a 24 kg/ha·d.

En unidades habituales en los EE. UU.:

Paso 1: Halle el área superficial del estanque mediante la ecuación del área provista en la hoja de fórmulas en la parte delantera del libro.

$$\text{Área} = \text{Longitud} \times \text{Ancho}$$

$$\text{Área} = 2461 \text{ ft} \times 820 \text{ ft}$$

$$\text{Área} = 2\,018\,020 \text{ ft}^2$$

Paso 2: Las tasas de carga orgánica para los estanques están expresadas en lb/ac/d. En la actualidad, el área está expresada en pies cuadrados. Convierta pies cuadrados a acres.

$$\frac{2\,018\,020 \text{ ft}^2}{} \left| \frac{1 \text{ ac}}{43\,560 \text{ ft}^2} \right| = 46.3 \text{ ac}$$

Paso 3: Halle la masa de DBO_5 que entra en el estanque primario utilizando la fórmula 6.4 o 6.5.

$$\frac{\text{lb}}{\text{d}} = (\text{Concentración, mg/L})(\text{Caudal, mgd})\left(8.34 \frac{\text{lb}}{\text{mil. gal}}\right)$$

$$\frac{\text{lb}}{\text{d}} = (200 \text{ mg/L})(1.2 \text{ mgd})\left(8.34 \frac{\text{lb}}{\text{mil. gal}}\right)$$

$$\frac{\text{lb}}{\text{d}} = 2001.6$$

Paso 4: Obtenga la tasa de carga orgánica usando la fórmula 6.1.

$$\text{Tasa de carga orgánica} = \frac{\text{Masa de DBO}_5 \text{ aplicada (kg o lb)}}{\text{Área superficial de los primeros estanques (ha o ac)}}$$

$$\text{Tasa de carga orgánica} = \frac{2001.6 \text{ lb/d DBO}_5}{46.3 \text{ ac}}$$

$$\text{Tasa de carga orgánica} = 43.2 \text{ lb/ac/d}$$

La tasa de carga recomendada para los estanques primarios que funcionan con temperaturas del aire inferiores 0 °C (32 °F) es de 35 lb/ac/d. La tasa de carga calculada es superior a la tasa de carga recomendada. El operador debe cambiar de operación en serie a operación en paralelo. El cambio duplicará el área superficial (dos estanques primarios) y reducirá la tasa de carga orgánica a 21.6 lb/ac/d.

OXÍGENO

Las bacterias utilizan el oxígeno para convertir la DBO_5 en nuevas bacterias, dióxido de carbono y agua. En los estanques facultativos aereados de forma natural, la mayoría del oxígeno disuelto lo proveen las algas durante la fotosíntesis. Los estanques aereados de forma mecánica obtienen la mayor parte del oxígeno de los aereadores mecánicos. La cantidad de oxígeno que se puede agregar a un estanque depende de tres factores: la temperatura, la presión atmosférica y la salinidad. A medida que la temperatura aumenta, la cantidad de gas disuelto que el agua puede mantener se reduce. Piense en cómo se comporta una lata de refresco cuando está fría y cuando está caliente. A nadie le molesta abrir una lata de refresco directamente del refrigerador. Se libera algo de dióxido de carbono, pero no demasiado. Si la misma lata de refresco se abre después de haber estado en un coche caliente durante unas horas, el escape de gas convierte la lata en una fuente. En la tabla 6.4, se presentan algunos ejemplos de la concentración de saturación de oxígeno en el agua limpia a nivel del mar. A medida que la presión atmosférica aumenta, la cantidad de gas disuelto que el agua puede mantener se reduce. La presión atmosférica es el peso de la atmósfera sobre un lugar en particular. Los pequeños cambios en la presión atmosférica se producen cuando cambia el clima. Cuando el meteorólogo habla de zonas de alta y baja presión en el mapa, está hablando de presión atmosférica. La presión atmosférica también cambia con la altura. Cuanto más alto sube, menos atmósfera hay sobre usted. La presión atmosférica es más baja en Denver que en San Francisco. Una menor presión sobre el líquido también significa que hay menos presión que retiene los gases disueltos. La tabla 6.5 da algunos ejemplos de cómo la presión atmosférica afecta la solubilidad del oxígeno. La salinidad también tiene un efecto. A medida que la salinidad aumenta, la cantidad de gas disuelto que el agua puede mantener se reduce.

Antes de continuar, se deben definir dos términos: saturado y sobresaturado. Una muestra de agua saturada de OD contiene la concentración más alta que el agua puede contener para esa temperatura, presión atmosférica y salinidad. Una muestra de agua que está sobresaturada contiene más OD del que debería poder contener. Si el agua sobresaturada es revuelta o agitada, el exceso de oxígeno será forzado a salir del agua y la concentración de OD disminuirá. Las condiciones de sobresaturación pueden producirse en estanques facultativos aereados naturalmente, en especial a la tardecita, cuando las algas producen mucho oxígeno.

La concentración de oxígeno disuelto de la fotosíntesis de algas puede llegar desde el 200 al 300 % de saturación (15 a 25 mg/L) a media tarde debido a la fotosíntesis de algas. Los dispositivos de aeración mecánica mezclan y aerean las aguas residuales, lo que libera el exceso de oxígeno y otros gases disueltos en la atmósfera. La operación de los dispositivos de aeración mecánica cuando el estanque está sobresaturado de oxígeno debido a las algas puede despojar de oxígeno a la atmósfera durante el día. Un cálculo rápido puede determinar si un estanque está sobresaturado de oxígeno. Se necesitarán tres datos: la concentración de oxígeno disuelto en el estanque, la altura del sistema y la temperatura del agua.

Ejemplo de cálculo de la saturación de oxígeno

En las laderas de Salt Lake City, a una altitud de 1200 m (3937 ft), está ubicado un estanque de tratamiento. Al final de la tarde, la temperatura del agua del estanque ha alcanzado los 20 °C (68 °F) y la concentración de oxígeno es de 8.2 mg/L. Calcule la concentración de saturación de OD en estas condiciones. Compare el resultado con la medición de oxígeno en el estanque para determinar si se eliminará el oxígeno encendiendo los aereadores mecánicos.

Paso 1: Consulte la concentración de saturación a nivel del mar en la tabla 6.4. Para esta instalación, la concentración de saturación a 20 °C (68 °F) es de 9.09 mg/L.

Tabla 6.4 Cambios en la solubilidad del oxígeno disuelto con la temperatura al nivel del mar

Temperatura, °C (°F)	Solubilidad del oxígeno, mg/L
0 (32)	14.62
5 (41)	12.77
10 (50)	11.29
15 (59)	10.08
20 (68)	9.09
25 (77)	8.26

Tabla 6.5 Efecto de la presión atmosférica (altitud) sobre la solubilidad del oxígeno

Altura, m (ft)	Saturación al nivel del mar, %
0 (0)	100
300 (984)	96.4
600 (1969)	93.1
900 (2953)	89.8
1200 (3937)	86.6
1500 (4921)	83.5
1800 (5906)	80.4
2100 (6890)	77.5
2400 (7874)	74.6
2700 (8858)	71.9
3100 (10 171)	68.3

Paso 2: Encuentre el porcentaje de ajuste de la saturación para la altura de la instalación en la tabla 6.5. Para una altura de 1200 m (3937 ft), el porcentaje de saturación es del 86.6 % del nivel del mar.

Paso 3: Multiplique la concentración de saturación a nivel del mar por el porcentaje de saturación para la presión atmosférica.

$$\text{Concentración de saturación, } \frac{\text{mg}}{\text{L}} = (\text{Saturación al nivel del mar, mg/L})(\text{Saturación, \%})$$

$$\text{Concentración de saturación, } \frac{\text{mg}}{\text{L}} = (9.09 \text{ mg/L})(0.866) \tag{6.6}$$

$$\text{Concentración de saturación, } \frac{\text{mg}}{\text{L}} = 7.87$$

La concentración de saturación para la temperatura y la altura de operación es más baja que la concentración de OD en el estanque. El estanque está sobresaturado de oxígeno. Si se encienden los aereadores mecánicos en este momento, la concentración de OD disminuirá.

TIEMPO DE DETENCIÓN HIDRÁULICA

El tiempo de detención hidráulica es la cantidad de tiempo que el agua permanece en el proceso de tratamiento. El tiempo necesario de detención hidráulica del sistema viene determinado por el método de desinfección utilizado (si lo hubiera). Cuando se utiliza la desinfección natural (no se utilizan métodos de desinfección adicionales), la mayoría de las agencias reguladoras requiere un mínimo de 180 días. Cuando se utilizan métodos de desinfección adicionales, el tiempo total de detención del sistema puede ser más corto y basarse en la temperatura mínima esperada del estanque durante el año. El tiempo de detención requerido por el sistema oscila entre 5 y 180 días, según la temperatura. Aunque el cálculo es sencillo, el tiempo de detención real suele ser del 50 al 60 % del tiempo de detención calculado como resultado de una combinación incompleta. Un ejemplo del cálculo del tiempo de detención hidráulica se puede encontrar en el Capítulo 4. Tratamiento primario.

El *tiempo de detención hidráulica* (TDH) es denominado también *tiempo de retención hidráulica* (TRH). Los ingenieros tienden a usar el TRH, mientras que los exámenes de certificación ABC y los operadores tienden a usar el TDH.

En unidades estándar del Sistema Internacional:

$$\text{Tiempo de detención, días} = \frac{\text{Volumen, m}^3}{\text{Caudal, m}^3\text{/d}} \tag{6.7}$$

En unidades habituales en los EE. UU.:

$$\text{Tiempo de detención, días} = \frac{\text{Volumen, gal}}{\text{Caudal, mgd}} \tag{6.8}$$

ALCALINIDAD Y pH

La fotosíntesis y la respiración por algas pueden causar grandes oscilaciones en el pH y la alcalinidad. El pH mide la concentración de iones de hidrógeno. La alcalinidad mide la capacidad de amortiguación. La alcalinidad de los sistemas de estanques de aguas residuales se compone principalmente de los iones siguientes: carbonato (CO_3^{-2}), bicarbonato (HCO_3^-), hidróxidos (OH^-) y fosfatos. El dióxido de carbono (CO_2), que es absorbido por las algas durante la fotosíntesis y liberado durante la respiración, es un ácido. Durante el día, las algas eliminan el dióxido de carbono del agua, disminuyen la cantidad de ácido y aumentan la alcalinidad. Por la noche, las algas liberan dióxido de carbono, aumentan la cantidad de ácido y disminuyen la alcalinidad. Estas relaciones se mostraron anteriormente en el capítulo en la figura 6.6.

En el capítulo 2, se explican con más detalle la alcalinidad y el pH.

La figura 6.32 muestra una relación característica entre las concentraciones de pH, CO_2, HCO_3^-, CO_3^{-2} y OH^- (Sawyer et al., 1994). Para este sistema, la alcalinidad total es de 100 mg/L como $CaCO_3$. Cuando las concentraciones de CO_2 aumentan, el pH disminuye. Cuando las concentraciones de CO_2 disminuyen, el pH aumenta.

El pH aumenta durante el día y disminuye durante la noche. Mientras la cantidad de dióxido de carbono producido y consumido siga siendo la misma, el pH permanecerá dentro de un rango bastante estrecho, como se muestra en la figura 6.33. En el hemisferio norte, los días se alargan durante el verano. Los días más largos promueven más fotosíntesis y menos respiración. Con el tiempo, más y más dióxido de carbono se extrae del agua, la alcalinidad aumenta y el pH aumenta día a día. No es inusual que los estanques facultativos tengan valores de pH por encima de 9.5 en una tarde de verano. Los operadores deben vigilar de cerca el pH para asegurarse de que no exceda los límites de los permisos de descarga. Muchos sistemas de estanques introducen ácido sulfúrico diluido para reducir el pH del estanque inmediatamente antes de la descarga.

ELIMINACIÓN PORCENTUAL

La eliminación porcentual es útil para evaluar el desempeño del estanque y para cumplir con los permisos de descarga. Las muestras compuestas proporcionan información sobre el desempeño promedio. Las muestras puntuales proporcionan una imagen rápida de cómo se está desempeñando el estanque en el momento en el que se recoge la muestra. El porcentaje de eliminación se calcula de acuerdo con la siguiente fórmula:

$$\text{Eliminación, \%} = \left(\frac{\text{Entrante} - \text{Saliente}}{\text{Entrante}}\right) \times 100 \tag{6.9}$$

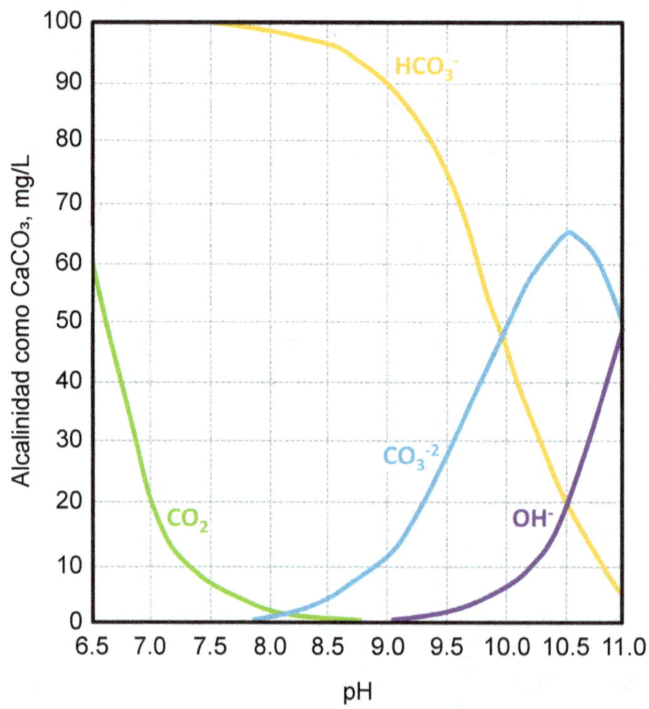

Figura 6.32 Relación entre la alcalinidad y la concentración de dióxido de carbono (Sawyer et al., 1994. Copyright © 1994 por McGraw-Hill Education, reimpreso con autorización).

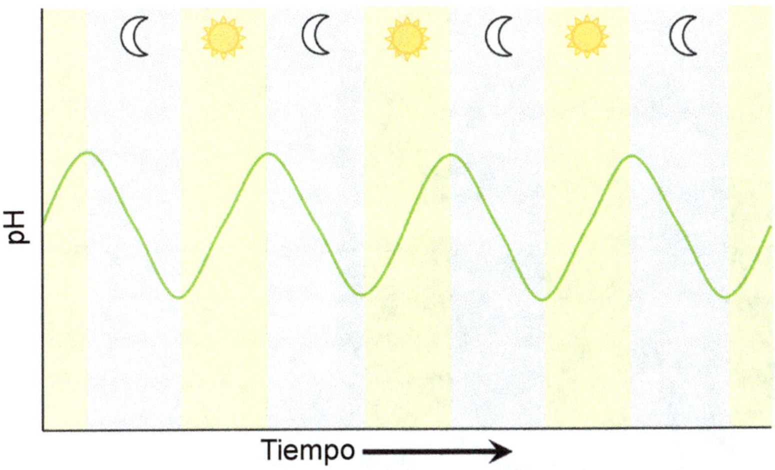

Figura 6.33 Ciclo del pH cuando la luz y la oscuridad son casi iguales (reimpreso con autorización de Indigo Water Group)

Ejemplo de cálculo para la eliminación porcentual

El caudal de entrada de las aguas residuales contiene 225 mg/L de DBO_5. Una muestra tomada al final del estanque primario contiene 117 mg/L de DBO_5. Obtenga el porcentaje de DBO_5 eliminado en el estanque primario.

$$\text{Eliminación, } \% = \left(\frac{\text{Entrante} - \text{Saliente}}{\text{Entrante}}\right) \times 100$$

$$\text{Eliminación, } \% = \left(\frac{225\frac{\text{mg}}{\text{L}} - 117\frac{\text{mg}}{\text{L}}}{225\frac{\text{mg}}{\text{L}}}\right) \times 100$$

$$\text{Eliminación, } \% = 48\ \%$$

ACUMULACIÓN DE LODO

El lodo se acumula en el fondo de los estanques. El lodo sedimentado incluye arena, material inerte y sustancias orgánicas sedimentables del caudal de entrada de las aguas residuales, así como biomasa y algas cultivadas en el proceso de tratamiento. Las mayores cantidades de lodo tienden a acumularse en el extremo de entrada del estanque primario porque aquí es donde se depositan la mayoría de las partículas de rápida sedimentación en el caudal de entrada de las aguas residuales. Todos los estanques en un proceso de tratamiento, incluido el estanque de afinamiento, acumularán lodo. El lodo acumulado ocupa espacio de tratamiento en el estanque, pueden salir a la superficie durante los eventos de inversión y producen DBO soluble.

Aproximadamente, el 60 % de la materia orgánica del manto de lodo se convierte finalmente en dióxido de carbono y gas metano por medio de las bacterias anaerobias. Parte del material orgánico no se descompone fácilmente y permanecerá. Los materiales inertes no se pueden descomponer en absoluto. Estos también permanecerán. Con el tiempo, el lodo acumulado debe eliminarse. La figura 6.34 muestra el lodo que se está retirando de un estanque facultativo que se está sacando de servicio de forma permanente. En condiciones normales, la eliminación del lodo se realiza mientras el estanque aún está lleno de agua y puede realizarse mientras el estanque sigue funcionando. Las mangueras se introducen en el manto de lodo. A continuación, se utilizan las bombas de lodo para eliminarlo. Los operadores deben consultar con la agencia reguladora antes de retirar el lodo y cumplir con todos los requisitos regulatorios para las pruebas y la disposición.

La acumulación de lodo es difícil de estimar con precisión. Existen muchos factores que afectan la rapidez con la que se acumula el lodo en un estanque y la cantidad de espacio que ocupará el lodo sedimentado, entre los que se incluyen los siguientes:

- La tasa de carga de DBO_5 al estanque. Los estanques con mayores tasas de carga acumulan el lodo más rápidamente.
- La cantidad de material inerte en el caudal de entrada. Los estanques sin filtrado o eliminación de la arena acumularán lodo con mayor rapidez.

Figura 6.34 Eliminación de lodos durante el cierre de estanques (reimpreso con autorización de Industrial Service Group)

- La temperatura del manto de lodo. Las temperaturas más cálidas dan como resultado una descomposición más rápida de los productos orgánicos y una acumulación más lenta del lodo.
- Las variaciones estacionales de las temperaturas. Durante el invierno, disminuye la descomposición del lodo. Los estanques en climas más fríos acumularán lodo durante los meses de invierno que puede no estar descompuesto por completo cuando vuelve el clima más cálido. Los estanques en climas cálidos descomponen el lodo todo el año y la acumulación es más lenta.
- El tamaño del estanque. Los estanques más grandes que están ligeramente cargados acumularán la misma masa (kilogramos o libras) de lodo por persona servida que un estanque más pequeño, pero se esparcirán por un área más grande y no serán tan profundos.
- La concentración de sólidos en el manto de lodo. Las concentraciones de lodo en los estanques varían, de forma considerable, de muy diluido a muy concentrado. El lodo del clarificador primario, que es similar en composición al lodo del estanque primario, contiene, en general, entre el 1 y el 6 % de los sólidos totales (Metcalf and Eddy, Inc. /AECOM, 2014). El lodo más concentrado (mayor porcentaje de sólidos) ocupa menos espacio que el lodo menos concentrado.

Los datos de múltiples estudios sobre la acumulación del lodo en los estanques facultativos muestran acumulaciones de lodo que oscilan entre 0.04 y 0.18 m^3 (1.4 a 6.4 ft^3) de lodo sedimentado por persona servida y por año (Harris, 2003) La mayoría de estos estudios no incluyeron la concentración del lodo sedimentado. Recuerde: volumen no es masa. La cantidad de espacio que ocupa el lodo dependerá de su masa y concentración. Por ejemplo, una masa de lodo de 1 kg (2.204 lb) ocupará el doble de espacio con un 3 % de sólidos totales que con un 6 % de sólidos totales. Según el tamaño del estanque, la profundidad del lodo puede aumentar entre 0.5 y 11 cm (0.2 y 4.3 in) cada año (Harris, 2003). Naturalmente, los estanques facultativos aereados están ligeramente cargados y comprenden grandes áreas. La acumulación de lodo en este tipo de estanques puede no ser perceptible durante muchos años. Estos grandes estanques, a menudo, acumulan lodo durante 10 o 20 años antes de que sea necesario retirarlo. Los estanques aereados son mucho más pequeños y están completamente mezclados, por lo que la misma masa de lodo formará un manto de lodo más grueso. En este tipo de estanques, es posible que sea necesario eliminar el lodo del estanque de sedimentación año por medio. Medir la profundidad del manto de lodo, al menos, una vez al año es el método más preciso para determinar la cantidad de lodo acumulado en el estanque y la rapidez con la que se acumula.

COMPROBACIÓN DE CONOCIMIENTOS

1. **En general, el lodo se acumula con mayor rapidez en los estanques ubicados en Michigan que en los ubicados en Alabama.**
   - ☐ Verdadero
   - ☐ Falso

2. **El crecimiento de algas hace que el pH del estanque aumente durante el día.**
   - ☐ Verdadero
   - ☐ Falso

3. **La concentración de saturación de oxígeno a 20 °C (68 °F) es menor a nivel del mar que en las montañas.**
   - ☐ Verdadero
   - ☐ Falso

4. **Un sistema de estanque con tres celdas funciona actualmente en serie con un estanque primario. En las últimas semanas, las temperaturas han disminuido y el estanque ha pasado de verde a marrón. El operador nota manchas rojas en la superficie del estanque primario que persisten hasta el final de la tarde. ¿Qué medidas correctivas debe tomar el operador para eliminar las manchas rojas?**
   a. Añadir diatomeas para que consuman la dafnia.
   b. Bajar el nivel del estanque principal.
   c. Cambiar de operación en serie a operación en paralelo.
   d. Aumentar la carga en el estanque principal

5. **El flujo del caudal de entrada al estanque primario contiene 250 mg/L de DBO_5. La tasa del caudal de entrada es de 5000 m^3/d (1.32 mgd). ¿Cuántos kilogramos (libras) por día de DBO_5 están entrando en el estanque principal**
   a. 149 kg/d (330 lb/d)
   b. 1120 kg/d (2468 lb/d)
   c. 1250 kg/d (2752 lb/d)
   d. 1650 kg/d (3637 lb/d)

6. **Un sistema de estanques de aguas residuales tiene cuatro estanques del mismo tamaño. Los criterios de diseño de la instalación establecen que la tasa máxima de carga orgánica del estanque primario debe mantenerse por debajo de 40 kg/ha·d (36 lb/ac/d). Si toda la carga de DBO_5 del caudal de entrada se envía a un estanque, la tasa de carga será de 65 kg/ha·d (58.5 lb/ac/d). ¿Cuántos estanques deben recibir aguas residuales crudas para mantener el sistema dentro de los parámetros de diseño?**
   a. 1
   b. 2
   c. 3
   d. 4

7. **La concentración de oxígeno disuelto será la más alta en un estanque facultativo cuando**
   a. El agua está fría y la luz del sol es abundante
   b. El agua está caliente y todos los aereadores mecánicos están funcionando
   c. El agua está fría y todos los aereadores mecánicos están funcionando
   d. El agua está caliente y la luz del sol es abundante

8. **Un estanque primario tiene una superficie de 18.75 ha (46.3 ac). Obtenga la tasa de carga cuando el flujo del caudal de entrada es de 6000 m^3/d (1.6 mgd) y la concentración de DBO es de 180 mg/L.**
   a. 28.8 kg/ha·d (26.0 lb/ac/d)
   b. 57.6 kg/ha·d (51.9 lb/ac/d)
   c. 115.2 kg/ha·d (103.8 lb/ac/d)
   d. 172.8 kg/ha·d (155.7 lb/ac/d)

9. **Este producto químico se puede utilizar para disminuir el pH del efluente antes de la descarga.**
   a. Hidróxido de sodio (NaOH)
   b. Carbonato de calcio ($CaCO_3$)
   c. Bicarbonato de sodio ($NaHCO_3$)
   d. Ácido sulfúrico (H_2SO_4)

10. **La acumulación de lodo en un sistema de estanques de aguas residuales será mayor en**
   a. la entrada del estanque primario
   b. la salida del estanque primario
   c. la entrada del estanque de sedimentación
   d. la salida del estanque de sedimentación

11. **La profundidad del manto de lodo debe comprobarse**
   a. Mensualmente
   b. Trimestralmente
   c. Anualmente
   d. Cada 5 años

Control del proceso

Los operadores de los estanques tienen un control limitado sobre la operación facultativa de los estanques. La operación del estanque consiste, en esencia, en las siguientes tareas:

1. **Observación diaria de la apariencia del estanque.** La mayoría de los siguientes colores y condiciones se han abordado en este capítulo Durante los meses más cálidos, las celdas primarias deben ser muy productivas y tener un color verde que indica un pH y un OD altos. Los estanques secundarios o finales deben tener un alto contenido de OD y producir un efluente que cumpla con los requisitos del permiso. A finales del otoño e invierno, la actividad biológica disminuirá y el color de los estanques cambiará a marrón, y después a gris. El color del agua residual del estanque indica la condición del estanque:

   a. Verde oscuro brillante: bueno; pH y OD altos (figura 6.10).
   b. Verde opaco a amarillo: el pH y el OD están disminuyendo; se están estableciendo algas verde azuladas (figura 6.24).
   c. Gris a negro: malo; condiciones anaerobias.
   d. De color tostado a marrón: más algas marrones que verdes; también pueden ser provocado por la erosión de la gravilla o de los diques.
   e. Rojo o rosa: presencia de bacteria púrpura del azufre (condiciones anaerobias) (figura 6.14) o algas rojas (condiciones aerobias). Las proliferaciones de dafnia también pueden determinar un color rojo (figura 6.16).

f. Apariencia lechosa: indica que el sistema se está volviendo séptico, o ya lo está, en general, por estar sobrecargado.

2. **Equilibrar la carga orgánica del caudal de entrada con la cantidad de oxígeno disponible.** Mantener el equilibrio, muchas veces, requiere que los operadores reduzcan la tasa de carga de DBO_5 en la celda primaria o que aumenten la cantidad de oxígeno disponible. Las tasas de carga de las celdas primarias pueden reducirse alimentando con las aguas residuales crudas a múltiples estanques en operación en paralelo. Si se dispone de aereadores mecánicos, el aumento de la velocidad o del tiempo total de operación aumentará la cantidad de oxígeno, a menos que el estanque ya esté sobresaturado de oxígeno. El reciclaje de las aguas residuales tratadas desde los estanques aguas abajo hasta la entrada del estanque primario también aumenta el oxígeno en el estanque primario.
3. **Monitorear el caudal de entrada de las aguas residuales** y calcular las tasas de carga del estanque primario y del sistema general. Cambiar a operación en paralelo cuando las tasas de carga en los estanques primarios sean lo suficientemente altas como para agotar el oxígeno disponible o cuando las tasas de carga del estanque primario superen el diseño del sistema. En las figuras 6.4 y 6.35, respectivamente, se muestran las trayectorias de caudal en serie y en paralelo para los sistemas de dos y tres estanques. Los síntomas de las condiciones de bajo nivel de oxígeno disuelto incluyen la aparición de dafnia roja o malos olores.
4. **Monitorear el efluente final** para asegurar que cumple con los límites del permiso de descarga para DBO_5, SST, pH, alcalinidad y otros parámetros. Para los estanques de descarga controlada de descarga controlada por hidrógrafos, el efluente tratado solo debe ser descargado después de que se hayan completado las pruebas y la calidad del agua esté en condiciones óptimas. Controlar las concentraciones de SST puede requerir que los operadores controlen la cantidad de algas en el estanque. El control de algas se analiza en la siguiente sección.
5. **Monitorear la acumulación de lodo y eliminarla según sea necesario.** Los operadores deben comprobar la profundidad del lodo, al menos, una vez al año. La profundidad del lodo puede variar a lo largo del estanque y, a veces, es mayor cerca de la entrada. La EPA de los EE. UU. recomienda probar la profundidad del manto en muchos lugares diferentes del estanque, trabajando de lado a lado en un patrón de cuadrícula.

Tenga en cuenta que los estanques anaerobios, los estanques con manto de lodo profundo y los estanques facultativos que se han vuelto anaerobios pueden producir niveles peligrosos de sulfuro de hidrógeno. Si el sulfuro de hidrógeno es un problema, se debe realizar un monitoreo atmosférico antes, y durante la medición y eliminación del lodo.

CONTROL DEL CRECIMIENTO DE ALGAS

Los estanques facultativos dependen de las algas para la producción de oxígeno, pero las algas también contribuyen a los SST del efluente. El crecimiento excesivo de algas es responsable de la mayoría de las violaciones de los permisos de descarga de los sistemas de estanques (Richard, 2003). Para que las algas crezcan, deben tener acceso a la luz solar y a los nutrientes. Para que las algas se acumulen en un estanque, la tasa de crecimiento debe superar la tasa de mortalidad. Los métodos de control de las algas disminuyen el acceso a la luz solar o aumentan la tasa de mortalidad por depredación, u otros medios. Si los métodos de control tienen demasiado éxito, es posible que no queden suficientes algas en estanques naturalmente aereados para producir el oxígeno que necesitan las bacterias. El estanque se puede volver anaerobio. Muchas veces, los métodos de control se utilizan solo en el estanque de sedimentación o de afinamiento una vez finalizada la eliminación de la DBO.

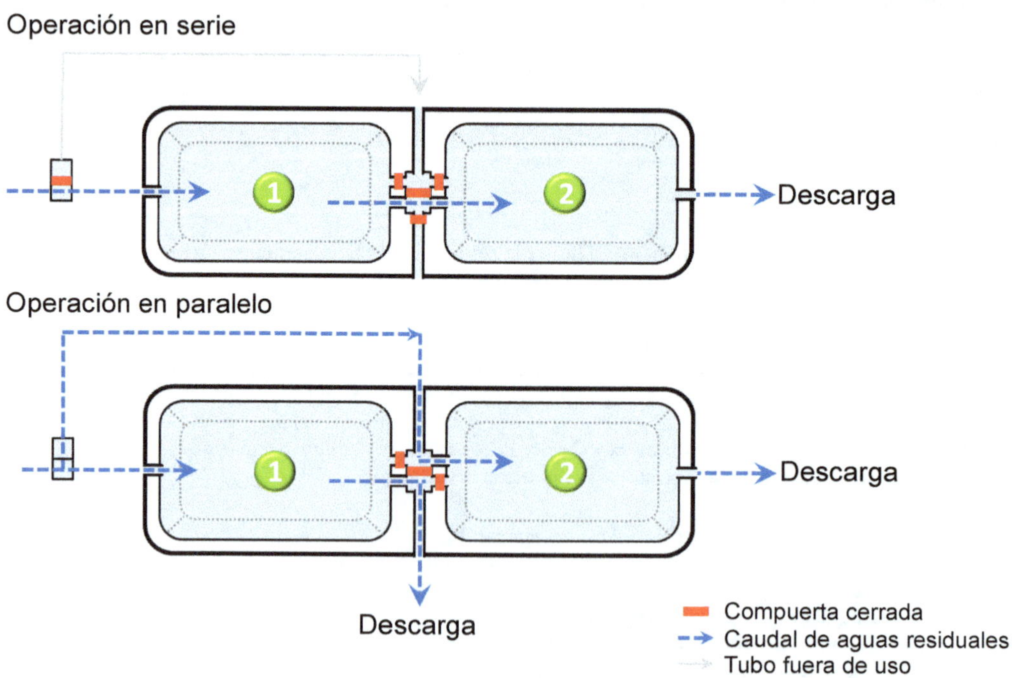

Figura 6.35 Operación en serie y en paralelo para un sistema de dos estanques: (1) **Estanque primario y** (2) **estanque terciario, de sedimentación o de afinamiento**

COLORANTES

Se han aplicado *colorantes* a pequeños estanques para controlar el crecimiento de algas; sin embargo, la EPA de los EE. UU. no ha aprobado el uso de colorantes en estanques de aguas residuales municipales o industriales. Aquashade, una mezcla de colorante azul y amarillo, se comercializa como un medio para controlar las algas en las piscinas de los jardines de las casas, los grandes parques empresariales y los estanques de los desarrollos residenciales. Funciona bloqueando las regiones del espectro de luz de las que dependen las algas. El producto está autorizado por la EPA de los EE. UU. para estos usos. Sin embargo, se desconoce si se aprobará en el futuro el uso de colorantes en los estanques de aguas residuales.

Los *colorantes* no están aprobados para su uso en los estanques de aguas residuales municipales o industriales.

CUBIERTA DE LENTEJA DE AGUA

La lenteja de agua es una planta acuática pequeña de 1 a 3 hojas de, aproximadamente, 3 mm (0.125 in) de largo. Crecen en colonias densas y flotantes que se componen de cientos o miles de plantas individuales. La lenteja de agua se utiliza a veces para controlar el crecimiento de algas en los estanques porque sus hojas bloquean la luz solar. Estas pequeñas plantas crecen con rapidez y, enseguida, pueden cubrir la superficie de un estanque. La cobertura de la lenteja de agua rara vez es completa, en especial, en los estanques grandes, porque el viento tiende a empujarlas hacia un lado del estanque. Si se produce una cobertura completa, el estanque puede volverse anaerobio.

ESTRUCTURAS DE TELA Y CUBIERTAS FLOTANTES

Los sistemas de estanques en Colorado y otros lugares han construido estructuras enrejadas para suspender las telas de los invernaderos y los materiales opacos para dar sombra a los pequeños estanques de aguas residuales. Las cubiertas flotantes y los globos de plástico también se pueden utilizar para reducir la cantidad de luz solar disponible para las algas.

DAFNIA

La depredación de dafnia es una forma de control biológico. La dafnia viva se puede comprar y añadir directamente al estanque. La dafnia come algas.

TALLOS SECOS DE CEBADA

Los tallos secos de cebada se han utilizado para el control de algas en estanques desde principios del siglo XX. Cuando se colocan en un estanque bien aereado, los tallos secos de cebada se descomponen y liberan compuestos que inhiben el crecimiento de nuevas algas. Estos mismos compuestos no matan las algas existentes, por lo que es importante colocar los tallos secos de cebada a principios de la primavera antes de que las algas hayan tenido la oportunidad de proliferar. Los tallos secos de cebada son una diclona, no son un alguicida. Lo ideal es que los tallos secos de cebada se coloquen en su sitio tan pronto como se haya descongelado la superficie del estanque. Cuando se aplica al agua que está a 10 °C (50 °F) o más fría, los tallos secos de cebada pueden tardar de 6 a 8 semanas en descomponerse lo suficiente como para inhibir el crecimiento de algas. Los tallos secos de cebada pueden ser eficaces en tan solo una semana para el agua por encima de 20 °C (68 °F) (Newman, 2017). Para obtener los mejores resultados, los tallos secos de cebada nuevos deben añadirse varias semanas antes de que se agote la aplicación anterior. Un estanque puede tener varias aplicaciones de tallos secos de cebada en varias etapas de descomposición. La descomposición y la dosificación continuas son necesarias para mantener las algas bajo control. Las dosis recomendadas varían entre 150 y 200 kg/ha (90 y 225 lb/ac) (Newman, 2017; Zhou et al., 2005).

Las barras móviles de tallos secos de cebada se construyen fácilmente con malla de plástico o con alambrados para nieve (figura 6.36). Los tallos secos están suelto dentro de la malla para que el agua pueda circular libremente. Se pueden usar ataduras con cremallera o cordón para cerrar el cerco alrededor de los tallos secos. Se pueden añadir contenedores de plástico vacíos a la barra terminada para ayudar a mantener la cebada en la superficie del estanque cerca de las algas. Una vez terminada la construcción de la barra, se utiliza un bote para arrastrarla a su lugar (figura 6.37). El cable y las estacas adicionales mantienen la barra terminada en su lugar (figura 6.38).

ULTRASONIDO

Los dispositivos de ultrasonido se han utilizado para controlar las algas en los estanques de los campos de golf, los grandes estanques residenciales, los estanques de almacenamiento para el tratamiento de aguas y los estanques de aguas residuales. Los sistemas de ultrasonido funcionan enviando ondas sonoras de alta frecuencia a través del agua. Las ondas sonoras causan daños irreversibles a las células de las algas, pérdida de clorofila y muerte celular. Aunque los resultados iniciales pueden observarse después de 2 semanas de tratamiento, puede tomar de 6 a 12 semanas para eliminar la proliferación de algas.

Figura 6.36 Construcción de la barra de tallos secos de cebada (reimpreso con autorización de Paul Krauth P.E.)

Figura 6.37 Colocación de la barra (reimpreso con autorización de Paul Krauth P.E.)

Figura 6.38 Barra de tallos secos de cebada en un estanque facultativo (reimpreso con autorización de Paul Krauth P.E.)

Operación de los estanques de tratamiento de las aguas residuales

La operación diaria de los sistemas de estanques, por lo general, consiste en comprobar los niveles de oxígeno y pH del estanque, seguido de las inspecciones de diques, revestimientos y equipos. Para muchos sistemas de estanques, la operación diaria que no involucra muestreo de cumplimiento o reparaciones de equipos, diques o revestimientos puede completarse en menos de 2 horas.

PUESTA EN SERVICIO DE UN ESTANQUE

La estación óptima para la puesta en marcha para evitar las bajas temperaturas y las posibles heladas es la primavera o el verano. Si es necesario poner en marcha el sistema a finales del otoño o del invierno, el nivel del agua debe ser de 0.75 a 1 m (2.5 a 3 ft) y no se permite la descarga hasta finales de la primavera (Zickefoose y Hayes, 1977). El procedimiento que se describe a continuación es, en general, para estanques facultativos y tiene por objeto minimizar el crecimiento de malezas y las condiciones anaerobias durante la puesta en marcha del sistema:

Paso 1: Llene la celda primaria hasta el nivel de 0.6 m (2 ft) con agua fresca.

Paso 2: Comience a agregar aguas residuales a la celda primaria.

Paso 3: Mantenga el pH por arriba de 7.5.

Paso 4: Controle el OD a diario.

Paso 5: Comience a introducir agua fresca en las celdas sucesivas cuando el nivel del agua en la celda primaria alcance 1 m (3 ft).

Paso 6: Agregue agua fresca hasta una profundidad de 0.6 m (2 ft).

Paso 7: Comience a transferir el agua de la celda anterior usando solo el desembalse superior. Para evitar la transferencia de sólidos sedimentados a la celda siguiente, no extraiga agua de los 45 cm (18 in) del fondo.

Paso 8: No permita que el nivel del agua en la celda anterior baje a menos de 1 m (3 ft).

Paso 9: Para igualar las profundidades del agua en todas las celdas, no descargue hasta que todas las celdas estén llenas. Si está disponible, use una caja de efluentes con compuertas o válvulas para reciclar el efluente a cualquier celda del sistema para elevar el nivel del agua. Aumente el nivel del agua en cada celda en incrementos de 15 cm (6 in) hasta que las celdas estén a su profundidad de operación.

Paso 10: Implemente la estrategia operativa de diseño una vez que se haya formado un crecimiento saludable de los organismos en los sistemas, se hayan realizado las pruebas químicas y biológicas apropiadas, y se haya recibido el permiso del estado.

Asegúrese de seguir todos los procedimientos de seguridad requeridos cuando llene, drene o limpie un tanque.

SACAR DE SERVICIO UN ESTANQUE

Rara vez, los estanques son sacados de servicio. Por lo general, los estanques facultativos permanecen en operación hasta su clausura definitiva. Un estanque puede necesitar ser sacado de servicio para reparar o reemplazar un revestimiento dañado. Para comenzar, el caudal se desvía del estanque y se envía a otros estanques cerrando la estructura de entrada. A continuación, la estructura de salida debe abrirse lo máximo factible para permitir el paso de la mayor cantidad de agua posible. Puede usarse una bomba portátil para extraer el agua residual a la entrada de otro estanque. Algunos estanques tienen tubos de desagüe cerca del fondo del estanque que pueden utilizarse para drenarlos.

COMPROBACIÓN DE CONOCIMIENTOS

1. **Los colorantes que bloquean la luz solar están aprobados por la EPA de los EE. UU. para su uso en estanques de aguas residuales para controlar las algas.**
   - ☐ Verdadero
   - ☐ Falso

2. **La profundidad del manto de lodo debe ser monitoreada en múltiples lugares a lo largo de todos los estanques.**
   - ☐ Verdadero
   - ☐ Falso

3. **Las algas proporcionan oxígeno a los estanques aerobios y facultativos, y**
   a. Consumen la materia orgánica
   b. Contribuyen a los SST del efluente
   c. Se pueden eliminar con los tallos secos de cebada
   d. Crecen en simbiosis con la lenteja de agua

4. **Un sistema de tres estanques está funcionando en paralelo, pero las concentraciones de oxígeno disuelto en las celdas primarias siguen siendo demasiado bajas. Si se dispone de equipo, la concentración de oxígeno podría aumentarse**
   a. Al reducir la velocidad del aereador de superficie
   b. Al incrementar el flujo de reciclaje desde el estanque de sedimentación
   c. Al agregar barras de tallos secos de cebada
   d. Al disminuir el tiempo de operación del aereador

5. **La lenteja de agua puede competir con las algas por**
   a. Nitrógeno
   b. Fósforo
   c. Oxígeno
   d. Luz solar

6. **¿Cuál de los siguientes métodos de control de algas es una diclona?**
   a. Los tallos secos de cebada
   b. El ultrasonido
   c. La dafnia
   d. Los rotíferos

Recolección, muestreo y análisis de los datos

La comprobación periódica de varios parámetros es esencial para evaluar adecuadamente el desempeño de un sistema de estanques. Los datos de desempeño del sistema también son necesarios para satisfacer los requisitos del permiso de descarga del Sistema Nacional para la Eliminación de Descargas Contaminantes (*National Pollutant Discharge Elimination System*, NPDES) de la WRRF. En la tabla 6.6 se presentan parámetros significativos y frecuencias sugeridas para su medición. Para determinar el rendimiento del sistema de estanques es, en especial, importante disponer de instalaciones de laboratorio competentes y bien gestionadas para el control regular de la DBO_5, los sólidos en suspensión y los recuentos de coliformes. Debido a que cada sistema de estanques tendrá requisitos ligeramente diferentes, se debe desarrollar una hoja de datos estándar específica para cada lugar para introducir los datos requeridos. Las pruebas de control de procesos y de cumplimiento normativo utilizadas en los sistemas de estanques son comunes a otros procesos de tratamiento y no se analizarán en este capítulo.

Las descripciones detalladas y los procedimientos para las pruebas de laboratorio utilizadas, con frecuencia, por los operadores de las instalaciones de saneamiento de aguas residuales pueden encontrarse en *Basic Laboratory Procedures for the Operator-Analyst* (WEF, 2012).

Mantenimiento

Los elementos de un programa de mantenimiento incluyen el mantenimiento preventivo, procedimientos establecidos por escrito para el mantenimiento de emergencia y un sistema para asegurar un suministro adecuado de repuestos fundamentales. Por su diseño, los estanques de aguas residuales requieren menos mantenimiento que una WRRF mecánica, pero no se puede esperar que proporcionen tratamiento sin ningún tipo de mantenimiento. Si los estanques se someten a un mantenimiento diferido, se deteriorarán de tal manera que será necesario realizar reparaciones costosas y una posible reconstrucción.

Existen dos tipos de mantenimiento, correctivo y preventivo. El mantenimiento correctivo o las reparaciones de emergencia son reactivos. El mantenimiento correctivo se ocupa de los problemas una vez que se han producido. Los ejemplos de mantenimiento correctivo incluyen: reemplazo de un motor o de los cojinetes de bomba agarrotados, reemplazo de correas de transmisión rotas, reparación/reemplazo de válvulas y reparación de los diques del estanque. El mantenimiento preventivo, o el mantenimiento planificado, es proactivo. El mantenimiento preventivo mantiene el equipo en buenas condiciones para prevenir problemas antes de que ocurran. Los ejemplos de mantenimiento preventivo incluyen: lubricación de rutina de motores y bombas, reemplazo o reconstrucción de equipos en intervalos programados e inspecciones visuales de rutina. Cada sistema es único, por lo que los programas de mantenimiento específicos y los inventarios de piezas de repuesto dependen del equipo del sistema. Los manuales de operaciones y mantenimiento de los equipos individuales deben ser la base de los programas de

Tabla 6.6 Muestreo y análisis recomendados para los sistemas de estanques

Parámetros	Frecuencia de las mediciones (mínimas/ideales)[a]			
	Estanques aerobios no aereados	Estanques facultativos	Estanques anaerobios	Estanques aereados
Caudal				
Caudal de entrada de la instalación	(1/día)/continuo	(1/día)/continuo	(1/día)/continuo	(1/día)/continuo
Efluente de la instalación				
Descarga continua	1/semana	1/semana	Solo capacidad	Solo capacidad
Descarga de corta duración	—	1/día	—	—
Recirculación y de célula a célula	No se requiere	No se requiere	No se requiere	No se requiere
pH (en cada celda del estanque)	(1/semana)/(1/día)	(1/semana)/(1/día)	1/día	(3/semana)/(1/día)
Oxígeno disuelto (en cada celda del estanque)				
Excepto durante la descarga de corta duración	(1/semana)/(1/día)	(1/semana)/(1/día)	—	1/día
Durante la descarga de corta duración	3/día	3/día	—	—
Temperatura del líquido en cada celda del estanque	(1/semana)/(1/día)	(1/semana)/(1/día)	1/día	1/día
Nivel de líquido				
Excepto durante la descarga de corta duración	1/semana	1/semana	—	—
Durante la descarga de corta duración	1/día	1/día	—	—
Demanda bioquímica de oxígeno				
Caudal de entrada de la instalación	(2/mes)/(1/semana)	(2/mes)/(1/semana)	1/semana	1/semana
Unidad efluente	—	—	1/semana	1/semana
Efluente de la instalación				
Excepto durante la descarga de corta duración	(2/mes)/(1/semana)	(2/mes)/(1/semana)	1/semana	1/semana (después del tanque de sedimentación, si lo hubiera)
Durante la descarga de corta duración	—	5/semana (cada uno un compuesto de 3/día)	—	—
Sólidos en suspensión				
Caudal de entrada de la instalación	(2/mes)/(1/semana)	(2/mes)/(1/semana)	1/semana	1/semana
Unidad efluente	—	—	1/semana	1/semana (después del tanque de sedimentación, si lo hubiera)
Efluente de la instalación				
Excepto durante la descarga de corta duración	1/semana	1/semana	1/semana	1/semana (después del tanque de sedimentación, si lo hubiera)
Durante la descarga de corta duración	—	5/semana (cada uno un compuesto de 3/día)	—	—
Coliformes (totales o fecales)				
Caudal de entrada de la instalación	1/mes	1/mes	2/mes	2/mes
Unidad efluente	—	—	—	—
Efluente de la instalación				
Excepto durante la descarga de corta duración	1/semana	1/semana	1/semana	1/semana
Durante la descarga de corta duración	—	—	—	—
Sólidos disueltos (caudal de entrada y efluente)	Opcional/(1/semana)	Opcional/(1/semana)	(2/mes)/(1/semana)	Opcional/(1/semana)
Cloro residual en el efluente (cuando el cloro se utiliza según lo especificado en el permiso de descarga del efluente)				
Control automático	1/semana	1/semana	2/semana	2/semana
Control manual	1/día	1/día	No recomendado	1/día

(continúa)

Tabla 6.6 Muestreo y análisis recomendados para los sistemas de estanques *(continuación)*

Parámetros	Frecuencia de las mediciones (mínimas/ideales)[a]			
	Estanques aerobios no aereados	Estanques facultativos	Estanques anaerobios	Estanques aereados
Nivel de lodo				
En el estanque	1/(3 meses)	1/(3 meses)	1 mes	1/(3 meses) si continua a un estanque de sedimentación; en caso contrario, 1/mes.
En el estanque de sedimentación que sigue al estanque	—	—	—	1/mes
Especies de nitrógeno y fósforo	No se requiere	No se requiere	No se requiere	No se requiere
Ácidos volátiles y alcalinidad	—	—	Por lo general, no se requiere	—
Metales pesados y compuestos orgánicos tóxicos	Por lo general, no se requiere	Por lo general, no se requiere	Por lo general, no se requiere	Por lo general, no se requiere
Cobertura de hielo, % o área (requisitos estacionales)				
Descarga continua	2/semana	2/semana	—	2/semana
Descarga de corta duración	1/día	1/día	—	—
Grosor del hielo (cuando está 100 % cubierto)	1/mes, si la seguridad lo permite	1/mes, si la seguridad lo permite	1/mes, si la seguridad lo permite	—
Clima				
Temperatura ambiente del aire	A diario	A diario	A diario	A diario
Nubosidad	—	—	—	—
Precipitaciones	—	—	—	—
Dirección del viento	A diario[b]	A diario[b]	A diario[b]	A diario[b]
Velocidad del viento	—	—	—	—
Humedad	—	—	—	—
Resumen descriptivo	—	—	—	—
Consumo de energía (acumulativo)				
Aereadores de superficie o sopladores rotativos	—	—	—	Semanalmente
Bombas y equipos varios	Mensualmente	Mensualmente	Mensualmente	Mensualmente
Flujo de aire (para los sistemas de aeración difusa)	—	—	—	Semanalmente
Presión de aire (en el cabezal de descarga del sistema de aeración difusa)	—	—	—	Semanalmente

[a]Las frecuencias de muestreo enumeradas están destinadas a aplicarse a los residuos domésticos; las unidades que reciben proporciones sustanciales de aguas residuales industriales pueden requerir otros parámetros o frecuencias.
[b]Pueden utilizarse los registros de las estaciones meteorológicas cercanas.

mantenimiento del sistema. Este cronograma debe ser revisado anualmente o cuando se instalen nuevos equipos. Consulte la Tabla 6.7 para obtener una lista de comprobación de operación y mantenimiento.

MANTENIMIENTO FÍSICO DE RUTINA

CERCADO PERIMETRAL

Las cercas deben ser inspeccionadas a diario y mantenidas en buen estado. Los sistemas desatendidos deben tener todas las puertas cerradas y bloqueadas. Las señales de advertencia que indiquen el tipo de sistema deben ser legibles y estar en buen estado. Como estas señales son a menudo blanco de vándalos, se recomienda tener un gran inventario a mano.

CAMINOS DE ACCESO Y SOBRE EL DIQUE

Tanto los caminos de acceso como los del dique deben inspeccionarse, de forma mensual, y se los debe volver a engravar o reparar según sea necesario para asegurar el acceso durante todo el año. Los caminos de acceso deben barrerse para quitar la nieve cuando sea necesario. Si se forman surcos, puede ser necesario volver a cambiar el nivel de la tierra.

Tabla 6.7 Ejemplo de una lista de verificación de operación y mantenimiento (Zickefoose y Hayes, 1977)

	Frecuencia					
Operación y mantenimiento	A diario	Semanalmente	Mensualmente	Trimestralmente	Anualmente	Según sea necesario
Examen de la instalación						
Conduzca alrededor del perímetro de los estanques y tome nota de las siguientes condiciones:						
Cualquier acumulación de nata en la superficie del estanque y en las cajas de salida de descarga		X				
Indicios de animales excavadores	X					
Condiciones anaerobias: se caracterizan por el olor y el color negro, lodo flotante, gran número de burbujas de gas.	X					
Crecimiento de malezas en el agua	X					
Evidencia de erosión en el dique		X				
Fugas en el dique		X				
Daños en la cerca		X				
Acumulación de hielo en invierno					X	X
Evidencia de cortocircuito	X					
Pretratamiento						
Limpie la entrada y las rejas, y deseche adecuadamente la basura.	X					X
Comprobar el caudalímetro de entrada y el flotador del pozo	X					
Si la descarga es una o dos veces al año, el permiso de descarga puede requerir observaciones de lo siguiente:						
Olor		X				
Cobertura de plantas acuáticas en el estanque		X				
Profundidad del estanque		X				
Condición del dique		X				
Flujo (caudal de entrada)		X				
Precipitación pluvial (o nevadas)		X				
Nota: Cada estado tiene requisitos para los datos recopilados antes y durante la descarga que se definen en el permiso de descarga del sistema de estanques.						
Si la descarga es continua, el permiso de descarga puede requerir la siguiente información:						
Clima	X					X
Caudal	X					X
Condición de todas las celdas	X					X
Profundidad de todas las celdas	X					X
Efluente del estanque						
Muestras puntuales de OD y pH	X					X
Cl^- residual	X					X
Uso de DBO_5 y SST en muestras compuestas						X
Análisis microbianas						X
Cl^- utilizado y restante, kg (lb)	X					X
Otras pruebas e información de frecuencia se definirán en el permiso individual.						
Equipo mecánico						
Revisar el equipo mecánico y realizar un mantenimiento preventivo programado en						
Estaciones de bombeo:						
Retirar los desechos	X					
Comprobar la operación de la bomba		X				
Hacer funcionar el generador de emergencia			X			
Registrar los tiempos de funcionamiento	X					
Limpiar los flotadores, los burbujeadores u otros dispositivos de control		X				
Lubricar						X

(continúa)

Tabla 6.7 Ejemplo de una lista de verificación de operación y mantenimiento (Zickefoose y Hayes, 1977) (*continuación*)

Operación y mantenimiento	Frecuencia					
	A diario	Semanalmente	Mensualmente	Trimestralmente	Anualmente	Según sea necesario
Dispositivos de medición de caudal:						
Controlar y limpiar los flotadores, etc.	X					
Verificar la exactitud			X			
Válvulas y compuertas						
Comprobar si el ajuste es correcto		X				
Abrir y cerrar para asegurarse de que están operativas			X			

Para *hacer funcionar* una compuerta o válvula, ésta debe abrirse y cerrarse, por completo, varias veces. Esto ayuda a lubricar el mecanismo y asegura que no se oxide.

ESTRUCTURAS DE TRANSFERENCIA

La mayoría de los sistemas de estanques tienen válvulas o compuertas para transferir las aguas residuales entre los estanques (celdas). La mayoría de las compuertas y válvulas pueden oxidarse, deteriorarse o congelarse. Se debe *hacer funcionar* las válvulas y compuertas semanalmente. Deben lubricarse de acuerdo con las recomendaciones del fabricante. Las compuertas deslizantes con fugas son un problema muy común que los operadores enfrentan con los sistemas de estanques. Las válvulas y compuertas deben estar cerradas con llave o se les deben quitar las asas para minimizar cualquier intento de vandalismo.

MANTENIMIENTO DEL DIQUE

El mantenimiento del dique se analizó antes en este capítulo y se reitera aquí. Para minimizar la erosión en los diques de los estanques, se debe lograr un crecimiento denso de pasto y mantenerlo. El césped debe mantenerse bien cortado en los diques para asegurar un crecimiento denso para controlar la erosión y para reducir la protección, y el alimento para los animales excavadores. Se han utilizado pequeños ungulados (ovejas y cabras) en lugar de cortar el pasto, pero *no* deben utilizarse en sistemas con revestimientos con membranas flexibles expuestas.

Cualquier planta o árbol con raíces profundas debe retirarse tan pronto como se vean durante la inspección mensual del dique, ya que sus raíces pueden comprometer la integridad estructural del dique. En los estanques más grandes (celdas), los bancos internos, muchas veces, están protegidos de la erosión por rip-rap de piedra, hormigón o revestimientos de asfalto; estos también deben revisarse mensualmente.

ANIMALES EXCAVADORES

Los animales excavadores pueden provocar el colapso catastrófico de los diques. Los visones y las ratas almizcleras suelen construir una entrada sumergida, lo que dificulta la identificación de sus madrigueras. Inspeccione los diques en busca de evidencia de madrigueras a diario. Después de haber visto estos animales, se los debe retirar de inmediato. Los métodos más comunes de eliminación son la captura o el disparo. Tenga en cuenta que la recolección de cualquiera de estos animales puede estar sujeta a las regulaciones estatales o locales de caza. Además, las ratas almizcleras utilizan la vegetación para la construcción de alimentos y nidos. Mantener las orillas interiores del estanque libres de malezas y vegetación desalentará su anidación.

SISTEMAS DE AEREACIÓN MECÁNICA

Los aereadores superficiales (en particular, los de temporizadores o los controladores de OD) deben ponerse en marcha, de forma semanal, para garantizar su operación. Se debe observar el patrón de flujo para asegurarse de que los desechos flotantes no hayan obstruido total o parcialmente el aereador. Deben lubricarse según las recomendaciones del fabricante. En ese momento, se debe limpiar el aereador de cualquier desecho adherido. Registre los tiempos de operación del equipo, el amperaje y otros parámetros recomendados por el fabricante.

Se debe observar el patrón de flujo de los aereadores difusos todas las semanas para asegurarse de que el aereador no esté obstruido o roto. Se deben hacer funcionar las válvulas de las líneas de aeración (si las tiene) en todo su rango mensualmente. Deben lubricarse los sopladores según las recomendaciones del fabricante.

MANTENIMIENTO DEL PROCESO DE TRATAMIENTO

CONTROL DE LA VEGETACIÓN

El crecimiento extensivo de la vegetación interfiere con el tratamiento al reducir la circulación del agua, reducir o excluir la luz solar, y aumentar la carga orgánica cuando la vegetación muere. La vegetación puede hacer que el agua se estanque, lo que facilitará áreas de reproducción ideales para los insectos. Estas "zonas muertas" también atrapan la grasa y la nata, lo que produce malos olores.

Las plantas acuáticas son aquellas que crecen en el agua con sus raíces ya sea bajo el agua o en el barro a lo largo de la orilla. Entre los controles eficaces para eliminar las plantas acuáticas, se encuentran el ahogamiento, la quema, el tratamiento químico y la eliminación física. Una profundidad de estanque de 1.5 m (5 ft) impedirá que estas plantas crezcan en el fondo del estanque (celda). A veces, los niveles de agua del estanque se reducen en el otoño, lo que seca algunas de estas plantas acuáticas. Las plantas secas pueden quemarse. Asegúrese de cumplir con las regulaciones locales y de obtener los permisos necesarios antes de realizar una quema controlada. La aplicación de *herbicidas* comerciales puede ser efectiva para controlar las plantas acuáticas. En la tabla 6.8, se enumeran algunos herbicidas utilizados para controlar las plantas acuáticas. Los efectos sobre la microbiología del estanque y el flujo receptor deben ser la primera preocupación al elegir cualquier herbicida. Las regulaciones federales, estatales o locales pueden aplicarse a cualquier aplicación de herbicidas. Verifique con las agencias reguladoras antes de la aplicación, incluso si el herbicida ha sido permitido en el pasado. Tenga en cuenta que cualquier producto químico añadido al proceso de tratamiento, incluidos los herbicidas, a menudo, se añaden al permiso de descarga. El uso de productos químicos en la actualidad puede aumentar los costos de las pruebas y del cumplimiento en el futuro. El método más común es la eliminación física. Arrancar las plantas (manual o mecánicamente) desde la orilla o de un bote es muy eficaz siempre y cuando se las arranque de raíz. Si solo se eliminan las hojas, las plantas volverán a crecer con rapidez. El factor más importante para controlar la vegetación es mantenerse por delante del crecimiento. Cuando estas plantas se controlan en la costa, se evita que se extiendan al estanque, donde podrían tener que retirarse con un bote.

La quema de vegetación, aunque legal en muchos estados y condados, contribuye a la contaminación del aire. La ceniza también puede contribuir a la contaminación del agua. En su lugar, considere el compostaje de sólidos para producir un producto reutilizable y potencialmente vendible.

Los *herbicidas* funcionan porque son tóxicos para las plantas. Cuando se vierten al medio ambiente a través del efluente final, pueden tener efectos a largo plazo incluso en concentraciones extremadamente bajas. Deben utilizarse solo como último recurso.

NATA Y MATERIALES FLOTANTES

Los grandes tapetes flotantes de lodo, nata, grasa y algas pueden convertirse en fosas sépticas, creando malos olores y zonas de reproducción de insectos. Cuando el lodo sedimentado es transportado de vuelta a la superficie por las burbujas de gas, pueden formarse los tapetes. Las cianobacterias también forman tapetes flotantes (figura 6.12). Los operadores deben inspeccionar semanalmente la superficie del estanque y las estructuras de salida para detectar la acumulación de nata. Agitar estos tapetes permitirá que los gases atrapados escapen y que los sólidos se depositen en el fondo del estanque. Una manguera de alta presión de una bomba portátil desde la orilla o un motor de barco pueden proporcionar la agitación.

Junto con estos tapetes, otros materiales flotantes, como plásticos, papeles y hojas pueden bloquear la luz del sol en el estanque. La disminución del acceso a la luz solar disminuirá la producción de OD de las algas y puede afectar la eliminación de la DBO_5. Las acumulaciones de basura flotante se deben retirar físicamente antes de que provoquen problemas operacionales. El filtrado en las obras de cabecera es el método más eficaz; sin embargo, no todos los sistemas de estanques tienen rejas en el caudal de entrada. Otro método que se puede usar para retirar los desechos es el desnatado desde la orilla o desde un bote.

INSECTOS

El método de control más eficaz para los insectos es la eliminación de los hábitats de reproducción convenientes. Debe incluir el control de la vegetación alrededor de los estanques (celdas), así como la eliminación o rotura de los tapetes flotantes o de las acumulaciones en la línea de la costa. Los edificios, las cajas de válvulas y otras estructuras deben revisarse, una vez por mes, para detectar cualquier nido de insectos.

Tabla 6.8 Herbicidas usados alrededor de los estanques de tratamiento de las aguas residuales (Zickefoose y Hayes, 1977)*

Químicos	Vendidos por	Para controlar
Dalapon	Dow	Totoras
Silvex	Dow	Sauces y malezas emergentes
Sulfato de cobre	—	Algas filamentosas
Endotal	Ortho	Malezas en suspensión
Simazina (utilice un rociador debidamente autorizado)	—	Malezas

*Estos herbicidas solo deben utilizarse según lo permitido por las agencias reguladoras apropiadas.

COMPROBACIÓN DE CONOCIMIENTOS

1. **Un ejemplo de mantenimiento preventivo es**
   a. Sustituir una correa de transmisión rota
   b. Reparar los diques del estanque
   c. Lubricar rutinariamente los motores
   d. Sustituir un motor agarrotado
2. **Las válvulas y las compuertas deben ejercitarse**
   a. Abriéndolas y cerrándolas, por completo, varias veces
   b. Durante las inspecciones trimestrales para detectar la presencia de óxido en la superficie
   c. En cualquier momento, si se observan fugas alrededor del vástago
   d. Inmediatamente antes de poner en servicio un estanque
3. **Los animales que excavan deben ser retirados**
   a. Tan pronto como se los vea
   b. Antes de la temporada de reproducción
   c. Solo si los diques y los revestimientos se ven afectados
   d. A principios de la primavera, antes de que el estanque se descongele
4. **Antes de usar cualquier herbicida para controlar la vegetación en una WRRF**
   a. Las plantas se deben cortar lo más posible para aumentar su eficacia.
   b. Se debe reubicar a los animales excavadores en otras áreas.
   c. Se debe realizar una aplicación de prueba en una cuarta parte del estanque.
   d. Los operadores deben ponerse en contacto con la agencia reguladora para obtener orientación.
5. **Una vez que la agencia reguladora ha aprobado el uso de un herbicida, puede volver a utilizarse en el futuro.**
   ☐ Verdadero
   ☐ Falso
6. **Un método eficaz para reasentar el lodo flotante es rociarlo con una manguera de alta presión.**
   ☐ Verdadero
   ☐ Falso

Resolución de problemas

La mala calidad de los efluentes puede ser causada por (Barsom, 1973):

- Sobrecarga;
- Baja temperatura ambiente;
- Formación de hielo;
- Materiales tóxicos en el caudal de entrada;
- Deficiencias de nutrientes;
- Cortocircuitos;
- Pérdida del volumen de líquido debido a la sedimentación, fuga y evaporación;
- Mal funcionamiento del equipo de aeración;
- Mal funcionamiento de los equipos de mezcla o agitación;
- Niveles de operación demasiado profundos para que la luz penetre en toda la profundidad;
- Interferencia de la penetración de la luz por alta turbiedad, tapetes de algas, cubierta de lenteja de agua o nata;
- Bloqueo de la luz por el crecimiento de plantas en los diques y
- Contaminación de las aguas subterráneas causada por fugas a través del fondo o de los laterales.

Las condiciones anaerobias en un estanque pueden causar problemas de olor cuando no está diseñado específicamente para ello. Otros posibles problemas molestos son

- Problemas de formación de espuma y de rociado en los estanques aereados,
- Propagación de insectos y
- Estéticos.

Además, la erosión de los diques, la presencia de animales excavadores y el crecimiento de plantas leñosas con raíces pueden destruir la estabilidad estructural de las paredes del estanque y, por lo tanto, crear una condición peligrosa. La tabla 6.9 presenta una guía de solución de problemas de los estanques que permitirá al operador identificar rápidamente los problemas y sus posibles soluciones.

Tabla 6.9 Guía de resolución de problemas para los estanques de tratamiento de las aguas residuales (Zickefoose y Hayes, 1977)*

Indicadores/observaciones	Causa probable	Soluciones
Malezas	Mala circulación o mantenimiento, profundidad insuficiente del agua	Retirar las malezas a mano si es un nuevo crecimiento. Cortar las malas hierbas con una segadora de barra de hoz.
		Reducir el nivel de agua para exponer las malezas y después quemarlas con un soplete.
		Dejar que la superficie se congele a un nivel bajo de agua, aumentar el nivel del agua, y el hielo flotante arrastrará las malezas a medida que se eleva.
		Aumentar la profundidad del agua por encima de la parte superior de las malezas.
		Usar rip-rap. Precaución: si las malezas empiezan a crecer en el rip-rap, serán difíciles de retirar, pero pueden ser rociadas con herbicidas aceptables; debe obtener la aprobación de las agencias reguladoras adecuadas para usar herbicidas.
		Para controlar la lenteja de agua, usar rastrillos o empujar una tabla con un bote, después retirar físicamente la lenteja de agua del estanque.
Animales excavadores	Condiciones de los bancos que atraen a los animales; gran población en el área adyacente a los estanques	Retirar el suministro de alimentos, como las totoras y los esparganios de los estanques y las áreas adyacentes.
		Las ratas almizcleras prefieren un túnel parcialmente sumergido; si se eleva el nivel del agua, el túnel se extenderá hacia arriba y si se baja lo suficiente, la rata almizclera puede abandonar el túnel por completo; se las puede desalentar elevando y bajando el nivel de 0.15 a 0.20 (6 a 8 in) durante varias semanas; pueden utilizarse trampas u otros métodos de eliminación de animales si así lo permiten todas las agencias reguladoras pertinentes.
Gran crecimiento de malezas, arbustos, árboles y otra vegetación	Mal mantenimiento	El mejor método es el corte periódico.
		Sembrar los diques con una mezcla de festuca y pastos azules en la orilla, y pastos nativos cortos en otras partes; es deseable seleccionar un pasto que forme un buen césped, elimine las malezas altas, refuerce el suelo y desplace el crecimiento indeseable.
		Rociar con productos químicos aprobados para el control de malezas.
		Se han usado algunos animales pequeños, como las ovejas; esto puede aumentar el coliforme fecal, especialmente en la celda de descarga; algunas agencias reguladoras desaconsejan el uso de animales para el control de la vegetación debido a las preocupaciones por la integridad del revestimiento y de los diques.
		Practicar el pastoreo de rotación para prevenir la destrucción de especies individuales de pastos; un ejemplo de programa para la rotación del pastoreo en un sistema de tres estanques sería el pastoreo de cada área del estanque durante 2 meses en una temporada de pastoreo de 6 meses.
Formaciones de nata indeseables	El fondo del estanque se está revolviendo y el lodo está flotando hacia la superficie; mala circulación y acción del viento; grandes cantidades de lípidos y aceites en el caudal de entrada también producen nata	Usar rastrillos, una bomba portátil para obtener un chorro de agua o botes de motor para romper las formaciones de nata; cuando está rota, por lo general, se hunde.
		Toda la nata restante debe eliminarse enterrándola o acarreándola a un relleno sanitario con la aprobación de la agencia reguladora.

(*continúa*)

Tabla 6.9 Guía de resolución de problemas para los estanques de tratamiento de las aguas residuales (Zickefoose y Hayes, 1977) (*continuación*)

Indicadores/observaciones	Causa probable	Soluciones
Olores molestos	Los olores son generalmente el resultado de la sobrecarga, los largos períodos de clima nublado, la mala circulación en el estanque, los desechos industriales o el derretimiento del hielo; utilizar alimentación en paralelo a las celdas primarias para reducir la carga. Además, las malezas y, a veces, el rip-rap servirán como áreas para la acumulación de material orgánico, lo que resultará en la acumulación de olores.	Aplicar productos químicos, como el nitrato de sodio o el 1,2-dibromo-2,2-dicloroetil dimetilfosfato para introducir el oxígeno; tasa de aplicación: del5 al 15 % de nitrato de sodio/mil. gal [mil. gal × 3785 = m^3]; repetir a una dosis reducida en los días siguientes; usar 112 kg/ha (100 lb de nitrato de sodio/ac) el primer día, después 56 kg/ha·d (50 lb/ac/d) a partir de ese momento si los olores persisten; aplique en la estela de una lancha a motor.
		Instalar aeración suplementaria, como aereadores flotantes, aereadores enjaulados o aeración difusa para proporcionar combinación y oxígeno; los viajes diarios sobre el área del estanque en una lancha también ayudan. Nota: agitar el estanque puede producir que los malos olores empeoren durante períodos cortos, pero reducirá la duración total del período fétido.
		Recircular el efluente al caudal de entrada del estanque para proporcionar oxígeno adicional y distribuir la concentración de sólidos; recircular en una relación de 1 : 6.
		Eliminar los residuos industriales sépticos o de alta concentración.
Cianobacterias (algas verde azuladas)	Las algas verde azuladas son una indicación de tratamiento incompleto, sobrecarga, o bajo balance de nutrientes	Utilizar tres aplicaciones de una solución de sulfato de cobre. Tenga en cuenta que el uso de sulfato de cobre ya no se acepta en muchas regiones. Antes de usarlo, los operadores deben consultar con sus agencias reguladoras para obtener la aprobación. La mayoría de los arroyos y lagos tienen límites máximos de concentración de cobre y otros metales pesados. El uso de sulfato de cobre puede producir una violación del permiso de descarga.
		Si la alcalinidad total es superior a 50 mg/L, aplicar 1200 kg/m^3 (10 lb/mil. gal.) de sulfato de cobre; si la alcalinidad es inferior a 50 mg/L, reducir la cantidad de sulfato de cobre a 600 kg/m^3 (5 lb/mil. gal). Algunos estados no aprueban el uso de sulfato de cobre porque es tóxico para ciertos organismos y peces; además, el uso extensivo del sulfato de cobre puede causar una acumulación de cobre en el lodo, y hacer que la disposición del lodo sea un problema.
		Destruir las proliferaciones de algas con una lancha a motor o con una bomba y manguera portátiles; los motores de las lanchas deben enfriarse por aire, ya que las algas pueden obstruir los motores enfriados por agua.
		Proporcionar sombra, aumentar el OD, añadir plancton y peces comedores de algas.
Mosquitos y jejenes	Mala circulación y mantenimiento	Mantener el estanque libre de malezas y permitir que las olas actúen en la orilla para evitar que los mosquitos incuben.
		Mantener los estanques libres de nata.
		Llenar el estanque con *Gambisia* (pez mosquito).
		Rociar con larvicida como último recurso; verificar con las agencias reguladoras estatales cuáles son los productos químicos aprobados.

(*continúa*)

Tabla 6.9 Guía de resolución de problemas para los estanques de tratamiento de las aguas residuales (Zickefoose y Hayes, 1977) (*continuación*)

Indicadores/observaciones	Causa probable	Soluciones
Sólidos con alto contenido de algas en suspensión en el efluente del estanque	Condiciones climáticas o de temperatura que favorecen a una población particular de algas	Extraer el efluente de debajo de la superficie utilizando una buena disposición deflectante.
		Usar múltiples estanques en serie.
		Se pueden utilizar filtros de arena intermitentes y filtros de roca sumergidos, pero requerirán modificaciones y los servicios de un ingeniero consultor.
		Proporcionar sombra, aumentar el OD, añadir plancton y peces comedores de algas.
		En algunos casos, se han utilizado dosis de alumbre de 20 mg/L en las celdas finales, utilizadas para la descarga intermitente, para mejorar la calidad del efluente; las dosis a este nivel o inferiores no son tóxicas.
Estanques ligeramente cargados que pueden producir algas filamentosas y penetración	Sobrediseño, bajo flujo estacional	Aumentar la carga reduciendo el número de celdas en uso.
		Usar operación en serie.
Una baja y continua tendencia a la disminución del OD	Poca penetración de luz, bajo tiempo de detención, gran carga de DBO o desechos industriales tóxicos (el OD durante el día no debe caer por debajo de 3.0 mg/L durante los meses cálidos).	Eliminar las malezas, como la lenteja de agua, si cubre más del 40 % del estanque.
		Reducir la carga orgánica a las celdas primarias mediante la operación en paralelo.
		Agregar aeración suplementaria (aereadores de superficie, difusores, o la operación diaria de una lancha a motor).
		Añadir recirculación con una bomba portátil para devolver el efluente final a las obras de cabecera.
		Aplicar nitrato de sodio (ver "Olores molestos" [arriba] para obtener la dosis).
		Determinar si la sobrecarga se debe a una fuente industrial y eliminarla.
Sobrecarga, que determina un tratamiento incompleto de las aguas residuales; los problemas de sobrecarga pueden detectarse por olores ofensivos o por un color amarillo, verde opaco o gris; se deben considerar pruebas de laboratorio que muestren un pH bajo, OD y una carga excesiva de DBO por unidad de área.	Cortocircuito, desechos industriales, mal diseño, infiltración, nueva construcción (expansión del área de servicio), tratamiento inadecuado y condiciones climáticas	Anular la celda y dejarla descansar.
		Usar operación en paralelo.
		Aplicar recirculación del efluente del estanque.
		Buscar un posible cortocircuito.
		Instalar equipos de aeración suplementarios.
Tendencia decreciente en el pH; el pH debe estar en el lado alcalino, preferiblemente alrededor de 8.0 a 8.4	A la disminución del pH, le sigue una disminución del OD a medida que las algas verdes mueren; esto es provocado con frecuencia por sobrecargas, largos períodos de mal tiempo o animales más altos, como dafnias o rotíferos que se alimentan de las algas.	Anular la celda y dejarla descansar.
		Usar operación en paralelo.
		Aplicar recirculación del efluente del estanque.
		Comprobar un posible cortocircuito.
		Instalar un equipo de aeración suplementario si el problema persiste y es el resultado de una sobrecarga.
		Buscar las posibles causas tóxicas o externas de la extinción de las algas y corregirlas en su origen.
Problemas de olor, bajo OD en partes del estanque, condiciones anaerobias y bajo pH que se descubre al revisar los valores de varias partes del estanque y anotarlos en un plano (dibujo) del estanque; diferencias del 100 % al 200 % pueden indicar un cortocircuito; después de registrar las lecturas para cada ubicación, las áreas que no reciben buena circulación se caracterizan por un bajo OD y pH	Pobre acción del viento debido a los árboles o a la mala disposición de los puntos de entrada y salida; también puede deberse a la forma del estanque, al crecimiento de malezas o al fondo irregular.	Cortar los árboles y los crecimientos, al menos, a 150 m (500 ft) de distancia del estanque si está en la dirección del viento predominante.
		Instalar deflectores alrededor de la entrada para mejorar la distribución.
		Añadir recirculación para mejorar la combinación; proporcionar nuevas ubicaciones de entrada-salida, incluidas entradas múltiples.
		Elimine las malezas.
		Rellenar los fondos irregulares; investigar la posibilidad de acumulación de lodos en varias partes del estanque.

(*continúa*)

Tabla 6.9 Guía de resolución de problemas para los estanques de tratamiento de las aguas residuales (Zickefoose y Hayes, 1977) (*continuación*)

Indicadores/observaciones	Causa probable	Soluciones
Estanque facultativo que se vuelve anaerobio, da lugar a una alta DBO, sólidos en suspensión y nata en el efluente en estanques de descarga continua, olores desagradables, presencia de bacterias filamentosas, color verde amarillento o gris, y superficie plácida en cortocircuito. Esto indica condiciones anaerobias.	Sobrecarga, cortocircuito, mal funcionamiento o descargas tóxicas	Cambiar de operación en serie a operación en paralelo para dividir la carga. Esto es útil si las condiciones existen en un momento determinado cada año y no son persistentes.
		Agregar aeración suplementaria si el estanque está continuamente sobrecargado.
		Cambiar las entradas y salidas para eliminar el cortocircuito.
		Agregar recirculación (bombas portátiles de uso temporal) para proporcionar oxígeno y combinación.
		En algunos casos, se puede obtener ayuda temporal si se añade nitrato de sodio a las tasas sugeridas para el control de olores.
		Eliminar las fuentes de descarga tóxica.
Altas concentraciones de DBO que violan los requisitos de los permisos de NPDES u otras agencias reguladoras; algas muertas visibles	Tiempos de detención cortos, mala colocación de la entrada y salida, grandes cargas orgánicas o hidráulicas, y posibles compuestos tóxicos.	Comprobar si hay infiltraciones en la red de alcantarillado y eliminarlas en el origen.
		Usar bombas portátiles para recircular el agua.
		Agregar nuevas ubicaciones de entrada y salida.
		Reducir las cargas de fuentes industriales si son mayores que el nivel de diseño.
		Evitar las descargas tóxicas; convertir a operación en paralelo.
Fluctuación del OD, floculación fina en el efluente final de la celda y formación de espuma	Carga de choque, sobreaeración, desechos industriales y hielo flotante	Controlar el sistema de aeración con un reloj para permitir la operación durante períodos de gran carga; monitorear el OD para establecer un programa de operación uniforme, que mantenga aproximadamente 1 mg/L o más.
		Cambiar la operación del sistema de aeración para obtener sólidos que floculen o se aglutinen en la celda secundaria, pero que no se destruyan por una aeración excesiva.
		Localizar los desechos industriales que puedan provocar la formación de espuma y eliminar o pretratar esos desechos, como los del matadero, la leche y algunos desechos vegetales.
El hielo interfiere con la operación de los estanques aereados	Hielo flotando	Operar las unidades continuamente durante el clima frío para prevenir los daños por congelación o, si no se va a poder impedir la congelación, retirarlo por completo.
Olores en estanques anaerobios, causados por los olores del sulfuro de hidrógeno (huevo podrido) u otras condiciones desagradables debido al lodo en condiciones sépticas.	Falta de cubierta sobre la superficie del agua y carga insuficiente para tener una actividad completa que eventualmente forme un manto de nata.	Usar heno sobre la superficie o tablas de poliestireno como una cubierta temporal hasta que se haya formado un buen manto de lodo en la superficie.
		Recircular el efluente aerobio del estanque al estanque anaerobio.
		Distribuir sobre el estanque anaerobio rociando para establecer una capa fina de agua aerobia.
Un pH bajo en estanques anaerobios; el pH inferior a 6.5 acompañado de olores es el resultado de la acción de bacterias ácidas que funcionan en estado anaerobio	Los formadores de ácido trabajan más rápido que los formadores de metano en condiciones ácidas	El pH se puede elevar añadiendo una solución espesa de cal de 100 lb de cal hidratada/50 gal (500 kg/200 L) de agua a una dosis de 1 lb de cal/10 000 gal (120 g/10 000 L) en el estanque. La solución espesa se debe mezclar mientras se agrega; el mejor lugar para poner la cal es en la entrada del estanque, de modo que esté bien mezclada al entrar en este.
Contaminación de las aguas subterráneas	Fugas por el fondo o los lados	Posibles mejoras de infraestructura importantes.

Seguridad de los estanques

Esta sección fue editada ligeramente de la Sección 9.5 de la EPA de EE. UU. (2011).

Los operadores y otras personas que realizan actividades alrededor de las piscinas de tratamiento deben proceder con precaución y hacer de la seguridad y la salud pública una prioridad. Los estanques de tratamiento deben utilizarse solo para los fines para los que fueron diseñados, no para la recreación pública. En algunas zonas, los estanques de tratamiento son la única masa de agua de gran tamaño y han atraído a la gente para la recreación. Se han informado incidentes de navegación, patinaje sobre hielo, caza de aves acuáticas e incluso natación en los estanques. El uso recreativo debe ser desalentado y las prácticas de seguridad deben ser fomentadas por varias razones importantes. La posibilidad de contaminación o infección por organismos patógenos existe cuando una persona entra en contacto, especialmente con el cuerpo entero, con las aguas residuales de un estanque de tratamiento. Las personas pueden ahogarse en los estanques de tratamiento. Los revestimientos de arcilla y sintéticos se vuelven muy pegajosos y resbaladizos cuando se agrega agua. Si una persona se cae en un estanque, o salta adentro, la presencia de revestimientos puede hacer que sea en extremo difícil salir. Para desalentar el uso de los estanques para la recreación, se debe cercar toda el área y colocar letreros de advertencia.

Se aplican a los estanques las mismas reglas de higiene personal que a otros procesos de tratamiento de las aguas residuales. No coma, beba ni fume cerca de los procesos de tratamiento. Guarde esas actividades para la sala de descanso o la oficina. Asegúrese de lavarse bien las manos antes de comer. También considere lavarse la cara. Use guantes impermeables como látex, nitrilo u otro tipo de caucho cuando manipule las muestras y realice pruebas de laboratorio. Use lentes de seguridad y zapatos con puntera de acero para proteger los ojos y los dedos de los pies.

RESUMEN DEL CAPÍTULO

OBJETO Y FUNCIÓN	■ Sistema de tratamiento natural ■ Tres tipos clasificados según las condiciones ambientales y los tipos de procesos biológicos que se producen dentro de ellos: aerobios, anaerobios y facultativos ■ Los estanques facultativos son el tipo más común. ■ Se utilizan para el tratamiento secundario. ■ Aereados de forma natural o mecánica. ■ Los estanques con aeración mecánica tratan una mayor masa de DBO_5 en menos espacio que los estanques con aeración natural. ■ Descarga continua, intermitente o nula. ■ Estanques anaerobios utilizados principalmente por la industria para el pretratamiento.
TEORÍA DE OPERACIÓN: ESTANQUES FACULTATIVOS	■ En general, se componen de tres estanques operados en serie o en paralelo. ■ También existen sistemas de estanque único, doble y múltiple. ■ El tratamiento mejora con más estanques en la serie. Reduce las posibilidades de cortocircuito. ■ Los estanques primarios reciben el caudal de entrada crudo. ■ Los estanques terciarios, de sedimentación o de afinamiento actúan como clarificadores para hacer que los sólidos se sedimenten antes de descargar las aguas residuales tratadas. ■ La capa superior del estanque es aerobia. El fondo del estanque contiene lodo y es anaerobio. En algunos estanques, pueden existir condiciones anóxicas. ■ Las algas producen oxígeno durante el día, que es utilizado por las bacterias para consumir DBO_5. ■ Las algas consumen oxígeno y producen CO_2 durante la noche y en condiciones de poca luz. ■ Los ciclos de absorción y liberación de CO_2 aumentan el pH, el OD y la alcalinidad durante el día, mientras que el pH, el OD y la alcalinidad disminuyen durante la noche. ■ Las bacterias aerobias liberan nutrientes a medida que descomponen la DBO_5. ■ Las bacterias anaerobias convierten la DBO_5 sedimentable y la biomasa sedimentada en CO_2, metano, DBO_5 soluble y nutrientes. ■ Algunos nutrientes se incorporan a la biomasa. Las bacterias nitrificantes convierten el amoníaco en nitrito y nitrato. El amoníaco se volatiliza a la atmósfera cuando el pH es alto. La mayoría de los nutrientes pasan a través del efluente final. ■ Los colores de los estanques reflejan el predominio de diferentes microorganismos y otras condiciones ambientales.
PARÁMETROS DE DISEÑO: ESTANQUES FACULTATIVOS	■ El tamaño del estanque se determina por la temperatura más fría del agua esperada, la carga de DBO_5 y la disponibilidad de oxígeno. ■ Los estanques que tratan el agua más fría deben ser más grandes que los que tratan el agua más caliente. ■ En los estanques aereados de forma natural, las algas producen la mayoría del oxígeno disuelto. ■ La acción del viento y de las olas transfiere el oxígeno de la atmósfera. ■ Las tasas de carga de DBO_5 están limitadas tanto para todo el sistema como para el estanque primario. ■ Cambie de operación en serie a operación en paralelo cuando las concentraciones de OD no pueden mantenerse en los estanques primarios. ■ La operación en paralelo se utiliza, en general, en invierno.
DESEMPEÑO ESPERADO: ESTANQUES FACULTATIVOS	■ Los estanques facultativos cumplen las normas de tratamiento secundario para la DBO_5. ■ Los estanques facultativos, a veces, descargan SST en exceso de 30 mg/L como resultado del crecimiento de las algas. ■ Muchos estados tienen límites de descarga alternativos para los SST para los estanques. ■ La inversión de primavera y otoño puede ocasionar la pérdida de sólidos, y aumentar los SST del efluente. ■ La eliminación de nutrientes es inconsistente. ■ La eliminación de nitrógeno se realiza, sobre todo, mediante la captación asimilativa y la volatilización. ■ La eliminación de fósforo se realiza, fundamentalmente, mediante la captación asimilativa.

MANTENIMIENTO DE EQUIPOS Y DE RUTINA

- Construido de tierra. Proceso de corte y rellenado para construir diques.
- Las relaciones de largo/ancho varían. 1 : 1 para la mezcla completa. 3 : 1 o superior para los estanques de flujo pistón.
- Diques de tierra inclinados para mayor estabilidad. Mantenido a 3 : 1 o más plano para permitir que se corte el césped. Más empinado dentro del estanque.
- Césped, rip-rap y grava utilizados para prevenir la erosión.
- Las partes superiores de los diques son, en general, lo suficientemente anchas para un camino. Reduzca la erosión, varíe los hábitos de conducción y manténgase alejado de los diques mojados y embarrados.
- Los árboles, arbustos y animales excavadores pueden comprometer la estabilidad de los diques. Elimínelos tan pronto como los vea.
- Mantenga el césped cortado y el rip-rap en buen estado para prevenir la erosión y disuadir a los animales.
- Los revestimientos evitan que las aguas residuales contaminen las aguas subterráneas.
- Los revestimientos pueden ser de tierra natural, arcilla, asfalto, hormigón o materiales sintéticos impermeables.
- Las estructuras de entrada, salida y transferencia permiten que el agua fluya dentro, fuera y entre los estanques.
- Las estructuras de entrada, salida y transferencia pueden ser de un tubo solo o de un difusor con múltiples aberturas.
- Las válvulas de compuerta se utilizan para cerrar los tubos y poner los estanques en servicio o fuera de servicio.
- Para controlar el nivel de agua del estanque, se utilizan ataguías, guardaguas de elevación o compuertas de vertedero.
- Los deflectores (paredes o cortinas) se utilizan para dividir los estanques en secciones más pequeñas y para dirigir el flujo de agua a través del estanque. Los deflectores reducen los cortocircuitos.
- Las algas, la recirculación de agua cargada de oxígeno o los dispositivos de aeración mecánica proporcionan oxígeno para el tratamiento.
- Haga funcionar brevemente los sistemas de aeración mecánica, una vez por semana, cuando no estén en uso para mantener las piezas funcionales y lubricadas.

VARIABLES DEL PROCESO

- La tasa de carga orgánica expresada en kg DBO_5/ha·d o lb DBO_5/ac/d.
- El oxígeno debe adaptarse a la carga orgánica o el estanque se volverá anaerobio. Las concentraciones de oxígeno aumentan durante el día y disminuyen durante la noche y en los días nublados.
- La sobresaturación puede ocurrir cuando el exceso de oxígeno, producido por las algas, aumenta la concentración de oxígeno más allá de la concentración de saturación para la temperatura y presión de operación actual. Si se encienden los dispositivos de aeración mecánica cuando el estanque está sobresaturado, el oxígeno del agua se eliminará. La concentración de oxígeno disminuirá.
- El tiempo de detención hidráulica requerido depende de la temperatura del agua y de la disponibilidad de oxígeno. Los estanques aereados de forma natural pueden requerir 180 días o más para cumplir con las normas de tratamiento secundario.
- La alcalinidad y el pH cambian a diario en respuesta a la captación de dióxido de carbono y a la producción de las algas.
- El lodo se acumula en el fondo de los estanques. Contiene sólidos sedimentables de las aguas residuales y de la biomasa del caudal de entrada. Con el tiempo, aproximadamente el 60 % de la materia orgánica se convertirá en dióxido de carbono y metano.
- Las diferencias de la temperatura del agua entre el caudal de entrada y el estanque pueden causar cortocircuitos.

CONTROL DEL PROCESO

- Observación diaria de la apariencia del estanque. El color es un indicador clave.
- Mantenga el equilibrio entre la carga orgánica del caudal de entrada y la cantidad de oxígeno disponible. Los operadores pueden:
  - Cambiar de operación en serie a operación en paralelo.
  - Recircular el agua oxigenada de un estanque a otro.
  - Aumentar el tiempo o la velocidad de operación del aereador.
- Monitorear los parámetros del caudal de entrada y del efluente.
- Monitorear la acumulación de lodo y eliminar el exceso según sea necesario.
- Controlar el crecimiento de algas, en especial, en los estanques de afinamiento, para mantener las concentraciones de SST en los efluentes por debajo de los límites permitidos de descarga. Los métodos de control de algas incluyen limitar el crecimiento mediante la restricción del acceso a la luz e introducir depredadores, como la dafnia, los tallos secos de cebada y el ultrasonido.

MUESTRO Y ANÁLISIS

- Frecuencias de medición mínimas e ideales dadas.
- El oxígeno disuelto en cada estanque debe medirse a diario junto con la temperatura del agua.
- Las frecuencias de muestreo para DBO_5, SST y coliformes fecales se establecen en el permiso de descarga. Se recomiendan frecuencias mínimas para el control del proceso.
- La profundidad del manto de lodo debe medirse, al menos, una vez al año.

Referencias

Bajpai, P. (2017) Basics of Anaerobic Digestion Process. *Anaerobic Technology in Pulp and Paper Industry*; Springer Singapore; Singapore.

Barsom, G. (1973) *Lagoon Performance and the State of Lagoon Technology*; EPA-R2-73-144; U.S. Environmental Protection Agency, Office of Research and Monitoring: Washington, D.C.

Carr, N. G.; Whitton, B. A. (Ed.) (1982) The Biology of Cyanobacteria, Botanical Monographs, Volumen 19. En *The Biology of Cyanobacteria*, J. H. Burnett, H. G. Baker, H. Beevers, F. R. Whatley, Ed.; University of California Press: Berkeley y Los Ángeles, California.

Clare, J. (2002) *Daphnia: An Aquarist's Guide.* Julio. https://www.caudata.org/daphnia/#cult2 (acceso en agosto de 2017).

Crites, R. W.; Middlebrooks, E. J.; Reed, S. C. (2006) *Natural Wastewater Treatment Systems*; CRC Press: Boca Raton, Florida.

Gross, A., Boyd, C. E.; Wood, C. W. (1998) Ammonia Volatilization from Freshwater Fish Ponds. *J. Environ. Qual.*, **28** (3), 793–797.

Harris, S. M. (2003) *Wastewater Lagoon Troubleshooting*; H&S Environmental: Mesa, Arizona.

Hathaway, J. M.; Hunt, W. F. (2009) An Evaluation of the Dye Branch Wetlands; North Carolina State University, Biological and Agricultural Engineering.

Kays, W. B. (1986) *Construction of Linings for Reservoirs, Tanks, and Pollution Control Facilities*; Wiley & Sons: Nueva York.

Metcalf and Eddy, Inc./AECOM (2014) *Wastewater Engineering: Treatment and Resource Recovery*, 5.ª ed. McGraw Hill: Nueva York.

Middlebrooks, E. J.; Middlebrooks, C. H.; Reynolds, J. H.; Watters, G. Z.; Reed, S. C.; George, D. B. (1982) *Wastewater Stabilization Lagoon Design, Performance and Upgrading.* Macmillan Publishing Co., Inc.: Nueva York.

Mur, L. R.; Skulberg, O. M.; Utkilen, H. (1999) Cyanobacteria in the Environment. En *Toxic Cyanobacteria in Water: A Guide to Their Public Health Consequences, Monitoring, and Management*; Chorus, I., Bartram, J., Eds.; World Health Organization: Ginebra, Suiza.

Newman, J. (2017) *Water Quality: Barley Straw.* http://extension.psu.edu/natural-resources/water/ponds/barley-straw (acceso el 15 de agosto de 2017).

Richard, M. (2003) *Microbiological and Chemical Testing for Troubleshooting Lagoons.* http://www.lagoons online.com/trouble-shooting-wastewater-lagoons.htm (acceso el 18 de agosto de 2017).

Rockne, K. J.; Brezonik, P. L. (2006) Nutrient Removal in a Cold-Region Wastewater Stabilization Pond: Importance of Ammonia Volatilization. *J. Environ. Eng.*, **132** (4), 451–459.

Sawyer, C. N.; McCarty, P. L.; Parkin, G. F. (1994) *Chemistry for Environmental Engineering*; McGraw Hill: Nueva York.

Schlect, E. D. (1990) Oregon and Washington Fish Hatcheries Lined with Asphalt. *Asphalt*, **4** (3).

Townshend, A. R.; Knoll, H., Eds. (1987) Cold Climate Sewage Lagoons:. *Proceedings of the 1985 Workshop, Winnipeg, Manitoba*; Rep. EPS 3/NR/1; Environment Canada: Ottawa, Ontario, Canadá.

U.S. Environmental Protection Agency (1975) *Wastewater Treatment Lagoons*; EPA-430/9-74-001, MCD-14; U.S. Environmental Protection Agency: Washington, D.C.

U.S. Environmental Protection Agency (1983) *Municipal Wastewater Stabilization Ponds*; EPA 625/1-83-015; U.S. Environmental Protection Agency, Office of Research and Development Laboratory, Center for Environmental Research Information: Cincinnati, Ohio.

U.S. Environmental Protection Agency (2011) *Principles of Design and Operations of Wastewater Treatment Pond Systems for Plant Operators, Engineers, and Managers*; EPA/600/R-11/088; U.S. Environmental Protection Agency Office of Research and Development, National Risk Management Research Laboratory—Land Remediation and Pollution Control Division: Cincinnati, Ohio.

Water Environment Federation (2012) *Basic Laboratory Procedures for the Operator-Analyst*, 5.ª ed.; Water Environment Federation: Alexandria, Virginia.

Water Environment Federation (2009a) *Energy Conservation in Water and Wastewater Treatment Facilities*; Manual of Practice No. 32; Water Environment Federation: Alexandria, Virginia.

Water Environment Federation (2009b) *Natural Systems for Wastewater Treatment*, 3.º ed.; Manual of Practice No. FD-16; Water Environment Federation: Alexandria, Virginia.

Water Environment Federation (2016) *Operation of Water Resource Recovery Facilities*, 7.ª ed.; WEF Manual of Practice No. 11; Water Environment Federation: Alexandria, Virginia.

Water Environment Federation; American Society of Civil Engineers; Environmental and Water Resources Institute (2018) *Design of Water Resource Recovery Facilities*, 6.ª ed.; WEF Manual of Practice No. 8; ASCE Manuals and Reports on Engineering Practice No. 76; Water Environment Federation: Alexandria, Virginia.

Williams, A. E.; Burris, R. H. (1952) Nitrogen Fixation by Blue-Green Algae and Their Nitrogenous Composition. *Am. J. Bot.*, **39** (5), 340–342.

Wisconsin Department of Natural Resources (2006) *Blue-Green Algae*. http://dnr.wi.gov/lakes/bluegreen algae/ (acceso el 25 de julio de 2017).

Zhou, J.; Corley; C. E.; Zhu, L.; Broeckling, L.; Renth, R.; Kluge, T. (2005) Barley Straw to Improve Performance of Small Wastewater Treatment Lagoon System. *Actas de la 78.ª Exposición y Conferencia Técnica Anual de la Water Environment Federation* [CD-ROM]; Washington D.C., 29 de octubre a 2 de noviembre; Water Environment Federation: Alexandria, Virginia; p. 3672–3684.

Zickefoose, C., Hayes, R. B. J. (1977) *Operations Manual: Stabilization Ponds*; U.S. Environmental Protection Agency, Municipal Operations Branch, Office of Water Programs Operations: Washington, D.C.

Bibliografía sugerida

H&S Environmental (2003) *Wastewater Lagoon Troubleshooting: An Operator's Guide to Solving Problems and Optimizing Wastewater Lagoon Systems*; H&S Environmental: Mesa, Arizona.

U.S. Environmental Protection Agency (1983) *Design Manual: Municipal Wastewater Stabilization Ponds*; EPA-625/1-83-015; U.S. Environmental Protection Agency: Cincinnati, Ohio.

U.S. Environmental Protection Agency (2011) *Principles of Design and Operations of Wastewater Treatment Pond Systems for Plant Operators, Engineers, and Managers*; EPA/600/R-11/088; U.S. Environmental Protection Agency : Cincinnati, Ohio.

CAPÍTULO 7

Tratamiento de película fija

Introducción

Los filtros percoladores y los contactores biológicos rotativos (RBC) son procesos de película fija y se utilizan en muchas plantas de recuperación de recursos hídricos (*water resource recovery facilities*, WRRF). Los procesos de tratamiento biológico de película fija eliminan las sustancias orgánicas disueltas y los sólidos orgánicos finos de las aguas residuales. La eliminación se lleva a cabo principalmente mediante la conversión de materiales solubles y coloidales en una película biológica. Esta película biológica, o biopelícula, está adjunta a las superficies sólidas del medio de soporte. Los procesos de película fija pueden eliminar también el amoníaco, el nitrito y el nitrato. Conservan una cantidad importante de biomasa en la biopelícula, lo que ofrece estabilidad para el proceso y tolerancia a cambios de temperaturas y sustancias tóxicas. Ambos tipos de procesos de película fija tienen requisitos de energía baja y de mantenimiento bajo a moderado, especialmente en comparación con los procesos de lodo activado.

OBJETIVOS DE APRENDIZAJE

Después de completar este capítulo, podrá:

- Comprender el crecimiento y la descomposición de las biopelículas,
- Explicar los principios subyacentes al transporte másico mediante una película,
- Etiquetar todos los componentes de los filtros percoladores y RBC, y describir la función de cada uno de dichos componentes,
- Determinar la dirección del caudal de aire a través de un filtro percolador,
- Poner en servicio un filtro percolador o RBC, sacarlos de servicio,
- Inspeccionar y mantener equipos de filtros percoladores y RBC,
- Calcular las tasas de carga orgánica y las tasas de carga hidráulica (TCH) para los filtros percoladores y RBC,
- Llevar a cabo ajustes en el proceso para mantener un espesor o peso deseado de la biopelícula en filtros percoladores y RBC,
- Determinar la proporción de reciclaje requerida para mantener un valor deseado de spülkraft (SK) para un filtro percolador,
- Interpretar los datos de demanda bioquímica de oxígeno (DBO) y ajustar el tamaño del tratamiento de etapa 1 para un RBC como respuesta,
- Recolectar muestras de control del proceso y evaluar los resultados,
- Implementar medidas correctivas y acciones para minimizar los efectos de predadores de biopelículas, y
- Resolver problemas mecánicos y de control del proceso comunes.

La *biopelícula* es la capa de fango que se forma en casi cualquier superficie que está continuamente mojada cuando también hay disponible alimentos y nutrientes.

El *desprendimiento* es la pérdida de biopelícula de un proceso de película fija. Constantemente caen pequeños trozos de biopelícula del filtro. Ocasionalmente, pueden producirse eventos con desprendimientos más grandes.

El *medio de soporte*, o simplemente el medio, es el material subyacente de piedra, madera, plástico u otros materiales sobre el cual crece la biopelícula.

Espacio libre es otro término para designar los huecos. Los espacios libres son las aberturas entre los trozos de medio en el filtro.

Todos los microorganismos están hechos de carbono, nitrógeno, fósforo y otros elementos. Cuando crecen y se reproducen, estos elementos se eliminan de las aguas residuales y se convierten en parte de su biomasa. Esto es la *captación asimilativa*.

Objeto y función de los procesos de película fija

Los filtros percoladores y RBC son procesos de película fija. Utilizan los mismos microorganismos que los sistemas de estanque y lodo activado para tratar las aguas residuales, pero los microorganismos crecen adheridos a una superficie. Los procesos de película fija se denominan también *procesos de crecimiento adherido*. El *medio de soporte* ofrece una superficie para que los microorganismos se adhieran y crezcan. Gradualmente, forman una película de fango denominada *biopelícula*. Una capa delgada de aguas residuales que fluye sobre la biopelícula de manera intermitente o constante humedece la superficie de la biopelícula, lleva alimento y nutrientes a los microorganismos y quita residuos. Las aguas residuales que fluyen sobre la biopelícula y a través de los *espacios vacíos* del medio de soporte quitan la biomasa excesiva o muerta que se *desprende* de la superficie del medio. La biomasa desprendida se elimina por gravedad de los efluentes del filtro percolador o del RBC y se sedimenta en un clarificador.

Los microorganismos que crecen en las biopelículas convierten la materia orgánica soluble en sólidos de biomasa. Tanto los filtros percoladores como los RBC pueden eliminar la materia carbonosa medida como demanda bioquímica de oxígeno (DBO) y el amoníaco, el nitrito y el nitrato. Estas biopelículas, en general, no eliminan el fósforo más allá de la *captación asimilativa*. Los aspectos básicos del tratamiento biológico se describen en el capítulo 5.

Figura 7.1 Filtro percolador con medio de piedra (reimpreso con autorización de Indigo Water Group)

Un filtro percolador consiste en un tanque lleno de un medio (piedras, plástico, madera, etc.) para que las bacterias crezcan en él. El medio cuenta con el soporte de un sistema de drenaje inferior que mantiene dicho medio dentro del tanque y permite que el agua lo atraviese. El sistema de drenaje inferior también se utiliza para ventilar el medio del filtro percolador. Las aguas residuales se bombean a la parte superior del filtro percolador, donde boquillas rociadoras o un brazo giratorio las distribuyen, como se muestra en la figura 7.1. El agua percola hacia abajo sobre el medio y hacia el drenaje inferior. Los filtros percoladores no están sumergidos. El agua que percola por el medio ocupa muy poco del espacio total del interior del filtro. El filtro percolador que se muestra en la figura 7.1 está lleno de un medio de piedra natural y tiene aproximadamente 1.5 m (5 pies) de profundidad.

Los contactores biológicos rotativos (RBC) están en uso a escala plena desde mediados de la década de 1970. Los contactores biológicos rotativos consisten en varias placas o ruedas apiladas de medio que están sumergidos entre un 30 y un 70 % en aguas residuales (figura 7.2) (Metcalf and Eddy, Inc., 2003). En su mayoría, están sumergidos aproximadamente un 40 % (EPA de los EE. UU., 1984). Las ruedas giran lentamente a través de las aguas residuales. A diferencia de los filtros percoladores, los RBC no requieren bombeo y, con frecuencia, no requieren ventilación mecánica. Tanto los filtros percoladores como los RBC producen un exceso de biopelícula que periódicamente se desprende del medio. La biopelícula que se desprende se sedimenta en el fondo del clarificador secundario. En algunas instalaciones, los filtros percoladores y los RBC poseen pequeñas tolvas para recolectar la biopelícula desprendida en lugar de clarificadores. La biopelícula desprendida no regresa a los filtros percoladores ni a los RBC. Se quita del proceso para continuar el procesamiento.

Las aguas residuales domésticas e industriales no tratadas típicamente contienen sólidos sedimentables, materiales flotantes y otros desechos. Si estos sólidos no se eliminan antes de que las aguas residuales ingresen a los procesos de película fija, la capacidad de absorber oxígeno puede verse afectada, el medio de filtrado puede obstruirse, puede haber una gran cantidad de sólidos resultantes o pueden producirse otros problemas. Por lo tanto, en general suelen llevarse a cabo procesos de filtrado y eliminación de arena antes de los procesos de película fija. Deben usarse procesos de tratamiento primario para reducir la carga del proceso de película fija.

COMPROBACIÓN DE CONOCIMIENTOS

1. **En los procesos de película fija, los microorganismos crecen adheridos a algún tipo de medio de soporte.**
   - ☐ Verdadero
   - ☐ Falso

2. **Algunos procesos de película fija convierten el amoníaco en nitrito y nitrato.**
   - ☐ Verdadero
   - ☐ Falso

Figura 7.2 Contactor biológico rotativo (reimpreso con autorización de Indigo Water Group mediante el distrito de saneamiento de Upper Blue)

3. **Para que un filtro percolador funcione correctamente, el medio debe estar completamente sumergido.**
   - ☐ Verdadero
   - ☐ Falso

4. **Los procesos de película fija en general no eliminan _______ más allá de la captación asimilativa.**
   a. DBO
   b. SST
   c. Nitrógeno
   d. Fósforo

5. **El exceso de biopelícula se descarta del proceso de película fija mediante**
   a. Residuos mecánicos
   b. Raspado
   c. Desprendimiento
   d. Lavado potente

6. **La diferencia principal entre los filtros percoladores y los RBC es que**
   a. Los RBC giran por las aguas residuales.
   b. Solo los filtros percoladores pueden eliminar el amoníaco.
   c. Las tasas de desprendimiento son menores en los RBC.
   d. Los filtros percoladores no tienen bombas de caudal de entrada.

Teoría de operación de la película fija

La formación de película fija comienza a medida que los microorganismos de las aguas residuales se adhieren a una superficie. Con el tiempo, estos microorganismos se reproducen y excretan *exopolímeros*, que forman una capa de fango en la superficie del medio (figura 7.3). Eventualmente, las bacterias y los microorganismos forman colonias que sobresalen del medio subyacente. Las biopelículas con frecuencia se muestran en diagramas como delgadas y planas, pero en realidad sobresalen y tienen valles, espacios abiertos y canales. A medida que crecen nuevos microorganismos, el espesor de la biopelícula aumenta. El exceso de biopelícula eventualmente se desprende de la superficie del medio. La biomasa desprendida y las partículas suspendidas que no fueron absorbidas por la biopelícula se separan por gravedad del líquido descargado del proceso y se envían para el procesamiento del lodo de residuo.

Un *exopolímero* es una sustancia pegajosa hecha principalmente de moléculas de azúcar que ayuda a los microorganismos a adherirse entre sí.

Cuando se utilizan procesos de película fija para la eliminación de DBO, la población microbiana consiste en diversas especies de bacterias heterotróficas con poblaciones más pequeñas de protozoos y hongos. Si estos procesos se utilizan principalmente para la eliminación de amoníaco, predominan las bacterias nitrificantes autotróficas, con cantidades menores de bacterias heterotróficas.

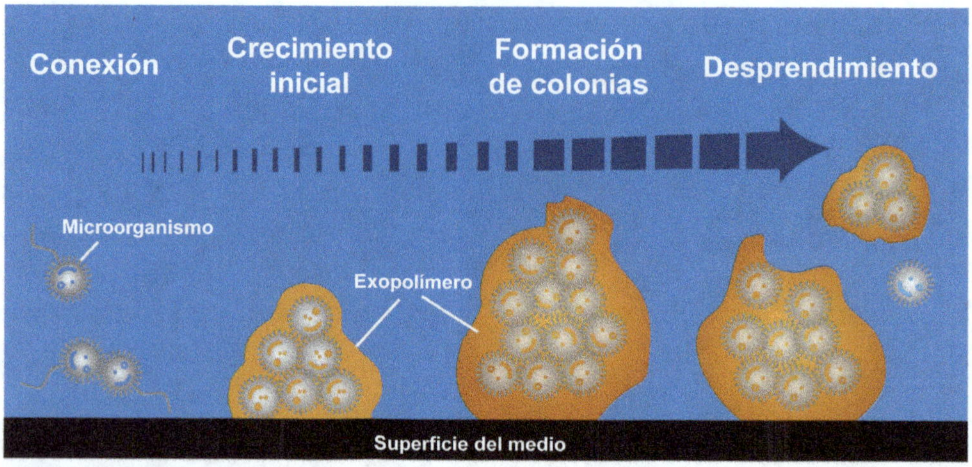

Figura 7.3 Ciclos de crecimiento de biopelícula (reimpreso con autorización de Indigo Water Group)

Si algo se *adsorbe*, se adhiere a la superficie. Si algo se absorbe, se traslada hacia arriba, dentro o a través de otra cosa. Por ejemplo, la suciedad se adsorbe al exterior de un automóvil, pero una esponja absorbe agua.

Una *enzima* es un tipo especial de proteína que las células usan para acelerar las reacciones químicas. La amilasa es una enzima que se encuentra en la saliva y que descompone el almidón en azúcares simples.

La *difusión* describe el movimiento natural de las sustancias de áreas de alta concentración a baja concentración.

A medida que las aguas residuales pasan por arriba de la biopelícula, las partículas de las aguas residuales se *adsorben* en la superficie de la biopelícula. Las *enzimas* segregadas por las bacterias descomponen las partículas de material orgánico biodegradable y convierten gradualmente la materia orgánica particulada en materia orgánica soluble. La materia orgánica, el oxígeno disuelto (OD), el amoníaco, el nitrito, el nitrato, el fósforo y otros nutrientes de las aguas residuales se *difunden* directamente en la biopelícula, donde los microorganismos los utilizan (figura 7.4). Los desechos se difunden desde la biopelícula a las aguas residuales que pasan. Las concentraciones de los distintos componentes de las aguas residuales cambian a lo largo de la profundidad de la biopelícula. Para la mayor parte de los componentes de las aguas residuales, hay una graduación en la que la concentración va de mayor a menor de un lado de la biopelícula al otro. Los componentes de las aguas residuales se trasladan gradualmente por difusión de áreas de mayor concentración a áreas de menor concentración. El movimiento de los diferentes componentes se denomina *transferencia másica*. La masa de alimentos, nutrientes, oxígeno, desechos y otras sustancias que pueden transferirse en la profundidad de la biopelícula limita la cantidad y los tipos de microorganismos presentes, además del espesor de la biopelícula.

La capa externa de la biopelícula tiene la mayor exposición a los alimentos, nutrientes y oxígeno de las aguas residuales que pasan. Como resultado, los microorganismos de esta parte de la biopelícula son los que crecen con mayor rapidez. El oxígeno debe pasar a través de esta capa exterior para llegar a los microorganismos más

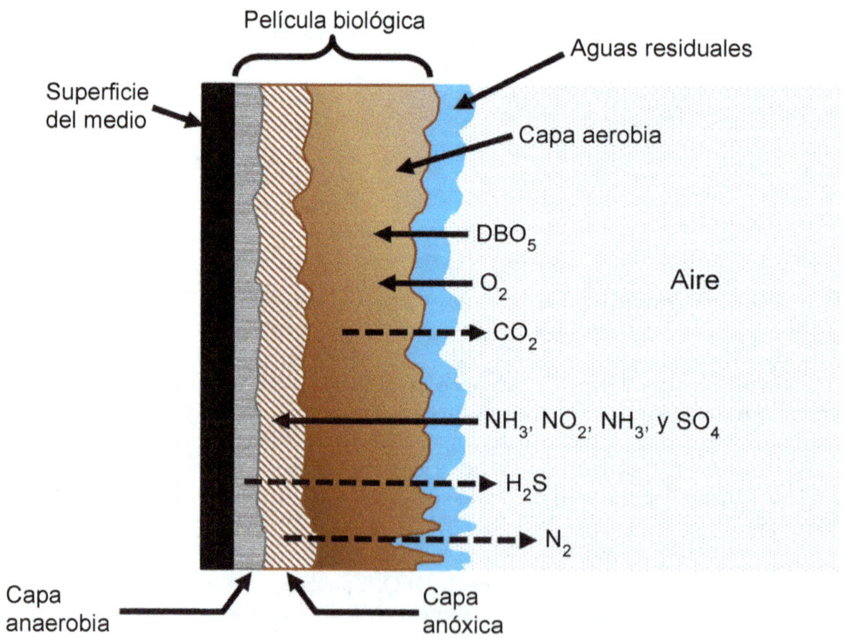

Figura 7.4 Diagrama de biopelícula (reimpreso con autorización de Indigo Water Group)

profundos en la biopelícula y con frecuencia se consume antes de alcanzar las capas internas. En las biopelículas se desarrollan zonas aerobias, anóxicas y anaerobias (figura 7.4). Para repasar las definiciones de *aerobio, anóxico* y *anaerobio,* regrese al capítulo 5. Los microorganismos de las biopelículas pueden consumir DBO, convertir amoníaco en nitrito, convertir nitrito en nitrato, convertir nitrito y nitrato en gas nitrógeno y captar fósforo. En las biopelículas profundas, se forman zonas anaerobias donde el sulfato puede convertirse en ácido sulfhídrico. La fuente de alimentos proporcionada y las condiciones ambientales del proceso controlan los tipos de microorganismos que se desarrollan en las biopelículas.

Las biopelículas no pueden llevar a cabo la eliminación mejorada de fósforo biológico. Parte del fósforo se toma para el crecimiento biológico (captación asimilativa).

Las biopelículas tienen capacidad limitada de adsorber los sólidos en suspensión. A través de la biopelícula solo pueden difundirse químicos solubles y los microorganismos solo pueden tomar químicos solubles. En general, se requiere un tratamiento primario para eliminar los sólidos en suspensión antes del tratamiento en procesos de película fija. Los microorganismos consumirán los sólidos biodegradables. La materia y las partículas inertes no biodegradables, no adsorbidas de las aguas residuales que fluyen por la biopelícula, pasan a través del proceso de película fija. Las partículas sedimentables se capturarán aguas abajo en clarificadores secundarios o finales.

La nitrificación convierte el amoníaco en nitrito y nitrato. La desnitrificación convierte el nitrito y el nitrato en gas nitrógeno. Para obtener más detalles, repase los capítulos sobre aspectos básicos del tratamiento biológico y eliminación de nutrientes.

En condiciones de bajo OD, deficiencias de nutrientes o niveles bajos de pH, los organismos que eliminan la DBO lentamente o demuestran malas características de sedimentación pueden dominar el reactor de película fija. Estos organismos son predominantemente *bacterias filamentosas*, y a veces los hongos son un inconveniente. La eliminación de las bacterias filamentosas en general implica identificar la fuente del inconveniente y eliminar la condición que permite que dominen el sistema.

Las *bacterias filamentosas* son bacterias que crecen juntas en cadenas. Unas pocas bacterias filamentosas que pueden estar presentes en sistemas de película fija incluyen *Beggiatoa, Thiothrix* y *Sphaerotilus natans*. Estos filamentos prosperan en condiciones con bajo OD.

ESTRUCTURA DE LAS BIOPELÍCULAS

Las biopelículas consisten en una matriz porosa y en capas de células vivas y muertas, además de desechos, que está unida y conectada a una superficie sólida con exopolímero. El exopolímero también se denomina sustancias exopoliméricas (EPS). Las EPS son principalmente polisacáridos (azúcares) con menores cantidades de proteínas y lípidos. Las EPS ayudan a adherir la biopelícula al medio y a mantener los microorganismos conectados a la biopelícula. La cantidad de EPS aumenta con la antigüedad de la biopelícula y puede representar del 50 al 90 % del carbono orgánico total de las biopelículas maduras. Cerca de la superficie exterior, la biopelícula estará dominada por células vivas y EPS, mientras que las capas interiores más cercanas a la superficie del medio de soporte estarán dominadas por sólidos inertes y biomasa muerta.

Las biopelículas están compuestas de una población extensa y diversa de organismos vivientes, incluidos protozoos, bacterias, algas, hongos, gusanos e incluso larvas de insectos. Las células de la biopelícula pueden formar *microcolonias* de especies únicas simplemente al permanecer conectadas después de la división celular. Las microcolonias de especie única pueden sobresalir rápidamente de la superficie del medio de soporte para separarse de las células que compiten y tener mejor acceso a los nutrientes en la superficie de la biopelícula. En la figura 7.5 se muestran microcolonias verdes de bacterias nitrificantes (izquierda) que crecen fuera de una biopelícula roja (derecha). La biopelícula de la figura 7.5 se trató con colorantes fluorescentes especiales. Debido

Las *microcolonias* son grupos pequeños de bacterias u otros microorganismos que crecen juntos en aglutinamientos.

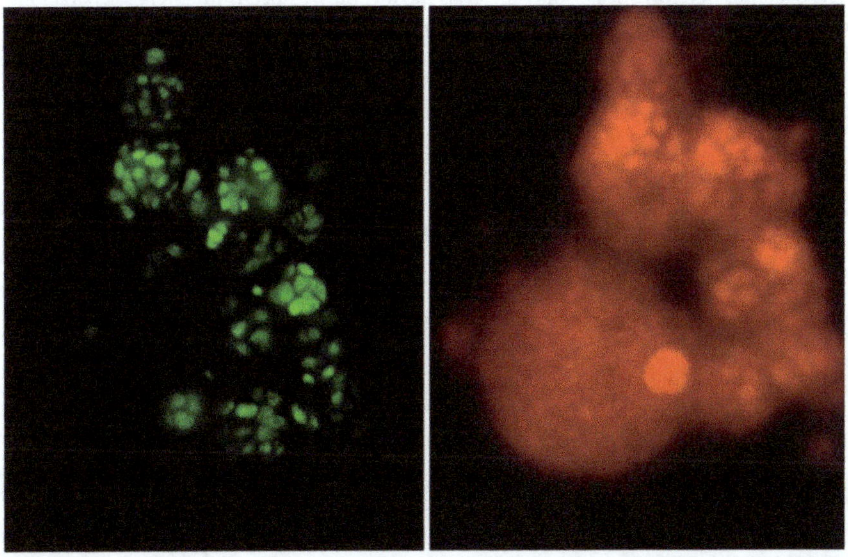

Figura 7.5 Bacterias nitrificantes que crecen en una biopelícula (reimpreso con autorización de Indigo Water Group)

a que las bacterias de la biopelícula compiten por los mismos recursos (OD y nutrientes), al crecer por arriba y a lo ancho de la superficie circundante, las células de las microcolonias que sobresalen tienen una ventaja competitiva sobre las bacterias circundantes.

Los microorganismos que pueden crecer rápidamente se acumulan sobre y cerca de la superficie externa de la biopelícula. Los microorganismos de crecimiento más lento pueden acumularse cerca del medio cuando microorganismos de crecimiento más rápido los cubren. Cuando la concentración de DBO es alta, las bacterias heterotróficas crecerán más rápido que las bacterias autotróficas. Los heterótrofos crecerán sobre las bacterias nitrificantes y agotarán el OD de las capas más profundas de la biopelícula, lo que resultará en tasas de nitrificación menores. Cuando la concentración de DBO es baja, la tasa de crecimiento de los heterótrofos se hace más lenta, el oxígeno penetra más profundo en la biopelícula y la cantidad y la actividad de las bacterias nitrificantes aumentan. En general, la concentración de DBO soluble (DBOs) debe caer por debajo de aproximadamente 20 mg/L para que las bacterias nitrificantes lleguen a ser las bacterias dominantes en un proceso de película fija.

ESPESOR DE LA BIOPELÍCULA

El espesor y la densidad de la biopelícula aumentan con el tiempo. El agua que fluye sobre una biopelícula crea fuerzas y turbulencias que provocan el desprendimiento de partes de biopelícula. Esta pérdida gradual de partes pequeñas de biopelícula se denomina *abrasión* o *erosión*. Esto hace que la biopelícula se consolide en una densidad mayor con el tiempo. Es como podar un arbusto o un árbol. Cuando se limita el largo de las ramas con una poda regular, los nuevos brotes rellenan los espacios vacíos entre las ramas existentes. Así el arbusto o árbol se hace más compacto. Crecen más ramas y hojas en un volumen menor. La densidad de la biomasa en una biopelícula es de 5 a 10 veces mayor cerca del medio de soporte que cerca de la superficie externa (Zhang y Bishop, 1994).

El espesor de la biopelícula (perpendicular a la superficie del medio de soporte) depende de la fuerza creada por las aguas residuales que pasan sobre la biopelícula y de la disponibilidad de recursos cerca de la superficie del medio. La fuerza se controla en los filtros percoladores mediante la cantidad de agua que se les envía y mediante la velocidad de los brazos del distribuidor. En los RBC, la controla la velocidad de giro de la rueda del medio. Cuando ya no hay recursos disponibles para los microorganismos en las capas inferiores de la biopelícula, dichos microorganismos pueden morir y desprenderse del medio de soporte. El desprendimiento de biopelícula del medio de soporte permite que el agua que fluye traslade células vivas de áreas con nutrientes agotados a nuevos entornos aguas abajo para que vuelvan a conectarse en lugares con condiciones ambientales favorables para la proliferación. En su mayoría, la biopelícula desprendida abandona el proceso y llega al clarificador secundario, donde se elimina por gravedad.

DESPRENDIMIENTO Y SEPARACIÓN DE LA BIOPELÍCULA

La formación de biopelícula es determinada por el equilibrio entre la conexión microbiana y las tasas de conexión y crecimiento en comparación con la tasa de desprendimiento de biomasa. La disponibilidad de recursos determina las tasas de crecimiento (capítulo 5). El aumento de DBO o amoníaco en un proceso de película fija producirá más bacterias heterotróficas y más bacterias nitrificantes, respectivamente. La separación de biopelícula puede producirse de manera constante mediante la erosión de partículas pequeñas de la superficie, o mediante el desprendimiento intermitente de partes relativamente grandes. Con el desprendimiento, el tamaño de las partículas con frecuencia supera el espesor de la biopelícula (figura 7.6). Durante el desprendimiento, pueden eliminarse partes de biopelícula hacia la superficie del medio de soporte.

El crecimiento y el desprendimiento de una biopelícula puede compararse con los del cabello. Al ducharnos o peinarnos, perdemos cabellos a diario. Debido a que tenemos tantos cabellos individuales en la cabeza, no nos damos cuenta de los pocos que perdemos. Crecen cabellos nuevos para reemplazar los que perdimos. Siempre y cuando el crecimiento de nuevos cabellos se equilibre con los que perdimos, mantendremos la cabeza con cabello. El proceso de una biopelícula saludable funciona de la misma manera. El nuevo crecimiento reemplaza las pequeñas pérdidas diarias y la cantidad de biomasa que permanece en el proceso es prácticamente constante.

El tipo y la tasa de separación de biopelícula depende de la TCH, de la concentración de OD, de la concentración del *sustrato* soluble y de otros factores. La separación de las biopelículas sometidas cargas hidráulicas constantes (tensión por fuerzas) sucede principalmente por erosión. Un aumento repentino en la TCH puede provocar aumentos importantes en la concentración de sólidos en suspensión totales (SST) y en el tamaño promedio de las partículas del efluente del filtro percolador (Choi y Morgenroth, 2003). Es como limpiar el patio con una manguera. Si se permite que fluya una cantidad pequeña de agua por el patio, los desechos pequeños como el pasto suelto serán arrastrados por ella, pero los desechos de mayor tamaño permanecerán. Si la cantidad de agua aumenta de repente, habrá suficiente fuerza para desplazar más desechos al mismo tiempo. Las tasas de

Un *sustrato* es cualquier alimento, nutriente u otra sustancia que el microorganismo necesita para sobrevivir y reproducirse. Algunos ejemplos de sustrato son DBO, oxígeno, nitrógeno y fósforo.

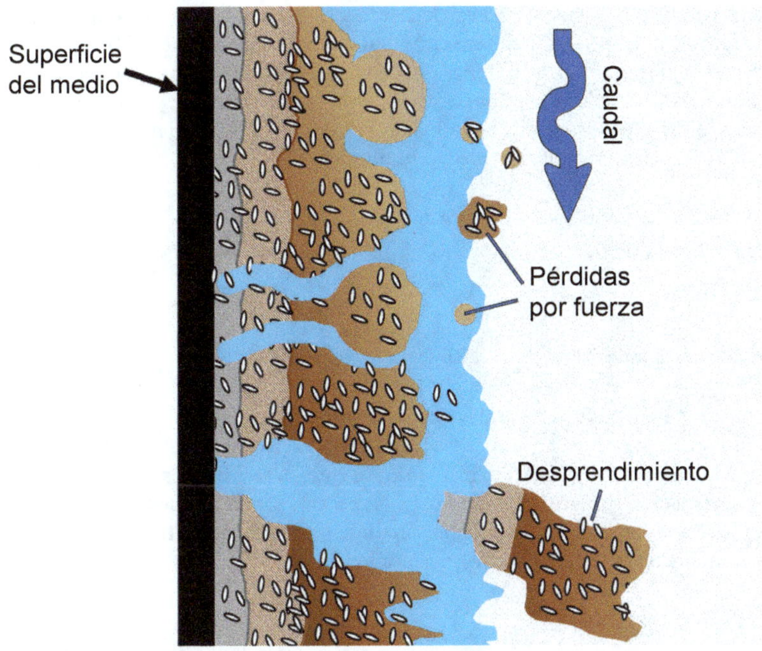

Figura 7.6 Pérdidas por cizalladura y desprendimientos (reimpreso con autorización de Indigo Water Group)

carga hidráulica (TCH) mayores en los procesos de película fija favorecen la erosión constante y los eventos de desprendimiento discreto. Esto produce biopelículas más suaves, compactas y delgadas (Picioreanu et al., 1999).

A medida que las biopelículas se vuelven más antiguas, los residuos inertes de células descompuestas se acumulan cerca de la superficie del medio de soporte, lo que reduce la fuerza adhesiva de la biopelícula. Cuando persisten bajas concentraciones de OD (< 0.5 mg/L), se forman cavidades en la base de la biopelícula. Esto también reduce la fuerza adhesiva de la biopelícula. La acumulación de residuos inertes de células descompuestas y el desarrollo de cavidades en la biopelícula en la superficie del medio de soporte favorecen el desprendimiento de biopelícula (Laspidou y Rittmann, 2004). La biomasa desprendida de los filtros percoladores tiene una *gravedad específica* de aproximadamente 1.025, lo que resulta en buenas características de sedimentación en el clarificador secundario. En comparación, la gravedad específica de los sólidos de crecimiento en suspensión (lodo activado) es de aproximadamente 1.005 (Metcalf and Eddy, Inc., 2003).

La *gravedad específica* es la relación entre la densidad de una sustancia y la densidad del agua. El agua tiene una gravedad específica de 1. La densidad es la masa (el peso) por volumen. Si una sustancia tiene una gravedad específica mayor que 1, es más densa que el agua.

DENSIDAD Y MASA DE LAS BIOPELÍCULAS

La densidad de una biopelícula en la superficie del medio de soporte no es uniforme; varía a lo largo de espesor de la biopelícula. La porosidad y la composición de la biopelícula afectan la facilidad con la que pueden difundirse los compuestos solubles a través de la profundidad de la biopelícula. A medida que las colonias se forman, mueren, se separan y son reemplazadas, se forman poros y canales que ayudan en el transporte de OD, nutrientes y desechos a través de la bipoelícula.

Los poros son aberturas en la biopelícula que pueden penetrar parcial o completamente a través de ella.

Cerca de la superficie exterior, la biopelícula es menos densa, con poros de aproximadamente 2 a 3 µm de diámetro. Cerca de la superficie del medio de soporte, la densidad de la biopelícula aumenta entre 5 y 10 veces la de la capa superficial y el tamaño de los poros se reduce aproximadamente a entre 0.3 y 0.4 µm de diámetro (Zhang y Bishop, 1994). A medida que las biopelículas se vuelven más antiguas, los espacios vacíos entre los clústeres o las colonias de microbios se llenan gradualmente con células nuevas y residuos inertes de células descompuestas. Así, la biopelícula se hace más uniforme y su superficie se hace más suave.

BACTERIAS FILAMENTOSAS

Las bacterias filamentosas son cadenas largas de bacterias individuales que crecen juntas. *Beggiatoa* y *Thiothrix*, dos tipos de bacterias filamentosas, proliferan comúnmente en los filtros percoladores y en los RBC. Estos filamentos compiten con los organismos heterotróficos por el oxígeno y por el espacio en las superficies de los medios en los filtros percoladores y en los RBC. *Beggiatoa* y *Thiothrix* utilizan sulfuro de hidrógeno y azufre elemental como fuentes de energía. Con el tiempo, pueden formar tapetes de gran tamaño que tienen la apariencia de cabellos blancos o grises sobre la superficie del medio. Cuando los tapetes se separan del medio, la superficie debajo típicamente es negra y tiene olor a huevo podrido. *Beggiatoa* y *Thiothrix* también pueden producir tapetes sobre vertederos de clarificadores aguas abajo de un proceso de película fija.

El sulfuro de hidrógeno se forma en condiciones anaerobias. Hay determinados grupos de bacterias que convierten el sulfato, presente siempre en las aguas residuales entrantes, en sulfuro de hidrógeno (H_2S). Esta conversión no ocurre si hay oxígeno disponible. Las bacterias pueden usar el oxígeno en la superficie de la biopelícula cuando hay demasiada DBO disponible. A continuación, se desarrollan condiciones anaerobias cerca de la superficie del medio. Se genera sulfuro de hidrógeno, que respalda el crecimiento de *Beggiatoa* y *Thiothrix*, además de otras bacterias que adoran el azufre. Los sulfuros pueden resultar de:

- Bajas concentraciones de OD provocadas por la sobrecarga orgánica,
- Bajas concentraciones de OD en climas cálidos,
- Desechos sépticos,
- Descargas industriales, y
- Depósitos anaerobios en el fondo del tanque del reactor del RBC.

Siempre habrá presente algunas bacterias filamentosas, pero si las hay en grandes cantidades, pueden producirse problemas. Los tapetes de bacterias filamentosas pueden aumentar la cantidad de biomasa en el medio (peso) y reducir al mismo tiempo la eliminación de DBO. Los filamentos se entrelazan y pueden impedir el desprendimiento de la biopelícula gruesa de la superficie del medio. La biopelícula separada puede mantenerse en su lugar debido a los filamentos que se extienden a la biopelícula circundante. Las bacterias filamentosas pueden hacer que la biomasa desprendida no se sedimente en el clarificador final.

MACROFAUNA EN LAS BIOPELÍCULAS

Los macroinvertebrados incluyen algunos de los organismos más grandes y no microscópicos que se encuentran en los filtros percoladores. Los caracoles, las moscas de la humedad y los gusanos son macroinvertebrados. Los macroinvertebrados se denominan comúnmente *macrofauna*.

Las biopelículas en los filtros percoladores y en los RBC están habitadas por una *macrofauna* diversa que incluye moscas de la humedad, larvas, caracoles y gusanos. Estos organismos se alimentan de la biopelícula y reducen la cantidad de biomasa excesiva desprendida de ella. Los beneficios posibles relacionados con la presencia de macrofauna incluyen una reducción de la producción de lodo, mejor capacidad de sedimentación del lodo y control del espesor de la biopelícula (WEF et al., 2010). Los filtros percoladores con macrofauna logran mayores porcentajes de eliminación de DBO y menores concentraciones de DBO en los efluentes que los filtros percoladores sin estos invertebrados (Williams y Taylor, 1968). Sin embargo, la depredación de la biomasa por parte de las poblaciones en rápido crecimiento de la macrofauna puede degradar el desempeño del tratamiento significativamente al eliminar grandes cantidades de biomasa en pocos días o semanas. La macrofauna puede tener los siguientes efectos perjudiciales:

- Depredación de la biopelícula nitrificante;
- Obstrucción de las tuberías del proceso;
- Daños en las bombas;
- Daños en las bandas de los equipos de espesamiento de banda por gravedad y deshidratación de prensa con banda;
- Cuerpos orgánicos de caracoles que permanecen en el flujo efluente, que pueden aumentar los recuentos fecales del efluente al proteger las bacterias contra los procesos de desinfección;
- Corazas que permanecen en el flujo efluente, que pueden aumentar los recuentos fecales del efluente al proteger las bacterias contra los procesos de desinfección;
- Aplicación de cargas adicionales de sólidos en clarificadores secundarios; y
- Acumulación en procesos aguas abajo, lo que reduce la capacidad de tratamiento.

MOSCAS DE LA HUMEDAD

Los filtros percoladores ofrecen un hábitat ideal para las moscas de la humedad (figura 7.7). La biopelícula ofrece una fuente abundante de alimentos para moscas adultas y larvas. Las moscas de la humedad adultas tienen 3 mm (1/8 in) de largo. El surgimiento de grandes cantidades de moscas adultas se convierte en una molestia importante durante el clima cálido, en particular con *Psychoda* y *Anisopus*. Las especies de *Psychoda* se encuentran en muchas WRRF.

Las moscas de la humedad viven entre 8 y 24 días. Se reproducen solo una vez, con frecuencia a las pocas horas de salir del pupario. Las hembras ponen de 30 a 100 huevos en superficies secas apenas por arriba de la superficie del agua. Los huevos maduran en 48 horas. La etapa de larva dura de 10 a 15 días. La etapa de pupa dura de 20 a 40 horas. Del pupario sale una mosca adulta. El tiempo que tarda en desarrollarse un huevo en mosca adulta es de 7 a 28 días, según la temperatura y la disponibilidad de alimento. El ciclo de vida breve y la tasa de reproducción alta pueden resultar en enormes cantidades de moscas de la humedad en unas pocas semanas.

Las larvas de las moscas de la humedad no pueden absorber oxígeno a través del agua y deben respirar a través de un tubo pequeño (espirácula). Deben llegar a la superficie del agua con regularidad para obtener oxígeno. Por este motivo, las superficies húmedas y secas alternadas del medio en los filtros percoladores son lugares ideales para

Figura 7.7 Moscas de la humedad (*Psychoda*) (Creative Commons Wikimedia. Fotografía de Sanjay Acharya).

que las moscas de la humedad depositen sus huevos y para que las larvas proliferen. Típicamente, las moscas de la humedad se acumulan sobre el borde externo del filtro, donde está húmedo, pero no se eliminan. Durante la etapa de pupa, el insecto permanece sumergido cerca de la superficie del agua y respira a través de una espirácula.

Las larvas de las moscas de la humedad pueden consumir grandes cantidades de biomasa en unas pocas semanas. El efecto de las larvas en la película heterotrófica no es importante debido a las tasas de crecimiento altas de bacterias *heterotróficas* bacteria. Las larvas de las moscas de la humedad pueden provocar reducciones importantes en el desempeño del tratamiento y mala calidad de efluentes en las biopelículas nitrificantes debido a las tasas de crecimiento lentas de las bacterias *autotróficas*.

En el capítulo 5 hay información adicional sobre las bacterias *heterotróficas* y *autotróficas*.

CARACOLES

Los caracoles pertenecientes al género *Physa*, conocidos comúnmente como caracoles de agua, habitan en filtros percoladores y RBC (figura 7.8). La cantidad de caracoles observados en filtros percoladores suele ser mayor en los medios de piedra, menor en los medios de volcado de plástico y la menor en los medios de láminas plásticas. Los medios de piedra y los medios de volcado de plástico tienen TCH menores que los medios de láminas plásticas y contienen más áreas secas. Ambos factores pueden permitir la reproducción más eficiente de los caracoles en medios de piedra y volcado de plástico. Los integrantes del género *Physa* están entre los caracoles de agua dulce más comunes y extendidos. Los caracoles del género *Physa* suelen tener un tamaño de entre

Figura 7.8 *P. gyrina* (caracol) (WEF, 2010)

3 mm y 15 mm y suelen vivir entre 15 y 18 meses. *P. gyrina*, común en los filtros percoladores, respira mediante pulmones e inhala oxígeno y exhala dióxido de carbono. Aunque estos caracoles prefieren un entorno húmedo, no pueden tolerar una inmersión completa durante periodos extensos.

El desarrollo de los huevos se produce principalmente en primavera, pero también hay picos de población en invierno. Cada caracol produce de 8 a 25 huevos incorporados a una masa gelatinosa que se adhiere al medio del filtro. Los huevos se ponen debajo del agua. Los huevos del mismo clúster no maduran al mismo tiempo. El género *Physa* puede soportar habitualmente menos de 16 a 24 horas de condiciones anóxicas, no tiene agrado por las condiciones salinas, requiere un mínimo de 2 mg/L de OD y requiere carbonato de calcio (alcalinidad) para el desarrollo de la coraza (Boltz et al., 2008). El momento más vulnerable de los caracoles es justo después de la maduración de los huevos.

Los caracoles son predadores de las biopelículas. Pueden consumir grandes cantidades de biomasa en pocos días o semanas. La pérdida de biomasa puede provocar reducciones importantes en el desempeño del tratamiento y mala calidad de efluentes en las biopelículas nitrificantes debido a las tasas de crecimiento lentas de las bacterias autotróficas. Fundamentalmente, los caracoles consumen la biopelícula más rápidamente de lo que puede volver a crecer. Las infestaciones de caracoles en algunos casos eliminaron completamente la biopelícula de filtros percoladores.

La cantidad de corazas de caracoles producidas en los filtros percoladores puede reducir el desempeño de los depósitos de aeración aguas abajo, de los clarificadores secundarios y de los equipos de procesamiento de lodos. Es posible que estas unidades del proceso deban retirarse de servicio para limpiarse y mantenerse, a fin de eliminar pilas de corazas. En la figura 7.9 se muestran corazas de caracoles acumuladas y arena en el fondo de un depósito de lodo activado. Las corazas de los caracoles son muy abrasivas y, con el tiempo, pueden dañar bombas, tuberías y otros equipos. Una parte pequeña de los caracoles tiene aire dentro de la coraza. Esto hace que dichos caracoles estén desconectados de la coraza. Esto significa que una fracción de los caracoles en el efluente del filtro percolador puede flotar y llegar hasta el efluente final de la WRRF. En el efluente final, el cuerpo de los caracoles puede aumentar la DBO. Una alta intensidad de lavado no es eficaz para controlar la población de caracoles en los filtros percoladores.

GUSANOS

Muchos gusanos, como nematodos, anélidos y de otros tipos, pueden habitar en los filtros percoladores. Las condiciones beneficiosas para los gusanos de agua incluyen concentraciones de OD mayores que 2 mg/L, un pH de entre 5 y 9, bajas concentraciones de amoníaco y temperaturas de entre 15 y 25 °C. Estas condiciones

Figura 7.9 Acumulación de caracoles y arena debajo de difusores en un depósito de lodo activado (el ancho del difusor es de 1.2 m [4 ft]; los difusores son la pieza más corta que se extiende desde el tubo de aire más largo en la parte inferior del tanque) (reimpreso con la autorización de la municipalidad de Boulder, Colorado)

prevalecen en filtros percoladores con tasas de carga orgánica bajas y en las partes inferiores de los filtros percoladores con tasas de carga orgánica moderada. Los filtros de tasa alta y gruesos no tienen concentraciones de OD suficientemente altas para respaldar su proliferación.

La familia de gusanos *Tubificidae* incluye organismos nadadores y *sésiles*, que se sujetan al medio. Los *Tubificidae* sésiles en general son de color rojo, miden hasta 20 cm (8 in) de largo y tienen menos de 2 mm (0.08 in) de diámetro. Se abren camino por la biopelícula con su extremo posterior proyectado fuera de la película para captar oxígeno. Las poblaciones de *Tubificidae* sésiles pueden alcanzar densidades muy altas de 400 000 gusanos/m^2 (37 000 gusanos/ft^2) o más. Las *Tubificidae* toleran condiciones anóxicas hasta 25 días mediante el cambio al metabolismo anaerobio.

A pesar de que a algunos operadores no les gusta encontrar *Tubificidae* en el proceso de tratamiento debido a que no presentan un aspecto muy atractivo, pueden resultar beneficiosas. Los gusanos *Tubifex*, un tipo de *Tubificidae*, reducen las concentraciones de demanda química de oxígeno (DQO) en los efluentes de los filtros percoladores y reducen la biomasa resultante de los filtros percoladores (producción de lodo) sustancialmente en comparación con los filtros percoladores que operan sin gusanos (Rensink y Rulkens, 1997). Una menor producción de lodo suele aumentar las concentraciones de nitrito, nitrato y fosfato en las aguas residuales. Los gusanos no afectan la nitrificación. Los gusanos *Tubificidae sésiles* bioacumulan cinc y cadmio, lo que aumenta la concentración de estos metales en el lodo de desecho y aumenta estos metales en el efluente. Los gusanos producen heces compactas que tienen un bajo *índice de volumen de lodo* (aproximadamente 60 mL/g), lo cual mejora la capacidad de sedimentación del lodo del filtro percolador (Elissen, 2007).

ALGAS

Los filtros percoladores y los RBC sin tapa crían algas en las superficies de los medios expuestos a la luz solar. Es posible que se desarrollen tapetes gruesos de algas en la superficie superior del medio expuesto y que provoquen la obstrucción y la *anegación* del medio. Algunas especies de algas, como *Cladophora glomerata* y *Vaucheria*, desarrollan trozos o tapetes gruesos que pueden favorecer las obstrucciones y anegaciones. *C. glomerata* prolifera durante la primavera y el verano y entra en letargo durante el clima frío. La proliferación de *Vaucheria* aumenta en periodos más frescos y húmedos (Dölle y Peluso, 2015).

Los gusanos *Tubificidae* son verdaderos gusanos y, aunque con frecuencia son rojos, no son los mismos organismos que los gusanos rojos que se encuentran con frecuencia en lagunas y en procesos de lodo activado. Los gusanos rojos, denominados también *gusanos de sangre*, son en realidad larvas de moscas del trigo, no gusanos. Las moscas del trigo son similares a mosquitos, pero no pican.

Sésil significa fijo en un mismo lugar. Los gusanos sésiles viven conectados a una superficie.

El *índice de volumen de desprendimiento* es una medida del modo en que el lodo se asienta y compacta correctamente en un análisis de laboratorio estándar. La prueba para determinar el volumen de desprendimiento se describe en el capítulo sobre el lodo activado.

El *anegamiento* describe una situación en la que el agua no puede atravesar el medio y se acumula en la superficie del filtro percolador. El anegamiento se describe en mayor detalle en la sección sobre la resolución de problemas.

COMPROBACIÓN DE CONOCIMIENTOS

1. **En la biopelícula solo pueden difundirse componentes solubles de las aguas residuales, y los microorganismos solo pueden utilizar dichos componentes solubles.**
   - ☐ Verdadero
   - ☐ Falso

2. **En los sistemas naturales, las sustancias se desplazan de las áreas con baja concentración a las áreas con alta concentración.**
   - ☐ Verdadero
   - ☐ Falso

3. **La cantidad de EPS presentes en una biopelícula se reduce cuanto mayor es la antigüedad de la biopelícula.**
   - ☐ Verdadero
   - ☐ Falso

4. **El primer paso en la formación de una biopelícula es**
   a. Conexión
   b. Crecimiento inicial
   c. Formación de colonias
   d. Desprendimiento

5. **Los microorganismos de la biopelícula excretan _______ que ayudan a convertir la DBO particulada en DBO soluble.**
   a. Sustancias exopoliméricas (EPS)
   b. Enzimas
   c. Venenos
   d. Ácidos digestivos

6. **¿Cuál de las sustancias siguientes puede difundirse a través de una biopelícula?**
   a. Sólidos en suspensión totales
   b. DBO coloidal
   c. Oxígeno disuelto
   d. Partículas de alimento

7. **Los microorganismos de esta parte de la biopelícula tienen el mayor acceso a los recursos y crecen con la mayor rapidez.**
   a. Capa externa
   b. Capa anóxica
   c. Capa anaerobia
   d. Superficie del medio

8. Esta sustancia que las bacterias secretan ayuda a que la biopelícula se conecte al medio de soporte.

a. Enzimas
b. Exopolímero
c. Dióxido de carbono
d. Glucosamina lipocolónica

9. Un proceso de película fija recibe una carga orgánica pesada. ¿Cuál de los siguientes enunciados es verdadero?

a. El oxígeno penetrará fácilmente en toda la profundidad de la biopelícula.
b. La biopelícula contendrá altas cantidades de bacterias nitrificantes.
c. La proliferación se verá limitada debido a la falta de DBO soluble.
d. Las bacterias heterotróficas crecerán más que las bacterias nitrificantes.

10. La biopelícula desprendida de un filtro percolador o de un RBC

a. Se recicla hacia la parte delantera del proceso de tratamiento
b. Se elimina mediante gravedad en un clarificador secundario o en una tolva
c. En general, es menos densa que las aguas residuales circundantes
d. Consiste principalmente en microorganismos vivos

11. Las moscas de la humedad requieren esta condición para poner huevos y reproducirse.

a. Tasas de carga orgánica bajas
b. Altas intensidades de lavado
c. OD mayor que 2 mg/L
d. Superficies secas

12. ¿Cuál de los enunciados siguientes sobre las infestaciones con caracoles NO es verdadero?

a. Consumen grandes cantidades de biopelícula
b. Pueden contribuir con la DBO del efluente
c. Aumentan la eliminación de SST
d. Las corazas pueden dañar los equipos

13. Estos organismos sénsiles pueden encontrarse en las biopelículas de filtros percoladores cargados livianamente.

a. Moscas de la humedad
b. Caracoles
c. Gusanos
d. Rotíferos

Filtros percoladores

Los filtros percoladores se caracterizan según su TCH, su tasa de carga orgánica (TCO), sus objetivos de tratamiento y su ubicación en el proceso de tratamiento. La tasa de carga hidráulica (TCH) es la cantidad de agua que se envía al filtro percolador y se expresa como metros cúbicos de caudal por metro cuadrado por día ($m^3/m^2 \cdot d$) o galones por minuto por pie cuadrado (gpm/ft^2) o galones por día por pie cuadrado (gpd/ft^2). En su mayoría, los filtros percoladores tienen la capacidad de reciclar los efluentes tratados de regreso al principio del proceso. Esto ayuda a mantener una TCH constante y a controlar el espesor de la biopelícula. La tasa de carga orgánica es la masa de contaminante (DBO o nitrógeno amoniacal [NH_3-N]) aplicada al filtro percolador. Para la DBO, se expresa como kilogramos por metro cúbico por día ($kg/m^3 \cdot d$) o libras por mil pies cúbicos por día ($lb/d/1000\ ft^3$). Las tasas de carga de NH_3-N se expresan como kilogramos por metro cuadrado de área superficial del medio por día ($kg/m^2 \cdot d$) o libras por mil pies cuadrados de área superficial por día ($lb/d/1000\ ft^2$). Los filtros percoladores pueden diseñarse para eliminar solo la DBO carbonosa (DBOC), solo el NH_3-N, o una combinación de DBOC y NH_3-N. En general, cuanto más livianamente cargado está un filtro percolador, más probable es que se elimine el NH_3-N total o parcialmente.

PARÁMETROS DE DISEÑO PARA FILTROS PERCOLADORES

Históricamente, los filtros percoladores se clasificaron como de tasa estándar, de tasa intermedia, de tasa alta o gruesos, con base en su tasa de carga orgánica (TCO). En las primeras tres categorías (filtros de tasa estándar, intermedia y alta), el filtro elimina total o parcialmente la DBO aplicada. En la cuarta categoría (filtro percolador grueso), se permite el paso de una cantidad importante de DBO por el filtro. Los filtros percoladores gruesos en general se combinan con otro paso de tratamiento biológico, como lodo activado, RBC u otro filtro percolador, donde se produce una eliminación sustancial de DBO. Observe que tanto las tasas de carga hidráulica como orgánica son mayores para los medios de plástico que para los medios de piedra (consulte la tabla 7.1). Esto se debe a que los medios de piedra tienen un área superficial mayor y aberturas más grandes entre ellos y a través de ellos. No es necesario que los operadores memoricen el diseño o los rangos operativos de los distintos tipos de filtros. Los rangos difieren levemente entre los distintos manuales. Los operadores deben conocer bien los parámetros de diseño de sus propias instalaciones y deben ser capaces de calcular las distintas variables de diseño y operativas. Los aspectos importantes que deben recordarse son:

- Es posible usar TCO y TCH mayores con medios de plástico que con medios de piedra.
- A medida que aumentan las tasas de carga orgánica, la capacidad de nitrificar se reduce.
- A tasas de carga orgánica muy altas, aumentan las cantidades de DBO y SST en el efluente del filtro percolador.

En la tabla 7.1 se resumen criterios generalmente aceptados que definen cada modo operativo. Los tipos de medios se describen en la sección sobre los equipos. Observe que tanto las tasas de carga hidráulica como orgánica son mayores para los medios de plástico que para los medios de piedra.

Tabla 7.1 Categorías históricas de filtros percoladores

Características de diseño	Tasa baja o estándar	Tasa intermedia	Tasa alta	Tasa extremadamente alta	Grueso
Medio	Piedra	Piedra	Piedra	Plástico	Piedra/plástico
TCH, $m^3/m^2 \cdot d$ (gpd/ft^2) excluida la recirculación	1.0 a 3.7 (25 a 90)	3.7 a 9.4 (90 a 230)	9.4 a 36.7 (230 a 900)	14.3 a 85.6 (350 a 2100)	57.0 a 171 (1400 a 4200)
Tasa de carga orgánica, kg $DBO_5/m^3 \cdot d$ (lb DBO_5/d/1000 ft^3)	0.07 a 0.22 (5 a 15)	0.24 a 0.48 (15 a 30)	0.48 a 2.4 (30 a 150)	0.6 a 3.2 (37.5 a 200)	>1.5 (>100)
Recirculación	Mínimo	Típicamente	Siempre	Típicamente	No requerido normalmente
Moscas de la humedad	Muchos	Varía	Pocos	Pocos	Pocos
Desprendimiento	Intermitente	Intermitente	Continuo	Continuo	Continuo
Profundidad, m (ft)	1.8 a 2.4 (6 a 8)	1.8 a 2.4 (6 a 8)	0.9 a 2.4 (3 a 8)	≤12 (≤40)	0.9 a 6 (3 a 20)
Eliminación de DBO, % (después de la clarificación)	80 a 90	50 a 70	40 a 80	65 a 85	40 a 85
Calidad del efluente	Bien nitrificado	Algo de nitrificación	Sin nitrificación	Nitrificación limitada	Sin nitrificación

Los filtros de tasa baja, denominados también *filtros de tasa estándar*, se utilizan para las cargas de menos de 0.22 kg de demanda bioquímica de oxígeno al cabo de cinco días (DBO_5)/100 $m^3 \cdot d$ (15 ppd DBO_5/1000 ft^3). Las tasas de carga orgánica bajas aplicadas a filtros de tasa estándar producen biomasas resultantes bajas y DBO_5 de los efluentes típicamente en menos de 25 mg/L. Los filtros de tasa baja con frecuencia reducen las concentraciones de amoníaco en los efluentes durante el clima cálido. Los filtros de medios de piedra de tasa baja tienen un rango de profundidades de 1.8 a 2.4 m (6 a 8 ft). En su mayoría, los filtros de tasa baja son circulares con distribuidores giratorios. Sin embargo, permanecen operativos algunos filtros con piedras rectangulares. Los sólidos desprendidos de un filtro de tasa baja típicamente son bien *digeridos*, de modo que estos filtros descargan menos sólidos que los filtros de tasa más alta. Los sólidos *resultantes* de 0.5 kg de SST por kg de DBO_5 entrante no son inusuales (WEF, 2007).

Cuando los sólidos están bien *digeridos*, significa que queda poco material fácilmente biodegradable.

Los filtros de tasa intermedia se utilizan para cargas de entre 0.24 y 0.48 kg/$m^3 \cdot d$ (entre 15 y 30 lb DBO_5/d/1000 ft^3). Las cargas hidráulicas mayores aumentan la velocidad de las aguas residuales que fluyen sobre la biopelícula. Esto resulta en un desprendimiento más uniforme de biomasa excesiva y en biopelículas más delgadas que en los filtros de tasa baja. Estos filtros recirculan los efluentes del filtro percolador para mantener húmedo el medio y socavar el exceso de biomasa del medio. Los sólidos biológicos que se desprenden de un filtro percolador intermedio no son digeridos tan bien como los de un filtro de tasa baja. Son comunes los resultantes de entre 0.6 y 0.8 kg SST/kg DBO_5, según el tipo de medio del filtro.

En el capítulo 5 se incluye una descripción extensa sobre el rendimiento.

Los filtros de tasa alta y de tasa extremadamente alta reciben cargas de DBO_5 total de entre 0.48 y 3.2 kg/$m^3 \cdot d$ (entre 30 y 200 lb DBO_5/d/1000 ft^3). El logro de una calidad específica en los efluentes secundarios con los filtros de tasa alta es menos predecible que con los filtros de tasa baja o intermedia. Los filtros de tasa alta con frecuencia se combinan con procesos de segunda etapa para cumplir estándares bajos de calidad del agua en los efluentes secundarios.

Los filtros percoladores gruesos son, en algunos aspectos, únicos, debido a que no están diseñados para eliminar completamente la DBO. Esto permite que los filtros percoladores gruesos se operen a tasas de carga extremadamente altas. Los filtros percoladores gruesos en general tienen una carga de diseño de entre 1.6 y 4.8 kg $DBO_5/m^3 \cdot d$ (entre 100 y 300 lb DBO_5/d/1000 ft^3). Debido a que gran parte de la DBO atraviesa toda la torre, los microorganismos de la biopelícula están expuestos a un exceso de DBO y nutrientes en toda la profundidad de la torre. Esto significa que todos los microorganismos pueden crecer a la tasa máxima, siempre y cuando las condiciones ambientales (pH y OD) sean adecuadas. Además, significa que las tasas de eliminación se maximizan en toda la torre. En otros tipos de filtros percoladores, los microorganismos de la parte inferior de la torre tienen limitación por el sustrato y no pueden crecer a la tasa máxima. Solo una parte de estos filtros percoladores opera a una eficiencia máxima.

Desde la década de 1980, la mayoría de los filtros percoladores se diseña con medios de plástico en lugar de medios de piedra. Los medios de plástico permiten tasas de carga orgánica mayores y, con frecuencia, eliminan mayores tasas de amoníaco. Los filtros percoladores modernos pueden clasificarse con mayor exactitud como filtros percoladores gruesos, con oxidación de carbono, con oxidación de carbono y nitrificación combinadas y con nitrificación terciaria. Aunque la terminología cambió para reflejar mejor las metas de tratamiento de los distintos tipos de filtros, al comparar los rangos de la tabla 7.1 y de la tabla 7.2 se observan paralelismos claros. Los filtros con oxidación de carbono son comparables a los filtros de tasa alta y los filtros con oxidación de carbono y nitrificación son comparables a los filtros de tasa intermedia. Los filtros terciarios son posteriores al tratamiento secundario y a la clarificación secundaria. En la tabla 7.2 se resumen las características y los rangos de desempeño promedio de estas categorías de filtros percoladores (WEF, 2010).

Los filtros percoladores pueden construirse con muchas distintas configuraciones del proceso y patrones de caudal, como de una etapa, de dos etapas y de funcionamiento en serie o en paralelo. Tal como ya observamos, los filtros percoladores son casi siempre precedidos por la eliminación de la arena, el filtrado y la clarificación primaria, a fin de minimizar la cantidad de material sólido que accede al filtro. Los sistemas de filtros percoladores de una etapa tienen dos o más filtros que funcionan en paralelo (lado a lado) (figura 7.10). La TCO y la TCH que se aplican a cada filtro percolador son las mismas. Un filtro puede sacarse de servicio mientras se mantiene el flujo en los demás filtros. Al sacar un filtro de servicio, la carga orgánica hacia los filtros restantes aumenta. Es posible que cada filtro tenga su propia línea de reciclado o una sola línea de reciclado puede tomar agua del efluente combinado y hacerla recircular hasta un punto apenas aguas abajo del clarificador primario.

Los sistemas de filtros percoladores de dos etapas tienen dos filtros que funcionan en serie (figura 7.11). Los sistemas de dos etapas pueden tener un clarificador intermedio instalado entre los dos filtros percoladores. En prácticamente todos los casos de instalaciones de dos etapas se produce recirculación. En el sistema que se muestra en la figura 7.11, el operador puede reciclar las aguas residuales tratadas desde el efluente de cualquiera de los filtros percoladores o enviar efluente del segundo filtro percolador a la entrada del primer filtro percolador. La configuración de recirculación puede variarse para producir el mejor efluente para las condiciones específicas de concentración y otras características de las aguas residuales. La operación en serie a veces aumenta el desempeño general de eliminación de DBO debido al aumento de la eficiencia en la primera etapa con mayor carga. En un sistema de dos etapas, el segundo filtro percolador también puede eliminar amoníaco.

Tabla 7.2 Categorías de filtros percoladores actuales

Características operativas	Función del filtro percolador			
	Grueso	Carbono Oxidación	Oxidación de carbono y nitrificación	Terciario Nitrificación
Tipo de medio[a]	VF	Piedra, RA, XF o VF	Piedra, RA, XF	Piedra, RA, XF
Fuente de las aguas residuales	Efluente primario	Efluente primario	Efluente primario	Efluente secundario
Carga hidráulica, $m^3/m^2 \cdot d$ (gpm/ft^2)	52.8–1278 (0.9–2.9)	14.7–88.0 (0.25[b]–1.5)	14.7–88.0 (0.25[b]–1.5)	35.2–88.0 (0.6[b]–1.5)
Carga hidráulica, gpd/ft^2	1300-4180	360-2160	360-2160	860-2160
DBO_5 carga, $kg/m^3 \cdot d$ (lb DBO_5/d/1000 ft^3)	1.6-3.52 (100-220)	0.32-0.96 (20-60)	0.08-0.24 (5-15)	N/A
NH_3-N, $kg/m^2 \cdot d$ (lb NH_3-N/d/1000 ft^2)	N/A	N/A	0.2-1.0 (0.04-0.2)	0.5-2.4 (0.1-0.5)
Eliminación de $DBOC_5$, porcentaje[a]	40-70	N/A	N/A	N/A
$DBOC_5$ efluente, mg/L[c]	Porcentaje	15-30	<10	<10
NH_3-N efluente, mg/L[b]	Sin eliminación		<3	0.5-3.0
Profundidad del medio, m	0.90-6.10 (3-20)	<12.2 (<40)	<12.2 (<40)	<12.2 (<40)
Depredación	Insignificante	Beneficioso	Perjudicial (biopelícula nitrificante)	Perjudicial

[a]Los tipos de medio incluyen VF = flujo vertical, RA = paquete aleatorio y XF = de flujo cruzado; aplicable a los filtros percoladores de poca profundidad.

[b]Concentración que permanece en el flujo del efluente del clarificador.

[c]Conversiones:

gpm/ft^2 × 58.674 = $m^3/m^2 \cdot d$ (metros cúbicos de caudal por día por metro cuadrado de área de la instalación de tratamiento).
ppd DBO_5/d/1000 ft^3 × 0.0160 = $kg/d \cdot m^3$ (kilogramos por día por metro cúbico de medio).
ppd NH_3-N/d/1000 ft^2 × 4.88 = $g/m^2 \cdot d$ (gramos por día por metro cuadrado de medio).

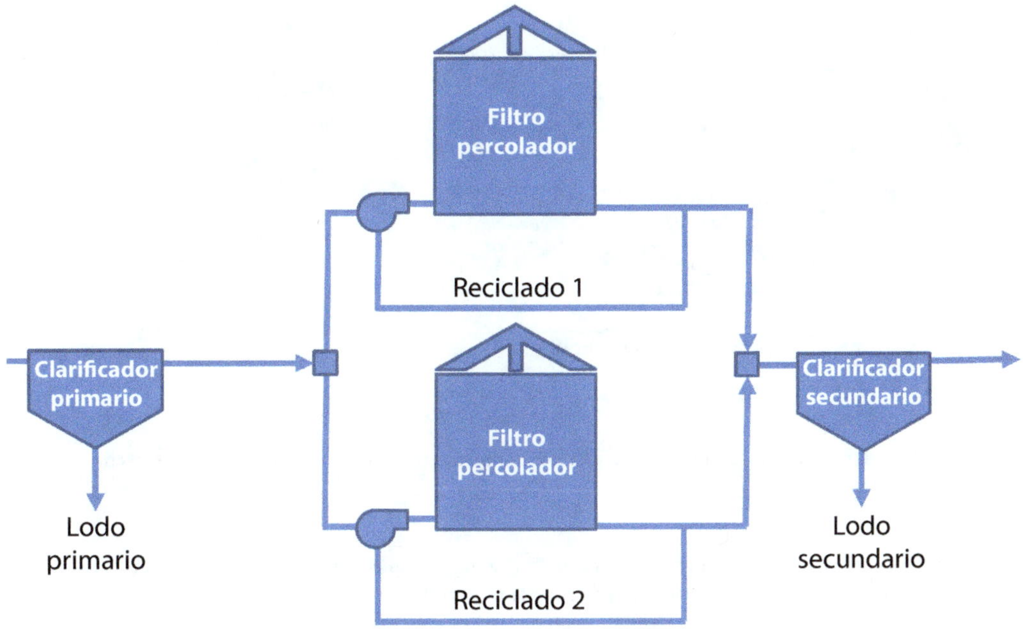

Figura 7.10 Filtro percolador de única etapa en operación en paralelo (reimpreso con autorización de Indigo Water Group)

El filtrado doble alternado consiste en dos filtros percoladores que funcionan en serie. El filtro percolador de la primera etapa recibe una carga orgánica alta que provoca el crecimiento de la biopelícula a una tasa alta. El filtro percolador de la segunda etapa recibe el efluente de la primera etapa, con una carga orgánica mucho menor, lo que resulta en una tasa de proliferación biológica inferior y en un menor desarrollo de la biopelícula. El orden de los filtros percoladores se cambia cada 3 a 7 días mediante el cambio de posición de las válvulas de control. Cuando se invierten las configuraciones, el filtro percolador de primera etapa se convierte en el de segunda etapa, y viceversa. Las posiciones de los filtros se rotan para favorecer un desarrollo más uniforme de las biopelículas en toda la profundidad de los medios de ambos filtros percoladores. La carga orgánica mucho menor aplicada en la posición de segunda etapa provoca el desprendimiento del exceso de biopelícula, lo que ayuda a prevenir la obstrucción del medio. Los filtros percoladores nitrificantes (FPN) que funcionan en modo de filtrado doble alternado, en lugar de ser FPN de una etapa, logran una mejor eliminación del amoníaco, debido a la virtual eliminación de los puntos secos en el medio y a la mejor utilización del área superficial del medio (Aspegren, 1992).

El filtrado doble alternado puede procesar cargas orgánicas altas mediante el uso del filtro de primera etapa como filtro percolador grueso, seguido de un filtro de segunda etapa con cargas orgánicas mucho menores. El costo del bombeo doble de todo el caudal de la instalación es una posible desventaja. Sin embargo, el funcionamiento en serie duplica de hecho las TCH, lo cual puede reducir o eliminar la necesidad de bombeo de recirculación para controlar el espesor de la biopelícula y prevenir la obstrucción del medio. El funcionamiento de los filtros percoladores en paralelo requiere la recirculación del efluente de los filtros percoladores a tasas que pueden igualar o superar el costo de bombeo doble para el funcionamiento en serie. La desventaja principal

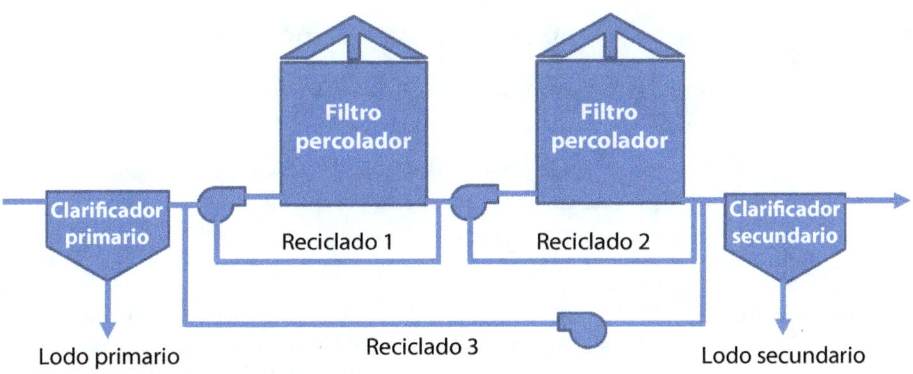

Figura 7.11 Filtro percolador de dos etapas (reimpreso con autorización de Indigo Water Group)

Figura 7.12 Contacto de sólidos del filtro percolador con filtro percolador terciario (reimpreso con autorización de Indigo Water Group)

del filtrado doble es la necesidad de tuberías y válvulas de interconexión adicionales y una mayor atención del operador para alternar rutinariamente los filtros de primera y segunda etapa.

Es posible combinar los filtros percoladores con otros procesos de tratamiento. En la figura 7.12 se presenta un esquema de South Platte Water Renewal Partners, en Englewood, Colorado. Un filtro percolador grueso aguas arriba elimina aproximadamente el 70 % de la carga de DBO entrante. La DBO restante y la biopelícula desprendida pasan a un proceso pequeño de lodo activado. Es tan pequeño que tiene un nombre especial: contacto de sólidos. En el proceso de contacto de sólidos, se elimina la DBO restante y se mezclan con suavidad los sólidos desprendidos y la nueva biomasa producida en el depósito de contacto de sólidos, a fin de ayudar a que las partículas se unan y formen otras partículas de mayor tamaño. La combinación de un filtro percolador grueso con un proceso de contacto de sólidos reduce la cantidad de energía necesaria para proporcionar oxígeno a los microorganismos. Después de separar los sólidos de las aguas residuales tratadas en un clarificador secundario, las aguas pasan a otro filtro percolador. Se trata de un filtro percolador terciario. Debido a que ya se eliminó toda la DBO, en este tipo de filtro predominan las bacterias nitrificantes. En el filtro terciario, el amoníaco se convierte en nitrito y nitrato. También es posible usar filtros percoladores en combinación con otros procesos, como RBC.

DESEMPEÑO ESPERADO DE LOS FILTROS PERCOLADORES

Las TCO, las TCH y las características de las aguas residuales entrantes, incluidos los porcentajes de materiales particulados y solubles y la temperatura, limitan el desempeño de los filtros percoladores. Para las aguas residuales domésticas que provienen principalmente de hogares y actividades comerciales livianas como escuelas y tiendas, un filtro percolador puede eliminar entre el 85 y el 95 % de la DBO, de SST y del amoníaco aplicados al proceso. Los filtros percoladores pueden cumplir los *estándares de tratamiento secundario* y reducir las concentraciones de amoníaco por debajo de 2 mg/L como N. La sedimentación para eliminar la biopelícula desprendida y otros sólidos es necesaria a fin de poder cumplir estos límites de efluentes. El desempeño esperado para distintas condiciones de carga se muestra en la tabla 7.2.

Los *estándares de tratamiento secundario* requieren que los SST y la DBO_5 en el efluente final sean menores a 30 mg/L como promedio mensual y menores a 45 mg/L como promedio en 7 días.

COMPROBACIÓN DE CONOCIMIENTOS

1. **Los filtros percoladores se clasifican según su tasa de carga orgánica.**
   - ☐ Verdadero
   - ☐ Falso
2. **Un filtro percolador de tasa intermedia puede eliminar tanto DBO como amoníaco cuando tiene una carga liviana.**
   - ☐ Verdadero
   - ☐ Falso
3. **A medida que las tasa de carga en los filtros percoladores aumentan, la eliminación porcentual también aumenta.**
   - ☐ Verdadero
   - ☐ Falso
4. **La tasa de carga orgánica en un filtro percolador actualmente está cerca de 1.5 kg/m^3·d (100 lb DBO_5/d/1000 ft^3). ¿Cuál es el efecto más probable de reducir la tasa de carga a 0.07 kg/m^3·d (5 lb DBO_5/d/1000 ft^3)?**

a. El SST aumentará
b. La DBO soluble pasará a través
c. El amoníaco efluente se reducirá
d. El crecimiento de la biopelícula aumentará

5. **Los filtros percoladores pueden eliminar todos los componentes siguientes de las aguas residuales EXCEPTO:**
   a. DBOC
   b. SST
   c. Coliformes fecales
   d. Amoníaco

6. **Las aguas residuales tratadas con frecuencia se reciclan de regreso a la parte delantera del proceso con filtro percolador para**
   a. Aumentar la tasa de carga orgánica
   b. Controlar el espesor de la biopelícula
   c. Reducir las tasas de humedecimiento
   d. Capturar la biopelícula desprendida

7. **Una ventaja de los medios de plástico sobre los medios de piedra es que**
   a. Permiten tasas de carga mayores
   b. Son materiales de construcción disponibles localmente
   c. Tienen capas más delgadas
   d. Mejoran la eficiencia de eliminación de SST

8. **Los procesos de filtros percoladores con filtrado doble de dos etapas alternados cambian regularmente cuál filtro recibe el efluente primario por este motivo.**
   a. Aseguran una eliminación adecuada de fósforo
   b. Promueven un crecimiento uniforme de biopelícula en ambos filtros
   c. Mejoran las tasas de humedecimiento hidráulico
   d. Reducen los eventos de desprendimiento de película

9. **Un filtro percolador terciario, ubicado después del clarificador secundario, está destinado a eliminar**
   a. DBO
   b. SST
   c. Amoníaco
   d. Nitrato

EQUIPOS DE FILTROS PERCOLADORES

Los filtros percoladores son fundamentalmente tanques llenos de un medio que ofrecen un modo de distribuir aguas residuales sobre el medio y recolectarla después de finalizado el tratamiento. Los medios pueden ser piedras, trozos de plástico suelto o láminas de plástico. En la figura 7.13 se muestra el diagrama de un filtro percolador. Se bombea agua a través del tubo de entrada hacia la parte superior del filtro percolador, donde se distribuye sobre el medio. La figura 7.13 muestra un distribuidor giratorio; sin embargo, también hay disponibles distribuidores de boquilla fija.

Las aguas residuales se bombean dentro del filtro percolador a través del tubo de entrada (A) hacia el pozo central (B). A continuación, fluyen a través de los brazos del distribuidor giratorio. Los distribuidores giratorios pueden tener dos o cuatro brazos. El agua que se traslada fuera de los orificios de salida (C) en el borde posterior (D) ayuda a empujar el distribuidor de modo que gire y distribuya de manera pareja las aguas residuales sobre toda el área superficial del filtro percolador. Pueden abrirse orificios retardadores de velocidad (E), denominados también *chorros de frenado*, en el borde delantero de los brazos del distribuidor. Estos orificios se establecen en una elevación mayor. A medida que aumenta el caudal hacia el filtro percolador, aumenta la cantidad de agua que se va a través de los orificios retardadores de velocidad. Las aguas residuales que fluyen a través de estos orificios empujan contra el giro del brazo del distribuidor y pueden usarse para controlar su velocidad. Algunos filtros percoladores están equipados con motores en el centro como ayuda para que el brazo del distribuidor gire (no se muestra). Las aguas residuales percolan a través del medio del filtro (F). Este filtro percolador en particular está lleno de piedra de río, un material de construcción común disponible localmente en muchas comunidades. Los filtros percoladores modernos típicamente están llenos de medios de plástico. Una estructura de soporte (G) y una pared perimetral (H) sostienen en su lugar el medio. Las aguas residuales fluyen a través de la estructura de soporte y hacia el sistema de drenaje inferior (I). El sistema de drenaje inferior recopila las aguas residuales tratadas y ofrece canales de ventilación para distribuir el flujo de aire de manera pareja a través del medio. En su mayoría, los filtros percoladores llenos de medios de piedra tienen sistemas de soporte con mosaicos de arcilla, que cuentan con canales de drenaje y ventilación rectangulares de aproximadamente 7.6 cm (3 in) de ancho por 7.6 cm a 15 cm (3 in a 6 in) de alto. Los filtros percoladores llenos de medios de plástico en general tienen sistemas de soporte que consisten en *zapatas* o pilares y vigas que ofrecen una mayor altura entre la parte inferior del medio y el piso del filtro percolador, lo que permite mayores TCH y mejora la ventilación.

Las *zapatas* son columnas ajustables que se utilizan para sostener el sistema del drenaje inferior.

Tenga en cuenta que las aguas residuales escurren desde el medio y que ni el medio ni el sistema del drenaje inferior están completamente sumergidos. Durante el funcionamiento normal, las aguas residuales que percolan forman una capa delgada sobre el medio y, en su mayoría, el espacio entre las piezas del medio es espacio libre. Un canal de drenaje inferior (J), una caja de salida (K) y un tubo de salida (L) dirigen las aguas residuales tratadas fuera del filtro percolador hacia el siguiente proceso del tratamiento. La compuerta de salida (M) puede cerrarse para sacar el filtro de servicio. Hay una compuerta similar en el tubo de entrada (A); sin embargo, no se muestra aquí. El piso del sistema de drenaje inferior (N) tiene una pendiente hacia el canal del drenaje inferior (J) como ayuda para que las aguas residuales tratadas y la biomasa desprendida salgan del proceso.

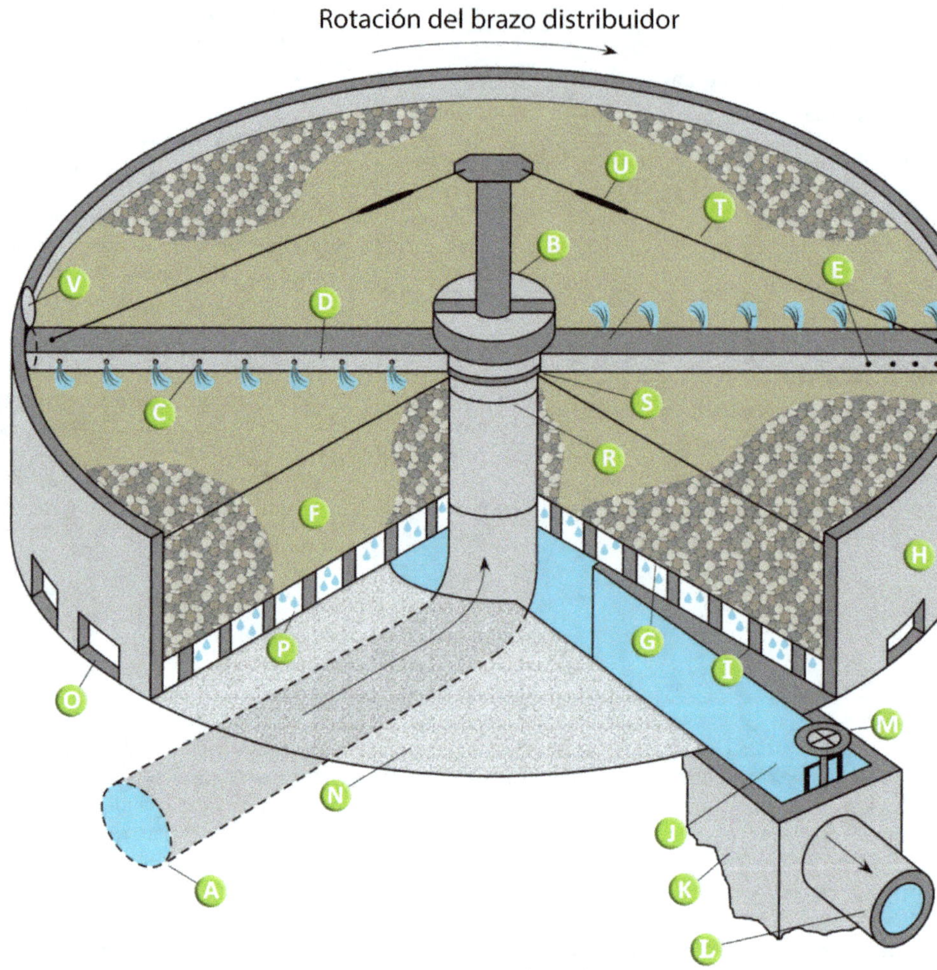

Figura 7.13 Diagrama de filtro percolador (EPA de los EE. UU., 1970)

Los filtros percoladores con ventilación natural cuentan con puertos de ventilación (O) en el perímetro inferior. Si están presentes, los puertos de ventilación permiten que fluya aire a través de los espacios abiertos en el sistema de drenaje inferior entre el sistema de soporte del medio (G e I) y el piso del filtro percolador (N). Este espacio se denomina *pleno* (P) en los filtros percoladores llenos con medios de plástico. Los filtros percoladores llenos con medios de piedra no tienen pleno; solo cuentan con los canales de drenaje poco profundos a través de los bloques de mosaicos de arcilla cerámica.

Un ciclo *diurno* cambia en un periodo de 24 horas.

Según la diferencia de temperatura entre el aire exterior y las aguas residuales, el caudal de aire puede fluir a través de los filtros percoladores ventilados naturalmente hacia abajo a través del medio y hacia afuera a través de los puertos de ventilación, o a través de los puertos de ventilación y hacia arriba a través del medio. El caudal de aire puede cambiar la dirección en que fluye con frecuencia *diurnamente*. La dirección del caudal de aire se trata en más detalle en la sección sobre las variables del proceso. Cuando la temperatura del aire exterior y de las aguas residuales es la misma, el caudal de aire de ventilación a través del medio se detiene o es muy reducido y puede provocar el agotamiento de la concentración de OD en las aguas residuales. Las concentraciones bajas o en cero de OD en las aguas residuales puede provocar olores durante periodos de baja ventilación. Algunos filtros percoladores están ventilados con aire forzado de un ventilador o soplador para mantener un caudal de aire de ventilación constante a través del medio. Esto se denomina ventilación mecánica. Los filtros percoladores ventilados mecánicamente no tienen puertos de ventilación en la pared perimetral. Los filtros percoladores a veces están cubiertos con cúpulas para conservar el calor y controlar los olores. Los filtros percoladores cubiertos utilizan ventilación mecánica.

El distribuidor consiste en otros componentes, incluidos la base del distribuidor (R), los cojinetes del distribuidor (S), el tirante (T), el tensor del tirante (U), la compuerta de vertido del brazo (V) y las placas para salpicaduras (no se muestran). La base del distribuidor soporta el peso del mecanismo del distribuidor y ofrece un conducto para que las aguas residuales lleguen a los brazos del distribuidor. Los cojinetes sostienen el peso del mecanismo del distribuidor y el peso del agua que fluye a través de él. Los cojinetes permiten que el mecanismo gire de manera pareja con una fricción mínima. Los tirantes (T) sostienen el peso de los brazos del distribuidor y los mantienen nivelados y paralelos a la superficie del medio. Los tirantes también se denominan *tirantes de fijación*. Los tirantes se expanden y contraen con la temperatura y pueden requerir ajustes estacionales para mantener los brazos del distribuidor nivelados.

Los tensores de los tirantes (U) se utilizan para ajustar la longitud de los tirantes. Los tensores de los tirantes consisten en un acoplamiento mecánico con roscas hembra dentro de cada extremo. Las roscas de los extremos opuestos de los tensores de los tirantes tienen roscas en direcciones opuestas (roscas izquierdas en un extremo y roscas derechas en el otro). Cada tirante consiste en dos partes. Un extremo de cada tirante está atornillado al extremo del tensor del tirante. Si se gira el tensor del tirante en una dirección, ambas partes del tirante se desatornillarán y la longitud total aumentará. Si se gira el tensor del tirante en la otra dirección, la longitud total se reducirá. El ajuste del tensor del tirante está limitado por su longitud y por la cantidad de roscas en cada parte del tirante.

La compuerta de vertido (V) normalmente está cerrada, pero el operador puede abrirla para ayudar a descargar los residuos acumulados fuera del brazo. También puede utilizarse para lavar la parte inferior de las paredes del filtro percolador. Sin embargo, la compuerta de vertido debe estar normalmente cerrada para impedir los cortocircuitos de aguas residuales por la cara interior de las paredes perimetrales del filtro percolador y no a través del medio. Las compuertas de vertido se denominan también *compuertas de descarga*.

COMPROBACIÓN DE CONOCIMIENTOS

1. **Todos los filtros percoladores están equipados con motores ubicados en la parte superior de la columna de entrada para girar el brazo del distribuidor.**
   - ☐ Verdadero
   - ☐ Falso
2. **En un filtro percolador ventilado naturalmente, la dirección en que fluye el caudal de aire puede cambiar durante el día.**
   - ☐ Verdadero
   - ☐ Falso
3. **Los orificios del borde delantero de un brazo del filtro percolador**
   a. Pueden usarse para reducir la velocidad del brazo
   b. Ayudan a empujar el brazo del distribuidor
   c. Deben estar todos en posición completamente abierta
   d. Enjuagan la pared exterior del filtro percolador
4. **El sistema de drenaje inferior de un filtro percolador**
   a. Ayuda a distribuir aguas residuales de manera pareja en el medio
   b. Debe limpiarse a diario para prevenir las obstrucciones
   c. Recolecta las aguas residuales tratadas y colabora con la ventilación
   d. Tiene pendiente desde el canal de drenaje inferior
5. **El espacio abierto debajo del sistema de drenaje inferior de un filtro percolador con medio de plástico se denomina**
   a. Canal
   b. Ventilador
   c. Zapata
   d. Pleno
6. **Este dispositivo se utiliza para nivelar los brazos del distribuidor de un filtro percolador.**
   a. Zapata
   b. Tensor del tirante
   c. Cuñas
   d. Compuerta de vertido

MEDIOS DE SOPORTE PARA LA BIOPELÍCULA

Los medios de soporte para la biopelícula pueden ser de piedra, madera, plástico, textiles u otros materiales. Los medios de soporte deben ofrecer un área superficial grande para el crecimiento de biopelícula en un volumen relativamente pequeño. El medio de soporte debe contener espacios abiertos (libres) entre las superficies del medio para permitir que las aguas residuales y el aire fluyan libremente a través de todo el volumen del filtro percolador. Las características de los distintos tipos de medios se detalla en la tabla 7.3.

Medios de piedra

Históricamente, la piedra triturada ha sido el medio más utilizado para filtros percoladores debido a que es económica y a que está disponible fácilmente. También se utilizan escoria triturada, grava redondeada y piedra de río. Los medios de piedra consisten en agregados de gran tamaño que tienen un mínimo de 6 cm (2.5 in) de diámetro y un tamaño uniforme para ofrecer espacios vacíos uniformes a través del medio. Un problema con los medios de piedra es que es prácticamente imposible controlar las maneras en que la piedra se asienta en la

Tabla 7.3 Características del medio de soporte de la biopelícula*

Parámetro	Piedra de río	Escoria	Conífera	Medios aleatorios de plástico		Medios de láminas de plástico corrugado	
				Pall-Ring	Bio-Pac	XF	VF
ASE, m^2/m^3 (ft^2/ft^3)	62 (19)	46 (14)	46 (14)	91 (28)	98 (30)	100, 138 y 223 (30, 42 y 68)	102 y 131 (31 y 40)
Espacio libre, porcentaje	50	60	94	95	92	95	95
Tamaño del medio							
Diámetro, cm (in)	2.4 a 7.6	7.6 a 12.8	N/A	9 (3.5)	19 (7.5)	N/A	N/A
Altura, cm (in)	(0.08 a 0.25)	(0.25 a 0.42)	1 (0.375)	9 (3.5)	5 (2)	N/A	N/A
Tamaño del módulo W, H, L, m (ft)	N/A	N/A	0.04 × 0.009 × 0.9 (0.125 × 0.03 × 3)	N/A	N/A	0.61 × 0.61 × 1.22 (2 × 2 × 4)	0.61 × 0.61 × 1.22 (2 × 2 × 4)
Material	Mineral	Mineral	RW	PP	PP		PVC
Peso seco, kg/m^3 (lb/ft^3)	1442 (90)	1600 (100)	160 (10)	44 (2.75)	27 (1.7)	24 a 45 (1.5 a 2.8)	24 a 45 (1.5 a 2.8)

*ASE = área de superficie específica; RW = conífera; VF = flujo vertical; XF = flujo cruzado; W, H, L = ancho × altura × largo. PVC = plástico de policloruro de vinilo; PP = plástico de polipropileno.

estructura del filtro percolador. Es posible que las piedras más pequeñas llenen parte del espacio entre las piedras más grandes y reduzcan el flujo de las aguas residuales y del aire. Los espacios pequeños entre las piedras pueden llenarse con biopelícula o residuos y esto puede obstruir partes del filtro percolador. El medio de piedra debe tener aproximadamente el mismo tamaño, en la medida de lo posible, con no más de un 10 % por peso elongado o plano o ambos. Las piedras más pequeñas no deben superar un 10 % por peso del total.

El *área superficial* es la cantidad de espacio disponible para el crecimiento de biopelícula. En general, una mayor área superficial por volumen es igual a una mayor capacidad de tratamiento.

Los *espacios libres* son los espacios entre los trozos de medio.

Los medios de piedra tienen relativamente poca *área superficial* por unidad de volumen de filtro percolador en comparación con los medios de plástico, lo que limita la cantidad de biopelícula que puede crecer. Los medios de piedra tienen un porcentaje relativamente bajo de *espacios libres* y es más posible que se obstruyan que los medios de plástico estructurado. Esto limita la cantidad de caudal y de carga orgánica que un filtro de medio de piedra puede procesar. La piedra redonda tiene un porcentaje más alto de espacio libre que la piedra triturada o angular. Los medios de piedra son extremadamente pesados y requieren un mayor soporte estructural que otros tipos de medios. El peso es uno de los factores que limitan la profundidad máxima de los filtros percoladores con medios de piedra. En su mayoría, los agregados de piedra suelta tienen una densidad en peso seco de aproximadamente 1282 kg/m^3 (80 lb/ft^3) en comparación con una densidad de 32 a 48 kg/m^3 (2 a 3 lb/ft^3) para medios de plástico (WEF, 2016).

En su mayoría, los filtros percoladores tienen entre 1.8 y 2.4 m (entre 6 y 8 ft) de profundidad. Este rango de profundidad se determinó óptimo mediante experimentos llevados a cabo a principios del siglo XX. Al aumentar la profundidad de los filtros percoladores, no aumentaba el desempeño. La profundidad de 6 a 8 ft de prácticamente todos los filtros percoladores con medios de piedra se asocia con tasas de ventilación limitadas producidas por corrientes naturales y una mayor tendencia de que el agua se acumule en la superficie del medio (WEF, 2010). Estas limitaciones en el desempeño coinciden con los resultados de los primeros experimentos y con los estándares de diseño adoptados por la mayoría de los estados.

Medios de conífera

Los medios de madera comercial consisten en listones de conífera apilados horizontalmente sobre espaciadores de madera. Ya no se fabrican medios de conífera, pero todavía los hay en muchos filtros percoladores existentes (figura 7.14). Los medios de conífera son similares en apariencia a los pallets (figura 7.15). Los listones tienen 1 cm (3/8 in) de espesor por 3.3 cm (1.5 in) de ancho y 0.9 o 1.2 m (35.5 o 47.5 in) de largo. El espaciamiento horizontal entre los bordes de los listones es de 1.7 cm (11/16 in) (Trickling Filter Floor Institute, 1970). Los medios de madera se producían en módulos (Del-Pak) para proporcionar estructura y facilitar la instalación.

Figura 7.14 Filtro percolador con medio de listones de conífera (reimpreso con la autorización de Kenneth Schnaars)

El uso de madera de conífera como medio de filtrado se redujo debido a una baja disponibilidad, a una baja relación entre área superficial y volumen, y costos mayores que los materiales alternativos. Además, los listones de madera se comban en el centro de los módulos debido al peso de la biopelícula. Los medios de conífera fueron reemplazados con medios de plástico en algunos filtros existentes.

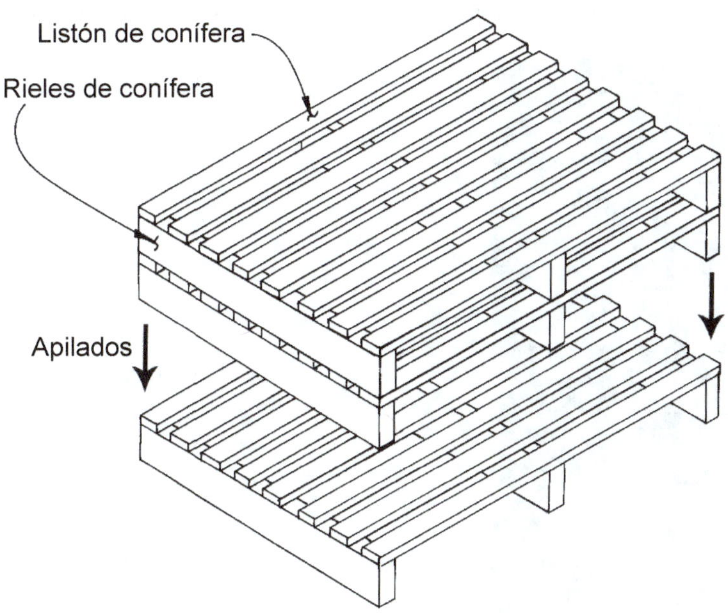

Figura 7.15 Módulo con medio de conífera (EPA de los EE. UU., 1977)

Los filtros percoladores con *medio de plástico*, que pueden tener profundidades máximas del medio de (12 m) 40 ft, a veces se denominan *biotorres* debido a su profundidad y para distinguirlos de filtros percoladores con piedra menos profundos.

El *espacio ocupado* se refiere al área superficial que ocupa un proceso. Un proceso alto y angosto tiene un espacio ocupado menor que un proceso más bajo y ancho, aunque es posible que ambos tengan el mismo volumen.

Medios de plástico

En la década de 1950, comenzaron a usarse *medios de plástico* en lugar de medios de piedra. El plástico tiene muchas ventajas sobre la piedra, como mayores espacios libres, una mayor área superficial para el crecimiento de biopelícula por unidad de volumen de filtro percolador y un peso menor. Los espacios libres de gran tamaño y un área superficial mayor por volumen permiten TCO y TCH mayores sin obstrucciones. Los espacios libres mayores también minimizan muchos problemas operativos relacionados con los medios de piedra, como las obstrucciones, los desprendimientos sin controlar, los olores y las moscas de la humedad. Una mayor área superficial es ventajosa porque pueden crecer mayores masas de biopelícula en un volumen relativamente pequeño. Los espacios libres de gran tamaño permiten tasas de ventilación mayores, lo que ayuda a mantener la biopelícula aerobia y reduce el potencial de olores. Debido a que los medios de plástico son mucho más livianos que los de piedra o madera, es posible construir filtros percoladores de hasta 12 m (40 ft) de alto. Los filtros percoladores altos *ocupan menor espacio* que los filtros percoladores de poca profundidad.

Medios aleatorios

Los medios aleatorios de plástico consisten en formas moldeadas con soportes internos para que el medio conserve su forma. Se muestran tres ejemplos de medios aleatorios, Bio-Pac (Raschig USA, Inc., Arlington, Texas), Bio-Rings (Raschig USA, Inc.) y Pall-Ring (The Pall Ring Company, U.K.), en la figura 7.16, en la figura 7.17 y en la figura 7.18, respectivamente. Para instalar los medios aleatorios, se los vuelca en el contenedor del filtro percolador. Por este motivo, a veces se denominan *medios de volcado*. Los medios aleatorios son livianos, tienen un área superficial alta por volumen y son fáciles de instalar. Los espacios libres en los medios aleatorios son uniformes, pero los espacios libres entre las piezas del medio varían en tamaño. Al igual que los medios de piedra, los espacios libres pequeños entre algunos trozos del medio tienden a taparse. La distribución de agua y aire a través de los medios aleatorios puede ser irregular, lo que produce el humedecimiento y la ventilación irregulares del medio.

Medios de flujo vertical

Los medios de flujo vertical (VF) están hechos con láminas plásticas planas insertadas entre hojas corrugadas para formar bloques de medio de mayor tamaño (figura 7.19). Los bloques de medios simples típicamente tienen 0.6 m de ancho × 0.6 m de alto × 1.2 m de largo (2 ft × 2 ft × 4 ft). Las láminas apiladas forman canales que son continuos desde la parte superior hasta la parte inferior de cada módulo y no se cruzan con ningún otro canal. Los medios de flujo vertical proporcionan una distribución prácticamente igual de aguas residuales y minimizan el potencial de obstrucción a tasas de carga orgánica mayores. Este tipo de medio en general se usa en filtros percoladores gruesos y en filtros de tasa alta.

Medios de flujo cruzado

Los medios de flujo cruzado (XF) consisten en láminas de plástico formadas al vacío y corrugadas que tienen estrías poco profundas que dan rigidez estructural a dichas láminas individuales. Las láminas individuales son similares en aspecto a una bandeja de huevos con sus partes superiores e inferiores (figura 7.20). Hay varias láminas ensambladas en módulos que miden 0.6 m × 0.6 m × 1.2 m (2 ft × 2 ft × 4 ft) (figura 7.21). Durante el ensamblaje, las láminas corrugadas alternadas se rotan 180 grados, lo que hace que los corrugados en ángulo

Figura 7.16 Medio aleatorio de Bio-Pac (reimpreso con autorización de Indigo Water Group)

Figura 7.17 Medio aleatorio de Bio-Rings (reimpreso con autorización de Indigo Water Group)

Figura 7.18 Medio aleatorio de PallPAK100 (reimpreso con autorización de Pall Ring Company)

Figura 7.19 Medio de flujo vertical (por cortesía de Brentwood Industries, Inc.)

Figura 7.20 Una bandeja de huevos se parece a un medio de flujo cruzado (Getty Images)

tengan direcciones opuestas y crea el espacio libre en los módulos. Las intersecciones de los corrugados en ángulo entre cada lámina se sueldan con solvente o con calor. A medida que las aguas residuales percolan sobre el medio, cada intersección se convierte en un lugar donde las aguas residuales se dividen en flujos múltiples y se unen nuevamente. El efecto general mezcla las aguas residuales y crea áreas de turbulencia. Esto ayuda a que las aguas residuales tomen oxígeno del aire. Las partes superior e inferior de los módulos tienen una forma hexagonal o de panal (figura 7.22). La geometría de los corrugados en ángulo que tienen intersección y las nervaduras que aportan rigidez le conceden a los módulos livianos una fortaleza de alta compresión, lo que hace que el medio sea sólido y difícil de aplastar. Los medios de flujo cruzado tienen una distribución de flujo más uniforme (mejor) que otros medios.

Los módulos de flujo cruzado están instalados en filas paralelas y forman capas de 0.6 m (2 ft) de alto. En la figura 7.23 se muestra la instalación de capas de un medio de láminas plásticas. Hay varias capas apiladas una sobre la otra para llenar el contenedor del filtro percolador. Los bordes de los bloques del medio están recortados para caber de manera ajustada contra la pared exterior. El espesor de las láminas plásticas que se usan en los módulos del medio varía en las distintas capas. Los módulos instalados en las capas inferiores usan las láminas más gruesas y tienen la fuerza de compresión mayor para soportar el peso de las capas superiores. Los módulos con láminas más delgadas y menor fortaleza de compresión se instalan en las capas más altas, donde el peso superior es menor. La capa superior contiene módulos con láminas gruesas para sostener el tránsito peatonal y el impacto del agua que cae sobre el plano de la superficie más alta del filtro percolador.

Figura 7.21 Medio de flujo cruzado (reimpreso con autorización de Brentwood Industries, Inc.)

Figura 7.22 Aberturas de un medio de flujo cruzado (reimpreso con autorización de Indigo Water Group)

Área superficial específica

La relación entre el área superficial y el volumen de medio se denomina *área superficial específica* (ASE). El ASE mide la cantidad de área superficial disponible para el crecimiento de biopelícula por unidad de medio. Por ejemplo, los medios de piedra tienen un ASE de entre 46 y 60 m^2/m^3 (14 y 19 ft^2/ft^3). Esto significa que cada 1 m^3 (1 ft^3) de medio habrá entre 46 y 60 m^2 (14 y 19 ft^2) de área disponible para el crecimiento de biopelícula. El embalaje plástico tiene un ASE de entre 91 y 223 m^2/m^3 (28 y 68 ft^2/ft^3). Los medios de plástico, debido a que son en su mayoría espacio vacío, pueden tener 3.5 veces o más área superficial que el mismo volumen de piedra. Un mayor área de crecimiento de biopelícula significa que pueden tratarse más DBO o amoníaco en un espacio mucho más pequeño. Con todos los tipos de medio, un filtrado eficaz aguas arriba, la eliminación de arena y el tratamiento primario son fundamentales para evitar las obstrucciones y asegurar un tratamiento eficiente.

Figura 7.23 Instalación de un medio de láminas de plástico (reimpreso con autorización de South Platte Water Renewal Partners)

COMPROBACIÓN DE CONOCIMIENTOS

1. Una el tipo de medio con la característica que lo define.

a. Piedra	1. También se denominan medios de volcado
b. Conífera	2. Se usa en filtros percoladores gruesos
c. Aleatorios	3. Baja relación entre área específica y volumen
d. Flujo vertical	4. Láminas giradas mezclan y aerean
e. Flujo cruzado	5. Listones angostos, como pallets

2. ¿Qué tipo de medio tiene la mayor ASE?
   a. Piedra de río
   b. Conífera
   c. Flujo cruzado
   d. Paquete aleatorio

3. Una ventaja de los medios de piedra es que
   a. Tienen mayores espacios libres que los medios aleatorios
   b. Su menor peso facilita torres más altas
   c. Tienen potencial de obstrucción
   d. Son económicos y están disponibles localmente

4. Los espacios libres en los medios de los filtros percoladores
   a. Deben evitarse en la mayoría de las circunstancias
   b. Permiten el flujo de aguas residuales y aire
   c. Son responsables de los cortocircuitos
   d. Consumen menos del 25 % del volumen total

5. A medida que el ASE del medio del filtro percolador aumenta
   a. Es posible hacer crecer más biopelícula en un volumen menor.
   b. La probabilidad de obstrucciones se reduce.
   c. Las tasas de carga de amoníaco y DBO deben reducirse.
   d. La eficiencia de eliminación de SST aumenta.

Vertido significa que el tanque se construyó en el sitio con moldes y que el hormigón se vertió allí. El hormigón preformado se fabrica en otro lugar y se entrega en el sitio como pieza terminada.

ESTRUCTURAS Y TANQUES DE CONTENCIÓN

Los filtros percoladores con medios de piedra y aleatorios en general tienen tanques de hormigón estructural *vertido* que contienen el medio y las aguas residuales tratadas. También se utilizan tanques de acero hechos de paneles de acero con pernos para contener medios de piedra y aleatorios. Los tanques de hormigón y acero soportan el peso de los medios de piedra o aleatorios, de la biopelícula y de las aguas residuales en el tanque. Algunos tanques de hormigón y de acero se construyen como estructuras de retención de agua que pueden llenarse completamente con agua.

Las estructuras de contención para los filtros percoladores con medios de láminas corrugadas con soporte propio frecuentemente se hacen de hormigón prefabricado, mampostería, fibra de vidrio y otros materiales. Estas estructuras de contención pueden tener una membrana, un revestimiento o un recubrimiento impermeables en las paredes interiores para retener la humedad y proteger la estructura del daño por el agua. En su mayoría, estas estructuras de contención no pueden llenarse con agua.

La pared de la estructura de contención puede extenderse de 1.2 a 1.5 m (4 a 5 ft) por arriba de la parte superior del medio del filtro. La pared arriba del medio impide que el rociado manche los lados exteriores de la estructura, reduce los efectos del viento que pueden disminuir las temperaturas de las aguas residuales o detener los distribuidores, y ofrece una base estructural para las tapas en forma de cúpula. Las tapas en forma de cúpula ayudan a conservar el calor, protegen los medios de plástico de la degradación por luz ultravioleta y mantienen fuera los desechos arrojados por el viento. Las cubiertas también pueden utilizarse para contener olores y dirigir el aire hacia los colectores de aire u otros equipos de control de olores.

Los puertos de ventilación permiten que el aire fluya por el medio a fin de proporcionar oxígeno a la biopelícula. Muchos filtros percoladores tienen puertos de ventilación ubicados en la base de la torre del filtro debajo de la parte inferior del medio y alrededor de todo el perímetro de la estructura de contención (etiqueta n.º 2, figura 7.24). Los puertos de ventilación de los filtros percoladores pueden tener parrillas o paneles de cierre extraíbles. Estas parrillas o estos paneles de cierre pueden cerrarse parcialmente durante el clima frío para reducir el caudal de aire y minimizar el enfriamiento de las aguas residuales. Las estructuras de contención con puertos de ventilación en la base de la torre del filtro no pueden llenarse con agua.

Los filtros percoladores equipados con sistema de ventilación de aire forzado típicamente no tienen puertos de ventilación en la base de la estructura. Ventiladores y conductos de aire de baja presión suministran aire al sistema de drenaje inferior del filtro (etiqueta n.º 1, figura 7.24). El aire fluye hacia arriba a través del medio y fuera de la parte superior del filtro. El aire siempre fluye en la misma dirección en un filtro percolador ventilado mecánicamente. Las estructuras de contención para los filtros percoladores con ventilación de aire forzado pueden diseñarse para llenarse con agua, lo cual requiere un mayor soporte estructural para soportar el peso adicional del agua.

Los tanques de hormigón y de acero, suficientemente sólidos en el aspecto estructural para llenarse completamente con agua, pueden operarse para sumergir completamente el medio. La inmersión periódica del medio controla

Figura 7.24 Puertos de ventilación (reimpreso con autorización de Kenneth Schnaars)

los organismos molestos, como las moscas de la humedad, que requieren superficies secas en el medio para poner huevos. La inmersión completa del medio en las aguas residuales también distribuye la materia orgánica de manera uniforme en toda la superficie del medio durante el periodo de inmersión. El aumento periódico de materia orgánica a niveles inferiores en el medio ayuda a hacer crecer la biopelícula cerca de la parte inferior del filtro percolador, donde habría muy poca materia orgánica disponible con el medio no sumergido.

Los tanques que pueden llenarse completamente con agua no tienen puertos de ventilación en la base de la torre del filtro. Cuentan con tubos de escape verticales alrededor de la circunferencia interior de las paredes del perímetro del tanque que suministran aire al sistema de drenaje inferior.

DRENAJES INFERIORES

Los filtros percoladores tienen sistemas de drenaje inferior que consisten en canales de drenaje (medios de piedra y de conífera) o un espacio abierto en un pleno (medios de plástico) debajo del medios de soporte. En la figura 7.25 se muestra un sistema de drenaje inferior para un filtro percolador de medio de flujo cruzado. El sistema de drenaje inferior traslada el efluente del filtro percolador a un canal o a un tubo que lo lleva a un clarificador secundario o a otros procesos de tratamiento. En su mayoría, los filtros percoladores tienen un canal del efluente en el centro, que divide el piso del filtro en dos mitades con pendiente hacia dicho canal del efluente. En la figura 7.25, es posible observar el canal del drenaje inferior (A) hacia la parte inferior de la imagen. Los pilares de hormigón (B) y las vigas de los medios de soporte pueden observarse también, además de los conductos para el sistema de ventilación (C) que se preparan para su instalación. El canal del efluente central típicamente se compensa hacia un lado de la columna de soporte central para el distribuidor giratorio. Para facilitar la limpieza y la inspección, el canal central puede extenderse a través de la pared del filtro a uno o a ambos extremos y puede ser del tamaño suficiente para permitir el ingreso del personal. El sistema de drenaje inferior soporta el medio y permite que fluya el aire a través del medio del filtro percolador.

Los sistemas de soporte de drenaje inferior para los medios de plástico consisten en pilares cortos, columnas o zapatas ajustadas en campo, vigas de soporte y rejillas de plástico reforzado con fibra de vidrio (FRP) entre las columnas o las vigas de soporte. Estos sistemas de soporte de los drenajes inferiores crean un pleno abierto de aproximadamente 0.3 a 0.6 m (1 a 2 ft) de alto debajo del medio. Los sistemas de soporte de drenaje inferior pueden construirse con hormigón, como se muestra en la figura 7.25, o con rejas de FRP, como se muestra en la figura 7.26. Históricamente, también se usaron maderas de coníferas o tratadas a presión para soportar los medios, pero ya no se usan.

El espacio de gran tamaño del pleno del drenaje inferior en los sistemas de filtros percoladores de los medios de plástico permite el acceso para la inspección del sistema de soporte de drenaje inferior. La inspección de la estructura de soporte del drenaje inferior debe llevarse a cabo con una cámara de video con control remoto para

Figura 7.25 Canal del drenaje inferior para un filtro percolador con medio de flujo cruzado (reimpreso con autorización de South Platte Water Renewal Partners)

que los operadores no necesiten ingresar al espacio del pleno. Si resulta indispensable que los operadores ingresen en el espacio del pleno para la inspección, deben utilizarse procedimientos de ingreso a espacios confinados.

En la mayoría de los filtros percoladores de piedra se utilizaron bloques de drenaje inferior de arcilla vitrificada. Los bloques del drenaje inferior son tendidos en filas alternadas en ángulos rectos al canal de drenaje central y cubren el área entera del piso. Los bloques del drenaje inferior se tendieron sobre una capa delgada de mortero seco directamente en el piso del filtro. El mortero se humedece después de tender los bloques para unirlos al piso de hormigón y para formar un sistema continuo de drenaje inferior. Actualmente se fabrican bloques de drenaje inferior de arcilla vitrificada, y muchos permanecen en servicio en filtros percoladores de medios de piedra y de plástico existentes.

Figura 7.26 Sistema de soporte de medio de plástico con zapatas ajustables y rejillas de FRP (por cortesía de Brentwood Industries, Inc.)

En la figura 7.27 se ilustra un bloque de arcilla de drenaje inferior de tamaño estándar. Los bloques de arcilla de drenaje inferior vienen en distintos tamaños y configuraciones, pero todos tienen algunas características en común. Los bloques son mayormente huecos con dos o tres canales a lo largo. Los bloques tienen ranuras cortadas a lo ancho de la parte superior del bloque, tal como se muestra en la figura 7.27, o tienen una serie de cortes más pequeños en la parte superior para crear un patrón de rejilla. El agua atraviesa estas aberturas e ingresa a los canales. Los bloques se colocan de modo que los canales se alineen entre ellos para crear una trayectoria óptima para que el agua salga del filtro. La parte inferior de los canales de drenaje de cada bloque del filtro es curva para formar una canaleta, lo que minimiza el potencial de acumulación de sólidos en el sistema de drenaje inferior.

Los bloques estándar de arcilla de drenaje inferior tienen una capacidad hidráulica de hasta 47 $m^3/m^2 \cdot d$ (1150 gpd/ft^2). Los bloques estándar tienen profundidades de canal de 10 a 13 cm (4.25 to 5.125 in). Las aberturas o ranuras del drenaje de no más de 3.8 cm (1.5 in) de ancho penetran al menos un 20 % de la superficie superior de los bloques del filtro y forman un sistema de drenaje inferior continuo. Los bloques de tasa alta ofrecen la misma capacidad hidráulica pero tienen profundidades de canal mayores, de 18 a 19 cm (7.25 a 7.5 in) para aumentar la circulación de aire en el filtro. También se han instalado bloques de escape para conectar los escapes ascendentes de los tubos, que se extienden desde el drenaje inferior hasta arriba de la superficie del medio (Trickling Filter Floor Institute, 1970).

DISTRIBUIDOR GIRATORIO

En su mayoría, los filtros percoladores usan un mecanismo distribuidor giratorio para aplicar aguas residuales a la superficie del medio de soporte. Un distribuidor giratorio consiste en una columna central fija que soporta dos o más brazos giratorios horizontales posicionados varias pulgadas arriba del medio del filtro. Las aguas residuales se alimentan a través de la columna central hacia los brazos giratorios horizontales. Las aguas residuales se descargan a través de los orificios ubicados a lo largo de un lado de cada uno de los brazos giratorios y se distribuyen sobre el medio. Los distribuidores de cuatro brazos pueden configurarse para que dos brazos distribuyan bajos caudales y los cuatro brazos distribuyan altos caudales, lo que permite un rango operativo con caudales máximos de aproximadamente cinco veces el mínimo.

Los distribuidores giratorios de gran tamaño tienen tirantes o tirantes de fijación que soportan los brazos giratorios y permiten ajustes en los brazos del distribuidor para mantenerlos nivelados y conservar una distribución pareja de las aguas residuales en el medio. Los tirantes de la figura 7.29 pueden verse desde la parte superior de la columna central hasta los brazos. Los distribuidores giratorios tienen compuertas de vertido de apertura rápida en el extremo de cada brazo a fin de permitir el vaciado fácil del mecanismo (figura 7.28). Las compuertas de vertido se denominan también compuertas de descarga.

Los distribuidores giratorios impulsados *hidráulicamente* en un filtro percolador usan la fuerza de las aguas residuales que fluyen por los orificios en la parte posterior del brazo del distribuidor para hacer girar el mecanismo, como sucede con un rociador giratorio para regar el césped. El giro del distribuidor es producido por la fuerza del agua que fluye por los orificios. En los distribuidores de mayor tamaño, una velocidad normal es aproximadamente 1 revolución por minuto (rpm). La velocidad giratoria de un distribuidor giratorio impulsado hidráulicamente puede controlarse mediante el ajuste del caudal a través de los orificios ubicados en el lado delantero de cada brazo giratorio. A medida que el agua sale de los orificios, llega a una placa para salpicaduras, que fuerza el agua hacia arriba y fuera del brazo (figura 7.30). Esto ayuda a distribuir las aguas residuales de manera pareja sobre la superficie del medio y minimiza la erosión del medio. Las placas para salpicaduras pueden estar hechas de aluminio, plástico u otros materiales. En la figura 7.31 se muestra una placa para salpicaduras de plástico. Las placas para salpicaduras se desgastan y pueden doblarse con el tiempo, pero se reemplazan fácilmente.

Hidráulico se refiere a líquidos. Con impulsión *hidráulica* significa impulsado por la fuerza de un líquido; en este caso, agua.

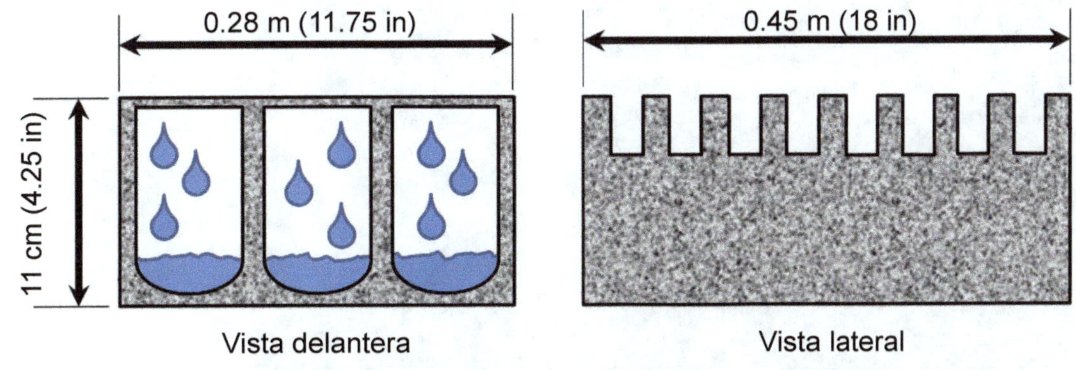

Figura 7.27 Bloque del drenaje inferior de mosaicos de arcilla (reimpreso con autorización de Indigo Water Group)

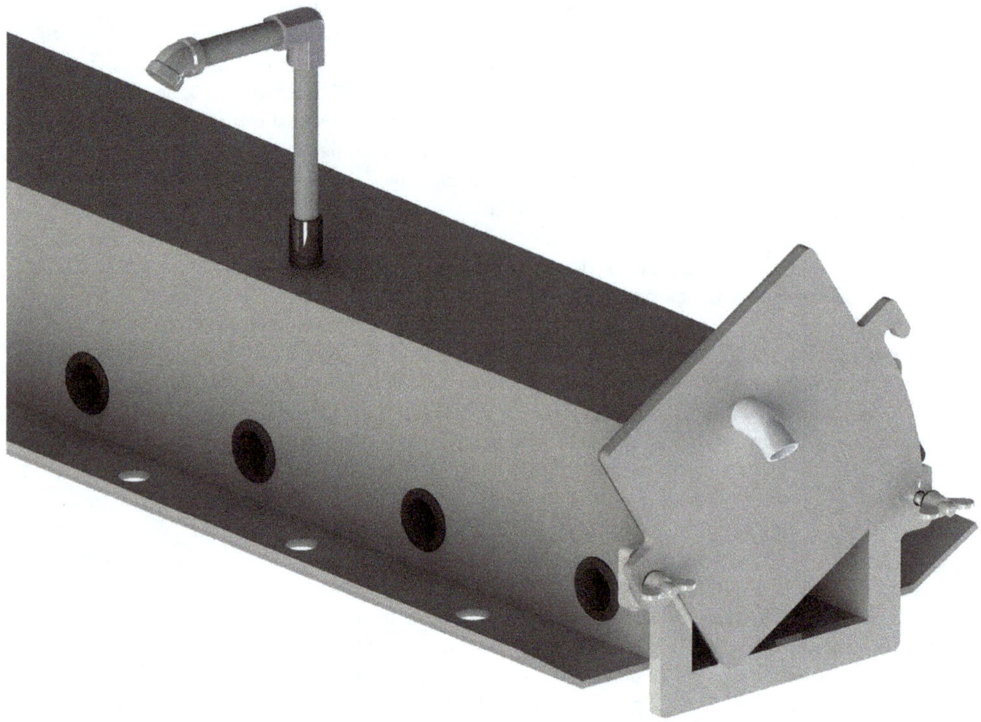

Figura 7.28 Compuerta de vertido en el extremo del brazo del distribuidor (reimpreso con autorización de DBS Manufacturing)

Una desventaja de los distribuidores giratorios impulsados hidráulicamente es que los vientos intensos o el bloqueo parcial de algunos orificios por biopelícula, desechos o hielo durante el clima helado puede afectar la velocidad de giro del distribuidor. Los distribuidores giratorios impulsados mecánicamente usan motores eléctricos y engranajes para girar el mecanismo del distribuidor. Los distribuidores giratorios impulsados por motor pueden mantener una velocidad constante en todas las condiciones operativas.

Las *oscilaciones* son movimientos de lado a lado. En este caso, las oscilaciones se refieren a un movimiento ondulante o al mecido de todo el distribuidor.

Los distribuidores giratorios (consulte la figura 7.32) pueden desarrollar inestabilidad dinámica y *oscilaciones* del mecanismo. Una deflexión pequeña de uno de los brazos aumenta la cantidad de agua que fluye dentro del brazo en cuestión. El peso adicional de esta agua provoca una mayor deflexión. Cuando el agua sale rápidamente,

Figura 7.29 Distribuidor giratorio impulsado eléctricamente (por cortesía de WesTech Engineering, Inc.)

Figura 7.30 Brazo del distribuidor giratorio con placas para salpicaduras (reimpreso con autorización de South Platte Water Renewal Partners)

el brazo vacío se deflexiona hacia arriba y provoca que el brazo opuesto se deflexione hacia abajo, y el ciclo se repite. La oscilación resultante crea un estrés estructural en los miembros que sostienen los brazos, lo que puede provocar daños estructurales o la falla del distribuidor giratorio. Los operadores deben ajustar los tensores de los tirantes en los tirantes o tirantes de fijación para mantener los brazos nivelados, conservar el equilibrio y prevenir la inestabilidad dinámica y las oscilaciones del mecanismo.

Cojinetes

Los distribuidores giratorios están sostenidos sobre cojinetes de rodillo esféricos, cojinetes de rodillo cónicos sellados o cojinetes de rodillo cónicos no sellados. Los cojinetes de rodillo esféricos toleran la deflexión y la alineación incorrecta mejor que otros tipos. Los cojinetes se trasladan en guías (rieles) extraíbles en un baño de aceite. El aceite típicamente contiene inhibidores de la oxidación y de la corrosión.

Figura 7.31 Placa para salpicaduras de plástico (reimpreso con autorización de South Platte Water Renewal Partners)

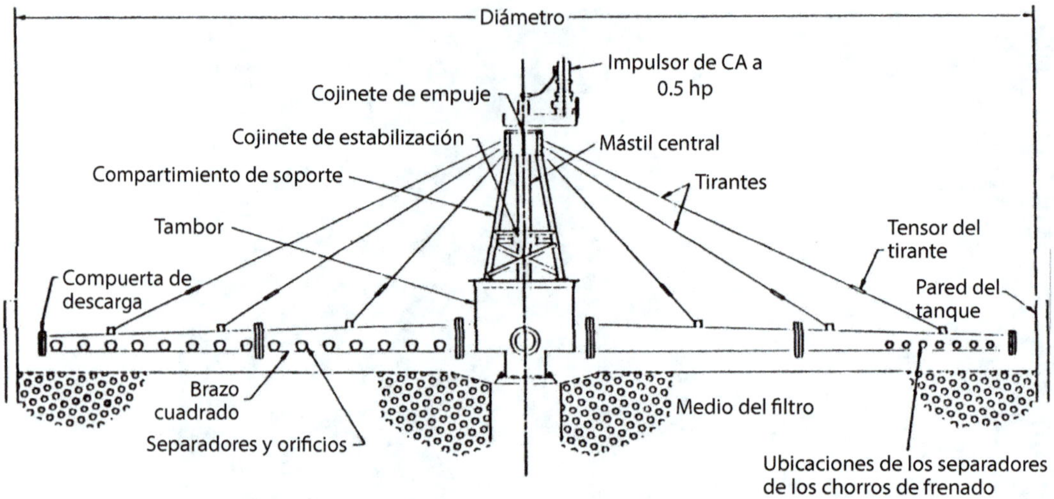

Figura 7.32 Diagrama de un distribuidor giratorio (por cortesía de WesTech Engineering, Inc.)

Los cojinetes pueden estar ubicados en la base de la columna central o en la parte superior del mástil (figura 7.33 y figura 7.34). Los cojinetes ubicados en la parte superior del mástil están mejor protegidos de la corrosión o de la intrusión del agua que los cojinetes ubicados en la base de la columna central. El cojinete ubicado más cercano al motor de un distribuidor impulsado mecánicamente es el cojinete de empuje. Los distribuidores giratorios están equipados con sellos mecánicos en la columna central para prevenir fugas y proteger los cojinetes.

Sellos

Los distribuidores requieren un sello para prevenir las fugas de agua entre la columna fija de entrada y la sección giratoria. Los diseños de sellos más antiguos incluían trampas de agua, sellos de mercurio o sellos mecánicos con empaquetadura. Los sellos mecánicos actuales, con un sello doble de neopreno con anillo de sellado de acero inoxidable, no requieren mantenimiento y necesitan menos carga hidráulica que los diseños sin sello. Es posible actualizar los distribuidores antiguos con nuevos sellos mecánicos.

DISTRIBUIDOR DE BOQUILLA FIJA

Los distribuidores de boquilla fija consisten en una red de tubos, o cuadrícula, suspendida sobre el medio del filtro percolador. Las boquillas o los orificios ubicados en un espaciamiento uniforme a lo largo de la red de tubos, o cuadrícula, distribuyen las aguas residuales sobre el medio. Las boquillas fijas están posicionadas para

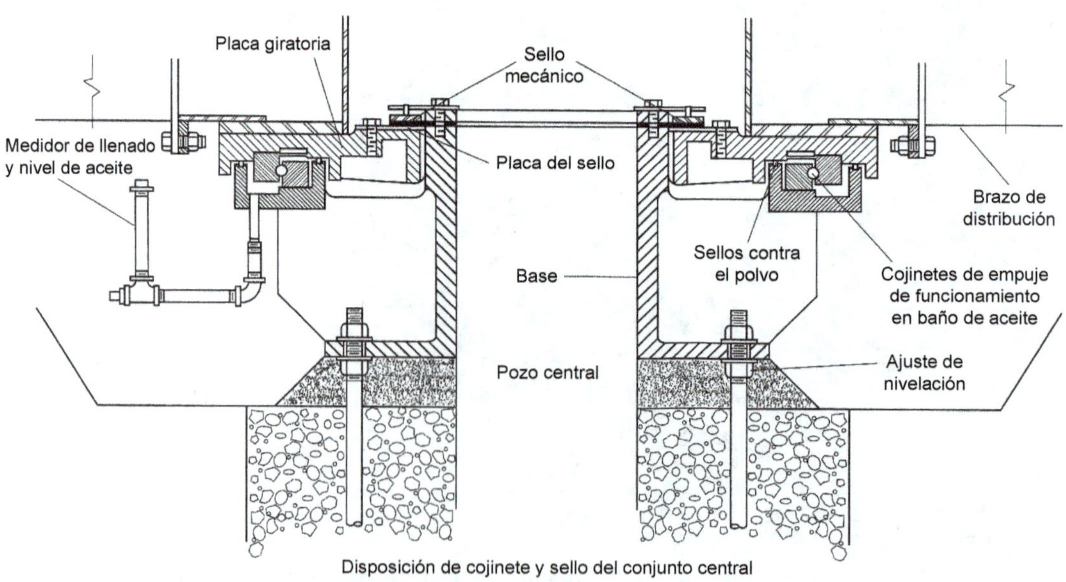

Figura 7.33 Disposición de cojinete y sello del conjunto central (EPA de los EE. UU., 1970)

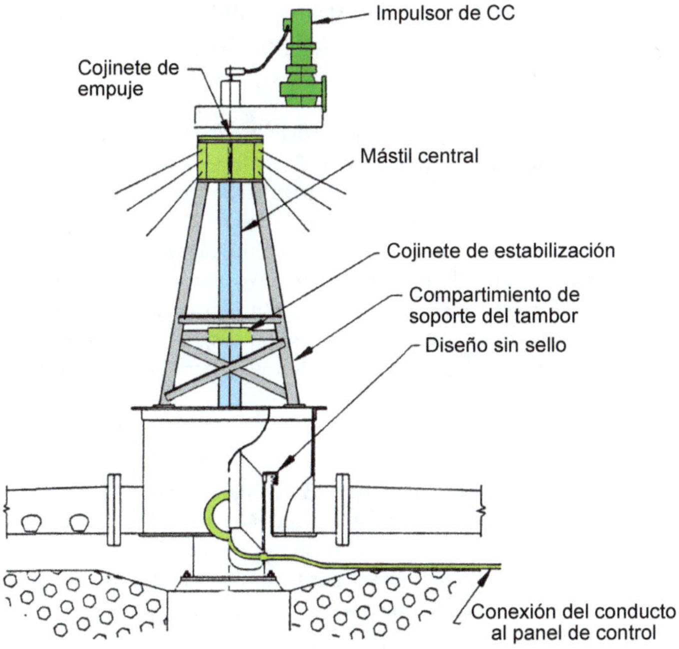

Figura 7.34 Diagrama de un distribuidor con impulsión eléctrica (WEF et al., 2010)

crear un patrón de rociado superpuesto, que distribuye el agua sobre toda el área superficial del medio. Los filtros percoladores con distribuidores de boquilla fija con frecuencia son cuadrados o rectangulares. Dos desventajas importantes de los distribuidores de boquilla fija son que son de difícil acceso para su limpieza y mantenimiento y que requieren caudales altos. A menores caudales, algunas de las boquillas de un sistema de cuadrícula pueden no dispensar agua.

En general, los distribuidores de boquilla fija se usan solo en instalaciones de menor tamaño. Los distribuidores de boquilla fija en general funcionan de manera intermitente. En algunas instalaciones se utilizan tanques de dosificación para distribuir aguas residuales de manera intermitente. Hay sifones automáticos que regulan el caudal desde los tanques de dosificación. Esto elimina la necesidad de válvulas automáticas de control. El flujo hacia los distribuidores de boquilla fija comienza cuando el tanque de dosificación está lleno hasta el nivel de agua más alto y se detiene cuando la superficie del agua en el tanque de dosificación baja hasta el nivel mínimo. El ciclo de dosificación varía en respuesta al caudal de entrada de la instalación.

PROTECCIÓN DE LA SUPERFICIE DEL MEDIO

La biopelícula que crece en el medio de soporte crea una superficie muy resbalosa. Para reducir el riesgo de resbalones o caídas y para proteger contra el desgaste excesivo, las áreas de acceso deben cubrirse con rejillas antideslizantes de fibra de vidrio. Un pasaje peatonal de rejilla de fibra de vidrio desde el punto de ingreso hasta la columna central del distribuidor giratorio reduce el riesgo de resbalones en el medio húmedo cuando se inspeccionan y mantienen cojinetes y sellos, además de las placas para salpicaduras, a lo largo de los brazos del distribuidor.

Crecerá película en la rejilla y también la hará resbalosa, pero la rejilla ofrece una superficie más estable y distribuye el peso del personal u otros puntos de carga sobre un área de mayor tamaño. Esto reduce el estrés estructural sobre el medio.

Los medios de lámina plástica corrugada son suficientemente fuertes para trasladar el peso de la biopelícula húmeda, pero el material puede torcerse o colapsar cuando se aplican un peso o una fuerza adicionales a un área pequeña. Los impactos repentinos sobre el medio dañarán los módulos de PVC. Las rejillas de fibra de vidrio sobre el medio de plástico lo protegen contra los impactos y los daños por el tránsito peatonal frecuente.

ESTACIÓN DE BOMBEO DEL FILTRO PERCOLADOR

La estación de bombeo del filtro percolador eleva efluente primario y efluente recirculado del filtro, de haberlo, hacia el distribuidor, que esparce el agua por la parte superior del medio. Las bombas pueden ser de columna vertical, sumergibles o centrífugas de foso seco. Algunas WRRF bombean efluentes primarios a un tanque de dosificación con sifón en lugar de bombearlos directamente al distribuidor. Algunas WRRF tienen una pendiente suficiente en la instalación para usar el flujo por gravedad al distribuidor del filtro percolador, lo cual elimina la necesidad de una estación de bombeo en el filtro percolador.

Los filtros percoladores en general son elevados a fin de permitir que el efluente del filtro fluya por gravedad de regreso al pozo sumidero de la estación de bombeo del filtro percolador y en el clarificador secundario u otros procesos aguas abajo. En su mayoría, los filtros percoladores tienen la capacidad de reciclar parte de los efluentes tratados de regreso al principio del proceso. El efluente del filtro percolador regresa al pozo sumidero de la estación de bombeo, donde se mezcla con el efluente primario y se recircula al filtro. El resto del efluente del filtro percolador (que no se recircula) fluye por gravedad al clarificador secundario o a otras unidades de tratamiento aguas abajo. El porcentaje de efluente recirculado puede controlarse con un vertedero que elimina la necesidad de una válvula para controlar la cantidad de efluente que regresa a las bombas. Los vertederos del depurador de efluentes del clarificador secundario en general controlan la elevación superficial del agua en el pozo sumidero de la estación de bombeo del filtro percolador.

CLARIFICADOR SECUNDARIO

El efluente del filtro percolador en general contiene entre 100 y 250 mg/L de SST. La separación de SST del efluente del filtro percolador en el clarificador secundario es la clave para un desempeño correcto del proceso. La calidad del efluente depende en gran medida de la capacidad de sedimentación de película desprendida y de otros sólidos. El desempeño del filtro percolador en general no está limitado por la eliminación de DBO soluble. El funcionamiento de los clarificadores secundarios se trata en el capítulo sobre el lodo activado.

COMPROBACIÓN DE CONOCIMIENTOS

1. **Hay puertos de ventilación ubicados típicamente alrededor del perímetro del filtro percolador y debajo del sistema de drenaje inferior.**
   - ☐ Verdadero
   - ☐ Falso

2. **Los cojinetes ubicados en la parte superior del mástil tienen mayor probabilidad de corroerse que los cojinetes ubicados en la base de la columna central.**
   - ☐ Verdadero
   - ☐ Falso

3. **Las paredes exteriores del filtro percolador con frecuencia se extienden 1.2 a 1.5 m (4 a 5 ft) por arriba de la parte superior del lecho del medio por este motivo:**
   a. Evitan que los trabajadores de mantenimiento se caigan
   b. Protegen el distribuidor de la interferencia del viento
   c. Proporcionan un área de preparación para el crecimiento de biopelícula nueva
   d. Evitan que el viento sople el medio fuera de la estructura

4. **Los filtros percoladores con medios de plástico con frecuencia están cubiertos con cúpulas para**
   a. Mantener la humedad en el pleno
   b. Favorecer la proliferación de algas
   c. Reducir la transferencia de oxígeno
   d. Proteger los medios de la degradación por luz ultravioleta

5. **Las parrillas de los puertos de los filtros percoladores**
   a. Pueden estar parcialmente cerradas durante el clima frío para reducir el flujo de aire
   b. Requieren un movimiento semanal para evitar que se adhieran por el óxido
   c. Solo se usan con filtros percoladores de ventilación mecánica
   d. Deben cerrarse antes de aplicar agua al filtro percolador

6. **En su mayoría, los distribuidores giratorios impulsados hidráulicamente de los filtros percoladores giran a esta velocidad:**
   a. 1 rpm
   b. 3 rpm
   c. 5 rpm
   d. 10 rpm

7. **Las placas para salpicaduras de un distribuidor giratorio**
   a. Deben reemplazarse trimestralmente
   b. Funcionan en posición completamente abierta o completamente cerrada
   c. Evitan que la basura y los desechos obstruyan el filtro
   d. Distribuyen aguas residuales sobre el medio

8. **Una desventaja de los distribuidores giratorios con impulso hidráulico en los filtros percoladores es que**
   a. Tienen un bajo uso de energía y costo
   b. Los orificios se obstruyen con mayor facilidad
   c. Los vientos intensos pueden hacer más lenta o detener la rotación
   d. Las menores velocidades de rotación impiden el crecimiento de biopelícula

9. **Pueden producirse inestabilidad y oscilaciones en un distribuidor giratorio si**
   a. Los brazos no se mantienen nivelados y equilibrados
   b. La distribución de biopelícula en el medio es despareja
   c. Los caudales de aguas residuales se dividen de manera pareja entre los brazos
   d. La placa del cojinete de rodillo se desgasta

VARIABLES DEL PROCESO PARA LOS FILTROS PERCOLADORES

OXÍGENO DISUELTO

El oxígeno disuelto es necesario para mantener los microorganismos aerobios en el proceso de película fija. A medida que fluye el agua sobre la biopelícula en el medio, el oxígeno se transfiere al agua y a la biopelícula. Cuando se recircula agua en un proceso de película fija, la presencia de una alta concentración de OD en el caudal inferior de película fija o efluente tratado no significa necesariamente que esta misma concentración está disponible en el interior del filtro percolador. Sin el oxígeno adecuado, la eficiencia de la eliminación de DBO y amoníaco se reducirá y la biopelícula puede generar olores.

TASA DE CARGA ORGÁNICA

La *tasa de carga orgánica* es la masa de DBO_5 aplicada al filtro dividida por el volumen del medio del filtro. Se expresa como kilogramos de DBO_5 aplicados por metro cúbico de medio de filtro por día (kg/m³·d) o como libras de DBO_5 aplicadas por día por 1000 pies cúbicos de medio (lb DBO_5/d/1000 ft³). La carga orgánica puede calcularse con alguna de las dos fórmulas siguientes:

La *tasa de carga orgánica* también puede calcularse mediante el uso de la DBO carbonosa (DBOC) o la demanda química de oxígeno (DQO). Algunas instalaciones prefieren usar DQO para el control del proceso.

En unidades estándar del Sistema Internacional:

$$\text{Tasa de carga orgánica, } \frac{\text{kg DBO}_5}{\text{m}^3\cdot\text{d}} = \frac{\text{Carga orgánica, kg DBO}_5/\text{d}}{\text{Volumen, m}^3} \qquad (7.1)$$

En unidades habituales en los EE. UU.:

$$\text{Tasa de carga orgánica, } \frac{\text{lb DBO}_5}{\text{d}\cdot 1000\text{ ft}^3} = \frac{\text{Carga orgánica, lb DBO}_5/\text{d}}{\text{Volumen, 1000 ft}^3} \qquad (7.2)$$

La masa puede calcularse como kilogramos o libras.

En unidades estándares internacionales para calcular la masa:

$$\text{kg/d} = \frac{\left[\left(\text{Concentración, } \frac{\text{mg}}{\text{L}}\right)(\text{Caudal, m}^3/\text{d})\right]}{1000} \qquad (7.3)$$

Para determinar los kilogramos, use el volumen en metros cúbicos en lugar del caudal en metros cúbicos por día.

De manera alternativa, puede utilizar el análisis dimensional:

$$\frac{X\text{ mg}}{\text{L}}\left|\frac{1\text{ g}}{1000\text{ mg}}\right|\left|\frac{1\text{ kg}}{1000\text{ g}}\right|\left|\frac{1000\text{ L}}{1\text{ m}^3}\right|\left|\frac{1\,000\,000\text{ L}}{1\text{ ML}}\right|\left|\frac{X\text{ ML}}{\text{d}}\right| = \text{kg/d} \qquad (7.4)$$

Una "*X*" en el análisis dimensional indica un número desconocido. Considere que se trata del valor inicial. Al convertir 20 mg/L en kilogramos por día o libras por día, el número 20 reemplaza la primera "*X*". El caudal reemplaza la segunda "*X*". Las fórmulas para el área del filtro y el volumen se dan en la parte delantera del libro en la hoja de fórmulas de ABC.

En unidades habituales en los EE. UU. para calcular la masa:

$$\text{Libras por día} = \left(\text{Concentración, } \frac{\text{mg}}{\text{L}}\right)(\text{Caudal, mgd})\left(8.34\frac{\text{lb}}{\text{mil. gal}}\right) \qquad (7.5)$$

Para determinar las libras, use el volumen en millones de galones en lugar del caudal en millones de galones por día.

De manera alternativa, puede utilizar el análisis dimensional:

$$\frac{X\text{ mg}}{\text{L}}\left|\frac{1\text{ g}}{1000\text{ mg}}\right|\left|\frac{1\text{ kg}}{1000\text{ g}}\right|\left|\frac{2.204\text{ lb}}{1\text{ kg}}\right|\left|\frac{3.785\text{ L}}{1\text{ gal}}\right|\left|\frac{1\,000\,000\text{ gal}}{1\text{ mil. gal}}\right|\left|\frac{X\text{ mil. gal}}{\text{d}}\right| = \frac{\text{lb}}{\text{d}} \qquad (7.6)$$

Cuando se utiliza recirculación, la materia orgánica que permanece en el efluente del filtro percolador se agrega a la DBO entrante, lo que aumenta la carga orgánica al filtro. Sin embargo, esta carga orgánica agregada del reciclado con frecuencia se omite de los cálculos.

Ejemplos de cálculos de la tasa de carga orgánica

Un filtro percolador de piedra tiene un diámetro de 24.4 m (80 ft). La profundidad del medio es de 1.8 m (6 ft) y el ASE es de 49 m^2/m^3 (15 ft^2/ft^3). El caudal de entrada diario promedio a la instalación es de 5.7 ML/d (1.5 mgd) y la relación de reciclado es de 1.5. La concentración de DBO_5 del efluente primario es de 120 mg/L. Las aguas tratadas que dejan el filtro tiene una DBO_5 menor que 30 mg/L. Calcule la tasa de carga orgánica aplicada al filtro. Compare sus respuestas con los criterios de diseño aceptados de la tabla 7.1 y de la tabla 7.2.

En unidades estándar del Sistema Internacional:

Paso 1. Halle el volumen del filtro percolador mediante la ecuación de volumen provista en la hoja de fórmulas en la parte delantera del libro.

$$\text{Volumen} = (0.785)(\text{diámetro})^2(\text{altura})$$
$$\text{Volumen} = (0.785)(24.4\text{ m})^2(1.8\text{ m})$$
$$\text{Volumen} = 841.2\text{ m}^3$$

El volumen también puede determinarse con una fórmula más tradicional que también aparece en la hoja de fórmulas de la parte delantera del libro.

$$\text{Volumen} = (\pi)(\text{radio})^2(\text{altura})$$
$$\text{Volumen} = (3.14)(12\text{ m})^2(1.8\text{ m})$$
$$\text{Volumen} = 841.2\text{ m}^3$$

¿Por qué hay dos fórmulas diferentes para calcular el área de un círculo o el volumen de un cilindro? Cuando el diámetro de un círculo se duplica, el área se cuadruplica. Un tubo de 30 cm (12 ft) transporta cuatro veces más caudal que un tubo de 15 cm (6 ft) cuando los dos tubos funcionan llenos y a la misma velocidad. Debido a que el radio es la mitad del diámetro, se debe ajustar la fórmula para compensar. El factor 0.785 es simplemente π (3.14) dividido por 4. Las dos fórmulas dan el mismo resultado, por lo tanto utilice aquella con la que se sienta más cómodo.

Paso 2: Convierta el caudal de entrada de ML/d a m^3/d.

$$\left.\frac{5.7\text{ ML}}{\text{d}}\right|\left.\frac{1\,000\,000\text{ L}}{1\text{ ML}}\right|\left|\frac{1\text{ m}^3}{1000\text{ L}}\right| = 5700\text{ m}^3/\text{d}$$

Paso 3: Halle la masa de DBO_5 aplicada al filtro.

$$\text{kg/d} = \frac{\left[\left(\text{Concentración, }\frac{\text{mg}}{\text{L}}\right)(\text{Caudal, m}^3/\text{d})\right]}{1000}$$
$$\text{kg/d} = \frac{\left[\left(120\frac{\text{mg}}{\text{L}}\right)(5700\text{ m}^3/\text{d})\right]}{1000}$$
$$\frac{\text{kg}}{\text{d}} = 684$$

Paso 4. Halle la tasa de carga orgánica.

$$\text{Tasa de carga orgánica, }\frac{\text{kg DBO}_5}{\text{m}^3\cdot\text{d}} = \frac{\text{Carga orgánica, kg DBO}_5/\text{d}}{\text{Volumen, m}^3}$$
$$\text{Tasa de carga orgánica, }\frac{\text{kg DBO}_5}{\text{m}^3\cdot\text{d}} = \frac{684\text{ kg DBO}_5/\text{d}}{841.3\text{ m}^3}$$
$$\text{Tasa de carga orgánica, }\frac{\text{kg DBO}_5}{\text{m}^3\cdot\text{d}} = 0.81$$

Los criterios de diseño de los filtros percoladores incluyen la tasa de carga orgánica en 0.48 a 2.4 $kg/m^3 \cdot d$ para los filtros percoladores de tasa alta (categoría histórica) y entre 0.32 y 0.96 $kg/m^3 \cdot d$ para la oxidación de carbono (categoría actual). Este filtro percolador debe eliminar casi toda la carga de DBO_5, pero no convertirá el amoníaco en nitrito y nitrato.

En unidades habituales en los EE. UU.:

Paso 1. Halle el volumen del filtro percolador mediante la ecuación de volumen provista en la hoja de fórmulas en la parte delantera del libro.

$$\text{Volumen} = (0.785)(\text{diámetro})^2(\text{altura})$$

$$\text{Volumen} = (0.785)(80 \text{ ft})^2(6 \text{ ft})$$

$$\text{Volumen} = 30\ 144 \text{ ft}^3$$

Paso 2: Divida el volumen por 1000 para obtenerlo en miles de pies cuadrados.

$$\frac{30\ 144 \text{ ft}^3}{1000} = 30.144 \times 1000 \text{ ft}^3$$

Paso 3: Halle la masa de DBO_5 aplicada al filtro.

$$\text{Libras} = \left(\text{Concentración, } \frac{\text{mg}}{\text{L}}\right)(\text{Volumen, mil. gal})\left(8.34 \ \frac{\text{lb}}{\text{mil. gal}}\right)$$

$$\text{Libras} = \left(120 \frac{\text{mg}}{\text{L}}\right)(1.5 \text{ mil. gal})\left(8.34 \ \frac{\text{lb}}{\text{mil. gal}}\right)$$

$$\text{Libras} = 1501.2$$

Paso 4. Halle la tasa de carga orgánica.

$$\text{Tasa de carga orgánica, } \frac{\text{lb DBO}_5}{\text{d} \cdot 1000 \text{ ft}^3} = \frac{\text{Carga orgánica, lb DBO}_5/\text{d}}{\text{Volumen, } 1000 \text{ ft}^3}$$

$$\text{Tasa de carga orgánica, } \frac{\text{lb DBO}_5}{\text{d} \cdot 1000 \text{ ft}^3} = \frac{1501.2 \text{ lb DBO}_5/\text{d}}{30.144 \times 1000 \text{ ft}^3}$$

$$\text{Tasa de carga orgánica, } \frac{\text{lb DBO}_5}{\text{d} \cdot 1000 \text{ ft}^3} = 49.8$$

Los criterios de diseño de los filtros percoladores incluyen la tasa de carga orgánica en 30 a 150 lb $DBO_5/d/1000 \text{ ft}^3$ para los filtros percoladores de tasa alta (categoría histórica) y entre 20 y 60 lb $DBO_5/d/1000 \text{ ft}^3$ para la oxidación de carbono (categoría actual). Este filtro percolador debe eliminar casi toda la carga de DBO_5, pero no convertirá el amoníaco en nitrito y nitrato.

ELIMINACIÓN PORCENTUAL

La eliminación porcentual es útil para evaluar el desempeño del filtro percolador en distintas condiciones operativas. Las muestras de compuestos del efluente del clarificador primario y del efluente del filtro percolador ofrecen información sobre el desempeño promedio. Las muestras puntuales tomadas en las mismas ubicaciones pueden utilizarse para determinar el desempeño en cargas pico o bajo otras condiciones. Las muestras recopiladas para determinar la concentración que ingresa al filtro percolador no debe incluir el caudal reciclado. El desempeño del proceso puede ser evaluado mediante la comparación de la eliminación de DBO_5 total o soluble, o $DBOC_5$ total o soluble. El porcentaje de eliminación se calcula de acuerdo con la siguiente fórmula:

$$\text{Eliminación, \%} = \left(\frac{\text{Entrante} - \text{Saliente}}{\text{Entrante}}\right) \times 100 \quad (7.7)$$

Ejemplos de cálculos para la eliminación porcentual

El filtro percolador del ejemplo precedente tiene una concentración de alimentación de 120 mg/L de DBO_5 del efluente primario y descarga menos de 30 mg/L de DBO_5.

$$\text{Eliminación, }\% = \left(\frac{\text{Entrante} - \text{Saliente}}{\text{Entrante}}\right) \times 100$$

$$\text{Eliminación, }\% = \left(\frac{120 - 30}{120}\right) \times 100$$

$$\text{Eliminación, }\% = 75\%$$

RECIRCULACIÓN

Una parte del efluente del filtro percolador con frecuencia se recircula a la entrada del filtro percolador para mantener una carga hidráulica mínima sobre la biopelícula. El filtro percolador recibe una combinación de efluente primario y efluente del filtro recirculado. La relación de recirculación es la relación entre el caudal efluente del filtro reciclado y el caudal efluente primario.

$$\text{Relación de recirculación} = \frac{\text{Caudal recirculado}}{\text{Caudal efluente primario}} \qquad (7.8)$$

La relación de recirculación está en general en el rango de 0.5 a 4.0, equivalente a entre 50 % y 400 % del caudal efluente primario. Es posible lograr la recirculación al trasladar una parte del efluente del filtro percolador a un punto aguas arriba de los filtros. Los patrones de recirculación más comunes para los filtros percoladores se muestran en figura 7.35.

Los detalles de la instalación que se proporcionan en el comienzo de la sección de variables del proceso ofrecen un caudal efluente primario de 5.7 ML/d (1.5 mgd) y una relación de recirculación de 1.5. El caudal de recirculación es igual al 150 % del caudal efluente primario. También es posible utilizar la ecuación 7.7 para determinar el caudal de recirculación si se desconoce la relación de recirculación.

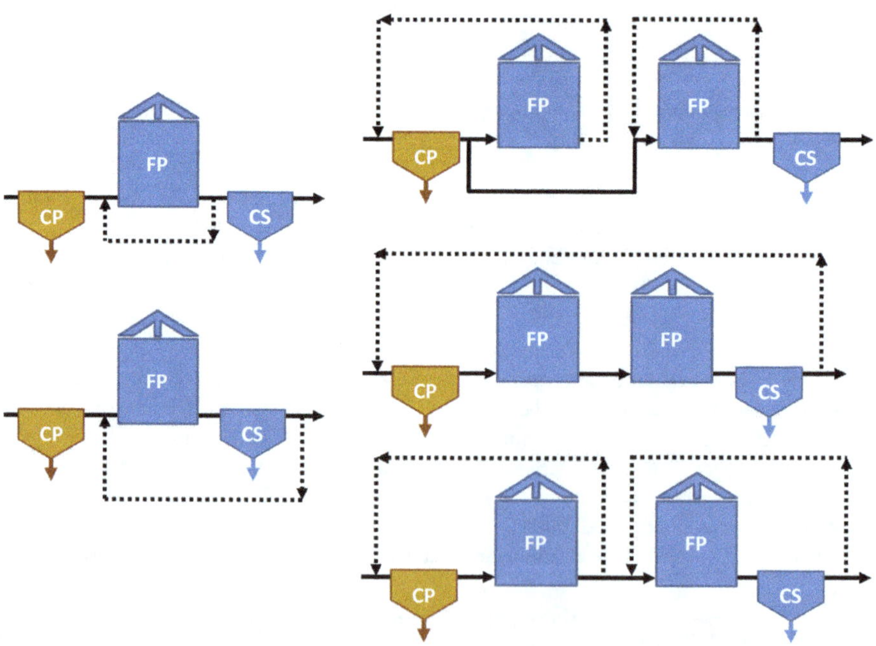

Figura 7.35 Patrones de recirculación para filtros percoladores de una etapa y de dos etapas (WEF, 2007)

Cálculos de ejemplo para relación de recirculación y caudal total aplicado

En unidades estándar del Sistema Internacional:

$$\text{Relación de recirculación} = \frac{\text{Caudal recirculado}}{\text{Caudal efluente primario}}$$

$$1.5 = \frac{\text{Caudal recirculado}}{5.7 \text{ ML/d}}$$

$$8.55 \text{ ML/d} = \text{Caudal recirculado}$$

En unidades habituales en los EE. UU.:

$$\text{Relación de recirculación} = \frac{\text{Caudal recirculado}}{\text{Caudal efluente primario}}$$

$$1.5 = \frac{\text{Caudal recirculado}}{1.5 \text{ mgd}}$$

$$2.25 \text{ mgd} = \text{Caudal recirculado}$$

El caudal total hacia el filtro es la suma del caudal entrante y del caudal recirculado.

$$\text{Caudal total} = \text{Caudal efluente primario} + \text{Caudal recirculado} \tag{7.9}$$

En unidades estándar del Sistema Internacional:

$$\text{Caudal total} = \text{Caudal efluente primario} + \text{Caudal recirculado}$$

$$\text{Caudal total} = 5.7 \frac{\text{ML}}{\text{d}} + 8.55 \frac{\text{ML}}{\text{d}}$$

$$\text{Caudal total} = 14.25 \text{ ML/d}$$

En unidades habituales en los EE. UU.:

$$\text{Caudal total} = \text{Caudal efluente primario} + \text{Caudal recirculado}$$

$$\text{Caudal total} = 1.5 \text{ mgd} + 2.25 \text{ mgd}$$

$$\text{Caudal total} = 3.75 \text{ mgd}$$

El reciclado del efluente del filtro aumenta la carga hidráulica de la biopelícula, lo cual tiene los beneficios siguientes:

- Menor concentración de DBO_5 en las aguas residuales que se aplican al filtro;
- Menores oportunidades de que se reproduzcan caracoles y moscas de la humedad; Conservación del movimiento del distribuidor en momentos de bajo caudal;
- Producción de fuerzas hidráulicas para favorecer el desprendimiento de sólidos y evitar la anegación;
- Dilución de los desechos tóxicos, si los hay;
- Volver a inocular la población microbiana del filtro;
- Una distribución uniforme del caudal;
- Evitar el secado de los filtros; y
- Ofrecer oxígeno adicional a las partes superiores del filtro.

La recirculación aumenta la carga hidráulica y diluye la concentración de la DBO aplicada a la biopelícula. La recirculación no cambia la tasa de carga hidráulica. El espesor de la biopelícula se relaciona directamente con la carga hidráulica de las aguas residuales. La recirculación aumenta la carga hidráulica, lo cual mantiene la película relativamente delgada.

A medida que las aguas residuales percolan hacia abajo a través del filtro percolador, absorben oxígeno del aire y lo transfieren a los microorganismos de la biopelícula. El uso de oxígeno se reduce a medida que se consume la DBO, de modo que las partes más altas del filtro consumen más oxígeno que las partes más bajas del filtro. Con frecuencia, permanece un exceso de oxígeno en las aguas residuales que salen del filtro. Es habitual que el efluente del filtro tenga OD a la *concentración de saturación* o a una concentración cercana. El reciclado de esta agua con mucho oxígeno ofrece oxígeno a las partes superiores del filtro, donde la carga orgánica es mayor.

El agua puede mantener una cantidad máxima de OD. Cuando el agua contiene la cantidad máxima, está saturada. La *concentración de saturación* depende de la temperatura del agua, de la presión atmosférica y de la salinidad. En el capítulo 2 se proporcionan más detalles.

La recirculación puede ser constante o intermitente y producirse a una tasa regular o fluctuante. La recirculación durante periodos de bajo caudal de entrada a la WRRF mantiene los distribuidores giratorios en movimiento e impide el secado de la biopelícula. La recirculación en proporción al caudal de la instalación reduce la concentración de aguas residuales aplicadas al filtro. En esta situación, el operador debe mantener una relación de recirculación constante y el caudal total al filtro varía durante el día. La relación de recirculación puede variarse para complementar los caudales de entrada cambiantes a fin de mantener una TCH y una tasa de humidificación constantes en la biopelícula. En esta situación, el operador ajusta la cantidad de caudal reciclado para que el caudal total al filtro permanezca relativamente constante durante todo el día. Al mantener una TCH constante, se controlan mejor el espesor de la biopelícula y los eventos de desprendimiento. Sin embargo, la recirculación a una tasa constante consume más energía. Algunas instalaciones operan a mayores tasas de recirculación durante 2 o 3 horas por semana, a fin de promover el desprendimiento del exceso de biomasa regularmente en lugar de permitir que la biopelícula se acumule y se desprenda espontáneamente en condiciones sin controlar.

TASA DE CARGA HIDRÁULICA

La carga hidráulica aplicada a un filtro es el volumen total de agua, incluida la recirculación, sobre el área superficial del filtro percolador. Se expresa como metros cúbicos por día por metro cuadrado ($m^3/m^2{\cdot}d$) o como galones por día por pie cuadrado del área superficial (gpd/ft^2). La TCH indica si la cantidad de agua aplicada al filtro percolador es suficiente para humedecer completamente la superficie del medio. La biopelícula requiere una superficie húmeda para desarrollarse y crecer, además de un suministro regular de aguas residuales para obtener nutrientes. Las superficies secas del medio no aportan al tratamiento y ofrecen ubicaciones donde pueden desarrollarse organismos molestos y predadores de la biopelícula, como moscas de la humedad o caracoles. La carga hidráulica puede calcularse con alguna de las dos fórmulas siguientes:

En unidades estándar del Sistema Internacional:

$$\text{TCH}, \frac{\text{m}^3}{\text{m}^2 \cdot \text{d}} = \frac{\text{Caudal total aplicado, m}^3/\text{d}}{\text{Área, m}^2} \tag{7.10}$$

En unidades habituales en los EE. UU.:

$$\text{TCH}, \frac{\text{gpd}}{\text{ft}^2} = \frac{\text{Caudal aplicado total, gpd}}{\text{Área, ft}^2} \tag{7.11}$$

Ejemplos de cálculos de la tasa de carga hidráulica

Halle la TCH para el sistema de filtro percolador que se describe al principio de la sección sobre variables del proceso. A continuación, compare sus respuestas con los criterios de diseño de la tabla 7.1 y de la tabla 7.2.

En unidades estándar del Sistema Internacional:

Paso 1: Halle el área superficial del filtro percolador en metros cuadrados con la fórmula para el área de un círculo provista en la hoja de fórmulas en la parte delantera del libro.

$$\text{Área} = (0.785)(\text{diámetro})^2$$

$$\text{Área} = (0.785)(24.4\ \text{m})^2$$

$$\text{Área} = 467.4\ \text{m}^2$$

Paso 2: Convierta el caudal total de megalitros a metros cúbicos por día.

$$\frac{14.2\text{ ML}}{\text{d}}\left|\frac{1\ 000\ 000\text{ L}}{1\text{ ML}}\right|\left|\frac{1\text{ m}^3}{1000\text{ L}}\right| = 14\ 200\text{ m}^3/\text{d}$$

Paso 3: Halle la TCH.

$$\text{TCH, } \frac{\text{m}^3}{\text{m}^2\cdot\text{d}} = \frac{\text{Caudal total aplicado, m}^3/\text{d}}{\text{Área, m}^2}$$

$$\text{TCH, } \frac{\text{m}^3}{\text{m}^2\cdot\text{d}} = \frac{14\ 200\text{ m}^3/\text{d}}{467.4\text{ m}^2}$$

$$\text{TCH, } \frac{\text{m}^3}{\text{m}^2\cdot\text{d}} = 30.4$$

Los criterios de diseño de los filtros percoladores incluyen la TCH en 9.4 a 36.7 $\text{m}^3/\text{m}^2\cdot\text{d}$ para los filtros percoladores de tasa alta (categoría histórica) y entre 14.7 y 88.0 $\text{m}^3/\text{m}^2\cdot\text{d}$ para la oxidación de carbono (categoría actual). La respuesta calculada es razonable.

En unidades habituales en los EE. UU.:

Paso 1: Halle el área superficial del filtro en pies cuadrados con la fórmula para el área de un círculo provista en la hoja de fórmulas en la parte delantera del libro.

$$\text{Área} = (0.785)(\text{diámetro})^2$$

$$\text{Área} = (0.785)(80\text{ ft})^2$$

$$\text{Área} = 5024\text{ ft}^2$$

Paso 2: Convierta el caudal total de millones de galones por día a galones por día.

$$\frac{3.75\text{ mil. gal}}{\text{d}}\left|\frac{1\ 000\ 000\text{ gal}}{1\text{ mil. gal}}\right| = 3\ 750\ 000\text{ gal}$$

Paso 3: Halle la TCH.

$$\text{TCH, } \frac{\text{gpd}}{\text{ft}^2} = \frac{\text{Caudal total aplicado, gpd}}{\text{Área, ft}^2}$$

$$\text{TCH, } \frac{\text{gpd}}{\text{ft}^2} = \frac{3\ 750\ 000\text{ gpd}}{5024\text{ ft}^2}$$

$$\text{TCH, } \frac{\text{gpd}}{\text{ft}^2} = 746.4$$

Los criterios de diseño de los filtros percoladores incluyen la TCH en 230 a 900 gpd/ft^2 para los filtros percoladores de tasa alta (categoría histórica) y entre 360 y 2160 gpd/ft^2 para la oxidación de carbono (categoría actual). La respuesta calculada es razonable.

INTENSIDAD DE LA DESCARGA

El agua que ingresa al filtro percolador se aplica a la biopelícula en crecimiento de manera diferente, según la velocidad giratoria del distribuidor. Es como sostener un cubo lleno de agua. El cubo está equipado con una boquilla que limita la cantidad de agua que se dispensa. Si lo gira una vez rápidamente mientras vierte agua en la acera, la cantidad de agua que llegue a la acera será pequeña. Si lo gira muy lentamente mientras vierte el agua, mucha más agua llegará a la acera, incluso si sale del cubo a la misma tasa que cuando lo giró rápidamente. Si continúa girando, eventualmente el cubo se vaciará, ya sea que lo gire rápida o lentamente. ¿Qué sucede si la acera estaba cubierta de tierra? ¿Qué situación (un giro rápido o un giro lento) sería mejor para eliminar la tierra? Un giro lento funcionaría mejor. La biopelícula responde de la misma manera. Cuando se rocía agua lentamente sobre el filtro percolador mediante un distribuidor que gira rápidamente, hay muy poca fuerza para desprender partes de la biopelícula. La biopelícula crece y toma más espesor. Cuando el distribuidor se hace más lento, se vuelca más agua en cada parte del medio. Hay más fuerza y las partes de la biopelícula se desprenden con mayor facilidad. La biopelícula se hará más delgada.

En los filtros percoladores, la cantidad de agua dispensada por el brazo del distribuidor con cada giro se denomina *intensidad de descarga* o SK. La medida de *spülkraft* se expresa en milímetros de agua por pasada (mm/pasada). La medida de *spülkraft* depende del caudal total de agua que ingresa al filtro, la cantidad de brazos distribuidores y la velocidad de giro. Se calcula mediante cualquiera de las fórmulas siguientes.

En unidades estándar del Sistema Internacional:

$$\text{SK, mm/pasada} = \frac{\text{TCH}, \dfrac{\text{m}^3}{\text{m}^2 \cdot \text{h}} \times 1000 \dfrac{\text{mm}}{\text{m}}}{N_\text{a} \times \omega_\text{d} \times 60 \dfrac{\text{min}}{\text{h}}} \tag{7.12}$$

En unidades habituales en los EE. UU.:

$$\text{SK, in/pasada} = \frac{\text{TCH}, \dfrac{\text{ft}^3}{\text{ft}^2 \cdot \text{h}} \times 12 \dfrac{\text{in}}{\text{ft}}}{N_\text{a} \times \omega_\text{d} \times 60 \dfrac{\text{min}}{\text{h}}} \tag{7.13}$$

Donde

SK = *Spülkraft* (mm/pasada o in/pasada),
N_a = cantidad de brazos en el distribuidor, y
ω_d = velocidad de giro del distribuidor (rpm).

Un distribuidor con impulso hidráulico típico en América del Norte opera en el rango de 51 a 254 mm/pasada (2 a 10 in/pasada). tabla 7.4 detalla los rangos recomendados para los distribuidores giratorios. Se recomiendan tasas de dosificación mayores para tasas de carga orgánica mayores a fin de mejorar el control de espesor de la biopelícula. Además de una tasa de dosificación operativa normal, puede resultar beneficioso utilizar periódicamente una tasa de dosificación de descarga más alta para entre el 5 y el 10 % del periodo operativo de 24 horas. Para aumentar la intensidad de la descarga, reduzca la velocidad de giro del distribuidor.

Tabla 7.4 Tasas de dosificación operativa y de descarga para los distribuidores (WEF, 2010)*

Tasa de carga orgánica (TCO) kg/m³·d (lb DBO_5/d/1000 ft³)	Tasa de dosificación operativa mm/pasada (in/pasada)	Tasa de dosificación de descarga mm/pasada (in/pasada)
<0.4 (<25)	25 a 75 (1 a 3)	100 (4)
0.8 (50)	50 a 150 (2 a 6)	150 (6)
1.2 (75)	75 a 225 (3 a 9)	225 (9)
1.6 (100)	100 a 300 (4 a 12)	300 (12)
2.4 (150)	150 a 450 (6 a 18)	450 (18)
3.2 (200)	200 a 600 (8 a 24)	600 (24)

*Los valores reales son específicos para cada sitio y varían con el tipo de medio.

Ejemplos de cálculos para la intensidad de la descarga

Halle la intensidad de la descarga para el sistema de filtro percolador que se describe al principio de la sección sobre variables del proceso. Suponga que el distribuidor tiene dos brazos y que una revolución completa tarda 3.5 minutos (0.3 revoluciones por minuto. Verifique si los resultados calculados son razonables para la TCO recibida.

En unidades estándar del Sistema Internacional:

Paso 1: Convierta la TCH de $m^3/m^2 \cdot d$ a $m^3/m^2 \cdot h$.

$$\left.\frac{30.4\ \text{m}^3}{\text{m}^2\cdot\text{d}}\right|\left.\frac{1\ \text{d}}{24\ \text{h}}\right| = 1.27\frac{\text{m}^3}{\text{m}^2\cdot\text{h}}$$

Paso 2: Calcule la intensidad de la descarga.

$$\text{SK, mm/pasada} = \frac{\text{TCH}, \dfrac{\text{m}^3}{\text{m}^2\cdot\text{h}} \times 1000\dfrac{\text{mm}}{\text{m}}}{N_a \times \omega_d \times 60\dfrac{\text{min}}{\text{h}}}$$

$$\text{SK, mm/pasada} = \frac{1.27\dfrac{\text{m}^3}{\text{m}^2\cdot\text{h}} \times 1000\dfrac{\text{mm}}{\text{m}}}{2 \times 0.3 \times 60\dfrac{\text{min}}{\text{h}}}$$

$$\text{SK, mm/pasada} = 35.3$$

En unidades habituales en los EE. UU.:

Paso 1: Convierta el caudal total de gpd/ft^2 a $ft^2/ft^3/h$.

$$\left.\frac{746.4\ \text{gal}}{\text{ft}^2\cdot\text{d}}\right|\left.\frac{1\ \text{ft}^3}{7.48\ \text{gal}}\right|\left.\frac{1\ \text{d}}{24\ \text{h}}\right| = 4.16\frac{\text{ft}^3}{\text{ft}^2\cdot\text{h}}$$

Paso 2: Calcule la intensidad de la descarga.

$$\text{SK, in/pasada} = \frac{\text{TCH}, \dfrac{\text{ft}^3}{\text{ft}^2\cdot\text{h}} \times 12\dfrac{\text{in}}{\text{ft}}}{N_a \times \omega_d \times 60\dfrac{\text{min}}{\text{h}}}$$

$$\text{SK, in/pasada} = \frac{4.16\dfrac{\text{ft}^3}{\text{ft}^2\cdot\text{h}} \times 12\dfrac{\text{in}}{\text{ft}}}{2 \times 0.3 \times 60\dfrac{\text{min}}{\text{h}}}$$

$$\text{SK, in/pasada} = 1.4$$

La TCO de este sistema es de 0.81 $kg/m^2 \cdot d$ (49.8 lb $DBO_5/d/1000\ ft^3$). A partir de la tabla 7.4, la intensidad de la descarga recomendada es de 50 a 150 mm/pasada (2 a 6 in/pasada). El operador de este sistema debe reducir la velocidad de giro o aumentar la relación de reciclado para que la intensidad de la descarga llegue al rango recomendado.

COMPROBACIÓN DE CONOCIMIENTOS

1. **La tasa de carga orgánica a un filtro percolador es la masa de DBO_5 por metro cuadrado (pie cuadrado) de área superficial.**
   - ☐ Verdadero
   - ☐ Falso

2. **Es posible operar los filtros percoladores en paralelo o en serie.**
   - ☐ Verdadero
   - ☐ Falso

3. **Cuando se duplica el diámetro de un tubo, el área transversal**
   a. Aumenta en un 50 %
   b. Aumenta en un 100 %
   c. Aumenta en un 200 %
   d. Aumenta en un 400 %

4. **Un beneficio de aumentar los caudales de reciclado durante los momentos de caudal efluente primario bajo seguidos de caudales de recirculación menores cuando el caudal efluente primario aumenta es que**
   a. Se mantiene una TCH constante
   b. Aumenta el espesor de la biopelícula
   c. Se mantiene una tasa de carga orgánica constante
   d. Se reducen los costos de bombeo

5. **Cuando la velocidad de giro del distribuidor aumenta**
   a. El espesor de la biopelícula aumenta.
   b. El valor de SK aumenta.
   c. La TCH coincide con la TCO.
   d. Los caudales de reciclado deben disminuir.

6. **Es posible utilizar todos los métodos siguientes para aumentar la intensidad de la descarga para un filtro percolador, EXCEPTO:**
   a. Cerrar todos los orificios de dos brazos de un distribuidor giratorio de cuatro brazos.
   b. Abrir orificios en el borde delantero de los brazos para reducir la velocidad de giro.
   c. Aumentar la relación de recirculación para aumentar la TCH total.
   d. Poner en servicio un filtro percolador adicional para aumentar el área superficial.

7. **Halle el área superficial de un filtro percolador de 24.4 m (80 ft) de diámetro y 1.8 m (6 ft) de alto.**
   a. 116.8 m^2 (1256 ft^3)
   b. 210.2 m^2 (7536 ft^3)
   c. 467.4 m^2 (5024 ft^3)
   d. 841.3 m^2 (30144 ft^3)

8. **El caudal efluente primario es de 5.7 ML/d (1.5 mgd) y la concentración de DBO es de 120 mg/L. Halle la masa total de DBO en kilogramos (libras) que accede al filtro percolador cuando se usa una relación de reciclado de 1.5.**
   a. 684 kg (1501.2 lb)
   b. 1020 kg (2251.8 lb)
   c. 1368 kg (3002.4 lb)
   d. 1704 kg (3753 lb)

9. **El caudal efluente primario es de 30.3 ML/d (8 mgd). El operador desea aumentar el caudal total al filtro percolador a 60.6 ML/d (16 mgd). ¿Qué relación de reciclado se necesita para alcanzar el caudal total deseado?**
   a. 0.5
   b. 1
   c. 1.5
   d. 2

10. **Un filtro percolador de 41.1 m (135 ft) de diámetro y 7.3 m (24 ft) de profundidad recibe 22.7 ML/d (6 mgd) de efluente primario. La concentración de DBO en el caudal de entrada es de 180 mg/L y la relación de reciclado es de 2. Halle la tasa de carga orgánica al filtro percolador en $kg/m^3 \cdot d$ (lb DBO/d/1000 ft^3).**
    a. 0.11 $kg/m^3 \cdot d$ (6.6 lb DBO_5/d/1000 ft^3)
    b. 0.42 $kg/m^3 \cdot d$ (26.2 lb DBO_5/d/1000 ft^3)
    c. 0.84 $kg/m^3 \cdot d$ (52.5 lb DBO_5/d/1000 ft^3)
    d. 1.68 $kg/m^3 \cdot d$ (104.9 lb DBO_5/d/1000 ft^3)

11. **Calcule la TCH a un filtro percolador según la información siguiente. El área superficial es de 1326 m^2 (14 306.625 ft^2). El caudal de entrada es de 30.3 ML/d (8 mgd) y la relación de reciclado es de 2.**
    a. 22.9 $m^3/m^2 \cdot d$ (559.2 gpd/ft^2)
    b. 34.2 $m^3/m^2 \cdot d$ (838.8 gpd/ft^2)
    c. 68.5 $m^3/m^2 \cdot d$ (1677.5 gpd/ft^2)
    d. 272.6 $m^3/m^2 \cdot d$ (6710.2 gpd/ft^2)

12. **Halle el valor de SK para un filtro percolador de 24.4 m (80 ft) de diámetro que recibe un caudal total de 117 ML/d (31 mgd). El filtro tiene un distribuidor giratorio de 4 brazos. El distribuidor lleva a cabo 0.3 revoluciones por minuto.**
    a. 36.19 mm/pasada (1.4 in/pasada)
    b. 144.9 mm/pasada (5.7 in/pasada)
    c. 289.52 mm/pasada (11.4 in/pasada)
    d. 579.04 mm/pasada (22.8 in/pasada)

VENTILACIÓN

Ventilación por corriente natural

En la mayoría de los filtros percoladores, circula aire a causa de las corrientes naturales que atraviesan el medio y el sistema de drenaje inferior. La corriente natural se produce debido a las diferencias de densidad por la temperatura y la humedad del aire dentro y fuera del filtro percolador.

Cuando hay una diferencia de temperatura entre dos materiales en contacto, el calor fluye del material más caliente al material más frío. La *tasa de transferencia de calor* está relacionada directamente con la diferencia de temperatura. A medida que la diferencia de temperatura entre los dos materiales aumenta, la tasa de transferencia de calor también aumenta. Cualquier persona que haya estado parada sobre hielo sabe que los pies se enfrían más rápido que sobre el pavimento o sobre el césped.

La *tasa de transferencia de calor* es la velocidad a la que el calor se traslada de un área a otra.

Dentro de un filtro percolador, la diferencia de temperatura entre las aguas residuales y el aire provoca la transferencia de calor entre ellos. Cuando las aguas residuales están más cálidas que el aire, el calor se transfiere del agua al aire. Esto aumenta la temperatura del aire dentro del filtro percolador. El aire más cálido dentro del filtro percolador se expande y se eleva debido a su menor densidad en comparación con el aire más fresco del exterior. El aire que se eleva dentro del filtro percolador fluye hacia afuera por la parte superior del medio y hace ingresar aire externo fresco por la parte inferior del filtro percolador.

Cuando las aguas residuales están más cálidas que el aire exterior, el movimiento del aire será hacia arriba a través de la torre.

Cuando el aire exterior está más cálido que las aguas residuales, el calor se transfiere del aire al agua dentro del filtro percolador. Como resultado, el aire se enfría y baja, debido a la mayor densidad que el aire exterior más cálido. El aire más denso que baja dentro del filtro percolador fluye hacia afuera por la parte inferior del medio y hace ingresar aire externo fresco por la parte superior del filtro percolador.

Cuando las aguas residuales están más frías que el aire exterior, el movimiento del aire será hacia abajo a través de la torre.

Durante el clima frío, las corrientes naturales hacen que el aire fluya hacia arriba a través del medio del filtro percolador. La transferencia de oxígeno del aire al agua reduce la concentración de oxígeno en el aire a medida que se desplaza hacia arriba a través del medio. La menor concentración de oxígeno en el aire se produce en la parte superior del filtro percolador. Es aquí donde también se producen la mayor carga orgánica y la demanda de oxígeno máxima. Como resultado, la transferencia de oxígeno del aire al agua se reduce durante el flujo de aire hacia arriba (Schroeder y Tchobanoglous, 1976). La diferencia entre la concentración de OD en el agua y la concentración de oxígeno en el aire es más pequeña en la parte superior de la torre que en la parte inferior de la torre. A medida que el calor se desplaza desde las áreas de mayor concentración a las de menor concentración, el OD se traslada desde las áreas de alta concentración a las de baja concentración. Cuanto mayor es la diferencia de concentración, más rápidamente se produce la transferencia. Al mismo tiempo, el agua fría puede conservar más OD que el agua cálida. Esto se produce con todos los gases (por eso, por ejemplo, nadie abre una lata de gaseosa que haya estado en un automóvil caliente). El efecto neto es que el flujo de aire ascendente durante el clima frío tiene un efecto mínimo o nulo sobre la transferencia de oxígeno al agua y a la biopelícula.

El flujo de aire en los filtros percoladores con ventilación natural se hace más lento y puede incluso estancarse cuando las aguas residuales y el aire tienen aproximadamente la misma temperatura. La ventilación por corriente natural puede ser inadecuada para satisfacer la demanda de oxígeno en esta situación. Dichas condiciones solo se producen en periodos breves cada día, cuando la temperatura del aire aumenta temprano por la mañana y cae por la noche. La ventilación por corriente natural también puede ser inadecuada durante la primavera y el otoño, cuando la temperatura promedio del aire diaria es aproximadamente la misma que la temperatura de las aguas residuales. Una ventilación inadecuada provoca el agotamiento del oxígeno y el desarrollo de capas anaerobias dentro de la biopelícula (cerca de la superficie del medio) y un mal desempeño del filtro percolador.

La cantidad de vapor de agua en el aire (humedad) afecta la densidad del aire. El aire húmedo es más denso que el aire seco. Dentro del filtro percolador, el agua se evapora en el aire y satura el aire con vapor. El aire húmedo denso dentro del filtro percolador tiende a caer. Durante el clima frío, el efecto de caída del aire húmedo es compensado por el flujo ascendente del aire cálido del contacto con el agua relativamente cálida. Durante el clima cálido, el efecto de caída del aire húmedo aumenta el caudal de aire descendente.

Ventilación mecánica

Muchos filtros percoladores usan ventiladores para el suministro de aire o de escape para inducir un caudal de aire de manera mecánica. La ventilación mecánica ofrece un caudal de aire controlado, que no se ve afectado por las diferencias de temperatura diarias o estacionales entre el aire y las aguas residuales. La ventilación o las tasas de intercambio de aire que se requieren se basan en la tasa de carga orgánica y la *eficiencia de transferencia de oxígeno* del aire al agua, que puede ser de entre 2 y 10 %.

La *eficiencia de transferencia de oxígeno* es una medida de la facilidad con la que el oxígeno puede disolverse en agua. Cuanto más eficiente es la transferencia, mayores serán las concentraciones de OD en el agua.

Los sistemas de ventilación mecánica pueden operar en dirección ascendente o descendente del caudal de aire a través del medio. El caudal de aire descendiente ofrece aire fresco con una concentración de oxígeno alta en la parte superior del filtro percolador, donde se produce la demanda de oxígeno máxima. El caudal de aire descendente traslada aire húmedo a través del medio. Esto puede ayudar a reducir la formación de hielo en el invierno por arriba del medio y fuera del filtro percolador, donde el aire saturado de otro modo se condensaría y congelaría. El flujo de aire descendente en los filtros percoladores cubiertos reduce la cantidad de vapor de agua en el aire y la condensación de agua dentro del cerramiento. En contraste, el caudal de aire ascendente aumenta la cantidad de vapor de agua en el aire hasta que el aire interior puede parecer un sauna y la visibilidad se reduce mucho. Los filtros percoladores cubiertos con ventilación mecánica crean un flujo de aire de escape controlado, que puede dirigirse a un sistema de control de olores.

Las pérdidas de presión de aire a través de los medios de los filtros percoladores típicamente son bajas, con frecuencia de menos de 1 mm (0.01 in) de columna de agua por metro (pie) de profundidad del medio (Grady et al., 1999). Debido a que hay muy poca presión de retroceso en un filtro percolador, es posible usar un ventilador pequeño en lugar de un soplador. La presión de descarga del ventilador en general tiene un rango de entre aproximadamente 20 a 30 mm (0.5 a 0.75 in) de columna de agua. Los filtros percoladores en una instalación de tamaño mediano posiblemente requieran solo motores de ventilador de 3.7 a 4.6 kW (5 a 7.5 HP). Los procesos de lodo activado, por otro lado, pueden tener varios sopladores que funcionan entre 111 y 222 kW (entre 150 y 300 HP) cada uno.

Para distribuir el caudal de aire de manera uniforme por el medio del filtro percolador, los filtros percoladores cubiertos con sistemas de ventilación mecánica típicamente tienen conductos de suministro de aire dentro del cerramiento por arriba del distribuidor giratorio. Los conductos de aire no suelen estar instalados debajo del medio en el pleno del drenaje inferior donde el acceso para el mantenimiento sería muy limitado y el crecimiento de biopelícula sobre los conductos podría interferir con la distribución de aire.

Efectos del medio, del drenaje inferior y de la biopelícula sobre la ventilación

El caudal de aire se ve obstruido por pasajes angostos y serpenteantes a través del medio del filtro percolador. Los orificios y las ranuras de drenaje en los bloques del drenaje inferior de arcilla vitrificada también restringen el caudal de aire. La biopelícula que crece en la superficie del medio reduce el área abierta a través de los espacios libres y también puede bloquear parcialmente los orificios y las ranuras de drenaje en los bloques del drenaje inferior. Una biopelícula excesivamente gruesa puede bloquear completamente partes del medio y de los bloques del drenaje inferior. Para mantener un caudal de aire suficiente, deben hacerse funcionar los filtros percoladores para eliminar la biopelícula excesivamente gruesa.

Los filtros percoladores de piedra, donde el aire circula a través del medio mediante corrientes naturales, en general tienen conductos de ventilación verticales instalados en el perímetro. Los conductos de ventilación permiten que el aire fluya al sistema de drenaje inferior cuando el aire fluye hacia arriba a través del medio. Los conductos de ventilación hacen salir el aire desde el sistema de drenaje inferior cuando el aire fluye hacia abajo a través del medio. Los filtros percoladores con medios de piedra en general tienen un área transversal de ventilación del 15 % del área transversal del filtro percolador. Los canales del drenaje inferior tienen un tamaño para menos del 50 % de inmersión a TCH máximas a fin de proporcionar un espacio adecuado para el movimiento del aire.

TEMPERATURA

Durante el clima frío, las tasas de reacción biológica en la biopelícula se reducen y la actividad de los macroinvertebrados también se reduce. Cuando prevalecen las bajas temperaturas, los gusanos y las larvas de mosca se trasladan de las capas superficiales al interior del medio y la cantidad de hongos puede aumentar. La reducción de la *depredación* de biopelícula por parte de los macroinvertebrados a bajas temperaturas puede resultar en una biopelícula más gruesa, que puede provocar la obstrucción parcial o completa del medio. Cuando aumentan las temperaturas de las aguas residuales, la biomasa excesiva acumulada tiende a desprenderse bastante rápidamente. Esto puede aumentar la concentración de sólidos suspendidos en el efluente. Este desprendimiento estacional en primavera suele atribuirse a la muerte de células dentro de la biopelícula y a una mayor actividad de las poblaciones de macroinvertebrados en respuesta a mayores temperaturas.

El término *depredación* puede resultar extraño, pero los caracoles, las moscas de la humedad y los gusanos se alimentan de biopelícula. Estos predadores ayudan a mantener la biopelícula en un espesor saludable.

La evaporación dentro del filtro percolador suele reducir la temperatura de las aguas residuales cuando lo atraviesan. En un filtro percolador bien ventilado, la temperatura de las aguas residuales puede reducirse en algunos grados Celsius a través del filtro durante el clima extremadamente frío. Para lograr un tratamiento adecuado durante condiciones extremadamente frías, monitoree las temperaturas del caudal de entrada y del efluente. Si la temperatura se reduce en 1 °C o más, deben cerrarse del 25 al 50 % de las entradas de aire para reducir la tasa de ventilación y prevenir un enfriamiento excesivo.

En los climas fríos, con frecuencia los filtros percoladores están cubiertos. Durante el clima muy frío, es posible que se acumule hielo en la superficie del medio o en las paredes de los filtros percoladores expuestos y la eliminación de DBO puede verse afectada. El viento sopla las gotas de agua rociado del distribuidor y nieve, si la hay, hacia el lado contrario al de donde proviene. Es posible que en ese lado del filtro se acumulen depósitos de hielo. En las áreas mu frías, las cubiertas pueden reducir o eliminar la formación de hielo, reducir las pérdidas de calor y mejorar el desempeño general.

El intento de conservar calor en las aguas residuales a medida que avanza por el tratamiento a veces puede reducir los efectos adversos de las temperaturas frías. Esto puede lograrse, por ejemplo, de las siguientes maneras:

- Sacar una unidad de servicio,
- Cubrir el proceso de película fija,
- Reducir la recirculación,
- Usar ventilación forzada en lugar de ventilación natural,
- Reducir el tiempo de retención hidráulica (TRH) del tanque de sedimentación,
- Operar en paralelo y no en serie,
- Ajustar los orificios y las placas para salpicaduras a fin de reducir el rociado,
- Construir paravientos para reducir los efectos del viento,
- Dosificar de manera intermitente el filtro,
- Abrir compuertas de vertido o quitar placas para salpicaduras de los brazos del distribuidor, y
- Cubrir pozos colectores abiertos y estructuras de transferencia.

pH Y ALCALINIDAD

Los filtros percoladores son procesos de tratamiento biológico. El pH que ingresa al proceso y sale del proceso debe ser cercano a 7. Si el pH cae por debajo de 6.5, puede agregar una *base* al caudal de entrada para ajustarlo. Para los filtros percoladores que eliminan amoníaco, la alcalinidad del efluente debe estar en al menos 100 mg/L como $CaCO_3$. Cuando el pH y la alcalinidad son demasiado bajos, se inhibe la actividad biológica.

Una *base* es un químico con un pH mayor que 7. Algunas bases utilizadas comúnmente son el hidróxido de sodio (soda cáustica), el carbonato de sodio (sosa), el óxido de calcio (cal) y el hidróxido de calcio (cal apagada).

OBSTRUCCIÓN DEL MEDIO Y ANEGACIÓN

Cuando el caudal de aguas residuales a través del medio se hace más lento o se detienen completamente, se acumula agua en la parte superior, lo que se denomina *anegamiento*. El anegamiento puede ser provocado por tasas de carga orgánica excesivamente altas, acumulación de desechos, como basura y arena, tapetes de bacterias filamentosas en el medio, medio de tamaño irregular y proliferación de algas en la superficie del filtro.

Las tasas de carga orgánica excesiva pueden provocar un crecimiento rápido de la biopelícula seguido de eventos con desprendimientos grandes. El material desprendido puede quedar atrapado en los espacios libres y provocar el anegamiento en la parte superior. Es posible que crezcan biopelículas gruesas que llenen completamente los espacios libres en los medios de piedra y de conífera. Los medios de plástico, con espacios libres más grandes, son menos susceptibles a las obstrucciones debidas a un crecimiento excesivo de la biopelícula. La operación con una alta intensidad de la descarga o una tasa de recirculación alta puede prevenir las obstrucciones al mantener delgada la biopelícula y puede eliminar la biomasa atrapada en los espacios libres del medio. También es posible eliminar la biomasa atrapada en los espacios libres del medio mediante la parada temporal del caudal del efluente primario al filtro mientras se continúa recirculando efluente del filtro a través del medio. El aislamiento del filtro percolador elimina la fuente de alimento. Después de varias horas o de varios días, aumenta el desprendimiento y el exceso de biomasa se reduce. Un filtro percolador aislado puede tratarse también con una concentración alta de cloro (hipoclorito de sodio o blanqueador) o un pH alto para eliminar el exceso de biomasa. Al clorarlo, agregue cloro al caudal de entrada del filtro durante varias horas para mantener un residual de cloro de 1 a 2 mg/L en el efluente del filtro. Sin embargo, la pérdida de demasiada biomasa puede provocar un mal desempeño hasta que el nuevo crecimiento restaura la biopelícula después del tratamiento químico.

¡PRECAUCIÓN! El cloro elimina biomasa porque es tóxico. Debe ejercerse una extrema precaución al dosificar con cloro. Si se utiliza demasiado, es posible que se destruya toda la biomasa. Un filtro percolador dañado puede tardar semanas en recuperarse plenamente.

El anegamiento también puede ser el resultado de una acumulación de basura, desechos fibrosos o tapetes de bacterias filamentosas en los espacios libres del medio. Los desechos de la parte superior del medio deben eliminarse a diario, antes de que se trasladen a mayor profundidad en el medio. Los desechos que quedan atrapados dentro del medio pueden iniciar obstrucciones a medida que la biomasa desprendida queda atrapada por arriba de los desechos. Los desechos inorgánicos no degradables atrapados en los espacios libres del medio que no pueden eliminarse mediante una intensidad de la descarga alta pueden requerir la excavación del medio

El anegamiento también puede ser provocado por medios que no son de un tamaño suficientemente uniforme. En los medios no uniformes, los espacios libres grandes entre trozos mayores de medio pueden ser llenados por trozos pequeños de medio y crear canales angostos donde pueden quedar atrapados los desprendimientos de biomasa o los desechos. Los medios de piedra pueden romperse con el tiempo, en particular cuando están sujetos a extremos de temperatura. Las piedras más pequeñas llenarán los espacios entre las piedras más grandes. Si hay medios no uniformes que provocan obstrucciones, es posible que resulte necesario reemplazarlos. La arena y otras materias particuladas también pueden llenar los espacios libres si no se capturan aguas arriba mediante la eliminación de arena y la clarificación primaria.

CONTROL DEL PROCESO PARA LOS FILTROS PERCOLADORES

Los filtros percoladores tienen muy pocos parámetros operativos que están directamente bajo el control del operador. Los elementos que pueden controlarse incluyen la gestión de los procesos aguas arriba para eliminar partículas, la relación de recirculación y la velocidad de giro del distribuidor. Los cambios en la relación de recirculación ajustan la TCH y colaboran con un humedecimento adecuado de toda la superficie del medio. La velocidad de rotación del distribuidor cambia el valor de SK e influye sobre el espesor de la biopelícula. Los operadores deben ajustar cada uno de estos parámetros según resulte necesario para mantener el filtro percolador dentro de los valores aceptados de diseño y operativos (tabla 7.1 y tabla 7.2) y para controlar el espesor de la biopelícula y el desprendimiento.

Para los filtros percoladores equipados con ventilación mecánica, los operadores quizá puedan ajustar el caudal de aire. Para los filtros percoladores con ventilación natural, las rejillas de los puertos de ventilación pueden abrirse en distintos grados para aumentar o reducir el flujo de aire a través del filtro. El el clima frío, puede resultar beneficioso minimizar el caudal de aire para prevenir la pérdida de calor. Los operadores no pueden controlar el caudal de entrada ni la carga orgánica que ingresan a la WRRF, pero puede haber oportunidades de sacar unidades de la linea o de operar en etapas (filtros en paralelo o en serie). Los filtros percoladores no se sacan de servicio y ponen en servicio con frecuencia porque reanudar el servicio puede tardar de días a semanas.

Al ajustar el proceso de tratamiento o intentar corregir un problema, lleve a cabo un cambio por vez y espere aproximadamente una semana par permitir que el proceso biológico se estabilice, de modo que pueda evaluarse la eficacia de cada cambio. Los operadores deben mantener registros operativos detallados y crear gráficos con los resultados de los muestreos y de los cálculos del control del proceso. Los gráficos de tendencia ayudarán a los operadores a ver los cambios pequeños antes de que se conviertan en grandes problemas.

CONTROL DE LA MACROFAUNA

Hay diversas estrategias para gestionar la acumulación y el desarrollo de macrofauna en los filtros percoladores, incluidas aplicaciones físicas, químicas, o físicas y químicas en combinación. La clave es aplicar una condición tóxica para los animales o que cree un entorno que no favorezca su acumulación. La inundación de los filtros percoladores es un método eficaz para controlar las moscas de la humedad y los caracoles.

Las moscas de la humedad adultas son difíciles de ahogar y no se ven afectadas por el contacto con la mayoría de los químicos, incluido el cloro. Los huevos de las moscas de la humedad son muy resistentes a los agentes químicos y pueden resistir periodos de deshidratación. Sin embargo, las larvas de las moscas de la humedad pueden ahogarse, lo que interrumpe el ciclo de vida del insecto. El método de control de moscas de la humedad más eficaz es sumergir el medio durante 3 a 6 horas. La inundación impide que se complete el ciclo de las moscas de la humedad, lo cual ofrece un control suficiente del insecto. Algunos filtros percoladores no están diseñados para mantener agua y no pueden inundarse. Después de inundar el filtro, drene el agua lentamente al caudal de entrada de la instalación a fin de evitar una carga pico en la instalación. El aumento de la intensidad de la descarga (SK) y el aumento de la tasa de recirculación ayudarán a eliminar las larvas de las moscas de la humedad del medio del filtro.

Si se sumerge el medio del filtro percolador en una solución básica (con un pH de 9 a 10) durante 4 horas, se pueden controlar los caracoles y otra macrofauna. El tratamiento con una solución básica eliminó el 76 % de las larvas de moscas de la humedad a un pH de 9 y el 99 % a un pH de 10 en filtros percoladores nitrificantes en Englewood, Colorado (Parker et al., 1997). Ensayos de investigación posteriores demostraron que la inundación y el retrolavado durante 4 horas a un pH de 9 reducían la cantidad de caracoles en dos tercios y restablecían la alta eficiencia en la nitrificación (Parker, 1998).

La exposición de la biopelícula a 150 mg/L de solución de cloruro de amonio (NH_4Cl) a un pH de 9.2 resulta en una mortalidad de los caracoles del 100 %. La planta de tratamiento de aguas residuales Truckee Meadows, en Reno Sparks, Nevada, usa este método para controlar los caracoles (Gray et al., 2000). El centrifugado del digestor anaerobio rico en amoníaco se dirige a una estación de bombeo para la recirculación en el filtro percolador nitrificante. Se agrega hidróxido de sodio al caudal de recirculación para aumentar el pH a 9 (rango de 9.0 a 9.5) (Lacan et al., 2000). Este método de control habitualmente se aplica una vez por mes. Durante el ciclo de tratamiento, la solución se hace recircular por el filtro percolador aislado durante aproximadamente 2 horas para lograr la mortalidad en un 100 % de los caracoles adultos y de sus larvas. Después de completado el tratamiento químico, la solución química se regresa a la cabecera de la WRRF y el filtro percolador nitrificante se enjuaga con efluente secundario en "modo de recirculación" durante 10 horas antes de poner la unidad en servicio.

La eliminación física de los caracoles puede lograrse (1) al filtrar el efluente o caudal inferior del filtro, (2) al separar por gravedad a baja velocidad los canales y eliminarlos con un circuito de bombeo dedicado, y (3) al usar un equipo de eliminación de arena para la separación por gravedad acelerada.

En varias WRRF se implementó la eliminación de las corazas de caracoles del caudal inferior del clarificador secundario mediante un *clasificador tipo vórtice*. Las corazas de los caracoles en el efluente del clarificador secundario se eliminan en una sedimentación posterior en un depósito de sedimentación de baja velocidad de Montgomery, Alabama. Las corazas de los caracoles depositadas en el depósito se bombean a una reja estática donde caen por gravedad a un recipiente de recolección. Las corazas de los caracoles capturadas por sedimentación en depósitos de aeración en algunos casos se eliminan con bombas para arena y se separan con clasificadores de arena (Tekippe et al., 2006).

Los *clasificadores tipo vórtice* se describen en el capítulo sobre tratamiento preliminar.

COMPROBACIÓN DE CONOCIMIENTOS

1. **El agua que ingresa a un filtro percolador tiene una temperatura de 20 °C (68 °F). El aire sube a través del filtro en los días cálidos de verano con una temperatura del aire de 29 °C (85 °F).**
   - ☐ Verdadero
   - ☐ Falso
2. **La ventilación mecánica usa sopladores para forzar aire a través del medio del filtro percolador.**
   - ☐ Verdadero
   - ☐ Falso
3. **Si se permite que la biopelícula se vuelva demasiado gruesa, impide que caudal de aire atraviese el filtro.**
   - ☐ Verdadero
   - ☐ Falso
4. **Durante clima extremadamente frío, debe hacerse lo siguiente para reducir la pérdida de calor desde un filtro percolador.**
   a. Aumentar los caudales de reciclado.
   b. Cerrar en un 25 a un 50 % las entradas de aire.
   c. Calentar el efluente primario.
   d. Duplicar el caudal de aire.
5. **Si parte de los espacios libres en los medios de los filtros percoladores se obstruyen con desechos o un crecimiento excesivo de biopelícula, puede producirse**
   a. Dosificación
   b. Anegamiento
   c. Abrasión
   d. Inundación
6. **Este tipo de medio de filtro percolador es el menos susceptible a obstruirse.**
   a. Piedra
   b. Conífera
   c. Aleatorio
   d. Flujo vertical
7. **Esta sustancia puede usarse para eliminar el exceso de biopelícula del medio del filtro percolador.**
   a. Pentotal sódico
   b. Hipoclorito de sodio
   c. Cloruro de sodio
   d. Ácido clorhídrico

OPERACIÓN DE LOS FILTROS PERCOLADORES

OPERACIÓN DIARIA

Después de establecida la operación normal, lleve a cabo la observación diaria de los elementos siguientes:

- Dureza o vibraciones en los brazos del distribuidor,
- Fugas después del sello giratorio del distribuidor,
- Cualquier indicación de anegamiento,
- Obstrucción de orificios,
- Olores,
- Salpicaduras más allá del medio del filtro,
- Moscas de la humedad o caracoles, y
- Verifique visualmente el equipo al menos una vez por turno para asegurarse de que esté funcionando correctamente. Verifique que las bombas del filtro percolador funcionen normalmente y que el mecanismo del distribuidor gire de manera óptima.

Recirculación

Recircule el efluente del filtro percolador durante los periodos de bajo caudal durante el día y la noche para mantener tasas mínimas de humedecimiento de la biopelícula, minimizar el desarrollo de moscas de la humedad y desprender los excesos de biomasa del medio. La recirculación del efluente del filtro, en lugar del efluente del *clarificador secundario*, no afecta la carga hidráulica sobre el clarificador secundario. Reduzca o detenga la recirculación durante los periodos de alto caudal, de ser necesario, para evitar la sobrecarga hidráulica de los clarificadores secundarios. La tasa de recirculación debe ajustarse para mantener una concentración de OD de 3 a 6 mg/L en el efluente de los medios de piedra y de 4 a 8 mg/L de los medios sintéticos.

La operación de los *clarificadores secundarios* se trata en el capítulo 8, "Lodos activados".

Debido a los grandes volúmenes de agua distribuidos por los filtros percoladores, las *cubas* de almacenamiento de plástico de gran tamaño funcionan bien para verificar la distribución hidráulica. Asegúrese de que el brazo del distribuidor pueda pasar fácilmente sobre las cubas.

Distribución hidráulica

Verifique periódicamente la distribución de las aguas residuales en el filtro. Coloque *cubas* del mismo tamaño en la superficie del medio en varios puntos a lo largo del radio de un filtro circular. El brazo del distribuidor debe hacerse funcionar lo suficiente para casi llenar las bandejas. Detenga el distribuidor y mida la cantidad de agua recolectada en cada bandeja. La cantidad de agua en cada bandeja no debe diferir del promedio en más del 5 %. Si algunas bandejas recolectan más agua que otras, deben ajustarse los orificios y los tensores de los tirantes.

Desprendimiento

El desprendimiento es una parte natural de todos los procesos de biopelícula. La meta, desde la perspectiva del control del proceso, es favorecer el desprendimiento casi constante de partículas más pequeñas de la superficie de la biopelícula para mantenerla saludable y evitar el desprendimiento repentino de partes de película de gran tamaño. Estas metas se cumplen cuando el espesor de la biopelícula se gestiona mediante la manipulación de la TCH y la intensidad de la descarga. Las biopelículas más delgadas se relacionan con el desprendimiento de partículas más pequeñas y las biopelículas más gruesas pueden desprenderse en láminas de mayor tamaño. El desprendimiento sin controlar de grandes cantidades de biopelícula del medio del filtro percolador puede degradar la calidad del efluente. El exceso de sólidos en el efluente aumenta las demandas de cloro y reduce la eficacia de la desinfección. Para controlar el desprendimiento excesivo, haga más lento el giro de los brazos del distribuidor mediante la apertura de más orificios inversos. Calcule el factor de *spülkraft* y verifique que esté en el rango recomendado para la TCO actual.

Procesos aguas arriba

Si los equipos de filtrado mecánico fallan, la reja de barras de desviación debe limpiarse con frecuencia para eliminar los desechos y evitar que ingresen al filtro percolador y posiblemente obstruyan el medio. El desnatado frecuente de los clarificadores primarios también ayudará a reducir las obstrucciones en los orificios del brazo del distribuidor giratorio.

La arena debe eliminarse aguas arriba de los filtros percoladores de piedra. Si la arena llega al medio de piedra, quedará atrapada y bloqueará los espacios libres pequeños entre el medio. La acumulación de arena y de otros desechos obstaculizará el medio, reducirá la ventilación y provocará anegamiento. Cuando suceda esto, deberá sacarse de servicio el filtro para su limpieza. Es posible lavar los medios de piedra con agua a alta presión. La arena también debe eliminarse del drenaje inferior. La arena tiene menos impacto en los medios de láminas corrugadas de plástico debido a los grandes espacios libres que permiten que, en su mayoría, los atraviese. Algunas partículas de arena se adherirán a la biopelícula.

CÓMO PONER EN SERVICIO UN FILTRO PERCOLADOR

De ser posible, planifique la puesta en línea de los filtros percoladores para el clima más cálido. La biopelícula crece a mayor velocidad cuando las temperaturas son más altas. Al esperar un clima más cálido, se reducirá el tiempo requerido para desarrollar una biopelícula madura en todo el filtro. El desarrollo de biopelícula no será observable durante varios días y el desarrollo de una biopelícula madura en la mayoría del filtro podría requerir varias semanas.

La figura 7.36 muestra un sistema de filtro percolador con dos filtros percoladores que se operan en paralelo. Esta es una de las muchas maneras posibles en que puede configurarse un sistema de filtro percolador; sin embargo, los procedimientos de puesta en funcionamiento para los filtros percoladores en distintas disposiciones serán similares. Adapte los pasos siguientes según su instalación. En la figura 7.36, cada filtro tiene su propia estación de bombeo que bombea efluente primario y caudales de reciclado. Algunas instalaciones tiene una estación de bombeo única y común que alimenta diversos filtros. Algunas instalaciones pueden tener bombas separadas para efluente primario y caudales de reciclado. El operador de este sistema tiene la opción de reciclar el efluente del filtro percolador directamente desde la descarga de cada filtro de regreso a la estación de bombeo de dicho filtro (reciclado 1 o 2) o de reciclar el efluente del clarificador secundario de regreso a una caja de conexiones aguas arriba de ambos filtros (reciclado 3). Los círculos verdes de la figura 7.36 indican las ubicaciones de válvulas o compuertas deslizantes. La *caja de conexiones* se muestra entre las ubicaciones de las válvulas 1a y 1b en la figura 7.36.

Una *caja de conexiones* puede denominarse también *caja de empalmes* o *caja de uniones*. Se trata en general de estructuras pequeñas de hormigón donde pueden unirse las tuberías del proceso, donde pueden mezclarse distintas fuentes de aguas residuales y donde pueden dividirse caudales combinados entre distintas unidades del proceso.

Para la puesta en funcionamiento de un nuevo filtro o de un filtro que estuvo fuera de línea suficiente tiempo como para que la biopelícula muera, el reciclado directamente desde el efluente del filtro regresa biopelícula desprendida a la parte superior de la torre. La biopelícula regresada contiene bacterias y otros microorganismos que pueden volver a unirse al medio del filtro y ayuda a acelerar el desarrollo de la biopelícula en todo el filtro. En este ejemplo, se pondrá en servicio el filtro percolador n.º 1.

Paso 1: Antes de poner en servicio un nuevo filtro percolador o un filtro percolador que estuvo fuera de línea durante un tiempo extenso, los operadores deben inspeccionar cada una de estas áreas y eliminar los desechos que encuentren: 1) superficie del medio del filtro percolador, 2) interiores de los distribuidores de boquilla fija y orificios individuales en los brazos del distribuidor giratorio, 3) sistema de drenaje inferior, 4) canales de caudal entrante y de efluente, y 5) pozo sumidero de la estación de bombeo. Los desechos en estas ubicaciones puede

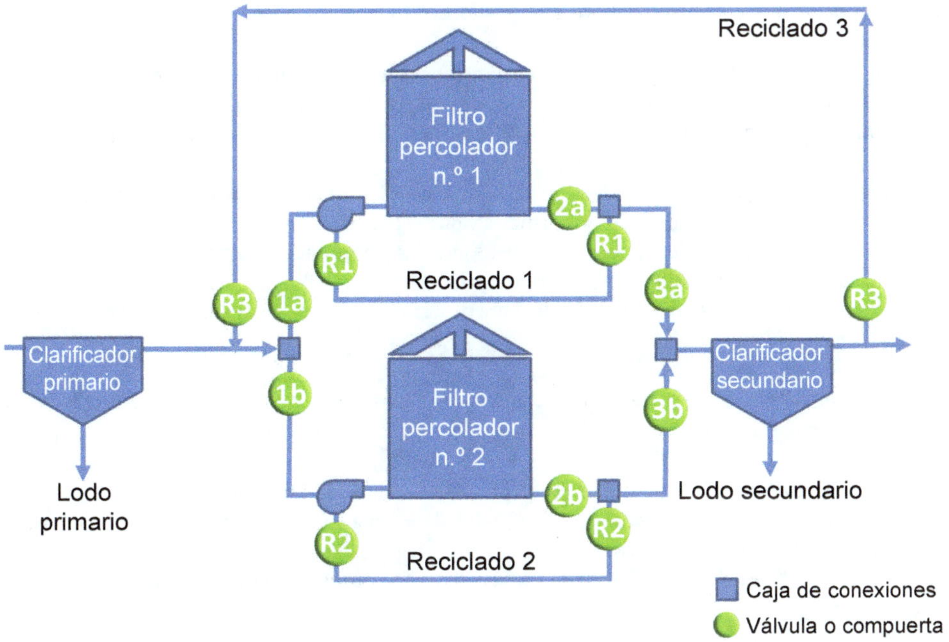

Figura 7.36 Diagrama de ejemplo de proceso de filtro percolador de única etapa en paralelo (reimpreso con autorización de Indigo Water Group)

llegar hasta el medio del filtro y crear una obstrucción o un anegamiento. Los desechos en el sistema de drenaje inferior y del canal del efluente pueden reciclarse de regreso al principio del proceso.

Paso 2: Ejercite todas las válvulas y compuertas deslizantes que estarán en servicio. Si alguna válvula o compuerta se adhiere o necesita otras reparaciones, debe saberse antes de que fluyan aguas residuales a través del filtro percolador. Comience con válvulas y compuertas del lado aguas abajo del filtro y trabaje hacia atrás hasta la parte delantera del proceso.

Paso 3: Asegúrese de que los brazos de los distribuidores giratorios estén nivelados y parejos. Use los tirantes y los tensores de los tirantes para nivelar los brazos (si es necesario). Asegúrese de que las compuertas de vertido de los extremos de los brazos estén cerradas.

Paso 4: Lleve a cabo cualquier mantenimiento recomendado por el fabricante, incluso la verificación del aceite del motor y en los cojinetes del distribuidor. Si hay agua o si el aceite está muy oscuro, reemplácelo según las recomendaciones del fabricante antes de la puesta en marcha. Es extremadamente importante que todos los equipos se hayan sometido a un servicio completo antes de la puesta en marcha, ya que los filtros percoladores suelen permanecer en funcionamiento durante años.

Paso 5: Verifique que no haya superficies pintadas con pintura desprendida o con óxido. Vuelva a pintar según resulte necesario.

Paso 6: Inspeccione las estructuras de hormigón para detectar descascaramientos, agrietamientos y otras señales de deterioro. Repare según resulte necesario.

Paso 7: Abra la válvula o la compuerta en el tubo de salida del filtro percolador. En la figura 7.36, es la ubicación 2a. Todas las demás válvulas y compuertas deben estar cerradas en este momento.

Paso 8: Abra las válvulas o compuertas que permitirán que los efluentes del filtro percolador se reciclen directamente en la parte delantera del proceso. En la figura 7.36, son las dos ubicaciones etiquetadas como R1.

Paso 9: Abra la válvula o la compuerta en la primera caja de conexiones. El efluente primario ahora puede fluir a través de la caja de conexiones a la estación de bombeo para el filtro percolador n.º 1.

Paso 10: Inicie las bombas. El agua tarda algo de tiempo en llegar a través del medio del filtro hasta la línea de reciclado. Puede resultar necesario bombear a una tasa inferior inicialmente para evitar vaciar el pozo sumidero de la estación de bombeo. Después de establecido un flujo regular, la tasa de la bomba puede aumentarse gradualmente.

Paso 11: Verifique el funcionamiento correcto de los distribuidores.

Para los distribuidor de boquilla fija, verifique que todos los medios se humedezcan de manera el patrón de rociado sea uniforme y que todos los medios se humedezcan de manera uniforme. Verifique que las aguas residuales se rocíen hacia la pared de contención o más allá de ella. Ajuste las boquillas según resulte necesario.

Para los distribuidores giratorios, escuche para detectar ruidos inusuales, como el producido por la fricción. Verifique que fluyan aguas residuales desde todos los orificios y que el patrón de rociado desde las placas para salpicaduras humedezca el medio de manera uniforme. Ajuste las placas para salpicaduras según resulte necesario para lograr un patrón de rociado superpuesto sin rociar aguas residuales más allá de la pared de contención. Temporice el giro del brazo del distribuidor. Abra o cierre orificios en los bordes delanteros de los brazos para ajustar la velocidad giratoria.

Nunca ingrese a un filtro percolador cuando esté en funcionamiento ni intente detener un distribuidor giratorio con su cuerpo. Si se necesitan ajustes, detenga la bomba y espere que el distribuidor se detenga antes de llevar a cabo ajustes. Ejerza buenas prácticas de seguridad, incluidos el bloqueo/ etiquetado y las de ingreso a espacios confinados, según sea adecuado.

Paso 12: Cuando todo esté funcionando correctamente, abra la compuerta de descarga, ubicación 3a en la figura 7.36, para permitir que el efluente del filtro fluya hasta el clarificador secundario.

Paso 13: Con ambos tipos de distribuidor, lleve a cabo una prueba con bandejas. Después de operar los distribuidores durante un tiempo breve, verifique si la profundidad del agua en cada bandeja es aproximadamente la misma. Si no lo es, deben llevarse a cabo ajustes adicionales para asegurar una distribución uniforme de aguas residuales a través de la superficie del medio. Si la TCH varía, lleve a cabo distintas pruebas con bandejas en el rango de TCH esperadas.

Si el filtro percolador se operará a distintos caudales, deben llevarse a cabo diversas pruebas con bandejas en el rango de caudales esperados.

Paso 14: Si lo desea, cambie el reciclado para obtener caudal del efluente del clarificador secundario en lugar de directamente del efluente del filtro percolador. En primer lugar, abra las compuertas o válvulas a ambos extremos de la línea de reciclado del clarificador secundario. Se muestran en la figura 7.36 como las ubicaciones R3. Después de establecido el caudal a través de la línea de reciclado del clarificador secundario, cierre las compuertas o las válvulas en la linea de reciclado directo. Cierre la compuerta o la válvula aguas abajo primero, para que el agua pueda drenarse fuera de los tubos hacia el pozo sumidero de la estación de bombeo.

Paso 15: Calcule la tasa de carga orgánica, la TCH y el valor de *spülkraft* para los picos y promedios en las condiciones operativas actuales y anticipadas. Compárelos con los criterios de diseño de las operaciones de su instalación y con el manual de mantenimiento o, si no los tiene disponibles, con los criterios de diseño aceptados de la tabla 7.1 y de la tabla 7.2. Si los parámetros operativos están fuera del rango, ajuste la relación de reciclado y la velocidad del brazo para que la TCH y el valor de *spülkraft* vuelvan a estar en rango. Si la tasa de carga orgánica es demasiado alta, puede poner en servicio un filtro percolador adicional.

Un filtro percolador recién puesto en servicio no proporcionará tratamiento. Requiere varios días a varias semanas, ya que la biopelícula debe desarrollarse. Es posible reciclar continuamente las mismas aguas residuales sobre el filtro percolador hasta que la calidad del efluente comience a mejorar. En este tiempo, el efluente primario deberá desviarse a otro proceso de tratamiento. A medida que la calidad del efluente comienza a mejorar, aumente gradualmente la cantidad de efluente primario enviado al filtro percolador y abra la compuerta de descarga, ubicación 3a en la figura 7.36, para permitir que el efluente del filtro fluya hacia el clarificador secundario. Si no es posible poner en línea el proceso gradualmente sin descargar efluente tratado parcialmente, pueden usarse dosis importantes de cloro para tratar químicamente el material orgánico que permanece. Asegúrese de verificar con el organismo de control antes de utilizar dosis importantes de cloro o de descargar cualquier efluente durante la puesta en marcha que no cumpla los límites de su permiso de descarga.

Los pasos para poner en marcha las bombas, los clarificadores y otros equipos se encuentran en otros capítulos o en el documento titulado *Operation of Water Resource Recovery Facilities* (WEF, 2016).

CÓMO SACAR DE SERVICIO UN FILTRO PERCOLADOR

Paso 1: Si el filtro percolador tiene su propia estación de bombeo o bombas dedicadas, reduzca gradualmente el caudal de bombeo. Esto desplazará gradualmente el caudal del efluente primario a los filtros percoladores y clarificadores que permanezcan en servicio.

Paso 2: Detenga las bombas del efluente primario y de reciclado.

Paso 3: Después de que el distribuidor detenga su movimiento, abra las compuertas de vertido del extremo de cada brazo. Asegúrese de seguir todos los procedimientos de seguridad, incluidos los de bloqueo/etiquetado y de acceso a lugares confinados antes de llevar a cabo cualquier trabajo. Los procedimientos de bloqueo/etiquetado aseguran que el equipo no se reiniciará mientras se lleva a cabo el mantenimiento. Si el distribuidor comienza a moverse cuando las compuertas de vertido se están abriendo, pueden producirse lesiones graves.

Paso 4: Reinicie las bombas unos minutos. Esto ayudará a eliminar cualquier desecho y biopelícula desprendida de los brazos del distribuidor.

Paso 5: Detenga las bombas del efluente primario y de reciclado.

Paso 6: Cierre las válvulas de descarga de la bomba, las compuertas y las válvulas de los tubos de reciclado, y las compuertas y válvulas en los canales del caudal de entrada y del efluente del filtro percolador. Esto aislará el filtro e impedirá que las aguas residuales de otros procesos retrocedan hasta el canal de salida. Asegúrese de seguir los procedimientos de ingreso a espacios confinados y bloqueo/etiquetado para prevenir lesiones.

Paso 7: Limpie la superficie del distribuidor y del medio y lleve a cabo cualquier mantenimiento necesario, incluido el reemplazo del aceite del motor y de los cojinetes del distribuidor.

Todas las válvulas y compuertas deben hacerse funcionar al menos una vez por año. Para *hacer funcionar* una válvula o compuerta, debe abrirse y cerrarse por completo varias veces. En este momento, es posible aplicar lubricante a las superficies expuestas para prevenir la oxidación y el agarrotamiento.

Paso 8: Limpie con una manguera las paredes interiores de la estructura de contención, del brazo del distribuidor, de los tirantes y de otros equipos. Tenga cuidado para evitar humedecer el motor y sus componentes eléctricos.

Paso 9: Vuelva a abrir la compuerta o la válvula del canal de salida para permitir que el agua de enjuague se drene hasta el clarificador secundario. Vuelva a cerrar la compuerta o válvula de salida. Use una bomba de pozo húmedo portátil para eliminar cualquier agua que permanezca en el canal de salida para evitar que crezcan moscas de la humedad y otros insectos. Elimine la arena y otros desechos que permanezcan en el canal.

COMPROBACIÓN DE CONOCIMIENTOS

1. **Una indicación de que la relación de recirculación está dentro del rango correcto es una concentración de OD en el efluente entre 3 y 8 mg/L.**
   - ☐ Verdadero
   - ☐ Falso

2. **Si se sacan de servicio los depósitos para arena y los clarificadores primarios durante varias semanas, esto no tendrá ningún efecto sobre la operación del filtro percolador.**
   - ☐ Verdadero
   - ☐ Falso

3. **La biopelícula en general crece a mayor velocidad cuando las temperaturas son más altas.**
   - ☐ Verdadero
   - ☐ Falso

4. **Si los resultados de la prueba con bandejas tienen una diferencia de más del 5 %,**
   a. Deben cerrarse los orificios del borde delantero.
   b. Es posible que deban ajustarse los tirantes.
   c. Debe aumentarse la relación de reciclado.
   d. La temperatura del agua del caudal de entrada es demasiado alta.

5. **Después de llevar a cabo ajustes en la relación de reciclado o en la velocidad del distribuidor,**
   a. Calcule la TCH y el valor de SK.
   b. Verifique que las placas para salpicaduras estén ubicadas correctamente.
   c. Mida el espesor de la biopelícula con un calibre.
   d. Reduzca la concentración de cloro en el efluente.

6. **Al poner en servicio un filtro percolador, las bombas deben ponerse en marcha a un caudal de bombeo menor porque**
   a. Los medios pueden aplastarse con un aumento repentino en el flujo.
   b. Puede forzarse el ingreso de desechos en las boquillas del distribuidor.
   c. Evita vaciar el pozo sumidero de la estación de bombeo.
   d. Previene un estrés excesivo en los cojinetes de la columna.

7. **¿Cuánto tarda el desarrollo completo de una biopelícula para ofrecer tratamiento después de poner en servicio un filtro percolador?**
   a. 24 horas
   b. 1 a 3 días
   c. Varias semanas
   d. Meses

8. **Al sacar de servicio un filtro percolador,**
   a. Reduzca gradualmente los caudales de bombeo antes de detener las bombas.
   b. Use las manos para hacer más lento y detener el distribuidor.
   c. Notifique al organismo de control.
   d. Agregue cloro a los brazos del distribuidor.

RECOLECCIÓN, MUESTREO Y ANÁLISIS DE LOS DATOS PARA FILTROS PERCOLADORES

Los análisis llevados a cabo sobre los filtros percoladores varían entre las instalaciones. Al decidir cuáles análisis son fundamentales, el operador debe considerar los objetivos de tratamiento, los requisitos de los permisos de descarga, las unidades de tratamiento aguas abajo y los desechos industriales que se anticipan. Los análisis de laboratorio se describen en mayor detalle en el documento *Basic Laboratory Procedures for the Operator–Analyst* (WEF, 2012).

Para los filtros percoladores que eliminan DBO, el desempeño del filtro percolador puede evaluarse al muestrear el caudal de entrada y el efluente para determinar la DBO. Las muestras de caudal de entrada del filtro percolador deben recolectarse en un lugar posterior al clarificador primario. Las muestras de caudal de entrada no deben incluir caudales de reciclado (si los hay). Las muestras de caudal de entrada deben analizarse para detectar la DBO_5 total. Las muestras de efluente del filtro percolador pueden recolectarse en el efluente del filtro percolador o en el efluente del clarificador secundario. Si se recolectan muestras en efluente del filtro percolador, debe permitirse que se sedimenten durante al menos 30 minutos antes de llevar a cabo el análisis de DBO. Los sólidos desprendidos contienen DBO. Recuerde que los procesos de tratamiento biológico convierten la DBO soluble en DBO particulada (biomasa). Al permitir que las partículas se sedimenten, se imita el comportamiento del clarificador secundario y se predice mejor la calidad final del efluente. Al enviar muestras a un laboratorio contratado, solicite un análisis de DBO sedimentada o un análisis de DBO soluble para el efluente del filtro percolador.

También es posible usar DBOC o DQO para las pruebas de control del proceso.

El oxígeno disuelto del efluente del filtro percolador debe monitorearse a diario. Registre los resultados en el libro de la instalación. Las concentraciones de oxígeno disuelto deben ser mayores a 2 mg/L y, con frecuencia, serán mucho mayores. Las concentraciones bajas de OD pueden indicar una carga orgánica excesiva o una ventilación inadecuada. Cualquiera de estas condiciones puede resultar en un estado anaerobio, en la producción de sulfuro de hidrógeno y en la proliferación de determinadas bacterias filamentosas.

Los filtros percoladores que eliminan amoníaco deben monitorearse para determinar otros parámetros, como la temperatura, el pH, la alcalinidad, el amoníaco, el nitrito y el nitrato. La nitrificación, la conversión de amoníaco en nitrato, consume 7.14 mg/L de alcalinidad cada 1 mg/L de NH_3-N convertido. Si se pierde demasiada alcalinidad, se reduce el pH. La alcalinidad cambia con mayor rapidez que el pH. Si solo es posible completar un análisis, es preferible llevar a cabo el de alcalinidad y no el de pH. Deben tomarse medidas correctivas si el pH del efluente del filtro percolador cae por debajo de 6.5 o si la alcalinidad cae por debajo de los 100 mg/L como $CaCO_3$. La alcalinidad y el pH pueden aumentarse mediante el agregado de bicarbonato de sodio, cal, hidróxido de sodio u otra *base* al caudal de entrada del filtro percolador.

Las sustancias con un pH menor a 7 son acídicas, con un pH mayor a 7 son básicas y con un pH igual a 7 son neutras. Al agregarse un químico que sea una *base*, se aumentará el pH. Consulte el capítulo 2 para obtener más información sobre la alcalinidad y el pH.

Al monitorear el caudal de entrada y el efluente para analizar las concentraciones de amoníaco, nitrito y nitrato, el operador podrá calcular la eliminación porcentual. Si la concentración de algún parámetro aumenta en el efluente del filtro percolador, es posible usar los resultados del caudal de entrada para determinar si el aumento se debe a un cambio en el desempeño del filtro o a un cambio en la concentración del efluente.

Los datos operativos deben registrarse a diario o al menos cada vez que se lleva a cabo un cambio operativo, como el de la cantidad de filtros percoladores en servicio, la velocidad de giro del distribuidor, el caudal de entrada, el caudal de reciclado y cualquier actividad de mantenimiento. Cuando se llevan a cabo cambios en el caudal de reciclado, deben calcularse y registrarse la TCH y el valor de *spülkraft*. Cuando se llevan a cabo cambios en la velocidad del distribuidor, debe calcularse y registrarse el valor de *spülkraft*. La TCO debe calcularse siempre que haya datos de DBO disponibles. Verifique que los resultados calculados estén dentro de los parámetros de diseño de la instalación. Los cálculos deben llevarse a cabo al menos mensualmente, incluso cuando no se produjeron cambios en el proceso.

En el capítulo 5, "Aspectos básicos del tratamiento biológico", hay una introducción a las bacterias nitrificantes. La eliminación de amoníaco se trata en profundidad en el capítulo 9, "Eliminación de nutrientes".

MANTENIMIENTO DE LOS FILTROS PERCOLADORES

Los elementos de un programa de mantenimiento incluyen el mantenimiento preventivo, procedimientos establecidos por escrito para el mantenimiento de emergencia y un sistema para asegurar un suministro adecuado de repuestos fundamentales. El mantenimiento planificado variará según la instalación y sus características únicas de diseño, además de los equipos instalados. Aunque este capítulo no puede ocuparse de todos estos elementos, en la tabla 7.5 se presenta un resumen de las tareas de mantenimiento más comunes e importantes. La información que se suministra en la tabla 7.5 no es específica para ningún equipo ni ninguna instalación en particular. Consulte y siga la documentación y las instrucciones operativas del fabricante.

Deben cumplirse los procedimientos correctos al cerrar un filtro percolador para el mantenimiento, en particular los filtros percoladores cubiertos en climas cálidos. El filtro debe enjuagarse durante un periodo extendido. Debe mantenerse una ventilación adecuada en todo el filtro para prevenir la acumulación de calor. Es necesario monitorear la temperatura interna del filtro.

Tabla 7.5 Mantenimiento planificado para los filtros percoladores (WEF, 2016)

Distribuidores giratorios
■ Observe el distribuidor a diario. Asegúrese de que la rotación sea suave y de que los orificios de rociado no estén obstruidos. ■ Lubrique los cojinetes de soporte principales y cualquier cojinete de guía o estabilización según las instrucciones del fabricante. Cambie el lubricante de manera periódica (en general, dos veces por año). Si los cojinetes están lubricados con aceite, verifique el nivel de aceite, drene el condensado semanalmente y agregue aceite según resulte necesario. ■ Mida el tiempo de la velocidad de giro del distribuidor a uno o más caudales. Registre y archive los resultados para compararlos en el futuro. Un cambio de velocidad con el mismo caudal indica problemas con el cojinete. ■ Alinee mensualmente los brazos del distribuidor. Para ello, abra las compuertas del extremo o las bridas ciegas para eliminar los desechos. Drene los brazos si están inactivos durante el clima frío, a fin de prevenir los daños por congelamiento. ■ Limpie los orificios semanalmente con un flujo de agua a alta presión con un trozo de alambre enganchado. ■ Mantenga los tubos de escape del brazo del distribuidor libres de hielo, grasas y sólidos. Límpielos de la misma manera que los orificios del brazo del distribuidor. Si los escapes están obstruidos, se formarán bolsas de aire. Las bolsas de aire provocarán cargas hidráulicas no uniformes en el filtro, y la carga no uniforme y el desgaste excesivo del cojinete de soporte del distribuidor. ■ Asegúrese de que los brazos del distribuidor estén nivelados. Para mantener el nivel, el tirante de fijación vertical debe tomarse durante el verano y debe permitirse salir durante el invierno mediante el ajuste de los tensores. Mantenga los brazos en la orientación horizontal correcta. Para ello, ajuste los tensores horizontales. ■ Verifique periódicamente el sello del distribuidor y, si corresponde, el tubo del caudal de entrada a la unión de expansión del distribuidor para detectar fugas. Reemplace según resulte necesario. Al reemplazar, verifique las placas de sellado en busca de desgaste y reemplácelas si el desgaste es excesivo. Algunos sellos deben mantenerse sumergidos incluso si el filtro está inactivo o su vida útil se acortará mucho. Verifique el mantenimiento correcto de los sellos. Para ello, verifique las recomendaciones del fabricante. ■ Quite el hielo de los brazos del distribuidor. La acumulación de hielo provoca cargas no uniformes y reduce la vida útil del cojinete principal. ■ Pinte el distribuidor según resulte necesario para protegerlo contra la corrosión. Cubra los cojinetes al aplicar chorro con arena a fin de proteger contra la contaminación. Para verificar el aceite, drene un poco a través de una media de nylon después de aplicar el chorro con arena. Conecte a tierra los brazos del distribuidor para proteger los cojinetes si suelda en el distribuidor y bloquee el mecanismo impulsor en el panel eléctrico principal. ■ Ajuste los vertederos de desborde del brazo secundario y lleve a cabo las pruebas con bandejas de la distribución de las aguas residuales en el filtro según resulte necesario. La prueba con bandejas se describe en la sección sobre distribución hidráulica, apartado sobre la operación del filtro percolador.
Distribuidores de boquilla fija
■ Observe a diario el patrón de rociado. Destape las boquillas bloqueadas de manera manual o mediante el aumento de la carga hidráulica. Lave mensualmente los cabezales y los laterales. Para ello, abra las placas de los extremos. Ajuste la tensión del resorte de las boquillas según resulte necesario.
Medio del filtro
■ Observe la condición de la superficie del medio del filtro a diario. Elimine hojas, sólidos de gran tamaño y plásticos, bolas de grasa, listones de madera o plásticos del medio rotos y otros desechos. Si el anegamiento es evidente, halle y elimine la causa. Mantenga abiertos los tubos de escape y elimine los residuos acumulados. Almacene los medios de plástico adicionales alejados de la luz solar para prevenir el daño por rayos ultravioletas. Observe que el medio esté asentado. Después de instalarse, el medio se asienta debido a su peso y al peso de la biopelícula y del agua en su superficie. El asentamiento debe ser uniforme y debe estabilizarse en unas pocas semanas. El asentamiento total es típicamente de menos de 0.3 m (1 ft) para medios de plástico aleatorios, menos para los medios de láminas de plástico y casi cero para la piedra. Si el asentamiento no es uniforme o es excesivo, extraiga algo de medio para su inspección. ■ Observe el medio para detectar erosión hidráulica, en particular en las áreas donde los chorros inversos golpean el medio.
Drenajes inferiores
■ Lávelos periódicamente, si es posible. Quite los desechos de los canales del efluente.
Estructura de contención del medio
■ Mantenga el rociado contra la pared interior del filtro para prevenir la infestación con moscas de la humedad y para prevenir la acumulación de hielo en invierno. ■ Mantenga el orden y la limpieza. Mantenga las paredes exteriores de fibra de vidrio, hormigón o acero limpias y pintadas, si corresponde. Mantenga el césped alrededor de las estructuras cortado y quite las hierbas y los arbustos para prevenir las infestaciones de moscas de la humedad y otros insectos. Recuerde que el uso de insecticidas cerca de las unidades de tratamiento puede tener efectos adversos sobre la calidad del agua o las unidades de tratamiento biológico.
Bombas del filtro
■ Verifique a diario que no haya fugas en las empaquetaduras ni en los sellos mecánicos. Ajuste o reemplace, según sea necesario. Lubrique la bomba y los cojinetes del motor según las instrucciones del fabricante. Mantenga el motor de la bomba tan limpio y seco como sea posible. Verifique las mangas del eje, los anillos de desgaste y los impulsores periódicamente para detectar desgaste; repare o reemplace según resulte necesario. Lleve a cabo el mantenimiento del reductor de velocidad, de los acoplamientos y de otros accesorios según las instrucciones del fabricante.
Accesorios
■ Mantenga las tuberías, las válvulas, los sopladores de corriente forzada y otros accesorios según las instrucciones del fabricante.

COJINETES Y SELLOS DEL DISTRIBUIDOR

Los cojinetes del distribuidor en general se desplazan sobre guías (rieles) extraíbles en un baño de aceite. El aceite, que en general es especificado por el fabricante, se selecciona para prevenir la oxidación y la corrosión y para minimizar la fricción. Debido a que el nivel y el estado del aceite son fundamentales para la vida útil del equipo, deben verificarse con frecuencia según las recomendaciones del fabricante (en general, semanalmente). Un procedimiento común es verificar el aceite mediante el drenaje de 0.6 L (1 pinta) en un recipiente limpio. Es importante recolectar la muestra del punto inferior, ya que si hay agua presente se junta allí. Si el aceite está limpio y libre de agua, puede regresarse a la unidad. Si el aceite está sucio, debe drenarse y debe volverse a llenar con una mezcla de aproximadamente una parte de aceite y tres partes de solvente. Con frecuencia, se usa queroseno como solvente; sin embargo, deben seguirse las recomendaciones del fabricante en relación con el solvente. Esto ayuda a eliminar más impurezas y agua. El distribuidor debe hacerse funcionar durante algunos minutos y después detenerse. Drene la mezcla de aceite y solvente y vuelva a llenar el distribuidor con aceite limpio.

SI se detecta agua en el aceite, el líquido del sello está bajo o la junta de los sellos mecánicos debe reemplazarse.

Los cojinetes con frecuencia se entregan embalados con grasa especial para evitar los daños durante el transporte. Esta grasa para el embalaje debe retirarse y reemplazarse con una grasa adecuada antes de la puesta en marcha.

¡PRECAUCIÓN! El drenaje inferior de un filtro percolador es un espacio confinado. Nunca ingrese a un espacio confinado sin seguir los procedimientos para el ingreso a espacios confinados.

DRENAJES INFERIORES

El mantenimiento del drenaje inferior del filtro percolador consiste en el enjuague de las líneas o de los canales para eliminar los depósitos de lodo o desechos cada 3 a 6 meses. Algunos medios de plástico tienen canales en el drenaje inferior que cuentan con un tamaño lo suficientemente grande para que un operador ingrese y lo inspeccione. Es posible utilizar una cámara de televisión de circuito cerrado para inspeccionar los sistemas de drenaje inferior de los medios de piedra y de plástico.

COMPROBACIÓN DE CONOCIMIENTOS

1. **¿Con qué frecuencia debe drenarse el condensado de los cojinetes lubricados con aceite en un distribuidor giratorio?**
   a. A diario
   b. Semanalmente
   c. Mensualmente
   d. Trimestralmente

2. **La semana pasada, el distribuidor hacía 1 revolución completa en 55 segundos. Esta semana, el mismo distribuidor hace 1 revolución completa cada 70 segundos. La TCH no cambió. ¿Qué debe verificar el operador?**
   a. Los niveles de aceite
   b. Los tirantes de fijación
   c. Los cojinetes
   d. Las compuertas de vertido

3. **Para limpiar semanalmente los orificios del distribuidor, se debe**
   a. Extraer cada placa para salpicaduras
   b. Pulverizar con agua a alta presión
   c. Sumergir en solución con cloro
   d. Inundar completamente los brazos del distribuidor

4. **La acumulación de hielo en los brazos del distribuidor debe eliminarse lo antes posible para evitar:**
   a. Cargas desparejas y estrés en los cojinetes
   b. Acumulación de condensado en el aceite
   c. Anegamiento con agua dentro de los brazos
   d. La rotura de los tirantes de fijación

5. **Deben eliminarse los desechos de la parte superior del filtro percolador a diario para**
   a. Mantener ocupados a los operadores
   b. Reducir la carga de sólidos en el filtro
   c. Asegurar que no queden adheridos en las boquillas
   d. Prevenir obstrucciones y anegamientos

6. **Al desmalezar y cortar el césped para mantener un entorno ordenado y limpio, se**
   a. Aumenta la probabilidad de que los desechos ingresen al filtro a causa del viento
   b. Mejora la corriente natural a través del filtro percolador
   c. Previenen las infestaciones con moscas de la humedad y otros insectos
   d. Amplía la vida útil del hormigón y de la fibra de vidrio

7. **Deben recolectarse muestras de aceite mediante el drenaje desde la parte inferior del depósito de aceite, porque**
   a. Si hay agua presente, estará en la parte inferior.
   b. Al tirar desde la parte superior, puede ingresar aire en la muestra.
   c. La muestra recolectada desde la parte superior puede no estar bien mezclada.
   d. El depósito de aceite está mayormente vacío durante la operación normal.

RESOLUCIÓN DE PROBLEMAS CON LOS FILTROS PERCOLADORES

Aunque el proceso del filtro percolador se considera uno de los medios más libres de inconvenientes para el tratamiento secundario, hay posibilidades de problemas operativos. En la tabla 7.6 se detallan posibles problemas operativos y sus medidas correctivas. La fuente de los problemas mecánicos con frecuencia es obvia; sin embargo, pueden surgir causas menos obvias de problemas por las operaciones, la sobrecarga del diseño, las características del caudal de entrada y otros elementos no relacionados con el equipo.

Es fundamental tener buenos registros y datos relacionados con el filtro percolador para ubicar, identificar y aplicar las medidas correctivas adecuadas para resolver los problemas. El seguimiento de la DBO soluble, los sólidos en suspensión, el pH, la temperatura y otros parámetros es necesario para que los operadores observen las tendencias operativas. Los parámetros mecánicos que deben registrarse en el libro de la instalación incluyen la velocidad de giro del distribuidor y las relaciones de reciclado.

CONSIDERACIONES DE SEGURIDAD PARA LOS FILTROS PERCOLADORES

Es importante que el personal de operaciones y mantenimiento cumpla con las pautas de seguridad especificadas por los fabricantes de los equipos primarios y puestas en práctica habitualmente por la empresa de servicios públicos. Estas incluyen, entre otros, procedimientos que describen el bloqueo adecuado de los equipos, la entrada a espacios confinados, el corte de energía eléctrica localizado, y el personal de rescate de guardia durante las actividades de mantenimiento. El personal de operaciones debe conocer bien y respetar las pautas de seguridad para las operaciones recomendadas por los fabricantes de los equipos y mantener un entorno limpio, bien ventilado y bien iluminado para evitar accidentes. Debajo se detallan algunas consideraciones de seguridad, en particular para los filtros percoladores.

- El trabajo en los distribuidores puede llevarse a cabo solo después de que los brazos se hayan detenido y estén bloqueados en su lugar, y que la bomba del distribuidor o el interruptor eléctrico de la válvula de control se hayan desactivado y bloqueado en el panel eléctrico;
- Nunca intente detener un distribuidor en movimiento con las manos ni con otras partes del cuerpo;
- No debe caminarse sobre el medio del filtro porque es resbaloso. Con frecuencia, hay rejillas de plástico como superficie permanente para caminar a fin de ofrecer un acceso seguro al distribuidor;
- Los filtros percoladores cubiertos tienen consideraciones de seguridad especiales porque se consideran espacios confinados. Existe la posibilidad de que la atmósfera debajo de la cúpula contenga poco oxígeno o mucho sulfuro de hidrógeno o amoníaco. El mantenimiento en estas áreas debe incluir procedimientos adecuados para el acceso a espacios confinados; y
- Mantenga las placas y compuertas de acceso en su lugar.

EJERCICIO DE LA SECCIÓN

Este ejercicio se basa en algunos de los conocimientos adquiridos sobre los filtros percoladores. En esta sección, un operador debe completar las siguientes tareas:

- Etiquetar el diagrama de un filtro percolador;
- Unir el componente de un filtro percolador con su función;
- Con la información para el proceso de un filtro percolador, determinar la relación de reciclado necesaria para mantener un valor de SK objetivo; y
- Determinar la causa más probable de las fallas en el filtro percolador.

1. Etiquete los elementos siguientes en la imagen que aparece a continuación. Orificio para reducir la velocidad, compuerta de vertido, canal del drenaje inferior, puertos de ventilación y cojinetes del distribuidor.

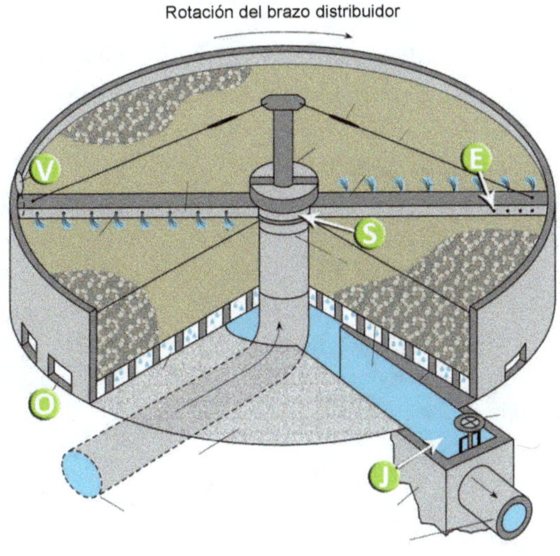

Tabla 7.6 Resolución de problemas en filtros percoladores (adaptado de EPA de los EE. UU., 1978)

Problema/causa posible	Medida correctiva
	Operaciones
Aumento en los sólidos en suspensión del efluente del clarificador secundario	
Sobrecarga hidráulica del clarificador	Verifique la tasa de carga superficial del clarificador; de ser posible, reduzca el caudal al clarificador a menos de 35 $m^3/m^2 \cdot d$ (900 gal/d/ft^2); para ello, reduzca la recirculación o ponga en servicio otro clarificador Expanda la instalación
Desnitrificación en el clarificador	Aumente la tasa de extracción de lodo del clarificador Aumente la carga en el filtro percolador para prevenir la nitrificación; desnate el lodo flotante de toda la superficie del clarificador o use rociado de agua para liberar gas nitrógeno del lodo para que el lodo vuelva a asentarse
Desprendimiento excesivo del filtro percolador debido a cambios en las aguas residuales	Aumente la tasa de extracción de lodo del clarificador Verifique las aguas residuales para detectar materiales tóxicos o cambios en el pH, en la temperatura, en la DBO o en otros componentes Identifique y elimine la fuente de las aguas residuales que provocan la alteración Aplique la ordenanza del uso de alcantarillado
Funcionamiento incorrecto del equipo en el clarificador secundario	Verifique que no haya equipos de recolección de lodo rotos y repare o reemplace los equipos rotos
Cortocircuito de caudal a través del clarificador secundario	Nivele los vertederos del efluente Instale una salida del muelle del centro del clarificador, deflectores, deflectores de vertedero del efluente u otros deflectores para prevenir los cortocircuitos
Aumento en la DBO del efluente del clarificador secundario	
Aumento en los sólidos en suspensión del efluente del efluente	Consulte las medidas correctivas para "Aumento en los sólidos en suspensión del efluente del clarificador secundario"
Cargas orgánicas excesivas en el filtro	Calcule la carga Reduzca la carga; para ello, ponga en servicio más filtros percoladores Aumente la eliminación de DBO en los tanques de sedimentación primaria mediante el uso de todos los tanques disponibles y minimice el almacenamiento del lodo primario en los tanques Elimine los flujos laterales de alta concentración en la instalación Expanda la instalación
Crecimiento biológico indeseable en el medio	Lleve a cabo un examen microscópico del crecimiento biológico Aplique cloro al filtro para matar los crecimientos indeseables
Olores desagradables en el filtro	
Carga orgánica excesiva que provoca la descomposición anaerobia en el filtro	Calcule la carga Reduzca la carga; para ello, ponga en servicio más filtros percoladores Aumente la eliminación de DBO en los tanques de sedimentación primaria mediante el uso de todos los tanques disponibles y minimice el almacenamiento del lodo primario en los tanques Favorezca las condiciones aerobias en las unidades de tratamiento antes del filtro percolador; para ello, agregue oxidantes químicos (p. ej., cloro, permanganato de potasio o peróxido de hidrógeno), preaeree o recicle el efluente de la instalación, o aumente el aire a las cámaras del desarenador aereadas Aplique la ordenanza para desechos industriales, si la industria es una fuente de cargas excesivas Elimine los gases del filtro percolador Reemplace el medio de piedra con un medio de plástico Expanda la instalación
Ventilación insuficiente	Aumente la carga hidráulica para lavar el exceso de crecimiento biológico; elimine los residuos de los canales del efluente del filtro y drenajes inferiores; elimine los desechos de la parte superior del medio del filtro Destape los tubos de escape Reduzca la carga hidráulica si los drenajes inferiores están inundados Instale ventiladores para inducir la corriente a través del filtro Verifique que no se haya tapado el filtro por la rotura del medio

(*continúa*)

Tabla 7.6 Resolución de problemas en filtros percoladores (adaptado de EPA de los EE. UU., 1978) (*continuación*)

Problema/causa posible	Medida correctiva
Operaciones	
Anegamiento en el medio del filtro	
Exceso de crecimiento biológico	Reduzca la carga orgánica Haga más lento el distribuidor para aumentar el valor de SK Aumente la carga hidráulica para aumentar el desprendimiento Enjuague la superficie del filtro con un chorro de agua a alta presión Aplique cloro al caudal de entrada del filtro durante varias horas; mantenga 1 a 2 mg/L de cloro residual en el filtro Mantenga inundado el filtro durante 24 horas Apague el filtro hasta que se seque todo el medio Aplique la ordenanza para desechos industriales si la industria es la fuente de la carga excesiva
Medio malo	Reemplace el medio
Orden y limpieza malos	Elimine los desechos de la superficie del filtro, de los tubos de escape, de los drenajes inferiores y de los canales efluentes
Moscas de la humedad (*Psychoda*)	
El medio del filtro no está suficientemente mojado (un entorno siempre mojado no favorece la reproducción de las moscas de la humedad porque elimina los huevos del filtro)	Aumente la carga hidráulica Destape los orificios de rociado o las boquillas Use la abertura del orificio al extremo de los brazos del distribuidor giratorio para rociar las paredes del filtro
El módulo del entorno del filtro favorece la reproducción de las moscas de la humedad	Inunde el filtro durante varias horas cada semana durante la estación de moscas Aplique cloro al filtro durante varias horas por semana durante la estación de moscas; mantenga un residuo de cloro de 1 a 2-mg/L en el filtro
Orden y limpieza malos	Mantenga el césped corto en el área alrededor del filtro; elimine hierbas y arbustos
Hielo	
Baja temperatura de las aguas residuales	Reduzca la recirculación Elimine el hielo de orificios, boquillas y brazos del distribuidor con un chorro de agua a alta presión Reduzca la cantidad de filtros en servicio, siempre y cuando se puedan cumplir de todos modos los límites de efluente Reduzca el tiempo de retención en las unidades de pretratamiento y de tratamiento primario Construya rompevientos o cubiertas
Mantenimiento	
El distribuidor giratorio se hace más lento o se detiene	
Caudal insuficiente para que el distribuidor gire	Aumente la carga hidráulica Cierre los chorros de inversión
Brazos u orificios obstruidos	Abra las placas de los extremos para descargar los brazos; descargue los orificios; verifique el funcionamiento de los procesos de tratamiento preliminar, en particular los equipos de filtrado
Tubo de escape del brazo del distribuidor obstruido	Extraiga el material del tubo de escape con una varilla o por lavado Extraiga los sólidos del caudal de entrada de aguas residuales
Cojinete principal inadecuado	Reemplace el cojinete
Los brazos del distribuidor no están nivelados	Ajuste los tirantes de fijación en los tensores
Las varillas del distribuidor golpean el medio	Nivele el medio Extraiga algo de medio
Suciedad en el aceite del cojinete principal	
Sello contra el polvo del cojinete desgastado	Reemplace el sello
Sello giratorio o placa del sello desgastados	Reemplace el sello; inspeccione la placa del sello y reemplácela si está desgastada
El condensado no se drena habitualmente o el nivel de aceite es demasiado bajo	Verifique el nivel de aceite, drene el condensado y vuelva a llenarlo de ser necesario

(*continúa*)

Tabla 7.6 Resolución de problemas en filtros percoladores (adaptado de EPA de los EE. UU., 1978) (*continuación*)

Problema/causa posible	Medida correctiva
	Operaciones
Fugas de agua en la base del distribuidor	
Sello giratorio desgastado	Reemplace el sello
Fugas en la unión de expansión entre el distribuidor y la columna de soporte	Repare o reemplace la tubería del caudal de entrada de la unión de expansión
Medio superior roto	
Objetos extraños	Enjuague con un chorro de agua limpia a alta presión Elimine con un alambre o gancho Desarme y limpie
Se detuvo el recolector de lodo del clarificador secundario	
Se superó la configuración de sobrecarga de torque	Reduzca el manto de lodos; extraiga el exceso de lodo Verifique si la parte del desnatador del recolector se trabó en la nata; libere y repare o ajuste el desnatador Drene el tanque y elimine los objetos extraños
Pérdida de energía	Restablezca el disyuntor de la unidad impulsora si se disparó (después de identificar y corregir la causa de que se hubiera disparado) Restablezca la unidad impulsora, el centro de control del motor o los disyuntores principales de la instalación según resulte necesario cuando se restaure la energía en la planta después de la interrupción Verifique que el motor del impulsor no consuma demasiada corriente; si la corriente es excesiva, determine el motivo Verifique los relés de sobrecarga del motor del impulsor; reemplácelos si están defectuosos o el tamaño es insuficiente
Falla de la unidad impulsora	Verifique las cadenas de impulsión y los pasadores de seguridad; reemplace según sea necesario y use un tamaño correcto de pasador de seguridad, o se producirán daños Verifique y reemplace los engranajes con tornillo sin fin, acoplamientos, reductores de velocidad o cojinetes según sea necesario; lubrique y proporcione mantenimiento preventivo para las unidades según las instrucciones del fabricante
Las bombas de recirculación no suministran un caudal suficiente	
Carga hidráulica excesiva	Abra las válvulas cerradas o reguladas Destape los brazos del distribuidor, los cabezales y los laterales Destape las boquillas y los orificios del distribuidor Destape las líneas de escape del distribuidor
Funcionamiento incorrecto de la bomba	Ajuste o reemplace la empaquetadura o los sellos mecánicos Ajuste el espacio entre el impulsor y la cubierta; reemplace los anillos de desgaste si están demasiado desgastados Reemplace o haga el recapado de los manguitos del eje gastados Verifique que no haya desgaste ni sólidos enganchados en el impulsor; elimine los desechos; reemplace el impulsor de ser necesario Verifique que no haya bloqueo por aire en la cubierta de la bomba Libere el aire atrapado Lubrique los cojinetes según las instrucciones del fabricante Reemplace los cojinetes desgastados
Falla del motor del impulsor de la bomba	Lubrique los cojinetes según las instrucciones del fabricante Reemplace los cojinetes desgastados Mantenga el motor tan limpio y seco como sea posible La bomba y el motor están mal alineados; verifique la vibración y la alineación Vuelva a diseñar según resulte necesario Bobinado quemado; vuelva a bobinar o reemplace el motor Verifique que el motor del impulsor no consuma demasiada corriente; si el consumo de corriente es excesivo, determine el motivo Verifique los relés de sobrecarga del motor del impulsor; reemplácelos si están defectuosos o el tamaño es insuficiente; restablezca el motor del impulsor, los centros de control del motor o los disyuntores principales de la instalación después de identificada y corregida la causa del disparo, o cuando se restaura la energía después de la interrupción

2. Una el componente del filtro percolador con su función:

1. Orificios para reducir la velocidad	A. Permitir el movimiento del aire hacia dentro del filtro
2. Medio del filtro	B. Distribuir aire a través del área del filtro
3. Puertos de ventilación	C. Nivelar los brazos del distribuidor
4. Tirante	D. Reducir la velocidad del brazo del distribuidor
5. Compuerta de vertido	E. Aislare el filtro percolador
6. Pleno	F. Eliminar los desechos del distribuidor
7. Compuerta de salida	G. Proporcionar superficie para el crecimiento de la biopelícula

3. Información de la WRRF: Un filtro percolador tiene 36.6 m (120 ft) de diámetro y 7.3 m (24 ft) de profundidad. El volumen total del medio es de 7676.7 m^3 (271 296 ft^3). El área superficial del filtro es de 1051.6 m^2 (11 304 ft^2). El filtro recibe un caudal diario promedio del clarificador primario de 14.4 ML/d (3.8 mgd). Hay 4 brazos del distribuidor. La velocidad del distribuidor está fija a 1.5 rpm. ¿Cuánto caudal de reciclado se requiere para mantener una intensidad de la descarga de 77.1 mm/pasada (3 in/pasada)?

4. Un filtro percolador ventilado naturalmente tiene un buen desempeño, pero un área de la superficie del filtro está cubierta con agua quieta. ¿Cuál es la causa más probable y qué debe hacer el operador para corregir el problema?

SOLUCIONES AL EJERCICIO DE LA SECCIÓN

1. E = Orificios para reducir la velocidad, V = Compuerta de vertido, J = Canal del drenaje inferior, O = Puertos de ventilación, S = Cojinetes del distribuidor

2. 1. D, 2. G, 3. A, 4. C, 5. F, 6. B, 7. E

3. Para resolver este problema, el operador debe saber la TCH total necesaria para obtener la intensidad de la descarga deseada. Después, debe restar el caudal efluente primario del caudal total para obtener el caudal de reciclado requerido.

En unidades estándar del Sistema Internacional:

Paso 1: Halle la TCH total requerida.

$$\text{SK, mm/pasada} = \frac{\text{TCH}, \dfrac{\text{m}^3}{\text{m}^2 \cdot \text{d}} \times 1000 \dfrac{\text{mm}}{\text{m}}}{N_a \times \omega_d \times 60 \dfrac{\text{min}}{\text{h}}}$$

$$77.1 \text{ mm/pasada} = \frac{\text{TCH}, \dfrac{\text{m}^3}{\text{m}^2 \cdot \text{d}} \times 1000 \dfrac{\text{mm}}{\text{m}}}{4 \times 1.5 \times 60 \dfrac{\text{min}}{\text{h}}}$$

$$77.1 \text{ mm/pasada} = \text{TCH}, \frac{\text{m}^3}{\text{m}^2 \cdot \text{d}} \times 2.78$$

$$27.7 = \text{TCH}, \frac{\text{m}^3}{\text{m}^2 \cdot \text{d}}$$

Paso 2: Use la ecuación de la TCH para encontrar el caudal total aplicado al filtro.

$$\text{TCH}, \frac{\text{m}^3}{\text{m}^2 \cdot \text{d}} = \frac{\text{Caudal total aplicado, m}^3/\text{d}}{\text{Área, m}^2}$$

$$27.7 \frac{\text{m}^3}{\text{m}^2 \cdot \text{d}} = \frac{\text{Caudal total aplicado, m}^3/\text{d}}{1051.6 \text{ m}^2}$$

$$29\,129 \frac{\text{m}^3}{\text{d}}$$

Paso 3: Convierta el caudal efluente primario a metros cúbicos por día.

$$\frac{14.4\text{ ML}}{\text{d}}\left|\frac{1\,000\,000\text{ L}}{1\text{ ML}}\right|\left|\frac{1\text{ m}^3}{1000\text{ L}}\right| = 14\,400\text{ m}^3/\text{d}$$

Paso 4: Halle la cantidad de caudal de reciclado requerido.

$$\text{Caudal total} - \text{Caudal efluente primario} = \text{Caudal de reciclado}$$

$$29\,129\ \frac{\text{m}^3}{\text{d}} - 14\,400\ \frac{\text{m}^3}{\text{d}} = 14\,729\ \frac{\text{m}^3}{\text{d}}$$

En unidades habituales en los EE. UU.:

Paso 1: Halle la TCH total requerida.

$$\text{SK, in/pasada} = \frac{\text{TCH}, \dfrac{\text{ft}^3}{\text{ft}^2\cdot\text{d}} \times 12\dfrac{\text{in}}{\text{ft}}}{N_a \times \omega_d \times 60\dfrac{\text{min}}{\text{h}}}$$

$$3\text{ in/pasada} = \frac{\text{TCH}, \dfrac{\text{ft}^3}{\text{ft}^2\cdot\text{d}} \times 12\dfrac{\text{in}}{\text{ft}}}{4 \times 1.5 \times 60\dfrac{\text{min}}{\text{h}}}$$

$$1080 = \text{TCH}, \frac{\text{ft}^3}{\text{ft}^2\cdot\text{d}} \times 12$$

$$90 = \text{TCH}, \frac{\text{ft}^3}{\text{ft}^2\cdot\text{d}}$$

Paso 2: Convierta la TCH de $\text{ft}^3/\text{ft}^2\cdot\text{d}$ a gpd/ft^2.

$$\frac{90\text{ ft}^3}{\text{ft}^2\cdot\text{d}}\left|\frac{7.48\text{ gal}}{1\text{ ft}^3}\right| = 673.2\frac{\text{gpd}}{\text{ft}^2}$$

Paso 3: Use la ecuación de la TCH para encontrar el caudal total aplicado al filtro.

$$\text{TCH}, \frac{\text{gpd}}{\text{ft}^2} = \frac{\text{Caudal total aplicado, gpd}}{\text{Área, ft}^2}$$

$$673.2\frac{\text{gpd}}{\text{ft}^2} = \frac{\text{Caudal total aplicado, gpd}}{11\,304\text{ ft}^2}$$

$$7\,609\,853 = \text{Caudal total aplicado, gpd}$$

$$7\,609\,853\text{ gpd} = 7.6\text{ mgd}$$

Paso 4: Halle la cantidad de caudal de reciclado requerido.

$$\text{Caudal total} - \text{Caudal efluente primario} = \text{Caudal de reciclado}$$

$$7.6\text{ mgd} - 3.8\text{ mgd} = \text{Caudal de reciclado}$$

$$3.8\text{ mgd} = \text{Caudal de reciclado}$$

4. El agua quieta indica un área donde el movimiento del agua se hizo más lento o se detuvo. La causa más probable es una obstrucción en el medio debajo. El operador debe apuntar la ubicación. Es posible que resulte necesario extraer el medio del filtro para detectar la obstrucción y quitarla.

Contactores biológicos rotativos

Los contactores biológicos rotativos consisten en discos de plástico en paralelo con poco espacio intermedio montados en un eje horizontal central (figura 7.37). El eje se encuentra sostenido a cada extremo por cojinetes montados en las paredes del depósito. La biopelícula crece en la superficie de los discos de plástico en paralelo (medio de soporte para la biopelícula). Aproximadamente el 40 % del volumen del medio de soporte del RBC está inmerso en aguas residuales y el volumen del medio restante está expuesto al aire. Este nivel de inmersión mantiene el eje y los cojinetes por arriba del nivel del agua. El medio gira constantemente por las aguas residuales para mantener su superficie completamente húmeda. Esto permite que crezca biopelícula en toda la superficie del medio. Al girar el medio del RBC entre las aguas residuales y el aire, los microorganismos de la biopelícula quedan expuestos a alimentos, nutrientes y oxígeno. El giro constante del medio también crea fuerzas que ayudan a eliminar el exceso de biomasa del medio y mantienen los sólidos de biomasa desprendida en suspensión hasta que se quitan del tanque del RBC. Las mayores velocidades de rotación resultan en biopelículas más delgadas. Los sólidos biológicos en suspensión producidos en el RBC típicamente se separan del efluente tratado del RBC mediante un clarificador secundario. Algunas WRRF más pequeñas tienen una tolva en lugar de un clarificador en sí.

En cientos de lugares de los Estados Unidos se utilizan contactores biológicos rotativos para tratar aguas residuales municipales e industriales. Se considera que actualmente se usan más de 600 instalaciones de RBC para el tratamiento de aguas residuales industriales y municipales. En su mayoría, las instalaciones están diseñadas y son utilizadas para la eliminación de DBO y algunas para la eliminación de DBO y nitrógeno.

PARÁMETROS DE DISEÑO PARA CONTACTORES BIOLÓGICOS ROTATIVOS

Cuando, a finales de la década de 1970 y principios de la década de 1980, se introdujeron los RBC para el tratamiento de aguas residuales, se producían con frecuencia problemas mecánicos y sobrecarga orgánica. A mediados de la década de 1980, los fabricantes de los equipos y los ingenieros de consultoría habían desarrollado estándares que minimizaban la mayoría de los problemas. Sin embargo, todavía hay sistemas que no presentan seguridad en su aspecto mecánico.

El patrón del caudal de los RBC es similar al de la mayoría de los demás procesos de tratamiento biológico (figura 7.38). El tratamiento preliminar elimina los sólidos sedimentables, las grasas y otros materiales flotantes aguas arriba del RBC. Un clarificador secundario sigue los RBC para eliminar los sólidos desprendidos de las aguas residuales tratadas. Los sólidos que se sedimentan en el clarificador secundario pueden bombearse directamente para su procesamiento o pueden reciclarse al clarificador primario para su *cosedimientación* con el lodo primario. El lodo primario se bombea directamente al procesamiento de sólidos.

Cosedimentación significa que tanto el lodo primario como el secundario se asientan en el mismo clarificador. El lodo secundario generalmente se bombea de regreso al clarificador primario.

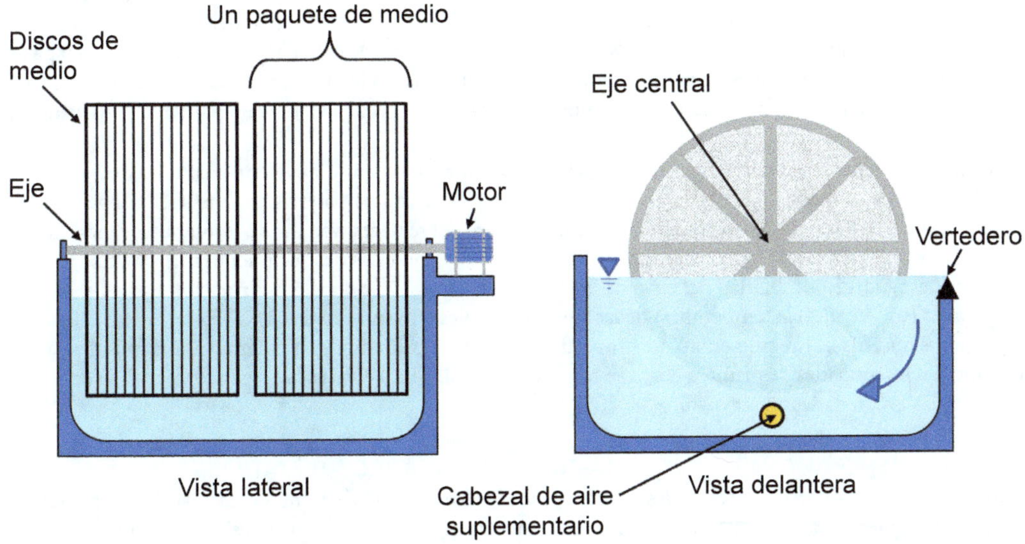

Figura 7.37 Contactor biológico rotativo (adaptado de Wikimedia Commons, enviado por Milton Beychok)

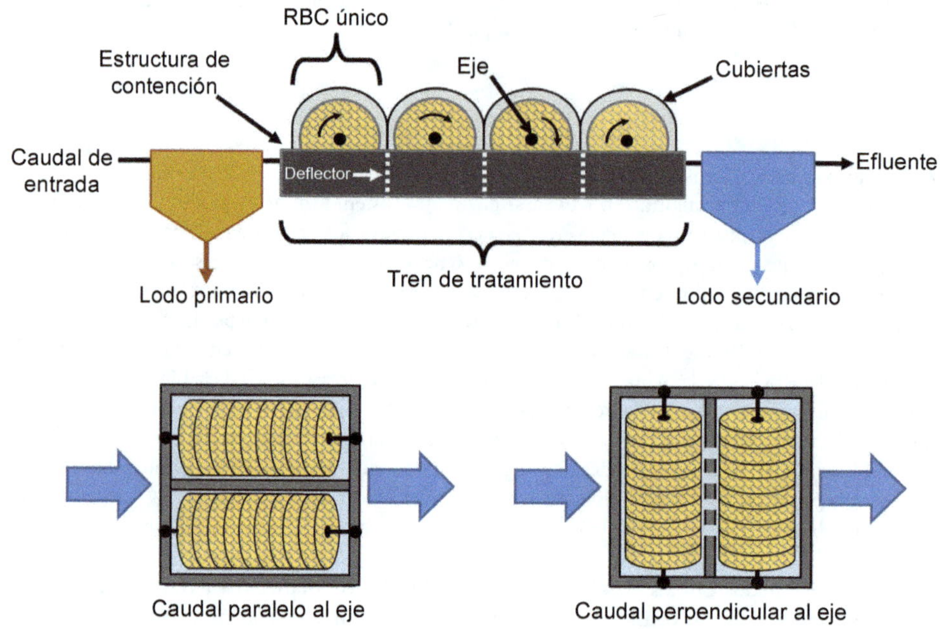

Figura 7.38 Esquema del flujo del proceso del RBC (adaptado de EPA de los EE. UU., 1978 y WEF, 2016)

El término "eje" con frecuencia se utiliza para describir tanto el soporte metálico como los discos del medio. Es posible utilizar RBC individuales de manera independiente o en combinación con otras unidades. Es típico ver varios RBC organizados en serie, como se muestra en la figura 7.38. Una serie de RBC que tratan aguas residuales como una unidad se denomina *tren*. Los RBC individuales de un mismo tren separados por deflectores internos se denominan *etapas*. La primera etapa recibe la mayor carga orgánica. Cada RBC posterior recibe una carga orgánica menor que el RBC anterior. Es posible colocar contactores biológicos rotativos en paralelo, donde el agua ingresa a la estructura de contención de manera paralela o perpendicular a los ejes del RBC. La alimentación de aguas residuales en paralelo al eje (caudal por el extremo) se lleva a cabo, en general, solo en las instalaciones muy pequeñas (parte inferior izquierda de la figura 7.38). Cuando el caudal es perpendicular a los ejes del RBC, el RBC debe girar contra la dirección del caudal. Loa deflectores dividen el contenedor en compartimientos y ayudan a prevenir los *cortocircuitos* en el depósito.

Un *cortocircuito* se produce cuando el agua en el depósito no se mezcla bien. Esto puede resultar en corrientes y trayectorias donde el agua se desvía alrededor de la mayoría del volumen del tanque y llega rápidamente al tubo del efluente.

Las tasas de carga de los RBC se basan, en general, en la masa de la DBO que accede a las unidades de RBC dividida por el área superficial del medio. Con los filtros percoladores, la tasa de carga orgánica se calculó como la masa de DBO_5 aplicada por volumen de medio del filtro percolador. La carga orgánica puede basarse en la DBO_5 soluble o en la DBO_5 total. La carga orgánica se calcula típicamente para todas las unidades en línea y también para la primera etapa. Debido a que la carga orgánica es mayor en el principio del proceso, es aquí donde los microorganismos consumirán la mayor cantidad de oxígeno. Si la carga orgánica a la primera etapa es demasiado alta, las concentraciones de oxígeno pueden caer casi a cero en las aguas residuales e incluso más bajo dentro de la biopelícula. Como resultado, organismos molestos, como *Beggiatoa*, pueden poblar la biopelícula.

Los fabricantes diseñaron originalmente los sistemas de contactor biológico rotativo con base en las observaciones del desempeño de RBC en sistemas piloto y en WRRF municipales. Actualmente, los ingenieros usan modelos matemáticos para determinar cuánta área superficial se necesitará para eliminar una cantidad determinada de DBO o amoníaco. Los modelos utilizan factores como tasas de crecimiento microbiano, temperatura del agua, disponibilidad del oxígeno, y otros. En la tabla 7.7 se detalla información típica de diseño para los RBC cuando la temperatura de las aguas residuales entrantes es de 13 °C (55 °F) o más cálida. A temperaturas más frías, se requieren un área superficial mayor y más tiempo para lograr los mismos de tratamiento. En las unidades de primera etapa se carga, en general, de 3 a 4 veces la carga recomendada de DBO para todas las unidades en servicio.

DESEMPEÑO ESPERADO DE LOS CONTACTORES BIOLÓGICOS ROTATIVOS

Al igual que en los filtros percoladores, el desempeño de los RBC está limitado por las características orgánicas y de TCH de las aguas residuales entrantes, al igual que la temperatura. Para las aguas residuales domésticas, es esperable que un proceso de RBC elimine entre un 75 y un 90 % de la DBO_5 aplicada. En un estudio del

Tabla 7.7 Información típica de diseño para contactores biológicos rotativos (Metcalf and Eddy, Inc., 2003. Copyright © 2003 por McGraw-Hill Education, reimpreso con autorización).

Parámetro	Unidades	Eliminación de DBO_5*	Eliminación y nitrificación de DBO_5*	Nitrificación separada*
TCH	m^3/m^2·d (gpd/ft^2)	0.08–0.16 (2–4)	0.03–0.08 (0.8-2)	0.04–0.10 (1–2.5)
Tasa de carga orgánica (DBO_5 soluble)	g $DBOs_5/m^2$·d (lb $DBOs_5$/d/1000 ft^2)	4–10 (0.8–2)	2.5–8 (0.5–1.6)	0.5–1.0 (0.1–0.2)
Tasa de carga orgánica (DBO_5 total)	g DBO_5/m^2·d (lb DBO_5/d/1000 ft^2)	8–20 (1.6–4.0)	5–16 (1–3.3)	1-2 (0.2–0.4)
Carga orgánica máxima de la 1.ª etapa (DBO_5 soluble)	g $DBOs_5/m^2$·d (lb $DBOs_5$/d/1000 ft^2)	12–15 (2.5–3)	12–15 (2.4–3)	N/A
Carga orgánica máxima de la 1.ª etapa (DBO_5 total)	g DBO_5/m^2·d (lb DBO_5/d/1000 ft^2)	24–30 (4.9–6.1)	24–30 (4.9–6.1)	N/A
Carga de amoníaco (NH_3-N)	g N/m^2 (lb NH_3-N/d/1000 ft^2)	N/A	(0.14-0.31)	No hay valores típicos
TRH	horas	0.7-1.5	1.5-4	1.2-3
DBO_5 efluente	mg/L	15-30	7-15	7-15
NH_3-N efluente	mg/L		< 2	1-2

*Temperaturas de las aguas residuales por arriba de 13 °C (55 °F).

desempeño del RBC, la EPA de los EE. UU. determinó que la concentración mensual promedio de efluente para los RBC estudiados era de 18 mg/L (EPA de los EE. UU., 1984). No hay ningún equivalente en RBC de un filtro percolador grueso donde se haga pasar una cantidad de DBO importante de manera intencional.

Las unidades de contactor biológico rotativo pueden lograr la eliminación de carbono y la *nitrificación*. La nitrificación puede ocurrir en las etapas posteriores, con cargas orgánicas menores. En general, la concentración de DBO_5 soluble debe ser inferior a mg/L para que pueda producirse nitrificación. Los sistemas de contactor biológico rotativo tienen el potencial de lograr la desnitrificación, pero este modo de operación no es típico. Para que se produzca desnitrificación, debe mantenerse una baja concentración de OD en la primera unidad de RBC, lo cual puede provocar efectos adversos en la biopelícula y reducir la eliminación de DBO. El desempeño esperado para distintas condiciones de carga se muestra en la tabla 7.7. Al igual que sucede con los filtros percoladores, cuanto menos carga tenga el proceso, más probable será que se logre la eliminación de amoníaco además de la eliminación de DBO.

La *nitrificación* convierte el amoníaco en nitrito y nitrato. La desnitrificación convierte el nitrato en gas nitrógeno. Para obtener más detalles, repase los capítulos sobre aspectos básicos del tratamiento biológico y eliminación de nutrientes biológicos.

COMPROBACIÓN DE CONOCIMIENTOS

1. **¿Qué porcentaje de un RBC suele sumergirse durante la operación normal?**
   a. 20 %
   b. 40 %
   c. 60 %
   d. 80 %

2. **Para un sistema de RBC que utiliza cosedimentación, los sólidos que se sedimentan en el clarificador secundario**
   a. Se envían directamente al procesamiento de sólidos
   b. Típicamente representan más del 10 % de sólidos totales
   c. Se envían al clarificador primario
   d. Se aplican al RBC de la etapa 1

3. **Un sistema de RBC tiene dos trenes de tratamiento, cada uno con cuatro etapas. Cada etapa contiene una unidad de RBC. ¿Cuántas unidades hay en total?**
   a. 2
   b. 4
   c. 8
   d. 16

4. **Las tasas de carga se basan en la masa de DBO (kilogramos por libras) por**
   a. Metros cuadrados o pies cuadrados de medio
   b. Cantidad de RBC por tren
   c. Metros cúbicos de 1000 pies cúbicos de medio
   d. Equivalente poblacional

5. **Si la tasa de carga orgánica a la primera etapa de tratamiento de un RBC es demasiado alta,**
   a. Las eficiencias de tratamiento aumentarán.
   b. Se inhibirá el desarrollo de biopelícula.
   c. Se podría producir un desprendimiento masivo.
   d. Las concentraciones de oxígeno disminuirán.
6. **Un operador observa grandes manchas de biopelícula blanca en una RBC en la primera etapa de un tren de tratamiento. Esto indica**
   a. Caracoles predadores
   b. Falta de oxígeno
   c. Carga orgánica insuficiente
   d. Nitrificación
7. **Un RBC con carga leve**
   a. Puede eliminar tanto DBO_5 como NH_3-N
   b. Requiere una TRH mayor que una RBC con alta carga
   c. Produce un efluente de mala calidad con mucho DBO_5
   d. Tiene un mejor desempeño a temperaturas del agua más frías

EQUIPOS PARA CONTACTORES BIOLÓGICOS ROTATIVOS

Los sistemas de los contactores biológicos rotativos típicamente incluyen los siguientes equipos, y pueden incluir además instrumentación:

- Estructura de contención,
- Deflectores,
- Medio del filtro,
- Cubierta,
- Conjunto del impulsor, y
- Tuberías de entrada y de salida.

En la figura 7.39 se ilustran varios componentes típicamente utilizados en el proceso del RBC. El nombre de los distintos componentes de los equipos puede cambiar según el fabricante.

DEPÓSITO REACTOR

El depósito reactor contiene las aguas residuales y la parte sumergida del medio. Las estructuras de contención o los tanques para equipos de los RBC pueden consistir en tanques metálicos para instalaciones piloto pequeñas o unidades de eje único. Sin embargo, las unidades de ejes múltiples casi siempre incluyen tanques hechos de depósitos de hormigón. En la figura 7.40 se muestra la construcción de tanques de hormigón para una serie de tres trenes de tratamiento en paralelo. En este sistema, cada tren contendrá finalmente cinco RBC con cuatro paquetes de medio cada uno. El extremo del depósito reactor puede estar equipado con un vertedero de desborde ajustable. Durante periodos de bajo caudal, la altura del vertedero de desborde o de los vertederos del clarificador secundario aguas abajo mantendrán el nivel de agua del tanque.

DEFLECTORES

Estructuras internas de deflexión o de vertido separan las etapas de los reactores del RBC. Los deflectores utilizados para separar un eje de otro pueden ser de hormigón o de madera. En la figura 7.40, las paredes del deflector que separan cada unidad de RBC son visibles. Con frecuencia se utilizan deflectores extraíbles para permitir cambios en el proceso después de la construcción de la instalación. Los deflectores pueden prevenir los cortocircuitos y pueden usarse para restringir el caudal de aguas residuales de un paso del proceso al siguiente. Esto puede ayuda a mantener tasas de carga orgánica altas en la primera unidad del RBC (deflectores dentro) o incluso la carga fuera de más unidades del RBC (algunos deflectores fuera). Cada compartimiento con deflectores se denomina "etapa". Con todas las paredes deflectoras en su lugar, el sistema que se muestra en la figura 7.40 tiene 5 etapas de tratamiento. Si se quitan deflectores entre la primera y la segunda unidad de RBC, la primera etapa de tratamiento contendrá 2 unidades de RBC. Las aguas residuales en una única etapa tiene la misma concentración en toda dicha etapa.

CUBIERTAS

Las unidades de contactor biológico rotativo casi siempre están cubiertas o ubicadas dentro de un edificio. Las cubiertas de los contactores biológicos rotativos conservan calor y previenen la acumulación de hielo en el eje y en las unidades impulsoras durante los inviernos con congelación, previenen el deterioro de los medios de plástico resultantes de la radiación ultravioleta (UV) de la exposición a la luz solar y previenen el crecimiento de algas en el medio. Si no se usan cubiertas, el crecimiento de algas en la superficie del medio puede obstruir el medio y reducir el movimiento del aire. Las cubiertas de los contactores biológicos giratorios típicamente tienen forma de arco y están hechas de fibra de vidrio para una mayor duración (figura 7.41). Otro enfoque implica alojar diversas unidades de RBC en un edificio (figura 7.2).

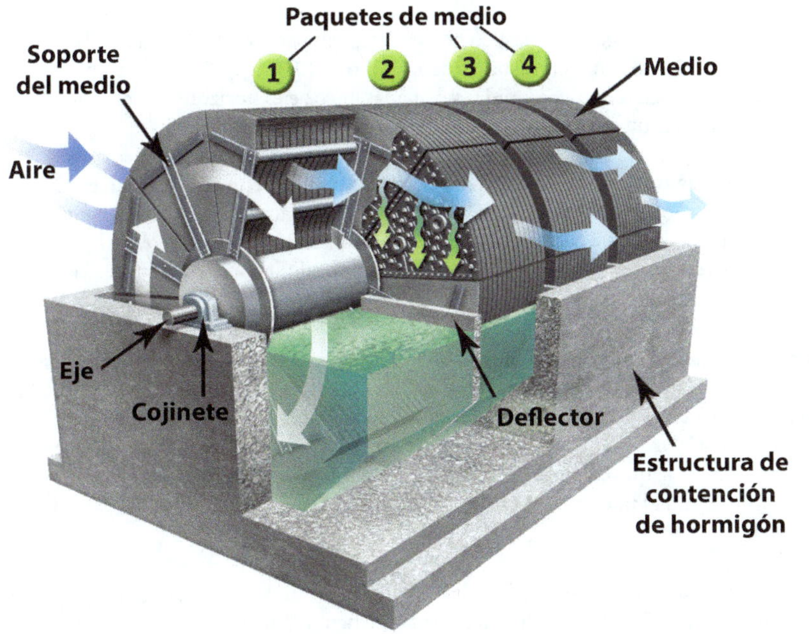

Figura 7.39 Componentes de un contactor biológico rotativo (por cortesía de Walker Process Equipment Division of McNish Corporation)

Figura 7.40 Instalación de un equipo de RBC (por cortesía de Walker Process Equipment Division of McNish Corporation)

Figura 7.41 RBC montado en un eje horizontal (izquierda) y cubiertas de RBC (derecha) (WEF et al., 2010)

MEDIOS DE SOPORTE PARA LA BIOPELÍCULA

Los contactores biológicos rotativos usan un medio de plástico hecho de polietileno de alta densidad (HDPE) (o policloruro de vinilo o poliestireno). Las láminas con espesor de 1 a 1.5 mm (0.04 a 0.06 in) pueden tener un tamaño de hasta 3.6 m (12 ft) de diámetro. Las láminas, unidas y armadas en los ejes horizontales, en general tienen 7.6 m (25 ft) de largo. Los patrones con corrugado, hoyuelos o forma de panal moldeados en el plástico hacen más rígidas las láminas delgadas y sirven como espaciadores para mantenerlas separadas. El corrugado aumenta el área superficial disponible en un 15 a un 20 % y crea una trayectoria serpenteante en todo el medio. Como resultado, el agua tarda más tiempo en drenar del medio cuando gira. Esto aumenta el tiempo en que el agua está expuesta al aire, lo que a su vez aumenta la cantidad de oxígeno transferido al agua (EPA de los EE. UU., 1984). Algunos medios de RBC incluyen pasajes radiales y concéntricos para facilitar el movimiento de las aguas residuales y del aire sobre el área superficial.

La cantidad de área superficial del medio y el ASE de cada unidad de RBC varía según los requisitos de tratamiento del sistema. Cada eje (RBC único) de un medio de densidad estándar ofrece típicamente unos 9300 m^2 (100 000 ft^2) de área superficial para la adherencia de biopelícula. En general, se usan medios de densidad estándar en la primera y en la segunda etapa de un tren de RBC para la eliminación de DBO. Los medios de mayor densidad en general se usan para la eliminación de amoníaco, ya que las biopelículas formadas por las bacterias nitrificantes suelen ser más delgadas. Los medios de mayor densidad pueden tener entre 11 200 y 16 700 m^2 (120 000 y 180 000 ft^2) de ASE por eje (EPA de los EE. UU., 1984).

Los medios de alta densidad se usan en las etapas media y final del tren de RBC, donde la carga orgánica se redujo y se desarrolla una biopelícula más delgada. Los medios de alta densidad tienen una reducción del 33 % en el espacio entre las láminas de plástico que se repiten, lo cual aumenta el área superficial disponible en un 50 % en comparación con los medios de densidad estándar. El espesor de la biopelícula en un medio de alta densidad debe limitarse a aproximadamente 1.3 mm (0.05 in) a fin de asegurar que no sobrecargue el eje y los cojinetes.

Para un proceso de nitrificación terciaria que reciba un efluente secundario, un tren de RBC puede usar un medio de alta densidad en la primera y en la segunda etapa, además de las etapas posteriores. Algunos fabricantes también producen medios con densidades intermedias y adicionalmente altas. Los medios de densidad intermedia se usan en las etapas medias del tren de RBC. Un sistema de RBC estándar con cuatro unidades en serie puede usar las cuatro densidades de medio en orden ascendente a través de las cuatro unidades.

EJE

El medio se sostiene en un eje único con cojinetes en cada extremo. El eje puede ser cilíndrico, hexagonal o cuadrado, según el fabricante. El largo estándar del eje es de 8.2 m (27 ft), con un máximo de 7.6 m (25 ft) ocupado por el medio. Algunos fabricantes tienen disponibles ejes más cortos. El medio se fija al eje por el método específico de cada fabricante. El medio puede sostenerse mediante brazos radiales de acero que se atornillan al eje central (figura 7.42) o pueden atornillarse a ganchos soldados al eje. Las secciones de medio plástico o las cuñas pueden armarse en campo para reemplazar fácilmente el medio sin extraer el pesado eje de 8.2 m (27 ft) de largo (figura 7.43).

COJINETES

Los ejes de los contactores biológicos rotativos están sostenidos sobre cojinetes de rodillo esféricos, cojinetes de rodillo cónicos sellados o cojinetes de rodillo cónicos no sellados. En la mayoría de los RBC, los cojinetes que sostienen el eje del RBC y el conjunto del impulsor están montados en las paredes del depósito reactor. En la figura 7.44 se muestra un cojinete resaltado en verde. Los cojinetes de rodillo esféricos toleran la deflexión y la alineación incorrecta mejor que otros tipos de cojinetes. Cada eje de RBC tiene al menos un cojinete designado para la *expansión térmica* cuando el eje se calienta y se enfría. En su mayoría, los ejes de los RBC tienen un cojinete de expansión y un cojinete que no es de expansión.

Cuando los metales se calientan, se expanden levemente. Esta *expansión térmica* debe tenerse en cuenta. De lo contrario, los cambios pequeños en la longitud del eje provocados por los cambios de temperatura pueden dañar los cojinetes.

MECANISMO IMPULSOR

Los discos del RBC pueden ser girados mediante unidades impulsoras a aire o mecánicas. Las unidades de RBC impulsadas por aire tiene un soplador y difusores de aire para burbujas gruesas en la parte inferior de cada eje. Los difusores de aire funcionan de manera similar a las piedras de aire utilizadas en los acuarios domésticos. El aire pasa a través de los difusores debido a la presión generada por el soplador. El difusor está lleno de aberturas pequeñas que rompen el caudal de aire en burbujas más pequeñas. Los difusores de burbujas gruesas producen burbujas más grandes que los de difusores finos. Copas de aire sujetas al borde del disco de plástico atrapan las burbujas de aire liberadas de la tubería colectora de aire (figura 7.2 y 7.45). A medida que las burbujas suben y quedan atrapadas en las copas, hacen que el eje del RBC gire. Las burbujas se liberan cuando las copas se trasladan por arriba de la superficie del agua. Se proporcionan aproximadamente 4.2 a 11.3 m^3/min (150 a 400 ft^3 estándar por minuto [scfm]) por tamaño de eje estándar. La cantidad de aire necesaria depende del tamaño del RBC, de

Figura 7.42 Eje y soportes para medios de RBC (por cortesía de Walker Process Equipment Division of McNish Corporation)

Figura 7.43 Instalación parcial de un medio de RBC (por cortesía de Walker Process Medio Division of McNish Corporation)

Figura 7.44 Cojinete y eje de un RBC (reimpreso con autorización de Indigo Water Group mediante el distrito de saneamiento de Upper Blue)

Figura 7.45 Copas de aire en la parte exterior del medio de un RBC (reimpreso con autorización de Indigo Water Group mediante el distrito de saneamiento de Upper Blue)

la densidad del medio, de las revoluciones por minuto, de la temperatura de las aguas residuales, del espesor de la biopelícula (peso) y de otras condiciones.

Las unidades *impulsadas por aire* típicamente funcionan a entre 1.0 y 1.4 rpm, pero esto puede variar según el RBC del mismo tren de tratamiento (EPA de los EE. UU., 1984). La primera y la segunda etapa de las unidades de RBC impulsadas por aire típicamente operan a velocidades de giro de 1.4 rpm, o a *velocidades periféricas* de 0.27 m/s (53 ft/min). Las etapas posteriores de un tren de RBC, donde la demanda de oxígeno es inferior, con frecuencia operan a velocidades de giro de 1.0 rpm y a velocidades periféricas de 0.19 m/s (38 ft/min). La velocidad de giro de los RBC impulsados por aire se puede variar mediante el ajuste del caudal de aire. Recuerde que al ajustar el aire en un RBC, con frecuencia el exceso de aire se desplaza a otros RBC del sistema.

Los RBC *impulsados por aire* a veces se denominan contactores biológicos aereados (CBA).

La *velocidad periférica* es la velocidad a la cual se traslada un punto del eje exterior de la rueda del RBC.

Las unidades de RBC impulsadas por aire funcionan a velocidades de giro inferiores que los RBC impulsados mecánicamente, porque la aeración adicional ofrecida por el sistema de aeración difusa reduce la cantidad de oxígeno, que cebe transferirse a la biopelícula desde el aire. Las burbujas de la aeración difusa que se elevan a través del medio también aumentan las fuerzas que eliminan el exceso de biomasa del medio, lo que reduce la necesidad de fuerza mecánica. La fuerza de las burbujas que se elevan a través de la superficie del medio mantiene una biopelícula más delgada, principalmente aerobia, que en los RBC con impulsión mecánica (McCann y Sullivan, 1980). La biopelícula más delgada reduce el peso trasladado por el eje, lo que aumenta la vida útil del equipo. Los sistemas impulsados por aire eliminan el torque alto del eje de lo impulsores mecánicos al distribuir la fuerza de giro por toda la longitud del eje en lugar de aplicar la fuerza en un extremo.

Las ventajas de las unidades impulsadas por aire son que se aplica menos torque al eje, la biomasa suele ser más delgada (por la fuerza del aire) y las aguas residuales pueden contener un poco más de OD. En algunos casos, se usa aeración difusa en RBC con impulsión mecánica para reducir la acumulación de sólidos en la parte inferior del tanque.

Es posible usar sopladores centrífugos o de desplazamiento positivo; sin embargo, los centrífugos son más fáciles de controlar mediante el ajuste del regulador de la válvula de succión del soplador. Un problema importante con las unidades impulsadas por aire es el movimiento irregular o el giro desequilibrado. En algunos casos, el giro se detiene y se necesita un giro mecánico, limpiar o usar tasas de aire mayores para restablecerlo. Otras desventajas de las unidades impulsadas por aire son el uso elevado de energía y la necesidad de equilibrar y ajustar el caudal de aire a los difusores.

Los sistemas de impulsión mecánica consisten en un motor eléctrico, un reductor de velocidad y componentes de accionamiento por correa o cadena para cada eje. También se utilizan reductores de velocidad de etapas múltiples en lugar de transmisiones por correa o cadena. Los motores, en general con una capacidad nominal de 3730 a 5590 W (5 a 7.5 HP) por eje, pueden equiparse para permitir cambiar de tamaño de cuñas o ruedas dentadas e instalar un accionador o impulsor de frecuencia variable para variar la velocidad de giro. Las unidades de impulsión mecánica suelen funcionar a entre 1.2 y 1.6 rpm. El giro de un eje de 25 ft de largo que sostiene una biomasa pesada requiere un torque elevado. La tensión de giro alta del eje puede provocar la fatiga del metal en el eje y en las conexiones al eje.

Hay una explicación de reductores de engranajes y torques en el capítulo 4, "Tratamiento primario de las aguas residuales".

Las unidades de RBC de impulsión mecánica habitualmente tienen impulsores de velocidad constante para asegurar una velocidad de giro uniforme a fin de aplicar fuerzas hidráulicas adecuadas y controlar el espesor de la biopelícula, además de mantener un entorno aerobio para la biomasa del medio. La velocidad de giro puede variarse en cada etapa, según las condiciones de la carga orgánica y los requisitos de oxígeno de cada etapa. Los impulsores de velocidad constante pueden convertirse en impulsores de velocidad variable para aumentar la flexibilidad operativa.

Es posible instalar un sistema de aeración difusa en el depósito reactor de los RBC de impulsión mecánica para aumentar la transferencia de oxígeno. El aire de un sistema de soplador se descarga en las aguas residuales. Los difusores descomponen el flujo de aire en burbujas finas. Cuanto más pequeñas, o finas, sean las burbujas, mayor será la transferencia de oxígeno.

El crecimiento no uniforme de la biopelícula puede provocar una distribución desequilibrada del p eso en el RBC, lo que resulta en un giro no uniforme del eje (movimiento irregular). Una distribución desequilibrada del peso aumenta las cargas de torque en el eje y en el impulsor mecánico. En las unidades de RBC de impulsión por aire, la distribución desequilibrada del peso provoca la variación cíclica de la velocidad de giro durante cada giro. La velocidad de giro se reduce cuando la parte más pesada del medio se eleva por arriba de la superficie del agua. Cuando la parte más pesada del medio gira más allá del centro superior del tambor y comienza a descender, la velocidad de giro aumenta. Una condición de movimiento irregular con frecuencia se acelera y, si no se corrige, puede provocar un tratamiento inadecuado y una incapacidad de mantener la rotación del RBC. El movimiento irregular y brusco del medio puede dañar los engranajes. Las figuras 7.46 a 7.48 muestran dientes rotos y un engranaje roto provocados por cargas no uniformes y movimientos irregulares.

Figura 7.46 Dientes rotos en una corona de un RBC (reimpreso con autorización de Kenneth Schnaars)

Figura 7.47 Dientes rotos (reimpreso con autorización de Kenneth Schnaars)

Figura 7.48 Corona rota (reimpreso con autorización de Kenneth Schnaars)

Figura 7.49 Bomba hidráulica operada a mano conectada a una celda de carga para medir el peso del medio (reimpreso con autorización de Kenneth Schnaars)

CELDAS DE CARGA

Muchos RBC están equipados con celdas de carga que miden el peso total sobre el eje (consulte la figura 7.48). En general, se instala un dispositivo de celda de carga debajo del cojinete que sostiene el eje en el extremo inactivo del eje, es decir, el extremo opuesto al del motor e impulsor. Las celdas de carga tienen una bomba hidráulica manual que puede usarse para elevar el cojinete de la base (consulte la figura 7.49). Esto genera presión hidráulica, que puede medirse y convertirse en peso sobre el eje. El peso total puede usarse para estimar el espesor total de biomasa y biopelícula sobre la superficie del medio. Las celdas electrónicas de carga que miden la tensión ofrecen mediciones constantes de la carga del eje sin elevar el cojinete de la base.

Cuando el consumo de energía medido en campo supera el rango normal, el operador debe investigar si el consumo mayor es provocado por un problema en el equipo, por un crecimiento de biopelícula más pesado de lo normal, o por ambos factores. Algunas áreas potenciales de problemas en el equipo son la desalineación, la lubricación inadecuada, la velocidad de giro excesiva, la tensión excesiva o el deslizamiento de la correa y el desgaste y el deterioro generales de los componentes del impulsor.

COMPROBACIÓN DE CONOCIMIENTOS

1. **Un tren de tratamiento de RBC puede contener distintas densidades de medio en toda su extensión.**
   - ☐ Verdadero
   - ☐ Falso
2. **Los metales se contraen levemente cuando se calientan y se expanden levemente cuando se enfrían. Este cambio de longitud con la temperatura es el motivo por el cual al menos un cojinete del RBC debe adaptarse a los cambios de temperatura.**
   - ☐ Verdadero
   - ☐ Falso
3. **Es posible usar un motor o aire para girar los RBC.**
   - ☐ Verdadero
   - ☐ Falso
4. **Los deflectores entre las unidades de RBC**
   a. Reducen el tiempo de detención hidráulica
   b. Separan las etapas de tratamiento
   c. No pueden moverse
   d. Siempre están hechos de hormigón

5. Si se quitan los deflectores entre la primera y la segunda unidad del reactor secuencial por lotes (*sequencing batch reactor*, SBR)
   a. Se desalientan los cortocircuitos hidráulicos
   b. Se promueve la nitrificación completa en la etapa 2
   c. Se distribuye la carga de caudal de entrada
   d. Se reduce la disponibilidad de oxígeno

6. Los RBC típicamente están cubiertos para
   a. Prevenir el crecimiento de algas
   b. Reducir la pérdida de sustancias orgánicas volátiles
   c. Mantener alejados a los vándalos
   d. Proteger el brazo del distribuidor

7. La cantidad de área superficial del medio por volumen es
   a. el valor permisible de relación de pesaje
   b. el ASE
   c. la relación de descarte
   d. el factor de densidad del medio

8. Las láminas de plástico individuales del RBC son corrugadas por este motivo:
   a. Aumentan la flexibilidad de los módulos
   b. Reducen la oportunidad del puenteo de biopelícula
   c. Aumentan el área superficial disponible
   d. Reducen la transferencia de oxígeno

9. Los RBC impulsados por aire
   a. Giran entre 4 y 6 veces por minuto
   b. Capturan burbujas de aire en copas
   c. Giran más rápido que las unidades impulsadas por motor
   d. Tienen biopelículas más gruesas que las unidades impulsadas por motor

10. Un problema operativo relacionado con los RBC impulsados por aire es
   a. los armónicos
   b. el estrés del eje
   c. los movimientos irregulares
   d. los cortes

11. Este dispositivo se utiliza para medir el peso total sobre el eje.
   a. Celda de carga
   b. Polipasto de tensión
   c. Cojinete de carga
   d. Cable de tensión

VARIABLES DEL PROCESO PARA LOS RBC

TASA DE CARGA ORGÁNICA

La *tasa de carga orgánica* también puede calcularse mediante el uso de la DBO soluble, DBOC o DQO.

La *tasa de carga orgánica* es la masa de DBO_5 aplicada al RBC dividida por el área superficial del medio. Se expresa como gramos de DBO_5 aplicados por metro cuadrado por día ($g/m^2 \cdot d$) o libras de DBO_5 aplicadas cada 1000 pies cuadrados de medio por día ($lb/d/1000\ ft^2$). La tasa de carga orgánica puede calcularse con alguna de las dos fórmulas siguientes:

En unidades estándar del Sistema Internacional:

$$\text{Tasa de carga orgánica}, \frac{g}{m^2 \cdot d} = \frac{\text{Carga orgánica, g DBO}_5/\text{d}}{\text{Área superficial del medio, m}^2} \tag{7.14}$$

En unidades habituales en los EE. UU.:

Los métodos para calcular la masa en kg o lb se proporcionan en las ecuaciones 7.3 a 7.6.

$$\text{Tasa de carga orgánica}, \frac{\text{lb DBO}_5}{1000\ \text{ft}^2 \cdot \text{d}} = \frac{\text{Carga orgánica, lb DBO}_5/\text{d}}{\text{Área superficial de medio, 1000 ft}^2} \tag{7.15}$$

La cantidad de carga orgánica que un RBC puede procesar eficazmente es influida en gran medida por la disponibilidad de OD. Se requieren 2.2 kg (1 lb) de oxígeno para tratar 2.2 kg (1 lb) de DBO_5. Si no hay suficiente oxígeno disponible, el crecimiento de la biopelícula y la eliminación de la DBO serán limitados. Al mantener las tasas de carga en los rangos de diseño típicos que se ofrecen en la tabla 7.7, se asegurará que haya suficiente oxígeno disponible.

Ejemplos de cálculos de la tasa de carga orgánica

Un proceso de RBC tiene dos trenes de tratamiento, cada uno con cuatro etapas. Los trenes se operan en paralelo. El caudal de entrada de la instalación tiene un promedio de 13.6 ML/d (3.6 mgd). Después de la clarificación primaria, las aguas residuales contienen 80 mg/L de DBO_5 total y 50 mg/L de DBO_5 soluble. Las ocho unidades de RBC están hechas de medios de alta densidad con un área superficial de 13 935 m^2 (150 000 ft^2) por rueda. El fabricante proporcionó la información sobre el área superficial. Halle la carga de DBO_5 total a todo el proceso del RBC y halle la carga de DBO_5 soluble a la primera etapa del proceso. Compare sus respuestas con la información de diseño típico que se ofrece en la tabla 7.7.

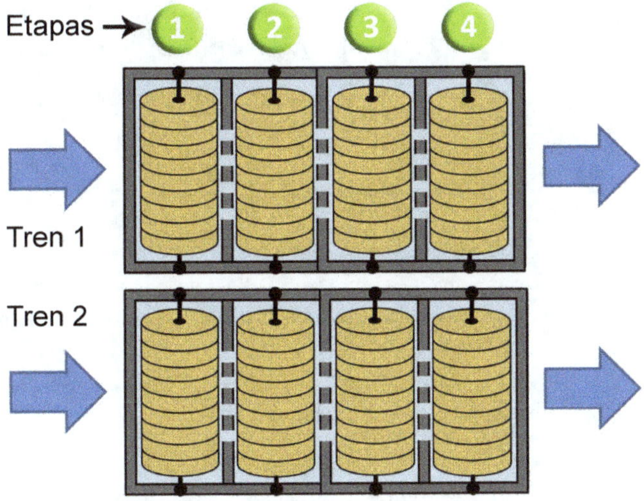

Reimpreso con autorización de Indigo Water Group

En unidades estándar del Sistema Internacional:

Paso 1: Convierta el caudal de entrada de megalitros por día a metros cúbicos por día.

$$\left.\frac{13.6\text{ ML}}{\text{día}}\right|\left.\frac{1\,000\,000\text{ L}}{1\text{ ML}}\right|\left|\frac{1\text{ m}^3}{1000\text{ L}}\right| = 13\,600\text{ m}^3/\text{d}$$

Paso 2: Halle la masa de DBO_5 total que accede al proceso del RBC.

$$\text{kg total DBO}_5 = \frac{\left[\left(\text{Concentración, }\frac{\text{mg}}{\text{L}}\right)(\text{Caudal, m}^3/\text{d})\right]}{1000}$$

$$\text{kg total DBO}_5 = \frac{\left[\left(80\frac{\text{mg}}{\text{L}}\right)(13\,600\text{ m}^3/\text{d})\right]}{1000}$$

$$\text{kg total DBO}_5 = 1088$$

Paso 3: Convierta los kilogramos de DBO_5 total a gramos.

$$\left.\frac{1088\text{ kg total DBO}_5}{}\right|\left.\frac{1000\text{ g}}{1\text{ kg}}\right| = 1\,088\,000\text{ g}$$

Paso 4: Halle el área superficial total disponible para el crecimiento de biopelícula en todo el proceso.

$$\left.\frac{13\,935\text{ m}^2}{\text{Unidad de RBC}}\right|\left.\frac{4\text{ unidades de RBC}}{\text{tren de tratamiento}}\right|\left|\frac{2\text{ trenes de tratamiento}}{\text{proceso}}\right| = 111\,480\text{ m}^2$$

Paso 5: Halle la tasa de carga de DBO_5 total de todo el proceso.

$$\text{Tasa de carga orgánica,}\frac{g}{m^2 \cdot d} = \frac{\text{Carga orgánica, g } DBO_5/d}{\text{Área superficial del medio, } m^2}$$

$$\text{Tasa de carga orgánica,}\frac{g}{m^2 \cdot d} = \frac{1\,088\,000 \text{ g } DBO_5/d}{111\,480 \text{ m}^2}$$

$$\text{Tasa de carga orgánica,}\frac{g}{m^2 \cdot d} = 9.8$$

A partir de la tabla 7.7, una tasa de carga orgánica típica para DBO_5 total en todo el proceso de RBC es de entre 8 y 16 g $DBO_5/m^2 \cdot d$. El resultado calculado es razonable. Ahora, halle la carga de DBO soluble a la primera etapa del proceso.

Paso 1: Halle la masa de DBO_5 soluble que accede al proceso del RBC.

$$\text{kg } DBO_5 \text{ soluble} = \frac{\left[\left(\text{Concentración, }\frac{mg}{L}\right)(\text{Caudal, } m^3/d)\right]}{1000}$$

$$\text{kg } DBO_5 \text{ soluble} = \frac{\left[\left(50\frac{mg}{L}\right)(13\,600 \text{ m}^3/d)\right]}{1000}$$

$$\text{kg } DBO_5 \text{ soluble} = 680$$

Paso 2: Convierta los kilogramos de DBO_5 soluble a gramos.

$$\frac{50 \text{ kg total } DBO_5}{} \left| \frac{1000 \text{ g}}{1 \text{ kg}} \right| = 680\,000 \text{ g}$$

Paso 3: Halle el área superficial total disponible para el crecimiento de biopelícula en la primera etapa.

$$\frac{13935 \text{ m}^2}{\text{Unidad de RBC}} \left| \frac{\text{1 unidad de RBC}}{\text{tren de tratamiento}} \right| \left| \frac{\text{2 trenes de tratamiento}}{\text{proceso}} \right| = 27\,870 \text{ m}^2$$

Paso 4: Halle la carga de DBO_5 soluble a la primera etapa del proceso.

$$\text{Tasa de carga orgánica,}\frac{g}{m^2 \cdot d} = \frac{\text{Carga orgánica, g } DBO_5 \text{ soluble/d}}{\text{Área superficial del medio, } m^2}$$

$$\text{Tasa de carga orgánica,}\frac{g}{m^2 \cdot d} = \frac{680\,000 \text{ g } DBO_5 \text{ soluble/d}}{27\,870 \text{ m}^2}$$

$$\text{Tasa de carga orgánica,}\frac{g}{m^2 \cdot d} = 24.4$$

A partir de la tabla 7.7, una tasa de carga orgánica típica para DBO_5 soluble a la primera etapa de un proceso de RBC es de entre 12 y 15 g $DBO_5/m^2 \cdot d$. El operador de este sistema de RBC debe actuar para reducir la carga a la primera etapa. Es posible desviar parte del caudal efluente primario a la segunda etapa mediante la eliminación de algunos deflectores o poner en servicio otro tren de RBC. La desviación ayudará a unificar la carga a corto plazo.

En unidades habituales en los EE. UU.:

Paso 1: Halle la masa de DBO_5 total que accede al proceso del RBC.

$$\text{Total de DBO}_5\text{, lb} = \left(\text{Concentración}, \frac{\text{mg}}{\text{L}}\right)(\text{Caudal, mgd})\left(8.34\frac{\text{lb}}{\text{mil. gal}}\right)$$

$$\text{Total de DBO}_5\text{, lb} = \left(80\frac{\text{mg}}{\text{L}}\right)(3.6\ \text{mgd})\left(8.34\frac{\text{lb}}{\text{mil. gal}}\right)$$

$$\text{Total de DBO}_5\text{, lb} = 2402$$

Paso 2: Halle el área superficial total disponible para el crecimiento de biopelícula en todo el proceso.

$$\left.\frac{150\,000\ \text{ft}^2}{\text{Unidad de RBC}}\right|\frac{4\ \text{unidad de RBC}}{\text{tren de tratamiento}}\left|\right|\frac{2\ \text{trenes de tratamiento}}{\text{proceso}}\right| = 1\,200\,000\ \text{ft}^2$$

Paso 3: Divida el área total del medio por 1000 para obtener 1200 × 1000 ft^2.

Paso 4: Halle la tasa de carga de DBO_5 total de todo el proceso.

$$\text{Tasa de carga orgánica}, \frac{\text{lb DBO}_5}{1000\ \text{ft}^2\cdot\text{d}} = \frac{\text{Carga orgánica, lb DBO}_5/\text{d}}{\text{Área superficial del medio, }1000\ \text{ft}^2}$$

$$\text{Tasa de carga orgánica}, \frac{\text{lb DBO}_5}{1000\ \text{ft}^2\cdot\text{d}} = \frac{2402\ \text{lb DBO}_5/\text{d}}{1200\times 1000\ \text{ft}^2}$$

$$\text{Tasa de carga orgánica}, \frac{\text{lb DBO}_5}{1000\ \text{ft}^2\cdot\text{d}} = 2$$

A partir de la tabla 7.7, una tasa de carga orgánica típica para DBO_5 total en todo el proceso de RBC es de entre 1 y 3.3 lb DBO_5/1000 ft^2/d. El resultado calculado es razonable. Ahora, halle la carga de DBO soluble a la primera etapa del proceso.

Paso 1: Halle la masa de DBO_5 total que accede al proceso del RBC.

$$\text{Libras de DBO}_5\text{ soluble} = \left(\text{Concentración}, \frac{\text{mg}}{\text{L}}\right)(\text{Caudal, mgd})\left(8.34\frac{\text{lb}}{\text{mil. gal}}\right)$$

$$\text{DBO}_5\text{ soluble, lb} = \left(50\frac{\text{mg}}{\text{L}}\right)(3.6\ \text{mgd})\left(8.34\frac{\text{lb}}{\text{mil. gal}}\right)$$

$$\text{DBO}_5\text{ soluble, lb} = 1501$$

Paso 2: Halle el área superficial total disponible para el crecimiento de biopelícula en la primera etapa.

$$\left.\frac{150\,000\ \text{ft}^2}{\text{Unidad de RBC}}\right|\frac{1\ \text{unidad de RBC}}{\text{tren de tratamiento}}\left|\right|\frac{2\ \text{trenes de tratamiento}}{\text{proceso}}\right| = 300\,000\ \text{ft}^2$$

Paso 3: Divida el área total del medio por 1000 para obtener 300 × 1000 ft^2.

Paso 4: Halle la tasa de carga de DBO_5 soluble a la primera etapa del proceso.

$$\text{Tasa de carga orgánica}, \frac{\text{lb } DBO_5}{1000 \text{ ft}^2 \cdot \text{d}} = \frac{\text{Carga orgánica, lb } DBO_5 \text{ soluble/d}}{\text{Área superficial del medio, } 1000 \text{ ft}^2}$$

$$\text{Tasa de carga orgánica}, \frac{\text{lb } DBO_5}{1000 \text{ ft}^2 \cdot \text{d}} = \frac{1501 \text{ lb } DBO_5 \text{ soluble/d}}{300 \times 1000 \text{ ft}^2}$$

$$\text{Tasa de carga orgánica}, \frac{\text{lb } DBO_5}{1000 \text{ ft}^2 \cdot \text{d}} = 5$$

A partir de la tabla 7.7, una tasa de carga orgánica típica para DBO_5 soluble a la primera etapa de un proceso de RBC es de entre 2.4 y 3 lb de DBO_5 soluble/1000 ft²/d. El operador de este sistema de RBC debe actuar para reducir la carga a la primera etapa. Es posible desviar parte del caudal efluente primario a la segunda etapa mediante la eliminación de algunos deflectores o poner en servicio otro tren de RBC. La desviación ayudará a unificar la carga a corto plazo.

ELIMINACIÓN PORCENTUAL

La eficiencia de tratamiento de un RBC puede determinarse al calcular la eliminación porcentual de DBO_5 total o soluble o $DBOC_5$ total o soluble en todo el proceso. Se muestra un cálculo de ejemplo en la sección sobre variables del proceso para los filtros percoladores.

$$\text{Eliminación, \%} = \left(\frac{\text{Entrante} - \text{Saliente}}{\text{Entrante}}\right) \times 100 \tag{7.16}$$

TASA DE CARGA HIDRÁULICA

La TCH para un RBC es el caudal entrante de aguas residuales por unidad de área superficial del medio por día. Se expresa como metros cúbicos de caudal por día por metro cuadrado de medio por día ($m^3/m^2 \cdot d$) o galones por día por pie cuadrado (gpd/ft²). La TCH es mucho menos importante para los sistemas de RBC que la tasa de carga orgánica; sin embargo, si el caudal a través del tanque del RBC es demasiado alto, es posible que no alcance el tiempo para completar el tratamiento. A TCH excesivamente altas, es posible que se desprenda biopelícula del medio. La tasa de carga hidráulica puede calcularse con alguna de las dos fórmulas siguientes:

En unidades estándar del Sistema Internacional:

$$\text{TCH}, \frac{\text{m}^3}{\text{m}^2 \cdot \text{d}} = \frac{\text{Caudal, m}^3\text{/d}}{\text{Área superficial del medio, m}^2} \tag{7.17}$$

En unidades habituales en los EE. UU.:

$$\text{TCH}, \frac{\text{gpd}}{\text{ft}^2} = \frac{\text{Caudal, gpd}}{\text{Área superficial de medio, ft}^2} \tag{7.18}$$

TIEMPO DE DETENCIÓN HIDRÁULICA

El tiempo de retención hidráulica también se denomina *tiempo de detención hidráulica* (TDH) o, simplemente, *tiempo de detención*. También se lo puede encontrar como *TRH*. El TDH puede ser 1) el tiempo necesario para llenar un contenedor o 2) el tiempo necesario para vaciar un contenedor, o 3) la cantidad de tiempo promedio que el agua permanece en un contenedor.

En los RBC, solo una parte pequeña de las aguas residuales del tanque está expuesta a la biopelícula en el medio en un momento específico. La reducción eventual de las concentraciones de DBO_5 o NH_3-N requiere muchos giros de la rueda a través de las aguas residuales. Esto requiere tiempo. Según el tipo de tratamiento deseado, el TDH puede ser de entre 45 minutos y 4 horas. Se requiere más tiempo para los sistemas que eliminan el amoníaco e incluso más tiempo para los sistemas que eliminan tanto la DBO_5 como el NH_3-N. El tiempo de detención está, en gran medida, fuera del control del operador, ya que el ingeniero determinó el tamaño de los tanques durante el diseño. Sin embargo, los operadores pueden tener la capacidad de poner más RBC en servicio o sacar RBC de servicio. Debe calcularse el tiempo de detención si hay un aumento repentino del caudal, si aumentan las concentraciones de DBO_5 o de amoníaco del efluente, o para determinar cuántos trenes de tratamiento debe haber en servicio. La fórmula para el tiempo de detención es:

En unidades estándar del Sistema Internacional:

$$\text{Tiempo de detención, días} = \frac{\text{Volumen, m}^3}{\text{Caudal, m}^3\text{/d}} \quad (7.19)$$

En unidades habituales en los EE. UU.:

$$\text{Tiempo de detención, días} = \frac{\text{Volumen, gal}}{\text{Caudal, gpd}} \quad (7.20)$$

El tiempo de detención hidráulica es la cantidad de tiempo que el agua permanece en el proceso de tratamiento. El tiempo de retención de sólidos (SRT) es la cantidad de tiempo que los sólidos permanecen en el proceso de tratamiento. Para los filtros percoladores y RBC, el SRT es mucho más extenso que el TRH.

Hay ejemplos de cálculos de tiempo de detención en el capítulo sobre tratamiento primario.

ESPESOR DE LA BIOPELÍCULA Y VELOCIDAD DE GIRO

Un estudio de la biopelícula en los RBC midió un espesor de 0.04 cm (0.016 in) después de 3 días de crecimiento y hasta 0.32 cm (0.125 in) después de 9 días de crecimiento (Zahid y Garnczarczyk, 1994). La biopelícula de las primeras etapas en general tiene un espesor de 0.15 a 0.33 cm (0.06 a 0.13 in) (WEF, 2010). El espesor de la biopelícula es controlado por la disponibilidad de DBO, nutrientes y fuerzas. Las fuerzas se crean cuando los discos giran en el agua. Mayores velocidades de giro aumentan las fuerzas, que desprenden el exceso de biomasa de la superficie del medio. La velocidad de desprendimiento varía en toda la superficie del medio. Las fuerzas más altas se producen en los bordes exteriores del medio y las fuerzas más bajas se producen en el eje central. Como resultado, la biopelícula puede ser delgada en los bordes exteriores del medio y mucho más gruesa en el interior del medio. Para observar el interior del medio, es necesario desarmarlo. La velocidad de giro debe ajustarse para evitar que la biopelícula se haga demasiado gruesa y pesada y para que se mantenga dentro de los parámetros operativos recomendados por el fabricante. Las velocidades de giro están entre 1 y 6 rpm.

Aunque se requiere menos energía para hacer girar los RBC a menor velocidad, una menor velocidad reducirá la cantidad de oxígeno trasladada del aire a las aguas residuales. El movimiento de oxígeno del aire al agua se denomina *eficiencia de la transferencia de oxígeno*.

TASA DE TRANSFERENCIA DE OXÍGENO

La tasa de transferencia de oxígeno determina la concentración de oxígeno de la biopelícula. El oxígeno del aire debe difundirse en el agua, después en la capa líquida de la superficie de la biopelícula y después en la biopelícula. El oxígeno se transfiere al agua que queda en la superficie de la biopelícula cuando se gira el medio en el aire. La cantidad de agua que permanece en la biopelícula depende de la velocidad de giro del medio y de la estructura superficial de la biopelícula. Las biopelículas más gruesas y rugosas retienen más agua que las biopelículas más delgadas y suaves.

Las mayores velocidades de giro del RBC aumentan la transferencia de oxígeno a la biopelícula mediante el aumento de la turbulencia en el tanque reactor y al elevar más aguas residuales en el aire. Esto aumenta la cantidad de aguas residuales que se drenan por la superficie de la biopelícula de regreso al tanque reactor. El ciclo de elevación, exposición del aire y drenaje transfiere agua del aire al agua y a la biopelícula.

RECIRCULACIÓN DEL EFLUENTE SECUNDARIO

Es posible bombear el efluente del clarificador secundario de regreso al caudal de entrada de los tanques reactores del RBC para aumentar las concentraciones de OD. Sin embargo, el reciclado del efluente del clarificador secundario también reducirá el tiempo de detención hidráulica en los tanques reactores del RBC, lo que puede reducir la eficiencia de tratamiento. El reciclado del efluente puede permitir que una parte mayor de la biopelícula se nitrifique al diluir la concentración orgánica del caudal de entrada.

TEMPERATURA

El mejor desempeño de los contactores biológicos rotativos se produce cuando la temperatura de las aguas residuales está entre 13 y 29 °C (55 y 85 °F). Las tasa de reacción biológica se reducen con las menores temperaturas del agua. Cuando las temperaturas bajan, es posible que se requiera una mayor masa de microorganismos o un área superficial del medio más grande para lograr el mismo nivel de tratamiento. Es posible que los operadores observen un cambio estacional en la manera que la biopelícula aparece en el medio del RBC. En primavera y verano, con agua más cálida, la biopelícula parecerá desplazarse hacia las primeras etapas. Es posible que las etapas posteriores del medio no tengan una biopelícula visible. En otoño y en invierno, cuando el agua es más fría, el desarrollo de biopelícula puede estar distribuido de manera más pareja en todas las etapas.

Durante el funcionamiento en invierno, mantenga en su lugar las cubiertas del RBC y cierre las compuertas de acceso para minimizar la pérdida de calor y la acumulación de hielo. En verano, es posible abrir las compuertas de inspección para mejorar el caudal de aire a través del medio.

PH Y ALCALINIDAD

Los contactores biológicos rotativos son procesos de tratamiento biológico. El pH que ingresa al proceso y sale del proceso debe ser cercano a 7. Si el pH cae por debajo de 6.5, puede agregar una base al caudal de entrada para ajustarlo. Para RBC que eliminan amoníaco, la alcalinidad del efluente debe estar en al menos 100 mg/L como $CaCO_3$. Cuando el pH y la alcalinidad son demasiado bajos, se inhibe la actividad biológica.

COMPROBACIÓN DE CONOCIMIENTOS

1. **La TCO a un RBC es la masa de DBO_5 dividida por el volumen del medio.**
   - ☐ Verdadero
   - ☐ Falso
2. **La eliminación de amoníaco requiere menos TDH que la eliminación de DBO_5.**
   - ☐ Verdadero
   - ☐ Falso
3. **La TCO que puede tratarse en un RBC está limitada por**
   a. el caudal de entrada
   b. la disponibilidad de oxígeno
   c. la velocidad de giro
   d. *Beggiatoa*
4. **Debido a que el RBC no trata con eficacia las partículas, con frecuencia se utiliza este parámetro para calcular la eliminación porcentual.**
   a. DBOC
   b. DBO
   c. DBOs
   d. DQO
5. **Un proceso de RBC contienen dos trenes de tratamiento, cada uno con cuatro unidades de RBC. Cada unidad contiene 13 935 m^2 (150 000 ft^2) de área superficial en el medio. Halle la tasa de carga orgánica si se aplican 680 kg (1501 lb) de DBO_5 soluble a todo el proceso en un periodo de 24 horas.**
   a. 5.2 g DBOs/m^2·d (1.0 lb DBOs/d/1000 ft^2)
   b. 6.0 g DBOs/m^2·d (1.3 lb DBOs/d/1000 ft^2)
   c. 19.5 g DBOs/m^2·d (4.2 lb DBOs/d/1000 ft^2)
   d. 23.6 g DBOs/m^2·d (4.8 lb DBOs/d/1000 ft^2)
6. **La concentración de DBO_5 total en el caudal de entrada a un RBC es de 80 mg/L. La DBO_5 soluble del efluente es de 8 mg/L. ¿Cuál es la eliminación porcentual?**
   a. 10 %
   b. 72 %
   c. 90 %
   d. 95 %
7. **La velocidad giratoria de un RBC aumenta levemente. ¿Cuál de los siguientes enunciados es verdadero?**
   a. El espesor de la biopelícula aumentará
   b. La concentración de oxígeno aumentará
   c. La temperatura de los cojinetes se reducirá
   d. La TCH aumentará

CONTROL DEL PROCESO PARA CONTACTORES BIOLÓGICOS ROTATIVOS

Los contactores biológicos rotativos tienen muy pocos parámetros operativos que están directamente bajo el control del operador. Los elementos que pueden controlarse incluyen la gestión de los procesos aguas arriba para eliminar partículas, la velocidad de giro, la colocación de deflectores y el caudal de aire (si está disponible). Es posible que algunas instalaciones alternen los RBC para la operación en paralelo o en serie y reciclen efluente del clarificador secundario de regreso al principio del proceso. Los operadores deben ajustar cada uno de estos parámetros según resulte necesario para mantener el RBC dentro de los valores aceptados de diseño y operativos (tabla 7.7) y para controlar el espesor de la biopelícula y el desprendimiento. Los operadores deben mantener registros operativos detallados y crear gráficos con los resultados de los muestreos y de los cálculos del control del proceso. Los gráficos de tendencia ayudarán a los operadores a ver los cambios pequeños antes de que se conviertan en grandes problemas.

INSPECCIÓN VISUAL DE LA BIOPELÍCULA

El elemento más importante del control del proceso es la inspección diaria del eje por parte de un operador capacitado. Las observaciones principales típicamente incluyen la condición de la biomasa en cada etapa y las concentraciones de OD que salen de cada etapa individual.

Las observaciones sobre la biomasa de la primera etapa son las más críticas. Una biomasa saludable en la primera etapa suele ser de color marrón claro. La biopelícula de etapas posteriores suele tener un brillo dorado o rojizo. Las unidades con carga liviana pueden prácticamente no contener biomasa visible. Una biomasa blanca o gris indica la dominación de determinados tipos de bacterias filamentosas, como *Beggiatoa*, *Thiothrix* o *Lepothrix*. Estas bacterias indican condiciones de bajo OD, una señal de mala salud. La *Beggiatoa* se describe en mayor detalle en este mismo capítulo. Una biomasa pesada y desmechada en la primera etapa indica una sobrecarga orgánica, que puede ser provocada por una cantidad de RBC insuficiente, residuos industriales o el efecto de flujos laterales que devuelven cargas orgánicas de otros procesos del tratamiento.

Un crecimiento excesivo de biopelícula puede llenar completamente los espacios vacíos en el medio. Esta condición se denomina *puenteo*. El puenteo puede impedir que se drene el agua del medio, reducir la transferencia de oxígeno, y aumentar el peso sobre el medio de soporte y el eje (Mba, 2007). Si se produce puenteo en la biomasa, los operadores deben eliminar el exceso de biopelícula y ajustar las condiciones operativas para mantener el espesor de la biopelícula en el rango normal. Los ajustes pueden incluir quitar los deflectores para distribuir la carga orgánica en más unidades de RBC, poner en servicio otro tren de tratamiento o aumentar la velocidad de giro.

PESO OPERATIVO DEL EJE

Un peso operativo que supere la capacidad del eje puede provocar la falla del eje o de un cojinete del RBC, o daños en el medio de plástico. Los operadores deben verificar las celdas de carga de los ejes de RBC antes de la puesta en marcha para obtener un peso de referencia para el equipo. Posteriormente, deben tomarse mediciones diarias para verificar que el peso de la biomasa no supere la capacidad de carga estructural del eje. Si el peso operativo es alto, los operadores deben ajustar las condiciones operativas para aumentar la eliminación de exceso de biomasa de las superficies del medio y reducir el peso al rango normal. Elimine el exceso de biomasa con una manguera a presión o aumente la velocidad del eje.

Un medio de RBC de densidad estándar tiene un peso de aproximadamente 4537 kg (10000 lb) (tabla 7.8). Una biopelícula con un espesor de 3.5 mm (0.15 in) y una gravedad específica de 1.0 tiene un peso en la biomasa de 35 390 kg (78 000 lb).

TASAS DE CARGA ORGÁNICA

La carga orgánica a la primera etapa de cualquier sistema de RBC está limitada por la capacidad de transferencia de oxígeno del sistema. Si se supera esta capacidad de transferencia de oxígeno, con frecuencia se producirán organismos que oxidan sulfuro y una menor eliminación de DBO. Cuando la carga orgánica de primera etapa supera los 20 a 30 $g/m^2 \cdot d$ (6.4 ppd $DBO_5/1000\ ft^2$), se desarrollan manchas blancas o grises en la superficie de los discos. Esto indica una gran cantidad de *Beggiatoa* o *Thiothrix* que oxidan sulfuro en la superficie del medio. Esta carga corresponde aproximadamente a una carga de DBO_5 en el rango de 12 a 20 $g/m^2 \cdot d$ (2.6 a 3.8 ppd/1000 ft^2).

La carga orgánica a la primera etapa puede reducirse mediante una alimentación escalonada a fin de distribuir el caudal de entrada a unidades de RBC posteriores. La carga orgánica a la primera etapa puede reducirse al poner en servicio trenes de RBC adicionales (si están disponibles). La recirculación del efluente del RBC puede reducir la carga orgánica a la primera etapa y aumentar el OD en las aguas residuales aplicadas a la primera etapa.

Tabla 7.8 Densidad del medio del contactor biológico rotativo (desarrollado con datos de la EPA de los EE. UU., 1984b)*

	Densidad del medio del RBC			
Parámetro	Estándar	Intermedio	Alto	Extremadamente alto
Área superficial por unidad de RBC m^2	9290	11 148	13 935	16 722
(ft^2)	(100 000)	(120 000)	(150 000)	(180 000)
ASE, m^2/m^3	118	143	180	215
(ft^2/ft^3)	(36.4)	(43.6)	(54.5)	(65.5)
Peso aproximado del medio, kg	4536	5443	6803	8164
(lb)	(10 000)	(12 000)	(15 000)	(18 000)

*Volumen estándar del medio de la unidad de RBC = 2750 ft^3 (25 pies de largo y 12 pies de diámetro).

CONCENTRACIÓN DEL OXÍGENO DISUELTO

Para la eliminación de DBOC, se requiere una concentración de OD mínima de entre 0.5 y 1.0 mg/L al final de la primera etapa y al menos 2 a 3 mg/L al final de la última etapa del sistema de RBC. Cuando la concentración de OD cae por debajo del nivel mínimo, es posible que los operadores deban ajustar una o más de la variables siguientes de control del proceso:

- Aumentar la cantidad de etapas y trenes de RBC en servicio,
- Aumentare la aeración suplementaria para ofrecer más oxígeno,
- Iniciar la alimentación escalonada para reducir la carga orgánica de la primera etapa,
- Aumentar la recirculación para reducir la carga orgánica de la primera etapa, o
- Aumentar la velocidad de giro del RBC para suministrar más oxígeno.

ELIMINACIÓN DE SÓLIDOS

Es posible que se acumulen sólidos en suspensión en el depósito reactor del RBC. Detenga periódicamente el giro del RBC y extraiga una muestra de la parte inferior del depósito reactor. Use una cuchara o bomba de muestreo. Vuelva a poner en suspensión los sólidos sedimentados. Para ello, inyecte aire comprimido o agua a presión para el lavado en la parte inferior del depósito y drénelos desde el depósito reactor. Tenga en cuenta que la introducción de aire de un lado puede provocar el giro del medio y del eje. Si el RBC está equipado con un sistema de aeración, es posible reducir la deposición de sólidos mediante el aumento del caudal de aire.

CONTROL DE LA MACROFAUNA

Las biopelículas de los contactores biológicos rotativos están pobladas por muchos de los mismos organismos molestos que las películas de los filtros percoladores, como moscas de la humedad, larvas de insectos, caracoles, gusanos y bacterias filamentosas. Las estrategias de control son similares a las de los filtros percoladores. Los caracoles en los RBC se controlan con eficacia mediante la recirculación de una solución básica a un pH de 10 durante 24 horas. Los caracoles de agua fresca de los RBC pueden controlarse con eficacia mediante la recirculación de una solución de sal (cloruro de sodio) o de una solución de cloruro de amonio. Es posible incorpora una solución de hipoclorito de sodio o de calcio (blanqueador) en el sistema de RBC a una concentración de 60 a 70 mg/L durante 2 a 3 días para minimizar las poblaciones de caracoles.

COMPROBACIÓN DE CONOCIMIENTOS

1. La biomasa de la primera etapa de un proceso de tratamiento con un RBC está gruesa y desmechada. Esto puede indicar

a. una alta velocidad de giro
b. una sobrecarga orgánica
c. una aeración insuficiente
d. condiciones sépticas

2. La biomasa saludable del RBC en la primera etapa de un proceso que elimine la DBO_5 debe ser de color

a. Gris a negro
b. Rojo a dorado
c. Marrón claro
d. Blanco

3. Los resultados de la celda de carga son un 10 % superiores a la capacidad nominal del eje. El operador debe

a. Reducir la velocidad de giro
b. Eliminar manualmente el exceso de biopelícula
c. Aumentar la carga orgánica
d. Incorporar caracoles en el sistema

4. Es posible utilizar todos los métodos siguientes para reducir la tasa de carga orgánica en la primera etapa del proceso de un RBC, EXCEPTO

a. Quitar deflectores entre las etapas
b. Alimentar escalonadamente efluente primario a las etapas posteriores
c. Recircular efluente del RBC a la etapa 1
d. Agregar cloro al canal del caudal de entrada

5. Un tren de tratamiento de RBC consiste en cuatro etapas. La concentración de OD que abandona la última etapa está por debajo de 1 mg/L. El operador debe

a. Aumentar la cantidad de etapas y trenes de RBC en servicio
b. Reemplazar cualquier deflector faltante entre las etapas
c. Reducir la velocidad de giro del RBC
d. Volver a poner en suspensión los sólidos sedimentados en el tanque del RBC

6. Las condiciones de bajo OD pueden favorecer el crecimiento de este organismo molesto.

a. Caracoles
b. Gusanos
c. *Beggiatoa*
d. Rotíferos

OPERACIÓN DE LOS CONTACTORES BIOLÓGICOS ROTATIVOS

OPERACIÓN DIARIA

Después de establecida la operación normal, lleve a cabo la observación diaria de los elementos siguientes:

- Inspeccione visualmente la biopelícula.
  - La biopelícula gruesa y desmechada en la primera etapa puede indicar sobrecarga orgánica.
  - La biomasa blanca indica la presencia de *Beggiatoa*.
  - Un desprendimiento excesivo puede indicar toxicidad.
  - Determine si hay un exceso de depredadores de la biopelícula.
- Monitoree las concentraciones de OD al final de cada etapa de tratamiento. Esto debe llevarse a cabo a mitad del día, cuando accede la mayor carga orgánica al proceso. Para algunas instalaciones, la carga pico puede ocurrir en otro momento del día.
- Si se utilizan múltiples trenes, verifique que el caudal esté distribuido de manera uniforme entre ellos.
- Verifique visualmente los equipos al menos una vez por turno para asegurarse de que estén funcionando correctamente. Preste atención a ruidos inusuales, ya que pueden señalar condiciones anómalas.
- La velocidad de giro debe ser suave, sin evidencia de movimientos irregulares. Registre el tiempo que requiere una revolución y el tiempo que requiere cada cuarto de revolución. El tiempo (en segundos) requerido para cada cuarto de giro debe ser igual en cada uno de los cuadrantes. Si el tiempo requerido para cada cuarto de revolución difiere, la distribución del peso de la biopelícula en el medio se está desequilibrando. Las biopelículas pueden crecer de manera no uniforme cuando algunas partes del medio tienen más tiempo de exposición a las aguas residuales.
- Monitoree el peso de operación del eje con la celda de carga.
- Los cojinetes del eje deben estar fríos.
- Inspeccione el impulsor por aire (si está presente).
  - La presión de salida del soplador debe ser normal.
  - El patrón de burbujas en el tanque junto al medio debe ser parejo. Las áreas turbulentas pueden indicar que hay un cabezal de aire o un difusor dañados.
- Inspeccione el impulsor mecánico (si está presente).
  - Temperatura del motor.
  - Funcionamiento suave de la transmisión por cadena.
  - Verifique que el nivel de aceite del reductor de velocidad y de la transmisión por cadena sea correcto.
  - Verifique el consumo de energía.
- Inspeccione los sistemas de ventilación para asegurarse de que estén funcionando correctamente. Una humedad o una condensación excesivas pueden indicar un caudal de aire inadecuado.
- Verifique que no haya acumulación de sólidos en la parte inferior del tanque del RBC.

PONER EN SERVICIO UN CONTACTOR BIOLÓGICO ROTATIVO

De ser posible, planifique la puesta en línea de los RBC para el clima más cálido. El desarrollo de biopelícula no será observable durante varios días y el desarrollo de una biopelícula madura en la mayoría del filtro podría requerir varias semanas. Es posible encontrar los procedimientos de puesta en marcha específicos de sus equipos en el manual de operaciones y mantenimiento del fabricante (el ejemplo siguiente es de Walker Process Equipment).

Paso 1: Al poner en servicio una nueva unidad, los operadores deben asegurar que todos los equipos estén funcionando correctamente antes de enviar aguas residuales al proceso. Asegúrese de completar el mantenimiento recomendado por el fabricante antes de poner en marcha la unidad.

Paso 2: Ponga en marcha el RBC y permita que complete una revolución. Observe si hay movimiento en la cubierta de la cadena y escuche para detectar ruidos inusuales. Si se requieren ajustes, detenga el RBC.

Paso 3: Ponga en marcha el RBC y permita que gire en el tanque seco durante un periodo breve. Mientras está girando, preste atención para escuchar cualquier ruido inusual. Verifique que el amperaje del motor esté dentro de las recomendaciones del fabricante. Observe para determinar que el medio gire de manera suave. Tome el tiempo y registre la cantidad de revoluciones por minuto. Después de 15 minutos, verifique la temperatura de los cojinetes del eje. Confirme que la temperatura de los cojinetes esté por debajo de la máxima recomendada por el fabricante. Si no hay una recomendación del fabricante, los cojinetes no deben tener una temperatura superior a 93 °C (200 °F). No permita que el RBC gire más de 15 a 20 minutos en un tanque seco, ya que el peso completo del RBC sobre el cojinete puede aumentar el desgaste. Cuando el tanque esté lleno, el agua soportará gran parte del peso del RBC.

Paso 4: Después de confirmar el funcionamiento correcto de todos los equipos, el tanque puede llenarse con aguas residuales. Para ello, abra la compuerta deslizante o válvula aguas arriba. Continúe con una observación detenida a medida que se llena el tanque. Si se requieren ajustes adicionales, es posible detener el RBC mientras el tanque se llena.

Un RBC recién puesto en servicio no proporcionará tratamiento. Requiere varios días a varias semanas, ya que la biopelícula debe desarrollarse. Es posible dejar en el tanque las mismas aguas residuales hasta que la calidad del efluente comience a mejorar. El RBC debe girarse constantemente para evitar el desarrollo no uniforme de la biopelícula. En este tiempo, el efluente primario deberá desviarse a otro proceso de tratamiento. A medida que la calidad del efluente comience a mejorar, aumente gradualmente la cantidad de efluente primario. Abra la compuerta deslizante o la válvula aguas abajo para permitir que el efluente del RBC fluya al clarificador secundario. Si no es posible poner en línea el proceso gradualmente sin descargar efluente tratado parcialmente, pueden usarse dosis importantes de cloro para tratar químicamente el material orgánico que permanece. Asegúrese de verificar con el organismo de control antes de utilizar dosis importantes de cloro o de descargar cualquier efluente durante la puesta en marcha que no cumpla los límites de su permiso de descarga.

Los pasos para poner en marcha las bombas, los clarificadores y otros equipos se encuentran en otros capítulos o en el documento titulado *Operation of Water Resource Recovery Facilities* (WEF, 2016).

SACAR DE SERVICIO UN CONTACTOR BIOLÓGICO ROTATIVO

Es posible encontrar los procedimientos de apagado específicos de sus equipos en el manual de operaciones y mantenimiento del fabricante (los puntos 1 y 2 del ejemplo siguiente son de Walker Process Equipment). Al sacar de servicio un RBC, tenga en cuenta lo siguiente:

Si se detiene el giro del RBC, se desarrollará una carga desequilibrada de biopelícula. El conjunto de un RBC que está inactivo en aguas residuales promueve el crecimiento rápido de biomasa en las áreas sumergidas y el crecimiento reducido de biomasa en las áreas no humedecidas. Estas tasas de crecimiento distintas pueden provocar desequilibrios al reiniciar el RBC. Es fundamental que no se deje inactiva la unidad de RBC en las aguas residuales más de 1 o 2 horas. Si un RBC debe mantenerse inactivo y no es posible drenar el tanque, debe darse un cuarto de giro al eje del RBC cada 4 a 6 horas. Esto mantendrá húmeda la biomasa y reducirá el desequilibrio al reiniciar el RBC. Si el RBC no se gira, habrá un estrés extremadamente alto durante el reinicio, con posibles daños en el impulsor, en los cojinetes y en el eje.

Si el tanque se drena, se perderá el efecto de soporte por el agua. La carga adicional sobre el eje resultante reducirá la elevación del eje si continúa girando. Si el tanque se drenará, detenga el giro del RBC durante todo el proceso de drenaje. Bloquee y etiquete la energía al RBC para que no pueda reiniciarse accidentalmente.

Paso 1: Cierre la compuerta deslizante o válvula aguas arriba para detener el flujo de aguas residuales.

Paso 2: Detenga el giro del RBC.

Paso 3: Bloquee y etiquete la energía a la unidad.

Paso 4: Drene el tanque. Es posible que se requiera una bomba de pozo húmedo portátil.

Paso 5: Mangueree el medio del RBC para eliminar la mayor cantidad posible de biopelícula. Es posible rociar la biopelícula con una solución de blanqueador diluido y dejar que se empape. Esto matará parte de la biopelícula y facilitará su eliminación.

Paso 6: Elimine cualquier agua y sólido que permanezca en el tanque.

Paso 7: Cierre la compuerta deslizante o válvula aguas abajo para prevenir que el agua retroceda hacia el tanque desde otros procesos.

RECOLECCIÓN, MUESTREO Y ANÁLISIS DE LOS DATOS PARA CONTACTORES BIOLÓGICOS ROTATIVOS

La recolección, el muestreo y el análisis de datos para los RBC son casi idénticos que los que se recomiendan para los filtros percoladores. Los contactores biológicos rotativos que eliminan DBO deben monitorear la $DBOs_5$, la $DBOC_5$ o la DQO en el caudal de entrada y en el efluente. La concentración de OD debe medirse y registrarse a diario para cada etapa de tratamiento. Los contactores biológicos rotativos que eliminan amoníaco también deben monitorearse para controlar la temperatura, el pH, la alcalinidad, el amoníaco, el nitrito y el nitrato. Los datos operativos deben registrarse a diario o al menos cada vez que se lleva a cabo un cambio operativo, como el de la cantidad de RBC en servicio, la velocidad de giro, el caudal de entrada, los resultados de las celdas de carga y cualquier actividad de mantenimiento. La TDH debe calcularse al menos mensualmente, o con mayor frecuencia si los caudales de entrada no son uniformes. La TCO debe calcularse siempre que haya datos de DBO disponibles, pero como mínimo mensualmente. Verifique que los resultados calculados estén dentro de los parámetros de diseño de la instalación.

MANTENIMIENTO PARA CONTACTORES BIOLÓGICOS ROTATIVOS

Como sucede con cualquier proceso de tratamiento, el sistema de RBC exige una atención de rutina u ocurrirán problemas operativos y de mantenimiento. Las transmisiones por cadena, las correas, las ruedas dentadas, los ejes giratorios y otras piezas móviles requieren inspección y mantenimiento en conformidad con las instrucciones del fabricante o con la orientación del ingeniero de diseño. Aunque estos requisitos varían mucho entre las instalaciones, la guía de mantenimiento de RBC que se ofrece en la tabla 7.9 ofrece muchos de los procedimientos de mantenimiento requeridos típicamente para los RBC. Es recomendable que los operadores agreguen una columna para comentarios y frecuencias de mantenimiento recomendadas por el fabricante no contemplados en una de las columnas existentes.

Tabla 7.9 Programa de mantenimiento de un contactor biológico rotativo

Función	Tarea o actividad	Frecuencia				
		A diario	Semanalmente	Mensualmente	Trimestralmente	Anualmente
Mecánico	Verifique que no haya una deflexión excesiva del eje	X				
	Verifique las celdas de carga del eje para determinar que no haya un peso excesivo	X				
	Verifique la alineación del eje			X		
	Verifique los cojinetes del eje, escuche para detectar ruidos inusuales			X		
	Verifique que no haya fugas de aceite en el reductor de velocidad	X				
	Verifique los niveles de aceite según las especificaciones del fabricante		X			
	Verifique todas las correas de impulsión y cadenas			X		
	Lubrique los cojinetes según las especificaciones del fabricante					X
	Lubrique los equipos según las especificaciones del fabricante					X
	Verifique que no haya corrosión en los componentes de acero al carbono				X	
	Repare los revestimientos de protección según sea necesario				X	
Eléctrico	Verifique que los motores no se sobrecalienten	X				
	Verifique la carga del torque del motor		X			
	Verifique que no haya un alto consumo de amperaje por parte de los motores		X			
Operación	Verifique que el eje gire de manera uniforme y continua	X				
	Verifique que no se forme hielo en invierno	X				
	Verifique que no haya crecimientos excesivos ni medios obstruidos	X				
	Verifique que no haya partes del medio dañadas	X				
	Verifique que no haya anegamientos o canales	X				
	Verifique que no haya olores	X				
	Verifique que no haya depósitos de sólidos en el depósito reactor		X			
	Verifique el sistema de aeración sumergido del depósito reactor					X
Mantenimiento	Lleve a cabo el mantenimiento general y programado	X	X	X	X	X
	Lleve a cabo el mantenimiento de la cubierta					X
	Alinee y ajuste las transmisiones por cadena y correa				X	
	Ajuste los cojinetes del eje, de ser necesario				X	
	Cambie el aceite o los lubricantes según las especificaciones					X
	Engrase los cojinetes del motor eléctrico, si es adecuado					X

El mantenimiento de rutina debe incluir la inspección de los ejes y el reemplazo de las copas de aire o de los medios dañados que podrían atascar o interferir con el giro del eje. El orden y la limpieza debe incluir la eliminación de las bolas de grasa mediante un dispositivo con red. El fabricante puede ofrecer asesoramiento sobre las reparaciones en campo en los medios que se separen. Las superficies no adheridas a veces pueden repararse mediante el fundido del plástico con una varilla metálica caliente u otro producto recomendado por el fabricante.

SISTEMAS DE IMPULSIÓN MECÁNICA

Los cojinetes del eje no deben escucharse por sobre el ruido del agua. Es posible usar un destornillador o una varilla metálica para transmitir el ruido del cojinete al operador. Los medidores de vibración también pueden detectar el ruido (las vibraciones). Los motores impulsores, que requieren una inspección diaria, deben funcionar lo suficientemente fríos para que puedan tocarse con la mano desnuda (menos de 60 °C [140 °F]). Si se registran las lecturas de amperaje del motor, deben tomarse y apuntarse semanalmente. Durante las observaciones diarias de la transmisión por correa, un chirrido es la primera indicación de que se produjo un problema. Debido a que las correas se venden con frecuencia como conjunto, debe reemplazarse todo el conjunto con correas idénticas del mismo fabricante.

SISTEMAS IMPULSADOS POR AIRE

Los sistemas impulsados por aire requieren un monitoreo y una atención más cuidadosos que las unidades de impulsión mecánica debido a que la velocidad y el equilibrio del eje deben mantenerse mediante una elevación indirecta por aire. La velocidad de giro debe verificarse a diario y debe compararse con las recomendaciones del fabricante. El equilibrio del eje también requiere verificaciones periódicas para garantizar que no se haya acumulado un exceso de biomasa en un lado de los discos. Para los RBC impulsados por aire, debe medirse el tiempo de cada cuarto de giro una o dos veces por semana. El tiempo (en segundos) requerido para cada cuarto de giro debe ser igual en cada uno de los cuadrantes. Si el tiempo requerido para cada cuarto de revolución difiere, la distribución del peso de la biopelícula en el medio se está desequilibrando. Cuando un eje comienza a salirse de su equilibrio, el lado pesado tiende a permanecer en la parte inferior durante más tiempo. Esto le proporciona más tiempo en contacto con el suministro de alimento. Como resultado, la biomasa del lado pesado se hace aún más pesada y el desequilibrio de peso aumenta.

Mensualmente, o con mayor frecuencia, debe aumentarse el volumen de aire suministrado a cada eje operativo a un 150 % del normal para eliminar el exceso de biomasa de las superficies del medio. Al eliminar el exceso de biomasa, la biopelícula se mantiene delgada y se minimiza el potencial de que los ejes se desequilibren. El monitoreo diario de la presión de descarga de los sopladores ayudará a detectar la posible presencia de difusores obstruidos u otras interferencias.

Si se detecta temprano el desequilibrio de un eje, es posible eliminar el exceso de biomasa mediante la purga por aire. Si el eje está muy desequilibrado, la unidad debe apagarse y el tanque debe drenarse. La unidad aislada puede secarse o tratarse químicamente para permitir que la biomasa muera y se desprenda del medio.

COMPROBACIÓN DE CONOCIMIENTOS

1. **El desprendimiento excesivo y repentino de biopelícula de un filtro percolador o un RBC puede indicar**
   a. Un aumento de la DBO_5
   b. Toxicidad
   c. Infestación de caracoles
   d. Aeración excesiva

2. **El giro del contactor biológico rotativo debe monitorearse cada cuarto de giro para determinar si se está produciendo _______.**
   a. Desprendimiento
   b. Deslizamiento de la cadena
   c. Movimiento irregular
   d. Vibración

3. **Si debe detenerse un RBC durante un periodo específico y permanece en un tanque lleno,**
   a. Rote la unidad manualmente un cuarto de giro cada 4 a 6 horas.
   b. Use un lavador potente para eliminar hidráulicamente toda la biopelícula del medio.
   c. Apague de inmediato el soplador y los cabezales de aire difuso para evitar las obstrucciones.
   d. Abra las puertas de la cubierta para aumentar el caudal de aire sobre la superficie del medio expuesto.

4. **Permitir que un RBC permanezca inactivo en un tanque lleno de aguas residuales**
   a. Es aceptable si el tiempo de inactividad es de menos de 8 horas
   b. Controla el crecimiento de *Beggiatoa* y *Thiothrix*
   c. Es parte de una estrategia de control que consiste en proporcionar y quitar alimento
   d. Puede resultar en el crecimiento no uniforme de la biopelícula

5. **Las concentraciones de oxígeno disuelto deben medirse al final de cada etapa de tratamiento en un tren de tratamiento de RBC**
   a. A diario
   b. Semanalmente
   c. Mensualmente
   d. Trimestralmente

6. **Una acumulación excesiva de biopelícula en un RBC puede provocar**
   a. Deslaminación del medio
   b. Mayor velocidad de giro
   c. Deflexión del eje
   d. menores lecturas de las celdas de carga

7. **Los sistemas impulsados por aire deben operarse con caudales de aire mayores un porcentaje del tiempo para**
   a. Eliminar los sólidos sedimentados de los difusores
   b. Desprender el exceso de biopelícula del medio
   c. Aumentar el soporte del medio
   d. Reducir la tensión de los sopladores por un caudal de aire bajo

RESOLUCIÓN DE PROBLEMAS DE LOS CONTACTORES BIOLÓGICOS ROTATIVOS

Cuando están diseñados y operados correctamente, los RBC pueden ofrecer un tratamiento secundario sin inconvenientes. Sin embargo, algunas instalaciones de RBC construidas a finales de la década de 1970 y a principios de la década de 1980 requerían una resolución de problemas importante o modificaciones para lograr el nivel de tratamiento deseado sin inconvenientes operativos.

La resolución de problemas operativos comienza con mantener registros operativos correctos y con recolectar datos asociados con el proceso de RBC. Es necesario el seguimiento de la DBO_5 total y soluble, de los sólidos en suspensión, del nitrógeno orgánico, del nitrógeno amoniacal, del pH, de la alcalinidad, del OD y de otros parámetros para reconocer tendencias que podrían tener un efecto adverso sobre el sistema de RBC. Es posible que deba aumentarse la frecuencia de muestreo más allá de los requisitos del permiso de descarga para asegurar que los datos sean representativos.

Las fallas en los equipos (p. ej., rotura de ejes o medio del filtro que fallan) eran comunes en muchas de las instalaciones de RBC iniciales. La mayoría de los problemas se resolvía mediante la garantía de los equipos o especificaciones de desempeño. Muchos de los problemas relacionados con los diseños iniciales se mitigaron mediante el uso de prácticas de diseño más conservadoras, la mejora de las prácticas de diseño y fabricación de equipos, dispositivos para pesar los ejes y aeración suplementaria para mejorar la uniformidad de la biomasa. En la tabla 7.10 se presenta una guía para la resolución de problemas relacionados con el diseño, la operación y el mantenimiento de los RBC.

CONSIDERACIONES DE SEGURIDAD PARA LOS CONTACTORES BIOLÓGICOS ROTATIVOS

Es importante que el personal de operaciones y mantenimiento cumpla con las pautas de seguridad especificadas por los fabricantes de los equipos primarios y puestas en práctica habitualmente por la empresa de servicios públicos. Estas incluyen, entre otros, procedimientos que describen el bloqueo adecuado de los equipos, la entrada a espacios confinados, el corte de energía eléctrica localizado, y el personal de rescate de guardia durante las actividades de mantenimiento. El personal de operaciones debe conocer bien y respetar las pautas de seguridad para las operaciones recomendadas por los fabricantes de los equipos y mantener un entorno limpio, bien ventilado y bien iluminado para evitar accidentes. Debajo se detallan algunas consideraciones de seguridad, en particular para los RBC:

- El trabajo en los RBC puede llevarse a cabo únicamente después de detenido el giro del medio. El RBC debe estar bloqueado en su lugar y el interruptor eléctrico debe estar bloqueado y etiquetado en el panel eléctrico.
- Nunca intente detener un RBC en movimiento con las manos ni con otras partes del cuerpo.
- Nunca trabaje debajo de un RBC, a no ser que se hayan suministrado soportes adicionales para sostener el peso completo del RBC.
- Los RBC cubiertos tienen consideraciones de seguridad especiales porque se consideran espacios confinados. Existe la posibilidad de que la atmósfera debajo de la cúpula contenga poco oxígeno o mucho sulfuro de hidrógeno o amoníaco. El mantenimiento en estas áreas debe incluir procedimientos adecuados para el acceso a espacios confinados.

Tabla 7.10 Guía de resolución de problemas para contactores biológicos rotativos (EPA de EE. UU., 1978)

Indicadores/observaciones	Causa probable	Revisar o monitorear	Soluciones
Reducción en la eficiencia del tratamiento	Sobrecarga orgánica	Verifique las cargas orgánicas pico; si son menos del doble que el promedio diario, no deberían ser la causa	Mejore el pretratamiento o expanda la instalación
	Compensación hidráulica	Las cargas hidráulicas menores al doble del promedio diario no deberían ser la causa	Compensación de caudal; elimine la fuente de caudal excesivo; equilibre los caudales entre los reactores
	pH demasiado alto o demasiado bajo	El rango deseado está entre 6.5 y 8.5 para el tratamiento secundario y entre 8 y 8.5 para la nitrificación	Elimine la fuente de pH indeseable o agregue un ácido o una base para ajustar el pH; cuando nitrifique, mantenga la alcalinidad a siete veces la concentración de amoníaco del caudal de entrada
	Temperaturas bajas de las aguas residuales	Las temperaturas de menos de 15 °C (59 °F) reducirán la eficiencia	Si las hay disponibles, ponga en servicio más unidades de tratamiento
	Caracoles que retiran biopelícula del medio	Observe la presencia de caracoles en el medio o en la superficie del agua del depósito reactor	Saque de servicio la unidad y agregue soda cáustica, sal, cloruro de amonio o hipolclorito par eliminar los caracoles y los huevos del medio
Desprendimiento excesivo de biomasa de los discos	Materiales tóxicos en el caudal de entrada	Determine el material y su fuente	Elimine el material tóxico si es posible; de lo contrario, use la compensación de caudal para reducir las variaciones de concentración para que la biomasa se aclimate
	Variaciones excesivas del pH	Un pH por debajo de 5 o por arriba de 10 puede provocar desprendimientos	Elimine la fuente de variación del pH o mantenga el control del pH del caudal de entrada
Desarrollo de biomasa blanca sobre la mayor parte del área del disco	Caudal de entrada séptico o algas concentraciones de sulfuro de hidrógeno/ácido sulfhídrico	Olor en el caudal de entrada	Preaeree las aguas residuales o agregue nitrato de sodio, peróxido de hidrógeno o sulfato ferroso; una aeración suplementaria también puede resultar de ayuda, en particular en las primeras etapas
	La primera etapa tiene sobrecarga orgánica	Carga orgánica en la primera etapa	Ajuste los deflectores entre la primera y la segunda etapa para aumentar la fracción del área superficial total en la primera etapa
Sólidos acumulados en los reactores	Pretratamiento inadecuado	Determine si los sólidos son arena u orgánicos	Quite los sólidos de los reactores y mejore la eliminación de arena o la sedimentación primaria
Los cojinetes del eje se calientan o fallan	Mantenimiento inadecuado	Programas y prácticas de mantenimiento	Lubrique los cojinetes según las instrucciones del fabricante
Los motores se calientan	Mantenimiento inadecuado	Nivel de aceite del reductor de velocidad y de la transmisión por cadena	Lubrique los cojinetes según las instrucciones del fabricante
	La alineación de la transmisión con cadena es incorrecta	Alineación	Ajuste y corrija la alineación

EJERCICIO DE LA SECCIÓN

Este ejercicio se basa en algunos de los conocimientos adquiridos sobre los RBC. En esta sección, un operador debe completar las siguientes tareas:

- Etiquetar el diagrama de un RBC.
- Unir el componente de un RBC con su función.
- Según la información sobre un RBC, determinar el motivo más probable para la condición descrita y sugerir una medida correctiva.

1. Etiquete los elementos siguientes en la imagen que aparece a continuación. Soporte del medio, medio, estructura de contención, deflector, eje y cojinete.

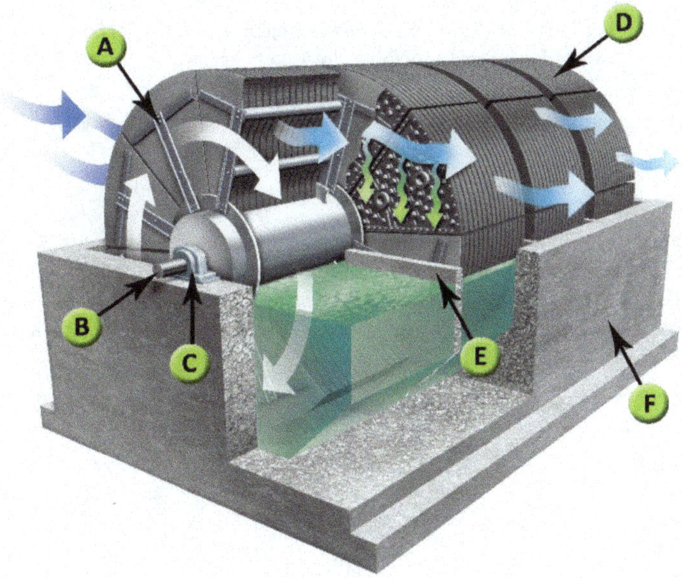

2. Una los componentes del RBC con su función:

1. Medio	a. soporte para el medio
2. Eje central	b. previene el crecimiento de algas
3. Impulsor mecánico	c. superficie para el crecimiento de la biopelícula
4. Deflectores	d. soportar el peso del eje
5. Cubiertas	e. capturar burbujas de aire para la rotación
6. Cojinetes	f. giro del medio a velocidad constante
7. Cojinete de expansión	g. previene daños en el eje por cambios de temperatura
8. Copas de aire	h. pesar el eje y la biomasa
9. Celda de carga	i. separar las etapas de tratamiento

3. Una instalación de RBC para un poblado pequeño no tuvo personal durante un fin de semana de 3 días debido a la presencia del circo en el poblado. El sistema en general funciona muy bien, con muy poca variación en el desempeño o en las características del caudal de entrada. Cuando los operadores regresan a la instalación el martes por la mañana, detectan lo siguiente: 1) una biopelícula gruesa y desmechada en los SBR en la primera etapa de tratamiento, 2) manchas de biopelícula blanca, y 3) el RBC de la etapa 2 parece estar atascado y el medio de la parte superior del RBC se secó. ¿Qué provocó cada uno de estos problemas? ¿Qué deben hacer los operadores para resolverlos?

SOLUCIONES AL EJERCICIO DE LA SECCIÓN

1. A = Soporte del medio, B = Eje, C = Cojinete, D = Medio, E = Deflector, F = Estructura de contención
2. 1 = c, 2 = a, 3 = f, 4 = i, 5 = b, 6 = d, 7 = g, 8 = e, 9 = h
3. La biopelícula gruesa y desmechada en la primera etapa de tratamiento indica sobrecarga orgánica. Puede ser un resultado del circo en el poblado, porque probablemente atrajo visitantes de comunidades cercanas. Pueden llevarse a cabo varias cosas distintas para reducir la TCO a la primera etapa del sistema. Los operadores pueden 1) quitar los deflectores entre las etapas de RBC para aumentar la cantidad de biopelícula expuesta directamente a las aguas residuales del caudal de entrada, 2) alimentar escalonadamente efluente primario a las etapas posteriores del proceso, 3) poner en servicio trenes de tratamiento adicionales (si están disponibles), o 4) reciclar aguas residuales tratadas para diluir las aguas residuales del caudal de entrada. Los operadores también deben actuar para reducir la cantidad de biopelícula en los RBC en la etapa 1. Si los RBC están impulsados por aire, al aumentar el caudal de aire a un 150 % del normal ayudará a eliminar el exceso de biopelícula. Si los RBC tienen impulsión mecánica, el aumento de la velocidad de giro tendrá el mismo efecto.

Notas:

La carga también puede estar alta por otros motivos. Los operadores deben recolectar muestras del caudal de entrada para ver si la carga orgánica a la WRRF regresó a los valores normales. También deben recolectar muestras del efluente del clarificador primario por si la carga a los RBC aumentó debido a que el clarificador no está funcionando con eficiencia.

Las manchas blancas en la biopelícula indican la presencia de *Beggiatoa*. La *Beggiatoa* es un indicador de condiciones de OD bajas y sobrecarga orgánica. Para aumentar las concentraciones de OD, puede aumentarse la velocidad de giro y puede agregarse aire suplementario.

El RBC de la etapa 2 está atascado. Si el RBC es impulsado por aire, las causas más probables son el desarrollo no uniforme de biopelícula y los movimientos irregulares. Si los RBC son impulsados mecánicamente, es posible que el motor haya fallado o se haya desconectado del reductor de engranajes. Antes de poder reiniciar el RBC, debe quitarse el exceso de biopelícula. En la situación aquí descrita, será difícil eliminar el exceso de biopelícula de manera uniforme. Los operadores deben drenar el tanque y limpiar completamente el RBC con agua a alta presión antes de volver a ponerlo en servicio.

RESUMEN DEL CAPÍTULO

	Filtros percoladores	Contactores biológicos rotativos
TEORÍA	■ Los microorganismos convierten los sólidos orgánicos no sedimentables y la materia orgánica soluble en nuevos microorganismos y residuos. ■ El proceso puede quitar DBO_5, NH_3-N, NO_2-N y NO_3-N. ■ Los microorganismos crecen conectados al medio como biopelícula. ■ La transferencia másica, el movimiento de las sustancias a través de la biopelícula, limita el crecimiento y el espesor de la biopelícula. ■ La disponibilidad de recursos y la fuerza hidráulica influyen sobre la pérdida de biopelícula (desprendimiento). ■ Los caracoles y las moscas de la humedad consumen biopelícula. Los caracoles tienen otros efectos negativos en la operación y en los procesos aguas abajo. ■ Las bacterias filamentosas pueden reducir la eficiencia del tratamiento.	
ASPECTOS GENERALES	■ Estructura de contención rellena con algún tipo de material que ofrece una superficie para el crecimiento de la biopelícula. ■ Las aguas residuales se bombean a la parte superior del lecho del medio y se deja percolar a través del medio. ■ Las aguas residuales tratadas se recolectan en un sistema de drenaje inferior y se envían a un clarificador secundario, donde los sólidos se quitan del agua tratada.	■ Las ruedas de medio de plástico ofrecen una superficie para el crecimiento de biopelícula. ■ Las ruedas se hacen girar en un tanque poco profundo de aguas residuales para exponer la biopelícula alternadamente a las aguas residuales (alimento) y al aire (oxígeno). ■ Las aguas residuales tratadas se desbordan en el extremo del tanque y se envían a un clarificador secundario, donde los sólidos se quitan de las aguas residuales tratadas.
PARÁMETROS DE DISEÑO	■ Con base principalmente en la tasa de carga orgánica. ■ Las clasificaciones históricas son filtros percoladores gruesos, de tasa extremadamente alta, de tasa alta, de tasa intermedia y de tasa baja o estándar. ■ Las clasificaciones actuales tienen en cuenta las tasas de carga hidráulica y orgánica mayores posibles con los medios de plástico. ■ Las clasificaciones actuales son filtros percoladores gruesos, con oxidación de carbono, con DBO y nitrificación en combinación, y nitrificación únicamente. ■ Los filtros percoladores gruesos deben estar seguidos por otro proceso de tratamiento para la eliminación completa de DBO_5. ■ Es posible operar los filtros en paralelo o en serie. También pueden combinarse con otros procesos de tratamiento biológico, como lodo activado.	■ Están diseñados por los ingenieros y fabricantes con base en la experiencia en campo y los modelos cinéticos. ■ Con base principalmente en la tasa de carga orgánica. Los cálculos de carga usan la DBO_5 total y la DBO_5 soluble. ■ Se calculan las cargas para el proceso general del RBC y para la primera etapa de tratamiento. La carga en la primera etapa es típicamente 4 veces más grande que la carga general. ■ La tasa de carga orgánica es limitada por la cantidad de oxígeno que puede transferirse del aire a las aguas residuales mediante la biopelícula giratoria. ■ Los contactores biológicos rotativos que reciben cargas orgánicas altas solo eliminan la DBO_5. A medida que se reducen las tasa de carga, los RBC también pueden eliminar amoníaco. ■ Es posible operar los RBC en paralelo o en serie. ■ Los RBC múltiples que se operan en serie son un tren de tratamiento. ■ Es posible usar deflectores para separar RBC individuales en un tren de tratamiento. Cada parte segmentada de un tren de tratamiento se denomina *etapa de tratamiento*. Es posible que una etapa cuente con varias unidades de RBC.

DESEMPEÑO ESPERADO	■ Depende de la tasa de carga orgánica. El porcentaje de DBO_5 eliminada se reduce con el aumento de la carga. ■ Es posible lograr < 10 mg/L de DBO_5 soluble y < 3 mg/L de NH_3-N. ■ Conversión de NH_3-N a NO_2-N y NO_3-N cuando la DBO_5 soluble es menor que 20 mg/L.	
EQUIPOS	**Filtros percoladores**	**RBC**
MEDIO	■ Piedra, listones de conífera o plástico. ■ Los medios aleatorios consisten en partes sueltas juntadas de manera aleatoria. ■ Los medios estructurados consisten en bloques rectangulares hechos de láminas de plástico. El área superficial por volumen de medio varía según el tipo y el fabricante. ■ Los espacios libres permiten que el aire y las aguas residuales se desplacen por el medio. ■ El medio debe tener un área superficial de gran tamaño para el crecimiento de la biopelícula por volumen de medio. Esto se denomina ASE. ■ El medio no se sumerge. ■ El medio tiene el respaldo de un sistema de drenaje inferior. ■ El drenaje inferior puede estar hecho de mosaicos de arcilla, vigas de conífera, vigas de hormigón o vigas de plástico.	■ Las ruedas del medio de plástico pueden tener un diámetro de hasta 3.6 m (12 ft). ■ La longitud estándar del eje es de 8.2 m (27 ft) con 7.6 m (25 ft) ocupados por el medio. ■ El medio estándar de un RBC tiene 9290 m^2 (100 000 ft^2) de superficie en cada eje de 7.6 m (25 ft). Hay disponibles medios de mayor densidad con mayores áreas superficiales. ■ Los ejes pueden ser cilíndricos, hexagonales o cuadrados, según el fabricante. ■ El medio está montado en el eje en secciones. Para reemplazar los medios dañados, es posible quitar secciones individuales. ■ El medio se hace girar a través de las aguas residuales con una unidad impulsora mecánica o puede estar impulsado por aire. Las unidades impulsadas por aire usan burbujas de aire que se elevan desde la parte inferior del tanque para empujar un lado de la rueda del medio hacia la superficie.
CONTENCIÓN	■ Tanques cuadrados o rectangulares. ■ Hormigón o acero. ■ Pueden ser herméticos o no. ■ Pueden tener puertos de ventilación en el perímetro inferior para permitir una ventilación natural.	■ Las dimensiones de los tanques rectangulares se aproximan a las de las unidades de RBC individuales. ■ Hay montados dos cojinetes, uno a cada extremo del RBC, en la pared de la estructura de contención. Los cojinetes ayudan a sostener el peso del eje. ■ El cojinete opuesto al motor está equipado con una celda de carga. La celda de carga se utiliza para medir el peso del medio y de la biopelícula. Los operadores deben asegurar que el peso total no supere la capacidad nominal del eje. ■ Los tanques pueden dividirse mediante deflectores permanentes o ajustables. Los deflectores extraíbles permiten que el operador ajuste el tamaño de la primera etapa de tratamiento. ■ El tiempo de detención hidráulica en el tanque de RBC varía entre 45 minutos y 4 horas, según los objetivos de tratamiento. Se requiere más tiempo para eliminar el amoníaco y para los sistemas combinados.
VENTILACIÓN	■ Natural o mecánica ■ La dirección del caudal de aire en los sistemas ventilados naturalmente cambia según las diferencias de temperatura en el agua y en el aire.	■ La biopelícula se expone al aire directamente con cada rotación del medio. ■ Es posible suministrar aire suplementario al inyectarlo en la parte inferior del RBC con un soplador y difusores de aire.

EFLUENTE	■ El drenaje inferior recolecta las aguas residuales tratadas. El piso tiene inclinación hacia un canal en el centro. ■ El espacio debajo del medio se denomina *pleno* en los filtros con medios de plástico. ■ El drenaje inferior ayuda a distribuir aire sobre el área de la sección transversal del filtro.	■ Las aguas residuales fluyen hacia afuera por el extremo del tanque del RBC. ■ Los deflectores entre las etapas ayudan a prevenir los cortocircuitos.
DISTRIBUCIÓN DE LAS AGUAS RESIDUALES	■ Las aguas residuales son desplazadas a la parte superior del lecho del medio mediante una estación de bombeo. ■ Distribuidor giratorio o boquilla fija. ■ Los distribuidores giratorios tienen placas para salpicaduras para desplazar el agua hacia afuera. ■ La velocidad del distribuidor influye sobre el espesor de la biopelícula. Mayores velocidades equivalen a biopelículas más gruesas. ■ La velocidad del distribuidor es controlada hidráulicamente o con un motor y un reductor de engranajes. ■ La cantidad de orificios abiertos en los bordes delantero y posterior del brazo del distribuidor controla la velocidad en los distribuidores impulsados hidráulicamente. ■ Los desechos se eliminan de los brazos del distribuidor giratorio mediante las compuertas de vertido que tienen en el extremo. ■ El efluente tratado puede reciclarse hasta el principio del proceso para ayudar a mantener una TCH constante. ■ Verifique la distribución uniforme de las aguas residuales mediante una prueba con bandejas.	■ Las aguas residuales fluyen de un extremo del tanque del RBC al otro. Los deflectores separan los trenes de tratamiento largos en etapas de tratamiento. ■ Las aguas residuales en general no se reciclan en los procesos de RBC. ■ El reciclado puede ayudar a diluir las aguas residuales de alta concentración. ■ Si la primera etapa de un tren de tratamiento de RBC está sobrecargado orgánicamente, es posible quitar deflectores entre la primera y la segunda etapa de tratamiento. También puede usarse la alimentación por pasos para la desviación del efluente primario a otras etapas del tren de tratamiento.
VARIABLES DEL PROCESO	■ Concentración del oxígeno disuelto ■ Tasa de carga orgánica: Masa de DBO_5 por volumen de medio; influye sobre el espesor de la biopelícula. ■ Relación de recirculación: Influye sobre la TCH total y la intensidad de la descarga; regresa OD al principio del proceso. ■ Tasa de carga hidráulica: Incluye el caudal efluente primario y el caudal de reciclado; caudal total en el área de la sección transversal. ■ La intensidad de la descarga o el valor de SK influyen sobre el espesor de la biopelícula. ■ Temperatura ■ pH y alcalinidad ■ Los anegamientos (acumulaciones de agua en la superficie del filtro percolador) se producen cuando hay obstrucciones debajo.	■ Tasa de carga orgánica: Masa de DBO_5 por metro cuadrado o pie cuadrado de área superficial del miedo; influye sobre el espesor de la biopelícula. ■ Tasa de carga hidráulica: Volumen de aguas residuales tratadas por metro cuadrado o pie cuadrado de área superficial del medio. ■ Tiempo de detención hidráulica: La cantidad de tiempo que las aguas residuales permanecen en el tanque de RBC. ■ Velocidad de giro: Influye sobre el espesor de la biopelícula; las velocidades más rápidas reducen el espesor de la biopelícula; agrega oxígeno a las aguas residuales. ■ Temperatura ■ pH y alcalinidad ■ Puenteo del medio; provocado por un sobrecrecimiento de la biopelícula.

<table>
<tr>
<td>CONTROL DEL PROCESO</td>
<td>■ Las variables bajo el control directo del operador incluyen la gestión de los procesos aguas arriba para eliminar particulados, la relación de recirculación y la TCH.
■ Ajuste la relación de reciclado para influir sobre la TCH. La meta es mantener el humedecimiento de la biopelícula en todo momento.
■ Ajuste la velocidad del distribuidor para influir sobre la intensidad de la descarga (valor de SK) y el espesor de la biopelícula. La meta es favorecer el desprendimiento constante de pequeñas cantidades de biopelícula. Es posible que resulten necesarios ajustes en la relación de reciclado y en la velocidad del brazo para obtener la intensidad de la descarga deseada.
■ Control de la macrofauna para prevenir pérdidas excesivas de biopelícula, en particular en los sistemas diseñados para la eliminación de amoníaco.</td>
<td>■ Las variables bajo el control directo del operador incluyen la gestión de los procesos aguas arriba para eliminar particulados y la velocidad de giro del RBC.
■ Los operadores también pueden agregar o quitar deflectores para ajustar el tamaño de las etapas de tratamiento.
■ Algunas instalaciones pueden controlar el caudal de aire o pueden alternar entre operación en paralelo y en serie.
■ La inspección diaria de la biopelícula es el elemento más crítico del control del proceso. La verificación de la biopelícula debe incluir el aspecto (color y textura), el peso (celda de carga) y las concentraciones de OD que salen de cada etapa.
■ Deben llevarse a cabo ajustes para mantener el peso del RBC dentro de los parámetros aceptados y para mantener las concentraciones de OD que salen de cada etapa de tratamiento.
■ Periódicamente, verifique que no haya sólidos desprendidos en la parte inferior del tanque del RBC.
■ Controle la macrofauna para prevenir pérdidas excesivas de biopelícula.</td>
</tr>
<tr>
<td>DATOS DE CONTROL DEL PROCESO</td>
<td colspan="2">■ Mida la DBO_5 total y soluble en el filtro percolador y en las muestras del caudal de entrada del RBC. Las muestras no deben incluir caudales de reciclado.
■ Mida la DBO_5 sedimentada y soluble en las muestras del efluente.
■ Registre las concentraciones de OD del efluente a diario. Para los RBC, esto debe llevarse a cabo para cada etapa de tratamiento.
■ Para los sistemas que eliminan el amoníaco, monitoree también el pH, la alcalinidad, el amoníaco, el nitrito y el nitrato tanto en el caudal de entrada como en el efluente. Las muestras de caudal de entrada no deben incluir caudales de reciclado.
■ Registre los datos operativos, incluida la cantidad de unidades en servicio, la velocidad del distribuidor, la velocidad de giro del RBC, el caudal de reciclado, el caudal de entrada y los resultados de los cálculos de control del proceso.</td>
</tr>
<tr>
<td>MANTENIMIENTO</td>
<td colspan="2">■ Observación diaria en busca de indicios visibles o audibles de desperfectos. Asegúrese de que la rotación sea suave y de que los orificios de rociado no estén obstruidos.
■ El mantenimiento solo debe llevarse a cabo después de que los componentes se hayan detenido completamente, se hayan bloqueado/etiquetado y se hayan bloqueado en su lugar.
■ NUNCA intente detener un distribuidor que gira o un RBC con las manos ni con otras partes del cuerpo.
■ Tome una muestra de la parte inferior del depósito de aceite para verificar si hay agua en el aceite del impulsor.
■ Se debe realizar un mantenimiento regular conforme a las recomendaciones del fabricante.
■ Conserve un inventario de piezas de repuesto.</td>
</tr>
</table>

Referencias

Aspegren, H. (1992) *Nitrifying Trickling Filters, A Pilot Study of Malmö, Sweden*; Malmö Water and Sewage Works: Malmö, Suecia.

Boltz, J. P.; Goodwin, S. J.; Rippon, D.; Daigger, G. T. (2008) A Review of Operational Control Strategies for Snail and Other Macrofauna Infestations in Trickling Filters. *Water Pract.*, **2** (4) 1–16.

Choi, Y. C.; Morgenroth, E. (2003) Monitoring Biofilm Detachment Under Dynamic Changes in Shear Stress Using Laser-Based Particle Size Analysis and Mass Fractionation. *Water Sci. Technol.*, **47** (5), 69–76.

Dölle, K.; Peluso, C. (2015) Earthworm and Algae Species in a Trickling Filter. *J. Adv. Biol. Biotechnol.*, **3** (3), 132–138.

Elissen, H. J. H. (2007) *Sludge Reduction by Aquatic Worms in Wastewater Treatment with Emphasis on the Potential Application of Lumbriculus variegatus.* Tesis doctoral, Universidad de Wageningen, Wageningen, Países Bajos. ISBN 978-90-8504-777-3.

Grady, L. E.; Daigger, G. T.; Lim, H. (1999) *Biological Wastewater Treatment,* 2.ª ed.; Marcel Dekker: Nueva York.

Gray, R.; Ritland, G.; Chan, R.; Jenkins, D. (2000) Escargot...Going...Gone, A Nevada Facility Controls Snails with Centrate to Meet Stringent Total Nitrogen Limits. *Water Environ. Technol.,* **12** (5), 80–83.

Lacan, I.; Gray, R.; Ritland, G.; Jenkins, D.; Resh, V.; Chan, R. (2000) The Use of Ammonia to Control Snails in Trickling Filters. *Proceedings of the 73rd Annual Water Environment Federation Technical Exposition and Conference,* Anaheim, California, 14 a 18 de octubre; Water Environment Federation: Alexandria, Virginia.

Laspidou, C. S.; Rittmann, B. E. (2004) Evaluating Trends in Biofilm Density Using the UMCCA Model. *Water Res.*, **38**, 3362–3372.

Mba, D. (2003) Mechanical Evolution of the Rotating Biological Contactor into the 21st Century. *Proc. Inst. Mech. Eng., Part E,* **217** (3), 189–219.

McCann, K. J.; Sullivan, R. A. (1980) Aerated RBC's—What Are the Benefits. *Proceedings of the First National Symposium/Workshop on Rotating Biological Contactor Technology*; Champion, Pensilvania, 4 a 6 de febrero.

Metcalf and Eddy, Inc. (2003) *Wastewater Engineering: Treatment and Reuse*, 4.ª ed.; McGraw Hill: Nueva York.

Parker, D. S. (1998) Establishing Biofilm System Evaluation Protocols. WERF Workshop: Formulating a Research Program for Debottlenecking, Optimizing, and Rerating Existing Wastewater Treatment Plants. *Proceedings of the 71st Annual Water Environment Federation Technical Exposition and Conference,* Orlando, Florida, 3 a 7 de octubre; Water Environment Federation: Alexandria, Virginia.

Parker, D. S.; Jacobs, T.; Bower, E.; Stowe, D. W.; Farmer, G. (1997) Maximizing Trickling Filter Nitrification Through Biofilm Control: Research Review and Full Scale Application. *Water Sci. Technol.,* **36,** 255–262.

Picioreanu, C.; van Loosdrecht, M. C. M.; Heijnen, J. J. (1999) Multidimensional Modeling of Biofilm Structure. *Proceedings of the 8th International Symposium on Microbial Ecology*; Atlantic Canada Society for Microbial Ecology: Halifax, Canadá.

Rensink, J. H.; Rulkens W. H. (December 1997) Using Metazoa to Reduce Sludge Production. *Water Sci. Technol.*, **36,** (11), 171–179.

Schroeder, E. D.; Tchobanoglous, G. (1976) Mass Transfer Limitations on Trickling Filter Design. *J. Water Pollut. Control Fed.,* **48,** 771–775.

Tekippe, T. R.; Hoffman, R. J.; Matheson, R. J.; Pomeroy, B. (2006) A Simple Solution to Big Snail Problems—A Case Study at VSFCD's Ryder Street Wastewater Treatment Plant. *Proceedings of the 79th Annual Water Environment Federation Technical Exposition and Conference,* Dallas, Texas, 21 a 25 de octubre; Water Environment Federation: Alexandria, Virginia.

Trickling Filter Floor Institute (1970) *Handbook of Trickling Filter Design*; Public Works Journal Corporation: Ridgewood, Nueva Jersey.

U.S. Environmental Protection Agency (1970) *Operation of Wastewater Treatment Plants: A Field Study Training Program*; U.S. Environmental Protection Agency, Office of Water Programs, Division of Manpower and Training: Cincinnati, Ohio.

U.S. Environmental Protection Agency (1978) *Field Manual for Performance Evaluation and Troubleshooting at Municipal Wastewater Treatment Facilities;* Contrato de la EPA n.º 68-01-4418; U.S. Environmental Protection Agency: Washington, D.C.

U.S. Environmental Protection Agency (1984a) *Rotating Biological Contactors (RBCs) Checklist for a Trouble-Free Facility*; 905R84120; U.S. Environmental Protection Agency: Washington, D.C.; mayo.

U.S. Environmental Protection Agency (1984b) *Design Information on Rotating Biological Contactors*; EPA-600/2-84-106; U.S. Environmental Protection Agency, Municipal Environmental Research Laboratory: Cincinnati, Ohio; junio.

U.S. Environmental Protection Agency (1984c) *Review of Current RBC Performance and Design Procedures*; EPA-430/9-84-008; U.S. Environmental Protection Agency, Office of Water, Program Operations: Washington, D.C.; septiembre.

Water Environment Federation (2007) *Operation of Municipal Wastewater Treatment Plants,* 6.ª ed.; Manual of Practice No. 11; Water Environment Federation: Alexandria, Virginia.

Water Environment Federation (2010) *Biofilm Reactors;* Manual of Practice No. 35; Water Environment Federation: Alexandria, Virginia.

Water Environment Federation (2012) *Basic Laboratory Procedures for the Operator–Analyst*, 5.ª ed.; Water Environment Federation: Alexandria, Virginia.

Water Environment Federation (2016) *Operation of Water Resource Recovery Facilities*, 7.ª ed.; Manual of Practice No. 11; Water Environment Federation: Alexandria, Virginia.

Water Environment Federation; American Society of Civil Engineers; Environmental and Water Resources Institute (2010) *Design of Municipal Wastewater Treatment Plants,* 6.ª ed.; WEF Manual of Practice No. 8/ ASCE Manuals and Reports on Engineering Practice No. 76; Water Environment Federation: Alexandria, Virginia.

Williams, N.V.; Taylor, H. M. (1968) The Effects of Psychoda alternate (Say) (Diptera) and Lumbricillus rivalis (Levinson) (Enchytraeidae) on the Efficiency of Sewage Treatment in Percolating Filters. *Water Res.*, **2**, 139-150.

Zahid, W.; Ganczarczyk (1994) Structure of RBC Biofilms. *Water Environ. Res.*, **66**, 100–106.

Zhang, T. C.; Bishop, P. L. (1994) Density, Porosity, and Pore Structure of Biofilms. *Water Res.,* **28**, 2267–2277.

Bibliografía sugerida

Arasmith, S. E. E.; Scheele, M.; Zentz, K. (2000) *Pumps and Pumping,* 8.ª ed.; ARC Publications, Inc.: Albany, Oregon.

U.S. Environmental Protection Agency (1973b) *Procedural Manual for Evaluating the Performance of Wastewater Treatment Plants;* U.S. Environmental Protection Agency, Office of Water Programs: Washington, D.C.

U.S. Environmental Protection Agency (1978) *Field Manual for Performance Evaluation and Troubleshooting at Municipal Wastewater Treatment Facilities*; Agencia de Protección Ambiental de los EE. UU.: Washington, D.C.

U.S. Environmental Protection Agency (1992) *Rotating Biological Contactors*; EPA/540/S-92/007; U.S. Environmental Protection Agency: Washington, D.C.

USFilter (1998) *Applying the Rotating Biological Contactor Process*; Bulletin No. USF 315-13A6, 5M-10/98; Envirex Products: Waukesha, Wisconsin.

Water Environment Federation (2012) *Basic Laboratory Procedures for the Operator–Analyst*, 5.ª ed.; Water Environment Federation: Alexandria, Virginia.

CAPÍTULO 8

Lodo activado

Introducción

El proceso de lodo activado es el proceso de tratamiento biológico más utilizado para la reducción de la concentración de contaminantes orgánicos en las aguas residuales. El diseño firmemente consolidado y los estándares operativos basados en datos empíricos y con base científica han evolucionado con los años. Como resultado, nuestra compresión del proceso ha avanzado de un sistema diseñado originalmente tan solo para la eliminación de sólidos y material orgánico a uno que también elimina nutrientes tales como nitrógeno y fósforo. Las nuevas configuraciones y tecnologías del proceso continúan evolucionando. A pesar de estos avances, el desempeño deficiente del proceso aún puede presentar problemas para muchas instalaciones de recuperación de recursos hídricos (*water resource recovery facilities*, WRRF).

OBJETIVOS DE APRENDIZAJE

Después de completar este capítulo, podrá:

- Describir los componentes de un proceso de lodo activado y las funciones de cada uno.
- Describir la relación entre la microbiología del lodo activado y la sedimentabilidad del lodo.
- Explicar la importancia de equilibrar el crecimiento de los formadores de flóculos y los formadores de filamentos.
- Identificar los microorganismos comunes a los procesos de lodo activado, incluidas las bacterias filamentosas, los protozoos y metazoos.
- Enumerar al menos tres grupos de microorganismos presentes en el lodo activado y describir las condiciones que promueven su crecimiento.
- Evaluar la información sobre los tipos de microorganismos presentes para determinar las condiciones operativas subyacentes.
- Comparar y contrastar la mezcla completa, el flujo pistón y la operación por lotes.
- Inspeccionar y realizar el mantenimiento de los equipos asociados con el proceso de lodo activado.
- Comparar y contrastar la edad del lodo de Gould, el tiempo promedio de residencia de las células (TPRC), el tiempo de retención de sólidos (SRT), y el tiempo de retención de sólidos aerobio ($SRT_{aerobio}$).
- Calcular las variables de control del proceso, incluidos el TPRC, el SRT, el $SRT_{aerobio}$, y la relación alimento:microorganismos (F/M).
- Determinar si TPRC, SRT, o $SRT_{aerobio}$ es la variable de control más adecuada dados los datos de la instalación.
- Seleccionar una edad objetivo del lodo para cumplir con los objetivos del tratamiento a una determinada temperatura del agua.
- Calcular las concentraciones máximas teóricas de lodo activado recirculado/lodo activado de purga (LAR/LAP) a partir de los resultados de la prueba de sedimentación.
- Calcular las concentraciones reales de LAR/LAP utilizando el caudal de entrada y el caudal de LAR. Comparar con el espesor máximo teórico para optimizar el caudal de LAR.
- Predecir el efecto del aumento o la disminución de la edad del lodo sobre otras variables de control del proceso, incluidas la concentración de sólidos en suspensión en el licor mezclado (MLSS), la concentración de sólidos volátiles en suspensión en el licor mezclado (MLVSS), la F/M y la tasa de desechado.
- Seleccionar una concentración objetivo de oxígeno disuelto (OD) para prevenir el abultamiento filamentoso y maximizar las tasas de eliminación de amoníaco.
- Describir cómo se calculan los parámetros hidráulicos y de carga de sólidos para los clarificadores secundarios y la importancia relativa de cada uno.
- Explicar cómo la tasa máxima de carga de sólidos a un clarificador secundario depende de las características de sedimentación del lodo.
- Recolectar muestras de control del proceso, realizar análisis y evaluar los resultados.

- Comenzar un nuevo proceso de lodo activado, poner un depósito en funcionamiento o sacarlo de funcionamiento.
- Resolver problemas habituales en el control del proceso del lodo activado y del clarificador secundario, y problemas mecánicos.
- Analizar las diferencias entre los diferentes tipos de procesos de lodo activado (mezcla completa, alimentación escalonada, zanja de oxidación, pureox, etc.). Comprender que todos se basan en los mismos principios biológicos subyacentes.

Objeto y función

Para cuando las aguas residuales alcanzan el proceso de tratamiento secundario, muchas de las partículas más grandes capaces de sedimentarse por sí solas ya fueron eliminadas de las aguas residuales por medio del filtrado, la eliminación de arena o la clarificación primaria. Independientemente de si una instalación tiene clarificadores primarios o no, muchas de las partículas que permanecen en las aguas residuales cuando las aguas residuales alcanzan el proceso de lodo activado no se sedimentarán rápido por sí solas. Para que continúe el tratamiento, el tamaño y la densidad de las partículas remanentes deben aumentarse para que puedan ser eliminadas eficientemente.

La *floculación* es un proceso por el cual se forman partículas más grandes por medio de colisiones que ayudan a que las partículas pequeñas se unan. La *biofloculación* utiliza una combinación de floculación y conversión biológica y crecimiento para aglomerar partículas más pequeñas en unas más grandes.

El proceso de lodo activado y otros procesos de tratamiento biológico se destacan por convertir las partículas más pequeñas y el material orgánico biodegradable soluble en partículas más grandes y pesadas a través de la *biofloculación*. En el depósito de *lodo activado*, se agregan las aguas residuales entrantes a una mezcla compleja de bacterias y otros microorganismos conocidos como MLSS. Los operadores con frecuencia hacen referencia a MLSS como los "bichos", un nombre breve para las bacterias que intervienen en el proceso. El material orgánico presente en el caudal de entrada de las aguas residuales se convierte en su alimento. A medida que las bacterias consumen el alimento disponible, forman colonias más grandes denominadas *flóculos* que, en condiciones adecuadas, crecen lo suficiente y se hacen lo suficientemente densas como para poder ser separadas de las aguas residuales tratadas por gravedad. Los flóculos se mantienen en suspensión en el proceso de lodo activado con mezcladores, aereación o una combinación de mezcla y aereación mecánicos. Los sólidos no biodegradables en las aguas residuales crudas también se vuelven parte de las partículas floculadas a través de la biofloculación. Las partículas floculadas individuales tienen un ciclo de vida de formación inicial y crecimiento. A medida que las partículas floculadas envejecen, acumulan bacterias muertas y material inerte y aumentan de tamaño. Mientras más aumenta el tamaño de la partícula floculada, más difícil les resulta a las bacterias en el centro liberarse de productos residuales y acceder a los nutrientes y al oxígeno. Finalmente, el flóculo se rompe en flóculos más pequeños y el ciclo comienza de nuevo.

El *lodo activado* es un proceso de tratamiento de crecimiento en suspensión porque los microorganismos no están adheridos a una superficie.

El *lodo activado recirculado* hace referencia a los sólidos sedimentados del fondo del clarificador secundario que se recolectan y se envían nuevamente hacia el comienzo del proceso de lodo activado.

En la mayoría de los procesos de lodo activado, los MLSS se transportan a un clarificador secundario separado y se los deja sedimentar. Para que la etapa de separación resulte eficiente, las partículas floculadas que crecieron en el depósito de lodo activado deben ser grandes y densas. El control del proceso se basa en producir MLSS que floculen, se sedimenten, se compacten y produzcan un efluente final que cumpla con los límites del permiso de descarga para sustancias orgánicas, sólidos, amoníaco y otros parámetros (Wahlberg, 2016). Las aguas residuales tratadas y clarificadas salen por la parte superior del clarificador mientras que los MLSS sedimentan en el fondo formando una capa de lodo denominada *manto*. La mayoría de los MLSS sedimentados retornan al proceso de lodo activado en el que se utilizarán para tratar más caudal de entrada de aguas residuales. Este es el *lodo activado recirculado* (LAR). El exceso de MLSS se retira del proceso completamente como *lodo activado de purga* (LAP). En un proceso de lodo activado del tipo reactor secuencial por lotes (*sequencing batch reactor*, SBR), el tratamiento y la clarificación ocurren en el mismo depósito.

El *lodo activado de purga* es el exceso de sólidos que se elimina del proceso de tratamiento. El lodo activado de purga suele transferirse al procesamiento de sólidos.

COMPROBACIÓN DE CONOCIMIENTOS

1. **Las partículas floculadas que conforman los MLSS incluyen microorganismos vivos y muertos.**
   - ☐ Verdadero
   - ☐ Falso
2. **La meta del control del proceso de lodo activado es producir MLSS que floculen, se sedimenten, se compacten y cumplan con los requisitos del permiso de descarga.**
   - ☐ Verdadero
   - ☐ Falso
3. **La demanda bioquímica de oxígeno (DBO) soluble se elimina mediante ____________.**
   a. la biofloculación
   b. la conversión en MLSS
   c. la sedimentación en el clarificador
   d. la liberación de efluentes gaseosos

4. **¿Cuál de los siguientes componentes no puede eliminarse mediante la biofloculación?**
   a. Sólidos orgánicos no biodegradables
   b. Demanda bioquímica de oxígeno
   c. Fibras de papel higiénico
   d. Nitrógeno amoniacal
5. **El lodo activado de purga**
   a. Es el lodo sedimentado recirculado al depósito de lodo activado
   b. Permite el control de partículas floculadas al romper los flóculos más grandes
   c. Es el exceso de lodo eliminado del proceso de lodo activado
   d. Convierte las partículas más grandes en alimento para bacterias
6. **El objeto del clarificador secundario es**
   a. Separar los sólidos de las aguas residuales tratadas
   b. Promover la desnitrificación
   c. Manipular la concentración de MLSS
   d. Reducir la DBO soluble

Teoría de operación

En su forma más simple, el proceso de lodo activado consiste en un depósito de lodo activado donde las aguas residuales se combinan con oxígeno y una población mezclada de bacterias y otros microorganismos para que consuman el material orgánico en las aguas residuales (figura 8.1).

DEPÓSITO DE LODO ACTIVADO

Los depósitos de lodo activado son el corazón del proceso. Aquí es donde se realiza el tratamiento. Los microorganismos utilizan material orgánico, *DBO*, para crecer, reproducirse y formar partículas más grandes y pesadas denominadas flóculos a través de la biofloculación. Tradicionalmente, los depósitos de lodo activado se denominaban depósitos de aereación o "depósitos A", debido a que se agrega aire al proceso; sin embargo, no todos los depósitos de lodo activado son aereados. Pueden utilizarse aire, oxígeno puro o mezcladores mecánicos para proporcionar oxígeno a las bacterias, mezclar el depósito de lodo activado, mantener los flóculos en suspensión, e incorporar los microorganismos con el caudal de entrada de las aguas residuales.

La *demanda bioquímica de oxígeno* es una forma de medir la concentración orgánica de las aguas residuales. Las sustancias orgánicas no se miden en forma directa. Por el contrario, se mide la cantidad de oxígeno que los microorganismos necesitan para consumir el material orgánico. En el capítulo 1 se puede encontrar información adicional sobre la DBO.

La mezcla de microorganismos y aguas residuales permanece en el depósito de lodo activado durante 4 a 36 horas según el nivel de tratamiento requerido. El tamaño de los tanques fue diseñado para que proporcionen un *tiempo de detención hidráulica* (TDH) suficiente para el tratamiento de la DBO carbonácea (DBOC) y del amoníaco (si la nitrificación es un requisito) y para garantizar la floculación adecuada de los microorganismos. Según los requisitos de calidad del efluente, el depósito puede subdividirse o dividirse en compartimientos para lograr las reacciones *bioquímicas* específicas.

El *TDH* es el tiempo que toma llenar o vaciar un contenedor con agua. Si el contenedor ya contiene agua, y el agua está tanto ingresando como saliendo, entonces el TDH mide la cantidad de tiempo que una porción pequeña promedio de agua permanece en el contenedor. El tiempo de detención hidráulica también se conoce como tiempo de retención hidráulica (TRH).

El contenido del depósito de lodo activado consiste en microorganismos y materia orgánica e inorgánica soluble, coloidal, en suspensión, biodegradable y no biodegradable. Los sólidos se denominan *MLSS* y la fracción orgánica se denomina *MLVSS*. Si se mirara una muestra de MLSS en el microscopio, se observaría un mundo de organismos diferentes conviviendo en masas compactas en suspensión en las aguas residuales. La muestra de lodo activado que se exhibe en la figura 8.2 tiene diversas partículas floculadas bien desarrolladas (A), así como bacterias filamentosas (B), ciliados pedunculados (C), y un rotífero (D). De hecho, los MLSS toman prestado su nombre de la industria minera, en la que un licor es toda mezcla o solución espesa de sólidos en suspensión elevada. En el lodo activado, se denomina *licor mezclado* debido a la variedad de los diferentes organismos que viven en él. Los microorganismos consisten principalmente en materia orgánica (70 a 80 %) y con frecuencia se los mide como MLVSS; sin embargo, se debe hacer hincapié en que una fracción de los MLVSS representa la materia orgánica inerte que incluye organismos que ya no son viables (es decir, vivos y activos).

El término *bioquímico/a* hace referencia a las reacciones químicas provocadas por las bacterias y otros microorganismos en el proceso de tratamiento.

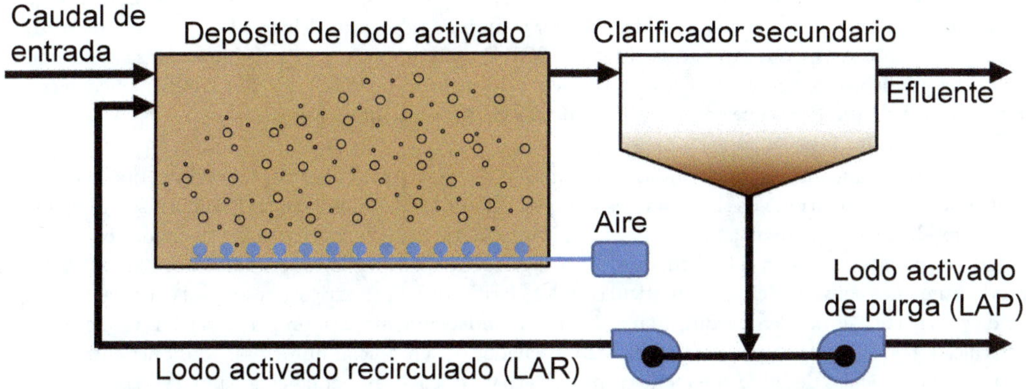

Figura 8.1 Proceso de lodo activado (reimpreso con autorización de Indigo Water Group)

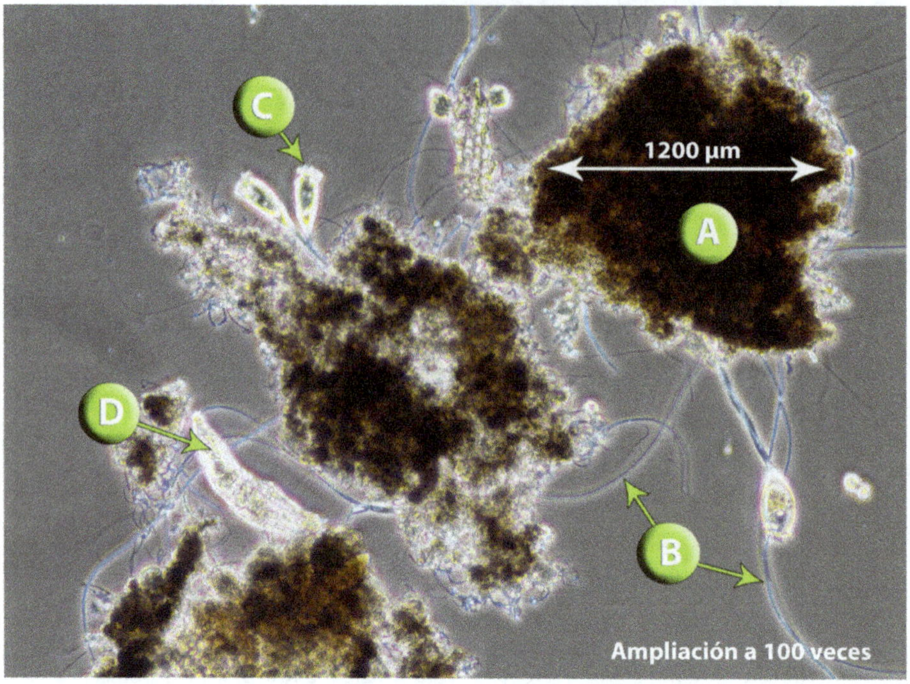

Figura 8.2 Flóculo de lodo activado con aumento a 200× (reimpreso con autorización de Toni Glymph-Martin)

CLARIFICADOR SECUNDARIO

Después, la mezcla pasa hacia el clarificador secundario. El clarificador secundario no se aerea ni se mezcla. La velocidad del agua a través de los clarificadores es muy baja. Las partículas floculadas producidas en el depósito de lodo activado son más pesadas que el agua y se hundirán gradualmente hacia el fondo del clarificador para formar una capa denominada *manto de lodos*. Las aguas residuales clarificadas y tratadas fluyen hacia fuera por sobre la parte superior del clarificador. Este es el efluente. Los clarificadores secundarios son generalmente más pequeños que los depósitos de lodo activado, y el agua permanece en el clarificador durante aproximadamente 2 horas.

Los clarificadores dependen de las diferencias en la densidad para separar las partículas de las aguas residuales que las contienen. Las partículas que son más densas que el agua se decantan por efecto de la gravedad hacia el fondo del clarificador. Las partículas que son menos densas que el agua flotan a la superficie del clarificador. La gravedad no es la única fuerza que influye en el movimiento de las partículas. Las partículas crean resistencia al movimiento a medida que se desplazan por el agua. Rozan contra el agua, lo que crea una fricción entre las moléculas del agua y las partículas. La resistencia al movimiento disminuye la velocidad de las partículas. Las corrientes en el clarificador empujan las partículas en diferentes direcciones. La corriente más grande es la velocidad del agua a medida que se mueve a través del tanque y por sobre los vertederos del efluente. Este tipo de velocidad tiene un nombre específico: tasa de carga superficial (*surface overflow rate*, SOR). La tasa de carga superficial empuja las partículas hacia arriba y hacia afuera del clarificador junto con las aguas residuales. Para que el clarificador sedimente los sólidos de manera efectiva, la SOR (velocidad ascendente) debe ser menor que la velocidad de sedimentación, la que se ve afectada por la fuerza descendente debido a la gravedad. En el caso de las partículas que son menos densas que el agua, la SOR las empuja hacia la superficie a una tasa acelerada. El viento, los gradientes de temperatura, y el movimiento del mecanismo del clarificador también pueden crear corrientes en los clarificadores que empujen las partículas en diferentes direcciones.

Las partículas se sedimentan en los clarificadores primarios de una manera diferente al modo en que lo hacen en los clarificadores secundarios. Los clarificadores son básicamente los mismos, pero las partículas son diferentes. Las aguas residuales que ingresan a los clarificadores primarios tienen una concentración de sólidos baja (120 a 400 mg/L) en comparación con el licor mezclado que ingresa a los clarificadores secundarios (1000 a 4000 mg/L). Se producen menos colisiones entre las partículas en los clarificadores primarios, por lo que la floculación es limitada y las partículas tienden a sedimentarse de manera independiente, a su propia velocidad (capítulo 4). Los clarificadores secundarios, por otra parte, están diseñados para propiciar numerosas colisiones entre las partículas. Las partículas de MLSS interactúan entre ellas para flocular, aumentar el tamaño de las partículas y retener partículas más pequeñas a medida que se sedimentan. Estas diferencias en la concentración y floculación de sólidos provocan algo interesante en los clarificadores secundarios: los MLSS se sedimentan como si fuesen una gran masa en lugar de un grupo de partículas floculadas más pequeñas e individuales. Este comportamiento puede observarse si se toma una muestra de MLSS y se la coloca en un contenedor transparente como los que se muestran en la figura 8.3. Entre el agua tratada y la parte superior de las partículas de sedimentación se forma una interfaz (línea) clara. La interfaz se forma con rapidez. Para cuando se ha permitido que los MLSS se sedimenten durante 5 minutos, la división puede verse con claridad. Una vez que se forma la interfaz, todas las partículas floculadas se sedimentan a la misma tasa, por lo que pareciera como si los MLSS fueran un tapón sólido que es arrastrado hacia el fondo del contenedor.

El lodo que se sedimenta en el fondo del clarificador se acumula y forma una capa denominada *manto*. Aunque no se puede ver, una segunda interfaz (línea) se forma en el fondo del contenedor tan pronto como las primeras partículas de MLSS se asientan. Más partículas se asientan sobre las primeras partículas, y más partículas se asientan sobre esas partículas, por lo que se van sumando sólidos en el fondo del contenedor. La interfaz en la parte superior del contenedor y la interfaz en el fondo del contenedor se mueven una hacia la otra hasta que se completan la sedimentación y la compactación. La rapidez con la que las interfaces se mueven una hacia la otra depende, en parte, de la concentración de los MLSS. Al comienzo, toma la misma cantidad de tiempo que la interfaz superior descienda de 1000 mL a 950 mL que lo que toma que descienda de 950 mL a 900 mL. A medida que los MLSS se concentran aún más, las partículas interfieren una con otra cada vez más, y la interfaz gradualmente cae cada vez más despacio.

La concentración de sólidos en el manto del clarificador depende, en parte, de la rapidez con la que se elimina el lodo del clarificador. Cuando los sólidos se eliminan con rapidez, no tienen la posibilidad de compactarse tanto, por lo que la concentración de sólidos en el lodo será menor. Todos los lodos tienen una concentración máxima que puede lograrse, y los tiempos de detención más largos no aumentarán la concentración de sólidos más allá de este máximo. Si se permite que se asiente una muestra de aguas residuales sin ser alterada, una capa de sólidos sedimentados se formará en el fondo del contenedor. Cuando se permite que los sólidos permanezcan en el clarificador durante períodos de tiempo más largos, el manto de lodos tendrá tiempo para comprimirse y se exprimirá el agua de los espacios entre las partículas. El resultado es un lodo más espeso con una concentración de sólidos total más alta.

LODO ACTIVADO RECIRCULADO

El depósito de lodo activado y el clarificador secundario están conectados mediante la línea de LAR. Esta tubería normalmente se extiende desde el fondo del clarificador secundario al frente de los depósitos de lodo activado, tal como se muestra en la figura 8.1. El objetivo de la línea de LAR es tomar los sólidos biológicos, activos y sedimentados (MLSS) del fondo del clarificador y retornarlos al proceso de tratamiento. El caudal de LAR puede ser de entre el 25 y 125 % del caudal de entrada a la WRRF.

Figura 8.3 Medidores de sedimentación lado a lado después de 10 minutos y 15 minutos de sedimentación (reimpreso con autorización de Indigo Water Group)

Se propusieron diferentes nombres para el *proceso de lodo activado*. El término "activado" se utilizó porque se recicla biomasa "activa" (viva) en el proceso. El hecho de que se utiliza la línea de lodo activado recirculado (LAR) para recircular la biomasa hace que el lodo activado sea "activado".

Los sistemas de estanques de tratamiento de aguas residuales se describen en el capítulo 6, Estanques de tratamiento de las aguas residuales.

El *SRT* es la cantidad de tiempo que los sólidos permanecen en el proceso de tratamiento. Para una laguna, el TDH y el SRT son lo mismo. Para un proceso de lodo activado, el SRT es mucho más prolongado que el TDH.

Las tasas de carga a los procesos de lodo activado se expresan como kilogramos por metros cúbicos por día (kg/m^3) o libras por mil pies cúbicos por día (lb/d/1000 ft^3).

La *edad del lodo* es un término general para el SRT en un proceso de lodo activado.

El *rendimiento* se describe en el capítulo 5, Aspectos básicos sobre el tratamiento biológico.

La línea de LAR es lo que diferencia un *proceso de lodo activado* de un sistema de estanques de tratamiento de aguas residuales. Un sistema de estanques de tratamiento de aguas residuales es un sistema de tratamiento natural que consiste en uno o varios estanques que pueden o no ser aereados mecánicamente. Las aguas residuales ingresan al sistema de estanques trayendo una población de microorganismos. A medida que los microorganismos consumen el material orgánico en las aguas residuales, se reproducen y forman partículas más pesadas, de modo similar a lo que sucede en el proceso de lodo activado. Generalmente, el último estanque en un proceso de tratamiento de estanques funciona como un estanque de sedimentación. Los estanques de sedimentación, también denominados *estanques de afinamiento*, realizan la misma función en los sistemas de estanques que la que realizan los clarificadores secundarios para los procesos de lodo activado. Separan las aguas residuales tratadas de los sólidos. Con un sistema de estanques, los sólidos sedimentados permanecen en el fondo del estanque de sedimentación donde las bacterias los descomponen aún más antes de que finalmente los elimine el operador. No se reciclan. Debido a que la laguna es un sistema de pasada, las aguas residuales y los microorganismos pasan la misma cantidad de tiempo en el proceso. El TDH y el *SRT* son lo mismo. Esto limita la cantidad total de microorganismos disponibles para el tratamiento a la cantidad de microorganismos que ingresan con las aguas residuales crudas, sumada a la cantidad que se agrega a través de la reproducción. La reproducción se ve limitada por la cantidad de DBOC y oxígeno disponible, la temperatura del agua y la cantidad de tiempo que se permite que las aguas residuales se mantengan dentro de la laguna. Otros factores ambientales también pueden afectar la reproducción. Como resultado, la concentración de microorganismos en un sistema de lagunas es relativamente baja, lo que extiende el tiempo requerido para el tratamiento, aumenta el tamaño del proceso, y limita la cantidad de DBO que puede procesarse.

Si se agrega una línea de LAR, el operador puede mantener los sólidos en el proceso de lodo activado por un tiempo mayor al que mantiene el agua. Las aguas residuales continúan moviéndose través del sistema en una pasada única, pero los sólidos se reciclan constantemente, lo que les ofrece más tiempo a los microorganismos en el proceso para crecer y reproducirse. Como resultado, la concentración de microorganismos en un proceso de lodo activado es relativamente alta, lo que reduce el tiempo que se requiere para el tratamiento y aumenta la cantidad de DBO que puede procesarse. Un sistema típico de lagunas aereadas que produce un efluente final con menos de 30 mg/L de DBO y sólidos en suspensión totales (SST) puede necesitar un TDH de entre 5 y 20 días para tratar una carga de demanda bioquímica de oxígeno al cabo de cinco días (DBO_5) de 1682 kg/km^2·d (15 lb/d/ac) (WEF et al., 2010). Un proceso de lodo activado habitualmente tiene un TDH de entre 4 y 36 horas, lo que es mucho más corto, y puede tratar cargas de DBO_5 de hasta 641 kg/m^3·d (40 lb/d/1000 ft^3) (EPA de los EE. UU., 1974, 1978b). Una reducción en el TDH reduce el tamaño del proceso de tratamiento. La diferencia principal entre los dos sistemas de tratamiento es la línea de LAR.

Para un proceso de lodo activado, el SRT tiene un nombre especial: *edad del lodo*. La edad del lodo se mide en días y puede ser tan corta como 2 días o tan larga como 30 días. Esta es la cantidad de tiempo que una partícula floculada promedio puede mantenerse circulando entre el depósito de lodo activado y el clarificador antes de que se la elimine del proceso. El operador elimina las partículas floculadas en el LAP, pero también pueden pasar a través del clarificador secundario hacia el efluente final. En general, la cantidad de flóculos en el efluente final es muy pequeña, menor a 30 mg/L. La cantidad de MLSS que salen del sistema cada día determina la edad del lodo. La edad del lodo es un concepto fundamental para los procesos de lodo activado y se analizará con mayor detalle a lo largo de este capítulo.

LODO ACTIVADO DE PURGA

El lodo activado de purga es el exceso de lodo que se elimina intencionalmente del proceso. Por cada 1 kg (2.2 lb) de DBO que se agrega al depósito de lodo activado, las bacterias que se alimentan de ella producirán alrededor de 0.6 kg de bacterias nuevas (Metcalf and Eddy, Inc./AECOM, 2014). Este es el equivalente de alrededor de 0.4 kg de bacterias nuevas por cada 1 kg de demanda química de oxígeno (DQO). El *rendimiento* variará de algún modo según el tipo de material orgánico disponible y según si las bacterias están utilizando oxígeno, nitrito o nitrato. Además, el caudal de entrada de aguas residuales agrega material inerte a los depósitos de lodo activado todos los días. Si algunos de estos sólidos no se eliminan periódicamente del proceso de tratamiento, la concentración de MLSS aumentará gradualmente. Con el tiempo, la cantidad de MLSS que se dirija a los clarificadores secundarios superará la capacidad de los clarificadores para sedimentarlos y se acumularán MLSS en el clarificador. Si se acumulan los sólidos suficientes, se los arrastrará hacia los vertederos del clarificador, lo que podría provocar una infracción al permiso de descarga.

Para mantener un proceso de tratamiento estable, los MLSS deben eliminarse con regularidad. Los MLSS pueden eliminarse del fondo del clarificador o del depósito de lodo activado. En la figura 8.1, se muestra cómo la línea de LAP atrae los MLSS del fondo del clarificador secundario. Se cambió el nombre de los MLSS eliminados directamente del depósito de lodo activado a *LAP*. Algunos clarificadores tienen tuberías separadas para el LAR y el LAP. En otros casos, el LAP se bombea hacia fuera de la tubería de LAR. Independientemente de si se lo elimina del depósito de lodo activo, del fondo del clarificador a través de una línea de LAP específica, o de la línea de LAR, el LAP generalmente se transfiere a los procesos de procesamiento de sólidos. Los operadores determinan qué cantidad de LAP se elimina cada día al calcular la edad del lodo del sistema y al ajustar posteriormente la masa de LAP eliminada para mantener una edad objetivo del lodo. La edad del lodo se describe en detalle más adelante en este capítulo. La edad del lodo es básicamente el tiempo que los MLSS permanecen en el proceso antes de salir en el LAP o en el efluente final. Es el mecanismo principal utilizado para el control del proceso.

REACTORES SECUENCIALES POR LOTES

Un SBR es un sistema de lodo activado de llenado-vaciado en el que las etapas de tratamiento y clarificación se realizan en el mismo depósito. Para los sistemas convencionales, hay cinco pasos que deben realizarse: llenado, reacción, sedimentación, decantación y reposo (figura 8.4). La sedimentación tiene lugar cuando el aire y los mezcladores están apagados. Las aguas residuales tratadas se descargan desde la parte superior del SBR. Esto se denomina *decantación*. En general, la decantación es de aproximadamente el 20 % del volumen total del depósito. Debido a que los MLSS permanecen en el depósito durante todos los ciclos, los SBR no tienen líneas o bombas de LAR. El lodo activado de purga se elimina del fondo del depósito durante la fase de reposo.

DEPÓSITOS O ZONAS ANAEROBIOS, ANÓXICOS Y ANAEROBIOS

El proceso de lodo activado que se muestra en la figura 8.1 es un sistema de lodo activado convencional. Contiene uno o varios depósitos aereados seguidos por uno o varios clarificadores secundarios. Un proceso de lodo activado convencional tiene como objetivo la eliminación de DBOC y SST, pero también puede eliminar amoníaco convirtiéndolo en nitrito y nitrato. Muchos sistemas de lodo activado contienen otros tipos de depósitos con diferentes condiciones ambientales y también pueden contener caudales de reciclaje adicionales entre los depósitos. En la figura 8.5 se muestra un sistema de lodo activado de tres etapas que contiene una zona anaerobia (A), una zona anóxica (B), y una zona aereada (C). Este proceso de lodo activado tiene como objetivo eliminar la DBO y los SST, convertir amoníaco en nitrito, convertir nitrito en nitrato, convertir nitrato en gas nitrógeno, y eliminar el fósforo. Los diferentes entornos en cada depósito propician comportamientos particulares de los grupos de bacterias. Los grupos más importantes de bacterias se describen en el capítulo 5.

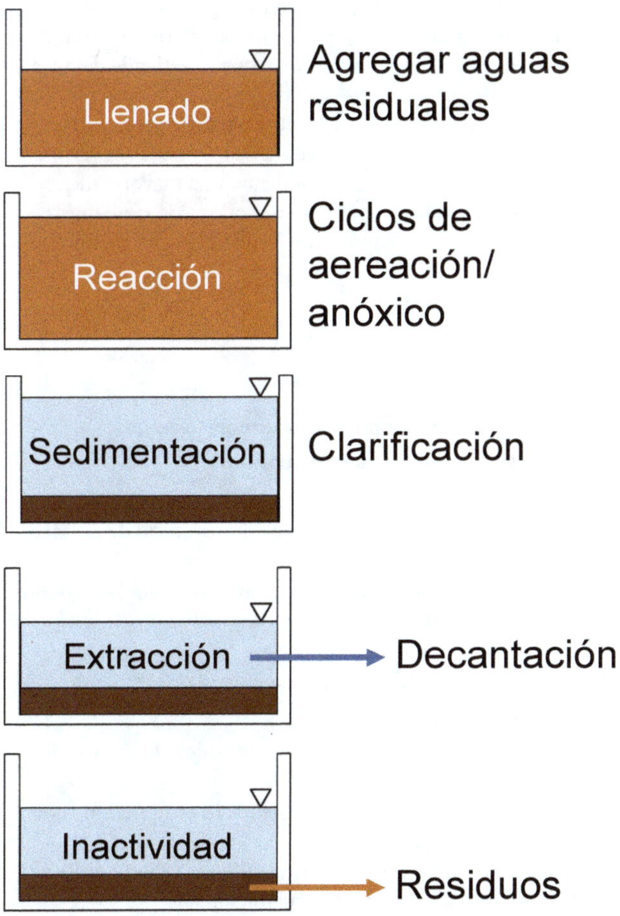

Figura 8.4 Reactor secuencial por lotes (reimpreso con autorización de Indigo Water Group)

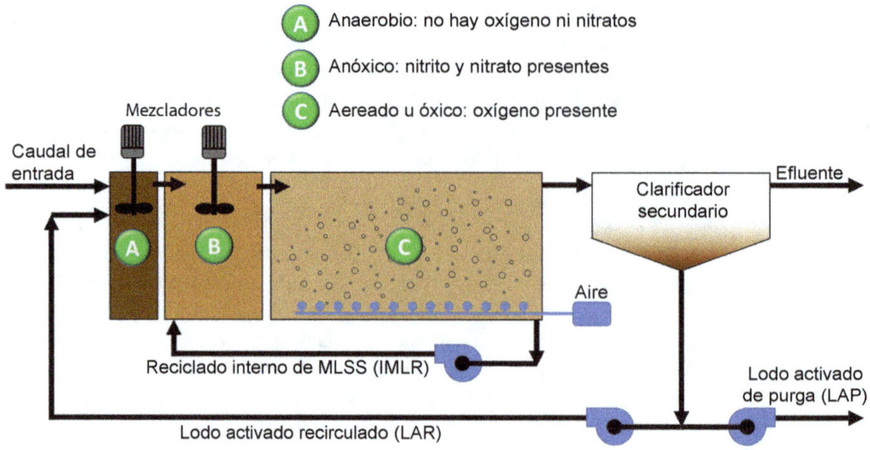

Figura 8.5 Sistema de lodo activado de eliminación biológica de nutrientes de tres etapas (reimpreso con **autorización de Indigo Water Group**)

El nombre *"reciclado de licor mezclado interno (IMLR)"* deja en claro que los MLSS están siendo desplazados en diferentes direcciones dentro de los depósitos de lodo activado. No pasan a través de los clarificadores y están completamente separados del LAR.

El primer depósito en este ejemplo es el depósito anaerobio. *Anaerobio* significa literalmente que no tiene oxígeno. En el tratamiento de aguas residuales, este término se utiliza para describir zonas, tanques o tiempos durante el tratamiento donde, o cuando, las aguas residuales no contienen OD, nitrito o nitrato. El depósito siguiente es anóxico. *Anóxico* también significa sin oxígeno, pero se refiere específicamente a las zonas, los tanques o los tiempos en el proceso de tratamiento donde, o cuando, las aguas residuales no contienen OD, pero sí contienen nitrito o nitrato. En el tratamiento de aguas residuales, es importante hacer una distinción entre anaerobio y anóxico, dado que pueden tener lugar diferentes tipos de tratamiento en cada conjunto de condiciones. Tanto las zonas anaerobias como anóxicas contienen mezcladores para mantener los MLSS en suspensión. El último depósito, que es el más grande, es un depósito aereado. *Óxico* o *aerobio* significa que las aguas residuales en el tanque o la zona contienen OD y, en general, indica que se está agregando oxígeno a las aguas residuales durante el tratamiento. Una zona óxica o aerobia también puede contener nitrito o nitrato. Este proceso de lodo activado de tres etapas contiene una línea de reciclado adicional que se extiende desde el extremo posterior del depósito aereado hasta el comienzo del depósito anóxico. Está etiquetado como *reciclado de licor mezclado interno* (*internal mixed liquor recycle*, IMLR) en la figura 8.5. Su objetivo es dirigir el nitrito y el nitrato que se producen en la zona aereada nuevamente hacia la zona anóxica, donde se los puede convertir en gas nitrógeno. Existen diferentes variaciones del proceso de lodo activado que contienen una mayor o menor cantidad de depósitos anaerobios, anóxicos y aereados intercambiados en diferentes modos, con o sin líneas de reciclado interno que conectan los diferentes tipos de depósitos. Es importante recordar que los mismos principios operativos fundamentales aplican a todos ellos.

RESUMEN

En resumen, el proceso de lodo activado

- Combina el caudal de entrada de aguas residuales con una mezcla de microorganismos y oxígeno;
- Los microorganismos consumen el material orgánico, se reproducen y forman flóculos;
- La mezcla de microorganismos y de material inerte es denominada MLSS;
- La fracción de microorganismos se estima mediante la medición de la porción volátil (orgánica) de los MLSS. Estos son los MLVSS;
- Una vez que se completa el tratamiento, la mezcla de MLSS y el agua tratada pasan al clarificador secundario. El clarificador no se mezcla ni se aerea. En este momento, los sólidos se sedimentan en el fondo y el agua tratada pasa por sobre la parte superior;
- Una porción de los sólidos sedimentados retorna a los depósitos de lodo activado. Esto es el LAR;
- Una porción de los sólidos sedimentados se elimina del sistema. Esto es el LAP;
- El lodo activado de purga puede eliminarse directamente del depósito de lodo activado, de la línea de LAR, o a través de una línea de LAP específica;
- La cantidad de MLSS que se eliminan cada día determina la edad del lodo del sistema. La edad del lodo es un parámetro importante para el control del proceso de lodo activado; y
- Las porciones de los procesos de lodo activado pueden ser aerobias, anóxicas o anaerobias. La presencia o ausencia de oxígeno, nitrito y nitrato ayuda a determinar los tipos de actividad microbiana.

COMPROBACIÓN DE CONOCIMIENTOS

1. **Las partículas floculadas pueden mantenerse en suspensión en el proceso de lodo activado con aire o mezcladores.**
   - ☐ Verdadero
   - ☐ Falso
2. **A medida que los MLSS se sedimentan, las partículas más grandes se sedimentan más rápido que las partículas más pequeñas, y llegan así al fondo del medidor de sedimentación en primer lugar.**
   - ☐ Verdadero
   - ☐ Falso
3. **La fracción orgánica de flóculos de lodo activado se conoce como**
   a. MLSS
   b. SST biofloculados
   c. MLVSS
   d. Fracción volátil del biolodo
4. **La diferencia principal entre el sistema de estanques de tratamiento de aguas residuales y el de lodo activado es**
   a. Los sistemas de lodo activado realizan la descarga en estanques de afinamiento.
   b. Los sistemas de estanques contienen poblaciones más grandes de microorganismos.
   c. Solo los sistemas de estanques eliminan tanto la DBO_5 como los SST.
   d. Los sistemas de lodo activado tienen una línea de LAR.
5. **La edad del lodo hace referencia a**
   a. La cantidad de tiempo que los sólidos permanezcan en el proceso de lodo activado
   b. La cantidad de años que ha estado en operación un proceso de lodo activado
   c. La relación entre recirculado y caudales de bombeo de LAP
   d. La frecuencia con la que el caudal de bombeo de lodo activado recirculado se ajusta cada semana
6. **Uno de los efectos del retorno de lodo al comienzo del proceso de lodo activado es que**
   a. Aumenta el tiempo total requerido para completar el tratamiento
   b. Aumenta la concentración de microorganismos en el proceso
   c. Vincula la hidráulica y el SRT para aumentar la eficiencia
   d. Controla la edad del lodo del sistema al eliminar el exceso de biomasa
7. **Las zonas anaerobias y anóxicas utilizan ___________ para mantener los MLSS en suspensión.**
   a. Difusores de burbuja fina
   b. Mezcladores
   c. Tubos de aspiración
   d. Bombas de reciclado
8. **Uno de los motivos por los que se agrega aire a algunos depósitos de lodo activado es para**
   a. Evitar el congelamiento
   b. Mantener los MLSS en suspensión
   c. Hacer circular los productos residuales
   d. Mantener la temperatura del agua
9. **Los sólidos sedimentados en el fondo del clarificador se denominan**
   a. Manto
   b. Capa séptica
   c. *Schmutzdecke*
   d. Natas
10. **¿Cuál es el resultado más probable de no eliminar con regularidad el exceso de sólidos del depósito de lodo activado?**
    a. Aumentará la eficiencia del tratamiento.
    b. Mejorará la sedimentabilidad del lodo.
    c. Los sólidos pueden perderse hacia el efluente final.
    d. Disminuirá la demanda de oxígeno.
11. **El objetivo de la línea de LAR es**
    a. Transferir los sólidos sedimentados a los procesos de procesamiento de sólidos
    b. Hacer retornar los sólidos sedimentados al depósito de lodo activado
    c. Manipular las concentraciones de MLSS
    d. Controlar la edad del lodo

En el capítulo 5 se describen algunos de los principios fundamentales que aplican a los diferentes tipos de procesos de tratamiento biológico.

MICROBIOLOGÍA DEL LODO ACTIVADO

Las bacterias se agrupan conforme a su fuente de carbono (*autótrofas* en comparación con heterótrofas) y según su demanda de oxígeno (*aerobias, facultativas*, o *anaerobias*). Las bacterias también pueden dividirse en grupos según su patrón de crecimiento preferido. En el proceso de lodo activado, las bacterias pueden crecer en masas o colonias denominadas "flóculos" o pueden crecer en cadenas largas denominadas "filamentos". Los filamentos pueden ser largos y rectos, inclinados, curvados, espiralados o presentar ramificaciones como un árbol. En la figura 8.2 se pueden observar los flóculos y dos tipos diferentes de filamentos. El exopolímero mantiene unidos los flóculos. El exopolímero es una sustancia pegajosa producida por algunas bacterias. Está compuesto principalmente por moléculas de azúcar y ayuda a los microorganismos a adherirse entre ellos. Los flóculos formados principalmente por bacterias formadoras de flóculos y exopolímero se sedimentan relativamente rápido en el clarificador secundario porque son compactos, redondos, y densos. Una pequeña cantidad de filamentos ayuda a mantener unidos los flóculos y proporciona una estructura, lo que permite que el tamaño de los flóculos aumente. Los flóculos con algunos filamentos se sedimentan con mayor lentitud que los flóculos con una menor cantidad de filamentos. Demasiados filamentos pueden producir flóculos ligeros y de baja densidad, flóculos con filamentos que sobresalen de los bordes, o flóculos que están conectados por puentes hechos de filamentos.

Los *autótrofos* obtienen su carbón del dióxido de carbono inorgánico disuelto en las aguas residuales. El carbón inorgánico se mide como alcalinidad. Los heterótrofos deben tener carbón orgánico. El carbón orgánico se mide en la prueba de DBO.

Las *bacterias aerobias* deben tener oxígeno disuelto. Las *bacterias facultativas* pueden utilizar oxígeno disuelto, nitrito, nitrato y, en algunos casos, sulfato. El oxígeno es tóxico para las *bacterias anaerobias*.

¿Qué fue primero, el huevo o la gallina? La dificultad en el aprendizaje sobre el proceso de lodo activado proviene en parte de la necesidad de comprender su microbiología y, a la vez, de comprender cómo las diferentes variables del proceso afectan la microbiología. Es casi imposible hablar de una de estas dos cosas sin mencionar a la otra. Al finalizar la sección sobre el control del proceso, puede que usted quiera repasar esta sección sobre la microbiología.

Las tres condiciones pueden provocar problemas de sedimentación en el clarificador secundario al hacer que los flóculos sean menos densos y al crear una mayor cantidad de resistencia al movimiento. La operación correcta de un proceso de tratamiento de lodo activado depende del equilibrio del crecimiento de las bacterias formadoras de flóculos y de las bacterias formadoras de filamentos. Los flóculos buenos se sedimentarán con la lentitud suficiente como para retener partículas floculadas más pequeñas a medida que se sedimenten, pero no con una lentitud que no les permita sedimentarse y compactarse correctamente en el clarificador.

TIPOS DE BACTERIAS FILAMENTOSAS

Existen de 20 a 25 tipos diferentes de microorganismos filamentosos encontrados en los procesos de lodo activado que tratan las aguas residuales municipales (Jenkins et al., 2003). Alrededor de 10 a 12 tipos son responsables de la mayoría de los problemas de sedimentación en las WRRF domésticas (Jenkins et al., 2003). En la tabla 8.1 se enumeran muchos de los tipos diferentes de filamentos y las condiciones que respaldan su crecimiento. No se preocupe si algunos de los términos de la tabla no le resultan conocidos; a medida

Tabla 8.1 Condiciones relacionadas con el crecimiento de filamentos en el lodo activado (Jenkins et al., 2004; Richard, 2003)

Tipo de filamento	Provoca espumaje	Provoca abultamiento de lodos	OD bajo	Edad del lodo avanzada	F/M baja	Ácidos orgánicos altos	Grasas, aceites y lubricantes (FOG)	Septicidad (H2S)	Deficiencia de nutrientes		pH bajo (menor a 6.5)
									N	P	
Beggiatoa spp.		X						X			
Hongos		X									X
Haliscomenobacter hydrossis			X							X	
Microthrix parvicella	X	X		X			X				
Nostocoida limicola I						X		X			
Nostocoida limicola II						X		X			
Nostocoida limicola III						X		X		X	
Nocardioformes	X						X				
Sphaerotilus natans		X	X							X	
Thiothrix I		X				X		X	X		
Thiothrix II		X				X		X	X		
Tipo 0041		X		X	X						
Tipo 0092		X		X		X		X			
Tipo 021N		X				X		X		X	
Tipo 0411		X				X		X			
Tipo 0581		X		X		X		X			
Tipo 0675		X		X	X						
Tipo 0803		X		X	X						
Tipo 0914		X		X		X		X			
Tipo 0961		X				X		X			
Tipo 1701		X	X								
Tipo 1851		X		X	X						
Tipo 1863	X	X					X				
Actinomicetes		X									

que avance en este capítulo, dichos términos se explicarán en más detalle. Algunos de los microorganismos filamentosos presentes en la tabla 8.1 aparecen nombrados con sus respectivos nombres científicos en cuanto a género y especie (por ej., *Nostocoida limicola I*). Otros están designados con un tipo y un número (por ej., Tipo 021N). Por más extraño que parezca, el motivo por el que algunos filamentos tienen solo un número que los identifique es que aún no conocemos a qué genero y especie pertenecen. Muchos de estos organismos no pueden cultivarse en laboratorio, lo que dificulta su estudio.

Los filamentos y otros microorganismos crecen debido a condiciones específicas en el proceso de lodo activado. Si se observa en abundancia un microorganismo en particular, las condiciones ambientales en el proceso favorecen su crecimiento. Las condiciones ambientales incluyen el pH, la concentración de OD, la presencia o ausencia de nutrientes vitales, la disponibilidad de fuentes de alimento preferidas, y otros factores. Las muestras de lodo activado recolectadas en 525 WRRF en las décadas de 1970 y 1980 comúnmente contenían nocardioformes, Tipo 1701, Tipo 021N, Tipo 0041, *Thiothrix spp.*, *Sphaerotilus natans* y *Microthrix parvicella* (Jenkins et al., 2003). Estos filamentos crecen debido a concentraciones altas de lípidos, aceites y grasas (*fats, oils, and grease*, FOG), a concentraciones bajas de OD, a la septicidad, y a una edad del lodo avanzada.

La posibilidad de propiciar o prevenir el crecimiento de un microorganismo particular depende del control de las condiciones ambientales en el proceso. Por ejemplo, *Haliscomenobacter hydrossis* (*H. hydrossis*) y *Sphaerotilus natans* (*S. natans*) son dos filamentos que crecen adecuadamente en condiciones de OD bajas. El crecimiento de muchas bacterias formadoras de flóculos es limitado cuando la concentración de OD es demasiado baja. Como resultado, cuando el OD en el proceso de lodo activado es constantemente bajo, estos dos filamentos se desempeñarán mejor que los formadores de flóculos; finalmente, dominarán el sistema. Para favorecer el control del crecimiento de estos dos filamentos, un operador puede aumentar la concentración de OD en el depósito. El aumento de concentraciones de OD debe estimular la tasa de crecimiento de los formadores de flóculos y limitar el crecimiento de los filamentos de OD bajo, suponiendo que el crecimiento de los formadores de flóculos no está limitado en ningún otro modo.

Los nombres de los filamentos pueden acortarse utilizando la primera letra de su género seguida por su especie. Por ejemplo, *Haliscomenobacter hydrossis* se acorta a *H. hydrossis*.

El abultamiento de lodo se sedimenta con lentitud y no se compacta correctamente en el fondo del clarificador. El abultamiento puede ser provocado por diferentes cosas, incluidos los filamentos.

Aún cuando las condiciones ambientales adecuadas existen para respaldar el crecimiento, un filamento o microorganismo en particular no tendrá la capacidad de acumularse en el proceso a menos que se le permita permanecer el tiempo suficiente como para crecer y reproducirse. Bacterias, filamentos, protozoos, metazoos y otros microorganismos ingresan constantemente a la WRRF con el caudal de entrada de aguas residuales. Si salen del proceso a través del LAP o un efluente tan pronto como ingresan, no aumenta su cantidad. Algunos microorganismos se reproducen rápidamente, en cuestión de horas, mientras que otros necesitan días. Si un organismo necesita 2 días para reproducirse en el proceso, pero la edad del lodo es de solo 1.8 días, no aumentará su cantidad durante el tratamiento. Un operador puede observar los nematodos (orugas) ocasionales en el microscopio debido a que ingresaron con el caudal de entrada de aguas residuales. Un operador no observará muchos gusanos a menos que tengan tiempo de reproducirse y que las condiciones sean las adecuadas para respaldar su crecimiento. Esto sucede con todos los organismos que pueden vivir en el lodo activado.

Los filamentos de lodo de mayor edad (filamentos que solo aparecen en las edades del lodo más avanzadas) pueden ser capaces de competir de mejor manera cuando las concentraciones de la demanda bioquímica de oxígeno al cabo de cinco días (DBO_5) son bajas. En el capítulo 5 se describe la tasa de crecimiento específica. Básicamente, cuando los microorganismos en el proceso tengan acceso a toda la DBO_5 que puedan utilizar, crecerán a su tasa máxima. De lo contrario, su tasa de crecimiento estará relacionada con la concentración de DBO_5 disponible. Para las bacterias heterótrofas, la tasa de crecimiento máxima tiene lugar cuando la DBO_5 es mayor a 50 a 200 mg/L, según el tipo de bacteria. Muchas bacterias filamentosas pueden mantener sus tasas de crecimiento máximas con concentraciones de DBO_5 mucho más bajas. Los filamentos normalmente crecen con mayor lentitud que los formadores de flóculos. Sin embargo, cuando los recursos son limitados, las tasas de crecimiento de los filamentos y de los formadores de flóculos se acercan cada vez más. Finalmente, si la DBO_5 desciende lo suficiente, los filamentos crecerán a una tasa mayor que los formadores de flóculos (Lou y de los Reyes III, 2008). En la figura 8.6 se muestran las diferencias en las tasas de crecimiento entre estos dos grupos esenciales. A la izquierda de la línea discontinua, los filamentos de lodo de mayor edad dominarán los flóculos de lodo activado. A la derecha, dominarán los formadores de flóculos. Por motivos que se explican más adelante en este capítulo, las concentraciones de DBO_5 en el depósito de lodo activado disminuirán con el aumento de la edad del lodo. Las concentraciones de DBO_5 más bajas, las tasas de crecimiento más bajas para los formadores de flóculos, y el tiempo para la reproducción juegan un papel en la apariencia y el crecimiento abundante de los filamentos de lodo de mayor edad.

En la actualidad se sabe que algunos microorganismos filamentosos pueden crecer como células individuales o pequeños grupos dentro del flóculo, y que crecen solo como filamentos cuando el ambiente favorece el crecimiento en su forma filamentosa. Esto permite explicar el motivo por el que se producen rápidamente proliferaciones de filamentos, lo que con frecuencia provoca problemas de sedimentación.

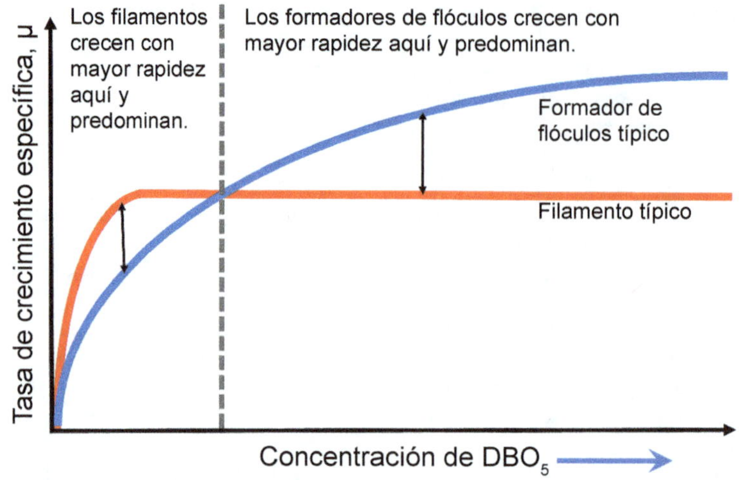

Figura 8.6 Tasas de crecimiento para los formadores de flóculos y los formadores de filamentos (reimpreso de *Water Research*, Vol. 7, Chudoba et al., "Control of Activated Sludge Filamentous Bulking—II. Selection of Microorganisms by Means of a Selector", p. 1389–1406, Copyright © 1973, con autorización de Elsevier)

PROTOZOOS Y METAZOOS

A medida que las bacterias crecen en el sistema, diferentes tipos de protozoarios y metazoarios crecen junto con ellas, incluidos los flagelados, las amebas, los ciliados de nado libre, los ciliados asociados (pedunculados), los ciliados reptantes, los suctorias, los rotíferos, los gusanos y los tardígrados.

Otros dos libros pueden resultar útiles para los operadores para profundizar su comprensión de la microbiología del lodo activado y para mejorar las operaciones de la instalación. El primero es *Wastewater Biology: The Microlife* (WEF, 2017b). El segundo es *Manual on the Causes and Control of Activated Sludge Bulking, Foaming, and Other Solids Separation Problems* (Jenkins et al., 2003).

EJERCICIO DE LA SECCIÓN

1. Etiquete el diagrama que se presenta a continuación. Verifique sus respuestas con la figura 8.5.

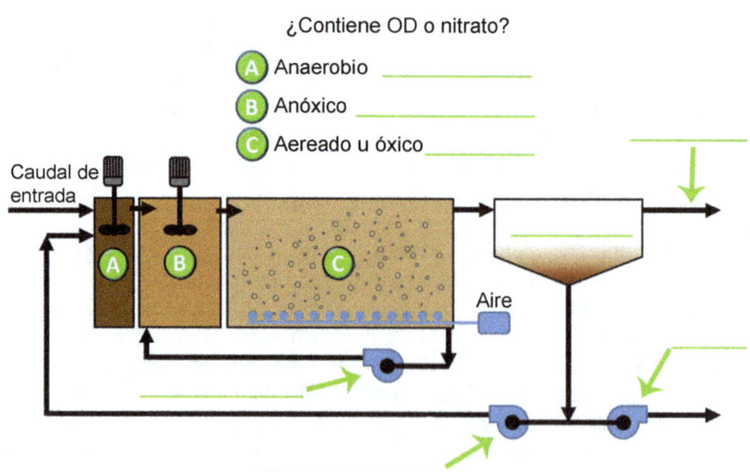

2. Con sus propias palabras, describa los objetivos de LAR y LAP. Verifique sus respuestas revisando esta sección. ____________________

COMPROBACIÓN DE CONOCIMIENTOS

1. **Lo ideal sería que las bacterias formadoras de filamentos superen en número las bacterias formadoras de flóculos.**
   - ☐ Verdadero
   - ☐ Falso

2. **Una los siguientes términos con sus definiciones.**

a.	Heterótrofos	1.	Utilizan carbono inorgánico
b.	Autótrofos	2.	Utilizan OD, nitrito o nitrato
c.	Aerobios	3.	Crecen en masas
d.	Facultativos	4.	Utilizan carbono orgánico
e.	Anaerobios	5.	Crecen en cadenas largas
f.	Formador de flóculos	6.	No pueden utilizar OD, nitrito o nitrato
g.	Filamentos	7.	Utilizan OD

3. **Aunque algunas bacterias filamentosas proporcionan estructura y respaldo a las partículas floculadas, demasiados filamentos**
   a. Aumentarán la velocidad de sedimentación de las partículas floculadas
   b. Requerirán cantidades excesivas de nutrientes
   c. Podrán provocar problemas de sedimentación en el clarificador
   d. Aumentarán la densidad y la demanda de oxígeno del flóculo

4. **¿Cuál de los siguientes filamentos indica una condición de OD bajo?**
   a. *M. parvicella*
   b. Nocardioformes
   c. *N. limicola*
   d. *H. hydrossis*

5. **Una estos filamentos de aparición común con su condición ambiental preferida.**

a.	Nocardioformes	1.	Septicidad
b.	*S. natans*	2.	Edad del lodo avanzada
c.	*Beggiatoa*	3.	FOG
d.	*M. parvicella*	4.	Deficiencia de nutrientes
e.	Tipo 021N	5.	OD bajo

6. **El crecimiento del filamento *M. parvicella* ha sido vinculado con el FOG del caudal de entrada. Aún cuando los FOG estén presentes, este también debe ser el caso para que la *M. parvicella* se acumule en el proceso.**
   a. Se ha cumplido con el tiempo mínimo para la reproducción
   b. La concentración de oxígeno disuelto es baja
   c. El sulfuro de hidrógeno está presente en exceso
   d. El pH es menor a 6.5

Parámetros de diseño

El proceso de lodo activado puede estar diseñado y ser operado para eliminar la DBOC, para convertir amoníaco en nitrito y nitrato, para eliminar compuestos de nitrógeno, o para eliminar el fósforo. Las diferentes reacciones biológicas se describen en el capítulo 5.

Los modos operativos de lodo activado están caracterizados por la edad del lodo, la tasa de carga volumétrica, la F/M, y el patrón de caudal. La tasa de carga volumétrica es la masa de DBO_5 agregada por volumen del depósito de lodo activado. Es similar al cálculo de la tasa de carga orgánica para los filtros percoladores. La F/M es la masa de DBO_5 agregada al depósito de lodo activado cada día dividida por la masa de MLVSS en el depósito. El patrón de caudal es la forma en que el agua se mueve a través del proceso. En la tabla 8.2 se muestran los rangos típicos para estos parámetros en los sistemas convencionales, de tasa alta y de tasa baja (habitualmente denominados *aereación extendida*). Existen diferentes tipos de sistemas de lodo activado en cada una de estas amplias categorías. Los patrones de caudal y los diferentes tipos de sistema se describen al final de este capítulo en la sección sobre variaciones del proceso.

Los sistemas convencionales proporcionan eficiencias de eliminación de DBO_5 de 85 a 95 % y normalmente transportan concentraciones de MLSS que varían de 1000 a 3000 mg/L. Con las tasas de carga convencionales, puede tener lugar algún tipo de eliminación de amoníaco, en especial en los climas más cálidos o cuando el sistema opera por debajo de su capacidad de diseño. En general, los sistemas convencionales no están diseñados para eliminar amoníaco, nitrito o nitrato.

Los sistemas de tasa baja se utilizan normalmente para los caudales bajos y se caracterizan por los requisitos altos de oxígeno y las tasas bajas de producción de lodo. Se considera que estos sistemas son más estables que los sistemas convencionales y que, por lo tanto, requieren una menor atención operativa. En general, las eficiencias de eliminación de DBO varían de 75 a 95 % y la nitrificación es completa. Sin embargo, estos sistemas pueden verse perjudicados por concentraciones más altas de sólidos en suspensión del efluente debido a una floculación deficiente (flóculos punta de alfiler) o a la *desnitrificación* del clarificador.

La *desnitrificación* es la conversión de nitrito y nitrato en gas nitrógeno. Las burbujas de gas nitrógeno pueden arrastrar los flóculos sedimentados nuevamente hacia la superficie del clarificador.

Los sistemas de tasa alta se utilizan habitualmente como procesos de pretratamiento en los sistemas de tratamiento biológico en etapas y también se utilizan cuando solo se requiere la eliminación de DBOC. Se caracterizan por los bajos requisitos de oxígeno y una generación normal de lodo un poco más alta en

Tabla 8.2 Rangos de carga del proceso típicos para el proceso de lodo activado

Rango de carga	Edad del lodo, días	Carga volumétrica, kg DBO_5/m^3 (lb DBO/1000 ft^3)	F/M, kg/kg·d (lb/d/lb)
Tasa alta	1 a 3	1.60 a 16.0 (100 a 1000)	0.5 a 1.5
Convencional	5 a 15	0.32 a 0.64 (20 a 40)	0.2 a 0.5
Tasa baja	20 a 30	0.16 a 0.40 (10 a 25)	0.05 a 0.15

comparación con las instalaciones convencionales. Este proceso puede producir eficiencias de eliminación de DBO en un rango amplio, desde menos de 50 % a 95 % como máximo, según las tasas de carga y las características de los residuos. Los sistemas de lodo activado de tasa alta pueden compararse con los filtros percoladores gruesos. La sedimentación del lodo puede ser un problema durante las ocasiones de carga alta cuando la floculación no se produce efectivamente.

Los clarificadores secundarios tienen capacidad hidráulica y capacidad de procesamiento de sólidos. La capacidad hidráulica determina la cantidad de agua que puede pasar a través del clarificador mientras se mantiene el desempeño. Existen dos variables diferentes para la capacidad hidráulica: La SOR y la tasa de desborde del vertedero. La SOR es la cantidad de caudal por área superficial del clarificador. Básicamente, mide la velocidad del agua a través del clarificador e incluye solo el caudal de entrada. El caudal de LAR no está incluido en el cálculo de la SOR. La tasa de desborde del vertedero es la cantidad de caudal por pie del vertedero. Muchos estados limitan la tasa de desborde del vertedero de manera diferente para las instalaciones que son más pequeñas que 3.8 ML/d (1 mgd) y para las instalaciones más grandes. La capacidad de procesamiento de sólidos, denominada *tasa de carga de sólidos* (*solids loading rate*, SLR), es la masa de MLSS que puede sedimentarse efectivamente. Al calcular la SLR, el caudal de entrada y el caudal de LAR se combinan para descubrir la masa de MLSS que se dirige al clarificador. La SLR depende de lo bien que puedan sedimentarse y compactarse los MLSS. Cuando los MLSS se sedimentan de manera deficiente, debe disminuirse la SLR. Si se excede la capacidad hidráulica o la de procesamiento de sólidos del clarificador, puede que el clarificador no sedimente de manera efectiva los MLSS entrantes. En la tabla 8.3 se muestran los rangos típicos para estos parámetros.

Desempeño esperado

Con las aguas residuales municipales típicas, un sistema de lodo activado bien diseñado y operado debe lograr una calidad del efluente de DBOC de 5 a 15 mg/L. Los sólidos en suspensión del efluente deben normalmente ser menores a 15 mg/L. Los estándares del tratamiento secundario presentados por la Agencia de Protección Ambiental de los EE. UU. (EPA de los EE. UU.) requieren que todas las instalaciones de tratamiento mecánico, como es el caso del lodo activado, cumplan con los límites de DBO y SST del efluente de 30 mg/L o menos como promedio de 30 días. Además, se requiere que las instalaciones de tratamiento mecánico eliminen un mínimo de 85 % de toda la DBO y todos los SST del caudal de entrada. Para lograr concentraciones de DBO y SST consistentes menores a 5 mg/L, puede requerirse algún tipo de tratamiento terciario.

Tabla 8.3 Criterios de diseño para clarificadores secundarios (GLUMRB, 2014; Metcalf and Eddy, Inc./ AECOM, 2014; WEF, 1998)

Parámetro	Caudal diario promedio	Caudal por hora pico
Tasa de carga de sólidos, kg/m^2·d (lb/d/ft^2)	100 a 150 (20 a 30)	240 (48)
Tasa de carga superficial, m^3/m^2·d (gpd/ft^2)	16.3 a 28.6 (400 a 700)	40.8 a 65.0 (1000 a 1600)
Tasa de desborde del vertedero, m^3/m·d (gpd/ft)	N/A	125 (10 000)[a] 375 (30 000)[b]

[a]Para instalaciones más pequeñas que 3.79 ML/d (1 mgd).
[b]Para instalaciones más grandes que 3.79 ML/d (1 mgd).

Los procesos de lodo activado pueden estar a cargo de la eliminación de amoníaco, nitrito, nitrato y fósforo a concentraciones extremadamente bajas. Con frecuencia, no se puede detectar el nitrógeno amoniacal (menor a 1 mg/L) en el efluente final de algunos tipos de procesos de lodo activado. Las concentraciones de nitrógeno nitrito normalmente son menores a 0.25 mg/L. Las concentraciones de nitrógeno nitrato menores a 10 mg/L se logran con facilidad sin agregar productos químicos. La eliminación biológica del fósforo puede reducir las concentraciones de fósforo del efluente menores a 1 mg/L. Consulte el capítulo sobre eliminación de nutrientes para obtener más información.

COMPROBACIÓN DE CONOCIMIENTOS

1. **En comparación con los procesos de lodo activado de tasa alta, los procesos de tasa baja**
   a. Normalmente tienen tasas de carga orgánica más altas
   b. Normalmente tienen edades del lodo más avanzadas
   c. Eliminan menos amoníaco que los sistemas de tasa alta
   d. Suelen ser menos estables que los sistemas convencionales

2. **Los procesos de lodo activado se caracterizan por**
   a. Edad del lodo, tasa de carga y F/M
   b. Presencia de flagelados, ciliados y rotíferos
   c. Eliminación de un porcentaje de amoníaco, nitrito y nitrato
   d. Concentración de MLVSS promedio

3. **La tasa de carga superficial en un clarificador secundario es un ejemplo de**
   a. Velocidad descendente
   b. Capacidad hidráulica
   c. Capacidad de carga
   d. Sedimentabilidad del lodo

4. **Si se excede la capacidad de carga de los sólidos de un clarificador secundario**
   a. Se puede aumentar la tasa de carga hidráulica para compensar.
   b. La SOR debe mantenerse por debajo de 100 $kg/m^2 \cdot d$ (20 $lb/d/ft^2$)
   c. Puede que el clarificador no sedimente los MLSS entrantes.
   d. Debería disminuir la concentración de sólidos en suspensión del efluente.

5. **La concentración de DBO_5 en el efluente final de un proceso de lodo activado (después de la clarificación) debe ser**
   a. Menor o igual a 30 mg/L
   b. De alrededor de 50 % de la concentración de DBO_5 del caudal de entrada
   c. Directamente proporcional a la concentración de amoníaco
   d. Independiente del modo operativo

Equipos

Los equipos relacionados con los procesos de lodo activado incluyen depósitos de lodo activado, clarificadores secundarios, sistemas de aereación, mezcladores y bombas. Los clarificadores secundarios son casi idénticos a los clarificadores primarios, con algunas excepciones. Las diferencias entre los clarificadores primarios y secundarios se describen en esta sección. Los sistemas de aereación, los mezcladores y las bombas son comunes en muchos de los procesos de tratamiento. Aquí se incluye una breve descripción general. Se recomienda a los lectores repasar las siguientes referencias para obtener más información sobre los sistemas y las bombas de aereación:

- *Pumps and Pumping* (ACR Publications, 2011)
- Capítulo 8, *Pumping of Wastewater and Sludge* en *Operation of Water Resource Recovery Facilities* (WEF, 2016)
- Capítulo 5, *Facility Hydraulics and Pumping* en *Design of Water Resource Recovery Facilities* (WEF et al., 2018)
- Capítulo 12, *Suspended-Growth Treatment*, sección 8, *Oxygen-Transfer Systems*, en *Design of Water Resource Recovery Facilities* (WEF et al., 2018)

DEPÓSITOS DE LODO ACTIVADO O REACTORES BIOLÓGICOS

Los depósitos de lodo activado suelen estar construidos de hormigón reforzado, aunque algunas instalaciones de empaquetado (por ej., de aire extendido) pueden utilizar acero. Los depósitos son habitualmente rectangulares para poder proveer espacio para la construcción de pared común para los múltiples depósitos, aunque algunas instalaciones pueden tener tanques circulares u ovales (la zanja de oxidación es un ejemplo). Lo deseable es un mínimo de dos depósitos, aún para las instalaciones pequeñas, para adaptarse a cualquier apagado necesario para realizar el mantenimiento ocasional. Cada depósito debe estar equipado con compuertas o válvulas de entrada y salida para que pueda aislarse y sacarse de funcionamiento. Se deben proporcionar drenajes o pozos colectores adecuados para el desagote rápido (de aproximadamente 8 a 20 horas). Además de los equipos de aereación, los depósitos suelen estar equipados con un sistema de control de espuma para controlar su formación. Los sistemas de control de espuma consisten en rociadores de agua que ayudan a disolver la espuma o empujarla a un área central para su eliminación o hacia la salida del depósito. El diseño de la entrada debe garantizar que el caudal hacia el depósito sea lo más uniforme posible para evitar cortocircuitos graves del caudal de entrada y para proporcionar un caudal de entrada de aguas residuales a la mezcla con LAR. Cuando se utilizan los depósitos múltiples paralelos, debe proporcionarse un método para el fraccionado adecuado del caudal para garantizar que cada depósito reciba el mismo caudal. En los sistemas de alimentación escalonada, el control de caudal es de especial importancia. En las áreas en las que pueden presentarse condiciones de aguas subterráneas altas, los tanques profundos deben estar equipados con válvulas de alivio de aguas subterráneas.

CONFIGURACIÓN DEL DEPÓSITO

La configuración del depósito aborda principalmente las características hidráulicas del proceso. Los sistemas de caudal continuo se suelen categorizar como sistemas de "flujo pistón ideal" o "mezcla completa ideal", aunque la mayoría opera con un régimen de caudal que dista de ser perfecto en algún punto entre estos dos.

Mezcla completa ideal

El caudal de mezcla completa ideal implica que la composición del licor mezclado es la misma en todo el volumen del depósito. El caudal de entrada de aguas residuales se mezcla completamente de forma inmediata con el contenido del depósito de modo tal que la concentración de un componente determinado es la misma que la concentración del efluente. Como resultado, el OD, la DBO soluble, los tipos de nitrógeno, el pH, la temperatura y otras características son idénticos en todo el depósito. El caudal de mezcla completa es difícil de lograr, aunque la utilización de depósitos cuadrados o redondos con una mezcla intensa pueden acercarse bastante.

Las ventajas del proceso de mezcla completa incluyen la dilución de las cargas de choque (p. ej., cargas altas o productos químicos tóxicos) y su simplicidad relativa en comparación con otras configuraciones. Las cargas de choque pueden provocar condiciones anaerobias o toxicidad de la biomasa. Los depósitos de mezcla completa presentan varias desventajas. En primer lugar, suelen estar plagados de problemas de abultamientos filamentosos. Esto puede superarse, en parte, mediante la utilización de *selectores*, lo que proporciona el acondicionamiento a corto plazo del LAR y del caudal de entrada de aguas residuales antes de llegar al depósito de lodo activado. En teoría, los procesos de mezcla completa también se ven afectados debido a que la eficiencia de eliminación de los componentes de las aguas residuales es menor a la de los sistemas de flujo pistón, por lo que se requieren tiempos de detención del depósito más largos o la utilización de depósitos en serie para lograr una calidad comparable del efluente. Estos sistemas suelen utilizarse para los usos de tasa baja o para el tratamiento de aguas residuales industriales o industriales/municipales donde se anticipan variaciones amplias en la carga.

Los *selectores* son tanques anaerobios, anóxicos o aerobios pequeños ubicados en el comienzo de un proceso de lodo activado. El caudal de entrada y el LAR están dirigidos hacia el selector. La meta es aumentar notablemente la F/M durante un corto período de tiempo antes de que el agua fluya hacia la parte principal del proceso. Los selectores inhiben el crecimiento de diferentes filamentos. Estos depósitos pequeños se denominan *selectores* porque realizan la "selección" de la biología deseada.

Flujo pistón ideal

En un sistema de flujo pistón ideal, el agua que ingresa al depósito se desplazará de manera pareja a lo largo de todo el depósito con muy poca mezcla (figura 8.7). El flujo pistón es la manera en la que el agua se desplaza a través de un tubo. Casi no existe mezcla alguna entre el agua al final del tubo y el agua en la mitad del tubo. Una pequeña parte de agua permanecerá en el depósito durante un tiempo igual al *tiempo de detención* teórico. Como resultado, la concentración de DBO y la demanda de oxígeno disminuirán a lo largo de todo el depósito. Los MLSS y MLVSS aumentarán a lo largo de todo el depósito a medida que se produce biomasa. Este caudal se aproxima mediante depósitos largos y estrechos con relaciones largo:ancho mayores a 10. Es decir, los depósitos son al menos 10 veces más largos de lo que son anchos. El flujo pistón también puede simularse mediante la colocación de múltiples depósitos en serie o el plegado de los depósitos rectangulares. Como sucede con la configuración de mezcla completa, no resulta práctico producir un sistema de flujo pistón verdadero.

Los cálculos del *tiempo de detención* se han demostrado en capítulos anteriores. El tiempo de detención teórico es igual al volumen del depósito dividido por el caudal. En la práctica, el tiempo de detención real es siempre un poco menor al teórico.

Esta configuración da como resultado una carga orgánica y una demanda de oxígeno altas en la entrada del depósito debido a que los microorganismos concentrados en el LAR se mezclan con el caudal de entrada de aguas residuales en un pequeño porcentaje del depósito total. Con un depósito de mezcla completa, el caudal de entrada de aguas residuales se distribuye de manera pareja a través del depósito, lo que diluye la concentración total de DBO. Con el flujo pistón, existe un gradiente de concentración, más alto en el extremo del caudal de entrada y más bajo en el extremo de descarga. En teoría, el depósito de flujo pistón ofrece la tasa de eliminación más alta por volumen de unidad. Es menos susceptible a los abultamientos filamentosos cuando está presente la cantidad suficiente de OD en la entrada.

La operación *en serie* coloca una unidad de tratamiento detrás de la otra. La segunda unidad de tratamiento recibe el efluente de la primera unidad de tratamiento. En la operación en paralelo, las unidades de tratamiento operan en simultáneo, y todas reciben el mismo caudal de entrada.

DEPÓSITOS EN SERIE

La configuración de *depósitos en serie* se describe como dos o más depósitos de mezcla completa que operan con una configuración en serie. Puede aproximarse con deflectores o el pliegue de depósitos, tal como se muestra en la figura 8.7. Esta configuración, con tres o más depósitos en serie, intenta simular una condición de flujo pistón que tenga una ventaja cinética por sobre los sistemas de caudal mixto, tal como se mencionó anteriormente. Esta configuración también parece mitigar los abultamientos filamentosos.

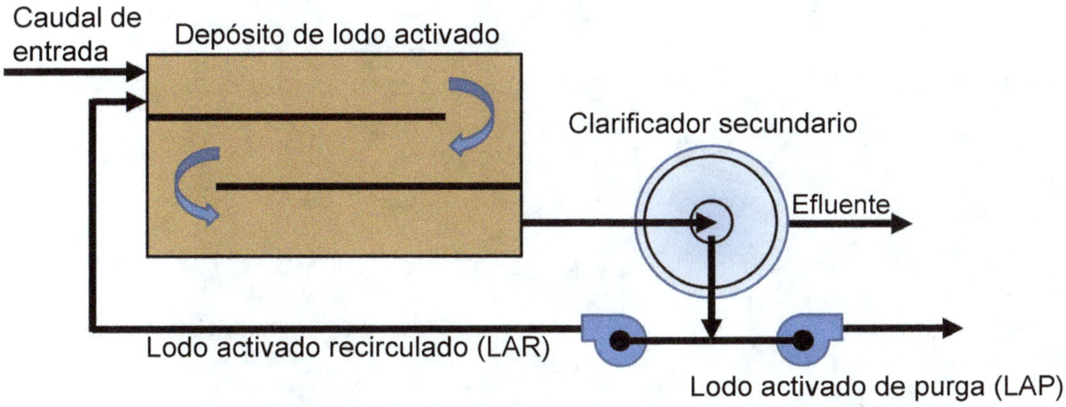

Figura 8.7 Lodo activado de flujo pistón (reimpreso con autorización de Indigo Water Group)

OPERACIÓN POR LOTES

Los reactores secuenciales por lotes se describen al comienzo de este capítulo. Este tipo de sistema de lodo activado utiliza un sistema de llenado-vaciado para tratar las aguas residuales en lotes pequeños. Tanto el tratamiento como la clarificación suceden en el mismo tanque. Al final del ciclo de tratamiento, se permite que los MLSS se sedimenten, y el agua tratada se decanta por sobre la parte superior del depósito. Se desecha el lodo del manto de lodos sedimentados. Los sistemas de lote se comportan como los sistemas de flujo pistón ideal respecto al desempeño del proceso biológico; el tiempo de reacción para los sistemas de lote es intercambiable con el espacio-tiempo para el depósito de flujo pistón.

ZANJA DE OXIDACIÓN

En la zanja de oxidación típica, el licor mezclado es bombeado alrededor de una vía oval o circular por cepillos, rotores u otros dispositivos mecánicos de aereación así como también equipos de bombeo ubicados en uno o mas puntos a lo largo de la trayectoria del caudal (figura 8.8). El licor mezclado se mueve normalmente a una velocidad de 0.24 a 0.37 m/s (0.8 a 1.2 ft/s) en el canal. La mayoría de las zanjas de oxidación están diseñadas como procesos de tasa baja con tiempos de detención largos (de aproximadamente 24 horas). Las zanjas de oxidación son consideradas como de mezcla completa. Las zanjas pueden estar diseñadas con un canal único o con múltiples canales interconectados ubicados uno dentro del otro (figura 8.9). Estas se utilizan comúnmente en las comunidades de tamaño pequeño o mediano.

CLARIFICADORES SECUNDARIOS

La separación de los MLSS del flujo líquido es fundamental para la operación y el desempeño de los sistemas de lodo activado. Esto normalmente se logra con la gravedad en los clarificadores secundarios aunque también pueden utilizarse membranas. Los clarificadores secundarios, tanto circulares como rectangulares, son casi idénticos a los clarificadores primarios (capítulo 5). Existen algunas variaciones en los clarificadores secundarios circulares que no se utilizan en los clarificadores primarios, las que incluyen

- Alimentación perimetral, trayectoria del caudal de purga perimetral,
- Presencia de un pozo de flóculos fuera de un pozo central más pequeño,

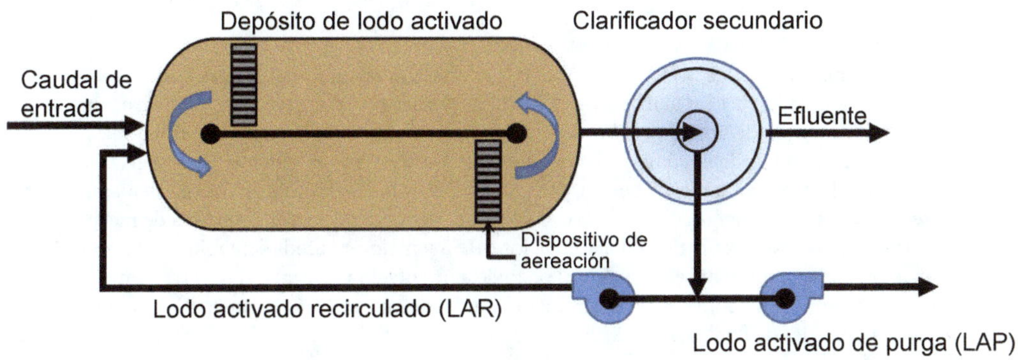

Figura 8.8 Zanja de oxidación con aereadores superficiales (reimpreso con autorización de Indigo Water Group)

Figura 8.9 Zanja de oxidación con canales múltiples (reimpreso con autorización de Indigo Water Group)

- Presencia de deflectores interiores,
- Equipos que controlan el crecimiento de algas en vertederos y depuradores,
- Método de aspiración hidráulica de eliminación de lodo sedimentado,
- Mecanismos de tubo ascendente para la eliminación de lodo sedimentado, y
- Diferencias en la profundidad y la pendiente del piso.

ALIMENTACIÓN PERIMETRAL, TRAYECTORIA DEL CAUDAL DE PURGA PERIMETRAL

Perimetral hace referencia al borde exterior del clarificador.

Los clarificadores circulares pueden alimentarse con diferentes configuraciones de entrada. La mayoría de los clarificadores se alimentan desde el centro (figura 8.10 [a]), sin embargo, existen dos alternativas básicas de alimentación *perimetral* (figura 8.10 [b, c]). En la primera y en la segunda alternativa, el caudal de entrada ingresa al clarificador por un lado y después pasa hacia un canal amplio contiguo a la pared exterior del clarificador (figura 8.11). Los orificios en el fondo del canal permiten que el caudal de entrada fluya hacia dentro del clarificador tal como se muestra en la figura 8.10 (b) y (c). El canal ayuda a distribuir el caudal de entrada en toda la superficie del clarificador. Los clarificadores de alimentación perimetral pueden tener una purga central tal como se muestra en la figura 8.10 (b) o una purga perimetral tal como se muestra en la figura 8.10 (c).

La ubicación del punto de alimentación determina la forma en la que se desplazará el agua a través del clarificador. La alimentación central produce que el caudal se mueva en forma radial hacia el exterior, en dirección al vertedero y, en muchos tanques, se forma un patrón de giro en forma de rosquilla, lo que produce que parte del caudal superficial regrese al centro. Los dispositivos de alimentación perimetral forman el patrón opuesto.

POZO DE ALIMENTACIÓN CENTRAL DE FLOCULACIÓN

En muchos diseños de instalación, los MLSS llegan al clarificador secundario sin haber sido floculados completamente. Las velocidades de caudal más altas encontradas en las tuberías que conectan el depósito de lodo activado al clarificador pueden romper el flóculo hasta un cierto punto. Esto puede dar como resultado partes de flóculos que no son lo suficientemente largas o densas como para sedimentarse bien en el clarificador, lo que puede aumentar la cantidad de sólidos en suspensión del efluente. Para afrontar este problema, muchos clarificadores secundarios contienen una zona de floculación. La meta es proporcionar un área de mezcla suave dentro del clarificador para favorecer la refloculación de los MLSS y mejorar la sedimentabilidad. La zona de floculación puede crearse si se aumenta el tamaño del pozo de alimentación central o si se agrega un pozo central del floculador exterior que rodee el pozo central del caudal de entrada más pequeño. En la figura 8.12 se muestran dos pozos centrales de floculación. La alimentación central ayuda a reducir la velocidad del caudal de entrada. El pozo de floculación mantiene unidos a los MLSS para la refloculación. Algunos pozos de floculación, como el que se muestra en el fondo de la figura 8.12 incluyen floculadores mecánicos.

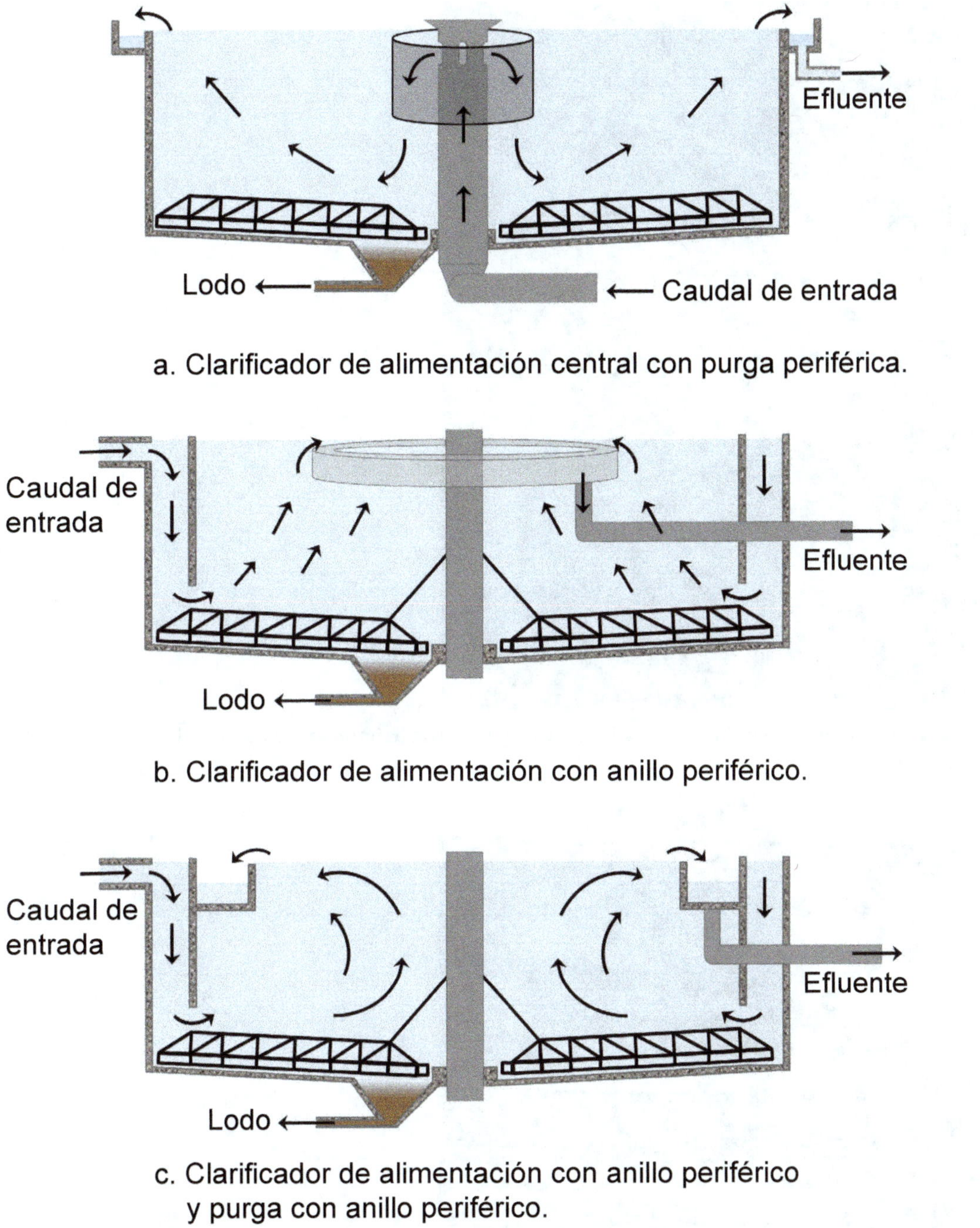

Figura 8.10 Patrones de caudal a través de clarificadores secundarios circulares por (EPA de los EE. UU., 1978a)

El tamaño del pozo central de floculación no es consistente de un clarificador a otro. Los pozos de flóculos que proporcionan 20 minutos de TDH parecen trabajar mejor y pueden reflocular más de 90 % de las partículas floculadas que ingresan al clarificador (Parker et al., 1971; Wahlberg et al., 1994). Si el pozo de flóculos es demasiado grande, las partículas floculadas entrantes estarán demasiado separadas unas de otras y no se podrá producir la refloculación. Muchos clarificadores tienen pozos de flóculos que son del 30 a 35 % del diámetro del clarificador independientemente del TDH recomendado (WEF, 2005). El pozo central de floculación normalmente se extiende hasta la mitad de la profundidad del clarificador; aunque se han utilizado otros poco profundos.

PRESENCIA DE DEFLECTORES INTERIORES

Durante muchos años, los clarificadores circulares se construyeron sin deflectores interiores, a excepción del pozo de entrada. Los clarificadores de lodo activado de alimentación central suelen crear una corriente ascendente de aire de sólidos en suspensión a lo largo de toda la pared exterior. En condiciones operativas normales, el caudal ingresa al clarificador, pasa a través del pozo central y del pozo de floculación, y después

Figura 8.11 Canal del clarificador de alimentación perimetral (reimpreso con autorización de Indigo Water Group)

Figura 8.12 Pozos centrales del floculador del clarificador secundario (reimpreso con autorización de Indigo Water Group)

es forzado hacia el fondo del clarificador. La corriente puede continuar por el fondo del piso del clarificador hasta que golpea la pared exterior. En este punto, el único lugar adonde puede ir la corriente es hacia arriba. La mayoría de las veces, la corriente se disipará antes de alcanzar la pared exterior. Durante lo períodos de caudal alto, la corriente puede tener la fuerza suficiente como para alterar el manto y empujar los sólidos hacia arriba y afuera a lo largo de la pared. Los bordes del clarificador mostrarán un patrón de lodo ondulante que no se observa hacia el centro del clarificador. Después de golpear la pared del clarificador, la corriente vuelve hacia el centro del clarificador. Los sólidos tienen aquí la oportunidad de volver a sedimentarse. Los depuradores de inserción (descritos en el capítulo 4) intentan evitar la retención de sólidos alterados por las corrientes moviendo los vertederos hacia el centro del clarificador. Se espera que la corriente retorne todos los sólidos alterados al fondo del clarificador antes de que lleguen a los vertederos. Otra opción es instalar deflectores a lo largo de la pared exterior del clarificador tal como se muestra en la figura 8.13. Los deflectores ayudan a redireccionar la corriente nuevamente hacia el fondo del clarificador y a evitar que los sólidos lleguen a los vertederos. En general, el deflector Stamford está hecho de fibra de vidrio y está sujetado con pernos a la pared del clarificador. Un deflector Stamford tradicional se proyecta hacia afuera en un ángulo de 45 grados; sin embargo, las versiones modificadas que se encuentran disponibles en la actualidad utilizan un ángulo de 30 grados. El deflector McKinney es normalmente una extensión de un depurador interno y está hecho de hormigón. Estos tipos de deflectores han demostrado reducir los SST del efluente en hasta un 70 % más que los clarificadores sin deflectores. Ambos tipos de deflectores pueden atrapar las burbujas de aire y el lodo flotante debajo de ellas.

CUBIERTAS DEL VERTEDERO

El agua que sale del clarificador secundario debe tener menos de 30 mg/L de SST. La claridad del agua permite que la luz solar penetre profundamente en el clarificador. El nitrógeno y el fósforo presente en las aguas residuales ayudan a respaldar el crecimiento de algas en casi todas las superficies de los clarificadores secundarios. La acumulación de algas en los vertederos y depuradores del efluente pueden ser muy problemática (figura 8.14). Si no se eliminan con regularidad, las algas pueden obstruir secciones del vertedero, lo que puede dar como resultado caudales desequilibrados a lo largo del vertedero. Los caudales altos en un área pueden arrastrar los sólidos en proceso de sedimentación hacia arriba y afuera del clarificador.

La mayoría de las WRRF eliminan las algas manualmente; los operadores lavan los vertederos con cepillos y lavadores de alta presión. Cuando las temperaturas del agua son mayores a 15 °C (59 °F), puede requerirse la eliminación de algas una vez por semana. Las cubiertas del vertedero, como las que se muestran en la figura 8.15, a veces se instalan para evitar que la luz solar alcance los vertederos. Cada sección de la cubierta del vertedero se abre para permitir el acceso para realizar muestreos, limpiezas y la inspección del clarificador. Otra opción es instalar un sistema de cepillos que limpie los vertederos con cada rotación del mecanismo del clarificador (figura 8.16). La prevención del crecimiento de algas y la eliminación continua pueden ayudar a minimizar la cantidad de algas que se recolectan en los sistemas de desinfección ultravioleta aguas abajo.

SISTEMAS DE ELIMINACIÓN DE LODO

La eliminación efectiva de lodo es fundamental para el desempeño del proceso. Existen dos tipos básicos de sistemas de eliminación de lodo: por arado y por aspiración hidráulica. Los arados se utilizan para todos los tipos de lodo presentes en el tratamiento de aguas residuales, mientras que la aspiración hidráulica se limita principalmente al lodo activado de los clarificadores secundarios. En los Estados Unidos está muy extendido

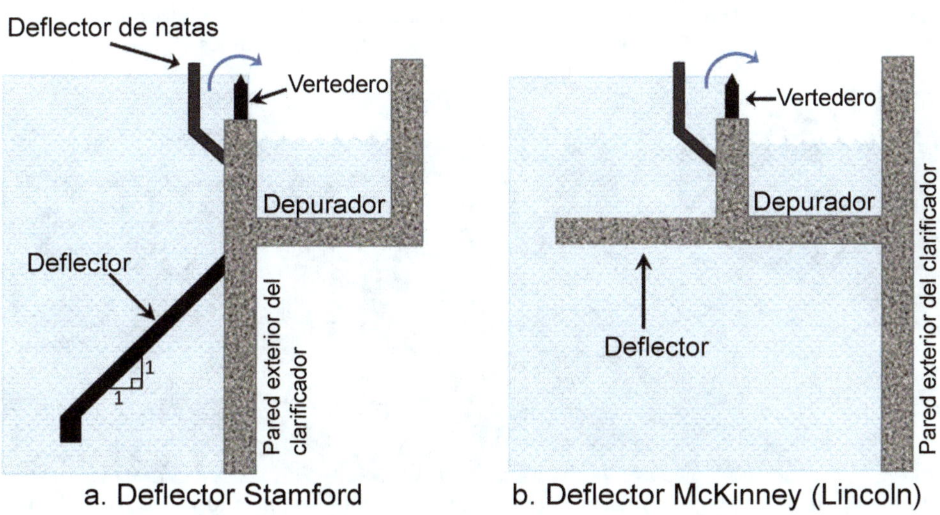

Figura 8.13 Deflectores Stamford y McKinney (reimpreso con autorización de Indigo Water Group)

Figura 8.14 Vertedero de inserción con crecimiento de algas (reimpreso con autorización de Indigo Water Group)

el uso de arados de hoja múltiple, que utilizan hojas raspadoras rectas (figura 8.17). Los diseños que utilizan hojas curvas, que comúnmente se denominan *arados en espiral*, se han utilizado durante décadas en Europa y se están volviendo populares en los Estados Unidos. Para obtener más información sobre los sistemas de eliminación de lodo de tipo arado, consulte el capítulo 4.

Para los sistemas de lodo activado que eliminan amoníaco, la desnitrificación en el manto del clarificador puede provocar que los sólidos floten y se degrade la calidad del efluente. Los sistemas de eliminación de lodo por aspiración hidráulica pueden eliminar lodo con mayor rapidez que los sistemas de tipo arado. Los mecanismos de aspiración hidráulica elevan los sólidos en todo el radio del tanque. Existen dos tipos fundamentalmente diferentes de eliminación por aspiración hidráulica. El primero, comúnmente denominado *tubo de órgano* o *tubo ascendente*, tiene un tubo colector separado para cada abertura de entrada de aspiración (figura 8.18). Los arados con forma de V dirigen el lodo hacia los múltiples tubos ascendentes. El otro tipo tiene un brazo único o doble que se extiende por todo el radio del tanque. El brazo es tubular y tiene varias aberturas en toda su longitud (figura 8.19). Se lo denomina comúnmente *diseño de tubo múltiple*, pero también se lo conoce como "tubería colectora", "tubular", o "Tow-Bro", en reconocimiento a Townsend y Brower, quienes lo desarrollaron. Ambos tipos de eliminación de aspiración hidráulica trabajan utilizando bombas o válvulas ajustables para crear una diferencia en el nivel del agua (carga hidráulica) entre el manto de lodos y la ubicación donde se descarga el lodo. Grandes diferencias en la carga hidráulica dan como resultado una eliminación más rápida de lodo.

En la figura 8.18 se muestra un diseño típico de clarificador de tubo ascendente. Los tramos horizontales de los tubos ascendentes están apilados de forma vertical, uno arriba del otro (A). Los tubos ascendentes

Figura 8.15 Cubiertas del vertedero en un clarificador secundario (reimpreso con autorización de Indigo Water Group)

Figura 8.16 Sistema de limpieza con cepillos del vertedero del clarificador (cortesía de Ford Hall Company, Inc.)

también pueden estar apilados lado a lado, horizontalmente, lo que reduce la agitación del tanque provocada por el mecanismo. En la figura 8.18 también pueden observarse un pozo de entrada de floculación (B) y los deflectores Stamford (C). Cada tubo ascendente cuenta con un *vertedero telescópico* ajustable, cubiertas móviles, o un conjunto de anillos que permiten que el operador ajuste el caudal de forma independiente para cada entrada de aspiración. El lodo se mueve a través de los tubos ascendentes hacia la cámara de recolección de lodo (figura 8.19). Si los vertederos telescópicos en la cámara de recolección de lodo se encuentran sobre el nivel del agua y pueden realizar la descarga libremente, entonces el vertedero en cada tubo ascendente debe ajustarse de forma individual para cambiar la tasa de extracción de lodo del tanque. Si los vertederos telescópicos están

Un *vertedero telescópico* consiste en un tubo más pequeño equipado dentro de un tubo más grande. El tubo más pequeño puede moverse hacia dentro o hacia afuera para ajustar la longitud total del tubo.

Figura 8.17 Mecanismo de recolección de lodo de tipo raspador (reimpreso con autorización de Indigo Water Group)

Figura 8.18 Mecanismo de recolección de lodo por aspiración hidráulica de tipo tubo de órgano (reimpreso con autorización de Kenneth Schnaars)

sumergidos, entonces los cambios en el nivel de lodo en la cámara de lodo cambiarán el caudal a través de todos los tubos ascendentes al mismo tiempo. El nivel de lodo en la cámara de recolección de lodo puede disminuirse si se aumenta el caudal de bombeo fuera de la cámara.

El mecanismo de aspiración hidráulica de tipo tubo múltiple o Tow-Bro tiene múltiples aberturas en toda su longitud (figuras 8.20 y 8.21). Algunos clarificadores tienen un tubo único, mientras que otros tienen dos tubos ubicados uno frente al otro para que el mecanismo atraviese todo el diámetro del tanque. El tamaño de las aberturas y el espacio libre entre ellas se les proporciona durante la fabricación para obtener un patrón casi óptimo de recolección de sólidos del piso. Las aberturas en el extremo lejano del tubo son las más grandes mientras que las aberturas hacia el centro del clarificador son las más pequeñas. A medida que el mecanismo gira, el caudal a través de cada abertura es proporcional al porcentaje del piso del clarificador recorrido por esa sección del mecanismo. Como resultado, se eliminan los sólidos de todo el piso del clarificador a la misma tasa. La ventaja principal del tubo múltiple es que el lodo puede bombearse directamente del tubo múltiple o de un pozo sumidero de LAR. Esto permite la aspiración de lodo relativamente denso.

Figura 8.19 Cámara de lodo con vertederos telescópicos (reimpreso con autorización de Indigo Water Group)

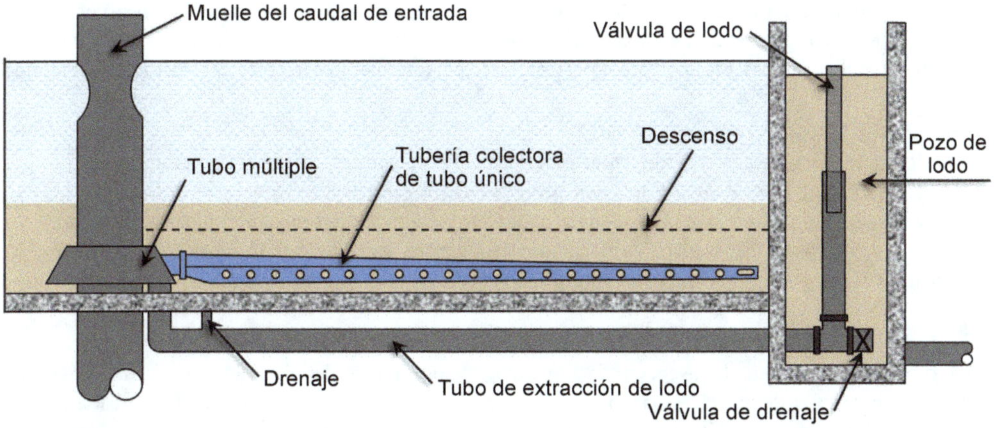

Figura 8.20 Recolector de lodo de tipo aspiración hidráulica de tubo múltiple (cortesía de Evoqua Water Technologies LLC)

PROFUNDIDAD Y PENDIENTE DEL PISO

Antes de la década de 1980, los clarificadores circulares utilizados para la clarificación primaria y secundaria solían tener profundidades de 2.4 a 3 m (8 a 10 ft). Los datos de desempeño demuestran que los clarificadores secundarios más profundos funcionaron mejor en los sistemas de lodo activado que los clarificadores menos profundos. Los clarificadores más profundos tuvieron concentraciones más bajas de sólidos en suspensión del efluente y fueron más resistentes a las perturbaciones provocadas por las cargas hidráulicas máximas. En una inspección de 1984 (Tekippe, 1984), muchas de las empresas de ingeniería más grandes estaban diseñando y construyendo clarificadores secundarios con profundidades de 4 a 5 m (13 a 16 ft). Se han estado utilizando profundidades de hasta 6 m (20 ft) (Metcalf and Eddy, Inc./AECOM, 2014).

Los pisos de los clarificadores tanto primarios como secundarios normalmente presentan una pendiente hacia la tolva de recolección de lodo. A diferencia de los clarificadores primarios en los que la pendiente del piso puede variar de forma considerable de una instalación a otra; la mayoría de los clarificadores secundarios con mecanismos de recolección de lodo en espiral o parcela tienen una pendiente del piso constante de 1 en 12. En otras palabras, un clarificador que tiene 12 m desde la pared exterior del clarificador al centro debería tener una caída de 1 m (pie) en toda esa distancia. Se desconoce el verdadero origen de esta pendiente en particular, pero se ha utilizado mucho durante décadas.

Para los clarificadores de aspiración hidráulica, una pendiente de 1 en 12 también puede utilizarse. Sin embargo, dado que no es necesario mover el lodo por todo el piso, los pisos relativamente planos son aceptables. Los

Figura 8.21 Instalación en campo del sistema de eliminación de lodo Tow-Bro (cortesía de Ovivo USA)

clarificadores Tow-Bro utilizan un piso completamente plano. Con frecuencia, se proporciona una pendiente del fondo de 1 o 2 % para facilitar el drenaje y la limpieza del tanque. Algunos ingenieros de diseño prefieren en realidad revertir la pendiente (más alta en el medio) y proporcionar un canalón a lo largo del perímetro del tanque.

SISTEMAS DE AEREACIÓN

El suministro de oxígeno al depósito de lodo activado representa el consumidor de energía más grande en una instalación de lodo activado (50 a 90 %). Los dispositivos de transferencia de oxígeno se utilizan no solo para suministrar oxígeno al proceso, sino también para mezclar los compartimientos aerobios del depósito. En general, existen dos tipos de dispositivos de aereación: los sistemas de aereación difusa y los sistemas de aereación mecánica. Cada uno de estos se describirá en las subsecciones que se presentan a continuación.

AEREACIÓN DIFUSA

La aereación difusa se define como la inyección de aire u oxígeno por debajo del nivel del agua. El aire u oxígeno se suministra con sopladores de presión baja con presiones que normalmente llegan hasta 210 kPa absoluta (30 psia) o 105 kPa diferencial (15 psig). Los aereadores a chorro, que combinan la inyección de gas con el bombeo o la mezcla mecánicos, también se incluyen en esta categoría.

Los difusores incluyen dispositivos porosos y no porosos. Son similares a las piedras difusoras de aire utilizadas en los acuarios. Se pueden encontrar más detalles sobre estos dispositivos en *Design of Water Resource Recovery Facilities* (WEF et al., 2018). Los difusores porosos, también denominados difusores *de poro fino* o *de burbuja fina*, son altamente eficientes y, en la actualidad, son los más utilizados de los sistemas de aire difuso (figura 8.22). En general, se los produce a partir de materiales cerámicos, plásticos porosos o membranas perforadas. Los sistemas no porosos incluyen un conjunto de difusores que tienen aberturas más grandes que varían de orificios en tubos a aberturas con válvulas especialmente diseñadas. Los sistemas no porosos también se conocen como *difusores de burbuja gruesa* y son menos eficientes que los de burbuja fina. Los difusores se ubican cerca del piso del depósito de lodo activado y se pueden configurar con una disposición de grilla, a lo largo de uno o de ambos lados longitudinales (figura 8.23). Se deja un espacio debajo de los difusores para proveer espacio para la acumulación de arena y desechos. Los difusores pueden colocarse en densidades uniformes o estar dispuestos con *configuraciones cónicas*. El tipo de difusor, el patrón del diseño del difusor, la geometría del depósito, la sumergencia, y el caudal de aire afectan el desempeño de la *transferencia de oxígeno*. El mantenimiento de los difusores porosos es mucho mayor que el de los difusores de orificios grandes. El atascamiento y ensuciamiento de los poros finos requieren una limpieza ocasional, lo que puede proporcionarse a través de sistemas de limpieza con gas *in situ* o mediante el drenaje de los depósitos y la limpieza con mangueras de alta presión o el rociado de ácido (WEF et al., 2010). Los difusores deben reemplazarse cada 3 a 5 años.

En las *configuraciones cónicas*, se colocan más difusores en el frente del depósito de lodo activado que en el extremo de descarga. Esto garantiza la disponibilidad de una mayor cantidad de oxígeno cuando la concentración de DBO_5 alcanza su nivel máximo y donde los microorganismos consumirán la mayor cantidad de oxígeno.

La *transferencia de oxígeno* es el movimiento del oxígeno desde las burbujas de aire (gas) hacia el agua. Las burbujas de aire en el agua no son de oxígeno disuelto.

AEREACIÓN A CHORRO

Los sistemas de aereación a chorro combinan la aereación con el bombeo mecánico. Estos sistemas pueden estar dispuestos con dos tuberías colectoras que se extiendan a lo largo de todo un depósito, tal como se muestra en la figura 8.24, o pueden tener una disposición con eje central, tal como se muestra en la figura 8.25. Normalmente se utiliza un soplador para proporcionar aire presurizado a la tubería colectora superior mientras, de manera

Figura 8.22 Difusor de membrana flexible y burbuja fina (reimpreso con autorización de Indigo Water Group)

Figura 8.23 Difusores de burbuja fina en el fondo de un depósito de lodo activado (reimpreso con autorización de Indigo Water Group)

simultánea, se bombean MLSS a través de la tubería colectora inferior. Suelen utilizarse bombas sumergibles, pero algunas instalaciones utilizan bombas externas. En el caso de un sistema circular, la línea de aire ingresa por la parte superior del eje. Conjuntos de boquillas, también denominados *chorros*, se encuentran espaciados de manera pareja a lo largo de la tubería colectora de líquido, tal como se muestra en la figura 8.24 y en la figura 8.25. Cada conjunto de chorros contiene dos boquillas anidadas una dentro de la otra, tal como se muestra en la figura 8.25. La tubería colectora de aire está conectada con la tubería colectora de líquido mediante los conductos de transferencia de aire, tal como se muestra en la figura 8.26 y en la figura 8.27. A medida que los MLSS se bombean a través de la tubería colectora y salen por la boquilla interna, se mezclan con el aire entrante en la boquilla exterior. La mezcla intensa y el alto grado de turbulencia ayudan a producir burbujas de aire que son similares en tamaño a las producidas por los sistemas de aereación de burbuja fina.

Figura 8.24 Sistema de aereación a chorro (reimpreso con autorización de Fluidyne Corp.)

Figura 8.25 Aereador a chorro circular (reimpreso con autorización de Indigo Water Group)

La bomba de recirculación suele ser una bomba a velocidad constante y la capacidad de aereación se ajusta modulando el caudal de aire. No se requiere el caudal de aire para operar la bomba de recirculación. Los operadores pueden temporalmente apagar el soplador mientras continúan mezclando los MLSS con la bomba de recirculación para propiciar la desnitrificación.

SUMINISTRO DE AIRE

Los tres componentes básicos del sistema de suministro de aire son filtros o acondicionadores de aire, sopladores y tuberías. Los filtros de aire eliminan particulados tales como el polvo del aire de entrada a los sopladores, y protegen tanto los sopladores como los difusores contra daños mecánicos o atascamientos. El grado de limpieza del aire depende de la calidad del aire de entrada, del tipo de soplador, y de los difusores.

En la actualidad, se utilizan muchos tipos de sopladores dinámicos y de desplazamiento positivo. Los sopladores dinámicos o centrífugos son considerados máquinas de presión constante y son los más eficientes y los más fáciles de operar con caudales de aire variables, son más silenciosos que los sopladores de desplazamiento positivo, y requieren menos mantenimiento. Sus desventajas incluyen un rango de presión operativa limitado

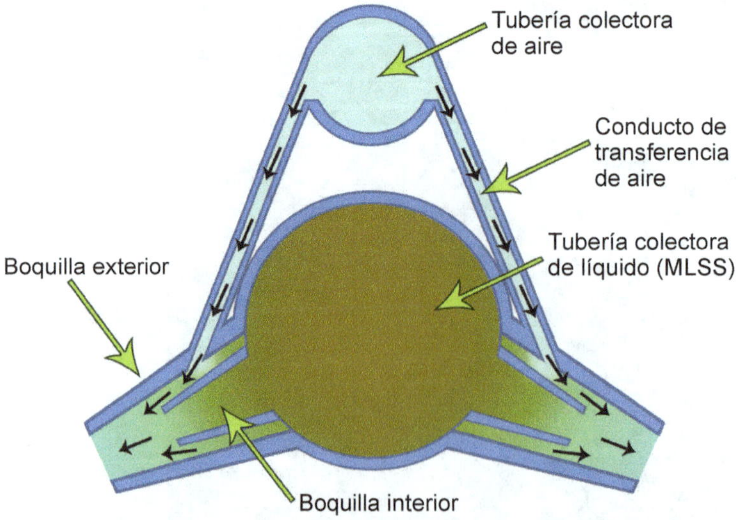

Figura 8.26 Sección transversal de la tubería colectora de la aereación a chorro (reimpreso con autorización de Indigo Water Group)

Figura 8.27 Tubería colectora de fibra de vidrio de la aereación a chorro donde se muestran las conexiones entre las tuberías colectoras de aire y líquido (reimpreso con autorización de Mixing Systems, Inc. [www.mixing.com])

y volúmenes reducidos de aire suministrado con aumentos en la contrapresión provocados por atascamientos en el difusor. El soplador de desplazamiento positivo es un dispositivo de volumen constante capaz de operar en un amplio rango de presiones de descarga. Tiene un costo inicial más bajo y requiere procedimientos de control relativamente simples. Los sopladores centrífugos tienen una eficiencia más alta y se ven favorecidos con caudales de aire más altos. Pueden encontrarse más detalles sobre los sopladores en la bibliografía de WEF et al. (2018) y de la EPA de los EE. UU. (1989).

Las tuberías conectan los sopladores a los tubos de caída vertical, denominados *tubos de bajada* o tramos de caída, que suelen estar ubicados a lo largo de los lados más largos del depósito. En el fondo del depósito, los tubos de bajada se conectan con los tubos horizontales o laterales ubicados a 0.5 a 1.5 m (1 a 3 ft) del fondo del tanque. Los tubos están conectados a los difusores. Las válvulas en el sistema de aire se utilizan para controlar el caudal de aire hacia los depósitos individuales o los sectores de los depósitos.

CONTROL DEL OXÍGENO DISUELTO

El OD del depósito de lodo activado puede controlarse ajustando las válvulas individuales de control del caudal de aire ubicadas en los tubos de bajada. En este método, el OD del depósito se mide en varias ubicaciones y la válvula de control del aire correspondiente se ajusta manualmente o automáticamente para mantener la concentración deseada de OD. El ajuste manual es simple y barato, pero puede provocar una sobreaereación o una subaereación. El control automático ajusta el caudal de aire permanentemente para cumplir con la demanda.

Junto con el control de OD del depósito, los sopladores de aereación pueden operarse en varios modos que pueden clasificarse como de control manual o automático. En el control manual, el operador abre o cierra las válvulas de entrada de los sopladores centrífugos. En general, esto se realiza según se necesite y da como resultado la sobreaereación periódica. El control automático de la capacidad del soplador (velocidad del soplador o cantidad de sopladores en línea) puede lograrse en función de la presión de la tubería colectora de aire principal. En los modos automáticos más comunes, la capacidad de aire se varía conforme a la presión de la tubería colectora de aire establecida por el operador. Por ejemplo, un aumento en la demanda de aire provocará una reducción en la presión de la tubería colectora de aire, lo que activará un ajuste ascendente del caudal de aire para volver a establecer la presión preestablecida de la tubería colectora.

AEREACIÓN MECÁNICA

Los sistemas de aereación mecánica utilizados con el lodo activado incluyen dispositivos de aereación de tipo salpicadura y mezcladores sumergidos con o sin tubos de aspiración. Los tubos de aspiración se ven como tubos amplios y cortos. El tubo de aspiración rodea la parte del mezclador que está por debajo del nivel del agua.

Los tubos de aspiración ayudan a que el agua pase a través del aereador con una rapidez mínima (velocidad) y a que se reduzca la interferencia de olas creadas por otros dispositivos de aereación en el mismo depósito. Los aereadores superficiales utilizado comúnmente con el lodo activado pueden agruparse en las siguientes categorías generales:

- Aereadores de flujo radial, de velocidad baja; y
- Rotores horizontales.

Cada sistema es utilizado ampliamente y tiene usos diferentes. Los aereadores superficiales están montados sobre flotadores, puentes o plataformas y algunos pueden estar equipados con tubos de aspiración sumergidos para los usos en los depósitos profundos (figura 8.28). Los aereadores radiales de velocidad baja se utilizan cada vez más y se los considera buenos dispositivos de mezcla que son más eficientes que los aereadores de alta velocidad. Los rotores horizontales, diseñados con varias configuraciones, se utilizan en las zanjas de oxidación (figura 8.29). Los rotores agitan la superficie líquida, elevan y mezclan los MLSS para transferir oxígeno del aire hacia los MLSS. Los rotores horizontales también desplazan los MLSS por toda la zanja de oxidación y mantienen los MLSS en suspensión. Existen diferentes diseños de zanja de oxidación que combinan difusores de burbuja fina con un mezclador grande en lugar de utilizar rotores.

MEZCLA

En el proceso de lodo activado, la mezcla es importante para mantener los MLSS en suspensión. En la mayoría de los usos, los aereadores funcionan como dispositivos de transferencia de oxígeno y como mezcladores. A excepción del extremo del efluente de los depósitos de flujo pistón, los requisitos de oxígeno suelen controlar el diseño y la operación del aereador. En otras palabras, los microorganismos necesitan más aire que el que se necesita para mantener los MLSS en suspensión. Sin embargo, en el extremo del efluente de los depósitos de flujo pistón y en algunos sistemas de mezcla completa y de carga baja, la mezcla puede ser el factor de control, en particular durante las condiciones de caudal bajo. En la mayoría de los casos, el sistema de aereación se utiliza para la mezcla en estas situaciones; sin embargo, el uso de dispositivos de mezcla horizontal, de hélice sumergida, y de baja velocidad (como los mezcladores de hoja con forma de banana) es otra opción para mover el licor mezclado de manera horizontal a lo largo del depósito.

Figura 8.28 Aereador superficial montado debajo de la plataforma en el depósito de lodo activado (reimpreso con autorización de Indigo Water Group)

Figura 8.29 Rotor horizontal en una zanja de oxidación (reimpreso con autorización de Envirodyne Systems Inc.)

Tanto los mezcladores de hélice o turbina sumergida se han utilizado para la mezcla de compartimientos anóxicos y anaerobios de depósitos de lodo activado. Estos dispositivos mezclan sin perturbar la superficie del agua y pueden mantener sólidos biológicos en suspensión con potencias mínimas. La cantidad y la ubicación de estas unidades es fundamental para lograr la suspensión efectiva de los MLSS.

SISTEMAS DE LODO ACTIVADO RECIRCULADO Y DE PURGA

El sistema de LAR bombea el lodo sedimentado, espesado en el clarificador, desde el clarificador de nuevo hacia los depósitos de lodo activado. La mayoría de las estaciones de bombeo de LAR utilizan bombas centrífugas para este uso. En las instalaciones de tamaño intermedio, las bombas suelen estar conectadas directamente a los tubos de extracción de lodo. En las instalaciones más grandes, puede encontrarse un pozo sumidero. En este caso, se transfiere lodo del clarificador al pozo sumidero (en general, por gravedad) y después se bombea LAR del pozo sumidero nuevamente hacia el frente de los depósitos de lodo activado. Las bombas de tornillo también se utilizan en muchas instalaciones de los Estados Unidos y de Europa. Las bombas de lodo activado recirculado pueden estar equipadas con accionadores de frecuencia variable para permitirle al operador aumentar y disminuir el caudal de bombeo de LAR sobre un amplio rango de caudales, normalmente entre 25 y 125 % del caudal de diseño de la WRRF. Muchas WRRF regulan el caudal de sus bombas de LAR para mantener el LAR a un porcentaje constante del caudal de entrada.

Todos los procesos de lodo activado deben tener un sistema de LAP para eliminar el exceso de MLSS del sistema. El lodo de purga puede provenir del clarificador ubicado debajo del caudal (manto del clarificador) o directamente de los depósitos de lodo activado. La mayoría de las estaciones de bombeo de LAP utilizan bombas centrífugas, pero también se utilizan bombas de diafragma, bombas de émbolo, y bombas de cavidad progresiva. Los sistemas de bombeo de LAR y LAP pueden incluir algún tipo de dispositivo de medición de caudal como el caudalímetro magnético (capítulo 2).

BOMBEO DE RECIRCULACIÓN

Los sistemas de lodo activado que deben eliminar amoníaco, *nitrito*, y nitrato suelen contener bombas de reciclado de licor mezclado interno (internal mixed liquor recycle, IMLR). Estas bombas hacen circular los MLSS ricos en nitrito y nitrato desde el final de las zonas aereadas nuevamente hacia las zonas anóxicas, tal como se muestra en el proceso de tres etapas en la figura 8.5. El reciclaje de licor mezclado normalmente se logra con bombas inatascables, sumergibles y de carga superficial baja, bombas de hélice, o bombas de turbina vertical inatascables. Las bombas de velocidad constante se utilizan normalmente porque no es fundamental que los caudales de reciclaje coincidan con o sigan a los caudales de entrada. Las bombas de reciclaje suelen ser lo suficientemente grandes como para bombear entre un 50 y 400 % de la capacidad de caudal diseñada para la WRRF.

El *nitrito* es un producto intermedio y no suele acumularse en el proceso de lodo activado. Las concentraciones de nitrito del efluente suelen ser menores a 0.25 mg/L como N.

EJERCICIO DE LA SECCIÓN

1. El efluente del clarificador que se muestra en la imagen a continuación es alto en SST. El operador observa con detenimiento el clarificador durante las condiciones de caudal alto y bajo. No parece haber cortocircuitos, pero hay muchas partículas floculadas diminutas que no parecen querer sedimentarse. ¿Qué falta en este clarificador que podría, si se agregara, ayudar a la floculación de estas partículas floculadas y mejorar la calidad del efluente?

Reimpreso con autorización de Indigo Water Group

2. Hay tres clarificadores del estilo tubo de órgano en operación. La distribución del caudal es pareja entre los clarificadores por lo que cada uno recibe la misma masa (kilogramos o libras) de MLSS. Dos de los clarificadores tienen un manto muy bajo, peor el tercer clarificador está lleno de lodo sedimentado. Aunque no se ha analizado la resolución de problemas, ¿cuál cree que puede ser el problema con el tercer clarificador en función de lo que ya conoce sobre cómo funciona?

____

____

____

SOLUCIONES AL EJERCICIO DE LA SECCIÓN

1. Pozo central de floculación
2. Puede ser un bloqueo en uno o varios de los tubos de órgano que previenen la extracción de lodo o que la bomba de lodo conectada con este clarificador haya dejado de funcionar.

COMPROBACIÓN DE CONOCIMIENTOS

1. **Las instalaciones de recuperación de recursos hídricos suelen tener múltiples depósitos de lodo activado y clarificadores por lo que pueden retirarse de funcionamiento para su limpieza y mantenimiento.**
   - ☐ Verdadero
   - ☐ Falso
2. **Los sopladores utilizados con los procesos de lodo activado son de presión baja.**
   - ☐ Verdadero
   - ☐ Falso
3. **La presencia de burbujas de aire en el agua es igual a la presencia de OD.**
   - ☐ Verdadero
   - ☐ Falso
4. **El agua se mueve a través de este tipo de depósito de lodo activado en la misma forma en que el agua se mueve a través de un tubo.**
   a. Mezcla completa
   b. Zanja de oxidación
   c. Reactor secuencial por lotes
   d. Flujo pistón

5. **Una de las ventajas de los sistemas de lodo activado de tipo mezcla completa es**
   a. Operación más compleja
   b. Dilución de cargas de choque
   c. Propensión al abultamiento filamentoso
   d. Demanda de oxígeno más baja

6. **Los selectores son útiles para**
   a. Desviar el caudal entre los depósitos
   b. Espesar el LAP
   c. Controlar el crecimiento de algunos filamentos
   d. Disminuir el tiempo de tratamiento total

7. **Los orificios en el fondo de un canal del clarificador de alimentación perimetral**
   a. Evitan que los MLSS produzcan cortocircuitos a los vertederos
   b. Se deben reemplazar sus juntas tóricas todas las semanas
   c. Están vinculados con el desempeño del pozo de flóculos
   d. Distribuyen el caudal sobre la superficie del clarificador

8. **Esta modificación a los clarificadores secundarios proporciona una zona de mezcla suave para mejorar la sedimentación del lodo.**
   a. Canal del perímetro
   b. Pozo de alimentación central de floculación
   c. Mezcladores del canal de entrada
   d. Tubos ascendentes

9. **Un deflector Stamford**
   a. En general, está hecho de hormigón
   b. Se acopla al deflector de natas
   c. Redirige las corrientes hacia abajo
   d. Puede aumentar los SST del efluente

10. **El crecimiento de algas en los vertederos del clarificador secundario deben controlarse dado que**
    a. El crecimiento excesivo puede dar como resultado caudales inestables.
    b. Las raíces pueden corroer las muescas metálicas en "V" de la placa del vertedero.
    c. Las algas absorben los nutrientes vitales del proceso.
    d. Produce una apariencia desordenada que ofende a quienes visitan la instalación.

11. **Un operador quiere aumentar la tasa de extracción de lodo de un clarificador del estilo tubo de órgano con válvulas telescópicas sumergidas. Él o ella debería**
    a. Disminuir el caudal de bombeo de lodo
    b. Disminuir el nivel del agua en la cámara de recolección de lodo
    c. Ajustar manualmente cada vertedero telescópico con tubos ascendentes
    d. Cambiar el caudal de entrada a un clarificador secundario diferente

12. **Con los clarificadores del estilo tubo de órgano, apilar los tubos verticalmente**
    a. Aumenta el acceso a las partes superiores de los tubos ascendentes para el muestro
    b. Interfiere con la colocación de deflectores Stamford
    c. Limita el ajuste de los vertederos telescópicos
    d. Aumenta la mezcla del clarificador sobre los tubos apilados horizontalmente

13. **¿Cuál de las siguientes afirmaciones sobre los mecanismos de recolección de lodo de tipo Tow-Bro es falsa?**
    a. Las aberturas a lo largo del tubo múltiple son más grandes en el borde del clarificador.
    b. Pueden utilizar un pozo sumidero de lodo o una bomba directamente del clarificador.
    c. Eliminan lodo de todo el piso del clarificador a la misma tasa.
    d. Requieren el ajuste rutinario de los vertederos telescópicos.

14. **En un depósito de lodo activado de flujo pistón con aereación graduada, ¿dónde se espera encontrar la mayor cantidad de difusores?**
    a. En el extremo del caudal de entrada del depósito
    b. Cerca de la mitad del depósito
    c. En el extremo del efluente del depósito
    d. Espaciados de forma pareja a lo largo del depósito

15. **Los sistemas de aereación no porosos son**
    a. Más eficientes que los de burbuja fina
    b. Tienen aberturas más grandes que los de burbuja fina
    c. Son el tipo de aire difuso más utilizado
    d. Consisten en una tubería colectora con boquillas

16. **Los sistemas de aereación a chorro se clasifican en**
    a. Burbuja fina
    b. Burbuja gruesa
    c. Aereación superficial
    d. Tubos de aspiración

17. **Los conos anidados de una tubería colectora de aereación a chorro**
    a. Inyectan aire a través del cono interior
    b. Crean turbulencia para la transferencia de oxígeno
    c. Requieren un caudal de aire y MLSS todo el tiempo
    d. Normalmente apuntan hacia arriba de la superficie del depósito

18. **Los tubos de caída vertical que conectan los sopladores a los difusores en el fondo de los depósitos de lodo activado se denominan**
    a. Laterales
    b. Difusores
    c. Tubos de aspiración
    d. Tubos de bajada

19. **Los aereadores superficiales y los rotores transfieren oxígeno a los MLSS mediante**
    a. La inyección de aire a través de las boquillas
    b. La agitación de la superficie del agua
    c. El transporte de aire suministrado por un soplador
    d. La recirculación de MLSS sobre los difusores

20. **Las bombas de lodo activado recirculado suelen estar equipadas con ____________ para permitir que el operador ajuste el caudal.**
    a. Pozos sumideros aguas arriba
    b. Caudalímetros magnéticos
    c. Accionadores de frecuencia variable
    d. Diafragmas

La F/M es la masa de DBO_5 agregada por masa de MLVSS en el depósito de lodo activado.

Variables del proceso para el depósito de lodo activado

El lodo activado es extremadamente flexible y puede manipularse para cumplir con una variedad de metas del proceso. Los operadores pueden influir sobre la microbiología de los MLSS, la sedimentabilidad, y la calidad del efluente final si ajustan las cinco variables del proceso: la cantidad de depósitos y clarificadores en funcionamiento, la cantidad de LAP eliminado del sistema cada día, el LAR, la disponibilidad de oxígeno, y, en algunos sistemas, los caudales de IMLR. Estas cinco variables del proceso les ofrecen a los operadores una cantidad inmensa de control sobre la sedimentabilidad del lodo, el nivel de tratamiento alcanzado, y la calidad del efluente final. Otros factores que pueden afectar el desempeño del lodo activado incluyen la temperatura, el pH, la alcalinidad, y las características del caudal de entrada de aguas residuales.

TIEMPO DE DETENCIÓN HIDRÁULICA

El tiempo de retención hidráulica también se denomina TDH o simplemente tiempo de detención (TD). También se lo puede encontrar como *TRH*. El TDH puede ser 1) el tiempo necesario para llenar un contenedor, 2) el tiempo necesario para vaciar un contenedor, o 3) la cantidad de tiempo promedio que el agua permanece en un contenedor. Los operadores tienen un control limitado sobre el TDH pero existe la posibilidad de poner depósitos y clarificadores adicionales en funcionamiento o de retirarlos de funcionamiento.

La fórmula del TD es

En unidades estándar del Sistema Internacional:

$$\text{TD, días} = \frac{\text{Volumen, m}^3}{\text{Caudal, m}^3\text{/d}} \tag{8.1}$$

En unidades habituales en los EE. UU.:

$$\text{TD, días} = \frac{\text{Volumen, gal}}{\text{Caudal, gpd}} \tag{8.2}$$

En el capítulo sobre tratamiento primario se pueden encontrar ejemplos de cálculos del TD. Los tiempos de detención para los depósitos y clarificadores de lodo activado se encuentran en horas, no en días. Recuerde convertir sus respuestas de días a horas.

LODO ACTIVADO RECIRCULADO

Podría decirse que el lodo activado recirculado es una variable de control del proceso del clarificador más que una variable de control del depósito de lodo activado. Se incluye en esta sección para mantener juntas las descripciones de LAR y LAP y, con suerte, reducir al mínimo la confusión sobre las funciones de cada una de estas importantes variables de control del proceso. El lodo activado recirculado, junto con el caudal de entrada, desplaza los MLSS desde el depósito de lodo activado hacia el clarificador secundario. La masa de MLSS (kilogramos o libras) que ingresa al clarificador secundario es la SLR. La SLR se calcula de acuerdo con la siguiente fórmula:

En unidades estándar del Sistema Internacional:

$$\text{SLR, kg/m}^2\cdot\text{d} = \frac{(C_{\text{ent}} + C_{\text{LAR}}\text{, m}^3\text{/d})\left(\text{Concentración, }\dfrac{\text{mg}}{\text{L}}\right)}{(1000)(\text{Área superficial del clarificador, m}^2)} \tag{8.3}$$

En unidades habituales en los EE. UU.:

$$\text{SLR, lb/d/ft}^2 = \frac{(C_{\text{ent}} + C_{\text{LAR}}\text{, mgd})\left(\text{MLSS, }\dfrac{\text{mg}}{\text{L}}\right)\left(8.34\dfrac{\text{lb}}{\text{mil.gal}}\right)}{\text{Área superficial del clarificador, ft}^2} \tag{8.4}$$

Donde:

C_{ent} = Caudal de entrada;
C_{LAR} = Caudal de lodo activado recirculado; y

8.34 lb/mil. gal = Factor de conversión. El agua pesa 8.34 lb/gal; sin embargo, la cifra 8.34 utilizada en esta ecuación es un factor de conversión utilizado para convertir miligramos por litro y millones de galones en libras. La conversión de 1 mg/L en libras por millones de galones se muestra a continuación.

$$\frac{1\ \text{mg}}{\text{L}}\left|\frac{1\ \text{g}}{1000\ \text{mg}}\right|\left|\frac{1\ \text{kg}}{1000\ \text{g}}\right|\left|\frac{2.204\ \text{lb}}{1\ \text{kg}}\right|\left|\frac{3.785\ \text{L}}{1\ \text{gal}}\right|\left|\frac{1\ 000\ 000\ \text{gal}}{1\ \text{mil. gal}}\right| = 8.34\ \frac{\text{lb}}{\text{mil. gal}} \tag{8.5}$$

Suponiendo que el área superficial del clarificador (cantidad de clarificadores en funcionamiento) y que la concentración de MLSS se mantienen constantes, aumentar el caudal de entrada o el caudal de LAR aumentará la SLR al clarificador secundario. La SLR es un parámetro operativo fundamental para los clarificadores secundarios. Si la SLR es demasiado alta, el clarificador no podrá sedimentar los sólidos y se acumulará un manto en el clarificador, y finalmente se lavará por arriba de la parte superior de los vertederos. La SLR aceptable para los clarificadores secundarios es de 122 a 195 kg/m^2·d (25 a 40 lb/h/ft^2) (WEF, 2018).

La SLR permitida se ve afectada por la forma en que se sedimenta el lodo. Cuando los MLSS se sedimentan de manera deficiente, la SLR máxima permitida al clarificador será menor a la que se produce cuando los MLSS se sedimentan adecuadamente. Esta idea se describe con mayor detalle en la sección sobre el control del proceso del clarificador secundario.

El aumento del caudal de LAR desplaza con mayor rapidez los sólidos hacia el clarificador, pero también elimina con mayor rapidez los sólidos del fondo del clarificador y los hace retornar al depósito de lodo activado. Dentro de los límites, el caudal de LAR controla el tiempo que los MLSS permanecen en el clarificador y controla la profundidad del manto en el fondo del clarificador. El caudal de LAR también controla la concentración de sólidos en el manto de lodos. Si se aumenta el caudal de LAR, los sólidos pasan menos tiempo en el clarificador y tienen menos tiempo para sedimentarse y compactarse. La concentración de LAR disminuye. Si se disminuye el caudal de LAR, los sólidos permanecen más tiempo en el clarificador y tienen más tiempo para sedimentarse y compactarse. La concentración de LAR aumenta. El efecto del LAR sobre el tiempo de detención de los sólidos del clarificador, la profundidad del manto, y la concentración de LAR está limitado por la forma en que el lodo flocula, se sedimenta y se compacta. El clarificador no puede mágicamente espesar los MLSS de manera indefinida. En algún punto, seguir bajando el caudal de LAR no continuará aumentando la concentración de LAR.

Existe un mito arraigado de que el aumento del caudal de LAR efectivamente disminuye la cantidad de tiempo de tratamiento en el depósito de lodo activado. Este no es el caso. Subir el LAR desplaza el agua entre el clarificador y los depósitos de lodo activado y viceversa con mayor rapidez, pero el agua pasa la misma cantidad de tiempo en el proceso de tratamiento total. El tiempo por pasada disminuye, pero el tiempo total no. Si el tiempo de tratamiento realmente disminuyera, entonces el aumento del caudal del LAR debería provocar que las aguas residuales tratadas fluyan hacia fuera del clarificador secundario y hacia el efluente final con mayor rapidez, lo que no sucede. El aumento o la disminución de la tasa de LAR no puede cambiar el nivel del agua en los depósitos de lodo activado más que unos pocos milímetros. El nivel del agua en los depósitos de lodo activado normalmente se controla con la altura de los vertederos del clarificador secundario.

El LAR no suele afectar la *concentración de MLSS* en el depósito de lodo activado en un grado apreciable. El LAR simplemente desplaza sólidos entre el clarificador y los depósitos de lodo activado. Los cambios al caudal de LAR solo pueden afectar la concentración de MLSS en el depósito de lodo activado si se están almacenando grandes cantidades de sólidos en el manto del clarificador en comparación con la cantidad de MLSS en el depósito de lodo activado. Las profundidades del manto en los clarificadores secundarios deben mantenerse por debajo de aproximadamente 0.6 m (2 ft) siempre que sea posible. Almacenar sólidos y mantener mantos profundos en los clarificadores secundarios aumentan la probabilidad de que los sólidos sean arrastrados hacia fuera del clarificador y hacia el efluente final, en especial durante períodos de caudales de entrada altos. Los mantos profundos deben evitarse.

Los cambios repentinos en la *concentración de MLSS* de un día para otro son casi siempre el resultado de errores en el muestreo y el análisis. Aunque es posible que la concentración de MLSS aumente de manera repentina, es poco probable que esto suceda. Recuerde que el rendimiento es casi constante. Las muestras con concentraciones de MLSS que son sustancialmente diferentes respecto del día anterior deben volver a recolectarse y analizarse.

En resumen, el caudal de *LAR*

- Hace retornar los sólidos sedimentados del clarificador al depósito de lodo activado;
- Junto con el LAP, hace posible el control independiente del TRH y el SRT;
- Afecta la SLR del clarificador en combinación con el caudal de entrada, la concentración de MLSS y el área superficial del clarificador;
- Controla el tiempo de detención de los sólidos del clarificador y la profundidad del manto;

El *LAR* afecta la SLR del clarificador y controla la profundidad del manto.

- Controla la concentración de sólidos en el LAR dentro de los límites establecidos por la forma en que los MLSS se sedimentan y compactan;
- Solo puede afectar la concentración de MLSS en los depósitos de lodo activado si los MLSS se están almacenando en los mantos del clarificador;
- No afecta el tiempo de tratamiento total, pero puede afectar el tiempo por pasada; y
- No aumenta ni disminuye de manera apreciable el nivel del agua en los depósitos de lodo activado.

CONCENTRACIONES DE LODO ACTIVADO RECIRCULADO/LODO ACTIVADO DE PURGA

La obtención de cálculos exactos de las concentraciones de LAR y LAP puede ser difícil dado que las ubicaciones de muestreo no son representativas, las bombas pueden operar de manera intermitente, las muestras puntuales no necesariamente reflejan las condiciones que están cambiando: el muestro compuesto puede cambiar las características de los sólidos, y la relación entre caudal de LAR y caudal de entrada puede estar cambiando. Afortunadamente, si se conocen tanto el caudal de entrada y como los caudales de LAR, es posible calcular la concentración de LAR a partir de la concentración de MLSS. Las características de los MLSS limitarán la compactación. Siempre verifique los resultados de los cálculos comparándolos con el comportamiento de sedimentación y compactación de los MLSS en el *análisis de sedimentación*.

El *análisis de sedimentación* mide la tasa de sedimentación y compactación para una muestra de MLSS. La prueba se realiza colocando una muestra de MLSS en un contenedor transparente. Durante un período de 30 minutos, se observan los MLSS mientras se sedimentan y forman un manto. El volumen del lodo activado re registra y se utiliza en cálculos posteriores.

MÉTODO DE CÁLCULO

La concentración máxima de LAR que se puede alcanzar con el clarificador se puede calcular a partir de los resultados de la prueba de sedimentación. Un procedimiento detallado para la realización de la prueba de sedimentación se presenta más adelante en este capítulo. Para la prueba, se recolecta una muestra de MLSS del extremo del depósito de lodo activado y se la deja sedimentar durante 30 minutos. El medidor de sedimentación imita la forma en que los MLSS se sedimentan en el clarificador. Se debería formar un manto en el fondo del medidor de sedimentación, tal como se muestra en la figura 8.30. Después de 30 minutos, se registra el volumen de sólidos sedimentados. Si se permite que los MLSS permanezcan en el clarificador durante 30 minutos, entonces deberían compactarse con el mismo grado que lo hacen los MLSS en el medidor de sedimentación. Si se conoce la concentración de MLSS, entonces la concentración de lodo sedimentado (*settled sludge concentration*, SSC) se calcula fácilmente utilizando la siguiente fórmula:

$$SSC_{30} = \left(\frac{\text{Volumen inicial del medidor de sedimentación, mL}}{SSV_{30}} \right) \times \text{MLSS mg/L} \qquad (8.6)$$

Donde:

SSC_{30} = Concentración de lodo sedimentado después de 30 minutos y
SSV_{30} = Volumen de lodo sedimentado después de 30 minutos.

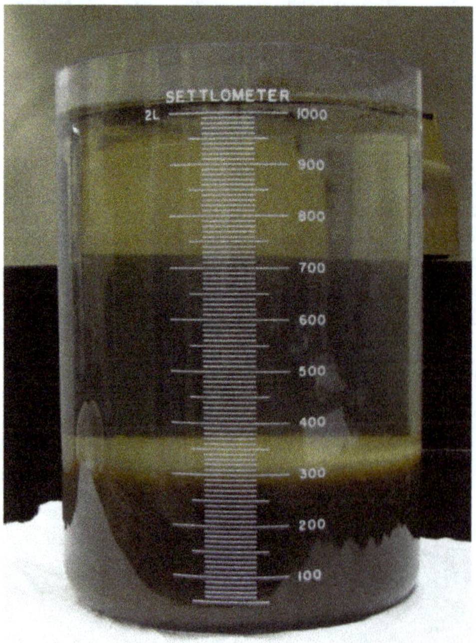

Figura 8.30 Prueba de sedimentación (reimpreso con autorización de Indigo Water Group)

Con frecuencia, los MLSS estarán dentro del clarificador durante menos de 30 minutos y no alcanzarán la compactación máxima. Esto sucede especialmente en las WRRF que deben eliminar amoníaco porque tienden a utilizar caudales de LAR más altos. La concentración real de LAR de la WRRF puede calcularse con la siguiente ecuación. El caudal de entrada y el caudal de LAR deben estar en la misma unidad.

$$X_{\text{LAR}} = \left(\frac{C_{\text{ent}}}{C_{\text{LAR}}} + 1 \right) \times X_{\text{MLSS}} \tag{8.7}$$

Donde:

X_{LAR} = Concentración de lodo activado recirculado,
C_{ent} = Caudal de entrada,
C_{LAR} = Caudal de lodo activado recirculado, y
X_{MLSS} = Concentración de sólidos en suspensión en el licor mezclado.

EJEMPLO DE CÁLCULO

El caudal de entrada a una WRRF es de 600 m^3/d (0.16 mgd) a las 9:00 a. m. y aumenta a 1500 m^3/d (0.40 mgd) a las 2:00 p. m. La concentración de MLSS es de 2800 mg/L. Suponiendo que el manto en el clarificador permanece por debajo de 0.6 m (2 ft) durante el transcurso del día, calcule la concentración de LAR tanto a las 9:00 a. m. como a las 2:00 p. m. Suponga que el caudal de bombeo está fijo a 900 m^3/d. El SSV a los 30 minutos es de 420 mL.

Paso 1: Determine la concentración de LAR a las 9:00 a. m.

$$X_{\text{LAR}} = \left(\frac{C_{\text{ent}}}{C_{\text{LAR}}} + 1 \right) \times X_{\text{MLSS}}$$

$$X_{\text{LAR}} = \left(\frac{600 \text{ m}^3/\text{d}}{900 \text{ m}^3/\text{d}} + 1 \right) \times 2800 \text{ mg/L}$$

$$X_{\text{LAR}} = (0.67 + 1) \times 2800 \text{ mg/L}$$

$$X_{\text{LAR}} = 4667 \text{ mg/L}$$

Paso 2: Determine la concentración de LAR a las 2:00 p. m.

$$X_{\text{LAR}} = \left(\frac{C_{\text{ent}}}{C_{\text{LAR}}} + 1 \right) \times X_{\text{MLSS}}$$

$$X_{\text{LAR}} = \left(\frac{1500 \text{ m}^3/\text{d}}{900 \text{ m}^3/\text{d}} + 1 \right) \times 2800 \frac{\text{mg}}{\text{L}}$$

$$X_{\text{LAR}} = (1.7 + 1) \times 2800 \text{ mg/L}$$

$$X_{\text{LAR}} = 7467$$

Paso 3: Compare las concentraciones de LAR calculadas con el medidor de sedimentación.

$$\text{SSC}_{30} = \left(\frac{\text{Volumen inicial del medidor de sedimentación, mL}}{\text{SSV}_{30}} \right) \times \text{MLSS mg/L}$$

$$\text{SSC}_{30} = \left(\frac{1000, \text{mL}}{420 \text{ mL}} \right) \times 2800 \text{ mg/L}$$

$$\text{SSC}_{30} = 6667 \text{ mg/L}$$

En este ejemplo, el resultado del medidor de sedimentación indica que la concentración máxima de LAR que se puede alcanzar es de 6667 mg/L. El cálculo de la relación de LAR dio como resultado una concentración de LAR más alta, de 7467 mg/L. Debido a que el lodo no se está sedimentando ni compactando bien, la concentración de LAR a las 2:00 p. m. será de 6667 mg/L y no de 7467 mg/L, suponiendo que los MLSS permanezcan en el clarificador durante 30 minutos. Sin embargo, habrá ocasiones en las que un lodo de sedimentación lenta continúe compactándose en el medidor de sedimentación después de 30 minutos. Los operadores deben ser conscientes de que bajar el LAR a niveles extremadamente bajos en un intento de espesar y compactar aún más los sólidos en el manto del clarificador es contraproducente y puede provocar el deterioro de la calidad del efluente.

Muchas de las WRRF tienen la capacidad de ajustar el caudal de LAR como un porcentaje fijo del caudal de entrada. Esta práctica es denominada *regulación del caudal*. En esta situación, la concentración de LAR permanecerá relativamente constante durante el transcurso del día siempre que el porcentaje de sólidos en el clarificador permanezca bajo en relación al porcentaje de sólidos en el depósito de lodo activado, es decir, el clarificador no esté acumulando un manto. La regulación del caudal puede ser difícil de mantener durante determinados momentos del día debido a las limitaciones en el bombeo. En algunos casos, las bombas de LAR no se pueden bajar lo suficiente y, como resultado, el porcentaje de LAR al caudal de entrada aumentará. Esto provoca la disminución de la concentración de LAR. En otros casos, la capacidad de bombeo de LAR se convierte en el factor limitante. Por ejemplo, si el caudal de entrada a una instalación presenta un valor máximo de 2000 m^3/d, la bomba de LAR tiene una capacidad de solo 1000 m^3/d. Para esta instalación, el porcentaje de LAR que podría retornar durante los caudales de entrada de hora pico será de solo el 50 %. En esta situación, el clarificador puede comenzar a acumular sólidos y formar un manto. Cuando disminuyen los caudales de entrada, el porcentaje de caudal de LAR aumentará nuevamente y los sólidos se eliminarán del clarificador con mayor rapidez y el manto (si lo hay) volverá hacia abajo. Es común y normal que la profundidad del manto en un clarificador secundario se eleve y caiga durante el transcurso de un día. La meta es mantener el manto por debajo de 0.6 m (2 ft) siempre q sea posible.

Algunas WRRF no tienen la capacidad de regular el caudal de sus bombas de LAR. En esta situación, el operador debe decidir si 1) ajusta manualmente el caudal de LAR varias veces durante el transcurso del día o si 2) decide seleccionar un caudal fijo para todo el día. Cuando el caudal de LAR es fijo, los sólidos se eliminarán del clarificador con mayor rapidez durante algunas partes del día y con menor rapidez durante otras. Como resultado, la concentración de LAR también variará durante el transcurso del día.

El cálculo 8.7 también puede utilizarse para determinar el caudal de LAR requerido para alcanzar una concentración de LAR determinada. La maximización de la concentración de LAR en el clarificador reduce el volumen de agua transferido a los procesos de procesamiento de sólidos. Tenga en cuenta que aunque los caudales bajos de LAR pueden producir concentraciones más altas de LAR, la compactación del lodo es limitada y la permanencia del lodo en el clarificador durante largos períodos de tiempo puede degradar la calidad del efluente final. Para determinar el caudal de LAR que produce una concentración de LAR deseada, primero realice una prueba de sedimentación y calcule la SSC conforme a la ecuación 8.6. Después, utilice la ecuación 8.6 para calcular el caudal de LAR.

EJEMPLO DE CÁLCULO

La SSC después de 30 minutos de sedimentación es de 11 250 mg/L. Determine el caudal de LAR que produce esta concentración cuando el caudal de entrada es de 5100 m^3/d (1.35 mgd) y la concentración de MLSS es de 2900 mg/L.

Paso 1: Ingrese la información conocida a la fórmula.

$$X_{\text{LAR}} = \left(\frac{C_{\text{ent}}}{C_{\text{LAR}}} + 1\right) \times X_{\text{MLSS}}$$

$$11\,250\frac{\text{mg}}{\text{L}} = \left(\frac{5100\frac{\text{m}^3}{\text{d}}}{C_{\text{LAR}}} + 1\right) \times 2900 \text{ mg/L}$$

Paso 2: Vuelva a ordenar la ecuación para resolver C_{LAR}.

$$\frac{11\,250 \text{ mg/L}}{2900 \text{ mg/L}} = \frac{\left(\dfrac{5100 \text{ m}^3\text{/d}}{C_{LAR}} + 1\right) \times 2900 \text{ mg/L}}{2900 \text{ mg/L}}$$

$$3.88 = \frac{5100 \text{ m}^3\text{/d}}{C_{LAR}} + 1$$

$$3.88 - 1 = \frac{5100 \text{ m}^3\text{/d}}{C_{LAR}} + 1 - 1$$

$$2.88 = \frac{5100 \text{ m}^3\text{/d}}{C_{LAR}}$$

$$(2.88)(C_{LAR}) = \frac{5100 \text{ m}^3\text{/d}}{C_{LAR}} \times C_{LAR}$$

$$(2.88)(C_{LAR}) = 5300 \text{ m}^3\text{/d}$$

$$\frac{(2.88)(C_{LAR})}{2.88} = \frac{5300 \text{ m}^3\text{/d}}{2.88}$$

$$C_{LAR} = 1840 \text{ m}^3\text{/d}$$

UBICACIONES DE MUESTREO PARA EL LODO ACTIVADO RECIRCULADO/LODO ACTIVADO DE PURGA

Lo ideal es que las muestras se recolecten de ubicaciones con una buena mezcla que sean representativas del sistema en su totalidad. Las cámaras equipartidoras, las cámaras de unión, las canaletas y las descargas de la bomba son todas excelentes ubicaciones de muestreo para determinar las concentraciones de sólidos porque presentan una buena mezcla. En la figura 8.31 se muestran dos posibles configuraciones de extracción de LAR y LAP de un clarificador. En el primer caso, las bombas de LAR y LAP extraen de la misma tubería. Puede haber una tolva o un foso en el fondo del clarificador donde la tubería ingresa al tanque. La bomba de LAR opera continuamente y la concentración de LAR puede predecirse utilizando la fórmula 8.7. La bomba de LAP opera de manera intermitente, pero debido a que extrae de la misma tubería que la bomba de LAR, las concentraciones de LAP y LAR serán las mismas.

En el segundo caso, las bombas de LAR y LAP no comparten una misma tubería. La tubería de LAR extrae del clarificador con una elevación más alta que la de la tubería de LAP. La concentración de LAP suele ser más alta que la concentración de LAR debido a que los MLSS han tenido más tiempo para sedimentarse y compactarse antes de alcanzar el punto de extracción de LAP. Se torna más difícil calcular la concentración de LAP utilizando la fórmula 8.7. La operación intermitente de la bomba de LAP acentúa esta disparidad. La bomba de LAP solo opera durante 10 o 15 minutos de cada hora, después las partículas más pesadas y las de arena tienden a acumularse en la tolva de LAP mientras los flóculos más ligeros se eliminan y se reciclan a través de la línea de LAR. Si una muestra puntual se recolecta de la bomba de LAP inmediatamente después de su puesta en funcionamiento, estos

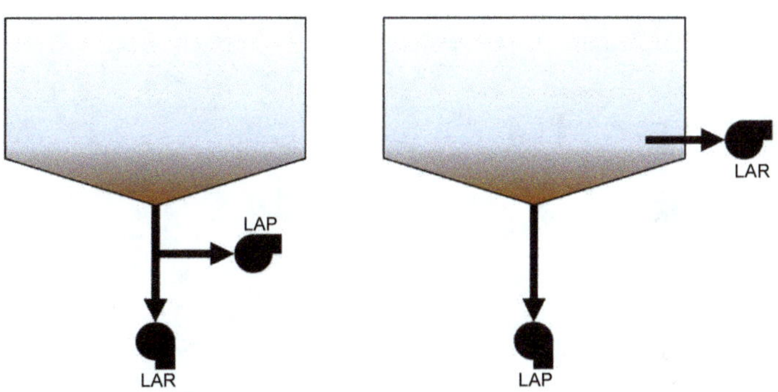

Figura 8.31 Puntos de extracción de lodo activado recirculado y LAP de un clarificador secundario (reimpreso con autorización de Indigo Water Group)

Para volver a ordenar las ecuaciones se requieren un poco de paciencia y el cumplimiento de algunas reglas simples. 1) En primer lugar, simplifique siguiendo el orden de las operaciones. Primero, resuelva lo que se encuentra dentro de los paréntesis, después continúe con los exponentes; después multiplique y divida, y sume y reste. Una forma útil de recordar el orden de las operaciones es la sigla "Pedro Escucha Mientras Dos Alumnos Sonríen". Las ecuaciones deben resolverse de izquierda a derecha mientras se sigue el orden de las operaciones. La barra de división actúa como paréntesis. 2) Puede hacer lo que quiera con la mayoría de las ecuaciones; sumar un número, por ejemplo, pero 3) lo que sea que haga, tiene que hacerlo en ambos lados de la ecuación. Finalmente, para mover algo de un lado de la ecuación al otro, tiene que hacer lo contrario. Para la ecuación simple $3 + X = 5$, el número 3 se suma a la X. Para moverlo al otro lado, reste el número 3 para que la X quede sola. Después, reste el número 3 del otro lado también. Ahora, $X = 2$. Estos mismos principios aplican sin importar cuán complicado sea el problema de álgebra que está intentando solucionar.

materiales más pesados pueden engañar a un operador haciéndole creer que la concentración de LAP es mucho más alta de lo que realmente es. Tan pronto como se vacíe la tolva, la concentración de LAP será casi la misma que la concentración de LAR. Por este motivo, una serie de muestras puntuales deben recolectarse al comienzo, a la mitad y al final de un ciclo de bombeo para medir la concentración real de LAP. Si el cálculo de la concentración de LAP es incorrecto, los cálculos del TPRC/SRT también serán incorrectos.

Estudio de caso: en la figura 8.32 se muestra una galería de bombas de LAR/LAP donde las tres bombas están acopladas. Para esta WRRF en particular, puede ponerse en funcionamiento cualquier combinación de clarificadores con una o más bombas de LAR. Tenga en cuenta que la bomba en el medio puede funcionar como bomba de LAR o LAP. Una válvula de accionamiento en el lado de descarga de esta bomba permite que el LAR retorne al proceso de lodo activado o se desvíe hacia el digestor aerobio como LAP. Debido a que todas las bombas están acopladas, una muestra recolectada de cualquiera de las bombas debería ser comparable con cualquier otra bomba. Las concentraciones de LAP y LAR serán iguales.

El ingeniero de diseño proporcionó dos llaves de muestreo, que se indican como triángulos rojos en la figura 8.32, colocadas en los extremos opuestos del tubo múltiple. El personal de operaciones lavó la línea con diligencia antes de recolectar muestras para el control del proceso. Las concentraciones de sólidos en suspensión en el licor mezclado que se midieron en cualquiera de estas llaves de muestreo fueron extremadamente erráticas y presentaron una concentración más baja que los MLSS en los depósitos de lodo activado. Resultó evidente que los puntos de muestreo no fueron representativos. Se desarrolló la teoría de que los MLSS se estaban sedimentando en los extremos del tubo. El no poder conocer la concentración real de LAP les imposibilitó a los operadores utilizar el control de TPRC/SRT.

Los operadores de la instalación instalaron tres nuevas llaves de muestreo, que se muestran como triángulos amarillos en la figura 8.32. Al colocar las llaves de muestreo aguas abajo de las bombas, se aseguraron de que el LAR estará bien mezclado antes de la recolección de muestras. Las concentraciones de LAR que se midieron han sido consistentes desde que se trasladaron los puntos de muestreo. Los resultados de lodo activado recirculado concuerdan con las concentraciones que se predijeron con la utilización del cálculo de la relación entre caudal de LAR y caudal de entrada descrito anteriormente.

LODO ACTIVADO DE PURGA

Para mantener un proceso de tratamiento estable, los MLSS deben eliminarse con regularidad. Los sólidos en suspensión en el licor mezclado se pueden eliminar del fondo del clarificador, de la línea de LAR, o directamente del depósito de lodo activado. En la figura 8.1, el LAP o la línea de LAP se muestra extrayendo MLSS del fondo del clarificador secundario, que es la configuración más común. La ventaja de la extracción de MLSS del fondo del clarificador o de la línea de LAR en lugar de del depósito de lodo activado es que el LAR presentará una concentración más alta en miligramos por litro. Esto reduce el volumen total que debe eliminarse y procesarse. La ventaja del desechado de MLSS directamente del depósito de lodo activado es que el operador no necesita conocer la concentración de MLSS para calcular el número de metros cúbicos o galones que deben eliminarse.

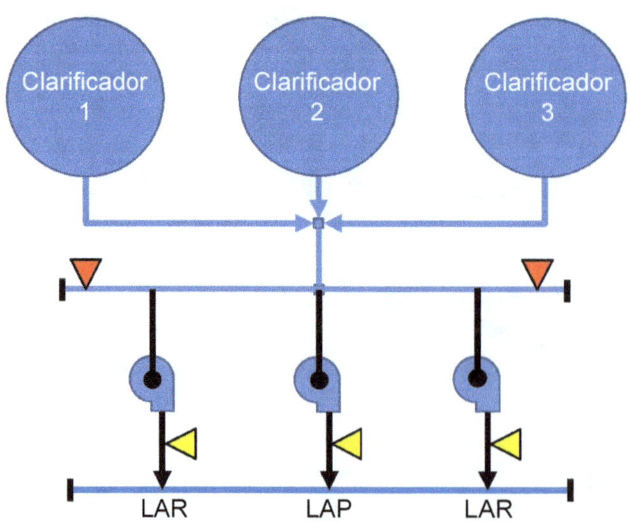

Figura 8.32 Diseño típico de galería de bombas de LAR/LAP (reimpreso con autorización de Indigo Water Group)

Todos los días se elimina un porcentaje de los MLSS para lograr una *edad del lodo* objetivo. Si se desea un lodo de 10 días, el operador simplemente debe desechar un 10 % del volumen total del depósito todos los días. Si se desea una edad del lodo de 20 días, el operador elimina un 5 % del volumen total del depósito todos los días. Algunos diseños del proceso de lodo activado se basan en el control hidráulico, es decir, la eliminación de sólidos directamente del depósito de lodo activado, aunque el deseo de enviar un lodo más espeso al lado de procesamiento de sólidos de la WRRF ha limitado su uso.

La *edad del lodo* es la cantidad de tiempo que un microorganismo típico realiza el ciclo entre el depósito de lodo activado y el secundario clarificador antes de ser eliminado del sistema.

El caudal de lodo activado de purga, junto con condiciones ambientales tales como la temperatura del agua y la disponibilidad de DBO, los nutrientes y el oxígeno, afecta la biología del proceso y el nivel de tratamiento alcanzado. Los microorganismos de crecimiento más lento, que incluyen las bacterias nitrificantes y algunos filamentos, solo pueden permanecer en el proceso de tratamiento si los MLSS se mantienen el tiempo suficiente como para que puedan reproducirse. El lodo activado de purga determina el tiempo que los MLSS se mantienen dentro del sistema y, por lo tanto, ayuda a determinar los tipos de microorganismos que estarán presentes. La presencia o ausencia de filamentos afectará la rapidez con la que el lodo se sedimenta en el clarificador. El lodo activado de purga también determina la concentración de MLSS. Las tasas de desechado más altas dejan menos sólidos en el sistema. La cantidad de LAP eliminado del sistema cada día se determina calculando la edad del lodo. Los cálculos de edad del lodo y las relaciones entre la edad del lodo y otros parámetros operativos se explican en detalle en las siguientes secciones.

En resumen, el *LAP*

- Determina la edad del lodo,
- Controla la masa de sólidos totales en el depósito de lodo activado,
- Afecta la calidad/sedimentabilidad del lodo,
- Afecta la tasa de crecimiento de los microorganismos,
- Afecta los tipos de microorganismos que tienen la posibilidad de proliferar, y
- Afecta la calidad del efluente.

El *LAP* determina la edad del lodo y afecta la calidad del lodo.

COMPROBACIÓN DE CONOCIMIENTOS

1. **El lodo activado recirculado presenta una concentración más alta que los MLSS en los depósitos de lodo activado.**
   - ☐ Verdadero
   - ☐ Falso
2. **Los lodos de sedimentación lenta pueden continuar sedimentándose y compactándose en la prueba de sedimentación después de 30 minutos.**
   - ☐ Verdadero
   - ☐ Falso
3. **El LAR es un porcentaje fijo del caudal de entrada. La profundidad del manto del clarificador es menor a 0.6 m (2 ft). El caudal de entrada a la WRRF está aumentando. ¿Qué está sucediendo con la SLR del clarificador?**
   a. Se mantiene constante debido al porcentaje constante de LAR
   b. Disminuye con un aumento en el caudal de entrada
   c. Se mantiene constante debido a la profundidad del manto
   d. Aumenta con el aumento del caudal de entrada
4. **El aumento del caudal de LAR**
   a. Disminuirá la concentración de LAR
   b. Disminuirá la SLR al clarificador secundario
   c. Aumentará la concentración de LAP
   d. Aumentará la edad del lodo
5. **Se aumentó el caudal de bombeo de LAR y aumentó la concentración de MLSS en el depósito de lodo activado. ¿Qué debe ser cierto?**
   a. Antes del aumento, los MLSS se estaban sedimentando en los depósitos de lodo activado.
   b. Después del aumento, la SLR al clarificador era demasiado alta.
   c. Antes del aumento, una gran parte de los MLSS se encontraba en el manto del clarificador.
   d. Después del aumento, el aumento en la exposición a DBO_5 aumentó los MLSS.
6. **El lodo activado de purga afectó todos los siguientes puntos A EXCEPCIÓN DE**
   a. Edad del lodo
   b. Sedimentabilidad del lodo
   c. Concentración de lodo
   d. Profundidad del manto de lodo
7. **En la actualidad, un sistema de lodo activado no elimina amoníaco. Para retener las bacterias nitrificantes y aumentar su cantidad, ¿cuál de las siguientes medidas se puede tomar?**
   a. Aumentar el lodo activado recirculado
   b. Disminuir el desechado de lodo
   c. Aumentar el TDH
   d. Disminuir la SLR del clarificador

8. El caudal de entrada al depósito de lodo activado es de 8.7 ML/d (2.3 mgd). El caudal de LAR es del 63 % del caudal de entrada a 5.48 ML/d (1.45 mgd). Si la concentración de MLSS es de 2600 mg/L, ¿cuál es la concentración de LAR esperada?

a. 4000 mg/L
b. 4200 mg/L
c. 6700 mg/L
d. 7200 mg/L

9. Después de la sedimentación durante 30 minutos en el medidor de sedimentación, el SSV es de 280 mL. ¿Cuál es la SSC si la concentración de MLSS inicial era de 1850 mg/L?

a. 5180 mg/L
b. 6607 mg/L
c. 7400 mg/L
d. 9250 mg/L

10. La concentración de LAR se calculó utilizando los datos de caudal y la concentración de MLSS. El cálculo predice una concentración de LAR de 9000 mg/L. Las bacterias filamentosas evitan que los MLSS se sedimenten y se compacten bien en la prueba de sedimentación. Después de 30 minutos, la SSC es de solo 6200 mg/L. ¿Cuál es la concentración máxima de LAR que puede alcanzarse en los clarificadores si se permite que el lodo permanezca en el clarificador durante 30 minutos?

a. 3100 mg/L
b. 6200 mg/L
c. 7600 mg/L
d. 9000 mg/L

11. Cuando los sólidos se eliminan del clarificador más rápido de lo que se agregan al clarificador

a. Aumentará la profundidad del manto
b. La mayoría de los MLSS estarán en el clarificador
c. Disminuirá la profundidad del manto
d. Disminuirá la eficiencia del tratamiento

12. El caudal de LAR está establecido actualmente al 50 % del caudal de entrada. Si se disminuye el caudal de LAR al 30 %, el operador debe esperar observar

a. Una reducción en el tiempo de tratamiento total
b. La formación de vacíos en el manto de lodos del clarificador
c. Una reducción en la carga de sólidos al clarificador
d. Un aumento en la concentración de LAR

13. Se colocaron en un medidor de sedimentación sólidos en suspensión en el licor mezclado con una concentración de 1800 mg/L y se les permitió que se sedimenten durante 30 minutos. El volumen de lodo inicial fue de 2000 mL y el volumen de lodo a los 30 minutos fue de 280 mL. Determine la SSC.

a. 6429 mg/L
b. 7143 mg/L
c. 12 857 mg/L
d. 14 286 mg/L

14. El caudal de lodo activado recirculado está establecido al 70% del caudal de entrada. Si la concentración de MLSS es de 2600 mg/L, ¿cuál es la concentración de LAR anticipada si se supone que los sólidos no se están almacenando en el manto del clarificador?

a. 6300 mg/L
b. 3700 mg/L
c. 7500 mg/L
d. 9000 mg/L

15. Gracias a la prueba de sedimentación, el operador sabe que la SSC a los 30 minutos es de 10 000 mg/L. La concentración de MLSS inicial era de 2500 mg/L. Si el operador quiere lograr la concentración de LAR más espesa para este lodo, pero no quiere dejar el LAR en el clarificador durante más tiempo del que se requiere, ¿cuál debería ser el caudal de LAR cuando el caudal de entrada es de 4200 m^3/d (1.1 mgd)?

a. 1400 m^3/d (0.37 mgd)
b. 2500 m^3/d (0.66 mgd)
c. 2800 m^3/d (0.74 mgd)
d. 5100 m^3/d (1.35 mgd)

EDAD DEL LODO

La definición de la edad del lodo ha evolucionado con los años a medida que ha aumentado nuestra comprensión del proceso. La edad del lodo es la cantidad de tiempo que los sólidos o los MLSS pasan moviéndose entre los depósitos de lodo activado y los clarificadores secundarios antes de que se los elimine del sistema mediante una línea de LAP o al escapar hacia el efluente final. En el caso de un SBR, el tratamiento y la clarificación se realizan en el mismo tanque. La edad del lodo afecta todos los aspectos de la operación del proceso de lodo activado, incluidos: La concentración y la calidad de los MLSS; las características de sedimentación del lodo; los tipos de microorganismos presentes en el proceso; la F/M; la capacidad de tratamiento; la capacidad de eliminar amoníaco, nitrito, nitrato y fósforo; demanda de oxígeno; eficiencia de la transferencia de oxígeno; producción de lodo; y calidad del efluente final. *La edad del lodo debe ser la principal variable de control del proceso para cualquier sistema de lodo activado.* Se debe ajustar según sea necesario para optimizar la sedimentabilidad del lodo, minimizar el consumo de energía, y cumplir con los límites del efluente final. En las ubicaciones en las que se experimentan cambios estacionales en la temperatura del agua del caudal de entrada, la edad del lodo debe ajustarse de forma estacional para compensar el aumento o la disminución en la actividad microbiana. La edad del lodo seleccionada determina si el proceso de lodo activado será capaz o no de cumplir con las metas del tratamiento para los SST del efluente, la DBO y el amoníaco.

La *edad del lodo* es un término amplio que incluye el tiempo promedio de residencia de las células (TPRC), el tiempo de retención de sólidos (SRT), y el SRT aerobio.

La *edad del lodo* es un término amplio que puede hacer referencia a cualquiera de los siguientes términos más específicos: Edad del lodo de Gould (*Gould sludge age*, GSA), TPRC, SRT, o $SRT_{aerobio}$. Los operadores y los ingenieros de diseño utilizan el SRT aerobio para garantizar que el sistema tenga una edad del lodo adecuada para la nitrificación. Según la definición que se esté utilizando de la edad del lodo, la masa de MLSS en las zonas aereadas, en las zonas no aereadas y en los mantos del clarificador puede estar incluida o no en los cálculos de control del proceso, tal como se muestra en la tabla 8.4.

EDAD DEL LODO DE GOULD

La edad del lodo de Gould ya no se utiliza comúnmente por motivos que se describen a continuación, aunque aún se hace referencia a ella en muchas publicaciones y libros de matemática para operadores.

La *edad del lodo de Gould* se define como la masa de sólidos en el proceso de lodo activado (MLSS) dividida por la masa de SST en el caudal de entrada de aguas residuales (Gould, 1953). En los inicios del diseño del proceso de lodo activado, Gould y otros sabían que el lodo que tuviera menos de 1 o 2 días de edad no flocularía ni se sedimentaría bien y que la masa de lodo en el proceso necesitaba tener entre 3.5 y 4.0 veces el peso de los sólidos en suspensión del caudal de entrada de aguas residuales para que esto ocurriera (Gould, 1953). Para poner esto en perspectiva, si la concentración de SST del caudal de entrada era de 250 mg/L, entonces la concentración de sólidos en el depósito de lodo activado necesitaba ser de alrededor de 875 mg/L. Los procesos actuales de lodo activado operan con concentraciones de MLSS de entre 1000 y 5000 mg/L.

La utilización de GSA no presenta ventajas evidentes pero sí muchas desventajas. La edad del lodo de Gould pone al operador en la posición de intentar predecir y hacer coincidir una carga de SST del caudal de entrada que cambia constantemente y no ofrece un mecanismo claro para el cálculo de la cantidad de sólidos que debe eliminarse del proceso cada día. Puede que los cambios repentinos en la carga del caudal de entrada no se observen con la rapidez suficiente como para realizar cambios operativos. Como resultado, es probable que se produzca la eliminación excesiva o insuficiente crónica de sólidos.

La edad del lodo de Gould es sensible a los cambios pequeños en la tasa de desechado y no funciona bien para las aguas residuales que contienen un gran porcentaje de DBO soluble (Stall y Sherrard, 1978). Para las aguas residuales domésticas, la relación *DBOC a SST* del caudal de entrada normalmente es de entre 0.82 y 1.43 y, con frecuencia, son casi iguales (EnviroSim Associates, 2005; WEF et al., 2010). Gould estaba enfocado en la concentración de sólidos del caudal de entrada porque creía que el lodo activado funcionaba solo floculando y sedimentando sólidos. Él no comprendía que la DBO del caudal de entrada era alimento para las bacterias en el proceso. Para las aguas residuales domésticas, esta suposición funcionaba bastante bien la mayor parte del tiempo porque los SST y la DBOC eran aproximadamente los mismos. Para las aguas residuales de las fábricas de cerveza y de otros tipos de elaboración de alimentos, una gran parte de la DBOC es soluble y faltaba en la ecuación de Gould. La ecuación de Gould no funcionaba para estos tipos de aguas residuales. La Water Environment Federation propuso una modificación en el cálculo de la GSA que utilizaba la DBO del caudal de entrada en lugar de los SST del caudal de entrada, pero su utilización no se extendió. La inversa de la ecuación de *GSA modificada* es la F/M.

Si la relación *entre DBOC y SST* es de 0.85, esto significa que la concentración de DBOC es igual al 85 % de la concentración de SST.

Cuando usted invierte la fracción, la da vuelta. La inversa de la fracción $\frac{3}{4}$ es $\frac{4}{3}$.

La *GSA modificada* se calculó tomando la masa de MLSS en el depósito de lodo activado y dividiéndola por la masa de DBO en el caudal de entrada. Si invierte el cálculo y divide la DBO del caudal de entrada por los MLSS, obtendrá la F/M. Ni la GSA ni la F/M funcionan bien para el control del proceso.

TIEMPO PROMEDIO DE RESIDENCIA DE LAS CÉLULAS

Para 1955, ya se estaban utilizando comúnmente muchas de las herramientas de control del proceso actuales. Se estaban realizando pruebas de sedimentación en cilindros graduados de 1-L y se estaban realizando cálculos de la GSA a diario en muchas instalaciones. Las tasas de desechado se ajustan a diario para alcanzar una GSA objetivo (Torpey y Chasick, 1955). Se reconocía ampliamente que la edad del lodo necesitaba ser controlada dentro de un rango estrecho para mantener la sedimentabilidad del lodo y la calidad del efluente. Si la edad del lodo era demasiado baja, el lodo no floculaba ni se compactaba bien. Si la edad del lodo era demasiado alta, el crecimiento de bacterias filamentosas provocaba el abultamiento de lodos y una posible falla del proceso (Torpey y Chasick, 1955). A pesar de estos avances, muchos procesos de lodo activado tuvieron dificultades para controlar los SST y la DBO de sus efluentes. Esto se debe en parte a la naturaleza reactiva de la GSA y su sensibilidad a los cambios pequeños en la tasa de LAR.

Tabla 8.4 Sólidos incluidos en los cálculos de la edad del lodo

Edad del lodo: definición	SST del caudal de entrada	Zonas anaerobias y anóxicas	Zonas aereadas	Manto del clarificador	Sólidos residuales
Edad del lodo de Gould (GSA)	Sí	Sí	Sí	Tal vez	No
Tiempo promedio de residencia de las células (TPRC)	No	Sí	Sí	Sí	Sí
Tiempo de retención de sólidos (SRT)	No	Sí	Sí	No	Sí
Tiempo de retención de sólidos aerobio ($SRT_{aerobio}$)	No	No	Sí	No	Sí

Debido a que el rendimiento (*masa de MLVSS producida* por masa de DBO) es casi constante para las aguas residuales domésticas, la concentración de MLVSS en los depósitos de lodo activado aumentará o disminuirá automáticamente para corresponderse con la carga de DBO del caudal de entrada.

El primer ejemplo del control del proceso de TPRC moderno fue publicado por 1958 por Garrett, quien lo denominó *control hidráulico*. Los trabajos anteriores de Garrett demostraban que existía una relación relativamente uniforme entre la cantidad de DBO eliminada por el lodo activado y la*cantidad de MLVSS producidos* (Garrett y Sawyer, 1952). Según lo descrito sobre el rendimiento en el capítulo 5 donde alrededor de 0.42 kg de MLVSS se producía por cada 1 kg de DQO en el caudal de entrada o aproximadamente 0.67 kg de MLVSS por cada 1 kg de DBO (Metcalf and Eddy, Inc./AECOM, 2014). Para las aguas residuales domésticas, la relación entre DQO y DBO en el caudal de entrada normalmente es de entre 1.8 y 2.2 (EnviroSim Associates, 2005; WEF et al., 2010). Dado que la cantidad de MLVSS producidos cada día está directamente relacionada con la masa de DBO en el caudal de entrada, Garrett y otros propusieron que la edad del lodo y su tasa de crecimiento se puedan controlar simplemente mediante el control de la cantidad de lodo de purga eliminado del sistema cada día (Garrett, 1958). Si la carga de DBO del caudal de entrada aumenta, se producirán más MLVSS y la concentración de MLVSS aumentará. La eliminación del mismo porcentaje de lodo del sistema cada día da como resultado una edad del lodo constante. La operación a largo plazo de una instalación a escala completa utilizando esta idea demostró que al controlar la tasa de desechado también se controla el equilibrio entre la carga de DBO del caudal de entrada de aguas residuales y la concentración de MLVSS y se controlan directamente las concentraciones de DBO del efluente (Garrett, 1958). En otras palabras, al controlar el TPRC también se controla la concentración de MLVSS, la F/M, y la calidad del efluente.

Definición

El término *TPRC* fue acuñado por Pearson (1966) y después lo adoptaron Jenkins y Garrison (1968) para el control del proceso de lodo activado. Media es otro término para promedio. El tiempo promedio de residencia de las células es la cantidad de tiempo promedio que una célula bacteriana pasa en el proceso de lodo activado. Al utilizar esta terminología específica, se distingue entre los SST utilizados en el cálculo de la GSA y los sólidos biológicos en los MLVSS. El tiempo promedio de residencia de las células fue definido originalmente por Jenkins y Garrison como la masa total de sólidos volátiles en suspensión (SVS) en el proceso de lodo activado dividida por la masa de SVS que salían del sistema. La masa puede calcularse como kilogramos o libras. El cálculo incluye los sólidos de todos los depósitos independientemente de si han sido aereados o no así como también los sólidos en el manto del clarificador. Originalmente, el cálculo del TPRC solo incluía los MLVSS, pero en el TPRC se utilizan los MLSS en lugar de los MLVSS. Para la mayoría de las WRRF domésticas, la relación entre MLVSS y MLSS es bastante constante durante largos períodos de tiempo siempre que 1) la edad del lodo esté bien controlada y 2) la WRRF no reciba materiales residuales de instalaciones de tratamiento de agua o 3) se agreguen cantidades sustanciales de material inerte a través del agregado de productos químicos. La relación casi constante, que cambia lentamente, observada en muchos procesos de lodo activos permite el uso de MLSS, un análisis de laboratorio más simple, en lugar de MLVSS.

Método de cálculo

El tiempo promedio de residencia de las células se calcula utilizando la siguiente ecuación:

$$\text{TPRC, días} = \frac{\text{Masa del depósito de lodo activado} + \text{Masa del clarificador}}{\text{Masa del lodo activado de purga} + \text{Masa de sólidos del efluente}} \tag{8.8}$$

La masa puede calcularse como kilogramos o libras. En un proceso de lodo activado que funciona bien, la masa de sólidos del efluente debe ser pequeña en comparación con la masa de sólidos presente en el depósito de lodo activado, el manto del clarificador y el LAP. Con frecuencia, los sólidos del efluente pueden ignorarse y no incluirse en el cálculo. Más adelante en este capítulo se describe las ocasiones en las que los SST del efluente deben incluirse en el cálculo.

Unidades estándar internacionales para calcular la masa:

$$\text{kg} = \frac{\left[\left(\text{Concentración, } \frac{\text{mg}}{\text{L}}\right)(\text{Volumen, m}^3)\right]}{1000} \tag{8.9}$$

De manera alternativa, puede utilizar el análisis dimensional:

$$\left|\frac{X\ \text{mg}}{\text{L}}\right|\frac{1\ \text{g}}{1000\ \text{mg}}\left|\right|\frac{1\ \text{kg}}{1000\ \text{g}}\left|\right|\frac{1000\ \text{L}}{1\ \text{m}^3}\left|\right|\frac{X\ \text{m}^3}{}\right| = \text{kg} \tag{8.10}$$

Unidades habituales en los EE. UU. para calcular la masa:

Para determinar las libras por día, utilice el caudal en millones de galones en lugar del volumen en millones de galones,

$$\text{Libras} = \left(\text{Concentración, } \frac{\text{mg}}{\text{L}}\right)(\text{Volumen, mil. gal})\left(8.34\frac{\text{lb}}{\text{mil. gal}}\right) \quad (8.11)$$

De manera alternativa, puede utilizar el análisis dimensional:

$$\left.\frac{X\text{ mg}}{\text{L}}\right|\left.\frac{1\text{ g}}{1000\text{ mg}}\right|\left|\frac{1\text{ kg}}{1000\text{ g}}\right|\left|\frac{2.204\text{ lb}}{1\text{ kg}}\right|\left|\frac{3.785\text{ L}}{1\text{ gal}}\right|\left|\frac{1\,000\,000\text{ gal}}{1\text{ mil. gal}}\right|\left|\frac{X\text{ mil. gal}}{}\right| = \frac{\text{lb}}{\text{mil. gal}} \quad (8.12)$$

Para mantener un TPRC de 10 días, por ejemplo, el operador debe eliminar una décima parte (10 %) de la masa total de sólidos del proceso cada día. Para mantener un TPRC de 20 días, el operador debe eliminar una vigésima parte (5 %) de la masa total cada día. Tenga en cuenta que el caudal de entrada a la WRRF no afecta el porcentaje de LAP eliminado cada día. La masa o el peso de los sólidos eliminados no es lo mismo que el volumen o los galones eliminados. Dado que la concentración de LAP puede cambiar con frecuencia, es de suma importancia que los cálculos de la masa se realicen con regularidad.

Ejemplo de cálculo

Determine el TPRC para una instalación de tratamiento con las siguientes características:

Volumen del depósito de lodo activado = 7570 m^3 (2 mil. gal)

Concentración de MLSS = 2800 mg/L

Volumen del clarificador = 1514 m^3 (0.4 mil. gal)

Concentración de sólidos del clarificador = 600 mg/L

Caudal de LAP = 303 m^3 (0.08 mgd)

Concentración de LAR y LAP = 7400 mg/L

Concentración de SST del efluente = insignificante

Puede ser útil hacer un dibujo del problema que está intentando solucionar. Después, etiquete el dibujo con la información disponible. Esto le puede ayudar a definir el problema de mejor manera y le ayudará a darse cuenta de cuáles son los datos que pueden unirse.

Solución con unidades del sistema estándar internacional:

Paso 1: Determine la masa de sólidos en el depósito de lodo activado.

$$\text{Depósito de lodo activado kg} = \frac{\left[\left(\text{Concentración, } \frac{\text{mg}}{\text{L}}\right)(\text{Volumen, m}^3)\right]}{1000}$$

$$\text{Depósito de lodo activado kg} = \frac{\left[\left(2800\frac{\text{mg}}{\text{L}}\right)(7570\text{ m}^3)\right]}{1000}$$

$$\text{Depósito de lodo activado kg} = 21\,196$$

Paso 2: Determine la masa de sólidos en el manto del clarificador.

$$\text{Manto del clarificador kg} = \frac{\left[\left(\text{Concentración, } \frac{\text{mg}}{\text{L}}\right)(\text{Volumen, m}^3)\right]}{1000}$$

$$\text{Manto del clarificador kg} = \frac{\left[\left(600\frac{\text{mg}}{\text{L}}\right)(1514\text{ m}^3)\right]}{1000}$$

$$\text{Manto del clarificador kg} = 908.4$$

Paso 3: Determine la masa de sólidos desechados.

$$\text{LAP}\frac{\text{kg}}{\text{d}} = \frac{\left[\left(\text{Concentración, } \frac{\text{mg}}{\text{L}}\right)\left(\text{Caudal de LAP, } \frac{\text{m}^3}{\text{d}}\right)\right]}{1000}$$

$$\text{LAP}\frac{\text{kg}}{\text{d}} = \frac{\left[\left(7400\frac{\text{mg}}{\text{L}}\right)\left(303\frac{\text{m}^3}{\text{d}}\right)\right]}{1000}$$

$$\text{LAP}\frac{\text{kg}}{\text{d}} = 2242$$

Paso 4: Calcule el TPRC.

$$\text{TPRC, días} = \frac{\text{Masa del depósito de lodo activado} + \text{Masa del clarificador}}{\text{Masa del lodo activado de purga} + \text{Masa de sólidos del efluente}}$$

$$\text{TPRC, días} = \frac{21\,196\text{ kg} + 908.4\text{ kg}}{2242\frac{\text{kg}}{\text{d}} + 0}$$

$$\text{TPRC, días} = \frac{22\,104\text{ kg}}{2242\frac{\text{kg}}{\text{d}}}$$

$$\text{Tiempo promedio de residencia de las células, días} = 9.86$$

Solución con unidades habituales en los EE. UU.:

Paso 1: Determine la masa de sólidos en el depósito de lodo activado.

$$\text{Depósito de lodo activado Libras} = \left(\text{Concentración, } \frac{\text{mg}}{\text{L}}\right)(\text{Volumen, mil. gal})\left(8.34\frac{\text{lb}}{\text{mil. gal}}\right)$$

$$\text{Depósito de lodo activado Libras} = \left(2800\frac{\text{mg}}{\text{L}}\right)(2\text{ mil. gal})\left(8.34\frac{\text{lb}}{\text{mil. gal}}\right)$$

$$\text{Depósito de lodo activado Libras} = 46\,704$$

Paso 2: Determine la masa de sólidos en el manto del clarificador.

$$\text{Clarificador Libras} = \left(\text{Concentración, } \frac{\text{mg}}{\text{L}}\right)(\text{Volumen, mil. gal})\left(8.34\frac{\text{lb}}{\text{mil. gal}}\right)$$

$$\text{Clarificador Libras} = \left(600\frac{\text{mg}}{\text{L}}\right)(0.4 \text{ mil. gal})\left(8.34\frac{\text{lb}}{\text{mil. gal}}\right)$$

$$\text{Clarificador Libras} = 2002$$

Paso 3: Determine la masa de sólidos en el LAP.

$$\text{LAP}\frac{\text{lb}}{\text{d}} = \left(\text{Concentración, } \frac{\text{mg}}{\text{L}}\right)(\text{Caudal de LAP, mgd})\left(8.34\frac{\text{lb}}{\text{mil. gal}}\right)$$

$$\text{LAP}\frac{\text{lb}}{\text{d}} = \left(7400\frac{\text{mg}}{\text{L}}\right)(0.08 \text{ mil. gal})\left(8.34\frac{\text{lb}}{\text{mil. gal}}\right)$$

$$\text{LAP}\frac{\text{lb}}{\text{d}} = 4937$$

Paso 4: Calcule el TPRC.

$$\text{TPRC, días} = \frac{\text{Depósito de lodo activado Masa} + \text{Clarificador Masa}}{\text{Lodo activado de purga Masa} + \text{Sólidos del efluente Masa}}$$

$$\text{TPRC, días} = \frac{46\,704 \text{ lb} + 2002 \text{ lb}}{4937\frac{\text{lb}}{\text{d}} + 0}$$

$$\text{TPRC, días} = \frac{48\,706 \text{ lb}}{4937\frac{\text{lb}}{\text{d}}}$$

$$\text{TPRC, días} = 9.86$$

Cuando se conoce el TPRC objetivo, el cálculo se realiza a la inversa para determinar la masa total y los galones que deben desecharse cada día. El operador determina que un TPRC de 9.9 días es demasiado bajo y desea aumentar el TPRC a 12 días para mantener estable la nitrificación. Calcule la nueva tasa de desechado en galones por día utilizando la misma información que se le ofreció en el ejemplo anterior.

Solución con unidades del sistema estándar internacional:

Paso 1: Determine la masa total que debe desecharse.

$$\text{TPRC, días} = \frac{\text{Depósito de lodo activado Masa} + \text{Clarificador Masa}}{\text{LAP Masa} + \text{Sólidos del efluente Masa}}$$

$$12 \text{ días} = \frac{21\,196 \text{ kg} + 908.4 \text{ kg}}{\text{LAP}\frac{\text{kg}}{\text{d}} + 0}$$

$$12 \text{ días} = \frac{22\,104.4 \text{ kg}}{\text{LAP}\frac{\text{kg}}{\text{d}}}$$

$$\text{LAP}\frac{\text{kg}}{\text{d}} = \frac{22\,104.4 \text{ kg}}{12 \text{ d}}$$

$$\text{LAP}\frac{\text{kg}}{\text{d}} = 1842$$

Paso 2: Determine los metros cúbicos de LAP que deben eliminarse del sistema cada día.

$$\text{LAP}\frac{\text{kg}}{\text{d}} = \frac{\left[\left(\text{Concentración, } \frac{\text{mg}}{\text{L}}\right)\left(\text{Caudal de LAP, } \frac{\text{m}^3}{\text{d}}\right)\right]}{1000}$$

$$1842\frac{\text{kg}}{\text{d}} = \frac{\left[\left(7400\frac{\text{mg}}{\text{L}}\right)\left(\text{Caudal de LAP, } \frac{\text{m}^3}{\text{d}}\right)\right]}{1000}$$

$$\text{Caudal de LAP, } \frac{\text{m}^3}{\text{d}} = 248.9$$

Solución con unidades habituales en los EE. UU.:

Paso 1: Determine la masa total que debe desecharse.

$$\text{TPRC, días} = \frac{\text{Depósito de lodo activado Masa} + \text{Clarificador Masa}}{\text{LAP Masa} + \text{Sólidos del efluente Masa}}$$

$$12 \text{ días} = \frac{46\,704 \text{ lb} + 2002 \text{ lb}}{\text{LAP}\frac{\text{lb}}{\text{d}}}$$

$$12 \text{ días} = \frac{48\,706 \text{ lb}}{\text{LAP}\frac{\text{lb}}{\text{d}}}$$

$$\text{LAP}\frac{\text{lb}}{\text{d}} = 4059$$

Paso 2: Determine los galones de LAP que deben eliminarse del sistema cada día.

$$\text{LAP}\frac{\text{lb}}{\text{d}} = \left(\text{Concentración, } \frac{\text{mg}}{\text{L}}\right)(\text{Caudal de LAP, mgd})\left(8.34\frac{\text{lb}}{\text{mil. gal}}\right)$$

$$4059\frac{\text{lb}}{\text{d}} = \left(7400\frac{\text{mg}}{\text{L}}\right)(\text{Caudal de LAP, mgd})\left(8.34\frac{\text{lb}}{\text{mil. gal}}\right)$$

$$\text{Caudal de LAP, mgd} = 0.066$$

La Agencia de Protección Ambiental de los EE. UU. (EPA de los EE. UU.) creó una herramienta gráfica en 1977 para ayudar a los operadores con los cálculos diarios de la edad del lodo. La figura 8.33 y la figura 8.34 se pueden utilizan en lugar de los cálculos de las páginas anteriores para calcular la tasa de desechado requerida para mantener una edad objetivo del lodo. Tenga en cuenta que los cálculos serán más exactos. Esta herramienta puede utilizarse con las unidades estándar internacionales o las unidades habituales en los EE. UU. de medición. Los gráficos se basan en el cálculo del SRT en lugar del cálculo del TPRC. El tiempo de retención de sólidos no incluye los sólidos en el clarificador secundario. Las instrucciones para la utilización de la herramienta están incluidas en las figuras. Para el uso diario, considere hacer una copia de la figura 8.33 y plastifíquela. Después, utilice una regla y un marcador de borrado en seco para determinar la tasa de desechado.

Ventajas y desventajas

Los cálculos del TPRC, SRT, y $SRT_{aerobio}$ se basan en las tasas de crecimiento de los microorganismos dentro del proceso de lodo activado. A diferencia de la GSA, cada una de estas ecuaciones representa la transformación de la DBO en el caudal de entrada a MLVSS durante el tratamiento y cada una proporciona un método simple para calcular la masa en kilogramos o libras de sólidos residuales que deben eliminarse del proceso cada día. En lugar de intentar predecir la carga entrante, el operador solo necesita mantener un porcentaje constante de eliminación de sólidos del proceso.

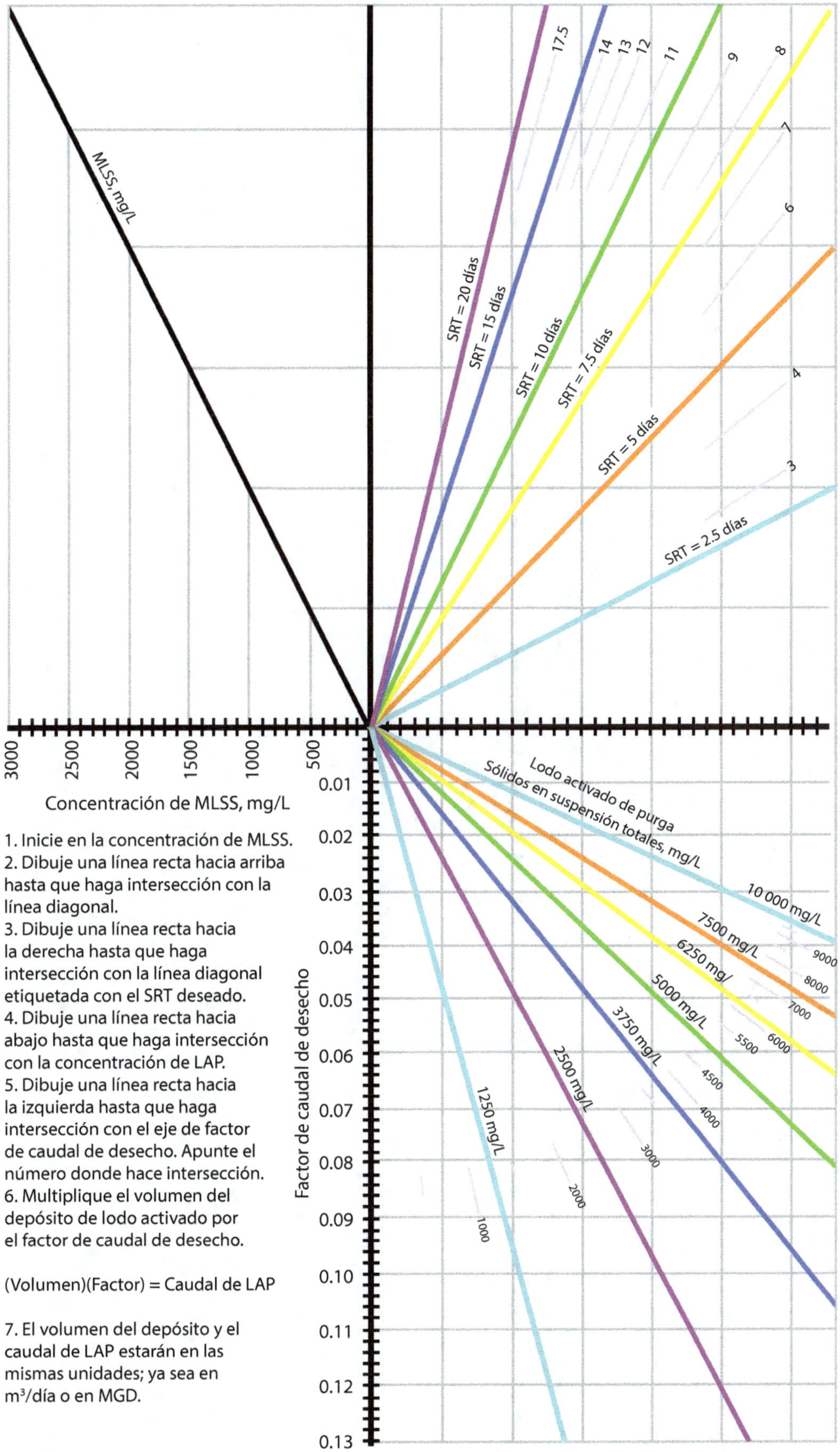

Figura 8.33 Herramienta gráfica para el cálculo de la tasa de desechado para un determinado SRT objetivo (EPA de los EE. UU., 1977)

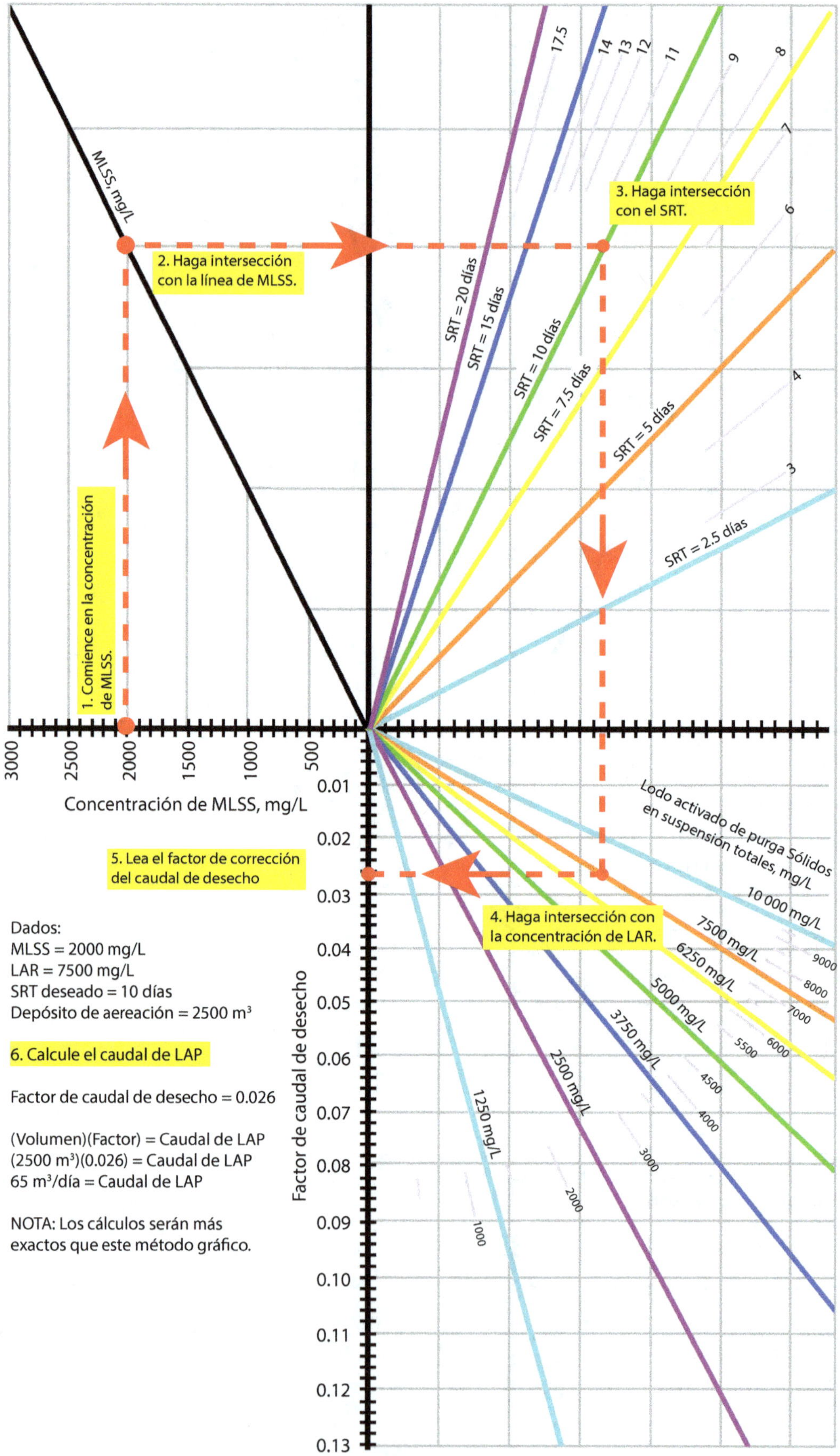

Figura 8.34 Ejemplo de un cálculo utilizando la herramienta gráfica de la EPA de los EE. UU. (EPA de los EE. UU., 1977)

Cuando la carga de DBO al proceso aumenta o disminuye, la cantidad de nuevos microorganismos producidos automáticamente aumentará o disminuirá conforme al rendimiento. El operador no necesita monitorear o predecir la carga del caudal de entrada. Si el mismo porcentaje de masa total se elimina del sistema cada día, entonces la masa de sólidos que permanecen en el sistema se ajustará automáticamente a la carga del caudal de entrada y la relación entre DBO del caudal de entrada y MLVSS (F/M) permanecerá relativamente constante (Ekama, 2010). Si la carga orgánica al proceso aumenta gradualmente, entonces la concentración de MLVSS aumentará gradualmente para corresponderse con la carga. Lo opuesto también es real. Mantener una edad del lodo constante también puede reducir las fallas en el proceso provocadas por aumentos y picos repentinos en la tasa de carga orgánica.

Otra ventaja de la utilización de TPRC o SRT en lugar de GSA o $SRT_{aerobio}$ es que gran parte de las investigaciones realizadas en procesos de lodo activado se realizaron utilizando el TPRC o el SRT. Por ejemplo, los estudios para determinar qué rangos de edad del lodo pueden llegar a respaldar el crecimiento de diferentes tipos de bacterias filamentosas hacen referencia al TPRC o SRT. Los primeros investigadores no fueron demasiado consistentes acerca de incluir o no en sus cálculos los sólidos en el manto del clarificador. Continuar utilizando el TPRC o SRT permite realizar una comparación de las condiciones operativas actuales con las investigaciones realizadas en el pasado sobre filamentos y ayuda al personal de operaciones a saber cuándo puede llegar a tener lugar la proliferación de un filamento.

La mayoría de las WRRF domésticas experimentan variaciones *diurnas* en su caudal de entrada con el caudal y la carga de hora pico que llegan entre media mañana y primera hora de la tarde. Las excepciones incluyen las WRRF con *tanques de compensación de caudal* o aquellas con grandes áreas de servicio que atenúan el caudal de hora pico. Cuando el caudal pico ingresa a la WRRF, este, junto con el caudal de LAR, desplaza los MLSS de los depósitos de lodo activado hacia los clarificadores secundarios. Esto puede provocar un aumento en los mantos del clarificador durante algunas partes del día en algunas instalaciones. Dado que el TPRC incluye los sólidos en todos los depósitos, estén o no aereados, y en el manto del clarificador, se pueden recolectar muestras puntuales de cada ubicación sin importar la hora del día en que se tomen. Debido a que todas las ubicaciones están monitoreadas, se contabilizará el inventario de lodos total.

Diurno es un patrón repetido que se produce durante un período de 24 horas.

Los *tanques de compensación de caudal* ayudan a equilibrar el caudal y la carga hacia una WRRF. Durante los períodos de caudal o carga altos, se permite que los depósitos se llenen. El agua se bombea a una tasa constante. El agua en el tanque se eleva y cae durante un período de 24 horas.

Una posible desventaja de la utilización del TPRC, SRT, o $SRT_{aerobio}$ para el control del proceso es que cada uno de estos cálculos requiere un muestreo y un análisis exacto y preciso de los MLSS en los depósitos de lodo activado y del LAP. Las concentraciones de LAR/LAP suelen cambiar durante el día y puede ser difícil obtener muestras representativas de una bomba de LAP que opera en forma intermitente. La medición exacta de las concentraciones de MLSS y LAP requiere capacitación y equipos de laboratorio especializados tales como una balanza analítica, un horno de secado, una bomba de vacío, un desecador o un medidor de sólidos, que pueden estar fuera del alcance económico de algunos sistemas muy pequeños. El análisis de rotación centrífuga también puede utilizarse para calcular las concentraciones de MLSS y LAP; sin embargo, este método es menos exacto. En el caso del TPRC, puede que no sea posible obtener una muestra representativa del manto del clarificador si el clarificador está cubierto por paneles o una cúpula. Para los sistemas que no son capaces de tomar muestras de sus clarificadores, el SRT o el $SRT_{aerobio}$ pueden ser más adecuados.

El control del TPRC/SRT puede ser difícil de implementar completamente para los sistemas que no están dotados del personal suficiente. Lo ideal sería que los operadores establezcan un TPRC/SRT objetivo y después recolecten y analicen muestras cada día para el cálculo del TPRC/SRT. Las tasas de desechado deberían ajustarse en consecuencia para mantener un TPRC/SRT constante. Puede que los sistemas que están dotados del personal suficiente no sean capaces de recolectar los datos necesarios o de realizar el cálculo a diario. Existen formas en las que se pueden compensar los cálculos del TPRC/SRT menos frecuentes, las que incluyen la utilización de un TPRC/SRT promedio móvil de 3. 5 o 7 días. La utilización de un promedio móvil ayuda a minimizar los efectos de un muestreo defectuoso o de un punto de datos faltante. Un promedio móvil también proporciona un valor más realista para los cambios a las tasas de desechado.

TIEMPO DE RETENCIÓN DE SÓLIDOS

Definición

Los términos *SRT, TPRC,* y *edad del lodo* se utilizaron de manera intercambiable en los primeros días del lodo activado y, en muchos casos, los sólidos del clarificador se incluyeron o no en ambos cálculos en diferentes publicaciones (Stall y Sherrard, 1978; EPA de los EE. UU., 1977). En la actualidad, se entiende que el TPRC incluye los sólidos en todos los depósitos de lodo activado y en el manto del clarificador, mientras que el SRT incluye solo los sólidos en los depósitos de lodo activado. Es casi imposible identificar con exactitud cuándo los términos TPRC y SRT recibieron sus definiciones actuales aceptadas, pero parece que la primera definición oficial de SRT apareció en el manual de la EPA de los EE. UU. de 1974, *Process Design Manual for Upgrading*

Existing Wastewater Treatment Plants. Este manual definió el SRT como la masa de MLSS en proceso de aereación dividida por la masa eliminada en el LAP y en el efluente cada día (ecuación 8.13). Aquí, los sólidos se utilizan en lugar de la "célula promedio" porque todos los sólidos en el depósito de lodo activado se incluyen en el cálculo, no solo los sólidos volátiles. Con esto parece que estamos hilando fino; sin embargo, según lo que se describirá más adelante en este capítulo, los sólidos inertes (arena, cáscaras de huevos, fibras, etc.) pueden ser un porcentaje sustancial de los MLSS y no contribuyen al tratamiento. En 1977, investigadores, ingenieros y operadores mantenían un amplio debate acerca de si los sólidos en el manto del clarificador deben incluirse o no en el cálculo de la edad del lodo (EPA de los EE. UU.,, 1977). Este debate continúa hasta el día de hoy. Existen diversos argumentos a favor y en contra de incluir los sólidos del clarificador en los cálculos, tal como se muestra en la tabla 8.5. Existe un movimiento en la comunidad de aguas residuales, en particular entre los ingenieros de diseño, de estandarizar el uso del SRT en lugar del TRPC. Muchos exámenes de certificación y programas estatales para operadores continúan utilizando el TPRC.

Método de cálculo

El método de cálculo para el SRT es casi idéntico al cálculo para el TPRC. La única diferencia es que ya no se incluyen los sólidos en el manto del clarificador.

$$\text{SRT, días} = \frac{\text{Depósito de aereación Masa}}{\text{LAP Masa} + \text{Sólidos del efluente Masa}} \tag{8.13}$$

La masa puede calcularse como kilogramos o libras. En un proceso de lodo activado que funciona bien, la masa de sólidos del efluente debe ser pequeña en comparación con la masa de sólidos presente en el depósito de lodo activado, el manto del clarificador y el LAP. Con frecuencia, los sólidos del efluente pueden ignorarse y no incluirse en el cálculo del SRT. Consulte la sección sobre TPRC para obtener ejemplos de cálculos.

Tabla 8.5 Inclusión de los sólidos del manto del clarificador en el cálculo de la edad del lodo

Argumentos en contra de la inclusión	Argumentos a favor de la inclusión
La recolección de una muestra representativa de un manto del clarificador no siempre es posible. Puede ser difícil acceder con un sacamuestras cilíndrico largo a los clarificadores con cubiertas o a aquellos en edificios con techos bajos.	La profundidad del manto del clarificador puede calcularse con un medidor portátil de SST o bajando un sacamuestras cilíndrico modificado hacia el interior del clarificador con una cuerda. Al conocer la profundidad del manto, se puede calcular la masa de sólidos en el clarificador si se supone que la concentración del manto es igual a la concentración de LAR.
Los microorganismos en el manto del clarificador no tienen acceso al alimento y al oxígeno. No contribuyen con el tratamiento mientras se encuentran en el clarificador.	Los microorganismos en el manto del clarificador solo permanecen en el manto durante un corto período de tiempo cada ciclo. Están expuestos tanto al alimento como al oxígeno durante la mayor parte del tiempo y sí contribuyen con la capacidad del tratamiento total.
Suponiendo que los mantos del clarificador se mantienen por debajo de 2 ft, el porcentaje de sólidos en el clarificador es insignificante en comparación con el inventario total. Si se ignoran estos sólidos, los resultados del cálculo de la edad del lodo no cambiarán de manera significativa. Cuando los niveles del manto son bastante constantes, el error en el cálculo de la edad del lodo también será constante.	Para las instalaciones que arrastran mantos de lodos más profundos en el clarificador, que experimentan una sedimentabilidad deficiente del lodo, o que tienen clarificadores grandes en comparación con sus depósitos de lodo activado, la parte de sólidos presentes en el manto del clarificador puede ser significativa. El ignorar los sólidos en estas situaciones puede tener un efecto drástico sobre los resultados del cálculo de la edad del lodo para algunas instalaciones. En definitiva, no se recomiendan los mantos de lodos profundos en los clarificadores porque esta práctica puede degradar la calidad del efluente y afectar el comportamiento de los MLSS.
Los ingenieros de diseño utilizan la cinética del proceso para diseñar y determinar el tamaño de los depósitos de lodo activado. Estos cálculos solo incluyen los sólidos en los depósitos y no en el clarificador.	Las ecuaciones cinéticas utilizadas para determinar el tamaño de los depósitos de lodo activado predicen la masa total de sólidos producidos. Este es el rendimiento que se describió en el capítulo 2. Aunque algunos de estos sólidos pueden encontrarse en el clarificador de manera temporal, igualmente se los incluye en las ecuaciones de diseño si bien los ingenieros suelen suponer que el 100 % del inventario de lodos permanece en los depósitos de lodo activado.
Los parámetros de carga (kg DBO /m^3 o lb DBO/1000 ft^3) para el proceso de lodo activado originalmente se desarrolló utilizando solo los MLSS en el depósito de lodo activado y no en los clarificadores.	La cinética determina la masa de MLSS producida por masa de DBO o DQO recibida. Algunos de los MLSS pueden encontrarse temporalmente en el clarificador, pero se los produjo en respuesta a la carga del caudal de entrada.

Ventajas y desventajas

Las ventajas de la utilización del SRT para el control del proceso son las mismas que aquellas enumeradas para el control del TPRC en la sección anterior de este capítulo y en la tabla 8.5. Una ventaja adicional de la utilización del SRT por sobre el TPRC, es que no se necesita recolectar ni analizar muestras de los mantos del clarificador. Esto reduce la cantidad total de tiempo que se pasa realizando muestreo y análisis y puede ser útil para las instalaciones más pequeñas que tienen un personal limitado.

Una desventaja del control del SRT por sobre el control del TPRC es que el muestreo no siempre se contabiliza una gran parte del *inventario de sólidos*. Si un operador sale para tomar una muestra puntual a las 7:00 a. m. todas las mañanas y utiliza esos datos para calcular la masa total de MLSS en los depósitos de lodo activado, puede estar seguro de que se ha contabilizado una gran parte de los MLSS mediante esa muestra. Debería haber una cantidad muy pequeña de MLSS en los mantos del clarificador porque el caudal pico, para la mayoría de las WRRF, no llegará hasta más tarde en el día. Recuerde que el caudal de entrada y el caudal de LAR desplazan los MLSS de los depósitos de lodo activado hacia los clarificadores. Un día en el que se producen múltiples interrupciones, reunión de seguridad a primera hora de la mañana, Alex se reporta enfermo y un bloqueo principal del pasaje de agua requiere intervención inmediata, puede que la muestra puntual de las 7:00 a. m. no se recolecte hasta después de que el caudal de hora pico comience a ingresar a la WRRF. Ahora, la concentración de MLSS en el depósito de lodo activado puede ser levemente más baja porque hay más sólidos (posiblemente) formando parte del manto del clarificador. Cuando el operador realiza el cálculo del SRT, la masa a desechar deberá ser naturalmente menor para ese día y la edad del lodo se aumentará para ese día. Aunque las diferencias en la concentración de MLSS y el resultado del cálculo del SRT no deberían ser grandes, pueden crear una mayor variación en los diagramas de control del proceso y pueden hacer que el operador realice cambios innecesarios al proceso. Si, por el otro lado, el operador recolecta muestras puntuales de los depósitos de lodo activado y de los clarificadores al mismo tiempo (con una diferencia de minutos), entonces se ha contabilizado el 100 % del *inventario de lodos* independientemente de la hora del día en que se recolectó la muestra o el régimen de caudal de entrada. Cuando los clarificadores se operan para mantener el manto de lodos por debajo de 2 ft todo el tiempo, las diferencias entre los resultados del cálculo del TPRC y del SRT deberían ser pequeñas independientemente de la hora del día en que se tomaron las muestras para la mayoría de las instalaciones. Una excepción a esta regla son las instalaciones que tienen clarificadores grandes asociados con sus depósitos de lodo activado. Los sacamuestras compuestos pueden utilizarse para recolectar muestras de MLSS, LAR y LAP, lo que puede ayudar a eliminar las imprecisiones relacionadas con las muestras puntuales.

El *inventario de lodos* hace referencia a la masa de MLSS en el proceso de lodo activado.

TIEMPO DE RETENCIÓN DE SÓLIDOS AEROBIO

Los ingenieros de diseño utilizan el $SRT_{aerobio}$ para determinar el tamaño de los depósitos aereados para las instalaciones que deben eliminar amoníaco. Las bacterias responsables de la conversión de amoníaco en nitrito y nitrato, las bacterias nitrificantes, crecen mucho más lento que las bacterias responsables de la eliminación de DBO, en especial a temperaturas del agua más bajas. Los nitrificantes son aerobios estrictos y no pueden funcionar sin un suministro adecuado de OD. La eliminación de la demanda bioquímica de oxígeno, por el otro lado, puede realizarse en condiciones anaerobias, anóxicas y aereadas. Las características de las bacterias nitrificantes ponen el foco del diseño y la operación de los procesos de lodo activado nitrificantes en la cantidad de lodo activado, en el volumen del depósito o en el tiempo. Algunas WRRF utilizan el $SRT_{aerobio}$ para el control del proceso, mientras que otros calculan tanto el SRT total y el $SRT_{aerobio}$.

Definición

El SRT aerobio se define como el SRT total multiplicado por la relación entre volumen del depósito de lodo activado total y volumen aereado (Argaman y Brenner, 1986). El volumen aereado se define como cualquier depósito o zona que contiene OD en concentraciones mayores a 0.2 mg/L. El cálculo del $SRT_{aerobio}$ no incluye ningún MLSS que haya podido estar en zonas o depósitos anaerobios, zonas o depósitos anóxicos, o en el manto del clarificador. Para un proceso de lodo activado de tipo SBR, el $SRT_{aerobio}$ incluye solo la cantidad de tiempo durante la cual la concentración de OD es mayor a 0.2 mg/L. La concentración de 0.2 mg/L se seleccionó como el valor límite entre las condiciones aerobias y anóxicas porque esta es la concentración de OD que inhibe la desnitrificación (Knowles 1982). En el capítulo 5 se ofrecen definiciones en profundidad de las condiciones anaerobias, anóxicas y aereadas.

Método de cálculo

Para un proceso de lodo activado con múltiples depósitos o zonas:

$$SRT_{aerobio}, \text{ días} = \text{Tiempo de retención de sólidos}_{Total}\left(\frac{\text{Volumen}_{aerobio}}{\text{Volumen}_{total}}\right) \tag{8.14}$$

Para un SBR:

$$SRT_{aerobio}\text{, días} = \text{Tiempo de retención de sólidos}_{Total}\left(\frac{\text{Tiempo}_{aerobio}}{\text{Tiempo}_{total}}\right) \tag{8.15}$$

Ejemplo de cálculo

Determine el $SRT_{aerobio}$ para una instalación de tratamiento con las siguientes características:

Volumen del depósito de lodo activado total = 7570 m^3 (2 mil. gal)

Volumen del depósito aereado = 4921 m^3 (1.3 mil. gal)

Volumen del depósito anóxico = 2650 m^3 (0.7 mil. gal)

Concentración de MLSS = 2800 mg/L

Caudal de LAP = 303 m^3/d (0.08 mgd)

Concentración de LAP = 7400 mg/L

Concentración de SST del efluente = insignificante

Solución con unidades del sistema estándar internacional:

Paso 1: Determine la masa de sólidos en el depósito de lodo activado.

$$\text{Depósito de lodo activado kg} = \frac{\left[\left(\text{Concentración, }\frac{\text{mg}}{\text{L}}\right)(\text{Volumen, m}^3)\right]}{1000}$$

$$\text{Depósito de lodo activado kg} = \frac{\left[\left(2800\frac{\text{mg}}{\text{L}}\right)(7570\text{ m}^3)\right]}{1000}$$

$$\text{Depósito de lodo activado kg} = 21\,196$$

Paso 2: Determine la masa de sólidos desechados.

$$\text{LAP}\frac{\text{kg}}{\text{d}} = \frac{\left[\left(\text{Concentración, }\frac{\text{mg}}{\text{L}}\right)\left(\text{Caudal de LAP, }\frac{\text{m}^3}{\text{d}}\right)\right]}{1000}$$

$$\text{LAP}\frac{\text{kg}}{\text{d}} = \frac{\left[\left(7400\frac{\text{mg}}{\text{L}}\right)\left(303\frac{\text{m}^3}{\text{d}}\right)\right]}{1000}$$

$$\text{LAP}\frac{\text{kg}}{\text{d}} = 2242$$

Paso 3: Calcule el SRT.

$$\text{SRT, días} = \frac{\text{Depósito de lodo activado Masa}}{\text{LAP Masa} + \text{Sólidos del efluente Masa}}$$

$$\text{SRT, días} = \frac{21\ 196 \text{ kg}}{2242 \dfrac{\text{kg}}{\text{d}} + 0}$$

$$\text{SRT, días} = \frac{21\ 196 \text{ kg}}{2242 \dfrac{\text{kg}}{\text{d}}}$$

$$\text{SRT, días} = 9.45$$

Paso 4: Determine el SRT aerobio.

$$\text{SRT}_{\text{aerobio}}, \text{ días} = \text{Tiempo de retención de sólidos}_{\text{Total}} \left(\frac{\text{Volumen}_{\text{aerobio}}}{\text{Volumen}_{\text{total}}} \right)$$

$$\text{SRT}_{\text{aerobio}}, \text{ días} = 9.45 \text{ días} \left(\frac{4921 \text{ m}^3}{7570 \text{ m}^3} \right)$$

$$\text{SRT}_{\text{aerobio}}, \text{ días} = 6.14 \text{ días}$$

Solución con unidades habituales en los EE. UU.:

Paso 1: Determine la masa de sólidos en el depósito de lodo activado.

$$\text{Depósito de lodo activado Libras} = \left(\text{Concentración, } \frac{\text{mg}}{\text{L}} \right) (\text{Volumen, mil. gal}) \left(8.34 \frac{\text{lb}}{\text{mil. gal}} \right)$$

$$\text{Depósito de lodo activado Libras} = \left(2800 \frac{\text{mg}}{\text{L}} \right) (2 \text{ mil. gal}) \left(8.34 \frac{\text{lb}}{\text{mil. gal}} \right)$$

$$\text{Depósito de lodo activado Libras} = 46\ 704$$

Paso 2: Determine la masa de sólidos en el LAP.

$$\text{LAP} \frac{\text{lb}}{\text{d}} = \left(\text{Concentración, } \frac{\text{mg}}{\text{L}} \right) (\text{Caudal de LAP, mgd}) \left(8.34 \frac{\text{lb}}{\text{mil. gal}} \right)$$

$$\text{LAP} \frac{\text{lb}}{\text{d}} = \left(7400 \frac{\text{mg}}{\text{L}} \right) (0.08 \text{ mil. gal}) \left(8.34 \frac{\text{lb}}{\text{mil. gal}} \right)$$

$$\text{LAP} \frac{\text{lb}}{\text{d}} = 4937$$

Paso 3: Calcule el SRT.

$$\text{SRT, días} = \frac{\text{Depósito de lodo activado Masa}}{\text{LAP Masa} + \text{Sólidos del efluente Masa}}$$

$$\text{SRT, días} = \frac{46\ 704 \text{ lb}}{4937 \dfrac{\text{lb}}{\text{d}} + 0}$$

$$\text{SRT, días} = \frac{46\ 704 \text{ lb}}{4937 \dfrac{\text{lb}}{\text{d}}}$$

$$\text{SRT, días} = 9.46$$

Paso 4: Calcule el $SRT_{aerobio}$.

$$SRT_{aerobio} = \text{Tiempo de retención de sólidos}_{Total} \left(\frac{\text{Volumen}_{aerobio}}{\text{Volumen}_{total}} \right)$$

$$SRT_{aerobio} = 9.46 \text{ días} \left(\frac{1.3 \text{ mil. gal}}{2 \text{ mil. gal}} \right)$$

$$SRT_{aerobio} = 6.15 \text{ días}$$

El cálculo del SRT realizado aquí utiliza los mismos datos de la WRRF que el cálculo del TPRC en la sección anterior. En este ejemplo, el SRT era de 9.45 días mientras que el TPRC era de 9.86 días. La exclusión de sólidos del manto del clarificador no marcó una gran diferencia en el cálculo de la edad del lodo porque el porcentaje de lodo en el manto del clarificador era pequeño.

Ventajas y desventajas

No hay otras verdaderas desventajas del $SRT_{aerobio}$ fuera de aquellas que ya se han descrito en la sección sobre SRT. Las ventajas de la utilización del $SRT_{aerobio}$ para el control del proceso son las mismas que aquellas enumeradas para el control del TPRC y del SRT anteriormente en este capítulo y en la tabla 8.5. A las instalaciones de recuperación de recursos hídricos que se les requiere eliminar amoníaco pueden calcular el $SRT_{aerobio}$ para garantizar que haya suficiente volumen aereado y tiempo para respaldar la nitrificación completa y estable. Para las instalaciones de lodo activado que están diseñadas con depósitos o zonas separadas para condiciones anaerobias, anóxicas y aereadas, el cálculo del $SRT_{aerobio}$ fue realizado por el ingeniero de diseño y la relación entre $SRT_{aerobio}$ y SRT_{total} es fija. Aunque los operadores no pueden cambiar la relación en este caso, sí pueden controlar indirectamente el $SRT_{aerobio}$ mediante el control del SRT_{total}. Para las instalaciones de lodo activado que practican la aereación intermitente y para el SBR, la relación entre $SRT_{aerobio}$ y SRT_{total} se controla en tiempo en lugar de en espacio. En estas situaciones, el operador tiene un control más directo sobre el $SRT_{aerobio}$ y puede ajustarlo a casi cualquier porcentaje del total. Para acceder a un análisis adicional sobre el mínimo de $SRT_{aerobio}$ requerido para la nitrificación, consulte la sección de este capítulo sobre la selección de una edad objetivo del lodo.

COMPROBACIÓN DE CONOCIMIENTOS

1. **En términos más simples, la edad del lodo es simplemente la cantidad de tiempo que toma drenar un depósito de lodo activado.**
   - ☐ Verdadero
   - ☐ Falso

2. **Dado que el rendimiento, la masa de MLVSS producida por masa de DBO, es casi constante para las aguas residuales domésticas, la concentración de MLSS aumentará y disminuirá con la carga de DBO del caudal de entrada aún cuando la edad del lodo se mantenga constante.**
   - ☐ Verdadero
   - ☐ Falso

3. **Se recomienda este método para el control del proceso de lodo activado.**
   a. Edad del lodo
   b. Masa de MLSS constante
   c. F/M constante
   d. Control de LAR

4. **La edad del lodo de Gould se desarrolló en la década de 1920 y se basó en la idea de que**
   a. El lodo activado es principalmente un proceso de tratamiento físico-químico.
   b. El lodo activado es principalmente un proceso de tratamiento biológico.
   c. La DBO soluble del caudal de entrada es fundamental para el desempeño del lodo activado.
   d. Los SST del caudal de entrada se transforman en MLSS en el depósito de lodo activado.

5. **La edad del lodo de Gould se calcula dividiendo la masa de MLSS en los depósitos de lodo activado por**
   a. La masa de LAP que sale del sistema
   b. La masa de SST del caudal de entrada
   c. La masa de DBO del caudal de entrada
   d. La masa de LAR en el recirculado

6. **En el término *TPRC*, promedio es otro término para**
   a. Agresivo
   b. Medio
   c. Aclimatado
   d. Aerodinámico

7. **Al controlar la cantidad de LAP que sale del sistema cada día se controla la cantidad de MLVSS disponibles para tratar la carga orgánica entrante. Por lo tanto, al controlar la edad del lodo también se controla/n**
   a. La tasa de crecimiento
   b. El rendimiento
   c. Los SST del caudal de entrada
   d. Las tasas de retorno

8. **La edad del lodo se mantiene constante. Si la concentración de DBO del caudal de entrada aumenta, la concentración de MLSS**
   a. Seguirá siendo casi la misma
   b. Aumentará de manera proporcional a la carga
   c. Disminuirá su porcentaje de sólidos volátiles
   d. Igualará la edad del lodo del tiempo de DBO del caudal de entrada

9. **El TPRC deseado es de 10 días. Si se eliminan los MLSS directamente del depósito de lodo activado, ¿qué porcentaje de MLSS se debe eliminar cada día?**
   a. 5 %
   b. 10 %
   c. 20 %
   d. 25 %

10. **Si se mantiene una concentración de MLSS constante, ¿en cuál de las siguientes condiciones se aproximará a la edad del lodo constante?**
    a. Es constante el volumen de LAP eliminado cada día.
    b. El LAR es un porcentaje fijo del caudal de entrada
    c. Los sólidos del efluente permanecen por debajo de 30 mg/L.
    d. Las cargas del caudal de entrada son casi constantes.

11. **Una ventaja de la utilización del TPRC por sobre el SRT es**
    a. Se requieren muestras adicionales
    b. Se contabiliza el 100 % del inventario de lodos
    c. Dificultades en el muestreo de los mantos de lodos del clarificador
    d. Permite el almacenamiento de lodo en los clarificadores

12. **Calcule la tasa de desechado deseada de la figura 8.33 con la siguiente información: La concentración de MLSS es de 2000 mg/L, la edad objetivo del lodo es de 7.5 días, la concentración de LAP es de 6250 mg/L, y el depósito de lodo activado puede contener 2000 m³ (0.53 mgd).**
    a. 50 m³ (0.013 mgd)
    b. 160 m³/d (0.044 mgd)
    c. 320 m³/d (0.088 mgd)
    d. 88 m³/d (0.023 mgd)

13. **El SRT es actualmente de 6 días. El SRT objetivo es de 8 días. El operador debe**
    a. Aumentar el LAP
    b. Disminuir el LAP
    c. Aumentar el LAR
    d. Disminuir el LAR

14. **El tiempo promedio de residencia de las células y el SRT se calculan dividiendo la masa de lodo en el sistema por la masa de lodo __________.**
    a. En el caudal de entrada
    b. En el efluente
    c. Que sale del sistema
    d. En el digestor

15. **Un proceso de lodo activado contiene 8167 kg (18 000 lb) de MLSS en los depósitos de lodo activado y otros 2269 kg (5000 lb) en los clarificadores secundarios. Si el operador elimina 907 kg (2000 lb) de MLSS en el LAP cada día, ¿cuál es el TPRC?**
    a. 3.6 días
    b. 4 días
    c. 9 días
    d. 11.5 días

16. **Con la siguiente información, determine el SRT.**

    Volumen del depósito de lodo activado: 11 355 m³ (3 mil. gal)
    Concentración de MLSS: 2500 mg/L
    Tasa de desechado: 436 m³/d (80 gpm)
    Concentración de LAP/LAR: 8000 mg/L

    a. 5 días
    b. 8 días
    c. 11 días
    d. 14 días

CUÁNDO INCLUIR LOS SÓLIDOS EN SUSPENSIÓN TOTALES DEL EFLUENTE

La Ley de Agua Limpia estableció los *estándares de tratamiento secundario* para la eliminación de DBO_5 y SST. Para las instalaciones mecánicas como los procesos de lodo activado, las concentraciones del efluente final para DBO_5 y SST no pueden exceder los 30 mg/L para la concentración promedio de 30 días o los 45 mg/L para la concentración promedio de 7 días (40 CFR § 133.102). Estos límites representan el nivel esperado de calidad del efluente alcanzable. Muchos, o prácticamente la mayoría, de los procesos de lodo activado se desempeñan muchos mejor que esto y descargan habitualmente concentraciones de DBO y SST menores a 10 mg/L. Para una WRRF que cumple con los estándares de tratamiento secundario, la masa de SST que sale en el efluente final debe ser muy pequeña en comparación con la masa en los depósitos de lodo activado y en los clarificadores. En la tabla 8.6 se ofrece una comparación de los efectos de incluir, o de no incluir, los SST del efluente en los cálculos del SRT y del TPRC para un sistema de lodo activado convencional. Los datos de la instalación se ofrecen en la figura 8.35 de este capítulo. Para este ejemplo, se utilizó un caudal de entrada de 30 280 m³/d (8 mgd) para un TRH en el depósito de lodo activado de 6 horas con un caudal diario promedio.

Los *estándares de tratamiento secundario* para las instalaciones de tratamiento mecánico, que incluyen los procesos de lodo activado, limitan las concentraciones de SST y DBO_5 del efluente por debajo de 30 mg/L para el promedio mensual y de 45 mg/L para el promedio semanal.

Tabla 8.6 Efecto de los SST del efluente sobre los cálculos del TPRC y del SRT

Concentración y masa de SST del efluente	TPRC, días		SRT, días	
	SST del efluente incluidos	SST del efluente no incluidos	SST del efluente incluidos	SST del efluente no incluidos
15 mg/L 454.2 kg (1001 lb)	8.2	9.9	7.9	9.5
30 mg/L 908.4 kg (2001.6 lb)	7.0	9.9	6.7	9.5
45 mg/L 1362.6 kg (3002.4 lb)	6.1	9.9	5.9	9.5
60 mg/L 1816.8 kg (4003.2 lb)	5.5	9.9	5.2	9.5
100 mg/L 3028.0 kg (6672.0 lb)	4.2	9.9	4.2	9.9

Los *SST del efluente* tendrán un mayor efecto sobre los cálculos del SRT y del TPRC con un aumento en la edad del lodo y en las concentraciones de SST del efluente.

Cuando los SST del efluente son menores a 15 mg/L, el efecto de los *SST del efluente* en los cálculos de edad del lodo es de 1.7 días. En este caso, los SST del efluente pueden dejarse, de manera segura, fuera del cálculo del SRT o del TPRC para la mayoría de las instalaciones. En la sección sobre cómo seleccionar un SRT/TPRC objetivo de este capítulo se describen las edades mínimas del lodo que se requieren para mantener la nitrificación estable a diferentes temperaturas de agua. Es posible que una instalación nitrifique adecuadamente con un SRT de 9.5 días, pero que no sea capaz de nitrificar con un SRT de 7.9 días. En este caso, la concentración de SST del efluente podría tener un gran impacto sobre la posibilidad de que la WRRF pueda o no continuar cumpliendo con sus límites del permiso de descarga. Al determinar si se incluirán o no los SST del efluente en el cálculo del TPRC o del SRT, los operadores deben tener en cuenta los límites del permiso así como también la necesidad de seleccionar una edad del lodo que proporcione un margen de protección contra errores en los muestreos, análisis y cálculos. Los operadores también deben elegir excluir los SST del efluente de sus cálculos y deben operar de manera consistente con una edad del lodo un poco más alta para compensar. Con esta estrategia, las instalaciones con límites de amoníaco del efluente deben vigilar con mucha atención las concentraciones de amoníaco del efluente. Si aumentan aunque sea muy poco, puede que se necesite aumentar la edad del lodo. A medida que los SST del efluente aumentan y la instalación deja de cumplir con los requisitos, los SST del efluente tienen un efecto cada vez más importante sobre los cálculos del SRT y del TPRC. A medida que aumenta la edad del lodo por arriba de los 10 días, el efecto de los SST del efluente también aumenta porque se elimina una menor cantidad de lodo del sistema en general y la masa de sólidos que salen en el efluente final puede ser casi igual a la masa de sólidos que salen en el LAP.

Las instalaciones más grandes suelen tener requisitos de muestreo diario y recolectarán una muestra para SST del efluente todos los días. Si los datos se encuentran disponibles, se los debe incluir en el cálculo del TPRC o del SRT para lograr una mayor exactitud. La inclusión habitual de los SST del efluente proporcionará un registro

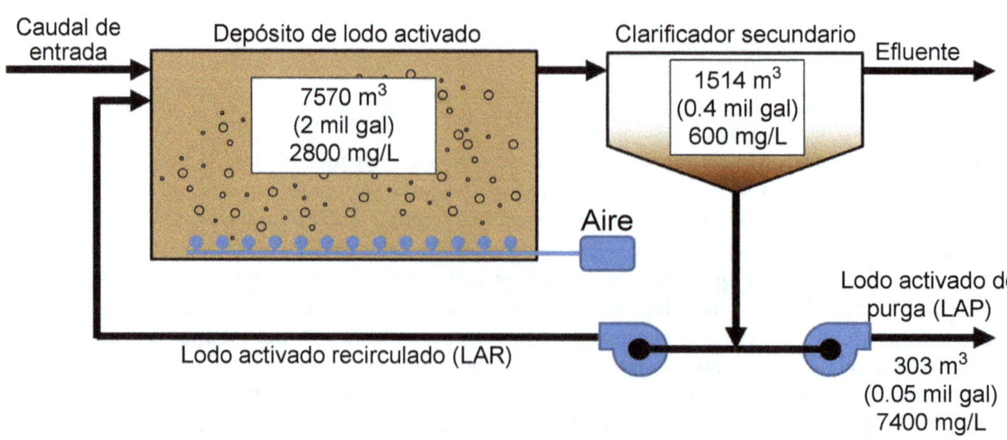

Figura 8.35 Datos del proceso para los cálculos del TPRC y del SRT (reimpreso con autorización de Indigo Water Group)

más exacto con el tiempo, en especial durante los períodos de fallas en el proceso. Algunas instalaciones pueden desear excluir los SST del efluente de sus cálculos diarios del proceso por razones reglamentarias. En general, si se recolectan y se analizan las muestras del efluente final con una frecuencia mayor que la que requiere el permiso de descarga, los resultados de la muestra se incluirán en el informe de monitoreo mensual al estado o a la EPA de los EE. UU. Muchos estados apartan las muestras recolectadas exclusivamente a efectos del control del proceso si se las toma en una forma o ubicación diferente a la que requiere el permiso o si se las analiza con un método no aprobado por la EPA de los EE. UU. Una muestra recolectada del efluente del clarificador secundario puede ser interpretada por una agencia reguladora como representativa del efluente final aunque se la recolectó aguas arriba de la desinfección porque el tratamiento secundario ya se había completado. La recolección de muestras puntuales para el control del proceso pueden dificultar la presentación de informes del permiso porque puede que no sean representativas de la operación diaria promedio, pero una agencia reguladora puede desear que los resultados se incluyan en el informe de monitoreo mensual. *Asegúrese de consultar con su agencia reguladora e informar todos los resultados de la muestra según lo requerido.*

Algunas instalaciones de lodo activado tienen estanques de sedimentación o filtros terciarios que eliminan sólidos del proceso sin reciclarlos a los depósitos de lodo activado. Puede que también sea necesario incluir estos sólidos en los cálculos del SRT y del TPRC.

POSIBLES EFECTOS DEL ESPUMAJE EN LA EDAD DEL LODO

Durante un caso de espumaje, es posible que una parte importante del inventario de lodos quede atrapada en la espuma. Los sólidos de la espuma no se pueden cuantificar con facilidad y no suelen incluirse como parte del inventario de lodos total. Como resultado, durante un caso de espumaje, la edad del lodo puede ser más alta de lo que indican los cálculos de la edad del lodo. En los casos de espumaje extremo, la espuma puede desbordar los depósitos de lodo activado y terminar fuera de los depósitos en el suelo y en las pasarelas. La pérdida de sólidos disminuye la edad del lodo; sin embargo, debido a que esta espuma perdida es casi imposible de medir, puede que no se la pueda contabilizar en los cálculos de la edad del lodo. En este caso, la edad del lodo puede ser mucho más bajar de lo que indican los cálculos de la edad del lodo.

FRECUENCIA DE DESECHADO

El SRT o el TPRC se deben calcular al menos una vez al día y las tasas de desechado se deben ajustar en consecuencia para mantener un SRT/TPRC constante o casi constante. El desechado durante largos períodos de tiempo, 10 minutos de cada hora por ejemplo, se prefiere porque esta práctica mantiene un SRT/TPRC más constante, lo que, a su vez, mantiene la sedimentabilidad del lodo. El desechado en masa de sólidos debe evitarse porque esto no controla el SRT/TPRC y puede provocar cambios repentinos en la sedimentabilidad del lodo. Como regla general, la masa de sólidos desechados del sistema cada día no debe cambiar en más de un 15 % respecto del día anterior. Esto es kilogramos o libras eliminados, no galones.

La frecuencia y la duración del desechado en algunas instalaciones pueden estar limitadas por el personal o por la capacidad de bombeo. Por ejemplo, si el caudal máximo de bombeo de LAP es de 5 m^3/min y el operador necesita desechar 4000 m^3/d para mantener un SRT deseado, entonces el desechado se tendrá que distribuir a lo largo de 800 minutos (13.3 horas). Las instalaciones de empaquetado son instalaciones de lodo activado pequeñas, normalmente montadas sobre plataforma o de tipo remolque, que suelen utilizarse para tratar las aguas residuales de áreas pequeñas como una tienda individual, un parque de casas rodantes, un campamento o una subdivisión. Las instalaciones de empaquetado suelen carecer de controles automáticos y están dotadas de personal algunos días a la semana. Afortunadamente, muchas instalaciones de empaquetado no tienen límites de amoníaco en sus permisos de descarga; por lo que el control estricto del SRT es menos importante que en las instalaciones más grandes. Sin embargo, el SRT debe controlarse lo suficiente como para que los MLSS floculen, se sedimenten y se compacten correctamente. El desechado solo debe realizarse en la frecuencia más alta posible, a diario es lo ideal y varios días a la semana es un poco menos ideal.

En los primeros días de lodo activado, se permitió que los *procesos de lodo activado* con aereación extendida realicen un "autodesechado" hacia el efluente final. Esta "técnica" operativa se documentó en diversos manuales y guías de capacitación para operadores de la EPA de los EE. UU. El autodesechado ocurre cuando la concentración de MLSS aumenta a tal punto que el clarificador ya no puede sedimentar esos sólidos. El manto gradualmente se acumula en el clarificador, y finalmente los MLSS fluyen hacia fuera por sobre los vertederos y hacia el efluente final. Esto se conoce como "soplado del manto". El autodesechado continuará hasta que la concentración de MLSS disminuya a tal punto que el clarificador recupere su capacidad de sedimentación. Repita el ciclo. En la actualidad, no se permitiría un proceso de lodo activado con autodesechado porque de esta manera no cumple con los estándares de tratamiento secundario para DBO_5 y SST. Las instalaciones dotadas de personal solo uno o dos días a la semana pueden realizar el autodesechado cuando el operador no se encuentra presente. Se debe motivar a los dueños a que doten adecuadamente de personal a las instalaciones de empaquetado y a otros sistemas pequeños para que el desechado intencional pueda realizarse, como mínimo, varios días a la semana.

Nunca debe dejarse que un *proceso de lodo activado* realice el autodesechado mediante la pérdida de sólidos por sobre el vertedero del clarificador hacia el efluente final en exceso respecto de los límites del permiso de descarga.

Ejemplo n.° 1: el caudal de entrada y la carga a la WRRF son relativamente constantes con pocos cambios de un día para el otro. El personal de operaciones tienen como objetivo un SRT de 5 días porque este SRT ha producido históricamente los MLSS mejor sedimentados y el efluente de turbiedad más bajo. El SRT se calcula todos los días, de lunes a viernes. Después el operador ajusta la tasa de bombeo para que funcione durante una cantidad determinada de minutos de cada hora durante un período de 24 horas. Una computadora controla la bomba de LAP. La cantidad de minutos se ajusta cada día para coincidir con el volumen de LAP del cálculo del SRT. La WRRF no está dotada de personal durante los fines de semana. Los sábados y domingos, el operador utiliza la tasa de desechado promedio para la semana porque no estará presente para ajustar los ciclos.

Ejemplo n.° 2: una WRRF más pequeña no tiene la capacidad de programar su bomba de desechado y solo está dotada de personal durante el día. El caudal de entrada y la carga son casi constantes de un día para el otro. El operador sabe por experiencia que necesitarán desechar entre 300 y 800 m^3 cada día. El desechado durante un par de minutos de cada hora requerirá que el operador de la instalación encienda y apague manualmente la bomba todas las veces. En cambio, el operador elige desechar desde el sistema dos veces al día. Por la mañana, recolectan muestras para poder realizar el cálculo del SRT. Al mismo tiempo, encienden la bomba de LAP y desechan 300 m^3 mientras analizan las muestras de control del proceso y realizan el cálculo del SRT. El cálculo del SRT indica que 375 m^3 adicionales de LAP deben eliminarse para mantener el SRT objetivo. Justo antes de irse a casa hacia el final del turno, el operador comienza el bombeo de LAP y elimina el LAP adicional.

CUÁNDO UTILIZAR EL TIEMPO PROMEDIO DE RESIDENCIA DE LAS CÉLULAS, EL TIEMPO DE RETENCIÓN DE SÓLIDOS, O EL TIEMPO DE RETENCIÓN DE SÓLIDOS AEROBIO

La decisión de una instalación de utilizar el $SRT_{aerobio}$, el SRT, o el TPRC para el control del proceso depende, en parte, de la forma en que el proceso está configurado y de si el permiso de descarga requiere la eliminación de amoníaco (figura 8.36). Para un SBR con un límite de amoníaco del efluente, el $SRT_{aerobio}$ resultará útil para controlar la cantidad de tiempo con aire encendido en un ciclo de tratamiento, así como también para las instalaciones con la capacidad de controlar de manera independiente el caudal de aire hacia diferentes partes de sus depósitos de lodo activado o para operar algunos depósitos como anóxicos o aerobios. Para una instalación con pequeños depósitos de lodo activado y grandes clarificadores, el TPRC puede ser más apropiado porque aún cuando el manto de lodos del clarificador tenga menos de 0.6 m (2 ft) de profundidad, una parte importante de los MLSS puede estar dentro del clarificador. Las instalaciones con grandes depósitos de lodo activado, como zanjas de oxidación, pueden preferir la utilización del SRT porque requiere menos muestreos y análisis y, aún cuando los clarificadores contengan mantos de varios pies, la mayoría de los MLSS estará en el depósito de lodo activado.

Ejemplo n.° 1: se diseñó una instalación de lodo activado con zanja de oxidación con aereación extendida para un TRH de 24 horas. El caudal de entrada es de 9462.5 m^3 (2.5 mgd) y el volumen de la zanja de oxidación es de 9462.5 m^3 (2.5 mil. gal). Hay dos clarificadores secundarios que tienen un diámetro de 18.3 m (60 ft) y una profundidad de 3.65 m (12 ft). La concentración de MLSS es de 3000 mg/L y la concentración de LAR es de 7800 mg/L. La profundidad del manto del clarificador es de 1.5 m (5 ft). Calcule el porcentaje de MLSS en la zanja de oxidación y en el clarificador. Suponga que la concentración de LAR y la concentración del manto de lodos son aproximadamente iguales.

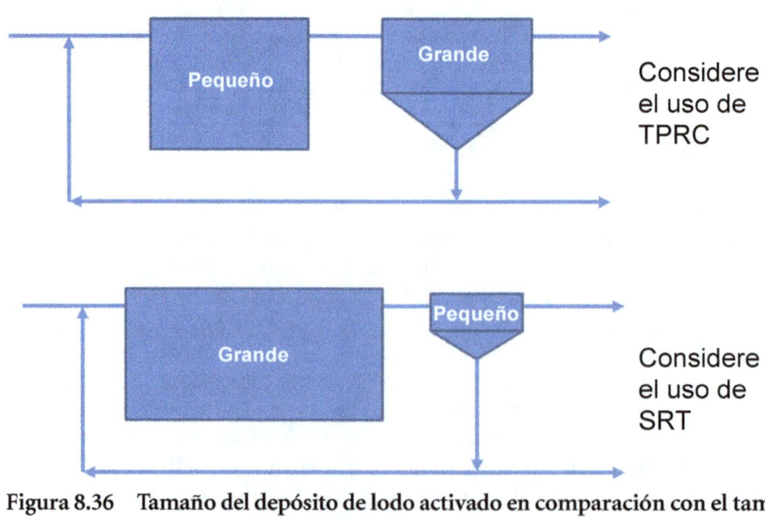

Figura 8.36 Tamaño del depósito de lodo activado en comparación con el tamaño del clarificador (reimpreso con autorización de Indigo Water Group)

Paso 1: Determine la masa de sólidos en el depósito de lodo activado.

$$\text{Depósito de lodo activado kg} = \frac{\left[\left(\text{Concentración, } \frac{\text{mg}}{\text{L}}\right)(\text{Volumen, m}^3)\right]}{1000}$$

$$\text{Depósito de lodo activado kg} = \frac{\left[\left(3000\frac{\text{mg}}{\text{L}}\right)(9462.5 \text{ m}^3)\right]}{1000}$$

$$\text{Depósito de lodo activado kg} = 28\,388$$

Paso 2: Calcule el volumen del clarificador.

$$\text{Volumen} = 0.785(\text{Diámetro}^2)(\text{Profundidad})(2 \text{ clarificadores})$$

$$\text{Volumen} = 0.785(18.3 \text{ m})^2(3.65 \text{ m})(2 \text{ clarificadores})$$

$$\text{Volumen} = 1919 \text{ m}^3$$

Paso 3: Determine la masa de sólidos en el manto del clarificador.

$$\text{Clarificador kg} = \frac{\left[\left(\text{Concentración, } \frac{\text{mg}}{\text{L}}\right)(\text{Volumen, m}^3)\right]}{1000}\left(\frac{\text{Profundidad del manto}}{\text{Profundidad del clarificador}}\right)$$

$$\text{Clarificador kg} = \frac{\left[\left(7800, \frac{\text{mg}}{\text{L}}\right)(1919 \text{ m}^3)\right]}{1000}\left(\frac{1.5 \text{ m}}{3.65 \text{ m}}\right)$$

$$\text{Clarificador kg} = 6152$$

Paso 4: Determine el porcentaje de sólidos en el manto del clarificador.

$$\text{Porcentaje} = \frac{\text{Parte}}{\text{Todo}} \times 100$$

$$\text{Porcentaje} = \frac{6\,152 \text{ kg}}{28\,387.5 \text{ kg} + 6152 \text{ kg}} \times 100$$

$$\text{Porcentaje} = 17.8\%$$

Dado que el depósito de lodo activado es grande en comparación con los clarificadores, la mayoría de los MLSS estarán en el depósito aún cuando el manto del clarificador sea profundo. Estos sólidos no tendrán un gran impacto sobre el cálculo del SRT o del TPRC. Tenga en cuenta que la profundidad del manto debe mantenerse por debajo de los 2 ft todo el tiempo. Para este caso, una instalación puede elegir utilizar el SRT para el control del proceso.

Ejemplo n.° 2: se diseñó una instalación de lodo activado convencional para un TRH de 6 horas. El caudal de entrada es de 9462.5 m³ (2.5 mil. gal). El depósito de lodo activado puede contener 2366 m³ (0.625 mil. gal). Hay dos clarificadores secundarios que tienen un diámetro de 24.4 m (80 ft) y una profundidad de 3.65 m (12 ft). La concentración de MLSS es de 3000 mg/L y la concentración de LAR es de 7800 mg/L. La profundidad del manto del clarificador es de 0.6 m (2 ft). En este caso, la masa total de MLSS en el depósito de lodo activado es de 7097 kg y la masa de MLSS en los mantos de clarificadores es de 4374 kg. Aún cuando la profundidad del manto es de solo 0.6 m (2 ft) en cada uno de los clarificadores, el 38 % del inventario de lodos total está dentro del clarificador. Para este caso, una instalación debe elegir utilizar el TPRC para el control del proceso.

Ejemplo n.° 3: una instalación de tratamiento de lodo activado recibe lodo con alumbre de su instalación de tratamiento de agua. La descarga de la instalación de agua es un poco irregular, en algunos días no presenta descarga alguna y en otros días presenta grandes volúmenes de descarga. La concentración de MLSS en los depósitos de lodo activado puede aumentar repentinamente cuando el lodo con alumbre ingresa a la instalación. Como resultado, el personal de operaciones tiene dificultades para calcular la edad del lodo. En este caso, los operadores deben seleccionar el SRT o el TPRC para el control del proceso, pero deben utilizar los MLVSS en lugar de los MLSS en el cálculo. El lodo con alumbre no contribuye al crecimiento de los microorganismos y pasa a través del proceso sin cambio alguno. La medición de MLSS totales incluye este material inerte en el cálculo de la edad del lodo, lo que puede provocar un sobredesechado y una pérdida de nitrificación accidentales. Una WRRF que recibe materiales residuales de instalaciones de tratamiento de agua también puede querer basar sus ajustes a la tasa de desechado de lodo en el SRT o el TPRC promedio móvil de 5 o 7 días.

Ejemplo n.° 4: una instalación de tratamiento de lodo activado tiene múltiples depósitos en cada tren de tratamiento. El primer depósito es anaerobio, el segundo es anóxico, el tercero es un depósito oscilante y puede ser anóxico o aereado, y el último es completamente aereado. El operador debe decir si operará el tercer depósito como un depósito anóxico adicional o si deberá ser completamente aereado. En este caso, el operador debe calcular el $SRT_{aerobio}$ para determinar si la edad del lodo aerobia es suficiente para respaldar la nitrificación completa cuando el depósito oscilante se opera en modo anóxico. El $SRT_{aerobio}$ también debe calcularse para todos los SBR y para las instalaciones que practican la aereación intermitente.

EJERCICIO DE LA SECCIÓN

1. Un proceso de lodo activado tiene tres depósitos de lodo activado que pueden contener 11.4 ML (3 mil. gal) cada uno. También hay tres clarificadores que pueden contener 3.8 ML (1 mil. gal). No se requiere que esta instalación elimine amoníaco. Si están en servicio un depósito de lodo activado y dos clarificadores secundarios, ¿cuál de los cálculos de la edad del lodo es el más apropiado?
2. Una instalación de lodo activado pequeña solo puede controlar su bomba de desechado prendiéndola y apagándola manualmente. Esto implica que el operador debe caminar a través del lugar cada vez que quiera realizar el desechado. El mismo operador también opera la instalación de tratamiento de agua y debe con frecuencia ausentarse de la WRRF en la mitad del día. Si el operador recolecta las muestras de MLSS y LAR temprano a la mañana, el laboratorio puede tener los resultados listos a las 2 p. m. cada día. ¿Qué puede hacer este operador para garantizar que la bomba deseche lo suficiente cada día sin realizar un sobredesechado?
3. Un operador de un proceso de lodo activado con aereación extendida normalmente opera con un SRT de 25 días. ¿Debería el operador incluir los SST del efluente en sus cálculos?

SOLUCIONES AL EJERCICIO DE LA SECCIÓN

1. TPRC. El volumen de los clarificadores en funcionamiento se puede comparar en tamaño con el volumen del depósito de lodo activado.
2. Recolecte muestras a primera hora de la mañana y entréguelas al laboratorio. Al mismo tiempo, deseche entre un tercio y la mitad de la cantidad de LAP que se desechó el día anterior. Cuando se obtengan los resultados del laboratorio, calcule el SRT o el TPRC y deseche las libras restantes.
3. Sí. A medida que aumenta la edad del lodo, el desechado disminuye y los SST del efluente comienzan a tener un mayor impacto sobre el resultado del cálculo.

COMPROBACIÓN DE CONOCIMIENTOS

1. **El desechado debe realizarse de una sola vez al final de cada semana en lugar de a diario para minimizar la cantidad de visitas a la instalación de tratamiento.**
   - ☐ Verdadero
   - ☐ Falso
2. **Se deben realizar los cálculos del tiempo de retención de sólidos y los ajustes a la tasa de desechado (si es necesario)**
   a. A diario
   b. Semanalmente
   c. Cada 2 semanas
   d. Mensualmente
3. **El lunes, martes y miércoles, el operador desechó 1000 kg (2205 lb) del sistema cada día. El SRT actual es de 12 días, pero la edad objetivo del lodo es de 8 días. ¿Cuál es la cantidad máxima de lodo que el operador puede desechar el jueves mientras se mantenga dentro de la regla del 15 %?**
   a. 880 kg (1874 lb)
   b. 1150 kg (2536 lb)
   c. 5000 kg (11 025 lb)
   d. 15 000 kg (33 069 lb)

4. **Una instalación de lodo activado utiliza grandes cantidades de cloruro férrico en un proceso aguas abajo para precipitar fósforo. El fósforo y el hierro precipitados, ahora lodo ferroso, se eliminan con filtros terciarios. Después de que se limpien los filtros, el lodo ferroso se recicla hacia el proceso de lodo activado. ¿Cómo puede el operador compensar los cambios en la concentración de MLSS totales provocados por estos sólidos no biológicos?**
   a. Aumentar la salida del soplador para aumentar el oxígeno disponible
   b. Disminuir la edad del lodo para eliminar los sólidos más rápido
   c. Cambiar a una masa constante para el control del proceso
   d. Sustituir los MLVSS con los MLSS en el cálculo del SRT

5. **Todos los siguientes pueden afectar la exactitud de un cálculo del SRT A EXCEPCIÓN DE**
   a. Exactitud del caudalímetro de LAP
   b. Falta de un manto en el clarificador
   c. Espumaje en el depósito de lodo activado
   d. Sólidos en suspensión del efluente elevado

6. **Los sólidos en el manto del clarificador deben incluirse en el cálculo de la edad del lodo cuando**
   a. Los MLSS se sedimenten y compacten correctamente.
   b. Durante las lluvias pico.
   c. Los mantos de lodos del clarificador sean profundos.
   d. Los clarificadores sean pequeños en comparación con los depósitos.

7. **Antes de la recolección de muestras puntuales del efluente final para los cálculos de control del proceso, los operadores deben**
   a. Consultar con su agencia reguladora
   b. Verificar que el efluente esté limpio
   c. Reducir los caudales de LAR y LAP
   d. Eliminar las algas de los vertederos del clarificador

8. **Un proceso de lodo activado tiene depósitos extremadamente grandes con un TDH combinado de 28 horas. Los clarificadores son relativamente pequeños y tienen un TDH de solo 2 horas. El operador mantiene los mantos con una profundidad menor a 3 ft. ¿Cuál de los siguientes cálculos para la edad del lodo es más adecuada para esta instalación?**
   a. GSA
   b. TPRC
   c. SRT
   d. $SRT_{aerobio}$

9. **Un proceso de lodo activado convencional tiene un TRH de 6 horas. Hay tres clarificadores en línea con un tiempo de detención combinado de 4 horas. ¿Cuál de los siguientes cálculos de la edad del lodo es más adecuado para esta sistema?**
   a. GSA
   b. TPRC
   c. SRT
   d. $SRT_{aerobio}$

RELACIÓN ALIMENTO:MICROORGANISMOS

DEFINICIÓN

La F/M se define como la masa de DBO o DQO sumada al proceso de lodo activado cada día dividida por la masa de MLVSS en el proceso. *Es importante tener en cuenta que la ecuación de F/M siempre utiliza los MLVSS en lugar de los MLSS.* La parte volátil de los MLSS es una buena aproximación de la masa de microorganismos vivos en el proceso, pero también incluye los microorganismos muertos y los desechos orgánicos. Alimento:microorganismos es literalmente la cantidad de "alimento" disponible por microorganismo en el proceso. La F/M es también la inversa de la ecuación de GSA modificada. Con la ecuación de GSA modificada, la edad del lodo se calcula tomando la masa de sólidos en el depósito de lodo activado y dividiéndola por la masa de DBO del caudal de entrada. El cálculo de la F/M simplemente invierte la GSA modificada. La F/M está directamente relacionada con la tasa de crecimiento de los microorganismos en el proceso. Recuerde que en el capítulo 5 se explica que los microorganismos en los procesos de tratamiento secundario casi nunca están creciendo a su tasa máxima. Esto significa que cada vez que se aumenten los recursos disponibles, la tasa de crecimiento también debería aumentar.

Los modos operativos de lodo activado están definidos, en parte, por el rango de la F/M, tal como se muestra en la tabla 8.2. Se acepta que la F/M para los procesos de lodo activado convencional es de entre 0.2 y 0.4 kg de DBO/kg de MLVSS·d (0.2 y 0.4 lb de DBO/d/lb de MLVSS) y de entre 0.05 y 0.15 kg de DBO/kg de MLVSS·d (0.05 y 0.15 lb de DBO/d/lb de MLVSS) para los sistemas de aereación extendida (EPA de los EE. UU., 1974, 1978b).

MÉTODO DE CÁLCULO

La F/M se calcula de acuerdo con la siguiente fórmula:

$$F/M = \frac{F}{M} = \frac{\text{kg o lb de DBO aplicados por día}}{\text{kg o lb de inventario de MLVSS}} \quad (8.16)$$

EJEMPLO DE CÁLCULO

Una WRRF está compuesta por: filtrado, eliminación de arena, clarificación primaria, lodo activado convencional y desinfección. El caudal de entrada es de 4000 m^3/d (1.06 mgd) y tiene una concentración de DBO_5 de 300 mg/L. El clarificador primario elimina el 30 % del DBO5 del caudal de entrada y el 40 % de los SST del caudal de entrada. Los depósitos de lodo activado tienen un volumen combinado de 1600 m^3 (0.42 mgd) y una concentración de MLSS de 3200 mg/L. Los MLSS son volátiles en un 80 %. Calcule la F/M.

Solución con unidades del sistema estándar internacional:

Paso 1: Determine la masa de DBO_5 en el caudal de entrada.

$$\frac{300\ \text{mg}}{\text{L}}\left|\frac{1\ \text{g}}{1000\ \text{mg}}\right|\left|\frac{1\ \text{kg}}{1000\ \text{g}}\right|\left|\frac{1000\ \text{L}}{1\ \text{m}^3}\right|\left|\frac{4000\ \text{m}^3}{\text{d}}\right| = 1200\ \text{kg/d}$$

Paso 2: Determine la masa de DBO_5 que se dirige al proceso de lodo activado. Si el clarificador primario elimina un 30 % del DBO del caudal de entrada, entonces el 70 % se dirigirá al proceso de lodo activado.

$$\text{(Masa total)(Porcentaje)} = \text{Masa a proceso de lodo activado}$$

$$(1200\ \text{kg})(100\ \% - 30\ \%) = \text{Masa a proceso de lodo activado}$$

$$840\ \text{kg} = \text{Masa a proceso de lodo activado}$$

Paso 3: Determine la masa de MLSS en el proceso de lodo activado.

$$\frac{3200\ \text{mg}}{\text{L}}\left|\frac{1\ \text{g}}{1000\ \text{mg}}\right|\left|\frac{1\ \text{kg}}{1000\ \text{g}}\right|\left|\frac{1000\ \text{L}}{1\ \text{m}^3}\right|\left|1600\ \text{m}^3\right| = 5120\ \text{kg}$$

Paso 4: Determine la masa de MLVSS en el proceso de lodo activado.

$$\text{(Masa total)(Porcentaje)} = \text{Masa volátil}$$

$$(5120\ \text{kg})(80\ \%) = 4096\ \text{kg}$$

Paso 5: Calcule la F/M.

$$\text{F/M} = \frac{\text{F}}{\text{M}} = \frac{\text{kg o lb de DBO aplicados por día}}{\text{kg o lb de inventario de MLVSS}}$$

$$\text{F/M} = \frac{\text{F}}{\text{M}} = \frac{\text{840 kg de DBO aplicados por día}}{\text{4096 kg de inventario de MLVSS}}$$

$$\text{F/M} = \frac{\text{F}}{\text{M}} = 0.21\ \text{por día}$$

En función de solo la F/M, este es probablemente un proceso de lodo activado convencional.

Ventajas y desventajas

La utilización de la F/M para el control del proceso presenta muchas de las mismas desventajas del cálculo de GSA que se describen anteriormente en este capítulo. Los inconvenientes más evidentes de la F/M son que pone al operador en una posición de monitorear y predecir la carga del caudal de entrada, y que no proporciona un mecanismo claro para la determinación de la cantidad de MLSS que deben eliminarse del proceso cada día mediante el desechado. Según se describirá en la sección de control del proceso de este capítulo, la F/M depende del TPRC/SRT. Una WRRF puede seleccionar un TPRC/SRT objetivo diseñado para llevar la F/M hacia dentro del rango deseado. Si la F/M es demasiado alta o demasiado baja, puede que los MLSS no se sedimenten correctamente (EPA de los EE. UU., 1977). Aunque muchas WRRF calculan la F/M con regularidad, no debe utilizarse como el único o el principal método de control del proceso (Ekama, 2010).

El primer control del proceso de lodo activado se enfocaba en intentar mantener una masa o un inventario de lodos suficiente para tratar efectivamente la carga orgánica entrante. Una versión anterior del manual de práctica n.° 11 (WEF, 1996) lo explicó de esta manera: "*Una buena forma de comprender la importancia de [mantener la cantidad óptima de sólidos de lodo activado en el sistema para tratar la DBO en el caudal de entrada de aguas residuales] es considerar la cantidad de DBO en las aguas residuales sin tratar como 'alimento', y los sólidos de lodo activado como 'microorganismos' que tomarán el alimento de una sola vez. Si no hay suficientes microorganismos disponibles para comer todo el alimento de una sola vez, habrá sobras. Las sobras implican que la DBO del efluente es más alta de lo deseado".* Sabemos que la cantidad de microorganismos disponibles está determina por la carga orgánica del caudal de entrada y por el rendimiento (capítulo 5). También sabemos que la masa de MLSS en el sistema está controlada por la tasa de desechado, la que está determinada por la edad del lodo deseada. Al ajustar la edad del lodo automáticamente se ajusta la F/M. Finalmente, si la edad del lodo es lo suficientemente avanzada como para respaldar la floculación y la compactación de modo que la separación de sólidos pueda tener lugar en el clarificador secundario, debería estar presente en el proceso una población de microorganismos lo suficientemente grande como para eliminar por completo la DBO disponible.

La F/M puede ser útil para la predicción de *tasas de desnitrificación*, tal como se describe en el capítulo sobre eliminación de nutrientes. La tasa, o velocidad, de desnitrificación es directamente proporcional a la cantidad de DBO disponible y a la F/M. En un proceso de lodo activado con zonas tanto preanóxicas como posanóxicas como las que se muestran en la figura 8.37, las tasas de desnitrificación pueden ser como máximo 10 veces más rápidas en la zona preanóxica que en la zona posanóxica debido a la disponibilidad del exceso de DBO.

La *tasa de desnitrificación* es la rapidez con la que las bacterias heterótrofas convertirán nitrato en gas nitrógeno. La conversión requiere alrededor de 4 mg/L de DBO_5 por cada 1 mg/L de NO_3-N convertido en gas nitrógeno.

TASA DE CARGA VOLUMÉTRICA

La tasa de carga volumétrica es la masa de DBO_5 por volumen de depósito de lodo activado. No incluye el volumen en el clarificador. La tasa de carga volumétrica se expresa como kilogramos de DBO_5 por metro cúbico de depósito de lodo activado por día ($kg/m^3 \cdot d$) o como libras de DBO_5 por día por 1000 pies cúbicos (lb DBO_5/d/1000 ft^3). La utilizan principalmente los ingenieros de diseño, pero puede resultar útil para la determinación del momento en que se debe retirar de funcionamiento un depósito de lodo activado o colocar otro en funcionamiento. Mientras más baja sea la tasa de carga volumétrica, mayor será la probabilidad de que los procesos de lodo activado eliminarán amoníaco además de DBO_5.

ELIMINACIÓN PORCENTUAL

La eliminación porcentual es útil para evaluar el desempeño de lodo activado en distintas condiciones operativas. Las muestras de compuestos del caudal de entrada y del efluente proporcionarán información sobre el desempeño promedio. Las muestras puntuales tomadas en las mismas ubicaciones pueden utilizarse para determinar el desempeño en cargas pico o bajo otras condiciones. Se puede calcular la eliminación porcentual para DBO_5, $DBOC_5$, amoníaco, nitrato, fósforo y otros parámetros. El porcentaje de eliminación se calcula de acuerdo con la siguiente fórmula:

$$\text{Eliminación, \%} = \left(\frac{\text{Entrante} - \text{Saliente}}{\text{Entrante}}\right) \times 100 \quad (8.17)$$

Ejemplos de cálculos para la eliminación porcentual

Un proceso de lodo activado tiene una concentración de DBO_5 del caudal de entrada de 240 mg/L. Una muestra tomada del efluente del clarificador secundario contiene 12 mg/L de DBO_5. Calcule el porcentaje de eliminación.

$$\text{Eliminación, \%} = \left(\frac{\text{Entrante} - \text{Saliente}}{\text{Entrante}}\right) \times 100$$

$$\text{Eliminación, \%} = \left(\frac{240 - 12}{240}\right) \times 100$$

$$\text{Eliminación, \%} = 95\%$$

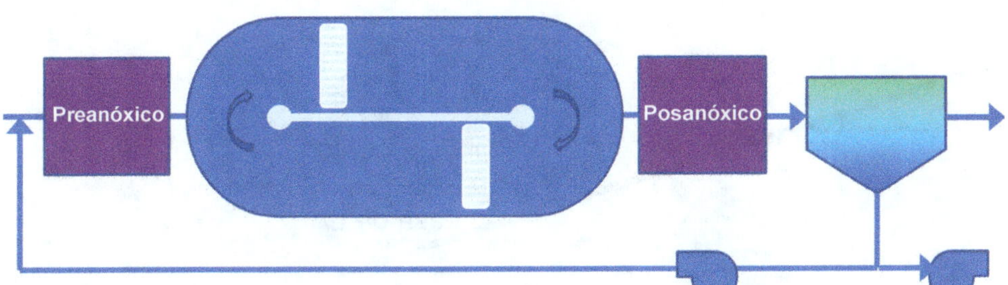

Figura 8.37 Zonas preanóxicas y posanóxicas en un proceso de lodo activado de tipo zanja de oxidación (reimpreso con autorización de Indigo Water Group)

COMPROBACIÓN DE CONOCIMIENTOS

1. **Al ajustar el SRT o el TPRC objetivo también se determina la F/M.**
   - ☐ Verdadero
   - ☐ Falso

2. **El volumen del depósito de lodo activado es de 30 000 m³ (7.9 mil. gal). Si la concentración de MLSS es de 2200 mg/L y es volátil en un 80 %, ¿cuántos kilogramos (libras) de MLVSS hay en el depósito?**
   a. 52 800 kg (115 959 lb)
   b. 66 000 kg (144 949 lb)
   c. 82 500 kg (181 867 lb)
   d. 97 000 kg (231 788 lb)

3. **Una WRRF recibe 817 kg (1800 lb) de DBO_5. Si el clarificador primario elimina un 35% del DBO_5 entrante, ¿cuál es la carga al proceso de lodo activado?**
   a. 286 kg (630 lb)
   b. 531 kg (1170 lb)
   c. 1256 kg (2769 lb)
   d. 2234 kg (5142 lb)

4. **Un sistema de lodo activado convencional que realiza solo la eliminación de DBO_5 normalmente tiene una F/M en el rango de**
   a. 0.05 a 0.15
   b. 0.2 a 0.4
   c. 0.4 a 0.6
   d. 0.8 a 1.2

5. **Las desventajas de la utilización de la F/M para el control del proceso incluyen**
   a. Ayuda a mantener una tasa de crecimiento de microorganismos constante
   b. Requiere el monitoreo de amoníaco del caudal de entrada para las instalaciones nitrificantes
   c. Proporciona un mecanismo claro para la determinación del desechado
   d. Obliga al operador a monitorear y predecir la carga del caudal de entrada

RELACIONES ENTRE LAS VARIABLES DEL PROCESO

La edad del lodo debe ser la variable de control primario para todos los sistemas de lodo activado (Ekama, 2010; Jenkins y Garrison, 1968; Pretorius et al., 2016; EPA de los EE. UU., 1977). Una vez que se seleccionó una edad objetivo del lodo, esta determinará la tasa de desechado; la concentración de MLSS; la concentración de MLVSS; la F/M; y la tasa de crecimiento de MLSS, la microbiología, y la sedimentabilidad del lodo. No es posible controlar más de una de estas variables a la vez. Burchett y Tchobanoglous (1974) consideraron que "*Es evidente que el nuevo crecimiento de microorganismos por día en el sistema de lodo activado está relacionado con la F/M y el TPRC. En segundo lugar, y lo que es más importante, puede llegarse a la conclusión de que si una de las dos variables se controla en un nivel determinado, la otra buscará y encontrará su nivel relacionado*". La figura 8.38 es una representación simplista de las relaciones entres estas importantes variables del proceso. En realidad, las relaciones entre las variables están llenas de matices, pero las relaciones básicas representadas aquí siguen siendo reales. En la figura 8.38 la edad del lodo está aumentando junto con la concentración de MLSS. El porcentaje de MLVSS, la F/M y la tasa de desechado están disminuyendo. Si el operador decidiera disminuir la edad del lodo, entonces los MLSS también disminuirían junto con ella y todas las variables en el lardo derecho (MLVSS porcentual, F/M y tasa de LAP) aumentarían.

¿POR QUÉ LOS MLSS AUMENTAN CON EL AUMENTO DEL SRT?

A medida que se aumenta la edad del lodo, menos kilogramos (libras) de MLSS se eliminan del sistema en el LAP cada día. Esta es la definición de edad del lodo. Para una edad del lodo de 10 días, una décima parte (10 %) de los sólidos se elimina cada día. Para una edad del lodo de 5 días, una quinta parte (20 %) de los sólidos se elimina cada día. La eliminación de menos kilogramos (libras) de MLSS provoca el aumento de la concentración de MLSS (mg/L) en los depósitos de lodo activado.

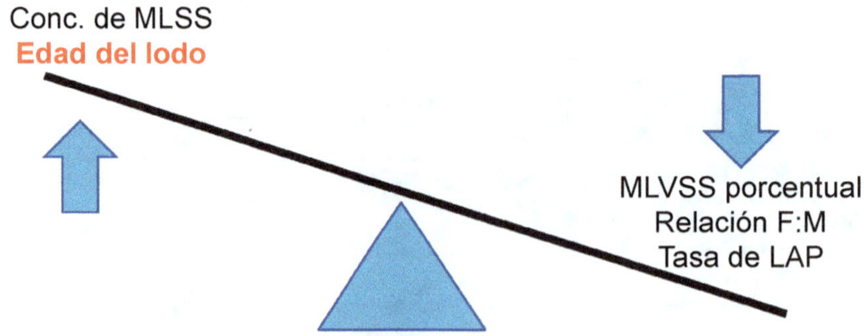

Figura 8.38 Relaciones entre las variables de control del proceso de lodo activado (reimpreso con autorización de Indigo Water Group)

¿POR QUÉ LA RELACIÓN ENTRE MLVSS Y MLSS DISMINUYE CON UN AUMENTO DEL SRT?

Los MLSS están compuestos por material tanto orgánico como inorgánico (inerte). Los microorganismos vivos componen la parte "activa" de los MLSS y son la fracción de MLSS que proporciona el tratamiento. Los MLVSS representan los microorganismos activos. Suponemos que todos los sólidos orgánicos en los MLSS son microorganismos vivos y activos, aunque los microorganismos muertos y los desechos orgánicos también se miden en la prueba de MLVSS. Los MLSS también contienen material inerte que ingresa junto con el caudal de entrada de aguas residuales. Los microorganismos no pueden descomponer la arena y las cáscaras de huevo. Este material pasa a través del proceso sin cambio alguno. Los MLSS totales que se agregan cada día serán la suma de las nuevas bacterias producidas (rendimiento) más las sustancias orgánicas no biodegradables (sobras de la respiración endógena) más el material inerte.

$$\text{MLSS total agregado} = \text{Nuevas células crecidas} + \text{Células existentes} + \text{Material inerte} \quad (8.18)$$

En la figura 8.39 se muestra cómo se utilizan los materiales biodegradables y cómo cambian a través del tratamiento biológico. Las bacterias utilizan la demanda bioquímica de oxígeno que ingresa al sistema para el mantenimiento celular y para formar más bacterias. La masa de nuevas bacterias producidas es fijada por el rendimiento (0.4 kg MLVSS/kg DQO o 0.67 kg MLVSS/kg DBO), según lo descrito en el capítulo 5. Al mismo tiempo, la cantidad de DBO que se requiere para mantener todas las bacterias existentes aumenta a medida que aumenta la cantidad de bacterias activas. En otras palabras, una fracción más grande del DBO del caudal de entrada se dirige al mantenimiento de las células existentes, y un porcentaje más pequeño de las células totales en el sistema tendrá la energía suficiente para reproducirse. La tasa de crecimiento de los MLVSS en su totalidad disminuye.

A medida que el lodo envejece y que disminuye el alimento disponible por bacteria, algunas bacterias se perderán a través de la respiración endógena, dado que consumen su propia masa celular y el exopolímero en un intento de supervivencia. Algunas bacterias se desintegrarán o romperán y se convertirán en alimento para otras. Sin embargo, otras se perderán a través de la depredación dado que las formas de vida superiores,como los ciliados pedunculados, se vuelven más frecuentes en las edades del lodo más avanzadas. La concentración de MLVSS y la cantidad de bacterias viables comenzarán a estancarse tal como se muestra en la figura 8.40. La concentración de MLVSS no ofrece un panorama completo. Tanto las bacterias muertas como el material orgánico no biodegradable son también volátiles. Según un cálculo, alrededor del 23 % de los sólidos biológicos (MLVSS) producidos son relativamente inertes y, por lo tanto, se acumulan en el sistema (McCarty y Brodersen, 1962). Puede parecer que la cantidad de bacterias vivas aumenta con edades del lodo cada vez más avanzadas, pero debido a que el rendimiento es fijo, lo que realmente sucede es que el material inerte se está acumulando en los depósitos de lodo activado. La formación de bacterias nuevas sin *DBO* del caudal de entrada es tan posible como que una persona gane peso sin alimentarse.

No es posible cultivar una mayor cantidad de bacterias sin DBO_5. La concentración de MLSS continuará aumentando con edades del lodo cada vez más avanzadas, pero el aumento es una acumulación de microorganismos muertos, desechos orgánicos, y material inerte.

Los bacterias no pueden descomponer la arena, las cáscaras de huevo ni algunos componentes orgánicos. Esta fracción inerte del caudal de entrada de aguas residuales se acumula en los depósitos de lodo activado a la misma tasa cada día. Piense acerca de agregar 100 kg (o libras) de arena al proceso de lodo activado el primer día. El segundo día, se agregan otros 100 kilogramos. El tercer día, se agregan otros 100 kilogramos. Si la edad del lodo es de 20 días, esto significa que cada día se agregarán 100 kilogramos adiciones de material inerte y que se eliminará solo un 5 % (5 kg). Después de 20 días, se habrán acumulado en el proceso unos descomunales 1900 kg de material inerte. La cantidad de material inerte aumenta en línea recta tal como se muestra en la figura 8.40. Al mismo tiempo, la concentración de MLVSS se nivela porque los microorganismos crecen más lento cuando hay menos alimento disponible (F/M más baja). La combinación de efectos provoca el aumento de la concentración de sólidos totales (MLSS) mientras disminuye el porcentaje de sólidos volátiles (MLVSS). Para las aguas residuales que contienen cantidades más grandes de material inerte, el efecto será más drástico. Un sistema de lodo activado en buen estado que no agrega productos químicos tendrá normalmente una relación entre MLVSS y MLSS en el rango de 0.75 a 0.85 (EPA de los EE. UU., 1977). Los MLSS en un digestor aerobio o anaerobio, por el otro lado, pueden ser volátiles en solo un 60 %. El porcentaje de sólidos volátiles en el *digestor*

Los productos químicos, como el cloruro férrico, pueden agregarse para el control de olores o para precipitar el fósforo. El alumbre también se utiliza para la precipitación del fósforo. Estos productos químicos inorgánicos se acumulan en el proceso y contribuyen con la parte no volátil de los MLSS.

Un *digestor* es un proceso de procesamiento de sólidos utilizado para descomponer material orgánico y reducir la masa total de lodo. En el capítulo 1 se incluye una breve descripción general.

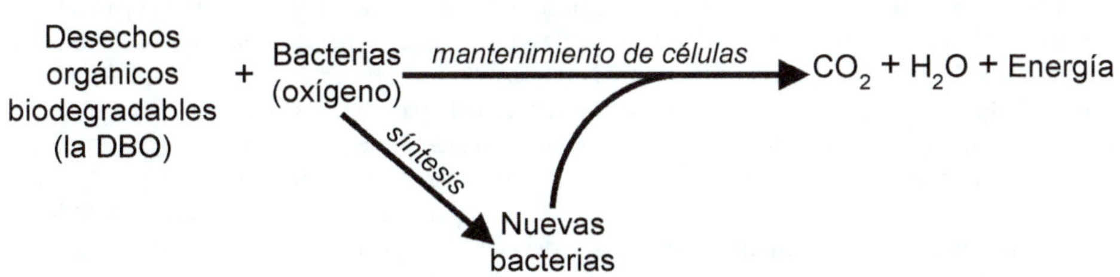

Figura 8.39 Conversión de DBO en MLVSS (reimpreso con autorización de Indigo Water Group)

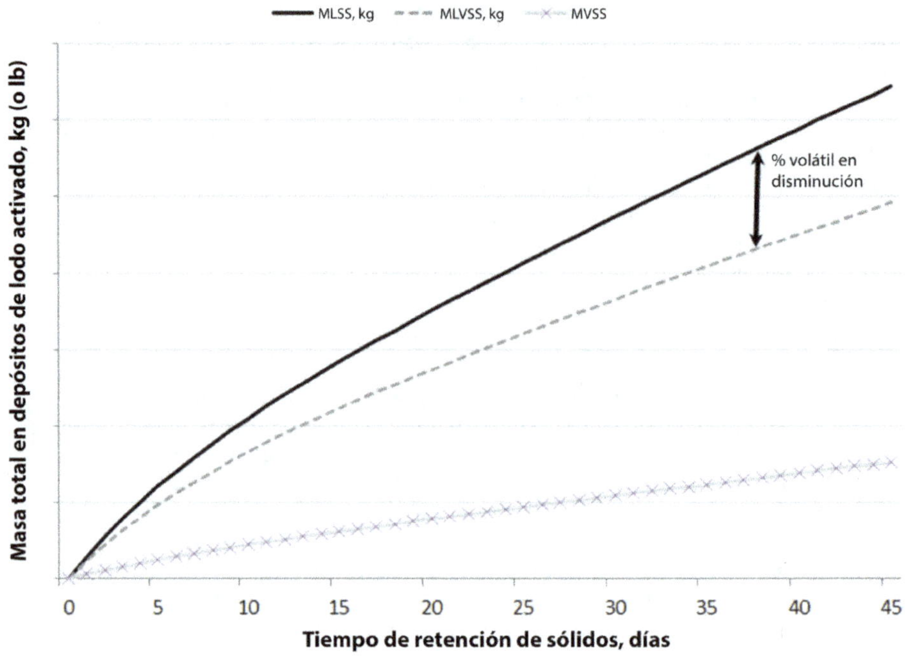

Figura 8.40 Cambios a los MLSS, MLVSS, y sólidos no volátiles con un aumento en el SRT (reimpreso con autorización de Indigo Water Group)

es aún más bajo porque las bacterias se están descomponiendo por la respiración endógena, pero los sólidos inertes pasan a través del digestor sin cambio alguno.

¿EL MANTENER UNA CONCENTRACIÓN DE MLSS CONSTANTES ES LO MISMO QUE UN EDAD DEL LODO CONSTANTE?

No necesariamente. La concentración de sólidos en suspensión en el licor mezclado aumenta con el aumento de la edad del lodo, pero sin información adicional es imposible predecir la concentración de MLSS solo a partir de la edad del lodo. Para muchas instalaciones de aguas residuales, la carga del caudal de entrada será diferente los fines de semana y los días de semana, y también puede presentar variaciones estacionales. La carga orgánica puede aumentar o disminuir así como también lo puede hacer la cantidad de material inerte. Para que los operadores mantengan una concentración de MLSS constantes en condiciones cambiantes del caudal de entrada, deben aumentar y disminuir la cantidad de sólidos que eliminan del sistema cada día. Si cambia el porcentaje de masa eliminada cada día, también cambia la edad del lodo. Para algunos sistemas con caudales de entrada y cargas muy consistentes, si se mantienen constantes los MLSS, se puede aproximar la edad del lodo constante.

Ejemplo n.° 1: La WRRF del punto de envío de la municipalidad de Bellingham (Washington) utiliza sondas para SST encastradas dentro del depósito para monitorear las concentraciones de MLSS y LAP. El caudal de LAP se ajusta automáticamente para mantener un SRT seleccionado por el operador. En un momento, los operadores notaron que la concentración de MLSS había descendido por debajo del rango típico. Los operadores supusieron que la sonda para SST encastrada dentro del depósito había sufrido un desperfecto o no estaba calibrada. Después de analizar sus datos del caudal de entrada, descubrieron que la carga de DBO del caudal de entrada había disminuido. Como resultado, la concentración de MLSS había disminuido automáticamente para mantener un SRT constante (Pretorius et al., 2016).

Ejemplo n.° 2: una WRRF de una ciudad metropolitana recibe materiales residuales de alumbre de su instalación de tratamiento de agua. La masa de materiales residuales de alumbre varía en gran medida de un día para el otro y puede provocar un cambio en la concentración de MLSS de hasta 500 mg/L en un solo día. La WRRF utiliza los MLSS constantes para el control del proceso en lugar del SRT constante. El lunes, la concentración de MLSS había aumentado a 3200 mg/L. El operador aumentó la tasa de desechado para hacer descender la concentración de MLSS nuevamente hasta su objetivo de 3000 mg/L. El martes, la instalación de tratamiento de agua descargó una cantidad desconocida de materiales residuales de alumbre que provocó el aumento de la concentración de MLSS a 3700 mg/L. El operador aumentó otra vez la tasa de desechado para traer la concentración de MLSS nuevamente a 3000 mg/L. El lunes el porcentaje de MLVSS era del 80 % pero, el martes, había caído a un 76 % de volatilidad debido al agregado de alumbre. El miércoles, el operador recolectó muestras de amoníaco del efluente y se sorprendió al descubrir que la concentración de amoníaco del efluente había aumentado de menos de 1 mg/L a 22 mg/L. ¿Por qué sucedió esto? Se requiere un SRT mínimo para mantener la nitrificación estable. Cuando el operador aumentó el desechado el martes, se eliminaron demasiados sólidos biológicos y el SRT descendió por debajo del mínimo requerido. La concentración de MLSS se mantuvo constante, pero el SRT descendió notablemente.

Ejemplo n.° 3: una comunidad turística recibe más visitas en invierno que en verano. Cada visita contribuye con la cantidad de carga y caudal que recibe la WRRF. La WRRF utiliza el método de masa de MLSS constantes para el control del proceso y tiene una concentración objetivo de MLSS de 2500 mg/L. La experiencia previa ha demostrado que esta concentración de MLSS produce un lodo de buena sedimentación y una buena calidad del efluente. Debido a que la carga orgánica es más alta en invierno, se producen más MLSS y el operador debe desechar una mayor cantidad para mantener la concentración de MLSS en el objetivo de 2500 mg/L. En verano, cuando la carga orgánica disminuye, el operador desecha una menor cantidad dado que se produce una menor cantidad de lodo. Aunque la concentración de MLSS se mantuvo constante todo el año, el SRT no es constante. Es más alto en verano y más bajo en invierno. Esta WRRF suele perder la capacidad de eliminar amoníaco durante cortos períodos en el invierno cuando el SRT desciende demasiado.

¿PUEDO OPERAR CON LOS MLSS CONSTANTES EN LUGAR DE CON LA EDAD DEL LODO CONSTANTE?

El método de una concentración de MLSS constantes o una masa de MLSS constantes es atractivo porque es fácil de comprender, reduce la cantidad requerida de muestreo y de control del proceso, y depende menos del muestreo exacto de la concentración de LAP. Muchos sistemas de lodo activado operan efectivamente utilizando MLSS constantes. Cuando la carga del caudal de entrada y la temperatura del agua son consistentes, si se mantienen los MLSS constantes se puede aproximar el mantenimiento de un SRT constante. Para que esto suceda, deben darse las siguientes dos condiciones:

- La DBO del caudal de entrada (kilogramos o libras) es constante y
- Los SST del caudal de entrada (kilogramos o libras) son constantes.

Una de las desventajas de este método de control es que pone menos atención en el SRT. Tenga precaución al utilizar esta técnica de control dado que se pueden presentar concentraciones de DBO muy variables. Por ejemplo, puede darse un caso en que el DBO del caudal de entrada secundario a un proceso de lodo activado determinado aumenta repentinamente en un 50 % y se estabiliza en este nivel. Debido al aumento en el suministro de alimento, la cantidad de lodo activado producido también aumentaría, y los niveles de MLSS en el depósito de lodo activado se incrementarían rápidamente. Al observar esto, el operador que mantiene un nivel de MLSS fijo aumentaría naturalmente la tasa de desechado, intentando reducir el nivel de sólidos a su rango típico. Al reducir el nivel de sólidos a un valor normal, el operador está disminuyendo el SRT. Esto podría provocar problemas graves. El sobredesechado puede provocar una pérdida en la nitrificación, un cambio en las características de sedimentación del lodo, y puede tener efectos sobre la calidad del efluente. Las WRRF a las que se le requiere eliminar amoníaco no deben utilizar el método de MLSS constantes.

Algunas instalaciones utilizan con éxito el método de masa constante para el control del proceso. Puede funcionar bien en las instalaciones 1) a las que no se les requiere eliminar amoníaco, 2) que tienen caudales de entrada y cargas consistentes, y 3) que operan bien por debajo de su capacidad de diseño.

¿POR QUÉ LA F/M DISMINUYE CON EL AUMENTO DEL SRT?

Si la concentración de MLSS aumenta y la cantidad de DBO que ingresa a la instalación se mantiene casi igual, entonces la cantidad de alimento por microorganismo disminuirá. El rendimiento y la descomposición se describen en el capítulo 5.

El tiempo de retención de sólidos se relaciona con la F/M mediante la siguiente ecuación (EPA de los EE. UU., 1974):

$$\text{SRT, días} = \frac{1}{(\text{Y})\left(\frac{\text{F}}{\text{M}}\right)(\text{Eficiencia de eliminación de DBO}) - k_{\text{d}}} \tag{8.19}$$

Donde:

Y = Rendimiento,
F/M = Relación alimento:microorganismos, y
k_{d} = Coeficiente de descomposición.

A medida que el SRT aumenta, la F/M disminuirá de manera proporcional. Lo opuesto también es real. En base a la tabla 8.7, para un SRT en el rango de 20 a 30 días, la F/M será considerablemente más baja (0.05 a 0.15 kg DBO/kg MLVSS·d) que para un sistema con un SRT en el rango de 5 a 15 días (0.2 a 0.4 kg DBO/kg

Tabla 8.7 Parámetros operativos y de diseño para el proceso de lodo activado (EPA de los EE. UU., 1974; 1978b)

Modificación del proceso	Tiempo de retención de sólidos, días	F/M, kg DBO aplicados/kg MLSS·d (lb/d/lb)	Carga volumétrica, kg $DBO_5/m^3 \cdot d$ (lb DBO_5/d/1000 ft^3)	MLSS, mg/L	Tiempo de detención hidráulica, h
Convencional (flujo pistón)	5 a 15	0.2 a 0.4	20 a 40	1500 a 3000	4 a 8
Aereación extendida	20 a 30*	0.05 a 0.15	10 a 25	3000 a 6000	18 a 36
Alimentación escalonada	3 a 7	0.2 a 0.4	40 a 60	2000 a 3500	3 a 5
Oxígeno puro	3 a 20	0.25 a 1.0	150 a 200	4000 a 7000	2 a 4

*Ya no se recomiendan los SRT excesivamente prolongados porque el crecimiento de las bacterias filamentosas y el deterioro de la calidad del efluente final pueden producirse con SRT prolongados.

MLVSS·d). El proceso de lodo activado debe controlarse ajustando el SRT o el TPRC objetivo y dejando que la F/M se autoajuste. No es posible controlar ambas estas variables a la vez. La selección de un TPRC o SRT se describe más adelante en este capítulo.

LA CONDICIÓN DE DISEÑO

Casi todos los manuales de operación y mantenimiento o los conjuntos de esquemas de la WRRF contienen un cuadro que enumera los parámetros de diseño para la concentración del TPRC, SRT o de los MLSS, y la F/M. Es el es punto de diseño. Muchos de los operadores se frustran al intentar cumplir con las tres condiciones de manera simultánea, o pueden intentar mantener una masa fija (kilogramos o libras) de MLSS en los depósitos de lodo activado cada día independientemente de las características cambiantes del caudal de entrada de aguas residuales. Las condiciones operativas dentro de la instalación nunca coincidirán de forma exacta con el punto de diseño por varios motivos. En primer lugar, el punto de diseño solo puede alcanzarse cuando la WRRF opera con su caudal y carga de diseño. La mayoría de los permisos de descarga requieren que la instalación se encuentre en etapa de planificación de la próxima expansión cuando la carga o el caudal mensual máximos excedan el 80 % de la capacidad de diseño y que se encuentre en construcción cuando alcancen el 95 %. Dado que las WRRF están diseñadas para las cargas y caudales pico, tendrán un exceso de capacidad en condiciones operativas promedio.

En segundo lugar, pocas WRRF monitorean los sólidos volátiles y no volátiles en suspensión en su caudal de entrada. Sin esta información, es imposible que el ingeniero de diseño pueda predecir la concentración de MLSS totales. Imagine dos procesos de lodo activado diferentes. El primero recibe 200 kg por día de SST que son volátiles en un 85 %. Esto implica que se acumulan 30 kg de sólidos no volátiles (inertes) en los depósitos cada día. El otro proceso recibe 200 kg de SST que son volátiles en un 50 %. Esto implica que se acumulan 100 kg de sólidos no volátiles (inertes) en los depósitos cada día. Aunque ambas WRRF mantengan la misma edad del lodo, sus concentraciones de MLSS serán bastante diferentes. El ingeniero de diseño realizó un cálculo razonable de la cantidad de material inerte que se encontraba en el caudal de entrada de aguas residuales. Si el cálculo no coincide con exactitud con la concentración real en el caudal de entrada, entonces la concentración de MLSS tampoco coincidirá con exactitud con el punto de diseño.

La concentración de MLSS también puede verse afectada por los flujos de reciclaje de los procesos de procesamiento de sólidos, el agregado de productos químicos, y la recepción de los materiales residuales de la instalación de tratamiento de agua. Las instalaciones que practican la eliminación química de fósforo suelen utilizar alumbre o férrico en grandes dosis aguas abajo de los depósitos de lodo activado. Estos productos químicos se suelen reciclar como parte del lavado a contracorriente del filtro u otros procesos y terminan en los depósitos de lodo activado.

RESUMEN DE LAS ESTRATEGIAS DE CONTROL DEL PROCESO

En la tabla 8.8 se resumen las diversas estrategias de control del proceso actualmente en uso junto con las ventajas y desventajas de cada una. Tal como lo han señalado Pretorius et al. (2016), las instalaciones a veces abandonan el control del TPRC/SRT de sus procesos de lodo activado en favor de los parámetros de control menos confiables, tales como intentar mantener una concentración de MLSS o una F/M constantes. Los motivos a favor de la utilización de MLSS constantes o de una F/M constante en lugar del control del TPRC/SRT incluyen el cumplimiento de estrategias previas de control del proceso, las limitaciones de personal, las dificultades en la obtención de muestras representativas, la falta de instalaciones de laboratorio *in situ*, una falta de comprensión respecto a las ventajas del control de TPRC/SRT, y la operación exitosa que utiliza MLSS constantes o una F/M constante. Sin embargo, el control del TPRC/SRT ofrece el mejor control de los procesos de lodo activado y debe utilizarse siempre que sea viable (Ekama, 2010; Jenkins y Garrison, 1968; Pretorius, et al., 2016; EPA de los EE. UU., 1977). Las WRRF a las que se le requiere eliminar amoníaco no deben utilizar las estrategias de control de los MLSS constantes y de la F/M constante.

Tabla 8.8 Ventajas y desventajas de las estrategias comunes de control del proceso

Método de control del proceso	Ventajas	Desventajas
Edad del lodo, incluidos el TPRC, el SRT, y el $SRT_{aerobio}$	■ Utilizada ampliamente con resultados confiables. ■ Se basa en la cinética del crecimiento. ■ Da cuenta de la transformación de la DBO y de los SST del caudal de entrada en sólidos biológicos (MLSS). ■ Ajusta automáticamente la concentración de MLSS para que coincida con la carga de DBO entrante, de esa forma, controla simultáneamente la concentración de MLSS y la F/M. ■ El operador no necesita predecir ni hacer coincidir las condiciones del caudal de entrada. ■ Mecanismo claro para el cálculo de las tasas de desechado. ■ La edad objetivo del lodo controla la presencia o ausencia de diferentes tipos de microorganismos en el proceso. ■ Capacidad de autoestabilización. ■ Produce una excelente calidad del lodo cuando el TPRC/SRT objetivo se encuentra dentro de un rango razonable. ■ Cuando se mantiene dentro del rango correcto para una determinada temperatura del agua, mantiene la nitrificación estable y minimiza el crecimiento de filamentos.	■ Requiere la medición adecuada de los MLSS y de los sólidos de LAP. ■ Puede ser difícil obtener muestras representativas necesarias para los cálculos. ■ Las limitaciones de personal en los sistemas pequeños pueden dificultar la implementación plena del control de la edad del lodo. ■ Se recomienda la utilización de diagramas de control junto con el cálculo de los promedios móviles para minimizar la influencia de los puntos de datos erróneos o los días en los que no se realiza el desechado.
TPRC	■ Da cuenta del inventario de lodos total incluyendo los sólidos tanto de los depósitos como de los clarificadores de lodo activado. ■ Se prefiere para los sistemas con clarificadores grandes y depósitos de lodo activado más pequeños. ■ Los datos históricos para las edades del lodo que promueven el crecimiento de filamentos se basan en el TPRC y el SRT.	Requiere una mayor recolección de datos que el SRT o el $SRT_{aerobio}$.
SRT_{total}	■ Requiere una menor recolección de datos que el TPRC. ■ Se prefiere para los sistemas con clarificadores pequeños y depósitos de lodo activado grandes. ■ Los datos históricos para las edades del lodo que promueven el crecimiento de filamentos se basan en el TPRC y el SRT.	■ Supone que los sólidos no se almacenan en el manto del clarificador secundario. Para los sistemas con clarificadores más grandes en comparación con sus depósitos de lodo activado, este puede no ser el caso cuando los mantos están por debajo de 0.6 m (2 ft). ■ Los datos históricos para la predicción del crecimiento de bacterias filamentosas se basan en el TPRC o el SRT_{total} y no en el $SRT_{aerobio}$. El cálculo del $SRT_{aerobio}$ solo puede dar como resultado edades del lodo excesivamente prolongadas, el crecimiento de filamentos, y el subsiguiente deterioro de la sedimentabilidad del lodo.
$SRT_{aerobio}$	■ Utilizado por los ingenieros de diseño para la determinación del tamaño del depósito. ■ Garantiza que el tiempo o el espacio del depósito aerobio sean los adecuados para respaldar la nitrificación estable. ■ Puede utilizarse para ajustar el tamaño de la zona anóxica en comparación con la aereada dentro de los depósitos. ■ Puede utilizarse para ajustar los tiempos del ciclo intermitente para los SBR.	
MLSS constantes (masa o concentración)	■ Fáciles de comprender. ■ Se requiere la cantidad mínima de datos de laboratorio. ■ Pueden producir un lodo de buena sedimentación y una buena calidad del efluente cuando las cargas del caudal de entrada son consistentes. ■ Pueden aproximar el control del SRT para algunos sistemas. ■ Son los más adecuados para las WRRF a las que no se les requiere la nitrificación.	■ Los MLSS contantes no mantienen constante la edad del lodo, lo que puede dar como resultado una calidad del lodo variable (sedimentabilidad deficiente) y la pérdida de nitrificación sin controlar. ■ No es un mecanismo claro para el cálculo de las tasas de desechado. ■ Si la carga del caudal de entrada no es constante, el SRT y la F/M pueden fluctuar. ■ Las bacterias filamentosas pueden retenerse con facilidad cuando el SRT no monitoreado excede el SRT requerido para el crecimiento de filamentos. ■ Son más propensos al espumaje y al abultamiento.

(continúa)

Tabla 8.8 Ventajas y desventajas de las estrategias comunes de control del proceso (*continuación*)

Método de control del proceso	Ventajas	Desventajas
F/M constante	■ Algunos señalan que la F/M constante presenta una ventaja en las WRRF, como en aquellas que reciben grandes cantidades de aguas residuales industriales, donde los caudales de entrada pueden cambiar con rapidez. ■ Debe producir un lodo de sedimentación consistente. ■ Los trabajos previos sobre la microbiología del lodo activado se basan en la F/M.	■ Requieren la medición exacta de los MLSS, los MLVSS, el LAP y la DBO del caudal de entrada. ■ El operador debe predecir y hacer coincidir las condiciones cambiantes del caudal de entrada. ■ Necesariamente utiliza datos de 5 días en el caso de la DBO o datos de más de 3 horas en el caso de la DQO. ■ Reactiva: responde a condiciones previas ■ Requiere una cantidad significativa de trabajo de laboratorio para el monitoreo del caudal de entrada y del proceso. ■ No es un mecanismo claro para el cálculo de las tasas de desechado. ■ La persecución de la F/M puede alterar radicalmente la edad del lodo. ■ Puede que no mantenga la nitrificación estable.

COMPROBACIÓN DE CONOCIMIENTOS

1. **La edad del lodo y la F/M se pueden controlar de manera independiente.**
   - ☐ Verdadero
   - ☐ Falso

2. **Los operadores pueden aumentar la masa total de microorganismos vivos en su proceso mediante el aumento de la edad del lodo.**
   - ☐ Verdadero
   - ☐ Falso

3. **El SRT es actualmente de 14 días. El operador aumenta la tasa de desechado para disminuir el SRT a 10 días. ¿Cuál de las siguientes variables disminuirá?**
   a. F/M
   b. Porcentaje de MLVSS
   c. Concentración de MLSS
   d. Carga de DBO

4. **Las concentraciones de sólidos en suspensión en el licor mezclado aumentan con el aumento del SRT, pero el porcentaje de MLVSS disminuye porque**
   a. Los microorganismos vivos se desechan más rápido que el material inerte.
   b. El material inerte se acumula en el proceso sin cambio alguno.
   c. Los tamaños de los flóculos aumentan con los SRT mayores y mantienen la arena en suspensión.
   d. Mayor cantidad de DBO_5 por microorganismo.

5. **La carga de DBO del caudal de entrada se mantiene sin cambio alguno. El tiempo de retención de sólidos aumenta. ¿Qué debe ser cierto?**
   a. La tasa de crecimiento está disminuyendo.
   b. El rendimiento está aumentando.
   c. La concentración de MLSS está disminuyendo.
   d. La tasa de desechado está aumentando.

6. **El SRT es actualmente de 12 días. Si el SRT se disminuye a 8 días, ¿qué sucederá con la F/M?**
   a. Aumentará en un 50 %.
   b. Se mantendrá igual.
   c. Aumentará.
   d. Disminuirá.

7. **Si se mantiene la concentración de MLSS constantes como una estrategia de control del proceso, se aproxima el SRT constante cuando**
   a. La F/M es de entre 0.2 y 0.4 kg DBO_5/kg MLVSS (lb/lb).
   b. La WRRF está por debajo del 50 % de su capacidad diseñada.
   c. Los MLSS no cambian más de 200 mg/L por día.
   d. El DBO_5 del caudal de entrada y las cargas de SST son casi constantes.

8. **Esto casi nunca se mide para el caudal de entrada de la WRRF, pero puede tener un gran impacto sobre la concentración de MLSS.**
   a. DBO_5
   b. SST
   c. Amoníaco
   d. SVS

9. **Una la estrategia de control del proceso con su desventaja principal en relación a otros métodos.**

a. TPRC	1. El operador debe predecir las cargas del caudal de entrada
b. SRT	2. Se requiere una mayor recolección de datos
c. $SRT_{aerobio}$	3. Se supone que no hay sólidos en el manto de clarificador
d. F/M	4. Si las cargas del caudal de entrada varían, el SRT y la F/M también variarán
e. MLSS constantes	5. Crecimiento de bacterias filamentosas relacionado con el SRT total

Control del proceso para depósitos de lodo activado

Tal como se describió anteriormente, el objetivo del tratamiento biológico es convertir el material orgánico biodegradable del caudal de entrada de aguas residuales en MLVSS y flocular el material particulado no biodegradable. La meta principal de los procesos de lodo activado es cultivar colonias más grandes y pesadas de bacterias que puedan separarse eficientemente del agua tratada por gravedad. La masa floculada de bacterias y de sólidos no biodegradables se denominan colectivamente *MLSS*. La captación y la conversión de DBO son relativamente rápidos y se suelen completar dentro de los 90 minutos posteriores al ingreso del caudal de entrada de aguas residuales al depósito de lodo activado. La biofloculación toma mucho más tiempo y requiere que los sólidos (MLSS) permanezcan en el proceso durante muchos días. Las metas secundarias del lodo activado pueden incluir la eliminación de amoníaco, nitrito, nitrato y fósforo.

Consulte nuevamente la tabla 8.7 para obtener los rangos operativos para diferentes variables de control del proceso para algunos de los modos operativos más comunes en las WRRF domésticas. Estos no son los únicos modos operativos disponibles. Tenga en cuenta que los rangos numéricos que se ofrecen en la tabla 8.7 son definiciones funcionales y que es completamente posible que un único proceso de lodo activado que funciona bien tenga variables que se encuentren dentro de más de una definición. Estas definiciones funcionales son de las décadas de 1960 y 1970, y reflejan las prácticas operativas y la investigación que se llevaron a cabo durante ese momento. El rango del SRT para el lodo activado con aereación extendida es bastante amplio, de 20 a 30 días. En la actualidad, sabemos que las edades del lodo de hasta 20 días pueden propiciar el crecimiento de bacterias filamentosas, lo que puede afectar la sedimentabilidad del lodo, y sabemos que muchas edades del lodo más cortas son capaces de producir un efluente bajo en amoníaco, nitrito y nitrato. No se preocupe si su proceso de lodo activado no encaja perfectamente dentro de una de estas definiciones. Más adelante en este capítulo se ofrece orientación sobre cómo seleccionar la edad del lodo adecuada para su instalación.

SELECCIÓN DE UN TIEMPO PROMEDIO DE RESIDENCIA DE LAS CÉLULAS, UN TIEMPO DE RETENCIÓN DE SÓLIDOS, O UN TIEMPO DE RETENCIÓN DE SÓLIDOS AEROBIO

En general, los procesos de lodo activado convencional tienen un TPRC o SRT de entre 5 y 15 días, mientras que los procesos de lodo activado con aereación extendida tienen TPRC o SRT de hasta 30 días. La selección del TPRC, SRT, o $SRT_{aerobio}$ adecuado para una instalación debe basarse en el logro de las mejores características de sedimentación del lodo mientras se cumplen otras metas del proceso, como bajas cantidades de amoníaco en el efluente, nitrógeno total bajo y bajos límites de fósforo. Si el lodo es demasiado poca edad o de edad muy avanzada, no se cumplirán las metas del proceso.

FLOCULACIÓN, SEDIMENTACIÓN Y COMPACTACIÓN

El TPRC, SRT, $SRT_{aerobio}$ óptimo para una determinada instalación de tratamiento será el que produzca MLSS que floculen, se sedimenten, se compacten, y produzcan un efluente final que cumpla con los límites del permiso de descarga (Wahlberg, 2016). La capacidad de los MLSS de flocular, sedimentarse y compactarse se mide realizando pruebas de sedimentación diarias y calculando el *índice volumétrico de lodos (sludge volume index, SVI)*. Ambos procedimientos se describen en detalle más adelante en este capítulo. Si el lodo flocula correctamente, entonces será capaz de aglomerar las bacterias sueltas y la materia particulada para dejar un *sobrenadante* cristalino, tal como se muestra en la figura 8.41 (a). Si el lodo no flocula correctamente, el sobrenadante puede ser turbio u opaco, tal como se muestra en la figura 8.41 (b). Un sobrenadante turbio puede no cumplir con el límite de SST de 30 mg/L de la mayoría de los permisos de descarga y será más difícil de desinfectar.

El cálculo del *SVI* proporciona el volumen que 1 g de lodo sedimentado ocupa en la prueba de sedimentación después de 30 minutos de sedimentación. Se expresa en mililitros por gramo. El SVI permite que los operadores comparen los resultados de la prueba de sedimentación de un día con los del día siguiente. Sin este cálculo, los operadores no podrían saber si el motivo por el que el SSV era más alto hoy que la semana pasada es porque la concentración de MLSS aumentó (más lodo) o porque los MLSS se estaban sedimentando y compactando de manera diferente.

Las investigaciones han demostrado que para que la biofloculación tenga lugar se necesita un SRT mínimo de 2 días, y que a los SRT de entre 0.25 y 2 días dominan las bacterias libres en lugar de los flóculos (Maharajh, 2010). Las bacterias libres y las partículas floculadas más pequeñas no se sedimentan. Muchos manuales de diseño de lodo activado establecen el SRT mínimo para varios tipos de sistemas a los 3 días (Metcalf and Eddy, Inc./AECOM, 2014; WEF et al., 2010). En la figura 8.42 se muestran los primeros trabajos de Sayigh y Malina, Jr. (1978), que correlacionan la eliminación de DBO con el SRT. Se alcanzó una eliminación de DBO mejor que del 85 % para los SRT mayores a 2 días cuando la temperatura del agua fue de al menos 10 °C. Para el agua más fría, el SRT mínimo requerido para una buena floculación fue mayor a 3 días. Una buena eliminación de DBO puede tener lugar aún cuando el lodo no flocule bien.

Abultamiento de lodos de menor edad

Cuando se inicia un nuevo proceso de lodo activado, es común ver espuma blanca con una sedimentación deficiente. A medida que el lodo toma mayor edad, los flóculos de MLSS comienzan a tomar forma y se vuelven lo suficientemente pesados y densos como para comenzar a sedimentarse. Sin embargo, el flóculo de lodo de menor edad es de estructura abierta debido al crecimiento rápido de la tasa de formadores de flóculos. Como resultado, el flóculo de lodo de menor edad puede ser ligero y esponjoso, lo que provoca que se sedimente lentamente. En los manuales anteriores, esta condición se denomina a veces como "abultamiento" de lodos de menor edad y se describen los flóculos como "flóculos rezagados". El abultamiento se produce en todos los MLSS

El *sobrenadante* es la capa de líquido superior en una prueba de sedimentación o en un proceso de tratamiento.

Figura 8.41 Evidencia de las propiedades de floculación de los MLSS (reimpreso con autorización de Indigo Water Group)

con un SVI mayor a 200 mL/g. West (1974) describió los flóculos rezagados como "partículas de lodo pequeñas, casi transparentes, muy ligeras, esponjosas y flotantes de 3.2 a 6.4 mm (de un octavo a un cuarto de pulgada) de diámetro". Una vez que el SRT alcanza los 2 a 3 días, la estructura de los flóculos se vuelve más densa y mejora la sedimentabilidad. En resumen, para que un proceso de lodo activado flocule, sedimente, compacte y produzca un efluente que cumpla con los límites del permiso para la DBO_5 y los SST, el SRT debe ser de al menos 2 días.

Abultamiento de lodos de mayor edad

Los SRT excesivamente prolongados también pueden producir el abultamiento de lodos que resulta de la formación de "flóculos alfiler" o de una abundancia de bacterias filamentosas. West (1973) definió los flóculos alfiler como flóculos muy pequeños y compactos que normalmente tienen menos de 0.8 mm (1/32 in.) de diámetro. Los flóculos alfiler pueden observarse en suspensión sin ningún movimiento ascendente o descendente evidente a lo largo de un clarificador secundario moderadamente turbio. En la prueba de sedimentación, el flóculo alfiler está caracterizado por partículas de lodo discretas y de sedimentación rápida en lugar de un manto bien floculado. El flóculo alfiler está relacionado con una operación con SRT alto y F/M baja. La operación con

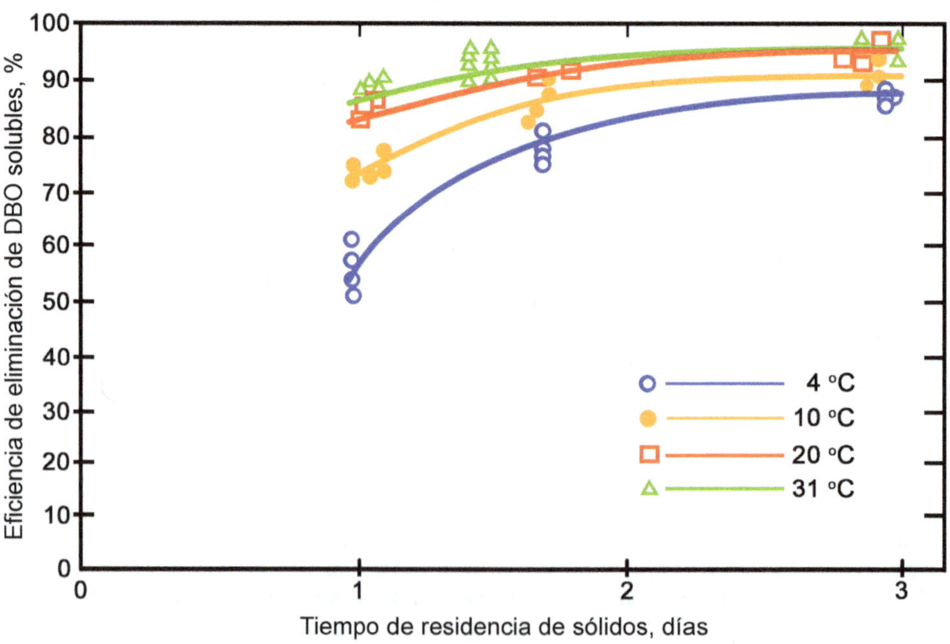

Figura 8.42 Eficiencia de eliminación de la DBO soluble en comparación con el SRT (Sayigh y Malina, Jr., 1978)

SRT alto y F/M baja puede provocar que los formadores de flóculos pasen a la respiración endógena donde consumen sus polímeros externos y su masa celular para sobrevivir. La pérdida de exopolímero puede romper las partículas floculadas.

Los SRT altos propician el crecimiento de determinados tipos de bacterias filamentosas (Jenkins et al., 2004). Los filamentos de lodo de mayor edad incluyen: *M. parvicella*, Tipo 0041, Tipo 0675, Tipo 1851, y Tipo 0803 (Jenkins et al., 2004). Tenga en cuenta que los filamentos pueden proliferar en diferentes condiciones ambientales y que muchos pueden proliferar con SRT relativamente cortos (Jenkins et al., 2004). Las bacterias filamentosas pueden provocar que la estructura de los flóculos sea más abierta y en forma de encaje y menos densa. En circunstancias extremas, los filamentos pueden extenderse mucho más allá de la partícula floculada y llegar a unir las partículas floculadas. Esto se denomina *formación de puentes*. Un ejemplo de formación de puentes se muestra en la figura 8.43. Cuando los filamentos están presentes en abundancia, las partículas de MLSS se sedimentarán con mayor lentitud y no se compactarán tan bien en el fondo del clarificador. La meta se convierte en mantener el TPRC o SRT lo suficiente como para flocular, pero también como para evitar el crecimiento de filamentos de lodo de mayor edad y la formación de flóculos alfiler.

Las poblaciones de formas de vida superiores, incluidos los rotíferos y los ciliados pedunculados, suelen disminuir con los SRT más prolongados. A medida que la tasa de crecimiento bacteriana disminuye, hay una cantidad cada vez menor de bacterias libres que respalden el crecimiento de otros microorganismos que se alimentan de ellos. Como sucede con otras relaciones entre depredador y presa, cuando la cantidad de presas disponibles disminuye, la cantidad de depredadores también disminuye con rapidez.

Sedimentabilidad del lodo

El SSV después de 5 minutos de sedimentación en la prueba de sedimentación indica la rapidez con la que el flóculo se sedimenta. Durante los primeros 5 minutos, el flóculo está esencialmente en caída libre con pocas colisiones entre las partículas floculadas que puedan reducir la velocidad de los flóculos. Esta es la zona de sedimentación libre (Eckenfelder y Melbinger, 1957). El volumen de lodo sedimentado al cabo de 5 minutos (SSV_5) se ve afectado por la temperatura del agua, el tamaño y la estructura de la partícula floculada, y la presencia o ausencia de bacterias filamentosas. En muchas instalaciones se observa un fuerte patrón estacional en el que el SSV_5 es más alto en invierno y más bajo en verano, lo que se debe simplemente a los cambios en la temperatura del agua. Las partículas floculadas tienen una densidad muy similar a la del agua. Cuando el agua se enfría, se vuelve más densa, y la diferencia en la densidad entre el flóculo y el agua circundante es menos pronunciada. Como resultado, la velocidad de sedimentación disminuye. La velocidad de sedimentación también puede verse afectada por la concentración de sólidos. A medida que aumenta la concentración de MLSS, la velocidad de sedimentación disminuye porque la densidad del fluido aumenta y hay una mayor cantidad de colisiones entre las partículas (Eckenfelder y Melbinger, 1957). Esto puede observarse al comparar el desempeño de las muestras de MLSS y de LAR en el medidor de sedimentación. El LAR siempre se sedimentará a una tasa más lenta, con un SSV_5 más alto, que la de los MLSS. Si los filamentos están presentes y se extienden más allá de los bordes de las

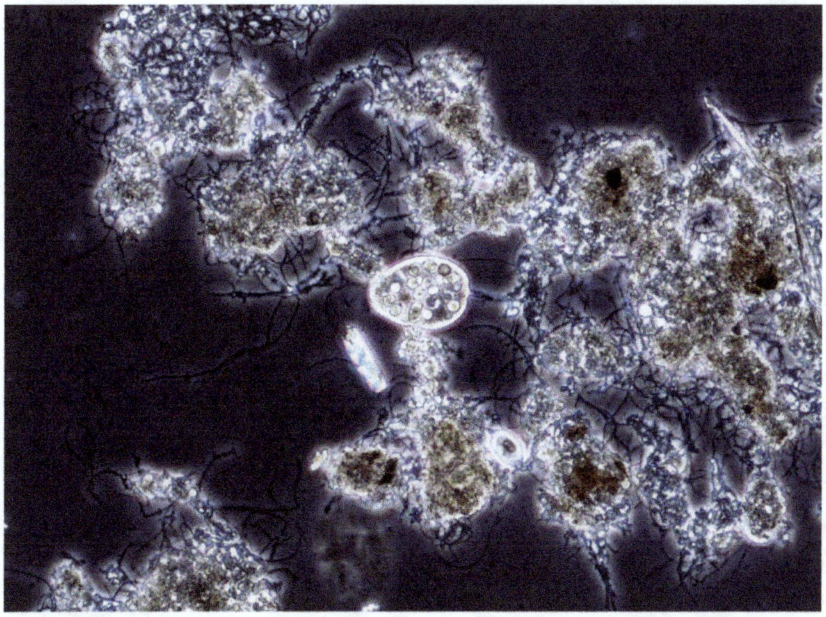

Figura 8.43 Formación de puentes filamentosos entre partículas floculadas (reimpreso con autorización de Indigo Water Group)

partículas floculadas o, lo que es peor, crean puentes entre las partículas floculadas, esto puede crear resistencia al movimiento y reducir la velocidad de sedimentación. Si los ciliados pedunculados y otros organismos depredadores están presentes, se alimentarán de las bacterias libres y ayudarán a producir un sobrenadante claro. El desarrollo de un lodo que flocule y se sedimente para dejar atrás un sobrenadante claro requiere que el operador controle los tipos y la cantidad de microorganismos presentes ajustando la edad del lodo.

Compactación del lodo

El SSV de 30 minutos en el medidor de sedimentación indica lo bien que se está compactando el flóculo. Para los lodos de sedimentación lenta, puede llevar más de 30 minutos que comience la compactación. Una serie de panfletos de la EPA de los EE. UU. producidos en la década de 1970 recomendaba dejar los MLSS en el clarificador durante 60 minutos o más para lograr la compactación máxima del lodo (West, 1973a, 1973b, 1978). Ya no se recomienda dejar los MLSS en el clarificador durante extensos períodos de tiempo dado que eso puede contribuir a un alto nivel de sólidos en suspensión del efluente por la *desfloculación* y la desnitrificación en el manto del clarificador (Ekama, 2010).

La *desfloculación* se produce cuando las partículas floculadas se descomponen en partículas floculadas más pequeñas.

El cálculo del SVI toma el SSV_{30} y lo divide por la concentración de MLSS en miligramos por litro (mg/L). El resultado del cálculo se encuentra en mililitros por gramo (mL/g). En otras palabras, la cantidad de espacio que un gramo de sólidos ocupa después de que se lo ha dejado sedimentarse y compactarse durante 30 minutos. En general, mientras más bajo sea el SVI, mejor será la calidad del lodo. Sin embargo, para que el cálculo de SVI sea significativo, la concentración de MLSS debe estar dentro de un rango razonable. De lo contrario, los resultados no pueden compararse de manera significativa con los valores de la bibliografía. Una descripción detallada del cálculo del SVI se puede encontrar en la sección sobre recolección de datos, muestreo y análisis en este capítulo. Desde hace mucho tiempo se ha reconocido que un SVI menor a 70 mL/g puede dejar atrás un sobrenadante turbio y que los SVI mayores a 200 mL/g representan el abultamiento de lodos que no se está compactando bien (Palm et al., 1980; Trygar, 2010). Las instalaciones de recuperación de recursos hídricos que practican la eliminación biológica mejorada del fósforo (*enhanced biological phosphorus removal*, EBPR), utilizan el tratamiento primario mejorado químicamente, reciben los materiales residuales de instalaciones de agua, y agregan otros floculantes a su proceso de tratamiento, suelen informar SVI menores a 70 mL/g. En general, la presencia o ausencia de bacterias filamentosas determinará la forma en que se compacta el lodo. Las concentraciones más altas de filamentos evitarán que las partículas de MLSS se compriman más o menos de la misma manera en que resulta difícil colocar las luces de navidad desenrolladas nuevamente en una caja para su almacenamiento. Para que el lodo se compacte bien, el operador debe controlar la cantidad de filamentos, muchos de ellos pueden controlarse manteniendo una edad del lodo adecuada.

MANTENER LAS CONCENTRACIONES DE SÓLIDOS EN SUSPENSIÓN EN EL LICOR MEZCLADO DENTRO DE UN RANGO RAZONABLE

Las concentraciones de MLSS de lodo activado están limitadas en el extremo inferior por la biofloculación y en el extremo superior por 1) la capacidad de transferir suficiente oxígeno a los depósitos de lodo activado para respaldar los microorganismos y 2) la capacidad de los clarificadores secundarios para flocular, sedimentar y compactar dichos sólidos. Para la mayoría de los sistemas, esto limita efectivamente la concentración de MLSS a un rango de 1000 a 4000 mg/L, aunque algunos tipos de sistemas de lodo activado pueden operar de manera exitosa fuera de este rango. Para que los MLSS floculen, se necesita una cantidad mínima de colisiones entre las partículas floculadas. Las colisiones ayudan a que las partículas floculadas se combinen y formen partículas más grandes, y limpien los particulados del caudal de entrada de aguas residuales. En general, se necesita una concentración de MLSS de al menos 1000 mg/L para que se produzcan las colisiones suficientes. Si la concentración de MLSS disminuye demasiado, un operador puede reducir la cantidad de depósitos de lodo activado en funcionamiento.

A medida que aumenta el TPRC/SRT, también lo hace la concentración de MLSS. A medida que aumentan las concentraciones de MLSS, se vuelve cada vez más difícil disolver el oxígeno en las aguas residuales, lo que aumenta el consumo de energía. Finalmente se alcanza un punto en el que se sopla tanto aire hacia el depósito de lodo activado que la turbulencia resultante descompone los flóculos, la sedimentabilidad de los MLSS se deteriora, y aumenta la turbiedad del efluente. Las concentraciones altas de MLSS aumentan la SLR al clarificador secundario. Si la SLR aumenta demasiado, el clarificador no podrá sedimentar los sólidos.

TIEMPO PROMEDIO DE RESIDENCIA DE LAS CÉLULAS/TIEMPO DE RETENCIÓN DE SÓLIDOS DEL LAVADO: EFECTOS SOBRE LA BIOLOGÍA Y LA SEDIMENTABILIDAD

La mayoría de las bacterias en el sistema se reproducen con rapidez y tienen tiempos de generación de 1 a 3 horas; algunos tipos se reproducen tan rápido como cada 10 minutos (Brock y Madigan, 1991). Para estas bacteria, el TPRC/SRT debe ser lo suficientemente largo para que los MLSS floculen y se mantengan en el sistema. Algunas bacterias, como las bacterias nitrificantes y algunas bacterias filamentosas, necesitan mucho más tiempo para reproducirse. Algunos ciliados se reproducen una vez cada 4 a 5 horas (WEF, 2017). Como sucede con los sistemas ecológicos, los depredadores superiores y los organismos más complejos necesitan más tiempo para reproducirse y solo se desarrollan después de que se han consolidado sus presas.

El TPRC del lavado o el SRT de lavado es el TPRC/SRT mínimo requerido para mantener un determinado organismo en el sistema. Los microorganismos ingresan constantemente a la instalación en el caudal de entrada. De hecho, la mayoría de los microorganismos en el proceso de lodo activado son organismos del suelo (WEF, 2017). Si el TPRC/SRT es demasiado bajo, se eliminarán estos organismos del sistema tan pronto como ingresen y no se desarrollará una población estable. Aunque se utiliza el término *lavado*, los microorganismos se eliminan del sistema a través del desechado. Un operador que está realizando un examen microscópico de su lodo activado puede observar los nematodos ocasionales, por ejemplo, pero a menos que el TPRC/SRT sea lo suficientemente prolongado como para mantener los nematodos en el sistema el tiempo suficiente para que se reproduzcan, la cantidad de nematodos no aumentará. Este es el caso para todos los organismos que pueden vivir, prosperar y sobrevivir en el proceso de lodo activado, incluidas las bacterias nitrificantes, las bacterias filamentosas y la macrofauna descrita anteriormente. El TPRC/SRT objetivo seleccionado por el operador determinará los microorganismos que tendrán posibilidades de desarrollar poblaciones estables. Otras condiciones ambientales también afectarán la biología del lodo activado y los organismos presentes, las que incluyen las tasas de carga orgánica y de nitrógeno, las concentraciones de OD, el pH, la alcalinidad y la temperatura. Si no se cumple con otras condiciones requeridas, como el suministro de alimento, el oxígeno y otros, entonces contar con una edad del lodo lo suficientemente avanzada puede no producir una población estable del organismo deseado. En la práctica, la selección de una edad del lodo que sea de dos a tres veces más alta que la edad del lodo del lavado puede mantener un organismo deseado en los MLSS.

A continuación se presentan algunos ejemplos de SRT de lavado calculados para diferentes microorganismos a 20 °C:

- *Nocardioformes* = 1.5 días (Jenkins et al., 2004)
- Bacterias oxidantes del amoníaco, o BOA, (*ammonia oxidizing bacteria*, AOB) = 1.6 días (EPA de los EE. UU., 2010)
- Organismos acumuladores de fosfato, u OAF (*phosphate accumulating organisms*, PAO) = 3 a 4 días (EPA de los EE. UU., 2010)
- Bacterias oxidantes del nitrito, o BON (*nitrite oxidizing bacteria*, NOB) = 2 días (EPA de los EE. UU., 2010)
- *Sphaerotilus natans* = 3 a 7 días (Jenkins et al., 2004)
- *Microthrix parvicella* = Mayor a 10 días (Jenkins et al., 2004)

Los *nocardioformes* son un grupo de bacterias que incluyen *Nocardia*, *Gordona*, *Mycobacterium*, y otras bacterias de la familia de actinomicetes. Los libros de texto y los manuales previos solo hacen referencia a *Nocardia*.

Lo que nos dicen estos SRT de lavado es que si un proceso de lodo activado tiene un SRT total de 6 días y la temperatura del agua dentro del depósito es de 20 °C, se esperaría encontrar poblaciones estables de BOA y BON pero no de *S. natans* o *M. parvicella*. Si el proceso tuvo una zona anaerobia y la relación correcta entre DBO del caudal de entrada y fósforo, también se esperaría encontrar OAF. El SRT por sí solo no puede garantizar una población estable si no se cumplen otras condiciones necesarias. Asimismo, los nocardioformes pueden o no estar presentes. Algunos filamentos pueden controlarse simplemente al mantener un SRT menor al SRT de lavado para ese filamento. Los filamentos de lodo de mayor edad incluyen: *M. parvicella*, Tipo 0041, Tipo 0675, Tipo 1851, y Tipo 0803 (Jenkins et al., 2003). Se sabe que *M parvicella* provoca episodios de espumaje y abultamiento, en especial durante las condiciones operativas en invierno, en las WRRF que deben eliminar amoníaco todo el año. En la figura 8.44 se muestran los rangos de TPRC para los diferentes filamentos. Tenga en cuenta que para muchos de los filamentos, como los nocardioformes y los *S. natans*, el SRT de lavado es tan bajo que no es posible desecharlos fuera del proceso.

El SRT de lavado se ve afectado por la temperatura. Por cada disminución de 10 °C en la temperatura del agua, la tasa de crecimiento de las bacterias disminuye en un 50 % y se duplica el SRT de lavado. Las tasas de crecimiento de las bacterias formadoras de flóculos y formadoras de filamentos se ven afectadas de manera similar. La EPA de los EE. UU. (2010) creó la figura 8.45 utilizando una combinación de SRT de lavado teóricos y calculados y los datos experimentales de Hellinga et al. (1998). Los datos etiquetados como "H" son experimentales y los datos etiquetados como "M" se calculan en base a las tasas de crecimiento de las BOA y BON. A una temperatura del agua de 20 °C, el SRT de lavado para las BOA es de aproximadamente 1.6 días y el SRT de lavado para las BON es de aproximadamente 2.0 días. Para mantener una población estable y evitar la pérdida accidental de estas bacterias debido al sobredesechado accidental, el SRT objetivo necesitará ser de dos a tres veces más largo o de entre 4 y 6 días. Si la temperatura del agua disminuye por debajo de los 10 °C, el SRT de lavado para las BOA aumenta de 3 a 5 días. Esto implica que se necesita un SRT objetivo de entre 10 y 15 días para mantener la nitrificación estable. Para una WRRF con temperaturas del agua en invierno de 10 °C y temperaturas del agua en verano de 20 °C, el SRT objetivo deberá desplazarse entre los 6 y 15 días para mantener la nitrificación. Si las BOA y BON también se ven limitadas de alguna otra manera, por ejemplo por concentraciones bajas de OD, se necesitarán SRT más prolongados que los que se predijeron en la figura 8.45.

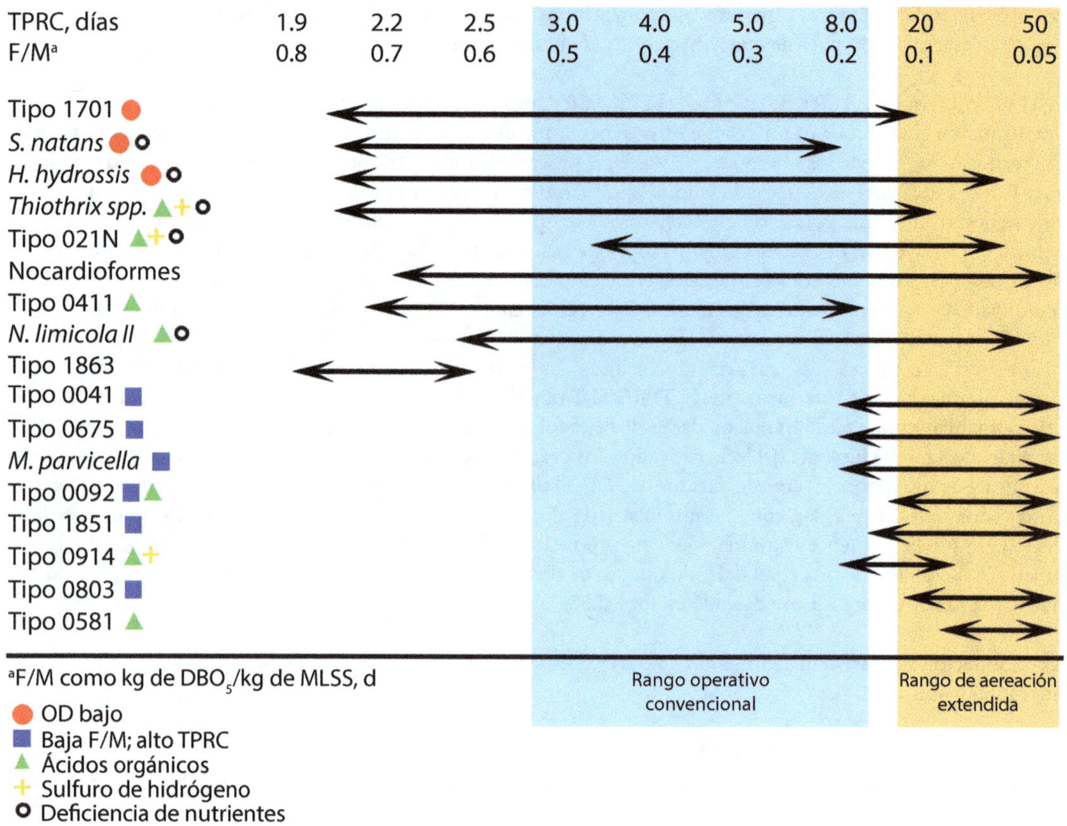

Figura 8.44 SRT de lavado para varias bacterias filamentosas (modificado de *Manual of the Causes and Control of Activated Sludge Bulking, Foaming, and Other Solids Separation Problems* por Jenkins, et al., Copyright © 2003. Reproducido con autorización de Taylor and Francis Group, LLC, una división de Informa plc.)

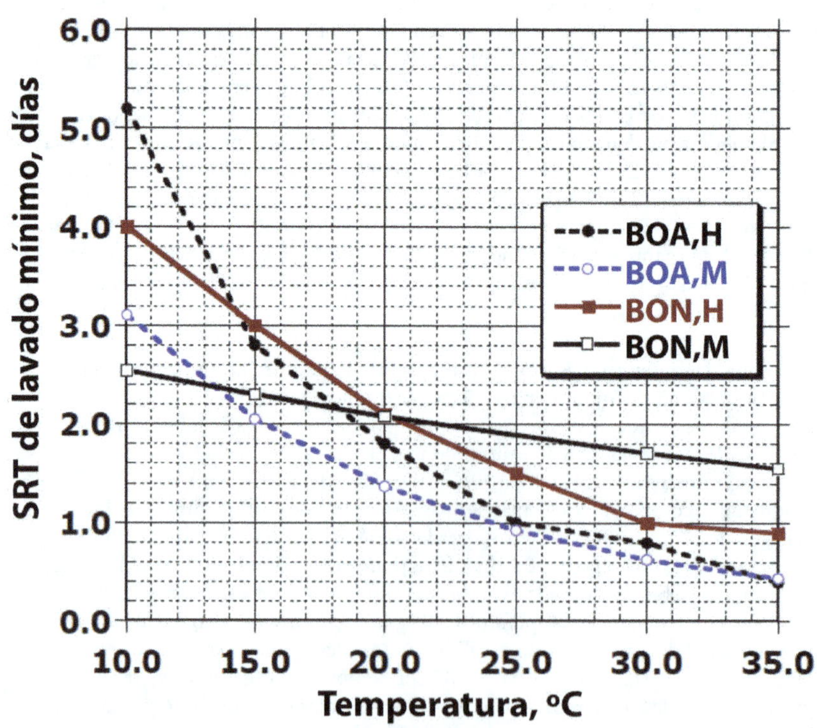

Figura 8.45 SRT de lavado para BOA y BON en diferentes temperaturas de agua (EPA de los EE. UU., 2010)

CUMPLIMIENTO DE LOS LÍMITES DE AMONÍACO DEL EFLUENTE

La edad del lodo "correcta" para una instalación depende de si se requiere o no la eliminación de amoníaco para cumplir con los límites del permiso. Para las WRRF a las que no se les requiere la nitrificación, el TPRC/SRT solo necesita ser lo suficientemente prolongado como para respaldar la biofloculación y producir un efluente con baja turbiedad. En general, mientras más bajo sea el TPRC/SRT, menos costoso será operar la instalación dado que una menor cantidad de kilogramos (libras) de MLSS se encontrará en proceso de aereación. Mientras más prolongado sea el tiempo que los MLSS están en proceso de aereación, mayor energía se requerirá para operar los sopladores. Por otro lado, la producción de lodo total disminuye levemente con el aumento de la edad del lodo a medida que se utiliza una parte más grande de la DBO entrante para el mantenimiento de las células en lugar de utilizarla para el crecimiento de las mismas. Para las WRRF a las que se les requiere la nitrificación, el $SRT_{aerobio}$ debe ser lo suficientemente prolongando como para respaldar la nitrificación estable, pero debe ser lo suficientemente breve como para mantener los filamentos bajo control y mantener una buena sedimentabilidad del lodo. Dado que el $SRT_{aerobio}$ del lavado para las bacterias nitrificantes depende de la temperatura del agua, muchas WRRF que eliminan amoníaco necesitarán ajustar su $SRT_{aerobio}$ objetivo de manera estacional.

Ejemplo n.° 1: un proceso de lodo activado con zanja de oxidación experimenta cambios en la temperatura del agua de 14 °C en enero a 23 °C en julio. La WRRF tiene límites de amoníaco del efluente de 1.2 mg/L para la mayoría de los meses. El operador de esta instalación registra la temperatura del agua en la zanja todos los días y después selecciona un SRT objetivo en función de la temperatura del agua. Como resultado, el SRT se aumenta y se disminuye de manera completamente gradual durante el año para compensar los cambios estacionales. Antes de implementar el control estacional del SRT, esta instalación experimentó episodios graves de abultamiento y espumaje durante el invierno con SVI que presentaban un exceso de 600 mL/g. Después de implementar el control estacional del SRT, se ha operado durante tres inviernos sucesivos sin ningún tipo de abultamiento ni espumaje.

Ejemplo n.° 2: un proceso de lodo activado de flujo pistón de tres etapas descarga todo su efluente tratado a un depósito de almacenamiento. Las descargas del depósito deben cumplir con los límites de amoníaco más rigurosos, pero el depósito puede almacenar más de 180 días de efluente. Esto les da a los operadores de esta instalación una flexibilidad considerable para experimentar con el SRT. Si se disminuye demasiado el SRT durante un corto período de tiempo y se pierde la nitrificación, el depósito diluirá por debajo de los límites del permiso todo el amoníaco descargado. El proceso de lodo activado tiene deflectores que separan las zonas anaerobias, las anóxicas y las óxicas que atrapan la espuma en los depósitos. Como resultado, la WRRF puede presentar brotes graves de espumaje de *M. parvicella* con SRT relativamente bajos. El operador principal de la instalación ha estado forzando la disminución progresiva del SRT para determinar el límite inferior de la operación segura. En verano, cuando las temperaturas del agua eran de 22 °C, se pudo mantener la nitrificación con un SRT de solo 5 días. En invierno, cuando las temperaturas del agua disminuían a 12 °C, se pudo mantener la nitrificación con un SRT de 11.5 días. Si el SRT disminuía a 11 días, las concentraciones de amoníaco del fluente aumentaban de manera repentina. Esta instalación monitorea el amoníaco del efluente a diario y aumenta su SRT si aumenta el amoníaco del efluente.

RESUMEN DE LA SELECCIÓN DE UN TIEMPO PROMEDIO DE RESIDENCIA DE LAS CÉLULAS, UN TIEMPO DE RETENCIÓN DE SÓLIDOS, O UN TIEMPO DE RETENCIÓN DE SÓLIDOS AEROBIO

Los siguientes son puntos a tener en cuenta al seleccionar una edad objetivo del lodo:

- Se necesita una edad mínima del lodo para respaldar la biofloculación aún cuando no se requiere la eliminación de nitrógeno. Si la edad del lodo es demasiado baja, los flóculos de MLSS que se formen no serán lo suficientemente densos como para sedimentarse en el clarificador. Utilice los resultados del medidor de sedimentación para determinar las mejores características de sedimentación alcanzables con la edad del lodo más baja;
- Se necesitarán las edades del lodo más avanzadas cuando el permiso de descarga requiere la eliminación de amoníaco. Las edades objetivo del lodo deben basarse en la combinación de la temperatura del agua, la sedimentabilidad del lodo, y las concentraciones de amoníaco del efluente;
- Las condiciones subóptimas, como un pH bajo, un OD bajo, y una alcalinidad insuficiente, afectan la tasa de crecimiento de las bacterias nitrificantes y pueden requerir SRT más prolongados;
- A medida que aumentan la edad del lodo y las concentraciones de MLSS, aumentan los costos de aereación;
- Las edades del lodo más prolongadas propiciarán el crecimiento de organismos indeseables como *Microthrix parvicella,* lo que puede provocar problemas de espumaje y sedimentación. Manténgase por debajo de la edad del lodo del lavado para estos organismos siempre que sea posible. Tenga en cuenta que no todos los filamentos están relacionados con SRT más prolongados;
- Las edades del lodo excesivamente prolongadas provocarán que los MLSS pasen a la respiración endógena. El tamaño de los flóculos disminuirá a medida que se consume el exopolímero como alimento. La sedimentación puede ser muy rápida con los efluentes turbios; y
- Verifique sus datos operativos. ¿Existe alguna edad del lodo anterior que produzca el mejor SVI?

COMPROBACIÓN DE CONOCIMIENTOS

1. **Una concentración de DBO_5 menor a 10 mg/L es una indicación de MLSS correctamente floculados.**
   - ☐ Verdadero
   - ☐ Falso

2. **El abultamiento de lodos puede tener lugar cuando la edad del lodo es demasiado alta o baja.**
   - ☐ Verdadero
   - ☐ Falso

3. **La aereación convencional y la extendida son los dos modos operativos más comunes para las instalaciones domésticas. Tilde el casillero para indicar cuál de los siguientes modos operativos tiene un nivel alto de TDH, SRT, F/M o tasa de carga volumétrica.**

	Convencional	Aereación extendida
Tiempo de detención, horas		
SRT, días		
F/M kg DBO_5/kg MLVSS		
Tasa de carga volumétrica		

4. **La edad mínima del lodo que se necesita para producir MLSS correctamente floculados es de alrededor de**
   a. 2 a 3 días
   b. 5 a 15 días
   c. 15 a 30 días
   d. Mayor a 30 días

5. **Los MLSS grandes, densos y correctamente floculados deben**
   a. Producir concentraciones bajas de amoníaco del efluente
   b. Contener abundantes filamentos
   c. Eliminar las partículas del agua a medida que se sedimentan
   d. Dejar atrás un sobrenadante opaco

6. **La espuma blanca está relacionada con**
   a. El lodo activado de floculación deficiente
   b. Los filamentos de *Beggiatoa*
   c. SRT menores a 2 días
   d. Una F/M mayor a 0.4

7. **Para que las bacterias filamentosas proliferen en el lodo activado, las condiciones ambientales deben respaldar su crecimiento y**
   a. La edad del lodo debe ser lo suficientemente prolongada
   b. El OD debe ser bajo
   c. Los ácidos grasos volátiles deben estar presentes
   d. Las concentraciones de grasa son altas

8. **La rapidez con la que se sedimentan las partículas floculadas en el clarificador secundario se ve afectada por todos los siguientes A EXCEPCIÓN DE**
   a. La temperatura del agua
   b. La presencia de filamentos
   c. La concentración de sólidos
   d. La concentración de OD

9. **Algunas instalaciones realizan un seguimiento de sus SSV después de 5 minutos porque esta es una buena medición de la velocidad de sedimentación del lodo. ¿Por qué en muchas instalaciones se observa una disminución del SSV_5 en verano y un aumento en invierno?**
   a. La carga cambia con las estaciones
   b. La temperatura del agua afecta la velocidad de sedimentación
   c. Suele haber una mayor cantidad de filamentos en verano
   d. Hay concentraciones más altas de MLSS en verano

10. **¿Cuáles MLSS tenderán a sedimentarse con mayor lentitud?**
   a. Los MLSS de 3000 mg/L, con pocos filamentos presentes
   b. Los MLSS de 5000 mg/L, con muchos filamentos presentes
   c. Los MLSS de 3000 mg/L, con muchos filamentos presentes
   d. Los MLSS de 5000 mg/L, con pocos filamentos presentes

11. **Si los MLSS tienen un SVI mayor a 200 mL/g, se definen como**
   a. Floculados correctamente
   b. Libres de filamentos
   c. Compactados correctamente
   d. Abultamiento

12. **La concentración máxima de MLSS para la mayoría de sistemas de lodo activado está limitada por**
   a. La biofloculación
   b. El tamaño del depósito
   c. La capacidad del clarificador
   d. La depredación

13. **El SRT de lavado para un microorganismo recientemente descubierto es de 8 días a 20 °C. Para mantener este organismo en el sistema, el SRT objetivo debe ser de al menos**
   a. 8 días
   b. 12 días
   c. 16 días
   d. 28 días

14. **Para evitar el crecimiento del filamento *Sphaerotilus natans* en el lodo activado, deben evitarse las condiciones bajas de OD y el SRT debe mantenerse por debajo de (suponga una temperatura del agua de 20 °C [68 °F])**
   a. 3 días
   b. 9 días
   c. 15 días
   d. 21 días

AJUSTE DE UNA CONCENTRACIÓN OBJETIVO DE OXÍGENO DISUELTO

La selección de una concentración objetivo de OD en las zonas o depósitos aereados debe basarse en 1) mantener suficiente energía de mezcla para mantener los MLSS en suspensión, 2) proporcionar suficiente oxígeno para eliminar la DBO_5, 3) evitar el crecimiento de filamentos de OD, 4) respaldar la nitrificación si así lo requiere el permiso de descarga, y 5) minimizar los costos operativos mediante el ahorro de energía. Las siguientes secciones describen las concentraciones recomendadas de OD para alcanzar estas metas.

FORMAS DE EVITAR EL CRECIMIENTO DE FILAMENTOS DE OXÍGENO DISUELTO BAJO

Durante décadas, se les ha enseñado a los operadores a tener como objetivo una concentración mínima de OD de 2 mg/L en los depósitos de lodo activado. La EPA de los EE. UU. recomendó mantener concentraciones de OD de entre 2 y 4 mg/L en sus panfletos de operaciones de 1973 (West, 1973a, 1973b). Se consideraba que este rango de concentración era el rango operativo seguro que evitaría el crecimiento de filamentos de OD bajo y minimizaría el abultamiento de lodos. En la actualidad, muchos sistemas operan con éxito con concentraciones mucho más bajas de OD sin experimentar abultamientos de lodos debido al crecimiento de filamentos de OD bajo por la forma en que se los opera. Esta sección describe las condiciones necesarias para que proliferen los filamentos de OD.

Para que los microorganismos en el proceso de lodo activado crezcan a su tasa máxima, necesitan tener acceso tanto al oxígeno como al alimento. La estructura de las partículas floculadas crea una situación en la que la concentración de oxígeno dentro del flóculo será siempre menor a la concentración de oxígeno fuera del flóculo. La figura 8.46 es un esquema simple de una partícula floculada. Los microorganismos en la parte exterior del flóculo pueden acceder fácilmente al oxígeno y al alimento. Siempre que las concentraciones de ambos estén disponibles en exceso (los microorganismos tienen acceso a mucho más de lo que pueden utilizar inmediatamente), los microorganismos crecerán a su tasa máxima. El crecimiento no está limitado. El exceso de oxígeno y combustible pasará aún más hacia el flóculo. Los microorganismos en el interior del flóculo no tienen libre acceso. Solo pueden acceder al oxígeno y al combustible que penetre en el flóculo. Esto implica que tiene que pasar las bacterias en el exterior del flóculo. Se establece un gradiente donde las concentraciones de oxígeno y combustible son más altas en el exterior del flóculo y disminuyen gradualmente hacia el centro del flóculo. Para los flóculos más grandes, el interior del flóculo será anóxico en lugar de aerobio, tal como se muestra en la figura 8.46. La falta de recursos dentro del flóculo provoca una reducción en la velocidad de crecimiento de los microorganismos. No pueden alcanzar sus tasas máximas de crecimiento y el crecimiento se ve limitado. Lau et al. (1984) llegaron a la conclusión de que el crecimiento rápido de los formadores de flóculos en condiciones altas de OD evitaron que el alimento y el OD alcancen el interior de las partículas floculadas. En otras palabras, la disminución evidente en la tasa de crecimiento de *S. natans* se produce por la competencia por el alimento entre los formadores de flóculos y *S. natans*, no porque el OD inhiba el crecimiento.

Al comienzo de este capítulo, se describe la teoría de la competencia entre los formadores de filamentos y los formadores de flóculos. Básicamente, algunos formadores de filamentos pueden lograr sus tasas máximas de crecimiento con concentraciones mucho más bajas de oxígeno y combustible que los formadores de flóculos. Cuando las concentraciones de OD son bajas, los filamentos de OD bajo como *Sphaeotilus natans* y *H. hydrossis* pueden continuar creciendo a su tasa máxima, pero se reduce la velocidad de los formadores de

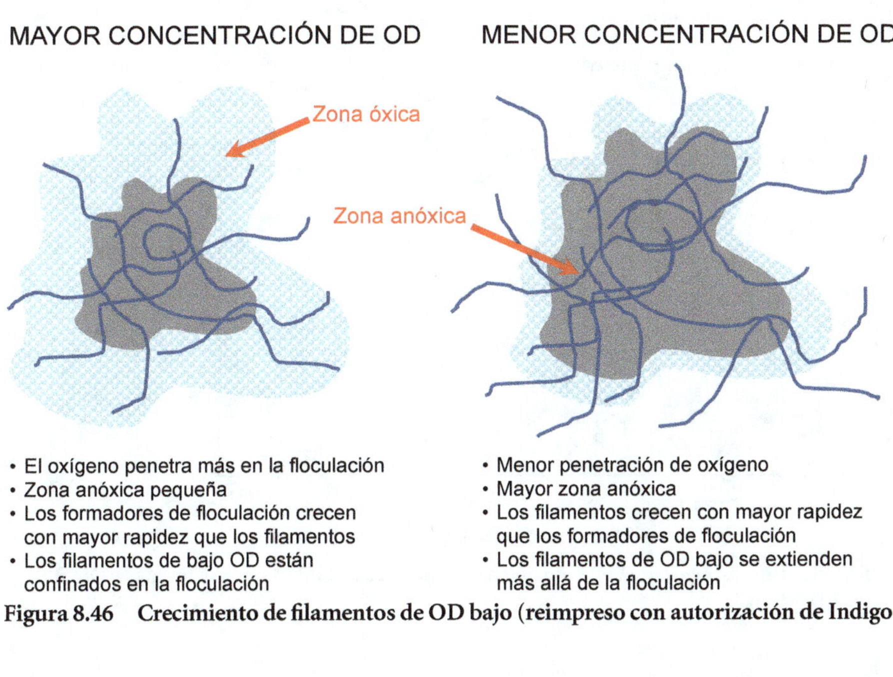

Figura 8.46 Crecimiento de filamentos de OD bajo (reimpreso con autorización de Indigo Water Group)

flóculos. Si la concentración de oxígeno es lo suficientemente baja, los filamentos de OD bajo crecerán más rápido que los formadores de flóculos. Como resultado, los filamentos se extienden más allá de los bordes del flóculo. La pregunta del millón para los operadores es ¿cuánto puede descender la concentración de OD antes de que se produzca el abultamiento filamentoso de OD bajo? La respuesta a esta pregunta tiene repercusiones importantes para los costos operativos generales.

La recomendación de OD de 2 a 4 mg/L de la EPA de los EE. UU. se basó en la recolección de datos de múltiples instalaciones de lodo activado a escala completa, muchas de las que se operaban con el modo convencional de la F/M. A partir de 1980, se realizaron los primeros experimentos controlados para determinar el efecto de la concentración de OD en la sedimentabilidad del lodo. Palm et al. (1980) realizaron una serie de experimentos en los que operaron sistemas de lodo activado de caudal continuo a escala de laboratorio. Dos sistemas lado a lado se operaron con la misma F/M, pero con concentraciones de OD diferentes. Las concentraciones de OD se disminuyeron gradualmente en uno de los sistemas hasta que se produjo el abultamiento de lodos de OD bajo. *Sphaerotilus natans* se identificó como el filamento responsable del abultamiento. Los resultados de estos experimentos se muestran en las figuras 8.47 y 8.48. La figura 8.47 se basa en los datos de DQO. La figura 8.48 se basa en los datos de DBO. La demanda química de oxígeno se convirtió en DBO utilizando un factor de conversión establecido para las aguas residuales utilizadas en estos experimentos (Palm et al., 1980). Los bloques en rojo muestran los momentos en que se produce el abultamiento de OD bajo y *Sphaerotilus natans* estaba presente. Los bloques en verde muestran los momentos en los que no se produjo el abultamiento de OD bajo con la misma F/M. Las áreas resaltadas en azul en la figura 8.47 y en gris en la figura 8.48 son las zonas operativas seguras donde no se produce el abultamiento de OD bajo. Palm et al. (1980) pudieron demostrar lo siguiente:

- La cantidad de captación de OD está directamente relacionada con la cantidad de DQO y DBO_5 eliminadas. La F/M alta y el OD alto en la parte exterior del flóculo propician el crecimiento rápido. Una mayor cantidad de bacterias de crecimiento rápido provoca mucha competencia por el oxígeno disponible. Como resultado, el OD en la superficie del flóculo se consume rápidamente y una menor cantidad de OD penetra en el flóculo. Se produce un OD bajo o una condición anóxica en el centro de la partícula floculada. Mientras más grande sea la zona de OD bajo, mayor es la posibilidad de que proliferen los filamentos de OD bajo como *H. hydrossis*. Los filamentos de OD también tienen acceso a mayores cantidades de DBO y pueden crecer a su tasa máxima;
- Algunos filamentos pueden crecer más rápido que los formadores de flóculos en condiciones de OD bajo. *Sphaerotilus natans* fue el filamento dominante de OD en estos experimentos;
- Se necesitan concentraciones de OD más altas con una F/M más alta para evitar el abultamiento;
- El oxígeno disuelto de 1.5 a 2 mg/L es suficiente para prevenir el abultamiento de OD bajo cuando la F/M es menor a 0.35 kg DBO_5/kg MLVSS (0.5 a 0.6 kg DQO/kg MLVSS). Esto concuerda con la recomendación anterior de la EPA de los EE. UU. y con la investigación realizada por Wilen y Balmer (1999);

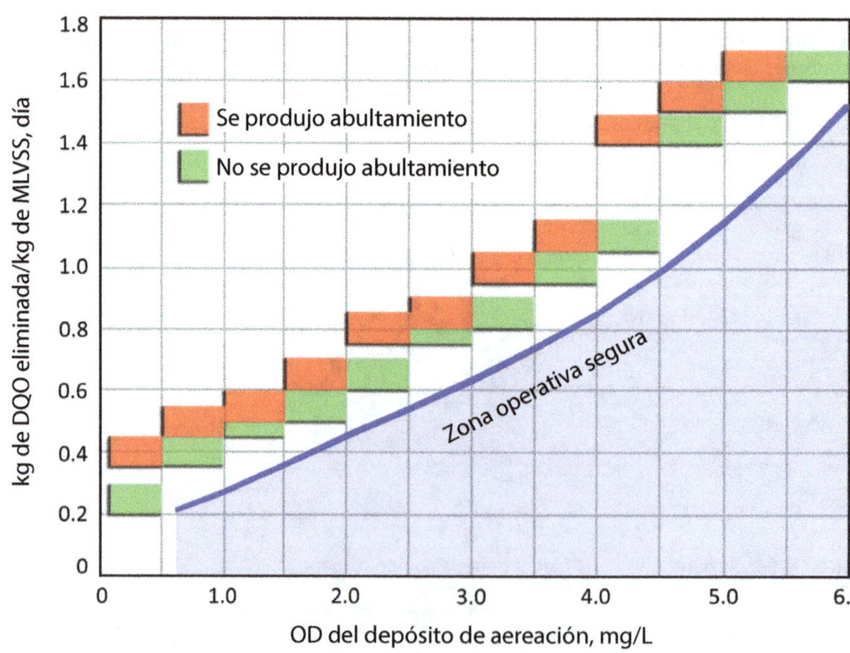

Figura 8.47 Incidencia del abultamiento de OD bajo en comparación con la F/M en función de la DQO (modificado de Palm et al., 1980)

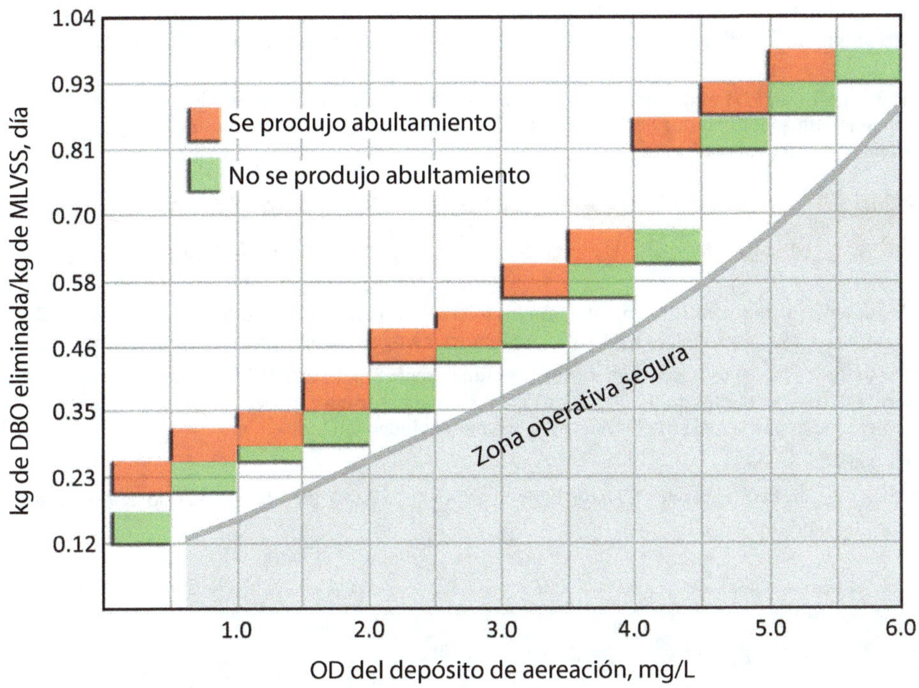

Figura 8.48 Incidencia del abultamiento de OD bajo en comparación con la F/M en función de la DBO_5 (se supone una relación entre DQO y DBO de 1.6 para las aguas residuales domésticas. La relación entre DQO y DBO puede variar de una WRRF a otra, en especial si hay grandes descargas industriales en el área de servicio. Los experimentos utilizaron el efluente primario [aguas residuales domésticas sedimentadas] en lugar de las aguas residuales crudas). (Modificado de Palm et al., 1980).

- Las concentraciones de OD pueden evitar el abultamiento de OD bajo con una F/M más baja. Los gráficos que se muestran en las figuras 8.47 y 8.49 implican que el OD puede llevarse a cero, pero la concentración más baja que se probó varió entre 0.1 y 0.5 mg/L durante la prueba. No se recomiendan concentraciones de oxígeno menores a 0.5 mg/L; y
- El abultamiento de OD bajo puede solucionarse aumentando la concentración de OD; sin embargo, el tiempo requerido para producir un lodo estable sin abultamiento después de un episodio de abultamiento es de 2 a 3 edades del lodo. Si el SRT es de 10 días, entonces el sistema requerirá de 20 a 30 días de operación con una concentración de OD más alta para que descienda el abultamiento. Toma tiempo descargar los filamentos del sistema.

MAXIMIZACIÓN DE TASAS DE NITRIFICACIÓN

Las bacterias nitrificantes necesitan concentraciones de OD más altas que otras bacterias formadoras de flóculos. En general, se recomienda una concentración de OD de 2 mg/L para respaldar las tasas máximas de nitrificación (Carberry and Englande [Eds.], 1983). Esta es una concentración crítica de OD; por sobre ella no se produce un aumento significativo en la rapidez con la que las bacterias nitrificantes convierten el amoníaco en nitrito y nitrato. Por debajo de la concentración crítica de OD, se pueden inhibir las bacterias nitrificantes. La conversión de amoníaco en nitrito y nitrato reduce su velocidad y se vuelve menos eficiente. Si la concentración de OD disminuye demasiado, se detendrá la nitrificación. Para obtener más información sobre los requisitos de OD para las bacterias nitrificantes, consulte el capítulo sobre eliminación de nutrientes.

EJERCICIO DE LA SECCIÓN

1. Un centro de esquí tiene un proceso de lodo activado. El SRT es actualmente de 12 días y la concentración de MLSS es de 1800 mg/L. El centro ha estado abierto desde septiembre, pero las vacaciones de navidad comienzan en un par de semanas, momento en el que reciben la mayor cantidad de visitas. El operador está preocupado porque el DBO_5 del caudal de entrada aumentará cuando lleguen las visitas. Los operadores no creen que cuenten con la cantidad suficiente de MLSS para mantener una F/M de 0.2 kg DBO_5/kg MLVSS·d (0.2 lb DBO_5/lb MLVSS·d). El operador decide disminuir su tasa de desechado para poder conformar su inventario antes de que llegue la nueva DBO_5. ¿Cuál es la decisión correcta? ¿Por qué sí o por qué no?
2. Una instalación de lodo activado debe eliminar amoníaco todo el año. Se espera que las temperaturas del agua en invierno disminuyan a alrededor de 10 °C. En la actualidad, las temperaturas del agua son de casi 20 °C. ¿Cómo debería el operador realizar los ajustes al proceso en los siguientes meses?

3. Un operador decide disminuir gradualmente la edad del lodo para descargar las bacterias filamentosas hacia fuera del proceso de tratamiento. Cuando la edad del lodo alcanzó los 8.5 días, el amoníaco del efluente comenzó a aumentar. No se requiere la eliminación de amoníaco. ¿Qué debe hacer el operador?
4. El OD en los depósitos de lodo activado es de 2.5 mg/L y la F/M es de aproximadamente 0.3 kg DBO_5/kg MLVSS·d. Al mirar la muestra de MLSS con el microscopio, el operador observa filamentos. El operador decide aumentar el OD pero no se produce ningún cambio. ¿Por qué no se produjo ningún cambio? ¿Qué debería haber hecho el operador?

SOLUCIONES AL EJERCICIO DE LA SECCIÓN

1. Esta no fue la decisión correcta. No es posible aumentar la biomasa sin alimento para los microorganismos. Si se mantienen constante el SRT o el MCRT, los microorganismos crecerán en respuesta a la carga de DBO_5 y la F/M automáticamente se encontrará en el rango correcto.
2. Registre la temperatura del agua en el depósito todos los días o cada pocos días. Ajuste gradualmente el SRT o el TPRC aumentando o disminuyendo el desechado, pero nunca aumente o disminuya más del 10 % por día. Esto gradualmente hace mover la instalación entre condiciones operativas de verano e invierno mientras se mantiene la nitrificación y la sedimentabilidad del lodo.
3. El operador puede continuar disminuyendo la edad del lodo.
4. No se produjeron cambios porque los filamentos no eran filamentos de OD bajo. El operador debería haber identificado el tipo de filamentos antes de tomar medidas.

COMPROBACIÓN DE CONOCIMIENTOS

1. **Cuando las concentraciones de OD son bajas, determinados tipos de filamentos crecen más rápido que las bacterias formadoras de flóculos porque**
   a. El OD es tóxico para los formadores de flóculos
   b. Se reduce la velocidad del crecimiento de los formadores de flóculos
   c. Los formadores de flóculos protegen los filamentos
   d. Aumenta la edad del lodo
2. **Si la F/M es de 0.4 kg DBO_5/kg MLVSS, ¿qué concentración de OD evitará el crecimiento de filamentos de OD bajo?**
   a. 0.5 mg/L
   b. 1 mg/L
   c. 2 mg/L
   d. 3 mg/L
3. **No se requiere que una instalación de lodo activado elimine amoníaco. La F/M de la instalación es de solo 0.2 kg DBO_5/kg MLVSS. ¿Cuál es el resultado más probable de mantener una concentración de OD de 1.0 mg/L en los depósitos de lodo activado?**
   a. El crecimiento de filamentos de OD bajo
   b. La dominación de las bacterias formadoras de flóculos
   c. El abultamiento de lodos
   d. Una baja cantidad de amoníaco del efluente
4. **Un proceso de lodo activado está experimentado un espumaje extremo y la sedimentabilidad es deficiente. Al revisar los registros, el operador principal de la instalación descubre que la edad del lodo ha aumentado durante la última semana a 16 días. Los operadores saben por experiencia que el espumaje desciende siempre que el SRT esté bien controlado por debajo de los 12 días. Se realizan los ajustes necesarios para llevar el SRT por debajo de los 12 días. ¿Cuánto tiempo le tomará al proceso recuperarse y estabilizarse por completo con la nueva edad del lodo?**
   a. Menos de 12 días
   b. Entre 24 y 36 días
   c. Entre 36 y 50 días
   d. Más de 75 días
5. **¿Cuál de los siguientes filamentos crece en respuesta a condiciones de OD baja?**
   a. *S. natans*
   b. Tipo 021N
   c. *M. parvicella*
   d. Nocardioformes
6. **El SVI ha aumentado durante la última semana de 120 a 180 mL/g. Una evaluación microscópica revela muchos filamentos de *H. hydrossis.* El operador debe**
   a. Disminuir la edad del lodo
   b. Disminuir las concentraciones de OD
   c. Aumentar la edad del lodo
   d. Aumentar las concentraciones de OD

Variables del proceso para clarificadores secundarios

Los clarificadores secundarios cuentan tienen tanto una capacidad hidráulica como una capacidad de procesamiento de sólidos. En la mayoría de los casos, a excepción del caso de concentraciones bajas de MLSS, la SLR determinará la cantidad de clarificadores que necesitan estar en funcionamiento y la forma en que se debe ajustar el caudal de LAR.

CAUDAL DE ENTRADA

El caudal de entrada puede afectar la operación y el desempeño del clarificador debido a su variabilidad inherente. Los clarificadores secundarios están conectados de manera hidráulica al caudal de entrada. Aunque la variabilidad en el caudal de entrada es *atenuada* por los procesos entre las obras de cabecera y los clarificadores secundarios, el caudal de entrada continúa afectando el desempeño del clarificador. La respuesta típica a un mayor caudal a un clarificador secundario es aumentar la profundidad del manto de lodos, lo que, a su vez, puede provocar el aumento de las concentraciones de SST del efluente. Los cambios extremos en el caudal pueden aumentar la profundidad del manto hasta llegar a la parte superior del vertedero del clarificador y provocar una gran pérdida de lodo.

Atenuado significa que el efecto es reducido. La variabilidad en el caudal de entrada disminuye a medida que el agua fluye a través del proceso de tratamiento.

La variabilidad del caudal tiene dos componentes: el diurno y el meteorológico. Los cambios diurnos son las variaciones naturales en el caudal que se producen durante un período de 24 horas (capítulo 2). Los cambios diurnos en el caudal contribuyen con un factor productor de caudales pico de aproximadamente 1.5 y no suelen imponer ninguna alteración hidráulica significativa a los clarificadores. Los cambios meteorológicos o estacionales pueden provocar cambios significativos en el caudal de entrada según la frecuencia e intensidad de la lluvia y la nieve, las que pueden elevarse en verano o invierno dependiendo de la geografía y del clima. El deshielo también puede contribuir con los caudales de entrada altos. El nivel de *infiltración y afluencia* (*infiltration and inflow*, I/I) puede elevar el factor productor de caudales pico de manera significativa, en especial en las comunidades pequeñas. El efecto neto es que los cambios estacionales en el caudal de entrada pueden provocar aumentos significativos de las concentraciones de SST del efluente.

Afluencia e infiltración son las aguas subterráneas y las aguas pluviales que ingresan a la red de alcantarillado a través de grietas, tapas de registro sumergidas, cubiertas de limpieza faltantes, y otras aberturas. Afluencia e infiltración es el agua que no debería estar ingresando a la red de alcantarillado.

El efecto hidráulico de los cambios del caudal de entrada inducidos por el rango superior de las condiciones operativas puede estimarse calculando la SOR, tal como se describe en la siguiente sección, y observando las respuestas del clarificador a los cambios en la SOR. Los cambios del caudal también pueden afectar la SLR del clarificador.

TASA DE CARGA SUPERFICIAL

La SOR es una medición de la carga hidráulica al clarificador secundario. Se calcula tomando el caudal de entrada y dividiéndolo por el área superficial del clarificador, tal como se muestra en la ecuación 8.20. A diferencia del cálculo de la SLR, la SOR no incluye el caudal de LAR. Se expresa como metros cúbicos de caudal por día por metro cuadrado por día ($m^3/m^2 \cdot d$) o galones por día por pie cuadrado (gpd/ft^2). Las unidades métricas también pueden ser litros por día por metro cuadrado ($L/m^2 \cdot d$), que son las unidades utilizadas en la hoja de fórmulas en la parte delantera de este libro y en los exámenes de certificación para operadores de la ABC. Calcule la SOR con alguna de las siguientes fórmulas.

En unidades estándar del Sistema Internacional:

$$\text{SOR}, \frac{m^3}{m^2 \cdot d} = \frac{\text{Caudal de entrada, } m^3/d}{\text{Área, } m^2} \tag{8.20}$$

En unidades habituales en los EE. UU.:

$$\text{SOR}, \frac{gpd}{ft^2} = \frac{\text{Caudal de entrada, gpd}}{\text{Área, } ft^2} \tag{8.21}$$

EJEMPLO DE CÁLCULO

Determine la SOR para un clarificador secundario con la siguiente información:

Caudal de entrada = 28.4 ML/d (7.5 mgd)

Caudal de LAR = 14.2 ML/d (3.75 mgd)

Concentración de MLSS = 3500 mg/L

Área superficial del clarificador = 729 m^2 (7850 ft^2)

Cantidad de clarificadores = 2

Solución con unidades del sistema estándar internacional:

Paso 1: Convierta el caudal de entrada de megalitros por día a metros cúbicos por día. Tenga en cuenta que el caudal de LAR no está incluido en el cálculo de la SOR.

$$\frac{28.4 \text{ ML}}{\text{d}}\left|\frac{1\,000\,000 \text{ L}}{1 \text{ ML}}\right|\left|\frac{1 \text{ m}^3}{1000 \text{ L}}\right| = 28\,400 \text{ m}^3/\text{d}$$

Paso 2: Determine el área superficial total de los clarificadores.

$$\frac{2 \text{ clarificadores}}{}\left|\frac{729 \text{ m}^2}{1 \text{ clarificador}}\right| = 1458 \text{ m}^2$$

Paso 3: Calcule la SOR.

$$\text{SOR}, \frac{\text{m}^3}{\text{m}^2 \cdot \text{d}} = \frac{\text{Caudal de entrada, m}^3/\text{d}}{\text{Área, m}^2}$$

$$\text{SOR}, \frac{\text{m}^3}{\text{m}^2 \cdot \text{d}} = \frac{28400 \text{ m}^3/\text{d}}{1458 \text{ m}^2}$$

$$\text{SOR}, \frac{\text{m}^3}{\text{m}^2 \cdot \text{d}} = 19.5$$

Compare el resultado con los criterios de diseño en la tabla 8.36 de 16.3 a 28.6 $\text{m}^3/\text{m}^2 \cdot \text{d}$. Los clarificadores en este ejemplo están operando dentro del rango deseado.

Solución con unidades habituales en los EE. UU.:

Paso 1: Convierta el caudal de entrada de millones de galones por día a galones por día.

$$\frac{7.5 \text{ mil. gal}}{\text{d}}\left|\frac{1\,000\,000 \text{ gal}}{1 \text{ mil. gal}}\right| = 7\,500\,000 \text{ gpd}$$

Paso 2: Determine el área superficial total de los clarificadores.

$$\frac{2 \text{ clarificadores}}{}\left|\frac{7850 \text{ ft}^2}{1 \text{ clarificador}}\right| = 15\,700 \text{ ft}^2$$

Paso 3: Calcule la *SOR*.

La gravedad y el LAR ayudan a atraer las partículas hacia el fondo del clarificador mientras la *SOR* las empuja hacia la superficie del clarificador. La velocidad de la SOR es casi siempre menor a la atracción hacia abajo de la gravedad y del LAR.

$$\text{SOR}, \frac{\text{gpd}}{\text{ft}^2} = \frac{\text{Caudal de entrada, gpd}}{\text{Área, ft}^2}$$

$$\text{SOR}, \frac{\text{gpd}}{\text{ft}^2} = \frac{7\,500\,000 \text{ gpd}}{15\,700 \text{ ft}^2}$$

$$\text{SOR}, \frac{\text{gpd}}{\text{ft}^2} = 478$$

Compare el resultado con los criterios de diseño en la tabla 8.3 de 400 a 700 gpd/ft^2. Los clarificadores en este ejemplo están operando dentro del rango deseado.

La tasa de carga superficial es importante porque la suma de las velocidades descendentes de las partículas que resultan de la sedimentación de sólidos y de la eliminación de LAR del fondo del clarificador debe ser mayor que la SOR para lograr una separación exitosa de líquidos y sólidos. Mucho después de una gran cantidad de análisis y observaciones de campo, se volvió evidente que esta velocidad descendente es casi siempre mayor a la SOR.

Los clarificadores raramente fallan porque la *SOR* desplaza los sólidos hacia fuera (falla de la clarificación) por arriba de los vertederos del clarificador. Los clarificadores casi siempre fallan porque dentro de ellos se están colocando más sólidos que pueden sedimentarse en el fondo y eliminarse en el LAR (falla de espesamiento) (Wahlberg, 1996). Los modelos de los clarificadores y la documentación sobre la experiencia con clarificadores a escala completa sugieren que la SOR por sí sola no contribuye demasiado al desempeño deficiente del clarificador; por el contrario, la SLR se ha identificado como un criterio más importante que controla el desempeño del clarificador secundario (Parker et al., 2001). En muchos casos, la observación de que las concentraciones altas del SST del efluente han sido provocadas por valores altos de la SOR ha sido atenuada por el descubrimiento de que otras limitaciones operativas y de diseño han contribuido al desempeño deficiente del clarificador, incluidos los factores hidráulicos tales como el diseño deficiente de la entrada/salida, la capacidad de retorno de LAR inadecuada en condiciones de caudal pico, el tiempo de detención inadecuado para la floculación en el pozo central, y la desnitrificación provocada por un exceso del tiempo de detención del lodo en el manto.

TASA DE DESBORDE DEL VERTEDERO

La tasa de desborde del vertedero es la cantidad de caudal por metro lineal (pie) del vertedero. Al igual que sucede con la SOR, la tasa de desborde del vertedero está relacionada con el caudal de entrada y no incluye el caudal de LAR. Aunque rara vez se calculan a efectos del control del proceso, algunos estados y otras agencias reguladoras limitan las tasas de desborde del vertedero a los clarificadores durante el diseño. La tasa de desborde del vertedero mide la velocidad del agua a medida que pasa sobre los vertederos. Si la velocidad es demasiado alta, las partículas pueden ser arrastradas hacia arriba y hacia afuera del clarificador. Los operadores pueden desear calcular la tasa de desborde del vertedero junto con la SOR y la SLR al determinar la cantidad de clarificadores que deben estar en funcionamiento. La tasa de desborde del vertedero puede calcularse con las siguientes ecuaciones:

En unidades estándar del Sistema Internacional:

$$\text{Tasa de desborde del vertedero, } \frac{m^3}{m \cdot d} = \frac{\text{Caudal de entrada, } m^3/d}{\text{Longitud del vertedero, m}} \quad (8.22)$$

En unidades habituales en los EE. UU.:

$$\text{Tasa de desborde del vertedero, } \frac{gpd}{ft} = \frac{\text{Caudal de entrada, gpd}}{\text{Longitud del vertedero, ft}} \quad (8.23)$$

La longitud del vertedero para un clarificador rectangular se determina fácilmente midiendo la longitud del vertedero, o en el caso de vertederos múltiples, sumando las longitudes de todos los vertederos. La longitud del vertedero para un clarificador circular es, en general, igual a la circunferencia del clarificador. Sin embargo, los depuradores internos y de inserción tendrán un diámetro más pequeño que el del clarificador. Al determinar la longitud del vertedero, debe tenerse en cuenta la diferencia en diámetro.

La fórmula para la circunferencia de un círculo es

$$\begin{gathered}\text{Circunferencia} = (\pi)(\text{diámetro}) \\ \text{o bien} \\ \text{Circunferencia} = 2(\pi)(\text{radio})\end{gathered} \quad (8.24)$$

Utilizar un valor de 3.14159 para π (pi).

Analice el clarificador con un depurador de inserción que se muestra en la figura 8.49. El diámetro del clarificador es de 30.5 m (100 ft). Si el depurador está inserto 2 m (6.6 ft) desde el borde exterior del clarificador, entonces el diámetro del vertedero exterior será de 26.5 m (86.8 ft). La distancia de la inserción debe restarse de ambos lados del clarificador para determinar el nuevo diámetro. Si el depurador es de 0.6 m (2 ft) de ancho, entonces el diámetro del depurador interno será de 25.3 m (82.8 ft). Para determinar la longitud total del vertedero, utilice la fórmula 8.24 para determinar la longitud de cada vertedero. Después, súmelas.

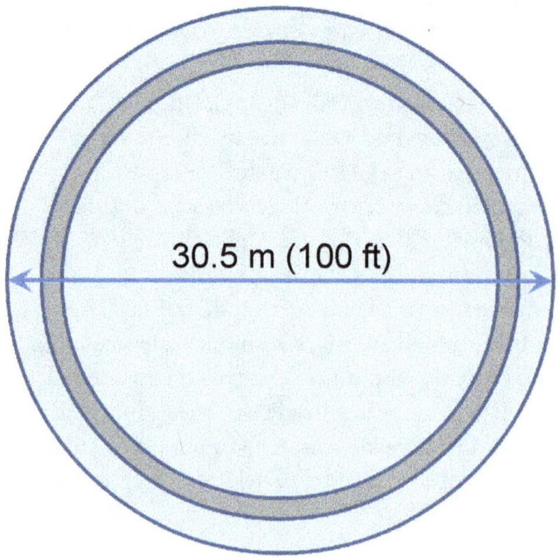

Figura 8.49 Vista desde arriba de un clarificador con depurador de inserción (reimpreso con autorización de Indigo Water Group)

TASA DE CARGA DE SÓLIDOS

La SLR es una medición de la carga total de sólidos al clarificador secundario. Se calcula a partir de la masa de sólidos que fluye hacia el clarificador dividida por el área superficial total. Tanto el caudal de entrada y el caudal de LAR desplazan los MLSS del depósito de lodo activado hacia el clarificador. La SLR se expresa como kilogramos por metro cuadrado por día (kg/m²·d) o libras por pie cuadrado por día (lb/d/ft²). La SLR se puede calcular utilizando las siguientes fórmulas.

En unidades estándar del Sistema Internacional:

$$\text{SLR, } \frac{\text{kg}}{\text{m}^2 \cdot \text{d}} = \frac{\text{Sólidos aplicados, kg/d}}{\text{Área superficial, m}^2} \tag{8.25}$$

En unidades estándares internacionales para calcular la masa:

$$\text{kg/d} = \frac{\left[\left(\text{Caudal de entrada, } \frac{\text{m}^3}{\text{d}} + \text{Caudal de LAR, } \frac{\text{m}^3}{\text{d}}\right)\left(\text{Concentración, } \frac{\text{mg}}{\text{L}}\right)\right]}{1000} \tag{8.26}$$

Tenga en cuenta que el caudal de LAR debe sumarse al caudal de entrada.

En unidades habituales en los EE. UU.:

$$\text{SLR, } \frac{\text{lb}}{\text{ft}^2 \cdot \text{d}} = \frac{\text{Sólidos aplicados, lb/d}}{\text{Área superficial, ft}^2} \tag{8.27}$$

Tenga en cuenta que el caudal de LAR debe sumarse al caudal de entrada.

En unidades habituales en los EE. UU. para calcular la masa:

$$\text{lb/d} = (\text{Caudal de entrada, mgd} + \text{caudal de LAR, mgd})\left(\text{Concentración, } \frac{\text{mg}}{\text{L}}\right)\left(8.34 \frac{\text{lb}}{\text{mil. gal}}\right) \tag{8.28}$$

EJEMPLO DE CÁLCULO

Determine la tasa de carga superficial para un clarificador secundario con la siguiente información:

Caudal de entrada = 28.4 ML/d (7.5 mgd)

Caudal de LAR = 14.2 ML/d (3.75 mgd)

Concentración de MLSS = 3500 mg/L

Área superficial del clarificador = 729 m^2 (7850 ft^2)

Cantidad de clarificadores = 2

Solución con unidades del sistema estándar internacional:

Paso 1: Convierta el caudal de entrada y el caudal de LAR de megalitros por día a metros cúbicos por día.

$$\left.\frac{28.4\text{ ML}}{\text{d}}\right|\left.\frac{1\,000\,000\text{ L}}{1\text{ ML}}\right|\left.\frac{1\text{ m}^3}{1000\text{ L}}\right| = 28\,400\text{ m}^3/\text{d}$$

$$\left.\frac{14.2\text{ ML}}{\text{d}}\right|\left.\frac{1\,000\,000\text{ L}}{1\text{ ML}}\right|\left.\frac{1\text{ m}^3}{1000\text{ L}}\right| = 14\,200\text{ m}^3/\text{d}$$

Paso 2: Determine la masa de sólidos que ingresa a los clarificadores.

$$\text{kg/d} = \frac{\left[\left(\text{Caudal de entrada}, \frac{\text{m}^3}{\text{d}} + \text{Caudal de LAR}, \frac{\text{m}^3}{\text{d}}\right)\left(\text{Concentración}, \frac{\text{mg}}{\text{L}}\right)\right]}{1000}$$

$$\text{kg/d} = \frac{\left[\left(28\,400\frac{\text{m}^3}{\text{d}} + 14\,200\frac{\text{m}^3}{\text{d}}\right)\left(3500\frac{\text{mg}}{\text{L}}\right)\right]}{1000}$$

$$\frac{\text{kg}}{\text{d}} = 149\,100$$

Paso 3: Determine el área superficial total de los clarificadores.

$$\left.\frac{2\text{ clarificadores}}{}\right|\left.\frac{729\text{ m}^2}{1\text{ clarificador}}\right| = 1458\text{ m}^2$$

Paso 4: Determine la SLR.

$$\text{SLR}, \frac{\text{kg}}{\text{m}^2\cdot\text{d}} = \frac{\text{Sólidos aplicados, kg/d}}{\text{Área superficial, m}^2}$$

$$\text{SLR}, \frac{\text{kg}}{\text{m}^2\cdot\text{d}} = \frac{149\,100\text{ kg/d}}{1458\text{ m}^2}$$

$$\text{SLR}, \frac{\text{kg}}{\text{m}^2\cdot\text{d}} = 102$$

Compare el resultado con los criterios de diseño en la tabla 8.3 de 100 a 150 kg/m^2·d. Los clarificadores en este ejemplo están operando en el extremo inferior del rango.

Solución con unidades habituales en los EE. UU.:

Paso 1: Determine la masa de sólidos que ingresa a los clarificadores.

$$\text{lb/d} = (\text{Caudal de entrada, mgd} + \text{caudal de LAR, mgd})\left(\text{Concentración,} \frac{\text{mg}}{\text{L}}\right)\left(8.34 \frac{\text{lb}}{\text{mil. gal}}\right)$$

$$\text{lb/d} = (7.5\ \text{mgd} + 3.75\ \text{mgd})\left(3500 \frac{\text{mg}}{\text{L}}\right)\left(8.34 \frac{\text{lb}}{\text{mil. gal}}\right)$$

$$\text{lb/d} = 328\ 388$$

Paso 2: Determine el área superficial total de los clarificadores.

$$\frac{2\ \text{clarificadores}}{} \left| \frac{7850\ \text{ft}^2}{1\ \text{clarificador}} \right| = 15\ 700\ \text{ft}^2$$

Paso 3: Determine la SLR.

$$\text{SLR}, \frac{\text{lb}}{\text{ft}^2 \cdot \text{d}} = \frac{\text{Sólidos aplicados, lb/d}}{\text{Área superficial, ft}^2}$$

$$\text{SLR}, \frac{\text{lb}}{\text{ft}^2 \cdot \text{d}} = \frac{328\ 388\ \text{lb/d}}{15\ 700\ \text{ft}^2}$$

$$\text{SLR}, \frac{\text{lb}}{\text{ft}^2 \cdot \text{d}} = 20.9$$

Compare el resultado con los criterios de diseño en la tabla 8.3 de 20 a 30 lb/d/ft^2. Los clarificadores en este ejemplo están operando en el extremo inferior del rango.

IMPACTO DE LA SEDIMENTABILIDAD DEL LODO EN LA TASA DE CARGA DE SÓLIDOS

En la tabla 8.3 se ofrecen los rangos de la SLR para los clarificadores secundarios. Los rangos pueden ser un poco engañosos porque la cantidad de sólidos que el clarificador puede sedimentar efectivamente depende tanto de la concentración de sólidos COMO de lo bien/rápido que dichos sólidos se sedimentan. Cuando el lodo se sedimenta de manera deficiente, le toma más tiempo alcanzar el fondo del clarificador. No puede eliminarse hasta que alcanza el fondo. Esto limita la capacidad del clarificador. Si se agregan sólidos al clarificador más rápido de lo que se eliminan, el clarificador, con el tiempo, se llenará con lodo y el manto sobrepasará el vertedero. En cambio, cuando el lodo se sedimenta muy bien, es posible aumentar la SLR.

Existen algunas herramientas diferentes disponibles para ayudar a predecir la capacidad de procesamiento de sólidos de los clarificadores secundarios. Estas pueden ser útiles para analizar situaciones "hipotéticas" antes de realizar un cambio al proceso. La mayoría son modelos matemáticos desarrollados con hojas de cálculo de Excel. Estas herramientas contienen gráficos simples que ayudan al usuario a comprender si el clarificador está subcargado o sobrecargado y dónde se debe ajustar el caudal de LAR para el desempeño óptimo. El Protocolo de la Water Environment Research Foundation/el Clarifier Research Technical Committee (CRTC) (Wahlberg, 2001) ofrece orientación sobre cómo desarrollar uno de estos modelos: Análisis del punto del estado. El desarrollo de la hoja de cálculos y la recolección de datos toma mucho tiempo, pero son más exactos que otros métodos.

Daigger (1995) y Daigger y Roper (1985) desarrollaron un conveniente diagrama operativo del clarificador (figura 8.50). El diagrama debe utilizarse con cuidado dado que los modelos no reflejan a la perfección las situaciones del mundo real.

Cómo funciona. El punto operativo del clarificador puede encontrarse en el diagrama utilizando dos de los siguientes parámetros operativos: la SLR real, la tasa del caudal inferior, o la concentración de sólidos de LAR. Si se conocen los tres, entonces la tercera parte de los datos puede utilizarse como una verificación sobre las otras dos. La tasa del caudal inferior es el caudal de LAR divido por el área superficial del clarificador. Se calcula

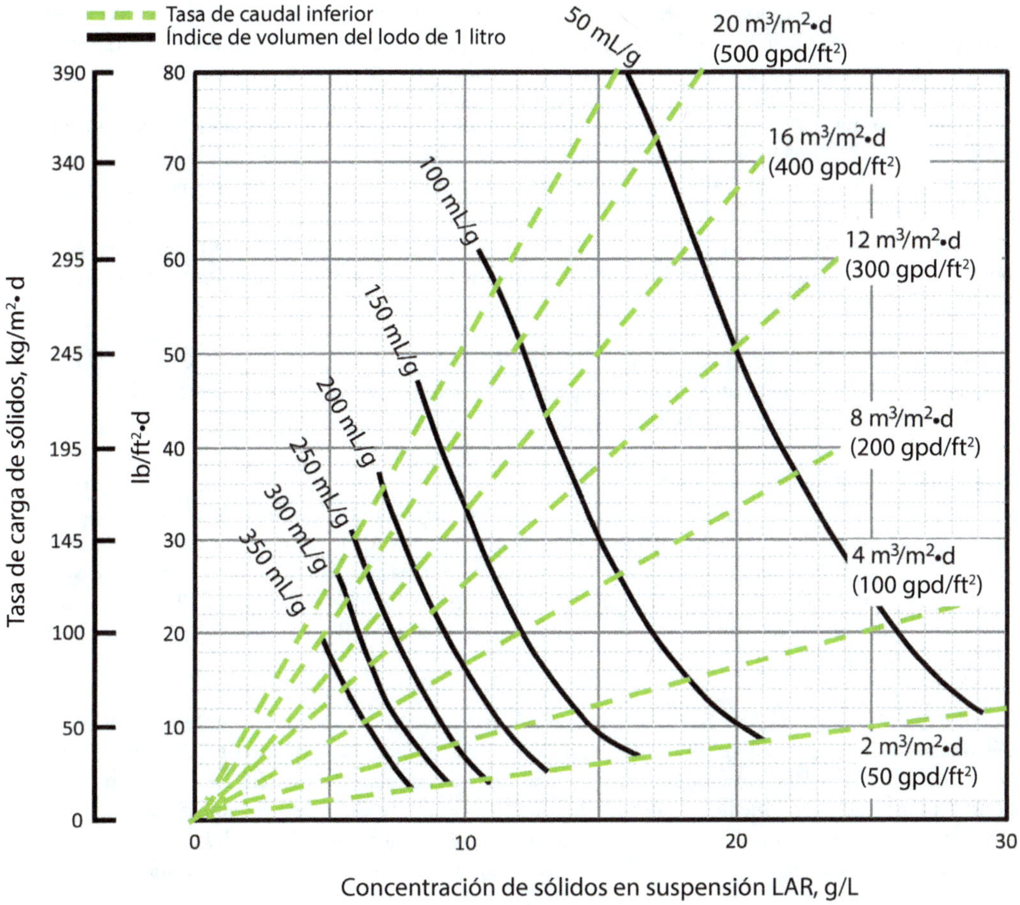

Figura 8.50 Diagrama operativo del clarificador de Daigger (modificado de Daigger, 1995)

de la misma manera que la SOR, pero en lugar de usar el caudal de entrada, se utiliza el caudal de LAR. En la figura 8.50, las líneas de la tasa del caudal inferior se muestran como líneas verdes discontinuas. Se necesitará un dato adicional: el SVI actual. La mayoría de las WRRF utiliza un medidor de sedimentación de tipo Mallory de 2 L para determinar el SVI. Los datos utilizados para crear el cuadro operativo se recolectaron con un cilindro graduado de 1 L. Para obtener la mayor exactitud al utilizar el cuadro, utilice un cilindro graduado de 1 L para la prueba de sedimentación.

Ejemplo:

Un clarificador secundario tiene las siguientes características:

- SLR = 107.4 kg/m²·d (22 lb/d/ft²)
- Concentración de LAR = 12 000 mg/L
- Tasa del caudal inferior = 9 m³/m²·d (220 gpd/ft²)
- La prueba de sedimentabilidad realizada en un cilindro graduado de 1 L tiene un SVI de 150 mL/g

Paso 1: Determine la concentración de LAR en el eje de las X y dibuje una línea recta hacia arriba a través del gráfico.

Paso 2: Determine la SLR en el eje de las Y y dibuje una línea recta hacia a través del gráfico.

Paso 3: Marque la ubicación donde se cruzan las dos líneas.

Si la concentración de la SLR o la de LAR no está disponible, encuentre la línea verde discontinua que más se acerque a la tasa actual del caudal inferior. Marque la ubicación donde cruza la línea que se dibujó en el paso 1 o en el paso 2.

El lugar en el que se cruzan las dos líneas es el punto operativo actual para el clarificador. Finalmente, encuentre la línea negra gruesa que más se acerca al SVI calculado para la prueba de sedimentación con un medidor de 1 L. En este ejemplo, la línea de 150 mL/g.

- Si el punto operativo está abajo y a la izquierda de la línea del SVI actual, el clarificador está operando por debajo de la SLR máxima para ese SVI. El clarificador debe ser capaz se sedimentar los sólidos.
- Si el punto operativo cae sobre la línea del SVI actual, la SLR está operando en su límite. A esta situación se la conoce como "con carga crítica".
- Si el punto operativo está arriba y a la derecha de la línea del SVI actual, el clarificador está sobrecargado y es posible que se produzca una falla. Si el clarificador se mantiene sobrecargado, el manto aumentará hasta que fluya por sobre los vertederos.

EL punto operativo en la figura 8.51 se encuentra entre las líneas del SVI para 100 mL/g y 150 mL/g. Si la sedimentabilidad del lodo se deteriora por algún motivo y el SVI aumenta por arriba de los 150 mL/g, entonces se tendrán que realizar cambios operativos para disminuir la SLR.

LODO ACTIVADO RECIRCULADO

El recirculado del lodo activado recirculado se necesita para transferir el lodo de los clarificadores secundarios a los depósitos de lodo activado. En general, las tasas de recirculado de LAR se expresan como un porcentaje del caudal hacia los depósitos de lodo activado. Para los sistemas de SRT bajo con concentraciones bajas de MLSS, el caudal de LAR es normalmente de 25 a 50 % del caudal de entrada. Para los sistemas de SRT más alto con concentraciones altas de MLSS y para los sistemas que eliminan amoníaco, el caudal de LAR es del orden de 75 a 120 % del caudal de entrada.

Tal como puede observarse, el LAR es una parte integral de la definición de la SLR. Los cambios al caudal de LAR afectarán la SLR del clarificador. El aumento del caudal de LAR reducirá el manto de lodos y transferirá lodo nuevamente hacia el depósito de lodo activado. Si una parte sustancial de los MLSS se encontraba dentro del manto del clarificador, esta medida aumentará la concentración de los MLSS en el depósito de lodo activado y, por lo tanto, aumentará la SLR del clarificador. La disminución del caudal de LAR tendrá el efecto contrario, el lodo se acumulará progresivamente en el fondo del clarificador, dejando más tiempo disponible para el

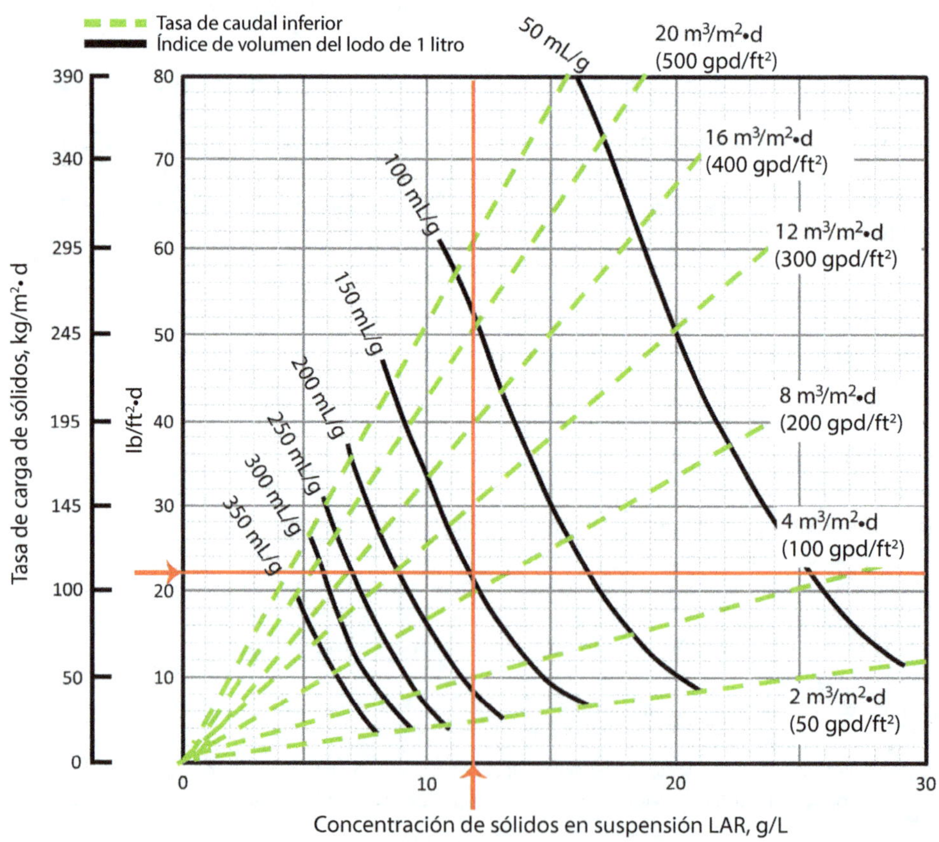

Figura 8.51 Ejemplo utilizando el diagrama operativo del clarificador de Daigger (Daigger, 1995)

espesamiento y el aumento de la concentración de sólidos del manto de lodos. El efecto neto es transferir más sólidos al clarificador, y la concentración de los MLSS se reducirá lentamente, lo que reducirá la SLR del clarificador. Los cambios a la concentración de MLSS en el depósito de lodo activado serán menores a menos que 1) se estén almacenando sólidos en el manto del clarificador o que 2) los clarificadores sean grandes en comparación con los depósitos de lodo activado. En general, las profundidades del manto de lodos se mantienen entre 0.16 y 0.7 m (0.5 y 2 ft) desde el fondo del clarificador.

No hay una concentración ni un caudal de LAR óptimos recomendados porque el caudal de LAR se correlaciona con muchos otros parámetros que varían en la operación de un sistema de lodo activado.

COMPROBACIÓN DE CONOCIMIENTOS

1. **Esta variable del proceso es la que suele limitar la capacidad del clarificador.**
    a. SOR
    b. Tasa de carga del vertedero
    c. Caudal de LAR
    d. SLR

2. **Determine la SOR para un clarificador que tiene 19.8 m (65 ft) de diámetro cuando el caudal de entrada es de 7.57 ML/d (2 mgd) y el LAR está ajustado al 60 % del caudal de entrada.**
    a. 9.8 $m^3/m^2 \cdot d$ (241 gpd/ft^2)
    b. 24.6 $m^3/m^2 \cdot d$ (603 gpd/ft^2)
    c. 14.7 $m^3/m^2 \cdot d$ (362 gpd/ft^2)
    d. 39.3 $m^3/m^2 \cdot d$ (965 gpd/ft^2)

3. **El caudal de LAR aumenta del 50 % del caudal de entrada al 65 % de caudal de entrada. El tiempo de tratamiento en los depósitos de lodo activado**
    a. Disminuye con un aumento en el caudal de LAR
    b. Debe ajustarse solo mediante aumentos del 10 %
    c. Se mantiene igual independientemente del caudal de LAR
    d. Aumenta con un aumento en el caudal de LAR

4. **Determine la SOR para un clarificador que tiene 36.6 m (120 ft) de diámetro cuando el caudal de entrada es de 26.5 ML/d (7 mgd).**
    a. 14.7 $m^3/m^2 \cdot d$ (348 gpd/ft^2)
    b. 25.2 $m^3/m^2 \cdot d$ (619 gpd/ft^2)
    c. 36,3 $m^3/m^2 \cdot d$ (892 gpd/ft^2)
    d. 56,7 $m^3/m^2 \cdot d$ (1396 gpd/ft^2)

5. **Un clarificador secundario rectangular tiene una longitud total del vertedero de 18.3 m (60 ft). El caudal de entrada es de 5 ML/d (1.32 mgd). Determine la tasa de desborde del vertedero.**
    a. 205 $m^3/m \cdot d$ (16 500 gpd/ft)
    b. 234 $m^3/m \cdot d$ (18 857 gpd/ft)
    c. 273 $m^3/m \cdot d$ (22 000 gpd/ft)
    d. 328 $m^3/m \cdot d$ (26 400 gpd/ft)

6. **Un clarificador secundario que tiene 16.8 m (55 ft) de diámetro está equipado con un depurador de inserción. El vertedero externo tiene 0.75 m (2.5 ft) desde la pared exterior del clarificador. ¿Cuál es el diámetro del vertedero externo?**
    a. 15.3 m (50 ft)
    b. 16.1 m (52.5 ft)
    c. 16.8 m (55 ft)
    d. 18.3 m (60 ft)

7. **Una WRRF recibe 11.4 ML/d (3 mgd) del caudal de entrada. La concentración de MLSS es de 3000 mg/L y la concentración de LAR es de 7600 mg/L. Determine la masa total que se desplaza hacia el clarificador si el LAR está ajustado a un 65 % del caudal de entrada.**
    a. 46 170 kg (101 331 lb)
    b. 56 430 kg (123 849 lb)
    c. 90 249 kg (198 909 lb)
    d. 143 245 kg (314 386 lb)

8. **Determine la SLR hacia un clarificador si la masa de MLSS que se desplaza hacia el clarificador es de 20 000 kg (44 080 lb) y el área superficial es de 117 m^2 (1260 ft^2).**
    a. 53 $kg/m^2 \cdot d$ (10.8 $lb/h/ft^2$)
    b. 92 $kg/m^2 \cdot d$ (18.8 $lb/h/ft^2$)
    c. 117 $kg/m^2 \cdot d$ (23.9 $lb/h/ft^2$)
    d. 171 $kg/m^2 \cdot d$ (35.0 $lb/h/ft^2$)

9. **Si la SLR es demasiado alta**
    a. Aumentará la profundidad del manto
    b. Aumentará el espesor de LAR
    c. Disminuirá la profundidad del manto
    d. Disminuirá el espesor de LAR

10. **La semana pasada, el SVI era de 120 mL/g. Esta semana, el SVI aumentó a 210 mL/g. El operador debe**
    a. Aumentar el caudal de LAR
    b. Detener el agregado de polímero al clarificador
    c. Sacar un clarificador de servicio
    d. Reducir la SLR

11. **Un clarificador tiene un SLR de 171 $kg/m^2 \cdot d$ (35 $lb/d/ft^2$). La concentración de LAR es de 13 000 mg/L. Utilice el diagrama en la figura 8.50 para determinar cuál de los siguientes enunciados es verdadero.**
    a. El clarificador puede sedimentar lodo con un SVI de hasta 150 mL/g.
    b. La tasa del caudal inferior es de entre 12 y 16 $m^3/m^2 \cdot d$ (300 y 400 gpd/ft^2)
    c. Si el SVI operativo actual es de 85 mL/g, el clarificador se sobrecargará.
    d. Dado que el punto operativo no cae directamente sobre una línea, no puede utilizarse el cuadro.

Control del proceso para clarificadores secundarios

Las metas del control del proceso para clarificadores secundarios incluyen

- Mantener el manto por debajo de 0.7 m (2 ft),
- Evitar la desnitrificación en el manto del clarificador (lodo flotante),
- Evitar que el lodo sedimentado se vuelva séptico, y
- Mantener caudales de LAR lo más bajos posibles mientras todavía se cumplen otras metas.

MANTENIMIENTO D MANTOS MÍNIMOS

Para mantener una profundidad del manto por debajo de 0.7 m (2 ft), se debe comenzar en los depósitos de lodo activado proporcionando un ambiente que produce lodo denso y compacto con pocos filamentos. Tal como se describió anteriormente, el ajuste del caudal de LAR aumentará o disminuirá la profundidad del manto y también cambiará la concentración de LAR. Muchas instalaciones regularán el caudal de LAR al caudal de entrada. El objetivo es mantener la relación constante durante un período de 24 horas de modo que la concentración de LAR y las profundidades del manto sean bastante constantes. Las concentraciones de lodo activado recirculado fluctuarán hasta cierto punto a medida que la concentración de MLSS en el depósito de lodo activado aumente y disminuya en respuesta a la carga de DBO_5 del caudal de entrada. Las instalaciones pueden estar limitadas por cuánto pueden disminuir sus bombas de LAR con caudales bajos y por sus capacidades máximas de bombeo con caudales pico. Otras instalaciones, en especial los sistemas pequeños, utilizan un método de "ajústelo y olvídese" seleccionando un caudal de LAR que permita la formación del manto durante el caudal pico y que disminuya una vez que el caudal pico haya pasado. La desventaja de un método de ajústelo y olvídese es que permite que los mantos se eleven demasiado en algunas circunstancias como durante las tormentas. Las tormentas pueden aumentar el nivel de I/I en los sistemas con alcantarillados combinados o con sistemas de recolección que no estén en muy buena condición. Cuando los mantos son profundos, existe el riesgo de perder sólidos por sobre los vertederos y hacia el efluente final.

Llegará un momento en la carrera de casi todo operador en que los MLSS se sedimenten de manera deficiente y el manto comience a formarse en el clarificador secundario. En respuesta a esto, el operador aumentará el caudal de LAR para arrastrar los sólidos hacia fuera del clarificador con mayor rapidez. Pueden ocurrir dos cosas diferentes. O el manto disminuirá o, paradójicamente, el manto aumentará aún más rápido. Comprender el por qué sucede esto es fundamental para el control del proceso del clarificador secundario. Relea las ecuaciones de la 8.25 a la 8.28. Estas cuatro ecuaciones se han combinado en dos ecuaciones más grandes a continuación, una para las unidades estándar internacionales y una para las unidades habituales en los EE. UU.

En unidades estándar internacionales para calcular la SLR:

$$\text{SLR}, \frac{\text{kg}}{\text{m}^2\cdot\text{d}} = \frac{\left[\left(\text{Caudal de entrada}, \frac{\text{m}^3}{\text{d}} + \text{Caudal de LAR}, \frac{\text{m}^3}{\text{d}}\right)\left(\text{Concentración}, \frac{\text{mg}}{\text{L}}\right)\right]}{(1000)(\text{Área superficial del clarificador, m}^2)} \tag{8.29}$$

En unidades habituales en los EE. UU. para calcular la SLR:

$$\text{SLR}, \frac{\text{lb}}{\text{d}\cdot\text{ft}^2} = \frac{\left[(\text{Caudal de entrada, mgd} + \text{caudal de LAR, mgd})\left(\text{Conc.}, \frac{\text{mg}}{\text{L}}\right)\left(8.34\frac{\text{lb}}{\text{mil. gal}}\right)\right]}{(\text{Área superficial del clarificador, ft}^2)} \tag{8.30}$$

La combinación de las ecuaciones facilita la observación de las relaciones entre las diferentes variables del proceso. Si se aumenta el caudal de entrada o el caudal de LAR, entonces la SLR también aumentará. Si aumenta la concentración de MLSS, entonces la SLR también aumentará. Si se aumenta el área superficial del clarificador, la SLR disminuye. Sabemos por nuestro análisis anterior que la masa de sólidos que el clarificador puede sedimentar está relacionada con la forma (rapidez) con la que el lodo se sedimenta y se compacta. Cuando el lodo se sedimenta y se compacta de manera deficiente, disminuye la SLR permitida. Si ya se ha excedido la SLR, es decir, más sólidos capaces de sedimentarse y retirarse están ingresando al clarificador, entonces el aumento del caudal de LAR empeorará el problema. ¿Por qué? Porque el aumento del caudal de LAR aumenta la SLR en un clarificador que ya está sobrecargado. A veces, cuando el lodo se sedimenta de manera deficiente, la respuesta correcta es disminuir el LAR en lugar de aumentarlo.

Un operador puede cambiar cuatro cosas diferentes para ajustar la SLR y mejorar el desempeño del clarificador. Al observar las ecuaciones 8.29 y 8.30, es evidente que aunque los operadores no tienen control sobre el caudal de entrada a la WRRF, pueden manipular 1) el caudal de LAR, 2) la concentración de MLSS, y 3) el área superficial del clarificador (cantidad de clarificadores en funcionamiento). La manipulación del caudal de LAR y el aumento de la cantidad de clarificadores pueden lograrse con facilidad y tendrán efectos inmediatos.

La reducción de la concentración de MLSS a corto plazo puede realizarse colocando otro depósito de lodo activado (o múltiples depósitos) en funcionamiento. Si la misma masa (kilogramos o libras) de MLSS está dispersa en un volumen mayor, entonces la concentración disminuirá y también lo hará la SLR. Puede que no estén disponibles depósitos adicionales. La reducción de las concentraciones de MLSS a largo plazo requieren el ajuste del SRT. A medida que disminuye el SRT, la concentración de MLSS también disminuirá; sin embargo, esta solución a largo plazo puede tardar semanas en alcanzar una concentración de MLSS que los clarificadores puedan sedimentar y compactar. Las instalaciones que nitrifican pueden no ser capaces de reducir su SRT sin perder la nitrificación.

La cuarta variable es menos evidente. Es la sedimentabilidad de los MLSS conforme a lo medido por el SVI. Si el SVI puede mejorarse, entonces aumentará la SLR permitido. En otras palabras, el clarificador podrá sedimentar una mayor cantidad de sólidos. Puede mejorarse radicalmente el SVI a corto plazo agregando un producto químico a los MLSS para mejorar la floculación. Puede agregarse polímero, cloruro férrico o alumbre aguas arriba del clarificador secundario. Si se produce una sedimentación deficiente debido a las bacterias filamentosas, puede agregarse cloro o policloruro de aluminio (*polyaluminum chloride*, PACl) para matar filamentos y reducir su cantidad. Las dosis recomendadas se incluyen en la sección de resolución de problemas de este capítulo. La utilización de productos químicos puede ser costosa y aumentar la producción de lodo. Debe utilizarse solo como último recurso. Muchas instalaciones eligen agregar productos químicos durante algunas pocas semanas al año cuando sus caudales son más altos o cuando la sedimentabilidad del lodo es demasiado deficiente. Esta es una buena estrategia que puede ser más costo-efectiva que la construcción de una mayor cantidad de clarificadores. Cuando el agregado de productos químicos se vuelve crónico, es momento de evaluar la estrategia de control del proceso que está produciendo un lodo sedimentado de manera tan deficiente o pensar en construir más clarificadores.

EVITAR LA DESNITRIFICACIÓN Y LA SEPTICIDAD

Si se permite que el lodo asiente dentro del clarificador durante mucho tiempo, puede producirse la desnitrificación y el lodo puede volverse séptico. La desnitrificación es la conversión de nitrato en gas nitrógeno. Muchas de las bacterias en los MLSS realizarán esta conversión automáticamente si 1) las concentraciones de OD disminuyen por debajo de aproximadamente 0.5 mg/L, 2) la DBO_5 está disponible en el agua circundante o si las bacterias contienen DBO_5 absorbida que no han terminado de digerir, y 3) está disponible un exceso de nitrito y nitrato (en general, por arriba de 5 mg/L como N combinado). La desnitrificación en el clarificador puede ser un gran problema debido a que las burbujas de gas nitrógeno producidas pueden acoplarse al flóculo y transportarlo nuevamente hasta la superficie.

Una pequeña cantidad de desnitrificación hará que la superficie del clarificador se vea como si alguien hubiese espolvoreado cenizas en toda la superficie. De hecho, cuando el clarificador se ve de esta manera, se dice que hay *presencia de cenizas*. Mientras más gas nitrógeno se produzca, más lodo sedimentado retornará a la superficie, y puede verse como una capa de natas casi uniforme (figura 8.52) o como masas grandes que se elevan en un clarificador que, de otra manera, es transparente (figura 8.53). Algunas veces, puede ser difícil determinar si las natas y los flóculos flotantes son producto de la desnitrificación, o si simplemente son flóculos rezagados demasiado ligeros y esponjosos como para sedimentarse. Los indicadores claves de que se trata de la desnitrificación son la presencia de burbujas de gas en la superficie, en especial detrás del brazo del rastrillo a medida que este se mueve a través del manto, y el lodo que aparece en el lado del efluente del deflector de natas. Ambas condiciones se muestran en la figura 8.52. Existe una sola manera en la que el lodo puede terminar en el lado del efluente del deflector de natas; pasó por debajo del deflector y volvió a subir en el otro lado.

En general, no es posible colocar suficiente aire en los MLSS como para mantener condiciones aerobias en el manto de lodos. Si tiene acceso al lodo activado de menor edad, recolecte una muestra y llévela al laboratorio. Agítela durante varios minutos para llevar la concentración de oxígeno a su nivel máximo posible. Después, utilice un medidor de OD para medir la concentración de OD continuamente durante varios minutos. En general, la concentración de OD disminuirá rápidamente y desaparecerá por completo antes de que hayan transcurrido 10 minutos. Debido a que los MLSS permanecerán en el clarificador el tiempo suficiente como para sedimentarse y compactarse, es poco probable que haya mucho OD residual en el manto. Recuerde que en el capítulo 5 se explica que tan pronto como las bacterias heterótrofas facultativas se queden sin oxígeno, comenzarán a utilizar el nitrito y el nitrato si están disponibles.

La desnitrificación requiere 1) un exceso de DBO_5 almacenado en los microorganismos, 2) un exceso de nitrito o nitrato, y 3) tiempo para que la reacción de la desnitrificación tenga lugar. La desnitrificación, si tiene lugar,

Figura 8.52 Desnitrificación en un clarificador secundario (reimpreso con autorización de Indigo Water Group)

será peor durante las cargas pico a la instalación cuando la F/M es más alta. Si se presume la desnitrificación, revise en busca de burbujas detrás del brazo del rastrillo durante el caudal pico y la carga pico. Si se puede eliminar una de estas tres variables, entonces puede evitarse la desnitrificación. El exceso de DBO_5 puede reducirse aumentando el SRT. El nitrito y el nitrato deben eliminarse reduciendo el SRT para evitar que se produzca la desnitrificación en primer lugar o forzando la realización de la desnitrificación en el depósito de lodo activado en lugar de en el clarificador (capítulo 9). La reducción de una o más de estas variables puede no evitar la desnitrificación por completo, pero puede reducir su velocidad lo suficiente como para que no represente un problema para la operación del clarificador. Si es posible, realice la desnitrificación en los depósitos de lodo activado antes de que se transfieran los MLSS a los clarificadores secundarios. Si la desnitrificación continúa provocando problemas en el clarificador o si la desnitrificación aguas arriba no es una opción, aumente el caudal de LAR para eliminar el lodo sedimentado antes de que tenga tiempo suficiente para desnitrificarse.

Figura 8.53 Masas de lodo elevándose en un clarificador secundario (reimpreso con autorización de Indigo Water Group)

MINIMIZACIÓN DE CAUDALES DE LODO ACTIVADO RECIRCULADO

Los caudales de lodo activado recirculado deben mantenerse lo más bajos posible mientras se cumplen todas las otras metas operativas. El bombeo excesivo reduce la concentración de LAR y puede afectar los procesos de procesamiento de sólidos. El bombeo cuesta dinero en términos de electricidad y de desgaste y roturas de la bomba. Si el LAR puede ajustarse por debajo del 40 % del caudal de entrada mientras se mantiene el manto de lodos por debajo de 0.7 m (2 ft) y se evita la desnitrificación, entonces debe ajustarse en ese punto. Si se puede ajustar en un nivel aún más bajo mientras se cumplen todas las metas del control del proceso y de la calidad del efluente, entonces considere ajustarlo a ese punto. Las instalaciones que eliminan amoníaco suelen descubrir que las tasas de LAR tan altas como 125 % del caudal de entrada son necesarias para evitar la desnitrificación en el manto del clarificador. Al seleccionar una tasa de LAR, asegúrese de que producirá los resultados deseados con caudales de entrada bajos, promedio y altos.

EJERCICIO DE LA SECCIÓN

1. La concentración de MLSS es de 2800 mg/L y el SRT es de 12 días. La temperatura del agua dentro del depósito es de 17 °C. Después de 30 minutos en el medidor de sedimentación, el volumen de MLSS disminuye de 1000 mL a 225 mL. Determine el SSV en la prueba de sedimentación.
2. La tasa de LAR tiene regulación del caudal y está establecida al 85 % del caudal de entrada. ¿Qué es la concentración de LAR predicha?
3. El operador detesta decantar el digestor y quiere enviar la menor cantidad de agua posible al digestor. ¿Durante cuánto tiempo se puede disminuir el LAR en función de lo bien que el lodo se está sedimentando y compactando en el clarificador?
4. Después de una semana de operación con tasas de LAR muy bajas, la sedimentabilidad del lodo comienza a deteriorarse. Se están formando mantos en los clarificadores secundarios. En primer lugar, cuando los operadores aumentaron el caudal de LAR, los mantos volvieron a bajar. En este momento, no parece importar cuánto se aumente o se disminuya el LAR, los mantos continúan subiendo. Si esto no se soluciona en un par de horas, el manto de lodos sobrepasará los vertederos. ¿Qué se debería hacer de inmediato? ¿Qué se debería hacer a largo plazo?
5. Las cosas vuelven a la normalidad gracias a la rápida reacción del operador. Las temperaturas del agua han aumentado y el operador observa masas de lodo flotante en el clarificador secundario. ¿Qué esta sucediendo y cómo puede detenerlo el operador?

SOLUCIONES AL EJERCICIO DE LA SECCIÓN

1.

$$\text{SSC}_{30} = \left(\frac{\text{Volumen inicial del medidor de sedimentación, mL}}{\text{SSV}_{30}}\right) \times \text{MLSS mg/L}$$

$$\text{SSC}_{30} = \left(\frac{1000 \text{ mL}}{225 \text{ mL}}\right) \times 2800 \text{ mg/L}$$

$$\text{SSC}_{30} = 12\,444 \text{ mg/L}$$

2.

$$X_{\text{LAR}} = \left(\frac{C_{\text{ent}}}{C_{\text{LAR}}} + 1\right) \times X_{\text{MLSS}}$$

$$X_{\text{LAR}} = \left(\frac{1}{0.85} + 1\right) \times 2800 \text{ mg/L}$$

$$X_{\text{LAR}} = 6094 \text{ mg/L}$$

3. Pueden disminuir el LAR hasta el 29 % del caudal de entrada.

$$X_{\text{LAR}} = \left(\frac{C_{\text{ent}}}{C_{\text{LAR}}} + 1\right) \times X_{\text{MLSS}}$$

$$12\,444 \frac{\text{mg}}{\text{L}} = \left(\frac{1}{C_{\text{LAR}}} + 1\right) \times 2800 \frac{\text{mg}}{\text{L}}$$

$$4.44 = \frac{1}{C_{\text{LAR}}} + 1$$

$$0.29 = C_{\text{LAR}}$$

4. Las soluciones a largo plazo incluyen 1) agregar polímero o algún otro coagulante, 2) colocar otros depósitos de lodo activado en funcionamiento, 3) colocar otros clarificadores en funcionamiento. Las soluciones a largo plazo incluyen disminuir el SRT aumentando la tasa de desechado.
5. La desnitrificación se está produciendo en el manto del clarificador. Si la instalación no tiene que eliminar amoníaco, el SRT se puede disminuir para detener la nitrificación. Si la instalación sí tiene que eliminar amoníaco, el caudal de LAR puede aumentarse para eliminar el lodo del clarificador antes de que se produzca la desnitrificación.

COMPROBACIÓN DE CONOCIMIENTOS

1. **Los caudales de lodo activado recirculado deben mantenerse lo más bajos posible mientras se cumplen las metas de tratamiento para**
   a. Maximizar el tiempo de tratamiento en el depósito de lodo activado
   b. Formar un manto de lodos profundo para escurrir el agua del LAR
   c. Minimizar el potencial de que se produzca la desnitrificación
   d. Evitar el envío de excesos de agua a los procesos de procesamiento de sólidos
2. **Una ventaja de la regulación del caudal de las bombas de LAR al caudal de entrada de la WRRF es**
   a. La profundidad diurna variable del manto
   b. La concentración de LAR casi constante
   c. La maximización de la concentración de LAR con caudales bajos
   d. La posibilidad de almacenar sólidos en el clarificador
3. **La sedimentabilidad del lodo se ha deteriorado durante las últimas 2 semanas y los clarificadores están formando mantos profundos. El operador aumenta el caudal de LAR para eliminar el lodo del clarificador más rápido, pero en lugar de disminuir, los mantos se vuelven aún más profundos. Esto se debe a que**
   a. Las bombas de LAR no se aumentaron lo suficiente
   b. Las bombas de LAR necesitan tiempo para recuperarse, después disminuirá el manto
   c. El aumento de LAR empeoró el problema de la sobrecarga
   d. La SOR es demasiado baja
4. **El clarificador secundario de una instalación pequeña está sobrecargado. No hay otros clarificadores disponibles. Una solución a corto plazo puede ser**
   a. Ajustar el SVI con productos químicos
   b. Aumentar el desechado para reducir la SRT
   c. Construir clarificadores adicionales
   d. Aumentar el caudal de LAR
5. **Las burbujas de gas generadas en el manto de lodos pueden provocar**
   a. Cortocircuitos
   b. La presencia de cenizas o el aglutinado
   c. Obstrucción por aire
   d. La formación de huecos
6. **Un indicador clave de que la desnitrificación se está produciendo en el manto de un clarificador secundario circular es que**
   a. La concentración de LAR disminuye con un aumento de la velocidad de la bomba
   b. El pozo central de floculación está lleno de espuma pesada y espesa
   c. Se está acumulando lodo entre el deflector de natas y el vertedero
   d. La nata en la superficie del clarificador está cambiando de marrón a verde

Operación

OPERACIÓN DIARIA

Después de establecida la operación normal, lleve a cabo la observación diaria de los elementos siguientes:

- Verifique visualmente los equipos al menos una vez por turno para asegurarse de que estén funcionando correctamente. Escuche para detectar ruidos inusuales porque pueden ser un síntoma de condiciones anormales;
- Si están en funcionamiento trenes de tratamiento múltiple, verifique que el caudal esté distribuido de forma pareja entre los depósitos y los clarificadores;
- Inspeccione visualmente la superficie de los depósitos de lodo activado. Si se observan condiciones anormales tales como espumaje, áreas sin mezclar, o áreas turbulentas, consulte la sección de resolución de problemas de este capítulo;
- Monitoree las concentraciones de OD en varios puntos a lo largo de todos los depósitos aereados;
- Registre la temperatura del agua del depósito de lodo activado. Para las instalaciones a las que se les requiere eliminar amoníaco, la temperatura del agua dentro del depósito afectará la selección de la edad objetivo del lodo;
- Recolecte una muestra del final del depósito de lodo activado y lleve a cabo una prueba de sedimentación. Calcule el SVI. Registre el SSV a los 5 minutos y a los 30 minutos. Cree gráficos del SVI, SSV_5, y SSV_{30} con los diagramas de control. Calcule la SSC de 30 minutos. Compare los resultados con la concentración real de LAR/LAP. Si el medidor de sedimentación se está compactando mucho mejor que el clarificador, considere ajustar el caudal de LAR;
- Utilice un sacamuestras (juez de lodos) para monitorear las profundidades del manto en los clarificadores secundarios al menos una vez por turno y preferentemente varias veces por turno. Asegúrese de realizar mediciones durante el caudal pico. Si las profundidades del manto son mayores a 0.7 m (2 ft), considere ajustar el caudal de LAR;
- Recolecte y analice todas las muestras necesarias para calcular la edad del lodo. Esto puede incluir muestras puntuales o muestras compuestas de MLSS, LAP y del manto del clarificador, así como también del caudal diario promedio de la instalación. Calcule la edad del lodo y registre el resultado;

- Compare la edad actual del lodo con la edad objetivo del lodo. Ajuste las tasas de desechado según sea necesario para mantener la edad objetivo del lodo; y
- Los operadores pueden desear realizar también un examen microbiológico y los cálculos de la F/M semanalmente.

PUESTA EN FUNCIONAMIENTO DE UN PROCESO DE LODO ACTIVADO

El objetivo principal de la puesta en funcionamiento es desarrollar una masa floculada correctamente de MLSS con buenas propiedades de sedimentación lo más rápido posible. De ser posible, planifique la puesta en línea de los depósitos de lodo activado durante el clima más cálido. Los sólidos en suspensión en el licor mezclado crecen más rápido durante el clima más cálido, y se reduce el tiempo de puesta en funcionamiento. Los siguientes procedimientos para la puesta en funcionamiento inicial de un proceso de lodo activado se crearon mediante la combinación y modificación de procedimientos de puesta en funcionamiento de *Start-Up of Municipal Wastewater Treatment Facilities* (EPA de los EE. UU., 1973) y de *Design Manual: Fine Pore Aeration Systems* (EPA de los EE. UU., 1989).

Existen dos métodos para la puesta en funcionamiento de un proceso de lodo activado: cultivar todos los MLSS *in situ* utilizando el caudal de entrada de aguas residuales o importando algunos MLSS de otra instalación como inóculos del proceso. Al importar los MLSS, asegúrese de que el lodo de inoculación es de buena calidad y de que tiene pocos filamentos y un SVI bajo. Para determinar la concentración mínima de MLSS que se necesita para la puesta en funcionamiento de un único depósito de lodo activado, la concentración de MLSS de diseño se multiplica por dos factores (ecuación 8.31). La utilización de DQO en lugar de DBO permite la realización de análisis con rapidez durante toda la puesta en funcionamiento. Para las instalaciones que reciben aguas residuales domésticas, convierta la DQO en DBO dividiéndola por 2. El factor de conversión real variará de una instalación a otra, pero la utilización de un factor de 2 es lo más cercano para evaluar las condiciones de la puesta en funcionamiento.

$$\text{MLSS de diseño}, \frac{\text{mg}}{\text{L}} \times \left(\frac{\text{Caudal de puesta en funcionamiento al depósito}}{\text{Caudal de diseño del depósito}} \right) \times \left(\frac{\text{DBO}_5 \text{ actual}, \frac{\text{mg}}{\text{L}}}{\text{DBO}_5 \text{ de diseño}, \frac{\text{mg}}{\text{L}}} \right) = \text{MLSS de puesta en funcionamiento mínimo, mg/L} \quad (8.31)$$

La ecuación 8.31 se utiliza para la puesta en línea de un único depósito de lodo activado; sin embargo, la cantidad de depósitos que se ponen en funcionamiento dependerá del caudal de entrada. Por ejemplo, si la nueva instalación tiene una capacidad de 19 ML/d (5 mgd) y cuatro depósitos de lodo activado, entonces la capacidad de diseño por depósito será el caudal de diseño dividido por la cantidad de depósitos. En este caso, cada depósito está diseñado para recibir 4.75 ML/d (1.25 mgd). Si el caudal de entrada es actualmente de 7.6 ML/d (2 mgd), entonces se necesitarán dos depósitos en la puesta en funcionamiento. Siempre utilice el siguiente número más alto de depósitos si el caudal no se divide de manera pareja. Si se pondrán en línea al mismo tiempo múltiples depósitos, multiplique el resultado del cálculo 8.31 por el siguiente factor:

$$\frac{\text{Caudal a los depósitos que se pondrán en funcionamiento/cantidad o volumen de los depósitos}}{\text{Caudal de diseño a los depósitos/cantidad total o volumen de los depósitos}} \quad (8.32)$$

La concentración de MLSS mínima para la puesta en funcionamiento es la concentración que debe alcanzarse antes de que se deseche lodo del sistema. No necesita ajustarse para la temperatura. Se proporcionan los MLSS mínimos para la puesta en funcionamiento al caudal y a la concentración de DBO actuales para garantizar que el SRT y la F/M de la puesta en funcionamiento se encuentran dentro del rango correcto para el diseño. Después de que el primer depósito de lodo activado esté en línea y operando normalmente, se pueden poner en línea otros depósitos de la misma manera utilizando el lodo de inoculación desechado del primer depósito. Es importante que los MLSS realicen el ciclo a través del clarificador secundario durante la puesta en funcionamiento y que se los retorne a través de la línea de LAR. La operación del proceso normalmente afecta la estructura del flóculo y ayuda a garantizar la formación de flóculos redondos y densos. Durante la puesta en funcionamiento y la operación normal, los microorganismos que no floculen y se sedimenten en el fondo del clarificador no se retornarán al depósito de lodo activado. Por el contrario, saldrán a través del desborde del clarificador.

INSPECCIÓN Y ANÁLISIS PREVIOS

Antes de poner en funcionamiento el sistema, todos los equipos y depósitos deben inspeccionarse y analizarse para garantizar que

- Todos los desechos se eliminaron de los depósitos y sistemas de tuberías;
- Se ha revisado que todas las compuertas y válvulas operen sin problemas y que estén en la posición cerrada;
- El depósito y los vertederos del clarificador están nivelados;
- El sistema de control de espuma (si está disponible) está en buenas condiciones. Los rociadores deben estar abiertos sin bloqueos. Pruebe cada boquilla rociadora para controlar que esté firmemente ajustada;

- Si se utilizan aereadores mecánicos, deben rotarse primero manualmente para garantizar la alineación correcta y la operación sin problemas. El montaje debe inspeccionarse detenidamente para garantizar que esté firmemente ajustado. Se debe lubricar adecuadamente el motor conforme a las recomendaciones del fabricante. Todos los motores eléctricos deben ponerse en funcionamiento brevemente para verificar que el cableado está conectado correctamente y que los motores están girando en la dirección correcta;
- Si se utiliza aire difuso, asegúrese de que los difusores están instalados conforme a las especificaciones del fabricante. Los difusores tubulares deben ajustarse y orientarse correctamente, las juntas y los sellos de las juntas tóricas deben ser elásticos y estar correctamente ubicados, el sistema de tuberías debe estar nivelado, y los pernos y el resto de la tornillería deben estar correctamente ajustados;
- La inspección del sistema de suministro de aire difuso incluye
    - Control del filtro de aire y de la trampa de condensación,
    - Control de las líneas de aire en busca de fugas,
    - Control de las válvulas para una operación correcta y sin problemas,
    - Inspección de la lubricación adecuada, los espacios libres adecuados, y los protectores de seguridad del soplador,
    - Inspección de la alineación correcta de los acoplamientos del motor al soplador, y
    - Inspección de la operación y calibración adecuada de los manómetros de presión y de aire;
- Cumplimiento de las especificaciones del fabricante al suministrar aire al sistema del difusor antes de que se sumerjan los difusores. Siempre suministre al menos el caudal de aire mínimo recomendado por el fabricante por difusor para prevenir el retorno de aguas residuales a través de los difusores hacia las tuberías de distribución de aire;
- Llene el depósito hasta un nivel de alrededor de 30 cm (1 ft) sobre los difusores. Para el llenado inicial se prefiere el agua de servicio, si está disponible, a las aguas residuales o a los MLSS. Proceda con cuidado durante las primeras etapas del llenado para evitar que la fuerza de las aguas residuales entrantes dañe el sistema de difusión de aire o sus soportes;
- Opere el sistema de aereación durante un par de horas. Durante este tiempo, inspeccione todas las tuberías de aire y los difusores en busca de fugas. Haga las reparaciones necesarias. Vuelva a controlar la ubicación correcta de las compuertas y las válvulas. Se deben inspeccionar los motores en busca de vibraciones, sonidos y sobrecalentamientos;
- Los sistemas de tuberías deben llenarse con agua e inspeccionarse en busca de fugas; y
- La puesta en funcionamiento, la inspección y el análisis de los clarificadores se describen en el capítulo 4: Tratamiento primario.

PUESTA EN FUNCIONAMIENTO CON SÓLIDOS EN SUSPENSIÓN EN EL LICOR MEZCLADO IMPORTADOS

La utilización del lodo de inoculación de otra instalación es el medio más confiable y más rápido para la puesta en funcionamiento. Si estuviera disponible, se debe colocar una cantidad suficiente de lodo de inoculación en el depósito de lodo activado para que de como resultado una concentración mínima de MLSS de 500 mg/L cuando el depósito se llene con aguas residuales.

Paso 1: Al final de la inspección y del análisis, debe haber una cantidad suficiente de agua en los depósitos de lodo activado como para cubrir los difusores, y el sistema de aereación debe estar operando. Verifique que la concentración de OD en el depósito sea de al menos 2 mg/L. Si el sistema de aereación aún no está operando, reinícielo antes de continuar con el paso 2. El sistema de aereación mantendrá los MLSS en suspensión y evitará el ensuciamiento de los difusores en los sistemas de burbuja fina.

Paso 2: Llene el depósito de lodo activado con el caudal de entrada de aguas residuales.

Paso 3: Agregue lodo de inoculación al depósito y continúe con la aereación. La concentración de MLSS en el depósito debe ser de al menos 500 mg/L.

Paso 4: Comience agregando el caudal de entrada o el efluente primario al depósito a aproximadamente un 10 % del caudal de diseño para el depósito.

Paso 5: Cuando el depósito esté lleno, abra las compuertas para permitir que el caudal ingrese a los clarificadores secundarios.

Paso 6: Aumente el caudal de entrada o el caudal del efluente primario agregando otro 10 % del caudal de diseño cada día.

Paso 7: Ponga en funcionamiento el mecanismo del clarificador (capítulo 4) y abra las compuertas o las válvulas aguas abajo del clarificador.

Paso 8: Ponga en funcionamiento las bombas de LAR cuando los clarificadores estén llenos en al menos un 50 %.

Paso 9: Cuando se haya alcanzado la concentración mínima de MLSS de la puesta en funcionamiento, comience con el desechado del depósito cada día. Determine el volumen de desechado seleccionando un SRT objetivo y calculando la masa (kilogramos o libras) de LAP que debe eliminarse cada día.

PUESTA EN FUNCIONAMIENTO CON CAUDAL DE ENTRADA DE AGUAS RESIDUALES

Si no está disponible el lodo de inoculación, puede utilizarse el caudal de entrada.

Paso 1: Al final de la inspección y del análisis, debe haber una cantidad suficiente de agua en los depósitos de lodo activado como para cubrir los difusores, y el sistema de aereación debe estar operando. Verifique que la concentración de OD en el depósito sea de al menos 2 mg/L. Si el sistema de aereación aún no está operando, reinícielo antes de continuar con el paso 2.

Paso 2: Comience la puesta en funcionamiento llenando el depósito de lodo activado con el caudal de entrada, desviando los clarificadores primarios (si los hay). El caudal de entrada crudo contendrá una mayor cantidad de microorganismos que los efluentes primarios.

Paso 3: Después de que se llenen los depósitos, cierre la compuerta o la válvula del caudal de entrada. Realice la aereación de las aguas residuales durante aproximadamente 8 horas.

Paso 4: Apague los aereadores y permita que la mezcla se sedimente durante 30 a 60 minutos.

Paso 5: Abra las compuertas o las válvulas del caudal de entrada y del efluente para permitir que ingresen aguas residuales frescas al depósito. Agregue el caudal de entrada o el efluente primario al depósito a aproximadamente un 10 % del caudal de diseño para el depósito. Esto desplazará una parte del volumen existente hacia afuera y hacia el clarificador secundario.

Paso 6: Utilice las bombas de LAR para hacer retornar los sólidos sedimentados hacia el depósito de lodo activado.

Paso 7: Repita los pasos 3 a 6 hasta que la concentración de MLSS alcance al menos 500 mg/L. Aumente el caudal de entrada o el caudal del efluente primario agregando otro 10 % del caudal de diseño cada día. El depósito debe estar recibiendo el 100 % de su caudal de diseño después de 10 días.

Paso 8: Coloque el proceso de lodo activado en operación de caudal continuo. Esto significa que el agua ingresará y saldrá del proceso continuamente. Las bombas de lodo activado recirculado deben estar operando para hacer retornar el lodo sedimentado hacia los depósitos de lodo activado. Mida la concentración de OD con frecuencia para verificar que se mantenga por arriba de 2 mg/L.

Paso 9: Cuando se haya alcanzado la concentración mínima de MLSS de la puesta en funcionamiento, comience con el desechado del depósito cada día. Determine el volumen de desechado seleccionando un SRT objetivo y calculando la masa (kilogramos o libras) de LAP que debe eliminarse cada día.

ESPUMAJE Y TIEMPO HASTA ALCANZAR LA OPERACIÓN ESTABLE

Durante la puesta en funcionamiento, cuando la concentración de MLSS es baja, los depósitos de lodo activado pueden experimentar un espumaje grave. La espuma de la puesta en funcionamiento es blanquecina a grisácea y colapsa con facilidad (figura 8.54). Este tipo de espuma normalmente desaparece al momento en que el SRT alcanza los 2 a 3 días. Los MLSS deben estabilizarse dentro de los 7 a 10 días, y producirán un lodo correctamente floculado que se sedimenta con rapidez y que produce un sobrenadante claro. El lodo activado recirculado tiene muy poco olor, pero el olor que aparece se describe como levemente rancio y similar a la tierra o al abono. Durante la puesta en funcionamiento, las concentraciones de amoníaco del efluente deben ser casi iguales a la concentración de amoníaco del caudal de entrada. La nitrificación puede tomar otra semana hasta que se consolide por completo. El efluente final puede contener concentraciones altas de DBO_5 y SST durante los primeros días hasta durante una semana. Pueden agregarse coagulantes químicos, como el alumbre o el cloruro férrico, durante la puesta en funcionamiento para facilitar la sedimentación. Asegúrese de cumplir con las condiciones del permiso de descarga en todo momento, incluida la puesta en funcionamiento, y de mantener la comunicación con su agencia reguladora estatal o la EPA de los EE. UU.

RETIRO DE FUNCIONAMIENTO DE UN DEPÓSITO DE LODO ACTIVADO

Si un depósito de lodo activado debe mantenerse en reposo durante más de 2 semanas, debe drenarse y limpiarse por completo. El siguiente procedimiento para retirar un depósito de lodo activado de servicio es del *Design Manual: Fine Pore Aeration Systems* (EPA de los EE. UU., 1989).

Figura 8.54 Espuma blanca durante la puesta en funcionamiento (reimpreso con autorización de Indigo Water Group)

Las válvulas de alivio de presión de aguas subterráneas deben abrirse automáticamente para permitir el ingreso de las aguas subterráneas al tanque cuando los niveles de aguas subterráneas son más altos que el fondo del tanque. Cuando el tanque está lleno, la presión del agua en el tanque mantiene estas válvulas cerradas. Es posible que las aguas subterráneas ejerzan suficiente presión ascendente en un tanque como para desenterrarlo o al menos descolocarlo. Las cantidades pequeñas de presión dispersas en un área grande, como el fondo de un tanque, pueden ejercer enormes cantidades de fuerza. Fuerza = Presión × Área

Paso 1: Detenga los caudales de aguas residuales y de lodo recirculado hacia el depósito. Si el depósito está equipado con aire difuso, continúe suministrando aire a los difusores a la tasa mínima recomendada por el fabricante o a tasas más altas.

Paso 2: Abra las líneas de drenaje y ponga en funcionamiento las bombas de drenaje si es necesario. Continúe suministrando aire al sistema hasta que el nivel del agua esté por debajo de los difusores y hasta que se hayan lavado los difusores. Monitoree y ajuste el caudal de aire a medida que disminuye el nivel del agua.

Paso 3: Lave las paredes del depósito mientras se está drenando el depósito. El material que se seque y quede pegado a las paredes será difícil de eliminar más adelante. Lave los equipos a medida que se encuentren al descubierto.

Paso 4: Después de que se drenó el depósito, verifique que se encuentren operativas las válvulas de alivio de presión de las aguas subterráneas.

Paso 5: Lave las paredes y el piso del depósito, las tuberías de aire, los difusores y los aereadores mecánicos para evitar problemas de olores. El material que se haya acumulado sobre o debajo del difusor debe eliminarse antes de que pueda secarse.

Paso 6: Para las condiciones por encima del punto de congelamiento, los tanques equipados con difusores deben rellenarse con la cantidad suficiente de agua limpia como para cubrir los difusores con 1 m (3 ft) de agua (EPA de los EE. UU., 1989). Si hay tuberías de plástico, agregue agua limpia para cubrir las tuberías expuestas. Esto proporcionará protección adicional contra la exposición a la luz ultravioleta y a los cambios de temperatura excesivos. Continúe suministrando aire a un caudal de aire igual o mayor al mínimo recomendado por el fabricante. Puede agregarse un alguicida para evitar el crecimiento de algas.

Paso 7: Para las condiciones de congelamiento, puede necesitarse una mayor cantidad de agua para proteger otras tuberías que normalmente están sumergidas. Aunque el aire que se suministra suele evitar que se produzcan daños graves por el hielo, si una capa de hielo se forma, no drene el agua del depósito. Los desprendimientos de hielo pueden provocar daños graves.

El suministro de aire a un depósito vacío puede ser costoso a largo plazo. Siempre que el depósito esté lleno con agua relativamente limpia, una alternativa menos costosa es apagar el caudal de aire por completo y permitir que el sistema de distribución se llene de agua. Si el depósito estará fuera de servicio durante un período de tiempo extendido, los difusores deben eliminarse y almacenarse conforme a las recomendaciones del fabricante.

COMPROBACIÓN DE CONOCIMIENTOS

1. **Un proceso de lodo activado puede ponerse en funcionamiento utilizando lodo de inoculación de un digestor anaerobio cercano.**
   - ☐ Verdadero
   - ☐ Falso

2. **La temperatura del agua en los depósitos de lodo activado debe medirse a diario en las instalaciones a las que se les requiere eliminar amoníaco.**
   - ☐ Verdadero
   - ☐ Falso

3. **Un operador recién finalizó la recorrida diaria de inspección del proceso de lodo activado. Él o ella decide aumentar levemente el caudal de LAR. ¿Qué observó el operador que lo llevó a tomar esta decisión?**
   a. Los MLSS no se están compactando correctamente en la prueba de sedimentación
   b. Los mantos del clarificador tienen una profundidad mayor a 0.7 m (2 ft)
   c. La edad del lodo es mucho más alta que el objetivo
   d. La concentración de LAR es demasiado baja

4. **Durante la puesta en funcionamiento, cuando no está disponible el lodo de inoculación, se prefiere el caudal de entrada de aguas residuales por sobre el efluente primario porque**
   a. Hay concentraciones más altas de DBO en el caudal de entrada
   b. Se necesita la materia particulada para la formación de flóculos
   c. El clarificador primario aún no ha sido puesto en funcionamiento
   d. Hay poblaciones más grandes de microorganismos

5. **Los sólidos en suspensión en el licor mezclado no deben desecharse del proceso por primera vez hasta que**
   a. Se haya alcanzado la concentración mínima de puesta en funcionamiento
   b. La concentración de MLSS comience a sobrecargar el clarificador
   c. La DBO y los SST del sobrenadante estén por debajo de 10 mg/L
   d. Se observen rotíferos y ciliados pedunculados

6. **Se retira de funcionamiento un clarificador primario con cuatro válvulas de alivio de presión de aguas subterráneas. Si dos de las válvulas no pueden abrirse con las aguas subterráneas altas, ¿cuál es el resultado más probable?**
   a. Puede necesitarse la bomba de pozo colector para eliminar las aguas subterráneas
   b. El clarificador puede moverse o empujarse hacia arriba
   c. El clarificador puede desbordarse a medida que el agua vuelve a él
   d. El operador no podrá realizar el lavado a contracorriente

Recolección, muestreo y análisis de los datos

En esta sección se ofrece un resumen de algunos de los diversos análisis de control del proceso que son fundamentales para la operación con éxito de un proceso de lodo activado correctamente controlado, lo que incluye la inspección visual, la profundidad del manto del clarificador, la sedimentabilidad, el SVI, y la tasa de captación de oxígeno (*oxygen uptake rate*, OUR). Para obtener información completa sobre los procesos de laboratorio paso a paso, consulte *Basic Laboratory Procedures for the Operator-Analyst*, 5.ª edición, publicada por la WEF en 2012. Otros análisis que se necesitan para el control del proceso incluyen los SST, los sólidos en suspensión totales volátiles, el pH y el OD. Las instalaciones a las que se les requiere eliminar amoníaco, nitrito, nitrato o fósforo también deben realizar análisis de alcalinidad, amoníaco, nitrito, nitrato y fósforo. Las frecuencias mínimas recomendadas del muestreo se muestran en la tabla 8.9.

INSPECCIÓN VISUAL DEL DEPÓSITO DE LODO ACTIVADO

La superficie del depósito de lodo activado no debe tener desechos, material flotante y espuma. Para las zonas o depósitos aereados, la superficie del depósito de lodo activado debe demostrar una mezcla pareja en todo el depósito con una cantidad mínima de espuma ligera de color tostado a marrón que se desplaza con facilidad formando un patrón de tipo panal. La cobertura de la espuma debe ser menor al 5 % del área superficial total. En la figura 8.55 se muestra un ejemplo del depósito de lodo activado. Una pequeña cantidad de espuma siempre estará presente debido a la producción de agentes tensioactivos por parte de las bacterias en el proceso; sin embargo, esta debe disiparse con rapidez. Las grandes cantidades de espuma o la espuma que es difícil de desplazar o disolver indican una condición anormal.

PATRONES DE MEZCLA

Las recorridas diarias de inspección deben realizarse una vez por turno siempre que sea posible. Los depósitos de lodo activado deben inspeccionarse en busca de evidencia de una mezcla completa y pareja. Un depósito aereado con una buena mezcla tendrá una apariencia similar a la del depósito de la figura 8.55, con un patrón en constante cambio de burbujas y espuma ligera en toda la superficie. Las zonas y los depósitos anóxicos y anaerobios se mezclarán con mezcladores subsuperficiales. Estos depósitos no exhibirán el patrón de burbujas que se muestra en la figura 8.55, pero debería verse suave y transparente en todo el depósito sin diferencias claras en el color o en la densidad de los sólidos de un área del depósito a otra. Las áreas con acumulaciones de espuma o con agua

Tabla 8.9 Frecuencias mínimas recomendadas de muestreo y análisis para el lodo activado

Ubicación de muestreo	Análisis[a]	Frecuencia[b]	Tipo de muestra
Caudal de entrada del depósito de lodo activado	pH	A diario	Puntual
	DBO	Semanalmente	Compuesta
	SST	Semanalmente	Compuesta
	Nitrógeno Kjelhdahl total[c]	Mensualmente	Puntual
	Amoníaco	Mensualmente	Puntual
	Alcalinidad	Mensualmente	Puntual
Depósito de lodo activado	OD	A diario (continua)	In situ
	Temperatura	A diario (continua)	In situ
Efluente del depósito de lodo activado	SST (sólidos en suspensión en el licor mezclado)	A diario	Puntual
	Sedimentabilidad	A diario	Puntual
	pH	Semanalmente	Puntual
	Microscópico	Semanalmente	Puntual
LAR	SST	A diario	Puntual
	Caudal	A diario	Totalizadora
LAP	SST	A diario	Puntual
	Caudal	A diario	Totalizadora
Clarificador secundario	Manto de lodo	A diario	In situ
Efluente del clarificador secundario	DBO	Semanalmente	Compuesta
	SST	Semanalmente	Compuesta
	Amoníaco[c]	Mensualmente	Compuesta
	Nitrato[c]	Mensualmente	Puntual
	Nitrito[c]	Mensualmente	Puntual
	Fósforo total[c]	Mensualmente	Compuesta
	pH	A diario	Puntual
Efluente de la instalación	Turbiedad	A diario	Puntual
	Coliforme fecal[d]	A diario	Puntual
	Cloro residual[d]	A diario	Puntual

[a]Puede que no muestre todos los análisis requeridos; consulte los requisitos del permiso.
[b]Puede que sea necesario aumentar las frecuencias de muestreo para el control del proceso o los requisitos del permiso.
[c]Puede que no se requiera si los nutrientes (amoníaco, fósforo, etc.) no son un motivo de preocupación.
[d]Puede que no se requiera si no se requiere la desinfección; consulte el permiso de descarga.

transparente que son evidentes en la superficie sugieren una falta de mezcla que debe investigarse. En la figura 8,56 se muestran áreas de agua transparente dentro del depósito de lodo activado provocadas por el apagado del aire difuso hacia esta parte del depósito. Sin la mezcla, los MLSS comienzan a sedimentarse con rapidez.

EVIDENCIA DE ROTURAS EN TUBERÍAS COLECTORAS Y DIFUSORES

Los puntos muertos y los patrones de mezclado no uniformes suelen indicar un atascamiento en el difusor o que las válvulas de la tubería colectora del difusor necesitan ajustes para equilibrar la distribución del aire hacia el depósito. Las roturas en las tuberías colectoras o los difusores dañados, rasgados o faltantes suelen identificarse con un efecto de ebullición que está localizado en un área de la zona o del depósito aereado. Esto puede estar acompañado por la incapacidad de mantener niveles de OD en el depósito de lodo activado. En el caso de los depósitos múltiples que son suministrados por un único soplador, los depósitos sin tuberías colectoras o difusores dañados pueden tener concentraciones de OD más bajas porque el aire del soplador fluirá principalmente hacia la tubería colectora dañada dado que esta es la trayectoria con menor resistencia.

Para los depósitos de lodo activado sin difusores de aire, un perfil de OD debe realizarse cada 1 a 6 meses o siempre que cambie el patrón del caudal. La distribución de aire debe ajustarse para mantener una concentración de OD no menor a 0.5 mg/L en toda la parte aereada del depósito de lodo activado.

Figura 8.55 Superficie de un depósito de lodo activado aereado en Clifton, Colorado (reimpreso con autorización de Indigo Water Group)

INDICADORES DE COLOR DE ESPUMA

Los depósitos de lodo activado no deben tener espuma. La ausencia o presencia de espuma debe anotarse en las recorridas diarias de inspección junto con un registro por escrito del color y espesor de la espuma, y un cálculo del porcentaje de cobertura del depósito. Puede obtener información detallada sobre el espumaje y los problemas de sedimentabilidad del lodo en la sección de resolución de problemas. En todos los casos, la presencia de espuma en el depósito de lodo activado debe investigarse y debe determinarse la causa principal, preferentemente antes de que el 30 % del depósito esté cubierto con espuma.

Figura 8.56 El agua transparente demuestra la separación de sólidos y una falta de mezcla (reimpreso con autorización de Indigo Water Group)

Tres organismos filamentosos pueden provocar el espumaje de lodo activado: los nocardioformes, *Microthrix parvicella*, y Tipo 1863 (Jenkins et al., 2004). Los nocardioformes y *M. parvicella* pueden producir una espuma estable, viscosa y de color marrón en la superficie de los depósitos de lodo activado que puede desplazarse hacia los clarificadores secundarios y hacia el efluente final. Tipo 1863 puede producir una espuma blanquecina a grisácea que colapsa con facilidad cuando la F/M es alta y el SRT es menor a 2 días (Environmental Leverage, 2003). El espumaje puede ser desde un inconveniente hasta un problema grave. Durante el clima frío, esta espuma puede congelarse y volverse sólida, y se la debe eliminar manualmente. Durante el clima cálido, puede generar olores. Si no se controla, puede desbordar los tanques y crear un desorden resbaloso en las pasarelas, tal como se muestra en la figura 8.57.

PROFUNDIDAD DEL MANTO

A medida que los MLSS se sedimentan en el clarificador secundario, una capa de lodo sedimentado denominada "manto" se acumula en el piso. Lo ideal es que el manto tenga menos de 1 m (2.57 ft) de profundidad desde el piso del clarificador hasta la parte superior del manto; sin embargo, la profundidad del manto puede variar según la hora del día y la cantidad de caudal que ingresa a la WRRF. Este es el caso en especial para las WRRF que no regulan el caudal de LAR hacia el caudal de entrada. La profundidad del manto en los clarificadores sin pisos planos también variará según el lugar donde se mida.

APLICACIÓN

La prueba de la profundidad del manto mide la profundidad del manto en el clarificador secundario y ofrece la siguiente información:

- Permite que el operador determine la masa total de MLSS en el manto del clarificador. Esta información puede incluirse en el cálculo del TPRC para el control del proceso;
- Alerta al operador acerca de un aumento en el manto de lodos en el clarificador final, lo que permite que el operador implemente las medidas correctivas para evitar que los sólidos se laven por arriba de los vertederos; y
- Permite que el operador determine el tiempo de detención del lodo del clarificador.

La prueba de la profundidad del manto también se conoce como la *muestra cilíndrica del clarificador* en algunos textos.

APARATO Y MATERIALES

Los mantos de lodos suelen medirse con un sacamuestras cilíndrico, que también se conoce como un *juez de lodos*. La profundidad del manto también puede medirse utilizando un medidor de SST portátil o un detector de mantos ultrasónico; sin embargo, aunque estos métodos ofrecen información sobre la profundidad del

Figura 8.57 Espumaje de lodo activado (reimpreso con autorización de Indigo Water Group)

manto, no permiten la recolección de una muestra cilíndrica, la que es necesaria para determinar la masa total de MLSS en el clarificador. Los sacamuestras cilíndricos están hechos de un tubo plástico transparente de 19 mm (0.75-in.) y suele constar de tres secciones que son de 1.5 m (5 ft) de largo cada una. Las secciones están atornilladas y forman un único sacamuestras largo de 4.5 m (15 ft), tal como se muestra en la figura 8.58. Los sacamuestras tienen marcas en intervalos de 0.3 m (1 ft) para facilitar la determinación de la profundidad del manto y tienen una válvula de retención en el fondo del sacamuestras ensamblado de 4.5 m (15 ft). La válvula de retención permite que el operador haga descender todo el conjunto hacia el clarificador, cierre la válvula y después retire el sacamuestras con una muestra cilíndrica del contenido del interior del clarificador.

RECOLECCIÓN DE MUESTRAS

Las muestras cilíndricas deben tomarse en un punto que sea representativo del contenido del clarificador. Para los clarificadores rectangulares, la muestra cilíndrica debe recolectarse en un punto que esté a la mitad de la longitud del clarificador. La muestra debe tomarse como mínimo a 0.3 m (1 ft) antes o después del recolector cruzado. Para los clarificadores circulares con pisos que presentan una pendiente descendente hacia el centro, tal como se muestra en la figura 8.59, la muestra cilíndrica debe recolectarse a un tercio de la distancia desde la pared exterior del clarificador hacia el centro, tal como se muestra en la figura a continuación. La recolección de la muestra en esta ubicación compensa el fondo cónico del clarificador. Recuerde que la fórmula para determinar el volumen de un cono utiliza el volumen de un cilindro dividido por 3. Si la muestra se recolecta demasiado cerca del borde exterior, la masa de MLSS en el clarificador estará infravalorada. Si la muestra se recolecta demasiado cerca del centro del clarificador, la masa total estará sobrevalorada. Para los clarificadores de piso plano, la posición del sacamuestras cilíndrico no es tan importante porque la profundidad del manto debe ser la misma en todo el clarificador. Para los clarificadores que presentan una pendiente desde un punto alto en el centro hacia un anillo colector en el exterior del clarificador, el sacamuestras cilíndrico debe ubicarse a un tercio de la distancia desde el centro del clarificador para compensar el cono creado por el piso inclinado.

Para los clarificadores secundarios, la muestra cilíndrica debe recolectarse cuando el brazo del rastrillo está a un ángulo de 90 grados en relación a la ubicación de la muestra, tal como se muestra en la figura 8.59. El movimiento del brazo del rastrillo altera el manto de lodos. Si se toma la muestra cuando el brazo del rastrillo está a un ángulo de 90 grados, se garantiza que el manto ha tenido la oportunidad de volver a sedimentarse y que es representativa de las condiciones generales en el fondo del clarificador.

Figura 8.58 Demostración del juez de lodos (reimpreso con autorización de Indigo Water Group)

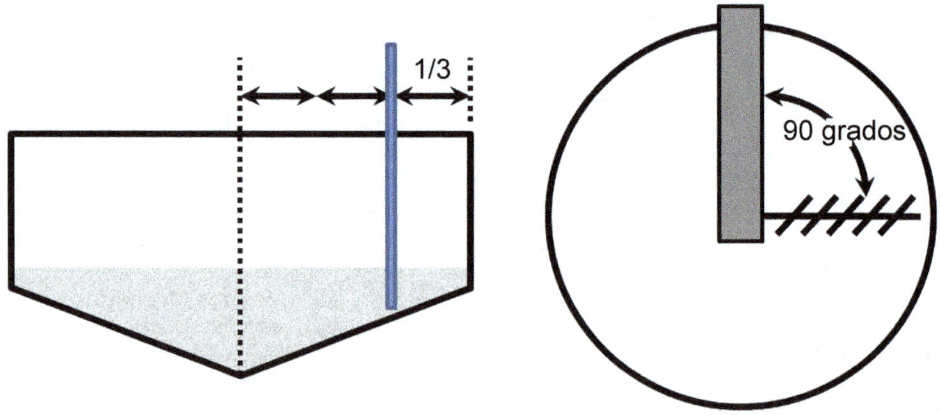

Figura 8.59 Ubicación de muestreo ideal para la muestra cilíndrica del clarificador (reimpreso con autorización de Indigo Water Group)

PROCEDIMIENTO

Paso 1: Coloque el sacamuestras cilíndrico en la baranda del clarificador a un tercio de la distancia desde el borde exterior del clarificador para los clarificadores circulares con pendiente central o a la mitad de la distancia a lo largo de los clarificadores rectangulares. Tenga cuidado de mantener el sacamuestras cilíndrico al menos a 0.3 m (1 ft) de distancia del colector cruzado en los clarificadores secundarios.

Paso 2: Lentamente haga descender el sacamuestras cilíndrico hacia el fondo del clarificador, tomando nota de la posición del brazo del rastrillo en los clarificadores circulares y de las placas en los clarificadores rectangulares.

Paso 3: Cuando llegue al fondo, pegue un tirón brusco para cerrar la válvula de retención en el fondo del sacamuestras.

Paso 4: Lentamente retire el sacamuestras del clarificador. Tome nota de la profundidad del manto y regístrela en la hoja de asientos. El sacamuestras cilíndrico a veces tendrá una capa difusa donde la interfaz entre el lodo sedimentando y el sobrenadante claro no está bien definida. El operador necesitará tomar la mejor decisión respecto de la profundidad del manto en esta situación.

Paso 5: Coloque el extremo inferior en un cangilón o en otro contenedor de muestreo que pueda contener todo el contenido del sacamuestras cilíndrico.

Paso 6: Descargue todo el contenido del sacamuestras en el cangilón.

Paso 7: Mezcle el contenido del contenedor de muestras y recolecte una submuestra para el análisis de SST.

Paso 8: Repita para cada clarificador.

VARIACIONES O APLICACIONES ESPECIALES

La prueba de la profundidad del manto debe utilizarse como una herramienta de resolución de problemas así como también para el control rutinario del proceso.

- Perfil del manto: Se utiliza para evaluar la mejor ubicación para las medidas rutinarias de la profundidad promedio del lodo.
- Equilibrio del caudal hacia los clarificadores finales: Algunas instalaciones tienen divisiones del caudal hacia los múltiples clarificadores finales que son deficientes y se vuelve necesario ajustar los caudales en función de las mediciones del manto debido a la falta de dispositivos de medición de caudal. Con múltiples unidades y divisiones del caudal "iguales", los mantos deben estar ubicados a aproximadamente 0.3 m (1 ft) uno del otro. Para un sistema equilibrado, cualquier variación en la profundidad del manto entre los clarificadores por arriba de 0.6 m (2 ft) es atribuible a algún tipo de desequilibrio hidráulico. El desequilibrio puede ser atribuible a una carga dispareja hacia los clarificadores o a una extracción dispareja de lodo de los clarificadores. Tenga en cuenta que para las instalaciones con múltiples clarificadores de diferentes tamaños, el caudal de los depósitos de lodo activado debe proporcionarse conforme a los tamaños de los clarificadores para que cada clarificador tenga la misma SLR (kilogramo por metro cuadrado por día o libras por pie cuadrado por día) y la misma tasa de carga hidráulica (metros cúbicos por metros cuadrados por día o galones por día por pie cuadrado).

SEDIMENTABILIDAD

DESCRIPCIÓN GENERAL

El objetivo principal de la prueba de sedimentación es darle al operador una idea de la forma en que se está sedimentando el lodo en el clarificador secundario. La prueba de sedimentación simula la forma en que el lodo activado se sedimenta en el clarificador secundario. La prueba de sedimentación debe realizarse al menos una vez por día en las instalaciones de lodo activado. Para las instalaciones más grandes, la prueba de sedimentación debe realizarse una vez por turno. La información que debe registrarse para el seguimiento de la tendencia a largo plazo incluye el SSV a los 5 minutos, el SSV a los 30 minutos, y la hora en que, si sucede, "explota" el manto. El SSV_5 indica lo bien que se están sedimentando los MLSS mientras que el SSV_{30} mide lo bien que se están compactando los MLSS. El analista puede consultar el Método 2710 C de *Standard Methods* (APHA et al., 2017).

APARATO Y MATERIALES

Se necesitan tres equipos individuales para realizar los análisis de sedimentación: un medidor de sedimentación, una paleta y un temporizador. Los equipos se describen de la siguiente manera:

- Medidores de sedimentación Mallory: se sugieren tres medidores de sedimentación Mallory de 2 L, un medidor de sedimentación Mallory para la prueba regular, un segundo para la dilución, y un tercero para cualquier prueba especial que se necesite realizar, como la prueba de ascensión prolongada o las diluciones múltiples. Si solo está disponible un medidor de sedimentación Mallory, las pruebas pueden realizarse en serie. Si los medidores de sedimentación Mallory no están disponibles, pueden sustituirse con vasos de precipitación de 2 L o dispositivos similares. No se debe utilizar un cilindro graduado estándar porque el cilindro estrecho reduce la velocidad de sedimentación provocada por el exceso de fricción dentro de las paredes. La base del medidor de sedimentación, donde la pared se encuentra con el piso, debe ser cuadrada en lugar de redonda;
- Paleta: Se necesita una paleta ancha para revolver suavemente, y después aquietar, el licor mezclado en el medidor de sedimentación al comienzo de la prueba. La paleta debe estar hecha de acrílico liso o de un material similar, con un ancho levemente menor al diámetro del medidor de sedimentación; y
- Temporizador: El temporizador debe ser capaz de hacer sonar una alarma al final de los intervalos de 5 minutos.

RECOLECCIÓN, PRESERVACIÓN Y TIEMPOS DE RETENCIÓN DE MUESTRAS

Es importante que las muestras de licor mezclado recolectadas para el análisis de sedimentación sean representativas del licor mezclado que fluye hacia fuera del depósito de lodo activado y hacia dentro del clarificador secundario. En general, esta muestra se recolecta en una cámara de desborde del vertedero o en una estructura equipartidora del caudal de entrada del clarificador secundario o en un punto similar a su entrada a los clarificadores secundarios. Si el licor mezclado proviene de dos o más depósitos de lodo activado, el analista debe asegurarse de tomar una muestra del licor mezclado después de que las fuentes se hayan combinado. Sin embargo, también es una buena idea medir periódicamente la sedimentabilidad en cada depósito de lodo activado individual para controlar las diferencias en la condición del lodo entre los depósitos. Finalmente, es importante recordar recolectar las muestras de licor mezclado y no la nata y ni la espuma que puede estar presente en el licor mezclado.

Es de suma importancia remarcar la necesidad de recolectar las muestras de licor mezclado en los contenedores de boca ancha y de comenzar la prueba de sedimentación tan pronto como sea posible. Sin dudas, la prueba debe comenzar dentro de los 10 minutos posteriores a la recolección. Además, deben minimizarse el movimiento y la agitación de las muestras, en especial durante su transporte al lugar de realización de la prueba.

Procedimiento

Las condiciones de la prueba y las técnicas de realización de la prueba pueden afectar en gran medida los resultados de la prueba. Por lo tanto, la prueba debe realizarse en un lugar donde no haya vibraciones ni llegue la luz solar directa. De ser posible, la temperatura no debe variar demasiado de una prueba a otra. Los siguientes pasos deben cumplirse para el procedimiento de la sedimentabilidad:

Paso 1: Mezcle con cuidado la muestra de licor mezclado, después viértala de forma rápida y cuidadosa en el medidor de sedimentación con la menor cantidad posible de aereación o turbulencia adicional. Revuelva el contenido del medidor de sedimentación con una paleta ancha para garantizar una mezcla completa. Después, con la paleta detenga todo el movimiento del licor mezclado;

Paso 2: En el momento en que se retira con cuidado y suavidad la paleta del medidor de sedimentación, de inicio al temporizador que previamente se había ajustado para intervalos de 5 minutos. Registre los volúmenes de lodo sedimentado en la hoja de asientos (figura 8.60). Es importante no alejarse el medidor de sedimentación; de lo contrario, el analista se perderá datos muy importantes que se pueden obtener de la prueba de sedimentación;

Ficha de datos del medidor de sedimentación

Ubicación: ____________

Método: ____________

Fecha: ______________________

Id. de la muestra: ______________________

Analista: ______________________

Hora de la prueba: ____________ ATC (%) ______

$SSC = \frac{(ATC) \times (1000)}{SSV}$

Tiempo	SSV, mL/L	SSC, %
0	1000	
5		
10		
15		
20		
25		
30		
35		
40		
45		
50		
55		
60		

Observaciones en los primeros 5 minutos:

Flóculos
- ☐ Granulares ☐ Compactos
- ☐ Esponjosos ☐ Plumosos

Tamaño de las partículas
- ☐ Grande
- ☐ Mediano
- ☐ Pequeño

Biosólidos/interfaz del sobrenadante
- ☐ Bien definidos
- ☐ Rasgados

Sobrenadante
- ☐ Transparente
- ☐ Opaco

Flóculos rezagados
- ☐ Sí
- ☐ No

Observación después de 30 minutos:
- ☐ Bordes marcados/nítidos ☐ Esponjosos/plumosos
- ☐ Espongiformes ☐ Homogéneos

Fecha: ______________________

Id. de la muestra: ______________________

Analista: ______________________

Hora de la prueba: ____________ ATC (%) ______

$SSC = \frac{(ATC) \times (1000)}{SSV}$

Tiempo	SSV, mL/L	SSC, %
0	1000	
5		
10		
15		
20		
25		
30		
35		
40		
45		
50		
55		
60		

Observaciones en los primeros 5 minutos:

Flóculos
- ☐ Granulares ☐ Compactos
- ☐ Esponjosos ☐ Plumosos

Tamaño de las partículas
- ☐ Grande
- ☐ Mediano
- ☐ Pequeño

Biosólidos/interfaz del sobrenadante
- ☐ Bien definidos
- ☐ Rasgados

Sobrenadante
- ☐ Transparente
- ☐ Opaco

Flóculos rezagados
- ☐ Sí
- ☐ No

Observación después de 30 minutos:
- ☐ Bordes marcados/nítidos ☐ Esponjosos/plumosos
- ☐ Espongiformes ☐ Homogéneos

Figura 8.60 Hoja de asientos del medidor de sedimentación (WEF, 1994)

Paso 3: Durante los primeros 5 minutos, el analista debe observar las características visuales del lodo en proceso de sedimentación. Un operador meticuloso observará con un ojo crítico la forma en que las partículas del lodo se unen mientras forman el manto. Él o ella también observará si el lodo se compacta lenta y uniformemente mientras se escurre un líquido transparente de la masa del lodo o si las partículas de lodo bien enlazadas solo están cayendo a través del efluente turbio. El operador observará la cantidad y el tipo de flóculos rezagados, si los hay, que permanecen en el licor del sobrenadante por arriba de la masa de lodo principal;

Paso 4: Es fundamental resaltar la importancia de la observación meticulosa y perceptiva durante los primeros 5 minutos. Durante estos importantes 5 minutos, el operador adquirirá un conocimiento adicional sobre las características y la calidad del lodo y estará en una mejor posición para evaluar lo que revela la prueba de sedimentación;

Paso 5: Al final de los primeros 5 minutos, el analista debe leer y registrar el volumen del medidor de sedimentación que ocupa el lodo sedimentado. Esta es la lectura más importante que se realiza durante la prueba;

Paso 6: El analista debe continuar leyendo y registrando el SSV sedimentado en intervalos de 5 minutos durante los primeros 30 minutos;

Paso 7: El analista debe continuar realizando lecturas del SSV hasta que los cambios en el SSV se vuelvan demasiado pequeños de una lectura a otra. Si se está analizando un lodo de sedimentación demasiado lenta (es decir, el SSV es mayor a 900), se pueden requerir lecturas a los 90, 120, 150, 180, y 240 minutos; y

Paso 8: Después de que se haya realizado la última lectura, se debe permitir que la muestra se asiente durante varias horas más. El analista debe registrar la hora en que el lodo previamente sedimentado comienza a crecer o a elevarse hasta la superficie del medidor de sedimentación. Es importante lavar el medidor de sedimentación utilizando una paleta y jabón suave, y enjuagarlo y secarlo por completo antes de la prueba.

VARIACIONES O APLICACIONES ESPECIALES

Básicamente existen tres variaciones de la prueba; todas se han mencionado anteriormente. La primera es la prueba de elevación, que indica que la desnitrificación puede estar teniendo lugar en el clarificador secundario. La segunda es la prueba de dilución, utilizada para determinar la edad del lodo. La tercera prueba es la comparación del sobrenadante del medidor de sedimentación con el efluente del clarificador secundario; esta prueba es útil para la resolución de problemas de desempeño del clarificador.

Prueba de elevación

Después de realizar la prueba de sedimentación estándar de 30 minutos, permita que el vaso de precipitación con la muestra se asiente durante varias horas y preste atención al momento en que el lodo se eleva. Este es un indicio de desnitrificación. Si el lodo se eleva demasiado rápido (por ej., en menos de 90 minutos), observe la profundidad del lodo en el clarificador secundario y el tiempo de detención del lodo. Mientras más bajo sea el caudal de LAR (caudal inferior), más alto será el tiempo de detención. Si esta condición está teniendo lugar, preste mucha atención al nivel del manto de lodos en el sacamuestras cilíndrico. Observe si se está elevando o expandiendo.

Prueba de dilución

La prueba de dilución se realiza para determinar si hay demasiados sólidos (sedimentación impedida) o muy pocos sólidos en el tanque de aereación. Es importante contar con otras pruebas, que incluyen las observaciones visuales y los análisis microbianos, para poder decidir cuáles son los ajustes necesarios al control del proceso. El analista debe realizar tres pruebas de sedimentación al mismo tiempo. Los MLSS no diluidos deben colocarse en el primer vaso de precipitación, un 50 % de los MLSS y un 50 % del efluente secundario en el segundo, y un 25 % de los MLSS y un 75 % del efluente secundario en el tercero. El analista debe realizar sedimentabilidades de 60 minutos, preparar curvas de sedimentación y comparar las inclinaciones. Si las inclinaciones son iguales o paralelas, esto probablemente esté indicando problemas de sedimentación provocados por el lodo filamentoso. Si se produce un aumento en la tasa de sedimentación con las muestras diluidas (una mayor pendiente o elevación en la extensión), los MLSS son probablemente demasiado altos y el desechado debe aumentarse para disminuir el SRT. El aumento no debe ser drástico, sino gradual todos los días. El analista debe intentar aumentar de forma gradual el desechado durante un período de 3 días hasta que se alcance el SRT y la tasa de sedimentación deseados.

Prueba de comparación

El medidor de sedimentación es un clarificador perfecto sin corrientes, viento ni diferencias en la temperatura. Los MLSS en el medidor de sedimentación se sedimentan sin interferencias. El desempeño del medidor de sedimentación puede compararse con el desempeño del clarificador. Esto se realiza mediante la recolección de dos muestras: una muestra puntual al final del depósito de lodo activado para la prueba de sedimentación y una muestra puntual del efluente del clarificador secundario. La prueba de sedimentación se realiza después de la floculación de la muestra de MLSS. Al final de la prueba, el sobrenadante se recolecta de un puerto de muestras en el lateral del medidor de sedimentación. Tanto la muestra del sobrenadante como la muestra del clarificador secundario se analizan para detectar SST. Si el clarificador se está desempeñando correctamente, entonces las cantidades de SST de ambas muestras deben ser casi iguales. Si el clarificador no se está desempeñando correctamente, entonces los SST en la muestra del clarificador serán más altos que los SST en el sobrenadante.

Este protocolo de análisis fue desarrollado por la Water Environment Research Federation (Wahlberg, 2001). El protocolo completo puede encontrarse en WERF Project 00-CTS-1: WERF/CRTC Protocols for Evaluating Secondary Clarifier Performance.

CÁLCULOS

- Observación de la sedimentación durante los primeros 5 minutos,
- Tasa de sedimentación (volumen del lodo sedimentado en comparación con tiempo), y
- Cálculo de la SSC de 30 minutos.

$$SSC_{30} = \left(\frac{\text{Volumen inicial del medidor de sedimentación, mL}}{SSV_{30}}\right) \times \text{MLSS mg/L} \tag{8.33}$$

Donde:

SSC_{30} = Concentración de lodo sedimentado después de 30 minutos y
SSV_{30} = Volumen de lodo sedimentado después de 30 minutos.

La SSC_{30} es la concentración máxima alcanzable de lodo en el clarificador secundario suponiendo que los sólidos permanecen en el manto del clarificador durante 30 minutos o menos. En la práctica, la concentración de LAR tenderá a ser significativamente menor que la concentración de SSC_{30} porque los sólidos se eliminan del clarificador en menos de 30 minutos. Ocasionalmente, la concentración de LAR medida puede ser mayor que la concentración de SSC_{30} calculada. Esto puede ser provocado por la desnitrificación en el medidor de sedimentación "inflando" el manto o por dejar los sólidos en el manto del clarificador durante más de 30 minutos. La concentración de LAR observada en el campo depende de la relación entre caudal de LAR y caudal de entrada y puede calcularse con la siguiente ecuación.

$$X_{\text{LAR}} = \left(\frac{C_{\text{ent}}}{C_{\text{LAR}}} + 1 \right) \times X_{\text{MLSS}} \tag{8.34}$$

Donde:

X_{LAR} = Caudal de lodo activado recirculado,
C_{entrada} = Caudal de entrada,
C_{LAR} = Caudal de lodo activado recirculado, y
X_{MLSS} = Concentración de sólidos en suspensión en el licor mezclado.

El operador o el analista deben ser conscientes de que bajar el LAR a niveles extremadamente bajos en un intento de espesar y compactar aún más los sólidos en el manto del clarificador es contraproducente y puede provocar el deterioro de la calidad del efluente. El clarificador no puede compactar los sólidos más allá de la concentración que predijo el medidor de sedimentación.

- Tiempo hasta la elevación; y
- Si se está realizando la prueba de dilución, la comparación de las tasas de sedimentación puede proporcionar información para evaluar la edad del lodo.
- Si se está realizando la prueba de sólidos en suspensión dispersos/floculados, la comparación de los SST del sobrenadante o la turbiedad a los SST del efluente del clarificador secundario o la turbiedad pueden proporcionar información para evaluar la causa de la elevación de los SST del efluente o de la turbiedad.

INTERPRETACIÓN DE RESULTADOS

Podría decirse que la prueba de sedimentación es una de las pruebas de control del proceso más útiles para el lodo activado. Se puede obtener mucha información de una prueba correctamente realizada e interpretada. Debe realizarse el seguimiento de tres puntos de datos y se los debe graficar en los cuadros de control: el SSV_5, el SSV_{30}, y el momento, si lo hubiera, en el que la desnitrificación provoca la elevación del lodo sedimentado hasta la parte superior del medidor de sedimentación. En la figura 8.61 se muestran los datos del medidor de sedimentación de un proceso típico de lodo activado con el SSV_5, el SSV_{30}, y el SSV_{60} graficados durante tres años y medio.

El SSV_5 es un indicador de las características de sedimentación del lodo (por ej., la rapidez con la que la partícula se mueve a través de la columna de agua). Durante los primeros 5 minutos de la prueba, los sólidos están básicamente en caída libre con pocas colisiones entre las partículas. Las variables principales que controlan la rapidez con la que las partículas se sedimentan en los primeros 5 minutos son la densidad de las partículas en relación con la densidad del agua, y la presencia o ausencia de bacterias filamentosas. Para las instalaciones de lodo activado que no practican la EBPR, una partícula floculada típica es apenas más densa que el agua circundante. En general, el flóculo de la eliminación biológica mejorada del fósforo es más denso que el flóculo sin EBPR. A medida que el agua se enfría, aumenta su densidad. En la figura 8.61, el SSV_5 se muestra en azul. Para esta instalación, la temperatura del agua dentro del depósito en los meses de verano puede ser de hasta 20 °C (68 °F); sin embargo, en los meses de invierno, la temperatura del agua dentro del depósito es de normalmente 10 °C (50 °F). Como resultado, aparece un fuerte patrón estacional al SSV_5, con tasas de sedimentación que disminuyen en los meses de invierno (SSV_5 más alto) y aumentan en verano (SSV_5 más bajo) aún cuando no está presente un exceso de filamentos. Tenga en cuenta que a pesar de las grandes fluctuaciones estacionales en el SSV_5, el SSV_{30} se mantuvo bastante constante. Para esta instalación, las características de sedimentación presentaron cambios estacionales, pero no así las características de compactación. El SSV_{30} aumenta levemente en los meses de inverno debido a que el SRT se ha aumentado para mantener la nitrificación estable. El SRT más alto aumenta la cantidad total de MLSS en el sistema y la concentración de MLSS. Como resultado, los MLSS ocupan más espacio en el manto del medidor de sedimentación.

La presencia de bacterias filamentosas también pueden provocar el aumento del SSV_5, en especial cuando se produce la formación de puentes entre las partículas floculadas. Los filamentos pueden crear resistencia al movimiento, lo que provoca la sedimentación más lenta de las partículas de lodo. En la figura 8.61, se presenta un aumento repentino tanto en el SSV_5 como en el SSV_{30} en diciembre de 2007. Este aumento repentino es característico de un aumento en la cantidad de bacterias filamentosas. El examen microscópico debe realizarse para confirmar la presencia o ausencia de filamentos después de la tinción para identificar cuál de los filamentos es dominante.

El SSV_{30} es un indicador de la compactación del lodo. A medida que las partículas de lodo se sedimentan en el medidor de sedimentación y en el clarificador, estas se apilan una sobre otra, y aumenta la concentración del lodo en el manto. Existe un límite a la cantidad de compactación alcanzable tanto en el medidor de sedimentación como en el clarificador. La compactación está limitada, en parte, porque las partículas floculadas están cargadas negativamente. Las partículas floculadas se repelen entre ellas de la misma manera en que lo hacen dos extremos de los imanes. En la figura 8.61 se presenta una compactación adicional después de 30 minutos, tal como lo demuestran las leves diferencias entre el SSV_{30} y el SSV_{60}; sin embargo, la compactación se hace más lenta a medida que la SSC aumenta. Para los lodos de sedimentación demasiado lenta, la compactación puede continuar durante más de 60 minutos. Concretamente, el SSV_{30} representa la compactación máxima alcanzable en el clarificador secundario.

Ejemplo: La concentración de MLSS es de 2800 mg/L y el SSV después de 30 minutos es de 240 mL. El caudal de LAR está regulado con el caudal de entrada y está establecido actualmente al 50 % del caudal de entrada. Calcule la concentración de LAR máxima alcanzable según lo predicho por la prueba de sedimentación. Después, calcule la concentración de LAR real a partir de los datos operativos de la instalación.

$$SSC_{30} = \left(\frac{\text{Volumen inicial del medidor de sedimentación, mL}}{SSV_{30}}\right) \times \text{MLSS mg/L}$$

$$SSC_{30} = \left(\frac{1000 \text{ mL}}{240 \text{ mL}}\right) \times 2800 \text{ mg/L}$$

$$SSC_{30} = 11\,667 \text{ mg/L}$$

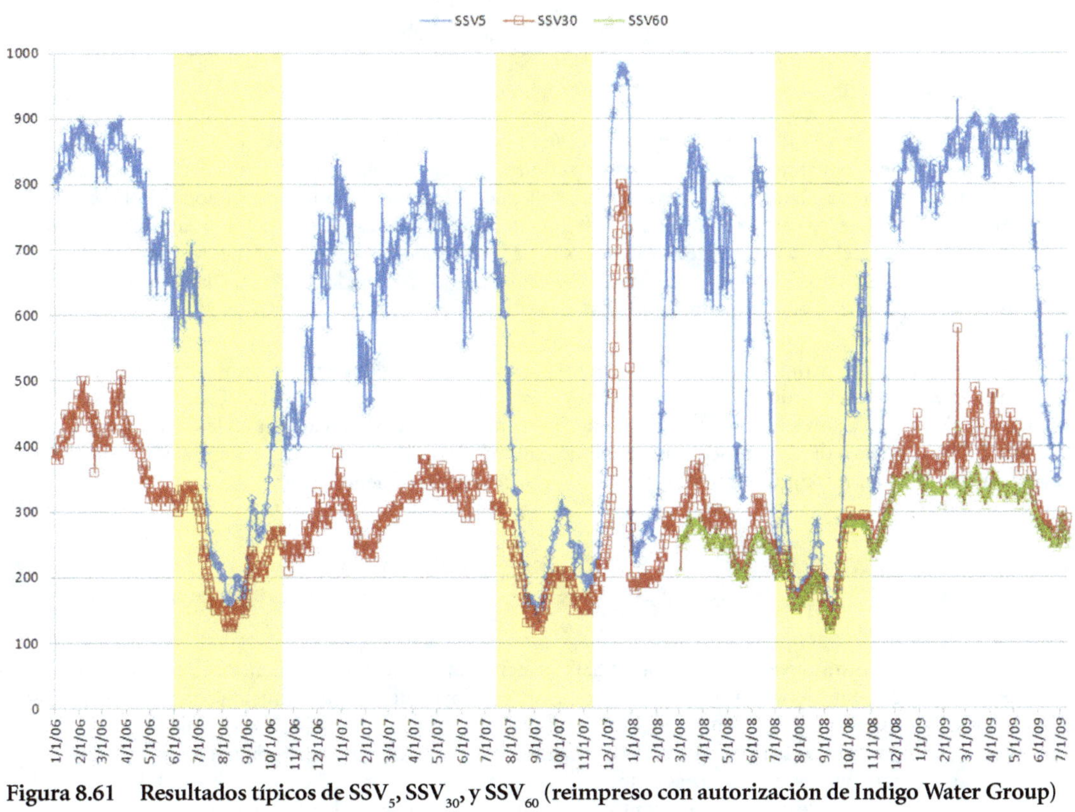

Figura 8.61 Resultados típicos de SSV_5, SSV_{30}, y SSV_{60} (reimpreso con autorización de Indigo Water Group)

La concentración del lodo en el manto del medidor de sedimentación después de 30 minutos de sedimentación es de 11 667 mg/L. La calidad del lodo indica que si los sólidos se dejan en el clarificador durante 30 minutos, entonces la concentración de LAR será de 11 667 mg/L. Pueden presentarse pequeñas diferencias en las mediciones de campo debido a las imprecisiones en las mediciones de caudal. ¿Qué se está logrando realmente en el campo?

$$X_{\text{LAR}} = \left(\frac{C_{\text{ent}}}{C_{\text{LAR}}} + 1 \right) \times X_{\text{MLSS}}$$

$$X_{\text{LAR}} = \left(\frac{1\ \text{m}^3}{0.5\ \text{m}^3} + 1 \right) \times 2800\ \text{mg/L}$$

$$X_{\text{LAR}} = 8400\ \text{mg/L}$$

ÍNDICE DE VOLUMEN DEL LODO

DESCRIPCIÓN GENERAL

El índice de volumen del lodo se define como el volumen de lodo en mililitros (pulgadas cúbicas) ocupado por 1 g (0.04 oz) de lodo activado después de la sedimentación durante 30 minutos. Este índice relaciona el SSV de 30 minutos de la prueba de control del proceso de sedimentación con la concentración de sólidos en la muestra sobre la que se realizó la prueba de sedimentación. El SVI ayudará al operador a evaluar las características de sedimentación del lodo activado a medida que la concentración de sólidos cambia en el sistema. Todas las WRRF tienen características del lodo únicas en función de su diseño, de las características específicas del caudal de entrada, y de los parámetros operativos. Por lo tanto, un SVI que representa un lodo de buena sedimentación en una instalación no suele ser comparable con los SVI de otras instalaciones. Esto es el caso, en especial, si la instalación trata residuos industriales u otros residuos inusuales. El lector puede consultar el Método 2710 D de *Standard Methods* (APHA et al., 2017).

APLICACIÓN

Los operadores suelen desarrollar un número de SVI a partir de la prueba de sedimentación. El SVI se calcula utilizando el SSV_{30} de un medidor de sedimentación Mallory de 2000 mL. Las unidades de SVI son mililitros por gramo (mL/g). El índice de volumen del lodo se determina de la siguiente manera:

$$\text{SVI}, \frac{\text{mL}}{\text{g}} = \frac{\text{SSV}_{30} \times 1000 \frac{\text{mg}}{\text{g}}}{\text{MLSS} \frac{\text{mg}}{\text{L}}} \tag{8.35}$$

Los índices de volumen del lodo de entre 75 y 150 mL/g indican un lodo de buena sedimentación. Los SVI pueden estar por debajo de este rango para las instalaciones que utilizan alumbre o cloruro férrico, reciben materiales residuales del tratamiento de instalaciones de agua, o realizan la eliminación biológica del fósforo. El aumento en los números del SVI implica que la sedimentabilidad del lodo se está deteriorando. Cuando el SVI alcanza 200 mL/g, el lodo (MLSS) técnicamente se está "abultando". El lodo de abultamiento puede ser provocado por una variedad de causas, incluidas la deficiencia de nutrientes, las bacterias filamentosas, y las concentraciones de sólidos que son demasiado altas.

Con la utilización de un medidor de sedimentación Mallory y de los procedimientos de prueba mencionados anteriormente, se realiza la prueba de sedimentación y se registran los SSV a los 5, 10, 15, 20, 25, 30, 40, 50, y 60 minutos. Para el lodo de sedimentación lenta, pueden requerirse lecturas adicionales en los puntos de 90, 120, 150 y 180 minutos o durante el tiempo que el lodo continúe sedimentándose. La concentración de lodo sedimentado (SSC) correspondiente a cada momento se calcula de la siguiente manera:

$$\text{SSC, mg/L} = \frac{\text{MLSS}, \frac{\text{mg}}{\text{L}} \times 1000\ \text{mL/L}}{\text{SSV, mL}} \tag{8.36}$$

A medida que el SSV disminuye con el tiempo, la SSC aumenta dado que el lodo se concentra en el fondo del medidor de sedimentación. En un lodo de mayor edad sobreoxidado que se sedimenta con rapidez, la compactación máxima se produce antes de los 30 minutos. Un lodo de sedimentabilidad media suele compactarse como máximo en 1 hora. Un lodo de menor edad, filamentoso y suboxidado puede no llegar a compactarse al máximo hasta 2 a 3 horas después de comenzado el tiempo de sedimentación. Tal como ya observamos, el lodo no suele dejarse en el manto del clarificador secundario durante más de 30 minutos.

La prueba de sedimentación puede utilizarse para desarrollar información adicional acerca del sistema. Si se permite que el medidor de sedimentación permanezca en reposo después de que se ha completado la prueba de sedimentación, se puede determinar si se está produciendo o no una nitrificación significativa, así como también el potencial de la desnitrificación. A medida que el lodo sedimentado permanece asentado en el medidor de sedimentación, los microorganismos rápidamente se quedan sin oxígeno; comienzan a desnitrificarse y convierten el nitrito y nitrato a gas nitrógeno. Si la concentración combinada de nitrito y nitrato es lo suficientemente alta, se liberará una cantidad suficiente de gas nitrógeno para hacer flotar el manto sedimentado o al menos dividir el manto y enviar una parte de él hacia la parte superior del medidor de sedimentación, tal como se muestra en la figura 8.62.

INTERFERENCIAS

Es importante que el analista tenga en cuenta que el cálculo del SVI solo es válido para las concentraciones de MLSS con un rango normal de 1000 a 4000 mg/L para el lodo activado. Fuera de este rango, el cálculo del SVI puede proporcionar resultados sin sentido. Por ejemplo, los MLSS con una concentración de 8000 mg/L y un SSV de 30 minutos de 950 mL tendrán un SVI de 119 mL/g. Si uno solo tiene en cuenta el número del SVI, se podría pensar que el lodo se estaba sedimentando correctamente, lo que es incorrecto. Por el contrario, el lodo no se estaba sedimentando en absoluto. Al crear las hojas de registro diario para las pruebas de sedimentación y del SVI, los operadores deben registrar la concentración de MLSS, del SSV y del SVI. Estos números no tienen sentido por separado.

DATOS REQUERIDOS

- El volumen de sedimentación de 30 minutos en mililitros por litro de la prueba de sedimentación y
- Las concentraciones de sólidos en suspensión en el licor mezclado en miligramos por litro para la misma muestra utilizada en la prueba de sedimentación.

CÁLCULOS

La siguiente ecuación debe utilizarse para calcular el SVI:

$$\text{SVI}, \frac{\text{mL}}{\text{g}} = \frac{\text{SSV}_{30} \times 1000 \frac{\text{mg}}{\text{g}}}{\text{MLSS} \frac{\text{mg}}{\text{L}}} \tag{8.37}$$

Figura 8.62 Desnitrificación en la prueba de sedimentación (reimpreso con autorización de Indigo Water Group)

EXAMEN MICROSCÓPICO DEL LODO ACTIVADO

DESCRIPCIÓN GENERAL

El pH, la temperatura, la disponibilidad de alimento y otras variables pueden afectar rápidamente los cambios en los MLSS, en particular la población bacteriana. Puede realizarse la observación microscópica básica para observar cambios en la formación de flóculos, la presencia de bacterias filamentosas, o la presencia repentina de bacterias dispersas o libres. Es fácil para alguien que comprende la observación microscópica básica reconocer la diferencia entre un flóculo denso o débil. Las bacterias pueden encontrarse como células individuales en el agua a granel (bacterias libres), como filamentos (que crecen en largas cadenas) o, lo que es ideal, como partículas floculadas (flóculos). La forma dominante suele tener una correlación directa con la forma en que se está desempeñando el sistema de tratamiento de aguas residuales.

Dado que la identificación de la mayoría de las bacterias requiere técnicas más avanzadas, la utilización de formas de vida superiores que se encuentran comúnmente en la biomasa de las aguas residuales, como protozoos y metazoos, facilita la observación microscópica. Estos dos grupos de organismos pueden utilizarse como indicadores de una operación estable o cambiante. Un operador que puede determinar lo que el organismo presente implica para el desempeño general del sistema tendrá una mejor posibilidad de comprender o evitar fallas significativas. Lo difícil es la comprensión y la transferencia de este conocimiento de una instalación a otra. No todas las instalaciones tendrán una amplia variedad de formas de vida superiores, pero aún así podrán tener un buen desempeño. Los operadores deben realizar exámenes microbiológicos cuando la instalación esté operando correctamente y se familiaricen con lo que es "normal" para su proceso. Los exámenes microscópicos semanales son suficientes cuando el proceso se está desempeñando correctamente.

APLICACIÓN

En el pasado, muchos manuales y libros señalarían que la presencia de ciliados reptantes combinados con algunos otros tipos indica una biomasa saludable. Durante los últimos 15 años de observaciones microscópicas, hemos comenzado a ver una mayor cantidad de variaciones en estos indicadores. Los mejores organismos suelen ser los organismos que se observan cuando la instalación funciona de manera óptima. Por lo tanto, la observación de la biomasa cuando el sistema está funcionando correctamente le ayudará a determinar una buena referencia de lo que es común.

Otro de los elementos claves al utilizar formas de vida superiores como indicadores es la diversidad. Mientras más diversa sea la población, más saludables y más estables serán sus MLSS. Los protozoos y los metazoos son órdenes de magnitud mayores a las bacterias y pueden observarse con facilidad en el microscopio. La mayoría de estos organismos se ven afectados por las concentraciones de DBO_5 y de amoníaco, por la edad del lodo y los choques tóxicos. Muchas formas de vida superiores pueden desarrollarse o decaer en determinadas condiciones ambientales. También se las puede encontrar en diferentes formas según las condiciones circundantes. Por lo tanto, la presencia o la falta de estos organismos proporciona una base para la comprensión de lo bien que se está desempeñando la microvida. Por ejemplo, la mayoría de los protozoos se reproducen por fisión binaria, dando como resultado dos células hijas. Por consiguiente, la presencia y abundancia de células hijas puede ser una de las funciones de las condiciones ambientales ideales.

Un ejemplo es la presencia de ciliados pedunculados separados. Lo más probable es que hayan cambiado las condiciones ambientales, y que el ciliado pedunculado se esté desprendiendo para encontrar un entorno más favorable. Si un operador ha tomado una muestra fresca de MLSS y la ha colocado en el microscopio sin demoras, es un ejemplo en tiempo real de lo que está sucediendo en el depósito en ese momento. Si observa que toda una lámina presenta ciliados pedunculados separados (teletrocos) o pedunculados vacíos, es poco probable que la biomasa esté experimentando un problema grave en el sistema, y se necesitarán pruebas o análisis adicionales.

Un punto importante a reconocer es que algunas instalaciones nunca llegarán a tener una gran diversidad o, en algunos casos, ni protozoarios ni metazoarios, aunque el sistema de tratamiento funciona muy bien. Cada instalación es su propio sistema ambiental con diversas condiciones ambientales y operativas. La presencia o ausencia de formas de vida superiores no le dirá con exactitud cuál es el problema con el sistema, pero sí sugiere que algo está sucediendo y que puede necesitarse una inspección adicional del sistema.

INTERFERENCIAS

- Suciedad o rayones en la lámina o el cubreobjetos, y
- Burbujas de aire atrapadas debajo del cubreobjetos.

APARATO Y MATERIALES

- Microscopio, preferentemente de contraste de fases;
- Muestra de MLSS;
- Lámina;
- Cubreobjetos; y
- Gotero.

RECOLECCIÓN, PRESERVACIÓN Y TIEMPOS DE RETENCIÓN DE MUESTRAS

Recolecte una muestra fresca, representativa y con una buena mezcla de licor mezclado del extremo de descarga del depósito de lodo activado. También pueden recolectarse muestras de espuma y natas. Si la concentración de licor mezclado es demasiado alta, la muestra debe diluirse. Si elige diluir la mezcla, siempre utilice la misma dilución si tiene previsto hacer recuentos de rutina. Las muestras deben analizarse tan pronto como sea posible después de la recolección.

PROCEDIMIENTO

Paso 1: Obtenga una lámina y un cubreobjetos limpios.

Paso 2: Utilice una pipeta de boca ancha para recoger la muestra. No debe utilizarse un gotero de punta larga porque la abertura pequeña puede romper el flóculo. Haga caer una gota de lodo de la pipeta en el medio del área limpia de la lámina de vidrio.

Paso 3: Levante la lámina tomándola por dos esquinas. No toque el área limpia. Coloque un borde del cubreobjetos en la lámina del microscopio y arrástrelo por el lateral a lo largo de la lámina hacia la gota de MLSS.

Paso 4: Tan pronto como el cubreobjetos toca la gota de MLSS, permita que el cubreobjetos caiga hacia la lámina de vidrio.

Paso 5: Coloque la lámina de vidrio en la platina del microscopio.

Paso 6: Utilice el objetivo 10× para enfocar la lámina. Después, cambie al objetivo 20×. La utilización de un aumento menor para el examen dificultará la observación de los flagelados más pequeños, y la utilización de un aumento mayor (40× o más) reducirá el campo de visión.

Paso 7: Examine la lámina utilizando 5 pasadas. Comience en la esquina superior izquierda del cubreobjetos. Deslizando el cubreobjetos hacia abajo, cuente y registre la cantidad de cada uno de los tipos de protozoos. Cuando alcanza el borde del cubreobjetos, se completó la primera pasada. Otra información que puede registrarse incluye

- Abundancia de filamentos;
- Estructura del flóculo (sin filamentos, estructura del flóculo abierta, formación de puentes);
- Notas sobre la forma del flóculo (firme o débil, redonda y compacta, o irregular y difusa); y
- Diámetro del flóculo promedio.

Paso 8: Muévase lentamente hacia la derecha y, esta vez, mueva el cubreobjetos hacia arriba manteniendo el total acumulado de la cantidad de cada uno de los tipos de protozoos. Esto completará la segunda pasada.

Paso 9: Mueva la lámina hacia arriba y hacia abajo hasta que se hayan completado las 5 pasadas. Registre el total acumulado de la cantidad de cada uno de los tipos de protozoos. Si observa colonias de ciliados pedunculados, cuente o calcule la cantidad total de cabezas. Para obtener los resultados más representativos, examine tres láminas o más y haga un promedio de la cantidad de cada tipo de protozoarios.

En la figura 8.63 se muestra una hoja de trabajo de muestra para utilizarse en el examen microscópico. El formulario del examen microscópico ha presentado diversas variaciones. El punto clave en cualquier examen es la comprensión y la calificación de los cuatro puntos más importantes en el análisis de la biomasa de aguas residuales: flóculos, filamentos, forma de vida superiores, y agua a granel. Siempre que el formulario cubra estas cuatro áreas, el operador podrá proporcionar un examen detallado de la calidad de la biomasa. Pueden hacerse modificaciones para poner el foco en áreas particulares, pero este formulario es una buena descripción de un análisis general.

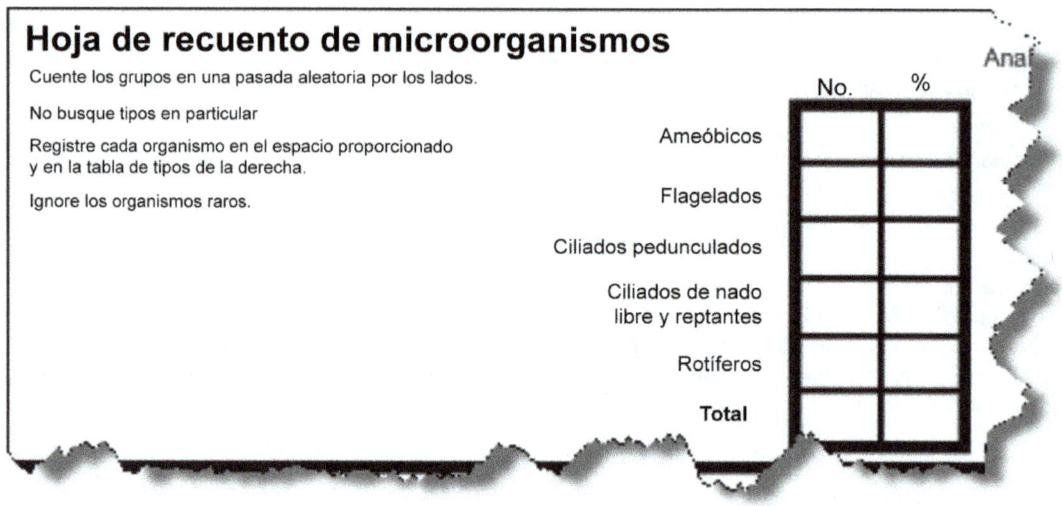

Hoja de recuento de microorganismos

Cuente los grupos en una pasada aleatoria por los lados.

No busque tipos en particular

Registre cada organismo en el espacio proporcionado y en la tabla de tipos de la derecha.

Ignore los organismos raros.

	No.	%
Ameóbicos		
Flagelados		
Ciliados pedunculados		
Ciliados de nado libre y reptantes		
Rotíferos		
Total		

Figura 8.63 Hoja de recuento de microorganismos (WEF, 2012)

CÁLCULOS

Calcule la dominación relativa de cada organismo y de los grupos de organismos.

- Cuente y registre la cantidad total de protozoos en cada categoría.
- Después, calcule la cantidad promedio de cada organismo de las tres láminas.
- Calcule el porcentaje de la población total dividiendo la cantidad promedio de cada organismo por la cantidad total de organismos contados y multiplique el resultado por 100.
- Agrupe los ciliados de nado libre y combine el porcentaje.
- Calcule el porcentaje de metazoos.
- Las amebas y los flagelados pueden agruparse en algunos casos porque ambos pueden relacionarse con el lodo de menor edad y el tratamiento incompleto. La presencia de estos dos organismos también se ha encontrado en los aumentos instantáneos de la carga no relacionados con la edad del lodo.

Un formulario de muestra para el análisis microscópico se puede descargar del sitio web NEPIS de la EPA de los EE. UU. Busque el documento de la EPA de los EE. UU. número EPA/625/8-87/012, *Summary Report: The Causes and Control of Activated Sludge Bulking and Foaming.* El formulario se encuentra en las páginas 46 y 47.

TASA DE CAPTACIÓN DE OXÍGENO Y TASA DE CAPTACIÓN DE OXÍGENO ESPECÍFICA

DESCRIPCIÓN GENERAL

La prueba de OUR y la tasa de respiración resultante permiten calcular cuán activos están los microorganismos en el proceso de lodo activado. La actividad de los microorganismos está relacionada con la cantidad de oxígeno que consumen los organismos. La prueba de OUR mide la cantidad de oxígeno que consume una muestra de lodo activado durante un período de tiempo específico. La tasa de captación de oxígeno puede variar debido a la actividad de los microorganismos o a la cantidad de microorganismos. Una gran cantidad de microorganismos consumirán más oxígeno que una pequeña cantidad de microorganismos aún cuando estos están respirando (*respiración*) a la misma tasa. La prueba de la tasa de captación de oxígeno específica (*specific oxygen uptake rate*, SOUR) toma el resultado de la OUR y lo divide por la concentración de MLVSS en el proceso de lodo activado. Esto normaliza el resultado a la cantidad de oxígeno consumido por 1 g de MLVSS por hora y permite que los operadores comparen los resultados de un día con los del día siguiente aún cuando la concentración de MLVSS esté cambiando. La utilización de los MLVSS en el cálculo relaciona el consumo de oxígeno con la masa de microorganismos activos en el depósito en lugar de los MLSS totales, que incluyen el material inerte sin respiración. La prueba de SOUR también se conoce como la *tasa de respiración.*

APLICACIÓN

La prueba de OUR puede utilizarse para determinar la actividad biológica aerobia sin importar el lugar donde se tomó la muestra, por ejemplo, el extremo posterior del tanque de aereación (más común) o a lo largo del tanque de aereación para hacer un seguimiento de la progresión del tratamiento, para analizar los efectos tóxicos o el caudal de entrada de aguas residuales, y para demostrar que los biosólidos digeridos están estabilizados. También puede utilizarse para determinar el tiempo requerido a través del tanque de aereación para que los microorganismos estabilicen la DBO del caudal de entrada y las cargas de amoníaco, y se vuelvan más "activados", es decir, alcancen la tasa de respiración endógena. La tasa de respiración endógena es la tasa de bioactividad cuando el microorganismo ha estabilizado todo el alimento almacenado y la tasa de crecimiento es menor a la tasa de la degradación celular, es decir, las células están muriendo de hambre.

APARATO Y MATERIALES

- Un medidor de OD calibrado;
- Dos botellas de DBO o dos botellas de plástico de 1 L;
- Una sección de 7.6 cm (3 in.) de un tubo plástico con un diámetro exterior de 22 mm (7/8 in.) que ha sido moldeado en ambos extremos para que encaje en la boca de una botella de DBO. El tubo se utilizará para transferir MLSS entre las botellas de DBO y debe encajar cómodamente. La longitud es aproximada;
- Una botella con sonda para DBO con autoagitación y dispositivos de agitación magnética separados (dispositivo magnético recomendado además de la botella con sonda para DBO con autoagitación porque el lodo de sedimentación rápida se sedimentará aún con solo el mezclador de la botella con sonda); y
- Detenga el reloj o cualquier otro dispositivo de temporizado.

Otro datos requeridos para el cálculo de la SOUR incluyen los siguientes:

Sólidos volátiles en suspensión en gramos por litro (onzas por galón) de la muestra de lodo activado sobre la que se realizó la prueba de OUR. A efectos operativos, un medidor de SST puede utilizarse para la determinación de los MLSS, y el porcentaje de volatilidad de la última semana puede utilizarse para calcular el valor real de MLVSS. Tenga en cuenta que el cálculo de la SOUR para los digestores aerobios a efectos de cumplir con el requisito de reducción de atracción de vectores que se ofrece en las regulaciones 503 de 1.5 mg/L de OD por gramo de biosólidos por hora utiliza los sólidos totales y no los SVS (EPA de los EE. UU., 2001) y varía respecto del siguiente procedimiento.

PROCEDIMIENTO

Paso 1: Recolecte una muestra fresca de lodo activado del extremo de la cola del tanque de aereación o de otros lugares dentro del proceso para medir los cambios a través del proceso.

NOTA: Realice la prueba dentro de los 15 minutos posteriores a la recolección de la muestra para obtener resultados exactos. Deseche la muestra y obtenga una muestra fresca si se la ha retenido durante más de 15 minutos.

Paso 2: Llene una botella de DBO de 300 mL con la muestra de lodo activado e inserte una sección de 7.6 cm (3 in.) del tubo de plástico moldeado.

Paso 3: Inserte el otro extremo del tubo en una botella de DBO vacía. Vierta la muestra de una botella a la otra repetidas veces hasta que el OD sea de aproximadamente 5 a 6 mg/L. La altitud puede afectar el OD máximo alcanzable. No agite la muestra para aerearla porque eso puede provocar la rotura del flóculo, lo que puede exponer nuevas superficies del flóculo, que estarán entonces disponibles para la captación de oxígeno. El aumento del área superficial del flóculo puede provocar que los resultados de la SOUR difieran de las condiciones reales en el depósito de lodo activado.

NOTA: Si las botellas de DBO o el tubo de plástico equipado no están disponibles, se pueden utilizar en su lugar dos botellas de 1 L.

Paso 4: Retire el tubo de transferencia y llene una de las botellas de DBO hasta rebosar. Se acumularán algunas burbujas en la parte superior. Incline la botella o golpee los lados de la botella para desplazar las burbujas de aire, después coloque la botella en un aislante término de tipo Koozie u otro material para ayudar a mantener la temperatura constante tal como se muestra en la figura 8.64;

Paso 5: Utilice una espátula para retirar las burbujas de las muestras. Es importante tener en cuenta que la muestra de lodo activado que permanece después del llenado de la botella de DBO puede utilizarse para realizar la prueba de SVS en el paso 12 si no se está utilizando un medidor. Como alternativa, el exceso de MLSS no utilizado en la botella puede analizarse para detectar SST;

Paso 6: Inserte la sonda del medidor de OD en la botella de DBO y comience a agitar. Ajuste el medidor de OD a una escala de 0 a 10;

Paso 7: Espere aproximadamente de 30 a 60 segundos para que la lectura del medidor de OD se estabilice. Es importante tener en cuenta que la aguja indicadora o el lector deben estar constantemente en descenso durante este procedimiento;

Paso 8: Registre la concentración de OD y la temperatura de la muestra en intervalos de 30 o 60 segundos. Detenga la prueba antes de que la concentración de OD alcance 1.0 mg/L. Si la temperatura varía en más de 0.1 °C desde el comienzo hasta el final de la prueba, la prueba debe repetirse con una muestra fresca.

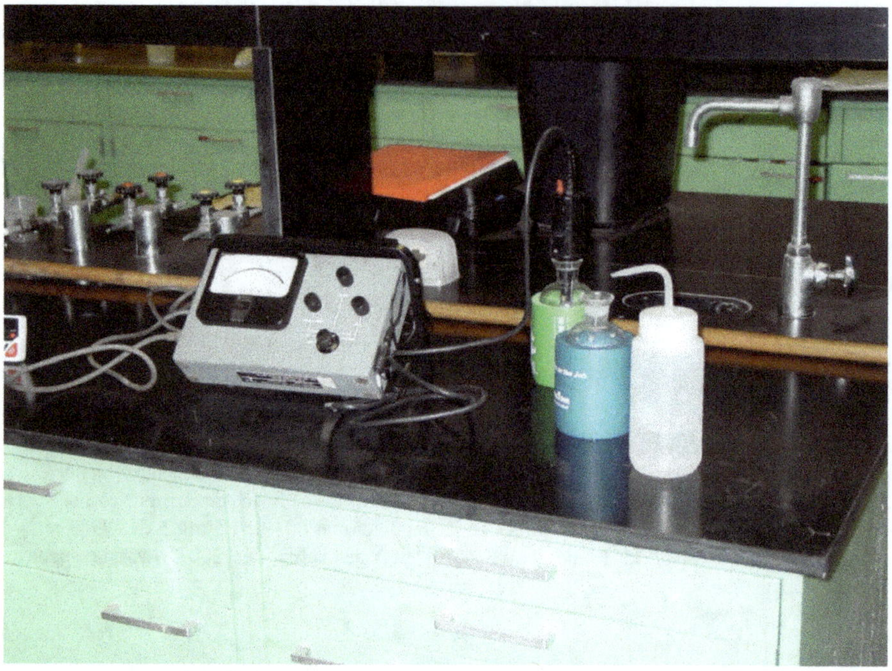

Figura 8.64 Botellas de DBO térmicamente aisladas para la prueba de OUR/SOUR (reimpreso con autorización de Dave Flowers)

Los resultados no son válidos cuando hay cambios en la temperatura porque la temperatura afecta en gran medida la OUR, y los cambios en la OUR pueden ser atribuibles principalmente a los cambios en la temperatura y no a la bioactividad;

Paso 9: Cree gráficos de los resultados trazando el OD en miligramos por litro en el eje vertical y el tiempo en minutos en el eje horizontal (figura 8.65);

Paso 10: Dibuje una línea recta que conecte la mayoría de los puntos. Extienda la línea para que cruce los ejes horizontal y vertical. Es importante tener en cuenta que el operador puede descubrir que la línea no es recta al comienzo y al final de la prueba. La línea recta se traza para anular los efectos de estas curvas; solo se utiliza la sección de la línea recta. Al comienzo, los valores falsos provocados por las burbujas no disueltas pueden provocar interferencia. El final de la curva se aplana debido a la limitación del medidor de OD;

Paso 11: Determine la pendiente de la línea en miligramos por litro de oxígeno por minuto. La manera más fácil de hacer esto es utilizar los puntos donde la línea se cruza con los ejes. Divida los miligramos por litro de oxígeno por el tiempo en minutos;

Paso 12: Si no se utiliza un medidor de SST ni el último porcentaje de volatilidad, determine el contenido de SVS de la muestra de lodo activado. Exprese la concentración de SVS en gramos por litro (g/L). Esto se realiza dividiendo los miligramos por litro de SVS por 1000; y

Paso 13: Ingrese los valores en la ecuación y calcule la tasa de respiración. La OUR se expresa en miligramos de oxígeno por hora por gramo de SVS. Los sistemas de tratamiento industriales con altas cargas orgánicas pueden tener OUR tan altas que la muestra de la prueba tiene que diluirse con el efluente del clarificador secundario para reducir la velocidad de la OUR lo suficiente como para obtener valores legibles que pueden graficarse. Se requieren al menos tres puntos en una línea recta para establecer la línea.

CÁLCULOS

Existen dos métodos comúnmente utilizados para el cálculo de la OUR. Ambos métodos deben llegar a los mismos resultados numéricos. En ambos casos, se utilizarán la hoja de trabajo y el gráfico de la tasa de respiración.

El primer método requiere el trazado de una línea recta a través del número más alto de los puntos graficados. La línea cruzará tanto los ejes horizontal (tiempo) y vertical (miligramos por litro) del gráfico. Los valores en estos dos puntos se utilizan en el cálculo de OUR. Los miligramos por litro del valor de oxígeno se dividen por el valor

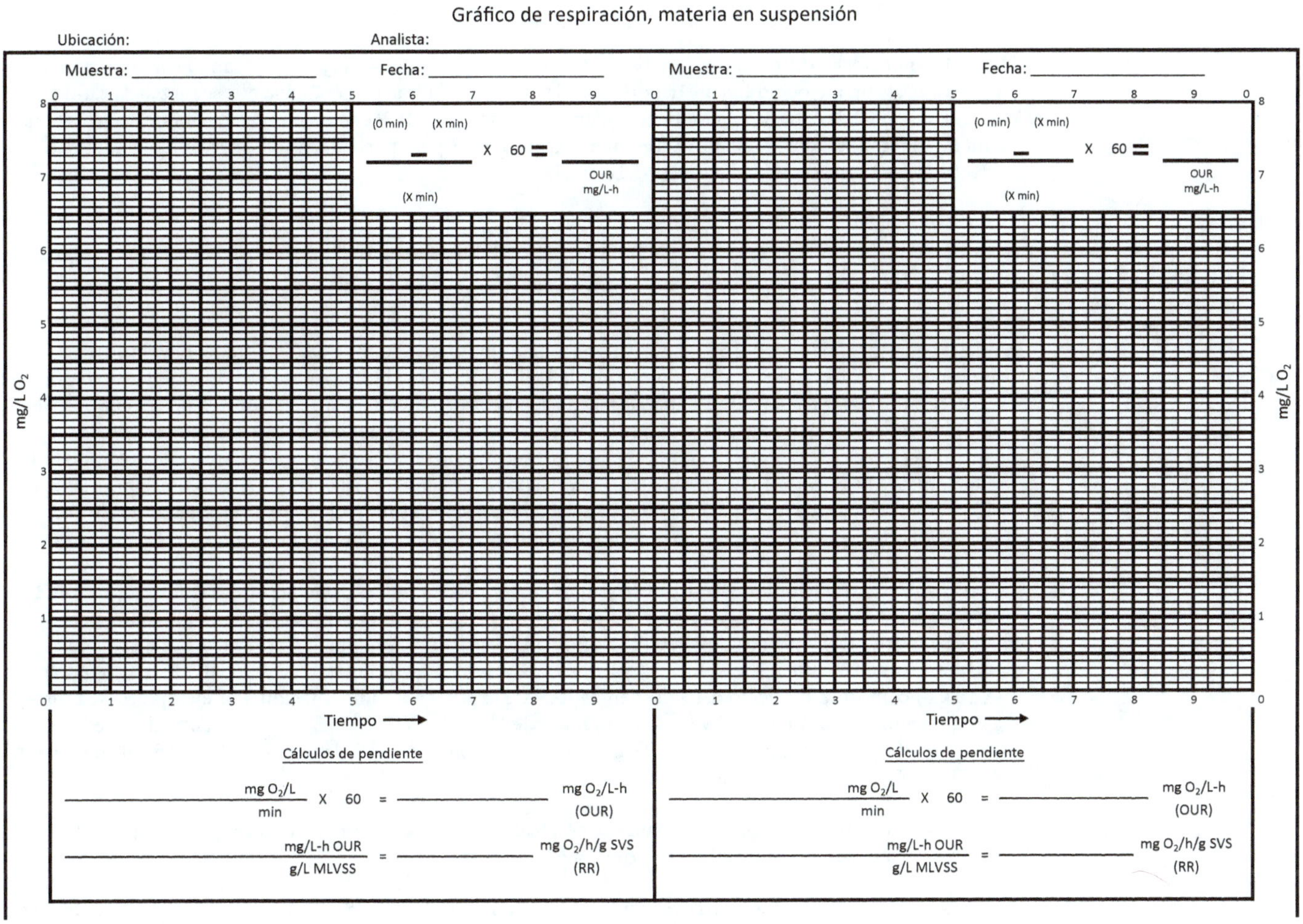

Figura 8.65 Hoja de trabajo de respirometría (reimpreso con autorización de Keith Radick)

de los minutos (mg/L/min) y se multiplican por 60 minutos por hora para derivar los miligramos por litro por hora (mg/L/h).

El segundo método corresponde cuando se utiliza el segundo lado o el lado de la derecha del gráfico para realizar una OUR en un digestor aerobio o en un sistema de aeración extendida. Puede que estas líneas que son normalmente planas no crucen de manera conveniente el eje horizontal. Aún así, debe dibujarse la línea recta a través de la mayoría de los puntos. El analista debe elegir un punto sobre la línea como hora 0 e ingresar los miligramos por litro del valor de oxígeno en el cuadro de cálculos en la parte superior del gráfico. El analista también debe elegir un segundo punto en la línea como la hora de finalización e ingresarlo. Los puntos deben estar separados por al menos 5 minutos. Después, divida el intervalo de tiempo entre los dos puntos y multiplique el resultado por 60 minutos por hora para derivar la OUR en miligramos por litro por hora, como a continuación:

$$\text{OUR (mg/L}\cdot\text{h)} = \frac{\left(\text{OD}\ \dfrac{\text{mg}}{\text{L}}\ \text{en el tiempo 2} - \text{OD}\ \dfrac{\text{mg}}{\text{L}}\ \text{en el tiempo 1}\right)}{\text{Tiempo en el punto 0} - \text{tiempo en el punto 2}} \times 60\ \text{min/h} \qquad (8.38)$$

$$\text{SOUR (mg/g}\cdot\text{h)} = \frac{\text{OUR(mg/L}\cdot\text{h)}}{\text{MLVSS(g/L)}} \qquad (8.39)$$

El ejemplo de hoja de trabajo de la tasa de respiración puede utilizarse para realizar los cálculos de la tasa de respiración y de la OUR tal como se muestra en la figura 8.65.

VARIACIÓN DE LA PRUEBA DE LA TASA DE CAPTACIÓN DE OXÍGENO: PRUEBA DE ESTABILIZACIÓN

Hasta el momento, la realización de pruebas de OUR ha estado limitada en el final del tanque de aereación; sin embargo, existe un método diferente denominado la prueba de "alimentación" en la que se mezcla la cantidad correcta de caudal de entrada con lodo recirculado para simular la TCP en la cabecera del tanque de aereación. La mejor manera de realizar esta prueba es en un respirómetro, pero puede realizarse mezclando la cantidad correcta de LAR con la cantidad correcta del caudal de entrada:

$$\text{LAR, mL} = \text{MLSS, mg/L} \times \frac{\text{Volumen del material de prueba}}{\text{LAR, mg/L}} \tag{8.40}$$

Aquí, las concentraciones de MLSS y LAR se determinan con un medidor de SST calibrado. El volumen del contenedor es un litro. Coloque el volumen calculado de LAR en un cilindro graduado de 1 L y llénelo hasta 1 L con el caudal de entrada; después mezcle y llene la botella de DBO para la aereación y la determinación de la OUR. Esta OUR será mucho más alta que la que se tomó en el extremo de la cola del tanque de aereación y demostrará el efecto de la alimentación. Una relación entre alimentado y no alimentado por debajo de 1.0 indica inhibición/toxicidad; entre 1.0 y 2.0 sugiere una carga de DBO soluble baja; entre 2 y 5 es lo típico para las aguas residuales municipales, y mayor a 5.0 es alto para las aguas residuales municipales, pero las aguas residuales industriales pueden ser mucho más altas según la industria.

La prueba de alimentación puede utilizarse con un método diferente, es decir, la prueba de estabilización. La prueba se realiza normalmente solo de tres a cuatro veces al año debido al requisito de tiempo alto, pero su valor es importante. La prueba de estabilización es una prueba de alimentación realizada a una escala mayor, donde aproximadamente 7.5 a 15 L (2 a 4 gal) de LAR y del caudal de entrada se mezclan en un cangilón de 19 L (5 gal) conforme al cálculo del volumen de LAR de la prueba de alimentación. Por ejemplo, si se utiliza un volumen total de 7.5 L (2 gal) y la concentración de MLSS es de 2000 mg/L y la concentración de LAR es de 8000 mg/L, entonces, conforme a la fórmula 8.40, el volumen de LAR debería ser 1.8 L (0.5 gal) mezclado con 5.7 L (1.5 gal) del caudal de entrada.

Paso 1: Vierta el LAR en el cangilón y comience la aereación con dos a cuatro aereadores para acuario con difusores o líneas de aire comprimido con difusores.

Paso 2: Mientras el LAR se aerea, recolecte una muestra puntual de 3.8 a 15 L (1 a 4 gal) del caudal de entrada del tanque de aereación y mezcle bien con el LAR aereado.

Paso 3: Inmediatamente llene una botella de DBO de 300 mL con la mezcla del cangilón y aeréela hasta que la concentración de OD sea de al menos 5 mg/L. Las instalaciones ubicadas en lugares con elevaciones altas pueden tener dificultades para obtener 5 mg/L de OD.

Paso 4: Realice la prueba de OUR.

Paso 5: Cuando se haya completado la prueba, vacíe nuevamente dentro del cangilón los 300 mL de la mezcla de LAR/caudal de entrada de la botella de DBO y continúe aereándola durante una hora, intentando mantener un OD aproximadamente igual al del tanque de aereación.

Paso 6: Después de una hora, tome una nueva muestra y realice otra OUR. Repita esto cada hora hasta que la OUR ya no cambie. En un sistema de SRT alto, después de la primera hora, las pruebas pueden realizarse cada 2 horas durante 4 horas, después cada 4 horas hasta que se alcance la respiración endógena. El tiempo de estabilización es el tiempo que toma alcanzar la respiración endógena. En la figura 8.66 se muestra la curva de OUR para una prueba de estabilización típica.

VARIACIÓN DE LA PRUEBA DE LA TASA DE CAPTACIÓN DE OXÍGENO: PERFIL DEL DEPÓSITO DE LODO ACTIVADO

En un depósito de lodo activado de tipo flujo pistón, puede realizarse una serie de pruebas de OUR a lo largo de todo el depósito. Las ubicaciones de muestreo típicas pueden encontrarse en la entrada, a un cuarto de la longitud del depósito, en el medio del depósito, a tres cuartos de la longitud del depósito, y en la salida. Existe un total de cinco ubicaciones de muestreo en este ejemplo; sin embargo, un operador puede agregar puntos de muestreo adicionales según se necesiten para ajustar con precisión el depósito de lodo activado. Después se crean gráficos con los resultados para producir un diagrama similar al que se muestra en la figura 8.67 a continuación. En este ejemplo, la respiración endógena se alcanza a la mitad del depósito de lodo activado. El operador tiene la oportunidad de reducir la aereación en la segunda mitad del depósito para reducir los costos de energía. Tenga cuidado de mantener las concentraciones de OD lo suficientemente altas como para prevenir el crecimiento de algunos tipos de bacterias filamentosas.

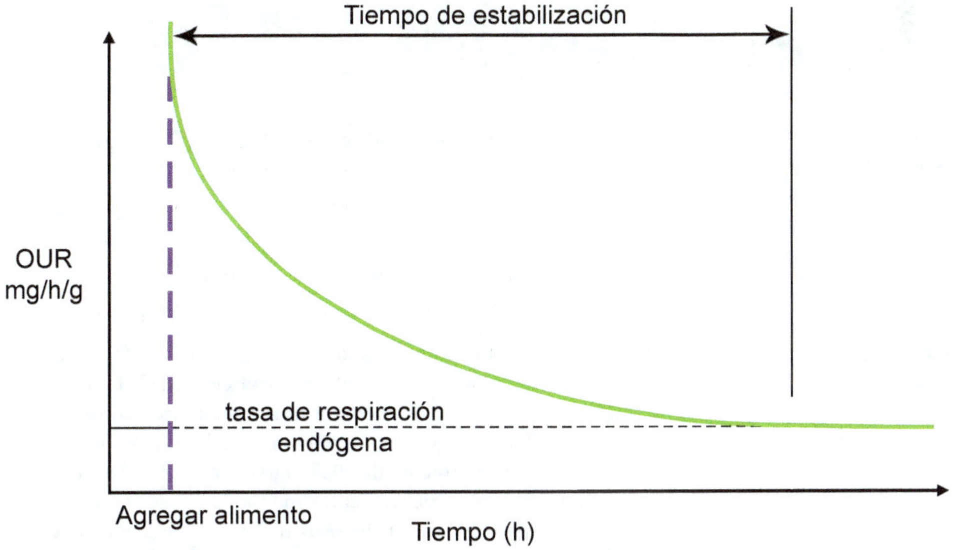

Figura 8.66 Gráfico de tiempo de estabilización típica (reimpreso con autorización de Ronald Schuyler)

IMPORTANCIA DE LA TASA DE RESPIRACIÓN O DE LA TASA DE CAPTACIÓN DE OXÍGENO ESPECÍFICA Y DEL TIEMPO DE ESTABILIZACIÓN

La SOUR puede estar relacionada con valores típicos para diferentes procesos de lodo activado. Por ejemplo, un proceso de lodo activado convencional o un proceso de eliminación biológica del fósforo utilizando un SRT de 3 a 6 días puede esperar una SOUR de entre 12 y 20 mg/L/h/g, mientras un proceso con una carga mayor en el rango de la aereación extendida o un proceso de lodo activado nitrificante que utiliza un SRT de 8 a 15 días pueden esperar una SOUR de entre 3 y 12 mg/L/h/g. Un digestor aerobio suele presentar valores de SOUR por debajo de 2 mg/L/h/g. Los procesos industriales con cargas orgánicas altas pueden ejecutarse correctamente por arriba de 20 mg/L/h/g. Estos son los rangos típicos, pero su proceso puede ejecutarse correctamente con valores fuera de estos rangos. Los valores de SOUR más altos indican aguas residuales menos estabilizadas con un contenido orgánico más alto.

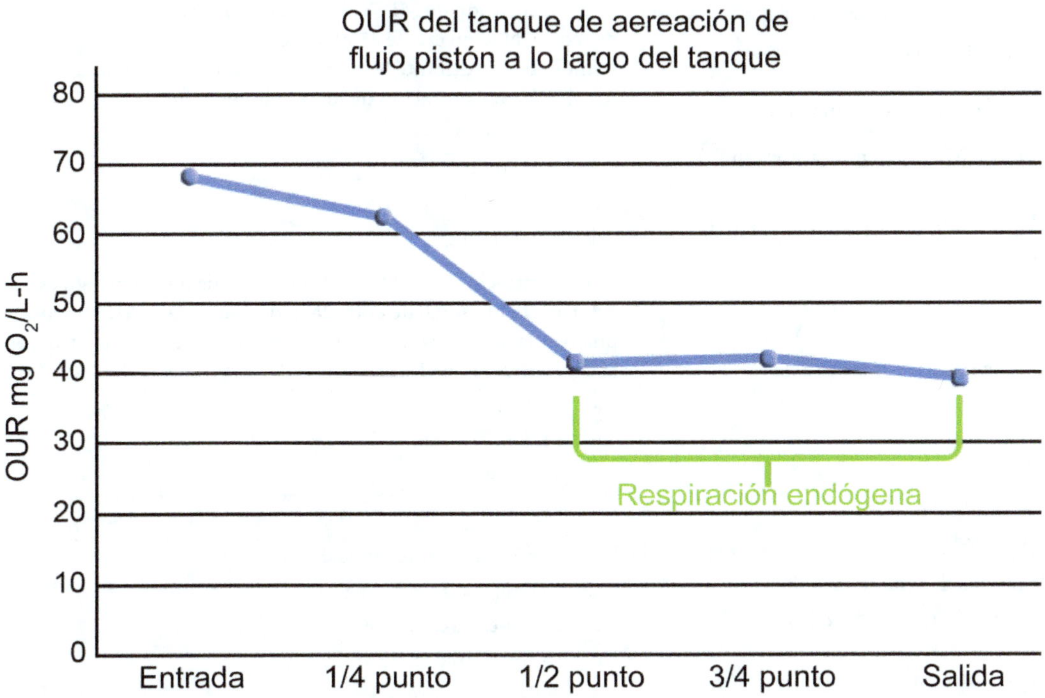

Figura 8.67 Perfil de la tasa de captación de oxígeno de un depósito de lodo activado (reimpreso con autorización de Dave Flowers)

COMPROBACIÓN DE CONOCIMIENTOS

1. **Un operador observa que un área del depósito de lodo activado es especialmente turbulenta. La causa más probable es**
   a. Difusor dañado o faltante
   b. Atascamiento en la tubería colectora de aire
   c. La salida del soplador es demasiado alta
   d. El nivel del agua es demasiado bajo

2. **Un depósito de lodo activado está cubierto de grandes cantidades de espuma blanca y fresca. Esto indica**
   a. Presencia de *Nocardia*
   b. Condiciones de puesta en funcionamiento
   c. Tasa de carga orgánica baja
   d. Deficiencia de nutrientes

3. **Al recolectar una muestra cilíndrica del clarificador, la muestra debe recolectarse cuando el brazo del rastrillo esté a un ángulo de 90 grados respecto de la ubicación del muestreo por este motivo.**
   a. Se evita que se enreden el juez de lodos y el mecanismo del clarificador
   b. Se permite que el manto de lodos vuelva a sedimentarse después de ser alterado por el brazo del rastrillo
   c. Se garantiza el muestreo de la parte más profunda posible del manto
   d. Se evita que el manto de lodos se vuelva demasiado espeso al momento de tomar la muestra

4. **Un proceso de lodo activado tiene tres clarificadores secundarios idénticos. Las profundidades del manto de lodos son de 1 m, 1.2 m, y 3 m. ¿Cuál es la causa más probable de estas diferencias?**
   a. El lodo se está eliminando más rápido del tercer clarificador.
   b. La bomba de LAR en el primer clarificador presenta fallas.
   c. La distribución del caudal que alimenta los clarificadores es desigual.
   d. Solo se está eliminando LAP del clarificador secundario.

5. **En la prueba de sedimentación, el SSV a los 30 minutos es un indicador de**
   a. La velocidad de sedimentación de lodo
   b. La compactación del lodo
   c. La concentración del lodo
   d. La toxicidad del lodo

6. **Este tipo de contenedor debe utilizarse para la prueba de sedimentación.**
   a. Cilindro graduado
   b. Vaso de precipitación de 1 L
   c. Cangilón de 5 galones
   d. Medidor de sedimentación Mallory

7. **Al recolectar muestras para la prueba de sedimentación**
   a. Agite enérgicamente para garantizar que se mezclen correctamente
   b. Minimice el movimiento y la agitación
   c. Coloque las muestras en hielo y deje enfriar hasta los 4 °C
   d. Agregue 2 mL de ácido nítrico como conservante

8. **El lodo sedimentado puede elevarse hasta la parte superior de la prueba de sedimentación por este motivo.**
   a. Descomposición de sólidos y producción de gas metano
   b. El calentamiento durante la prueba libera gases disueltos
   c. Desnitrificación y producción de gas nitrógeno
   d. Corrientes hidráulicas en el medidor de sedimentación

9. **Dos pruebas de sedimentación se realizan en simultáneo. El primer medidor de sedimentación contiene MLSS sin diluir a 4000 mg/L. El segundo medidor de sedimentación contiene un 50 % de MLSS y un 50 % del efluente del clarificador secundario para una concentración de 2000 mg/L. Ambas pruebas de sedimentación comienzan al mismo tiempo. Después de 5 minutos, el SSV en el primer medidor de sedimentación es de 900 mL pero de 750 mL en el segundo. ¿Qué debe ser cierto?**
   a. Los filamentos están provocando una sedimentabilidad deficiente en la primera prueba.
   b. La sedimentación se ve impedida en el primer medidor de sedimentación.
   c. Se debería disminuir el desechado.
   d. Se debería aumentar el LAR.

10. **El volumen sedimentado de 30 minutos es de 320 mL y la concentración de MLSS es de 2950 mg/L. Determine el SVI en mililitros por gramo.**
    a. 108 mL/g
    b. 222 mL/g
    c. 320 mL/g
    d. 512 mL/g

11. **La concentración de MLSS al comienzo de la prueba de sedimentación era de 2500 mg/L. Después de la sedimentación durante 30 minutos, el SSV es de 230 mL. ¿Cuál es la concentración de lodo sedimentado?**
    a. 2500 mg/L
    b. 7813 mg/L
    c. 10 870 mg/L
    d. 22 609 mL/g

12. **La concentración de MLSS en el depósito de lodo activado es de 3200 mg/L. El caudal de entrada es de 2 mgd y el LAR presenta una regulación de caudal al 60 % del caudal de entrada. ¿Cuál es la concentración de LAR?**
    a. 4160 mg/L
    b. 5120 mg/L
    c. 3870 mg/L
    d. 8530 mg/L

13. **El SSV de 5 minutos depende de**
    a. La temperatura del agua
    b. La presencia de filamentos
    c. La concentración de MLSS
    d. Todas las anteriores

14. La diferencia principal entre una prueba de OUR y SOUR es

a. La OUR se realiza a 25 °C y la SOUR a 22 °C.

b. La SOUR corrige la concentración de sólidos.

c. La prueba de OUR se utiliza con digestores anaerobios.

d. La SOUR es una prueba más corta.

15. La prueba de SOUR mide

a. La eficiencia del soplador y del difusor

b. El ensuciamiento de la sonda de OD

c. La velocidad con la que los microorganismos consumen oxígeno

d. DBO_5 soluble del efluente

16. Los sólidos volátiles en suspensión en el licor mezclado se utilizan para las pruebas de OUR y SOUR en lugar de los MLSS porque

a. El análisis de MLSS toma más tiempo.

b. La prueba de MLVSS es más exacta.

c. La prueba de MLVSS mide los microorganismos vivos.

d. La prueba de MLSS no incluye los sólidos inertes.

17. La SOUR para una WRRF en particular suele ser de entre 5 y 8 mg O_2/L·h. Cuando el operador realizó la prueba hoy a las 3:00 p. m., la SOUR había aumentado a 12 mg O_2/L·h. ¿Cuál es la causa más probable de este aumento?

a. Una sustancia tóxica o inhibitoria ingresó al depósito de lodo activado

b. El SRT disminuyó por debajo del mínimo requerido para respaldar la nitrificación

c. Aumentó la carga de DBO_5 al depósito de lodo activado

d. Se duplicó la cantidad de bacterias filamentosas

18. Un clarificador está operando con una SOR de 8 m^3/m^2·d (200 gpd/ft^2) y la concentración de LAR es de 9000 mg/L. Utilizando el cuadro de la figura 8.50, determine el SVI máximo teórico que los MLSS pueden tener sin sobrecargar el clarificador.

a. 150 mL/g

b. 200 mL/g

c. 250 mL/g

d. 300 mL/g

Mantenimiento

La mayor parte del mantenimiento para los procesos de lodo activado está relacionada con las bombas, los dispositivos de aereación y el mecanismo del clarificador. Los capítulos en la próxima edición de *Wastewater Treatment Fundamentals II — Solids Handling and Support Systems* están dedicados a las bombas y a los sistemas de aereación. El mantenimiento del clarificador se describió en el capítulo 4. En la tabla 8.10 se incluye un programa de mantenimiento preventivo típico. Se debe desarrollar un programa específico del lugar para cada WRRF consultando los manuales de servicio que se proporcionaron con los equipos individuales.

Resolución de problemas

Los problemas operativos experimentados con mayor frecuencia en el proceso de lodo activado se describen a continuación. Debido a que es imposible incluir todos los problemas que pueden presentarse en la operación del proceso, solo se incluyen los que se encuentran con mayor frecuencia y los que pueden corregirse con cambios operativos.

Los operadores deben realizar un control del proceso consistente utilizando el SRT como el mecanismo de control primario tal como se describe en las secciones anteriores. Lo que diferencia el control del proceso de la resolución de problemas es el lugar donde se enfoca la atención. El control del proceso establece metas a futuro, y define las tolerancias y desviaciones permitidas respecto de estas metas. Las medidas correctivas se implementan cuando no se están cumpliendo las metas. Por ejemplo, una instalación puede establecer una meta de control del proceso de un SRT de 10 días con una desviación permitida de más o menos 1.5 días. Cuando el SRT disminuye a 6 días, la tasa de LAP se reduce para aumentar el SRT. El control del proceso es proactivo. La resolución de problemas identifica una condición actual indeseable y después mira hacia atrás para encontrar la causa. Es reactiva. Contar con un programa de control del proceso consistente y adecuado debería minimizar el desarrollo de situaciones en las que se vuelva necesaria la resolución de problemas. Los cambios repentinos en las características del caudal de entrada tales como la carga, el caudal, la temperatura, o la presencia de compuestos inhibitorios pueden provocar fallas en el proceso aún cuando una instalación cuanta con un programa de control del proceso establecido.

Para resolver un problema de manera efectiva, los operadores deben primero desglosar el problema en tres categorías principales: problema hidráulico, problema mecánico o problema del proceso. Después de que se ha determinado la categoría correcta, es posible determinar la causa probable y seleccionar una o más medidas correctivas. Las medidas correctivas deben restablecer la eficiencia plena del proceso con el menor efecto adverso posible sobre la calidad del efluente final y con el menor costo posible. Para poder hacerlo, se necesita un conocimiento riguroso sobre el proceso de lodo activado de la instalación y la forma en la que este encaja en la operación general de la WRRF. Al poner en práctica la resolución de problemas de un proceso de lodo activado, siempre se recomienda la implementación de una medida correctiva a la vez, y que se le permita al proceso adaptarse al cambio antes de realizar otro. Normalmente se requieren de dos a tres SRT para que pueda observarse el pleno efecto de una medida correctiva al corregir un problema con la calidad del lodo.

Tabla 8.10 Programa de mantenimiento preventivo (típico)

Mantenimiento preventivo (típico) del sistema de lodo activado	A diario	Semanalmente	Mensualmente	Trimestralmente	Semestralmente	Anualmente	Comentarios
Soplador de aereación							
Mantener el nivel adecuado del lubricante		x					
Lubricar los cojinetes de rodillo del motor							1.5 meses
Revisar para detectar ruidos y vibraciones anormales				x			
Verificar que los filtros de aire estén en su lugar				x			
Verificar la temperatura ascendente de los cojinetes del motor				x			
Verificar el voltaje y las variaciones en la frecuencia del motor				x			
Verificar que todas las cubiertas estén en su lugar y bien ajustadas				x			
Rotar la operación del soplador				x			
Lubricar los cojinetes de bolas del motor				x			
Verificar que las conexiones eléctricas estén ajustadas				x			
Verificar la integridad del cableado				x			
Lubricar el cojinete de casquillo del motor					x		O bien, 2000 horas
Inspeccionar y limpiar los extremos del rotor, los bobinados y las hojas					x		
Verificar que las conexiones eléctricas estén ajustadas y que no esté presente la corrosión					x		
Cambiar el aceite del cojinete del soplador						x	
Volver a lubricar después de verificar los acoplamientos flexibles							Según sea necesario
Sistema de disolución de oxígeno							
Lubricar el motor					x		
Cambiar el aceite del engranaje impulsor					x		
Lubricar el acoplamiento flexible						x	
Inspeccionar el desgaste de los dientes del engranaje, la alineación del juego del extremo del cojinete y del eje, el ajuste de los pernos, y la condición de los sellos						x	O bien, 2500 horas
Difusores de burbuja fina							
Verificar el patrón superficial del reactor biológico	x						
Revise las tuberías maestras de aire en busca de fugas	x						
Verificar y registrar la presión operativa y el caudal de aire	x						
Purgar la humedad del agua de las tuberías de distribución			x				
Hacer avanzar el sistema del difusor			x				
Drenar el reactor biológico						x	
Eliminar el exceso de sólidos que pueda acumularse						x	
Limpiar los difusores						x	

(continúa)

Tabla 8.10 Programa de mantenimiento preventivo (típico) (*continuación*)

Mantenimiento preventivo (típico) del sistema de lodo activado	A diario	Semanalmente	Mensualmente	Trimestralmente	Semestralmente	Anualmente	Comentarios
Verificar que los anillos de retención estén ajustados y en su lugar						x	
Verificar que los anillos de retención con juntas fijas y de dilatación estén ajustados						x	
Clarificador secundario							
Eliminar la basura y los desechos	x						
Probar los interruptores de la línea de control de torque		x					
Probar la alarma de sobrecarga de torque		x					
Verificar el movimiento del indicador de la escala de torque		x					
Revisar la unidad impulsora en busca de condensación acumulada		x					
Verificar el nivel y la calidad del aceite del impulsor		x					
Verificar los controles de respuesta de sobrecarga del impulsor						x	
Inspeccionar el mecanismo en su totalidad por arriba y por abajo del nivel del agua						x	
Inspeccionar y ajustar todas las tuercas y los pernos							Intervalo regular
Revisar la lubricación para un dispositivo de protección de sobrecarga de toque, según las instrucciones del fabricante							Por ejemplo, cada 18 meses o 500 ciclos
Bombas (centrífugas) de lodo activado recirculado							
Lubricar los cojinetes de la bomba				x			O bien, 2000 horas
Lubricar los cojinetes del motor						x	
Bombas (centrífugas) de lodo activado de purga							
Lubricar los cojinetes de la bomba				x			O bien, 2000 horas
Lubricar los cojinetes del motor						x	

La resolución de problemas requiere diversas habilidades, como el pensamiento de investigación y el empleo razonable de todas las herramientas disponibles para resolver un problema. Al poner en práctica la resolución de problemas, es importante no realizar demasiados cambios a la vez porque esto puede provocar más problemas. Si se realizan múltiples cambios correctivos al mismo tiempo y el proceso mejora, será difícil, o hasta incluso imposible, identificar cuál de los cambios al proceso fue el más efectivo. También es importante tener en cuenta que el sistema de lodo activado es un proceso biológico y que, como tal, la mayoría de las respuestas no se observarán de inmediato. Pueden pasar días o semanas antes de que pueda observarse una mejora en el proceso.

Cuando se presenta un problema o una situación, es importante evaluar en primer lugar el problema y determinar si encaja dentro de una, o de una combinación, de las siguientes áreas:

- Hidráulica,
- Mecánica, o
- Del proceso.

Los problemas hidráulicos pueden ser provocados por diferentes condiciones. La sobrecarga hidráulica, o la onda, puede ser provocada por las tormentas o el deshielo. Este suele ser el caso, en especial, si la instalación de tratamiento está siendo servida por *alcantarillados combinados*. Un aumento repentino en el caudal de entrada disminuirá el TDH en los depósitos de lodo activado. También desplazará una mayor cantidad de sólidos desde los depósitos de lodo activado hacia los clarificadores, lo que puede provocar el aumento de la profundidad del manto. Una disminución en el tiempo de tratamiento puede afectar la capacidad del proceso para eliminar

Los *alcantarillados combinados* recolectan tanto las aguas pluviales como las aguas residuales domésticas. Son comunes en las ciudades más antiguas, pero se han dejado de construir. En su lugar, se utilizan los sistemas de tuberías separadas para aguas pluviales y aguas residuales.

Algunas WRRF tienen tanques de compensación de caudal que les permiten controlar la rapidez con la que ingresan los caudales de entrada a la WRRF y también almacenar temporalmente el caudal de entrada.

amoníaco. La sobrecarga hidráulica puede tener lugar si no está en funcionamiento la cantidad necesaria de tanques. Las instalaciones más pequeñas tienen más probabilidades de experimentar dificultades operativas debido a la sobrecarga hidráulica porque suelen tener una menor cantidad de depósitos y un mayor exceso en su capacidad que las instalaciones más grandes. Una onda hidráulica a través de los clarificadores puede eliminar el manto de lodos y arrastrar sólidos hacia arriba y por sobre los vertederos. Esto puede detectarse observando el área alrededor de los vertederos del clarificador en busca de nubes ondulantes de sólidos o señales de que los sólidos están siendo desplazados hacia afuera del clarificador.

Algunas instalaciones pueden manejar caudales de hora pico desviando el exceso del caudal de entrada hacia los tanques de compensación de caudal. El agua retorna al proceso de tratamiento durante los períodos de caudal de entrada bajo. Otras instalaciones tienen la capacidad de cambiar entre los modos operativos de flujo pistón y alimentación escalonada en su proceso de lodo activado. La operación de alimentación escalonada utiliza múltiples puntos de agregado de caudal de entrada a lo largo de todo el depósito de lodo activado. Esto diluye los MLSS, lo que reduce la SLR a los clarificadores secundarios y reduce la probabilidad de que los MLSS sean desplazados hacia fuera del clarificador y por sobre los vertederos. Al mismo tiempo, la operación de alimentación escalonada concentra los MLSS cerca del extremo del caudal de entrada de los depósitos de lodo activado.

Hidráulicamente equivalentes significa que los procesos están diseñados para procesar la misma cantidad de caudal. Si una instalación tiene tres clarificadores secundarios, suelen tener la misma profundidad y diámetro y pueden procesar la misma cantidad de caudal.

Otro problema hidráulico que puede presentarse en el proceso de lodo activado es un desequilibrio del caudal hacia los depósitos de lodo activado o hacia los clarificadores secundarios. El diseño de unidades de proceso redundantes para que sean *hidráulicamente equivalentes* es una práctica de ingeniería común, aunque hay algunas excepciones, en particular en las instalaciones modernizadas con espacio limitado disponible para la expansión. Siempre que sea posible, los operadores deben esforzarse por mantener una distribución del caudal equitativa hacia las unidades del proceso redundantes y del mismo tamaño. Si los depósitos o los clarificadores son de diferentes tamaños, el caudal debe dividirse de manera proporcional para que cada depósito o clarificador tenga la misma tasa de carga. Si el caudal se distribuye a los depósitos de lodo activado de forma dispareja, entonces la carga orgánica del caudal de entrada también se distribuirá de forma dispareja. Si el caudal se distribuye de forma dispareja hacia los clarificadores secundarios, en uno o varios clarificadores se formará un manto mientras que en los otros clarificadores no. Para mantener una distribución del caudal equitativa normalmente se necesita calibrar y ajustar las compuertas de control hidráulico y los vertederos. Los problemas de desequilibrio hidráulico también pueden presentarse si los caudales internos como el LAR no se dispersan de manera pareja.

La segunda categoría es problemas mecánicos. Un problema mecánico con un mecanismo de recolección del clarificador, una bomba de LAR, un soplador de aire de presión baja, o un aereador mecánico puede provocar una infracción del efluente si no observa y se corrige de inmediato. Por ejemplo, si una bomba de lodo recirculado falla y nadie da cuenta de ello, los sólidos no se eliminarán del clarificador secundario. Esto, a su vez, podría provocar que el clarificador se llene con sólidos hasta que los sólidos finalmente terminarán fluyendo por sobre los vertederos. La resolución de problemas de los sistemas de aereación y de las bombas se incluyen en sus respectivos capítulos. Dicha información no se reproducirá aquí.

LosLos *diagramas de control* son gráficos de datos de control del proceso. Un diagrama de control debe incluir los límites de control tanto inferiores como superiores para ayudar a los operadores a identificar los momentos en los que es necesario implementar medidas correctivas.

SCADA significa *control de supervisión y adquisición de datos*. Es un sistema computarizado que se utiliza para controlar los equipos en la instalación y para recolectar y archivar los datos de los dispositivos de monitoreo. SCADA puede realizar un seguimiento del tiempo de ejecución de los equipos, de la presión de descarga del soplador, de las concentraciones de OD del depósito de lodo activado, del caudal de entrada, y de muchos otros parámetros.

La tercera categoría que el operador debe tener en cuenta es los problemas del proceso. Los problemas del proceso suelen ser los más difíciles de identificar y corregir. Las recorridas de inspección de la instalación deben realizarse varias veces por turno para detectar cualquier cosa inusual. Una instalación que mantiene buenos registros de control del proceso y *diagramas de control* suele reconocer las señales de advertencia que alertarán al operador de un problema inminente. Los parámetros del proceso fluctuaran hacia arriba y hacia abajo alrededor de un valor promedio. Las fluctuaciones reflejan las imprecisiones en el muestreo y en las mediciones así como también la variabilidad natural en el proceso. Estas fluctuaciones deberían ser aleatorias, es decir, algunos días serán más altas y algunos días más bajas respecto del valor promedio. En general, tres o más puntos de datos que se mueven en la misma dirección deben alertar a un operador acerca de un posible cambio en el proceso que puede requerir medidas correctivas. Para el proceso de lodo activado, los operadores deben realizar un seguimiento de las concentraciones de OD dentro del depósito, de los caudales de entrada y las cargas, del SRT, de los resultados del medidor de sedimentación, y del SVI. Los registros de los equipos deben incluir la presión de descarga del soplador, el consumo de energía, los registros de mantenimiento, y las notas acerca de ruidos u olores inusuales. Los buenos registros de la instalación ayudarán al operador a identificar y corregir los problemas. Los operadores deben utilizar su sistema de *control de supervisión y adquisición de datos* (*supervisory control and data acquisition, SCADA*), si está disponible, para desarrollar gráficos de tendencias para poder observar visualmente las tendencias en las condiciones del proceso y así determinar si el proceso está funcionando correctamente. Otro excelente mecanismo de resolución de problemas del proceso es el examen microscópico del lodo activado. Un examen microscópico semanal de una muestra preparada correctamente, y con la tinción adecuada, de MLSS puede ayudar a los operadores a determinar si los organismos filamentosos están presentes en exceso. La tinción puede ayudar a identificar el tipo de filamento, lo que, a su vez, ayudará a determinar el mejor procedimiento a seguir para corregir el problema.

Dentro de esta sección y de las guías de resolución de problemas presentadas a continuación se ofrece una lista de soluciones que incluyen

- El aumento o la disminución de la aereación,
- El equilibrio del caudal de entrada y de los caudales de lodo recirculado,
- El ajuste de las tasas de retorno,
- El ajuste de las tasas de desechado,
- El agregado de productos químicos facilitadores de sedimentación,
- El agregado de suplementos de nutrientes,
- La cloración del lodo recirculado o del licor mezclado,
- La reducción o el control de los caudales de reciclado, y
- El cambio del curso de los caudales de reciclado.

Algunas soluciones producen resultados rápidos, algunas producen cambios solo después de muchos días, y algunas pueden ser radicales y presentar posibles efectos secundarios adversos. La información sobre resolución de problemas que se presenta aquí suele estar orientada hacia soluciones que minimizan el potencial de sobrecorrección y de los efectos secundarios adversos. Mientras más sólida sea la solución recomendada, más experiencia y mayor criterio se requerirá al aplicarla.

En la mayoría de los casos, los ajustes de aereación (aumento o disminución del OD), el equilibrio de caudal, y los ajustes del caudal de LAR producirán resultados rápidos y moderados. El efecto de la alteración del SRT suele tomar más tiempo y es menos reversible. La aplicación de polímeros o sales metálicas (como alumbre o cloruro férrico) suele ser efectiva en poco tiempo, pero puede ser costosa y puede aumentar los requisitos de desechado de lodos. El agregado de productos químicos también puede afectar otros procesos tales como las instalaciones de procesamiento de sólidos. La corrección de las deficiencias de nutrientes puede producir resultados rápidos y positivos, pero requiere la compra de productos químicos y de equipos de alimentación de productos químicos. La determinación de la causa de las deficiencias de nutrientes es también una forma importante de resolución de problemas. Por ejemplo, ¿es un usuario industrial o comercial que descarga residuos el que está provocando el problema de deficiencia de nutrientes? Si lo es, ¿cómo pueden mejorar la situación las medidas de pretratamiento? La reducción o el control de los caudales de reciclado producen efectos rápidos y positivos, pero pueden requerir cambios en la operación de los procesos de tratamiento de sólidos o el agregado de un almacenamiento desconectado o de instalaciones de tratamiento.

Si los problemas operativos no pueden solucionarse internamente, debe obtenerse la ayuda de terceros, tales como operadores de otras instalaciones, asociaciones estatales de operadores, agencias reguladoras estatales y federales, asesores operativos, fabricantes de equipos y universidades locales. Algunos problemas son complejos y difíciles de resolver porque existen diversos factores determinantes. En estos casos, solo deben considerarse las personas calificadas con conocimiento y experiencia de primera mano. Las críticas de personas bienintencionadas pueden provocar pérdidas de tiempo y dinero, desviar la atención de la situación correcta y, probablemente, empeorar la situación.

Antes de realizar un cambio, recolecte tantos datos como le sea posible y experimente con las posibles soluciones en el laboratorio. Si se comete un error, los resultados se pueden descartar sin problemas y se puede intentar otra solución. Si se comete un error importante dentro de la instalación, no es tan fácil corregirlo.

Al intentar resolver un problema, evite tratar solo los síntomas. Por ejemplo, la cloración del lodo recirculado para un problema de abultamiento filamentoso solucionará el problema temporalmente, pero la causa subyacente (como una deficiencia de nutrientes o un OD demasiado bajo) debe corregirse o el problema volverá a surgir. En algunos casos, la causa subyacente no puede corregirse fácilmente debido a deficiencias en el diseño o a restricciones en el presupuesto, y puede ser necesario conformarse solo con tratar el síntoma (por ej., la cloración del lodo recirculado) hasta que el problema subyacente pueda solucionarse de manera permanente.

COMPROBACIÓN DE CONOCIMIENTOS

1. **El control del proceso consiste en establecer metas y definir las tolerancias y desviaciones permitidas respecto de estas metas.**
   - ☐ Verdadero
   - ☐ Falso

2. **Para obtener los mejores resultados en la resolución de problemas, los operadores deben implementar múltiples medidas correctivas al mismo tiempo.**
   - ☐ Verdadero
   - ☐ Falso

3. **Después del almuerzo, un operador está realizando una recorrida de inspección de su instalación y observa nubes ondulantes de lodo en los bordes de los clarificadores secundarios. ¿Cuál es la causa más probable?**
   a. Sobrecarga de sólidos
   b. Onda hidráulica
   c. Desnitrificación
   d. Tasa de LAR demasiado baja

4. **Una instalación tiene un clarificador que tiene 16.8 m (55 ft) de diámetro y otro que tiene 22.9 (75 ft) de diámetro. ¿Cómo debería dividirse el caudal para que cada clarificador tenga la misma hidráulica y la misma SLR?**
    a. 35 % hacia el clarificador más pequeño
    b. 54 % hacia el clarificador más grande
    c. 73 % hacia el clarificador más pequeño
    d. 73 % hacia el clarificador más grande

5. **Clasifique la medida implementada según si corresponde al control de proceso o a la resolución de problemas.**
    a. SRT objetivo ajustado a 10 días
    b. Examen microscópico realizado para determinar la causa del espumaje
    c. Caudal de LAR ajustado para mantener el manto del clarificador por debajo de 3 ft
    d. Aumento de la salida del soplador para mantener un OD de 2 mg/L
    e. Clarificador secundario colocado en funcionamiento para reducir la SOR
    f. Agregado de nutrientes para corregir el abultamiento de lodos

RESOLUCIÓN DE PROBLEMAS DEL SISTEMA DE AEREACIÓN

El licor mezclado debe aerearse para que los microorganismos aerobios obtengan el oxígeno suficiente como para mantenerse activos y saludables. Además, el contenido del depósito de lodo activado debe mezclarse para poner a los microorganismos en contacto con toda la materia orgánica en las aguas residuales que se están tratando. La meta es proporcionar la aereación suficiente como para mantener el flóculo en suspensión pero que, a la vez, no provoque una turbulencia que rompa las partículas floculadas. La mezcla en el depósito de lodo activado suele controlarse observando la turbulencia en la superficie del depósito. La turbulencia superficial debe ser bastante uniforme en todo el depósito; no debe estar presente la turbulencia intensa.

Un aumento repentino en la concentración de OD cuando la operación del sistema de aereación no ha cambiado puede ser una señal de que algo tóxico ha ingresado al depósito de aereación. Básicamente lo que está sucediendo es que los microorganismos han dejado de utilizar la cantidad de OD que estaban utilizando anteriormente. Los metales pesados, los bactericidas y algunos compuestos orgánicos pueden ser tóxicos para los microorganismos. Pueden inhibirse (se reduce temporalmente su velocidad) o pueden morir. Una disminución repentina en la concentración de OD indica lo contrario. Los microorganismos están utilizando más oxígeno del que estaban utilizando anteriormente. Esto puede ser provocado por un aumento en la carga de DBO a la WRRF o porque una mayor cantidad de DBO está retornando en los flujos laterales de otros procesos de tratamiento. Cuando las bacterias nitrificantes convierten el amoníaco en nitrito y nitrato, consume 4.6 kg O_2/kg NH_3-N y puede representar el 30 % o más de la demanda de oxígeno total. Verifique las concentraciones de nitrito y nitrato que salen de las zonas y los depósitos aereados. Si se está produciendo la nitrificación y esta no es deseada, reduzca el SRT (si es posible) para detener la nitrificación.

Las tasas del caudal de aire se expresan en metros cúbicos por hora (m^3/h) o metros cúbicos normales por hora (Nm^3/h). Las unidades habituales en los EE. UU. son pie cúbico por minuto (cfm) o pie cúbico estándar por minuto (scfm). Un metro o pie cúbico de aire al nivel del mar contiene una determinada cantidad de moléculas de nitrógeno, oxígeno y otros gases. Si ese metro o pie cúbico de aire se coloca en una bolsa flexible y se la traslada hasta Denver, Colorado, la ciudad de una milla de altura, estará bajo una menor presión atmosférica. Como resultado, se expandirá y ocupará más espacio. Al calentar el aire también se provocará su expansión. La cantidad de moléculas de gas no ha cambiado, pero el volumen sí. Un metro cúbico normal (pie cúbico estándar) de aire es la cantidad de moléculas de gas que ocupan un metro cúbico (pie) de espacio al nivel del mar (1 atmósfera de presión) y a 20 °C (68 °F). El término *Nm^3/h* (scfm) se utiliza para estandarizar la cantidad de gas disponible aún cuando cambian la presión y la temperatura.

SISTEMAS DE AEREACIÓN DIFUSA

Los puntos muertos y los patrones de mezclado no uniformes suelen indicar un atascamiento en el difusor o que las válvulas de la tubería colectora del difusor necesitan ajustes para equilibrar la distribución del aire con el depósito. El aire seguirá la trayectoria con menos resistencia. Si hay un difusor dañado o faltante, habrá una trayectoria abierta por la que puede moverse el aire. Esto puede provocar la aparición de grandes burbujas en un área del tanque mientras se observa muy poca mezcla en el resto del tanque. La turbulencia intensa suele indicar un tubo o un difusor dañado. En la figura 8.68 se muestras fotografías de la turbulencia intensa y de la uniforme en un depósito de lodo activado.

Algunas de las causas probables de la aereación no uniforme incluyen las siguientes:

- Las tasas de aire son demasiado altas o bajas para la operación correcta del difusor;
- Las válvulas necesitan el ajuste o el equilibrio de la distribución del aire;
- Los difusores necesitan limpieza o reparación (las masas de aire que se elevan sobre la ubicación de los tramos de escape del difusor, si están equipados, suelen indicar que se necesita la limpieza o el reemplazo de los difusores, o que una línea puede estar dañada); y
- Los difusores no están a la misma altura. En algunos difusores, la presión baja del agua aumenta el caudal de aire a través de dichos difusores.

Se puede intentar implementar las siguientes medidas, cuando correspondan, para corregir los problemas de aereación:

- Ajuste las válvulas de las tuberías colectoras del difusor para equilibrar la distribución del aire y eliminar los puntos muertos;
- Ajuste la tasa de caudal de aire para mantener la concentración de OD en el rango deseado. Los requisitos de mezcla de un depósito de lodo activado suelen ser de 1.2 a 1.8 $Nm^3/m^2 \cdot h$ (30 a 40 scfm/1000 ft^3) (EPA de los EE. UU., 1989). Esta es la cantidad de aire que se necesita para mantener las partículas floculadas en suspensión.

(a)

(b)

Figura 8.68 Turbulencia superficial del depósito de lodo activado: (a) Turbulencia intensa y (b) Turbulencia uniforme

La *transferencia de oxígeno* es el movimiento del oxígeno desde las burbujas de aire hacia el agua. El oxígeno se convierte en OD después de la transferencia.

Los difusores de burbuja fina suelen requerir de 1.3 a 2.2 $Nm^3/m^2 \cdot h$ (0.07 a 0.12 $scfm/ft^2$) de la superficie del depósito. Sin embargo, los requisitos de *transferencia de oxígeno* también deben cumplirse en los depósitos de lodo activado para los sistemas de difusor de burbuja gruesa o burbuja fina; y

- Verifique, limpie y nivele los difusores con regularidad. En general, los difusores deben limpiarse cada 6 meses a 1 año para mantener un buen desempeño de aereación.

Algunas causas probables de la aereaeción inadecuada o de las concentraciones de OD bajas incluyen las siguientes:

- El aumento de la carga de la DBO,
- La nitrificación que tiene lugar en los depósitos de lodo activado,
- Las limitaciones de los equipos mecánicos,
- Difusores obstruidos,

- El soplador no está suministrando el caudal de aire de diseño,
- Las fugas en las tuberías de aereación evitar que el aire llegue a los depósitos, y
- La transferencia de oxígeno deficiente.

Se puede intentar implementar las siguientes medidas, cuando correspondan, para corregir los problemas de aereación:

- Verifique los filtros de entrada del soplador. Reemplace los filtros sucios o atascados;
- Verifique la presión de descarga del soplador. El aumento de la presión de descarga sin un aumento en el volumen de aire puede ser provocado por
  - Ensuciamiento en los difusores,
  - Válvula de control de aire parcialmente cerrada, y
  - Filtro de aire atascado aguas abajo del soplador.
- Verifique los requisitos de mantenimiento preventivo del soplador, el registro de servicio, la capacidad de diseño, y la salida actual, si es posible. El soplador puede necesitar reparaciones.

AEREADORES A CHORRO Y AEREADORES DE ASPIRACIÓN

Ocasionalmente, los desechos se pueden alojar dentro de uno o varios chorros. El lavado a contracorriente está diseñado para revertir temporalmente el caudal de MLSS a través de los chorros para desplazar los materiales atrapados. En una secuencia típica de lavado a contracorriente, se apagan las bombas de MLSS. El soplador continúa funcionando, lo que con el tiempo puede provocar que tanto las tuberías colectoras de aire como las de líquido se llenen de aire. Después de aproximadamente 1 minuto, se abre la válvula de lavado a contracorriente para que libere una ráfaga de aire. La válvula de lavado a contracorriente se ubica en el extremo lejano de la tubería colectora enfrente de las bombas de MLSS. La presión de agua del depósito al mismo tiempo desplaza los MLSS rápidamente a través de los chorros y hacia la tubería colectora de líquido. La reversión repentina del caudal desplaza los desechos hacia fuera de las boquillas y hacia la tubería colectora de líquido. Los fabricantes de aereación a chorro recomiendan el lavado a contracorriente con regularidad como parte de las operaciones diarias para evitar que se formen bloqueos.

SISTEMAS DE AEREACIÓN MECÁNICA

Tal como sucede con los sistemas de aereación difusa, la mezcla inadecuada o los problemas de aereación pueden producirse con los sistemas de aereación mecánica. Los sistemas de aereación mecánica pueden ser aereadores superficiales de tipo salpicadura (figura 8.69) o mezcladores sumergidos con o sin tubos de aspiración (figura 8.70). Además, los aereadores mecánicos pueden estar sometidos a la producción de ondas o a problemas de ensuciamiento del impulsor.

Mezcla y aereación inadecuadas

Puede realizarse un perfil de OD del depósito de lodo activado tomando múltiples mediciones en todo el depósito con un medidor portátil para verificar la idoneidad de la mezcla y la aereación. El oxígeno disuelto debe ser mayor a 0.5 mg/L en todo el depósito. Los depósitos de lodo activado completamente mezclados deben tener aproximadamente la misma concentración de OD en toda su extensión. Los depósitos largos y estrechos suelen

Figura 8.69 Aereador superficial (reimpreso con autorización de Kenneth Schnaars)

Figura 8.70 Aereador mecánico con tubo de aspiración (reimpreso con autorización de Kenneth Schnaars)

tener concentraciones de OD más bajas en el extremo de entrada. Las siguientes son algunas causas probables de la mezcla y la aereación inadecuadas:

- La velocidad del aereador es demasiado baja,
- La sumergencia del impulsor del aereador superficial es inadecuada,
- El impulsor presenta ensuciamiento con trozos de tela o hielo,
- El aereador es de tamaño reducido, y
- La inundación del aereador mecánico sobre el aereador mecánico sumergido con tubos de aspiración y rociadores de aire.

Se puede intentar implementar las siguientes medidas, cuando correspondan, para corregir los problemas de mezcla o aereación inadecuadas:

- Aumente la velocidad del aereador si el aereador tiene un motor de dos velocidades que ha estado operando a una velocidad baja.
- Si el aereador está conectado a una unidad de accionador de frecuencia variable (*variable frequency drive*, VFD), aumente la salida del VFD para aumentar la velocidad del motor aereador.
- Aumente la sumergencia del aereador. En la mayoría de los depósitos de lodo activado, el nivel del agua está ajustado por la elevación del vertedero del clarificador secundario aguas abajo y no puede cambiarse. En este caso, la única forma de aumentar la sumergencia es mover físicamente el aereador volviéndolo a montar sobre la plataforma. Los rotores en las zanjas de oxidación se pueden subir o bajar ajustando su posición. De ser posible, eleve el ajuste del vertedero del efluente del depósito, lo que elevará el nivel de líquido y sumergirá la hoja del aereador superficial. Al aumentar la profundidad de la hoja en el agua se alcanzará la sumergencia máxima permitida del impulsor y se aumentará la transferencia de oxígeno hacia el agua. No exceda la sumergencia máxima permitida que se ofrece en el manual de operaciones y mantenimiento del fabricante porque se podría sobrecargar el motor;
- Elimine los trozos de tela que hayan quedado atrapados en las hojas. Si los trozos de tela son un problema, verifique la eficiencia de filtrado de las obras de cabecera;
- Elimine el hielo. Este es un problema frecuente con los aereadores superficiales; y
- Para un mezclador mecánico sumergido con un rociador de aire, reduzca la tasa de caudal de aire o aumente la velocidad del aereador.

Producción de ondas e inundación

Los aereadores mecánicos puede estar sometidos a la producción de ondas hidráulicas. La producción de ondas sucede cuando la sumergencia del impulsor está por debajo de la recomendación del fabricante y se establece un patrón de onda en el depósito de lodo activado que provoca que el impulsor esté expuesto alternativamente a la sobresumergencia y a la subsumergencia críticas. El motor del aereador estará sobrecargado de manera intermitente y puede apagarse. La producción de ondas suele suceder durante las condiciones de caudal bajo, como cuando se coloca en línea una instalación completamente nueva o un depósito de lodo activado adicional.

Se puede intentar implementar las siguientes medidas para los aereadores superficiales para corregir un problema de producción de ondas:

- Si la producción de ondas sucede durante condiciones sin caudal, revise el vertedero del efluente del depósito de lodo activado en busca de fugas, en especial si es ajustable;
- Suba o baje el vertedero del efluente del depósito de lodo activado o baje el impulsor para alcanzar la sumergencia adecuada;
- Si el nivel de agua no puede cambiarse, reubique físicamente el aereador superficial volviéndolo a montar sobre la plataforma para alcanzar el nivel deseado de sumergencia;
- Reduzca la cantidad de depósitos de lodo activado en funcionamiento, si es posible, para aumentar el caudal y, por lo tanto, la sumergencia en los depósitos restantes; e
- Investigue la utilización de deflectores, de tubos de aspiración de entrada, y de tabiques de enderezamiento de caudal para eliminar la acción de la onda.

Los mezcladores mecánicos con tubos de aspiración utilizan un patrón del caudal descendente. La inundación se produce cuando el caudal de la columna de agua que normalmente se desplaza hacia abajo en el tubo de aspiración del aereador revierte su dirección y comienza a fluir hacia arriba. Esta condición normalmente se produce si la flotabilidad del aire atrapado es mayor a la que el aereador puede forzar hacia abajo. Esto también puede tener lugar si el aereador mecánico está a baja velocidad y el caudal de aire a través del rociador está a una tasa alta. Cuando un aereador está operando en una condición de inundación, se reduce la eficiencia de la transferencia de oxígeno y se pueden producir daños en el aereador. Una condición de inundación se debe corregir tan pronto como sea posible. Sin embargo, se debe proceder con cuidado al realizar la corrección, porque se pueden producir daños en los equipos si la columna de agua se ve forzada a revertir su dirección demasiado rápido. En general, el fabricante de los equipos recomienda que, durante un caso grave de inundación, el aereador debe detenerse y el aire debe apagarse. Después de varios minutos, cuando el caudal de agua a través del tubo de aspiración se detiene, el aereador puede reiniciarse y se puede establecer un patrón del caudal adecuado. El aire puede entonces reiniciarse y regularse al caudal correcto. Algunas veces, si la condición de inundación no es grave, los operadores pueden reducir la tasa de caudal de aire o aumentar la velocidad del mezclador sin detener el aire o el mezclador. La experiencia del operador determinará si los ajustes pueden realizarse sin un apagado completo del aire o del mezclador.

Ensuciamiento del impulsor

Los aereadores superficiales mecánicos puede estar sometidos a problemas de ensuciamiento del impulsor provocados por los trozos de tela y el hielo. Los trozos de tela y el hielo interfieren con la aereación y la mezcla, pueden dañar la caja de cambios, y puede provocar una sobrecarga del motor. Es muy probable que los trozos de tela se acumulen en las instalaciones sin clarificadores primarios. El hielo sobre los aereadores superficiales puede ser el resultado de pérdidas de calor en los tanques aguas arriba, tales como las cámaras del desarenador aereadas y los clarificadores primarios, de la cantidad de agua dispersada hacia la atmósfera (rociado), del impulsor y del diseño de la cubierta y, por supuesto, del clima.

Los trozos de tela y el hielo deben eliminarse manualmente. El hielo debe eliminarse por completo o puede provocar un desequilibrio importante. La formación de hielo puede reducirse mediante la instalación de cubiertas de metal sobre los aereadores para mantener el rociado en el depósito.

COMPROBACIÓN DE CONOCIMIENTOS

1. **La superficie de un depósito de lodo activado aereado es lisa en uno de los extremos, mientras que en el otro extremo salen burbujas grandes por una de las esquinas. ¿Cuál es la causa más probable?**
   a. Las tasas de aire son demasiado altas en uno de los extremos del depósito
   b. Difusor dañado o faltante en la esquina del depósito
   c. Las válvulas necesitan ajuste para equilibrar la distribución del aire
   d. Los difusores no están a la misma altura

2. **Para eliminar un bloqueo de una boquilla del sistema de aereación a chorro, debe**
   a. Lavar a contracorriente llenando la tubería colectora con aire
   b. Aumentar la presión de descarga de la bomba
   c. Recircular los MLSS a una tasa aumentada
   d. Insertar una percha de metal y tirar

3. **Un depósito de lodo activado equipado con aereadores mecánicos tiene concentraciones de OD de 3 mg/L cerca de los aereadores, pero de solo 0.25 mg/L en los bordes del depósito. El operador debe**
   a. Disminuir la velocidad del aereador
   b. Bajar el ajuste del vertedero del tanque
   c. Disminuir la sumergencia del aereador
   d. Aumentar la velocidad del aereador
4. **La inundación se produce en un aereador mecánico equipado con un tubo de aspiración cuando**
   a. El vertedero del tanque es demasiado bajo
   b. La dirección del caudal del tubo de aspiración se revierte
   c. El aereador opera a una velocidad alta
   d. El tubo de aspiración está separado del aereador
5. **La concentración de OD en el depósito de lodo activado aumenta de 2 a 6 mg/L durante un período de 2 horas. ¿Cuál es la causa más probable?**
   a. El aumento de la carga de la DBO
   b. Material tóxico en el caudal de entrada
   c. La nitrificación se está produciendo
   d. Inundación del aereador

PROBLEMAS DE CALIDAD DEL LODO

Los problemas de calidad del lodo pertenecen a una de las dos categorías principales: espumaje y abultamiento. En la tabla 8.11 se ofrece un resumen sobre los diferentes tipos de espuma que se observan en los procesos de lodo activado. Tres organismos filamentosos pueden provocar el espumaje del lodo activado: *Nocardia* spp., *Microthrix parvicella*, y Tipo 1863 (excepcional) (Jenkins et al., 2003; Richard, 1989). El *abultamiento* se define como todo lodo que tenga un SVI mayor a 200 mL/g. La mayoría de los filamentos provocarán el abultamiento si están presentes en cantidades lo suficientemente grandes. Las excepciones incluyen: *Nocardia spp.* y Tipo 1863, los que provocan espumaje, pero no abultamiento (Richard, 2003). El abultamiento no filamentoso incluye el abultamiento de lodos de menor edad (flóculo rezagado) y el abultamiento de lodos de mayor edad (flóculo alfiler) que se describieron en la sección de control del proceso. El abultamiento no filamentoso también incluye el abultamiento de limo debido a la deficiencia de nutrientes. El abultamiento de limo puede o no generar espuma. La figura 8.71, un árbol de decisiones de resolución de problemas, se incluye en las próximas dos páginas de este capítulo.

ESPUMAJE DEL DEPÓSITO DE LODO ACTIVADO

La presencia de un poco de espuma (o materia espumosa) sobre la superficie del depósito de lodo activado es normal. En general, en un proceso correctamente operado, un porcentaje pequeño del reactor estará cubierto con una capa de espuma clara en un patrón débil que se mueve y cambia con la aereación. En la figura 8.72 se muestra un reactor biológico típico. En determinadas condiciones operativas, la espuma puede volverse

Tabla 8.11 Tipos de espuma comúnmente observados en sistemas de lodo activado

Tipo de espuma	Indica
Espuma fina y clara que se dispersa con facilidad. Diez a 25 % de la superficie del depósito.	Condición operativa normal
Espuma fina, blanquecina a grisácea. Se dispersa con facilidad.	Filamento Tipo 1863. SRT < 4 días
Espuma rígida, blanca y ondulante.	Condiciones de puesta en funcionamiento F/M alta o SRT < 4 días Detergentes y agentes tensioactivos Derrame industrial
Espuma espesa, espumosa y de color marrón oscuro. Presencia baja o nula de filamentos en la espuma.	SRT prolongado (lodo de mayor edad) F/M baja (subcargada para la masa de MLVSS)
Espesa, grasosa y de color chocolate. Puede formar una costra en la superficie.	*M. parvicella*
Espesa, grasosa y oscura.	Nocardioformes
Espuma de color marrón oscuro a negra.	Septicidad Descarga industrial
De color gris, volcánica o de tipo piedra pómez.	Reciclado de partículas finas del procesamiento de sólidos o de la recepción de agua de pozos sépticos
Pegajosa, viscosa y de color gris.	Deficiencia de nutrientes

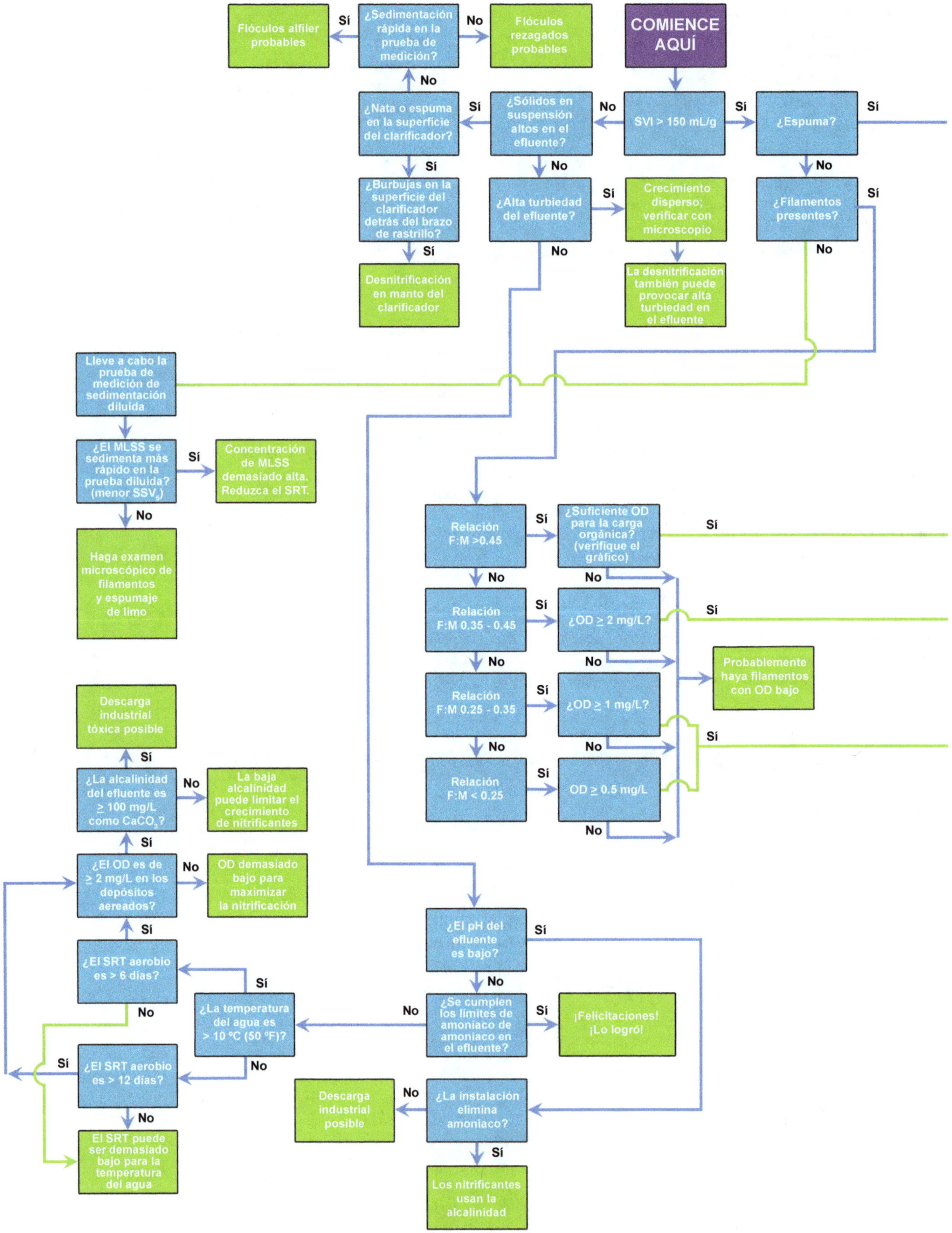

Figura 8.71 Árbol de decisión de resolución de problemas para lodo activado (reimpreso con autorización de Indigo Water Group)

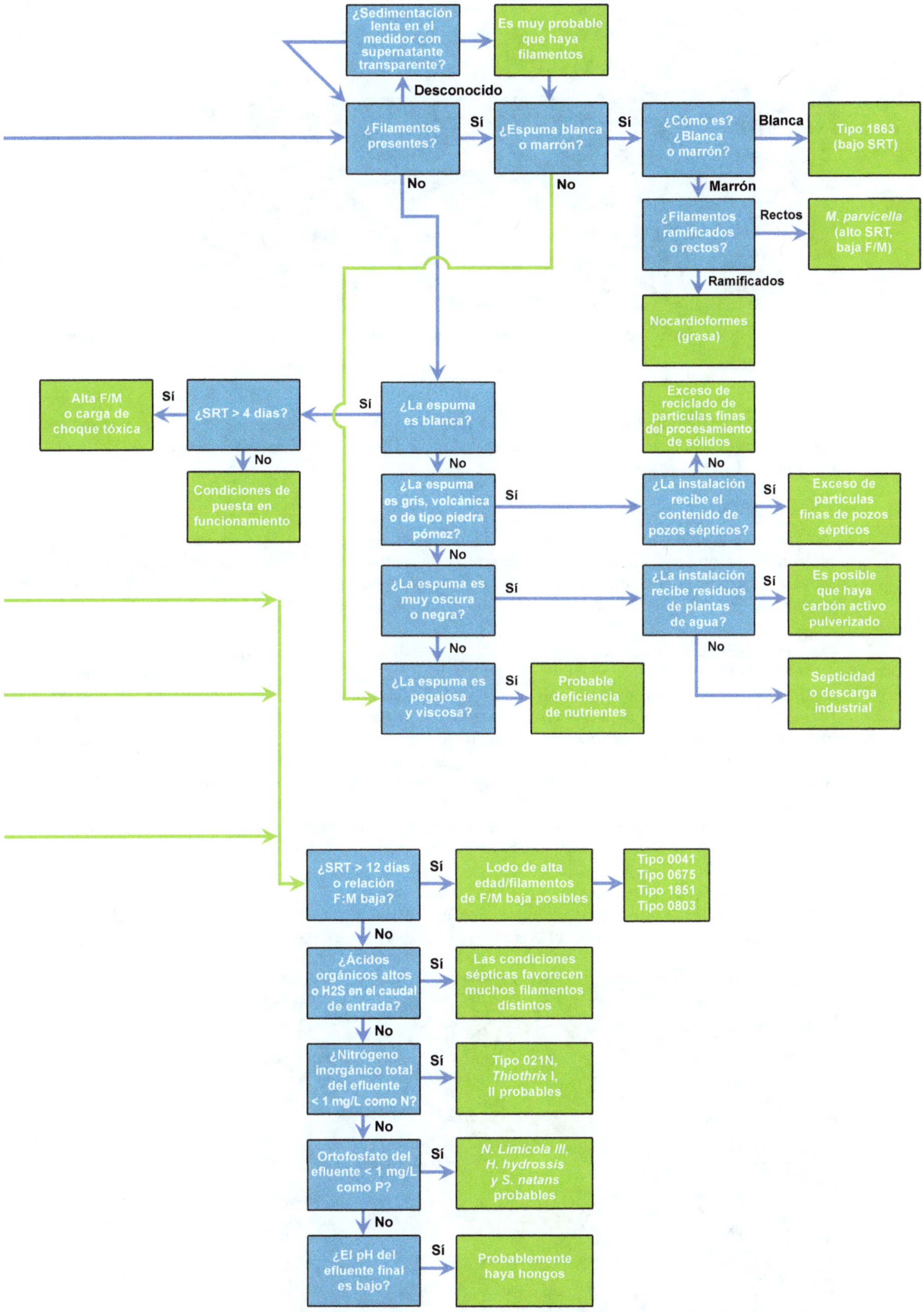

Figura 8.71 (*continuación*)

Figura 8.72 Sistema de lodo activado correctamente operado (reimpreso con autorización de Indigo Water Group)

excesiva y puede degradar las operaciones. El espumaje puede ser desde un inconveniente hasta un problema grave. Durante el clima frío, la espuma puede congelarse y debe eliminarse manualmente con un pico y una pala. Durante el clima cálido, suele generar olores.

Espuma blanquecina a grisácea

La espuma ondulante, blanca y rígida puede ser el resultado de diversas condiciones, pero sobre todo, los problemas de espuma blanca son provocados por las concentraciones bajas de sólidos en los depósitos de lodo activado. La espuma ondulante blanca podría indicar un lodo de menor edad (SRT bajo), y suele encontrarse en instalaciones nuevas o que se han iniciado recientemente (figura 8.54 y figura 8.73).

Cuando el SRT es bajo, la concentración de MLSS también debe ser baja (inventario bajo de sólidos de lodo activado) y la F/M puede ser superior a 0.4 kg DBO_5/kg MLVSS (0.4 lb DBO_5/lb MLVSS). La espuma puede estar conformada por proteínas no degradadas que no pudieron descomponerse con ese SRT. Este tipo de espuma normalmente desaparece al momento en que ha pasado la ventana de la puesta en funcionamiento y el SRT excede los 3 a 4 días. Un aumento repentino en la carga orgánica que crea condiciones similares a las condiciones de la puesta en funcionamiento también puede dar como resultado la espuma blanca. La espuma blanca también puede ser provocada por algunos tipos de detergentes industriales o domésticos poco biodegradables; sin embargo, los detergentes actuales ya han eliminado este problema en gran medida (Jenkins et al., 2003). La espuma ondulante blanca también podría aparecer si hubiera un derrame industrial que fuera tóxico para los microorganismos. Esto está acompañado por una sedimentación deficiente y por la salida hacia fuera del sistema de los sólidos.

Las bacterias filamentosas Tipo 1863 producen una espuma blanquecina a grisácea que colapsa con facilidad cuando la F/M es alta y el SRT es menor a 2 días, y puede contribuir con el espumaje durante la puesta en funcionamiento (Environmental Leverage, 2003). Tipo 1863 también puede aparecer cuando el FOG del caudal de entrada es alto.

Figura 8.73 Espuma ondulante blanca en un depósito de lodo activado (reimpreso con autorización de Kenneth Schnaars)

Si se permite que la espuma, en especial la espuma ondulante blanca, se acumule de manera excesiva, el viento puede volarla hacia las pasarelas y otras estructuras, y crear condiciones de trabajo peligrosas. También puede provocar una apariencia poco atractiva, provocar olores y llevar consigo microorganismos patógenos.

Algunas causas probables de la espuma blanca incluyen las siguientes:

- Las concentraciones bajas del SRT y de los MLSS que resultan de la puesta en funcionamiento del proceso;
- Los MLSS bajos para la carga orgánica actual, que son provocados por el desechado excesivo de lodo o la carga orgánica alta de una industria (con frecuencia sucede después de períodos de carga baja como en los fines de semana o temprano por la mañana);
- El SRT bajo que resulta de la pérdida no intencional de biomasa de lodo activado provocada por
  - Las cargas hidráulicas excesivas o de choque,
  - El manto de lodos alto en el clarificador secundario que da como resultado el lavado de sólidos,
  - El lodo activado no recirculado hacia el depósito de lodo activado,
  - La sedimentabilidad del lodo deficiente, y
  - Las deficiencias mecánicas en el clarificador secundario, tales como fugas en los sellos o válvulas de drenaje abiertas o fallas en el mecanismo de recolección. Verifique si los interruptores de la alarma de torque se han disparado o si el pasador de seguridad está roto.
- La distribución incorrecta de las aguas residuales o de los caudales de LAR hacia los múltiples depósitos de lodo activado provoca la carga orgánica excesiva hacia uno o varios depósitos. Los procesos del reactor secuencial por lotes pueden recibir fácilmente la misma cantidad de caudal mientras reciben cargas de DBO_5 radicalmente diferentes;
- La carga industrial era tóxica para la biomasa; y
- La presencia de bacterias filamentosas Tipo 1863.

Se puede intentar implementar las siguientes medidas, cuando correspondan, para corregir este tipo de problema de espumaje:

- Verifique que el lodo recirculado esté fluyendo hacia el depósito de lodo activado. Mantenga las tasas de recirculado suficientes como para mantener el manto de lodos en el cuarto inferior del clarificador; preferentemente entre 0.3 y 0.9 m (1 y 3 ft) desde el fondo;
- Aumente el SRT disminuyendo o deteniendo el desechado de lodo durante un par de días (los MLSS aumentarán y la F/M disminuirá simultáneamente);
- Controle las tasas de caudal de aire o la sumergencia del aereador mecánico para mantener las concentraciones de OD necesarias para respaldar la F/M actual o la nitrificación en el depósito de lodo activado. Durante la puesta en funcionamiento, pueden necesitarse concentraciones de OD mayores a 3 mg/L durante varios de los primeros días;
- Considere inocular el proceso con lodo activado de una instalación que opera correctamente;
- Haga cumplir las ordenanzas de utilización del alcantarillado para evitar fallas en el proceso y el deterioro del efluente de la instalación controlando el tipo de aguas residuales industriales que ingresan a la instalación de tratamiento;
- Ajuste los vertederos o las válvulas en las cámaras equipartidoras para mantener la distribución adecuada (proporcional a los volúmenes del depósito) de los caudales hacia los múltiples depósitos de lodo activado y hacia los clarificadores secundarios. Puede requerirse la construcción de algún tipo de estructura de distribución de caudal;
- Si no se han proporcionado los caudalímetros, controle visualmente el caudal de lodo recirculado y compare los niveles del manto de lodos en cada clarificador, la concentración de sólidos en suspensión recirculados de cada clarificador, y la concentración de MLSS en cada depósito de lodo activado. Las mediciones respectivas deben ser casi iguales si las aguas residuales, el efluente del depósito de lodo activado, y los caudales de recirculado están correctamente distribuidos y si se están mezclando los MLSS y el LAR de los diferentes trenes de tratamiento;
- Inspeccione el mecanismo del clarificador secundario para detectar si ha fallado o si ha fallado la junta alrededor de la columna central. Repare según resulte necesario;
- Si los depósitos de lodo activado tienen rociadores de agua para el control de espuma, opere los rociadores de agua cuando haya riesgo de que la espuma se vuele hacia las pasarelas y otras estructuras. La espuma ondulante blanca mejora con un rociado fino; y
- Si no se cuenta con rociadores de agua, considere la utilización de antiespumantes o mejorar el sistema de control de espuma utilizando agua del efluente.

Espumas de color marrón excesivas

Estas espumas están relacionadas con las instalaciones que operan con SRT más prolongados o con rangos de carga orgánica más bajos. La espuma espesa de color marrón oscuro con pocos filamentos o ninguno indica un lodo de mayor edad (SRT prolongado). Este tipo de espuma puede provocar problemas adicionales en el clarificador al acumularse detrás de los deflectores del caudal de entrada y en el centro de floculación así como también en la superficie del clarificador. Esto crea un problema de disposición de natas, tal como se muestra en la figura 8.74.

Figura 8.74 Problemas de natas en el clarificador secundario

Las instalaciones diseñadas para eliminar amoníaco pueden tener cantidades bajas a moderadas de una espuma rica de color chocolate provocada por la bacteria filamentosa *M. parvicella*, en especial durante los meses de invierno donde se necesitan edades del lodo más prolongadas para mantener la nitrificación. La espuma de *M. parvicella* puede volverse tan espesa que arriba de ella se forma una costra seca (figura 8.75). Las instalaciones con nocardioformes tendrán una espuma sólida, grasosa y oscura (figura 8.76). Tanto con los nocardioformes como con *M. parvicella*, habrá una mayor cantidad de filamentos en la espuma que en los MLSS, de 10 a 100 veces más (Richard, 2003).

Los *patógenos oportunistas* son organismos que pueden provocar enfermedades en las personas que ya están enfermas, tienen un sistema inmunitario débil, o que están recibiendo quimioterapia. Las personas sanas no suelen ser infectadas por patógenos oportunistas.

Se han aislado de la espuma de lodo activado diversas especies de nocardioformes y *Mycobacterium* que pueden ser *patógenos humanos oportunistas*. El espumaje de lodo activado no debe tomarse a la ligera debido a sus posibles efectos perjudiciales para la salud. Las muestras de espuma y de licor mezclado deben examinarse en el microscopio para determinar si el espumaje es, en realidad, atribuible a los crecimientos filamentosos (Jenkins et al., 2003; Richard, 1989).

El crecimiento de los nocardioformes suele estar relacionado con temperaturas del agua más cálidas; con el FOG; y con SRT más prolongados (en general, de más de 9 días), aunque con frecuencia se encuentra con SRT de 2 días. Sin embargo, la espuma suele tener SRT más prolongados que los MLSS subyacentes, y los cálculos del tiempo de retención pueden ser incorrectos (Richard, 1989). En los experimentos de SRT de lavado en la planta

Figura 8.75 Espuma de *Microthrix parvicella* (reimpreso con autorización de Indigo Water Group)

Figura 8.76 Espuma de nocardioformes (reimpreso con autorización de Indigo Water Group)

de tratamiento de aguas residuales regional de Sacramento se observó una disminución de las poblaciones de nocardioformes a niveles no detectables cuando el SRT era de 2.2 días a 16 °C (60.8 °F) (Cha et al., 1992).

El espumaje de nocardioformes parece implicar la naturaleza cérea e hidrofóbica (resistente al agua) de la pared celular del nocardioforme, lo que tiende a provocar la flotación durante la aereación (Richard, 1989). En otras palabras, los nocardioformes repelen el agua en cierta medida. Las células de los nocardioformes en el licor mezclado se concentran en la espuma y continúan flotando aún después de morir. Las burbujas producidas por la aereación arrastran los filamentos hacia la superficie donde se recolectan en la espuma. Las instalaciones propensas al espumaje de nocardioformes suelen recibir residuos de aceite y lubricantes (por ej., de restaurantes sin separación de grasa), presentan una eliminación de natas primarias deficiente o nula, reciclan natas en lugar de eliminarlas de la instalación, y tienen configuraciones de depósitos de lodo activado como aberturas en la pared sumergida o compuertas del efluente que atrapan espuma.

La mejor manera de manejar el espumaje de nocardioformes es evitar que se produzcan las condiciones que favorecen el crecimiento de nocardioformes. Cuando el espumaje de nocardioformes se consolidó, puede ser extremadamente difícil eliminarlo porque

- La espuma es difícil de disolver con los rociadores de agua y los sistemas de supresión de espuma,
- La espuma no suele responder a los antiespumantes químicos,
- Algunas especies de nocardioformes tienen un SRT de lavado bajo que evita que los sistemas a los que se les requiere eliminar amoníaco las desechen del sistema,
- La espuma tiene un SRT más prolongado que los MLSS porque no se la desecha en el LAP, y
- Los tiempos de retención de sólidos pueden estar limitados por los requisitos de nitrificación.

El crecimiento de *M. parvicella* está relacionado con temperaturas del agua más bajas (12 a 15 °C), con un OD bajo, y con SRT altos (F/M baja). Se propicia su crecimiento cuando se opera con zonas o depósitos anóxicos, anaerobios y aereados de manera intermitente. Estos se utilizan en los procesos de lodo activado que eliminan amoníaco, nitrito, nitrato y fósforo. El espumaje es particularmente problemático durante los meses de invierno cuando las edades del lodo más prolongadas son necesarias para mantener la nitrificación. Es posible que *M. parvicella* provoque abultamiento de lodos sin provocar el espumaje.

Las siguientes son algunas causas probables de este tipo de problema de espumaje:

- El reactor biológico se está operando con SRT excesivamente prolongados;
- La acumulación de una concentración de MLSS alta como resultado de un desechado de lodos insuficiente. Esta condición podría producirse involuntariamente cuando el cambio en la temperatura estacional (de invierno a verano) de las aguas residuales da como resultado una mayor actividad de los microorganismos y, por consiguiente, una mayor producción de lodos;

- Al operar en el modo de reaereación del lodo. Una espuma pesada, de color marrón oscuro y grasosa es normal en el tanque de reaereación del lodo, en particular si el proceso se está operando con una F/M baja; y
- Programa de control de desechado incorrecto.

Se puede intentar implementar las siguientes medidas, cuando correspondan, para corregir los problemas de espumaje provocados por las bacterias filamentosas:

- Disminuya el SRT gradualmente aumentando la tasa de desechado en un 10 % más de masa cada día;
  - Las instalaciones con límites de concentración de amoníaco del efluente estarán limitadas respecto del punto hasta donde es seguro reducir el SRT. En general, un $SRT_{aerobio}$ de 4 a 6 días se necesita para mantener la nitrificación completa cuando la temperatura del agua en el depósito es de 20 °C (68 °F) y de 10 a 15 días cuando la temperatura del agua es de 10 °C (50 °F).
  - Las instalaciones con límites de concentración de amoníaco del efluente deben monitorear las concentraciones de amoníaco del efluente al disminuir el SRT. Si el amoníaco del efluente comienza a aumentar, el SRT debe aumentarse. Si la concentración de OD es menor a 2 mg/L, aumentar la concentración de OD puede aumentar la eficiencia de la nitrificación y puede permitir un SRT más bajo.
- Implemente un mejor programa de control del desechado de lodo activado; y
- Si la espuma contiene filamentos, elimínela de la superficie del agua y envíela a las instalaciones de disposición de sólidos.
  - De ser posible, deseche la espuma directamente de la superficie de los depósitos de lodo activado. La espuma puede desplazarse hacia un extremo del depósito o canal con un rociador de agua. Algunas instalaciones están equipadas con instalaciones de desechado superficial que permitirán que la espuma se desvíe hacia el depósito o canal vacío donde se la puede eliminar.
  - Algunos depósitos de lodo activado tienen paredes internas y deflectores que pueden atrapar espuma. En algunos sistemas de lodo activado, los MLSS fluyen hacia los clarificadores secundarios a través de tubos sumergidos, conocidos como *extracción subsuperficial*, que también puede atrapar espuma en los depósitos. Cuando la espuma comienza a acumularse en un depósito, actúa como una incubadora que favorece el crecimiento de filamentos. Si no se la controla, la espuma puede pasar de cubrir una mínima parte del depósito a desbordar las paredes. No espere hasta que el depósito esté completamente cubierto con espuma antes de comenzar a abordar el problema. Es preferible definir una condición operativa, por ejemplo una cobertura del 30 % del depósito, para cuando comience la medida correctiva.
  - Puede utilizarse un camión atmosférico para eliminar la espuma de la superficie del depósito de lodo activado y entregarla a un relleno sanitario para su disposición. Esto puede ser muy útil para los diseños de depósito que atrapan espuma. Este es el caso típico donde se trata el síntoma en lugar de la enfermedad. Sería mejor determinar qué es lo que está causando el problema y corregirlo en lugar de recurrir al camión atmosférico.
  - Asegúrese de que la espuma no se está reciclando nuevamente hacia la WRRF. Si los nocardioformes se están bombeando hacia los digestores aerobios o anaerobios, se podría producir el espumaje en los digestores. Los flujos de reciclado de los digestores y de los equipos de deshidratación pueden volver a inocular el depósito de lodo activado con filamentos, algunas veces estableciendo un círculo vicioso donde la espuma no puede eliminarse. Lo ideal sería enviar la espuma hacia un relleno sanitario. No acarree espuma hacia otra WRRF para su disposición.
  - Cuando la espuma se elimina de los depósitos de lodo activado, incluya los sólidos eliminados en la espuma en los cálculos de lodo de purga. Durante la operación normal, la cantidad de sólidos que se eliminan con la espuma es demasiado insignificante. Sin embargo, durante el espumaje intenso, se puede eliminar hasta un 10 % de sólidos de LAP con la espuma.
- Si se presentan filamentos, intente identificar el tipo y la causa del filamento (consulte la sección sobre el abultamiento de lodos con microorganismos filamentosos presentes para obtener más información);
- Implemente un mejor programa de control del desechado de lodo activado; y
- Si la espuma contiene filamentos, elimínela de la superficie del agua y envíela a las instalaciones de disposición de sólidos. Asegúrese de que la espuma no se está reciclando nuevamente hacia la WRRF.

Espuma muy oscura o de color negro

La presencia de una espuma muy oscura o de color negro indica una aereación insuficiente, que da como resultado condiciones anaerobias/sépticas, o la presencia de residuos industriales tales como tinturas o tintas. Este tipo de espuma suele estar acompañado por un olor agrio o un olor a inodoro portátil. Los MLSS muy oscuros o de color negro sin espumaje ni olores pueden ser provocados por la descarga de carbón activado pulverizado por parte de una instalación de tratamiento de agua potable aguas arriba. Se puede intentar implementar las siguientes medidas, cuando correspondan, para corregir este tipo de problema de espumaje:

- Aumentar la aereación e
- Investigar la fuente de residuos industriales para determinar si la apariencia es el resultado de tinturas o tintas.

Espuma viscosa de color gris

El abultamiento y el espumaje viscosos están relacionados con la deficiencia de nutrientes. También se conoce como *abultamiento de limo*. Cuando los microorganismos no tienen la cantidad necesaria de nitrógeno, fósforo u otro nutriente esencial para continuar creciendo y reproduciéndose, producen un exceso de exopolímero. Recuerde la descripción del capítulo 5 sobre cómo las bacterias heterótrofas ganan energía de los compuestos orgánicos. Cuando las bacterias tienen todo lo que necesitan para crecer y reproducirse, se produce alrededor de 0.6 kg (6 lb) de nuevas bacterias por cada kilogramo (libra) de DBO_5 que ingresa al proceso de lodo activado. Una parte de la materia orgánica sale de la bacteria como dióxido de carbono y agua. Cuando no están disponibles los nutrientes, las bacterias continuarán tomando material orgánico. Deben tener energía para continuar viviendo. Sin embargo, sin los nutrientes esenciales, no pueden formar las proteínas que necesitan para multiplicarse. Como resultado, las bacterias terminan con un exceso importante de carbón que tiene que ir hacia algún lado. Se produce exopolímero en lugar de más bacterias. El exopolímero tiene casi la misma densidad que el agua circundante y provoca que las partículas floculadas se sedimenten con mayor lentitud. En casos extremos, puede que el lodo no se sedimente en absoluto. El lodo activado con deficiencia de nutrientes también puede producir una espuma pegajosa y viscosa.

Si una muestra de MLSS con deficiencia de nutrientes se trata con tinción de tinta India y se examina en el microscopio, el exceso de exopolímero se presentará como manchas blancas. Los flóculos saludables se verán con un color negro sólido. La tinta India puede comprarse en cualquier tienda de arte y en muchas tiendas y supermercados. Está hecha de partículas finas y negras de carbón en suspensión en agua. Las partículas negras de carbón pueden penetrar en los flóculos saludables, pero no pueden penetrar a través de las acumulaciones de exopolímero. En casos extremos, la muestra puede verse como un grupo de huevos de pescado o rana con una única bacteria o una masa de bacterias rodeadas de exopolímero blanco.

Para corregir la deficiencia de nutrientes, el operador debe determinar cuál es el nutriente que está limitando el crecimiento de los microorganismos y después agregarlo continuamente al proceso. En general, se acepta que una relación de 100 a 5 a 1 de DBO_5 a N a P se necesita para respaldar la correcta formación de flóculos. Esto significa que si la concentración de DBO_5 del caudal de entrada es de 170 mg/L, debe haber al menos 8.5 mg/L de nitrógeno y 1.7 mg/L de fósforo. Otros nutrientes, como el hierro, también pueden limitar el crecimiento.

Espuma volcánica o de tipo piedra pómez

Este tipo de espuma es el resultado del reciclado de cantidades excesivas de sólidos finos de los procesos de procesamiento de sólidos, en especial de los digestores anaerobios. Las partículas finas pueden reciclarse de los digestores y de las operaciones de espesamiento y deshidratación. Las partículas finas también pueden introducirse con los residuos acarreados del sistema séptico. Las partículas finas no floculan correctamente y pueden provocar problemas de natas y espumaje así como también un aumento en la turbiedad del efluente. Para corregir el problema, los operadores deben enfocar su atención en mejorar la calidad del sobrenadante del digestor y en mejorar la retención de sólidos en las operaciones de deshidratación.

COMPROBACIÓN DE CONOCIMIENTOS

1. **Una el color de la espuma con su causa más probable.**

1. Espuma fina blanquecina a grisácea	a. Lodo de mayor edad
2. Espuma ondulante blanca	b. F/M baja
3. Espuma grasosa y oscura	c. Deficiencia de nutrientes
4. Espuma espesa, grasosa y de color chocolate con costra	d. Condiciones sépticas
5. Espuma oscura o de color negro	e. Tipo 1863
6. Espuma pegajosa y viscosa	f. Reciclado de partículas finas
7. Espuma volcánica o de tipo piedra pómez	g. Nocardioformes
8. Espuma espesa, espumosa y de color marrón oscuro	h. *M. parvicella*

2. **Al poner en funcionamiento una nueva instalación, ¿cuánto tiempo suele tomar que desaparezca la espuma de la puesta en funcionamiento?**
   a. Alrededor de 24 horas
   b. 2 a 4 días
   c. 5 a 7 días
   d. 2 semanas

3. **Una tormenta triplicó el caudal de entrada a la WRRF. Después de la tormenta, se observa espuma blanca en la superficie de los depósitos de lodo activado y ha disminuido la concentración de LAR. ¿Por qué?**
   a. La pérdida de sólidos del clarificador disminuyó el SRT
   b. Presencia de un compuesto tóxico en el caudal de aguas pluviales
   c. El caudal de recirculado de LAR es demasiado alto
   d. El pH de los MLSS disminuyó por debajo de 6.5

4. **La espuma de color marrón debe eliminarse las superficies del depósito de lodo activado y del clarificador para**
   a. Mejorar la apariencia general de la instalación
   b. Evitar la inundación de los aereadores mecánicos
   c. Evitar que el viento la vuele hacia las pasarelas
   d. Reducir la cantidad de bacterias filamentosas

5. **Se requiere que un sistema de lodo activado elimine amoníaco. La temperatura del agua es de actualmente 15 °C y el $SRT_{aerobio}$ es de 24 días. La espuma espesa y grasosa de color chocolate cubre la superficie de los depósitos de lodo activado y ha llenado por completo los pozos de flóculos del clarificador. El operador debe**
   a. Realizar la cloración del LAR
   b. Eliminar manualmente la espuma y reducir el SRT
   c. Disminuir las concentraciones de OD en los depósitos
   d. Aumentar la velocidad del brazo del rastrillo del clarificador

6. **Los MLSS gradualmente cambiaron de claros a casi de color negro después de algunas horas. Las concentraciones de oxígeno disuelto son normales y no hay un espumaje excesivo. No ingresó ningún flujo lateral al depósito durante este tiempo. ¿Qué puede haber provocado el cambio de color?**
   a. Las condiciones sépticas
   b. El lodo reciclado del digestor
   c. El carbón activado pulverizado
   d. La presencia del filamento Tipo 021N

7. **Las superficies del depósito de lodo activado y del clarificador están cubiertas con espuma de color marrón. El examen microscópico demuestra que casi no hay filamentos en la espuma. ¿Qué debe ser cierto?**
   a. *M. parvicella* está provocando el espumaje.
   b. El SRT es prolongado y la F/M es baja.
   c. Los nocardioformes están provocando el espumaje.
   d. Se está produciendo la desnitrificación en el clarificador.

8. **Estas bacterias filamentosas formadoras de flóculos suelen provocar problemas durante los climas más fríos.**
   a. Nocardioformes
   b. Tipo 021N
   c. Tipo 1863
   d. *M. parvicella*

9. **Se requiere que una WRRF elimine amoníaco. Los depósitos de lodo activado están cubiertos con una espuma espesa, grasosa y de color marrón. La temperatura del agua en el depósito es de actualmente 10 °C. ¿Cuánto puede el operador disminuir el SRT aerobio antes de correr el riesgo de perder la nitrificación?**
   a. 4 días
   b. 6 días
   c. 9 días
   d. 15 días

10. **Una WRRF doméstica recibe la mayor parte de sus aguas residuales de una fábrica de procesamiento y envasado de frutas. La WRRF tiene un problema constante con la espuma limosa, viscosa y de color gris. Para solucionar el problema, se necesita**
    a. Eliminar la espuma con un camión atmosférico
    b. Aumentar las concentraciones de OD en el depósito
    c. Agregar los nutrientes faltantes
    d. Agregar polímero para facilitar la sedimentación de partículas finas

11. **Las partículas finas excesivas de la recepción de agua de pozos sépticos o de los procesos de procesamiento de sólidos generan una espuma de tipo piedra pómez porque**
    a. Las partículas finas no se floculan correctamente
    b. Se promueve el crecimiento de Tipo 1947
    c. El polímero en el reciclado provoca el espumaje
    d. Faltan los nutrientes vitales

ABULTAMIENTO DE LODOS DE MAYOR EDAD

El *abultamiento de lodos* se define como los MLSS que tienen un SVI mayor a 200 mL/g. El abultamiento de lodos puede ser provocado por el crecimiento disperso, la presencia de filamentos, la estructura deficiente del flóculo, y la deficiencia de nutrientes.

El crecimiento disperso se produce cuando los MLSS no floculan. Los microorganismos no producen la cantidad suficiente de exopolímero como para que los flóculos se formen correctamente. La presencia de un sobrenadante opaco sobre el lodo de sedimentación lenta en la prueba de sedimentación indica un abultamiento de crecimiento disperso y la carga orgánica incorrecta, la sobreaereación o la presencia de tóxicos (figura 8.77). El crecimiento disperso suele suceder durante un breve período de tiempo durante la puesta en funcionamiento y después de un choque tóxico o una carga orgánica pesada (aumento de la F/M). El crecimiento disperso aún no se comprende bien.

La presencia de un sobrenadante claro sobre el lodo de sedimentación lenta que se compacta de manera deficiente (SVI ato) indica que la presencia de microorganismos filamentosos está impidiendo la sedimentación. Los filamentos crecen en respuesta a las condiciones operativas específicas. Los filamentos también pueden reciclarse de los procesos de procesamiento de sólidos. La presencia de microorganismos filamentosos se corrige mediante la mejora del ambiente de tratamiento ajustando el SRT, corrigiendo la concentración de OD en el reactor biológico, corrigiendo una condición del pH, eliminando los ácidos orgánicos excesivos, o agregando nutrientes como el nitrógeno, el fósforo y el hierro.

Las siguientes son algunas causas probables de los problemas de espumaje:

- Si están presentes los microorganismos filamentosos (abultamiento filamentoso)
  - SRT excesivamente prolongado;
  - Concentraciones bajas de OD en los reactores biológicos;
  - Nutrientes insuficientes;
  - pH incorrecto, demasiado bajo o muy variable;

Figura 8.77 Crecimiento disperso en una prueba de sedimentación (reimpreso con autorización de Indigo Water Group)

- Temperatura cálida de las aguas residuales;
- Carga orgánica muy variable;
- Los residuos industriales con una DBO alta y con nutrientes bajos (N y P) como azúcares simples o carbohidratos (por ej., residuos de suero de leche);
- Concentraciones altas de sulfuro del caudal de entrada que causan que el microorganismo filamentoso, *Thiothrix*, crezca y produzca el abultamiento filamentoso. (Nota: Si una cantidad alta de sulfuros está presente en las aguas residuales, los nódulos en el filamento *Thiothrix* brillarán después de que se haya realizado la tinción de la muestra. Si los nódulos en el filamento *Thiothrix* no brillan después de la realización de la tinción, entonces puede tratarse de una indicación de deficiencia de nutrientes);
- Las grandes cantidades de filamentos presentes en el caudal de entrada de aguas residuales o en los flujos de reciclado; y
- Gradiente de DBO_5 soluble insuficiente (tal como se ha observado en los reactores biológicos de mezcla completa).

- Si la presencia de microorganismos filamentosos es baja o nula (abultamiento de crecimiento disperso)
  - SRT excesivamente alto o bajo,
  - Carga orgánica incorrecta, F/M demasiado alta o baja,
  - Sobreaereación,
  - Deficiencia de nutrientes, y
  - Material tóxico.

El primer paso en el análisis de una condición de abultamiento de lodos es examinar el licor mezclado en un microscopio.

La tinción de Gram y la tinción de Neisser son dos tipos de tinciones que pueden aplicarse a muestras de lodo activado preparadas correctamente en una lámina del microscopio. Las bacterias filamentosas pueden identificarse en grampositivas (morado), gramnegativas (rosado), Neisser negativas (pajizo), o Neisser positivas (azul oscuro a morado/negro). Es casi imposible identificar correctamente la mayoría de los filamentos sin las tinciones.

Presencia de microorganismos filamentosos

El primer paso para la reducción de la cantidad de filamentos es identificar el filamento a través de la tinción y el examen microscópico. Después de que se ha identificado el filamento, puede eliminarse la condición que propicia su crecimiento. Por ejemplo, *M. parvicella* está relacionado con SRT más prolongados, mientras que *H. hydrossis* está relacionado con un OD bajo. Al identificar el filamento se suele identificar la condición subyacente. En la tabla 8.1 al comienzo de este capítulo se enumeran los diferentes filamentos que suelen aparecer en el lodo activado y las condiciones que propician su crecimiento. Todas las WRRF con procesos de lodo activado deben tener una copia de *Manual on the Causes and Control of Activated Sludge Bulking, Foaming, and Other Solids Separation Problems* (Jenkins et al., 2003). Si el personal de la instalación no cuenta con los equipos o la experiencia necesaria, se debe recurrir a la ayuda de terceros. La identificación adecuada requiere la *tinción de Gram o de Neisser* y un buen microscopio capaz de ofrecer un aumento de 1000×. Utilice los cuadros de identificación de filamentos para determinar qué filamentos están presentes y la causa más probable de su proliferación. Muchos filamentos son similares y no se pueden identificar de manera concluyente sin la tinción. Intentar adivinar es contraproducente porque suele dar como resultado la implementación de una medida correctiva errónea.

Los nocardioformes y *M. parvicella* son grampositivos y se verán morados después de la tinción de Gram (Jenkins et al., 2003). *Nocardia* es un filamento corto con ramificaciones (figura 8.78), mientras que *M. parvicella* es un filamento largo y espiralado que no presenta ramificaciones (figura 8.79). Los nocardioformes suelen tener de 5 a 30 mm de largo (Jenkins et al., 2003). Los filamentos de *M. parvicella* suelen tener de 50 a 200 mm de largo (Jenkins et al., 2003). Estos dos filamentos se identifican con facilidad, en especial cuando se combinan con una abundante cantidad de espuma de color marrón en los depósitos de lodo activado.

En general, un tipo de filamento se presenta en grandes cantidades, y uno o varios filamentos de otro tipo se presentan en menores cantidades. Por ejemplo, *Sphaerotilus natans* suele ser dominante con pequeñas cantidades de *Haliscomenobacter hydrossis* en un sistema que padece un OD bajo. Dado que el crecimiento de muchos filamentos está relacionado con más de una condición adversa (OD bajo, F/M baja, etc.), puede ser muy útil identificar múltiples filamentos.

Si está presente una cantidad de moderada a grande de microorganismos filamentosos, una o varias de las siguientes medidas correctivas pueden implementarse para eliminar la condición que está respaldando el crecimiento de los filamentos:

- Muchos filamentos proliferan con SRT más altos. Muchos filamentos crecen más lento y necesitan SRT más prolongados para tener tiempo de reproducirse y acumularse. Verifique las condiciones operativas actuales y confirme que el SRT esté dentro del rango deseado.
- Mida la concentración de OD en diferentes ubicaciones a lo largo de todo el depósito de lodo activado. Muchas WRRF tienen múltiples zonas dentro de sus depósitos de lodo activado o depósitos separados para proporcionar condiciones anaerobias, anóxicas y aereadas. Esta sección aplica solo a las zonas y a los depósitos aereados. Para los SBR, esta sección aplica a la fase aereada del ciclo.
    - Si la concentración típica de OD en todo el depósito es menor a 0.5 mg/L, la cantidad de OD en el depósito de lodo activado puede ser insuficiente. Aumente la aereación hasta que el OD aumente de 1.5 a 3 mg/L en todo el tanque. Algunas instalaciones operan con concentraciones de OD de 0.5 mg/L en el extremo del efluente del depósito después de satisfacer sus requisitos de nitrificación.
    - Si las concentraciones de OD son cercanas a cero en algunas partes del depósito, pero son más altas en otras ubicaciones, el sistema de distribución de aire en un sistema de aereación difusa puede estar desequilibrado o se puede necesitar la limpieza de los difusores en un área del depósito. Equilibre el sistema de aire y limpie los difusores. Si se utiliza un sistema aereado mecánicamente, aumente la velocidad del aereador, o eleve los vertederos de desborde, o aumente el aire si el aereador mecánico también está equipado con un rociador de aire.

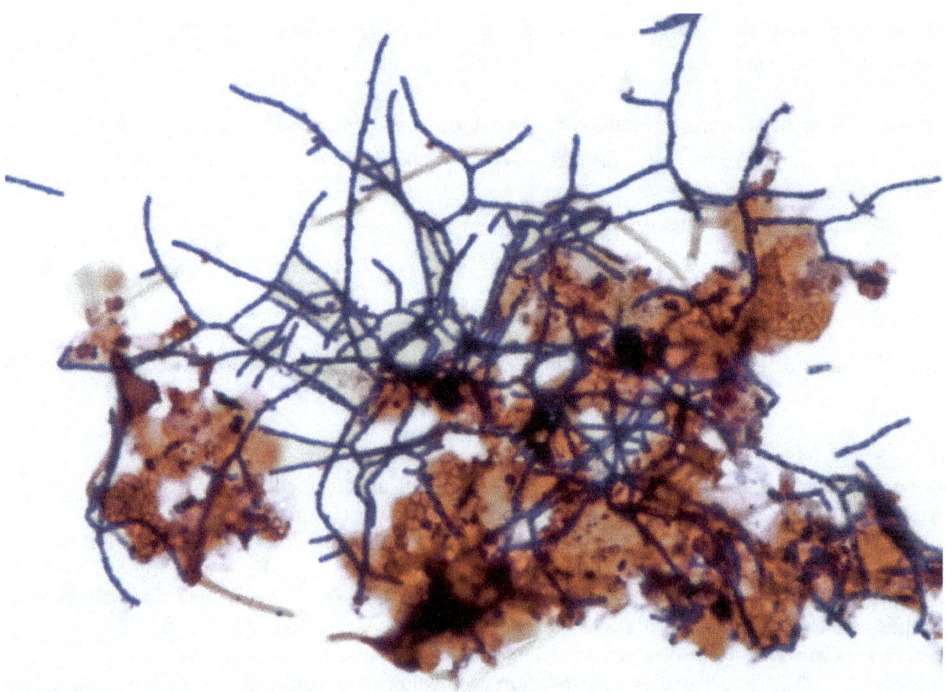

Figura 8.78 Nocardia con flóculos después de la tinción de Gram (reimpreso con autorización de Toni Glymph-Martin)

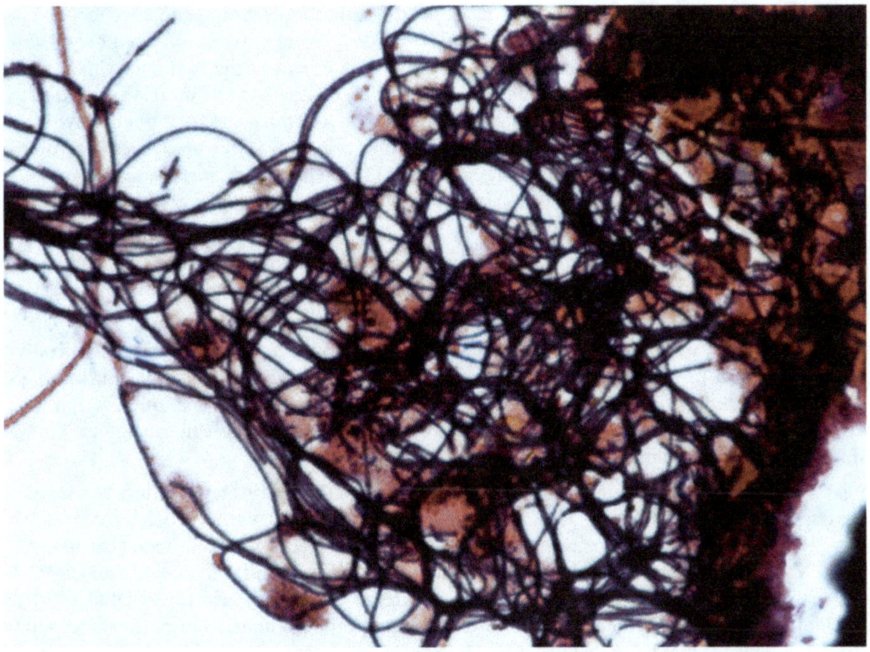

Figura 8.79 ***Microthrix parvicella*** **con flóculos después de la tinción de Gram (reimpreso con autorización de Toni Glymph-Martin)**

- Si la concentración de OD es baja solo en la cabecera del tanque, el que se está operando con un patrón de flujo pistón, considere cambiarlo a un patrón de caudal de *alimentación escalonada* o de mezcla completa, o utilizar la aereación graduada, de ser posible. Una concentración baja de OD solo en la cabecera del depósito puede no ser un problema siempre que el tiempo de reacción adecuado esté disponible en el resto del depósito.

- Mida el pH dentro de los depósitos de lodo activado. Si el pH en el depósito es menor a 6.5 o si es muy variable, la sedimentabilidad se puede ver afectada porque las bacterias que se sedimentan con facilidad están inhibidas. La operación crónica con pH bajo también puede propiciar el crecimiento de hongos en los MLSS y afectar la sedimentabilidad. El pH del depósito puede verse afectado por las características del caudal de entrada de aguas residuales y por los procesos biológicos que tienen lugar dentro de los procesos de lodo activado.
  - Si el pH de las aguas residuales crudas es menor a 6.5 y el pH del suministro de agua es más alto, el problema de pH bajo puede ser el resultado de los residuos industriales, y debe realizarse una inspección para identificar la industria que está descargando el agua con pH bajo. El mejor procedimiento, de ser posible, es prevenir el problema controlando directamente la fuente. Un buen monitoreo de residuos industriales y el programa de cumplimiento evitarán muchas de las dificultades en esta área.
  - La nitrificación, la conversión de amoníaco en nitrito y nitrato, destruye la alcalinidad y puede reducir el pH del reactor biológico. El proceso de nitrificación puede inhibirse con niveles de pH por debajo de 7.0 unidades estándar (SU) y podría interrumpirse si el pH disminuye por debajo de 6.5 SU. Si esta es la causa del problema, aumente el pH de los MLSS agregando una base, como bicarbonato de sodio ($NaHCO_3$), soda cáustica (NaOH), cal [$Ca(OH)_2$], o hidróxido de magnesio [$Mg(OH)_2$] en la cabecera del reactor biológico. Las instalaciones con digestores anaerobios no deberían utilizar productos químicos que contengan magnesio porque el magnesio puede provocar o aumentar la formación de *estruvita* en los digestores anaerobios. Si se requiere la nitrificación, se debe mantener el pH de los MLSS por arriba de 7.0 SU y se lo debe mantener lo más constante posible para propiciar una tasa aceptable de nitrificación. Asegúrese de que el sistema de tratamiento no se vea impactado por los niveles altos de pH ni reciba una sobredosis del producto químico con niveles de pH mayores a 9 SU.
  - Al determinar la cantidad de $NaHCO_3$, NaOH, $Ca(OH)_2$, o $Mg(OH)_2$ necesaria para el ajuste de pH, obtenga y pese (o mida) una pequeña cantidad (1 a 2 g) del producto químico que realmente se utilizará en el proceso de tratamiento. Mientras agita la muestra medida, agregue pequeños aumentos del producto químico hasta que el pH sea de aproximadamente 7.2 SU. Después, pese (o mida) la parte no utilizada para determinar la cantidad utilizada en la titulación.
  - El agregado de $NaHCO_3$, NaOH, $Ca(OH)_2$, o $Mg(OH)_2$ para aumentar el pH es costoso; por lo tanto, la utilización de productos químicos debe monitorearse cuidadosamente para que no se alimente al proceso un exceso del producto químico. La sedimentabilidad del licor mezclado debe monitorearse detenidamente para observar cambios y garantizar que el producto químico agregado es efectivo. Si no se produce ninguna mejora en 2 a 4 semanas, y tampoco se produce ningún tipo de cambio en el proceso, entonces se debe detener el agregado de productos químicos.

El lodo activado de *alimentación escalonada* agrega el caudal de entrada o el efluente primario en múltiples ubicaciones a lo largo de todo el depósito para distribuir la carga. La alimentación escalonada se describe casi al final de este capítulo.

La *estruvita*, magnesio amonio fosfato, es un cristal molesto que puede formarse en los digestores anaerobios. La fórmula química de la estruvita es $MgNH_4PO_4$. La estruvita puede formar una capa en el interior de las tuberías, las bombas, los mezcladores de los digestores, y otros equipos. Es difícil de eliminar, por lo tanto, se deben evitar las condiciones que favorecen su formación.

- Algunos consideran que una concentración baja y uniforme de la DBO soluble, tal como se observó en los depósitos de mezcla completa, propicia el crecimiento de ciertos tipos de microorganismos filamentosos. Estos filamentos compiten con los formadores de flóculos para provocar el abultamiento de la F/M baja. Una técnica propuesta para el control de los filamentos de la F/M baja es la utilización de una zona de mezcla no aereada (selector anóxico o anaerobio) para las aguas residuales y para el LAR. Los selectores anóxicos pueden ayudar a controlar los nocardioformes, *M. parvicella,* y otros filamentos (Parker et al., 2014). Los selectores anaerobios para la EBPR también controlan los nocardioformes (Parker et al., 2014). En la zona de mezcla, se proporciona un ambiente con una tasa de crecimiento alta para propiciar el crecimiento de los organismos formadores de flóculos en detrimento de los organismos filamentosos.
- Las aguas residuales domésticas no suelen presentar limitaciones de nutrientes. Sin embargo, si una instalación está recibiendo una descarga industrial, como por ej. de una empresa de envasado, podría tener lugar un residuo deficiente en nutrientes.
    - Mida las concentraciones de N y P en el efluente final. Si la suma de amoníaco, nitrito, y nitrógeno nitrato en el efluente final es mayor a 1 mg/L como N, entonces el nitrógeno no debe ser el limitante. Asimismo, si el ortofosfato en el efluente final es mayor a 0.5 mg/L como P, el fósforo no debe ser el limitante. Las muestras deben recolectarse al final del depósito de lodo activado antes de que se agregue cualquier producto químico para precipitar el fósforo.
    - Si se presumen las limitaciones de nutrientes, calcule las relaciones entre DBO_5 y nitrógeno (utilice el nitrógeno Kjeldahl total, que se expresa como N), entre DBO_5 y fósforo (se expresa como P), y entre DBO_5 y hierro (se expresa como Fe). Generalmente, un equilibrio de nutrientes adecuado en un sistema de lodo activado es de 100 : 5 : 1 (DBO : N : P). En general, el amoníaco anhidro se utiliza para agregar nitrógeno, el fosfato trisódico se utiliza para agregar fósforo, y el cloruro férrico se utiliza para agregar hierro. La relación entre DBO_5 y nutrientes requeridos cambia con el SRT. Por ejemplo, los TPRC altos producen una menor cantidad de lodo y dan como resultado requisitos más bajos de nitrógeno y fósforo. Normalmente, 3 a 5 mg/L de nitrógeno (3 mg/L con SRT altos y 5 mg/L con SRT bajos) y 1 mg/L de fósforo se requiere por cada 100 mg/L de DBO_5.

Si en las aguas residuales no hay una cantidad suficiente de nutrientes, pueden suceder tres cosas:

1. Las bacterias filamentosas predominarán o dominarán a los MLSS;
2. Los materiales orgánicos se convertirán parcialmente en productos finales; es decir, tendrá lugar una eliminación ineficiente de DBO_5 o DQO; y
3. El abultamiento y el espumaje de limo pueden tener lugar.

Si se agrega un exceso de nutrientes a las aguas residuales para sobrecompensar una deficiencia de nutrientes, puede que una fracción grande de dichos nutrientes no se incorpore a los MLSS y, por lo tanto, pase hacia el efluente. Si así se lo requiere, los nutrientes deben agregarse en la cabecera del depósito de lodo activado. La sedimentabilidad del licor mezclado debe observarse con detenimiento para detectar si está mejorando. Si la sedimentabilidad mejora, la dosis de nutrientes puede reducirse en un 5 % por semana hasta que la sedimentabilidad disminuya. Después, la dosis debe aumentarse en un 5 % y se debe observar la sedimentabilidad. La reducción gradual de la dosis ayudará al operador a determinar la dosis óptima.

Los nutrientes son costosos y deben aplicarse con cuidado. La dosificación de nutrientes debe aumentarse a medida que aumenten las concentraciones de DBO, lo que toma en cuenta los efectos del crecimiento adicional de microorganismos que se producirá. Si la sedimentabilidad no mejora fácilmente, la dosificación de nutrientes debe continuarse hasta que se identifique y se solucione el problema real porque los problemas que están provocando la sedimentabilidad deficiente pueden estar interrelacionados.

Control del abultamiento filamentoso

Un método práctico para controlar el abultamiento filamentoso incluye lo siguiente:

- La confirmación de que el problema sin duda es provocado por los filamentos,
- La identificación de los filamentos implicados utilizando tinciones de Gram y de Neisser,
- La obtención de asistencia de expertos externos para identificar los filamentos de ser necesario, y
- La determinación del conjunto específico de soluciones adecuadas (tanto a corto como a largo plazo) para los filamentos implicados, como a continuación:
    - Las soluciones a corto plazo implican el tratamiento de los síntomas: el cambio de los puntos de alimentación del caudal de entrada, el cambio de los caudales de LAR, el agregado de facilitadores de sedimentación, el agregado de productos químicos para destruir los filamentos; y la eliminación de espuma; y
    - Las soluciones a largo plazo implican el tratamiento de la causa: el cambio del SRT, el cambio de las tasas de aereación, el control del pH del licor mezclado, el control de la septicidad del caudal de entrada y de los ácidos grasos volátiles, y el agregado de nutrientes.

Muchos filamentos pueden reducirse o eliminarse agregando cloro. La cloración expone el lodo activado a niveles de cloro que dañan los filamentos que se extienden desde la superficie del flóculo mientras mantienen los microorganismos dentro del flóculo, en gran medida, inalterados. La dosis de cloro y la frecuencia con la que los organismos están expuestos al cloro son los dos parámetros más importantes. La dosis de cloro debe basarse en el inventario de sólidos en el proceso (los reactores biológicos más los clarificadores). Jenkins et al. (2003) recomendaron la dosificación al menos tres veces al día con las siguientes concentraciones:

- 2 a 3 kg Cl_2/1000 kg MLSS·d (2 a 3 lb Cl_2/d/1000 lb MLSS) para mantener el SVI existente y evitar el crecimiento de nuevos filamentos;
- 5 a 6 kg Cl_2/1000 kg MLSS·d (5 a 6 lb Cl_2/d/1000 lb MLSS) aplicados durante varios días pueden utilizarse para destruir los filamentos existentes y reducir el SVI a un nivel manejable; y
- 10 a 12 kg Cl_2/1000 kg MLSS·d (10 a 12 lb Cl_2/d/1000 lb MLSS) como dosis de choque para controlar un sistema con abultamientos graves. La dosificación dañará las partículas floculadas y es probable que aumente la turbiedad y los SST del efluente.

Cuando se agrega *cloro* a las aguas residuales, se combina con el material orgánico, los metales, el sulfuro de hidrógeno, y otros compuestos. En el proceso, se convierte de cloro (Cl_2) a ion de cloruro (Cl^-). El cloro es un desinfectante y puede medirse como cloro residual. Se utiliza el cloro, ya no puede oxidar y no se puede medir como cloro residual. La cantidad total de cloro agregado es la dosis. El cloro consumido es la demanda y el cloro restante es residual. Dosis = Demanda + Residual

El *cloro* en estas dosis puede que no funcione si 1) la concentración de MLSS es muy alta o 2) las aguas residuales contienen otros compuestos que consumen el cloro antes de que pueda matar/dañar los filamentos (Flippin y Gill, 2009). En estos casos, una cantidad suficiente de cloro debe agregarse para mantener el cloro residual en, o por arriba de, 1 mg/L en todo el depósito de lodo activado durante 30 minutos, tres veces al día (Flippin and Gill, 2009). El *ensayo de jarra* debe realizarse para determinar la dosis necesaria.

El agregado de cloro es similar a los tratamientos de quimioterapia para el cáncer. Si puede matar filamentos, también matará otros microorganismos. Las bacterias filamentosas y las formadoras de flóculos no difieren en gran medida en cuanto a su susceptibilidad al cloro (Richard, 1989). Si la dosis es demasiado alta, el cloro puede provocar la turbiedad alta del efluente, la floculación deficiente, y la pérdida de nitrificación. El agregado de cloro debe utilizarse solo como último recurso y debe detenerse tan pronto como mejore la sedimentabilidad del lodo. Un método es ajustar un SVI objetivo (u otra medición de sedimentabilidad) para la operación satisfactoria de los clarificadores secundarios y las unidades de procesamiento de sólidos. El SVI objetivo puede seleccionarse en función de la experiencia operativa previa o utilizando el cuadro en la figura 8.50. El cloro se agrega solo cuando el SVI objetivo se ha excedido significativamente y de forma consistente (Jenkins et al., 2003). Este método de control de filamentos trata el síntoma, no el problema subyacente.

El *ensayo de jarra* utiliza pequeñas muestras de aguas residuales y diferentes dosis de un producto químico para determinar cuál es la mejor dosis para alcanzar el resultado deseado.

La ubicación del punto de aplicación del cloro es fundamental. El punto debe estar ubicado donde la mezcla sea excelente y donde el lodo esté concentrado (Richard, 1989). Los puntos típicos de aplicación incluyen

- Entrada o descarga de la bomba de lodo activado recirculado,
- Directamente dentro del depósito de lodo activado en cada aereador,
- Directamente en la espuma acumulada en el depósito de lodo activado o en la superficie del clarificador, y
- Entrada o descarga de la bomba de reciclado de licor mezclado interno.

La cloración de lodo activado recirculado no es muy efectiva para el control de los nocardioformes (Jenkins et al., 2003). Los nocardioformes permanecen mayormente dentro del flóculo y no estarán expuestos al cloro. Un método mejor es rociar la superficie del depósito de lodo activado con un rociado fino de una solución con cloro. Varias instalaciones han controlado con éxito los nocardioformes utilizando una dosis de cloro de 0.5 a 1.0 mg/L Cl_2 directamente sobre la espuma (Jenkins et al., 2003). La dosificación se basa en el caudal hacia el depósito.

Las pruebas de control deben realizarse durante la cloración para evaluar los efectos del cloro en los organismos filamentosos y en los formadores de flóculos. Las pruebas deben medir la sedimentabilidad (por ej., el SVI), la calidad del efluente (turbiedad), y la calidad del lodo activado (examen microscópico) (Jenkins et al., 2003). Una dosis de cloro adecuada debe comenzar a mejorar la sedimentabilidad dentro de los primeros 1 a 3 días (Richard, 1989). Un efluente turbio y lechoso, y una reducción en la eliminación de DBO son signos de una sobrecloración, aunque un pequeño aumento en los sólidos en suspensión y en las concentraciones de DBO del efluente es normal durante la cloración para el control del abultamiento. Los efectos visibles en el microscopio de la cloración sobre los filamentos incluyen (en el orden correcto) los siguientes:

- Los gránulos de azufre intracelulares (si están presentes) desaparecen,
- Las células se deforman y el citoplasma se encoge, y
- Los filamentos se rompen y se disuelven.

Algunas bacterias filamentosas tienen una cubierta exterior transparente de protección denominada *vaina*. La vaina es similar a un tubo dentro del cual crecen las bacterias. Cuando se realiza la cloración de los filamentos envainados, las células pueden morir, pero las vainas permanecen intactas.

El cloro no destruye los filamentos *envainados*, por lo tanto, continuarán provocando una sedimentación deficiente del lodo hasta que se los deseche del sistema. La cloración debe detenerse cuando solo permanezcan las vainas vacías, y no debe continuarse hasta que disminuya bastante el SVI (Richard, 1989). El agregado de cloro más allá de este punto puede provocar la sobrecloración. Dado que los efectos del cloro sobre los filamentos pueden detectarse con el microscopio antes de que mejore la sedimentabilidad, los exámenes microscópicos pueden ofrecer una indicación temprana del control de los filamentos.

Los nocardioformes también pueden controlarse agregando una dosis baja (0.5 e 1.5 mg/L) de un polímero catiónico de peso alto (Shao et al., 1997 y Jolis et al., 2006). Se considera que el polímero ayuda a mantener los nocardioformes dentro del flóculo y fuera de la espuma, de modo que se los puede eliminar mediante el desechado. En el análisis a escala completa en una WRRF, el espumaje se eliminó en menos de 10 días (Jenkins et al., 2003). En otra instalación, el agregado de polímero solo funcionó en algunos momentos (Jolis et al., 2006). El polímero debe agregarse en una ubicación con una buena mezcla, como en una cámara equipartidora de MLSS o en la entrada de la bomba de LAR.

Las mejores condiciones de crecimiento para *M. parvicella* incluyen temperaturas del agua por debajo de los 15 °C, SRT más prolongados, y valores de la F/M por debajo de 0.1 kg DBO_5/kg MLVSS·d (0.1 lb DBO_5/d/lb MLVSS) (Jenkins et al., 2004). *M. parvicella* puede controlarse reduciendo el SRT, evitando las condiciones bajas de OD (<1 mg/L) en los depósitos aereados, y eliminando manualmente la espuma atrapada de las superficies del depósito. El cloro no es efectivo para el control de *M. parvicella*. El agregado de PACl al proceso de lodo activado puede ser efectivo para el control de *M. parvicella*, pero pueden pasar varias semanas hasta que se logren los resultados. Se debe tener en cuenta que no todas las formas de PACl funcionarán, pero algunas instalaciones han tenido éxito al utilizar PAX-14. La utilización de un producto químico para resolver un problema es costosa. Se debe tener en cuenta el costo inicial de la compra del producto químico, pero también el tiempo que le toma al personal procesarlo, y el aumento en el volumen de lodo y en los costos de su disposición en el caso de PACl. Se recomienda que la primera opción de resolución de problemas que debe intentar el operador es realizar cambios al proceso, como por ej. el ajuste del SRT.

Aunque el cloro y el PACl son efectivos para el control de algunos tipos de bacterias filamentosas, ninguno de estos dos productos químicos controlarán de manera satisfactoria la sedimentación deficiente provocada por el lodo activado viscoso (deficiencia de nutrientes) o el crecimiento disperso.

Tanto para los nocardioformes como para *M. parvicella*, el atrapado y el reciclado de la espuma son los principales motivos por los que algunas instalaciones no pueden eliminar estos filamentos (Jolis et al., 2006). La eliminación superficial de la espuma puede ayudar a romper este círculo vicioso. La espuma eliminada debe eliminarse por completo de la instalación. La espuma que se envía a los digestores y a los procesos de deshidratación vuelve a inocular los MLSS cuando los filamentos no retornan en los flujos de reciclado.

En unidades estándar del Sistema Internacional:

$$\text{Tasa de alimentación, } \frac{\text{kg}}{\text{d}} = \frac{\left(\text{Dosificación, } \frac{\text{mg}}{\text{L}}\right)\left(\text{Caudal, } \frac{\text{m}^3}{\text{d}}\right)}{(\text{Pureza, porcentaje decimal})(1000)} \tag{8.41}$$

En unidades habituales en los EE. UU.:

$$\text{Tasa de alimentación, ppd} = \frac{\left(\text{Dosificación, } \frac{\text{mg}}{\text{L}}\right)(\text{Caudal, mgd})\left(8.34 \frac{\text{lb}}{\text{mil. gal}}\right)}{\text{Pureza, \% expresado como decimal}} \tag{8.42}$$

Ausencia de organismos filamentosos

Si la presencia de microorganismos filamentosos es baja o nula, verifique el SRT y la F/M para determinar si el sistema está operando en un rango más alto o más bajo de lo normal. El abultamiento de lodos de menor edad o el abultamiento de lodos de mayor edad pueden producirse si el sistema se opera con un SRT excesivamente bajo o alto. Ajuste el SRT según resulte necesario. El cambio debe reflejarse en la sedimentabilidad del lodo en un período de 2 a 3 SRT.

La cantidad de turbulencia y de OD en el reactor biológico también es importante. En la mayoría de las instalaciones, las concentraciones de OD superiores a 4.0 mg/L indican que se está utilizando un exceso de aire, y que la tasa de aereación debe reducirse para disminuir las concentraciones de OD. Consulte la descripción de control del proceso sobre el ajuste de una concentración objetivo de OD. Si la instalación utiliza difusores de burbuja fina u oxígeno puro, se pueden mantener de forma segura las concentraciones de OD más altas sin romper el flóculo, sin llenarlo de microburbujas y sin hacer que flote. La turbulencia excesiva (es decir, la sobreaereación) en el depósito de lodo activado puede impedir la formación de flóculos de MLSS y provocar que los flóculos punta de alfiler sean arrastrados con el efluente del clarificador.

Los tóxicos, como los residuos industriales, también pueden provocar la acumulación de crecimiento disperso.

CLARIFICADORES SECUNDARIOS

Los problemas operativos con los clarificadores secundarios pueden agruparse en seis categorías principales: calidad del lodo, desperfectos en los equipos, problemas hidráulicos, sobrecarga de sólidos, actividad biológica dentro del clarificador, y corrientes de temperatura y densidad.

CALIDAD DEL LODO

El desempeño del clarificador debe compararse con el desempeño del medidor de sedimentación tal como se describe más adelante en la sección sobre recolección, muestreo y análisis de los datos. Si el efluente del clarificador y el sobrenadante del medidor de sedimentación tienen una calidad comparable en cuanto a SST y turbiedad, entonces el clarificador se está desempeñando lo mejor posible con la calidad de lodo que se está produciendo en el reactor biológico. Los flóculos punta de alfiler, los flóculos rezagados, y el abultamiento filamentoso son fundamentalmente problemas de la calidad del lodo que deben resolverse realizando ajustes en los reactores biológicos para mejorar la sedimentabilidad del lodo. La prueba de sedimentación de 30 minutos proporciona información útil que los operadores deben tener en cuenta al realizar esta prueba. Los operadores no deben tan solo llenar el medidor de sedimentación y registrar la lectura después de los 30 minutos. Esta prueba es una herramienta útil de resolución de problemas para determinar la forma en que está operando el proceso activado porque la prueba representa algunas de las condiciones que se están produciendo en el clarificador secundario. Al realizar esta prueba, los operadores deben observar lo siguiente:

- El sobrenadante (el agua arriba del lodo), ¿es claro u opaco?
- ¿Se está sedimentando bien el lodo?
- Las partículas floculadas, ¿están correctamente formadas, son pequeñas y granulares o son inexistentes?
- ¿Se eleva hasta la superficie una gran parte del lodo en un corto período de tiempo?
- ¿Hay una capa grasosa o con cenizas en la superficie del agua?
- ¿Hay una gran cantidad de flóculos alfiler en el agua?
- ¿Hay olores inusuales, como a gasolina u otras sustancias?
- ¿Tiene el agua algún tipo de color?

Esta lista representa algunas de las observaciones que los operadores deben tener en cuenta al realizar la prueba de sedimentación de 30 minutos. Si existe un problema, determine el procedimiento a seguir para resolver y corregir el problema. Por ejemplo, un sobrenadante opaco puede indicar que la instalación recibió un material tóxico, que el proceso tiene una sobrecarga orgánica, o que hay otro problema.

Flóculos punta de alfiler

La presencia de partículas floculadas punta de alfiler pequeñas y densas en suspensión en el clarificador es un problema común que se observa en las WRRF que operan cerca del extremo inferior del rango de carga (entre la aereación convencional y la extendida). Este problema suele estar relacionado con un lodo que se sedimenta con rapidez, pero que no presenta características de una buena floculación.

Algunas causas probables de los flóculos punta de alfiler incluyen las siguientes:

- La operación con SRT excesivamente prolongados;
- El proceso se está operando con una F/M cerca o dentro del rango de aereación extendida, lo que da como resultado un lodo de mayor edad con características de formación deficiente de flóculos; y
- La turbulencia excesiva (sobreaereación) en el reactor biológico interrumpe las formaciones de flóculos.

Se pueden implementar las siguientes medidas, cuando correspondan, para corregir el problema:

- Si las características de sedimentación del lodo observadas durante el análisis de sedimentación del licor mezclado indican una sedimentación del lodo demasiado rápida con una formación deficiente de flóculos, la calidad del efluente del clarificador puede mejorarse disminuyendo gradualmente el SRT. Si se requiere la nitrificación, se debe proceder con cuidado para evitar disminuir la nitrificación desechando demasiado lodo;
- Si el análisis de sedimentación indica una buena sedimentación con un sobrenadante claro por arriba del lodo sedimentado, verifique que la aereación y la mezcla sean las adecuadas en el reactor biológico. Si la concentración de OD promedio en el reactor es mayor a 4 mg/L, considere reducir la tasa de aereación; y
- Si hay instalaciones para la alimentación de facilitadores de sedimentación como alumbre, cloruro férrico o polímero, determine la dosis requerida y comience con la alimentación de un facilitador de sedimentación como medida temporal mientras se corrige la fuente del problema.

Flóculos rezagados

La presencia de partículas de lodo pequeñas, casi transparentes, muy ligeras, esponjosas y flotantes que se elevan hacia la superficie del clarificador cerca de los vertederos del efluente y que se descargan por arriba de los vertederos es un problema que suele observarse cuando la concentración de MLSS es demasiado baja. Cuando se presenta este tipo de flóculo rezagado mientras el efluente secundario, por lo demás, es excepcionalmente transparente, y en particular si prevalece aún durante las SOR relativamente bajas, el problema suele estar relacionado con un TPRC bajo (F/M alta). En algunas instalaciones, el flóculo se observa en particular durante las primeras horas de la mañana. En muchas instalaciones, el problema está presente, pero no tiene un efecto significativo sobre la calidad del efluente. El flóculo rezagado no es un motivo de preocupación a menos que provoque un problema en la calidad del efluente.

Las siguientes son algunas causas probables de este problema:

- El depósito de lodo activado se está operando con una concentración de MLSS que es demasiado baja. (Esto suele suceder durante la puesta en funcionamiento del proceso hasta que se alcanza la concentración adecuada de MLSS). Una tasa de LAP que es demasiado alta dará como resultado un SRT bajo, MLSS bajos, y una F/M alta; y
- Se están desechando lodos por lote durante las primeras horas de la mañana, lo que da como resultado una falta de microorganismos para procesar la carga orgánica durante el día.

Se pueden implementar las siguientes medidas, cuando correspondan, para corregir el problema:

- Disminuya la tasa de LAP para aumentar el SRT y la concentración de MLSS.
- Si se desecha el lodo por lote (o de manera intermitente), evite realizar el desechado cuando la carga de DBO aumente. Además, aumente la tasa de LAR a medida que comiencen los caudales pico. Todos los organismos se necesitan en este momento para procesar el aumento diario en la carga orgánica. Disminuya la tasa de LAR por la noche.

Sobrecarga hidráulica

Un clarificador secundario puede sufrir una sobrecarga hidráulica por dos situaciones diferentes y es importante que cuando los operadores estén realizando la resolución de estos problemas reconozcan cada situación. La sobrecarga puede producirse por el caudal excesivo o por el caudal distribuido de manera dispareja entre las múltiples unidades. La primera situación de sobrecarga hidráulica se produce si la instalación está sometida a un nivel excesivo de I/I o a caudales de alcantarillados combinados. En esta situación, todos los clarificadores secundarios pueden estar lavándose, lo que es un problema a nivel de la instalación. El lavado se presenta como nubes ondulantes de MLSS en el borde del clarificador (figura 8.80). Los operadores deben enfocarse en los caudales que ingresan a la instalación. La segunda situación de sobrecarga hidráulica se produce cuando solo un clarificador secundario está lavando los sólidos. En esta situación, los operadores deben enfocarse en lo que está sucediendo con ese clarificador. Si el clarificador tiene un SLR más alto que los otros clarificadores o el lodo no se está eliminando del fondo del clarificador a la misma tasa.

Verifique la carga hidráulica de cada clarificador midiendo el caudal hacia cada clarificador o calculando el equilibrio del caudal entre las múltiples unidades según lo indicado por la profundidad del caudal sobre los vertederos en cada clarificador. Sin embargo, las diferencias en la profundidad del caudal son difíciles de medir a menos que las diferencias en el caudal sean excesivas. Si la carga perdida hacia todos los clarificadores es la misma, los vertederos de desborde del clarificador deben estar todos ajustados a la misma elevación. De lo contrario, los vertederos no estarán ajustados para compensar la carga perdida hacia ellos.

El problema debe abordarse de la siguiente manera:

- Determine si los caudales se están distribuyendo de manera equitativa hacia los reactores biológicos y los clarificadores secundarios. Los vertederos en el extremo del efluente de los reactores deben ajustarse para distribuir de manera equitativa el caudal hacia cada clarificador secundario si estos dos procesos están combinados entre ellos. Los vertederos, las válvulas o las compuertas de las líneas de distribución de LAR deben ajustarse para distribuir los caudales de LAR de manera adecuada. Los vertederos, las compuertas de los vertederos, o las compuertas de las estructuras de distribución del clarificador deben ajustarse para distribuir de manera uniforme el caudal de avance hacia cada clarificador secundario;
- Inspeccione los vertederos del efluente del clarificador para garantizar que el caudal está fluyendo sobre ellos de manera equitativa;
- Después de verificar y corregir las elevaciones del vertedero donde sea necesario, determine la SOR del clarificador para los caudales promedio y los caudales pico. Compare la SOR calculada real con el valor de diseño. Si la tasa de desborde real excede el valor de diseño, entonces los clarificadores están sufriendo una sobrecarga hidráulica y puede que sea necesario colocar en funcionamiento clarificadores adicionales, si están disponibles. Además, realice una prueba de SVI para verificar las características de sedimentación. Si los resultados son satisfactorios y todos los clarificadores están operando, puede ser necesaria la expansión de la instalación.

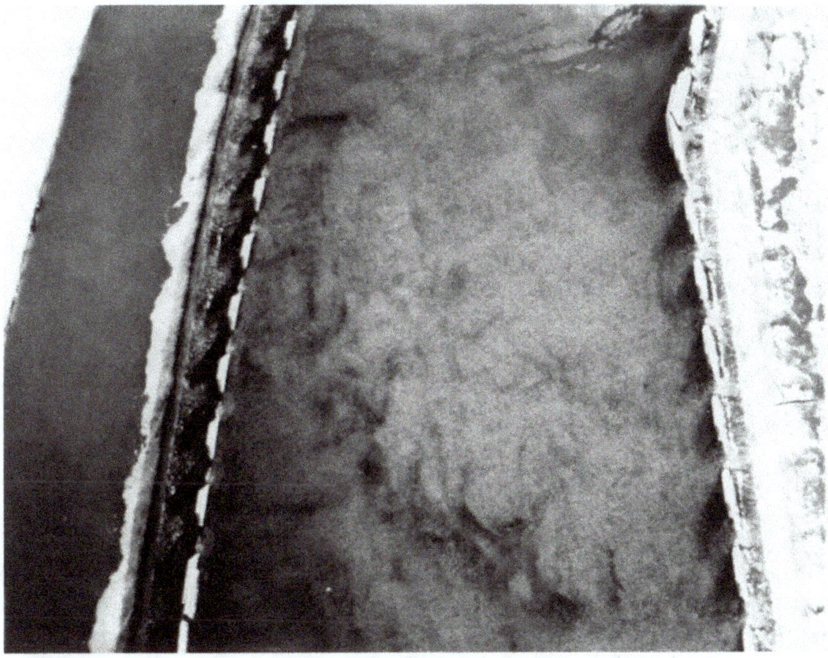

Figura 8.80 Lavado de sólidos de caudales altos

Sobrecarga de sólidos

La sobrecarga de sólidos del clarificador se produce cuando la SLR es demasiado alta. La SLR del clarificador se reduce cuando los MLSS se sedimentan de manera deficiente. Para obtener una descripción completa sobre la SLR y la sedimentabilidad, consulte la sección sobre el control del proceso para clarificadores secundarios de este capítulo. Al ajustar la tasa de retorno se debe verificar con rapidez si existe un problema de sobrecarga de sólidos. Si la tasa de retorno aumenta y el manto disminuye, el problema no es la sobrecarga de sólidos, y el aumento de la tasa de retorno ha ayudado. Si un aumento en la tasa de retorno eleva el manto y lo mantiene elevado, el clarificador probablemente esté sufriendo una sobrecarga de sólidos, y las tasas de retorno más altas solo agravarán el problema. La tasa de retorno puede reducirse en un 20 %, pero solo si se observan con detenimiento el nivel del manto, el efluente y las concentraciones de MLSS, y la sedimentabilidad del licor mezclado. El manto de lodos en los clarificadores debe medirse después de 30 minutos y nuevamente después de 60 minutos para verificar el efecto de los cambios en el caudal de LAR. Después, se debe verificar tres veces por turno para garantizar que el manto no se acumule hasta alcanzar una profundidad excesiva. Puede que esto funcione durante un corto período de tiempo porque el almacenamiento de sólidos en el clarificador no es efectivo con mantos altos. Si una reducción en la tasa de retorno eleva el manto, se pueden intentar otras opciones, tal como se describe más adelante. En la mayoría de los casos, el aumento de la tasa de retorno del lodo de un clarificador secundario es solo una solución a corto plazo. Los sólidos volverán a ingresar con rapidez al clarificador secundario y provocarán la elevación del manto de lodos. Para reducir el manto de lodos en los clarificadores secundarios, se debe disminuir la tasa de carga de sólidos.

Temperatura

Las corrientes de temperatura ocasionalmente se producen en los clarificadores grandes y profundos con climas más fríos, con mayor frecuencia en la primavera y en el otoño. Un perfil de temperatura del clarificador identificará la presencia de corrientes de temperatura. La sonda de temperatura de un medidor de OD es una herramienta excelente para este procedimiento. Para realizar el perfil, mida y registre la temperatura en la cabecera, a un cuarto, a la mitad, a los tres cuartos, y en el extremo de cola de un clarificador rectangular o cuadrado, o en todos los cuartos de un clarificador circular. En cada punto, mida la temperatura en la superficie y en cada cuarto hasta llegar al fondo del reactor. Asegúrese de que la sonda de temperatura y los cables no se enreden en los equipos de recolección de lodo.

Si las temperaturas a mayor profundidad son consistentemente más frías en un 1 a 2 °C (2 a 4 °F) o más, esto es una indicación de que están presentes las corrientes de temperatura. Si las diferencias de temperatura son provocadas por el calentamiento de la superficie por el sol, la reducción de la cantidad de clarificadores en línea o la colocación de cubiertas temporales sobre los clarificadores pueden ayudar. La instalación de deflectores puede mejorar la sedimentación al dividir las corrientes y al detener la turbulencia.

La temperatura también afecta la sedimentabilidad del lodo activado. Las temperaturas más bajas suelen relacionarse con la sedimentabilidad más deficiente del lodo, y viceversa en el caso de las temperaturas más cálidas. Esta relación se ha atribuido a los cambios inducidos por la temperatura en la densidad del agua; la densidad del agua aumenta con las disminuciones de temperatura por arriba de los rangos de temperatura típicos para las WRRF.

Aglutinado o elevación del lodo

Ocasionalmente, el lodo que, por lo demás, tiene características de una buena sedimentación puede elevarse hasta la superficie del clarificador. Esto sucede aún cuando se están alimentando facilitadores de sedimentación, como polímero o alumbre, como coagulante. Se observarán masas flotantes de sólidos y burbujas finas que se elevan. Esto es provocado por la desnitrificación en el manto de lodos. La desnitrificación se describe en la sección de control del proceso para clarificadores secundarios. Los ejemplos de desnitrificación y del lodo que se eleva se muestran en la figura 8.52 y en la figura 8.53. En la figura 8.81 se muestra un episodio de desnitrificación particularmente grave. Se pueden intentar implementar las siguientes medidas, cuando correspondan, para corregir el problema de aglutinado del lodo:

- Aumente la tasa de LAR para reducir el tiempo de detención del lodo en los clarificadores. Una medición periódica de la profundidad del manto de lodos del clarificador ayudará a determinar la tasa de retorno adecuada;
- Donde se utilice un recolector de lodo de tipo aspiración, verifique que todos los tubos de aspiración están fluyendo libremente con una concentración de sólidos en suspensión bastante consistente. Algunos de los tubos de aspiración pueden estar incorrectamente ajustados o conectados, lo que da como resultado la formación de conos en algunas áreas y la formación de un manto de lodos en otras áreas;
- Donde sea posible, aumente la velocidad del recolector de lodo;
- Reduzca la cantidad de clarificadores en línea para reducir el tiempo de detención. Asegúrese de no exceder la tasa de carga hidráulica o las limitaciones de la SLR de los clarificadores;
- Si no se requiere la nitrificación, disminuya gradualmente el SRT para detener la nitrificación. Inicialmente, el inventario de sólidos debe disminuirse en un 20 a 30 % durante 1 semana, y después la operación del proceso debe observarse para determinar si los niveles de nitrito y nitrato están disminuyendo. Si, después de aproximadamente 2 semanas, no han disminuido por debajo de 5 mg/L, reduzca el inventario en un otro 20 a 30 %. Como guía, calcule el SRT y compárelo con los valores publicados para la nitrificación. En aguas muy cálidas, puede ser necesario disminuir el SRT a aproximadamente 2 días y los MLVSS a menos de 1000 mg/L;
- En los casos graves, si la nitrificación no se requiere, realice la cloración del LAR a tasas bajas para detener la nitrificación; y
- Cuando se requiera la nitrificación, disminuya gradualmente la tasa de LAP para aumentar el SRT y disminuir la F/M para así garantizar que la nitrificación es completa y que las concentraciones de DBO soluble son bajas.

Figura 8.81 Pérdida de sólidos por la desnitrificación en un clarificador secundario (reimpreso con autorización de Indigo Water Group)

COMPROBACIÓN DE CONOCIMIENTOS

1. **El lodo con un SVI de 225 mL/g se considera como abultamiento de lodos.**
   - ☐ Verdadero
   - ☐ Falso

2. **Esta condición se produce cuando los MLSS no puede flocularse y dejan atrás un sobrenadante turbio.**
   a. Formaciones de película biológica zoológica
   b. Crecimiento disperso
   c. Flóculos alfiler
   d. Flóculos rezagados

3. **Se recolecta una muestra del final de un proceso de lodo activado para la muestra de sedimentación. Después de 30 minutos, el sobrenadante es cristalino, pero el lodo solo se ha sedimentado a un volumen de 500 mL. ¿Cuál es la causa más probable?**
   a. Flóculos alfiler
   b. Rotura de OD alto
   c. Filamentos
   d. Crecimiento disperso

4. **El primer paso para la resolución de un problema de filamentos es**
   a. Aumentar la tasa de desechado
   b. Aumentar las concentraciones de OD a 3 mg/L
   c. Ajustar la edad del lodo
   d. Identificar el filamento con la tinción

5. **¿Qué dos productos químicos pueden agregarse al lodo activado para el control de filamentos?**
   a. Cloruro férrico y PACl
   b. Cloro y PACl
   c. PACl y clorato de sodio
   d. Cloro y cloruro férrico

6. **Este término se utiliza para describir la cantidad total de un producto químico, como el cloro, que se agrega al proceso de tratamiento.**
   a. Dosis
   b. Demanda
   c. Material residual
   d. Ion

7. **¿Cuándo se debe detener el agregado de cloro a un proceso de lodo activado?**
   a. Después de 3 días de dosificación
   b. Cuando solo permanecen las vainas vacías
   c. Cuando el SVI alcanza 225 mL/g
   d. Cuando los MLSS se han desfloculado

8. **¿Cuál de los siguientes productos químicos es el más efectivo para el control de *M. parvicella*?**
   a. Cloruro férrico
   b. Cloro
   c. Policloruro de aluminio
   d. Clorato de sodio

9. **En general, el cloro se aplica directamente a la espuma con nocardioformes en lugar de en la línea de LAR porque**
   a. Los filamentos se concentran en la espuma
   b. Es más fácil garantizar la cobertura completa
   c. Pocas instalaciones tienen puertos en sus líneas de LAR
   d. El LAR puede ser muy demandante

10. **Si la concentración de MLSS disminuye demasiado, puede producirse esta situación.**
   a. Flóculos punta de alfiler
   b. Flóculos rezagados
   c. Sedimentación rápida
   d. Sedimentación lenta

11. **Si un clarificador secundario ya está sufriendo una sobrecarga de sólidos, si se aumenta el caudal de LAR**
   a. Se reducirá la profundidad del manto
   b. Disminuirá la SLR
   c. Aumentará la profundidad del manto
   d. Disminuirá el tiempo de tratamiento total

Consideraciones de seguridad

El lodo activado se aerea con aereadores mecánicos o aire comprimido. Los equipos de aereación pueden ingresar bacterias y otros microbios a la atmósfera. Mantenga una buena higiene personal usando guantes y lavándose las manos con frecuencia. No coma ni fume en la WRRF, excepto en las áreas designadas que están alejadas del proceso de tratamiento.

Si una persona cae dentro de un depósito de lodo activado aereado, puede ahogarse dado que el licor mezclado está saturado con aire, lo que reduce la flotabilidad del cuerpo humano. De ser posible, detenga la aereación mientras esté trabajando sobre cualquiera de los depósitos de lodo activado. Si es necesario trabajar sobre un depósito, use una cuerda de salvamento y un chaleco salvavidas. Siempre cuente con ayuda de emergencia en las inmediaciones con arneses, chalecos salvavidas y cuerdas de salvamento. Dado que la flotabilidad es reducida, los trabajadores en los depósitos aereados pueden necesitar chalecos salvavidas especiales.

La aereación puede salpicar material grasoso y espuma hacia las pasarelas, y se puede formar limo con algas. Elimínelo con frecuencia para que las áreas donde se camina sean seguras. No deje herramientas ni otros elementos donde puedan crear peligro. Las pasarelas deben tener pasamanos y placas protectoras. Retire los pasamanos de a una sola sección a la vez, lo mínimo indispensable para el trabajo del momento, y reemplácelos inmediatamente después de completado el trabajo.

Los equipos de aereación pueden producir altos niveles de ruido, pero la exposición a ruidos no debe exceder el tiempo promedio ponderado de 8 horas a 85 decibeles. Use protectores auditivo al trabajar cerca de los sopladores. Use protección contra polvo al cambiar o limpiar los filtros de aire.

RESUMEN DEL CAPÍTULO

TEORÍA DE OPERACIÓN	■ Los microorganismos convierten los sólidos orgánicos y la materia orgánica soluble en nuevos microorganismos y residuos. ■ El proceso puede eliminar DBO_5, NH_3-N, NO_3-N, y PO_4-P. ■ Los microorganismos crecen en suspensión en las aguas residuales como colonias denominadas *flóculo*. Las partículas floculadas son apenas más densas que el agua. ■ La biofloculación combina las partículas floculadas y los sólidos inertes para formar partículas que se sedimentan en un clarificador secundario. ■ La masa floculada se denomina sólidos en suspensión en el licor mezclado (MLSS) o sólidos volátiles en suspensión en el licor mezclado (MLVSS). ■ Los MLSS se sedimentan como una masa o una capa; todas las partículas finalmente caen a la misma velocidad, dado que las partículas más pequeñas alcanzan las partículas más grandes. La interfaz es agua transparente arriba y lodo abajo. En los clarificadores primarios, las partículas se sedimentan individualmente a su propia velocidad con muy poca floculación.
ASPECTOS GENERALES	■ El sistema básico consta de un depósito de lodo activado donde los flóculos están expuestos al caudal de entrada o al efluente primario y al aire, y después a la sedimentación en el clarificador secundario. ■ El aire proporciona el oxígeno y la mezcla. ■ El tubo de lodo activado recirculado (LAR) recircula el lodo sedimentado del fondo del clarificador hacia el frente del proceso. ■ El tubo de lodo activado de purga (LAP) elimina el exceso de lodo y lo transfiere al procesamiento de sólidos. ■ Se acelera el proceso de tratamiento natural acumulando una población grande de microorganismos. ■ La cantidad de tiempo que los sólidos permanecen en el sistema (edad del lodo) es independiente de la cantidad de tiempo que el agua permanece en el sistema. ■ Un reactor secuencial por lotes (SBR) combina el tratamiento y la clarificación en el mismo depósito. ■ Las zonas anaerobias, anóxicas y aereadas se utilizan para crear ambientes en los que se puede eliminar fósforo, nitrito, nitrato y amoníaco. ■ Diferentes microorganismos están en el flóculo. Los diferentes organismos se desarrollan o mueren según las condiciones ambientales. ■ La meta es equilibrar los formadores de flóculos y los formadores de filamentos para que las partículas floculen, se sedimenten y se compacten. ■ Los protozoos y los metazoos puede ser indicadores útiles de las condiciones ambientales en el proceso.
PARÁMETROS DE DISEÑO	■ El diseño del depósito de lodo activado se basa principalmente en la edad del lodo. ■ La tasa de carga volumétrica (masa de DBO_5 por volumen del depósito) y la relación alimento:microorganismos (F/M) se incluyen en las definiciones operativas. ■ Diseños de tasa alta, convencionales y de tasa baja. ■ Dentro de estas categorías, se encuentran diferentes variaciones del proceso. ■ Los clarificadores tienen una capacidad hidráulica y una capacidad de procesamiento de sólidos. ■ La capacidad hidráulica es la tasa de carga superficial (SOR) de diseño. ■ La tasa de carga de sólidos (SLR) es la masa de MLSS que fluyen hacia el clarificador por área (metros cuadrados o pies cuadrados) de la superficie del clarificador. ■ El diseño del clarificador está basado en la tasa de carga de sólidos (SLR) y en la tasa de carga superficial (SOR). La SLR suele ser más importante.
DESEMPEÑO ESPERADO	■ Los diseños convencionales y los de tasa baja cumplen con los estándares de tratamiento secundario para DBO_5 y SST. ■ Los sistemas de tasa alta son similares a los filtros percoladores gruesos y pueden eliminar tan solo el 50 % de la DBO_5 entrante. ■ Es posible alcanzar <1 mg/L NH_3-N, <10 mg/L NO_3-N, y <1 mg/L PO_4-P, según la configuración y la tasa de carga.

EQUIPOS

- Los depósitos de lodo activado pueden ser de hormigón o de acero. Se prefiere un mínimo de dos depósitos.
- El caudal continuo puede ser de mezcla completa o de flujo pistón. También tiene depósitos en serie, la operación por lotes, y una zanja de oxidación.
- Los selectores aumentan la F/M temporalmente para inhibir el crecimiento de los filamentos. Los depósitos pequeños obtienen todo el LAR y el caudal de entrada. Pueden ser anaerobios, anóxicos o aereados. No funcionan con todos los tipos de filamentos.
- Clarificadores secundarios rectangulares similares a los clarificadores primarios.
- Clarificadores secundarios circulares similares a los clarificadores primarios. Las diferencias incluyen
  - Alimentación perimetral, trayectoria del caudal de purga perimetral.
  - Normalmente tiene un pozo central de floculación fuera del pozo central más pequeño. Se refloculan los MLSS en el clarificador para disminuir los SST y la turbiedad del efluente.
  - Puede tener deflectores internos: McKinney, Stamford.
  - Se utilizan cepillos y cubiertas en los vertederos y en los depuradores para el control de algas.
  - Tal como sucede con los clarificadores primarios, los mecanismos de recolección de lodo incluyen múltiples hojas raspadoras y arados en espiral. Están disponibles dos mecanismos de eliminación de lodo adicionales: tubo de órgano y Tow-Bro. Ambos utilizan la aspiración hidráulica para aspirar el manto del clarificador. La aspiración hidráulica elimina el lodo más rápido que las placas y los raspadores.
- Los sistemas de aereación proporcionan el aire y la mezcla.
  - El aire difuso (de burbuja fina o gruesa) funciona de manera similar a una piedra difusora de aire de un acuario.
  - La aereación a chorro combina la aereación y el bombeo. Los MLSS se recirculan y el aire es forzado a través del conjunto de boquillas para la mezcla y la transferencia de oxígeno.
  - Los aereadores mecánicos superficiales de tipo salpicadura agitan los MLSS y crean turbulencia para la transferencia de oxígeno. Pueden o no tener un tubo de aspiración. Los rotores horizontales.desplazan el caudal hacia adelante, normalmente en una zanja de oxidación, y elevan y dejan caer los MLSS para la transferencia de oxígeno.
  - Los mezcladores sumergidos mantienen los MLSS en suspensión en zonas anóxicas y anaerobias.
- Los sistemas de LAR y LAP suelen utilizar bombas centrífugas que pueden estar conectadas directamente a la tolva de lodo del clarificador o hacia un pozo sumidero de LAR/LAP. Las bombas de tornillo también se han utilizado para el LAR. Las bombas de LAR operan continuamente con un 25 a 125 % del caudal de entrada. Pueden ser de tasa fija o con regulación de caudal al caudal de entrada. Se utilizan diferentes tipos de bomba para el LAP.
- Las bombas de recirculación desplazan los MLSS entre las zonas dentro de los depósitos. Pueden bombear hasta el 400 % del caudal de entrada.

VARIABLES DEL PROCESO

Depósito de lodo activado

- Tiempo de detención hidráulica
- Tasa de carga volumétrica
- Tasa de LAP (kilogramos o libras por día)
- El LAP 1) determina la edad del lodo, 2) controla la masa de sólidos totales en el proceso de lodo activado, e 3) indirectamente controla la tasa de crecimiento de los microorganismos en el proceso.
- El LAP, junto con condiciones ambientales tales como la temperatura del agua y la disponibilidad de DBO, los nutrientes y el oxígeno, afecta la biología del proceso, la sedimentabilidad del lodo y el nivel de tratamiento alcanzado.
- La cantidad de LAP eliminada del sistema cada día se determina mediante la selección de una edad objetivo del lodo y calculando la masa de MLSS que debe eliminarse cada día.
- La edad del lodo es la cantidad de tiempo promedio que un microorganismo promedio realiza el ciclo entre el depósito de lodo activado y el clarificador antes de ser eliminado del sistema.

Clarificador secundario

- El caudal de LAR recircula los sólidos sedimentados hacia el depósito de lodo activado. El LAR y el LAP en conjunto posibilitan el control independiente del TDH y del tiempo de detención de sólidos en los procesos de lodo activado.
- El LAR controla el tiempo de detención de los sólidos del clarificador y la profundidad del manto.
- La concentración de LAR puede calcularse si se conocen la concentración de MLSS, el caudal de entrada, y el caudal de LAR.
- La disminución del caudal de LAR aumenta la concentración de LAR hasta que se alcanza la compactación máxima.
- Caudal de entrada
- Tasa de carga superficial (SOR)
- Tasa de desborde del vertedero (*weir overflow rate*, WOR)
- El caudal de LAR, junto con el caudal de entrada, la concentración de MLSS, y el área superficial del clarificador, determina la tasa de carga de sólidos (SLR) hacia el clarificador.
- La SLR está limitada por las características de sedimentación del lodo. Mientras mejor se sedimente el lodo, mayor será la cantidad de masa (kilogramos o libras) que puede sedimentar el clarificador.

VARIABLES DEL PROCESO	■ La edad del lodo puede definirse como el TPRC, SRT, o $SRT_{aerobio}$ ■ El TPRC se prefiere para los sistemas con depósitos de lodo activado más pequeños. El SRT se prefiere para los sistemas con depósitos más grandes. El $SRT_{aerobio}$ es útil para los sistemas que deben eliminar amoníaco. ■ La edad del lodo es la variable de control primario para el lodo activado. Una vez seleccionada, la edad del lodo determinará la tasa de desechado de lodo, la concentración de MLSS, la tasa de crecimiento de MLSS, la F/M, la microbiología y la sedimentabilidad del lodo. No es posible controlar más de una de estas variables a la vez. ■ Cuando la edad del lodo aumenta, los MLSS también aumentarán, y el porcentaje de MLVSS, la F/M y la tasa de desechado disminuirán. ■ La edad del lodo es la variable de control primario, pero las tasas de crecimiento de microorganismos también se ven afectadas por la disponibilidad de recursos (DBO_5, OD, y NH_3-N, por ejemplo) y por la temperatura del agua en el depósito. ■ La relación alimento:microorganismos (F/M) es la cantidad de DBO_5 disponible por la misma cantidad de MLVSS. La F/M está directamente relacionada con la tasa de crecimiento de los microorganismos.	■ Diversos modelos simples se encuentran disponibles para calcular la SLR máxima para un SVI en particular. El diagrama operativo del clarificador de Daigger utiliza dos datos para determinar si un clarificador está sobrecargado (SLR demasiado alta) o subcargado. Ubique el punto operativo en el gráfico utilizando la SLR real, la concentración real de LAR, y la tasa de caudal inferior. Solo se necesitan dos de estas variables para utilizar el diagrama.
CONTROL DEL PROCESO	■ Diferentes modos operativos combinan rangos de SRT, F/M, tasa de carga y TDH. ■ El SRT "correcto" es el que produce MLSS que flocularán, se sedimentarán, se compactarán y cumplirán con las metas del proceso. ■ El SRT de lavado es el SRT mínimo que un microorganismo necesita para reproducirse y formar una población estable en los MLSS. Si el SRT es más corto que el SRT de lavado, los microorganismos no proliferarán. ■ El SRT de lavado junto con las condiciones ambientales determinan cuáles son los microorganismos que serán capaces de vivir, prosperar y sobrevivir en el proceso. Para eliminar un microorganismo indeseable, se deben cambiar una o varias condiciones ambientales. ■ Seleccione un SRT en función de 1) la temperatura del agua, 2) las metas del tratamiento, 3) el lavado de microorganismos indeseables. ■ Deseche pequeñas cantidades con frecuencia para minimizar las fluctuaciones en el SRT. ■ Las concentraciones de OD deben coincidir con la F/M para evitar el crecimiento de filamentos de OD bajo. La nitrificación requiere un OD de 2 mg/L y será normalmente más alto que el OD que se necesita para el control de filamentos.	■ Mantenga los mantos por debajo de 0.7 m (2 ft) siempre que sea posible. ■ La profundidad del manto aumenta cuando el clarificador está sobrecargado (la SLR es demasiado alta). ■ Se pueden ajustar cuatro variables para afectar la SLR del clarificador: • Caudal de LAR • Concentración de MLSS • Área superficial del clarificador • SVI (agregar productos químicos) ■ La regulación del caudal de LAR al caudal de entrada da como resultado una concentración de LAR casi constante y mantiene la profundidad del manto. ■ Elimine el lodo sedimentado del clarificador antes de que la desnitrificación o la septicidad hagan retornar el lodo sedimentado hacia la superficie del clarificador. ■ Minimice los caudales de LAR para ahorrar dinero mientras se cumplen todas las otras metas del proceso.

MITOS ARRAIGADOS	■ Es posible formar una biomasa sin DBO_5 para prepararse para una carga futura. FALSO. ■ Aumentar el caudal de LAR disminuye el tiempo de tratamiento total. FALSO. ■ El LAR puede cambiar la concentración de MLSS en el depósito de lodo activado. MAYORMENTE FALSO. Esto es verdadero solo cuando un gran porcentaje de los sólidos se está almacenando en el manto del clarificador. ■ Aumentar el caudal de LAR cambia el nivel del agua en los depósitos de lodo activado. MAYORMENTE FALSO. Los niveles aumentan en fracciones de un centímetro (pulgada).
OPERACIÓN DIARIA	■ Realice recorridas de inspección diarias para inspeccionar los equipos y las superficies de los depósitos. ■ Monitoree la temperatura del agua y las concentraciones de OD. Las instalaciones que realizan la nitrificación también deben monitorear el pH y la alcalinidad. ■ Realice pruebas de sedimentación al menos una vez al día. Registre el SSV_5, el SSV_{30}, y calcule la SSC_{30} y el SVI. Compare la SSC_{30} con la concentración real de LAR. ■ Utilice un juez de lodos para monitorear las profundidades del manto del clarificador. ■ Ajuste los caudales de LAR según resulte necesario. ■ Recolecte y analice las muestras necesarias para calcular la edad del lodo. Compare la edad actual del lodo con la edad objetivo del lodo. Ajuste las tasas de desechado en consecuencia.
RECOLECCIÓN, MUESTREO Y ANÁLISIS DE LOS DATOS	■ Inspección visual del depósito y de las superficies del clarificador. ■ Muestreo con el juez de lodos del manto del clarificador. Recolecte la muestra a dos tercios hacia dentro desde el borde exterior del clarificador si el fondo del clarificador tiene una inclinación hacia la tolva central. ■ Realice la prueba de sedimentación en un medidor de sedimentación Mallory de 2 L para obtener los mejores resultados. ■ Realice un examen microscópico semanal o con una frecuencia mayor si la sedimentabilidad del lodo cambia o se observa alguna otra condición inusual. ■ Las pruebas de OUR y SOUR pueden utilizarse para buscar indicios de toxicidad y establecer una referencia de las condiciones operativas normales.
RESOLUCIÓN DE PROBLEMAS	■ Los operadores deben repasar el cuadro del árbol de decisión de resolución de problemas. Aunque el cuadro no es integral, resume la mayor parte de la sección de resolución de problemas de este capítulo. ■ Los problemas operativos en los sistemas de lodo activado se pueden categorizar como mecánicos, del proceso, o hidráulicos. ■ Los problemas mecánicos incluyen diversos tipos de fallas mecánicas. ■ Los problemas hidráulicos incluyen las ondas hidráulicas provocadas por el aumento repentino en el caudal de entrada o por la distribución dispareja del caudal hacia los múltiples depósitos o clarificadores. ■ Los problemas del proceso incluyen el espumaje, el abultamiento filamentoso, el abultamiento de lodos de mayor edad y de lodos de menor edad, el crecimiento disperso, los flóculos rezagados, los flóculos alfiler, el pH bajo, y la desnitrificación en el manto del clarificador. Asegúrese de conocer las causas de cada uno de estos padecimientos comunes y cómo interpretar los colores de la espuma.
VARIACIONES SOBRE UN TEMA	■ Diferentes procesos de lodo activado se utilizan comúnmente. Estos pueden agruparse según su patrón de caudal (la forma en que el agua se mueve a través del depósito) y su modo operativo. ■ Los diferentes procesos pueden tener una o varias zonas anaerobias o anóxicas o bombas de reciclado interno, o directamente ninguna. Estos diferentes componentes pueden ensamblarse de diferentes maneras. Es importante recordar que todos los procesos de lodo activado siguen los mismos principios básicos. Las reacciones que tienen lugar en una zona anóxica deben ser las mismas en un proceso de tipo alimentación escalonada que en un SBR.

EJERCICIO DEL CAPÍTULO

La comunidad que se encuentra más adelante ha tenido un sistema de estanques de tratamiento de aguas residuales durante los últimos 40 años, pero su nuevo permiso de descarga tiene un programa de cumplimiento para respetar los nuevos límites de amoníaco del efluente bajo. Para cumplir con el nuevo permiso, han construido una instalación de tratamiento de lodo activado completamente nueva. Se lo ha incorporado a usted para ayudar a la actual operadora principal de la instalación, Sarah, a optimizar esta nueva instalación de lodo activado debido a su experiencia con el lodo activado. Los detalles de esta nueva instalación se ofrecen a continuación. Usted tendrá que ayudar a Sarah a tomar todas las decisiones, desde cuál debería ser su edad del lodo hasta cuántos clarificadores deberían estar en funcionamiento. Las respuestas de una pregunta pueden utilizarse en las siguientes preguntas. Asegúrese de verificar sus respuestas a medida que vaya avanzando.

Nueva instalación de lodo activado

Caudal de diseño = 22.7 ML/d (6 mgd)

Caudal de entrada actual = 14.3 ML/d (4.2 mgd)

DBO_5 de diseño = 250 mg/L

MLSS de diseño = 3000 mg/L

Depósitos de lodo activado = 3, cada depósito puede contener hasta 7570 m^3 (2 mil. gal). Este volumen incluye una zona anóxica que puede contener hasta 2271 m^3 (0.6 mil. gal). Dos depósitos están en funcionamiento.

Clarificadores secundarios = 4, cada clarificador tiene 21.3 m (70 ft) de diámetro.

El área superficial para un clarificador secundario único es de 356.1 m^2 (3846.5 ft^2).

1. Lo primero que usted y Sarah deben hacer es seleccionar una edad objetivo del lodo y decidir la forma en que la calcularán. ¿Qué datos necesitan para seleccionar una edad objetivo del lodo?

   ____

2. Con la información a mano, utilice el cuadro en la figura 8.45 para determinar el SRT de lavado para las bacterias nitrificantes y escríbalo a continuación.

   ____

3. Aplique un factor de seguridad adecuado y ajuste su $SRT_{aerobio}$. ____

4. ¿Cuánto más alto debe ser el SRT total que el $SRT_{aerobio}$? Piense en las definiciones del SRT_{total} y el $SRT_{aerobio}$. Calcule el SRT_{total}.

   ____

5. Ahora que se conoce la edad objetivo del lodo, puede calcularse la tasa de desechado. Si la concentración de MLSS es actualmente de 2700 mg/L, ¿cuántos kilogramos (libras) de MLSS se deben eliminar hoy?

   ____

6. Durante la puesta en funcionamiento, todos los clarificadores se pusieron en línea para evitar la pérdida de la espuma nueva y esponjosa, y para garantizar que todos los equipos estaban funcionando correctamente. Si se utiliza una SOR de 16.3 $m^3/m^2 \cdot d$ (400 gpd/ft^2), ¿cuántos clarificadores se necesitan ahora?

   ____

7. Los MLSS se están sedimentando correctamente y los mantos del clarificador permanecen por debajo de 0.7 m (2 ft) durante todo el día. Diríjase a su propia instalación. Unos días después, Sarah se comunica con usted, completamente en pánico, porque todo el depósito de lodo activado está cubierto con una espuma de color marrón que está llenando el pozo central del clarificador. ¿Qué otros datos necesita antes de poder ayudar a Sarah?
8. Después de hablar con Sarah, usted le recomienda dos o tres medidas correctivas diferentes. ¿Cuáles son?
9. Sarah siguió sus primeros dos consejos, pero la necesidad de eliminar amoníaco no le permitió ajustar el SRT. El problema se está agravando y ahora en los clarificadores se están formando mantos. Ella está preocupada por que los sólidos terminen en el efluente final. Dele a Sarah al menos tres opciones diferentes que pueda intentar para mejorar la situación.

SOLUCIONES AL EJERCICIO DEL CAPÍTULO

1. Las metas del tratamiento, la temperatura del agua, y los tamaños relativos de los depósitos y clarificadores de lodo activado. El caudal de entrada de aguas residuales está a 15 °C (59 °F). A partir de la descripción inicial de la instalación, sabemos que esta instalación debe realizar la nitrificación. El SRT debe ser lo suficientemente prolongado como para permitir la nitrificación. Los clarificadores son pequeños en comparación con los depósitos de lodo activado, por lo que el cálculo del SRT es una buena opción. También querrá calcular el $SRT_{aerobio}$ porque se requiere la nitrificación.
2. El SRT de lavado más alto para las bacterias nitrificantes a 15 °C es de 3 días.
3. Se necesita un $SRT_{aerobio}$ de entre 6 y 9 días. Ajuste el $SRT_{aerobio}$ objetivo a 9 días.
4. Si el $SRT_{aerobio}$ es de 9 días, entonces el SRT total deberá ser más alto. Dado que el $SRT_{aerobio}$ es una fracción del SRT_{total}, utilice la relación entre volumen del depósito aerobio y volumen del depósito total para determinar el SRT_{total}.

   Paso 1: Volumen del depósito total − Volumen anóxico = Volumen total

   7570 m^3 (2 mil. gal) − 2271 m^3 (0.6 mil. gal) − 5299 m^3 (1.4 mil. gal)

   Paso 2: Fracción aerobia = Volumen aerobio/volumen total

   Fracción aerobia = 5299 m^3 (1.4 mil. gal)/7570 m^3 (2 mil. gal)

   Fracción aerobia = 0.7

   Paso 3: $SRT_{aerobio} = (SRT_{total})(\text{Fracción aerobia})$

   $9 \text{ días} = (SRT_{total})(0.7)$

   $12.9 \text{ días} = SRT_{total}$

   Redondee y ajuste el SRT objetivo a 13 días.

5. En primer lugar, determine la masa total del inventario de lodo activado (libras o kilogramos). Después, utilice la ecuación del SRT para determinar la masa que se necesita desechar.

   En unidades estándar del Sistema Internacional:

$$\text{kg} = \frac{\left(\text{MLSS}, \frac{\text{mg}}{\text{L}}\right)(\text{Volumen de depósito, m}^3)}{1000}$$

$$\text{kg} = \frac{\left(2700\frac{\text{mg}}{\text{L}}\right)(2 \text{ depósitos})(7570 \text{ m}^3)}{1000}$$

$$\text{kg} = 40\,878$$

$$\text{SRT} = \frac{\text{Masa en el depósito de lodo activado}}{\text{Masa desechada}}$$

$$13 \text{ días} = \frac{40\,878 \text{ kg}}{\text{Masa desechada}}$$

$$\text{Masa desechada} = 3145 \text{ kg}$$

En unidades habituales en los EE. UU.:

$$\text{lb} = \left(\text{MLSS}, \frac{\text{mg}}{\text{L}}\right)(\text{Volumen de depósito, mil. gal})(8.34)$$

$$\text{lb} = \left(2700\frac{\text{mg}}{\text{L}}\right)(2 \text{ depósitos})(2 \text{ mil. gal})(8.34)$$

$$\text{lb} = 90\ 072$$

$$\text{SRT} = \frac{\text{Masa en el depósito de lodo activado}}{\text{Masa desechada}}$$

$$13 \text{ días} = \frac{90\ 072}{\text{Masa desechada}}$$

$$\text{Masa desechada} = 6929 \text{ lb}$$

6. Se han ajustado tanto la SOR como el caudal de entrada. Utilice la ecuación de la SOR para determinar el área necesaria para el caudal actual. Después, divida el área necesaria por el área superficial de un clarificador.

$$\text{SOR} = \frac{\text{Caudal}}{\text{Área}}$$

$$400\frac{\text{gpd}}{\text{ft}^2} = \frac{4\ 200\ 000 \text{ gpd}}{\text{Área}}$$

$$\text{Area} = 10\ 500 \text{ ft}^2$$

Cada clarificador tiene 3846.5 ft^2 de área superficial (10 500 ft^2 ÷ 3846.5 ft^2 = 2.7 clarificadores necesarios). Redondee a tres clarificadores en funcionamiento.

7. Usted necesita saber cuán bien que se está sedimentando el lodo y, de haber un microscopio disponible, si hay filamentos presentes y cuál es su apariencia. Usted hizo las preguntas adecuadas y Sarah le comenta que su SSV de 5 minutos es mayor a 700 mL, pero que el sobrenadante es cristalino. La lámina del microscopio parece un plato de espagueti. También puede preguntar si en los clarificadores se están formando mantos.
8. En función de las descripciones de Sarah, se puede aseverar que ella tiene un problema con *M. parvicella*. Usted recomienda conseguir un poco de PACl para tratar la espuma, solicitar el camión atmosférico de la municipalidad para eliminar la espuma de la superficie, y verificar si la edad del lodo de Sarah continúa siendo demasiado prolongada.
9. Sarah necesita disminuir la SLR al clarificador secundario. Ella puede reducir el caudal de LAR, colocar otro depósito de lodo activado en funcionamiento, colocar otro clarificador en funcionamiento, o agregar polímero para mejorar la sedimentabilidad.

Referencias

ACR Publications (2011) *Pumps and Pumping*. Disponible en línea en acrp.com (acceso el 10 de nov. de 2017).

American Public Health Association; American Water Works Association; Water Environment Federation (2017) *Standard Methods for the Examination of Water and Wastewater*, 23.ª ed.; American Public Health Association: Washington, D.C.

Argaman, Y.; Brenner, A. (1986) Single-Sludge Nitrogen Removal: Modeling and Experimental Results. *J. Water Pollut. Control Fed.*, **58** (8), 853–860.

Burchett, M. E.; Tchobanoglous, G. (1974) Facilities for Controlling the Activated Sludge Process by Mean Cell Residence Time. *J. Water Pollut. Control Fed.*, **46** (5), 973–979.

Brock, T. D.; Madigan, M. T. (1991) *Biology of Microorganisms*, 6.ª ed.; Prentice-Hall: Englewood Cliffs, Nueva Jersey.

Carberry, J. B.; Englande, A. J. (Ed.) (1983) *Sludge Characteristics and Behavior*, Nato Science Series E; Springer: Los Países Bajos.

Cha, D. K.; Jenkins, D.; Lewis, W. P.; Kido, W. H. (1992) Process Control Factors Influencing *Nocardia* Populations Activated Sludge. *Water Environ. Res.,* **64,** 37–43.

Daigger, G. T. (1995) Development of Refined Clarifier Operating Diagrams Using an Updated Settling Characteristics Database. *Water Environ. Res.,* **67,** 95.

Daigger, G. T.; Roper, R. E., Jr. (1985) The Relationship Between SVI and Activated Sludge Settling Characteristics, *J. Water Pollut. Control Fed.*, **62,** 676.

Eckenfelder, W.; Melbinger, N. (1957) Settling and Compaction Characteristics of Biological Sludges: I. General Considerations. *J. Water Pollut. Control Fed.,* **29** (10), 1114–1122.

Ekama, G. (2010) The Role and Control of Sludge Age in Biological Nutrient Removal Activated Sludge Systems. *Water Sci. Technol.*, **61** (7), 1645–1652.

Environmental Leverage (2003) *Type 1863.* http://www.environmentalleverage.com/Type%201863.htm (acceso el 8 de nov. de 2017).

EnviroSim Associates, Ltd. (2005) *Influent Specifier (Raw) 2_2.xls.* Spreadsheet for fractionating wastewater into components required for Biowin modeling; EnviroSim Associates, Ltd.: Hamilton, Ontario, Canadá.

Garrett, M. T., Jr.; Sawyer, C. N. (1952) Kinetics of Removal of Soluble BOD by Activated Sludge; *Proceedings of the 7th Industrial Waste Conference*; Purdue University, West Lafayette, Indiana; p 51.

Garrett, M. T., Jr. (1958) Hydraulic Control of Activated Sludge Growth Rate. *Sewage Ind. Wastes,* **30** (3), 253–261.

Gould, R. H. (1953) *Sewage Disposal Problems in the World's Largest City*; Paper presented at the 25th Anniversary Meeting, Federation of Sewage and Industrial Wastes Associations; Nueva York, 6–9 de oct.

Great Lakes-Upper Mississippi River Board (2014) *Recommended Standards for Wastewater Facilities: Policies for the Design, Review, and Approval of Plans and Specifications for Wastewater Collection and Treatment Facilities*, Health Research, Inc., Health Education Services Division: Albany, Nueva York.

Hellinga, C.; Schellen, A. A. J. C.; Mulder, J. W.; Loosedrecht, M. C. M. (1988) The SHARON Process: An Innovative Method for Nitrogen Removal from Ammonium-Rich Wastewater. *Water Res.*, **37** (9), 135–142.

Jenkins, D.; Garrison, W. E. (1968) Control of Activated Sludge by Mean Cell Residence Time. *J. Water Pollut. Control Fed.,* **40** (11), 1905–1919.

Jenkins, D., Richard, M. G.; Daigger, G. T. (2003) *Manual of the Causes and Control of Activated Sludge Bulking, Foaming, and Other Solids Separation Problems,* 3.ª ed.; CRC Press: Boca Raton, Florida.

Jolis, D.; Ho, C. F.; Pitt, P. A.; Jones, B. M. (2006) Mechanism of Effective Nocardioform Foam Control Measures for Non-Selector Activated Sludge Systems. *Water Environ. Res.*, **78,** 920–929.

Knowles, R. (1982) Denitrification. *Microbiol. Rev.,* **46** (1), 43–70.

Lau, A.; Strom, P.; Jenkins, D. (1984) The Competitive Growth of Floc-Forming and Filamentous Bacteria: A Model for Activated Sludge Bulking. *J. Water Pollut. Control Fed.,* **56** (1), 52–61.

Lou, I. C.; de los Reyes III, F. L. (2008) Clarifying the Roles of Kinetics and Diffusion in Activated Sludge Filamentous Bulking. *Biotechnol. Bioeng.*, **101,** 327–336.

Maharajh, N. (2010) Effect of Feed Rate and Solids Retention Time (SRT) on Effluent Quality and Sludge Characteristics in Activated Sludge Systems Using Sequencing Batch Reactors. M.S. Thesis, Environmental Science and Engineering, Virginia Polytechnic Institute and State University, Blacksburg, Virginia.

Metcalf and Eddy, Inc./AECOM (2014) *Wastewater Engineering Treatment and Resource Recovery*, 5.ª ed.; Tchobanoglous, G., Burton, F., Stensel, D.H., Abu-Orf, M., Bowden, G., Pfrang, W., Eds.; McGraw-Hill: Nueva York.

McCarty, P.; Brodersen, C. (1962) Theory of Extended Aeration Activated Sludge. *J. Water Pollut. Control Fed.*, **34** (11), 1095–1103.

Palm, J. C.; Jenkins, D.; Parker, A. D. (1980) Relationship Between Organic Loading, Dissolved Oxygen Concentration, and Sludge Settleability in the Completely-Mixed Activated Sludge Process. *J. Water Pollut. Control Fed.,* **52** (10), 2484–2506.

Parker, D.; Bratby, J.; Esping, D.; Hull, T.; Kelly, R.; Melcer, H.; Merlo, R.; Pope, R.; Shafer, T.; Wahlberg, E.; Witzgall, R. (2014) A Critical Review of Nuisance Foam Formation and Biological Methods for Form Management or Elimination in Nutrient Removal Facilities. *Water Environ. Res.*; **86** (6), 483–506.

Parker, D. S.; Kaufman, W. J.; Jenkins, D. (1971) Physical Conditioning of Activated Sludge. *J. Water Pollut. Control Fed.,* **43**, 1817–1833.

Parker, D. S.; Kinnear, D. J.; Wahlberg, E. J. (2001) Review of Folklore in Design and Operation of Secondary Clarifiers. *J. Environ. Eng.*, **127** (6), 476–484.

Pearson, E. A. (1966) Kinetics of Biological Treatment. *Special Lecture Series, Advances in Water Quality Development*; University of Texas: Austin, Texas.

Pretorius, C.; Appleton, R.; Walker, S.; Jorgensen, E.; Stevensen, B.; Bateman, A. L. (2016) Why SRT Control Is Not More Widely Practiced and Three Ways to Fix It: Making SRT Control a Reliable Tool for Operators to Use. *Proceedings of the 89th Annual Water Environment Federation Technical Exhibition and Conference* [CD-ROM]; Nueva Orleans, Louisiana, 24–28 de sep.; Water Environment Federation: Alexandria, Virginia.

Richard, M. (1989) *Activated Sludge Microbiology;* Water Environment Federation: Alexandria, Virginia.

Richard, M. (2003) *Microbiological and Chemical Testing for Troubleshooting Lagoons.* http://www.lagoonsonline.com/trouble-shooting-wastewater-lagoons.htm (recuperado el 18 de ago. de 2017; acceso el 10 de nov. de 2017).

Sayigh, B. A.; Malina, J. F., Jr. (1978) Temperature Effects on the Activated Sludge Process. *J. Water Pollut. Control Fed.,* **50** (4), 678–687.

Shao, Y. J.; Starr, M.; Kaporis, K.; Kim, H. S.; Jenkins, D. (1997) Polymer Addition as a Solution to *Nocardia* Foaming Problems. *Water Environ. Res.,* **69**, 25.

Stall, R. T.; Sherrard, J. H. (1978) Evaluation of Control Parameters for the Activated Sludge Process. *J. Water Pollut. Control Fed.*, **50** (3) 450–457.

Tekippe, R. (1984) Activated Sludge Circular Clarifier Design Considerations. *Proceedings of the 57th Annual Water Pollution Control Federation Technical Exposition and Conference*; New Orleans, Louisiana, 30 de sep.–5 de oct.; Water Environment Federation: Alexandria, Virginia.

Torpey, W. N.; Chasick, A. H. (1955) Principles of Activated Sludge Operation. *Sewage Ind. Wastes,* **27** (11), 1217–1233.

Trygar, R. (2010) Sludge Volume Index is a Valuable Measure of Sludge Settleability Characteristics and Can Be Monitored to Help Prevent Process Problems. *Treat. Plant Operator.* http://www.tpomag.com/editorial/2010/03/what-the-heck-is-svi (acceso el 10 de nov. de 2017).

U.S. Environmental Protection Agency (1973) *Start-Up of Municipal Wastewater Treatment Facilities*; EPA 430/9-74-008; Oficina de Operaciones de Programas de Agua de la Agencia de Protección Ambiental de los EE. UU.: Washington, D.C.

U.S. Environmental Protection Agency (1974) *Process Design Manual for Upgrading Existing Wastewater Treatment Plants*; EPA-625/1-71-004A; Agencia de Protección Ambiental de los EE. UU., Transferencia de Tecnología: Washington, D.C.

U.S. Environmental Protection Agency (1977) *Process Control Manual for Aerobic Biological Wastewater Treatment Facilities*; Agencia de Protección Ambiental de los EE. UU.: Washington, D.C.

U.S. Environmental Protection Agency (1978a) *Field Manual for Performance Evaluation and Troubleshooting at Municipal Wastewater Treatment Facilities*; Agencia de Protección Ambiental de los EE. UU.: Washington, D.C.

U.S. Environmental Protection Agency (1978b) *Design of Wastewater Treatment Facilities Major Systems*; EPA-430/9-79-008; Agencia de Protección Ambiental de los EE. UU.: Washington, D.C.

U.S. Environmental Protection Agency (1989) *Design Manual: Fine Pore Aeration Systems;* Agencia de Protección Ambiental de los EE. UU., Oficina de Investigación y Desarrollo, Centro para la Información de Investigación Ambiental, Laboratorio de Ingeniería de Reducción de Riesgos: Cincinnati, Ohio.

U.S. Environmental Protection Agency (2010) *Nutrient Control Design Manual*; EPA-600/R-10-100; Agencia de Protección Ambiental de los EE. UU.: Washington, D.C.

Wahlberg, E. J. (1996) Activated Sludge Solids Inventory Control Using the State Point Concept. In *Enhancing the Design and Operation of Activated Sludge Plants*; Central States Water Environment Association: Madison, Wisconsin.

Wahlberg, E. (2001) *Project 00-CTS-1: WERF/CRTC Protocols for Evaluating Secondary Clarifier Performance, 2001 Final Report;* Water Environment Research Foundation: Alexandria, Virginia.

Wahlberg, E. J. (2016) Personal communication.

Wahlberg, E. J.; Augustus, M.; Chapman, D. T.; Chen, C.; Esler, J. K.; Keinath, T. M.; Parker, D. S.; Tekippe, R. J.; Wilson, T. E. (1994) Evaluating Activated Sludge Clarifier Performance Using the CRTC Protocol: Four Case Studies. *Proceedings of the 67th Annual Water Environment Federation Technical Exposition and Conference*, Chicago, Illinois, 15–19 de oct.; Water Environment Federation: Alexandria, Virginia.

Water Environment Federation (1994) *Basic Activated Sludge Process Control, Problem-Related Operations Based Education*; Water Environment Federation: Alexandria, Virginia.

Water Environment Federation (1996) *Operation of Municipal Wastewater Treatment Plants*, 5.ª ed.; Manual of Practice No. 11; Water Environment Federation: Alexandria, Virginia.

Water Environment Federation (2005) *Clarifier Design*, 2.ª ed.; Manual of Practice No. FD-8; Water Environment Federation: Alexandria, Virginia.

Water Environment Federation (2012) *Basic Laboratory Procedures for the Operator–Analyst*, 5.ª ed.; Water Environment Federation: Alexandria, Virginia.

Water Environment Federation (2016) *Operation of Water Resource Recovery Facilities;* Manual of Practice No. 11; 7.ª ed.; Water Environment Federation: Alexandria, Virginia.

Water Environment Federation (2017) *Wastewater Biology: The Microlife*, 3.ª ed.; Water Environment Federation: Alexandria, Virginia.

Water Environment Federation; American Society of Civil Engineers; Environmental & Water Resources Institute (2010) *Design of Municipal Wastewater Treatment Plants,* 5.ª ed.; WEF Manual of Practice No. 8/ ASCE Manuals and Reports on Engineering Practice No. 76; Water Environment Federation: Alexandria, Virginia.

Water Environment Federation; American Society of Civil Engineers; Environmental and Water Resources Institute (2018) *Design of Water Resource Recovery Facilities*; 6.ª ed., WEF Manual of Practice No. 8/ASCE Manuals and Reports on Engineering Practice No. 76; Water Environment Federation: Alexandria, Virginia.

West, A. W. (1973a) *Operational Control Procedures for the Activated Sludge Process—Part I Observations and Part II Control Tests;* Agencia de Protección Ambiental de los EE. UU., Oficina de Operaciones de Programas de Agua: Cincinnati, Ohio.

West, A. W. (1973b) *Operational Control Procedures for the Activated Sludge Process—Part IIIA Calculation Procedures;* Agencia de Protección Ambiental de los EE. UU., Oficina de Cumplimiento y Asesoría Jurídica: Cincinnati, Ohio.

West, A.W. (1974) Operational Control Procedures for the Activated Sludge Process: Part I—Observations, Part II— Control Tests; EPA de los EE. UU., Oficina de Operaciones de Programas de Agua, Centro Nacional de Tratamiento de Residuos: Cincinnati, Ohio.

West, A. W. (1978) *Updated Summary of the Operational Control Procedures for the Activated Sludge Process;* Agencia de Protección Ambiental de los EE. UU., Sección de Tecnología Operativa, Centro Nacional de Tecnología Operativa y Capacitación: Cincinnati, Ohio.

Wilen, B.-M.; Balmer, P. (1999) The Effect of Dissolved Oxygen Concentration on the Structure, Size, and Size Distribution of Activated Sludge Flocs. *Water Res.,* **33** (2), 391–400.

Bibliografía sugerida

Alleman, J.; Prakasam, T. (1983) Reflections on Seven Decades of Activated Sludge History. *J. Water Pollut. Control Fed.,* **55** (5), 436–443.

Bartle, H.; Revis, C. (2014) Controlling *Microthrix parvicella* with Foam Control and Ammonia-SRT. *Proceedings of the 87th Annual Water Environment Federation Technical Exhibition and Conference* [CD-ROM]; New Orleans, Louisiana, 29 de sep.–1 de oct.; Water Environment Federation: Alexandria, Virginia.

Facility Operations Assistance Section of the New York Department of Environmental Conservation (n.d.) *Using State Point Analysis to Maximize Secondary Clarifier Performance.* https://www1.maine.gov/dep/water/wwtreatment/state_point_article.pdf (acceso el 10 de nov. de 2017).

Jenkins, D., Richard, M. G.; Daigger, G. T. (2003) *Manual of the Causes and Control of Activated Sludge Bulking, Foaming, and Other Solids Separation Problems,* 3.ª ed.; Lewis Publishers: Londres.

Water Environment Federation (2012) *Basic Laboratory Procedures for the Operator–Analyst,* 5.ª ed.; Water Environment Federation: Alexandria, Virginia.

CAPÍTULO 9

Eliminación de nutrientes

Introducción

En el capítulo 5 se presentaron conceptos básicos sobre el tratamiento biológico, incluida una introducción a dos grupos de microorganismos especializados: bacterias nitrificantes y organismos acumuladores de fosfato (OAF). Este capítulo entra en mayor detalle y describe las características de las aguas residuales y las variables del proceso que afectan sobre estos microorganismos y la capacidad de las instalaciones de recuperación de recursos hídricos (*water resource recovery facilities*, WRRF) para eliminar el amoníaco, el nitrito, el nitrato y el fósforo. En este capítulo también se incluye la eliminación química de fósforo. Las personas que no conocen bien la eliminación de nutrientes deben comenzar por leer los puntos fundamentales al final de cada sección y el resumen del capítulo. Es posible que la eliminación de nutrientes sea el área más compleja en la operación de las instalaciones de tratamiento. Puede resultar confusa debido a que se requieren química y matemáticas. Hay muchos aspectos que se deben saber sobre la eliminación biológica y química de nutrientes. Este capítulo introductorio no tiene la capacidad de tratar todos ellos y no lo hará. El manual de práctica n.º 37 de la Water Environment Federation (WEF), titulado, *Operation of Nutrient Removal Facilities* (2013), contiene información adicional y estudios de caso.

OBJETIVOS DE APRENDIZAJE

Después de completar este capítulo, podrá:

- Predecir el destino de distintas especies de nitrógeno y fósforo durante el tratamiento biológico y químico;
- Interpretar las ecuaciones químicas, predecir la composición de los compuestos iónicos, convertir moles a miligramos por litro (mg/L) y calcular dosificaciones químicas a partir de ecuaciones químicas equilibradas;
- Explicar los pasos implicados en la nitrificación, la desnitrificación y la eliminación biológica de fósforo mejorada (*enhanced biological phosphorus removal*, EBPR), e identificar los microorganismos responsables de cada transformación;
- Detallar los requisitos estequiométricos y los productos de la nitrificación, la desnitrificación, la EBPR y la eliminación química de fósforo;
- Identificar los parámetros más importantes para el control del proceso para la nitrificación, la desnitrificación, la eliminación química de fósforo y la EBPR;
- Describir los efectos de las variables ambientales (pH, oxígeno disuelto [DO], etc.) sobre cada proceso biológico;
- Evaluar los datos de control del proceso para determinar si se inhibirán la nitrificación, la desnitrificación o la EBPR;
- Demostrar cómo manipular las variables del proceso para maximizar las tasas de nitrificación y desnitrificación;
- Determinar la mejor hora del día y el mejor caudal para agregar corrientes de flujos de reciclado provenientes del procesamiento de sólidos para minimizar las concentraciones de nitrógeno y fósforo en el efluente;
- Calcular los requisitos de alcalinidad para la nitrificación y la eliminación química de fósforo;
- Calcular las dosis estequiométricas de sales metálicas requeridas para la eliminación de fósforo y estimar la dosis real en función de los objetivos de tratamiento; y
- Seleccionar una sal metálica y un punto de agregado con base en los objetivos de tratamiento.

Símbolos químicos y fórmulas

Los iones que se encuentran comúnmente en las aguas residuales se definen en la tabla 9.1. Los símbolos químicos y las fórmulas se muestran junto a sus nombres escritos a lo largo de todo el capítulo. Los que se usan en todo el capítulo se detallan aquí.

Tabla 9.1 Iones importantes en el tratamiento de aguas residuales

Cationes	Aniones
Ion de aluminio (Al^{+3})	Ion de bicarbonato (HCO_3^-)
Ion de amonio (NH_4^+)	Ion de cloruro (Cl^-)
Ion de calcio (Ca^{+2})	Ion de carbonato (CO_3^{-2})
Ion de hidrógeno (H^+)	Ion de hidróxido (OH^-)
Ion férrico (Fe^{+3})	Ion de nitrito (NO_2^-)
Ion ferroso (Fe^{+2})	Ion de nitrato (NO_3^-)
Ion de magnesio (Mg^{+2})	Ion de fosfato (PO_4^{-3})
Ion de sodio (Na^+)	Ion de sulfato (SO_4^{-2})

(ac): Se utiliza en una fórmula química para indicar que un químico está disuelto en una solución acuosa (de agua).

(g): Se utiliza en una fórmula química para indicar que un químico es un gas.

(s): Se utiliza en una fórmula química para indicar que un químico es un sólido.

Al^{+3}: Ion de aluminio

$Al_{12}Cl_{12}(OH)_{24}$: Cloruro de polialuminio, varía según el fabricante

$Al_2(SO_4)_3$: Sulfato de aluminio (alumbre)

$Al_nCl_{(3n-m)}(OH)_m$: Fórmula genérica de cloruro de polialuminio

$C_5H_7O_2N$: Biomasa (fórmula sencilla)

$C_{10}H_{19}O_5N$: Fórmula genérica de DBO de aguas residuales

$C_{60}H_{87}O_{23}N_{12}P$: Biomasa (fórmula más completa)

$CaCl_2$: Cloruro de calcio

$Ca(OH)_2$: Hidróxido de calcio

$CaCO_3$: Carbonato de calcio

$CaMg(CO_3)_2$: Dolomita

CaO: Óxido de calcio (cal)

CH_3OH: Metanol

CH_3COOH: Acetato

Cl_2: Cloro

CO_2: Dióxido de carbono

CO_3^{-2}: Ion de carbonato

Fe^{+2}: Ion de hierro ferroso

Fe^{+3}: Ion de hierro férrico

$Fe_2(SO_4)_3$: Sulfato férrico

Fe_2S_3: Sulfuro férrico

$Fe_3(PO_4)_2$: Fosfato ferroso

$FeCl_3$: Cloruro férrico

FeS: Sulfuro ferroso

$FeSO_4$: Sulfato ferroso

H^+: Ion de hidrógeno (ácido)

H_2O: Monóxido de dihidrógeno (agua)

H_3PO_4: Ácido fosfórico

HCO_3^-: Ion de bicarbonato

HNO_2: Ácido nitroso

KCl: Cloruro de potasio

$Mg(OH)_2$: Hidróxido de magnesio

$MgNH_4PO_4$: Fosfato de amonio y magnesio (estruvita)

$MgSO_4$: Sulfato de magnesio

N_2: Gas nitrógeno

Na_2CO_3: Carbonato de sodio (sosa)

$NaAlO_2$: Aluminato de sodio

NaCl: Cloruro de sodio

$NaHCO_3$: Bicarbonato de sodio

NaHOCl: Hipoclorito de sodio

NH_3: Amoníaco (amoníaco sin ionizar)

NH_3-N: Nitrógeno amoniacal (como N)

NH_4OH: Hidróxido de amonio

NH_4^+: Ion de amonio

NO_2^-: Ion de nitrito

NO_2-N: Nitrógeno nitrito (como N)

NO_3^-: Ion de nitrato

NH_3-N: Nitrógeno nitrato (como N)

O_2: Oxígeno

OH^-: Ion de hidróxido (base)

PO_4^{-3}: Ion de fosfato

PO_4-P: Fósforo de fosfato

Nitrógeno y fósforo en las aguas residuales

Los nutrientes, nitrógeno y fósforo, se introdujeron en el capítulo 1 y se trataron en mayor detalle en el capítulo 2. Son fundamentales para la vida. En las aguas residuales, el nitrógeno aparece en cuatro formas básicas: nitrógeno orgánico, amoníaco, nitrito y nitrato (figura 9.1). Entre el 60 y el 70 % del nitrógeno total en el caudal de entrada doméstico es *nitrógeno amoniacal* (NH_3-N) y el 30 a 40 % restante es nitrógeno orgánico (Metcalf and Eddy, Inc./AECOM, 2014). El nitrógeno orgánico incluye el nitrógeno que es parte de proteínas, carbohidratos y otras sustancias orgánicas. El amoníaco y el nitrógeno orgánico se miden juntos con el análisis de nitrógeno Kjeldahl total (NKT). Las aguas residuales domésticas en general contienen entre 23 y 69 mg/L NKT, de los cuales entre 14 y 41 mg/L son NH_3-N (Metcalf and Eddy, Inc./AECOM, 2014). No suele haber nitrito y nitrato, a no ser que se agreguen a la red de alcantarillado para el control de olores o que un usuario industrial los descargue. Las bacterias facultativas en general consumen las cantidades pequeñas de nitrito y de nitrato descargadas en la red de alcantarillado mucho antes de que las aguas residuales lleguen a la WRRF.

Las especies de nitrógeno se expresan típicamente como nitrógeno (N). El *nitrógeno amoniacal* es NH_3-N, el nitrógeno nitrito es NO_2-N y el nitrógeno nitrato es NO_3-N. Los compuestos de fósforo se expresan típicamente como fósforo (P). Consulte el capítulo 2 para obtener una explicación sobre cómo convertir entre mg/L y mg/L como N o mg/L como P.

Durante el tratamiento biológico, la mayoría del hidrógeno orgánico del caudal de entrada se convierte en nitrógeno amoniacal (NH_3-N); sin embargo, una cantidad pequeña del nitrógeno orgánico (típicamente 1 a 3 mg/L como N) no puede ser descompuesta por los microorganismos durante el tratamiento (WEF, 2018). El nitrógeno *recalcitrante* puede igualmente eliminarse por sedimentación si es particulado. Sin embargo, el

Recalcitrante significa que el compuesto es difícil de descomponer. Este material puede descomponerse con frecuencia en un tiempo suficiente, pero no durante el tiempo que pasa en un proceso de tratamiento secundario típico. *Inerte* significa que el material no puede ser descompuesto para nada por los microorganismos.

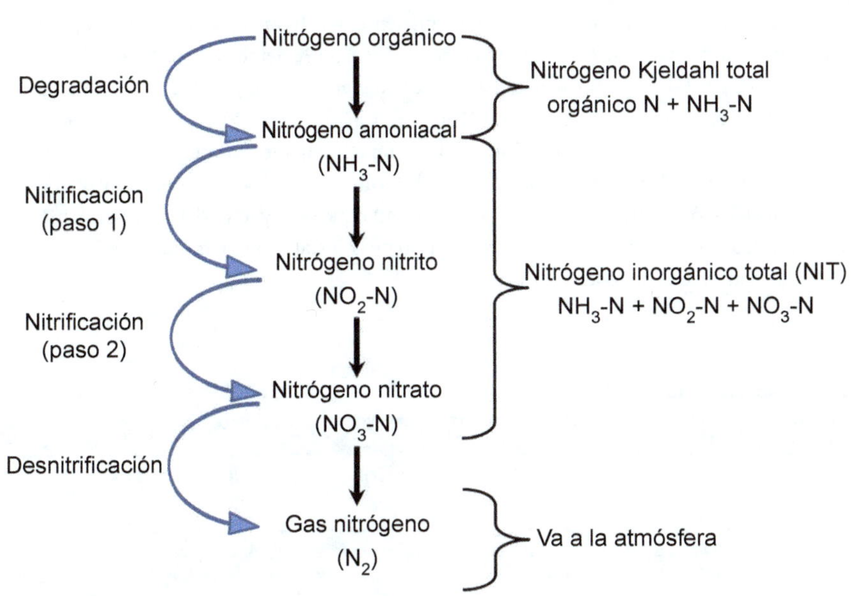

Figura 9.1 Especies de nitrógeno en las aguas residuales

nitrógeno orgánico recalcitrante soluble pasa hasta el efluente final. Parte del nitrógeno que ingresa a la WRRF es incorporado a la biomasa o se elimina por sedimentación, pero la mayoría llegará al efluente final, a no ser que la WRRF use microorganismos especializados, nitrificadores y desnitrificadores, para eliminarlo.

En las aguas residuales, el fósforo aparece en tres formas básicas: fosfato, polifosfato y fósforo orgánico (tabla 9.2). El fosfato, denominado también *ortofosfato*, típicamente representa el 50 % del fósforo total del caudal de entrada. El ortofosfato se denomina también *fosfato reactivo*. El ortofosfato existe típicamente en las aguas residuales como $H_2PO_4^-$ o HPO_4^{-2}, con la primera forma dominante por debajo de un pH de 8.3 (EPA de los EE. UU., 2010). Los polifosfatos, denominados también *fosfatos condensados*, consisten en diversas moléculas de fosfato que están unidas químicamente en cadenas largas. Los polifosfatos se utilizan en muchas aplicaciones que incluyen aditivos para alimentos e inhibitorios de la corrosión. Aproximadamente el 33 % del fósforo total del caudal de entrada son polifosfatos. El 15 % restante del fósforo del caudal de entrada es fósforo orgánico. Esto incluye el fósforo que es parte de grasas, proteínas y otras moléculas orgánicas. El ortofosfato y el polifosfato son solubles, pero pueden también *adsorberse* en la superficie de las partículas. Cuando se eliminan los sólidos por filtración, los ortofosfatos y los polifosfatos adsorbidos en sus superficies también se eliminan (Gu et al., 2011). El fósforo orgánico puede ser soluble, coloidal o particulado. Durante el tratamiento biológico, los polifosfatos y la mayoría de los fosfatos orgánicos solubles se convierten en ortofosfato (figura 9.2).

Adsorber significa adherir a la superficie. *Absorber* significa tomar. Por ejemplo, la suciedad se adsorbe en la superficie de un automóvil, mientras que el agua se absorbe en una esponja.

Las concentraciones de fósforo total en el caudal de entrada tienen un promedio de 6 y 8 mg/L como P para las aguas residuales domésticas (EPA de los EE. UU., 2010). Las concentraciones pueden ser mayores en las municipalidades con poco uso de agua por persona y menores en las municipalidades con mucho uso de agua por persona. Los aportes de los usuarios industriales también pueden aumentar las concentraciones de fósforo en el caudal de entrada. Parte del fósforo del caudal de entrada se incorpora a la biomasa durante el tratamiento biológico; sin embargo, la mayoría del fósforo del caudal de entrada pasa a través del proceso de tratamiento y termina en el efluente final, a no ser que la WRRF tome medidas adicionales para eliminarlo mediante el tratamiento biológico o químico (figura 9.2).

Las cantidades pequeñas de nitrógeno soluble y orgánico y de fósforo soluble y orgánico no pueden ser utilizadas por los microorganismos ni ser eliminadas por gravedad en el clarificador. Atraviesan el proceso de tratamiento sin cambios y terminan en el efluente final. Las concentraciones de nitrógeno orgánico soluble no biodegradable típicamente están entre 1 y 3 mg/L como N para las WRRF domésticas, pero la concentración dependerá de los tipos de descargadores en el área de servicio. El fósforo recalcitrante típicamente es de menos de 0.05 mg/L como P.

Mecanismos para la eliminación de nitrógeno y fósforo

Las células de las bacterias contienen entre un 12 y un 16 % de nitrógeno y entre un 2 y un 5 % de fósforo en peso seco. A medida que crecen y se reproducen en el proceso de tratamiento, el nitrógeno, el fósforo y otros elementos traza se incorporan en la biomasa. El proceso de incorporación de nutrientes a la biomasa se denomina *captación asimilativa*. Durante el tratamiento secundario, se incorporará entre el 15 y el 30 % del nitrógeno total del caudal de entrada a la biomasa (EPA de los EE. UU., 2010) y se asimilará aproximadamente 1 mg/L de P cada 100 mg/L de demanda bioquímica de oxígeno en el transcurso de 5 días (DBO_5) eliminada (WEF, 2013). Los nutrientes se eliminan del proceso de tratamiento cuando el exceso de biomasa se elimina mediante sedimentación (estanques), desprendimiento (película fija) o desecho (lodo activado). El exceso de biomasa típicamente se digiere y puede desagotarse en otra parte de la instalación de tratamiento. El exceso de agua que se devuelve del procesamiento de sólidos devolverá algo de amoníaco y fósforo al lado del flujo líquido de la instalación de tratamiento, lo que puede hacer parecer que se eliminan menos nitrógeno y fósforo.

Las relaciones entre las áreas de flujo líquido y flujo sólido de la WRRF se describen en el capítulo 1 y se indican en la figura 1.3.

Tabla 9.2 Formas de fósforo en las aguas residuales

	Fosfato	Polifosfato	Fosfato orgánico
Forma química	Ortofosfato Fosfato reactivo	Fosfatos condensados	Unido orgánicamente (parte de proteínas)
Ubicación	Soluble/puede adsorberse en las partículas	Soluble/puede adsorberse en las partículas	Soluble, coloidal o particulado

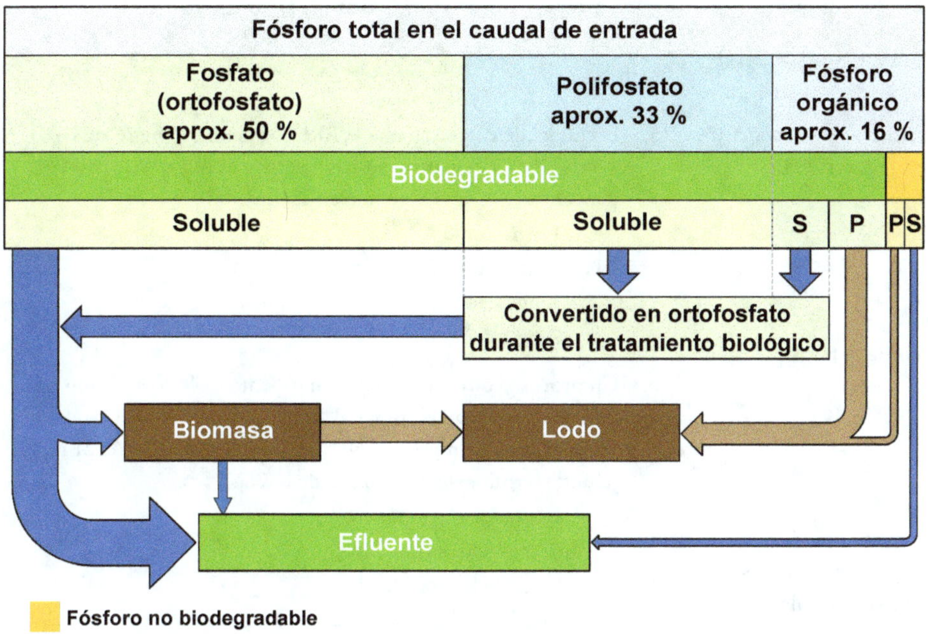

Figura 9.2 Fósforo en el tratamiento de aguas residuales (S = soluble, P = particulado; en esta figura se muestra el destino del fósforo en procesos de tratamiento secundario como el lodo activado a no ser que se tomen medidas específicas para eliminarlo) (reimpreso con autorización de Indigo Water Group)

Por motivos que se tratan en el capítulo 1, muchas WRRF tienen o tendrán limitaciones en el efluente para amoníaco, nitrito, nitrato y fósforo que no pueden cumplirse solo con la captación asimilativa. Deben utilizarse otros métodos para lograr límites bajos en el efluente. Las bacterias nitrificantes pueden convertir el amoníaco en nitrito y nitrato. Es posible lograr concentraciones de nitrógeno amoniacal (NH_3-N) en el efluente de menos de 1 mg/L de NH_3-N. Hay diversas bacterias heterotróficas facultativas que pueden convertir el nitrato en gas nitrógeno. El gas nitrógeno se devuelve a la atmósfera. La eliminación del nitrato está limitada por la cantidad de DBO_5 disponible. Es posible lograr límites de *nitrógeno inorgánico total* (NIT) tan bajas como 5 mg/L de N mediante nitrificación biológica y desnitrificación.

El *nitrógeno inorgánico total* es la suma del nitrógeno amoniacal, del nitrógeno nitrito y del nitrógeno nitrato.

El fósforo puede eliminarse biológicamente mediante OAF. Este proceso se denomina *EBPR* para distinguirlo de la captación asimilativa. Los límites de fósforo total (TP) de 1 mg/L pueden lograrse de manera confiable con EBPR, aunque en algunas WRRF se lograron concentraciones de TP mínimas de 0.3 mg/L en el efluente final. El fósforo también puede *precipitarse* mediante el agregado de químicos. Se agregan alumbre, cloruro férrico o cal a las aguas residuales, donde se combinan con el fósforo para formar un sólido. El precipitado se quita mediante sedimentación o filtración. La eliminación química del fósforo puede cumplir con límites mínimos en el efluente, tan bajos como 0.03 mg/L de TP. Los métodos químicos y biológicos para la eliminación del fósforo con frecuencia se utilizan en combinación. Las instalaciones en general utilizan la eliminación biológica de fósforo para reducir las concentraciones de P por debajo de 1 mg/L como P seguida de la precipitación química en los clarificadores secundarios o con posterioridad. Las ventajas y desventajas de los distintos puntos para el agregado de químicos se tratan más adelante en este mismo capítulo. El logro de concentraciones de fósforo por debajo de 0.5 mg/L como P en el efluente depende de una adecuada eliminación de sólidos en los clarificadores secundarios. Los sólidos que escapan al efluente final contienen nitrógeno y fósforo. Muchas instalaciones están equipadas con filtros terciarios para asegurar la captura de sólidos.

La *precipitación del fósforo* es la conversión del fósforo soluble presente en las aguas residuales como ion de ortofosfato (PO_4^{-3}) en un compuesto químico insoluble.

Durante el tratamiento biológico, se elimina algo de amoníaco y fósforo al incorporarse a la biomasa. La nitrificación convierte el amoníaco en nitrito y nitrato. La desnitrificación convierte el nitrato en gas nitrógeno. Es posible lograr concentraciones de nitrógeno inorgánico total de menos de 5 mg/L como N. El fósforo puede eliminarse biológicamente o químicamente. Las concentraciones de fósforo total por debajo de 0.05 mg/L como P pueden lograrse con el agregado de químicos. Para cumplir límites bajos de N y P en el efluente, los sólidos en suspensión totales (SST) también deben ser bajos.

COMPROBACIÓN DE CONOCIMIENTOS

1. **¿Cuál de los compuestos de nitrógeno siguientes no se encuentra típicamente en los caudales de entrada de aguas residuales?**
   a. Amoníaco
   b. Nitrito
   c. Nitrógeno orgánico
   d. NKT

2. **A veces se agrega nitrato a la red de alcantarillado para**
   a. Controlar los olores
   b. Precipitar el fósforo
   c. Eliminar DBO
   d. Aumentar la biomasa

3. **Las aguas residuales de una WRRF contienen 2 mg/L de nitrógeno orgánico, 5 mg/L de nitrógeno nitrato y 1 mg/L de nitrógeno amoniacal. ¿Cuánto NKT abandona la instalación?**
   a. 1 mg/L como N
   b. 2 mg/L como N
   c. 3 mg/L como N
   d. 7 mg/L como N

4. **Después de finalizado el tratamiento biológico, la mayoría del fósforo remanente estará presente como**
   a. Ortofosfato
   b. Polifosfato
   c. Fosfato orgánico
   d. Biomasa

5. **El caudal de entrada a una WRRF contiene 300 mg/L de DBO_5 y 7 mg/L de TP. Si no se utilizan químicos ni EBPR, ¿cuál es la concentración de P esperada en el efluente?**
   a. 1 mg/L como P
   b. 2 mg/L como P
   c. 4 mg/L como P
   d. 7 mg/L como P

6. **Un proceso convencional de tratamiento de lodo activado no está diseñado para eliminar el amoníaco. El NKT del caudal de entrada es de 30 mg/L y el NKT del efluente final es de 21 mg/L. ¿Dónde terminaron los 9 mg/L de NKT?**
   a. Liberados a la atmósfera
   b. Convertidos en amoníaco
   c. Precipitados con alumbre
   d. Incorporadas a la biomasa

7. **El laboratorio informa las siguientes concentraciones de NKT y amoníaco en una muestra filtrada y sin filtrar de aguas residuales del caudal de entrada:**

NKT sin filtrar como N	36.0 mg/L
NKT filtrado como N	26.0 mg/L
Nitrógeno amoniacal (NH_3-N)	22.0 mg/L

Calcule las concentraciones de nitrógeno orgánico particulado, soluble y total.

Repaso de química

Es posible encontrar información más detallada y ejemplos más allá de los presentados en esta sección en YouTube, al buscar Khan Academy. Khan Academy es un servicio gratuito de educación con cientos de videos breves que enseñan matemáticas, química, biología y otros temas.

Se necesitan algunos conocimientos de química para comprender plenamente la eliminación de nutrientes y para calcular las dosificaciones de los químicos. En última instancia, los operadores deben poder determinar o buscar la reacción química deseada, determinar cuántos moles de químico se necesitan, convertir de moles a mg/L y establecer la tasa de alimentación de químicos para lograr la concentración calculada. Los operadores también deben comprender por qué se producen reacciones secundarias y cómo ajustar en consecuencia las dosificaciones de los químicos. Al finalizar esta sección, debe poder leer las ecuaciones químicas y convertir entre moles y miligramos por litro. Comenzaremos por definir algunos términos.

Átomos: Los átomos son el componente básico de la naturaleza. Los átomos no pueden descomponerse en partes más pequeñas sin perder sus propiedades únicas. Por ejemplo, el cloro forma un gas verde-amarillo que reacciona con el sodio para formar cloruro de sodio, o sal de mesa común. Estas son dos propiedades del cloro. Los átomos contienen protones (partículas con carga positiva) y neutrones (partículas sin carga) en el centro y electrones (partículas con carga negativa) que orbitan alrededor del centro.

Elemento: Un elemento es un tipo de átomo en específico. Los elementos se definen según la cantidad de protones que tienen. Por ejemplo, todos los átomos de carbono tienen 6 protones, todos los átomos de nitrógeno tienen 7 protones y todos los átomos de oxígeno tienen 8 protones. La tabla periódica contiene más de cien casilleros. Cada casillero contiene una letra o una combinación de letras (figura 9.3). Cada casillero simboliza un elemento distinto. Los elementos más comunes en el tratamiento de aguas residuales incluyen: aluminio (Al), calcio (Ca), carbono (C), cloro (Cl), hidrógeno (H), hierro (Fe), magnesio (Mg), nitrógeno (N), oxígeno (O), fósforo (P) y azufre (S).

Número atómico: La cantidad de protones en un átomo. Los números atómicos son específicos de cada tipo de elemento. Si un átomo tiene 8 protones, es oxígeno. Si un átomo tiene 6 protones, es carbono. Los números atómicos se muestran en la tabla periódica, junto con el símbolo químico del elemento (figura 9.4).

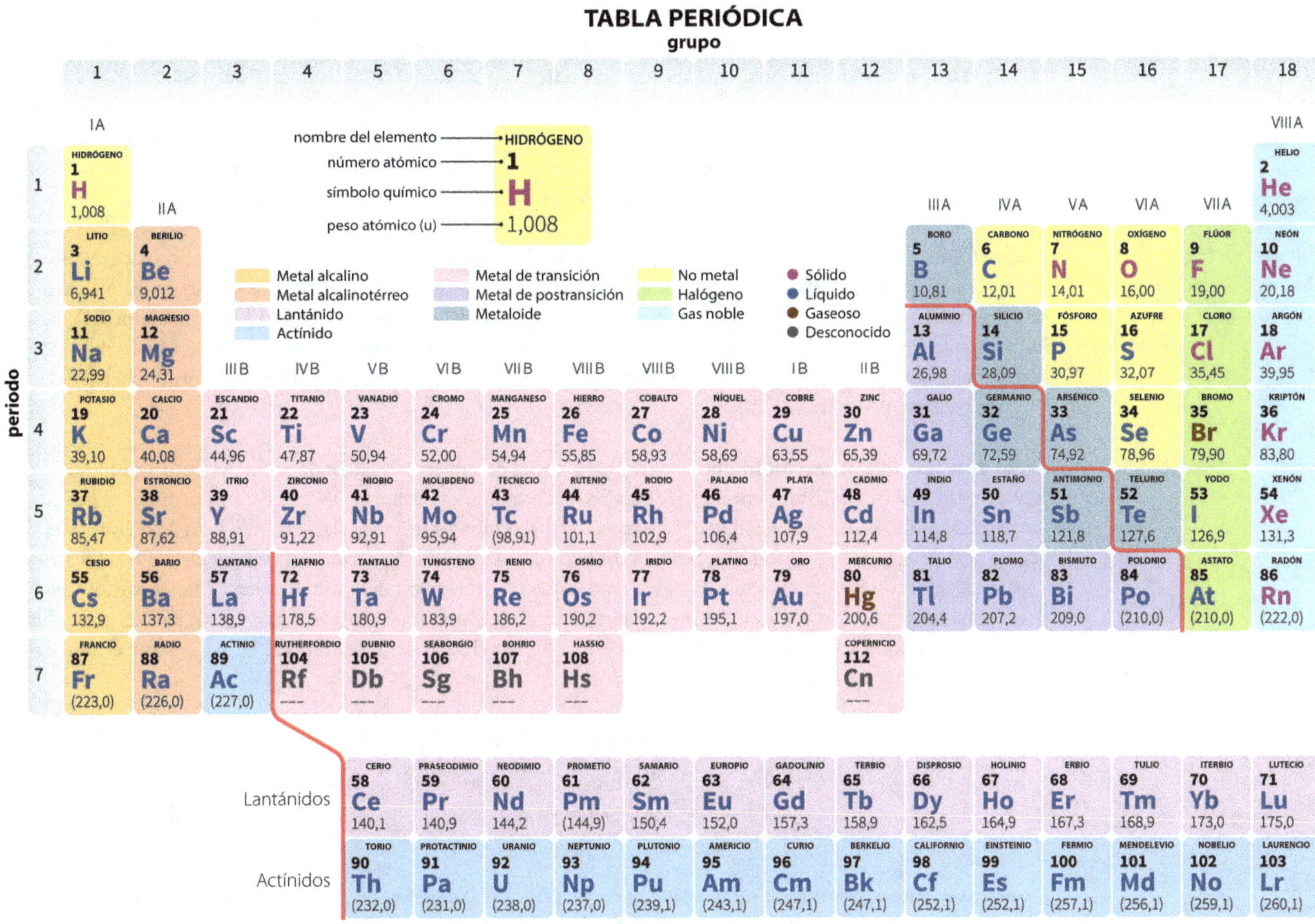

Figura 9.3 Tabla periódica (Getty Images)

Moléculas y compuestos: Las moléculas son combinaciones de dos o más átomos que están químicamente unidos. Los átomos de algunos elementos, como los del azufre, a veces se encuentran solos en la naturaleza, sin unión química con otros átomos. Un único átomo de azufre no es una molécula. En la naturaleza existen los siguientes elementos como parte del mismo tipo de átomo: bromo (Br), yodo (I), nitrógeno (N), cloro (Cl), hidrógeno (H), oxígeno (O) y flúor (F). Por eso, el OD siempre se muestra como O_2 y el gas nitrógeno se muestra como N_2. Al poner juntos los símbolos de estas moléculas, se forma la palabra "BrINClHOF", lo que hace más fácil recordar qué elementos forman pares. Los elementos de BrINClHOF reaccionan con muchos otros, no solo con ellos mismos. Las moléculas hechas de dos o más elementos se denominan *compuestos*. El agua (H_2O) es un compuesto. Todos los compuestos son moléculas, pero no todas las moléculas son compuestos.

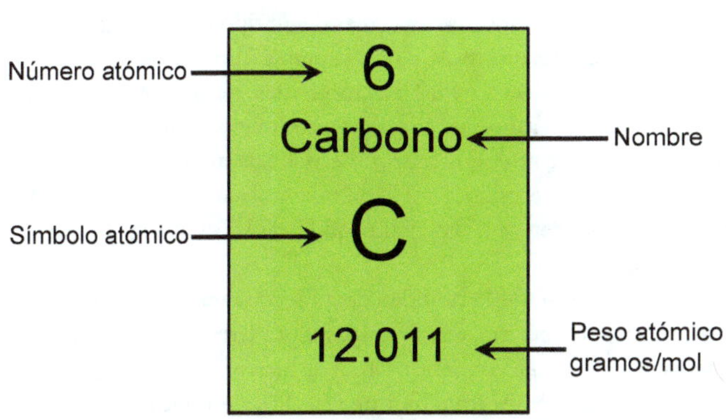

Figura 9.4 Información de la tabla periódica para el carbono (reimpreso con autorización de Indigo Water Group)

Avogadro fue un famoso científico italiano. Llevó a cabo muchos experimentos con diferentes elementos para determinar cuántos átomos reaccionaban entre ellos para producir nuevos compuestos. Sus cálculos resultaron en la constante de Avogadro: 6.022×10^{23} átomos o moléculas en un mol.

Mol: Los moles son una manera de hacer el seguimiento de números grandes de átomos o moléculas. El calzado viene en pares, los lápices vienen en cajas, el papel viene en resmas y los huevos vienen en docenas. Los átomos y las moléculas vienen en moles. Un mol contiene 6.022×10^{23} átomos o moléculas. Esto resulta en 602 200 000 000 000 000 000 000, ¡una gran cantidad! Los moles nos ayudan a hacer el seguimiento de la cantidad de átomos y moléculas que se requieren para las reacciones químicas con otros átomos y otras moléculas. Por ejemplo, 1 mol de cloruro de calcio ($CaCl_2$) contiene 1 mol de calcio y 2 moles de cloruro. En este capítulo se utilizan las reacciones químicas y los moles para calcular las tasas de dosificación química.

Peso atómico: El peso atómico es cuánto pesa un mol de átomos. El peso atómico, en los distintos elementos, es igual a la cantidad de protones más la cantidad promedio de neutrones. Los átomos de carbono contienen 6 protones y típicamente tienen 6 neutrones. El peso atómico del carbono es de 12.011 g/mol (figura 9.4). Algunos átomos de carbono tienen 7 neutrones, y por eso el peso atómico no es exactamente 12 g/mol. Esto significa que si alguien cuenta pacientemente 602 200 000 000 000 000 000 000 átomos de carbono y los pesa en una balanza, pesarían 12.011 g.

Peso de la fórmula o peso molecular: Cuánto pesa 1 mol de moléculas. La sal de mesa es cloruro de sodio (NaCl). Un mol de NaCl contiene 1 mol de sodio (Na^+) y un mol de cloruro (Cl^-). Para determinar el peso de un mol de NaCl, es suficiente con agregar el peso de los elementos individuales. El sodio pesa 23.0 g/mol y el cloro pesa 35.5 g/mol. Al agregar los pesos, se obtiene el peso de la fórmula para el cloruro de sodio: 58.5 g/mol. Las moléculas con frecuencia son más complicadas que las del cloruro de sodio. Pueden contener varios tipos de elementos y más de un átomo del mismo elemento. Un ejemplo es el cloruro férrico, $FeCl_3$. Observe la tabla periódica y busque el peso atómico del hierro. Para obtener el peso de la fórmula del $FeCl_3$, agregue el peso de un átomo de hierro y tres átomos de cloro.

$$\mathrm{Fe} + \mathrm{Cl} + \mathrm{Cl} + \mathrm{Cl} = \mathrm{FeCl_3}$$
$$56\ \mathrm{g/mol} + 35.5\ \mathrm{g/mol} + 35.5\ \mathrm{g/mol} + 35.5\ \mathrm{g/mol} = \mathrm{FeCl_3}$$
$$162.5\ \mathrm{g/mol} = \mathrm{FeCl_3}$$

Iones: Los iones son átomos o moléculas con carga. Los cationes tienen carga positiva. Los aniones tienen carga negativa. Los iones se crean cuando los átomos y las moléculas ganan o pierden electrones. El ion de cloruro tiene un electrón más que protones, lo que resulta en una carga -1. El ion de hidrógeno tiene un protón y no tiene electrones, lo que resulta en una carga $+1$. Muchos de los compuestos inorgánicos importantes para el tratamiento de las aguas residuales estarán presentes como iones en el agua (tabla 9.1).

Conocer la carga de los iones más comunes nos ayudará a predecir qué moléculas pueden formarse en una reacción química. Por ejemplo, el magnesio tiene una carga de +2 y el cloruro tiene una carga de –1. El compuesto final debe ser neutro, con carga de cero. Cuando se combinan el magnesio y el cloruro, el compuesto final es $MgCl_2$, porque se requieren dos átomos de cloro para neutralizar la carga de +2 del magnesio. Cuando se combinan iones de hierro ferroso (carga de +2) con iones de fosfato (carga de –3), debe ajustarse la cantidad de cada ion para que el compuesto final sea neutro. En este caso, tres átomos de hierro ferroso tendrán una carga combinada de +6 y dos iones de fosfato tendrán una carga combinada de –6. El compuesto final es $Fe_3(PO_4)_2$. El ion de fosfato (PO_4^{-3}) se muestra entre paréntesis porque el subíndice 2 exterior se aplica a todo el ion.

Reacciones químicas: Las reacciones químicas se producen cuando las moléculas de un tipo interactúan con las moléculas de otro tipo para formar algo nuevo. Las ecuaciones químicas, como la que se muestra en la figura 9.5, se usan para indicar la manera en que las moléculas reaccionan entre ellas. Las moléculas iniciales se denominan *reactantes* y las moléculas finales se denominan *productos*. Los números de tamaño completo delante de los reactantes y de los productos indican la cantidad necesaria de moles de cada molécula. Los subíndices dentro de las moléculas indican cuántos moles de cada elemento se necesitan para formar la molécula. Los números de tamaño completo delante de los reactantes y productos pueden cambiase para equilibrar la ecuación.

Las reacciones químicas deben estar equilibradas. Esto significa que la cantidad de moles de cada tipo de átomo debe ser la misma a ambos lados de la ecuación química. El producto, en este caso, sulfuro férrico (Fe_2S_3), contiene dos moles de hierro (Fe). El reactante, cloruro férrico ($FeCl_3$), solo contiene un mol de hierro (Fe). Esto significa que se necesitarán 2 moles de $FeCl_3$ para producir 1 mol de Fe_2S_3. Al equilibrar una ecuación química, equilibre los átomos de oxígeno e hidrógeno en último lugar. Es posible agregar agua (H_2O) como subproducto, de ser necesario. La mayoría de las veces, se usan números enteros para equilibrar las ecuaciones; sin embargo, las fórmulas con

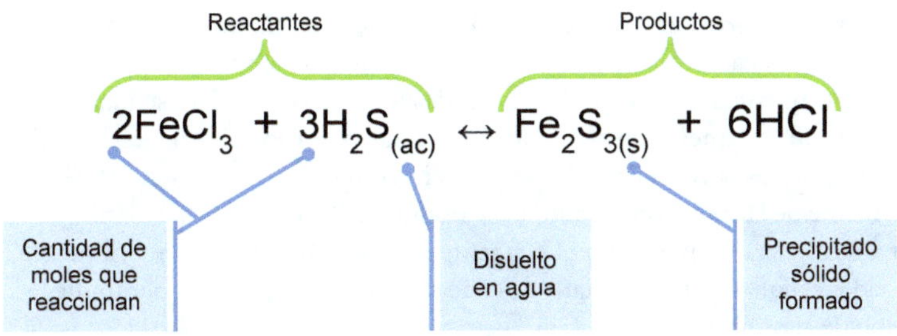

Figura 9.5 Reacciones químicas y estequiometría (reimpreso con autorización de Indigo Water Group)

compuestos grandes y complejos a veces usan fracciones o decimales. A veces, se usan subíndices como (g), (ac) o (s) para indicar si un reactante o un producto es un gas, está disuelto en agua (es acuoso) o es un sólido.

Estequiometría: La estequiometría es la relación entre moles de reactantes y moles de productos necesaria para completar la reacción. En el ejemplo de la figura 9.5, dos moles de cloruro férrico reaccionan con tres moles de sulfuro de hidrógeno para producir un mol de sulfuro férrico. La relación en moles entre el cloruro férrico y el sulfuro férrico es de 2 a 1.

Equilibrio: El *equilibrio* significa que las reacciones están equiparadas. ¿Observa la flecha del centro entre los reactantes y los productos de la figura 9.5? Esto indica que la reacción puede ir para cualquiera de los dos lados, según las condiciones ambientales como el pH, la temperatura y la presencia de otros compuestos. Muchas de las reacciones químicas importantes en el tratamiento de aguas residuales están en equilibrio. Si la flecha del centro de esta ecuación solo apunta a la derecha, la reacción química no está en equilibrio y cuando está completa permanecerán pocos reactantes, de haberlos.

Cuando una reacción química está en equilibrio, el porcentaje de reactantes y productos será el mismo para un conjunto específico de condiciones ambientales. Por ejemplo, el amoníaco existe en las aguas residuales como ion de amonio (NH_4^+) y amoníaco (NH_3), como se muestra en la figura 9.6. El amoníaco (NH_3) también se denomina *amoníaco sin ionizar*. Los porcentajes de ion de amonio (NH_4^+) y de amoníaco (NH_3) dependen del pH y de la temperatura (figura 9.6). En el punto de equilibrio, el 50 % del amoníaco total estará en forma de

Muchos permisos de descarga requieren nitrificación porque la forma del amoníaco sin ionizar (NH_3) es tóxica a la muy baja concentración de 0.02 mg/L. La forma sin ionizar se denomina también *amoníaco libre*.

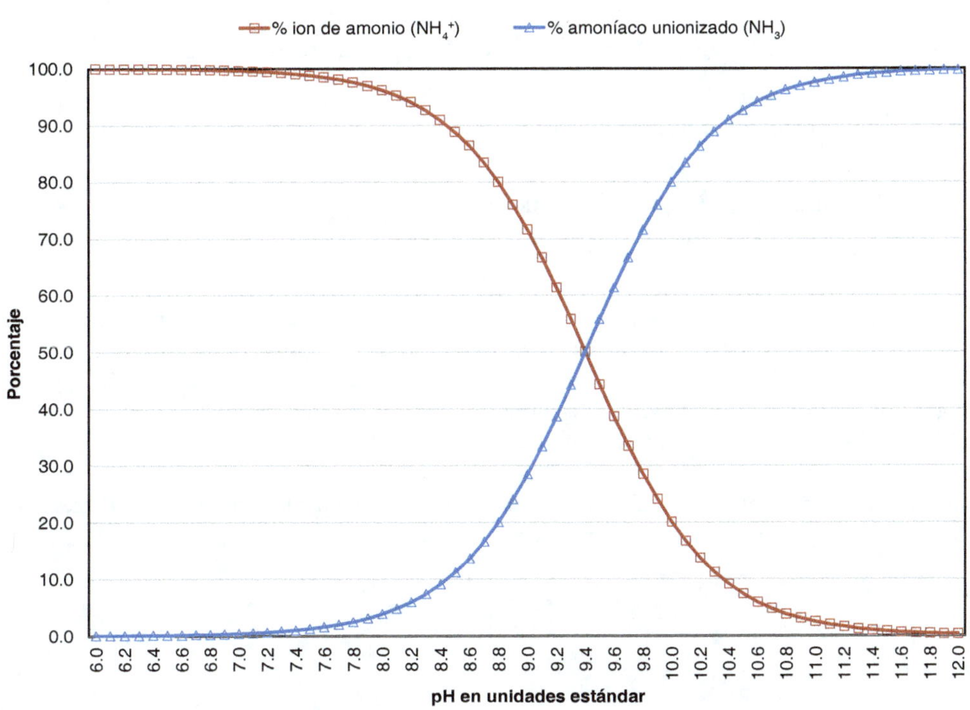

Figura 9.6 Equilibrio entre el ion de amonio y el amoníaco (reimpreso con autorización de Indigo Water Group)

ion de amonio (NH_4^+) y el otro 50 % estará en forma de amoníaco (NH_3). En este caso, el punto de equilibrio está a aproximadamente un pH de 9.4. Si el pH cae, el porcentaje de amoníaco (NH_3) se reducirá y el porcentaje de ion de amonio (NH_4^+) aumentará. Si se quitan amoníaco (NH_3) o ion de amonio (NH_4^+) del sistema, la forma presente en exceso se convertirá automáticamente en la otra forma, de modo que los porcentajes de cada una permanecerán iguales. En otras palabras, los porcentajes de ion de amonio (NH_4^+) y de amoníaco (NH_3) permanecerán iguales independientemente de la concentración total de amoníaco ($NH_3 + NH_4^+$). La única manera de cambiar el porcentaje de cada forma es cambiar el pH o la temperatura. Hay gráficos similares sobre el equilibrio para el cloro, la alcalinidad (carbonato y bicarbonato) y ácido sulfhídrico, aunque los puntos de equilibrio son diferentes para cada uno de ellos.

Conversión de moles a miligramos por litro: Las reacciones químicas utilizan moles, pero prácticamente todo lo demás en el tratamiento de aguas residuales utiliza concentraciones, como miligramos por litro o porcentajes. Los operadores deben poder ser capaces de convertir entre moles y miligramos por litro para calcular las tasas de dosificación química. La dosificación real necesaria es típicamente mayor a la dosificación calculada debido a las *reacciones secundarias*. Es posible utilizar un enfoque de prueba y error para encontrar la dosificación química correcta, pero el cálculo en el momento inicial ahorra tiempo y energía y ayuda a optimizar el uso de químicos a largo plazo.

Las *reacciones secundarias* son reacciones químicas no deseadas que se producen además de la reacción deseada. Por ejemplo, cuando se agrega alumbre al fósforo precipitado, parte del alumbre reacciona con el agua y otros iones en lugar del fósforo.

Deben seguirse los pasos siguientes para convertir entre moles y miligramos por litro:

- Busque o cree la ecuación química deseada;
- Asegúrese de que la ecuación química esté equilibrada. Si no lo está, equilíbrela;
- Calcule el peso de la fórmula para el químico que agregará;
- Calcule el peso de la fórmula para el compuesto objetivo; y
- Convierta moles a mg/L con el análisis dimensional.

Ejemplo: Determine la dosis de cloruro férrico necesaria para reaccionar con 5 mg/L de ácido sulfhídrico en el caudal de entrada de la WRRF. Use la estequiometría de la figura 9.5.

Paso 1: Calcule los pesos de la fórmula para el cloruro férrico y el ácido sulfhídrico. Use la tabla periódica (figura 9.3) para encontrar el peso atómico de cada elemento.

$$FeCl_3 = (1)(56\text{ g Fe/mol}) + (3)(35.5\text{ g Cl/mol}) = 162.5\text{ g/mol}$$

$$H_2S = (2)(1\text{ g H/mol}) + (1)(32\text{ g S/mol}) = 34\text{ g/mol}$$

Paso 2: Convierta moles a mg/L con el *análisis dimensional*.

El *análisis dimensional* es un método para convertir un conjunto de unidades en otro conjunto de unidades. Por ejemplo, convertir de metros cúbicos por día a galones por día o de moles a gramos.

$$\frac{2\text{ moles }FeCl_3}{1\text{ mol }H_2S}\left|\frac{162.5\text{ g }FeCl_3}{1\text{ mol }FeCl_3}\right|\left|\frac{1\text{ mol }H_2S}{34\text{ g }H_2S}\right| = 9.56\text{ g }FeCl_3\text{ por g }H_2S$$

Debido a que se trata de una relación de peso, puede tratarse de prácticamente cualquier unidad, siempre y cuando continúen siendo pesos o concentraciones. Por ejemplo, 9.56 g de $FeCl_3$ por g de H_2S también puede ser miligramo por miligramo, libra por libra o miligramo por litro por miligramo por litro. La relación de peso permanece igual. Si es necesario que las unidades sean litros (galones), necesitaríamos saber cuánto volumen ocuparían 9.56 g de $FeCl_3$ y 1 g de H_2S y crear una nueva relación.

Paso 3: Multiplique por la concentración en el caudal de entrada para determinar la dosificación total necesaria. Recuerde que la dosis real puede ser un poco superior debido a las reacciones secundarias.

$$\frac{5\frac{mg}{L}H_2S}{}\left|\frac{9.56\frac{mg}{L}FeCl_3}{1\frac{mg}{L}H_2S}\right| = 47.8\frac{mg}{L}FeCl_3$$

COMPROBACIÓN DE CONOCIMIENTOS

1. **¿Cuál de los términos siguientes se refiere a un componente básico de la naturaleza que no puede descomponerse sin perder sus propiedades esenciales?**
   a. Átomo
   b. Elemento
   c. Compuesto
   d. Molécula

2. **Los elementos se definen por**
   a. Propiedades químicas
   b. Número de neutrones
   c. Símbolo químico
   d. Número de protones

3. **El número atómico es el número de protones, pero el peso atómico es**
   a. La suma de protones, neutrones y electrones
   b. Los gramos por molécula de diátomo
   c. La suma de protones y neutrones
   d. Solo el número de neutrones

4. **Las moléculas se diferencian de los compuestos por este motivo.**
   a. Los compuestos contienen dos o más átomos del mismo elemento.
   b. Las moléculas están hechas de al menos tres elementos diferentes.
   c. Las moléculas deben contener oxígeno o hidrógeno.
   d. Los compuestos están hechos de al menos dos elementos diferentes.

5. **Halle el peso de la fórmula para el carbonato de calcio ($CaCO_3$). El calcio pesa 40 g/mol, el carbono pesa 12 g/mol y el oxígeno pesa 16 g/mol.**
   a. 68 g/mol
   b. 84 g/mol
   c. 100 g/mol
   d. 204 g/mol

6. **Halle el peso de la fórmula para el nitrato de calcio [$Ca(NO_3)_2$]. Los pesos atómicos son calcio = 40 g/mol, nitrógeno = 14 g/mol y oxígeno = 16 g/mol.**
   a. 102 g/mol
   b. 116 g/mol
   c. 164 g/mol
   d. 204 g/mol

7. **¿Cuál es la fórmula química para el cloruro férrico?**
   a. $FeCl_2$
   b. $FeCl_3$
   c. FeOHCl
   d. $FeOCl_2$

8. **El ion de sodio tiene una carga de +1. El ion de nitrito tiene una carga de −1. ¿Cuál es la fórmula química para el nitrito de sodio?**
   a. $Na(NO_2)_2$
   b. Na_3NO_2
   c. $NaNO_2$
   d. Na_2NO_2

9. **Si los iones ferrosos (Fe^{+2}) se combinan con iones de fosfato (PO_4^{-3}), la fórmula química del compuesto resultante sería**
   a. Fe_2PO_4
   b. $Fe_3(PO_4)_2$
   c. $FePO_4$
   d. $Fe_6(PO_4)_2$

10. **Las reacciones químicas deben**
   a. Estar equilibradas
   b. Generar calor
   c. Producir ácido
   d. Consumir alcalinidad

11. **¿Qué rango de pH tendrá el mayor porcentaje de amoníaco (NH_3) cuando la concentración total de amoníaco es de 20 mg/L como N?**
   a. <5
   b. 5 a 7
   c. 7 a 9
   d. >9

Nitrificación biológica

En el capítulo 5 se introdujeron las bacterias nitrificantes. Estas bacterias usan amoníaco (NH_3) o nitrito (NO_2^-) como fuente de energía y usan los compuestos inorgánicos de carbono carbonato (CO_3^{-2}) y bicarbonato (HCO_3^-) como fuentes de carbono, en lugar de usar la demanda bioquímica de oxígeno carbonosa (DBOC). El carbonato y el bicarbonato son dos componentes de la alcalinidad que dominan en las aguas residuales cuando el pH es mayor que aproximadamente 6.5 unidades estándar (*standard units*, SU).

Hay distintas bacterias que pueden convertir el amoníaco (NH_3-N) en nitrito (NO_2-N), incluidas *Nitrosomonas, Nitrosococcus, Nitrosospira* y otras. En su conjunto, se denominan *bacterias oxidantes del amoníaco* (BOA). *Nitrosomonas* es la BOA más común en los sistemas de tratamiento de aguas residuales domésticas (WEF, 2015). Otro grupo de bacterias, las bacterias oxidantes del nitrito (BON), convierten el nitrito (NO_2^-) en nitrato

Las especies de nitrógeno (amoníaco, nitrito y nitrato) se muestran generalmente como sus iones en las ecuaciones químicas y en general. Los resultados de laboratorio se muestran "como nitrógeno" y no incluyen el símbolo de la carga para el ion. Por ejemplo, el nitrito (NO_2^-) se convierte en mg/L de *nitrógeno nitrito* (NO_2-N). En el capítulo 2 se incluyen ejemplos de cómo llevar a cabo conversiones.

1 mg/L de NH_3 equivale a 0.824 mg/L de NH_3-N. 1 mg/L de NO_2^- equivale a 0.304 mg/L de NO_2-N (30.4 % de nitrógeno por peso). 1 mg/L de NO_3^- es equivalente a 0.226 mg/L de NO_3-N.

(NO_3^-). Las BON incluyen *Nitrobacter, Nitrospira, Nitrococcus* y *Nitrospina*. *Nitrobacter* y *Nitrospira* son las BON más comunes en los sistemas de tratamiento de aguas residuales domésticas (WEF, 2015). En la figura 9.7 se muestran los pasos secuenciales para convertir amoníaco (NH_3) en nitrato (NO_3^-).

Las BON crecen más rápido que las BOA cuando la temperatura del agua es inferior a los 25 °C (77 °F). En su mayoría, las WRRF de los Estados Unidos funcionan entre 10 y 22 °C (55 y 72 °F). Sin embargo, debido a que las BOA producen nitrito (NO_2^-) necesario para las BON, las BOA deben estar presentes antes de que las BON puedan aparecer. Tan pronto como las BOA producen nitrito (NO_2^-), las BON lo usan. Las concentraciones de *nitrógeno nitrito* (NO_2-N) raramente superan 1 mg/L como N en un proceso de nitrificación de funcionamiento correcto (Muirhead y Appleton, 2008). Un aumento anómalo en las concentraciones de nitrito (NO_2^-) comúnmente se denomina "bloqueo del nitrito". El bloqueo del nitrito se produce cuando las BOA tienen un mayor desempeño que las BON. El bloqueo del nitrito se trata en mayor detalle en la sección de control del proceso.

ESTEQUIOMETRÍA DE LA NITRIFICACIÓN

La proporción de reactantes y productos involucrados en este proceso de reacciones bioquímicas se denomina "estequiometría". Es importante comprender la estequiometría porque define las entradas y salidas básicas de cada paso del proceso y puede determinar cuál de estas entradas limitará la reacción. La estequiometría puede considerarse la lista de piezas necesarias para construir productos finales. En la ecuación 9.1 se muestra la estequiometría para convertir 1 mol de amoníaco (NH_3) en nitrito (NO_2^-). En la primera parte de la ecuación se muestra la reacción de equilibrio entre el ion de amonio (NH_4^+) y el amoníaco (NH_3). Recuerde, del capítulo 5, que es necesaria más energía para mover a través de una membrana celular una molécula cargada que una molécula neutra. Las BOA usan NH_3 (sin carga) en lugar de NH_4^+ (con carga) por este motivo. El amoníaco (NH_3) se combina con oxígeno (O_2). Estas bacterias se denominan "aerobios obligados" porque solo crecen cuando hay OD disponible. La reacción produce nitrito (NO_2^-), agua (H_2O) y algunos iones de hidrógeno (H^+). La reacción también producirá algunas nuevas BOA, aproximadamente 0.15 g de sólidos volátiles en suspensión (SVS) cada 1 g de nitrógeno amoniacal (NH_3-N) convertido en nitrógeno nitrito (NO_2-N) (EPA de los EE. UU., 2010).

$$NH_4^+ \leftrightarrow NH_3 + H^+ + 1.5O_2 \rightarrow NO_2^- + H_2O + 2H^+ \quad (9.1)$$

La estequiometría revela algo de información acerca de las BOA que es importante para el control del proceso. Debido a que las BOA utilizan NH_3 en lugar de NH_4^+, el equilibrio químico entre estas dos formas determinará cuánto NH_3 hay disponible para utilizarse. A medida que el pH se reduce, el porcentaje de NH_3 disponible disminuye rápidamente (figura 9.6). Esto significa que será más difícil que las BOA accedan a él. Un pH bajo inhibe o hace lento el crecimiento de las BOA mediante la restricción del suministro de amoníaco (NH_3). La estequiometría indica que se necesitarán 1.5 moles de oxígeno para convertir 1 mol de NH_3 en NO_2^-. La falta de oxígeno también inhibirá o hará más lento el crecimiento de las BOA. Recuerde la analogía de la fábrica utilizada en el capítulo 5. La velocidad de la línea de ensamblaje de BOA/BON depende de tener suficiente amoníaco, nitrito y OD. Sin estos insumos, la línea de ensamblaje no puede producir nuevas bacterias. Si faltan uno o ambos, la línea de ensamblaje se hará más lenta. Finamente, se generan 2 moles de iones de hidrógeno (H^+). Los iones de hidrógeno son ácidos. Las BOA no producen iones de nitrito (NO_2^-). Producen ácido nitroso (HNO_2). Las BOA pueden producir suficiente ácido para reducir el pH del proceso de tratamiento. Para prevenir una reducción del pH, el proceso de tratamiento debe tener suficiente alcalinidad (capacidad de *buffer*) para neutralizar el ácido. Las BOA y BON también requieren alcalinidad como fuente de carbono inorgánico para crecer y reproducirse. Debe haber suficiente alcalinidad en las aguas residuales para respaldar el crecimiento y neutralizar el ácido.

El *pH* mide la concentración de iones de hidrógeno. Cuanto mayor es la concentración de iones de hidrógeno, más alto es el pH. En el capítulo 2 se definen el pH y la alcalinidad.

Neutralizar, en este caso, significa hacer que algo sea ineficaz. También puede tratarse de un compuesto, una molécula o un átomo que no tienen carga. El ion de amonio (NH_4^+) tiene carga positiva, pero el amoníaco (NH_3) es neutro.

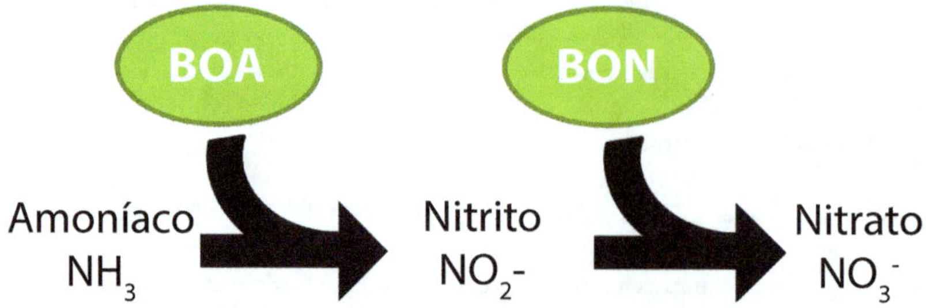

Figura 9.7 Secuencia de nitrificación (reimpreso con autorización de Indigo Water Group)

En la ecuación 9.2 se muestra la estequiometría para convertir 1 mol de nitrito (NO_2^-) en nitrato (NO_3^-). Las BON requieren otros 0.5 moles de oxígeno (O_2). Las BON son aerobios obligados, como las BOA. La reacción produce algunas BON nuevas, aproximadamente 0.05 mg de SVS/mg NO_2-N convertido en NO_3-N (EPA de los EE. UU., 2010).

$$NO_2^- + 0.5O_2 \rightarrow NO_3^- \tag{9.2}$$

Se simplificaron las ecuaciones 9.1 y 9.2, que no incluyen las nuevas BOA y BON producidas por el crecimiento o la incorporación de carbono orgánico. Las dos ecuaciones se combinan en la ecuación 9.3 para mostrar la estequiometría general junto con el uso de carbono y la producción de biomasa. La *biomasa* se muestra en la ecuación 9.3 como $C_5H_7O_2N$. La estequiometría de la ecuación general revela otra información interesante: se producirán muy pocos BOA y BON por mol de amoníaco (NH_3) convertido en nitrato (NO_3^-). El rendimiento es bajo en comparación con el rendimiento para las bacterias que pueden usar DBOC como su fuente de carbono y energía. Recuerde del capítulo 5 que el rendimiento de las bacterias heterotróficas es de 0.4 mg SVS/mg de demanda química de oxígeno (DQO) (0.6 mg SVS/mg DBO). ¿Por qué es importante? La tasa de crecimiento de las bacterias nitrificantes es mucho más lenta (de 10 a 20 veces más lenta) que las bacterias que usan DBOC y oxígeno. Para que los procesos de las aguas residuales eliminen amoníaco, la biomasa debe permanecer en el sistema el tiempo suficiente para que las bacterias nitrificantes crezcan y se reproduzcan.

La *biomasa* con frecuencia se indica químicamente como $C_{60}H_{87}O_{23}N_{12}P$, lo que es algo más exacto. Tómese un momento para calcular el peso de la fórmula para la biomasa y después encontrar el porcentaje de N y P por peso. El peso de la fórmula es de 1374 g/mol. Se trata de un 12.2 % de nitrógeno y de un 2.3 % de fósforo por peso.

$$\begin{gathered} NH_4^+ \leftrightarrow NH_3 + H^+ + 1.863\ O_2 + 0.098\ CO_2 \rightarrow \\ 0.0196\ C_5H_7O_2N + 0.98\ NO_3^- + 1.88\ CO_2 + H_2O + 1.88\ H^+ \end{gathered} \tag{9.3}$$

Con base en la estequiometría de la reacción en general, se requieren 2 moles de oxígeno para convertir 1 mol de amoníaco en nitrato, lo que es equivalente a 4.57 g de O_2/g de NH_3-N oxidado.

$$\frac{1\text{ mol }NH_3}{1\text{ mol N}}\left|\frac{1\text{ mol N}}{14\text{ g}}\right|\left|\frac{2\text{ moles }O_2}{1\text{ mol }NH_3}\right|\left|\frac{32\text{ g }O_2}{1\text{ mol }O_2}\right| = 4.57\text{ g }O_2/\text{g }NH_3-N$$

Compare esto con la cantidad de oxígeno utilizada por las bacterias heterotróficas para procesar la DBOC. Las bacterias heterotróficas solo necesitan 1 g de O_2/g DBOC. Una instalación que elimina el amoníaco usará entre un 30 y un 50 % más de oxígeno en general que una instalación que solo elimina la DBOC. Para los procesos de lodo activado, la nitrificación aumenta sustancialmente el costo del tratamiento. Esto resulta de los mayores costos de la electricidad para hacer funcionar los sopladores.

Durante la nitrificación, se forman 2 moles de ion de hidrógeno (ácido). Los iones de carbonato (CO_3^{-2}) en las aguas residuales, un componente de la alcalinidad, reaccionan con los iones de hidrógeno (H^+) para impedir que se acumulen y reduzcan el pH. Un ion de carbonato (CO_3^{-2}) puede neutralizar dos iones de hidrógeno (H^+). Por motivos históricos, los laboratorios informan la alcalinidad como miligramos por litro de *carbonato de calcio* ($CaCO_3$). Un mol de alcalinidad como $CaCO_3$ neutraliza 2 moles de iones de hidrógeno (H^+). La conversión de moles a gramos revela que se necesitan 7.14 g de alcalinidad como $CaCO_3$ cada 1 g de amoníaco (NH_3-N) convertido en nitrato (NO_3-N).

El *calcio* tiene una carga de +2 y el *carbonato* tiene una carga de −2. Debido a que el hidrógeno tiene una carga de +1, 1 mol de carbonato puede absorber 2 moles de iones de hidrógeno.

$$\frac{2\text{ moles }H^+}{1\text{ mol }NH_3}\left|\frac{1\text{ mol }NH_3}{1\text{ mol N}}\right|\left|\frac{1\text{ mol N}}{14\text{ g N}}\right|\left|\frac{1\text{ mol }CaCO_3}{2\text{ moles }H^+}\right|\left|\frac{100\text{ g }CaCO_3}{1\text{ mol }CaCO_3}\right| = \frac{7.14\text{ g }CaCO_3}{\text{g }NH_3-N}$$

El consumo de alcalinidad durante la nitrificación puede reducir el pH de las aguas residuales si no hay suficiente alcalinidad disponible para neutralizar todo el ácido producido. En la tabla 9.3 se resumen las relaciones típicas de oxígeno y alcalinidad del proceso de nitrificación.

Tabla 9.3 Relaciones clave de nitrificación

Parámetro	Relación
Uso de oxígeno	4.57 mg de O_2 por mg de NH_3-N convertido en NO_3-N
Consumo de alcalinidad	7.14 mg de alcalinidad como $CaCO_3$ por mg de NH_3-N convertido en NO_3-N
Biomasa producida	0.10 mg de células nuevas por mg de NH_3-N convertido en NO_3-N

La nitrificación es un proceso de dos pasos. Las BOA convierte el amoníaco (NH_3) en nitrito (NO_2^-) y las BON convierten el nitrito (NO_2^-) en nitrato (NO_3^-). El proceso consume 4.57 mg de O_2 y 7.14 mg de alcalinidad cada 1 mg de NH_3-N convertido en NO_3-N. Las BOA y las BON crecen de manera más lenta que otros microorganismos.

COMPROBACIÓN DE CONOCIMIENTOS

1. **La nitrificación es un proceso de tres pasos en el que participan dos tipos de bacterias.**
   - ☐ Verdadero
   - ☐ Falso
2. **Las BON obtienen su energía del nitrito y su carbono de la alcalinidad.**
   - ☐ Verdadero
   - ☐ Falso
3. **Los iones de carbonato y bicarbonato son dos componentes de la alcalinidad en las aguas residuales.**
   - ☐ Verdadero
   - ☐ Falso
4. **Las BOA crecen más rápido que las BON cuando la temperatura del agua es inferior a los 25 °C (77 °F).**
   - ☐ Verdadero
   - ☐ Falso
5. **En un proceso de nitrificación que funciona correctamente, el nitrógeno nitrito del efluente debe ser menos de 1 mg/L como N.**
   - ☐ Verdadero
   - ☐ Falso
6. **Las BOA obtienen su energía**
   a. del ion de amonio (NH_4^+)
   b. del OD (O_2)
   c. de la alcalinidad como $CaCO_3$
   d. del amoníaco (NH_3)
7. **El pH afecta las BOA de la manera siguiente**
   a. Se une a la membrana celular
   b. Reduce la disponibilidad de NH_3
   c. Interfiere con la captación de oxígeno
   d. Aumenta la alcalinidad
8. **A un pH de 7 y 20 °C (68 °F), la concentración total de amoníaco se informó como 20 mg/L como N. ¿Cuál es la concentración de amoníaco sin ionizar?**
   a. Menos de 0.2 mg/L
   b. 10 mg/L
   c. 13 mg/L
   d. 20 mg/L
9. **Las bacterias nitrificantes convierten el amoníaco en nitrato en**
   a. Condiciones anaerobias
   b. Condiciones anóxicas
   c. Condiciones aerobias
   d. Condiciones reductoras

VARIABLES DEL PROCESO PARA LA NITRIFICACIÓN

Las variables del proceso importantes para la nitrificación incluyen la temperatura, el tiempo de retención de sólidos (SRT) aerobio, la tasa de carga orgánica (TCO), el OD, el pH, la alcalinidad, los patrones de carga de nitrógeno y la presencia de compuestos inhibitorios.

TEMPERATURA DE LAS AGUAS RESIDUALES

Las bacterias oxidantes de amoníaco y las BON son especialmente sensibles a la temperatura. La nitrificación se produce en las temperaturas de las aguas residuales de 4 a 45 °C (39 a 113 °F), con una tasa óptima a aproximadamente 30 °C (86 °F) (EPA de los EE. UU., 1993). Sin embargo, en su mayoría, las WRRF operan con temperaturas del agua de entre 10 y 20 °C (50 y 68 °F). La tasa de nitrificación se duplica cada 8 a 10 °C de aumento (14.4 a 18 °F de aumento) en la temperatura del agua.

TIEMPO DE RETENCIÓN DE SÓLIDOS AEROBIO

Para los procesos de lodo activado, la variable de control del proceso más importante para la eliminación de amoníaco es el tiempo de retención de sólidos aerobio ($SRT_{aerobio}$). El $SRT_{aerobio}$ debe ser lo suficientemente extenso para permitir que las bacterias nitrificantes se reproduzcan. Si el $SRT_{aerobio}$ es demasiado breve, cualquier bacteria nitrificante que ingrese al proceso de tratamiento se eliminará del sistema tan pronto como ingrese. La nitrificación debe considerarse una operación a "todo o nada". Habrá tiempo suficiente para que las bacterias nitrificantes se reproduzcan y acumulen una población estable, o no lo habrá. No es posible hacer crecer apenas la cantidad suficiente de bacterias nitrificantes para producir un efluente final con una concentración de amoníaco de 10 mg/L, por ejemplo. La duración que debe tener el $SRT_{aerobio}$ depende de la temperatura del agua. A medida que la temperatura del agua se reduce, el $SRT_{aerobio}$ debe aumentar para compensar las tasas de crecimiento menores. Tenga cuidado de no aumentarlo demasiado, ya que puede favorecer el crecimiento de bacterias filamentosas, provocar espuma en los depósitos de lodo activado, aumentar la concentración de sólidos en suspensión en el licor mezclado (*mixed liquor suspended solids*, MLSS) y provocar problemas de sedimentación del lodo.

Para los procesos de lodo activado, el SRT y el $SRT_{aerobio}$ debe ajustarse gradualmente cuando la temperatura de los depósitos de lodo activado cambia estacionalmente. Los cambios pequeños cada semana o cada dos semanas para que coincidan con la temperatura del agua asegurarán una transmisión óptima entre la operación estival e invernal. El $SRT_{aerobio}$ teórico mínimo es de aproximadamente 2 días a 20 °C (68 °F) y de aproximadamente 5 días a 10 °C (55 °F) (EPA de los EE. UU., 2010). Las instalaciones de recuperación de recursos hídricos no deben operarse al $SRT_{aerobio}$ mínimo, sino que deben utilizar un factor de seguridad para incorpora la variación en varios factores, como la configuración del depósito de lodo activado, la carga de nitrógeno del caudal de entrada, la temperatura, los horarios de los desechos y los compuestos tóxicos. En general, se usan factores de seguridad entre 2 y 3.5; sin embargo, el factor de seguridad utilizado en una instalación en particular debe basarse en la experiencia operativa. Un depósito de lodo activado completamente mezclado puede requerir un factor de 2 o más, mientras que un depósito con flujo pistón dividido en varios compartimientos podría utilizar un factor de seguridad más pequeño (WEF, 2018). En el capítulo 8 se incluye una extensa descripción sobre cómo seleccionar el SRT y el $SRT_{aerobio}$.

Para los procesos de tratamiento de película fija, como filtros percoladores y contactores biológicos rotativos (RBC), los operadores tienen un control limitado sobre el tiempo que la biomasa permanece en el proceso de tratamiento. La reducción de la velocidad del brazo del distribuidor en los filtros percoladores y la reducción de la velocidad de giro en los RBC puede reducir la fuerza sobre la biopelícula, lo que puede aumentar el espesor de la biopelícula y el tiempo de retención de la biomasa, en cierta medida. La nitrificación en los procesos de película fija depende más de la TCO y de la tasa de carga de nitrógeno que del tiempo de retención de biomasa.

TASA DE CARGA ORGÁNICA

Las TCO más altas favorecen el crecimiento de bacterias heterotróficas por sobre el crecimiento de bacterias nitrificantes. En los sistemas de película fija, como los filtros percoladores y los RBC, las TCO más altas provocan el crecimiento rápido de las bacterias heterotróficas. Estas bacterias superan e incorporan las bacterias nitrificantes de crecimiento más lento a mayor profundidad en la biopelícula. Cuando están a mayor profundidad, los nitrificantes no pueden obtener suficiente oxígeno y amoníaco y sus tasas de crecimiento se reducen. En general, las BOA y BON no se convertirán en una parte importante de la biopelícula hasta que la DBO_5 sea menor que 20 mg/L o la DBOC a cinco días ($DBOC_5$) sea menor que 20 mg/L (WEF, 2013). La reducción de la carga orgánica hace más lento el crecimiento de los heterótrofos y previene que superen a los nitrificantes. El mismo fenómeno se observa en los procesos de lodo activado con alta carga, como los sistemas de oxígeno puro. Los heterótrofos superan en la competencia por el oxígeno a las bacterias nitrificantes, por lo tanto, no puede llevarse a cabo mucha nitrificación, o no ocurre ninguna.

Para los procesos de biopelícula, la eliminación de la $DBOC_5$ y la nitrificación en general son secuenciales. En otras palabras, la eliminación de la $DBOC_5$ ocurre primero, y después ocurre la nitrificación. Antes de que pueda producirse la nitrificación, debe reducirse la competencia de los heterótrofos por el oxígeno y el espacio en la superficie del medio. Esto puede lograrse mediante la eliminación de la $DBOC_5$ en otro proceso aguas arriba del proceso de película fija o en el proceso de película fija en sí. La primera etapa o las primeras etapas en un proceso de película fija pueden usarse para eliminar la $DBOC_5$, seguida de la eliminación del amoníaco en las etapas posteriores después de reducida la concentración de $DBOC_5$. En específico:

- Una TCO de 7.3 a 9.8 g $DBOC_5/m^2 \cdot d$ (1.5 a 2.0 lb de $DBOC_5/d/1000\ ft^2$) (superficie del medio) reducirá la $DBOC_5$ a menos de 20 mg/L para que pueda comenzar la nitrificación, y
- Una tasa de carga de nitrógeno amoniacal de 1.0 a 2.0 g de $NKT/m^2 \cdot d$ (0.2 a 0.4 lb de $NKT/d/1000\ ft^2$) (área superficial del medio) reducirá la tasa de nitrógeno amoniacal a menos de 2.0 mg/L NH_3-N (WEF, 2013).

Estos valores son aproximaciones para varios procesos distintos de película fija (EPA de los EE. UU., 1993). El desempeño real de un sistema en específico dependerá del tipo y de la cantidad de medio en uso, de las características de las aguas residuales y de otros factores importantes, como la temperatura, la concentración de OD y el pH.

Para los sistemas de lodo activado, el $SRT_{aerobio}$ es la variable de control del proceso más importante para mantener la nitrificación. El $SRT_{aerobio}$ mínimo necesario depende mucho de la temperatura y debe ajustarse estacionalmente en función de la temperatura del agua en los depósitos de lodo activado. Para los procesos de película fija, la variable de control del proceso más importante es la TCO. Las bacterias oxidantes de amoníaco y las BON no serán componentes importantes de una biopelícula hasta que la DBO_5 soluble sea menor a 20 mg/L.

CONCENTRACIÓN DEL OXÍGENO DISUELTO

Los nitrificantes son aerobios obligados. Esto significa que solo pueden crecer en condiciones aerobias, aunque pueden sobrevivir en condiciones anaerobias o anóxicas. En general, se acepta que la nitrificación no se limita a las concentraciones de OD mayores a 2.0 mg/L. Al final del capítulo 5 se incluyen ejemplos de cálculos cinéticos que demuestran el efecto de las concentraciones de OD y amoníaco sobre las tasas de crecimiento de nitrificantes.

Diversos estudios demostraron que las BON son más sensibles a las condiciones con bajo OD que las BOA (EPA de los EE. UU., 2010). La línea negra gruesa de la figura 9.8 muestra el efecto de la concentración de OD en la concentración de nitrógeno nitrito (NO_2-N) del efluente cuando la temperatura del agua es de 20 °C (68 °F). Aquí, un SRT más corto (~5 días) puede utilizarse para mantener el nitrógeno amoniacal (NH_3-N) del efluente por debajo de 1 mg/L como N. A medida que las concentraciones de OD disminuyen, las concentraciones de nitrógeno nitrito aumentan. Esto indica que las BOA no son afectadas por la OD menor, pero las BON sí son afectadas. En estas condiciones, las BON están menos activas y crecen más lentamente que las BOA. La línea punteada delgada de la figura 9.8 muestra el efecto del OD en las concentraciones de nitrógeno nitrito (NO_2-N) del efluente cuando la temperatura del agua es de 10 °C (55 °F) y se usa una edad del lodo más extensa (~12 días). En este caso, parece no haber efecto de la baja concentración de OD sobre las BON. Lo que de hecho sucede es que el SRT más extenso provoca que la actividad y la tasa de crecimiento de las BOA se reduzcan hasta que coincidan o sean menores que las de las BON. Cuando las tasas de crecimiento de las BOA y de las BON coinciden, no se acumula nitrógeno nitrito (NO_2-N).

Para los sistemas de lodo activado, la concentración de OD que comienza a reducir las tasas de nitrificación depende, en parte, de la concentración de MLSS, del mezclado y del tamaño y de la densidad de los flóculos (EPA de los EE. UU., 2010). Las concentraciones altas de MLSS y el mezclado inadecuado pueden evitar que el oxígeno alcance a todas las partículas de flóculos (distribución no uniforme). Cuando los flóculos son más grandes y densos, el oxígeno no puede penetrar en tanta profundidad en los flóculos individuales. Lo consumen las bacterias de las partes exteriores de los flóculos. En estas situaciones, pueden resultar necesarias concentraciones mayores de OD para mantener las concentraciones de nitrógeno amoniacal (NH_3-N) del efluente por debajo de 1 mg/L como N. Las concentraciones menores de OD pueden resultar aceptables cuando la concentración de MLSS es menor, los MLSS están bien mezclados y el tamaño de los flóculos es más pequeño o menos denso. El *coeficiente de saturación media* (K_s) del OD en un proceso de lodo activado completamente mezclado es de 0.47 mg/L (Manser et al., 2005). Esto implica que algunos procesos de lodo activado deben poder nitrificar completamente con concentraciones de OD tan bajas como 1 mg/L. Es recomendable que los operadores experimenten con distintas concentraciones de OD y las aumenten y reduzcan gradualmente mientras monitorean las concentraciones de amoníaco del efluente a fin de determinar las concentraciones de OD óptimas en sus instalaciones.

Recuerde del capítulo 5 que K_s es la concentración que resulta en exactamente la mitad de la tasa de crecimiento máxima.

PH Y ALCALINIDAD

Las tasas de nitrificación se reducen rápidamente cuando el pH llega a menos de 6.8 pH SU y son las más altas cuando el pH está entre 7.5 y 8.0 SU (EPA de los EE. UU., 2010). Las aguas residuales del caudal de entrada con frecuencia están en este rango; sin embargo, la nitrificación produce ácido. Por cada 1 mg/L de nitrógeno amoniacal (NH_3-N) convertido en nitrógeno nitrato (NO_3-N), se consumirán 7.14 mg/L de alcalinidad como

Las aguas residuales a un pH de 6 contienen 10 veces más iones de hidrógeno que las aguas residuales a un pH de 7.

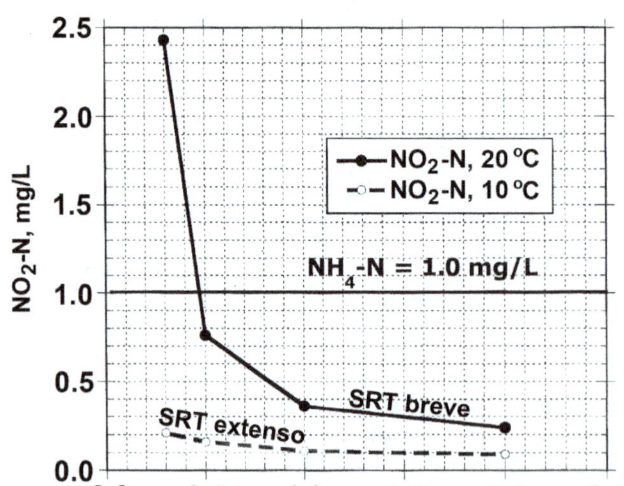

Figura 9.8 Efecto del OD en la acumulación de nitrito (EPA de los EE. UU., 2010)

$CaCO_3$. Si se consume una alcalinidad suficiente, el pH de las aguas residuales se reducirá. Deben mantenerse una alcalinidad mínima del efluente de al menos 50 mg/L y preferentemente 100 mg/L como $CaCO_3$. Por debajo de 50 mg/L como $CaCO_3$, el pH puede disminuir rápidamente de aproximadamente 7 a menos de 5 SU. Recuerde que el pH está en una escala logarítmica. Los aumentos en la concentración de iones de hidrógeno posiblemente no cambien mucho el pH. La alcalinidad, sin embargo, puede cambiar sustancialmente. Para las WRRF que nitrifican, es necesario medir tanto la alcalinidad como el pH para el control del proceso.

La alcalinidad proviene principalmente del agua potable utilizada en el área de servicio, pero también se agrega al agua a medida que se usa. La descomposición anaerobia de DBO_5 en la red de alcantarillado también genera alcalinidad. La alcalinidad en los suministros de agua varía entre 50 y 400 mg/L. Las comunidades que usan agua de pozo suelen tener concentraciones de alcalinidad más altas en el caudal de entrada que las comunidades que usan depósitos, lagos y ríos como suministro de agua potable. Muchas WRRF deben agregar una alcalinidad suplementaria para respaldar la nitrificación.

Un pH bajo es problemático porque reduce el porcentaje de amoníaco (NH_3) disponible y aumenta el porcentaje de ion de amonio (NH_4^+). Se hace más difícil que las BOA obtengan su fuente de energía preferida. En segundo lugar, las bacterias nitrificantes dependen del carbono inorgánico (alcalinidad) como fuente de carbono. Los sistemas que operan de manera uniforme en un pH de entre 6.5 y 7 pueden aclimatarse o acostumbrarse a condiciones de pH menores. A veces, puede resultar mejor operar a un pH un poco reducido todo el tiempo que agregar químicos que provocan la fluctuación del pH.

La desnitrificación convierte el nitrato en gas nitrógeno y genera alcalinidad. Las instalaciones con frecuencia pueden reducir o eliminar el agregado de químicos para el control del pH sencillamente mediante la desnitrificación.

Cálculo de ejemplo: El caudal de entrada de una WRRF contiene 32 mg/L de nitrógeno amoniacal (NH_3-N) y 250 mg/L de alcalinidad total como $CaCO_3$. El NKT no se conoce, pero se supone en 30 % del nitrógeno total en el caudal de entrada. Suponga que el nitrógeno orgánico terminará en el lodo de residuo y no debe convertirse en nitrógeno nitrato (NO_3-N). ¿Cuánta alcalinidad se requiere para nitrificar completamente? ¿Hay una alcalinidad suficiente en las aguas residuales del caudal de entrada o se requerirá una alcalinidad suplementaria?

Solución: Por cada miligramo por litro de NH_3-N convertido en NO_3-N, se necesitan 7.14 mg/L de alcalinidad como $CaCO_3$. Se requiere una alcalinidad adicional, al menos 50 mg/L como $CaCO_3$, para prevenir la caída del pH.

$$\frac{32\frac{mg}{L}NH_3-N}{} \left| \frac{7.14\frac{mg}{L}\text{alcalinidad como } CaCO_3}{1\frac{mg}{L}NH_3-N} \right| = 228.48\frac{mg}{L}\text{alcalinidad como } CaCO_3$$

Alcalinidad necesaria para la nitrificación = 228.48 mg/L como $CaCO_3$

Alcalinidad necesaria en el efluente final = 50 mg/L como $CaCO_3$

Alcalinidad total necesaria = 278.48 mg/L como $CaCO_3$

El operador deberá agregar una alcalinidad suplementaria. Los operadores deben consultar el anexo G del capítulo 20 de *Operation of Water Resource Recovery Facilities* (MOP 11; WEF, 2016) para obtener un cálculo de ejemplo para la cantidad de $CaCO_3$ cómo sólido que debe agregarse a las aguas residuales.

PATRÓN DE CARGA DE NITRÓGENO

Siempre y cuando las condiciones ambientales (pH, OD, alcalinidad) no restrinjan el crecimiento de las bacterias nitrificantes, la cantidad o masa de BOA y BON que crecen en el sistema será una función de la carga de amoníaco. Es importante comprender que las bacterias nitrificantes no pueden almacenar amoníaco ni nitrito internamente (WEF, 2013). Las bacterias heterotróficas almacenan carbono y energía como glucógeno, poli-β-hidroxibutirato y otros compuestos. Esto los ayuda a sobrevivir y a continuar creciendo cuando no hay DBO_5 disponible. Las bacterias nitrificantes solo pueden crecer y reproducirse cuando hay amoníaco y oxígeno disponibles. Al mismo tiempo, la velocidad en que pueden usar amoníaco y oxígeno está limitada por su tasa máxima de crecimiento. Si ya crecen a su tasa máxima, no es posible utilizar el amoníaco adicional. Para aprovechar los aumentos *transitorios* en las cargas de amoníaco, los nitrificantes deben primero aumentar en número, algo que hacen muy lentamente. Como resultado, las bacterias nitrificantes están mal equipadas para aprovechar las cargas de amoníaco de las horas pico. Recuerde que no es posible hacer crecer más bacterias sin carga. La cantidad de bacterias nitrificantes en el proceso de tratamiento será representativa de algo más cercano a la condición de carga promedio de amoníaco, en lugar de la condición de carga pico. Cuando altas concentraciones de amoníaco atraviesan el proceso durante un periodo corto, los nitrificantes no pueden crecer con la suficiente rapidez para aprovecharlas.

Las condiciones que cambian rápidamente se denominan "*transitorias*".

Recuerde del capítulo 2 que los caudales de entrada y sus cargas en las WRRF domésticas tienen un patrón diurno significativo (figura 9.9). El caudal y las cargas se reducen por la noche, cuando las personas duermen, y aumentan durante el día, cuando trabajan o se entretienen. Las concentraciones de amoníaco en el caudal de entrada tienen un patrón similar. En la figura 9.9 se muestran 3 días de caudales de entrada y concentraciones de amoníaco recolectados en una WRRF pequeña. Estos datos se utilizaron para calcular las cargas de amoníaco por hora y promedio por día en kilogramos por día (libras por día) (figura 9.10). La línea plana azul se estableció arbitrariamente en un 130 % de la carga de amoníaco diaria promedio para este ejemplo. Entre las 9:00 a. m. y las 2:00 p. m., la carga de amoníaco por hora es mayor que el 130 % de la carga de amoníaco promedio por día. El exceso de amoníaco puede pasar hasta el efluente final en este tiempo. Las muestras puntuales recolectadas en el efluente pueden contener varios miligramos por litro de NH_3-N, mientras que las muestras recolectadas en otros momentos del día mostrarían menos de 1 mg/L de NH_3-N.

El amoníaco interactúa con el cloro durante la desinfección y puede interferir con la eficiencia de la desinfección. Estas interacciones se describen en el capítulo sobre desinfección.

Algunas WRRF están equipadas con tanques para la compensación del caudal que ayudan a unificar los caudales y las cargas dirigidas al proceso de tratamiento. Los caudales de entrada y sus cargas también pueden compensares con los depósitos de lodo activado. Por ejemplo, una zanja de oxidación con un tiempo de detención hidráulica (TDH) de entre 16 y 24 horas amortigua el efecto de las cargas de las horas pico. Este es uno de los motivos por los cuales las zanjas de oxidación y otros procesos de lodo activado con aereación extendida producen concentraciones de amoníaco en el efluente extremadamente bajas, con frecuencia de menos de 0.2 mg/L como N. Los procesos de lodo activado con tiempos de detención reducidos y algunos procesos de película fija tienen mayor probabilidad de producir concentraciones mayores de amoníaco en el efluente durante la carga pico de amoníaco.

TIEMPO DE DETENCIÓN HIDRÁULICA

El *tiempo de detención hidráulica* en los procesos de lodo activado no tienen un impacto importante en la nitrificación. Aunque en su mayor parte los depósitos de lodo activado están diseñados para un TDH de al menos 6 horas, se comprobó que es posible lograr concentraciones de amoníaco en el efluente por debajo de 1 mg/L como N con un TDH tan breve como de 3 horas (WEF, 2018). Siempre y cuando el $SRT_{aerobio}$ sea lo suficientemente extenso y otras condiciones ambientales (bajo OD, pH, alcalinidad) no limiten el crecimiento, el TDH tiene poco efecto. Recuerde que al aumentar o reducir el caudal de lodo activado recirculado (LAR) no se modifica el tiempo de tratamiento en general (capítulo 8). El aumento en el caudal de LAR afectará la cantidad de tiempo por pasada, pero las aguas residuales y los nitrificantes pasarán la misma cantidad de tiempo bajo condiciones aerobias cuando el caudal de LAR sea alto y también cuando sea bajo. Si se permite el desarrollo de mantos profundos en el clarificador secundario, pueden reducirse el TDH y el $SRT_{aerobio}$. Para obtener los mejores resultados, mantenga la profundidad de los mantos por debajo de 0.7 m (2 ft).

El *tiempo de detención hidráulica* y el *tiempo de residencia hidráulica* (TRH) son dos términos utilizados para describir la cantidad de tiempo que se tarda en llenar o drenar un recipiente, o el tiempo promedio que el agua permanece en un recipiente. La Association of Boards of Certification (ABC) utiliza el TDH en sus fórmulas y exámenes de certificación para operadores. Los manuales y los textos de ingeniería de la Water Environment Federation utilizan el TRH.

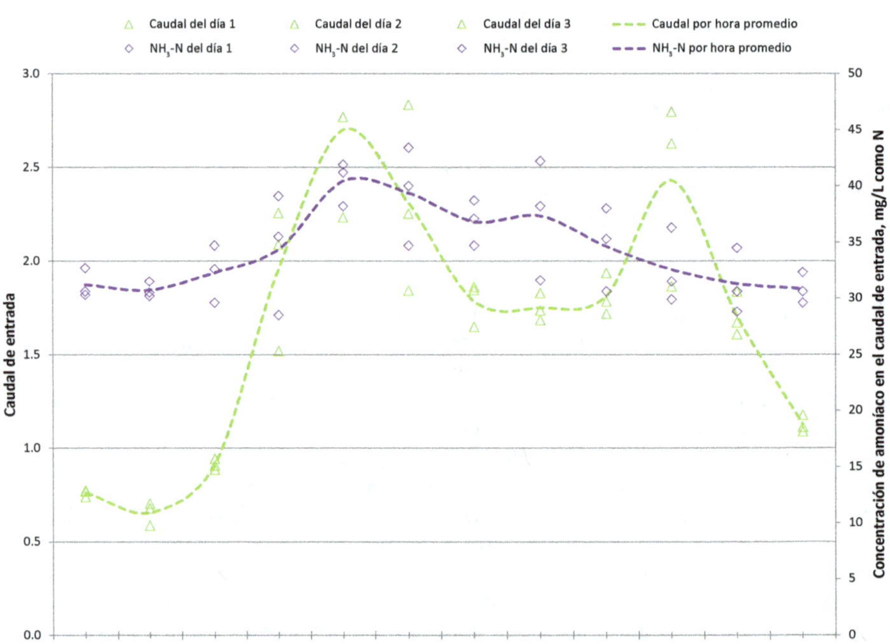

Figura 9.9 Caudal diurno y concentraciones de nitrógeno amoniacal (reimpreso con autorización de Indigo Water Group)

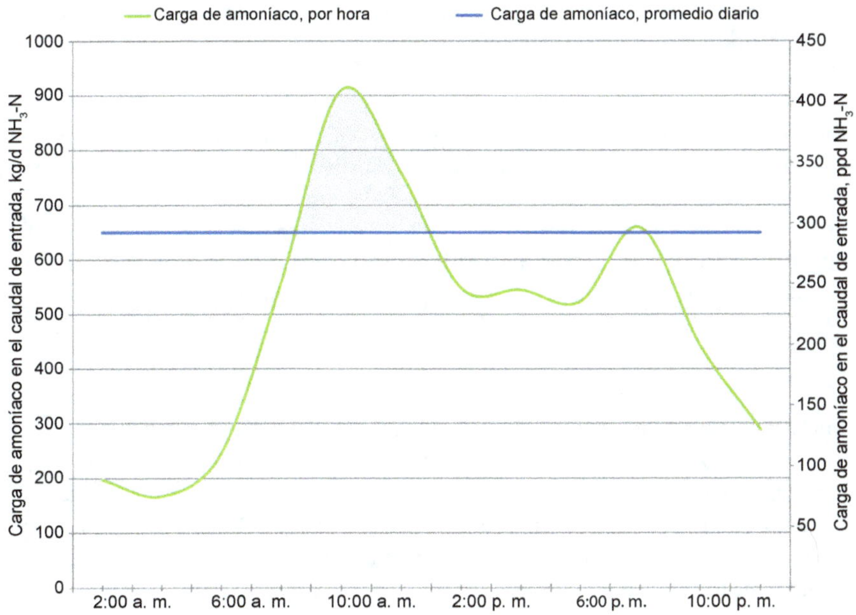

Figura 9.10 Carga diurna de amoníaco, kg/d (ppd) (reimpreso con autorización de Indigo Water Group)

El tiempo de detención hidráulica puede convertirse en un factor para los procesos de lodo activado de alimentación escalonada. Con la alimentación escalonada, las aguas residuales se introducen en varios lugares a lo largo del depósito de lodo activado (figura 9.11). Cuando se introducen el caudal de entrada de aguas residuales o el efluente primario hacia el final del depósito de lodo activado, los tiempos de detención pueden reducirse a una hora o menos para esa parte del caudal. Como resultado, las concentraciones de amoníaco del efluente pueden aumentar.

SUSTANCIAS INHIBITORIAS

Los nitrificantes son particularmente susceptibles a la inhibición a partir de diversas sustancias orgánicas e inorgánicas. Son especialmente susceptibles a las fluctuaciones amplias en la concentración de sustancias inhibitorias, pero pueden demostrar solo efectos menores si dichas sustancias están presentes en bajas concentraciones que se aplican de manera uniforme al sistema. Se observó que más de 180 compuestos orgánicos y metales pesados inhiben

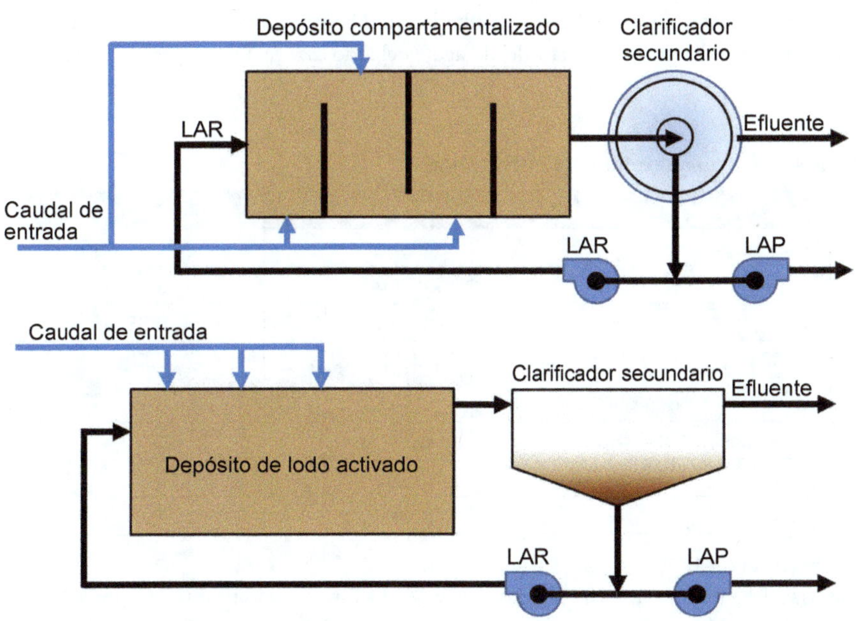

Figura 9.11 Lodo activado con alimentación escalonada (reimpreso con autorización de Indigo Water Group)

la nitrificación. Algunos se detallan en la tabla 9.4. Una pérdida repentina de nitrificación sin un cambio en el control del proceso puede indicar la presencia de una sustancia tóxica o inhibitoria.

La nitrificación puede inhibirse cuando la concentración de OD cae por debajo de 2 mg/L. Las bacterias oxidantes del nitrito son más afectadas por el bajo OD que las BOA, lo que puede provocar la acumulación de nitrito en algunas situaciones. La alcalinidad es necesaria para el crecimiento de los nitrificantes y para neutralizar el ácido. Es necesario un exceso de alcalinidad de entre 50 y 100 mg/L para prevenir la caída del pH. Las BOA y las BON no siempre pueden procesar las cargas pico de amoníaco, debido a sus tasas de crecimiento bajas.

CONTROL DEL PROCESO PARA LA NITRIFICACIÓN

El control del proceso para la nitrificación consiste en mantener la biomasa en el proceso de tratamiento el tiempo suficiente para construir una población estable de nitrificantes, proporcionar los recursos (amoníaco, oxígeno y alcalinidad) que requieren las bacterias nitrificantes para vivir y reproducirse, reducir la competencia de las bacterias heterotróficas y evitar las condiciones inhóspitas como el bajo pH. Las BOA y las BON ingresan constantemente al proceso de tratamiento con las aguas residuales del caudal de entrada. Los operadores solo deben proporcionar el entorno que favorezca su crecimiento.

- Para los sistemas de lodo activado, seleccione un $SRT_{aerobio}$ en función de la temperatura del agua;
- Para los procesos de película fija, minimice las tasas de carga orgánica;
- Monitoree los siguientes parámetros en el caudal de entrada y en el efluente:
  - Amoníaco,
  - Nitrito,
  - Nitrato,
  - Alcalinidad,
  - pH; y
- Monitoree el OD y el pH dentro del proceso. Realice los ajustes necesarios.

GESTIÓN DE LOS FLUJOS DE RECICLADO

En general, el lodo de los clarificadores primarios y secundarios se envía al sector de procesamiento de sólidos de la WRRF, donde recibe un procesamiento adicional. Esto puede incluir el espesamiento, la digestión y el desagote. La digestión del lodo descompone el material orgánico y libera amoníaco y fósforo. En la digestión aerobia, las bacterias nitrificantes convertirán el amoníaco en nitrato dentro del digestor. Entonces, las bacterias facultativas pueden convertir el nitrato en gas nitrógeno en el digestor facultativo cuando no se está aereando. En general, la cantidad de nitrógeno devuelta de la digestión aerobia y del desagote del lodo es baja. En la digestión anaerobia,

Tabla 9.4 Sustancias que se informó que inhiben la nitrificación

Sustancia	Concentración inhibitoria	Sustancia	Concentración inhibitoria
Níquel[a]	0.25 mg/L	Metanol	160 mg/L
Cromo[a]	0.25 mg/L	Sulfuros	5 mg/L
Cobre[a]	0.10 mg/L	2-bromofenol	0.35
Amoníaco[b]	1000 mg/L como N para BOA 20 mg/L como N para BON	3-clorofenol	0.20
Cadmio	14.3 mg/L	Flavonoides	0.01
Cloro	1 mg/L	Tanino	0.01
Sulfuro de hidrógeno	50 mg/L	Tiourea	1

[a]Metcalf and Eddy, Inc./AECOM (2014)

[b]Concentraciones inhibitorias del amoníaco total a un pH de 7 y 20 °C. La forma sin ionizar (NH_3) provoca toxicidad. El porcentaje de NH_3 y NH_4^+ depende del pH y de la temperatura (EPA de los EE. UU., 1993).

se acumula amoníaco a medida que se descompone cada vez más lodo. Sin oxígeno, no es posible convertir el amoníaco en nitrato. No es inusual que el sobrenadante de un digestor anaerobio contenga 800 a 2000 mg/L de NH_3-N (WEF et al., 2018). El supernatante y el agua del digestor anaerobio que se eliminan durante las operaciones de espesamiento y desagote y se devuelven al lado del flujo líquido de la WRRF pueden aumentar la carga de amoníaco del área de líquidos de la WRRF en hasta un 50 % (WEF et al., 2018).

El agua que se regresa de las centrífugas se denomina *centrifugado* y el agua que se regresa de las prensas de los filtros se denomina *filtrado*.

Debe tenerse cuidado para evitar las cargas excesivas de los flujos laterales que podrían sobrecargar el proceso de tratamiento secundario. Recuerde que hay restricciones en la cantidad de amoníaco que las bacterias nitrificantes pueden convertir en nitrato. El exceso de amoníaco pasará hasta el efluente final, lo que puede provocar una infracción a los permisos de descarga. Los sistemas de aeración también tienen límites en la cantidad de oxígeno que pueden suministrar. Sin el oxígeno adecuado, los nitrificantes estarán inhibidos y no podrán convertir el amoníaco a su tasa máxima. Además, la alcalinidad en el sobrenadante del digestor anaerobio está típicamente en el rango de 2500 a 5000 mg/L como $CaCO_3$ (WEF, 2016). Recuerde que 1 mg/L de NH_3-N requiere 7.14 mg/L de alcalinidad como $CaCO_3$. Los flujos de retorno con alto amoníaco con frecuencia no contienen suficiente alcalinidad para procesar la carga de amoníaco. Es posible que se requiera una alcalinidad suplementaria.

Los flujos laterales con alto amoníaco deben devolverse gradualmente para distribuir la carga y prevenir picos en la concentración de amoníaco del efluente. Idealmente, los flujos laterales deben gestionarse para devolver el amoníaco cuando las cargas de amoníaco del caudal de entrada son las menores. Observe nuevamente la figura 9.10. Al devolver la carga de amoníaco de los flujos laterales cuando la carga en el caudal de entrada es la menor: 1) hará más plano el patrón de carga diurno, 2) elevará el promedio, 3) aumentará la población de bacterias nitrificantes, y 4) reducirá la probabilidad de que el amoníaco pase hasta el efluente final. Para la mayoría de las instalaciones, esto significa que los flujos laterales de amoníaco deben devolverse por la noche, cuando muchas WRRF tienen poco personal o no tienen personal. El espesamiento y el desagote suelen llevarse a cabo entre la media mañana y la tarde, cuando la carga de amoníaco en el caudal de entrada a la WRRF en general es la mayor. Para resolver el problema de horarios, muchas instalaciones están equipadas con tanques de espera que recolectan el supernatante del digestor y otros flujos laterales durante el día. El agua se bombea del tanque de espera a un punto aguas arriba del proceso de tratamiento secundario. El nivel de agua en el tanque de espera aumentará y se reducirá en cada periodo de 24 horas.

BLOQUEO DE NITRITO

En determinadas condiciones ambientales, como con una población de BON mal establecida o inhibida, las concentraciones de nitrito (NO_2^-) aumentarán (Muirhead y Appleton, 2008). Una población de BON mal establecida puede producirse durante un periodo breve al poner en funcionamiento una nueva instalación, pero también puede darse en instalaciones en las que se activa y desactiva la nitrificación. Con frecuencia, esto se observa en los procesos de lodo activado donde la edad del lodo fluctúa por sobre y por debajo el mínimo necesario para mantener la nitrificación. Las bacterias oxidantes del nitrito son más sensibles a las condiciones ambientales que las BOA. El bloqueo de nitrito puede ser provocado por un bajo OD, una baja alcalinidad o un bajo pH, una alta temperatura y la presencia de sustancias tóxicas o inhibitorias (Muirhead y Appleton, 2008).

El bloqueo de nitrito es problemático por dos motivos: el nitrito es extremadamente tóxico para los peces y el nitrito reacciona con el cloro y con el hipoclorito. El gas cloro (Cl_2) y el hipoclorito de sodio (NaHOCl) reaccionan con el nitrito (NO_2^-) y lo convierten en nitrato (NO_3^-). Tal como se muestra debajo en las ecuaciones 9.4 y 9.5, 1 mg/L de nitrógeno nitrito (NO_2-N) que ingresa a un proceso de desinfección con cloro puede consumir 5 mg/L de residuos de cloro. Si los operadores no se dan cuenta de que está ocurriendo el bloqueo de nitrito, es posible que no haya residuos de cloro suficientes para desinfectar correctamente.

Cuando se agregan cloro o hipoclorito de sodio al agua, se produce ácido hipocloroso (HOCl). El ácido hipocloroso se descompone aún más en ion de hipoclorito (OCl^-). El porcentaje de ácido hipocloroso e ion de hipoclorito que se forman dependen de la temperatura y del pH.

$$Cl_2 + H_2O \rightarrow HOCl + HCl \qquad (9.4)$$

$$HOCl + NO_2^- \rightarrow NO_3^- + HCl \qquad (9.5)$$

$$\left.\frac{1\ \text{mol Cl}_2}{1\ \text{mol HOCl}}\right|\left.\frac{1\ \text{mol HOCl}}{1\ \text{mol NO}_2^-}\right|\left.\frac{1\ \text{mol NO}_2^-}{1\ \text{mol N}}\right|\left.\frac{1\ \text{mol N}}{14\ \text{g N}}\right|\left.\frac{70\ \text{g Cl}_2}{1\ \text{mol Cl}_2}\right| = 5.07\frac{\text{g Cl}_2}{\text{g NO}_2-\text{N}}$$

AGREGADO DE ALCALINIDAD

Para evitar la reducción del pH, se requiere una alcalinidad residual de al menos 50 mg/L como $CaCO_3$. Cuando se requiere una alcalinidad suplementaria, es posible usar varios químicos (tabla 9.5). El químico que se usa en una WRRF en particular depende de diversos criterios, como la disponibilidad, el costo, los requisitos de almacenamiento y alimentación, las consideraciones de seguridad y la preferencia del operador. El hidróxido de sodio, el hidróxido de calcio, el hidróxido de magnesio y la cal son bases fuertes con un pH superior a 10. Pueden provocar fácilmente quemaduras químicas en los ojos y en la piel y quemar a través de la ropa. La manipulación de estos químicos requiere equipos de protección personal y capacitación.

Carbonato de sodio

El carbonato de sodio (o sosa) en general está disponible como producto seco; por lo tanto, debe disolverse en el lugar de uso. Es posible usar alimentadores de químicos secos para agregar carbonato de sodio cuando las aguas residuales están bien mezcladas. El nivel máximo de pH de una solución de carbonato de sodio es de aproximadamente 12.

Bicarbonato de sodio

El uso del bicarbonato de sodio no está tan extendido debido a que hay otros químicos de más fácil manipulación y de menor costo. Sin embargo, es uno de los pocos químicos disponibles que puede aumentar la alcalinidad sin provocar grandes aumentos en el pH. El bicarbonato de sodio en general está disponible como producto seco y debe disolverse en el lugar de uso. Se agrega de manera similar a la manera en que se agrega el carbonato de sodio. El nivel máximo de pH de una solución de bicarbonato de sodio es de 8.3. Es improbable que una dosis excesiva accidental provoque una infracción a los permisos de descarga por pH o que provoque un impacto importante sobre los microorganismos en un proceso de tratamiento secundario.

Hidróxido de sodio

El hidróxido de sodio, denominado comúnmente *soda cáustica*, se utiliza como suplemento de alcalinidad porque es de fácil manipulación. El hidróxido de sodio se suministra como líquido y puede agregarse con una bomba de dosificación de químicos. El hidróxido de sodio con frecuencia no es el químico de menor costo para agregar alcalinidad; sin embargo, es fácil de usar y los costos de mantenimiento anuales para el almacenamiento y los sistemas de alimentación son menores que para otros químicos. Muchos operadores de servicios públicos opinan que la facilidad de manipulación del hidróxido de sodio compensa con creces el mayor costo del químico. Es posible comprar el hidróxido de sodio a un 50 % por peso de concentración de la solución o, en algunos lugares, está disponible a un 20 o a un 25 % por peso de concentración de la solución. Está clasificado como una base fuerte y puede elevar el pH mucho más de lo esperado cuando la dosis es excesiva. Es posible utilizar un sistema automático para controlar la dosis del químico en función del pH para prevenir una dosis excesiva y optimizar el uso del químico. Cuando la temperatura del líquido cae por debajo de los 12.8 °C (55 °F), el hidróxido de sodio comenzará a *cristalizarse* fuera de la solución. Es posible utilizar *sistemas para el seguimiento del calor* en el tanque de almacenamiento y en los componentes del sistema de tuberías para prevenir la cristalización. Es difícil volver a disolver el hidróxido de sodio cristalizado. Si el hidróxido de sodio se entrega a una concentración del 50 % y después se diluye con agua de la instalación o con agua potable, se producirá la *formación de sarro* en el lugar de la mezcla. El pH local subirá a mucho más de 10 y se formará carbonato de calcio de inmediato.

En su mayoría, los químicos son más solubles en líquidos tibios que los fríos. A medida que la temperatura del líquido se reduce, la cantidad de químico disuelto que puede permanecer disuelto también se reduce. El exceso de químico se precipita o se *cristaliza* y aparece como trozos de químico sólido.

Los *sistemas para el seguimiento del calor* usan electricidad con un sistema de cableado que se envuelve alrededor de las tuberías y los recipientes para ayudar a mantener una temperatura mínima deseada. Tienen una función similar a la de una manta eléctrica.

La *formación de sarro* es una acumulación de carbonato de calcio ($CaCO_3$) en tubos y otras superficies. El cambio de pH provocado por agregar hidróxido de sodio (NaOH) reduce la solubilidad del $CaCO_3$ y hace que se precipite.

Cal viva

Antes de usarse, el óxido de calcio (cal viva) debe apagarse. El apagado es un proceso mediante el cual el óxido de calcio se mezcla con agua y se deja reaccionar. Las temperaturas operativas de los apagadores de cal en general están entre los 120 y 180 °C (248 y 356 °F). Las temperaturas elevadas aumentan la cantidad de sarro que puede formarse. La cal viva suele ser más económica que la cal hidratada. Sin embargo, el apagado es un proceso que requiere mucha mano de obra.

El *apagado* de la cal se refiere a mezclar óxido de calcio (CaO) con agua para formar hidróxido de calcio [$Ca(OH)_2$]. El apagado genera una gran cantidad de calor.

Tabla 9.5 Químicos utilizados comúnmente para aumentar la alcalinidad

Químico	Nombre común	Fórmula química	mg de $CaCO_3$ para alcalinidad agregada por mg de químico
Bicarbonato de sodio	Bicarbonato de sodio	$NaHCO_3$	0.6
Carbonato de sodio	Sosa	Na_2CO_3	0.9
Bicarbonato de calcio y magnesio	Dolomita	$CaMg(CO_3)_2$	1.1
Hidróxido de sodio	Cáustica/soda cáustica	NaOH	1.3
Hidróxido de calcio	Cal apagada	$Ca(OH)_2$	1.4
Hidróxido de magnesio	Leche de magnesia/brucita	$Mg(OH)_2$	1.7
Óxido de calcio	Cal viva	CaO	1.8

Hidróxido de calcio

El hidróxido de calcio (cal hidratada) fue *apagada* por el fabricante y es vendida como material seco. La cal hidratada debe preparar en suspensión antes de usarse. El tanque de *solución espesa* puede acumular sarro, según la dureza del agua que se utilice. Es posible usar agua *potable* o no potable para apagar la cal. El agua dura provocará más sarro y precipitación que el agua blanda. El hidróxido de calcio típicamente se prepara en una solución espesa de 3 a 5 % por peso. Una pequeña parte del hidróxido de calcio se disolverá y elevará el pH a aproximadamente 12, lo suficientemente alto como para resultar peligroso para los operadores. El hidróxido de calcio debe agregarse en un punto de turbulencia para asegurar un mezclado suficiente.

Una *solución espesa* es una mezcla de partículas finas en agua. La solución espesa de cal contiene partículas de cal sin disolver y tiene una consistencia como la de un fango fino.

Potable significa que se puede beber. El agua potable es agua que se puede beber. El agua no potable puede ser el efluente final o agua que era potable, se utilizó en otro lugar de la instalación y ya no puede beberse.

Hidróxido de magnesio

El hidróxido de magnesio se utiliza cada vez más en los procesos para eliminación biológica de nutrientes (RBN) porque no eleva el pH a más de aproximadamente 10.5, lo que se correlaciona con su rango de punto de precipitación de pH de 10.2 a 10.5. El hidróxido de magnesio también se disuelve de manera más lenta que la cal y puede actuar como agregado químico de liberación en el tiempo. Sin embargo al agregar compuestos del magnesio a instalaciones con digestores anaerobios puede formarse *estruvita* en los digestores anaerobios y en los equipos y sistemas de tuberías asociados, además de los equipos de deshidratación de sólidos. El hidróxido de magnesio en general se vende como solución espesa, pero también puede adquirirse el producto seco. Comenzará a producirse sarro con un pH de más de 8.

Estruvita es el nombre común para el magnesio amonio fosfato ($MgNH_4PO_4$). La estruvita se cristaliza y forma sarro en los digestores anaerobios, en los equipos de deshidratación y en los equipos relacionados. El magnesio suele ser el ingrediente faltante o limitante para la formación de estruvita.

1) Los flujos de reciclado de alto contenido de amoníaco deben gestionarse para evitar que el amoníaco pase al efluente final. Idealmente, devuelva las cargas altas de amoníaco gradualmente durante el caudal bajo. 2) Se producen aumentos en los niveles de nitrito (bloqueo de nitrito) cuando no hay BON suficientes o las BON están inhibidas de algún modo. El bloqueo de nitrito interfiere con la desinfección con cloro. 3) Es posible que se requiera agregar alcalinidad para evitar que el pH caiga.

COMPROBACIÓN DE CONOCIMIENTOS

1. **El operador de un proceso de lodo activado sabe por la experiencia anterior que la temperatura del agua en el depósito de aereación caerá de 22 °C (72 °F) a 15 °C (59 °F) entre agosto y diciembre. ¿Qué cambio en el proceso debe llevarse a cabo?**
   a. Reducir la concentración con la temperatura del agua
   b. Aumentar el $SRT_{aerobio}$ gradualmente en función de la temperatura del agua
   c. Aumentar el SRT y la concentración de MLSS para desarrollar biomasa antes de noviembre
   d. Esperar hasta mediados de octubre y, a continuación, duplicar el SRT

2. **El $SRT_{aerobio}$ mínimo necesario para la nitrificación a 10 °C (50 °F) es de 5 días. Si se utiliza un factor de seguridad de 2.5, ¿cuál es el $SRT_{aerobio}$ objetivo?**
   a. 2.5 días
   b. 5 días
   c. 12.5 días
   d. 25 días

3. **El proceso de un RBC consiste en cuatro ruedas operadas en serie. ¿En qué parte del proceso es más probable que se produzca la nitrificación?**
   a. Primera rueda
   b. Segunda rueda
   c. Tercera rueda
   d. Cuarta rueda

4. **Un filtro percolador recibe un efluente secundario que normalmente contiene menos de 15 mg/L de DBO_5 soluble y SST. El efluente del filtro percolador normalmente contiene menos de 1 mg/L de NH_3-N. Una alteración del proceso provoca el escape de sólidos sedimentados del clarificador y su ingreso al filtro percolador. ¿Qué es más probable que ocurra?**
   a. Las concentraciones de amoníaco en el efluente no se verán afectadas.
   b. Las concentraciones de amoníaco en el efluente aumentarán.
   c. Las concentraciones de alcalinidad en el efluente se reducirán.
   d. Las concentraciones de alcalinidad en el efluente no se verán afectadas.

5. **Un filtro percolador recibe efluente primario diluido con 75 mg/L de DBO_5 y 22 mg/L de NH_3-N. El efluente del filtro percolador contiene 5 mg/L de DBO_5 y $<$1 mg/L NH_3-N. ¿En qué parte del filtro percolador se inició la nitrificación?**
   a. En las capas exteriores aerobias de la biopelícula
   b. Donde las concentraciones de OD alcanzaron los 7 mg/L
   c. Donde la DBO_5 soluble se redujo a $<$15 mg/L
   d. Aproximadamente a dos tercios de la parte superior del lecho del medio

6. **Un proceso de lodo activado con un SRT de 6 días recibe una carga de amoníaco anormalmente alta. Los sopladores no pueden suministrar suficiente aire y la concentración de OD en los depósitos cae a 1 mg/L. ¿Qué sucederá?**
   a. Las bacterias nitrificantes morirán.
   b. El amoníaco efluente se reducirá.
   c. El tamaño promedio de los flóculos aumentará.
   d. El consumo de cloro aumentará.

7. **¿Cuánta alcalinidad se necesitará para convertir 20 mg/L de nitrógeno amoniacal (NH_3-N) en nitrógeno nitrato (NO_3-N)? Debe haber 100 mg/L de alcalinidad como $CaCO_3$ que permanezcan en el efluente final.**
   a. 91 mg/L
   b. 143 mg/L
   c. 192 mg/L
   d. 243 mg/L

8. **Cuando el sobrenadante de un digestor anaerobio se devuelve al proceso de lodo activado a mitad del día**
   a. Las concentraciones de amoníaco en el efluente pueden aumentar.
   b. Es posible que se requiera agregar alcalinidad para evitar que el pH caiga.
   c. Se producirá el bloqueo de nitrito y aumentará la demanda de cloro.
   d. Aumentarán las tasas de crecimiento de nitrificantes para satisfacer la carga.

9. **Este parámetro de control del proceso es el menos importante para sostener la nitrificación en procesos de lodo activado.**
   a. Temperatura
   b. SRT
   c. OD
   d. TDH

10. **Una instalación de lodo activado opera con un SRT de 25 días en invierno. Tan pronto como la temperatura del agua cae por debajo de 16 °C, el SVI aumenta y se acumula espuma en los depósitos de lodo activado. El efluente final contiene menos de 1 mg/L de NH_3-N. El operador en jefe de la instalación comienza a clorar el LAR para controlar los filamentos y mejorar la sedimentación. A los 3 días, la concentración de NH_3-N en el efluente aumenta a 22 mg/L. ¿Qué debe ser cierto?**
    a. La concentración de cloro en el LAR es demasiado alta
    b. El $SRT_{aerobio}$ es de al menos el 50 % del SRT total
    c. El SRT no es lo suficientemente extenso para respaldar la nitrificación
    d. Los niveles de oxígeno se agotaron por agregar cloro

EJERCICIO DE LA SECCIÓN

Este ejercicio presenta diversas situaciones de resolución de problemas. Use lo que sabe acerca de la nitrificación, determine la causa del problema y sugiera una solución. Escriba su propuesta antes de mirar la respuesta.

Situación 1: Un sistema pequeño de lodo activado se dejó sin observar durante un fin de semana largo. El proceso funcionaba correctamente y los operadores suponían que todo estaría bien durante unos días. El proceso se controla prácticamente por completo de forma manual y requiere que el personal de operaciones active y desactive bombas y sopladores. Un sistema informático envía una alerta si un equipo deja de funcionar. Después de designar a una persona de guardia para que responda las alarmas, todos se van a casa durante el fin de semana largo. Cuando los operadores regresan el día martes, todos los equipos funcionan correctamente pero no todo está en correcto estado. Lo primero que observan es que todos los sopladores están funcionando a capacidad máxima, pero el OD en los depósitos de lodo activado aereado es apenas por arriba de 1 mg/L. Hay lodo que flota en los clarificadores secundarios y una prueba con el medidor de sedimentación se activa después de solo 15 minutos. La única información que usted tiene en este momento es que la WRRF solo está diseñada para eliminar la DBO_5 y los SST, no el amoníaco. ¿Qué sucedió en ausencia de los operadores? ¿Cuál es la causa más probable del OD bajo en los depósitos aereados y qué deben los operadores para corregir el problema?

Situación 2: Un filtro percolador elimina la DBO_5 en la mitad superior y convierte el amoníaco en nitrato en la mitad inferior. Durante los últimos 2 días, el caudal de entrada fue mayor de lo normal y la concentración de amoníaco en el efluente del filtro percolador aumentó. El operador verifica el pH, la alcalinidad y el OD. El pH es de 7.4 y la alcalinidad es de 120 mg/L como $CaCO_3$ en el efluente del filtro. El oxígeno disuelto está en 7.8 mg/L. ¿Qué debe verificar el operador a continuación y por qué?

Situación 3: Un centro de esquí tiene un proceso pequeño de lodo activado que está diseñado para nitrificar, pero no para desnitrificar. La instalación está al aire libre y las temperaturas con frecuencia caen por debajo de cero. Para evitar que el muestreador automático y la línea de toma del muestreador automático se congelen, los operadores envolvieron la línea de toma y el tambor de las muestras con una manta eléctrica. Esto dificulta la extracción y la reincorporación del tambor de muestras en el muestreador automático, por lo que rara vez se limpia. Los operadores aprendieron recientemente en una clase de capacitación que las menores edades de lodo resultan en costos operativos menores. Bajo la presión de la gerencia para reducir los costos, comenzaron a reducir la edad del lodo. Eventualmente, la edad del lodo llega a los 3 días. Aunque el agua está a solo 12 °C (53.6 °F), as muestras del compuesto del muestreador automático todavía indican <1 mg/L de nitrógeno amoniacal (NH_3-N) en el efluente final. ¿A qué puede deberse? ¿Qué sabe usted que debe cumplirse? ¿Puede una instalación con agua fría nitrificar completamente con una edad del lodo de solo 3 días? ¿Por qué las muestras del muestreador automático indican <1 mg/L de NH_3-N? ¿Puede ser el laboratorio? ¿De qué manera puede verificar el operador los resultados del laboratorio?

Situación 4: Una WRRF envía el lodo de residuo de su proceso de lodo activado a un digestor aerobio. Los digestores aerobios son muy similares a los procesos de lodo activado con aereación extendida, excepto que no reciben caudal de entrada ni efluente primario. Para sobrevivir, las bacterias heterotróficas consumen su propia masa celular en un proceso que se denomina *respiración endógena*. Las bacterias heterotróficas a las que se les agota el alimento almacenado eventualmente se abren y se convierten en alimento para las bacterias sobrevivientes del proceso. A medida que la materia orgánica en el digestor se descompone, libera amoníaco y fósforo. Históricamente, el OD en el digestor aerobio se mantenía a aproximadamente 0.5 mg/L. En un intento por obtener una mejor destrucción del lodo, los operadores aumentaron la concentración de OD a 2 mg/L. Después de aproximadamente una semana, el pH del digestor cayó a 5.2. ¿Por qué sucedió esto?

Situación 5: Una instalación con filtro percolador observa con precaución que la concentración de amoníaco del efluente aumentó durante los últimos 18 meses de <1 mg/L de NH_3-N a más de 6 mg/L de NH_3-N. El área de servicio consiste en hogares y pequeñas empresas, pero no tiene manufactura ni otras descargas industriales. La población es estable. De hecho, la carga de DBO_5 a la instalación no cambió durante los últimos 3 años y el caudal de entrada de hecho se redujo en aproximadamente un 30 %. El efluente del filtro percolador tiene un pH de 6.7 y una concentración de OD de 8.2 mg/L. ¿Qué debe verificar el operador a continuación? Si su decisión es correcta, ¿qué medida correctiva debe llevar a cabo la instalación?

SOLUCIONES AL EJERCICIO DE LA SECCIÓN

Situación 1: Sin nadie para procesar el residuo, la edad del lodo aumentó en el fin de semana de 3 días. El proceso del lodo activado comenzó a nitrificar, lo que aumentó la demanda de oxígeno. Debido a que la instalación no se diseñó para la nitrificación, los sopladores no tenían el tamaño suficiente para suministrar todo el oxígeno necesario. Esto provocó que la OD se reduzca. Para corregir el problema, los operadores deben reducir la edad del lodo mediante el aumento de la tasa de desechado.

Situación 2: El operador debe verificar dos cosas en las aguas residuales del caudal de entrada: la carga de DBO_5 y los compuestos inhibitorios. Si la carga de DBO_5 está en aumento, la DBO_5 soluble no será menor a 25 mg/L hasta que no haya avanzado en el filtro percolador. Esto deja menos espacio en el medio para las bacterias nitrificantes. Los compuestos inhibitorios, como los metales pesados y las sustancias orgánicas, también pueden estar inhibiendo la nitrificación. El operador debe recolectar una muestra y enviarla para que la analicen.

Situación 3: Qué sucede: las bacterias nitrificantes crecen lentamente y requieren edades mayores cuando el agua está fría. ¿Hay lugares donde las aguas residuales están más cálidas? Sí, en el tambor del muestreador automático y en las tuberías. Esta instalación no puede estar nitrificando, pero el muestreador automático sí puede estarlo. Para verificar en el laboratorio,recolecte muestras puntuales en el caudal de entrada y en el efluente de la WRRF y envíelos para que los analicen. En esta historia real, el muestreador automático había desarrollado una biopelícula nitrificante que estaba convirtiendo amoníaco en nitrato dentro del tanque de muestras y de la tubería.

Situación 4: Las bacterias nitrificantes no necesitan DBO_5 para convertir el amoníaco en nitrato. A medida que los sólidos en el digestor se descomponen, se libera más amoníaco. Anteriormente, las concentraciones bajas de OD evitaban que las bacterias nitrificantes convirtieran gran parte del amoníaco en nitrato. Cuando el OD se aumentó a 2 mg/L, las bacterias nitrificantes podían crecer a mayor velocidad. El ácido producido por la nitrificación reducía el pH.

Situación 5: El operador debe verificar la alcalinidad del efluente y verificar si hay compuestos inhibitorios en el caudal de entrada. En este caso, la alcalinidad del efluente había caído a solo 35 mg/L como $CaCO_3$. La DBO_5 y la carga de amoníaco del caudal de entrada permanecieron iguales, pero el menor uso de agua en el área de servicio significa que hay menos alcalinidad disponible. Para corregir el problema, la WRRF debe agregar alcalinidad al caudal de entrada del filtro percolador.

Desnitrificación biológica

La desnitrificación es la conversión de nitrato en gas nitrógeno. Recuerde del capítulo 5 que las bacterias heterotróficas facultativas pueden usar nitrato como reemplazo del oxígeno. Cuando la DBO_5 se procesa con oxígeno, los productos de desecho son dióxido de carbono (CO_2) y agua (H_2O). Cuando la DBO_5 se procesa con nitrato, los productos de desecho son gas nitrógeno (N_2), dióxido de carbono (CO_2) y agua (H_2O). Debido a que el nitrógeno no es muy soluble en agua, se forman burbujas de gas en las aguas residuales. Se desplazan hasta la superficie del agua y se liberan a la atmósfera. La atmósfera tiene de forma natural un 78 % de nitrógeno. El gas nitrógeno (N_2) liberado por el proceso de tratamiento no daña el medio ambiente. La desnitrificación en los clarificadores secundarios puede trasladar el lodo sedimentado en el manto de regreso a la superficie.

Hay muchas especies diferentes de bacterias que tienen capacidad de desnitrificación. Para que se produzca la desnitrificación, deben cumplirse tres condiciones. 1) Debe haber disponible carbono orgánico. Esto se mide en general como DBO_5 o DQO. En general, cuanto mayor es la concentración de DBO_5, con más rapidez se llevará a cabo la desnitrificación. 2) Las concentraciones de oxígeno disuelto deben ser bajas. El oxígeno es más eficiente para las bacterias que el nitrato. Por este motivo, si hay OD disponible, no habrá desnitrificación. Las bacterias continuarán utilizando oxígeno hasta que se agote. Las concentraciones de oxígeno disuelto tan bajas como 0.3 mg/L pueden prevenir la desnitrificación (EPA de los EE. UU., 1993). 3) Debe haber un TDH suficiente para que se produzca la desnitrificación.

ESTEQUIOMETRÍA DE LA DESNITRIFICACIÓN

La reacción general depende de la fuente de carbono utilizada. En las ecuaciones 9.6 a 9.8 se muestra la estequiometría para tres fuentes de carbono distintas (Metcalf and Eddy, Inc./AECOM, 2014). Observe que el crecimiento celular no se incluye en estas reacciones simplificadas.

Aguas residuales ($C_{10}H_{19}O_3N$)

$$C_{10}H_{19}O_3N + 10NO_3^- \rightarrow 5N_2 + 10CO_2 + 3H_2O + NH_3 + 10OH^- \tag{9.6}$$

Metanol (CH_3OH)

$$5CH_3OH + 6NO_3^- \rightarrow 3N_2 + 5CO_2 + 7H_2O + 6OH^- \tag{9.7}$$

Acetato (CH_3COOH)

$$5CH_3COOH + 8NO_3^- \rightarrow 4N_2 + 10CO_2 + 6H_2O + 8OH^- \tag{9.8}$$

Aunque las tres fuentes de carbono son químicamente distintas, se produce 1 mol de ion de hidróxido (OH^-) cada 1 mol de ion de nitrato (NO_3^-) convertido en gas nitrógeno (N_2). El hidróxido es una base y otro componente de la alcalinidad. Un mol de iones de hidróxido (OH^-) neutraliza 1 mol de iones de hidrógeno (H^+). La nitrificación produjo 2 moles de H^+, que consumieron 7.14 mg/L de alcalinidad como $CaCO_3$ cada 1 mg/L de nitrógeno amoniacal (NH_3-N). Las desnitrificación puede neutralizar la mitad del H^+ producido y recuperar la mitad de la alcalinidad o 3.57 mg/L de alcalinidad cada 1 mg/L de nitrógeno nitrato (NO_3-N) convertido en gas nitrógeno (N_2). Para verificar la estequiometría, pueden convertirse los moles de ion de hidróxido en moles de alcalinidad como $CaCO_3$, como se muestra debajo. La recuperación de alcalinidad perdida mediante desnitrificación con frecuencia puede reducir o eliminar la necesidad de agregar alcalinidad. No toda la alcalinidad consumida durante la nitrificación puede recuperarse, debido a que la desnitrificación solo produce la mitad de la alcalinidad consumida por la nitrificación.

La carga +2 en el ion de calcio reacciona con la carga −1 en el ion de hidrógeno. Un mol de calcio reacciona con dos moles de ion de hidróxido para neutralizar la carga.

$$\left|\frac{1\text{ mol }OH^-}{1\text{ mol }NO_3^-}\right|\frac{1\text{ mol }CaCO_3}{2\text{ moles }OH^-}\left\|\frac{100\text{ g }CaCO_3}{1\text{ mol }CaCO_3}\right\|\left|\frac{1\text{ mol }NO_3^-}{1\text{ mol N}}\right\|\frac{1\text{ mol N}}{14\text{ g N}}\right| = \frac{3.57\text{ g }CaCO_3}{\text{g }NO_3-N}$$

El nitrato reemplaza al oxígeno en cada una de las reacciones químicas (ecuaciones 9.6, 9.7 y 9.8). Las instalaciones que desnitrifican recuperan parte del oxígeno utilizado para la desnitrificación. Cada 1 mg/L de nitrógeno nitrato (NO_3-N) desnitrificado es equivalente a 2.86 mg/L de OD. Esto es más del 60 % del oxígeno necesario para la nitrificación. De modo similar, cada 1 mg/L de nitrógeno nitrito (NO_2-N) es equivalente a 1.73 mg/L de OD. La desnitrificación, incluso cuando el permiso de descarga no lo requiere, puede reducir los costos generales de energía.

La desnitrificación también resulta en nuevas células bacterianas. El rendimiento de bacterias depende de la fuente de carbono. Algunas fuentes de carbono contienen más energía que otras. Por ejemplo, si la fuente de carbono es el metanol, el rendimiento celular es de aproximadamente 0.5 mg de SVS cada 1.0 mg de nitrógeno nitrato (NO_3-N) eliminado. En otras palabras, el rendimiento es de aproximadamente 0.2 a 0.3 mg de SVS por cada mg de DQO utilizado (Metcalf and Eddy, Inc./AECOM, 2014). Si la fuente son aguas residuales domésticas, el rendimiento celular es de aproximadamente 1.5 mg de SVS cada 1.0 mg de nitrógeno nitrato (NO_3-N) eliminado. En otras palabras, el rendimiento es de 0.30 mg de SVS/mg de DQO utilizado (Metcalf and Eddy, Inc./AECOM, 2014). Compare esto con el rendimiento cuando los mismos microorganismos utilizan el OD: 0.4 mg de SVS/mg de DQO utilizado. Otra ventaja de la desnitrificación es que el rendimiento celular por kilogramo (libra) de DBO_5 eliminado es menor que cuando se utiliza oxígeno. En las instalaciones de desnitrificación se producen menos biosólidos de desecho. En la tabla 9.6 se resumen las relaciones clave de desnitrificación.

Tabla 9.6 Relaciones clave de desnitrificación

Parámetro	Relación
Oxígeno	Por debajo de 0.3 mg/L para prevenir la inhibición
Alcalinidad producida	3.57 mg de alcalinidad como $CaCO_3$ por mg de NO_3-N
Biomasa producida	0.30 mg de nuevas células por mg de DQO utilizado o 1.5 mg de células nuevas por mg de NO_3-N

La desnitrificación convierte el nitrato (NO_3-N) en gas nitrógeno (N_2). Hay muchos tipos de bacteria distintos que pueden desnitrificar. El proceso requiere carbono orgánico y produce 3.57 mg de alcalinidad como $CaCO_3$ cada 1 mg/L de nitrato (NO_3-N) desnitrificado. El rendimiento de lodo es algo inferior para las instalaciones que desnitrifican.

COMPROBACIÓN DE CONOCIMIENTOS

1. **El gas nitrógeno producido durante la desnitrificación**
   a. Se descarga con el efluente final.
   b. Termina en la atmósfera.
   c. Se combina con material orgánico.
   d. Mejora la sedimentación del lodo en los clarificador.

2. **Para que haya desnitrificación, ¿cuál de las condiciones siguientes debe cumplirse?**
   a. Debe haber un exceso de alcalinidad.
   b. El pH debe ser menor a 6.5
   c. La concentración de OD debe ser alta.
   d. Debe haber disponible carbono orgánico.

3. **El oxígeno disuelto puede inhibir la desnitrificación a concentraciones tan bajas como**
   a. 0.3 mg/L
   b. 0.8 mg/L
   c. 1.3 mg/L
   d. 1.8 mg/L

4. **Los procesos de lodo activado que desnitrifican**
   a. Consumen más alcalinidad que los que no desnitrifican.
   b. Generan menos lodo que los que no desnitrifican.
   c. Con frecuencia generan dificultad para mantener un pH neutro.
   d. Aumentan la carga de nitrógeno en el procesamiento de sólidos.

5. **Por cada 1 mg/L de NO_3-N convertido en gas nitrógeno, se recupera esta alcalinidad.**
   a. 3.57 mg/L como $CaCO_3$
   b. 7.14 mg/L como $CaCO_3$
   c. 7.48 mg/L como $CaCO_3$
   d. 8.34 mg/L como $CaCO_3$

6. **La desnitrificación de 1 mg/L de NO_3-N recupera el equivalente de _________ mg/L de OD en el proceso de tratamiento.**
   a. 1.73 mg/L
   b. 2.86 mg/L
   c. 3.57 mg/L
   d. 7.14 mg/L

VARIABLES DEL PROCESO PARA LA DESNITRIFICACIÓN

Las variables del proceso más importantes para la desnitrificación son la disponibilidad de carbono orgánico, la escasez de OD y la configuración del proceso. La desnitrificación es mucho menos sensible al pH que la nitrificación; sin embargo, las tasas de desnitrificación son menores debajo de un pH de 6.0 y arriba de un pH de 8.0 (EPA de los EE. UU., 1993).

DEMANDA BIOQUÍMICA DE OXÍGENO O DEMANDA QUÍMICA DE OXÍGENO

La cantidad de nitrato que puede eliminarse depende de la cantidad de carbono orgánico disponible. Una regla general es que se requieren 4 mg/L de DBO_5 (aproximadamente 8 mg/L de DQO) del caudal de entrada o del efluente primario cada 1 mg/L de nitrógeno nitrato (NO_3-N) (Barth et al., 1968). Las instalaciones con clarificadores primarios pueden no tener DBO_5 suficiente remanente en el efluente del clarificador primario para lograr un efluente con límites bajos de nitrógeno nitrato (NO_3-N). El amoníaco, al ser soluble, atraviesa el clarificador primario hacia el proceso de tratamiento secundario. El resultado final es un efluente del clarificador primario que con frecuencia no contiene 4 mg/L de DBO_5 cada 1 mg/L de nitrógeno nitrato (NO_3-N). La cantidad real de DBO_5 necesaria dependerá de la fuente de carbono utilizada y de otras condiciones operativas, como mantener condiciones anóxicas.

Se han utilizado diversas fuentes de carbono suplementario para la desnitrificación, incluidos metanol, melazas, desechos de cerveza, suero de queso y otros desechos alimenticios. Cuando se requiere una fuente de carbono suplementaria, deben relevarse las industrias locales para determinar si hay disponible un producto de desecho alto en DQO. Esto ofrece un suplemento de bajo costo para la WRRF y, además, puede reducir los costos operativos de la industria. Muchas instalaciones agregan metanol (CH_3OH) para aumentar la cantidad de DBO_5 disponible para la desnitrificación. A diferencia de los desechos industriales que deben analizarse con frecuencia para determinar el contenido de DBO_5 o DQO antes de usarse, el metanol es un producto uniforme que no cambia de un suministro del químico al siguiente. Se necesitan entre 2.7 y 3.3 mg de metanol (CH_3OH) cada 1 mg/L de nitrógeno nitrato (NO_3-N) (EPA de los EE. UU., 2010). El metanol tiene un DQO de 1.5 mg de DQO/mg de CH_3OH.

El metanol es inflamable y su traslado, almacenamiento y manipulación pueden resultar peligrosos. Muchas WRRF se están pasando a químicos no inflamables, a veces de propiedad exclusiva, como fuentes de carbono, a fin de proporcionar un mejor entorno de trabajo para los operarios. MicroC es un químico de propiedad exclusiva que combina metanol con glicerol y otros ingredientes para reducir la inflamabilidad. También se usan ácido acético (vinagre) y acetato de sodio como fuentes suplementarias de carbono.

OXÍGENO DISUELTO Y CONDICIONES ANÓXICAS

Por definición, las *condiciones anóxicas* son las que contienen nitrato, pero no oxígeno. En los sistemas de biopelícula, se crean condiciones anóxicas cuando el OD no penetra en toda la biopelícula. Los sistemas de lodo activado crean zonas anóxicas mediante tanques separados sin aerear con mezcladores o mediante el aislamiento de espacio dentro de un tanque con paredes o cortinas (figura 9.12). En las zanjas de oxidación y en los depósitos de lodo activado largos y angostos es posible crear zonas anóxicas simplemente al aerear solo algunas áreas. A medida que las aguas residuales se alejan de las áreas aereadas, los microorganismos consumen rápidamente el OD y las aguas residuales se hacen anóxicas. Los reactores secuenciales por lotes crean condiciones anóxicas mediante ciclos de activación y desactivación del aire mientras se continúan mezclando las aguas residuales. Las instalaciones no diseñadas originalmente para desnitrificar también utilizan este método. Tanto en los sistemas de biopelícula como en los procesos de lodo activado, en primer lugar debe generarse nitrato por nitrificación en las áreas aerobias y después transferirse a las áreas anóxicas. En los procesos de película fija, esto se logra mediante el reciclado del caudal a la parte delantera del proceso de tratamiento. Hay muchas variaciones distintas de los procesos de lodo activado que disponen las zonas anóxicas y aereadas de maneras distintas para lograr la eliminación completa del nitrógeno. Para el sistema de lodo activado que se muestra en la figura 9.12, una bomba de reciclado interno de licor mezclado (*internal mixed liquor recycle*, IMLR) lleva aguas residuales nitrificadas llenas de nitrato del final de la zona aereada al comienzo de la zona anóxica.

TASA DE DESNITRIFICACIÓN ESPECÍFICA

La tasa de desnitrificación específica es la rapidez con la que las bacterias del proceso de tratamiento convierten el nitrato (NO_3^-) en gas nitrógeno (N_2). La velocidad de la reacción está limitada por la cantidad de carbono orgánico (DBO_5 o DQO) y nitrato disponibles. Recuerde del capítulo 5 que las bacterias de los procesos secundarios raramente tienen suficientes recursos para crecer a su tasa máxima. Cuando se agregan recursos,

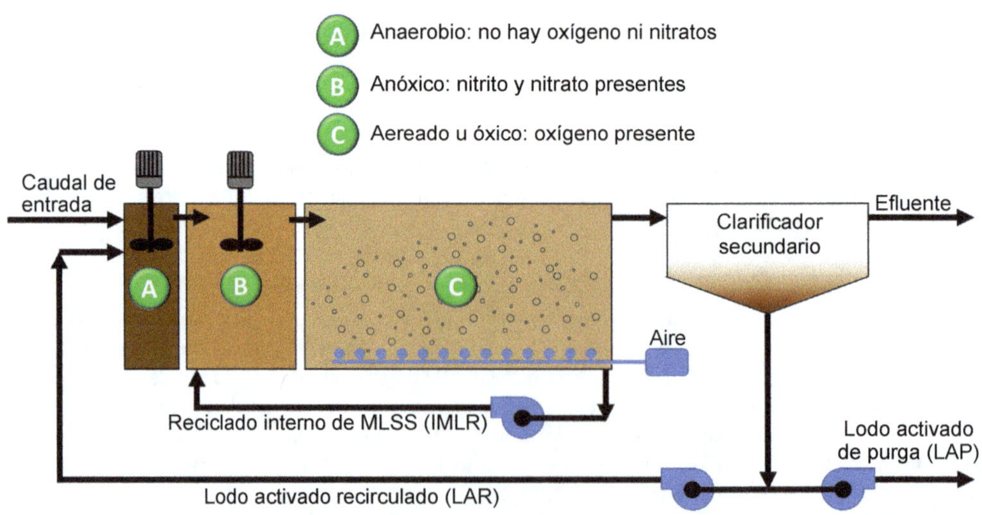

Figura 9.12 Zonas anaerobia, anóxica y óxica en un proceso de lodo activado (proceso de A²/O) (reimpreso con autorización de Indigo Water Group [modificado de EPA de los EE. UU., 1993])

las bacterias crecen más rápido y utilizan más recursos. La mayor parte del tiempo, a las bacterias se les agota el carbono orgánico (DBO_5 o DQO) mucho antes que el nitrato (NO_3^-). Esto se debe a que las aguas residuales del caudal de entrada tienen un suministro limitado de DBO_5 y a que la nitrificación debe llevarse a cabo antes de la desnitrificación. Las bacterias utilizarán gran parte de la DBO_5 del caudal de entrada en las partes aerobias de los procesos de lodo activado y sistemas de biopelícula.

La *relación alimento:microorganismos* (*food-to-microorganism ratio*, F/M) es igual a la masa de la carga orgánica (libras o kilogramos) que ingresa al depósito de lodo activado dividida por la masa de sólidos volátiles en suspensión en el licor mezclado (*mixed liquor volatile suspended solids*, MLVSS) (libras o kilogramos).

En la figura 9.13 se diagrama la tasa de desnitrificación específica en contraposición con la *relación alimento:microorganismos* (*food-to-microorganism ratio*, F/M). Observe que la tasa de desnitrificación aumenta con el aumento de la F/M. Observe también que cuando el caudal de entrada contiene un porcentaje mayor de DBO_5 fácilmente biodegradable (soluble), la tasa de desnitrificación continúa subiendo en una línea casi recta. Cuando menos DBO_5 es fácilmente biodegradable, la tasa de desnitrificación comienza a hacerse más lenta a medida que la F/M se hace cada vez mayor. El gráfico indica que la disponibilidad de DBO_5 controla la tasa de desnitrificación, no la disponibilidad de nitrato (NO_3^-).

En su mayoría, los sistemas de lodo activado se operan como convencionales (con un rango de F/M de entre 0.2 y 0.4 g de DBO_5/g de MLVSS) o como de aereación extendida (con un rango de F/M de entre 0.05 y 0.15 g DBO_5/g de MLVSS). Estos rangos operativos típicos para la F/M se basan en las condiciones operativas promedio. Recuerde que la DBO_5 del caudal de entrada cambia durante el día, de modo que la F/M también cambia y a veces es más alta y a veces más baja. ¿Por qué es importante? La desnitrificación es más eficiente durante las cargas pico. Por eso, es más probable que haya desnitrificación en los mantos de los clarificadores secundarios durante la mitad del día en la mayoría de las WRRF que en cualquier otro momento.

En el capítulo 8 se incluye una descripción con fotografías de la desnitrificación en los clarificadores secundarios.

A medida que las aguas residuales se trasladan por un proceso de lodo activado o de película fija, los microorganismos usan la DBO_5. La F/M se reduce de principio a fin. ¿Por qué es importante? La desnitrificación será más eficiente cuando la F/M sea mayor. Muchos procesos de lodo activado tienen una zona anóxica por separado al principio del proceso, como la que se muestra en la figura 9.12. La DBO_5 del caudal de entrada o el efluente primario y el LAR se combinan aquí. Al mantener pequeña y separada la zona anóxica, se minimiza la dilución de las aguas residuales del caudal de entrada (o del efluente primario) y la F/M se mantiene lo más alta posible. Las zonas anóxicas con una alta F/M tienen otro beneficio. Inhiben el crecimiento de algunos tipos de bacterias filamentosas.

Un proceso de lodo activado puede incluir zonas preanóxicas y posanóxicas (figura 9.14). Se informaron tasas de desnitrificación para las zonas preanóxicas en los sistemas de escala completa entre 0.04 y 0.42 g de NO_3-N/g de MLVSS·d (Metcalf and Eddy, Inc., 2003). Las tasas de desnitrificación para las zonas posanóxicas son mucho menores, a entre 0.01 y 0.04 g de NO_3-N/g de MLVSS·d (Metcalf and Eddy, Inc., 2003). La alta F/M en la zona

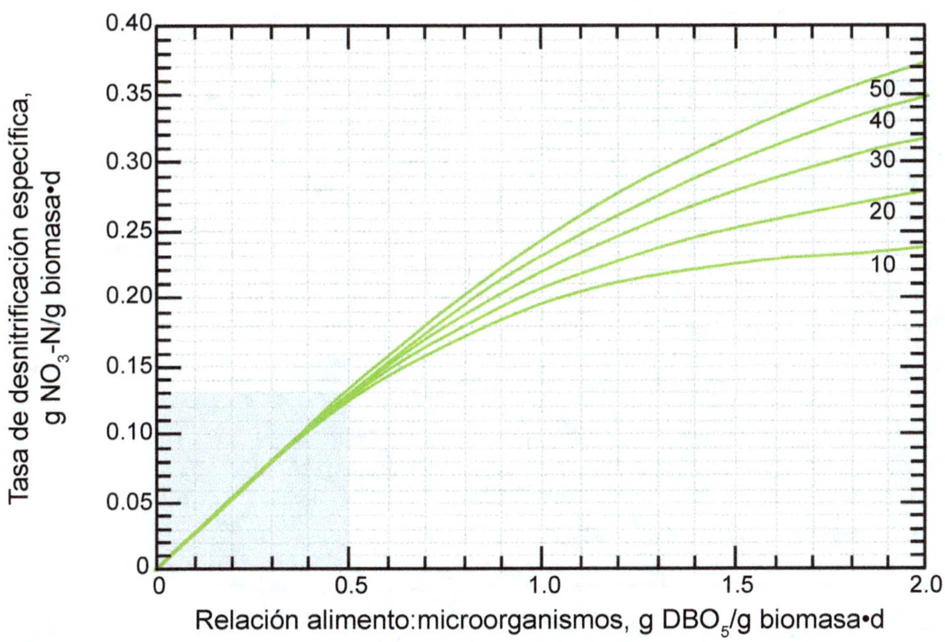

Figura 9.13 Tasa de desnitrificación específica a 20 °C como función de la relación alimento:microorganismos y del porcentaje de DBO fácilmente biodegradable a DBO total (adaptado de Metcalf and Eddy, 2003. Copyright © 2003 por McGraw-Hill Education, reimpreso con autorización).

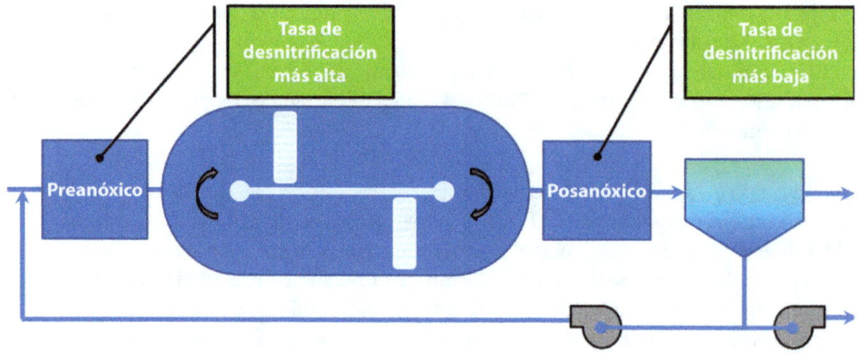

Figura 9.14 Zonas preanóxica y posanóxica (reimpreso con autorización de Indigo Water Group)

preanóxica impulsa las tasas de desnitrificación en hasta 10 veces la tasa de la zona posanóxica. Con frecuencia se agrega carbono suplementario a la zona posanóxica para aumentar las tasas de desnitrificación, en particular al enfrentar límites de descarga extremadamente bajos. Los operadores deben tener cuidado para no aplicar dosificaciones excesivas en este punto del proceso de tratamiento, porque esto podría producir una infracción en el permiso de descarga para la DBO_5.

RELACIÓN DE RECICLADO INTERNO DE LICOR MEZCLADO

Uno de los procesos de lodo activado propuestos inicialmente que combinaba la nitrificación y la desnitrificación fue el proceso de Wuhrmann a principios de la década de 1960 (figura 9.15a). La parte delantera del proceso era aerobia y la parte posterior del proceso era anóxica (EPA de los EE. UU., 1993). Wuhrmann concluyó que, debido a que la nitrificación debía producirse antes de que pudiera haber desnitrificación, tenía más sentido poner la zona aerobia en la parte delantera del proceso. El diseño de Wuhrmann no desnitrificaba tan bien como los diseños

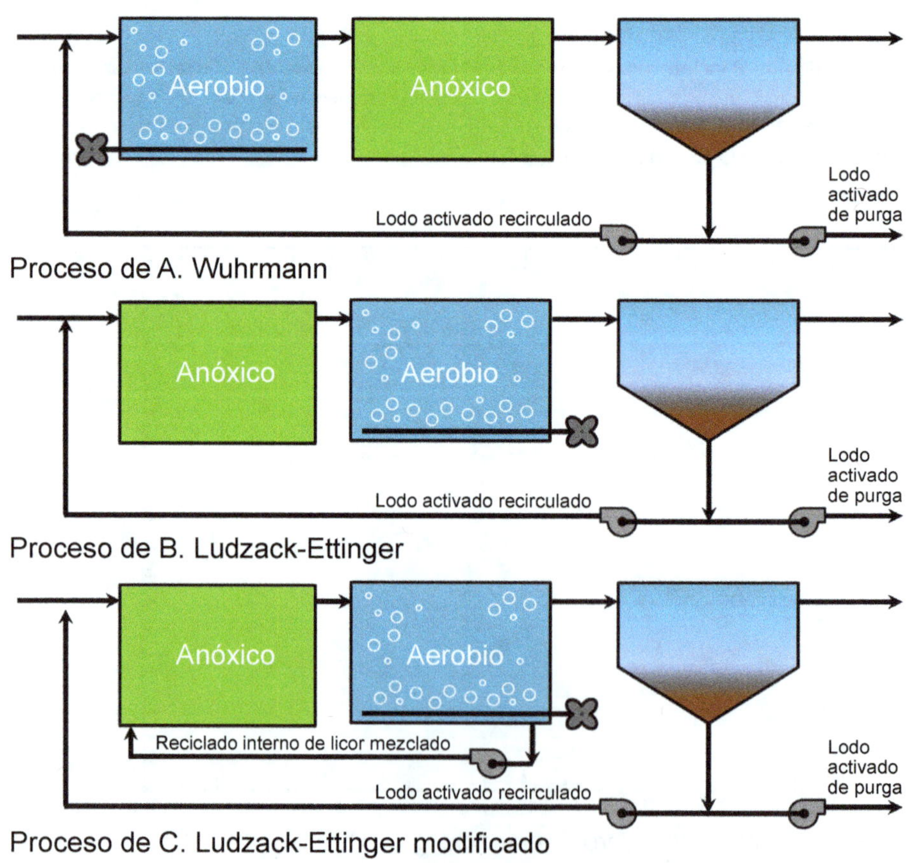

Figura 9.15 Variaciones sobre el proceso de lodo activado: Wuhrmann y Ludzack-Ettinger (reimpreso con autorización de Indigo Water Group [modificado de EPA de los EE. UU., 1993])

posteriores debido a que para el momento en que las aguas residuales llegaban a la zona anóxica, quedaba muy poca DBO_5. Se producía algo de desnitrificación, pero lentamente. Aproximadamente en la misma época, Ludzack y Ettinger propusieron un proceso similar, pero cambiaron el orden de las zonas aerobia y anóxica (figura 9.15b). El proceso de Ludzack-Ettinger ubica la DBO_5 del caudal de entrada (o del efluente primario) donde más se necesita: en la zona anóxica. Observe con detenimiento el diagrama de la figura 9.15b. La única manera de que el nitrato vaya de la zona aerobia de regreso a la zona anóxica es mediante la línea de LAR. Existe el potencial de altas tasas de desnitrificación, pero no se recicla suficiente nitrato incluso al bombear el LAR a un 125 % del caudal de entrada. Diez años después, se propuso el primer proceso Ludzack-Ettinger modificado (LEM). Se agregó un sistema de bombeo interno para reciclar los caudales de final de la zona aerobia de regreso al comienzo de la zona anóxica (Barnard, 1973). El reciclado interno no desplaza MLSS a través del clarificador secundario y, por lo tanto, puede ajustarse de muy bajos porcentajes a muy altos porcentajes sin afectar el desempeño del clarificador secundario. Esta modificación permite que el proceso LEM logre de manera confiable muy bajas concentraciones de nitrógeno nitrato (NO_3-N) en el efluente, siempre y cuando haya suficiente DBO_5 disponible en el caudal de entrada (o efluente primario). El proceso LEM es una de las configuraciones más comunes de lodo activado para RBN. Los sistemas de lodo activado con una única zona anóxica en general lograrán concentraciones de nitrógeno total en el efluente de <10 mg/L como N (EPA de los EE. UU., 1993). Para lograr concentraciones incluso menores, se requiere una segunda zona anóxica o proceso de desnitrificación terciaria.

El porcentaje de nitrógeno eliminado dependerá de 1) el caudal de bombeo de IMLR, 2) el caudal de bombeo de LAR, y 3) la disponibilidad de carbono orgánico. Suponiendo que haya suficiente carbono orgánico disponible, es posible eliminar hasta un 85 % del *nitrógeno total oxidable* del caudal de entrada. Si el IMLR se establece igual al caudal de entrada, es posible eliminar el 50 % del nitrógeno total oxidable del caudal de entrada. Si el IMLR se establece al 200 % del caudal de entrada, es posible eliminar el 67 % del nitrógeno total del caudal de entrada. A un IMLR de 300 %, se logra una eliminación del 75 % y a un IMLR de 400 %, es posible una eliminación del 80 %. El LAR también devuelve nitrato a la zona anóxica y puede aumentar la eliminación general (tabla 9.7). Si el LAR es igual al 50 % del caudal de entrada y el IMLR es igual al 200 % del caudal de entrada, la eliminación de nitrógeno total aumenta levemente del 67 al 70 %. Al aumentar el LAR al 100 % del caudal de entrada, las tasas de eliminación pueden subir más, hasta el 75 %.

El *nitrógeno oxidable* es nitrógeno orgánico y amoníaco que pueden descomponerse y convertirse en nitrito y nitrato. En términos prácticos, el nitrógeno oxidable lo mismo que nitrógeno Kjeldahl total (NKT). Las aguas residuales domésticas contienen una cantidad pequeña de nitrógeno orgánico que no puede descomponerse en el proceso de tratamiento.

Resulta tentador poner las bombas de IMLR y LAR al máximo para lograr un mejor desempeño, pero el porcentaje de nitrógeno extraído no continuará aumentando. Las mayores tasas de bombeo aumentarán el desgaste de las bombas y el uso de energía, además de los costos operativos. Las aguas residuales recicladas del final de la zona aereada contienen oxígeno. Cuanto mayor sea el caudal de bombeo de IMLR, más oxígeno se devolverá a la zona anóxica. Esto se denomina "envenenamiento por oxígeno". Recuerde que las bacterias siempre usarán primero el OD. El oxígeno que regresa en el LAR utiliza la DBO_5 en la zona anóxica e inhibe la desnitrificación. En su mayoría, las WRRF usan un IMLR que está entre el 200 y el 400 % del caudal de entrada. Algunos procesos especializados de lodo activado, como las zanjas de oxidación y los sistemas de tratamiento con membrana, usan tasas de bombeo de IMLR tan altas como 6 o 7 veces el caudal de entrada. En la figura 9.16 se ofrece un ejemplo típico de la concentración de nitrato esperada en el efluente para tres distintas concentraciones de NKT inicial.

TEMPERATURA

El desempeño de desnitrificación, al igual que otros procesos biológicos, es afectado por cambios de temperatura. Las tasas de desnitrificación aumentarán o disminuirán cuando las temperaturas suban o bajen. Sin embargo, el desempeño de desnitrificación no se limita tanto por la temperatura como la nitrificación. Por lo tanto, con la temperatura como variable, el desempeño de desnitrificación continuará siempre y cuando el proceso de nitrificación produzca nitrato.

Tabla 9.7 Desempeño teórico de eliminación de nitrógeno oxidado (EPA de los EE. UU., 1993)

IMLR, % del caudal de entrada	LAR a 50 % del caudal de entrada	LAR a 100% del caudal de entrada
0	34	50
50	50	60
100	60	67
200	70	74
300	78	80
400	82	85

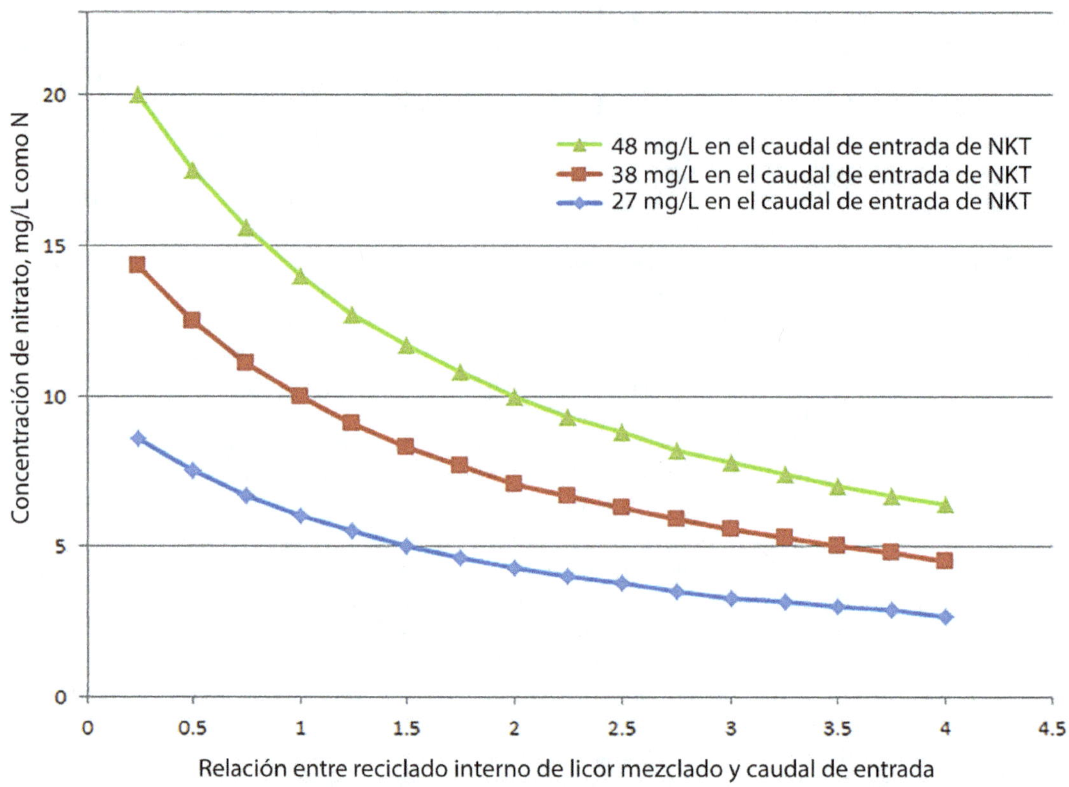

Figura 9.16 Relación entre concentraciones de nitrato en el efluente e IMLR (LAR al 50 % del caudal de entrada, DBO_5 del caudal de entrada = 250 mg/L, 2 mg/L de NKT no oxidable) (reimpreso con autorización de Indigo Water Group y Joel Rife)

Se requieren aproximadamente 4 mg/L de DBO_5 para convertir 1 mg/L de NO_3-N en gas nitrógeno (N_2). Durante la desnitrificación, a las bacterias casi siempre se les agota la DBO_5 antes de que se les agote el nitrato. A medida que las concentraciones de DBO_5 aumentan, la tasa de desnitrificación aumenta proporcionalmente hasta que las bacterias crecen a su tasa máxima. Los operadores pueden agregar DBO_5 al proceso para aumentar la cantidad de nitrato extraída.

COMPROBACIÓN DE CONOCIMIENTOS

1. **Se requiere aproximadamente esta cantidad de DBO_5 para convertir 1 mg/L de nitrógeno nitrato (NO_3-N) en gas nitrógeno (N_2).**
   a. 1 mg/L
   b. 4 mg/L
   c. 7 mg/L
   d. 10 mg/L

2. **Los clarificadores primarios pueden afectar la desnitrificación al**
   a. Convertir el nitrógeno total del caudal de entrada en nitrógeno nitrato
   b. Envenenar por oxígeno la zona anóxica
   c. Cambiar la relación entre DBO_5 y nitrógeno nitrato
   d. Aumentar la DBO_5 particulada en el proceso secundario

3. **Una WRRF debe agregar carbono orgánico para la desnitrificación. Los operadores están preocupados por la inflamabilidad y desean algo que no deban analizar antes de cada uso. ¿Cuál de las siguientes fuentes de carbono es la más adecuada para los requisitos?**
   a. Metanol
   b. Desechos de cerveza
   c. Suero de queso
   d. Ácido acético

4. **¿Qué debe suceder primero?**
   a. Conversión del amoníaco en nitrito
   b. Conversión del nitrito en nitrato
   c. Conversión del nitrato en gas nitrógeno
   d. Conversión del gas nitrógeno en nitrito

5. **Las tasas de desnitrificación serán las más altas en esta ubicación.**
   a. Parte inferior de un filtro percolador
   b. Zona preanóxica
   c. Manto del clarificador secundario
   d. Zona posanóxica

6. **La F/M es de 0.25 g de DBO_5/g de MLVSS a las 10:00 a. m. Si la F/M aumenta a 0.50 g de DBO_5/g de MLVSS a las 2:00 p. m., la tasa de desnitrificación**
   a. Se reducirá en un 50 %
   b. Permanecerá igual
   c. Aproximadamente se duplicará
   d. Estará limitada por el nitrato

7. **Es más probable que se produzca desnitrificación en el manto del clarificador secundario cuando**
   a. Los caudales de entrada y las cargas son bajos.
   b. El clarificador primario tiene un mejor desempeño que el promedio.
   c. Se agrega metanol a los filtros terciarios.
   d. Es la mitad del día.

8. El IMLR
   a. Elimina lodo del clarificador
   b. Devuelve nitrato a la zona anóxica
   c. Recicla efluente nitrificado en un RBC
   d. Desecha lodo en el digestor

9. **El caudal de entrada a un proceso LEM de lodo activado contiene 20 mg/L de nitrógeno nitrato (NO_3-N) y el efluente contiene 12 mg/L de NO_3-N. Si el reciclado interno aumenta del 200 al 400 % del caudal de entrada, el nitrógeno nitrato del efluente permanece igual. ¿Qué debe ser cierto?**
   a. Se recicló demasiado oxígeno a la zona anóxica
   b. La alcalinidad cayó por debajo de 50 mg/L como $CaCO_3$
   c. Hay un suministro inadecuado de DBO_5 para más desnitrificación
   d. Falló el proceso de nitrificación aguas arriba

CONTROL DEL PROCESO PARA LA DESNITRIFICACIÓN

El proceso de control para la desnitrificación en los procesos de película fija se limita a ajustar la cantidad de efluente nitrificado que se recicla de regreso a la parte delantera del proceso. El control del proceso para la desnitrificación en los sistemas de lodo activado consiste en

- Asegurar que las zonas anóxicas permanezcan anóxicas;
- Ajustar el caudal de IMLR;
- Ajustar el caudal de LAR;
- Ajustar el caudal de reciclado en un proceso de película fija;
- Agregar DBO_5 suplementaria (si resulta necesaria); y
- Monitorear los siguientes parámetros en el caudal de entrada y en el efluente:
  - Potencial REDOX (PR),
  - Nitrito, y
  - Nitrato.

MANTENIMIENTO DE LAS CONDICIONES ANÓXICAS

Al minimizar la cantidad de OD transferido a la zona anóxica se asegura que las bacterias utilizarán nitrato para procesar la DBO_5. El oxígeno disuelto debe utilizarse antes de que pueda comenzar la desnitrificación. Esto significa que se gasta menos tiempo en usar el nitrato. El uso de oxígeno disuelto en la zona anóxica consume una DBO_5 valiosa y reduce la cantidad dejada para la desnitrificación. Si se agrega carbono suplementario para respaldar la desnitrificación, se consumirá primero mediante la utilización de OD, lo que resulta en costos mayores de los químicos. Las fuentes potenciales de OD en la zona anóxica incluyen las aguas residuales del caudal de entrada (o efluente primario), la transferencia del aire, la captura durante el mezclado, el LAR y el IMLR. El OD del caudal de entrada debe ser mínimo, ya que se consume en el sistema de la red de alcantarillado. Sin embargo, las estaciones de bombeo, en particular las equipadas con bombas de tornillo, pueden aumentar las concentraciones de OD. Este efecto es mayor cuando el agua está más fría y puede mantener más gases disueltos. Muchas WRRF incluyen estaciones de bombeo inmediatamente antes o después de las obras de cabecera. Al elevar el agua en el principio del proceso de tratamiento con frecuencia permite que fluya por gravedad hasta el efluente final. Los tratamientos preliminares y primarios también pueden agregar OD a medida que las aguas residuales caen en cascada por los vertederos y se trasladan por los canales abiertos.

El agua fría puede contener más gas disuelto que el agua cálida. Es como abrir una lata de gaseosa que estuvo todo el día en un automóvil al sol. ¿Qué sucede? La gaseosa sale expulsada de la lata bajo presión, debido a que la mayor parte del gas dióxido de carbono se libera de una sola vez. La misma gaseosa tomada de un refrigerador contiene el mismo dióxido de carbono, que permanece en la gaseosa.

La transferencia de oxígeno más importante es a partir del IMLR. Si las concentraciones de OD son más altas al final de la zona aereada, se bombeará más OD de regreso a la zona anóxica mediante el IMLR. Es importante minimizar el OD mediante la gestión de las condiciones de aereación en la toma de la bomba de IMLR. Idealmente, la zona aereada será larga y angosta, con múltiples dispositivos de aereación controlados independientemente a lo largo. La meta es maximizar la concentración de OD en el final del caudal de entrada del depósito, donde la demanda es la mayor, pero reducir la concentración a medida que las aguas residuales fluyen hacia la salida. El OD en final del caudal de entrada puede ser de entre 2 y 3 mg/L, pero el OD en el final del efluente puede ser de entre 0.5 y 1 mg/L (figura 9.17). Algunas WRRF usan una aeración graduada, con más difusores en el final del caudal de entrada y menos en el final del efluente. A medida que una WRRF se aproxima a su capacidad de diseño, se hace cada vez más importante conservar la capacidad eficaz de la zona anóxica, a fin de permitir un desempeño de desnitrificación óptimo. Tenga cuidado de mantener la concentración de OD lo suficientemente alta para prevenir el crecimiento de filamentos con bajo OD.

Consulte el capítulo 8 para obtener orientación sobre cómo establecer concentraciones de OD objetivo en procesos de lodo activado.

POTENCIAL REDOX

Las zonas anóxicas en los procesos de lodo activado típicamente se monitorean con el PR. La *oxidación* es agregar oxígeno, perder hidrógeno o perder electrones. La *reducción* es quitar oxígeno, agregar hidrógeno o ganar electrones. La oxidación y la reducción siempre se producen juntas. Una sustancia química se oxida y otra se reduce. Si las dos reacciones químicas están físicamente separadas, pero unidas con un alambre, los electrones perdidos de una sustancia química se trasladarán por el alambre a la otra sustancia química. La diferencia en la carga eléctrica entre los dos puntos se denomina potencial eléctrico, denominado también *voltaje*. De allí proviene el término *PR*. El potencial REDOX se mide en milivoltios (mV). En un voltio (V) hay 1000 mV. Fundamentalmente, el PR mide la diferencia de potencial (carga) entre todas las sustancias químicas distintas en las aguas residuales. Las aguas residuales con mayores concentraciones de sustancias oxidadas, como el nitrato, el nitrito y el OD, tienden a tener PR positivos. Las aguas residuales con mayores concentraciones de sustancias reducidas, como ácido sulfhídrico, o con una falta de sustancias oxidantes, suelen tener PR negativos.

Piense en la bomba de IMLR como el reciclado de MLSS, nitrato, OD y PR. A medida que aumenta la tasa de bombeo de IMLR, el OD y el PR también aumentarán en la zona anóxica.

El potencial REDOX cambia cuando hay OD presente, y también cuando no lo hay. Es útil para monitorear las condiciones en procesos anaerobios, anóxicos y aerobios. En general, los valores de PR inferiores a −200 mV indican condiciones anaerobias, los valores entre −50 y +50 mV indican condiciones anóxicas y los valores mayores que +50 mV indican condiciones aerobias. Típicamente, el PR de un reactor anóxido debe estar por debajo de +50 mV para desencadenar la nitrificación. Estos rangos se basan en una sonda de PR con un electrodo de referencia de plata/cloruro de plata y una solución de relleno saturada de cloruro de potasio (KCl). La lectura real del PR depende del electrodo de referencia específico que se use y puede ser afectada por la calidad del agua. Las instalaciones que usan PR para el control del proceso deben determinar qué rangos de PR indican condiciones operativas adecuadas para sus procesos. Las mediciones de potencial REDOX típicamente se toman *in situ* mediante sondas de PR montadas directamente en los depósitos de lodo activado.

Cuando se toman mediciones directamente del proceso de tratamiento en lugar de transportarlas a un laboratorio, se trata de mediciones "en el lugar" o *in situ*.

Las sondas de potencial REDOX tienen una apariencia muy similar a las de las sondas de pH. Las sondas de PR combinadas contienen dos dispositivos de medición: un electrodo principal y un electrodo de referencia. El electrodo principal se sumerge en la muestra (en este caso, aguas residuales). El electrodo de referencia se sumerge dentro de la sonda en una solución estándar (solución de relleno). Los componentes electrónicos del medidor comparan la medición del electrodo principal con la del electrodo de referencia para producir una lectura de PR en milivoltios. Distintas sondas de PR producen distintas lecturas de PR para la misma solución, en función del electrodo de referencia específico y de la solución de relleno utilizada. Los electrodos de referencia típicos incluyen los de hidrógeno estándar, electrodo de calomel saturado o electrodo de plata/cloruro de plata. Una solución que indica 0 mV con un electrodo de hidrógeno tendría lecturas de los valores aproximados indicados en la tabla 9.8 para otros tipos de sonda. En su mayoría, las sondas de PR utilizan un alambre de plata en una solución *saturada* de KCl como electrodo de referencia y un alambre de platino como el electrodo principal (Spencer, 2012). El punto clave que debe recordarse de esta descripción es que las lecturas de PR pueden ser muy diferentes entre los distintos tipos de sonda. No se preocupe si el resultado de la sonda de PR del

Saturado significa que la solución es la concentración más alta posible para una temperatura y una presión en específico. El té caliente puede disolver más azúcar que el té frío. El punto en el que no puede disolverse más azúcar en el té es el punto de saturación de azúcar.

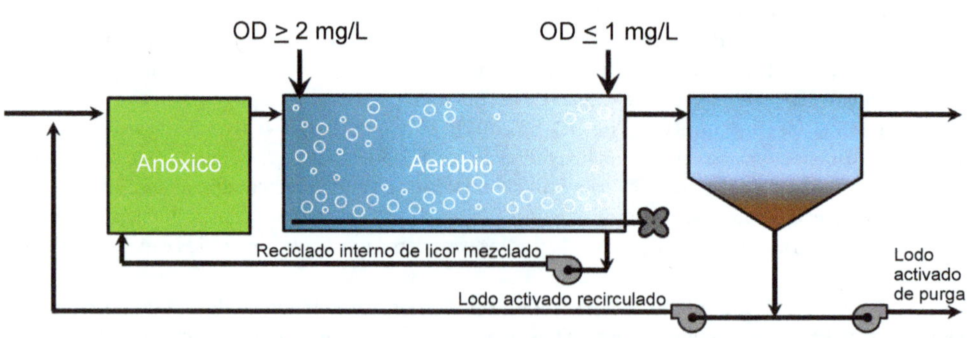

Figura 9.17 Aereación graduada para minimizar el reciclado de OD (reimpreso con autorización de Indigo Water Group)

Tabla 9.8 Electrodos de referencia del potencial REDOX

Electrodo de referencia	PR (mV)
Electrodo de hidrógeno estándar	0
Electrodo de calomel saturado	−241
Plata/cloruro de plata, 1 en moles de KCl*	−236
Plata/cloruro de plata, 4 en moles de KCl*	−200
Plata/cloruro de plata, saturación de KCl*	−197

*Una solución de 1 en moles contiene 1 mol/L.

laboratorio no coincide exactamente con el resultado de la sonda de PR del proceso de tratamiento. Si la sonda en proceso es un electrodo de plata/cloruro de plata con una solución de relleno de KCl al 4 molar y la sonda de laboratorio es un electrodo de calomel saturado, las lecturas producidas al colocar cada sonda en la misma agua serán diferentes (en teoría)en −41 mV. En la práctica, la diferencia puede ser mucho mayor.

Se producen distintos tipos de actividad microbiana en sus propios rangos de PR. En la tabla 9.9 se detallan rangos de PR típicos con un electrodo de referencia de plata/potasio saturado, que es la sonda de PR utilizada con mayor frecuencia. Una sonda de PR puede resultar útil para determinar el tipo de actividad biológica que probablemente se esté produciendo en cualquier punto del proceso de tratamiento.

Las aguas residuales fluyen continuamente a través de la mayor parte de los procesos de lodo activado. Las sondas de potencial REDOX típicamente están montadas en las zonas anaerobia y anóxica. Muchas WRRF también tienen sondas de PR al principio y al final de la zona aereada. Estas sondas deben reflejar los valores de PR indicados en la tabla 9.9, aunque las lecturas aumentan y disminuyen durante el día. Los reactores secuenciales por lote cambian las condiciones operativas con el tiempo, en lugar del espacio. Una única sonda de PR montada en un SBR puede estar expuesta a condiciones anaerobias, anóxicas y aereadas cuando el SBR trabaja en un ciclo completo de tratamiento. En la figura 9.18 se representa la manera en que se espera que cambien el PR, el pH y las concentraciones de OD durante un ciclo típico de SBR (Basu et al., 2006). Cuando el SBR es aerobio y se suministra aire al MLSS, la lectura de PR está en aumento. El aumento indica que se está agregando oxígeno al proceso. La DBO_5 y el amoníaco se están oxidando en biomasa, dióxido de carbono (CO_2), agua, nitrito (NO_2^-) y nitrato (NO_3^-). El pH de las aguas residuales se reduce levemente, lo que resulta de la nitrificación. A continuación, se desactiva el aire y la concentración de OD se reduce rápidamente. La lectura de PR se reduce con la concentración de OD. Menos oxígeno en el agua significa que hay menos potencial de oxidación. Cuando la concentración de OD está por debajo de aproximadamente 0.3 mg/L, la lectura de PR disminuye rápidamente. La disminución indica que el nitrato se está reduciendo a gas nitrógeno. En la figura 9.19 se muestran datos de monitoreo en depósito de un SBR que opera con dos F/M distintas (Han et al., 2011). Observe que el PR disminuye rápidamente a mitad del ciclo anóxico en el gráfico inferior (B). Esto es la "rodilla de nitrato". La rodilla indica el final de la desnitrificación porque se agotaron la DBO_5 o el nitrito y el nitrato de las bacterias. El gráfico superior (A) no tiene una rodilla de nitrato pronunciada. Debido a la alta F/M, no se agotó la DBO_5 de las bacterias.

Tabla 9.9 Rangos de potencial REDOX para diversas reacciones bioquímicas*

Actividad microbiana	PR aproximado (mV)
Oxidación del carbono (conversión de la DBO_5 en biomasa, dióxido de carbono y agua con oxígeno)	+50 a +200
Acumulación de polifosfato	+50 a +250
Nitrificación	+150 a +350
Desnitrificación	−50 a +50
Liberación de polifosfato	−40 a −175
Formación de ácidos grasos volátiles (AGV)	−40 a −200
Formación de sulfuro	−50 a −250
Formación de metano	−200 a −400

*Los valores son para un electrodo de plata/cloruro de plata con solución de relleno de cloruro de potasio en saturación.

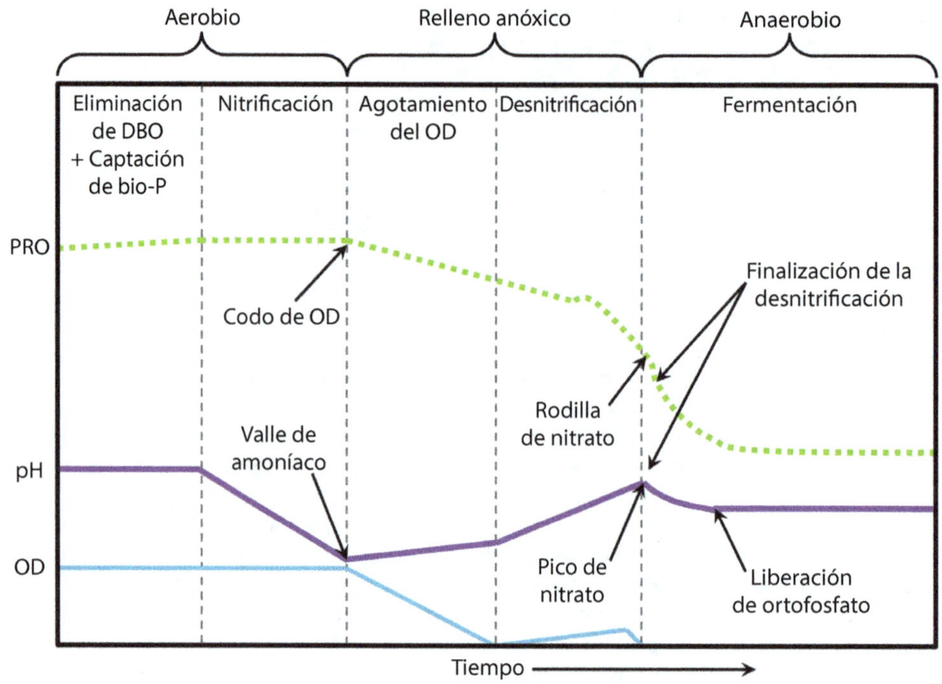

Figura 9.18 Perfiles teóricos de PR, pH y OD en un SBR (adaptado de Basu et al., 2006)

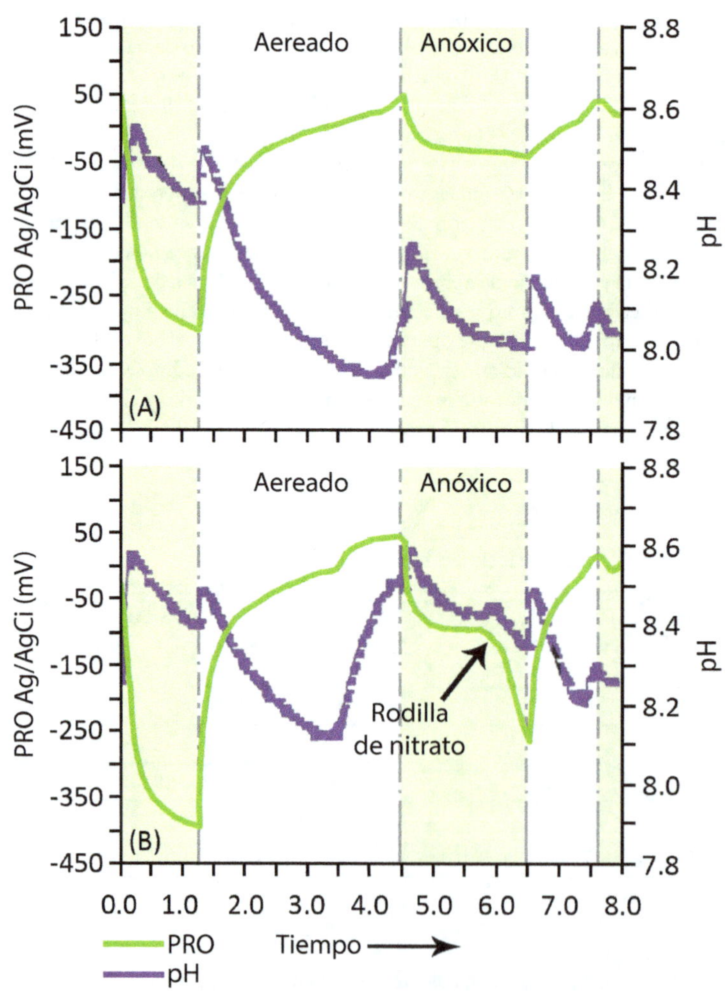

Figura 9.19 Datos operativos de un reactor secuencial por lotes (adaptado de Han et al., 2011)

Las mediciones de *potencial REDOX* son afectadas por la temperatura. Debido a que el efecto no es fácil de corregir, las sondas de PR en general no incorporan sensores de temperatura y no ajustan el resultado de PR. En cambio, el operador debe llevar a cabo ajustes en la interpretación de la lectura de PR. Los cambios en la concentración de iones de hidrógeno (H^+) también cambian las lecturas de PR. Afortunadamente, en la mayoría de los proceso de tratamiento que funcionan bien,el pH no cambia mucho de un día a otro.

El *potencial REDOX* se usa mucho en la desinfección con cloro para monitorear la concentración de cloro en el agua.

El control del proceso para la desnitrificación incluye mantener la zona anóxica y asegurar que haya suficiente DBO_5 disponible para respaldar la reacción.

COMPROBACIÓN DE CONOCIMIENTOS

1. **Un proceso de lodo activado tiene una zona anaerobia, una zona anóxica y una zona aereada. Se bombean sólidos en suspensión en el licor mezclado del final de la zona aereada al principio de la zona anóxica. El caudal de reciclado es igual al 200 % del caudal de entrada. El LAR está establecido en un 75 % del caudal de entrada. La mayor fuente de OD en la zona anóxica es**
   a. el caudal de entrada
   b. el efluente primario
   c. el IMLR
   d. el LAR

2. **Un depósito de lodo activado tiene una concentración de OD de 2 mg/L. El PR es de**
   a. Entre −250 mV y −400 mV
   b. Entre −250 mV y −175 mV
   c. Entre −50 mV y +50 mV
   d. Entre +50 mV y +200 mV

3. **¿Cuál de los siguientes enunciados acerca del PR es verdadero?**
   a. El PR aumenta al final de la desnitrificación.
   b. El PR se ve afectado por la calidad del agua y la temperatura.
   c. La solución de relleno de una sonda de PR no es importante.
   d. Las sondas de PR en depósito deben coincidir con los resultados de PR en laboratorio.

4. **El efluente primario que llega a un proceso de lodo activado tiene una concentración de DBO_5 de 140 mg/L y una concentración de nitrógeno amoniacal de 55 mg/L. Si el límite del permiso de descarga para nitrógeno nitrato es de 5 mg/L, ¿qué debe ser verdadero?**
   a. Es posible que se necesite una fuente suplementaria de carbono.
   b. El PR disminuirá en la zona aereada.
   c. El IMLR debe estar establecido en un 400% del caudal de entrada.
   d. La edad del lodo debe ser no menor que 5 días.

5. **Esto marca el final de la nitrificación cuando se usa el PR para monitorear un SBR.**
   a. Codo de OD
   b. Valle de amoníaco
   c. Rodilla de nitrato
   d. Fermentación

EJERCICIO DE LA SECCIÓN

Este ejercicio presenta diversas situaciones de resolución de problemas. Use lo que sabe acerca de la desnitrificación, determine la causa del problema y sugiera una solución. Escriba su propuesta antes de mirar la respuesta.

Situación 1: Un proceso de lodo activado consiste en una zona anóxica seguida de una zona aerobia. Una línea de IMLR conecta el final de la zona aerobia con el principio de la zona anóxica. El NKT del caudal de entrada es de 50 mg/L como N. Cuando el reciclado interno se establece en 200 % del caudal de entrada, la instalación puede reducir el nitrógeno nitrato a 14 mg/L NO_3-N. Al aumentar la relación de reciclado a 300 o 400 % no se reduce la concentración de nitrato del efluente. ¿Cuál es la causa más probable? ¿Cómo puede confirmar su sospecha? ¿Qué puede hacer el operador de la instalación para cumplir un límite de nitrógeno nitrato en el efluente de 8 mg/L NO_3-N?

Situación 2: Una instalación de lodo activado con SBR usa PR para el control del proceso. El tiempo de aereado es de aproximadamente dos tercios el tiempo total del ciclo y el tiempo anóxico es de aproximadamente un tercio. El nitrógeno nitrato (NO_3-N) del efluente del SBR está actualmente en 13 mg/L como N. A fin de cumplir los requisitos del permiso de descarga, debe estar por debajo de 8 mg/L como N. La relación entre DBO_5 y NO_3-N del caudal de entrada es de 5 a 1. Las lecturas de potencial REDOX durante la fase aereada son de entre +100 y +250 mV y caen a +40 mV durante la fase anóxica. ¿Qué puede hacer el operador para mejorar la eliminación de nitrógeno nitrato?

SOLUCIONES AL EJERCICIO DE LA SECCIÓN

Situación 1: Aparentemente, a las bacterias desnitrificantes se les agotó la DBO_5 antes de que se les agotara el nitrógeno nitrato (NO_3-N). Esto puede confirmarse al obtener muestras del caudal de entrada de la WRRF para determinar la DBO_5 y el NKT. Si la relación de DBO_5 a NKT es menor que 3, a las bacterias desnitrificantes probablemente se les esté agotando la DBO_5. También es posible monitorear al final de la zona anóxica. Si la relación entre DBO_5 y NO_3-N es menor que 4 a 1, el proceso probablemente esté limitado en DBO_5. Para cumplir un límite de nitrógeno nitrato de 8 mg/L NO_3-N, el operador deberá agregar una fuente de carbono suplementaria, como metanol, a la zona anóxica.

Situación 2: El operador debe aumentar la cantidad de tiempo anóxico. El SBR no logra condiciones anóxicas, según lo evidencian las lecturas de PR. La desnitrificación se produce entre −50 y +50 mV. Al aumentar la duración del ciclo anóxico, las bacterias tendrán la oportunidad de usar el oxígeno residual y forzar el cambio al nitrato.

Eliminación química del fósforo

La eliminación del fósforo mediante la precipitación química se utiliza de manera común en los servicios públicos hace décadas. La eliminación química del fósforo se lleva a cabo convencionalmente mediante el agregado de *sales de metales* comunes, principalmente sulfato de aluminio [$Al_2(SO_4)_3$] y cloruro férrico ($FeCl_3$). El ion de aluminio (Al^{+3}) o los iones metálicos de hierro (Fe^{+3}) se combinan con el ortofosfato (PO_4^{-3}). Los nuevos compuestos formados no son muy solubles en agua y, en cambio, "salen de la solución" para formar partículas sólidas que pueden eliminarse mediante la sedimentación por gravedad o el filtrado. Solo aproximadamente el 50 % del fósforo que ingresa a la WRRF es ortofosfato (PO_4^{-3}). Afortunadamente, la mayoría del fosfato condensado y del fosfato orgánico se convertirá en ortofosfato durante el tratamiento biológico. Según dónde se lleve a cabo el agregado de químicos (obras de cabecera, clarificador primario o clarificador secundario), el porcentaje del fósforo total que puede eliminarse cambia.

En términos químicos, una *sal* es un compuesto químico formado cuando un ion de carga positiva se combina con un ion de carga negativa. El cloruro de sodio (sal de mesa) está formado por el ion de sodio (Na^+) y el ion de cloruro (Cl^-). El cloruro férrico y el sulfato de aluminio también son sales.

La precipitación química de fósforo con frecuencia es el método elegido para la eliminación de fósforo en instalaciones pequeñas y medianas. Gran parte de su popularidad se debe a la simplicidad como proceso y operativa, lo que resulta en un desempeño confiable y predecible. Este es el caso particularmente cuando una WRRF existente debe cumplir nuevos límites de fósforo y no puede modificarse fácilmente para la eliminación biológica mejorada del fósforo. Debido a que la EBPR a veces puede tener períodos de desempeño inferior o alteraciones, la eliminación química del fósforo con frecuencia se suministra como método de respaldo o como paso de afinamiento para cumplir límites de efluente extremadamente bajos.

¿Alguna vez se preguntó por qué el cloruro férrico no se denomina cloruro de hierro? La palabra latina para "hierro" es *ferrum*. El símbolo químico del hierro es Fe. El símbolo químico del plomo, Pb, también proviene del latín. La palabra latina para "plomo" es *plumbum*.

Observe una reacción de precipitación. El amoníaco para el hogar, una solución de limpieza, contiene hidróxido de amonio (NH_3OH). La sal de Epsom, utilizada para tratar dolores y quemaduras, es sulfato de magnesio ($MgSO_4$). Ambos químicos son solubles en agua. Cuando se mezclan, se combinan según la siguiente reacción química para producir hidróxido de magnesio [$Mg(OH)_2$]:

$$2NH_3OH + MgSO_4 \rightarrow Mg(OH)_{2(s)} + 2NH_4^+ + SO_4^{-2} \tag{9.9}$$

El hidróxido de magnesio no es muy soluble en agua; por lo tanto, sale de la solución como un precipitado blanco. Para intentar este experimento en su casa, en primer lugar disuelva un poco de sal de Epsom en aproximadamente 23 mL (1.5 cucharadas) de agua. Para obtener los mejores resultados, disuelva toda la sal de Epsom posible. Si permanece sal de Epsom sólida en la parte inferior de recipiente, vierta solo el sobrenadante en un nuevo recipiente. Utilice un recipiente transparente para el experimento, a fin de facilitar el precipitado cuando se forma. A continuación, agregue aproximadamente 46 mL de amoníaco (3 cucharadas) a la solución de sal de Epsom. Tenga cuidado de no respirar los vapores de amoníaco y asegúrese de ponerse guantes y de lavarse las manos después del uso. El amoníaco concentrado puede provocar quemaduras químicas en los ojos y en la piel. Mire con cuidado. La solución debe ponerse levemente opaca. El precipitado eventualmente se sedimentará en la parte inferior del recipiente.

ESTEQUIOMETRÍA DE LA ELIMINACIÓN QUÍMICA DEL FÓSFORO

Es importante comprender las reacciones químicas básicas que impulsan la eliminación química del fósforo. En general, pueden usarse cationes de los metales siguientes para la precipitación del fósforo (ortofosfatos) de las aguas residuales:

- Aluminio,
- Hierro,
- Calcio, y
- Magnesio.

Los químicos que contienen calcio y magnesio se usan mucho menos que los compuestos de aluminio y hierro. Algunas instalaciones utilizan óxido de calcio (CaO), denominado también cal, para precipitar el fósforo. Sin embargo, la precipitación con cal genera más lodo para la disposición que los compuestos de hierro o aluminio. La cal es difícil de manipular operativamente y puede resultar peligrosa para los operadores. La precipitación con cal funciona mejor cuando el pH es mayor que 9, de modo que el pH de las aguas residuales tratadas deben ajustarse con el agregado de ácido antes de la descarga. Por todos estos motivos, cada vez se usa menos la cal para la eliminación del fósforo. Por lo tanto, no se continuará con la descripción de la precipitación con cal. Las siguientes secciones se ocuparán de los distintos químicos disponibles, del proceso de precipitación y de cálculos de ejemplo.

SALES DE ALUMINIO

Hay varios compuestos de aluminio que se utilizan en el sector de las aguas residuales para la eliminación del fósforo, incluidos el sulfato de aluminio, el cloruro de polialuminio (PACl) y el aluminato de sodio. El químico más utilizado es el sulfato de aluminio, comúnmente conocido como *alumbre*, aunque el aluminato de sodio está tomando más popularidad debido a la fácil manipulación y a que no tiene un efecto tan grande sobre el pH como el alumbre o el férrico. La concentración y la composición de los productos de aluminato de sodio y PACl varían de manera importante entre los proveedores. Antes de decidir qué químico y qué proveedor utilizarán, los operadores deben llevar a cabo ensayos de jarra y comparar los costos. Los ensayos de jarra son varias pruebas que se llevan a cabo lado a lado, típicamente en un laboratorio (figura 9.20). Se llenan varios vasos de precipitado grandes con aguas residuales del proceso de tratamiento. Los vasos de precipitado se dosifican con distintas concentraciones de un químico y se mezclan para determinar qué concentración funciona mejor. Es posible medir los sólidos producidos en un ensayo de jarra para estimar la producción de lodo. Los ensayos de jarra no coincidirán exactamente con las condiciones en campo, pero ofrecen un estimado razonablemente bueno.

Independientemente del químico utilizado, el componente activo es el ion de aluminio (Al^{+3}), que se combina con los iones de ortofosfato (PO_4^{-3}) para formar fosfato de aluminio ($AlPO_4$). Los dos iones tienen cargas iguales, pero opuestas. En la ecuación 9.10, un mol de Al^{+3} se combina con un mol de PO_4^{-3} para formar un mol de $AlPO_4$.

$$Al^{+3} + PO_4^{-3} \rightarrow AlPO_{4(s)} \qquad (9.10)$$

Figura 9.20 Dispositivo de ensayo de jarra (reimpreso con autorización de Indigo Water Group)

Las relaciones de moles de la ecuación 9.10 pueden convertirse en concentraciones de dosificación química en miligramos por litro. Debido a que el peso atómico del aluminio es de 27 g/mol y el peso atómico del fósforo es de 31 g/mol, la relación de peso entre el aluminio y el fósforo en la ecuación 9.10 es de 0.87 a 1, tal como se indica en el cálculo siguiente. Esta es la dosis estequiométrica.

$$\frac{1 \text{ mol Al}^{+3}}{1 \text{ mol P}}\left|\frac{27 \text{ g Al}^{+3}}{1 \text{ mol Al}^{+3}}\right|\left|\frac{1 \text{ mol P}}{31 \text{ g P}}\right| = 0.87 \text{ g Al}^{+3}/\text{g P}$$

En la realidad, la precipitación de fósforo con aluminio y sales de hierro es un proceso más complejo. Cuando estos químicos se agregan a las aguas residuales, se combinan con moléculas de agua para formar otros precipitados, como hidróxidos de aluminio y hierro. Se muestran algunos ejemplos de estos tipos de reacciones químicas con iones de aluminio (Al^{+3}) o iones de hierro (Fe^{+2} o Fe^{+3}) que reaccionan con iones de hidróxido (OH^-) del agua en las ecuaciones 9.11 a 9.13. Además, hay muchas otras reacciones mucho más complejas con moléculas de agua y otros iones. Observe que los tres productos finales de las ecuaciones 9.11 a 9.13 son sólidos. Se precipitan con el fósforo para formar flóculos químicos. Los flóculos ayudan a capturar las partículas más pequeñas cuando se sedimentan y eliminan fósforo en el proceso.

$$Al^{+3} + 3OH^- \rightarrow Al(OH)_{3(s)} + 3H^+ \tag{9.11}$$

$$Fe^{+2} + 2OH^- \rightarrow Fe(OH)_{2(s)} + 2H^+ \tag{9.12}$$

$$Fe^{+3} + 3OH^- \rightarrow Fe(OH)_{3(s)} + 3H^+ \tag{9.13}$$

Los átomos de hierro pueden tener una carga de +2 o +3: bivalente o trivalente. El hierro con una carga de +2 es hierro ferroso. El hierro con una carga de +3 es hierro férrico.

La *alcalinidad* es la capacidad de buffer o la capacidad de neutralizar ácido sin un cambio importante en el pH. Una reducción de la alcalinidad no corresponde siempre a una reducción del pH.

Otro aspecto a observar sobre las ecuaciones 9.11 a 9.13 es que las sales de aluminio y de hierro consumen iones de hidróxido (OH^-) y producen iones de hidrógeno (H^+). El hidróxido es un componente de la *alcalinidad*. Los iones de hidrógeno son ácidos. Esta acidez consume una alcalinidad valiosa, lo que reduce la capacidad de buffer de la solución. Cuando se utiliza aluminio, la alcalinidad consumida es de 5.8 mg como $CaCO_3$ por mg de Al^{+3} aplicado, y cuando se aplica hierro, es de 2.7 mg como $CaCO_3$ por mg de Fe^{+3} aplicado.

Las aguas residuales domésticas típicamente tienen una concentración de fósforo en el caudal de entrada de entre 6 y 8 mg/L como P. La dosis de sal metálica se expresa como los moles del metal agregado (Me_{dosis}) por mol de fósforo soluble (P_{ini}) y se escribe como Me_{dosis}/P_{ini}, donde "ini" en subíndice se refiere a la concentración inicial. En general, se necesitan dosis de aluminio o de hierro de 1.5 a 2.0 Me_{dosis}/P_{ini} para reducir la concentración de fósforo soluble a 1 mg/L como P. Las dosis en este rango deben eliminar entre el 80 y el 98 % de fósforo soluble. El logro de concentraciones de fósforo total muy bajas en el efluente requiere dosis mucho más altas. Para satisfacer un límite de descarga en el efluente de 0.10 mg/L como P, la relación puede ser tan alta como 6 o 7 Me_{dosis}/P_{ini}. El policloruro de aluminio y el aluminato de sodio con frecuencia requieren dosis químicas incluso mayores.

¿Por qué aumenta la necesidad de dosis al intentar concentraciones de fósforo cada vez más bajas? Imagine una bolsa con canicas. En su mayoría, las canicas de la bolsa son transparentes como las moléculas de agua. En un pequeño porcentaje, las canicas son verdes como el fosfato. Las canicas están mezcladas en la bolsa. Si se extrae una sola canica de la bolsa al azar, es más probable que sea una canica transparente (agua) que una canica verde (fosfato). A medida que se extraen las canicas verdes de la bolsa, es cada vez menos probable que la siguiente canica extraída de manera aleatoria sea verde. Al principio, es posible que una en tres canicas sea verde. Después de extraer la mayoría de las canicas verdes, es posible que se requieran 10, 15 o 20 extracciones de la bolsa para lograr extraer una sola canica verde más. Lo mismo sucede cuando se agregan aluminio o hierro a las aguas residuales. El aluminio y el hierro reaccionan preferentemente con el fosfato, lo que reduce gradualmente la concentración de fosfato. El aluminio y el hierro también reaccionarán con el agua. A medida que se reduce la concentración de fosfato, cada vez más sal metálica termina reaccionando con moléculas de agua. La dosis de metal (Me_{dosis}/P_{ini}) aumenta exponencialmente para las concentraciones de fósforo soluble cada vez menores.

Sulfato de aluminio (alumbre)

El alumbre está disponible como un químico seco en polvo denominado comúnmente *alumbre de filtro*. El alumbre seco tiene una fórmula química promedio de $Al_2(SO_4)_3 \cdot 14H_2O$. Las moléculas de agua conectadas en la fórmula química del sulfato de aluminio indican que hay determinada cantidad de agua en la estructura del cristal de alumbre seco en condiciones normales. Los cristales químicos que contienen agua de esta manera se denominan hidratados. Sin embargo, el alumbre para el tratamiento de aguas residuales se entrega comúnmente en una solución al 49 %. Esto indica que 49 partes de alumbre seco se combinan con 51 partes de agua por peso. Por convención, la dosis de alumbre aplicada en el proceso de tratamiento se expresa en unidades equivalentes de alumbre seco (incluida el agua de la cristalización) por volumen de agua (aguas residuales). Las propiedades del alumbre y de otros químicos con base en aluminio se resumen en la tabla 9.10.

La reacción del aluminio con fosfato puede describirse mediante la ecuación siguiente (EPA de los EE. UU., 2010):

$$Al_2(SO_4)_3 \cdot 14H_2O + 2H_3PO_4 \rightarrow 2AlPO_4 + 3H_2SO_4 + 18H_2O \quad (9.14)$$

Un mol de sulfato de aluminio contiene 2 moles de aluminio. Del otro lado de la ecuación, se crean 2 moles de fosfato de aluminio ($AlPO_4$) cada 1 mol de sulfato de aluminio agregado. Si se conoce la concentración de fosfato, es posible calcular la dosis de alumbre necesaria para precipitarlo.

Ejemplo: Determine la dosis estequiométrica del sulfato de aluminio (alumbre) necesario para reaccionar con 7 mg/L de fósforo. Use la estequiometría de la ecuación 9.14.

Paso 1: Calcule el peso de fórmula para el sulfato de aluminio. Use la tabla periódica (figura 9.3) para encontrar el peso atómico de cada elemento.

Elemento	Peso atómico g/mol		Número de átomos		Peso total
Aluminio	27	×	2	=	54
Azufre	32	×	3	=	96
Oxígeno (alumbre)	16	×	12	=	192
Hidrógeno (agua)	1	×	28	=	28
Oxígeno (agua)	16	×	14	=	224
					594 g/mol

Paso 2: Convierta moles a miligramos por litro con el análisis dimensional.

$$\frac{1 \text{ mol } Al_2SO_4 \cdot H_2O}{2 \text{ moles P}} \left| \frac{594 \text{ g } Al_2SO_4 \cdot H_2O}{1 \text{ mol } Al_2SO_4 \cdot H_2O} \right| \left| \frac{1 \text{ mol P}}{31 \text{ g P}} \right| = 9.6 \text{ g } Al_2SO_4 \cdot H_2O \text{ por g P}$$

Tabla 9.10 Propiedades de los químicos con base en aluminio utilizados para la precipitación del fósforo (WEF, 2013)

Nombre	Sulfato de aluminio, seco	Sulfato de aluminio, solución al 49 %*	Aluminato de sodio, anhídrico	Policloruro de aluminio
Forma	Seco	Líquido	Polvo	Líquido
Nombre común	Alumbre de filtro	Alumbre	Ninguno	PACl
Fórmula química	$Al_2(SO_4)_3 \cdot 14H_2O$	$Al_2(SO_4)_3 \cdot 14H_2O$	$NaAlO_2$	Varía – $Al_{12}Cl_{12}(OH)_{24}$
Peso de la fórmula, g/mol	594	594	82	Varía según el fabricante
Concentración comercial, por peso	17 % de Al_2O_3	8.3 % de Al_2O_3	41 – 46 % de Al_2O_3	4.9 – 26.7 % de Al_2O_3
Contenido de metal de aluminio, % por peso	9.1	4.4	33	Varía según el fabricante
Alcalinidad	Consume	Consume	Genera	Depende de la fórmula.
Cambio del pH	Potencial disminución	Potencial disminución	Potencial aumento	Típicamente sin cambios. Depende de la fórmula.
Relación de peso del químico seco para la precipitación estequiométrica de P	9.6	9.6	2.64	Varía

*La solución de alumbre al 49 % tiene un contenido de alumbre seco [$Al_2(SO_4)_3 \cdot 14H_2O$] de 0.647 kg/L (5.4 lb/gal) y un contenido de metal de aluminio de 0.059 kg/L (0.492 lb/gal).

Debido a que se trata de una relación de peso, puede tratarse de prácticamente cualquier unidad, siempre y cuando continúen siendo pesos o concentraciones. Por ejemplo, 9.6 g $Al_2(SO_4)_3 \cdot H_2O$ por g de P también pueden ser mg/mg, lb/lb o mg/L por mg/L. La relación de peso permanece igual.

Paso 3: Multiplique por la concentración en el caudal de entrada para determinar la dosificación total necesaria. Recuerde que la dosis real puede ser un poco superior debido a las reacciones secundarias.

En el capítulo 10 se incluyen cálculos de ejemplo para convertir una dosis deseada en miligramos por litro a una tasa de alimentación de químicos en kilogramos por día (libras por día) o mililitros por minuto.

$$\frac{7\ \frac{mg}{L}\ P}{} \left| \frac{9.6\ \frac{mg}{L}\ Al_2SO_4 \cdot H_2O}{1\ \frac{mg}{L}\ P} \right| = 67.2\frac{mg}{L}\ Al_2SO_4 \cdot H_2O$$

Esta es la concentración mínima de alumbre que se necesitará en las aguas residuales. En la práctica, la dosis real deberá ser de 1.5 a 2 más alta para tener en cuenta el alumbre consumido en reacciones secundarias cuando hay al menos 1 mg/L P remanente en las aguas residuales (ecuación 9.11). Recuerde que la necesidad de dosis aumenta drásticamente al intentar lograr concentraciones de fósforo cada vez más bajas. Los pasos anteriores pueden utilizarse con cualquier compuesto que contenga aluminio o hierro, siempre y cuando se conozca la estequiometría (ecuación química equilibrada). Las relaciones de peso para los compuestos de aluminio y hierro se detallan en las tablas 9.10 y 9.11.

Policloruro de aluminio

Un *polímero* es un compuesto químico más grande hecho al unir diversos compuestos químicos más pequeños. Los polímeros son como las cuentas de un collar. Cada cuenta es un compuesto químico separado. Las cuentas pueden ser todas del mismo tipo o puede haber varios tipos diferentes de cuentas unidas. En los polímeros, las cuentas se denominan *monómeros*.

Un químico alternativo con base en aluminio disponible para eliminar el fósforo es el PACl. Se trata de un *polímero* con una composición general de $Al_nCl_{(3n-m)}(OH)_m$. En lugar de números, observe que se usan las letras *n* y *m* para indicar que los polímeros varían el longitud, pero que las relaciones entre aluminio (Al^{+3}), cloruro (Cl^-) e hidróxido (OH^-) son fijas. El policloruro de aluminio se usaba originalmente en el tratamiento de agua potable para mejorar la eliminación de sólidos. En los procesos de lodo activado, se ha utilizado el PACl para limitar el crecimiento de las bacterias filamentosas *Microthrix parvicella*. Los productos de policloruro de aluminio varían según el fabricante y pueden incluir aditivos que cambian la manera en que el polímero reacciona químicamente. El uso de policloruro de aluminio en general no reduce el pH de las aguas residuales, aunque el efecto sobre el pH dependerá de la composición exacta.

Aluminato de sodio

Trihidrato significa "tres aguas". Se refiere a las tres moléculas de agua en la fórmula química.

El aluminato de sodio puede ser también una fuente de aluminio. La fórmula química de aluminato de sodio es $Na_2Al_2O_4$ o $NaAlO_2$. Una forma comercial de aluminato de sodio es el *trihidrato* granular, que puede escribirse como $Na_2O \cdot Al_2O_3 \cdot 3H_2O$. El peso de la fórmula del trihidrato granular es de 215 g/mol. La forma en trihidrato contiene aproximadamente un 46 % de Al_2O_3 y es un 25 % de aluminio por peso. También se vende como solución en diversas concentraciones. En contraste con el alumbre, que reduce el pH de las aguas residuales, puede haber un aumento de pH cuando se agrega aluminato de sodio a las aguas residuales. La reacción entre el aluminato de sodio y el fósforo se indica en la ecuación 9.15 debajo. Los iones de hidróxido (OH^-) producidos aumentan la alcalinidad y también pueden aumentar el pH. Los iones de aluminio (Al^{+3}) excesivo igualmente

Tabla 9.11 Propiedades de los químicos con base en hierro utilizados para la precipitación del fósforo (WEF, 2013)

	Cloruro férrico	Cloruro férrico*	Sulfato férrico	Cloruro ferroso	Sulfato ferroso
Forma	Seco	Solución al 37 %	Seco	Seco	Seco
Nombre formal	Cloruro de hierro (III)	Cloruro de hierro (III)	Sulfato de hierro (III)	Cloruro de hierro (II)	Sulfato de hierro (II)
Fórmula química	$FeCl_3$	$FeCl_3$	$Fe_2(SO_4)_3$	$FeCl_2$	$FeSO_4 \cdot 7H_2O$
Peso de la fórmula, g/mol	162.5	162.5	400	126.8	278
Concentración comercial, por peso	100 %	35 a 45 %	100 %	20 a 25 %	55 a 58 %
Contenido de metal de hierro, % por peso	34.5	12.8	28	79	20
Relación de peso del químico seco para la precipitación estequiométrica de P	5.24	5.24	6.45	6.14	7.35 (13.5 con agua conectada)

*La solución de cloruro férrico al 37 % tiene una densidad específica de 1.36 kg/L (11.4 lb/gal), un contenido de $FeCl_3$ seco de 0.504 kg/L (4.2 lb/gal) y un contenido de metal de hierro de 0.173 kg/L (1.44 lb/gal).

reaccionarán con los iones de hidróxido (OH^-) en el agua y consumirán alcalinidad, pero, en este caso, se generará más hidróxido del que es consumido. El aluminato de sodio en forma seca o en soluciones a diversas concentraciones se desarrolló originalmente para aplicaciones de tratamiento de agua potable y se utiliza típicamente cuando se requiere una alcalinidad adicional.

$$Na_2O \cdot Al_2O_3 + 2PO_4^{-3} \rightarrow 2AlPO_{4(s)} + 2NaOH + 6OH^- \qquad (9.15)$$

SALES DE HIERRO

Los compuestos de hierro más comunes utilizados para la precipitación del fósforo de las aguas residuales son el cloruro férrico ($FeCl_3$) y, a veces, el sulfato férrico [$Fe_2(SO_4)_3$]. A veces se agregan compuestos férricos en la red de alcantarillado, durante el tratamiento preliminar (obras de cabecera) o en el clarificador primario para el control de olores. El hierro se combina con el ion de sulfuro (S^{-2}) para formar un precipitado insoluble, como se combina con el ion de fosfato (PO_4^{-3}) según la reacción siguiente:

$$2FeCl_3 + 3H_2S \rightarrow Fe_2S_{3(s)} + 6HCl \qquad (9.16)$$

El ácido sulfhídrico tiene un olor fuerte a huevo podrido. Otros compuestos de sulfuro que provocan olor incluyen el dimetil disulfuro y el metil mercaptano. Ambos huelen a col podrida. También se agregan compuestos de hierro a los digestores anaerobios para reducir las concentraciones de sulfuro de hidrógeno en el *biogás*. El cloruro férrico ($FeCl_3$) es con frecuencia el químico elegido por las WRRF porque puede usarse para varios fines.

El *biogás* es una mezcla de metano y dióxido de carbono. El metano del biogás es idéntico al gas natural. El nombre *biogás* indica que se produce mediante actividad microbiana.

La química de la precipitación del fósforo con compuestos de hierro es similar a la de los compuestos de aluminio. En la tabla 9.11 se incluye información general para algunos de los distintos químicos con base en hierro que se utilizan para precipitar el fósforo. Los compuestos ferrosos *bivalentes* (Fe^{+2}), principalmente en forma de licor de pasivado usado, se usan a veces como alternativa económica cuando están disponibles localmente. El licor de pasivado proviene de un método de limpieza que usa ácidos fuertes para eliminar el óxido, el sarro y las impurezas del hierro y del acero. El ácido utilizado, que se denomina *licor de pasivado*, contiene altas concentraciones de hierro y otros metales. Si se utiliza licor de pasivado para precipitar el fósforo, es importante asegurar que las concentraciones de otros metales, si están presentes, no provocarán problemas con la eliminación de biosólidos ni con el cumplimiento de los permisos de descarga.

Bivalente se refiere a un átomo o a un ion con una carga de -2 o una carga de $+2$. Los átomos o iones trivalentes tienen una carga de -3 o $+3$ y los átomos y iones monovalentes tiene una carga de -1 o $+1$.

Los compuestos ferrosos reaccionan con el ortofosfato, pero no precipitan tan bien como los compuestos férricos. Cuando se utilizan, deben agregarse directamente a un depósito de lodo activado aereado. El oxígeno del depósito convertirá el ion ferroso (Fe^{+2}) en ion férrico (Fe^{+3}). La conversión de Fe^{+2} en Fe^{+3} aumentará la cantidad de oxígeno necesaria en el depósito de lodo activado. Los iones ferrosos nunca deben agregarse al clarificador final para la eliminación de fósforo, porque los iones ferrosos excesivos o sin reaccionar se trasladarán al proceso de desinfección. Para las instalaciones que desinfectan con cloro, los iones ferrosos se combinarán con cloro y lo convertirán en ion de cloruro. El cloro es un desinfectante, pero el cloruro no lo es. Para las instalaciones que desinfectan con luz ultravioleta, el exceso de hierro (férrico o ferroso) absorberá luz ultravioleta, que reduce la cantidad de luz disponible para la desinfección. Al agregar el hierro férrico o ferroso en el clarificador final, también pueden aumentarse los SST del efluente como resultado de la formación de flóculos de hidróxidos metálicos.

El ion férrico (carga $+3$) se combina con el ion de fosfato para formar fosfato férrico, denominado también fosfato de hierro III, de la manera siguiente:

$$Fe^{+3} + PO_4^{-3} \rightarrow FePO_{4(s)} \qquad (9.17)$$

El ion ferroso (carga $+2$) se combina con el ion de fosfato para formar fosfato ferroso, denominado también fosfato de hierro II, de la manera siguiente:

$$3Fe^{+2} + 2PO_4^{-3} \rightarrow Fe_3(PO_4)_{2(s)} \qquad (9.18)$$

Los iones de hierro reaccionan con las moléculas de agua y con otros iones en las aguas residuales de la misma manera que los iones de aluminio reaccionaron para formar flóculos químicos (ecuaciones 9.12 y 9.13). El hierro también reacciona con los sulfuros para formar un precipitado (ecuación 9.16). Nuevamente, la cantidad de hierro necesaria para precipitar el fósforo será mayor que la que predicen las ecuaciones 9.17 y 9.18, porque parte del hierro será utilizado en estas reacciones secundarias. Al igual que con el agregado de compuestos de aluminio, la dosis requerida aumenta exponencialmente cuando se intenta lograr concentraciones de P en el efluente por debajo de 1 mg/L, como se indica en la figura 9.21 debajo.

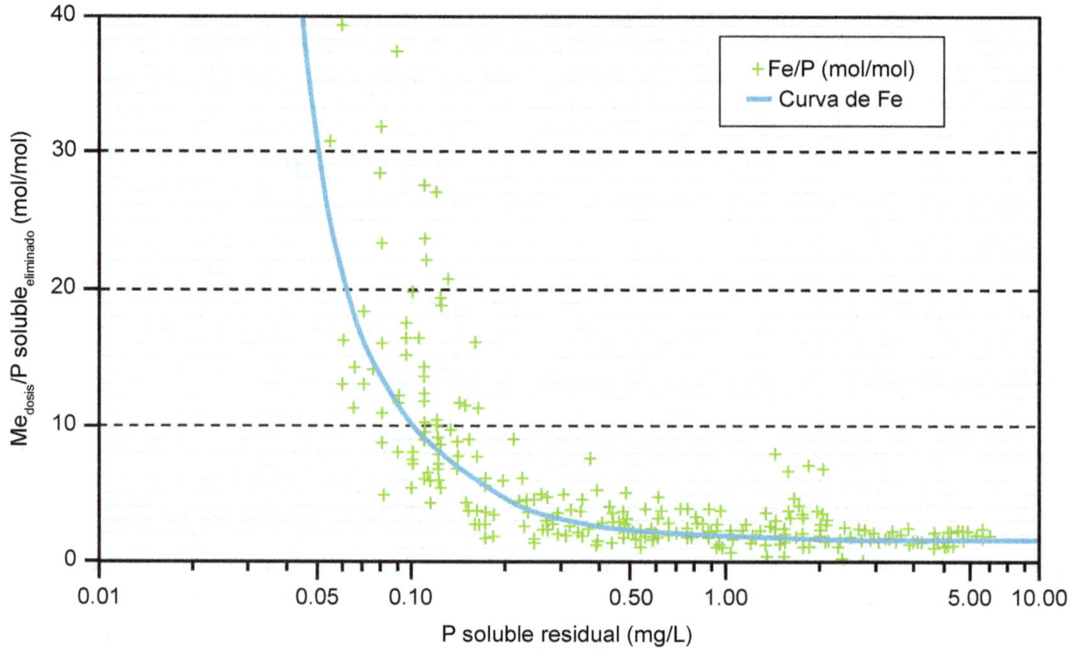

Figura 9.21 Curva de dosis de hierro férrico para la eliminación de P químico (relación entre dosis de hierro [Fe^{+3}] y fósforo eliminado como función de la concentración residual de ortofosfato soluble) (Luedecke et al., 1987, y datos de Blue Plains Advanced Wastewater Treatment Plant, Washington, D.C.)

Las relaciones de moles de las ecuaciones 9.17 y 9.18 pueden convertirse en concentraciones de dosificación química en miligramos por litro. El hierro tiene un peso atómico igual a 56 g/mol y el fósforo tiene un peso atómico de 31 g/mol. Para el hierro trivalente (Fe^{+3}, férrico), esto resulta ser 1.8 g de Fe^{+3} necesarios para precipitar 1 g de P.

$$\left.\frac{1\ \text{mol Fe}^{+3}}{1\ \text{mol P}}\right|\left.\frac{56\ \text{g Fe}^{+3}}{1\ \text{mol Fe}^{+3}}\right\|\left.\frac{1\ \text{mol P}}{31\ \text{g P}}\right| = 1.8\ \text{g Fe}^{+3}/\text{g P}$$

El hierro ferroso (Fe^{+2}) reacciona con el ion de fosfato de manera distinta porque la carga en los iones de hierro ya no coincide con la carga en los iones de fosfato (ecuación 9.18). El hierro ferroso tiene una carga de +2 y el fosfato tiene una carga de −3. Para que el compuesto final esté equilibrado y sea neutro (sin carga), la reacción requiere 3 moles de hierro ferroso y 2 moles de fosfato. Para el hierro bivalente (Fe^{+2}, ferroso), esto resulta ser 2.71 g de Fe^{+2} necesarios para precipitar 1 g de P.

$$\left.\frac{3\ \text{moles Fe}^{+2}}{2\ \text{moles P}}\right|\left.\frac{56\ \text{g Fe}^{+2}}{1\ \text{mol Fe}^{+2}}\right\|\left.\frac{1\ \text{mol P}}{31\ \text{g P}}\right| = 2.71\ \text{g Fe}^{+2}/\text{g P}$$

Cloruro férrico

El cloruro férrico es un líquido aceitoso de color marrón oscuro que contiene entre un 35 y un 45 % de cloruro férrico ($FeCl_3$) por peso. Es extremadamente acídico, con un pH de 2 cuando se lo diluye a una concentración del 1 % (EPA de los EE. UU., 1987). El cloruro férrico ($FeCl_3$) mancha el hormigón y otros materiales de un color anaranjado característico. El cloruro férrico ($FeCl_3$) reacciona con el fosfato según la reacción siguiente (EPA de los EE. UU., 2010).

$$FeCl_3 \cdot 6H_2O + H_2PO_4^- + 2HCO_3^- \rightarrow FePO_4 + 3Cl^- + 2CO_2 + 8H_2O \qquad (9.19)$$

La relación de peso estequiométrica entre el ion férrico (Fe^{+3}) y el ion de fosfato (PO_4^{-3}) se calculó en la sección anterior a 1.8 g de Fe^{+3}/P. La cantidad de cloruro férrico ($FeCl_3$) que debe agregarse es mayor que la relación de peso de Fe^{+3}/P debido al peso adicional de los átomos de cloro. Para determinar la relación de peso entre el cloruro férrico ($FeCl_3$) y el fósforo, en primer lugar debe calcularse el peso de la fórmula para el cloruro férrico

($FeCl_3$). A continuación, use el análisis dimensional para determinar la relación de peso entre el cloruro férrico y el fósforo, como se indica debajo. Esta es la dosis estequiométrica.

$$\frac{1 \text{ mol } FeCl_3}{1 \text{ mol P}}\left|\frac{162.5 \text{ g } FeCl_3}{1 \text{ mol } FeCl_3}\right|\left|\frac{1 \text{ mol P}}{31 \text{ g P}}\right| = 5.24 \text{ g } FeCl_3/\text{g P}$$

Sulfato ferroso

El sulfato ferroso, el ingrediente principal en el licor de pasivado, está disponible comercialmente como un polvo seco con la fórmula química $FeSO_4 \cdot 7H_2O$. Las moléculas de agua conectadas en la fórmula química del sulfato ferroso indican que hay determinada cantidad de agua en la estructura del cristal seco en condiciones normales. Este producto proveniente de desechos industriales puede utilizarse para la precipitación del fósforo, pero no es tan eficiente como el cloruro férrico o el alumbre. El componente principal del licor pasivado es el sulfato ferroso, $FeSO_4$. El sulfato ferroso reacciona con el fosfato según la siguiente reacción (Ghassemi y Recht, 1971):

$$3FeSO_4 + 2H_2PO_4 + HCO_3^- \rightarrow Fe_3(PO_4)_{2(s)} + 3SO_4^{-2} + CO_2 + H_2O \qquad (9.20)$$

La dosis estequiométrica puede calcularse a partir de la ecuación 9.20 y el peso de fórmula para el sulfato ferroso ($FeSO_4$) como se indica debajo:

$$\frac{3 \text{ moles } FeSO_4}{2 \text{ moles P}}\left|\frac{152 \text{ g } FeSO_4}{1 \text{ mol } FeSO_4}\right|\left|\frac{1 \text{ mol P}}{31 \text{ g P}}\right| = 7.35 \text{ g } FeSO_4/\text{g P}$$

El hierro ferroso tiene una carga de +2, mientras que el hierro férrico tiene una carga de +3. Cuando se agrega sulfato ferroso a un proceso aerobio, la mayoría del hierro ferroso (Fe^{+2}) se convierte en hierro férrico (Fe^{+3}) mediante el OD. A continuación, reacciona según se describe en la sección anterior sobre el cloruro férrico ($FeCl_3$). Una parte permanece como hierro ferroso. Los productos de la precipitación terminan siendo una mezcla de fosfato férrico ($FePO_4$), fosfato ferroso [$Fe_3(PO_4)_2$], hidróxido férrico [$Fe(OH)_3$], hidróxido ferroso [$Fe(OH)_2$] y otros hidróxidos de hierro. El precipitado está hecho de partículas pequeñas y finas que no se sedimentan muy bien en comparación con la precipitación producida por agregar cloruro férrico o alumbre. La reacción no es tan eficiente, lo que significa que con frecuencia se requieren dosis de químicos más altas al usar sulfato ferroso que al usar cloruro férrico. El sulfato ferroso, al ser un producto de desechos industriales, puede contener otros metales pesados y contaminantes, que pueden afectar la calidad del efluente final y de los biosólidos. Igualmente, si el licor de pasivado está disponible fácilmente en una industria cercana, puede resultar más económico que la compra de otros químicos.

El hierro ferroso se comporta de manera diferente al agregarse a un proceso anaerobio, como un digestor anaerobio. Sin oxígeno presente, el hierro ferroso (Fe^{+2}) permanece en forma ferrosa. El hierro férrico (Fe^{+3}) que se agrega a un proceso anaerobio se reducirá a hierro ferroso (Fe^{+2}). El hierro ferroso (Fe^{+2}) se combina preferentemente con el sulfuro (S^{-2}) para formar sulfuro ferroso (FeS) y, a continuación, se combina con el fosfato (PO_4^{-3}) para formar fosfato ferroso [$Fe_3(PO_4)_2$]. El fosfato ferroso se conoce comúnmente como *vivianita* y se precipita como un cristal de verde oscuro a azul. Muchas WRRF agregan activamente compuestos de hierro a los digestores anaerobios para unir el sulfuro y el fosfato. La eliminación de sulfuro mejora la calidad del gas del digestor y reduce los problemas de corrosión del sulfuro de hidrógeno (H_2S) en el digestor y en los equipos asociados. El fosfato se elimina para prevenir la formación de otro cristal, magnesio-amonio-fosfato ($MgNH_4PO_4$). El nombre común de este compuesto es *estruvita*. La precipitación de estruvita es problemática para las operaciones cuando se produce en las tuberías y en los equipos de procesamiento de sólidos y, además, puede ser muy difícil de eliminar. La creación intencional de vivianita reduce la concentración de fosfato soluble en el digestor y reduce la formación de estruvita. Se recomienda el cloruro ferroso o férrico para tratar las obras de cabecera, principalmente clarificadores, digestores anaerobios y equipos de procesamiento de sólidos, debido a que agregar sulfato ferroso ($FeSO_4$) puede provocar la formación de más sulfuro de hidrógeno (H_2S), no menos. Si se agregan cloruro ferroso o cloruro férrico a las obras de cabecera o al clarificador primario de la WRRF, reaccionarán con cualquier sulfuro presente antes de reaccionar con el fosfato. La presencia de sulfuros aumentará el consumo de químicos y la generación de lodos.

RESIDUOS DEL TRATAMIENTO DE AGUA POTABLE

El alumbre y el cloruro férrico se utilizan ampliamente en el tratamiento de agua potable para eliminar impurezas. El alumbre o el férrico se dosifican en exceso para crear flóculos químicos, que aglomeran coloides, bacterias y otros contaminantes. Los lodos químicos producidos durante el tratamiento de agua potable se denominan *residuos*. Muchas municipalidades descargan los residuos del agua potable en la red de alcantarillado, donde se combinan con el fósforo y lo eliminan. El lodo de cloruro férrico también elimina sulfuro de hidrógeno.

La descarga de residuos del tratamiento de agua potable en la red de alcantarillado puede reducir o eliminar la necesidad de agregar químicos en la WRRF. Sin embargo, los residuos deben descargarse con frecuencia para mantener un suministro regular en el caudal de entrada de la WRRF. Con frecuencia, las instalaciones de agua potable descargan residuales con intermitencia o descargan cantidades muy variables de residuos entre un día y otro. Las instalaciones de recuperación de recursos hídricos deben coordinar con las instalaciones de agua potable aguas arriba para utilizar este recurso cuando resulte posible.

EL ROL DE LOS POLÍMEROS

Los polímeros orgánicos no eliminan ni precipitan fósforo soluble por su cuenta en ninguna medida significativa. Sin embargo, su uso además de un compuesto con base en aluminio o en hierro puede ayudar en la floculación de los productos de la precipitación. En otras palabras, el polímero es de ayuda para la combinación de las partículas más pequeñas para formar partículas más grandes y densas. El uso del polímero puede ser particularmente eficaz cuando deben cumplirse límites de fósforo de bajo nivel. Una dosis de polímero típica cuando se usa como ayuda coagulante es de 0.1 a 0.25 mg/L (EPA de los EE. UU., 1987). Se recomienda un tiempo mínimo de demora de 10 segundos (TDH) entre el punto en que se agrega el metal (aluminio o hierro) y el punto en que se inyecta el polímero.

Las sales de aluminio y hierro precipitan el fósforo. El sulfato de aluminio (alumbre) y el cloruro férrico son los que se utilizan con mayor frecuencia. Las dosis estequiométricas se basan en las reacciones químicas equilibradas. Las dosis reales necesarias son 1.5 a 2 veces mayores para reducir el fósforo soluble a 1 mg/L como P. Las dosis químicas aumentan exponencialmente cuando se logran concentraciones de fósforo por debajo de 1 mg/L como P. Al agregar aluminio y hierro, se consume alcalinidad y el pH puede reducirse. El uso de polímero puede aumentar la captura de sólidos.

COMPROBACIÓN DE CONOCIMIENTOS

1. **El óxido de calcio (cal) es el químico utilizado con mayor frecuencia para la precipitación del fósforo.**
   - ☐ Verdadero
   - ☐ Falso

2. **Es posible eliminar el ortofosfato y los fosfatos combinados mediante la precipitación química con cloruro férrico o sulfato de aluminio.**
   - ☐ Verdadero
   - ☐ Falso

3. **La fórmula química del alumbre, $Al_2(SO_4)_3 \cdot 14H_2O$, indica que hay moléculas de agua que conforman la estructura del cristal.**
   - ☐ Verdadero
   - ☐ Falso

4. **El símbolo químico del hierro es**
   a. In
   b. Ir
   c. Fe
   d. Pb

5. **¿Cuál de los químicos siguientes se espera que produzca la mayor cantidad de lodo cuando se usa para precipitar el fósforo?**
   a. Cloruro férrico
   b. Óxido de calcio
   c. Sulfato de aluminio
   d. Sulfato ferroso

6. **Una WRRF tiene baja alcalinidad en el caudal de entrada y debe eliminar amoníaco y fósforo. ¿Cuál de los químicos siguientes será la mejor opción para precipitar el fósforo?**
   a. Cloruro férrico
   b. Sulfato ferroso
   c. Aluminato de sodio
   d. Sulfato de aluminio

7. **La dosis estequiométrica de ion de aluminio a fósforo es de 0.87 g Al^{+3}/g P. Si la concentración total de fósforo en el caudal de entrada es de 10 mg/L como P y contiene un 50 % de ortofosfato, calcule la dosis estequiométrica para el P eliminable.**
   a. 4.35 mg/L
   b. 8.7 mg/L
   c. 12.6 mg/L
   d. 17.4 mg/L

8. **Actualmente, la WRRF debe cumplir un límite de fósforo en el efluente de 1.5 mg/L como P. El nuevo permiso de descarga reduce el límite a 0.05 mg/L. La cantidad de químico necesaria para cumplir el nuevo límite**
   a. Aumentará en un 33 %
   b. Aproximadamente se duplicará
   c. Aumentará en un 75 %
   d. Aumentará exponencialmente

9. Cuando el sulfato de aluminio reacciona con agua, se forman

a. Fosfatos insolubles

b. Compuestos de hidróxido

c. Iones bivalentes

d. Sulfuros insolubles

10. ¿Cuántos kilogramos (libras) de cloruro férrico contienen 100 kg (libras) de una solución de cloruro férrico al 35 %?

a. 17.5

b. 35

c. 65

d. 70

11. Este es un motivo por el que una WRRF puede decidir usar cloruro férrico en lugar de alumbre para la precipitación del fósforo.

a. Es más caro

b. Controla los filamentos

c. Hay una acería cercana

d. Control de olores

12. En comparación con el cloruro férrico, el sulfato ferroso

a. Es menos eficiente en la precipitación del fósforo

b. Es mejor en la reducción de ácido sulfhídrico/sulfuro de hidrógeno

c. Es más flexible en relación con los puntos donde se agrega

d. Está disponible a mayores concentraciones

13. Un representante de ventas local le cuenta las bondades de un nuevo químico mejorado con base en hierro, Iron Blast. Dada la información siguiente, determine la dosis estequiométrica para este nuevo químico como miligramo por litro de Iron Blast por miligramo por litro de P.

Fórmula química – $Fe(NO_3)_3$

1.8 g de Fe^{+3}/g P, 2.71 g de Fe^{+2}/g P

Fe = 56 g/mol, N = 14 g/mol, O = 16 g/mol y P = 31 g/mol

a. 3.8 mg/L

b. 7.8 mg/L

c. 6.8 mg/L

d. 14 mg/L

14. La vivianita se forma en los digestores anaerobios cuando se agrega ___________ al digestor.

a. Cloruro férrico

b. Cloruro ferroso

c. Cloruro férrico o ferroso

d. Ni cloruro férrico ni cloruro ferroso

15. Cuando se agregan alumbre o cloruro férrico a las aguas residuales

a. se precipita sulfuro de hidrógeno.

b. aumentan los niveles de pH.

c. se reduce la producción de lodo.

d. se consume alcalinidad.

PRODUCCIÓN DE LODO

Los fosfatos e hidróxidos de aluminio y hierro agregan a la masa total de lodo producido y aumentan la carga de sólidos a digestores y equipos de espesamiento y deshidratación. La química de la precipitación es compleja y está muy influida por la química del agua. La mejor manera de estimar cuánto lodo adicional se producirá son los datos operativos históricos o los ensayos de jarra, si no hay disponibles datos de las instalaciones. Un estimado mediante una regla general adecuada es que se producirán 10 g de lodo químico por gramo de P eliminado al agregar químicos (EPA de los EE. UU., 2010).

ALCALINIDAD

Al agregar aluminio y hierro, se consume alcalinidad (ecuaciones 9.11, 9.12 y 9.13). Un mol de ion de aluminio (Al^{+3}) reacciona con 3 moles de agua (H_2O) y produce 2 moles de iones de hidrógeno (H^+). Con base en la relación de peso, cada 1 mg/L de alumbre [$Al_2(SO_4)_3 \cdot 14H_2O$] agregado reaccionará para producir 0.26 mg/L de hidróxido de aluminio insoluble [$Al(OH)_3$] y consumirá 0.5 mg/L de alcalinidad como $CaCO_3$. Cada 1 mg/L de cloruro férrico ($FeCl_3 \cdot 6H_2O$) produce aproximadamente 0.4 mg/L de hidróxido férrico [$Fe(OH)_3$] y consume 0.56 mg/L de alcalinidad como $CaCO_3$. Aunque esto quizá no suene como una gran reducción de la alcalinidad, las dosis altas de alumbre y férrico pueden tener un impacto importante.

Piense en un servicio público con las características siguientes:

DBO_5 del caudal de entrada = 300 mg/L
Amoníaco del caudal de entrada (NH_3-N) = 25 mg/L como N
Fósforo del caudal de entrada = 8 mg/L como P
Alcalinidad del caudal de entrada = 280 mg/L como $CaCO_3$.

La WRRF debe cumplir un límite de nitrógeno amoniacal en el efluente de 2 mg/L como N, pero típicamente elimina el amoníaco a niveles no detectables. Se utilizará cloruro férrico ($FeCl_3$) para precipitar el fósforo. La WRRF también debe reducir el fósforo por debajo de 1 mg/L como P. ¿Habrá suficiente alcalinidad en su caudal de entrada para respaldar ambos objetivos?

Paso 1: Determine cuánta alcalinidad se necesita para respaldar la nitrificación.

$$\frac{25\frac{mg}{L}NH_3-N}{} \left| \frac{7.14\frac{mg}{L}CaCO_3}{1\frac{mg}{L}NH_3-N} \right| = 178.5\frac{mg}{L}\text{ alcalinidad consumida}$$

Paso 2: Estime la dosis de cloruro férrico necesaria. Las relaciones de peso para el alumbre y el cloruro férrico se determinaron anteriormente y pueden encontrarse en las tablas 9.10 y 9.11. El sistema debe lograr un P por debajo de 1 mg/L; por lo tanto, se utilizará una concentración de 7.5 mg/L para estimar la dosis estequiométrica.

$$\frac{7.5\frac{mg}{L}P}{} \left| \frac{5.24\frac{mg}{L}FeCl_3}{1\frac{mg}{L}P} \right| = 39.3\frac{mg}{L}\text{ Dosis estequiométrica de }FeCl_3$$

Paso 3: La dosis estequiométrica debe multiplicarse por un factor para tener en cuenta el hierro utilizado por las reacciones secundarias. Para reducir el fósforo a 1 mg/L como P, un factor de 1.5 a 2 es razonable. En la práctica, es posible que se requiera un factor más grande según la química del agua. Solo una prueba con jarras o pruebas a escala completa pueden determinar la dosis real requerida.

$$\left(39.3\frac{mg}{L}FeCl_3\right)(1.5) = 58.6\frac{mg}{L}\text{ Dosis de campo estimada de }FeCl_3$$

Paso 4: Estime el consumo de alcalinidad por el agregado de cloruro férrico.

$$\frac{58.6\frac{mg}{L}FeCl_3}{} \left| \frac{0.56\frac{mg}{L}\text{ alcalinidad como }CaCO_3}{1\frac{mg}{L}FeCl_3} \right| = 33\frac{mg}{L}\text{ alcalinidad consumida}$$

Paso 5: Estime la alcalinidad que permanece en el efluente final.

280 mg/L de alcalinidad en el caudal de entrada $CaCO_3$
−178.5 mg/L de alcalinidad como $CaCO_3$ consumida por nitrificación
−33 mg/L de alcalinidad como $CaCO_3$ consumida por el agregado de cloruro férrico
68.5 mg/L de alcalinidad como $CaCO_3$ remanentes

La alcalinidad que permanece en el efluente final está por debajo del mínimo recomendado para respaldar la nitrificación. El operador de la instalación posiblemente deba agregar una alcalinidad suplementaria o considerar la desnitrificación para recuperar parte de la alcalinidad perdida. Si el agregado de químicos se lleva a cabo después del clarificador secundario, la concentración de alcalinidad es aceptable siempre y cuando el pH continúe en el rango autorizado por el permiso de descarga de la WRRF.

Rango de pH

La eficiencia de la eliminación de fósforo depende en gran medida del pH. Si el pH es demasiado bajo, los fosfatos de aluminio y hierro se hacen más solubles y el precipitado se disuelve nuevamente en solución. El mismo fenómeno puede observarse al poner en vinagre un cabezal de ducha o una tetera con sarro de carbonato de calcio. El bajo pH del vinagre disuelve el carbonato de calcio y elimina el sarro. Si el pH es demasiado alto, se desplazan más aluminio y hierro a la formación de hidróxidos, lo que reduce la precipitación de fosfatos. La meta desde la perspectiva operativa es mantener el pH en un rango óptimo que maximice la precipitación del fósforo.

El rango óptimo del pH depende del químico utilizado. En la figura 9.22, el área gris sombreada destaca el rango de pH óptimo para el sulfato de aluminio [$Al_2(SO_4)_3$]. El sulfato de aluminio (alumbre) funciona mejor cuando el pH se mantiene entre 5.5 y 6.5, pero tiene un desempeño razonablemente bueno con un pH de hasta aproximadamente 7. A medida que el pH aumenta más allá de 7, el porcentaje de fósforo eliminado se reduce rápidamente. Debido a que el uso de alumbre resulta en una reducción pequeña del pH y la mayoría de los sistemas de tratamiento existentes opera a un pH aproximadamente neutro, al agregar alumbre se logra casi automáticamente un pH en el rango óptimo. A veces, es necesario agregar alumbre adicional para que el pH quede en el rango deseado. El aluminato de sodio ($Na_2Al_2O_4$) tiene el mismo rango de pH preferido para la precipitación del fósforo, pero aumenta la alcalinidad y, posiblemente, el pH cuando se agrega. Se utiliza principalmente para sistemas que no tienen desde un comienzo suficiente alcalinidad.

El cloruro férrico ($FeCl_3$) funciona mejor cuando el pH se mantiene entre 3.5 y 5, pero tiene un desempeño razonablemente bueno con un pH de hasta aproximadamente 6.5. En la figura 9.22, el área sombreada en anaranjado destaca el rango de pH donde la solubilidad del fosfato férrico ($FePO_4$) es la más baja. Fuera de este rango, las concentraciones de fósforo soluble aumentan. El fosfato férrico [$Fe_3(PO_4)_2$] es menos soluble a un pH de 8; sin embargo, esta reacción de precipitación sucede principalmente en entornos anaerobios.

MEZCLADO Y TIEMPO DE CONTACTO

La eliminación de ortofosfatos mejora significativamente si se lleva a cabo un mezclado vigoroso en el punto del agregado de químicos. Los beneficios del mezclado parecen ser mayores a un pH más alto y se observan más con alumbre que con férrico (Sagberg et al., 2006; Szabo et al., 2008). La extensión del tiempo de contacto entre los flóculos de químicos precipitados y las aguas residuales permite que se adsorban fosfatos solubles adicionales en la parte exterior de las partículas floculadas y aumenta la eficiencia de la eliminación. En consecuencia, los puntos de agregado de químicos deben estar en una ubicación turbulenta (con mezclado adecuado) aguas arriba de donde se eliminan los sólidos (es decir, clarificador o filtro), según resulte práctico. El mezclado puede aumentarse al agregar un mezclador mecánico o *rociador* de aire.

Un *rociador* sopla aire en el agua para mezclarla y aerearla. Los rociadores están ubicados típicamente en la superficie del agua o por arriba.

PUNTOS DE AGREGADO DE QUÍMICOS

Es posible agregar sales de aluminio y de hierro en muchas ubicaciones diferentes de todo el proceso de tratamiento, como se muestra en la figura 9.23. La precipitación que sucede en cualquier ubicación aguas arriba de los clarificadores primarios se denomina *preprecipitación*. La coprecipitación describe el agregado de químicos aguas arriba del tratamiento biológico, de modo que el precipitado se elimina con el lodo biológico. El agregado de químicos que se lleva a cabo aguas abajo del clarificador secundario se denomina "posprecipitación". Aunque los puntos de agregado de químicos con frecuencia se determinan

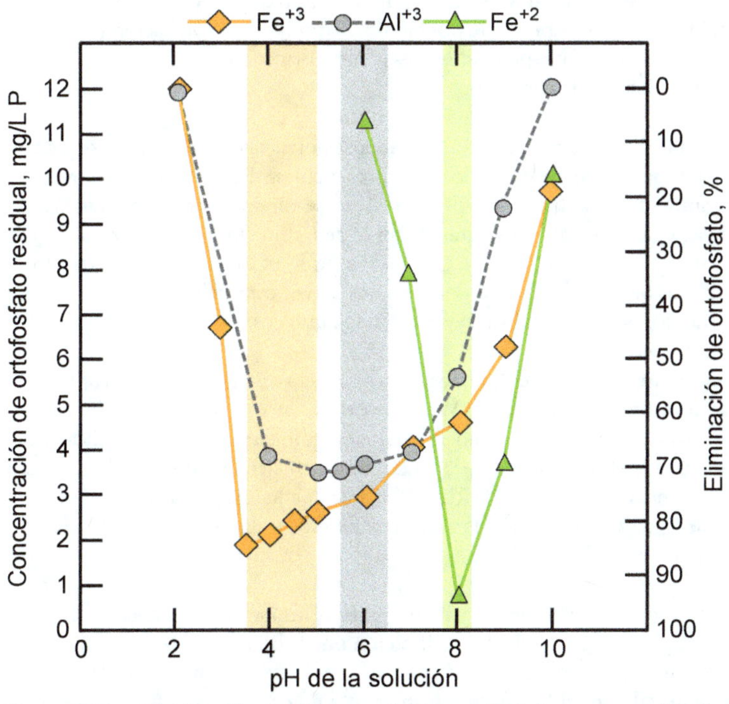

Figura 9.22 Eliminación del fosfato soluble vs. pH de las aguas residuales (el pH óptimo para la precipitación del ferroso [Fe^{+2}] es de 8, pero esto ocurre principalmente en la ausencia de oxígeno) (adaptado de Ghassemi y Recht, 1971)

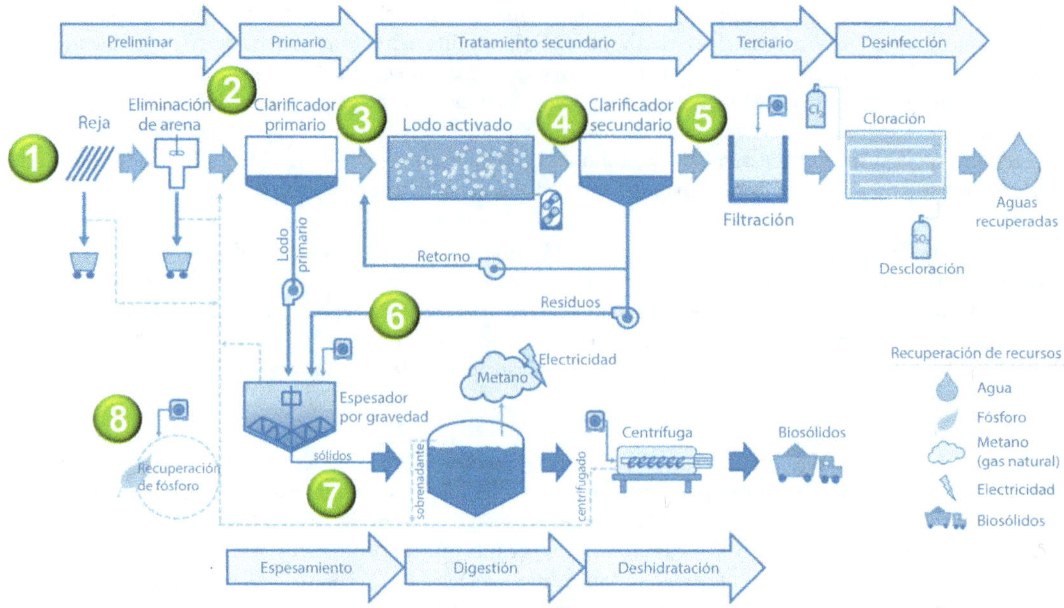

Figura 9.23 Ubicaciones de agregado de químicos para la eliminación del fósforo: ■ 1. En la red de alcantarillado o en las obras de cabecera de la instalación; ▲■ 2. Aguas arriba del clarificador primario; ▲ 3. Aguas arriba del proceso de tratamiento secundario; ▲ 4. Aguas arriba del clarificador secundario; ▲ 5. Entre el clarificador secundario y el filtro terciario; ■ 6. Directamente a la alimentación para equipos de espesamiento de sólidos; ▲■ 7. Directamente a los digestores anaerobios; o ▲ 8. Directamente en los flujos de reciclado de supernatante, centrifugado y filtrado. (■ = Control de olores y corrosión, ▲ = Precipitación del fósforo) (reimpreso con autorización de Indigo Water Group)

durante el diseño y la construcción de la instalación, los operadores con frecuencia pueden elegir entre varios puntos de agregado posibles y a veces pueden modificar o trasladar los puntos de agregado.

En general, el cloruro férrico ($FeCl_3$) se agrega en la red de alcantarillado, en las obras de cabecera y en el procesamiento de sólidos, principalmente para precipitar los sulfuros a fin de controlar el olor y la corrosión. También puede agregarse aguas arriba del clarificador primario por el mismo motivo. La dosificación para el control de olores con frecuencia elimina algo de fósforo, pero esta no es la meta principal. Los compuestos de aluminio no se utilizan para el control del olor y de la corrosión.

La eliminación del fósforo en los clarificadores primarios tiene varias ventajas potenciales. Los compuestos de aluminio o hierro agregados al clarificador primario ayudan a flocular las partículas y los coloides en las aguas residuales del caudal de entrada. Esto aumenta la cantidad de DBO_5 y SST que se eliminan y reduce la carga al proceso de tratamiento secundario. El agregado de químicos para este fin se denomina *tratamiento primario mejorado químicamente* (*chemically enhanced primary treatment, CEPT*). Si se utilizan cloruro férrico o cloruro ferroso, el CEPT puede también reducir los olores. Finalmente, debido a que las concentraciones de fósforo son más altas aquí que en el efluente secundario, es posible utilizar dosis bajas de químicos.

La eliminación del fósforo en los clarificadores primarios es limitada de dos maneras. En primer lugar, recuerde que solo aproximadamente el 50 % del fósforo que ingresa a una WRRF es ortofosfato que puede precipitarse. En segundo lugar, los clarificadores primarios solo pueden eliminar materiales sedimentables. Esto significa que el fósforo precipitado y particulado solo puede eliminarse si las partículas son lo suficientemente grandes y densas como para hundirse. Incluso si se logra la mejor eliminación de fósforo posible, el efluente primario todavía contendrá varios miligramos por litro de P. Los polifosfatos que pasan al proceso de tratamiento secundario se convertirán en ortofosfato durante el tratamiento.

La precipitación química en los clarificadores primarios tiene varias desventajas importantes en relación con otros puntos de agregado. Si se elimina demasiada DBO_5, la desnitrificación puede limitarse en el proceso de tratamiento secundario. Recuerde que el amoníaco, que compone entre el 60 y el 70 % del nitrógeno del caudal de entrada, es soluble y no puede ser eliminado por el clarificador primario. Si no permanece suficiente fósforo en el efluente primario, los procesos de tratamiento biológico aguas abajo pueden tener nutrientes limitados. El tercer posible problema es que elimina la alcalinidad antes de la nitrificación. Si se elimina demasiada alcalinidad, el pH puede caer y la nitrificación en el proceso de tratamiento secundario puede inhibirse. Finalmente, la precipitación química en los clarificadores primarios aumenta la producción de lodo primario y la producción general de lodo de la instalación más que cualquier otro punto de agregado.

Para los procesos de lodo activado, es posible agregar compuestos de aluminio o férricos aguas arriba de los depósitos de lodo activado, entre el depósito de lodo activado y el clarificador secundario, o después de la clarificación secundaria. Los primeros dos puntos de agregado (3 y 4 en la figura 9.23) son atractivos porque (1) las concentraciones de fosfato total en el efluente final puede reducirse por debajo de 1 mg/L de P, (2) las características de sedimentación del lodo con frecuencia mejoran, (3) es posible que se reduzca la turbiedad del efluente, (4) en general no se requieren filtros terciarios, y (5) la operación es simple. Muchas instalaciones agregan alumbre o férrico aguas arriba de los procesos de lodo activado debido a estos motivos. Por otro lado, la coprecipitación consume alcalinidad que podría usarse para respaldar la nitrificación. Aumenta la masa de MLSS en el proceso y reduce el porcentaje de MLVSS. Esto se debe a que solo una parte del lodo químico que se genera cada día se elimina en el lodo activado de purga (LAP). El resto se devuelve a los depósitos de lodo activado, donde se acumulan en proporción con la edad del lodo. Esto aumenta la tasa de carga de sólidos hacia los clarificadores secundarios. El agregado de eliminación química de fósforo a una WRRF existente puede requerir depósitos de lodo activado adicionales para mantener la concentración de MLSS baja, o clarificadores adicionales. El lodo químico reciclado contiene fósforo. Normalmente, el MLVSS está entre 1.5 y 2.5 % de fósforo por peso (0.02 g de P/g de MLVSS). Para las instalaciones que eliminan el fósforo químicamente, el MLSS típicamente contiene 4 o 5 % de fósforo por peso. Como resultado, es más difícil cumplir límites bajos de fósforo en el efluente. Piense en una instalación con un límite de fósforo total en el efluente de 0.5 mg/L como P y una concentración de SST final de 12 mg/L. Los SST del efluente son MLSS escapado. Sin el agregado de químicos, estos SST probablemente contengan aproximadamente un 1.5 % de fósforo y la cantidad de fósforo que se va con los SST es de solo 0.24 mg/L como P. Con el agregado de químicos, los SST pueden contener un 5 % de fósforo, lo que significa que el P particulado en el efluente final es de 0.6 mg/L como P, más alto que el límite del permiso de descarga. También habrá algo de fósforo soluble en el efluente final. La reducción de los SST del efluente tienen una importancia crítica al intentar cumplir con límites muy bajos. El agregado de químicos después del clarificador secundario elimina todos estos problemas.

El agregado de químicos para los procesos de película fija en general se lleva a cabo aguas arriba del clarificador primario o aguas arriba del clarificador secundario (EPA de los EE. UU., 1976). Con frecuencia, se utiliza una dosificación en combinación para el clarificador primario y secundario. El agregado de sal metálica directamente a un proceso de película fija no parece provocar ningún problema operativo, aunque la biopelícula puede desprenderse más de lo habitual. Sin embargo, debido al TDH breve y a la falta de mezclado, no es posible lograr grados altos de eliminación de fósforo (EPA de los EE. UU., 1976).

Las instalaciones que deben cumplir límites de permisos de descarga de 0.5 mg/L como P o menos en general agregan químicos después del clarificador secundario (ubicación 5 en la figura 9.23). Debido a que el tratamiento biológico convierte los fosfatos orgánicos y condensados en ortofosfato, casi todo el fósforo remanente puede precipitarse. La sedimentación de la mayoría de los sólidos antes del agregado de químicos ayuda a reducir la utilización de químicos. La clarificación está seguida de algún tipo de filtración terciaria. Hay muchos tipos de filtros diferentes, pero todos llevan a cabo la misma tarea fundamental: eliminar los SST del efluente final. A medida que el filtro funciona, recolecta sólidos. En este caso, los sólidos consisten en sólidos biológicos (MLSS o biopelícula) y en flóculos químicos. Eventualmente, el filtro alcanza su capacidad y debe limpiarse mediante el lavado a contracorriente. El lavado a contracorriente fundamentalmente hace funcionar el filtro en reversa al forzar efluente limpio a través del filtro para eliminar sólidos acumulados. Los sólidos del lavado a contracorriente pueden enviarse al área de procesamiento de sólidos de la WRRF. El agua que se utiliza para limpiar el filtro en general se regresa a la parte delantera del proceso de tratamiento. La filtración terciaria aumenta la complejidad y los costos operativos.

Cuando se utiliza, el punto de agregado de polímero debe estar todo lo aguas abajo que resulte factible en relación con el punto donde se agregan las sales metálicas. Esto permitirá que los flóculos continúen adsorbiendo fósforo todo el tiempo posible. El polímero y otros químicos solo deben agregarse donde las aguas residuales estén bien mezcladas o donde pueda producirse el mezclado.

La precipitación química depende de la dosis de químico, del pH, del mezclado y del tiempo de contacto. Cada sal metálica tiene un rango de pH óptimo donde el precipitado de fosfato metálico producido es menos soluble. Para la utilización más eficiente de químicos, es necesario permanecer por debajo de un pH de 6.5. Las sales de hierro también eliminan sulfuro. El punto de agregado seleccionado afectará la eliminación de fósforo, la generación de lodo y los procesos aguas abajo.

COMPROBACIÓN DE CONOCIMIENTOS

1. **Los ensayos de jarra indican que se requiere una dosis de 76 mg/L de alumbre para precipitar el fósforo. ¿Cuánta alcalinidad se consumirá?**
   a. 38 mg/L como $CaCO_3$
   b. 43 mg/L como $CaCO_3$
   c. 76 mg/L como $CaCO_3$
   d. 152 mg/L como $CaCO_3$

2. **La precipitación química el fósforo en los proceso aerobios funciona mejor cuando el pH es**
   a. Acídico
   b. Neutro
   c. Básico
   d. Equilibrado

3. **El fosfato férrico ($FePO_4$) es menos soluble a un pH de**
   a. 2
   b. 5
   c. 6
   d. 9

4. **El agregado de químicos solo debe llevarse a cabo en ubicaciones donde las aguas residuales**
   a. son sépticas
   b. están aereadas
   c. están bien mezcladas
   d. están en reposo

5. **Una WRRF puede agregar alumbre en tres lugares diferentes: la salida del clarificador primario, el canal de entrada de lodo activado y la caja de salida de lodo activado. Para maximizar el tiempo de contacto para la precipitación del fósforo, ¿dónde debe agregarse el cloruro férrico?**
   a. Directamente en el depósito de lodo activado
   b. En la salida del clarificador primario
   c. En el canal de entrada de lodo activado
   d. En la caja de salida de lodo activado

6. **Un motivo por el cual puede agregarse alumbre aguas arriba del clarificador primario es para**
   a. Precipitar el sulfuro de hidrógeno
   b. Convertir polifosfatos
   c. Eliminar amoníaco
   d. Mejorar el desempeño del clarificador

7. **Agregar químicos para la precipitación del fósforo después del clarificador secundario es ventajoso por este motivo.**
   a. Se requieren equipos separados para el procesamiento de lodo
   b. Aumentan los particulados finos en el efluente final
   c. Evita que la pérdida de alcalinidad afecte la nitrificación
   d. Previene la conversión de hierro ferroso en hierro férrico

8. **Una WRRF debe cumplir un límite de fósforo en el efluente de 0.10 mg/L de fósforo total. ¿Qué debe ser cierto?**
   a. Los químicos se agregan solo aguas arriba del clarificador primario.
   b. Los sólidos en suspensión del efluente se eliminan mediante el filtrado.
   c. Se requiere una combinación de eliminación biológica y química.
   d. La concentración de fósforo total en MLSS es menor que 0.5 %

9. **La concentración de SST del efluente es de 10 mg/L. El MLSS es 4 % de fósforo por peso. El caudal de entrada contiene 0.5 mg/L como P de fosfatos condensados solubles no biodegradables. Si se supone que todo el resto del fósforo se eliminó, ¿cuál es la concentración de fósforo total en el efluente final?**
   a. 0.4 mg/L como P
   b. 0.9 mg/L como P
   c. 4.0 mg/L como P
   d. 4.5 mg/L como P

Eliminación biológica del fósforo

Los OAF son un subgrupo especializado de bacterias heterotróficas facultativas. Cuando estas bacterias hacen ciclos entre condiciones anaerobias y condiciones anóxicas o aereadas, recogen y almacenan el exceso de fósforo en un entorno anóxico o aereado. Este proceso se denomina "captación de lujo" porque las bacterias incorporan más fósforo que el que necesitan para el crecimiento. Los OAF son capaces de almacenar hasta el 40 % de su peso seco en fósforo. El contenido general de fósforo del MLVSS, teniendo en cuenta otros microorganismos, está en el rango de 6 a 15 %. El fósforo se elimina de las aguas residuales cuando se elimina el exceso de biomasa del sistema.

Comprender por qué ocurre la "captación de lujo" comienza con la comprensión de lo que le sucede a la DBOC en condiciones anaerobias. En un proceso de tratamiento secundario anaerobio, parte de la DBOC se descompone a través de fermentación mediante bacterias anaerobias en DBOC soluble y moléculas orgánicas más simples denominadas ácidos grasos volátiles (AGV). Los ácidos grasos volátiles (AGV) son compuestos químicos que contienen cinco carbonos o menos, como el ácido acético (2 carbonos), el ácido propiónico (3 carbonos) y el ácido butírico (4 carbonos). El ácido acético se conoce, con más frecuencia, como vinagre. Los ácidos grasos volátiles son una fuente preferente de carbono y energía para las bacterias heterotróficas, incluidos los OAF, porque estos compuestos son fácilmente absorbidos por las bacterias. Los OAF tienen un problema logístico: cuando están en condiciones anaerobias, están expuestos a AGV, pero sin oxígeno, nitrito o nitrato, no pueden acceder a ellos. Recoger "combustible" requiere energía, no disponible para la mayoría de los heterótrofos facultativos en ausencia de oxígeno, nitrito y nitrato.

Los OAF tienen una solución creativa para este problema. Construyen una batería química de fósforo. La mayoría de las células, incluidas las humanas, utilizan un compuesto denominado *trifosfato de adenosina* (ATP) para almacenar energía. El trifosfato de adenosina consta de tres moléculas de fosfato unidas químicamente. El enlace químico entre los átomos de fósforo almacena la energía hasta que la célula la necesita. Dentro de las células, el trifosfato de adenosina se sintetiza y se consume continuamente a medida que la energía se almacena y se recupera. Los OAF llevan el ATP al siguiente nivel y forman un compuesto rico en energía denominado *polifosfato*, que une grandes cantidades de moléculas de fosfato. El polifosfato (poli-P) es una batería química. Cuando el OAF necesita energía, rompe los enlaces químicos entre las moléculas de fósforo para recuperar la energía almacenada liberando fósforo temporalmente. En el proceso se consume glicógeno, una forma de azúcar almacenada. Esta estrategia permite a los OAF recoger y almacenar AGV cuando están en condiciones anaerobias. Debido a que tienen una batería, pueden superar a otros tipos de bacterias al ir por los AGV disponibles.

Se requiere del ciclo de los OAF entre condiciones anaerobias y condiciones anóxicas o aereadas para que se produzca la "captación de lujo". Sin exposición a una zona anaerobia, no hay incentivos para que los OAF capten fósforo. En la figura 9.24 se presentan el esquema del proceso y los perfiles de concentración para el ortofosfato y la $DBOC_5$ soluble. En la figura 9.25 se muestra una representación esquemática de los procesos bioquímicos implicados.

Cuando los OAF están en condiciones anaerobias, usan la energía almacenada en el polifosfato para recoger los AGV y, simultáneamente, consumen glicógeno. Los AGV se combinan para crear un producto de almacenamiento interno denominado *poli-β-hidroxibutirato* (PHB). La falta de oxígeno o bien nitrito o nitrato evita que los OAF consuman los AGV de inmediato. Una manera de pensar en la zona anaerobia es como en la fila de un bufet. Los OAF llenan el plato de AGV, pero no pueden comenzar a comer hasta que regresan a su lugar en las zonas anóxicas y aereadas. El PHB almacenado aumenta y las cantidades de polifosfato y glicógeno almacenados disminuyen. A medida que la batería de fósforo se descompone, se libera ortofosfato en las aguas residuales circundantes. Esto provoca el aumento de la concentración de ortofosfato en las aguas residuales. Las concentraciones pueden alcanzar de 70 a 90 mg/L como P en la zona anaerobia para las aguas residuales domésticas típicas. Observe que en la figura 9.24 se muestran concentraciones de ortofosfato en aumento y $DBOC_5$ soluble en disminución a medida que las aguas residuales se desplazan a través de la zona anaerobia.

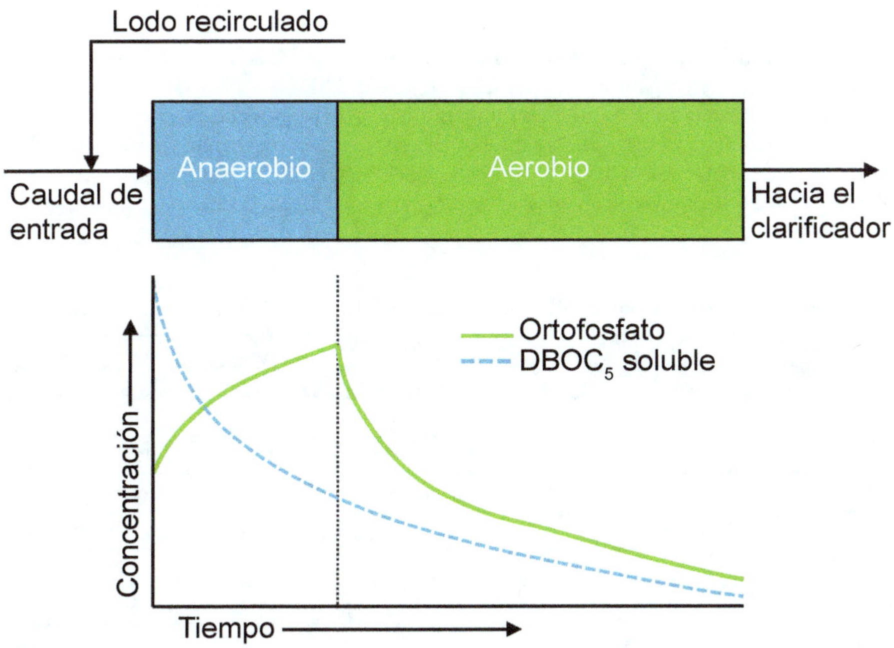

Figura 9.24 Perfiles de concentración típicos para $DBOC_5$ soluble y ortofosfato en un proceso de EBPR (EPA de los EE. UU., 1987)

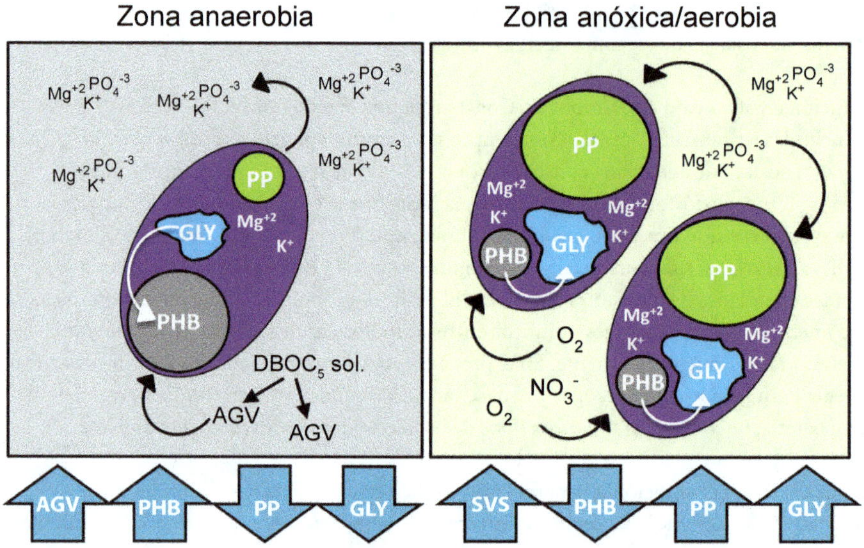

Figura 9.25 Representación esquemática de la EBPR (reimpreso con autorización de Indigo Water Group)

Recuerde que es difícil que las bacterias trasladen iones cargados a través de las membranas celulares. El fosfato es grande y tiene una carga de −3. Los OAF superan este problema al trasladar un ion de magnesio (Mg^{+2}) y un ion de potasio (K^{+}) a través de la membrana celular con el ion de fosfato (PO_4^{-3}). El resultado es un complejo o grupo de iones que es neutro (carga cero). Las aguas residuales domésticas contienen generalmente abundante magnesio y potasio; sin embargo, en algunas aguas residuales industriales, la EBPR se limita debido a la falta de estos iones. En la zona anaerobia, el magnesio y el potasio se liberan con el fósforo. En las zonas anóxica y aerobia, los tres iones son captados por los OAF.

Cuando los OAF pasan a condiciones anóxicas o aerobias, inmediatamente comienzan a consumir PHB y a reconstruir su batería de polifosfato. También se reabastece el glicógeno. Los OAF usan el carbono y la energía del PHB para crecer y reproducirse y, así, aumentan en cantidad. Cada nueva célula hija toma ortofosfato para construir su propia célula química. Aunque se libere y reabsorba ortofosfato continuamente, el crecimiento de nuevos OAF significa que, en general, el fosfato se elimina de las aguas residuales que pasan. Cuando se desecha el MLSS del proceso, también se elimina fósforo.

ESTEQUIOMETRÍA

La eliminación biológica mejorada del fósforo se observó por primera vez a finales de la década de 1960. Todavía estamos aprendiendo acerca de los microorganismos responsables. A julio de 2017, se habían identificado tres microorganismos diferentes importantes para la EBPR. Sin embargo, hay un debate en curso sobre si los nombres actuales reflejan con exactitud el género y la especie a los que pertenecen. Tenga en cuenta que los nombres pueden cambiar cuando se aprenda más acerca de dichos microorganismos. Los microorganismos importantes en la EBPR se detallan en la tabla 9.12, junto con algunas de las características que los definen. *Candidatus*

Tabla 9.12 Microorganismos importantes en la EBPR (creado con información de Barnard et al., 2017a)

	Tetrasphaera	*Accumulibacter*	*Competibacter + Defluviicoccus*
Produce AGV	Sí	No	No
Consume AGV	Posiblemente	Sí	Sí
Almacena PHB	No	Sí, anaerobio	No
Almacena glicógeno	Sí, anaerobio	Sí, aerobio	Sí, anaerobio
Hace el ciclo de poli-P	Sí	Sí	No
Desnitrifica	Sí	No	Sí
Captación anóxica de P	Posiblemente	No	No
Zona anaerobia, mV	Debajo de −300 mV	−50 a −200 mV	−50 a −200 mV

Accumulibacter es el organismo clásico OAF cuya biología se describe en la sección anterior. *Tetrasphaera* también acumula ortofosfato y lo almacena como poli-P en la zona aerobia, y también puede acumular P bajo condiciones anóxicas. Al igual que *Accumulibacter*, *Tetrasphaera* usa la energía del fósforo almacenado para recoger compuestos orgánicos y crear productos de almacenamiento interno. A diferencia de *Accumulibacter*, *Tetrasphaera* prefiere los compuestos orgánicos complejos a los AGV y produce AGV cuando el PR en la zona anaerobia es menor que −300 mV. Ambos organismos son importantes para la eliminación de fósforo. La operación de zonas anaerobias para alcanzar y mantener lecturas de PR muy bajas (por debajo de −300 mV) puede propiciar el crecimiento de ambos organismos (Barnard et al., 2017). El tercer grupo está compuesto por los organismos acumuladores de glicógeno (OAG). Los OAG incluyen *Competibacter* y *Defluviicoccus*. Los OAG compiten con los OAF por los AGV en la zona anaerobia, pero no acumulan ni eliminan fósforo. Cuando los OAG se convierten en el grupo dominante del proceso, la EBPR puede fallar.

En la zona anaerobia, se liberan aproximadamente 0.5 mg de P por cada mg de AGV (como DQO) que se toma y convierte en PHB.

VARIABLES DEL PROCESO PARA LA ELIMINACIÓN BIOLÓGICA MEJORADA DEL FÓSFORO

CARACTERÍSTICAS DEL CAUDAL DE ENTRADA

La variable del proceso más importante para la EBPR es la relación entre carbono orgánico y fósforo. La cantidad de AGV y material orgánico que puede fermentarse en más AGV que los disponibles determinarán si puede llevarse a cabo o no la EBPR. Los ácidos grasos volátiles se forman naturalmente en la red de alcantarillado y en la zona anaerobia como resultado de la fermentación. Lo importante que debe saberse desde una perspectiva operativa no es necesariamente cuánto AGV hay en el caudal de entrada, sino cuánto puede generarse en la zona aerobia. La medición de la $DBOC_5$ fácilmente biodegradable predice mejor el desempeño de la EBPR. Esta medición incluye tanto AGV como compuestos orgánicos que pueden convertirse en AGV bajo las condiciones correctas.

Las relaciones mínimas utilizadas típicamente para determinar si una instalación podrá eliminar o no fósforo mediante la EBPR se detallan en la tabla 9.13. Estas relaciones se refieren al caudal de entrada del depósito de lodo activado y deben incluir las cargas y las eliminaciones de reciclado en los clarificadores primarios. Típicamente, los caudales de reciclado representan una carga de fósforo adicional, mientras que los clarificadores primarios eliminaron $DBOC_5$. Como resultado, el efluente primario contendrá relaciones menores entre carbono y fósforo en comparación con el caudal de entrada.

Si no es posible que se produzcan AGV por fermentación en la red de alcantarillado y la zona anaerobia, pueden generarse de distintas maneras en el proceso de tratamiento. La primera opción es operar el clarificador primario con un manto de lodos anaerobio profundo. Los clarificadores primarios operados de esta manera se denominan *primarios activos*. El lodo primario se descompondrá anaerobiamente en el manto de lodos y liberará AGV que se trasladarán hasta el clarificador, fuera de él y hasta la zona anaerobia. Debe tenerse cuidado con un primario activo para que el lodo primario no sea tan grueso que impida el movimiento fácil del mecanismo de recolección de lodo o que no pueda bombearse fuera del clarificador. Algunas instalaciones tienen fermentadores fuera de línea donde se mantiene el lodo primario en un tanque separado para que se fermente. El supernatante se regresa entonces a la zona anaerobia. El lodo activado recirculado también puede fermentarse de manera similar. Si no puede implementarse ninguna de estas soluciones, es posible comprar ácido acético o propiónico y agregarse a la zona aerobia como suplemento de AGV, o puede usarse la precipitación química para eliminar el fósforo residual.

Tabla 9.13 Requisitos mínimos de sustrato a fósforo para la EBPR (WEF, 2013)

Medición	Relación entre carbono orgánico y fósforo	Observaciones
$DBOC_5$	25:1	Ofrece un estimado aproximado e inicial. Usa datos requeridos típicamente por los permisos de descarga.
$DBOC_5$ soluble	15:1	Mejor indicador que la $DBOC_5$.
DQO	45:1	Más exacta que la DBOC. No se mide en todas las instalaciones.
AGV	7:1 a 10:1	Más exactos que la DQO. Se requieren análisis de laboratorio especializados.
DQO fácilmente biodegradable	15:1	Más exacta. Mide el potencial de formación de AGV. Incluye la formación de AGV en la zona anaerobia. Requiere pruebas de laboratorio especializadas.

POTENCIAL REDOX DE LA ZONA ANAEROBIA

La zona anaerobia tiene dos funciones críticas.

1. Captación de ácidos grasos volátiles: Permite que los OAF tomen y almacenen AGV como PHB. Esta es una reacción rápida que requiere aproximadamente de 15 a 45 minutos para completarse cuando se establecen condiciones anaerobias con un PR de aproximadamente −200 mV (Jeyanayagam y Downing, 2017).
2. Producción de ácidos grasos volátiles: Bajo condiciones anaerobias "profundas" (PR de −300 mV o menos), la $DBOC_5$ fácilmente biodegradable fermentable se convierte en AGV y está disponible para los OAF. La cinética de la reacción es más lenta y puede tomar entre 90 y 120 minutos (Jeyanayagam y Downing, 2017).

Para lograr lecturas uniformemente bajas de PR, la zona anaerobia debe estar protegida del OD y del nitrito/nitrato. Las fuentes de OD incluyen turbulencia, bombas de tornillo o bombas de ventilación de aire, caída libre sobre vertederos, LAR y caudal en retroceso de las zonas anóxica o aerobia. La turbulencia puede minimizarse mediante la reducción de las velocidades del mezclador en la zona anaerobia. Con mezcladores de entrada superior de baja velocidad, la energía de mezclado puede reducirse a 2 W/m^3 (0.08 $HP/1000\ ft^2$) (Barnard et al., 2017). La meta es minimizar la turbulencia superficial que podría incorporar más oxígeno a las aguas residuales. La minimización del retorno de OD y nitrato en el LAR requiere la optimización de la nitrificación y de la desnitrificación, además de la aereación graduada, que se describió antes en este capítulo. El reciclado de nitrato y OD puede reducirse aún más al pasar solo una parte del LAR por la zona anaerobia y desviar el resto directamente a la zona anóxica (Barnard et al., 2017).

pH

El pH bajo en la zona anaerobia o en las zonas anóxica/aerobia pueden inhibir la EBPR. El pH debe mantenerse en entre 6.5 y 8 en la zona anaerobia y por arriba de 6.9 en las zonas anóxica/aerobia. Fuera de estos rangos, la eficiencia de la EBPR se reduce rápidamente.

TIEMPO DE RETENCIÓN DE SÓLIDOS

El SRT para los OAF es menor que para las BOA y BON. Una instalación con un MLSS bien floculado debe tener un SRT lo suficientemente largo para mantener una población estable de OAF, siempre y cuando haya un suministro adecuado de AGV. Se demostró que los sistemas de eliminación biológica mejorada del fósforo funcionan bien con SRT mayores a 3 días.

CONTROL DEL PROCESO PARA LA ELIMINACIÓN BIOLÓGICA MEJORADA DEL FÓSFORO

El control del proceso para la EBPR consiste en

- Asegurar un suministro adecuado de AGV,
- Proteger la zona anaerobia,
- Mantener un PR fuertemente negativo en la zona anaerobia,
- Maximizar la captura de sólidos,
- Minimizar las cargas de reciclado,
- Evitar la liberación secundaria de fósforo, y
- Minimizar la competencia de los OAG.

LIBERACIÓN SECUNDARIA

Liberación secundaria es el término para la liberación de poli-P sin la captación de AGV. El fósforo liberado no se volverá a tomar en la zona aerobia y esto resultará en concentraciones elevadas de fósforo en el efluente. En la tabla 9.14 se muestran algunas causas posibles de liberación secundaria de fósforo. Se circunscriben a dos problemas fundamentales: los OAF se exponen a condiciones anaerobias en un lugar donde no hay AGV disponibles o se les agota el producto de almacenamiento de PHB antes de regresar a la zona anaerobia. La liberación secundaria puede ser provocada por TDH aerobio, anóxico o anaerobio demasiado extensos. Los SRT también pueden resultar en liberación secundaria.

MINIMIZACIÓN DE LA COMPETENCIA

Los organismos acumuladores de fosfato no son los únicos organismos que pueden acceder a los AGV en la zona anaerobia. Los organismos acumuladores de glicógeno, con un metabolismo similar al de los OAF, también pueden captar y almacenar AGV. Usan glicógeno como fuente de energía en la zona anaerobia y no captan fósforo. Debido a que los OAG compiten con los OAF por los AGV sin aportar a la eliminación de fósforo, su predominancia puede provocar un mal desempeño de la EBPR.

Tabla 9.14 Ubicación y causa de la liberación secundaria de fósforo (WEF, 2013)

Entorno/operación	Motivo de la liberación secundaria de fósforo
Zona anaerobia	Agotamiento de los AGV debido a una zona anaerobia demasiado grande
Zona anóxica	Agotamiento del nitrato debido a una zona anóxica demasiado grande (se convierte en anaerobia)
Segunda zona anóxica	Falta de nitratos, lo que resulta en condiciones anaerobias
Zona aerobia	Un SRT extenso que provoca la muerte de células
Clarificador final	Condiciones sépticas provocadas por un manto de lodo profundo y un caudal de LAR bajo
Tuberías de LAR	Condiciones sépticas debido a un tiempo de detención extenso en el tubo
Almacenamiento del lodo	Condiciones sépticas debido al almacenamiento del lodo incorrecto o no aereado
Digestión aerobia	Muerte celular y liberación de fósforo
Digestión anaerobia	Muerte celular y liberación de fósforo

Los factores responsables por la competencia de OAF-OAG incluyen la composición de las fuentes de carbono, la temperatura y el pH. Las condiciones que promueven la proliferación de OAG generalmente incluyen las aguas residuales más cálidas que 20 °C (68 °F) y el bajo pH. Ambas condiciones son más probables con las aguas residuales industriales, y no con las municipales (Jeyanayagam y Downing, 2017). Los OAG parecen competir mejor cuando los AGV en la zona anaerobia son 100 % ácido acético o 100 % ácido propiónico. Cuando la zona anaerobia contiene una mezcla de distintos AGV, los OAF tienden a predominar. Para las instalaciones que deben agregar carbono suplementario, se prefiere una combinación de AGV (Jeyanayagam y Downing, 2017).

Para que se lleve a cabo la EBPR, los OAF deben atravesar ciclos entre condiciones anaerobias y anóxicas/aerobias. Debe haber disponible una mezcla de diferentes tipos de AGV para prevenir la competencia de los OAG. Para un mejor desempeño, mantenga el PR de la zona anaerobia por debajo de −300 mV.

Configuraciones del proceso

Existen diferentes variaciones del proceso de lodo activado que contienen una mayor o menor cantidad de depósitos/zonas anaerobios, anóxicos y aereados intercambiados en diferentes modos. Algunos tienen una línea de reciclado interno, o no tienen ninguna. Otros tienen múltiples líneas de reciclado que conectan diferentes tipos de depósitos/zonas. En las figuras 9.26 a 9.29 debajo se muestran varios ejemplos de configuraciones utilizadas comúnmente. Los ingenieros y operadores adaptaron los diseños para intentar lograr las menores concentraciones posibles de nitrógeno y fósforo en el efluente. Es importante recordar que, aunque los procesos parezcan distintos, los mismos principios fundamentales se aplican a todos ellos. Cada proceso intenta minimizar la cantidad de oxígeno reciclado a la zona anóxica, mantiene fuera de la zona anaerobia el oxígeno, nitrito y nitrato, y usa de la manera más eficiente la DBO_5 del caudal de entrada (o del efluente primario).

El nombre *A²/O* proviene de las tres zonas: **A**naerobia, **A**nóxica, **Ó**xica. *Óxica* significa que contiene oxígeno. *Óxica* y *aerobia* se usan de modo intercambiable.

El proceso de *A²/O* agrega una zona anaerobia al proceso LEM (figura 9.26). El A^2/O puede logra concentraciones de fósforo totales por debajo de 1 mg/L como P y concentraciones de nitrógeno total tan bajas como 8 mg/L como N (WEF et al., 2018). Observe que el IMLR se regresa a la zona anóxica y no a la zona anaerobia. Para que la zona anaerobia permanezca anaerobia, debe estar protegida del reciclado de nitrito y nitrato, además del OD. La tasa de reciclado interno típicamente está en el rango de 100 a 400 % del caudal de entrada.

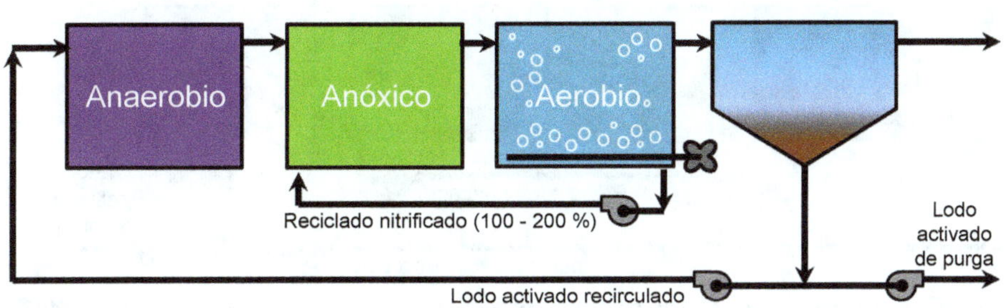

Figura 9.26 Proceso A^2O (RBN de tres etapas) (reimpreso con autorización de Indigo Water Group [modificado de EPA de los EE. UU., 1993])

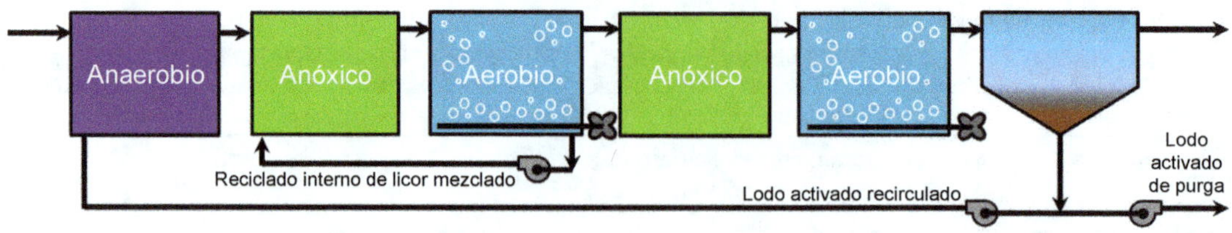

Figura 9.27 Proceso Bardenpho de cinco etapas modificado (reimpreso con autorización de Indigo Water Group [modificado de EPA de los EE. UU., 1993])

El proceso Bardenpho, que lleva ese nombre por el Dr. James Barnard, puede configurarse con cuatro o cinco etapas. La única diferencia entre las dos configuraciones es que el proceso Bardenpho incluye una zona anaerobia, como se indica en la figura 9.27. En su mayoría, estas instalaciones tienen el agregado químico suplementario requerido (sales metálicas y/o carbono) para satisfacer límites de fósforo en el efluente de menos de 1.0 mg/L como P (WEF et al., 2018).

Investigadores de la Universidad de Ciudad del Cabo desarrollaron el proceso que se indica en la figura 9.28. El proceso original de la Universidad de Ciudad del Cabo contenía una sola zona anóxica. El proceso de la Universidad de Ciudad del Cabo modificado contiene dos zonas anóxicas. Tanto el LAR como el contenido del tanque aereado se reciclan a la segunda zona anóxica y el contenido de la zona anóxica después se recicla a la zona anaerobia. Esta secuencia de reciclado reduce la probabilidad de introducir nitrato residual a la zona anaerobia. Puede parecer extraño, pero el LAR tendrá una concentración de nitrato mayor que la zona anóxica. El nitrato regresado a la zona anóxica es diluido por las aguas residuales del caudal de entrada y es consumido rápidamente por los microorganismos. El reciclado interno puede controlarse para mantener los nitratos casi en cero en la zona anóxica. Aunque el proceso elimina con eficacia el reciclado de nitrato a la zona anaerobia, la concentración de MLSS es menor en la zona anaerobia que en el resto del proceso.

El proceso de Johannesburgo, que se muestra en la figura 9.29, también se desarrolló en Sudáfrica. La característica distintiva de este proceso es el agregado de una zona anóxica antes de la zona anaerobia. Esta zona preanóxica no recibe ningún caudal de entrada. Su propósito es mantener el LAR un tiempo suficiente para que los nitratos remanentes se conviertan en gas nitrógeno. Los microorganismos usan compuestos de carbono almacenado, como el glicógeno, para desnitrificar. El caudal de entrada se alimenta directamente a la zona anaerobia para aprovechar los AGV generados en la red de alcantarillado para impulsar la EBPR.

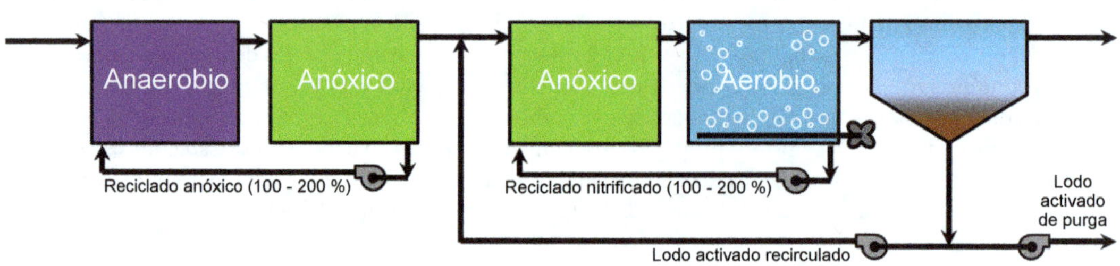

Figura 9.28 Proceso de la Universidad de Ciudad del Cabo modificado (reimpreso con autorización de Indigo Water Group [modificado de EPA de los EE. UU., 1993])

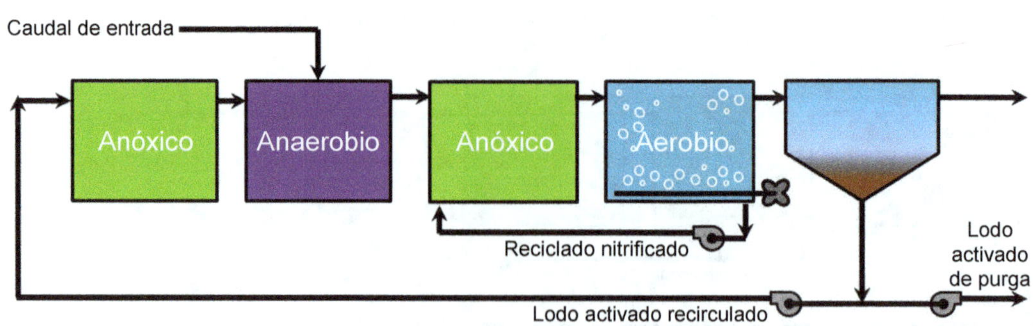

Figura 9.29 Proceso de Johannesburgo (reimpreso con autorización de Indigo Water Group [modificado de EPA de los EE. UU., 2010])

COMPROBACIÓN DE CONOCIMIENTOS

1. **La captación "de lujo" del fósforo se produce**
   a. en la zona anaerobia
   b. cuando el PR es de −250 mV
   c. en la presencia de nitrato u oxígeno
   d. cuando el SRT es menor a 3 días

2. **Los ácidos grasos volátiles incluyen**
   a. la glucosa
   b. el ácido acético
   c. el ácido sulfúrico
   d. los carbohidratos

3. **¿Cuál de las siguientes reacciones bioquímicas se lleva a cabo en la zona anaerobia?**
   a. Consumo de PHB
   b. Almacenamiento de glicógeno
   c. Liberación de fósforo
   d. Liberación secundaria

4. **En un proceso de EBPR, ¿dónde será mayor la concentración de fósforo en fase líquida?**
   a. Zona anaerobia
   b. Zona anóxica
   c. Zona aereada
   d. Clarificador secundario

5. **El crecimiento y la reproducción de los OAF principalmente se lleva a cabo**
   a. Durante la captación de AGV
   b. Cuando se consume PHB
   c. Durante la liberación de fósforo
   d. Cuando se consume glicógeno

6. **El fósforo que se elimina de un proceso de EBPR**
   a. Se volatiliza en la atmósfera
   b. Se combina con aluminio o hierro
   c. Se toma en el LAP
   d. Se produce solo bajo condiciones anóxicas

7. **Este organismo es capaz de fermentación y de captación "de lujo" de fósforo.**
   a. *Accumulibacter*
   b. *Tetrasphaera*
   c. *Competibacter*
   d. *Defluviicoccus*

8. **¿Aproximadamente cuánto tardan los OAF en completar la captación de AGV cuando están en la zona anaerobia?**
   a. Menos de 10 minutos
   b. De 15 a 45 minutos
   c. De 90 a 120 minutos
   d. Más de 3 horas

9. **Un proceso de lodo activado con aereación extendida se opera con un SRT de 15 días en invierno. El nuevo supervisor decide aumentar el SRT a 35 días. ¿De qué manera afectará esta decisión la calidad del efluente final?**
   a. Las concentraciones de fósforo pueden aumentar.
   b. Las concentraciones de amoníaco disminuirán.
   c. Las concentraciones de nitrito aumentarán.
   d. Las concentraciones de ortofosfato pueden reducirse.

10. **¿Los organismos acumuladores de fósforo usan AGV en la zona aerobia para llevar a cabo qué cosa?**
    a. Crecer
    b. Ganar energía
    c. Convertirlos en productos de almacenamiento interno
    d. Reducir el fósforo

11. **¿Cuál de los siguientes es un indicador de buen desempeño en la EBPR?**
    a. Alto contenido de fósforo en el MLSS
    b. Baja concentración de DBO_5 en el efluente
    c. Mayor consumo de oxígeno en la zona aerobia
    d. Lecturas de PR negativas en la zona anóxica

12. **¿Qué iones se liberan en la zona anaerobia y se toman con el fósforo en las zonas anóxicas/aereadas de un sistema de EBPR?**
    a. Magnesio y calcio
    b. Sodio y cloruro
    c. Magnesio y potasio
    d. Bicarbonato e hidrógeno

RESUMEN DEL CAPÍTULO

	Nitrógeno	Fósforo
PARÁMETROS DEL CAUDAL DE ENTRADA	■ Expresado como N ■ NKT = NH_3-N + Nitrógeno orgánico ■ NIT = NH_3-N + NO_2-N + NO_3-N ■ NT = NKT + NO_2-N + NO_3-N ■ 23 a 69 mg/L como N en el caudal de entrada	■ Expresado como P ■ El ortofosfato y los fosfatos condensados son solubles. El fosfato orgánico puede ser soluble, coloidal o particulado. ■ 6 a 8 mg/L como P en un caudal de entrada típico ■ Polifosfato y fosfatos orgánicos convertidos en ortofosfato durante el tratamiento biológico
MÉTODOS DE ELIMINACIÓN	■ Captación asimilativa para el crecimiento de la biomasa ■ 15 a 30 % de N eliminados mediante la captación asimilativa ■ Nitrificación biológica, NH_3-N < 1 mg/L ■ Desnitrificación biológica, NO_3-N < 5 mg/L	■ Captación asimilativa para el crecimiento de la biomasa ■ Aproximadamente 1 mg/L de P eliminado mediante captación asimilativa cada 100 mg/L de DBO_5 ■ Eliminación química del fósforo, P < 0.03 mg/L ■ EBPR < 1.0 mg/L P ■ Métodos utilizados con frecuencia en combinación
	Nitrificación	**Desnitrificación**
ESTEQUIOMETRÍA	■ La nitrificación es un proceso de dos pasos. Las BOA convierten el amoníaco en nitrito y las BON convierten el nitrito en nitrato. ■ La conversión de 1 mg/L de NH_3-N en NO_3-N consume 4.57 mg/L de OD y 7.14 mg/L de alcalinidad como $CaCO_3$. ■ Las BOA y las BON crecen de 10 a 20 veces más lento que las bacterias heterotróficas. ■ Solo se producen 0.10 g de bacterias nuevas (sólidos en suspensión volátiles) por g de NH_3-N convertido en NO_3-N.	■ La desnitrificación convierte el nitrato en gas nitrógeno. ■ Hay muchas bacterias heterotróficas facultativas que pueden desnitrificar. ■ Concentraciones de OD tan bajas como 0.3 mg/L ya pueden inhibir la desnitrificación. ■ La conversión de 1 mg/L de NO_3-N to N_2 requiere 4 mg/L de DBO_5 en el caudal de entrada y genera 3.57 mg/L de alcalinidad como $CaCO_3$. ■ El nitrato producido es equivalente a 2.86 mg/L de OD cuando se recicla a una zona anóxica. ■ El metanol y otros compuestos orgánicos aumentan la cantidad de nitrato eliminado. Se requieren entre 2.7 y 3.3 mg/L de metanol cada 1 mg/L de NO_3-N. ■ La desnitrificación reduce el rendimiento del lodo. ■ El rendimiento depende de la fuente de carbono.

VARIABLES DEL PROCESO	■ El $SRT_{aerobio}$ es la variable de control del proceso más importante para los procesos de lodo activado. ■ El SRT depende mucho de la temperatura. ■ La TCO es la variable más importante para los procesos de película fija. ■ La DBO_5 soluble debe ser menor que 15 mg/L para la nitrificación en las biopelículas. ■ Las concentraciones de OD de 2 mg/L ayudan a asegurar las tasas de nitrificación máxima en los procesos de lodo activado. ■ El OD bajo puede provocar bloqueo de nitrito. ■ Las tasas de nitrificación son más altas en un pH de entre 7.5 y 8.0, pero los nitrificadores pueden aclimatarse a un pH menor. ■ El pH inhibe la nitrificación mediante la limitación de la disponibilidad de amoníaco sin ionizar (NH_3). ■ Para prevenir la caída del pH se requiere una concentración mínima de alcalinidad de 50 mg/L como $CaCO_3$, y preferiblemente de 100 mg/L. ■ Las BOA no pueden almacenar amoníaco y no crecen suficientemente rápido para aprovechar las cargas de amoníaco transitorias.	■ La desnitrificación es limitada por la disponibilidad y el tipo de carbono orgánico. ■ Las zonas o los tanques anóxicos contienen nitrato, pero no oxígeno. ■ El nitrato se produce en áreas con condiciones aerobias y debe regresarse a áreas con condiciones anóxicas. ■ La tasa de desnitrificación específica (*specific denitrification rate*, SDNR) es la rapidez con la que se produce la desnitrificación. ■ La SDNR depende de la relación entre carbono orgánico y nitrato. ■ Cuanto mayor sea la F/M, con más rapidez se llevará a cabo la desnitrificación. ■ La desnitrificación es más rápida con la DBO soluble que con la particulada. ■ Las zonas preanóxicas se desnitrifican con mayor rapidez que las zonas posanóxicas debido a que hay disponible más carbono orgánico. ■ Los procesos de lodo activado con una zona anóxica única o un depósito anóxico único pueden lograr un nitrógeno total en el efluente de <10 mg/L como N o hasta el 85 % de eliminación del nitrógeno total oxidable del caudal de entrada. ■ Al aumentar el IMLR, aumentará la eliminación de nitrato cuando haya disponible carbono orgánico.
CONTROL DEL PROCESO	■ Retenga la biomasa en el proceso el tiempo suficiente para permitir que las bacterias nitrificantes se reproduzcan y construyan una población estable. ■ Use un factor de seguridad para prevenir el desplazamiento por arriba y por abajo del $SRT_{aerobio}$ mínimo requerido para prevenir la acumulación de nitrito. ■ Para reducir la competencia de las bacterias heterotróficas, minimice las tasas de carga orgánica. ■ Asegure suministros adecuados de amoníaco, OD y alcalinidad. ■ Gestione los flujos de reciclado para mantener la carga de amoníaco lo más uniforme posible.	■ Agregue DBO suplementaria para mantener una relación entre DBO y NO_3-N de al menos 4:1. ■ Para los procesos de lodo activado, aumente el IMLR para reducir el NO_3-N en el efluente. ■ Recicle, en general, en relaciones menores al 400 % del caudal de entrada. ■ Para asegurarse de que la zona anóxica permanezca anóxica, minimice el OD reciclado en el IMLR y el LAR. ■ Mantenga el PR de la zona anóxica entre -50 mV y $+50$ mV. ■ Las lecturas de PR dependen del tipo de electrodo y de la solución de relleno que se utilizan. ■ Para los procesos de película fija, el aumento en el flujo de reciclado aumenta la desnitrificación.

	Precipitación química	Eliminación biológica mejorada del fósforo
ESTEQUIOMETRÍA	■ Las sales metálicas se combinan con el ion de ortofosfato para formar compuestos insolubles que salen de la solución (se precipitan). ■ El sulfato de aluminio (alumbre), el cloruro férrico y el aluminato de sodio son los químicos utilizados con mayor frecuencia para la precipitación del fósforo. ■ Las relaciones de peso se calculan a partir de ecuaciones químicas equilibradas. La dosis estequiométrica para precipitar 1 mg/L de fosfato como P requiere • 0.87 mg/L de iones de aluminio, o • 1.8 mg/L de iones de hierro férrico, o • 9.6 mg/L de alumbre, o • 2.64 mg/L de aluminato de sodio, o • 5.24 mg/L de cloruro férrico. ■ Las reacciones secundarias consumen iones de aluminio y hierro mediante la formación de hidróxidos. ■ Para reducir el P del efluente a 1 mg/L, se requiere típicamente de 1.5 a 2 veces la dosis estequiométrica. ■ Para satisfacer límites de P en el efluente extremadamente bajos, es posible que se requiera de 6 a 7 veces la dosis estequiométrica. ■ La precipitación química aumenta la producción de lodo.	■ Se llevan a cabo ciclos de MLSS entre condiciones anaerobias y anóxicas/aerobias para promover el crecimiento de OAF. ■ *Accumulibacter* y *Tetrasphaera* llevan a cabo la captación "de lujo" del fósforo. ■ El fosfato almacena energía como poli-P. ■ Bajo condiciones anaerobias, el poli-P se utiliza para tomar AGV. ■ Los AGV se almacenan como poli-β-hidroxibutirato (PHB). ■ Los iones de magnesio y potasio neutralizan los iones de fosfato y facilitan que atraviesen la membrana celular. ■ La fermentación se lleva a cabo en la zona anaerobia. ■ *Tetrasphaera* lleva a cabo fermentación cuando el PR está por debajo de −300 mV. ■ La captación "de lujo" se produce en las zonas anóxica y aerobia.
VARIABLES DEL PROCESO	■ El agregado de aluminio y de hierro consume alcalinidad (mg/L como $CaCO_3$). • 1 mg/L de alumbre consume 0.5 mg/L. • 1 mg/L de férrico consume 0.56 mg/L. ■ Es posible que se requiera una alcalinidad suplementaria. ■ El aluminato de sodio aumenta la alcalinidad. ■ El pH de las aguas residuales afecta la cantidad de precipitado que se forma. El rango óptimo del pH depende del químico utilizado. ■ Alumbre = 5.5 a 6.5 SU ■ Cloruro férrico = 3.5 a 5.0 ■ Ambos funcionan bien con un pH de hasta 6.5. ■ El hierro ferroso se convierte en hierro férrico en los procesos aerobios. La precipitación en los procesos anaerobios es mejor con un pH de 8. ■ Mejore la eliminación de P con un mezclado rápido de los químicos y tiempos de contacto más extensos. ■ Los compuestos de hierro se agregan en distintas ubicaciones para lograr distintos objetivos en el proceso, como control del olor y de la corrosión, mejora del desempeño del clarificador, reducción de la formación de estruvita y precipitación del fósforo. ■ Los compuestos de aluminio se utilizan para eliminar el fósforo y mejorar el desempeño del clarificador.	■ La relación entre el carbono orgánico y el P es la variable de control del proceso más importante para la EBPR. ■ El carbono orgánico debe estar disponible como AGV o $DBOC_5$ fácilmente biodegradable. ■ Los AGV se producen en la red de alcantarillado y en la zona anaerobia. ■ Los AGV también pueden producirse mediante la fermentación de lodo en un primario activo o en otra ubicación. ■ El pH por debajo de 6.5 en la zona anaerobia inhibe la EBPR. ■ El pH por debajo de 6.9 en la zona anóxica/aerobia inhibe la EBPR. ■ Se requiere un SRT mínimo de 3 días para mantener OAF en un proceso de lodo activado.

CONTROL DEL PROCESO		
	■ Lleve a cabo ensayos de jarra seguidos de pruebas a escala completa para confirmar los cálculos de dosificación. ■ Agregue los químicos todo lo aguas arriba posible desde la eliminación de precipitados para maximizar el tiempo de contacto. ■ Agregue polímero todo lo aguas abajo posible del agregado de sales metálicas. ■ Controle las dosis aguas arriba del clarificador primario para prevenir • la eliminación excesiva de DBO_5, • el consumo excesivo de alcalinidad, y • la inhibición de la nitrificación o la desnitrificación en el proceso de tratamiento secundario. ■ Minimice los SST en el efluente.	■ El control del proceso para la EBPR incluye • Asegurar un suministro adecuado y variedad de AGV, • Prevenir la llegada de OD y nitrato a la zona anaerobia, • Mantener el PR por debajo de −300 mV en la zona anaerobia, • Minimizar los SST en el efluente final, • Gestionar las cargas de reciclado, • Evitar la liberación secundaria de P, y • Minimizar la competencia de los OAG.

Referencias

Barnard, J. (1973) Biological Denitrification. *J. Water Pollut. Control Fed.*, **72**, 705-720.

Barnard, J. L.; Dunlap, P.; Steichen, M. (2017a) A Comprehensive Theory to Understand All Biological Phosphorus Removal Observations. *Proceedings of the Water Environment Federation Nutrient Symposium*; Fort Lauderdale, Florida, 12–14 de junio; Water Environment Federation: Alexandria, Virginia.

Barnard, J. L.; Dunlap, P.; Steichen, M. (2017b) Rethinking the Mechanisms of Biological Phosphorus Removal. *Water Environ. Res.*, **89**, 2043–2054.

Barth, E.; Brenner, R.; Lewis, A. R. (1968) Chemical Biological Control of Nitrogen and Phosphorus in Wastewater Effluent. *J. Water Pollut. Control Fed.*, **40**, 2054.

Basu, S.; Pilgram, S.; Keck, D.; Painter, C. (2006) ORP and pH Based Control of SBR Cycles for Nutrient Removal from Wastewater. *Proceedings of the 79th Annual Water Environment Federation Technical Exhibition and Conference* [CD-ROM]; Dallas, Texas, 21–25 de octubre; Water Environment Federation: Alexandria, Virginia.

Ghassemi, M.; Recht, H. (1971) *Phosphate Precipitation with Ferrous Iron;* U.S. Environmental Protection Agency, Office of Research and Monitoring: Canoga Park, California.

Gu, A.; Liu, L.; Neethling, J.; Stensel, H.; Murthy, A. S. (2011) Treatability and Fate of Various Phosphorus Fractions in Different Wastewater Treatment Processes. *Water Sci. Technol.*, **63** (4), 804–810.

Han, Z.; Zhu, J.; Ding, Y.; Wu, W.; Chen, Y.; Zhang, R.; Wang, L. (2011) Effect of Feeding Strategy on the Performance of Sequencing Batch Reactor with Dual Anoxic Feedings for Swine Wastewater Treatment. *Water Environ. Res.*, **83**, 643–649.

Jeyanayagam, S.; Downing, L. (2017) Converting to Biological Phosphorus Removal Can Be Cost-Effective for Ohio Plants. *Buckeye Bull.*, **90** (2), 64–68.

Luedecke, C.; Hermanowicz, S.; Jenkins, D. (1987). Precipitation of Ferric Phosphate in Activated Sludge: A Chemical Model and Its Verification. *Water Sci. Technol.*, **21**, 325–338.

Manser, R.; Gujur, W.; Siegrist, A. H. (2005) Consequences of Mass Transfer Effects on the Kinetics of Nitrifiers. *Water Res.*, **39** (19), 4633-4642.

Metcalf and Eddy, Inc./AECOM (2014) *Wastewater Engineering Treatment and Resource Recovery,* 5.ª ed.; McGraw-Hill Education: Nueva York.

Metcalf and Eddy, Inc. (2003) *Wastewater Engineering Treatment and Reuse,* 4.ª ed.; McGraw-Hill: Nueva York.

Muirhead, W.; Appleton, R. (2008) Operational Keys to Nitrite Lock. *Water Pract.,* **2** (4).

Sagberg, P.; Ryfors, P.; Berg, K. (2006) 10 Years of Operation of an Integrated Nutrient Removal Treatment Plant: Ups and Downs; Background and Water Treatment. *Water Sci. Technol.,* **83**.

Spencer, M. (2012) *The Everyman's Guide to the Miraculous but Misunderstood ORP Sensor.* 18 de abril de 2012. Recuperado el 25 de junio de 2017 de Water Analytics, Inc.: http://www.wateranalytics.net/sites/default/files/Aquametrix%20ORP%20White%20Paper.pdf (acceso el 1 de noviembre de 2017).

Szabo, A.; Takacs, I.; Murthy, S.; Daigger, G.; Licsko, I.; Smith, D. (2008) The Significance of Design and Operational Variables in Chemical Phosphorus Removal. *Water Environ. Res.,* **80**, 407.

U.S. Environmental Protection Agency (1976) *Process Design Manual for Phosphorus Removal;* EPA 625/1-76-001a; U.S. Environmental Protection Agency, Technology Transfer, Great Lakes National Program Office: Chicago, Illinois.

U.S. Environmental Protection Agency (1987) *Design Manual: Phosphorus Removal;* EPA 625/1-87/001; U.S. Environmental Protection Agency Center for Environmental Research Information, Water Engineering Research Laboratory: Cincinnati, Ohio.

U.S. Environmental Protection Agency (1993) *Manual: Nitrogen Control;* EPA 625/R-93/010; U.S. Environmental Protection Agency, Office of Research and Development, Office of Water: Washington, D.C.

U.S. Environmental Protection Agency (2010) *Nutrient Control Design Manual;* EPA 600/R-10/100; U.S. Environmental Protection Agency, Office of Research and Development, National Risk Management Research Laboratory—Water Supply and Resources Division: Cincinnati, Ohio.

Water Environment Federation (2013) *Operation of Nutrient Removal Facilities;* Manual of Practice No. 37; Water Environment Federation: Alexandria, Virginia.

Water Environment Federation (2015) *Shortcut Nitrogen Removal—Nitrite Shunt and Deammonification;* Water Environment Federation: Alexandria, Virginia.

Water Environment Federation (2016) *Operation of Water Resource Recovery Facilities,* 7.ª ed.; Manual of Practice No. 11; Water Environment Federation: Alexandria, Virginia.

Water Environment Federation (2018) *Activated Sludge and Nutrient Removal,* 3.ª ed.; Water Environment Federation: Alexandria, Virginia.

Water Environment Federation; American Society of Civil Engineers; Environmental and Water Resources Institute (2018) Design of Water Resource Recovery Facilities, 6.ª ed.; WEF Manual of Practice n.º 8/ASCE Manuals and Reports on Engineering Practice n.º 76; Water Environment Federation: Alexandria, Virginia.

Bibliografía sugerida

Spencer, M. (2012) *The Everyman's Guide to the Miraculous but Misunderstood ORP Sensor.* 18 de abril de 2012. Recuperado el 25 de junio de 2017 de Water Analytics, Inc.: http://www.wateranalytics.net/sites/default/files/Aquametrix%20ORP%20White%20Paper.pdf (acceso el 1 de noviembre de 2017).

U.S. Environmental Protection Agency (1987) *Design Manual: Phosphorus Removal;* EPA 625/1-87/001; U.S. Environmental Protection Agency Center for Environmental Research Information, Water Engineering Research Laboratory: Cincinnati, Ohio.

U.S. Environmental Protection Agency (1993) *Manual: Nitrogen Control;* EPA 625/R-93/010; U.S. Environmental Protection Agency, Office of Research and Development, Office of Water: Washington, D.C.

U.S. Environmental Protection Agency (2010) *Nutrient Control Design Manual;* EPA 600/R-10/100; U.S. Environmental Protection Agency, Office of Research and Development, National Risk Management Research Laboratory—Water Supply and Resources Division: Cincinnati, Ohio.

Water Environment Federation (2013) *Operation of Nutrient Removal Facilities;* Manual of Practice No. 37; Water Environment Federation: Alexandria, Virginia.

CAPÍTULO 10

Desinfección

Introducción

Las enfermedades transmitidas por el agua surgen de la contaminación del agua por docenas de *patógenos* potenciales que incluyen virus, bacterias y protozoos. Los patógenos que causan más preocupación son las bacterias *entéricas*, los virus y los parásitos. Entre las enfermedades que se pueden esparcir por medio de la contaminación bacteriana se encuentran la salmonelosis (p. ej., fiebres tifoidea y paratifoidea), el cólera, la gastroenteritis producida por *Escherichia coli* enteropatógena *(E. coli)* y la shingelosis (disentería bacilar). Los virus infecciosos incluyen el virus de la hepatitis, el poliovirus, los virus Coxsackie A y B, el echovirus, el reovirus y el adenovirus (EPA de los EE. UU., 1986). Entre las enfermedades parasitarias se encuentran la giardiasis y la disentería amebiana.

Un *patógeno* es un virus, una bacteria o un protozoo capaz de causar enfermedades en seres humanos.

Entéricos hace referencia a los microorganismos que viven en los intestinos de seres humanos y animales.

La desinfección mata o daña los microorganismos infecciosos potenciales. Los microorganismos dañados no pueden reproducirse ni causar enfermedades. La desinfección no es igual a la esterilización. La esterilización mata o inactiva todo organismo viviente. La desinfección inactiva microorganismos o reduce su número a niveles seguros en los que la infección se torna improbable. En este capítulo se describirán las prácticas de desinfección utilizadas con mayor frecuencia, incluido el cloro gaseoso (Cl_2), hipoclorito de sodio (NaOCI), hipoclorito de calcio [$Ca(ClO)_2$] y radiación ultravioleta.

OBJETIVOS DE APRENDIZAJE

Después de completar este capítulo, podrá:

- Comparar y contrastar las metas de la desinfección y de la esterilización,
- Explicar el concepto de organismos indicadores y mencionar seis características que definen a un organismo indicador ideal,
- Comparar y contrastar metodologías de análisis para organismos indicadores,
- Analizar el efecto de la temperatura y el pH en la química del cloro,
- Predecir el efecto de varios componentes químicos, por ejemplo el nitrito y amoníaco, en el cloro residual,
- Comprender la diferencia entre el cloro residual total (*total chlorine residual*, TCR), libre y combinado,
- Explicar por qué es importante comprender la curva del breakpoint para las instalaciones que nitrifican,
- Manipular el tiempo de contacto (*contact time*, CT) o el residual para lograr un nivel deseado de inactivación de organismos indicadores,
- Ajustar la dosis de cloro para cumplir con los límites del permiso de descarga para organismos indicadores,
- Etiquetar todos los componentes de los distintos tipos de equipos de desinfección y describir la función de cada uno de dichos componentes,
- Inspeccionar, operar y mantener el equipo de desinfección por radiación ultravioleta, cloración y descloración,
- Poner el equipo de desinfección en servicio y sacarlo de servicio en forma segura,
- Calcular la tasa de alimentación de químicos, la dosis o el caudal con dos de las tres variables,
- Determinar la configuración de bombeo de alimentación de productos químicos necesaria en mililitros por minuto (mL/min),
- Analizar el mecanismo en el que se basa la inactivación ultravioleta del material genético,
- Explicar de qué manera la calidad de los efluentes puede afectar la eficiencia de la desinfección ultravioleta y
- Resolver problemas mecánicos y de control del proceso comunes.

Símbolos químicos y fórmulas

$Ca(ClO)_2$: Hipoclorito de calcio

$Ca(OH)_2$: Hidróxido de calcio

$CaCO_3$: Carbonato de calcio

Cl^-: Ion de cloro

Cl_2: Gas cloro

Cl_2O: Monóxido de cloro

Fe^{+0}: Metal de hierro sólido

Fe^{+2}: Ion de hierro ferroso

Fe^{+3}: Ion de hierro férrico

H^+: Ion de hidrógeno

H_2O: Agua

H_2S: Sulfuro de hidrógeno

H_2SO_3: Ácido sulfuroso

H_2SO_4: Ácido sulfúrico

HOCl: Ácido hipocloroso

I^-: Ion yoduro

I_2: Yoduro

KCl: Cloruro de potasio

KI: Yoduro de potasio

Mn^{+2}: Ion manganoso

Mn^{+4}: Ion mangánico

N_2: Gas nitrógeno

Na^+: Ion de sodio

$Na_2S_2O_3$: Tiosulfito de sodio

$Na_2S_2O_5$: Metabisulfito de sodio

Na_2SO_3: Sulfito de sodio

Na_2SO_4: Sulfato de sodio

NaCl: Cloruro de sodio

$NaHSO_3$: Bisulfito de sodio

$NaHSO_4$: Bisulfato de sodio

NaOCl: Hipoclorito de sodio

NaOH: Hidróxido de sodio

NCl_3: Tricloramina

NH_2Cl: Dicloramina

NH_3: Amoníaco

$NHCl_2$: Monocloramina

NO_2^-: Ion de nitrito

NO_2-N: Nitrógeno nitrito (Nitrito como N)

NO_3^-: Ion de nitrato

OCl^-: Ion de hipoclorito

OH^-: Ion hidróxido

SO_2: Dióxido de azufre

SO_4^{-2}: Ion de sulfato

Objeto y función

Los procesos de tratamiento secundario, como el lodo activado, pueden eliminar hasta el 95 % de los patógenos transmitidos por agua de las aguas residuales crudas. El tratamiento terciario puede eliminar aún más. Sin embargo, habitualmente se necesita mayor inactivación o eliminación de patógenos para proteger la salud pública y el medio ambiente.

Las *enzimas* son moléculas orgánicas que contribuyen a que se produzcan distintas reacciones químicas. Son importantes para fabricar nuevas proteínas, dividir compuestos para obtener energía y producir células hijas nuevas.

El cloro es el método más común de desinfección de aguas residuales en los Estados Unidos. Un estudio realizado en 2002 indicó que si bien el gas cloro era el desinfectante más utilizado en las instalaciones de recuperación de recursos hídricos (*water resource recovery facilities*, WRRF) en 1979 (94.9 %), el uso de gas cloro descendió a solo un 76.5 % de todas las WRRF hacia 1996 (Connell, 2002). Algunas instalaciones cambiaron de cloro gaseoso a hipoclorito de sodio líquido o radiación ultravioleta. La actividad del cloro se basa en la destrucción de proteínas e inactivación de *enzimas* críticas necesarias para la vida microbiana. Los microorganismos suficientemente dañados no pueden reproducirse ni repararse a sí mismos. Si no pueden reproducirse, no pueden causar enfermedades.

El cloro es tóxico para la vida acuática y no se puede descargar al medio ambiente en grandes concentraciones. Las instalaciones de recuperación de recursos hídricos que utilizan cloro o compuestos clorados para la desinfección poseen en sus permisos de descarga límites de concentración de cloro. Según la dilución disponible en el punto de descarga, los límites pueden llegar a un mínimo de 0.05 mg/L. Una vez que se completa la desinfección, el exceso de cloro en general se neutraliza con el agregado de gas dióxido de azufre (SO_2) o una de las varias sales de sulfito. En el proceso de cloración, los compuestos clorados actúan como desinfectantes y como oxidantes. Un oxidante es un químico que agrega oxígeno a otra sustancia, pierde hidrógeno o pierde electrones en una reacción química. En el proceso de descloración, el dióxido de azufre y las sales de sulfito actúan como agentes reductores y desclorantes. Los agentes reductores eliminan el oxígeno de otra sustancia, ganan hidrógeno o electrones en una reacción química.

Las WRRF también utilizan desinfectantes alternativos, como la luz ultravioleta, el ozono y las cloraminas. La desinfección ultravioleta se ha vuelto frecuente y en 2007 aproximadamente el 21 % de todas las WRRF la utilizaban (Washington State University, 2017). Con frecuencia se eligen estos métodos alternativos porque las WRRF poseen límites de cloro para efluentes extremadamente bajos, hay inquietud acerca de la seguridad del cloro o es necesario evitar la formación de subproductos de la desinfección. Cuando se agrega cloro al agua, una parte se combina con los compuestos orgánicos disueltos y forma subproductos de la desinfección. Los subproductos de la desinfección incluyen trihalometanos, ácidos halogénicos y nitrosodimetilamina. Se sabe, o se sospecha, que algunos de estos compuestos aumentan el riesgo de cáncer en los seres humanos. En consecuencia, desde 1998 se regulan los subproductos de la desinfección en el agua potable. Algunos estados, como California, han comenzado a regular los subproductos de la desinfección en los efluentes tratados. Muchas instalaciones de tratamiento de agua potable toman aguas de arroyos, ríos y lagos que reciben efluentes de WRRF. Los ríos más largos, como el Mississippi, tienen muchas WRRF e instalaciones de agua potable a lo largo de su curso. En el oeste árido de los Estados Unidos, hay estaciones de reutilización potable indirecta y directa que suministran agua potable limpia a partir de aguas residuales recicladas. La gestión de las prácticas de desinfección para minimizar la generación de subproductos de la desinfección ayuda a proteger el suministro de agua.

La desinfección ultravioleta utiliza luz ultravioleta para dañar el *ácido desoxirribonucleico* (*ADN*) de los microorganismos en los efluentes finales. Los microorganismos que reciben daño suficiente no pueden fabricar enzimas y proteínas. No pueden reproducirse y finalmente mueren. La luz ultravioleta es generada por bombillas especiales, similares en apariencia a las bombillas fluorescentes que se utilizan en la mayoría de las oficinas y tiendas. A las bombillas ultravioletas comúnmente se las denomina *lámparas*. Las lámparas contienen una pequeña cantidad de mercurio. Cuando pasa electricidad por estas lámparas, el mercurio que se encuentra dentro absorbe parte de la energía y la vuelve a liberar en forma de luz ultravioleta. Para que la luz sea eficaz, debe llegar al ADN de los microorganismos. El agua no debe contener sustancias que absorban o dispersen la luz ultravioleta como la turbiedad, los sólidos en suspensión totales (SST) y el hierro. El ADN que reciba más luz ultravioleta se dañará más que el que reciba menos.

El *ácido desoxirribonucleico (ADN)* es un tipo de molécula genética que utilizan los virus y las células. Estas moléculas contienen instrucciones para construir las proteínas que un virus o una célula pudieran necesitar para vivir y reproducirse. Si las instrucciones reciben el daño suficiente, los virus y las células no pueden reproducirse y finalmente morirán.

COMPROBACIÓN DE CONOCIMIENTOS

1. **La desinfección mata o inactiva todos los microorganismos de las aguas residuales.**
   - ☐ Verdadero
   - ☐ Falso

2. **La actividad del cloro se basa en la destrucción de proteínas e inactivación de enzimas críticas para que los microorganismos no se puedan reproducir.**
   - ☐ Verdadero
   - ☐ Falso

3. **¿Por qué se exige la desinfección de los efluentes de una WRRF?**
   a. Para proteger la salud pública y el medio ambiente
   b. Para disminuir el crecimiento biológico potencial
   c. Para reducir la carga de nutrientes
   d. Para eliminar completamente todos los microorganismos

4. **Las instalaciones que utilizan cloro para la desinfección**
   a. Agregan sodio para neutralizar el cloro y hacerlo menos tóxico previo a la descarga
   b. Poseen límites de concentración de cloro en sus permisos de descarga
   c. Se les exige mantener un residual en los efluentes de al menos 0.05 mg/L
   d. Descargan una cantidad mayor de microorganismos que las instalaciones que utilizan desinfección ultravioleta

5. Una razón por la que una WRRF puede decidir utilizar radiación ultravioleta en lugar de cloro para la desinfección puede ser que

a. El cloro es extremadamente caro.
b. Hay inquietud acerca de la seguridad del cloro.
c. Interrupciones frecuentes del servicio eléctrico.
d. Hay inquietudes en cuanto a la seguridad de la radiación ultravioleta.

6. Se pueden formar estos compuestos cuando el cloro reacciona con los compuestos orgánicos disueltos:

a. Cloraminas
b. Organoozonos
c. Subproductos de la desinfección
d. Sales de sulfito

Organismos indicadores

Puede haber distintos patógenos presentes en las aguas residuales, incluidos virus, bacterias y protozoos. Realizar un análisis de cada tipo de patógeno requiere grandes volúmenes de muestras y puede resultar costoso porque son necesarios múltiples métodos de análisis. Realizar un análisis de patógenos individuales puede ser difícil porque, en caso de estar presentes, los patógenos conforman un porcentaje ínfimo del número total de microorganismos. Además, existen métodos de análisis para algunos patógenos transmitidos por agua pero no para otros (WHO, 2003). Cuando el número de patógenos es pequeño, pueden pasarse por alto fácilmente. Piense en el área de servicio y en todas las personas a la que la WRRF presta servicio. Cada una de ellas aporta millones de bacterias a las alcantarillas cada día, pero solo un pequeño número de personas dentro del área de servicio probablemente contraerá una *enfermedad transmitida por agua* en un momento dado. ¿No es más lógico buscar los tipos de bacterias que se encuentran en grandes cantidades en lugar de patógenos relativamente raros? Realizar múltiples análisis para distintas clases de patógenos es como buscar una aguja en un pajar. En lugar de buscar agujas en pajares, busquemos pajares. Son más fáciles de encontrar. En esto se basa el concepto de *organismo indicador*. Los pajares, en este caso, son los organismos indicadores y las agujas son los patógenos. Los organismos indicadores indican que se ***ha*** producido *contaminación fecal* y que ***puede*** haber patógenos presentes. Esto no significa que va a haber patógenos presentes cada vez que hay un organismo indicador presente. Puede no haber ningún patógeno. Simplemente significa que hay mayores probabilidades de que haya patógenos cuando hay organismos indicadores.

Las *enfermedades transmitidas por el agua* se pueden esparcir mediante el contacto con agua contaminada. Los virus fríos se esparcen por el aire y no sobreviven mucho tiempo en aguas residuales. El cólera, por el contrario, se esparce rápidamente por medio del agua contaminada.

Contaminación fecal significa que hay materia fecal o aguas residuales con materia fecal. *E. coli* es una bacteria que vive en los intestinos de los animales de sangre caliente. Si hay *E. coli*, probablemente provenga de heces o de aguas residuales contaminadas con heces.

Los organismos indicadores poseen varias propiedades clave que los hacen útiles para predecir la probabilidad de que se encuentren presentes patógenos asociados a enfermedades transmitidas por el agua. A los patógenos también se los denomina *organismos meta*. Los organismos indicadores

- Están presentes de manera universal en las heces de seres humanos y animales de sangre caliente,
- Están presentes en cantidades mayores que los patógenos,
- Son más fácil de analizar que los patógenos,
- Están íntimamente relacionados con los patógenos,
- No son *ubicuos*, y
- Son eliminados por medio de tratamiento de aguas residuales de forma similar a los patógenos transmitidos por el agua. Si se elimina, mata o inactiva el organismo indicador durante el tratamiento, se asume que los organismos meta (patógenos) también se eliminaron, mataron o inactivaron.

Ubicuo significa que es común o se encuentra casi en todas partes.

Los organismos indicadores utilizados con mayor frecuencia en el tratamiento de aguas residuales son los coliformes totales, coliformes fecales, *E. coli* y enterococos. Estos microorganismos no son, salvo algunas *pocas excepciones*, dañinos para los seres humanos. Viven en *simbiosis* con nosotros en nuestros intestinos. A cambio de un ambiente cálido y rico en alimentos, degradan sustancias que los seres humanos no pueden degradar, producen vitamina K y desplazan a otros microorganismos que nos pueden enfermar. Los coliformes totales incluyen a todos los coliformes fecales, *Klebsiella* y algunas otras clases de bacterias. Es la categoría más amplia e inclusiva. Debido a que incluye algunas clases de bacterias que están asociadas con el medio ambiente y no con la contaminación fecal, el análisis de coliformes totales a veces puede indicar la presencia de contaminación fecal cuando en realidad no la hay. Los coliformes fecales son un subconjunto de los coliformes totales. Están más relacionados con la contaminación fecal porque estas bacterias viven en los intestinos de los animales de sangre caliente. *E. coli* y enterococos son especies específicas de bacterias coliformes fecales. Podemos comparar a estos tres grupos de microorganismos con el fútbol. El proceso de selección inicial incluye a todos los jugadores que pueden ser elegidos para formar parte del equipo de pretemporada y los jugadores que no van a formar parte de un equipo. Después de finalizada la pretemporada, algunos jugadores serán retirados para reducir el tamaño del equipo. Los coliformes totales son los integrantes del proceso de selección inicial. Los coliformes fecales son el equipo de pretemporada y *E. coli* y los enterococos forman parte del equipo de la final. Cada agrupamiento es más específico que el anterior y está más relacionado con la dispersión de enfermedades. Esta es la razón por la cual la Agencia de Protección Ambiental de los EE. UU. (EPA de los EE. UU.) recomienda que se utilicen *E. coli* y enterococos para evaluar el proceso de desinfección. Los permisos de descarga pueden contener límites para uno o más organismo indicador.

Simbiosis es una relación de beneficio mutuo.

Las *E. coli* en general no son patógenas, pero una cepa de *E. coli*, O157 : H7, puede producir toxinas que causan graves enfermedades en los seres humanos. *E. coli* O157 : H57 a veces ingresa al suministro de alimentos a través de queso o carne contaminados, en especial hamburguesas, y da como resultado intoxicación alimenticia.

Los resultados de laboratorio sobre organismos indicadores se expresan como el número de unidades formadoras de colonias (n.º UFC) cada 100 mililitros o número más probable (NMP) cada 100 mililitros. Las unidades de medida reflejan diferencias en los dos métodos de análisis utilizados con mayor frecuencia. Las bacterias individuales son demasiado pequeñas como para verse a simple vista. Un analista que observa a través de un microscopio no puede diferenciar fácilmente entre bacterias vivas y muertas o entre coliformes fecales, *E. coli* y otros tipos de bacterias. La mayoría de las bacterias tienen aspecto similar. Para superar estos problemas, los métodos de análisis aumentan la cantidad de organismos indicadores para facilitar la cuenta o medir su actividad de alguna manera.

Algunos métodos de análisis filtran muestras de aguas residuales para capturar bacterias individuales en un papel filtro. El papel filtro y las bacterias después se transfieren a una placa de petri que contiene una capa de *agar* en el fondo. El agar contiene ingredientes que permite a los organismos indicadores crecer y al mismo tiempo suprime el crecimiento de otros microorganismos. Los distintos métodos de análisis utilizan distintos ingredientes. La placa de petri se coloca invertida (con el agar hacia arriba) en una incubadora durante 24 horas. Esto contribuye a mantener a las bacterias individuales aisladas y a evitar que el agua se acumule en el agar. Durante este periodo, los organismos indicadores se multiplican rápidamente y, finalmente, forman agrupaciones lo suficientemente grandes como para poder ser vistas sin microscopio (figura 10.1). Estas agrupaciones se denominan *colonias*. Las colonias se forman en el lugar del papel filtro en donde caen los organismos indicadores. En la placa de la figura 10.1 se muestran colonias de coliforme fecal azul. El agar contiene un colorante azul que las bacterias toman. Es posible estimar el número de organismos indicadores en la muestra original mediante el recuento de colonias. El método no es exacto. En ocasiones, dos o más organismos indicadores se encuentran tan cerca uno de otro en el papel filtro que forman una sola colonia. Algunos organismos indicadores no crecen lo suficientemente rápido como para producir colonias. Esta es la razón por la que se utiliza la expresión *unidad formadora de colonia* (UFC) cuando se informan los resultados.

El *agar* es una gelatina extraída de las algas. Proporciona una superficie para que crezcan las bacterias, además de materia orgánica y nutrientes.

También se puede estimar la cantidad de organismos indicadores mediante el método NMP. En lugar de filtrar la muestra, se dejan crecer las bacterias en suspensión en tubos de ensayo con un medio de cultivo como el que se muestra en la figura 10.2. El medio contiene materia orgánica y nutrientes. También contiene sustancias que solo pueden consumir los organismos indicadores, como *lactosa* y 4-metilumbeliferil-β-D-glucurónido (MUG). También puede contener *indicador de pH*. Cuando los coliformes totales consumen la lactosa, producen ácido y gas. Un tubo de ensayo pequeño invertido sumergido en la ampolla de ensayo captura el gas. En la figura 10.2, la burbuja de gas que se ve en el tubo indica un resultado positivo para coliformes fecales. *E. coli* es capaz de descomponer MUG en subproductos que emiten un brillo azul cuando se los expone a la luz negra. Los métodos de análisis se basan en estas propiedades para determinar si un tubo de ensayo con cultivo contiene organismos indicadores. Por ejemplo, un tubo que produjo gas y ácido pero no brilla bajo la luz negra puede considerarse positivo para coliformes totales pero negativo para *E. coli*.

La *lactosa* es un azúcar presente en la leche. Un medio que permite el crecimiento de algunos organismos pero no de otros se denomina *medio selectivo*.

El *indicador de pH* es un compuesto que cambia de color según el pH. En el análisis NMP, una variación del color le indica al analista que microorganismos produjeron ácido.

En una versión del análisis NMP, se prepara un gran número de tubos con cultivo (entre 15 y 20) con distintas cantidades de agua residual. Después se colocan en una incubadora cálida durante aproximadamente 24 horas. Durante este periodo, las bacterias se reproducen rápidamente. El analista después registra la cantidad de tubos

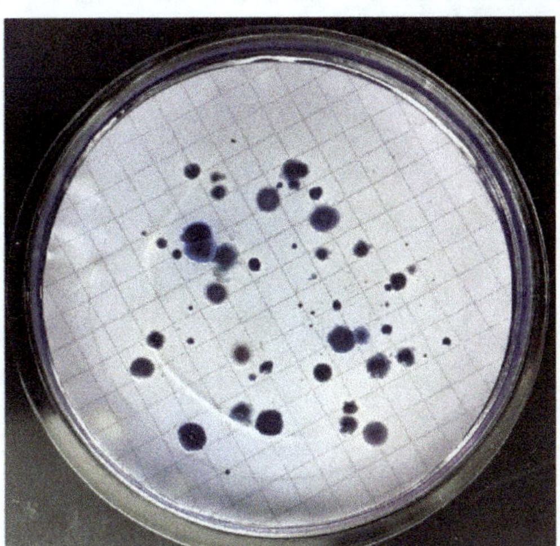

Figura 10.1 Colonias de coliformes fecales

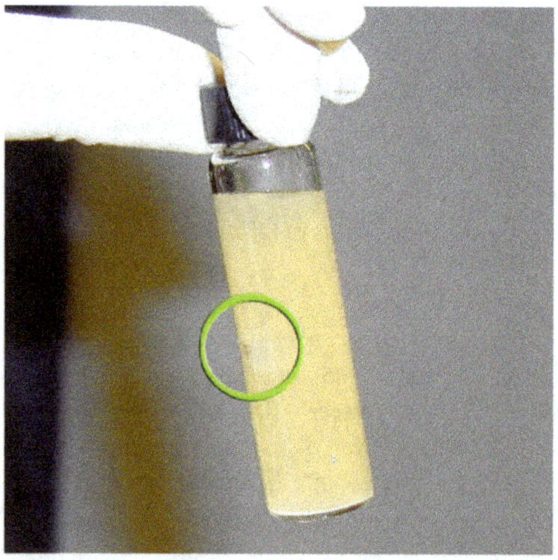

Figura 10.2 Burbuja de gas que indica resultado positivo del análisis NMP (reimpreso con autorización de Indigo Water Group)

con cada dilución que resultan positivos. El sistema Quanti-Tray™ de Idexx, que se muestra en la figura 10.3, es otra versión del análisis NMP. Al final del periodo de incubación de 24 horas, cada uno de los pocillos de la bandeja puede ser incoloro (resultado negativo) o amarillo (positivo para coliformes totales). Los pocillos que dan positivo para *E. coli* emiten un brillo azul cuando se los expone a la luz negra. El analista registra la cantidad de pocillos grandes y pequeños que resultan positivos. En ambas versiones del análisis NMP después se utilizan tablas estadísticas para determinar el NMP de organismos indicadores en la muestra original.

Imagine una bolsa con 100 canicas. Diez de las canicas son rojas y el resto son blancas. Si el contenido de la bolsa fuera dividido en partes iguales en 100 contenedores, sería muy sencillo contar el número de contenedores con canicas rojas y obtener el cálculo exacto de canicas rojas. Ahora imagine que las canicas se dividieran en 25 contenedores. Algunos contenedores tendrán una sola canica roja, algunos tendrán más de una canica roja y la mayoría no tendrá ninguna. Los métodos de análisis NMP solo pueden decirnos cuántos contenedores tendrán al menos una canica roja pero no pueden decirnos cuántas canicas rojas tiene cada contenedor. Se utilizan cálculos estadísticos para estimar el número más *probable* de canicas rojas en total en función del número de contenedores con al menos una canica roja. Más probable significa que es lo que tiene mayores chances de ocurrir. La matemática necesaria para realizar estas clases de cálculos estadísticos es complicada. En lugar de calcular el NMP cada vez, se utilizan tablas de valores NMP. Una vez que el analista contó el número de tubos o pocillos positivos, busca el resultado en una tabla estadística para encontrar el NMP correspondiente. Los resultados de laboratorio de los métodos basados en NMP se informan como NMP/100 mL.

En la tabla 10.1 se resumen diversos métodos de análisis de recuento en placa de filtración por membrana y NMP. Todos estos métodos se basan en el concepto presentado en los párrafos anteriores. Existen varios

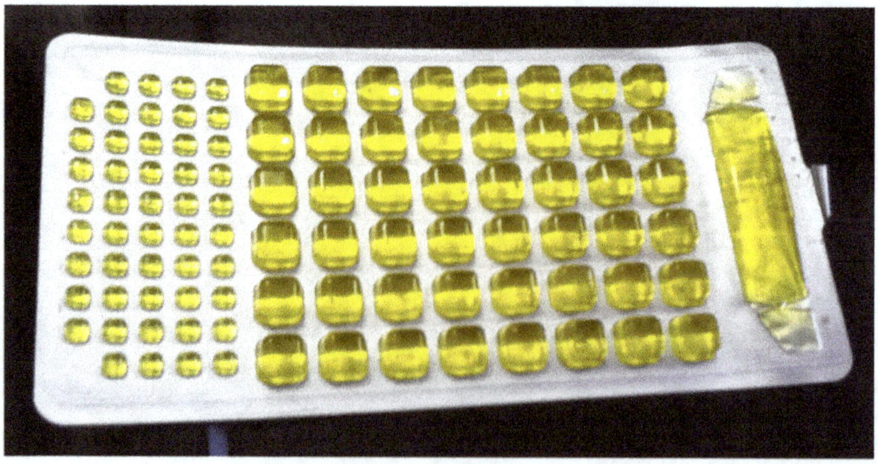

Figura 10.3 Sistema Quanti-Tray de Idexx (reimpreso con autorización de Indigo Water Group)

Tabla 10.1 Métodos de análisis para distintos organismos indicadores (40 CFR, Parte 136, §136.3)

Organismo indicador	Tipo de método	Fuentes del método
Coliformes totales	NMP	EPA de los EE. UU. (1978c) página 114 Standard Methods 9221 B-2006
	Filtro de membrana	EPA de los EE. UU. (1978c) página 108 Standard Methods 9222 D-2006
Coliformes fecales	NMP	EPA de los EE. UU. (1978c) página 132 Método 1680 y 1681 EPA de los EE. UU. Standard Methods 9221 C E-2006 Colilert-18 (Idexx Laboratories, Inc.)
	Filtro de membrana	EPA de los EE. UU. (1978c) página 124 Standard Methods 9222 D-2006
E. coli	NMP	Standard Methods 9221 B.2-2006 / 9221 F-2006 Standard Methods 9223 B-2004 Colilert, Colilert-18 (Idexx Laboratories, Inc.)
	Filtro de membrana	Método 1603 EPA de los EE. UU. mColiBlue-24 (Hach Company)

recursos excelentes con instrucciones detalladas acerca de cómo realizar cada análisis, incluido el manual 600/8-78/017, *Microbiological Methods for Monitoring the Environment, Water, and Wastes,* de la EPA de los EE. UU., disponible para descarga gratuita en la página del *National Service Center for Environmental Publications* en https://nepis.epa.gov.

COMPROBACIÓN DE CONOCIMIENTOS

1. **Si el efluente final de una WRRF contiene 120 UFC/100 mL de *E. coli*, hay patógenos presentes.**
   - ☐ Verdadero
   - ☐ Falso
2. **Existen métodos de análisis confiables para todos los patógenos potencialmente presentes en las aguas residuales.**
   - ☐ Verdadero
   - ☐ Falso
3. **Organismos indicadores**
   a. Son ubicuos (se encuentran en todas partes)
   b. Requieren múltiples métodos de análisis
   c. Se relacionan con la contaminación fecal
   d. Indican la presencia de patógenos
4. **¿Los permisos de descarga incluyen con frecuencia límites respecto de cuál de los siguientes microorganismos como indicador de desinfección adecuada?**
   a. *Klebsiella*
   b. *E. coli*
   c. Cólera
   d. *Cryptosporidium*
5. **Coloque estos microorganismos en orden desde los menos específicos (grupo más inclusivo) hasta los más específicos.**
   a. Coliformes fecales
   b. *E. coli*
   c. Coliformes totales
6. **El resultado de los efluentes finales para *E. coli* dio 350 NMP/100 mL. ¿Qué debe ser cierto?**
   a. Se filtró la muestra durante el análisis.
   b. El resultado de coliforme fecal debe ser menor a 350 NMP/100 mL.
   c. Los resultados incluyen *Klebsiella* y otros organismos indicadores.
   d. Se utilizó una tabla estadística para estimar el número.
7. **Una ampolla del análisis NMP está opaca por crecimiento bacteriano, muestra producción de gas y emite un brillo azul bajo la luz negra. ¿Cuál de los siguientes enunciados es verdadero?**
   a. El análisis es positivo para coliformes fecales.
   b. El análisis es positivo para coliformes totales.
   c. El análisis es positivo para coliformes totales y *E. coli.*
   d. El análisis es positivo para coliformes totales y coliformes fecales.

Desinfección con cloro

El cloro está disponible como cloro gaseoso puro (CI_2), hipoclorito de sodio líquido (NaOCI) e hipoclorito de calcio sólido [$Ca(CIO)_2$]. El cloro gaseoso es 100 % cloro puro. Al hipoclorito de sodio comúnmente se lo denomina *blanqueador*. El blanqueador utilizado en una WRRF en general contiene de 10 a 15 % (*porcentaje comercial)* de hipoclorito, mientras que el blanqueador de uso doméstico contiene entre 5.25 y 8 % (porcentaje comercial) de hipoclorito. El porcentaje comercial no es el *porcentaje en peso* de la solución, sino la terminología que utiliza la industria para hacer referencia a la fuerza de una solución de hipoclorito en comparación con una cantidad similar de cloro puro. Uno por ciento de fuerza comercial es equivalente a 1 g de cloro como gas cloro (Connell, 2002). Al porcentaje comercial también se lo conoce como *porcentaje de cloro disponible.* El hipoclorito de calcio se puede adquirir en estado sólido en presentación en polvo, granulado, disco, briqueta o pastilla, según el proveedor. Al hipoclorito de calcio con frecuencia se lo denomina *blanqueador en polvo* o hipoclorito de alta concentración (*High Test Hypochlorite, HTH®*). HTH® es una de las diversas marcas comerciales de hipoclorito de calcio. El hipoclorito de calcio contiene de 65 a 70 % de hipoclorito de calcio por peso. En otras palabras, un kilo (libra) de HTH contiene de 0.65 a 0.70 kg (lb) de cloro.

Porcentaje comercial (%) = (g/L cloro disponible) / 10

El *porcentaje en peso* es el peso del químico dividido por el peso total de la solución. Un contenedor con 2 kg (lb) de cal y 98 kg (lb) de agua tiene 2% de cal por peso.

También se puede producir cloro a partir de materias primas *in situ*. La producción de hipoclorito de sodio in situ se ha realizado desde la década de 1930. Para este proceso se utiliza una solución salina o salmuera y energía eléctrica para producir cloro. La sal más utilizada es el cloruro de sodio (NaCI). Se disuelve la sal para hacer salmuera que después se diluye y se pasa a través de electrodos conectados a una corriente de bajo voltaje. El proceso produce hipoclorito con una solución dentro de un rango de 0.8 a 12.5 % (porcentaje comercial). La producción *in situ* resulta atractiva porque el único producto químico necesario es la sal que se puede almacenar por un tiempo indefinido. No se ofrecerá mayor información acerca de la producción *in situ* en este capítulo.

A veces, una marca es casi el equivalente al tipo de producto. Por ejemplo, es raro que alguien pida un pañuelo descartable. Por el contrario, pide un Kleenex®. A los hisopos casi de manera universal se los llama Q-tip® y una coca puede designar distintas cosas desde una Coca-Cola® hasta cualquier refresco.

TEORÍA DE OPERACIÓN

Las formas de cloro más utilizadas para la desinfección de aguas residuales son el gas cloro (Cl_2), el hipoclorito de sodio (NaOCI) y el hipoclorito de calcio [$Ca(OCI)_2$]. Cada forma del cloro reacciona de manera similar con el agua y forma ácido hipocloroso (HOCI) de acuerdo a las reacciones que se muestran en las ecuaciones 10.1 a 10.3. El ácido hipocloroso (HOCl) se descompone aún más y forma iones de hidrógeno (H^+) e iones de hipoclorito (OCl^-), como se muestra en la ecuación 10.4. Recuerde que, según lo expuesto en la sección de química del capítulo 9 (Eliminación de nutrientes), la doble flecha en cada una de estas reacciones químicas significa que están en equilibrio. Los porcentajes de cada forma química presente dependen del pH y la temperatura del agua. Si el pH o la temperatura cambian, el equilibrio pasará de un lado de la ecuación al otro y la cantidad de cada especie química cambiará.

Esta sección sobre teoría del cloro contiene distintas ecuaciones químicas. ¡No entre en pánico! No debe memorizar las ecuaciones. Concéntrese en las definiciones, cómo se consume o transforma el cloro en las reacciones y cómo las condiciones ambientales influyen en la presencia de determinados químicos.

$$\begin{gathered} Cl_{2(g)} + H_2O \leftrightarrow HOCl + HCl \\ \text{Gas cloro} + \text{Agua} \leftrightarrow \text{Ácido hipocloroso} + \text{Ácido clorhídrico} \end{gathered} \tag{10.1}$$

$$\begin{gathered} NaOCl + H_2O \leftrightarrow HOCl + NaOH \\ \text{Hipoclorito de sodio} + \text{Agua} \leftrightarrow \text{Ácido hipocloroso} + \text{Hidróxido de sodio} \end{gathered} \tag{10.2}$$

$$\begin{gathered} Ca(OCl)_2 + H_2O \leftrightarrow HOCl + Ca(OH)_2 \\ \text{Hipoclorito de calcio} + \text{Agua} \leftrightarrow \text{Ácido hipocloroso} + \text{Hidróxido de calcio} \end{gathered} \tag{10.3}$$

$$\begin{gathered} HOCl \leftrightarrow H^+ + OCl^- \\ \text{Ácido hipocloroso} \leftrightarrow \text{Ion de hidrógeno} + \text{Ion de hipoclorito} \end{gathered} \tag{10.4}$$

Observe que cuando se agrega gas cloro (Cl_2) al agua, los productos finales en la ecuación 10.1 son ácido hipocloroso (HOCl) y ácido clorhídrico (HCl). El ácido producido consume 1.4 mg/L de alcalinidad como carbonato de calcio ($CaCO_3$) por cada 1 mg/L de cloro (CI_2) agregado. Si la cantidad de alcalinidad inicial es baja o se agrega una gran cantidad de cloro, el agregado de gas cloro puede producir una disminución del pH. En la mayoría de las WRRF, la dosis de cloro agregada es menor a 20 mg/L y el efecto sobre el pH es insignificante. Algunas WRRF pueden observar una disminución notable del pH cuando la alcalinidad de los efluentes es menor a aproximadamente 80 mg/L como $CaCO_3$ antes del agregado de gas cloro. Cuando se agrega hipoclorito de sodio (NaOCl) o hipoclorito de calcio [$Ca(OCl)_2$] al agua, se producen compuestos hidróxidos (ecuaciones 10.2 y 10.3). El hidróxido (OH^-) es una base. Agrega alcalinidad y tiende a aumentar el pH.

El equilibrio entre el ácido hipocloroso (HOCl) y el ion de hipoclorito (OCl^-) depende en gran medida del pH, como se muestra en la figura 10.4. Cuando el pH se acerca a 7.6, los porcentajes de ácido hipocloroso (HOCl) e ion de hipoclorito (OCl^-) son iguales. El punto de equilibrio se encuentra en el cruce de la línea verde con la azul en la figura 10.4. Observe que se ubica en el pH 7.6. El punto de equilibrio se mueve levemente hacia la derecha a medida que el agua se enfría (pH más alto) y se mueve levemente hacia la izquierda (pH más bajo) a medida que el agua se torna más cálida. Este efecto apenas se nota en las aguas residuales domésticas porque las temperaturas del agua tienden a permanecer dentro de un rango estrecho entre 10 y 20 °C (50 y 68 °F). Cuando el pH es mayor a 8.5, el ácido hipocloroso (HOCl) es menor al 10 % del total, mientras que el ion de hipoclorito (OCl^-) es mayor al 90 % del total. Cuando el pH es menor a 6.5, el equilibrio cambia a más del 90 % de ácido hipocloroso (HOCl) y menos del 10 % de ion de hipoclorito (OCl^-). Cuando el pH es menor a 2, el ácido hipocloroso (HOCI) se convierte nuevamente en gas cloro (CI_2). El ácido hipocloroso (HOCI) es un desinfectante más efectivo que el ion de hipoclorito (OCl^-). Se piensa que el ion de hipoclorito (OCl^-) es un mal desinfectante porque su carga negativa evita que traspase fácilmente la membrana celular. Por esta razón, lleva menos tiempo lograr el mismo nivel de desinfección con un pH bajo que con un pH alto.

DOSIS, DEMANDA Y RESIDUAL

Además de formar ácido hipocloroso (HOCl) e ion de hipoclorito (OCl^-), el cloro reacciona con otros componentes presentes en las aguas residuales como el ácido sulfhídrico (H_2S), hierro ferroso (Fe^{+2}), manganeso (Mn^{+2}), nitrito (NO_2^-) y compuestos orgánicos. Las ecuaciones 10.5 a 10.8 ilustran las reacciones entre el ácido hipocloroso (HOCl), nitrito (NO_2^-), hierro ferroso (Fe^{+2}), e ion manganoso (Mn^{+2}). Estas reacciones químicas agotan el poder oxidante del cloro y lo transforman de ácido hipocloroso (HOCl) a ion de cloruro (Cl^-). El ácido hipocloroso (HOCl) e ion de hipoclorito (OCl^-) son oxidantes fuertes y buenos desinfectantes. El ion de cloruro (Cl^-) que permanece después de completadas las reacciones químicas se disipa. Pierde su capacidad oxidante y ya no está disponible como desinfectante.

$$\begin{array}{c} H_2S + 4HOCl \rightarrow H_2SO_4 + 4H^+ + 4Cl^- \\ \text{Sulfuro de hidrógeno} + \text{Ácido hipocloroso} \rightarrow \text{Ácido sulfúrico} + \text{Iones de hidrógeno} + \text{Iones de cloruro} \end{array} \quad (10.5)$$

$$\begin{array}{c} HOCl + 2Fe^{+2} + H^+ \rightarrow 2Fe^{+3} + Cl^- + H_2O \\ \text{Ácido hipocloroso} + \text{Hierro ferroso} + \text{Ion de hidrógeno} \rightarrow \text{Ion férrico} + \text{Cloruro} + \text{Agua} \end{array} \quad (10.6)$$

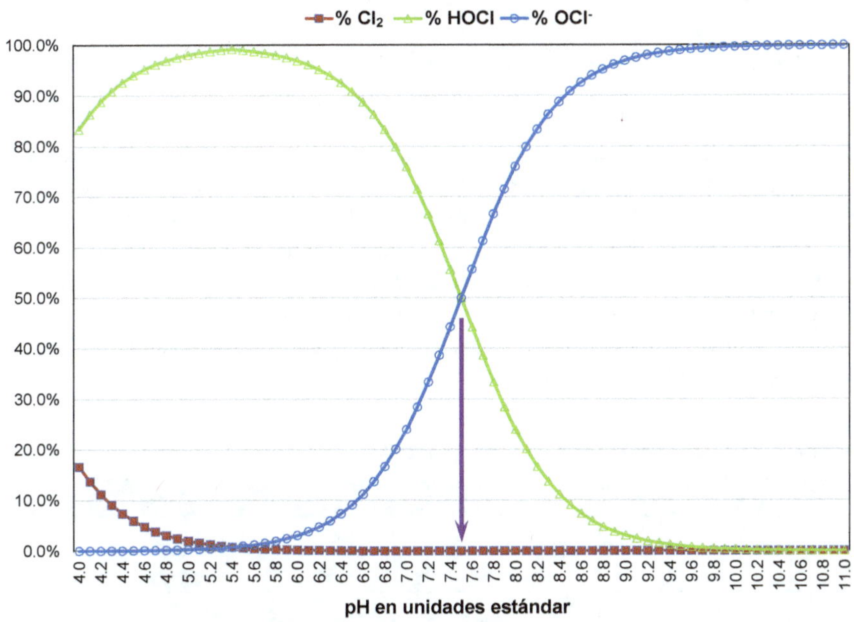

Figura 10.4 Equilibrio de ácido hipocloroso e ion de hipoclorito a 20 °C (68 °F) (El punto de equilibrio a 20 °C es pH 7.58. El punto de equilibrio a 0 °C es pH 7.82 y el punto de equilibrio a 30 °C es pH 7.50. Calculado a partir de las ecuaciones y constantes de Morris, 1966). (Reimpreso con autorización de Indigo Water Group)

$$\begin{gathered}\mathrm{HOCl} + \mathrm{Mn}^{+2} + \mathrm{H}^{+} \rightarrow \mathrm{Mn}^{+4} + \mathrm{Cl}^{-} + \mathrm{H_2O} \\ \text{Ácido hipocloroso} + \text{Ion manganoso} + \text{Ion de hidrógeno} \rightarrow \text{Ion mangánico} + \text{Cloruro} + \text{Agua}\end{gathered} \quad (10.7)$$

$$\begin{gathered}\mathrm{HOCl} + \mathrm{NO_2}^{-} \rightarrow \mathrm{NO_3}^{-} + \mathrm{Cl}^{-} + 2\mathrm{H}^{+} \\ \text{Ácido hipocloroso} + \text{Nitrito} \rightarrow \text{Nitrato} + \text{Cloruro} + \text{Ion de hidrógeno}\end{gathered} \quad (10.8)$$

La tabla 10.2. presenta la cantidad de cloro necesaria para reaccionar con cada uno de estos componentes inorgánicos, calculada a partir de las ecuaciones 10.5 a 10.8. Estas son concentraciones o relaciones de peso. Por ejemplo, si los efluentes finales contienen 1 mg/L de hierro ferroso (Fe^{+2}), consumirán 0.6 mg/L de cloro (Cl_2). En la ecuación 10.9 se da un ejemplo de cómo convertir las relaciones molares de las ecuaciones10.5 a 10.8 en concentraciones que puedan medirse en campo. En la ecuación 10.8, 1 mol de ácido hipocloroso (HOCl) reacciona con 1 mol de nitrito (NO_2^-). En la práctica, los operadores miden la concentración de ácido hipocloroso (HOCI) presente como cloro (CI_2). En otras palabras, el método de análisis da un resultado en miligramos por litro de CI_2 aún cuando se agregue hipoclorito de sodio o calcio. De manera similar, los resultados de laboratorio para el nitrito (NO_2^-) en general se informan como nitrógeno nitrito (NO_2-N) o "como N". Para convertir moles en gramos, se utilizan los pesos atómicos del cloro (Cl_2) y el nitrito como N (NO_2-N) para que la relación resultante esté expresada en las mismas unidades que los resultados de laboratorio. Por cada 1 mg/L de nitrógeno nitrito (NO_2-N), se consumirá 5.1 mg/L de cloro.

Al principio del capítulo 9, Eliminación de nutrientes, se incluye un repaso de conceptos químicos.

$$\frac{1\ \mathrm{mol\ Cl_2}}{1\ \mathrm{mol\ NO_2}^-}\left|\frac{71\ \mathrm{g}}{1\ \mathrm{mol\ Cl_2}}\right|\left|\frac{1\ \mathrm{mol\ NO_2}^-}{1\ \mathrm{mol\ N}}\right|\left|\frac{1\ \mathrm{mol\ N}}{14\ \mathrm{g}}\right| = \frac{5.07\ \mathrm{g\ Cl_2}}{\mathrm{g\ NO_2\text{-}N}} \quad (10.9)$$

En un proceso de nitrificación que funciona correctamente, las concentraciones de nitrógeno nitrito deben ser muy bajas, inferiores a 0.25 mg/L. Sin embargo, una perturbación del proceso o el comienzo de la nitrificación pueden causar el aumento de las concentraciones de nitrógeno nitrito.

La *dosis* es la cantidad de cloro agregado a las aguas residuales. El cloro agotado (consumido) durante las reacciones químicas es la *demanda* de cloro. El *residual* es la cantidad de cloro remanente después de satisfecha la demanda. Dosis, demanda y residual se relacionan según la ecuación 10.10. La concentración de cloro residual se puede medir con una variedad de métodos de análisis. La dosis se puede estimar si se conocen la concentración y el volumen de los productos químicos que se agregan. Solo se puede calcular la demanda si se conocen la dosis y el residual. La demanda no se puede medir.

$$\begin{gathered}\text{Dosis} = \text{Demanda} + \text{Residual} \\ \text{o bien} \\ \text{Cloro agregado} = \text{Cloro utilizado} + \text{Cloro remanente}\end{gathered} \quad (10.10)$$

FORMACIÓN DE CLORAMINA

El amoníaco (NH_3) reacciona con el cloro en el agua y forma cloraminas. En este proceso, el cloro puede sufrir una conversión y formar cualquiera de los tres compuestos de cloro y amoníaco: monocloramina (NH_2CI), dicloramina ($NHCI_2$) y tricloramina (NCI_3). Los átomos de cloro toman el lugar de uno o más átomos de hidrógeno en la molécula de amoníaco. Hay distintas rutas para la formación de cloramina que dependen del pH y otros factores. A fin de simplificar, se pueden utilizar las ecuaciones 10.11 a 10.13 para describir la formación de mono, di y tricloramina. Los tres pasos pueden ocurrir simultáneamente y competir entre ellos. También se pueden formar cloraminas orgánicas y subproductos de la desinfección cuando el cloro reacciona con las proteínas y otros compuestos de nitrógeno orgánico.

Tabla 10.2 Cloro necesario para reacciones inorgánicas (AWWA, 2006)

Compuesto	Relación de peso entre el cloro y el compuesto
Hierro ferroso (Fe^{+2})	0.6
Manganeso (Mn^{+2})	1.3
Nitrito (NO_2^-)	1.5
Nitrito como N (NO_2-N)	5.1
Ácido sulfhídrico (H_2S) a azufre (S)	2.1
Ácido sulfhídrico (H_2S) a sulfuro (SO_4^{-2})	6.2

$$NH_3 + HOCl \rightarrow NH_2Cl + H_2O + H^+ + Cl^-$$
$$\text{Amoníaco} + \text{Ácido hipocloroso} \rightarrow \text{Monocloramina} + \text{Agua} + \text{Iones de hidrógeno} + \text{Cloruro} \quad (10.11)$$

$$NH_2Cl + HOCl \rightarrow NHCl_2 + H_2O + H^+ + Cl^-$$
$$\text{Monocloramina} + \text{Ácido hipocloroso} \rightarrow \text{Dicloramina} + \text{Agua} + \text{Iones de hidrógeno} + \text{Cloruro} \quad (10.12)$$

$$NHCl_2 + HOCl \rightarrow NCl_3 + H_2O + H^+ + Cl^-$$
$$\text{Dicloramina} + \text{Ácido hipocloroso} \rightarrow \text{Tricloramina} + \text{Agua} + \text{Iones de hidrógeno} + \text{Cloruro} \quad (10.13)$$

En cada una de estas ecuaciones, parte del cloro (Cl) del ácido hipocloroso (HOCl) se combina con amoníaco (NH_3) para formar cloraminas y parte se convierte en cloruro (Cl^-). El cloruro (Cl^-) se disipa y no se encuentra más disponible como desinfectante. Sin embargo, el cloro adherido a las cloraminas sigue siendo capaz de desinfectar. A las cloraminas se las denomina *cloro residual combinado disponible*. Las cloraminas tardan más tiempo en reaccionar con las proteínas y las enzimas que el ácido hipocloroso (HOCl) o el ion de hipoclorito (OCl^-) y demoran más en desinfectar.

CLORO LIBRE RESIDUAL Y CLORO RESIDUAL TOTAL

El cloro residual se puede medir con una variedad de métodos diferentes de análisis. Cada método mide o bien el cloro libre disponible (*free available chlorine,* FAC) residual o el TCR. El FAC residual incluye el ácido hipocloroso (HOCl) y el ion de hipoclorito (OCl^-). No incluye cloraminas. El TCR incluye cloraminas, HOCl, y OCl^-. Ni el libre ni el TCR incluyen ion de cloruro (Cl^-). La concentración de residual libre puede ser la misma que el TCR (igual a) pero nunca puede ser superior al TCR. A las instalaciones de recuperación de recursos hídricos que utilizan cloro para la desinfección en general se les exige que monitoreen el TCR.

CLORACIÓN AL BREAKPOINT

En la figura 10.5 se muestran dos líneas de dosis y cloro residual, una sin demanda de cloro y la otra con demanda de cloro. El agua con demanda de cloro contiene algo de amoníaco y otros compuestos que reaccionan con el cloro. El eje x (horizontal) muestra la relación entre el cloro y el amoníaco. La dosis de cloro aumenta de izquierda a derecha a través del gráfico. El eje y (vertical) muestra la concentración de TCR. La concentración de TCR aumenta desde la parte inferior del gráfico hacia la superior. Cuando no hay demanda de cloro, la medición de TCR aumenta en exactamente la misma proporción que la cantidad de cloro agregado. Por ejemplo, si se agrega 1 mg/L de cloro, se medirá 1 mg/L de TCR. Esta relación uno a uno se muestra con la línea verde punteada en la figura 10.5.

Cuando hay presencia de amoníaco y otros compuestos, el gráfico se vuelve más complicado. La curva del breakpoint, que se grafica como una línea azul continua en la figura 10.5, muestra cómo cambia la concentración de TCR en respuesta a la dosis de cloro agregado. La curva del breakpoint contiene tres partes distintivas: 1) demanda inicial y creación de residual combinado, 2) destrucción de residual combinado y 3) pos breakpoint. En la primera zona, en la parte más a la izquierda del gráfico, el cloro se combina con amoníaco para formar mono, di y tricloramina. El cloro también reacciona con otros compuestos en el agua como el hierro y manganeso. En esta primera zona, todo el residual TCR es residual combinado. El cloro libre residual no puede existir porque reacciona inmediatamente con el amoníaco y otras sustancias. Observe que la concentración de TCR no aumenta en una relación uno a uno con la dosis. Esto se debe a que parte del cloro aplicado se combina con el amoníaco, pero otra parte se reduce a ion de cloruro (ecuaciones 10.11 a 10.13). El cloro que reacciona con otros componentes (hierro, manganeso, nitrito y otros compuestos) también se reduce a ion de cloruro. Debido a la demanda, el residual es menor que la dosis.

A medida que la dosis de cloro continúa aumentando, la cantidad de cloro en exceso al final sobrepasa la cantidad de amoníaco. Examine la figura 10.5 y encuentre el pico que marca el final de la zona uno y el comienzo de la zona dos. ¿Qué sucede con la concentración de TCR antes y después del pico? ¿Qué sucede con la dosis de cloro? Las cloraminas (residual combinado) que se forman en la primera zona se queman químicamente en la segunda zona. La *estequiometría* de esta reacción se muestra en la ecuación 10.14. Mientras que esta reacción ocurre de manera limitada en la zona uno, la frecuencia aumenta considerablemente cuando

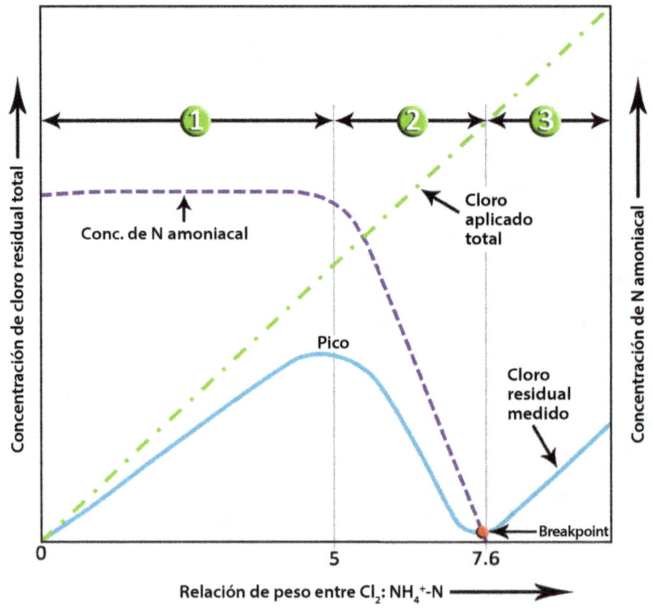

Figura 10.5 Cloración al breakpoint (adaptado de EPA de los EE. UU. [1978b])

La estequiometría es una ecuación química que muestra cuántos moles de una sustancia se necesitan para reaccionar con otra sustancia en una reacción química.

la relación entre el cloro y el nitrógeno amoniacal alcanza aproximadamente 5 a 1. En otras palabras, son necesarios aproximadamente 5 mg/L de cloro (Cl_2) por cada 1 mg/L de nitrógeno amoniacal (NH_3-N) antes de que la reacción que se muestra en la ecuación 10.14 sea la reacción dominante. Los productos finales son el ion de cloruro (Cl^-) y gas nitrógeno (N_2). La concentración de amoníaco disminuye a lo largo de la zona dos (figura 10.5). Ningún producto final es un desinfectante. Esta es la razón por la que la concentración de TCR disminuye en la zona dos a pesar de que aumenta la dosis de cloro.

$$2NH_3 + 3HOCl \rightarrow N_{2(g)} \uparrow + 3H_2O + 3H^+ + 3Cl^- \tag{10.14}$$

Amoníaco + Ácido hipocloroso → Gas nitrógeno + Agua + Iones de hidrógeno + Cloruro

¿Ve el punto rojo en el gráfico? Ese es el break point. El break point marca el punto donde todo el residual combinado que ***puede*** quemarse químicamente ***se*** quemó. Observe que la curva del break point (línea azul) no cae nuevamente a residual cero. Con frecuencia, hay algún remanente de residual combinado. Este es el residual combinado irreductible que consiste principalmente en cloraminas orgánicas que no proveen mucha desinfección. La ecuación 10.14 predice que es necesaria una relación cloro/nitrógeno amoniacal de 7.6 a 1 para alcanzar el break point. En la práctica, pueden ser necesarias relaciones de 10 : 1 o superiores porque el cloro reacciona con otros compuestos además del amoníaco. El break point es también el punto con la menor concentración de cloro residual. Pasado el break point, en la zona tres, la medición de cloro residual aumenta en proporción directa al tamaño de la dosis agregada (como lo hizo en la línea del residual de demanda cero). Si se agrega 2 mg/L de cloro pasado el break point, el residual medido ascenderá a 2 mg/L. La demanda fue satisfecha. El cloro agregado después del break point es cloro libre residual.

Esto es lo interesante acerca del gráfico de break point: es posible obtener exactamente el mismo resultado del análisis de TCR en tres puntos diferentes. Examine el gráfico de break point de ejemplo en la figura 10.6. ¿Ve los tres puntos etiquetados con círculos amarillos? En estas aguas residuales de ejemplo, los tres puntos tienen una concentración de TCR de 2 mg/L a pesar de que la dosis de cloro es diferente en los tres puntos. También difieren las concentraciones de cloro libre residual. No puede haber cloro libre a la izquierda del break point. En los puntos 1 y 2, el TCR es de 2 mg/L y el cloro libre residual es de 0 mg/L. En el punto 3, el TCR sigue siendo de 2 mg/L, pero el cloro libre residual es de 1.5 mg/L. ¿Cuál es la razón? ¿Recuerda el residual combinado que no pudo quemarse químicamente? ¿Lo ve debajo del break point? El TCR es igual al residual combinado más el cloro libre residual. En este ejemplo, el TCR en el punto 3 es igual a 2 mg/L y el residual combinado es de 0.5 mg/L. El cloro libre residual es la diferencia entre el residual total y el combinado o 1.5 mg/L.

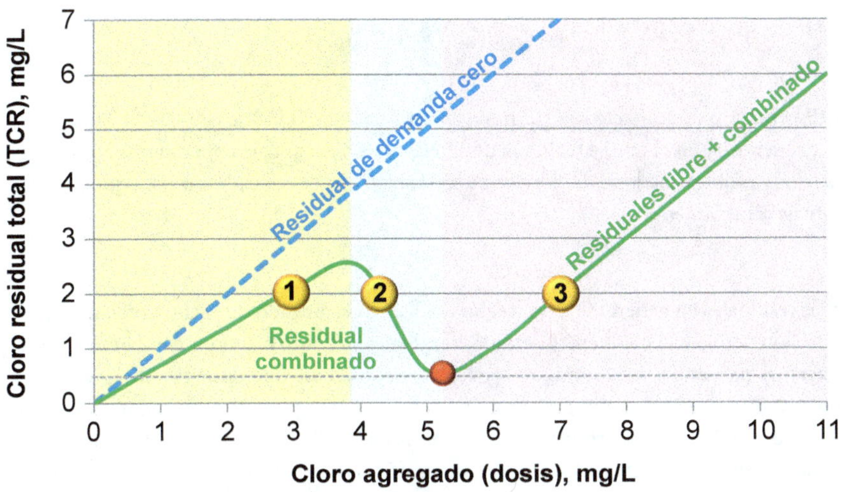

Figura 10.6 Cloro residual libre y total y la curva del break point (adaptado de EPA de los EE. UU. [1978b])

Los sistemas de aguas residuales en general operan hacia la izquierda del pico. Aquí, la relación entre cloro y amoníaco es menor que 5 a 1 y se forman cloraminas pero no se destruyen. A medida que fluye el caudal de entrada y varían las cargas a la WRRF a lo largo del día, la concentración de amoníaco en el efluente final también puede variar. Esto puede producir que los efluentes oscilen hacia delante y atrás del break point. Imagine una WRRF que utilice un regulador para hacer coincidir el volumen de hipoclorito de sodio agregado con la cantidad de caudal recibido. Temprano a la mañana, la dosis de cloro agregada es de 5 mg/L y la concentración de amoníaco de los efluentes es de 0.2 mg/L. La concentración de TCR es de 4.6 mg/L y los efluentes están bien desinfectados. La relación entre dosis de cloro y nitrógeno amoniacal es de 10 a 1 y la instalación está operando a la derecha del break point. A alrededor de las 10:00 a. m., comienza a ingresar el caudal pico a la WRRF y para la 1:00 p. m. la concentración de amoníaco de los efluentes aumentó a 1.5 mg/L como N. Ahora, la relación entre cloro y nitrógeno amoniacal es de 3.3 a 1. La instalación está operando a la izquierda del break point. Esto significa que durante alguna parte del día, la instalación operó en o muy cerca del break point. Recuerde que el break point es la concentración más baja de TCR. Si el TCR es demasiado bajo, los efluentes pueden no estar desinfectados. Los operadores deben ajustar la dosis de cloro para permanecer bien a la izquierda del break point en la zona uno (figura 10.5) y evitar la cloración al break point. Operar dentro de la zona uno también puede reducir el uso de productos químicos y los costos operativos.

Las instalaciones de agua potable operan a la derecha del break point. Esta es la razón por la que los operadores de aguas residuales miden TCR y los operadores de agua potable miden (principalmente) cloro residual libre.

No se usa la cloración al breakpoint para eliminar amoníaco en el tratamiento convencional de aguas residuales debido a las grandes cantidades de cloro necesarias y la posibilidad de dañar el medio ambiente al descargar accidentalmente altas concentraciones de cloro.

TIEMPO DE CONTACTO

El cloro no inactiva los microorganismos instantáneamente. Le lleva tiempo al cloro reaccionar con las enzimas, proteínas y otros componentes críticos y producirles un daño irreparable. La cantidad de tiempo necesaria para la desinfección depende de diversos factores, que incluyen

- La concentración de cloro,
- El tiempo de contacto,
- La temperatura del agua,
- El pH del agua,
- La mezcla y
- El tipo de microorganismo.

Los primeros dos factores, la concentración de cloro y el tiempo de contacto, se relacionan entre ellos de acuerdo con la ecuación 10.15. La cantidad de tiempo necesario se establece según el nivel de desinfección requerido. Después, se puede manipular el cloro residual o el tiempo de contacto para alcanzar el tiempo de contacto deseado. Por ejemplo, si el tiempo de contacto necesario para alcanzar la desinfección es de 10 mg/L·min y la concentración de cloro residual es de 2 mg/L, serán necesarios 5 minutos para desinfectar. De manera alternativa, se puede utilizar un cloro residual de 0.5 mg/L durante 20 minutos para lograr el mismo tiempo de contacto. Una concentración de cloro residual muy baja necesita más tiempo para alcanzar el mismo nivel de desinfección que una concentración de cloro residual mayor.

$$\text{TC}, \frac{\text{mg}}{\text{L}} \cdot \text{min} = \left(\text{Cloro residual}, \frac{\text{mg}}{\text{L}}\right)(\text{TC, min}) \quad (10.15)$$

En la mayoría de las WRRF, el tiempo de contacto se determina a partir de la cantidad de caudal que fluye por la instalación y el tamaño del depósito en el que se realiza la desinfección. En general, los operadores no pueden controlar ninguna de estas dos variables. La dosis de cloro se puede controlar y se debe ajustar para que coincida con las condiciones operativas cambiantes.

DESCLORACIÓN

La descloración de las aguas residuales en general se lleva a cabo mediante el agregado de agentes reductores que reaccionan con el exceso de cloro y producen efluentes de aguas residuales sin cloro o con un contenido de cloro inferior a 0.05 mg/L. Los agentes reductores más comunes son los asociados al dióxido de azufre (SO_2) y las sales de sulfito. En las ecuaciones 10.16 a 10.20se muestran las reacciones de estos compuestos con el cloro. Si bien en las ecuaciones se muestra el cloro (CI_2), ocurren reacciones similares con el ácido hipocloroso (HOCI). Observe que uno de los productos finales en cada reacción es el ion de cloruro (Cl^-). Las instalaciones pueden preferir un compuesto de azufre a otro en función de los costos y la facilidad de manipulación.

$$\begin{gathered} SO_2 + Cl_2 + 2H_2O \rightarrow H_2SO_4 + 2H^+ + 2Cl^- \\ \text{Dióxido de azufre} + \text{Cloro} + \text{Agua} \rightarrow \text{Ácido sulfúrico} + \text{Iones de hidrógeno} + \text{Cloruro} \end{gathered} \quad (10.16)$$

$$\begin{gathered} Na_2SO_3 + Cl_2 + H_2O \rightarrow Na_2SO_4 + 2H^+ + 2Cl^- \\ \text{Sulfito de sodio} + \text{Cloro} + \text{Agua} \rightarrow \text{Sulfato de sodio} + \text{Iones de hidrógeno} + \text{Cloruro} \end{gathered} \quad (10.17)$$

$$\begin{gathered} NaHSO_3 + Cl_2 + H_2O \rightarrow NaHSO_4 + 2H^+ + 2Cl^- \\ \text{Bisulfito de sodio} + \text{Cloro} + \text{Agua} \rightarrow \text{Bisulfato de sodio} + \text{Iones de hidrógeno} + \text{Cloruro} \end{gathered} \quad (10.18)$$

$$\begin{gathered} Na_2S_2O_5 + 2Cl_2 + 3H_2O \rightarrow 2NaHSO_4 + 4H^+ + 4Cl^- \\ \text{Metabisulfito de sodio} + \text{Cloro} + \text{Agua} \rightarrow \text{Bisulfato de sodio} + \text{Iones de hidrógeno} + \text{Cloruro} \end{gathered} \quad (10.19)$$

$$\begin{gathered} Na_2S_2O_3 + Cl_2 + H_2O \rightarrow Na_2SO_4 + S + 2H^+ + 2Cl^- \\ \text{Trisulfato de sodio} + \text{Cloro} + \text{Agua} \rightarrow \text{Sulfato de sodio} + \text{Azufre} + \text{Iones de hidrógeno} + \text{Cloruro} \end{gathered} \quad (10.20)$$

Se agrega una pequeña cantidad de tiosulfato de sodio en las botellas de las muestras cuando se recolectan para realizar análisis microbiológicos. Es importante desclorar la muestra cuando se recoge para que no continúe la desinfección después de la recolección.

Una sobredosis de compuestos de sulfito puede consumir la mayor parte o la totalidad del oxígeno del efluente final y el flujo receptor. Los operadores deben cerciorarse de agregar solo la cantidad de sulfito necesaria durante la descloración para eliminar el cloro residual. En la tabla 10.3 se presentan las relaciones del peso estequiométrico de diversos compuestos de sulfitos. En la práctica se utilizan dosis un poco más altas para asegurar la neutralización de todo el cloro residual.

Tabla 10.3 Relaciones entre compuesto de sulfito y cloro residual necesarias para la neutralización

Compuesto de sulfito	Cantidad necesaria para neutralizar 1 mg/L de cloro residual (Cl_2)
Dióxido de azufre	0.9
Bisulfito de sodio	1.47
Sulfito de sodio	1.78
Metabisulfito de sodio	1.34

COMPROBACIÓN DE CONOCIMIENTOS

1. **Porcentaje comercial es lo mismo que porcentaje de cloro disponible.**
   - ☐ Verdadero
   - ☐ Falso
2. **La concentración de cloro de las tres formas de cloro (gas, solución de hipoclorito de sodio e hipoclorito de calcio) se expresa como porcentaje comercial.**
   - ☐ Verdadero
   - ☐ Falso
3. **Dosis es igual a demanda menos residual.**
   - ☐ Verdadero
   - ☐ Falso
4. **El cloro que reaccionó con el amoníaco para formar cloraminas todavía puede desinfectar.**
   - ☐ Verdadero
   - ☐ Falso
5. **El cloro y los hipocloritos se degradan en el agua para formar**
   a. Ácido hipocloroso e ion de hipoclorito
   b. Ácido hipocloroso y ácido clorhídrico
   c. Ion de hipoclorito e ion de hidrógeno
   d. Ácido clorhídrico e ion de cloruro
6. **El efluente final de una WRRF posee una alcalinidad extremadamente baja. ¿Cuál de los siguientes productos químicos NO sería una buena opción para la desinfección ya que podría causar una disminución del pH?**
   a. Gas cloro
   b. Hipoclorito de calcio
   c. Hipoclorito de sodio
   d. Ácido hipocloroso
7. **El cloruro de calcio se utiliza para la desinfección. ¿Cuál de los siguientes enunciados es verdadero?**
   a. La alcalinidad se consumirá y puede disminuir el pH.
   b. Se producirá ácido hipocloroso y ácido clorhídrico.
   c. Se producirá alcalinidad y puede aumentar el pH.
   d. Se producirá hidróxido de sodio y ácido hipocloroso.
8. **¿A qué valor de pH será mayor el porcentaje de ácido hipocloroso durante la desinfección con cloro?**
   a. 6.5
   b. 7.0
   c. 7.5
   d. 8.0
9. **El pH del efluente final de una instalación de tratamiento de laguna aumenta durante el día y disminuye a la noche. La dosis de cloro se mantiene constante a lo largo del día. El operador debe**
   a. Agregar alcalinidad para minimizar los cambios del pH a mitad del día
   b. Calentar el efluente final para favorecer la reacción química del ácido hipocloroso
   c. Aumentar la dosis para compensar el desplazamiento hacia el ion de hipoclorito
   d. Disminuir la dosis debido al aumento de muertes de microorganismos a un pH alto
10. **Calcule la demanda de cloro a partir de los siguientes datos:**

    —El caudal de agua cruda es de 1.9 ML/d (0.50 mgd)
    —La dosis del clorador es de 3.0 mg/L
    —El cloro residual es de 1.8 mg/L

    a. 0.8 mg/L
    b. 1.2 mg/L
    c. 3.0 mg/L
    d. 4.8 mg/L
11. **¿Cuál de las siguientes especies químicas NO se medirán en el análisis TCR?**
    a. Ácido hipocloroso
    b. Ion de hipoclorito
    c. Ion de cloruro
    d. Monocloramina
12. **El efluente final de una WRRF en general contiene menos de 0.25 mg/L de nitrógeno nitrito (NO_2-N). Una perturbación en el proceso de lodo activado produjo un aumento del NO_2-N a 3 mg/L. ¿De qué manera esto afectará el proceso de desinfección con cloro?**
    a. El nitrógeno nitrito consumirá 15 mg/L de cloro adicional.
    b. El nitrógeno nitrito desplazará el equilibrio hacia el ion de hipoclorito.
    c. El nitrógeno nitrito no afectará la eficiencia de la desinfección de ninguna forma.
    d. El nitrógeno nitrito disminuirá la demanda de cloro en un 2.75 mg/L.
13. **Cuando la relación entre amoníaco y nitrógeno (NH_3-N) es mayor que 8 a 1. ¿Qué debe ser cierto?**
    a. Solo se formará monocloramina.
    b. Habrá presencia de cloro libre residual.
    c. Se maximiza el TCR.
    d. No se puede producir la desinfección
14. **Los operadores de aguas residuales deben conocer la curva del break point porque**
    a. La relación entre cloro y amoníaco en los efluentes puede cambiar durante el día.
    b. La operación accidental en o cerca del break point puede ocasionar una falla en la desinfección.
    c. La operación a la derecha del break point consume productos químicos en exceso y aumenta los costos operativos.
    d. Todas las anteriores.

15. La concentración del cloro residual y su capacidad para desinfectar están en su nivel más bajo

a. A la izquierda del break point
b. En el pico, antes de la destrucción del residual combinado
c. En el break point
d. A la derecha del break point

16. ¿Cuál de los siguientes enunciados acerca de la cloración al breakpoint es falso?

a. Es posible leer la misma concentración de TCR en más de un punto de la curva de breakpoint.
b. El cloro combinado residual se elimina completamente en el breakpoint cuando se agrega suficiente cantidad de cloro.
c. Los operadores de aguas residuales a veces operan a la derecha del breakpoint cuando se mide el cloro libre residual.
d. La concentración de TCR incluye el residual combinado y el residual libre.

17. Un operador puede ajustar tanto la dosis de cloro como el tiempo de contacto en la instalación. Si el tiempo de contacto se duplica y el resto de los parámetros se mantienen iguales, el operador puede

a. Disminuir la dosis a la mitad para alcanzar el mismo tiempo de contacto
b. Aumentar la dosis en un 50 % para alcanzar el mismo tiempo de contacto
c. Disminuir la dosis en un 30 % para alcanzar el mismo tiempo de contacto
d. Aumentar la dosis en un 30% para alcanzar el mismo tiempo de contacto

18. Cuando se agrega dióxido de azufre o sales de sulfito al agua con cloro

a. El cloro se convierte en ácido hipocloroso.
b. El cloro se oxida en iones de cloruro de hidrógeno.
c. El cloro se reduce a cloruro.
d. El cloro se convierte en ion de hipoclorito.

PARÁMETROS DE DISEÑO

Los parámetros de diseño incluyen dosis de cloro y tiempo de contacto. La dosis de cloro necesaria depende de la calidad de los efluentes. Los sólidos en suspensión totales, el amoníaco, sulfuro de hidrógeno, hierro, manganeso y otras sustancias pueden aumentar la demanda de cloro. En la tabla 10.4 se incluyen las dosis de cloro que utilizan los ingenieros cuando determinan el agregado de químicos y las instalaciones de almacenamiento. Estas dosis son válidas para aguas residuales domésticas que cumplen con los estándares de tratamiento secundario en relación a la demanda bioquímica de oxígeno de 5 días y SST. En la práctica, se debe ajustar la dosis de cloro para cumplir con los límites del permiso de descarga para coliformes totales, coliformes fecales o *E. coli.*

Los requisitos de tiempo de contacto, varían de un estado a otro. En general, se diseñan cámaras de contacto para proveer al menos 15 minutos de tiempo de contacto en el caudal de hora pico del diseño (GLUMRB, 2014). Algunos estados pueden exigir, además, un mínimo de 30 minutos en el caudal promedio del diseño. Debido a que la mayoría de las instalaciones operan a menos del 80 % de sus caudales de diseño, el tiempo de contacto real es mayor.

DESEMPEÑO ESPERADO

En última instancia, el desempeño depende del tiempo de contacto y la calidad de los efluentes. Los sistemas de desinfección con cloro pueden alcanzar concentraciones de *E. coli* inferiores a 2 UFC/100 mL ($<$2 NMP/100 mL). Los límites del permiso de descarga para *E. coli* (u otros organismos indicadores) dependen de cada instalación. La EPA de los EE. UU. recomienda que las concentraciones de *E. coli* en aguas utilizadas para recreación permanezcan por debajo de 126 UFC/100 mL (media geométrica) y 410 UFC/100 mL (valor umbral estadístico) (EPA de los EE. UU., 2012). El valor umbral estadístico para *E. coli* establece que el 90 % de todos los resultados de las muestras deben ser inferiores a 410 UFC/100 mL.

La media geométrica es un método especial para promediar los números. Se utiliza en estadística para reducir la influencia de números muy grandes y muy pequeños en un conjunto de datos. La media geométrica se utiliza para promediar los resultados de *E. coli* y otras bacterias debido a que se reproducen exponencialmente. Una bacteria se convierte en dos, dos en cuatro y así sucesivamente. Una muestra de efluentes que se analiza inmediatamente después de ser recolectada tendrá menos bacterias que otra que se deje reposar por varias horas antes de ser analizada. La media geométrica se puede calcular con la ecuación 10.21, donde cada X representa un único resultado y n es el número total de resultados promediados.

Tabla 10.4 Orientación para dosis de cloro (GLUMRB, 2014)

Tipo de tratamiento	Dosis de cloro*
Filtro percolador	10 mg/L
Lodo activado	8 mg/L
Filtración terciaria	6 mg/L
Efluente nitrificado	6 mg/L

*La dosificación varía según la calidad del efluente. Solo pautas.

$$\text{Media geométrica} = [(X_1)(X_2)(X_3)(X_4)(X_5)(X_n)]^{1/n} \tag{10.21}$$

Un método alternativo para calcular la media geométrica es 1) tome el logaritmo de cada número, 2) promedie los resultados de los logaritmos y 3) tome el logaritmo inverso del promedio (el botón 10^x de la calculadora). Ambos métodos de cálculos darán el mismo resultado.

Cálculo de ejemplo

Calcule la media geométrica para una serie de resultados de *E. coli:* 2300, 70, 55, 6, 300 y 32 UFC/100 mL.

$$\text{Media geométrica} = [(X_1)(X_2)(X_3)(X_4)(X_5)(X_n)]^{1/n}$$
$$\text{Media geométrica} = [(2300)(70)(55)(6)(300)(32)]^{1/6}$$
$$\text{Media geométrica} = [510\ 048\ 000\ 000]^{1/6}$$
$$\text{Media geométrica} = 89 \text{ UFC/100 mL}$$

En general, mientras mayor sea la eficiencia con la que se opera una WRRF, más fácil será desinfectar los efluentes. Si no se proporciona un tratamiento adecuado aguas arriba, aumentan el nivel de patógenos y los requisitos de cloración. Un alto contenido de sólidos aumenta los requisitos de cloro, de la misma forma que lo hace la carga orgánica soluble.

La media geométrica se utiliza para presentar los resultados de *E. coli*, coliforme fecal, coliforme total y otros organismos indicadores en los informes de monitoreo de descarga.

COMPROBACIÓN DE CONOCIMIENTOS

1. **El tiempo de contacto será mayor en el caudal de hora pico que en el caudal diario promedio.**
   - ☐ Verdadero
   - ☐ Falso

2. **Se debe ajustar la dosis de cloro**
   a. Para reducir la *E. coli* por debajo de 2 UFC/100 mL
   b. Para cumplir con los límites del permiso de descarga
   c. Para que coincida con la dosis de diseño incluida en el manual de diseño de la instalación
   d. Para cumplir con los estándares de los diez estados (Ten States Standards)

3. **El sistema de desinfección con cloro está diseñado para proporcionar 15 minutos de tiempo de contacto en el caudal de hora pico. ¿Cuál de los siguientes enunciados debe ser verdadero?**
   a. Solo una de las cámaras de contacto con cloro debe estar en servicio.
   b. Se deben aumentar las dosis de cloro para cumplir con el tiempo de contacto mínimo durante el caudal promedio.
   c. Hay tiempo de contacto suficiente para satisfacer los criterios de diseño en todos los estados.
   d. La mayor parte del tiempo, el tiempo de contacto será superior a 15 minutos.

4. **La EPA de los EE. UU. recomienda que la concentración de *E. coli* en aguas de uso recreativo se mantenga, en promedio, por debajo de**
   a. 2 UFC/100 mL
   b. 53 UFC/100 mL
   c. 126 UFC/100 mL
   d. 410 UFC/100 mL

5. **Calcular la media geométrica a partir de los siguientes resultados de *E. coli*: 2, 35, 1800, 45, 160.**
   a. 62
   b. 76
   c. 98
   d. 408

EQUIPOS

Las instalaciones de cloración por gas y descloración, en general, constan de productos químicos de cloración y descloración, contenedores para el almacenamiento de los productos químicos, cloradores, sulfonadores, *inyectores* y una sala de gas equipada con un área de almacenamiento, balanzas, detectores de gas, tuberías, válvulas y equipos de seguridad. Las instalaciones que utilizan cilindros de 68 kg (150 lb) también tienen sujetadores de cilindros y cloradores montados en el tanque o en la pared con reguladores de vacío. Las instalaciones que utilizan contenedores de 907 kg (1 t) están equipadas con bases que soportan los contenedores, muñones para girar los contenedores hasta su posición y una grúa suspendida. El gas cloro y de dióxido de azufre se almacenan en contenedores. La mayoría de los productos químicos se encuentra en estado líquido, pero otros en estado gaseoso. Se puede utilizar líquido o gas, según el tipo de sistema. Los sistemas de cloro líquido tienen evaporadores que convierten el cloro líquido a cloro gaseoso aguas arriba del clorador. Las salas de gas construidas después de 1988 poseen depuradores para retener y neutralizar las fugas de gas cloro. Las salas de gas construidas antes de 1988 pueden tener o no depuradores. El equipo es bastante confiable, fácil de operar y conocido por el personal de muchas WRRF. Las instalaciones de hipocloración en general consisten en hipoclorito de sodio o de calcio, compuestos de sulfito líquido, contenedores para almacenamiento de productos químicos y bombas dosificadoras.

A los *inyectores* también se los denomina *eyectores o eductores*, según el fabricante.

PRODUCTOS QUÍMICOS PARA LA CLORACIÓN Y DESCLORACIÓN

Cloro elemental

El símbolo químico del cloro es CI. El cloro casi siempre existe como moléculas con dos átomos de cloro cada una (CI_2). A temperatura ambiente, el cloro (CI_2) es un gas verdoso-amarillento. Cuando se enfría a −33.97 °C (−29.15 °F) a 101.325 kilopascales (kPa) (1 atmósfera, 14.7 psi) de presión, se condensa y forma un líquido claro, color ámbar (The Chlorine Insititute, 2014). En la tabla 10.5 se describen propiedades adicionales del cloro.

Ebullición es la transformación de un líquido en gas.

El gas cloro es 2.5 veces más pesado que el aire. En caso de producirse una fuga de cloro, el gas se acumula cerca del piso y en las áreas inferiores. En su estado líquido, el cloro es aproximadamente 1.5 veces más pesado que el agua. El cloro líquido *ebulle* a −33.97 °C (−29.15 °F) y se vaporiza rápidamente. Esto significa que ni bien se libera la presión sobre el líquido, el cloro vuelve a su estado gaseoso casi instantáneamente. Un volumen de cloro líquido rinde aproximadamente 460 volúmenes de gas. Por lo tanto, 1 kg (2.204 lb) de cloro líquido produce suficiente gas para llenar 0.31 m^3 (5.4 ft^3). El volumen expandido 460 veces contiene la mayor concentración de gas cloro posible después de que el líquido se vaporice. En la práctica, el gas cloro se continúa expandiendo hasta llenar la sala; sin embargo, la concentración se diluye a medida que el volumen ocupado aumenta. El cloro tiene un olor fuerte característico: el olor del blanqueador. El *umbral de olor* para el gas cloro se encuentra entre 0.08 y 0.4 ppmv.

El *umbral de percepción olfativa* es la concentración mínima de algo que se puede detectar por el olfato. El umbral de percepción olfativa varía considerablemente de una persona a otra para el mismo químico.

ppmv significa partes por millón por volumen de aire.

El cloro se clasifica en seco o húmedo. Es importante conocer la diferencia porque el cloro húmedo es extremadamente corrosivo para la mayoría de los metales, mientras que el cloro seco no lo es. El cloro seco no contiene *agua libre*. Puede haber pequeñas cantidades de agua en el cloro seco; por el contrario, el agua se disuelve en el cloro líquido y no se puede ver. La solubilidad del agua en el cloro depende de la temperatura (tabla 10.6). Por ejemplo, el cloro que contiene 130 mg/L de agua será considerado húmedo a 10 °C (50 °F), pero seco a 20 °C (68 °F). La mayoría de los metales no se ven afectados por el cloro en su estado gaseoso o líquido cuando la temperatura es inferior a 232 °C (450 °F). Sin embargo, el cloro seco reacciona con el metal de titanio y enciende el acero al carbono cuando las temperaturas exceden los 232 °C (450 °F). El cloro húmedo contiene más agua de la que puede disolverse en el cloro líquido. El agua libre flota en la parte superior del cloro líquido porque es menos densa que el agua. Recuerde que cuando el cloro se mezcla con el agua, se forman los ácidos hipocloroso y clorhídrico. Por esta razón, el cloro húmedo es corrosivo para la mayoría de los metales.

Agua libre es agua que se puede ver separada del cloro líquido. Debido a que el cloro líquido es más pesado que el agua, el agua libre flota en la superficie del cloro líquido.

Se deben tomar precauciones para mantener secos el cloro y los equipos del cloro. Se deben cerrar y cubrir los contenedores, las válvulas y las tuberías cuando no se utilicen para mantener alejada el agua (The Chlorine Insititute, 2014). El agua de la atmósfera se puede *condensar* en cualquier superficie, incluido el interior de las válvulas y las tuberías expuestas.

Condensar significa transformar vapor (gas) en líquido. Un vaso lleno de una bebida helada puede atraer agua de la atmósfera y condensarla. Se forman gotas de agua en la parte exterior del vaso.

Cada fase del servicio de cloro requiere un tipo de tubería diferente. La tubería a presión para el cloro líquido o gaseoso en general es de acero al carbono, sin costura, cédula 80, con un diámetro de 18 mm (0.75 in) o 25 mm (1 in). Para el gas cloro al vacío o hasta 41.3 kPa (6 psig) se puede utilizar un tubo plástico o tubos construidos

Tabla 10.5 Propiedades físicas del cloro (Connell [2002] basado en datos del Chlorine Institute [1997])

Propiedad	Valor
Punto de ebullición	−33.97 °C (−29.15 °F) a 101.325 kPa (1 atm)
Punto de congelamiento (punto de fusión)	−100.98 °C (−149.76 °F) a 101.325 kPa (1 atm)
Densidad del gas	3.213 kg/m^3 (0.2006 lb/ft^3) en condiciones estándar[a]
Color del gas	Amarillo verdoso
Olor	Blanqueador
Gravedad específica (gas)	2.485[b] en condiciones estándar[a]
Densidad del líquido a 0.0 °C (32 °F)	1467 kg/m^3 (91.56 lb/ft^3)
Color del líquido	Ámbar
Gravedad específica (líquido)	1.467[c]

[a]Las condiciones estándar se definen como 0 °C (32 °F) y 101.325 kPa (1 atm) (14.696 psi).
[b]La densidad del aire es de 1.2929 kg/m^3 (0.0807 lb/ft^3).
[c]Relación entre la densidad del cloro a 0 °C (32 °F) y el agua a 4 °C (39 °F).

Tabla 10.6 Solubilidad del agua en cloro líquido (información extraída del Chlorine Institute [2014])

Temperatura	Solubilidad del agua en cloro, mg/L*
0 °C (32 °F)	80
5 °C (41 °F)	100
10 °C (50 °F)	120
15 °C (59 °F)	150
20 °C (68 °F)	190
25 °C (77 °F)	240

*Por encima de esta concentración, habrá agua libre y el cloro estará húmedo.

con cloruro de polivinilo (PVC), policloruro de vinilo clorado (CPVC), acrilonitrilo butadieno estireno (ABS), polietileno (PE), polipropileno (PP) o poliéster reforzado con fibra de vidrio (FRP). Todos estos son distintos tipos de plásticos. Para la solución clorada, se pueden utilizar cualquiera de los materiales utilizados para el gas cloro y, además, una manguera de goma y tubos con revestimiento de acero. Debido a la naturaleza corrosiva de las soluciones cloradas, no se deben usar tubos de acero o hierro, salvo que posean un revestimiento resistente a la corrosión.

La diferencia principal entre *PVC* y *CPVC* es que el PVC se puede utilizar con temperaturas de hasta 60 °C (140 °F), mientras que el CPVC se puede utilizar con temperaturas de hasta 93 °C (200 °F). Por encima de estas temperaturas, el material comienza a ablandarse (PVC Pipe Supplies, 2017).

El cloro comercial está clasificado como gas comprimido tóxico, no inflamable. Aunque el cloro está clasificado como no inflamable, propicia la combustión bajo determinadas condiciones. Muchos materiales que se encienden en el aire (oxígeno) también se encienden en una atmósfera clorada (The Chlorine Insititute, 2014). Por esta razón, antes de soldar o calentar las tuberías y demás equipo, se debe evacuar y purgar el cloro adecuadamente (The Chlorine Insititute, 2014). El cloro es altamente reactivo y, en condiciones específicas, puede reaccionar rápidamente y oxidar muchos compuestos y elementos, incluida la grasa. Se deben limpiar el equipo y la tubería antes de utilizarlos para quitar cualquier resto de aceite (The Chlorine Insititute, 2014). Nunca se deben almacenar productos químicos y equipos en las salas de gas.

Si bien los ingenieros diseñan los sistemas de tubería, los operadores y el personal de mantenimiento con frecuencia realizan reparaciones y a veces reemplazan líneas existentes. Es esencial poseer conocimiento sobre los materiales adecuados y las prácticas de trabajo seguras para realizar el mantenimiento de los sistemas químicos.

El cloro es apenas soluble en agua; posee un máximo de solubilidad de 100 kilopascales (kPa) (1 atm) de aproximadamente 10 000 mg/L a 9.6 °C (49.3 °F). La solubilidad del cloro disminuye a medida que aumenta la temperatura, al igual que sucede con todos los gases.

Hipocloritos

Los hipocloritos son *sales* de ácido hipocloroso. El hipoclorito de sodio (NaOCl) es la única forma de hipoclorito líquido que se usa actualmente. El hipoclorito de calcio [$Ca(OCl)_2$] es la forma sólida predominante. Como se muestra en las ecuaciones 10.1 a 10.4, los compuestos de hipoclorito reaccionan con el agua de manera similar al cloro elemental y producen ácido hipocloroso e ion de hipoclorito.

En química, las *sales* son compuestos formados por la combinación de iones con carga positiva (cationes) e iones con carga negativa (aniones). El hipoclorito de sodio está formado por sodio (Na^+) e iones de hipoclorito ($OHCl^-$).

Habitualmente, las soluciones de hipoclorito comerciales o de grado industrial tienen una fuerza de 12 % (porcentaje comercial) y se pueden adquirir dentro del rango de 10 a 15 % (porcentaje comercial). También están disponibles otras fuerzas, como de 5.25 % (porcentaje comercial), a las que comúnmente se las denomina *blanqueador doméstico*. En las tablas 10.7 y 10.8 se listan las propiedades físicas de las soluciones de hipoclorito con distintas fuerzas.

Tabla 10.7 Propiedades físicas de las soluciones de hipoclorito de sodio (The Chlorine Institute, 2000)

	Peso (%)				
Propiedad	5	7.5	10	12.5	15
Gravedad específica a 20 °C (68 °F)	1.076	1.109	1.142	1.175	1.206
Densidad a 20 °C (68 °F), kg/L	1.076	1.109	1.142	1.175	1.206
Densidad a 20 °C (68 °F), lb/ft³	67.14	69.20	71.26	73.32	75.25
Densidad a 20 °C (68 °F), lb/gal	9.01	9.25	9.53	9.80	10.06

Tabla 10.8 Fuerzas de la solución de hipoclorito (The Chlorine Institute, 2000)

	Densidad		Cloro disponible (porcentaje en peso)	
Porcentaje comercial	kg/L	lb/gal	g/L	lb/gal
1	1.1014	8.45	10	0.083
5	1.070	8.92	50	0.416
10	1.139	9.50	100	0.833
12	1.168	9.74	120	0.999
13	1.183	9.86	130	1.08
15	1.211	10.1	150	1.25

A las soluciones de hipoclorito se las define mediante distintos términos, como puede observarse en las siguientes ecuaciones:

$$\text{Porcentaje comercial (\%)} = \frac{\left(\text{Cloro disponible, } \frac{\text{g}}{\text{L}}\right)}{10} \tag{10.22}$$

$$\text{Porcentaje en peso (\%)} = \frac{\text{Porcentaje comercial}}{\text{Gravedad específica}} \tag{10.23}$$

$$\text{Libras por galón}\left(\frac{\text{lb}}{\text{gal}}\right) = \frac{\text{g}}{\text{L}} \times 0.0083 \tag{10.24}$$

Todas las soluciones de hipoclorito de sodio son inestables. El calor, la luz, el tiempo de almacenamiento e impurezas como el hierro aceleran la degradación del producto. Las soluciones de hipoclorito con mayor fuerza se degradan más rápido que las soluciones con menor fuerza. No se debe almacenar solución de hipoclorito de sodio por más de 60 días. Debido a que la fuerza disminuye con el tiempo, el volumen de solución de hipoclorito necesario para lograr la misma dosis aumenta con el tiempo de almacenamiento. Los hipocloritos destruyen la madera y corroen muchos metales. Las soluciones de hipoclorito emanan gas monóxido de cloro (Cl_2O) (The Chlorine Institute, 2000). En presencia de humedad, estos vapores corroen metales como el hierro y el cobre.

En estado sólido (hipoclorito de calcio) se encuentra disponible en presentación en polvo, granulado, disco, briqueta o pastilla. Estas presentaciones vienen en tambores de 22.7 kg (50 lb) o 45.5 kg (100 lb). La fuerza del hipoclorito de calcio es nominalmente de un mínimo de 65 % de hipoclorito de calcio por peso. El resto (35 %) es agua y materiales inertes. Los rangos habituales llegan al 70 %, según el proveedor. El Departamento de Transporte (*Department of Transportation*, DOT) clasifica al hipoclorito de calcio como un oxidante.

En su forma sólida (hipoclorito de calcio) es inestable bajo condiciones atmosféricas normales. Puede reaccionar espontáneamente con numerosos productos químicos, incluidas trementinas, aceites, agua y papel. Por lo tanto, se debe almacenar el hipoclorito de calcio en un lugar seco y se debe utilizar únicamente con equipo libre de sustancias orgánicas. Hay graves peligros de ignición y explosión cuando se utiliza este material.

Dióxido de azufre

En estado gaseoso, el dióxido de azufre es incoloro y tiene un olor acre sofocante similar al fósforo recién encendido. Es aproximadamente 2.3 veces más pesado que el aire. Al igual que el gas cloro, cuando se libera dióxido de azufre gaseoso se acumula cerca del piso. El dióxido de azufre líquido se suministra como un gas licuado, incoloro, presurizado. La solubilidad de gas dióxido de azufre en agua es aproximadamente 17 veces mayor que la solubilidad del gas cloro. En una solución, el dióxido de azufre reacciona con el agua y forma ácido sulfuroso (H_2SO_3), que continúa descomponiéndose en ion de sulfito (SO_3^{-2}). En la tabla 10.9 se listan características adicionales del dióxido de azufre.

Se *galvaniza* el metal con un recubrimiento de zinc. El zinc protege al metal contra la corrosión.

El dióxido de azufre es un químico reactivo que, en presencia de humedad, reacciona con metales comunes como el hierro y el cobre. Con el gas dióxido de azufre húmedo se puede utilizar acero inoxidable (316 o aleación 20). También se pueden utilizar algunos plásticos con el dióxido de azufre gaseoso como Teflon™, PVC, y CPVC.

Tabla 10.9 Propiedades físicas del dióxido de azufre (Compressed Gas Association, 2017)

Propiedad	Valor
Punto de ebullición	−10.0 °C (−14.0 °F) a 101.325 kPa (1 atm)
Punto de congelamiento (punto de fusión)	−75.5 °C (−104.6 °F) a 101.325 kPa (1 atm)
Densidad del gas	2.927 kg/m³ (0.1810 lb/ft³) en condiciones estándar[a]
Color del gas	Incoloro
Gravedad específica (gas)	2.2638[b] en condiciones estándar[a]
Densidad del líquido a 21.1 °C (70 °F)	1379 kg/m³ (86.06 lb/ft³)
Color del líquido	Incoloro
Gravedad específica (líquido)	1.436[c]

[a]Las condiciones estándar se definen como 0 °C (32 °F) y 101.325 kPa (1 atm) (14.696 psi).
[b]La densidad del aire es de 1.2929 kg/m³ (0.0807 lb/ft³).
[c]Relación entre la densidad del dióxido de azufre a 0 °C (32 °F) y el agua a 4 °C (39 °F).

El dióxido de azufre seco (líquido o gaseoso) no corroe el acero ni la mayoría de los metales comunes. Sin embargo, no deben utilizarse metales *galvanizados*. Debido a que el dióxido de azufre no se enciende ni propicia la combustión, no hay peligro de incendio o explosión.

Soluciones y sales de sulfito

Hay muchas formas de soluciones y sales de sulfito disponibles para utilizar como agentes desclorantes. La elección de una sal o una solución se basa habitualmente en disponibilidad y costo. De todas las soluciones y sales de sulfito disponibles, el bisulfito de sodio ($NaHSO_3$) es el utilizado con más frecuencia para la descloración de aguas residuales. El sulfito de sodio (Na_2SO_3) está disponible como sólido cristalino en distintos grados. La pureza de grado industrial es satisfactoria para la mayoría de las aplicaciones de tratamiento de aguas residuales. Para usar sulfito de sodio se debe mezclar con agua para formar una solución de aproximadamente 20 %. El bisulfito de sodio ($NaHSO_3$) está disponible como solución de 39 % en dos grados: puro y técnico. El grado técnico es en general la elección de las WRRF. Las soluciones de bisulfito de sodio son amarillas con un olor acre a gas dióxido de azufre. Estas soluciones son altamente corrosivas. El metabisulfito de sodio es un producto sólido, blanco, cristalino que emite el olor del gas dióxido de azufre. Los tres compuestos producen el mismo ion activo, sulfito (SO_3^-), cuando se disuelven en agua. Las sales de sulfito, en general, son más caras que el dióxido de azufre. El metabisulfito de sodio es más estable que el sulfito de sodio y el bisulfito de sodio.

COMPROBACIÓN DE CONOCIMIENTOS

1. **El equipo y la tubería del cloro no deben contener aceite o grasa.**
   - ☐ Verdadero
   - ☐ Falso
2. **A medida que aumenta la temperatura del agua, también aumenta la cantidad de gas cloro que se puede disolver en agua.**
   - ☐ Verdadero
   - ☐ Falso
3. **El cloro húmedo contiene más de 150 mg/L de agua.**
   - ☐ Verdadero
   - ☐ Falso
4. **El gas cloro ______________ que el aire.**
   a. Contiene más agua
   b. Es más pesado
   c. Contiene menos agua
   d. Es más liviano
5. **Este es un desinfectante eficaz menos peligroso que el cloro o el hipoclorito de calcio.**
   a. Hipoclorito de sodio
   b. Hidróxido de potasio
   c. Ácido clorhídrico
   d. Hidróxido de sodio
6. **Con el tiempo, a diferencia del cloro gaseoso, el hipoclorito de sodio se puede ________.**
   a. Degradar
   b. Cristalizar
   c. Volatilizar
   d. Fortalecer

7. El hipoclorito de sodio puede estar almacenado por un periodo corto. La concentración se verá afectada por todo lo siguiente, excepto:

a. la temperatura
b. el tiempo
c. la concentración
d. la presión

8. El término *cloro húmedo* hace referencia a

a. Soluciones de hipoclorito de sodio
b. Polvo de hipoclorito de calcio húmedo
c. Cloro líquido con agua libre
d. Mezcla de hipoclorito de calcio y agua

9. Nunca se debe utilizar este tipo de material en tuberías para soluciones cloradas (hipoclorito de sodio)

a. PVC
b. Acero o hierro
c. PE
d. FRP

10. Una solución de hipoclorito con una fuerza del 15 % (porcentaje comercial) contiene esta cantidad de cloro:

a. 1.5 g/L
b. 15 g/L
c. 150 g/L
d. 1500 g/L

11. El cloro huele a blanqueador y el dióxido de azufre huele a

a. Huevos podridos
b. Fósforo recién encendido
c. Col
d. Hierbas en descomposición

12. Una el químico con su color.

Gas cloro	amarillo
Cloro líquido	incoloro
Gas dióxido de azufre	blanco
Solución de bisulfito de sodio	amarillo verdoso
Metabisulfito de sodio	ámbar

CONTENEDORES PARA CLORO

La mayoría de las instalaciones utilizan cloro y dióxido de azufre en cilindros de 68 kg (150 lb) o contenedores de 908 kg (1 t), pero también están disponibles cilindros de 45 kg (100 lb). Algunas instalaciones más grandes pueden utilizar vagones cisterna. El rango de las capacidades de los vagones cisterna va de 14 500 a 81 000 kg (de 16 a 90 t). Los pesos dados para los cilindros, contenedores y vagones cisterna hacen referencia a los pesos del cloro y no incluyen los pesos de los contenedores. El transporte y la manipulación del gas cloro están regulados por el DOT (Departamento de Transporte) de los EE. UU. en lo relativo al movimiento por tierra y por la Guardia Costera de los EE. UU. para el movimiento en ríos, lagos y océanos.

Cilindros

Los cilindros para el cloro y el dióxido de azufre son contenedores de acero sin costura, diseñados según las especificaciones del DOT. Cada cilindro está equipado con una válvula según el Chlorine Institute ubicada en la parte superior del cilindro (figura 10.7). Por ley, solo se puede utilizar el 80 % del volumen del cilindro cuando se llena con cloro líquido. El 20 % restante queda libre para permitir la expansión del cloro líquido producida por algún aumento de temperatura ocurrido después del llenado. Los cilindros se mueven, almacenan y utilizan en posición vertical con la válvula hacia arriba. El sombrerete cubre la válvula y la protege de daños cuando el cilindro no está en uso. Los cilindros nunca se deben mover, ni siquiera por distancias cortas, sin el sombrerete fijo en su posición.

En condiciones operativas normales, la mayor parte del cloro o dióxido de azufre dentro del cilindro se encuentra en estado líquido. Parte del líquido se convierte en gas y llena el espacio sobre el líquido. A temperaturas más altas, se produce más gas. El gas ejerce presión en el interior del cilindro. Cantidades mayores de gas ejercen cantidades mayores de presión. En la figura 10.8 se muestra la relación entre la presión del gas cloro y la temperatura. A 16 °C (60 °F), la presión del gas en el cilindro será de 495.66 kPa (71.89 *psig*). Observe que la presión aumenta rápidamente con el incremento de la temperatura. La presión se puede tornar lo suficientemente fuerte como para romper el cilindro.

La sigla *psig* significa libras por pulgada cuadrada manométrica (*pounds per square inch gauge*). Es la cantidad de presión por encima de la presión atmosférica. Un manómetro que mide en psig mide lo mismo tanto se encuentre a nivel del mar o en la cima de una montaña.

Cada válvula de cilindro contiene un tapón fusible ubicado debajo del asiento de la válvula (figura 10.9). El tapón fusible es un dispositivo de seguridad. Está diseñado para fundirse cuando la temperatura del cloro alcanza de 70 a 74 °C (de 158 a 165 °F). A esta temperatura, el cloro se expande y llena el 100 % del volumen del recipiente, lo que genera una presión de 2075 kPa (301 psig). Cuando el tapón fusible se funde, el cloro puede escapar y se libera la presión. Si bien esto produce una fuga de cloro, evita que el cilindro explote. Observe con detenimiento la figura 10.9. Observe que el tapón fusible se encuentra debajo del sello metal a metal (el contacto metal a metal también se denomina válvula de aguja). El tapón fusible se puede fundir para liberar presión independientemente de que el cilindro esté en uso (válvula abierta) o no (válvula cerrada). Las vueltas de rosca en la parte inferior de la válvula del cilindro se enroscan directamente a la parte superior del cilindro de gas, como se muestra en la figura 10.7. Los tapones fusibles que se utilizan con los cilindros de dióxido de azufre son los mismos que se utilizan con los cilindros de cloro.

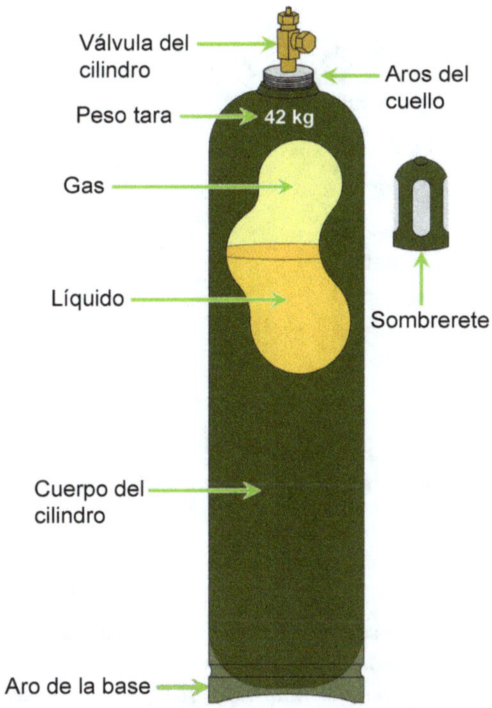

Figura 10.7 Cilindro de cloro de 68 kg (150 lb) (reimpreso con autorización de Indigo Water Group)

Contenedores de tonelada

Los contenedores de tonelada son recipientes grandes horizontales que pueden almacenar 907 kg (1 t) de cloro. Los contenedores de tonelada se mueven, almacenan y usan en posición horizontal (figura 10.10). Hay dos válvulas en uno de los extremos del contenedor. Las válvulas utilizadas en los contenedores de tonelada son similares a las usadas en los cilindros, pero poseen una abertura más grande y no tienen tapones fusibles. Las válvulas poseen una tapa protectora en forma de cúpula que evita daños durante el transporte y almacenamiento. En la figura 10.10 se pueden observar las tapas apoyadas sobre el piso frente a los contenedores. Solo se quita la tapa cuando los contenedores están en servicio.

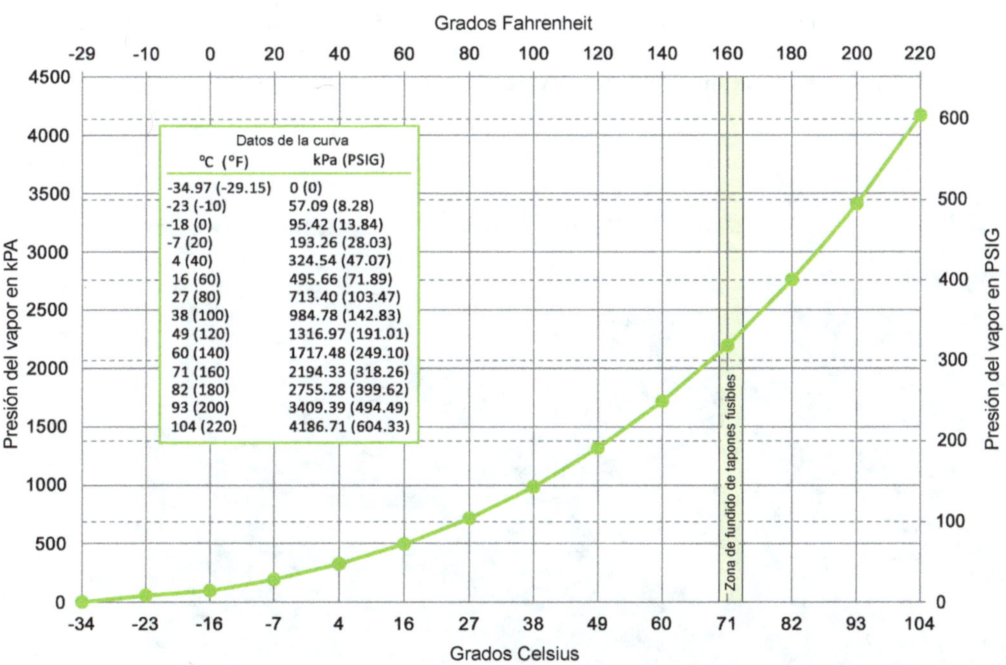

Figura 10.8 Presión del vapor del cloro en comparación con la temperatura (adaptado de The Chlorine Institute, 1997)

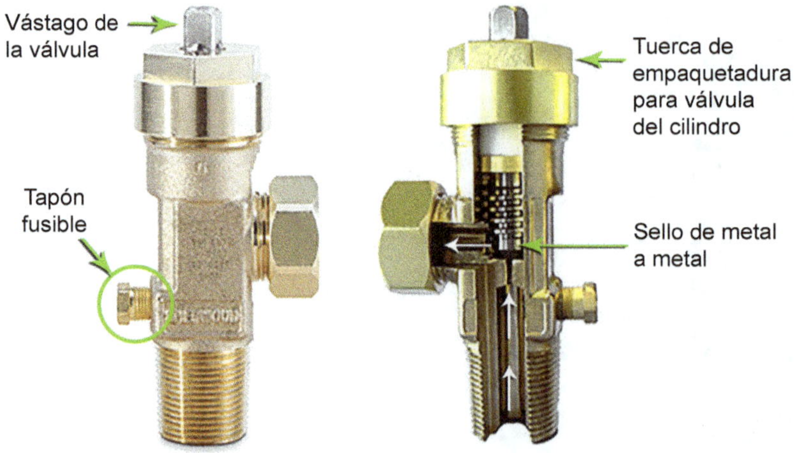

Figura 10.9 Válvula y tapón fusible de un cilindro de 68 kg (150 lb) (reimpreso con autorización de Sherwood Valve)

Los contenedores se colocan en soportes que evitan que rueden. Los muñones, ruedas dentro del soporte, permiten que se gire el contenedor dentro del soporte. Los contenedores deben colocarse de forma tal que las válvulas se ubiquen una sobre la otra, en línea recta perpendicular al piso, como se muestra en la figura 10.11. En esta posición, la válvula superior suministra gas cloro y la válvula inferior suministra cloro líquido. Se conecta un tubo eductor a cada válvula, como se muestra en la figura 10.11. El tubo asegura que el gas (válvula superior) o el líquido (válvula inferior) siempre esté disponible para la válvula incluso mientras se vacía el contenedor. Si se gira el contenedor de forma tal que las dos válvulas cambien de posición, de la válvula superior aún se extraerá gas y de la válvula inferior aún se extraerá líquido. A veces, se rompe el tubo eyector dentro del contenedor. Si esto sucede, pueden salir gas o líquido de ambas válvulas, según qué tan lleno esté el contenedor en ese momento. Esto también puede ocurrir si las válvulas no están alineadas verticalmente.

Cada contenedor posee seis tapones fusibles, tres en cada extremo del contenedor (figura 10.12). Debido a que los contenedores de tonelada son muy grandes, es posible que una parte del contenedor alcance los 70 a 74 °C (158 a 165 °F) mientras el resto permanece frío. La ubicación de tapones fusibles en distintos lugares ayuda a asegurar que todo el contenedor esté monitoreado. Los tapones se colocan a 120º uno de otro, sobre la cara de cada extremo cerca del borde exterior del contenedor. Los tapones fusibles de un contenedor de tonelada son distintos a los tapones fusibles más pequeños de un cilindro de 68 kg (150 lb), pero funcionan de la misma manera (figura 10.13). En lugar de cerrar a rosca en la válvula, cierran a rosca directamente en el contenedor de tonelada. El centro del tapón se funde para aliviar la presión dentro del contenedor.

Figura 10.10 Contenedores de tonelada (reimpreso con autorización de Armando Mendoza)

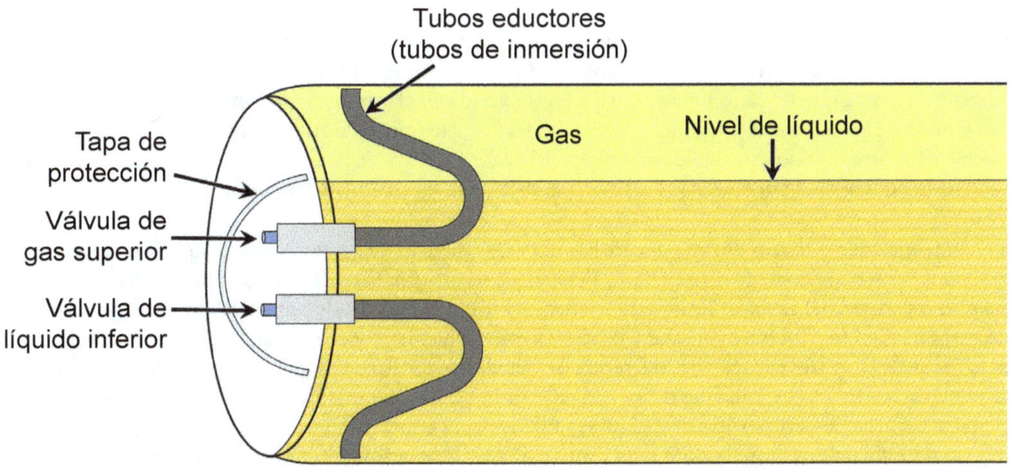

Figura 10.11 Contenedor de tonelada con tubos eductores (reimpreso con autorización de Indigo Water Group)

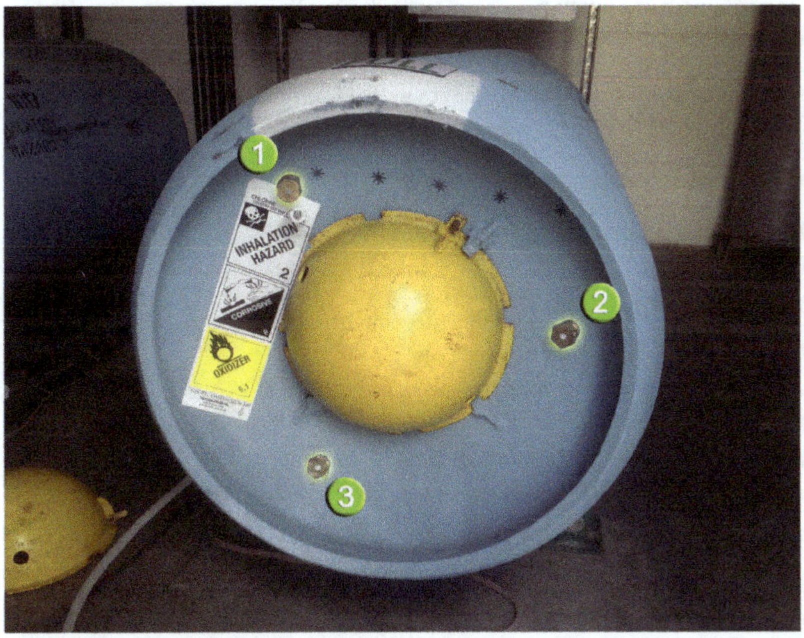

Figura 10.12 Tapones fusibles y tapa protectora de un contenedor de tonelada (reimpreso con autorización de Indigo Water Group)

Figura 10.13 Tapones fusibles de contenedores de tonelada y cilindros (reimpreso con autorización de Sherwood Valve)

Vagones y camiones cisterna

Los vagones cisterna y camiones cisterna poseen una coraza de acero externa y una coraza de acero interna, como un termo gigante. Entre las corazas de acero hay un aislamiento de 100 mm (4 in) para mantener la temperatura y la presión del cloro líquido igual a la establecida en el momento de llenado. El cloro se extrae en estado líquido de los camiones y vagones cisterna. En las instalaciones más grandes, es frecuente que se alimente el proceso con cloro líquido extraído directamente del vagón cisterna. Se han utilizado los camiones cisterna para alimentación líquida directamente al proceso o a tanques de almacenamiento in situ.

Cada vagón está equipado con dos válvulas de líquido y dos válvulas de gas. Una válvula de alivio de seguridad proporciona protección contra sobrepresión y tiene una apertura fijada en 1550 o 2584 kPa (225 o 375 psig), según el vagón cisterna. Las líneas de líquido contienen válvulas de exceso de caudal delante de cada válvula de descarga de líquido para frenar el caudal de cloro y evitar una mayor descarga en caso de una ruptura de la línea aguas abajo. Hay tres capacidades diferentes de válvulas de exceso de caudal disponibles y están diseñadas para asentarse (cerrarse) con caudales de 3178, 4540 y 6810 kg/h (7000, 10 000 y 15 000 lb/h). A pesar de que los vagones cisterna poseen válvulas de gas, no se utilizan para extraer gas cloro. Las válvulas de gas se utilizan cuando se necesita más presión de cloro para contribuir a la eliminación del cloro líquido. Se agrega aire seco presurizado al vagón cisterna a través de la válvula de gas para aumentar la presión del vagón.

Conforme a las regulaciones del DOT, los vagones cisterna siempre deben estar controlados durante la descarga y no se puede conectar más de un tanque a una instalación de descarga a la vez. Cualquier apartamiento debe recibir una autorización de excepción por parte del DOT. Debido a que los tanques cisterna están sostenidos en el vagón por resortes de alta resistencia, las conexiones a los tanques cisterna deben ser lo suficientemente flexibles como para adaptarse al movimiento ascendente del tanque cisterna a medida que se descarga el cloro.

COMPROBACIÓN DE CONOCIMIENTOS

1. **Los tapones fusibles están diseñados para fundirse de 70 a 74 °C (158 a 165 °F) para aliviar la presión de gas.**
   - ☐ Verdadero
   - ☐ Falso

2. **Los tapones fusibles solo funcionan cuando la válvula del cilindro está completamente cerrada.**
   - ☐ Verdadero
   - ☐ Falso

3. **Los vagones cisterna se pueden utilizar para suministrar gas cloro o cloro líquido directamente al proceso.**
   - ☐ Verdadero
   - ☐ Falso

4. **Un cilindro de cloro de 68 kg (150 lb) habitualmente contiene esta cantidad de cloro:**
   a. 45 kg (100 lb)
   b. 54 kg (120 lb)
   c. 68 kg (150 lb)
   d. 85 kg (188 lb)

5. **Los cilindros y contenedores de cloro se llenan hasta un máximo del _______ de su volumen.**
   a. 70 %
   b. 80 %
   c. 90 %
   d. 100 %

6. **¿Cuál de los siguientes cilindros de cloro probablemente tenga mayor presión de gas?**
   a. Un cilindro almacenado a 10 °C (50 °F)
   b. Un cilindro que contiene 75 % de cloro líquido
   c. Un cilindro ubicado a la intemperie, en un día caluroso
   d. Un cilindro con un sello metal a metal cerrado

7. **Un contenedor para cloro de 907 kg (1 t) posee la siguiente cantidad de tapones fusibles:**
   a. 1
   b. 3
   c. 6
   d. 9

8. **Un operador conecta una línea de cloro a la válvula inferior de un contenedor de 907 kg (1 t) para extraer el cloro líquido. Sin embargo, sale gas cloro de la válvula inferior. Cambian la línea a la válvula superior, pero sigue saliendo gas cloro en lugar de líquido. ¿Cuál es la razón más probable de que de ambas válvulas salga gas?**
   a. El tubo eductor se rompió dentro del contenedor.
   b. Por la posición del contenedor, ambas válvulas se encuentran por debajo del nivel de líquido.
   c. El contenedor posee menos del 50 % de cloro líquido.
   d. El calor excesivo convirtió todo el cloro líquido en gas.

SISTEMAS DE GAS CLORO

Todos los sistemas de gas cloro aprovechan el hecho de que el cloro entra en ebullición y se convierte de líquido a gas a −34 °C (−29 °F). Dentro del cilindro o contenedor de cloro, la cantidad de líquido presente en comparación con la cantidad de gas presente depende de la temperatura. Recuerde: la ebullición necesita calor. A medida que la temperatura aumenta, mayor cantidad de líquido se convierte a gas, lo que aumenta la presión del gas (figura 10.8). La extracción de gas cloro de los cilindros y contenedores debe tener suficiente presión como para mover el gas a la tasa requerida. Esto significa que debe haber suficiente calor disponible interna y externamente para vaporizar el cloro líquido y mantener la presión del gas. A medida que se extrae el gas, se vaporiza más líquido para satisfacer el equilibrio entre el líquido y el gas. La vaporización quita calor del líquido remanente y del cilindro o contenedor, lo que causa que se enfríe el líquido restante y el cilindro o contenedor, se reduzca la tasa de vaporización y disminuya la presión del gas. Esta caída en temperatura y presión puede lentificar, o incluso detener, la tasa de extracción de gas.

Cuando comienzan a formarse gotas de agua (condensación) sobre la superficie exterior del cilindro o contenedor, indica que la temperatura del líquido en el cilindro o contenedor alcanzó el *punto de condensación* del aire circundante. Habitualmente, la condensación solo aparece hasta o debajo del nivel de líquido interno. Cuando la temperatura del líquido alcanza 0 °C (32 °F), la humedad condensada en las paredes del cilindro o contenedor se convertirá en hielo. Debido a que el hielo funciona como aislante, debe evitarse la formación de hielo. El hielo reduce la transferencia de calor desde el aire, a través de la pared del cilindro o contenedor y hacia el líquido. Si no se quita el hielo, o directamente se evita su formación, no habrá calor suficiente para continuar produciendo la ebullición del cloro líquido. La presión de gas cloro descenderá y la tasa de alimentación disminuirá y finalmente se detendrá (figura 10.8). Este fenómeno se denomina "congelamiento" del cilindro o contenedor, pero el cloro y el equipo en realidad no se congelan. Esto es imposible, porque el cloro se congela a −101 °C (−150 °F). El cilindro o contenedor jamás estarán tan fríos. El cloro permanece líquido; solo que no habrá suficiente presión de gas para que continúe el flujo del gas.

El *punto de condensación* es la temperatura a la cual el aire comienza a liberar agua. El aire caliente contiene más agua que el aire frío. Cuando el aire se enfría, se libera el agua. Es lo que sucede cuando un vaso lleno de hielo "transpira" y forma gotas de agua en la superficie exterior.

Hay un mito persistente que afirma que se puede extraer un máximo de 18 kg/d (40 lb/d) de un cilindro de cloro de 68 kg (150 lb) y que se puede extraer un máximo de 180 kg/d (400 lb/d) de un contenedor de 907 kg (1 t). Aunque el Chlorine Institute recomienda que el caudal de descarga continua confiable desde un cilindro sea de aproximadamente 0.8 kg/h (1.75 lb/h) o mayor a 19.2 kg/d (42.0 lb/d) y 6.8 kg/h (15.0 lb/h) o 163.2 kg/d (360.0 lb/d) para contenedores de 907 kg (1 t), la experiencia demuestra que son posibles tasas de alimentación superiores. Para establecer las tasas de alimentación confiables recomendadas, el modelo del Chlorine Institute asume una temperatura ambiente de 21.1 °C (70 °F) y una *contrapresión* de 241 kPa (35 psig). Si se puede aumentar la transferencia de calor o se puede reducir la contrapresión, aumentará la cantidad de gas que se pueda extraer de un cilindro o contenedor sin que se forme hielo. Las tasas de alimentación de un cilindro se pueden duplicar si se cuenta con circulación de aire. La circulación minimiza la condensación, evita la formación de hielo y contribuye a la transferencia de calor. Con reguladores de vacío montados directamente, se logran tasas de alimentación de gas de 45.6 kg/d (100 lb/d) desde los cilindros. Es posible lograr una tasa de alimentación de 227 kg/d (500 lb/d) desde contenedores de 907 kg (1 t) con diseños de equipos modernos y con circulación de aire alrededor del contenedor.

Contrapresión es la presión contra la que se debe descargar el gas cloro.

La tasa de extracción continua del gas dióxido de azufre es menor a la del cloro. La tasa es de aproximadamente 0.91 kg/h (2.0 lb/h) desde cilindros de 68 kg (150 lb), mientras que la tasa desde contenedores de 907 kg (1 t) es de 11.3 kg/h (25.0 lb/h) a 21.1 °C (70 °F). La tasa de extracción es menor para el dióxido de azufre porque no genera tanta presión de gas dentro del cilindro o contenedor como el cloro a la misma temperatura. A diferencia de los procedimientos para la manipulación del cloro, en los cilindros o contenedores de dióxido de azufre se puede aplicar calor en forma directa por medio de mantas térmicas. Sin embargo, se deben controlar las mantas para que la temperatura máxima de la manta no exceda los 37.8 °C (100.0 °F). También se debe verificar que el calor de la manta no funda los tapones fusibles.

Sistemas de alimentación de gas a presión

Los sistemas de gas cloro a presión dependen de la presión de gas producida dentro del contenedor para mover el gas por la línea hacia el agua que debe ser tratada. Estos sistemas se utilizaban con frecuencia antes de 1960. Un sistema a presión típico consta de un cilindro o contenedor de cloro, reguladores de control de presión, válvula de control de gas, indicador de caudal y válvula de retención (figura 10.14). La válvula de retención en el punto de inyección evita que el agua retorne a la línea de gas. Para que funcione un sistema a presión, la presión en la línea de gas debe ser mayor que la que la contrapresión del agua tratada. Para inyectar gas cloro en una línea de agua presurizada o a cierta profundidad en un depósito o canal, es necesario que la presión del gas sea mayor que la contrapresión creada por el agua. Operar bajo presión hizo que estos sistemas fueran peligrosos. Una fuga a través de algún agujero pequeño en algún lugar del sistema puede llenar una sala de gas cloro. Los sistemas a presión todavía existen, pero se han abandonado en gran medida a favor de sistemas al vacío más seguros.

La mayoría de las personas piensan que para producir ebullición se agrega calor. Si bien es una manera de hacer bullir un líquido, no es la única. Las moléculas de líquido poseen cierta cantidad de energía. Cuando se agrega calor, cada molécula posee más energía. Finalmente, las moléculas ganan energía suficiente como para sobrepasar la presión de la atmósfera y escapan en forma de gas. La cantidad de energía necesaria según la presión atmosférica se denomina *punto de ebullición*. Otra manera de hacer bullir un líquido es eliminar la presión que mantiene las moléculas juntas en estado líquido. Si la presión se torna lo suficientemente baja, la energía existente de las moléculas de líquido será suficiente como para escapar y formar gas, aunque no se agregue calor. La disminución de presión necesaria para hacer bullir un líquido a temperatura ambiente se denomina *presión de vapor*.

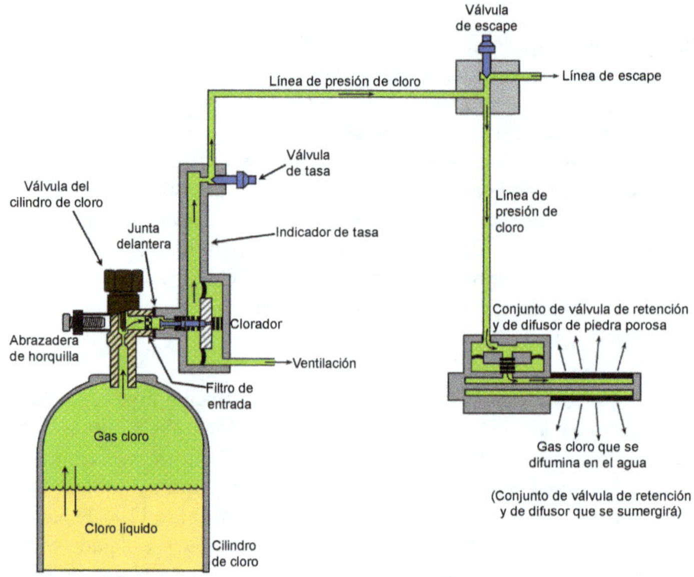

Figura 10.14 Sistema de alimentación de gas operado a presión (cortesía de De Nora Water Technologies, Inc.)

Una *válvula de retención* solo permite la circulación en un sentido. Si el caudal se detiene o retrocede por la válvula, se cierra para frenar el caudal.

La presión del agua en el fondo de una columna de agua con una altura de 0.3048 m (1 ft) es de 2.985 kPa (0.433 psi). Cuanto más profunda el agua, mayor es la presión.

Para el gas cloro seco tradicionalmente se utilizaron *arandelas de plomo*; sin embargo, también hay distintos tipos de arandelas de PTFE y fibras de amianto disponibles (The Chlorine Institute, 2017). Las arandelas solo se pueden utilizar una vez, independientemente del material.

Los sistemas con cloradores montado en la pared que no usen reguladores de vacío montados en el cilindro (o contenedor) mantienen la presión del gas cloro entre el cilindro o contenedor y el clorador. Una fuga en esta zona permitirá escapar al gas.

Monel es una aleación de metal compuesta en un 60 a 70 % de níquel y en un 25 a 35 % de cobre, hierro, manganeso, carbono y silicio. Es altamente resistente al ácido y se utiliza con frecuencia para el procesamiento de químicos.

Sistemas de gas cloro al vacío

Los sistemas de cloración al vacío consisten en un clorador y un inyector/ eyector/eductor (el nombre varía según el fabricante) (figura 10.15). Los cloradores se pueden montar directamente sobre el cilindro o contenedor de cloro, como se muestra en la figura 10.16, o en la pared. El primer clorador montado directamente en el tanque se desarrolló y patentó en 1960. Los cloradores montados en el cilindro se conectan directamente a la válvula del cilindro. El clorador queda fijo en su lugar gracias a una horquilla ajustable (figura 10.16). Una *arandela de plomo o politetrafluoroetileno (PTFE)* ubicada entre el clorador y la válvula del cilindro crea un sello hermético de gas inerte cuando está adecuadamente comprimida. Cuando el clorador está montado a la pared, habitualmente se instala una válvula auxiliar y un regulador de vacío en el cilindro o contenedor, como se muestra en la figura 10.17. El regulador de vacío convierte la presión de gas en vacío al limitar la cantidad de gas que puede abandonar el cilindro o contenedor. Esta práctica mantiene toda la tubería de gas de la sala de equipos al vacío, lo que mejora la seguridad y permite el uso de tubería plástica, como la de PVC cédula 80, desde el regulador al equipo de alimentación y el eyector. Los sistemas a presión necesitan tubería de acero. En los cloradores montados al cilindro o contenedor, el regulador de vacío es una parte integral del clorador. Una parte flexible de la tubería, llamada "cola de cochino" conecta el regulador de vacío con el clorador. Si no hay un regulador de vacío, la cola de cochino conecta el contenedor o cilindro con el clorador por medio de la válvula auxiliar. Las colas de cochino se pueden fabricar de cobre con revestimiento de *monel* o plástico transparente. En general, los sistemas de presión utilizan colas de cochino de cobre con revestimiento de monel y las de los sistemas al vacío son de plástico transparente.

El inyector/eyector/eductor se ubica en el punto en el que se agrega el gas cloro al agua tratada. El inyector crea un vacío que empuja el gas cloro desde el clorador hacia el agua tratada. Si hay una fuga en algún lugar entre el clorador y el inyector, se introduce aire en la línea. La pérdida de vacío produce que el clorador se cierre y se

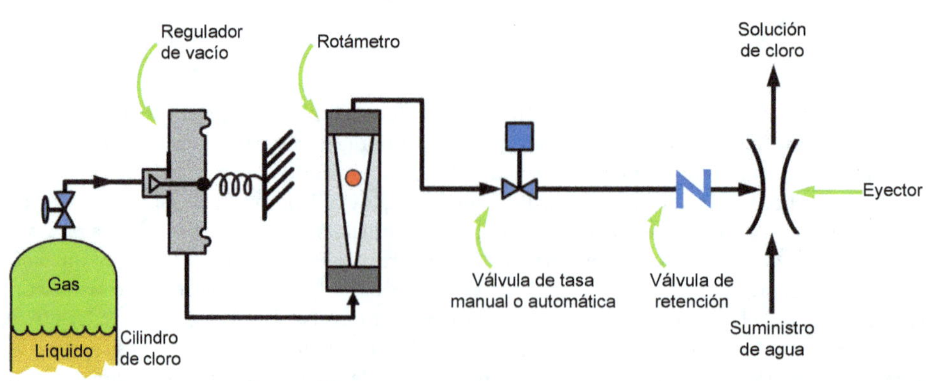

Figura 10.15 Sistema de alimentación de gas operado al vacío (cortesía de De Nora Water Technologies, Inc.)

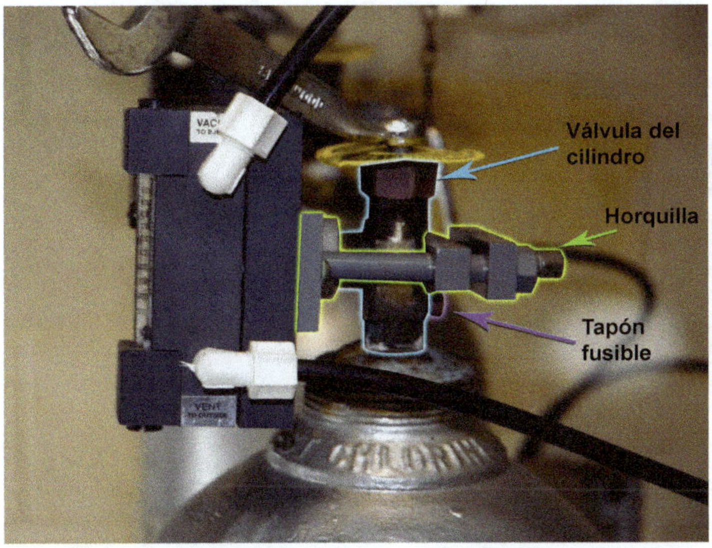

Figura 10.16 Clorador montado directamente en el cilindro (reimpreso con autorización de Larry Thomas)

detiene el caudal de gas desde el cilindro o contenedor. El inyector continúa con la operación, evacua el gas cloro remanente e introduce aire ambiente en la línea de gas. El gas cloro no se escapa a la sala, lo que hace que los sistemas al vacío sean mucho más seguros que los sistemas a presión. Un regulador de vacío combinado con un clorador montado a la pared proporciona el mismo nivel de protección.

Los cloradores montados al tanque constan de tres componentes principales: una válvula de diafragma, un rotámetro y una válvula de aguja. La válvula de diafragma es un disco grande y flexible con un resorte montado en el centro para mantenerlo cerrado (figuras 10.18 a 10.20). Las válvulas de diafragma usan la fuerza para abrir y cerrar. La fuerza es igual a la presión multiplicada por el área. Un área grande con una pequeña cantidad de presión puede ejercer la misma cantidad de fuerza que un área pequeña con una gran cantidad de presión. La presión dentro del contenedor de cloro es relativamente grande a aproximadamente 586 kPa (85 psi) a 21.1 °C (70 °F). Este empuja el diafragma y lo mantiene cerrado (figura 10.21). Aguas abajo del clorador, el *tubo venturi* crea un poco de vacío, que es presión negativa. Para que el diafragma se abra y permita el ingreso de gas al clorador, la fuerza aguas abajo (línea al vacío) debe ser mayor que la fuerza aguas arriba (contenedor de cloro). Para lograr esto, se expone una gran parte del diafragma al sector aguas abajo y una pequeña cantidad al sector

Intente fabricar un tubo venturi con una pieza de tubo de goma y el sumidero de su cocina. Conecte el tubo al extremo del grifo y deje que el tubo cuelgue sobre el sumidero. Después, haga un pequeño orificio en el tubo justo debajo de donde termina el grifo. Abra el grifo al máximo. Coloque su dedo sobre el orificio. ¿Puede sentir el vacío? Aumente y disminuya el caudal de agua y observe qué sucede con la fuerza el vacío.

Figura 10.17 Clorador montado en la pared con regulador de vacío en el cilindro: (A) Regulador de vacío, (B) clorador montado en la pared y (C) balanza (reimpreso con autorización de Indigo Water Group)

Figura 10.18 Diafragma del clorador/sulfonador (reimpreso con autorización de Lyle Leubner of North Little Rock Wastewater Utility)

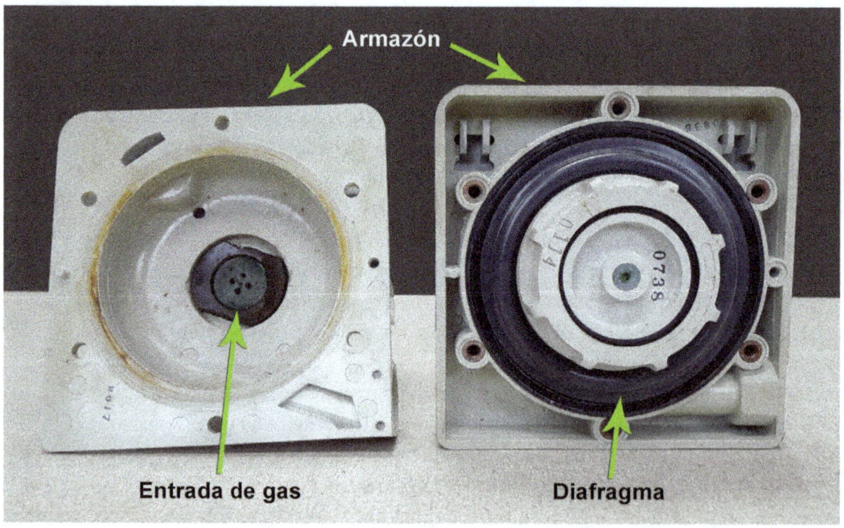

Figura 10.19 Diagrama de componentes del clorador (reimpreso con autorización de Lyle Leubner of North Little Rock Wastewater Utility)

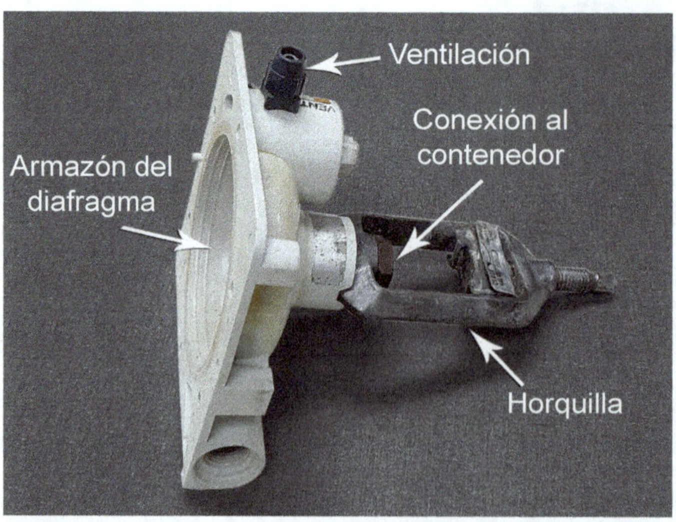

Figura 10.20 Componentes del clorador con horquilla para montaje directo en cilindro (reimpreso con autorización de Lyle Leubner of North Little Rock Wastewater Utility)

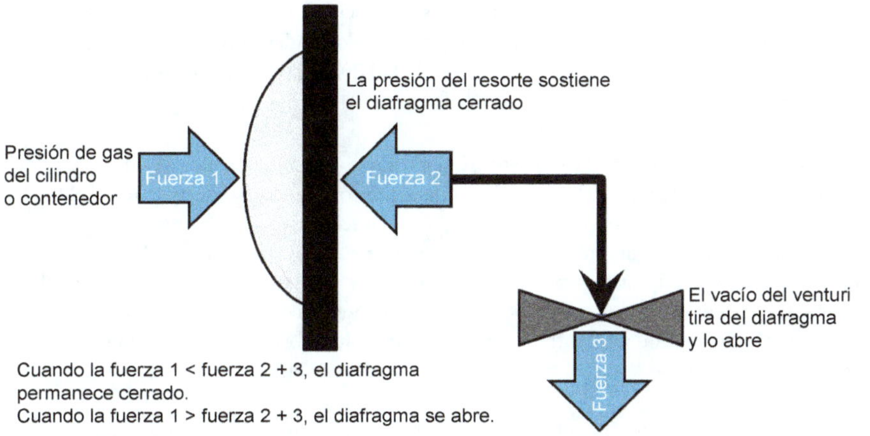

Figura 10.21 Fuerzas opuestas (reimpreso con autorización de Indigo Water Group)

aguas arriba. De esa manera, una pequeña cantidad de fuerza aguas abajo puede empujar y abrir el diafragma. El mecanismo de resorte proporciona algo de fuerza adicional sobre el diafragma. Si se crea una fuga y se pierde vacío, el diafragma se cierra de golpe y evita que el gas cloro salga del contenedor.

El rotámetro es un dispositivo que mide el caudal de gas. El rotámetro parece un rectángulo en la figura 10.22, pero, en realidad, tiene una forma algo en v, más angosta en la parte inferior y más ancha en la parte superior. Los rotámetros también pueden estar montados en la pared, separados del clorador. Cuando el gas fluye a través del rotámetro, hace ascender una bolilla (figura 10.22). La altura de la bolilla en el rotámetro indica el caudal de gas o la tasa de alimentación. La mayoría de los rotámetros indican el caudal de gas en kilogramos por día (libras por día) de cloro alimentado. Se utiliza una válvula de aguja para controlar la cantidad de gas que pasa a través del rotámetro. La válvula se ajusta al girar la perilla del clorador, que se encuentra justo encima del rotámetro (figura 10.22). El gas puede salir del rotámetro por la línea de gas superior, que conduce al inyector, o por la línea de gas inferior. La línea de gas inferior es un conducto que termina en un depurador de gas o fuera de la sala de gas.

El inyector tiene dos componentes: una válvula de retención que evita que el agua retorne a la línea de gas y un tubo venturi que crea el vacío necesario para abrir el diafragma del clorador y permitir el ingreso del gas cloro a la línea de gas. El tubo venturi es esencialmente un sector de la tubería que se estrecha mucho en diámetro y después se abre volviendo a su diámetro original. El agua se bombea a través del tubo venturi (figura 10.15). Cuando pasa a través del punto más angosto del tubo venturi, llamado la "garganta", la velocidad del agua aumenta. La velocidad es igual al caudal por el área. Si el diámetro de un tubo se estrecha de 2.54 cm (1 in) a

Figura 10.22 Rotámetro (Indicador de tasa de alimentación) (reimpreso con autorización de Indigo Water Group)

1.25 cm (0.5 in), el área de la sección transversal disminuye 4 veces y la velocidad aumenta 4 veces. Cuando la garganta es muy angosta en comparación con el resto del tubo, se logran velocidades muy altas. La línea de gas cloro va desde el clorador a la garganta del tubo venturi. La alta velocidad del agua que se mueve a través de la garganta crea succión en la línea de conexión, el vacío necesario para abrir el diafragma.

Después de mezclarse el gas cloro con el agua en el tubo venturi, se produce una solución clorada que se envía al punto de aplicación del cloro. Los operadores deben verificar que la presión y el caudal de agua hacia el tubo venturi sean los correctos. Caso contrario, el tubo venturi no producirá suficiente vacío para que el clorador funcione adecuadamente. El diámetro de la garganta puede ajustarse para aumentar o disminuir la velocidad del caudal, que va a influir en la cantidad de vacío producido. En general, se instalan manómetros aguas arriba y aguas abajo del tubo venturi para permitir a los operadores controlar la presión del agua. Es importante que el personal de la instalación (operación y mantenimiento [O&M]) consulte a los fabricantes o al manual O&M de los fabricantes para comprender los requisitos correctos de presión y caudal de agua.

Los alimentadores de gas para cloro o dióxido de azufre tienen un diseño y construcción similares, pero usan materiales diferentes según el gas que alimenten. El material principal del componente regulador de vacío del clorador es ABS. Los sulfonadores utilizan PVC. Los componentes metálicos de los cloradores son de plata o aleación de tantalio. Los sulfonadores usan componentes de acero inoxidable o aleación de tantalio. No son intercambiables.

Tubos múltiples de gas

Cuando el regulador de vacío de un sistema de cloración no está montado directamente en el cilindro o contenedor, es necesario un tubo múltiple. Los tubos múltiples de gas constan de conectores de cobre flexible revestidos con monel, en general con válvulas de aislamiento y una sección de tubería rígida de acero al carbono con una o más columnas de condensado (figuras 10.23 y 10.24). Las columnas de condensado también pueden estar ubicadas en el clorador. Las columnas de condensado recogen en cloro líquido que pudiera ingresar al tubo múltiple o se pudiera crear en el tubo múltiple por medio de la relicuefacción. Un calentador en la parte inferior de la columna de condensado convierte el cloro líquido en gas. Los tubos múltiples a presión, en general, incluyen rastreo de calor para las líneas a presión, el uso de válvulas de alivio de presión (VAP) y aislamiento para la línea a presión. Estas medidas contribuyen a asegurar que la tubería a presión está siempre tan o más cálida que el cilindro o contenedor para ayudar a evitar la relicuefacción. Las líneas a presión en general poseen una pendiente que desciende desde el clorador al cilindro o contenedor. Si parte del cloro se condensa a líquido, va al cilindro o contenedor en lugar de al clorador. Esto es muy importante porque el clorador no puede tolerar exposición con el cloro líquido. Incluso una pequeña cantidad de cloro líquido puede dañar el clorador.

Dispositivos de conmutación automática

Los dispositivos de conmutación automática permiten al sistema cambiar automáticamente de un cilindro o contenedor vacío a uno lleno. La tecnología difiere de un fabricante a otro. Se conectan dos cilindros o contenedores, cada uno equipado con reguladores de vacío, al dispositivo conmutador. Después de la conexión, se abren las válvulas de los dos cilindros o contenedores. El gas cloro o de dióxido de azufre fluye desde los dos cilindros o contenedores hacia el dispositivo conmutador. El dispositivo conmutador contiene un bloqueador

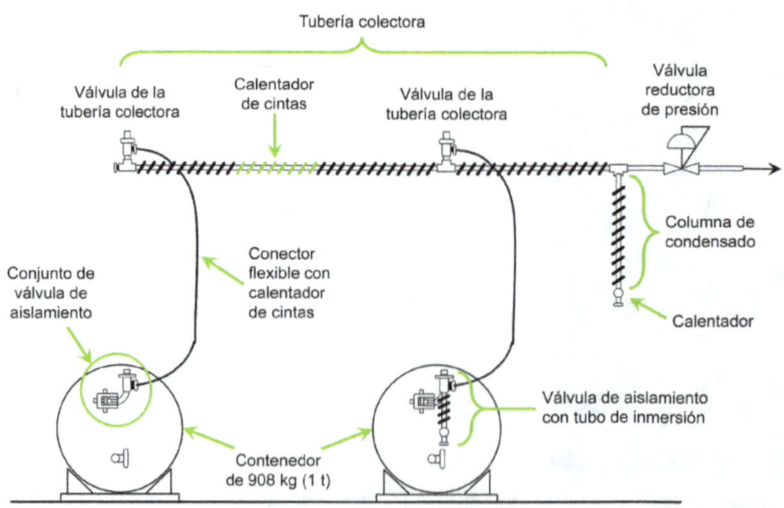

Figura 10.23 Contenedores de tonelada unidos con tubo múltiple para aumentar la extracción de gas

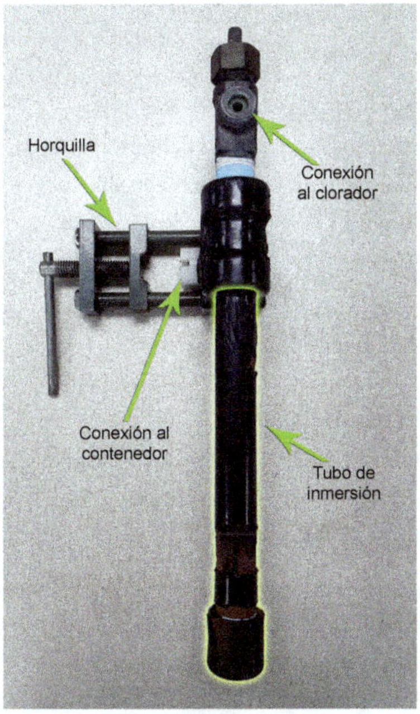

Figura 10.24 Columna de condensado (reimpreso con autorización de Lyle Leubner of North Little Rock Wastewater Utility)

tipo retén y una válvula de diafragma similar a la que se encuentra dentro de un clorador o sulfonador. El dispositivo de bloqueo mantiene cerrada la válvula del segundo cilindro o contenedor hasta que sea requerido. Se habilita el flujo de gas desde el primer cilindro o contenedor (Wallace & Tiernan, 2017). Cuando se vacía el primer cilindro o contenedor, el vacío del sistema aumenta hasta un nivel por encima de lo normal. Este vacío superior presiona el retén y lo abre (Wallace & Tiernan, 2017). Esto permite el flujo del gas desde el segundo cilindro o contenedor a través del dispositivo conmutador, mientras se sigue extrayendo el gas restante del primer cilindro o contenedor.

Dispositivos de cierre automático

Los accionadores automáticos de válvula se montan directamente sobre la válvula del cilindro o contenedor de tonelada. Los accionadores de válvula solo pueden cerrar, pero no abrir, la válvula de un cilindro o contenedor. La válvula se activa en caso de cierres de contacto como fuga, incendio o terremoto, o por la acción manual de un operador a la distancia. Los accionadores de válvulas se controlan de manera neumática (presión de gas) o eléctrica. Se pueden accionar seis conexiones desde una consola.

COMPROBACIÓN DE CONOCIMIENTOS

1. **La cantidad de cloro en estado líquido comparada con la cantidad en estado gaseoso en el cilindro, contenedor o vagón cisterna depende de la temperatura.**
   - ☐ Verdadero
   - ☐ Falso
2. **La cantidad máxima de cloro que se puede extraer de un cilindro de 68 kg (150 lb) es 18 kg/d (40 lb/d).**
   - ☐ Verdadero
   - ☐ Falso
3. **Se pueden usar mantas térmicas con los cilindros y contenedores de dióxido de azufre pero no con los recipientes de cloro.**
   - ☐ Verdadero
   - ☐ Falso
4. **Se utiliza cloro líquido en lugar de gas cloro cuando son necesarias tasas de extracción más lentas.**
   - ☐ Verdadero
   - ☐ Falso
5. **Se extrae gas cloro de un cilindro de 68 kg (150 lb). Se observa condensación en la mitad inferior del cilindro. ¿Qué debe ser cierto?**
   a. El cloro dentro del cilindro se está comenzando a congelar.
   b. El cilindro tiene aproximadamente la mitad de su capacidad de cloro líquido.
   c. Si la tasa de extracción disminuye, se puede formar hielo.
   d. Hay demasiado movimiento de aire alrededor del cilindro.

6. Se debe evitar la formación de hielo en cilindros y contenedores porque

a. Puede dañar la pared del cilindro o contenedor.
b. Puede interferir con la función del tapón fusible.
c. Evita el ingreso de calor al cilindro o contenedor.
d. Aumenta la tasa de extracción de gas y genera presión.

7. ¿Cuál de los siguientes es el sistema de cloro más seguro?

a. Sistema de gas presión
b. Clorador montado en el cilindro
c. Clorador montado en la pared sin regulador de vacío
d. Sistema de cloro líquido

8. Este equipo se utiliza en combinación con un clorador montado en la pared para mantener todo el sistema al vacío.

a. Regulador de vacío
b. Tubo venturi
c. Tubo eductor
d. Arandela de PTFE

9. Los inyectores de cloro funcionan a

a. Presión
b. Efecto Coriolis
c. Vacío
d. Flujo pistón

10. Un sistema de cloro consta de un clorador montado en la pared y reguladores de vacío montados sobre el cilindro. Se crea una fuga entre el clorador y el tubo venturi. ¿Cuál es el resultado más probable?

a. La sala de gas se llena de gas cloro.
b. El diafragma del clorador se cierra.
c. Se detiene el funcionamiento del tubo venturi.
d. La bolilla del rotámetro permanece elevada.

11. Para que un tubo venturi funcione correctamente:

a. La abertura entre la línea de gas y el venturi debe estar cerrada.
b. La garganta se debe ajustar al punto más ancho posible.
c. La dosis de cloro y el residual deben ser superiores a 10 mg/L.
d. La presión y el caudal deben ser lo suficientemente altos para producir vacío.

12. Los tubos múltiples están equipados con columnas de condensado para

a. Proteger al clorador del cloro líquido
b. Aumentar la transferencia de calor y las tasas de extracción
c. Reducir la necesidad de mantas para el sulfonador
d. Reemplazar los conectores cola de cochino

13. El caudal de agua que pasa por un tubo venturi en un eductor de gas disminuyó por debajo del caudal mínimo recomendado por el fabricante. ¿Cuál es el resultado más probable?

a. El caudal de gas aumentará.
b. Se perderá el vacío.
c. Relicuificación del cloro.
d. Desgasificación a la atmósfera.

14. Los sistemas de gas cloro que funcionan a presión deben usar este tipo de conector:

a. Cola de cochino de plástico transparente
b. Cola de cochino de cobre con revestimiento de monel
c. PVC cédula 80
d. PVC con devanado en espiral de aluminio

Sistemas de cloro líquido

Para cada contenedor de 907 kg (1 t), las tasas de extracción de gas tienen límites de 8 a 10 kg/h (400 a 500 lb/d) para el cloro y de 4.5 a 5 kg/h (225 a 250 lb/d) para el dióxido de azufre. Para tasas de alimentación más altas de cualquiera de los químicos, es necesario un tubo múltiple. Cuando no hay espacio suficiente para el tubo múltiple, se debe extraer cloro líquido. El cloro líquido se puede extraer desde contenedores de 907 kg (1 t) o vagones cisterna. En general, la extracción de líquido no se ve afectada por la temperatura, siempre y cuando haya suficiente presión dentro del contenedor o vagón cisterna. En otras palabras, no hay límite superior real para la tasa de extracción de líquido. Debido a que el equipo de alimentación de cloro (cloradores) se alimenta de gas cloro, el cloro líquido se debe convertir en gas después de la extracción. Esto se lleva a cabo por medio de vaporizadores de cloro. El vaporizador también se denomina *evaporador*.

Un vaporizador de cloro o dióxido de azufre consta de una cámara interna donde se introduce el cloro líquido o dióxido de azufre y una cámara externa que contiene agua caliente (figura 10.25). El baño de agua se mantiene a alta temperatura por medio de calentadores de inmersión. El vaporizador controla el nivel y la temperatura del agua y está equipado con protección catódica. Se libera gas cloro o de dióxido de azufre desde el líquido de la cámara interior y sale del vaporizador a través de un deflector sobrecalentado e ingresa a la tubería del sistema. Una VAP controlada automáticamente regula la presión aguas abajo. Una válvula de descarga protegida por un disco de ruptura tiene la función de romperse y liberar gas cuando la presión de gas sea muy elevada. Evita una explosión causada por sobrepresión. El gas fluye a través de un tamiz para gas hacia el alimentador de gas (clorador o sulfonador).

La operación de los vaporizadores de cloro o dióxido de azufre no aumenta la presión del químico de la porción líquida ni gaseosa del sistema. Sin embargo, debido a que el vaporizador opera bajo presión, todos los vaporizadores deben cumplir con lo establecido por la *American Society of Mechanical Engineers* (ASME) en lo relativo a los recipientes a presión.

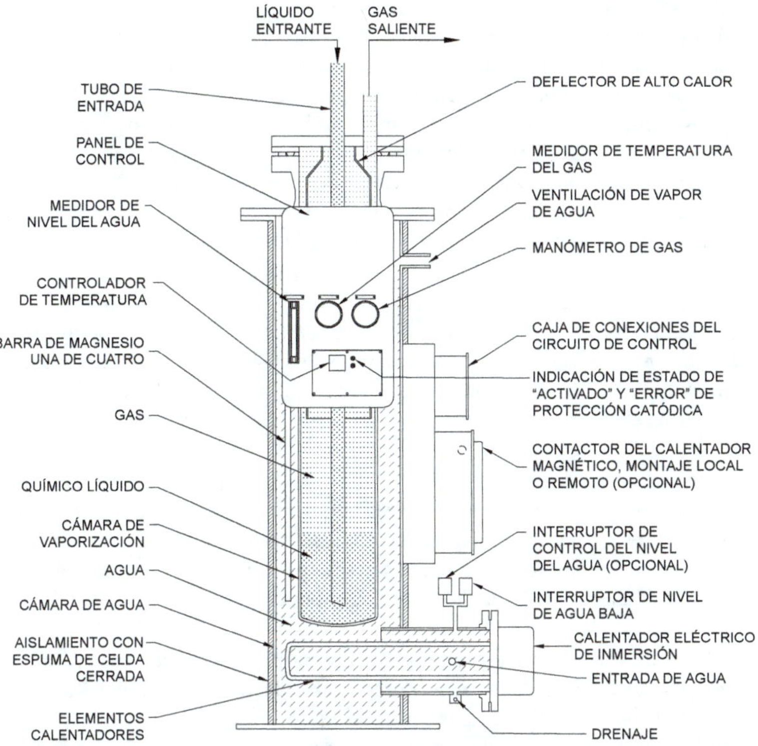

Figura 10.25 Vaporizador (Cortesía de De Nora Water Technologies, Inc.)

No hay control de nivel de líquido de cloro o dióxido de azufre en la cámara interna. El nivel del vaporizador se mantiene por medio de la tasa de alimentación, que la fija el alimentador de gas aguas abajo (clorador o sulfonador). Puede haber arrastre de líquido cuando la tasa de alimentación supere la capacidad del vaporizador de suministrar calor suficiente. También ocurrirá si hay desechos acumulados en la cámara que afecten la transferencia de calor. La aparición de humedad o escarcha en las paredes externas de la tubería aguas abajo indica arrastre de liquido y se debe corregir rápidamente. Si no se corrige, se puede dañar el clorador o sulfonador.

Todos los vaporizadores están equipados con varios dispositivos de seguridad, incluidos los siguientes:

- Válvula reductora de presión y cierre: la VAP se cierra en caso de temperatura de agua baja, nivel de agua bajo o pérdida de suministro eléctrico. También contribuye a evitar el arrastre de líquido, porque la disminución de presión que se produce por el movimiento del gas a través de la válvula genera calor. El calor extra ayuda a vaporizar líquido de cloro o dióxido de azufre que pudiera haber.
- Válvula de alivio de presión: el código ASME exige un dispositivo de alivio de presión para proteger contra la sobrepresurización del sistema.
- Control de temperatura: la temperatura del baño de agua se mantiene en un rango estrecho suficiente para vaporizar el cloro o dióxido de azufre. En general, la temperatura del agua se mantiene por debajo de 82.2 °C (180.0 °F). Una temperatura del agua superior corta el suministro eléctrico de los calentadores de agua y apaga el sistema.
- Interruptor de presión alta: el interruptor de presión alta desconecta el suministro eléctrico del calentador del vaporizador y provee un contacto de alarma en caso de presión alta del sistema.
- Interruptor de nivel de agua: un nivel bajo de agua en el baño de agua apaga el sistema. El interruptor también controla la válvula de la línea de agua de composición para mantener el agua en el nivel deseado.
- Protección catódica: contribuye a evitar la vaporización de la cámara y la corrosión del tanque del baño. Se sumergen los electrodos aportantes en el baño de agua y con un amperímetro se monitorea el desempeño de la protección catódica.

Salas de gas cloro y dióxido de azufre

Las salas de gas cloro y dióxido de azufre siempre se encuentran a nivel del suelo y tienen la misma disposición básica. La ubicación de las salas de gas a nivel del suelo evita el almacenamiento de los cilindros en áreas bajas en las que las fugas pueden provocar acumulación de gases y elimina la necesidad de subir y bajar cilindros y contenedores por escaleras. Las áreas para uso y almacenamiento de gas deben ser salas exclusivas. En dichas instalaciones, no se deben almacenar sustancias y no se deben realizar tareas que no estén directamente relacionadas con la manipulación del cloro o el dióxido de azufre.

Para que haya corrosión, las cuatro piezas de la celda galvánica deben estar presentes. Ellas son 1) ánodo, 2) cátodo, 3) metal y 4) una solución conductora, en general agua. Los electrones se mueven del ánodo al cátodo. Esto produce que el metal en el ánodo comience a ionizarse. Por ejemplo, el hierro de un tubo de hierro, en general, no posee carga. Esto se expresa como Fe^{+0} o Fe. Cuando una parte del tubo de hierro se transforma en un ánodo, los átomos de hierro ceden electrones. Esto transforma el metal de hierro en el ánodo de Fe^{+0} a Fe^{+2} o Fe^{+3}. Cuando el hierro tiene carga, se torna soluble en el agua que fluye y se puede disolver. Los átomos de hierro cargados también reaccionan con el oxígeno y el dióxido de carbono del agua y forman herrumbre (óxido de hierro) y sarro. Los electrones se mueven del ánodo al cátodo, donde participan de otras reacciones químicas. Se forma sarro en el cátodo. Como resultado, en algunas áreas del tubo se forman orificios y en otras protuberancias y túneles. Para detener la corrosión, se debe eliminar al menos uno de los cuatro componentes de la celda galvánica. Esto es casi imposible de hacer en muchos entornos de aguas residuales. En cambio, se utiliza la *protección catódica.* La protección catódica proporciona una pieza de metal de sacrificio, en general zinc o magnesio, para crear un nuevo ánodo para la celda galvánica. El zinc y el magnesio ceden electrones con mayor facilidad que el hierro, acero y demás metales con los que se usa la protección catódica. La corrosión aún se produce, pero en un lugar distinto: en las barras de zinc o magnesio. En el caso del evaporador, se corroe el ánodo para que el resto del evaporador no lo haga.

En las figuras 10.26 y 10.27 respectivamente, se muestra la vista en planta y el perfil de una sala de gas típica. Observe en la figura 10.26 que los contenedores de cloro llenos y vacíos se almacenan por separado. Se deben colocar señales en cada área de almacenamiento para indicar cuáles contenedores están llenos y cuáles vacíos. También se pueden etiquetar los cilindros y contenedores para identificar cuáles contienen cloro y cuáles dióxido de azufre. El etiquetado asegura que los primeros respondedores puedan identificar rápidamente los contenedores llenos. Además, una pared divide los cilindros en uso de aquellos almacenados. Las salas de gas cloro deben tener detectores de fuga que activen una alarma cuando la concentración de cloro supere 1 ppmv. La sala de gas que se muestra en la figura 10.26 posee dos sensores de gas, uno en el área de operaciones y el otro en el área de almacenamiento. Pueden ser necesarios múltiples sensores según el tamaño de la habitación.

En general, se coloca a los cilindros y contenedores en una balanza cuando están en uso. En las balanzas más pequeñas, como la que se muestra en la figura 10.17, caben dos cilindros por vez. Las balanzas más grandes, como la que se muestra en la figura 10.28, poseen una disposición de tipo palanca y una placa grande en un extremo de la palanca que soporta el peso de múltiples cilindros o contenedores. Se resta el peso tara de los cilindros o contenedores del peso total, y de esa forma el operador sabe cuántos kilogramos (libras) de cloro quedan.

Se deben sujetar los cilindros de gas incluso cuando no estén en uso. Se debe colocar una cadena lo suficientemente fuerte como para sostener el cilindro a aproximadamente dos tercios de la altura del cilindro desde la parte inferior hacia arriba. Se puede utilizar una única cadena para sujetar múltiples cilindros; sin embargo, es más seguro sujetar cada uno de manera individual. Las instalaciones ubicadas en zonas de terremotos también deben sujetar la parte inferior de los cilindros para evitar que se deslicen por debajo de la sujeción superior.

Los contenedores de tonelada se deben colocar en soportes con muñones. Los muñones son necesarios para los contenedores almacenados y en uso, para permitir girar los contenedores en caso de fuga, a fin de que el área de la fuga quede en la parte superior del contenedor y se libere gas en lugar de líquido. Los muñones también son necesarios para permitir girar el contenedor, a fin de que las válvulas del contenedor de 900 kg estén en posición vertical. Se recomienda el uso de cadenas de sujeción inferior para cada contenedor, tanto almacenado como en uso (incluidos aquellos sobre la balanza), para evitar el movimiento del contenedor, en especial en áreas propensas a terremotos. Una instalación de manipulación de contenedores de 900 kg adecuadamente diseñada también debe tener un elevador monorriel aéreo y un carrito motorizado con una capacidad de al menos 1800 kg (2 t). En general se utilizan grúas de baja velocidad para evitar movimientos erráticos de los contenedores.

Las salas de gas deben mantenerse a 20 °C (68 °F) en todo momento. Una habitación demasiado fría puede reducir la tasa de alimentación de gas. Una habitación demasiado cálida puede producir un aumento de presión en los cilindros y contenedores de gas. Siempre se deben almacenar los cilindros y contenedores de gas a temperaturas iguales o superiores a la del clorador para evitar la relicuefacción del gas cloro en los tubos múltiples y las líneas de gas. Nunca utilice una estufa en una sala de gas o aplique calor de manera directa en un cilindro o contenedor.

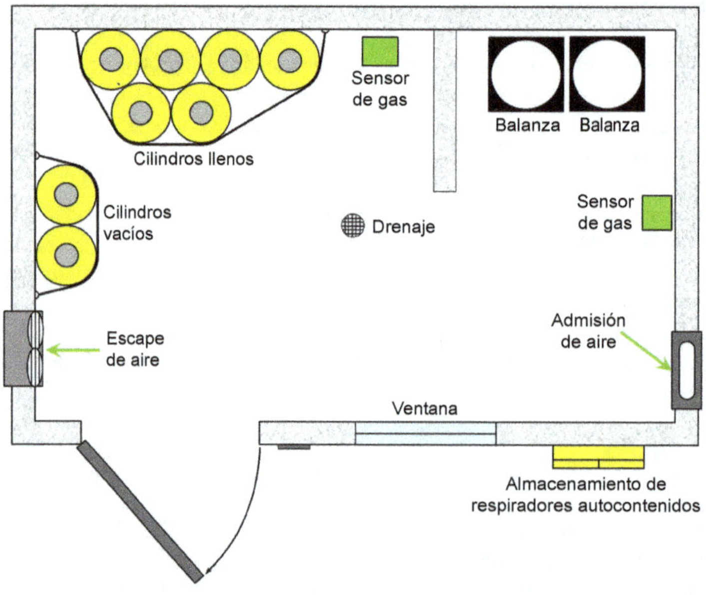

Figura 10.26 Vista en planta de una sala de gas cloro típica

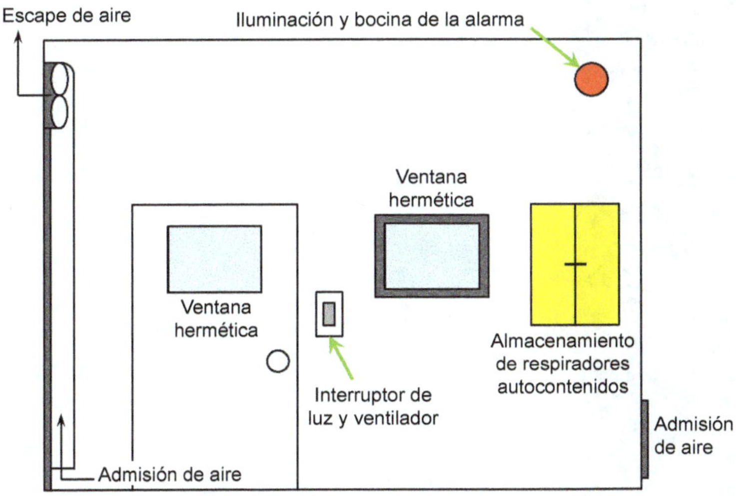

Figura 10.27 Vista de perfil de una sala de gas cloro típica

La habitación o construcción debe ser hermético al gas para contener fugas. Observe en las figuras 10.27 y 10.29 que las puertas se abren para afuera y cada una posee una ventana con vidrio transparente en la parte superior. Esto reduce la necesidad de ingresar y permite que el operador monitoree la tasa de alimentación con un vistazo y pueda también controlar fugas evidentes sin ingresar al recinto. Las entradas de las salas de gas deben poseer señales de advertencia aprobadas por la *Occupational Safety and Health Administration* (OSHA), que indiquen que el recinto contiene cloro o dióxido de azufre. También se deben colocar señales en cada lado expuesto de la sala de gas. El interruptor de luz, los controles del ventilador y los equipos de seguridad deben estar fuera de la sala de gas. Esto les permite el acceso a los operadores en caso de fuga sin tener que entrar a la sala de gas. Los equipos de seguridad incluyen *respiradores autocontenidos (SCBA)* y el juego de reparación del contenedor de cloro. También es adecuado contar con suministro de aire. Los juegos de reparación son específicos para cada tipo de contenedor: Los cilindros de 68 kg (150 lb) usan el juego A, los contenedores de 907 kg (1 t) usan el jugo B y los vagones cisterna usan el juego C. Los juegos contienen herramientas y parches para reparar las fugas de cloro y dióxido de azufre.

Un *respirador autocontenido* consta de tanques de aire, mangueras de aire y máscara facial. El aparato de respiración bajo el agua autocontenido, o SCUBA, que se utiliza para bucear es un equipo que pertenece a la misma clase y posiblemente sea más conocido. Si bien no son idénticos, son similares. El suministro de aire se realiza por medio de un ventilador o compresor y una manguera conectada a una máscara facial.

Tanto el gas cloro como el gas dióxido de azufre son más pesados que el aire. Los conductos de ventilación de aire se colocan cerca del suelo donde se acumulan estos gases en caso de fuga. El sistema de escape debe intercambiar todo el aire de la habitación cada 3 o 4 minutos. En otras palabras, entre 15 y 20 intercambios de aire por hora. Los intercambios de aire eliminan el gas que pudiera haber como resultado de una fuga. También reducen la corrosión del equipo, la tubería y las válvulas.

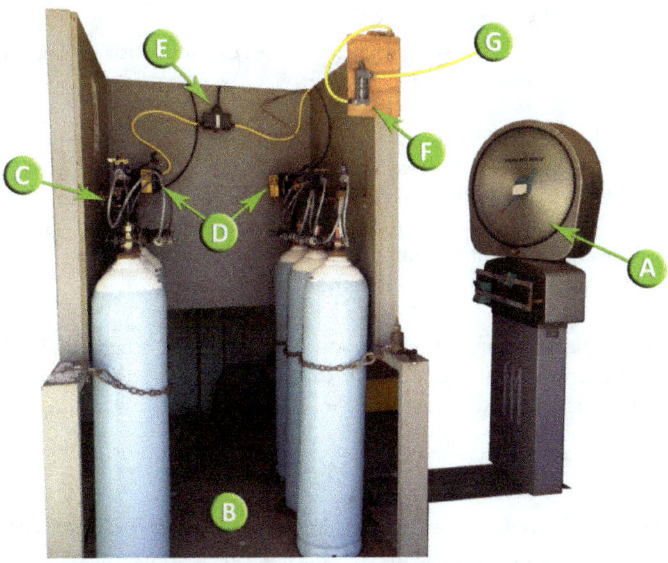

Figura 10.28 Sala de gas con cilindros conectados a un tubo múltiple sobre balanza de piso: (A) Indicador de la balanza de palanca, (B) piso de la balanza, (C) conector cola de cochino (D) cloradores, (E) dispositivo de conmutación automática, (F) rotámetro y (G) línea de gas al inyector/eyector/eductor (reimpreso con autorización de Indigo Water Group)

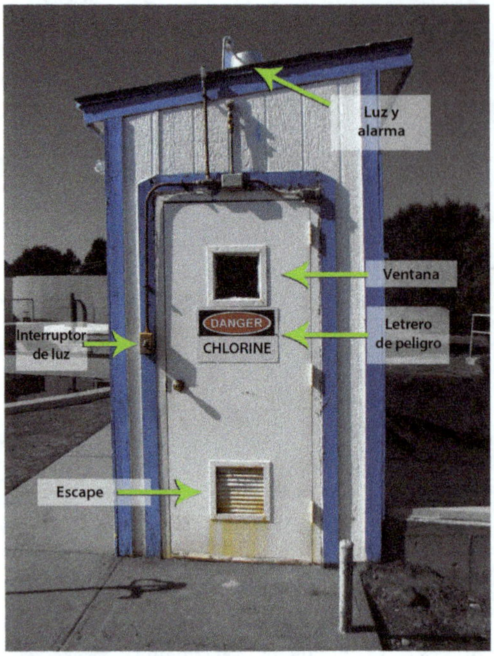

Figura 10.29 Exterior de una sala de gas cloro en una WRRF pequeña (reimpreso con autorización de Indigo Water Group)

En los Estados Unidos hay tres organizaciones principales que elaboran códigos modelo contra incendios: el *International Fire Code Institute*, California, los *Building Officials and Code Administrators*, Illinois, y el *Standard Fire Prevention Code*, Alabama (De Nora Water Technologies, 2015). Además, existe la *National Fire Protection Association*, Massachusetts. Los estados y municipios deciden por cuáles estándares regirse.

Depuradores

Las salas de gas pueden estar equipadas con depuradores para eliminar el cloro del aire antes de ser liberado al medio ambiente. Los códigos que rigen en materia de construcciones e incendio han tenido un gran efecto sobre el uso de depuradores en instalaciones de gas cloro. Estos códigos, particularmente importantes en California, donde se desarrolló el *Uniform Fire Code*, exigen el uso de un depurador para contener todo el gas que pudiera producir el cilindro o contenedor más grande en uso. Antes de 1988, cuando se sancionó el artículo 80 del *Uniform Fire Code*, la exigencia del depurador dependía en gran medida de los requisitos estatales y locales. De acuerdo al artículo 80, se exige el uso de depuradores en todas las salas de gas cloro, a menos que cumplan con al menos uno de los criterios siguientes:

- Un cilindro único de 68 kg (150 lb),
- Hasta dos cilindros de 68 kg (150 lb) almacenados o en un gabinete para gas O en una sala con una resistencia al fuego de 1 hora O BIEN en una sala con rociadores para incendio, o
- Se pueden almacenar hasta cuatro cilindros de 68 kg (150 lb) si la habitación posee tanto resistencia al fuego de una hora como rociadores para incendio (De Nora Water Technologies, 2015).

Las principales clases de depuradores dependen de la activación de un sistema que crea un vacío capaz de pasar todas las fugas de cloro líquido o gaseoso a través de un depurador que contiene una solución de hidróxido de sodio. Debido a que el cloro es más soluble en hidróxido de sodio (soda cáustica) que en agua, se puede absorber fácilmente todo el gas liberado y se puede contener la fuga de gas o líquido. Los sistemas depuradores, en general, se instalan fuera de la sala de gas debido a su tamaño. La activación automática del depurador habitualmente se produce a partir de la señal de un detector de gas, pero también se puede activar manualmente.

Cuando no hay fugas, los sistemas permanecerán inactivos por largos periodos. Con frecuencia, es necesario operar el depurador a modo de prueba periódicamente. Las instrucciones de cada fabricante proporcionan detalles acerca del tipo de prueba, frecuencia y duración recomendadas. Puede ser necesario cambiar la solución cáustica del sistema depurador periódicamente.

Resumen del equipo del sistema de gas cloro

En las figuras 10.30 a 10.34 se presenta un resumen de las distintas configuraciones del sistema de gas cloro y dióxido de azufre. Para hacerlo más simple, no se muestran los sistemas de conmutación automática, los inyectores/eyectores/eductores y demás equipo auxiliar. En la tabla 10.10 se resumen las funciones de los principales componentes de los sistemas de cloro líquido y gaseoso.

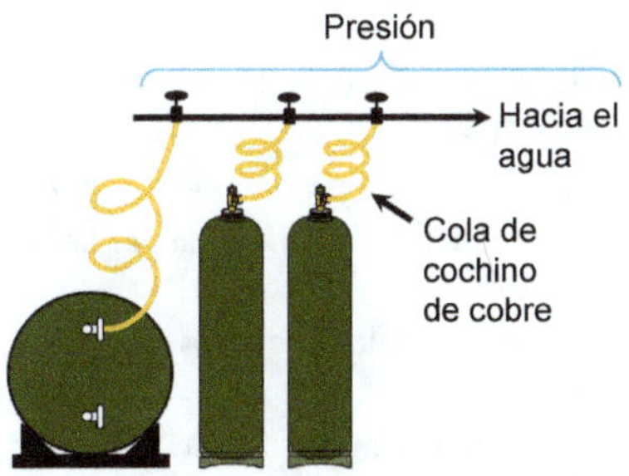

Figura 10.30 Sistema de gas a presión (reimpreso con autorización de Indigo Water Group)

Sistema a presión

- Solo gas
- Contenedores o cilindros conectados directamente al tubo múltiple
- Columnas de condensado
- La presión del gas proporciona fuerza para empujar el cloro hacia el agua
- El más peligroso
- Las fugas van a la atmósfera
- Sin clorador, sulfonadores, regulador de vacío o eyector

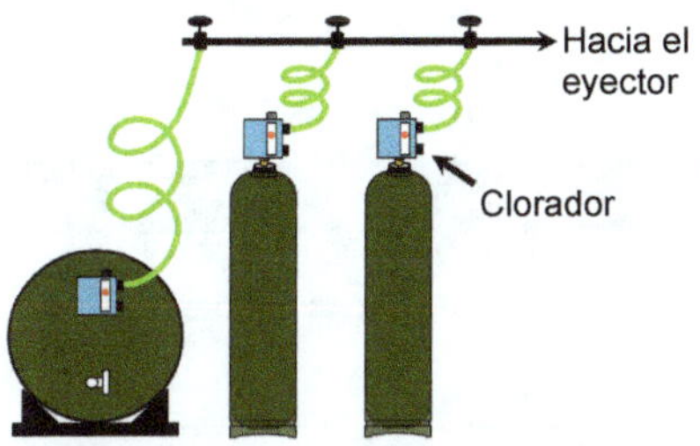

Figura 10.31 Clorador montado en el cilindro o contenedor (reimpreso con autorización de Indigo Water Group)

Clorador/sulfonador montado en el cilindro o contenedor

- Solo gas
- Clorador o sulfonador montado directamente en el cilindro o contenedor
- Sistema 100 % al vacío
- La configuración más segura
- La pérdida de vacío (fuga) apaga el sistema
- Utiliza clorador/sulfonador y eyector

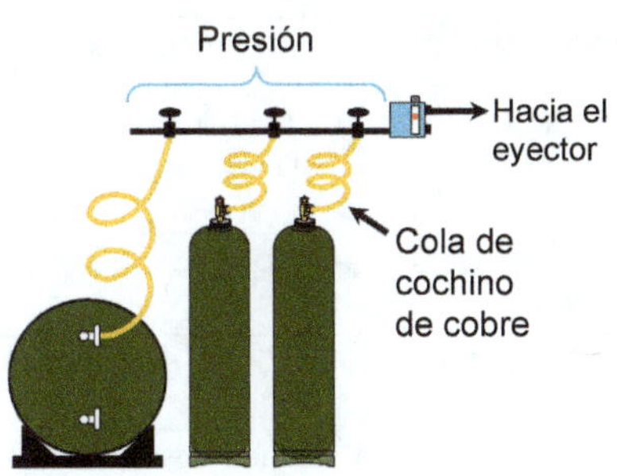

Figura 10.32 Clorador montado en la pared con presión de gas (reimpreso con autorización de Indigo Water Group)

Clorador/sulfonador montado en la pared con cola de cochino presurizada y tubo múltiple

- Solo gas
- Parcialmente presurizado
- Las fugas aguas arriba del clorador/sulfonadores van a la atmósfera
- La pérdida de vacío (fuga) aguas abajo del clorador/sulfonador apaga el sistema
- Utiliza clorador/sulfonador y eyector

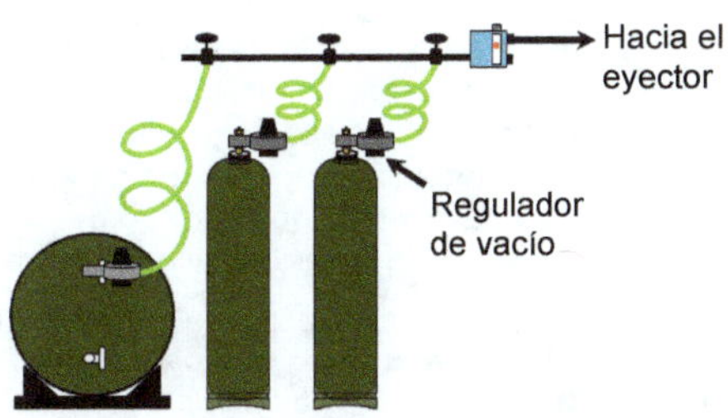

Figura 10.33 Clorador montado en la pared con regulador de vacío (reimpreso con autorización de Indigo Water Group)

Clorador/sulfonador montado en la pared con regulador de vacío en el recipiente

- Solo gas
- Sistema 100 % al vacío
- La configuración más segura
- La pérdida de vacío (fuga) apaga el sistema
- Utiliza clorador/sulfonador y eyector

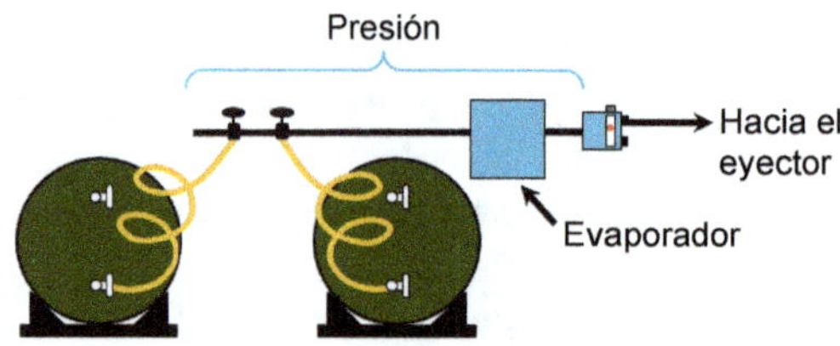

Figura 10.34 Sistema de cloro líquido (reimpreso con autorización de Indigo Water Group)

Sistema de cloro líquido

- Cloro/dióxido de azufre líquido extraído de contenedores
- El vaporizador convierte el líquido en gas
- Extracción de líquido no afectada por la temperatura
- Mayor producción de gas que los sistemas de solo gas
- Sistema a presión aguas arriba del clorador/sulfonadores
- Sistema al vacío aguas abajo del clorador/sulfonadores
- Utiliza eyector

Tabla 10.10 Componentes del sistema de cloración por gas y sus usos (WEF, 2016)

Componentes	Características	Usos
Elevador de contenedores	Botones arriba-abajo y avanzar-retroceder; capacidad mínima de 18 015 kg (2 t).	Mueve contenedores de 907 kg (1 t) hacia y desde el muelle de carga de camiones y coloca y retira contenedores de la balanza.
Balanza para contenedor o cilindro	Barra de peso tara	Para establecer el peso tara de un contenedor o cilindro. Cada cilindro de 68 kg (150 lb) o contenedor de 907 kg (1 t) tiene el peso tara estampado allí.
	Placa frontal o dial indicador que muestra las libras restantes de cloro	Para mostrar cuánto cloro se utilizó mediante la resta de pesos pasados y presentes.
	Muñones	Para poder girar contenedores de 907 kg (1 t) que se encuentran en la balanza a fin de colocar las válvulas en la posición correcta. Además, en caso de fuga, los muñones permiten girar el contenedor para que la fuga sea con el lado de gas hacia arriba.
	Alarma de bajo peso	Para alertar a los operadores que queda poco cloro y se reemplacen los cilindros o contenedores de cloro.
Sistema de conmutación automática y dispositivo de tuberías	Cola de cochino y horquilla	Para conectar un contenedor de 68 kg (150 lb) o 907 kg (1 t) al tubo múltiple.
	Interruptor de presión	Para monitorear la presión del cloro en línea desde la balanza al evaporador o clorador. Cuando la presión es baja, cambia automáticamente de un cilindro o contenedor vacío a un cilindro o contenedor lleno.
	Válvulas operadas a motor	Para aislar un cilindro o contenedor vacío e introducir cloro desde un cilindro o contenedor lleno para facilitar el cambio automático sin interrumpir la cloración.
	Disco de ruptura y cámara de expansión	Protege la tubería al permitir que se quiebre el disco de ruptura y se llene la cámara de expansión cuando el cloro (especialmente el líquido) queda atrapado entre dos válvulas cerradas. Los interruptores de presión, en general, activan una alarma antes y después de que el disco de ruptura se quiebre, en función de la presión calibrada para quebrar el disco de ruptura.
Evaporador	Tipos: calentador eléctrico, vapor o agua caliente	Para transformar el cloro líquido en cloro gaseoso para la regulación en un clorador y la disolución por medio de un inyector. Los evaporadores son necesarios en instalaciones que usan más de 680 kg (1500 lb/d) de cloro.
	Baño de agua e intercambiador de calor	Para proporcionar el calor necesario para convertir el cloro líquido en gas. Habitualmente, los calentadores de inmersión de un intercambiador de calor externo se controlan de manera termostática para mantener automáticamente una temperatura específica del baño de agua.

(*continúa*)

Tabla 10.10 Componentes del sistema de cloración por gas y sus usos (WEF, 2016) (*Continúa*)

Componentes	Características	Usos
Evaporador (*continúa*)	Barras de magnesio	Para proteger el baño de agua con barras de sacrificio que se corroen.
	VAP de descarga	Para reducir la presión del gas de salida que se transporta al clorador. Además, para cortar el cloro cuando se presenta al menos una de las siguientes condiciones en el evaporador: 1) baja temperatura de gas, 2) bajo nivel del baño de agua, 3) falla en el suministro eléctrico del evaporador.
Clorador		Para medir con precisión el gas cloro que va a ser disuelto en un inyector para después inyectar la solución en el efluente tratado.
	Tapón de vacío con muesca en V	Para limitar la capacidad máxima de gas cloro que se puede extraer a través de un clorador.
	Tubo del rotámetro	Para medir la cantidad de gas cloro. Los rotámetros se pueden ajustar de manera manual o automática.
	Posicionador eléctrico	Para ajustar el rotámetro automáticamente en función de señales de 4 a 20 mA provenientes de un caudalímetro o analizador de cloro residual del efluente.
	Regulador de vacío	Para reducir la presión del gas cloro a 101.325 kPa (1 atm, 14.7 psi). El gas cloro después se puede transportar por medio de tubos de PVC.
	Manómetros de presión y vacío	Para monitorear la presión del gas cloro antes de la regulación y el vacío creado por el diseño y la configuración del inyector.
Analizador de cloro residual	Alarma de pérdida de vacío	Para activar una alarma cuando haya un bajo nivel de vacío.
	Bomba de muestreo, celda de detección y circuitos electrónicos	Para monitorear de manera continua el cloro residual del efluente a fin de poder trazar un gráfico de tendencias. Hay distintos analizadores disponibles para medir el cloro residual libre y total.
Rédox (PR)	Sensor sumergible, circuitos electrónicos de la sonda del sistema de limpieza	Para controlar de manera continua la dosis de cloro en función de la demanda. Se configuran tasas de dosis para lograr un nivel predeterminado de desinfección. El rédox funciona en entornos de cloro libre y total.
Inyector de gas	También denominado *eyector* o *eductor*, según el fabricante. Consta de un ingreso de agua, ingreso de gas, salida de solución y tubo venturi con garganta variable.	Para disolver el gas cloro en una solución por medio de la creación de vacío con una garganta variable. Este vacío hace mover el gas cloro a través del clorador, hacia el inyector y después descarga la solución en el punto de aplicación.
Detector de fuga de gas cloro	Celda electromecánica, rango de detección ppm variable y botón de prueba	Para monitorear fugas de gas cloro en la balanza, el evaporador, clorador e inyector y activar una alarma en caso de fuga.
Equipos de seguridad	Respirador autocontenido	Para ingresar a un área con fuga de cloro. El usuario respira aire proveniente de un tanque por medio de una máscara facial y un regulador.
	Herramientas de reparación de emergencia	Proporcionan los componentes esenciales para una reparación temporal de las fugas de cloro.
	Sistema de ventilación de la sala	Purga gas cloro de los niveles inferiores del área de cloración. Los sistemas de ventilación se activan con un interruptor en el exterior antes de que alguien ingrese a la sala.

HIPOCLORITO DE SODIO Y CALCIO

Habitualmente, la aplicación de solución de hipoclorito de sodio o calcio en los efluentes tratados se realiza por medio de un juego de bombas de alimentación de químicos denominadas *hipocloradores*. Los componentes básicos son un depósito de almacenamiento o tanque de mezcla para la solución de hipoclorito; una bomba dosificadora, que consta de un mecanismo de desplazamiento positivo, un motor o solenoide y un dispositivo de ajuste de tasa de alimentación; y un dispositivo inyector. Según el tamaño del sistema, se utiliza un recipiente de plástico o fibra de vidrio para contener la solución de hipoclorito de baja concentración. Las soluciones de hipoclorito son corrosivas para los metales utilizados comúnmente en la construcción de tanques de almacenamiento. Para la alimentación de hipoclorito de calcio es necesario un dispositivo de mezcla, en general un propulsor o agitador motorizado ubicado en el tanque. En el tanque también hay una válvula de pie y un tamiz de aspiración conectado a la entrada de aspiración del hipoclorador. El tamiz evita que ingresen partículas no disueltas de hipoclorito de calcio en la bomba de alimentación de químicos. La mezcla ocurre en un tanque separado. Tanto para los sistemas de hipoclorito de sodio como de calcio, la admisión de la aspiración de la bomba debe permanecer por encima de la parte inferior del tanque de almacenamiento para evitar el ingreso de sedimentos a la bomba.

En la figura 10.35 se muestra un sistema de agregado de hipoclorito de sodio en una WRRF pequeña. El tanque, las válvulas y las bombas dosificadoras para el hipoclorito se colocan sobre pallets antiderrames para contener goteos o derrames. En los sistemas muy pequeños como este, los operadores, en general, diluyen el hipoclorito de sodio más concentrado que llega a la instalación en un tanque más pequeño. Este tanque a veces se denomina "tanque de día" porque en general solamente contiene suficiente solución de hipoclorito diluido para unos pocos días de operación.

La mayoría de las instalaciones de hipoclorito de calcio utilizan las presentaciones comprimidas (tabletas) disponibles. Un alimentador de tabletas, como se muestra en la figura 10.36, sostiene una pila de tabletas. A los alimentadores de tabletas también se los denomina "alimentadores por erosión". El agua fluye por el fondo del alimentador de tabletas y disuelve gradualmente la parte inferior de las tabletas. A medida que se disuelven estas tabletas, caen nuevas para ocupar su lugar. El agua más cálida disuelve las tabletas más rápido que el agua fría. El agua con menor cantidad de total de sólidos disueltos disuelve las tabletas más rápido que el agua con mayor cantidad de total de sólidos disueltos.

El agua que fluye por el alimentador de tabletas puede ser una porción pequeña del caudal tratado o el total del caudal. Si solamente una porción del caudal pasa por el alimentador de tabletas (tratamiento de corrientes secundarias), la solución de hipoclorito concentrado producido se alimenta por gravedad o se bombea al agua tratada. Cuando se utiliza hipoclorito de calcio en polvo, puede haber sedimentos en el tanque después de la mezcla, es decir, material inerte que no se disuelve. Por esta razón, se deben limpiar los tanques de mezcla en forma periódica para eliminarlos.

La descomposición del hipoclorito puede producir un incremento de presión en los sistemas de tubería y hubo casos de ruptura de tubos plásticos. Debido a que el contacto con el metal acelera la descomposición

Figura 10.35 Bombas reguladoras y tanques de almacenamiento de hipoclorito de sodio (reimpreso con autorización de Indigo Water Group)

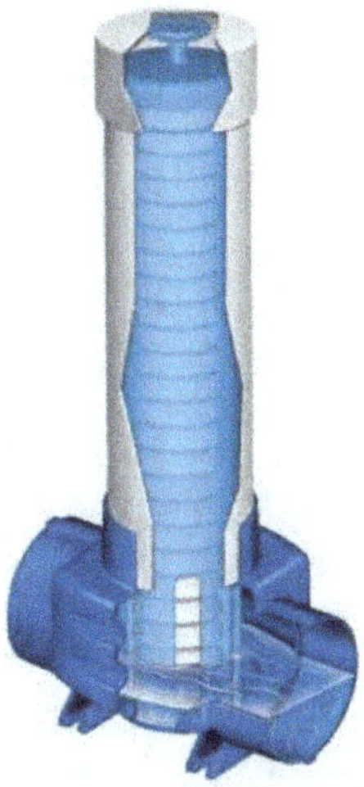

Figura 10.36 Alimentador a tabletas (reimpreso con autorización de Norweco)

del hipoclorito y emite gas oxígeno, los componentes del sistema de tubería, como válvulas, manómetros e interruptores de presión deben ser de o estar protegidos por materiales compatibles como PVC, CPVC y PP. En general, se instalan válvulas de descarga de aire en los puntos más altos de los sistemas de tubería para hipoclorito. La producción de gas dentro del tanque de almacenamiento puede *obstruir con aire* algunas clases de bombas dosificadoras. Las bombas peristálticas no sufren obstrucción por aire.

Para que funcionen las bombas, deben poder mover el líquido a través. Cuando se acumula aire dentro de las bombas centrífugas, la bomba gira libremente en el aire en lugar de mover líquido. Además, la bomba se puede recalentar.

Las soluciones de hipoclorito de sodio pueden filtrarse por las costuras de la tubería, las conexiones, los adaptadores y las válvulas. Estas fugas son antiestéticas. Su aparición puede verse exacerbada por la presencia de hidróxido de sodio (soda cáustica) en las soluciones de hipoclorito de sodio. La soda cáustica reacciona con el dióxido de carbono en el aire y deja grandes depósitos blancos en el lugar de la fuga. Se puede producir calcificación cuando se utiliza agua de alta alcalinidad como agua de dilución para las soluciones de hipoclorito. El calcio del agua que se utiliza para la dilución y el pH alto ocasionan el problema de calcificación. La calcificación es problemática porque puede interferir con la operación de las válvulas, estrechar el diámetro de los tubos y se pueden desprender piezas y obturar bombas y adaptadores.

EQUIPO DE MEZCLA

La mezcla asegura que toda el agua tratada está expuesta a la misma concentración de cloro. Sin una mezcla adecuada, parte del agua puede no tener concentraciones de cloro residual lo suficientemente altas como para desinfectar adecuadamente. En el caso de la descloración, la mezcla hace entrar en contacto directo al ácido hipocloroso e ion de hipoclorito con los iones de sulfito. Se puede utilizar una gran variedad de equipos para mezclar los productos químicos con el efluente final antes de ingresar a la cámara de contacto con el cloro. Un dispositivo mezclador en tuberías de poco diámetro puede consistir simplemente en una tubería de alimentación de químicos que se empalma con la tubería de los efluentes a un ángulo de 90°. La alimentación de químicos debe tener una presión superior que la tubería de los efluentes para forzar el ingreso de la solución química en el caudal. Otra opción es inyectar la solución química a través de un difusor ubicado dentro de un tubo. Un difusor es una porción de tubo de menor diámetro con múltiples agujeros. Como el químico se agrega en todo el diámetro de la tubería, proporciona una mejor mezcla que el punto único de inyección del empalme. Una tercera opción es utilizar un mezclador estático dentro de la línea. La función de los mezcladores estáticos es crear turbulencia dentro del tubo. En general, poseen obstáculos por los que el flujo de agua pasa alrededor y a través. También se pueden agregar los productos químicos en tanques pequeños equipados con alguna clase de mezclador mecánico.

CÁMARA DE CONTACTO CON CLORO

La desinfección con cloro se produce en una cámara de contacto con cloro o en la tubería. Las cámaras de contacto son largas y angostas. Se prefieren las relaciones entre largo y ancho de 40 a 1 o superiores (Metcalf & Eddy, Inc./AECOM, 2014). La meta es maximizar el tiempo de contacto con el cloro y reducir la posibilidad de cortocircuito. En una cámara de contacto larga y angosta, el agua fluye de manera similar a como lo hace a través de un tubo: desde el principio hasta el fin y se produce muy poca o nada de mezcla de un extremo al otro. Este tipo de patrón de caudal se denomina comúnmente flujo pistón. Habitualmente, las cámaras de contacto son curvas, con forma de serpentina, como se muestra en la figura 10.37. Esta forma curva reduce los costos de construcción al aprovechar las paredes comunes. Los deflectores reducen la posibilidad de cortocircuitos y evitan que los sólidos se sedimenten y depositen en las esquinas. En la figura 10.38 se muestra una fotografía de una cámara de contacto en una instalación de 3.9 ML/d (1 mgd). En general, hay dos o más cámaras de contacto de manera que, cuando una está fuera de línea para limpieza y mantenimiento, se puede continuar con la desinfección por medio de las cámaras de contacto restantes.

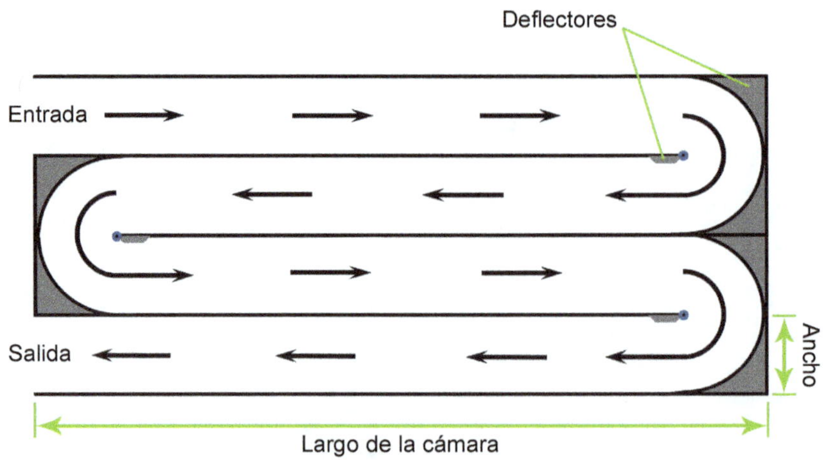

Figura 10.37 **Vista aérea de la cámara de contacto con cloro curva (Marske y Boyle, 1973)**

Figura 10.38 **Cámara de contacto con cloro con compuertas deslizantes (reimpreso con autorización de Indigo Water Group)**

COMPROBACIÓN DE CONOCIMIENTOS

1. **Cuando se extrae cloro o dióxido de azufre de un cilindro o contenedor, es necesario este equipo para convertir el líquido en gas:**
   a. Regulador de vacío
   b. Vaporizador
   c. Tubo eductor
   d. Disco de ruptura

2. **La tubería aguas abajo de un vaporizador de cloro está cubierto por fina escarcha. Esto indica que**
   a. La temperatura en el vaporizador es demasiado alta.
   b. La circulación de aire alrededor del contenedor de cloro es demasiado baja.
   c. Se está escapando humedad desde alrededor del disco de ruptura.
   d. La tasa de extracción de líquido excede la tasa de evaporación.

3. **Para evitar la corrosión del metal dentro de los vaporizadores**
   a. Las barras de zinc o magnesio funcionan como ánodo de sacrificio.
   b. Se agregan productos químicos anticorrosivos en la cámara interior.
   c. Se aplica corriente eléctrica a través de las dos cámaras.
   d. Se utiliza agua muy pura en la cámara exterior.

4. **Se pueden utilizar las salas de almacenamiento de gas para guardar herramientas y piezas de repuesto**
   a. Cuando las herramientas deben estar cerca y no hay otro lugar de almacenamiento disponible.
   b. Solo durante el verano, cuando las puertas puedan quedar levemente abiertas.
   c. Nunca. Las áreas para uso y almacenamiento de gas deben ser salas exclusivas.
   d. En cualquier momento. No hay restricciones en cuanto al almacenamiento en la sala de gas.

5. **Cuando se coloca un nuevo cilindro de dióxido de azufre en una balanza, el peso inicial de la balanza se debe fijar en**
   a. El peso tara del cilindro
   b. El peso tara del cilindro más 68 kg (150 lb)
   c. El peso por defecto recomendado por el fabricante
   d. El peso del cilindro menos el peso tara

6. **Los cilindros de gas se deben sujetar**
   a. A 1/4 de la altura desde la parte inferior
   b. A 1/3 de la altura desde la parte inferior
   c. A 1/4 de la altura desde la parte superior
   d. A 1/3 de la altura desde la parte superior

7. **En caso de fuga de cloro líquido de un contenedor de 907 kg (1 t)**
   a. Rote de manera segura el contenedor para que se libere gas en lugar de líquido.
   b. Utilice el elevador monorriel para sacar el contenedor de la sala.
   c. Consiga un parche de un juego clase B para reparar la fuga de líquido.
   d. El líquido se congelará rápidamente y detendrá la fuga.

8. **Se deben ubicar los equipos de seguridad**
   a. Cerca del conducto de escape
   b. Fuera de la sala de gas
   c. En el edificio administrativo
   d. Entre los contenedores llenos y vacíos

9. **Una el equipo con su función.**

1. Disco de ruptura	a. Conecta los cilindros y contenedores a los tubos múltiples
2. Barras de magnesio	b. Reduce la presión de gas
3. Cola de cochino y horquilla	c. Alivia la presión cuando el cloro queda atrapado entre válvulas cerradas
4. Muñones	d. Utiliza la velocidad del agua para crear vacío que empuja el cloro
5. Regulador de vacío	e. Permite que los contenedores de 907 kg (1 t) se puedan girar fácilmente.
6. Tubo venturi	f. Ánodos de sacrificio en baño de agua del vaporizador. Evita la corrosión.

10. **Se debe colocar la admisión de la aspiración de la bomba de un sistema de hipoclorito**
    a. Tan cerca de la parte inferior del tanque como sea posible
    b. Cerca de la parte superior del tanque
    c. Por encima de la parte inferior del tanque
    d. A aproximadamente media altura del tanque

11. **Se utiliza una bomba centrífuga para transferir la solución de hipoclorito de sodio a un difusor en una cámara de contacto con cloro. Con el tiempo, la salida de caudal de la bomba ha disminuido gradualmente pero la velocidad de la bomba se mantiene igual. ¿Cuál puede ser el problema?**
    a. El pH es muy bajo
    b. Obstrucción por aire
    c. Corrosión del armazón de la bomba
    d. Bloqueo

12. **Las fugas de hipoclorito de sodio a través de las costuras de la tubería**
    a. Se deben detectar con una solución carbonatada
    b. Son el resultado de una alcalinidad alta
    c. Indican presencia de calcificación interna
    d. Lucen como grandes depósitos blancos

13. **El agua se mueve por la cámara de contacto con cloro como flujo pistón para**
    a. Reducir el tamaño general de la cámara
    b. Minimizar el tiempo de contacto con el cloro
    c. Reducir los costos de construcción
    d. Reducir las posibilidades de cortocircuito

14. **Una WRRF posee dos cámaras de contacto con cloro. Cada una está diseñada para proporcionar 15 minutos de tiempo de contacto en el diseño de caudal de hora pico. En este momento, la instalación recibe cerca del 35 % de su caudal de diseño. ¿Qué debe ser cierto?**
    a. Una cámara de contacto no proporciona suficiente tiempo de contacto en el caudal actual.
    b. Se deben poner en servicio ambas cámaras de contacto.
    c. Se necesita solo una cámara de contacto para el caudal de entrada actual.
    d. Se necesita una mayor concentración de cloro residual.

VARIABLES DEL PROCESO

La eficacia de la desinfección con cloro está determinada principalmente por el *tiempo de contacto* y la concentración de cloro residual. Estas dos variables se multiplican entre sí para calcular el tiempo de contacto (ecuación 10.15). El tiempo de contacto tiene unidades de miligramos por litro por minuto (mg/L·min). Como se mencionó anteriormente en este capítulo, es posible lograr el mismo nivel de desinfección con una concentración baja de cloro durante un periodo de tiempo largo o viceversa, siempre y cuando el tiempo de contacto permanezca igual. Los operadores de aguas residuales casi no tienen control sobre el TD en la tubería de desinfección o la cámara de contacto con cloro, solo pueden poner en servicio cámaras de contacto adicionales. Pueden controlar la dosis de cloro y el residual.

Tiempo de contacto de cloro es lo mismo que tiempo de detención (TD) y tiempo de retención hidráulica. En capítulos anteriores se incluyen ejemplos para el cálculo del tiempo de detención.

La cantidad de tiempo de contacto necesario depende de las características de los efluentes. El agua fría es más difícil de desinfectar que el agua cálida, porque la reacción química es más lenta. Por cada disminución de 10 °C (disminución de 18 °F) en la temperatura del agua, se duplica la cantidad de tiempo necesaria para lograr la misma cantidad de desinfección. El agua más fría puede necesitar un aumento de la dosis de cloro y residual en comparación con el agua cálida con el mismo tiempo de contacto. El gas cloro es menos soluble en agua cálida que en agua fría. El agua cálida puede dificultar la producción de solución de hipoclorito de sodio muy concentrado. Los operadores pueden compensar las concentraciones más bajas con un aumento del volumen de solución de hipoclorito agregada. Las instalaciones industriales se ven más afectadas por los límites de solubilidad del gas cloro que las instalaciones domésticas. El agua con un pH alto es más difícil de desinfectar que el agua con un pH bajo porque cambia el equilibrio químico. Con un pH alto, hay más ion de hipoclorito (OCl^-) y menos ácido hipocloroso (HOCl). El ácido hipocloroso es mejor desinfectante y más eficiente. Como resultado, las WRRF con efluentes con *pH alto* pueden necesitar una dosis de cloro más elevada para lograr el mismo nivel de desinfección que una instalación con efluentes con pH bajo.

¿Cuán alto es el pH? Tómese un momento y consulte la figura 10.4. Cuando el pH es 8 o superior, más del 80 % del cloro residual es como ion de hipoclorito (OCl^-).

La meta es mantener el cloro residual en un nivel lo suficientemente alto como para lograr el tiempo de contacto necesario para desinfectar y, al mismo tiempo, minimizar la sobredosis que aumenta los costos operativos. Se puede estimar el tiempo de contacto meta mediante la multiplicación de las tasas de alimentación de cloro sugeridas mencionadas en la tabla 10.4 por 15 minutos. Sin embargo, es un estimado *muy* general porque el pH, la temperatura y demanda afectarán la cantidad de tiempo de contacto realmente necesaria. La demanda de cloro se ve afectada por sustancias en los efluentes que consumen cloro, incluidos los SST, la materia orgánica, el amoníaco, nitrito, hierro y manganeso. Un mal desempeño del proceso de desinfección aguas arriba aumentará la demanda. La única manera de que los operadores puedan saber si el cloro residual se encuentra en el rango correcto es mediante la recolección de muestras del efluente final y el análisis de organismos indicadores de acuerdo con sus permisos de descarga. Esto se debe realizar en diferentes momentos del día, bajo diversas condiciones de caudal y en días diferentes de la semana para que el operador pueda estar seguro de que se cumplen las metas de desinfección en todo momento. Si los niveles de organismo indicador permanecen bajos, puede ser posible reducir la dosis de cloro. Si los niveles de organismo indicador aumentan, será necesario aumentar también la dosis.

Estudio de caso: Una WRRF pequeña ubicada en una comunidad rural tiene solo un operador. Al operador se le exige recolectar muestras para verificar el cumplimiento de su permiso de descarga una vez por semana. Debido a que el laboratorio está muy lejos y el operador tiene poco tiempo los días de recolección de muestra, siempre toma la muestra de efluentes a las 7:00 a.m. La muestra se envía por correo al laboratorio con certificado estatal. El resultado para *E. coli* siempre fue inferior a 10 UFC/100 mL y el límite del permiso era de 2000 UFC/100 mL. El operador comienza gradualmente a reducir la tasa de alimentación de cloro. Finalmente, ni siquiera necesita agregar dióxido de azufre en el punto de vuelco, porque el cloro residual desaparece para cuando los efluentes están a medio camino en la cámara de contacto. Un día, viene el inspector estatal y toma una muestra puntual del efluente a las 2:00 p.m. El resultado para *E. coli* da superior a 12 000 UFC/100 mL. El inspector y el operador se sorprenden porque hacía mucho tiempo que los resultados de la WRRFF para *E. coli* eran muy bajos. ¿Por qué sucedió esto? En primer lugar, la tasa de alimentación era la adecuada para las 7:00 a. m., pero no tenía suficiente poder de desinfección a las 10:00 a. m. cuando comenzaba a ingresar el caudal pico a la WRRF. En segundo lugar, el aumento del caudal de entrada y la carga aumentaron la cantidad de SST y amoníaco en el efluente final, lo que aumentó la demanda y disminuyó el residual.

CÁLCULO DE TASA DE ALIMENTACIÓN

El cálculo de tasa de alimentación se utiliza para determinar la masa de cloro o hipoclorito en kilos por día o libras por día. Resulta útil para determinar la cantidad de cloro o hipoclorito que se va a utilizar durante un periodo de tiempo, lo que ayuda a los operadores a determinar cuándo necesitarán adquirir químicos y así hacer presupuestos a largo plazo. El cálculo de tasa de alimentación también se utiliza para resolución de problemas. Observe que los cálculos de tasa de alimentación se basan en dosis de cloro y no en residual (ecuaciones 10.25 y 10.26).

En unidades estándar del Sistema Internacional:

$$\text{Tasa de alimentación}, \frac{\text{kg}}{\text{d}} = \frac{\left(\text{Dosificación}, \frac{\text{mg}}{\text{L}}\right)\left(\text{Caudal}, \frac{\text{m}^3}{\text{d}}\right)}{(\text{Pureza, \% expresado como decimal})(1000)} \tag{10.25}$$

En unidades habituales en los EE. UU.:

$$\text{Tasa de alimentación}, \frac{\text{lb}}{\text{d}} = \frac{\left(\text{Dosificación}, \frac{\text{mg}}{\text{L}}\right)(\text{Caudal, mgd})\left(8.34\frac{\text{lb}}{\text{mil. gal}}\right)}{(\text{Pureza, \% expresado como decimal})} \tag{10.26}$$

EJEMPLOS DE CÁLCULOS DE LA TASA DE ALIMENTACIÓN

Ejemplo 1: Una WRRF pequeña desinfecta con cloro gaseoso. El operador principal necesita saber cuánto cloro se utiliza, en promedio, por día. El caudal diario promedio de la instalación es de 9.46 ML/d (2.5 mgd). Históricamente, la dosis promedio de cloro fue de 12 mg/L. ¿Cuántos cilindros de 68 kg (150 lb) serán necesarios por día? Asumimos un mes típico de 30 días.

En unidades estándar del Sistema Internacional:

Paso 1: Convierta el caudal de efluentes de ML/d a m^3/d.

$$\left.\frac{9.46\text{ ML}}{\text{d}}\right|\left.\frac{1000\text{ m}^3}{1\text{ ML}}\right| = 9460\frac{\text{m}^3}{\text{d}}$$

Paso 2: Determine la tasa de alimentación en kg/d con la ecuación 10.25.

$$\text{Tasa de alimentación,}\frac{\text{kg}}{\text{d}} = \frac{\left(\text{Dosificación,}\frac{\text{mg}}{\text{L}}\right)\left(\text{Caudal,}\frac{\text{m}^3}{\text{d}}\right)}{(\text{Pureza, \% expresado como decimal})(1000)}$$

$$\text{Tasa de alimentación,}\frac{\text{kg}}{\text{d}} = \frac{\left(12\frac{\text{mg}}{\text{L}}\right)\left(9460\frac{\text{m}^3}{\text{d}}\right)}{(1)(1000)}$$

$$\text{Tasa de alimentación,}\frac{\text{kg}}{\text{d}} = 114$$

Paso 3: Determine cuántos cilindros se necesitan para 30 días.

$$\left.\frac{114\text{ kg}}{\text{d}}\right|\left.\frac{30\text{ días}}{1\text{ mes}}\right|\left|\frac{1\text{ cilindro}}{68\text{ kg}}\right| = 50\frac{\text{cilindros}}{\text{mes}}$$

En unidades habituales en los EE. UU.:

Paso 1: Determine la tasa de alimentación en lb/d con la ecuación 10.26.

$$\text{Tasa de alimentación, }\frac{\text{lb}}{\text{d}} = \frac{\left(\text{Dosificación,}\frac{\text{mg}}{\text{L}}\right)(\text{Caudal, mgd})\left(8.34\frac{\text{lb}}{\text{mil. gal}}\right)}{(\text{Pureza, \% expresado como decimal})}$$

$$\text{Tasa de alimentación, }\frac{\text{lb}}{\text{d}} = \frac{\left(12\frac{\text{mg}}{\text{L}}\right)(2.5\text{ mgd})\left(8.34\frac{\text{lb}}{\text{mil. gal}}\right)}{(1)}$$

$$\text{Tasa de alimentación, }\frac{\text{lb}}{\text{d}} = 250.2$$

El gas cloro es 100 % puro. En formato decimal, 100 % es simplemente 1.

Paso 2: Determine cuántos cilindros se necesitan para 30 días.

$$\left.\frac{250.2\text{ lb}}{\text{d}}\right|\left.\frac{30\text{ días}}{1\text{ mes}}\right|\left|\frac{1\text{ cilindro}}{150\text{ lb}}\right| = 50\frac{\text{cilindros}}{\text{mes}}$$

Ejemplo 2: Una WRRF mediana utiliza una solución de hipoclorito de sodio al 15 % para desinfectar. El caudal de entrada promedio es de 83.27 ML/d (22 mgd) y la instalación usa una dosis de cloro promedio de 8 mg/L. ¿Cuántos litros (galones) de solución de hipoclorito serán necesarios por día? Una solución de hipoclorito al 15 % posee una densidad de 1.20593 g/cm^3 (10.06 lb/gal).

En unidades estándar del Sistema Internacional:

Paso 1: Convierta el caudal de efluentes de ML/d a m^3/d.

$$\frac{83.27\text{ ML}}{\text{d}}\left|\frac{1000\text{ m}^3}{1\text{ ML}}\right| = 83\,270\frac{\text{m}^3}{\text{d}}$$

Paso 2: Determine la tasa de alimentación en kg/d con la ecuación 10.25.

$$\text{Tasa de alimentación,}\frac{\text{kg}}{\text{d}} = \frac{\left(\text{Dosificación,}\frac{\text{mg}}{\text{L}}\right)\left(\text{Caudal,}\frac{\text{m}^3}{\text{d}}\right)}{(\text{Pureza, \% expresado como decimal})(1000)}$$

$$\text{Tasa de alimentación,}\frac{\text{kg}}{\text{d}} = \frac{\left(8\frac{\text{mg}}{\text{L}}\right)\left(83\,270\frac{\text{m}^3}{\text{d}}\right)}{(0.15)(1000)}$$

$$\text{Tasa de alimentación,}\frac{\text{kg}}{\text{d}} = 4441$$

Paso 3: Convierta de kilogramos a litros.

$$\frac{4441\text{ kg}}{\text{d}}\left|\frac{1000\text{ g}}{1\text{ kg}}\right|\left|\frac{\text{cm}^3}{1.20593\text{ g}}\right|\left|\frac{1\text{ mL}}{1\text{ cm}^3}\right|\left|\frac{1\text{ L}}{1000\text{ mL}}\right| = 3683\frac{\text{L}}{\text{d}}$$

En unidades habituales en los EE. UU.:

Paso 1: Determine la tasa de alimentación en libras por día con la ecuación 10.26.

$$\text{Tasa de alimentación, }\frac{\text{lb}}{\text{d}} = \frac{\left(\text{Dosificación,}\frac{\text{mg}}{\text{L}}\right)(\text{Caudal, mgd})\left(8.34\frac{\text{lb}}{\text{mil. gal}}\right)}{(\text{Pureza, \% expresado como decimal})}$$

$$\text{Tasa de alimentación, }\frac{\text{lb}}{\text{d}} = \frac{\left(8\frac{\text{mg}}{\text{L}}\right)(22\text{ mgd})\left(8.34\frac{\text{lb}}{\text{mil. gal}}\right)}{(0.15)}$$

$$\text{Tasa de alimentación, }\frac{\text{lb}}{\text{d}} = 9786$$

Paso 2: Convierta de libras a galones.

$$\frac{9786\text{ lb}}{\text{d}}\left|\frac{1\text{ gal}}{10.06\text{ lb}}\right| = 973\frac{\text{gal}}{\text{d}}$$

Ejemplo 3: El operador de una WRRF de 28.39 ML/d (7.5 mgd) calcula diligentemente la cantidad de hipoclorito de sodio que su instalación debería estar consumiendo por día. También mide la cantidad de solución de hipoclorito que queda en los tanques de almacenamiento cada día. A fin de mes, el operador observa que la instalación está consumiendo más hipoclorito que lo que los cálculos habían predicho: 3541 kg/d (7806 lb/d). El operador sospecha que el caudalímetro de los efluentes no es preciso. Un análisis realizado por un laboratorio externo confirma que la fuerza de la solución de hipoclorito de sodio es de 15 % de cloro disponible. No se degradó ni perdió fuerza desde que lo entregaron. La dosis actual es de 18 mg/L. Utilice la información disponible y los cálculos de tasa de alimentación para hacer un estudio retrospectivo y calcular el caudal.

En unidades estándar del Sistema Internacional:

Paso 1: Determine el caudal en m^3/d con la ecuación 10.25.

$$\text{Tasa de alimentación}, \frac{\text{kg}}{\text{d}} = \frac{\left(\text{Dosificación}, \frac{\text{mg}}{\text{L}}\right)\left(\text{Caudal}, \frac{\text{m}^3}{\text{d}}\right)}{(\text{Pureza, \% expresado como decimal})(1000)}$$

$$3541\frac{\text{kg}}{\text{d}} = \frac{\left(18\frac{\text{mg}}{\text{L}}\right)\left(\text{Caudal}, \frac{\text{m}^3}{\text{d}}\right)}{(0.15)(1000)}$$

$$3541\frac{\text{kg}}{\text{d}} = (0.12)\left(\text{Caudal}, \frac{\text{m}^3}{\text{d}}\right)$$

$$29\ 520 = \text{Caudal}, \frac{\text{m}^3}{\text{d}}$$

El caudal calculado es mayor que el caudal medido. El operador decide calibrar el caudalímetro.

En unidades habituales en los EE. UU.:

Paso 1: Determine el caudal en millones de galones por día con la ecuación 10.26.

$$\text{Tasa de alimentación}, \frac{\text{lb}}{\text{d}} = \frac{\left(\text{Dosificación}, \frac{\text{mg}}{\text{L}}\right)(\text{Caudal, mgd})\left(8.34\frac{\text{lb}}{\text{mil. gal}}\right)}{(\text{Pureza, \% expresado como decimal})}$$

$$7806\frac{\text{lb}}{\text{d}} = \frac{\left(18\frac{\text{mg}}{\text{L}}\right)(\text{Caudal, mgd})\left(8.34\frac{\text{lb}}{\text{mil. gal}}\right)}{(0.15)}$$

$$7806\frac{\text{lb}}{\text{d}} = (1000.8)(\text{Caudal, mgd})$$

$$7.8 = \text{Caudal, mgd}$$

El caudal calculado es mayor que el caudal medido. El operador decide calibrar el caudalímetro.

Ejemplo 4: Se debe reducir el cloro residual por debajo de 0.05 mg/L antes de descargar el efluente final en el cuerpo receptor. La dosis de cloro es de 15 mg/L y queda 1.2 mg/L de cloro residual al final de la cámara de contacto con cloro. Se realizará descloración con gas dióxido de azufre. Si el promedio del caudal del efluente es de 11.73 ML/d (3.1 mgd) ¿cuánto dióxido de azufre será necesario por día?

En unidades estándar del Sistema Internacional:

Paso 1: Convierta el caudal de efluentes de ML/d a m^3/d.

$$\frac{11.73\ \text{ML}}{\text{d}}\left|\frac{1000\ \text{m}^3}{1\ \text{ML}}\right| = 11\,730\frac{\text{m}^3}{\text{d}}$$

Paso 2: Determine la tasa de alimentación en kg/d con la ecuación 10.25.

En la tabla 10.3se presentan las relaciones necesarias para distintos compuestos de sulfito.

El dióxido de azufre es 100 % químico puro. Esto se muestra como 1 en formato decimal.

$$\text{Tasa de alimentación}, \frac{\text{kg}}{\text{d}} = \frac{\left(\text{Dosificación}, \frac{\text{mg}}{\text{L}}\right)\left(\text{Relación de } \frac{\text{SO}_2}{\text{Cl}_2}\right)\left(\text{Caudal}, \frac{\text{m}^3}{\text{d}}\right)}{(\text{Pureza, \% expresado como decimal})(1000)}$$

$$\text{Tasa de alimentación}, \frac{\text{kg}}{\text{d}} = \frac{\left(1.2\frac{\text{mg}}{\text{L}}\right)\left(0.9\frac{\text{SO}_2}{\text{Cl}_2}\right)\left(11\,730\frac{\text{m}^3}{\text{d}}\right)}{(1)(1000)}$$

$$\text{Tasa de alimentación}, \frac{\text{kg}}{\text{d}} = 12.7$$

En unidades habituales en los EE. UU.:

Paso 1: Determine el caudal en mgd con la ecuación 10.26.

$$\text{Tasa de alimentación}, \frac{\text{lb}}{\text{d}} = \frac{\left(\text{Dosificación}, \frac{\text{mg}}{\text{L}}\right)\left(\text{Relación de } \frac{\text{SO}_2}{\text{Cl}_2}\right)(\text{Caudal, mgd})\left(8.34\frac{\text{lb}}{\text{mil. gal}}\right)}{(\text{Pureza, \% expresado como decimal})}$$

$$\text{Tasa de alimentación}, \frac{\text{lb}}{\text{d}} = \frac{\left(1.2\frac{\text{mg}}{\text{L}}\right)\left(0.9\frac{\text{SO}_2}{\text{Cl}_2}\right)(3.1\ \text{mgd})\left(8.34\frac{\text{lb}}{\text{mil. gal}}\right)}{(1)}$$

$$\text{Tasa de alimentación}, \frac{\text{lb}}{\text{d}} = 27.9$$

CÁLCULO PARA LA CONFIGURACIÓN DE LA BOMBA DE ALIMENTACIÓN DE QUÍMICOS

El rotámetro utilizado con los alimentadores de gas dióxido de azufre y cloro muestra la tasa de alimentación de químicos directamente en kilogramos por día. Las bombas de alimentación de químicos que se utilizan con las soluciones de hipoclorito no lo hacen. En cambio, los operadores deben calcular la configuración de la bomba de alimentación en mililitros por minuto. Si ya se conoce la tasa de alimentación deseada en kilogramos o libras por día, se puede realizar una conversión de unidad para convertir la tasa de alimentación en mililitros por minuto. Para llevar a cabo la conversión, los operadores deben conocer la densidad química de alimentación. La densidad química se puede extraer de la ficha de datos de seguridad (FDS) que proporciona el proveedor de productos químicos y de las tablas 10.7 y 10.8.

En unidades estándar del Sistema Internacional:

$$\frac{\text{Dosis, kg}}{\text{d}}\left|\frac{1\ \text{d}}{1440\ \text{min}}\right|\left|\frac{1\ \text{L}}{\text{Densidad, kg}}\right|\left|\frac{1000\ \text{mL}}{1\ \text{L}}\right| = \text{Configuración de la bomba de alimentación}, \frac{\text{mL}}{\text{min}} \quad (10.27)$$

En unidades habituales en los EE. UU.:

$$\frac{\text{Dosis, lb}}{\text{d}}\left|\frac{1\ \text{d}}{1440\ \text{min}}\right|\left|\frac{\text{gal}}{\text{Densidad, lb}}\right|\left|\frac{3.785\ \text{L}}{1\ \text{gal}}\right|\left|\frac{1000\ \text{mL}}{1\ \text{L}}\right| = \text{Configuración de la bomba de alimentación}, \frac{\text{mL}}{\text{min}} \quad (10.28)$$

También se puede calcular la configuración de la bomba de alimentación de químicos a partir de la dosis en miligramos por litro, como se muestra en las ecuaciones 10.29 y 10.30. Para estas ecuaciones, la densidad química debe estar expresada en g/cm^3 o mg/mL. Los cálculos de ejemplo incluyen ejemplos de cómo convertir la densidad en las unidades requeridas.

En unidades estándar del Sistema Internacional:

$$\text{Configuración de la bomba de alimentación}, \frac{\text{mL}}{\text{min}} = \frac{\left(\text{Caudal}, \frac{\text{m}^3}{\text{d}}\right)\left(\text{Dosis}, \frac{\text{mg}}{\text{L}}\right)}{\left(\text{Densidad}, \frac{\text{g}}{\text{cm}^3}\right)(\text{Químico activo, \%})\left(1440\frac{\text{min}}{\text{d}}\right)} \tag{10.29}$$

En unidades habituales en los EE. UU.:

$$\text{Configuración de la bomba de alimentación}, \frac{\text{mL}}{\text{min}} = \frac{(\text{Caudal, mgd})\left(\text{Dosis}, \frac{\text{mg}}{\text{L}}\right)\left(3.785\frac{\text{L}}{\text{gal}}\right)\left(1\,000\,000\frac{\text{gal}}{\text{mil. gal}}\right)}{\left(\text{Densidad}, \frac{\text{mg}}{\text{mL}}\right)(\text{Químico activo, \%})\left(1440\frac{\text{min}}{\text{d}}\right)} \tag{10.30}$$

EJEMPLOS DE CÁLCULOS PARA LA CONFIGURACIÓN DE LA BOMBA DE ALIMENTACIÓN DE QUÍMICOS

Una WRRF de 18.93 ML/d (5 mgd) utiliza para desinfectar una solución de hipoclorito de sodio con 12 % de cloro disponible. La dosis esperada al inicio de la cámara de contacto con cloro es de 9 mg/L. Las fichas de datos del fabricante dan una densidad para la solución de hipoclorito de 1.168 kg/L (9.74 lb/gal). Calcule la configuración de la bomba de alimentación química en mililitros por minuto.

En unidades estándar del Sistema Internacional:

Paso 1: Convierta la densidad de kg/L a g/cm^3.

$$\frac{1.168\ \text{kg}}{\text{L}}\left|\frac{1000\ \text{g}}{1\ \text{kg}}\right|\left|\frac{1\ \text{L}}{1000\ \text{mL}}\right|\left|\frac{1\ \text{mL}}{1\ \text{cm}^3}\right| = 1.168\frac{\text{g}}{\text{cm}^3}$$

Paso 2: Convierta el caudal de ML/d a m^3/d.

$$\frac{18.93\ \text{ML}}{\text{d}}\left|\frac{1000\ \text{m}^3}{1\ \text{ML}}\right| = 18\,930\frac{\text{m}^3}{\text{d}}$$

Paso 3: Calcule la configuración de la bomba de alimentación de químicos.

$$\text{Configuración de la bomba de alimentación}, \frac{\text{mL}}{\text{min}} = \frac{\left(\text{Caudal}, \frac{\text{m}^3}{\text{d}}\right)\left(\text{Dosis}, \frac{\text{mg}}{\text{L}}\right)}{\left(\text{Densidad}, \frac{\text{g}}{\text{cm}^3}\right)(\text{Químico activo, \%})\left(1440\frac{\text{min}}{\text{d}}\right)}$$

$$\text{Configuración de la bomba de alimentación}, \frac{\text{mL}}{\text{min}} = \frac{\left(18\,930\frac{\text{m}^3}{\text{d}}\right)\left(9\frac{\text{mg}}{\text{L}}\right)}{\left(1.168\frac{\text{g}}{\text{cm}^3}\right)(0.12)\left(1440\frac{\text{min}}{\text{d}}\right)}$$

$$\text{Configuración de la bomba de alimentación}, \frac{\text{mL}}{\text{min}} = 844$$

En unidades habituales en los EE. UU.:

Paso 1: Convierta la densidad de lb/d a mg/mL.

$$\frac{9.74\text{ lb}}{\text{gal}}\left|\frac{1\text{ gal}}{3.785\text{ L}}\right|\left|\frac{1\text{ L}}{1000\text{ mL}}\right|\left|\frac{1\text{ kg}}{2.204\text{ lb}}\right|\left|\frac{1000\text{ g}}{1\text{ kg}}\right|\left|\frac{1000\text{ mg}}{1\text{ g}}\right| = 1167.57\frac{\text{mg}}{\text{mL}}$$

Paso 2: Calcule la configuración de la bomba de alimentación de químicos.

$$\text{Configuración de la bomba de alimentación,}\frac{\text{mL}}{\text{min}} = \frac{(\text{Caudal, mgd})\left(\text{Dosis,}\frac{\text{mg}}{\text{L}}\right)\left(3.785\frac{\text{L}}{\text{gal}}\right)\left(1\,000\,000\frac{\text{gal}}{\text{mil. gal}}\right)}{\left(\text{Densidad,}\frac{\text{mg}}{\text{mL}}\right)(\text{Químico activo, \%})\left(1440\frac{\text{min}}{\text{d}}\right)}$$

$$\text{Configuración de la bomba de alimentación,}\frac{\text{mL}}{\text{min}} = \frac{(5\text{ mgd})\left(9\frac{\text{mg}}{\text{L}}\right)\left(3.785\frac{\text{L}}{\text{gal}}\right)\left(1\,000\,000\frac{\text{gal}}{\text{mil. gal}}\right)}{\left(1167.57\frac{\text{mg}}{\text{mL}}\right)(0.12)\left(1440\frac{\text{min}}{\text{d}}\right)}$$

$$\text{Configuración de la bomba de alimentación,}\frac{\text{mL}}{\text{min}} = 844$$

COMPROBACIÓN DE CONOCIMIENTOS

1. **La temperatura del agua disminuyó de 20 °C (68 °F) a 10 °C (50 °F). Si antes eran necesarios 20 minutos de tiempo de contacto ¿cuántos minutos de tiempo de contacto se necesitan ahora?**
   a. 10 minutos
   b. 20 minutos
   c. 30 minutos
   d. 40 minutos

2. **Este tipo de agua es el más difícil de desinfectar:**
   a. Fría, con pH bajo
   b. Cálida, con pH bajo
   c. Fría, con pH alto
   d. Cálida, con pH alto

3. **La experiencia ha demostrado que un cloro residual de 2 mg/L proporciona una desinfección adecuada con 30 minutos de tiempo de contacto. Si se reduce el tiempo de contacto a 10 minutos debido a una condición de clima húmedo ¿cuánto cloro residual será necesario para lograr el mismo nivel de desinfección?**
   a. 2 mg/L
   b. 4 mg/L
   c. 6 mg/L
   d. 8 mg/L

4. **Se utiliza gas cloro para desinfectar el efluente final. Si la dosis es de 13.5 mg/L y el caudal del efluente es de 9.46 ML/d (2.5 mgd), ¿cuánto cloro se utilizará por día?**
   a. 1.28 kg/d (2.81 lb/d)
   b. 1.83 kg/d (4.05 lb/d)
   c. 115 kg/d (252 lb/d)
   d. 128 kg/d (281 lb/d)

5. **Una WRRF desinfecta con una solución de hipoclorito de sodio de 12 %. El efluente promedio es de 37.85 ML/d (10 mgd). Si se establece una dosis de 6 mg/L, ¿cuánta solución de hipoclorito de sodio se necesitará por día?**
   a. 18.9 kg/d (41.7 lb/d)
   b. 227 kg/d (500 lb/d)
   c. 1670 kg/d (3740 lb/d)
   d. 1892 kg/d (4170 lb/d)

6. **A partir de la siguiente información, calcule la configuración de la bomba de alimentación de químicos en mL/min. Caudal de efluente= 87.06 ML/d (23 mgd), dosis de cloro = 7.5 mg/L, fuerza del hipoclorito = 12% de cloro disponible, densidad del hipoclorito = 1.168 g/cm^3 (1167.57 mg/mL).**
   a. 1617 mL/min
   b. 3235 mL/min
   c. 6470 mL/min
   d. 7213 mL/min

7. **La dosis esperada al inicio de la cámara de contacto es de 5.7 mg/L. Al final de la cámara de contacto, el cloro residual es de 2.2 mg/L. Si el caudal es de 4.54 ML/d (1.2 mgd), ¿cuántos kilogramos (libras) se dióxido de azufre se necesitarán por día?**
   a. 9 kg/d (22 lb/d)
   b. 26 kg/d (57 lb/d)
   c. 36 kg/d (79 lb/d)
   d. 72 kg/d (180 lb/d)

CONTROL DEL PROCESO

Hay distintas maneras de controlar la tasa de alimentación del glas cloro o las soluciones de hipoclorito: control manual, dosificación automática de caudal o control de bucle abierto, residual automático o control de bucle cerrado, o control automático de bucle combinado, que combina señales de caudal y residual para variar la tasa de alimentación. La dosificación de caudal a veces se denomina *control de previsión* y el control de residual a veces se denomina *control de retroalimentación.*

La regulación de caudal se basa en el concepto de que variar la tasa de alimentación del cloro en proporción a la tasa de caudal proporciona cantidades adecuadas de cloro en cualquier tipo de caudal. Una disposición habitual de algunas WRRF consiste en el uso de un dispositivo de control de caudal para medir el caudal efluente del clarificador secundario y enviar la señal de caudal a un controlador automático que controla de manera eficaz la regulación de la bomba dosificadora del hipoclorito de sodio o la solución de cloro. Sin embargo, esto no siempre es así con las aguas residuales. La demanda de cloro varía con el caudal y puede variar independientemente del caudal, según sus componentes. Por ejemplo, variaciones en las concentraciones de amoníaco y nitrito en el efluente aumentan o disminuyen la demanda de cloro.

El control de residual incluye la variación de la tasa de alimentación de cloro en función de la desviación de la concentración a partir de un punto de ajuste en un controlador. En otras palabras, qué tan distinta es la concentración medida de la concentración meta. Este tipo de sistema de control funciona bien en los sistemas en los que el caudal es casi constante durante el día o es estrictamente estacional. En los sistemas en los que el caudal varía con frecuencia y la demanda también es variable, el control de residual puede no ser tan eficaz como la regulación de caudal debido a que los sistemas de control de residual no reaccionan bien a variaciones grandes de caudal en periodos cortos de tiempo. Se pueden aplicar estos métodos de control en función del cloro residual libre, cloro residual total o potencial REDOX, o PR (*oxidation–reduction potential,* ORP).

El control de bucle combinado hace posible el uso tanto de caudal como de residual como dato de entrada para controlar la alimentación de cloro. El caudal es el indicador principal, mientras que el residual se utiliza para reducir la alimentación de químicos. Cuando, además, el punto de ajuste de un sistema de control de bucle combinado se controla automáticamente, la disposición se conoce como *control en cascada.* El control en cascada requiere el uso de otro analizador aguas abajo del analizador de control de bucle combinado. El dato de salida del analizador del control en cascada se utiliza para regular el controlador de bucle combinado.

La elección de la estrategia de control utilizada en una instalación en particular depende de los requisitos regulatorios, las instalaciones existentes, el diseño del sistema de tratamiento de aguas residuales, la economía, la rentabilidad y el mantenimiento requerido por el sistema. Cuanto más complicado sea el sistema de control elegido, mayor probabilidad habrá de que los requisitos de servicio sean más precisos y, por lo tanto, será necesaria mayor capacitación y mayor nivel de cualificación del personal.

POTENCIAL REDOX

El PR, también conocido como *potencial rédox* (*high-resolution redox*, HRR), se basa en lecturas en milivoltios (potencial) creadas a través de un electrodo. Estas lecturas en milivoltios se generan mediante el agregado de cloro al agua y por otros iones en el agua. Las lecturas de voltajes más altos corresponden a concentraciones mayores de cloro en una solución. El sistema responde directamente al equilibrio entre oxidantes (cloro) y reductores (contaminantes). El equipo del PR incluye un electrodo sensor y un electrodo de referencia, que se sumergen en el agua para medir el potencial eléctrico de los oxidantes presentes. Este potencial después se muestra en milivoltios. Después de la cloración, los niveles de PR pueden variar de 380 a 750 mV. El potencial de reducción aumenta cuando aumentan las concentraciones de sulfito. Después de la sulfonación (agregado de iones de sulfito), los niveles de PR pueden variar de 190 a 250 mV. A pesar de que el PR no mide residuales de cloro o sulfito directamente, proporciona una indicación del nivel. El sistema de PR monitorea y controla la alimentación de cloro a partir de los cambios inmediatos en la demanda química en lugar de en el residual.

Cada efluente de aguas residuales posee un valor de referencia PR diferente. El valor de referencia PR de aguas no tratadas cambia cuando cambia la concentración de varios iones y, finalmente, se logra el equilibrio. Si la lectura es de 200 mV, entonces se agregará PR aportado por el cloro hasta este número. Este valor de referencia de PR habitualmente se determina después de que el sistema haya estado en operaciones por al menos 24 horas y las condiciones operativas sean normales. Cuando se llega al equilibrio, el sistema se estandariza por medio de un procedimiento de cloro residual titrimétrico. Se deben tomar precauciones al momento de estandarizar el cloro residual disponible para las mediciones de PR, para establecer una relación consistente necesaria para cumplir con los requisitos de descarga vigentes del Sistema Nacional para la Eliminación de Descargas Contaminantes.

Para permitir cierta conversión de cloro libre a cloramina, la mayoría de los fabricantes recomiendan colocar la sonda de PR a aproximadamente 5 a 10 minutos aguas abajo del punto de aplicación del cloro. Las mediciones de potencial REDOX se obtienen con mayor facilidad y la celda de PR es más fácil de mantener que las celdas analizadoras de membrana o cloro amperimétrico. Se ha observado una marcada diferencia en las curvas de PR en milivoltios entre los residuales de cloro libre y los residuales de cloramina. Por lo tanto, el HRR se puede calibrar para realizar los controles en un entorno con cloro libre o total.

CONTROL MANUAL

El control manual de la alimentación de cloro es la estrategia más simple y, debido a su simplicidad, es en general el método más eficaz. Un sistema de control manual necesita menos mantenimiento y pericia del operador que cualquier forma de control automático. El clorador básico alimenta cloro a una tasa de alimentación constante predeterminada, que el operador puede modificar según resultara necesario. En caso de hipercloración, la tasa de dosificación de químicos se controla al nivel deseado mediante el ajuste manual del largo de carrera de la bomba o la velocidad del motor. El control manual tiene bajo costo de capital, pero es propenso a la sobrealimentación o subalimentación de cloro y, por lo tanto, descloración excesiva, desinfección insuficiente o sobrecloración. Los sistemas de control manual se utilizan cuando el caudal y la demanda son bastante constantes. La descarga desde un sistema de tratamiento de estanque es un ejemplo de un lugar adecuado para su uso.

CONTROL SEMIAUTOMÁTICO

El mismo equipo que se utiliza en los sistemas de control manual con frecuencia se puede utilizar para automatizar parcialmente la operación de un sistema.

Uno de dichos sistemas es el control encendido-apagado. Se puede encender y apagar el clorador automáticamente en respuesta a una señal, como por ejemplo el nivel del pozo sumidero o la activación de una bomba. El alimentador se puede encender o apagar mediante el control de alguno de los siguientes puntos: la operación de la bomba reforzadora, una válvula *solenoide* en la línea de suministro de agua al inyector o eyector o una válvula solenoide ubicada en la línea de gas al vacío entre la válvula de control de tasa y el inyector.

Un *solenoide* es un espiral de alambre que actúa como un magneto cuando se suministra corriente eléctrica. Los solenoides se utilizan para abrir y cerrar válvulas e interruptores.

Otra opción de control semiautomático es un método conocido como *control de banda*. Para esta técnica, se utilizan dos tubos caudalímetros de gas cloro en la línea de gas al vacío junto con dos válvulas solenoides de la línea al vacío y un analizador de cloro residual. El analizador, o registrador que recibe la señal del analizador, está equipado con dos contactos de alarmas de punto de ajuste. Los contactos están preconfigurados en puntos de niveles de residual máximo y mínimo. Estos contactos activan las válvulas solenoides de la línea de vacío de la siguiente forma:

- Cuando el residual es menor que el punto de ajuste inferior, se abren las dos válvulas,
- Cuando el residual es mayor que el punto de ajuste superior, se cierran las dos válvulas y
- Cuando el residual se encuentra entre los dos puntos de ajuste, se cierra una válvula.

También se pueden lograr las acciones de control mencionadas anteriormente cundo se usan hipocloradores mediante el encendido o apagado de las bombas de dosificación en respuesta a la señal del controlador.

CONTROL PROPORCIONAL AL CAUDAL

En la mayoría de las WRRF, el caudal es variable y no es posible o práctico construir tanques de compensación. Por lo tanto, el control de la alimentación de cloración en general se establece en proporción al caudal, lo que permite que la relación varíe al ajustar la dosis. En esta estrategia, se transmite una señal de caudal desde un caudalímetro hacia el clorador, donde una válvula automática se abre o cierra según el nivel de la señal (generalmente *de 4 a 20 mA de corriente continua*) proveniente del caudalímetro. Si el caudal aumenta un 20 %, la tasa de alimentación de cloro también aumenta un 20 %. La meta es mantener constante el cloro residual en la cámara de contacto.

Una señal de *4 a 20 mA* es una señal electrónica que aumenta o disminuye en proporción a otra cosa. Por ejemplo, si una válvula se abre completamente (100 %) la señal será de 20 mA. Si la válvula está completamente cerrada, la señal será de 4 mA.

En los cloradores con sistema proporcional al caudal, la dosis se establece mediante la fijación de una dosis de diseño para la tasa de alimentación de cloro en gramos por hora (libras por día). Este diseño configura el caudal máximo de aguas residuales y la dosis máxima de cloro para el caudal en una relación de 1 a 1. Esto significa que, si el caudalímetro envía una señal de 10 %, el caudalímetro del clorador lee 10 % de la escala total, a 90 % de caudal de aguas residuales, el caudalímetro del clorador lee 90 % y así sucesivamente. Los controladores proporcional al caudal poseen un ajuste de control de dosis que le permite al operador variar la relación de la dosis de diseño desde una reducción 10 a 1 a un incremento 1 a 4.

Las mediciones de caudal para el control del hipoclorador comúnmente se realizan con un caudalímetro y la señal se registra de manera continua y un transmisor (transmisor indicador de caudal) la envía a un *controlador lógico programable (programmable logic controller, PLC)*. El controlador envía una señal al controlador de velocidad de la bomba dosificadora para suministrar la cantidad deseada de solución de hipoclorito en proporción al caudal del efluente. La relación matemática entre la señal de salida (caudal de bombeo de la solución de hipoclorito) en respuesta a una de entrada (caudal de efluente) se programa en el PLC de manera tal que el controlador mantenga la tasa de dosificación en proporción al caudal. El punto de ajuste del controlador es la proporción de caudal entre la entrada y la salida, que es lo que trata de mantener.

Un *PLC* es simplemente una computadora que toma una señal (lectura) de un equipo, como un analizador de cloro o caudalímetro, y lo traduce a una señal para otro equipo, como un solenoide o válvula. Esa señal puede hacer que la válvula se abra o cierre hasta cierto grado. Los controladores lógicos programables se utilizan en distintos puntos de las WRRF para diversos fines.

CONTROL DE RESIDUAL

Uno de los criterios a considerar para operar de manera exitosa los controles de residual es minimizar el tiempo de retraso. El tiempo de retraso consta de los siguientes cuatro componentes principales:

- El tiempo necesario para que el caudal pase desde el punto de inyección al punto de muestreo,
- El tiempo necesario para que el caudal pase dese el punto de muestreo al analizador (incluida la velocidad de respuesta del analizador),
- El tiempo necesario para que el gas cloro o la solución clorada alcance el difusor y
- La velocidad de respuesta de la válvula de control del clorador.

El primer componente del tiempo de retraso depende del caudal y la distancia entre el punto de inyección y el punto de muestreo. Para limitar el tiempo de retraso, se debe minimizar esta distancia. Para lograr un control óptimo, se debe colocar el punto de muestreo a una distancia correspondiente a aproximadamente 90 segundos de recorrido a caudal máximo desde el punto de inyección.

La distancia desde el punto de muestreo al analizador y la velocidad de respuesta del analizador también se pueden minimizar si se coloca el analizador lo más cerca posible de la cámara de contacto y el punto de muestreo. La utilización de un analizador exclusivo resulta en una lectura rápida y consistente debido a que no son necesarias la recalibración ni la limpieza de la línea de muestra. Se debe limpiar la línea de muestra de manera periódica con altas concentraciones de cloro para eliminar toda acumulación de algas y fango. Además, la línea de muestra debe mantener una velocidad de muestra de aproximadamente 3 m/s (10 ft/s) para minimizar el tiempo de retraso y proporcionar flujo pistón.

Cuando el inyector y la válvula de control se ubican en el sector del difusor, toda variación de la alimentación de cloro solicitada por la señal de control es detectada rápidamente, porque se minimiza la distancia al punto de agregado. La velocidad de respuesta de la válvula de control del clorador es relativamente insignificante en comparación con los otros tres factores. Esto no significa que la reacción del clorador demore 90 segundos o que sea innecesario el contacto por un mínimo de 30 minutos. Por el contrario, implica que, después de 90 segundos, las reacciones del clorador están lo suficientemente completas como para poder ser medidas para realizar un control y, si el sistema de control funciona adecuadamente, se puede obtener el cloro residual después de 30 minutos de contacto mediante la extracción manual y análisis de muestras.

Si la extracción manual de muestras no lograra proporcionar un método adecuado para verificar que la desinfección es la correcta, se puede instalar un analizador residual exclusivo adicional en un punto de muestras a al menos 30 minutos aguas abajo del tiempo de detención del punto de inyección. El uso de analizadores exclusivos permite medir y controlar de manera continua y el costo adicional es insignificante en comparación con los beneficios asociados. Con un bucle de control por retroalimentación típico utilizado con un hipoclorador para la concentración de cloro residual, la sonda del analizador de cloro transmite una señal al PLC. El controlador después envía una señal para regular la bomba dosificadora. De esta manera, se ajusta la tasa de dosificación a fin de mantener la concentración de cloro residual, que es el punto de ajuste del controlador.

CONTROL DE BUCLE COMBINADO

Un sistema de bucle combinado consiste en dos bucles de control interconectados: el bucle del caudal y el bucle del residual. Estos bucles pueden estar interconectados de diversas maneras. Una consiste en hacer que la señal de un controlador residual varíe el ajuste de la dosificación del clorador. Otra opción es que las señales del analizador y el caudalímetro se envíen a un multiplicador que después envía al clorador una señal compuesta correspondiente a la retroalimentación combinada medida. El clorador después inyecta la cantidad adecuada de cloro en función de esta señal de masa.

Una ventaja del controlador de bucle combinado es que puede amortiguar el sistema y contribuir a evitar oscilaciones incontrolables de concentración de residual ocasionadas por un tiempo de retraso excesivo.

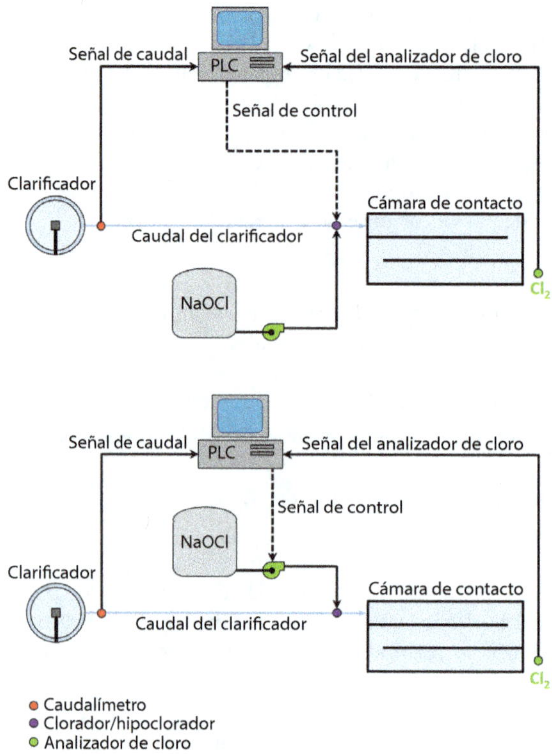

Figura 10.39 Control de bucle combinado (reimpreso con autorización de Indigo Water Group)

El controlador de bucle combinado tipo multiplicador posee la ventaja de ser capaz de reaccionar rápidamente ante cambios bruscos en el residual (y, por lo tanto, en la demanda). En las WRRF, un sistema de bucle combinado no solo proporciona un control más preciso sino que, e igualmente importante, ahorra costos al minimizar la sobrealimentación de cloro por parte de los operadores y reducir la cantidad de cloro y subproductos del cloro en el efluente. En la figura 10.39 se muestra una representación del bucle de control combinado para la dosificación de solución de hipoclorito en función del caudal del efluente y las concentraciones de cloro residual.

CONTROL EN CASCADA

En los sistemas de control en cascada se utilizan instrumentación, mediciones y un esquema de entrada de datos al control adicionales. Este sistema cuenta con un analizador de cloro adicional para extraer muestras de la cámara de contacto. Este segundo analizador está ubicado en o cerca de la descarga de la cámara de contacto y proporciona datos de entrada al esquema de control mediante la variación del punto de ajuste del analizador de bucle combinado y, de esa forma, contribuye también a amortiguar la variación de cloro residual. En la figura 10.40 se muestra el bucle de control en cascada para la dosificación de la solución de hipoclorito.

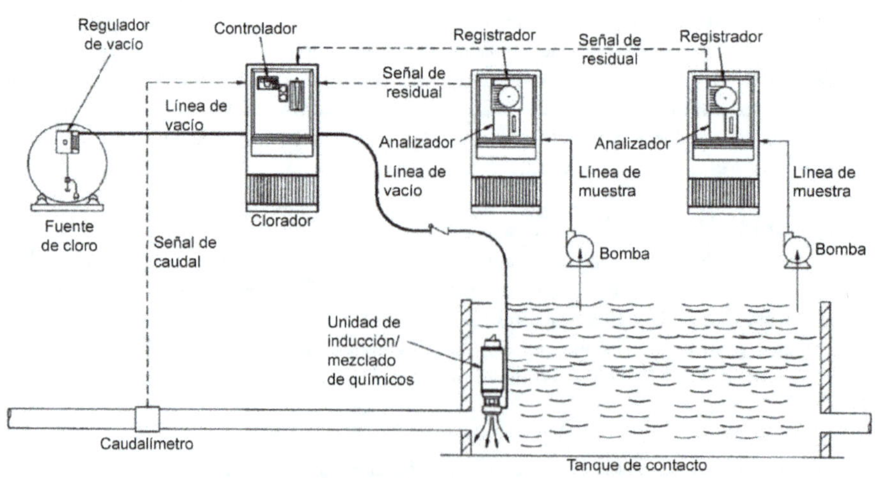

Figura 10.40 Control en cascada (WEF et al., 2018)

COMPROBACIÓN DE CONOCIMIENTOS

1. **Si se regula la dosis de cloro según el caudal del efluente, el cloro residual se mantendrá constante.**
   - ☐ Verdadero
   - ☐ Falso
2. **El PR es mayor después de la cloración y menor después de la descloración.**
   - ☐ Verdadero
   - ☐ Falso
3. **El control de residual ajusta la dosis de cloro por medio de la medición de residual, ya sea en forma directa o con PR.**
   - ☐ Verdadero
   - ☐ Falso
4. **La estrategia de control de desinfección con cloro más simple es**
   a. Manual
   b. Semiautomática
   c. Proporcional al caudal
   d. Bucle en cascada
5. **La señal electrónica de una válvula controlada electrónicamente actualmente lee 4 mA. La válvula está**
   a. Completamente cerrada
   b. 4 % abierta
   c. 40% abierta
   d. Completamente abierta
6. **Una ventaja del control de bucle combinado es**
   a. Tiempo de reacción lento
   b. Posibilidad de ajuste manual
   c. Cloro residual estable
   d. Simplicidad para operar

OPERACIÓN

OPERACIÓN DIARIA

Los operadores deben seguir estas recomendaciones cuando reciben cilindros, contenedores o tanques cisterna de cloro nuevos del proveedor:

- Registrar el número impreso en cada cilindro, contenedor o tanque cisterna cuando se recibe. Colocar etiqueta de lleno y almacenarlos en lugar separado de los vacíos.
- Controlar cada cilindro o contenedor de la siguiente manera:
  - Colocar una mano sobre el exterior del cilindro o contenedor. Si está excesivamente cálido, podría indicar que el cilindro o contenedor está contaminado con agua. Los cilindros y contenedores calientes se deben devolver al proveedor y no se deben usar.
  - Retirar el sombrerete o la cubierta de protección y verificar que las válvulas principales estén bien cerradas.
  - Verificar que las tapas roscadas y los asientos de válvulas no poseen rayaduras profundas. Son fuentes potenciales de fugas cuando el cilindro o contenedor se pone en servicio. Los cilindros y contenedores con roscas y válvulas roscadas dañadas deben ser devueltos al proveedor.
  - Ajuste apenas las tuercas de empaquetadura lentamente.
  - Verifique que no haya fugas en cada una de las válvulas con el vapor de una solución de hidróxido de amonio al 17.7 % (20 Baumé). Se formará un precipitado blanco en el aire cuando el vapor de amonio reaccione con el gas cloro. Nunca aplique amoníaco líquido directamente sobre una fuga de cloro o un acople. Todo cilindro o contenedor con fugas debe ser reparado (si fuera posible) y devuelto al proveedor.
  - Vuelva a colocar las tapas roscadas y los sombreretes o las cubiertas de protección.
- Mantenga el sombrerete o la cubierta en su lugar hasta que el cilindro o contenedor esté sobre la balanza. Asegure los cilindros con una cadena que los sujete a una altura de dos tercios desde el suelo. Sujete con correas los contenedores de 907 kg (1 t) a los soportes.
- Deje en reposo a los nuevos cilindros y contenedores durante 24 horas antes de ponerlos en servicio. Esto asegura que todo el cloro líquido se consolide en el fondo del recipiente y evita que pequeñas gotas de líquido ingresen por las líneas de gas.

Los procedimientos de puesta en funcionamiento y apagado de los sistemas de cloro deben seguir una secuencia específica (especialmente los sistemas más grandes que incluyen evaporadores).

PUESTA EN FUNCIONAMIENTO

Las siguientes instrucciones detallan una secuencia posible de pasos para poner en servicio un sistema de cloro o dióxido de azufre. Los procedimientos pueden variar según el tipo de equipo, si es al vacío o por presión, y según se utilice cloro gaseoso o líquido. Cuando un operador se acerque a un cilindro o contenedor de gas, debe asumir que la válvula está abierta y que el gas o líquido está fluyendo. Si bien no se exige que los operadores usen respiradores autocontenidos cuando cambian los cilindros o contenedores de cloro, es altamente recomendable. Los equipos de seguridad deben ser de fácil acceso.

Se utilizan llaves inglesas especiales para cilindros y contenedores. El eje en ángulo proporciona una superficie plana contra la cual presionar cuando se cambia un equipo. Las llaves inglesas se dejan en el lugar cuando los cilindros y contenedores están en uso.

1. Si se está cambiando un contenedor o cilindro vacío, primero se debe verificar que no haya gas fluyendo por el clorador. La bolilla del rotámetro debe estar en la parte inferior del rotámetro y el indicador de caudal de gas del clorador debe indicar que no hay caudal de gas.
2. Gire la válvula del cilindro o contenedor en sentido de las agujas del reloj para cerrarlo. Debe haber una llave inglesa a disposición en la válvula del cilindro o contenedor (figura 10.41). Se dejan llaves inglesas cerca a fin de que el cilindro o contenedor se pueda cerrar rápidamente en caso de emergencia. Verifique nuevamente que no está pasando gas por el clorador. En los sistemas con tubos múltiples, verifique que no haya presión de gas en el tubo múltiple antes de proceder.
3. Para retirar un clorador, sulfonador o válvula auxiliar montada en un recipiente, afloje la tuerca de ajuste en la parte trasera de la horquilla del clorador. No tense ni enrosque las líneas de gas o de ventilación. Una vez retirado el clorador, sulfonador o la válvula auxiliar, se podrá ver la arandela de plomo en el punto de conexión.
4. Vuelva a colocar la cubierta protectora de la válvula y marque el cilindro o contenedor como vacío.
5. Utilice una plataforma rodante manual (carretilla) o elevador para colocar un cilindro o contenedor lleno sobre la balanza. Nunca haga girar un cilindro por el borde. Mantenga las cubiertas protectoras en los cilindros y contenedores hasta que estén ubicados en el lugar correspondiente y estén listos para ser conectados. Gire los contenedores de 907 kg (1 t) hasta que las válvulas inferior y superior estén perpendiculares al piso. Ajuste la válvula suavemente para verificar que está cerrada antes de quitar la tapa roscada de la válvula.
6. Utilice un cuchillo de bolsillo o navaja multiuso para quitar la arandela de plomo del clorador, sulfonador o regulador de vacío. La arandela debe tener surcos profundos como los que se muestran en la figura 10.42, porque el plomo se comprime durante la instalación. Estos surcos hacen que sea imposible volver a utilizar las arandelas para formar un nuevo sello de gas. Siempre utilice arandelas nuevas aprobadas para evitar fugas.
7. Antes de reemplazar la arandelas de plomo, verifique que la superficie de la válvula y la superficie del clorador, sulfonador o regulador de vacío no poseen desechos y están limpios. Coloque la arandela de plomo en su posición.
8. Coloque el clorador, sulfonador o válvula auxiliar sobre el cilindro o contenedor. Ajuste la horquilla con la mano para fijarla en su lugar. Continúe ajustando con una llave inglesa hasta que la arandela de plomo sobresalga por la presión por entre la válvula del cilindro o contenedor y el clorador, sulfonador o válvula auxiliar.
9. Coloque la llave inglesa sobre la válvula y abra el cilindro o contenedor con un giro de un cuarto y vuelva a cerrarlo rápidamente.
10. Utilice una solución de amoníaco de 20 Baumé (17.7 %) para controlar que no haya fugas en roscas y conexiones. No aplique solución de amoníaco directamente sobre el equipo. Solo es necesario el vapor de amoníaco. Si el vapor de amoníaco entra en contacto con gas cloro, se formará una nube blanca de humo.
11. Si hay una fuga, quite el clorador e instale una nueva arandela. Si no hay fugas, abra el cilindro o contenedor con un giro de un cuarto. Nunca abra el cilindro o contenedor con un giro mayor a un cuarto. Deje siempre la llave inglesa sobre el vástago de la válvula. Es importante poder cerrar el cilindro o contenedor rápidamente en caso de emergencia.
12. Con la válvula abierta, restablezca el indicador de gas y ajuste la perilla de alimentación para llevar la bolilla del rotámetro hasta la dosis deseada (kilogramos por día o libras por día).
13. Abra las válvulas correspondientes hasta el punto de aplicación de la solución.

Coloque un trozo de esponja en el fondo de una botella exprimible llena de un cuarto a un tercio con solución de amoníaco. La esponja absorbe el amoníaco y contribuye a evitar la liberación accidental de amoníaco líquido al mismo tiempo que permite escapar vapor de amoníaco.

Figura 10.41 Llave inglesa en ángulo sobre la válvula del cilindro (reimpreso con autorización de Indigo Water Group)

Figura 10.42 Arandela de plomo usada (reimpreso con autorización de Indigo Water Group)

14. Active el caudal de agua en el inyector de gas para crear el vacío necesario. En general, es necesario un vacío de al menos 17 a 24 kPa (5 a 7 in de Hg) en el clorador para una correcta operación del clorador.
15. Ajuste las balanzas de peso neto en el peso correcto. Observe: Los pasos 16 y 17 solo rigen para los sistemas con evaporadores.
16. Active el sistema de intercambio de calor del evaporador para lograr la temperatura operativa necesaria, en general de 71 a 82 °C (de 160 a 180 °F).
17. Abra las válvulas de entrada y salida del evaporador.
18. Active el clorador, los sistemas de alarma y (si correspondiera) el posicionador eléctrico.
19. Active los detectores de fuga de gas cloro.
20. Abra las válvulas de entrada y salida del clorador.
21. Active el sistema de conmutación automática (si correspondiera).
22. Mientras controla la presencia de fugas con el vapor emanado desde una botella exprimible con amoníaco acuoso, abra lentamente el tubo múltiple y las válvulas del tanque de cloro principales en no más de un giro (algunas WRRF funcionan correctamente con las válvulas del tanque abiertas con un cuarto de giro). Repare cualquier fuga de manera inmediata.
23. Active el analizador de cloro residual.
24. Verifique el correcto funcionamiento de todos los dispositivos del sistema de cloración (según se describen en las siguientes secciones de "Lista para la resolución de problemas y control del proceso" y "Operaciones de rutina").

APAGADO

Algunas WRRF no necesitan cloración todo el año y, por lo tanto, es necesario realizar un apagado estacional del proceso de cloración. Se deben seguir los siguientes pasos para apagar todo el sistema de cloración:

1. Cierre las principales válvulas del contenedor o cilindro. Observe: Permita que todos los dispositivos del clorador operen hasta que la presión de gas del clorador sea cero y el rotámetro haya dejado de rebotar. Después, proceda con los siguientes pasos:
2. Cierre las válvulas principales del tubo múltiple en la balanza.
3. Después de unos minutos, cierre la válvula de suministro de agua en el inyector.
4. Cierre la válvula en el punto de aplicación de la solución (si es una válvula de retención puede quedar abierta).
5. Desactive el sistema de intercambio de calor del evaporador.
6. Cierre las válvulas de entrada y salida del evaporador.
7. Desactive los controles del clorador.
8. Cierre las válvulas de entrada y salida del clorador.
9. Desactive el sistema de conmutación automática, el analizador de cloro residual y el detector de fuga de gas cloro.
10. Lave todos los sistemas que estén en contacto con cloro líquido o gaseoso con nitrógeno seco y conserve una almohadilla de nitrógeno en el equipo. Es importante no dejar cloro líquido atrapado entre dos válvulas cerradas. Verifique que todo el sistema haya sido evacuado. Observe: Si los contenedores o cilindros de cloro permanecen en el lugar, el detector de fugas debe permanecer operativo.
11. Si fuera necesario, retire los contenedores o cilindros de cloro de la balanza y almacénelos adecuadamente (consulte a su proveedor de cloro acerca del almacenamiento de largo plazo).

MANTENIMIENTO

Un programa de mantenimiento completo es muy importante para la seguridad y la eficiencia del proceso de una WRRF. Debe incluir inspecciones del equipo con una frecuencia superior o igual a la recomendada por el fabricante. Debe haber suficiente redundancia de equipo y proceso como para facilitar la limpieza y reparación sin perder eficiencia de desinfección. Realice inventario de manera frecuente de los accesorios para los sistemas de gas cloro y tenga a mano al menos los siguientes artículos:

- Juntas nuevas, aprobadas,
- Una botella exprimible llena hasta la mitad con solución de hidróxido de amonio líquido al 17.7 % (20 Baumé).
- Llaves inglesas adecuadas para cilindros de 68 kg (150 lb) y contenedores de 907 kg (1 t),
- Al menos dos respiradores autocontenidos,
- Un juego de reparación de emergencia para el tipo adecuado de contenedor y, si el sistema contiene un tubo múltiple
- Un tubo conector cola de cochino nuevo lo suficientemente largo como para conectar el cilindro o contenedor con el tubo múltiple. (Nota: Debe estar limpio y seco antes de usar).

También es esencial la documentación completa de las tareas y análisis, más un buen sistema de registro, para asegurar que se registran datos para realizar comparaciones y visualizar tendencias históricas. A continuación se listan algunos elementos claves para un programa de mantenimiento preventivo del sistema de cloración.

EQUIPOS RELACIONADOS CON EL GAS

- Cloradores y sulfonadores
  - Pese, a intervalos programados, los contenedores y cilindros de cloro y dióxido de azufre. Consulte a su proveedor de cloro para obtener detalles.
  - Inspeccione y limpie el vástago, el resorte, el pasaje, la trampa y el filtro de los reguladores de cloro.
  - Cierre las válvulas principales del cilindro o contenedor de los tanques en servicio para controlar la operación de los sistemas de conmutación automática.
  - Inspeccione y reemplace los conectores cola de cochino a intervalos programados. Un crujido proveniente de una cola de cochino de cobre con revestimiento de monel indica que el monel se está desgastando y que la cola de cochino debe reemplazarse. Las colas de cochino de plástico transparente se deben reemplazar cuando el plástico esté descolorido. Reemplace los conectores de cola de cochino inmediatamente si estuvieran retorcidos o presentaran otro tipo de daño visible.
  - Limpie el rotámetro del clorador cuando se observen depósitos dentro del tubo de vidrio del rotámetro o si el flotador se atasca.
  - Limpie la muesca en v del clorador cuando limpie el rotámetro.
  - Lubrique el eje del motor del posicionador eléctrico del clorador con unas gotas de aceite sin detergente a intervalos programados.
- Equipos de cloro líquido
  - Lubrique el motor de la bomba de recirculación del intercambiador de calor del evaporador con aceite sin detergente de acuerdo con las recomendaciones del fabricante.
  - Inspeccione las barras de magnesio del ánodo de protección catódica dentro de los evaporadores a intervalos programados. Reemplace las barras de acuerdo con las recomendaciones del fabricante.
  - Inspeccione y limpie el tamiz, vástago, resorte, pasaje y, si correspondiera, la trampa y el filtro de las VAP.
- Equipos de seguridad
  - Compruebe el funcionamiento del circuito de alarma del detector de fuga de cloro a intervalos programados.
  - Certifique y realice pruebas hidrostáticas de los respiradores autocontenidos.
  - Controle y ajuste el nivel electrolítico y la tasa de condensado del sensor del detector de fugas.
  - Lave el detector de fugas con agua destilada.
  - Controle el funcionamiento del ventilador de aire del detector de fugas.
  - Compruebe que no haya fugas en las juntas tóricas o mirilla del detector de fugas.
  - Si correspondiera, reemplace el filtro del cartucho en la tapa del depósito electrolítico del detector de fugas a intervalos programados.

HIPOCLORITO DE SODIO

- Limpie la bomba y los tamices del agua efluente regularmente. Use guantes de goma y gafas protectoras.
- Inspeccione regularmente la válvula antirretorno accionada por resorte y las bolas y asientos de las válvulas de las bombas. Haga funcionar las válvulas de la tubería regularmente.
- Alterne las bombas de alimentación de hipoclorito y hágalas funcionar brevemente en todas las velocidades.
- El hipoclorito de sodio puede liberar burbujas de gas que se acumulan en la tubería de succión que alimenta las bombas, lo que produce obstrucción por aire. Mantenga un mecanismo de succión inundada o de liberación de aire para asegurar el funcionamiento correcto.
- Mantenga el nivel de aceite adecuado en los depósitos de la bomba.

- Ocasionalmente, bombee una solución de ácido clorhídrico al 5 % para evitar la acumulación de sarro de carbonato en la bomba. Lave la bomba con agua antes y después de usar el ácido.
- Inspeccione y, si fuera necesario, repare el revestimiento del tanque de almacenamiento al menos una vez al año. Verifique el cumplimiento de los protocolos de entrada a lugares confinados cuando ingrese a los tanques.

CÁMARA DE CONTACTO CON CLORO

Una de las principales causas de violaciones al permiso de desinfección de efluentes es el reingreso de microorganismos en los efluentes durante el proceso de desinfección de efluentes. Las fuentes de microorganismos incluyen

- Películas o fangos microbianos que crecen en las paredes y pisos de la cámara de contacto,
- Partículas sedimentadas en el piso de la cámara de contacto,
- Animales en la cámara de contacto,
- Excremento de aves en la cámara de contacto,
- Desechos transportados por el viento que caen en la cámara de contacto y
- Reaparición entre el final de la cámara de contacto y el lugar de muestreo.

Se debe desagotar y limpiar la cámara de contacto al menos una vez al año.

Desaliente la presencia de aves en el área de la cámara de contacto con alambres sobre los pasamanos para evitar que se posen. También se pueden colocar alambres sobre las cámaras de contacto para limitar el acceso a la superficie del agua.

COMPROBACIÓN DE CONOCIMIENTOS

1. Un cilindro o contenedor de cloro caliente al tacto puede estar contaminado con humedad interna.

☐ Verdadero

☐ Falso

2. Se pueden hacer girar los cilindros sobre sus bordes para transportarlos siempre y cuando la distancia recorrida sea inferior a 10 ft.

☐ Verdadero

☐ Falso

3. Se deben dejar reposar los cilindros y contenedores durante 24 horas a partir de la entrega antes de ponerlos en servicio.

☐ Verdadero

☐ Falso

4. Las arandelas de plomo se pueden reutilizar si se las comprime lo suficiente como para formar nuevos surcos.

☐ Verdadero

☐ Falso

5. Hay una ley federal que exige el uso de respiradores autocontenidos cuando se cambian los cilindros y contenedores de cloro.

☐ Verdadero

☐ Falso

6. Solo se debe abrir la válvula de un cilindro de gas con ______________ giro para que se pueda cerrar rápidamente en caso de emergencia.

a. Un cuarto

b. Medio

c. Un giro completo

d. Completamente abierta

7. Para localizar rápidamente las fugas de cloro se debe

a. Aplicar solución de amoníaco diluido directamente sobre una válvula de cloro o un acople

b. Utilizar solamente el vapor de una botella comprimible llena de solución de amoníaco

c. Esparcir una capa delgada de agua jabonosa sobre la supuesta fuga y observar si aparecen burbujas

d. Utilizar un monitor de dióxido de azufre manual calibrado para detectar emisiones de cloro

8. Un método para confirmar que no hay flujo de gas a través de un clorador o sulfonador es

a. Controlar la presión del sistema aguas abajo

b. Confirmar que el peso de la balanza es igual al peso tara

c. Aplicar vapor de amoníaco en el vástago de la válvula

d. Verificar que la bolilla se encuentre en la parte inferior del rotámetro

9. Las colas de cochino de plástico transparente se deben reemplazar cuando

a. Se escuche un crujido.

b. Se decoloren.

c. Se use un cilindro o contenedor nuevo.

d. Se limpien los tubos múltiples por contracorriente.

10. Los depósitos que se forman dentro del rotámetro de vidrio pueden

a. Causar que el flotador se atasque

b. Ser eliminados con hidróxido de sodio

c. Interferir con la operación de la cola de cochino

d. Ocultar las marcar de tasa de alimentación

11. Este químico se puede utilizar para eliminar el sarro de carbonato de la bomba dosificadora de químicos mediante el bombeo de una solución de hipoclorito de calcio o sodio.

a. Hidróxido de sodio

b. Ácido sulfúrico

c. Ácido clorhídrico

d. Hidróxido de magnesio

12. Las cámara de contacto con cloro se deben drenar y limpiar al menos

a. Semanalmente

b. Mensualmente

c. Anualmente

d. Cada 2 años

RESOLUCIÓN DE PROBLEMAS

En la tabla 10.11 se presenta una guía para resolución de problemas para problemas comunes asociados a los sistemas de cloración. Consulte los manuales de los fabricantes para resolución de problemas de piezas específicas del equipo.

CONSIDERACIONES DE SEGURIDAD

GAS CLORO

Quizás el mayor inconveniente asociado con el uso de gas cloro sea el riesgo para la seguridad. El Estándar para la Protección contra Incendios en Instalaciones de Tratamiento y Recolección de Aguas Residuales (*Standard for Fire Protection in Wastewater Treatment and Collection Facilities,* NFPA, 2016) y la OSHA documentan cuestiones de seguridad relacionadas con el cloro.

El cloro es un gas tóxico y la Ley de Reautorización y Modificación del Superfondo (*Superfund Amendment and Reauthorization Act, SARA)* lo considera una sustancia extremadamente peligrosa. Una fuga importante de cloro en una WRRF puede producir daños e incluso la muerte de personal de la instalación y otras personas. El plan de emergencia debe considerar la evacuación del personal y de la gente que vive cerca de la instalación. El uso de cloro está regido por la Ley de Planificación de Emergencias y del Derecho a Saber de la Comunidad (*Emergency Planning and Community Right to Know Act,* EPCRA); por lo tanto, las WRRF que utilicen cloro deben cumplir con los requisitos de informes y demás disposiciones de esa ley. La ley EPCRA tiene aplicación siempre que haya 45 kg (100 lb) o más de cloro en el lugar. Además, se deben presentar informes conformes a la EPCRA cuando se descarguen 4.5 kg (10 lb) de cloro o 227 kg (500 lb) de dióxido de azufre al medio ambiente. La gestión de la instalación es responsable de entrenar al personal en lo concerniente a los aspectos de seguridad y manejo adecuados del cloro y de informar a los vecinos y las agencias de gobierno locales (p. ej., departamento de policía y de bomberos) sobre el sistema físico. Una meta de la EPCRA es asegurar que los primeros respondedores sepan cuánto cloro puede haber en el lugar y dónde se encuentra. Es recomendable que las instalaciones que usan cloro dispongan de folletos y videos de seguridad del Chlorine Institute (http://www.chlorineinstitute.org). Se pueden descargar los folletos de manera gratuita. La OSHA sancionó la Regla de Administración de Seguridad de Procesos (*Process Safety Management Rule)* en 1992, que incluye requisitos adicionales para el plan de emergencia de los sistemas de gas cloro que poseen 681 kg (1500 lb) de cloro o 453 kg (1000 lb) de dióxido de azufre en el lugar, en cualquier momento.

El *superfondo* fue establecido por el Congreso para suministrar fondos para la limpieza de la contaminación ambiental en los casos en los que no se puede identificar a la persona o empresa responsable o no se la puede responsabilizar. Se ha utilizado para limpiar fábricas abandonadas, rellenos sanitarios y minas. Cuando el Congreso volvió a autorizar el superfondo en 1986, se agregaron disposiciones en el Título III (la tercera parte de la ley) para mantener un registro de químicos peligrosos en los puntos de fabricación y uso. La SARA, también conocida como Título III, exige a los usuarios de químicos peligrosos cumplir con los requisitos de notificación a la comunidad y planificación de emergencia. El registro de químicos desde el comienzo hasta su disposición redujo la cantidad de lugares en los que se tuvo que utilizar el superfondo.

Solo los operadores certificados y con entrenamiento deben trabajar con cloro. Los operadores siempre deben usar el "(sistema de vigilancia mutua)" cuando trabajan con cloro y usan respiradores autocontenidos o suministro de aire cuando abren las válvulas o cambian los cilindros y contenedores. Debido a que el gas cloro es una sustancia peligrosa, se deben tomar medidas de seguridad para que solo el personal autorizado tenga acceso al almacenamiento de cloro y las áreas del equipo.

Los niveles extremadamente bajos de cloro son imperceptibles para la mayoría de los seres humanos; por lo tanto, es necesario utilizar instrumentos para detectar niveles de cloro inferiores a 0.1 ppmv en el aire. El umbral de percepción olfativa varía de un individuo a otro. Sin embargo, la mayoría de las personas pueden detectar concentraciones superiores a 0.2 ppmv en el aire.

Los municipios y las empresas de servicios públicos no están legalmente obligadas a seguir las recomendaciones de la OSHA. Sin embargo, la mayoría cumple con lo establecido en la OSHA para proteger a los trabajadores, limitar la responsabilidad y reducir los costos del seguro. Algunas siguen pautas estatales, recomendaciones de otras organizaciones, como ACGIH, o desarrollan sus propios estándares internos. Los estándares internos con frecuencia protegen más a los trabajadores.

El valor límite umbral (*threshold limit value,* TLV) que la *American Conference of Governmental Industrial Hygienists* (ACGIH) establece para el gas cloro es de 0.5 ppm como valor promedio ponderado por tiempo (*time-weighted average,* TWA). El TLV se acepta como el límite de seguridad para la exposición diaria de un trabajador sin efectos adversos. En 1989, el nivel de exposición permitido (*permissible exposure level,* PEL) por la OSHA para el cloro se fijó en 0.5 ppmv (8 horas promedio de exposición) y el límite de exposición de corto plazo (*short-term exposure limit,* STEL) se fijó en 1.0 ppmv (exposición de 15 minutos). En otras palabras, un trabajador puede tener una exposición corta a concentraciones de cloro de hasta 1.0 ppmv, pero la concentración de exposición TWA en un día de trabajo de 8 horas no puede exceder los 0.5 ppmv. El *National Institute of Occupational Health and Safety* (NIOSH) fijó el índice inmediatamente peligroso para la vida y la salud (*immediately dangerous to life or health,* IDLH) en 10.0 ppmv.

Tabla 10.11 Guía para la resolución de problemas (EPA de los EE. UU., 1978a)

Indicadores/observaciones	Causa probable	Revisar o monitorear	Soluciones
1. Baja presión de gas cloro en el clorador.	a. Número insuficiente de cilindros o contenedores conectados al sistema.	a. Reducir la tasa de alimentación y observar si la presión aumenta considerablemente después de un periodo corto. Si la presión aumenta, la causa es 1.a.	a. Conecte suficientes cilindros o contenedores al sistema para que la tasa de alimentación de cloro no exceda la tasa de extracción desde los cilindros o contenedores.
	b. Interrupción o restricción de caudal entre los cilindros o contenedores y los cloradores.	b. Reduzca la tasa de alimentación y observe si continúa el efecto de enfriamiento y formación de hielo en las líneas de suministro.	b. Desmonte el sistema de tuberías colectoras de cloro en el punto donde comienza el enfriamiento, ubique la interrupción y limpie.
2. Sin presión de gas cloro en el clorador.	a. Cilindros o contenedores de cloro vacíos o no conectados al sistema.	a. Inspección visual.	a. Conecte los cilindros o contenedores o reemplace los que estuvieran vacíos.
	b. VAP obstruida o dañada.	b. Inspeccione la válvula.	b. Repare la válvula reductora después de cerrar las válvulas del cilindro o contenedor.
3. El clorador no alimenta cloro.	a. La válvula reductora de presión del clorador está sucia.	a. Inspección visual.	a. 1. Desmonte el clorador y limpie el vástago y asiento de la válvula. a. 2. Coloque un filtro para atrapar sedimentos antes de la válvula.
	b. El cilindro de cloro está más caliente que el aparato de control del cloro.	b. Temperatura del área de cilindros.	b. 1. Reduzca la temperatura del área de cilindros. b. 2. No conecte un cilindro nuevo que haya estado expuesto al sol.
4. Gas cloro escapa de la VAP de cloro.	a. Diafragma principal de la VAP roto debido a ensamble inadecuado, fatiga o corrosión.	a. Coloque botella de amoníaco cerca de la VAP para confirmar fuga.	a. 1. Desmonte la válvula y el diafragma. a. 2. Verifique que no haya humedad en el sistema de suministro de cloro.
5. No es posible mantener la tasa de alimentación de cloro sin hielo en el sistema de cloro.	a. Capacidad insuficiente del evaporador.	a. Reduzca la tasa de alimentación a aproximadamente 75 % de la capacidad del evaporador. Si esto elimina el problema, la causa es 5.a.	
	b. El cartucho externo de la VAP está obstruido.	b. Inspeccione el cartucho.	b. Lave y limpie el cartucho.
6. El sistema de cloración no puede mantener la temperatura del baño de agua lo suficiente como para sostener abierta la VAP externa.	a. Falla del elemento calentador.	a. Temperatura del baño de agua del evaporador.	a. Retire y reemplace el elemento calentador.
7. No es posible obtener la tasa máxima de alimentación desde el clorador.	a. Presión de gas cloro inadecuada.	a. Presión de gas.	a. Aumente la presión, reemplace los cilindros o contenedores vacíos o con poco cloro.
	b. Inyector de bomba de agua obstruido con depósitos.	b. Inspeccione el inyector.	b. Limpie las piezas del inyector con ácido clorhídrico. Enjuague con agua limpia y ponga nuevamente en servicio.
	c. Fuga en la válvula de alivio de vacío.	c. Desconecte la línea de ventilación del clorador, coloque una mano sobre la conexión de ventilación para hacer vacío en la válvula de alivio de vacío, observe si esto produce más vacío y mayor tasa de alimentación de cloro.	c. Desmonte la válvula de alivio de vacío y reemplace todos los resortes.
	d. Fuga de vacío en uniones, juntas, tuberías, etc., del sistema clorador.	d. Humedezca las uniones con solución de amoníaco o coloque un papel impregnado de ortotolidina en cada unión a fin de detectar la fuga.	d. Apriete las uniones, reemplace las juntas, reemplace la tubería o las tuercas de compresión para reparar todas las fugas de vacío.

(*continúa*)

Tabla 10.11 Guía para la resolución de problemas (EPA de los EE. UU., 1978a) (*Continúa*)

Indicadores/observaciones	Causa probable	Revisar o monitorear	Soluciones
8. No es posible mantener una tasa de alimentación de cloro adecuada.	a. Falla o deterioro de la bomba de suministro de agua.	a. Inspeccione la bomba.	a. Reacondicione la bomba. Si la bomba turbina está en uso, intente cerrar la válvula de aguja para mantener una presión de descarga adecuada.
9. Mucha variación de cloro residual en el efluente.	a. La capacidad de regular el caudal de cloro es inadecuada para satisfacer el caudal de la instalación.	a. Compare la capacidad del medidor de cloro con la capacidad del caudalímetro de la instalación.	a. Reemplace por un medidor de clorador con mayor capacidad.
	b. Falla de los controles automáticos.	b. Diríjase directamente a Soluciones.	b. Contáctese con el personal de servicio de campo del fabricante.
	c. Los sólidos se sedimentan en la cámara de contacto con cloro	c. Sólidos en la cámara de contacto con cloro.	c. Limpie la cámara de contacto.
	d. Fluctuación de las concentraciones de amoníaco o nitrito en el efluente final.	b. Concentraciones de amoníaco y nitrito.	d. Aumente la dosis de cloro para mantener el residual.
	e. El dispositivo de control de regulación de caudal no está calibrado correctamente.	e. Controle la calibración.	e. Vuelva a calibrar conforme a las instrucciones del fabricante.
10. El controlador del registro de análisis del cloro residual no controla el cloro residual adecuadamente.	a. Electrodos sucios.	a. Inspección visual.	a. Limpie los electrodos.
	b. El tiempo del bucle es demasiado largo.	b. Controle el tiempo del bucle.	b. Reduzca el tiempo del bucle de la siguiente manera: 1. Mueva el inyector a un lugar más cercano al punto de aplicación. 2. Aumente la velocidad de la línea de muestreo a la celda del analizador. 3. Mueva la celda a un lugar más cercano al punto de muestreo. 4. Mueva el punto de muestreo a un lugar más cercano al punto de aplicación.
	c. Mala mezcla de cloro en el punto de aplicación.	c. Configure la tasa de alimentación de cloro a una dosificación constante y analice varias muestras puntuales para verificar la consistencia.	c. Instale un dispositivo de mezcla que cause turbulencia en el punto de aplicación.
	d. Configuración incorrecta del rango del tubo del rotámetro	d. Controle el rango del tubo para ver si los cambios en la tasa de alimentación son demasiado pequeños o demasiado grandes.	d. Reemplace con un rango adecuado de tasa de alimentación.
11. El resultado del conteo de organismos indicadores no cumple con los estándares exigidos para la desinfección.	a. Se está produciendo cloración al breakpoint.	a. Controle el cloro residual en distintos momentos del día.	a. Aumente la dosis de cloro para mantener una cantidad adecuada de residual durante la cloración al breakpoint.
	b. Capacidad inadecuada del equipo de cloración.	b. Controle la capacidad del equipo.	b. Reemplace el equipo según resulte necesario para proporcionar tratamiento en función del caudal de hora pico.
	c. Control inadecuado del cloro residual	c. Registre de manera continua el residual en el efluente.	c. Utilice un analizador de cloro residual para monitorear y controlar de manera automática la dosificación de cloro.
	d. Cortocircuito en la cámara de contacto.	d. Tiempo de contacto.	d. Instale un dispositivo deflector o mezclador en la cámara de contacto.
	e. Se acumulan sólidos en la cámara de contacto.	e. Inspección visual.	e. Limpie la cámara de contacto para reducir la acumulación de sólidos.
	f. Cloro residual.	f. Concentraciones de cloro residual, amoníaco y nitrito del efluente.	f. Aumente el tiempo de contacto, o la tasa de alimentación de cloro.

Por debajo de 5.0 ppmv, la exposición al cloro no produce efectos graves o enfermedades crónicas. Entre 5.0 y 10.0 ppmv, los efectos de la exposición al cloro (ahogos, tos, ojos llorosos, irritación leve de la piel e irritación de nariz y pulmones) son temporarios. Una exposición a 30 ppmv causa inmediatamente dolor en el pecho, dificultad para respirar y tos. Dosis más altas, de 40 a 60 ppmv, pueden producir daños permanentes en los pulmones. Las concentraciones superiores a 1000 ppmv son fatales después de unos pocos minutos de exposición.

El dióxido de azufre es irritante. El olor del dióxido de azufre es detectable a 0.5 ppmv. Esto es 2.5 veces más que el cloro. Los límites a la exposición al dióxido de azufre no son tan restrictivos como los del cloro. Los límites de la concentración para una exposición segura difieren según la agencia. La ACGIH recomienda un TLV de TWA de 2 ppmv. La OSHA y el NIOSH recomiendan un PEL de 5 ppmv. La concentración según el IDLH es de 100 ppmv.

Los ácidos fuertes y las bases en contacto con el agua producen reacciones rápidas y exotérmicas. Las reacciones exotérmicas generan calor. Siempre agregue ácidos y bases al agua, nunca al revés. El exceso de agua absorbe y disipa el calor. El dicho "*No hay que darle de beber al ácido*" puede ayudarlo a recordar.

HIPOCLORITO DE SODIO

Las soluciones de hipoclorito de sodio emiten vapores similares a los del gas cloro. Si bien la OSHA no estableció STEL, PEL o TWA, las buenas prácticas de seguridad recomiendan el uso de gafas protectoras, guantes y equipo protector cuando se utilizan o trasladan soluciones de hipoclorito de sodio. Es recomendable que los operadores que manipulan hipoclorito de sodio cuenten con acceso a lavaojos y duchas. Al igual que cualquier forma de hipoclorito, el químico no diluido puede causar graves quemaduras en la piel y la vestimenta. Es recomendable que los operadores que trabajan con cualquier tipo de hipoclorito usen vestimenta protectora.

Siempre que fuera posible, los operadores y las instalaciones deben involucrar a representantes del departamento local contra incendios para contribuir en la toma de conciencia y el entrenamiento en seguridad. La coordinación entre las instalaciones y los departamentos contra incendios es esencial para definir un buen plan logístico de seguridad e higiene. La inclusión de los departamentos contra incendios en las actividades de entrenamiento ofrece la oportunidad de asegurar que los planes de respuesta ante incidentes con cloro están actualizados y que el personal del departamento contra incendios conoce la instalación.

HIPOCLORITO DE CALCIO

Los operadores que usan hipoclorito de calcio deben usar protectores oculares y máscaras para polvo cuando transportan el polvo o lo mezclan con agua. Se deben lavar completamente todas las áreas expuestas al hipoclorito. Se recomienda el uso de guantes de goma para proteger las manos. Una precaución especialmente importante para los operadores que manipulan y usan hipoclorito de calcio: solo se debe mezclar o agregar hipoclorito de calcio al agua. No agregue agua al hipoclorito de calcio. El agregado de agua puede ocasionar una violenta reacción química.

COMPROBACIÓN DE CONOCIMIENTOS

1. **La mayoría de los seres humanos puede detectar niveles extremadamente bajos de gas cloro mediante el olfato.**
   - ☐ Verdadero
   - ☐ Falso
2. **El dióxido de azufre es más tóxico para los seres humanos que el gas cloro.**
   - ☐ Verdadero
   - ☐ Falso
3. **La OSHA no estableció un límite es exposición para las soluciones de hipoclorito de sodio.**
   - ☐ Verdadero
   - ☐ Falso
4. **La EPCRA exige que las instalaciones con al menos ___________ de gas cloro en el lugar cumplan con los requisitos de informes y demás disposiciones.**
   a. 45 kg (100 lb)
   b. 68 kg (150 lb)
   c. 272 kg (600 lb)
   d. 907 kg (1 t)
5. **Conforme a la EPCRA, se debe informar una descarga de cloro al medio ambiente a partir de __________.**
   a. 1.0 kg (2.2 lb)
   b. 4.5 kg (10 lb)
   c. 45 kg (100 lb)
   d. 68 kg (150 lb)
6. **Conforme a la Norma de Administración de Seguridad de Procesos, las instalaciones con al menos ____________ lb de cloro en el lugar deben cumplir con los requisitos de plan de emergencia.**
   a. 453 kg (1000 lb)
   b. 681 kg (1500 lb)
   c. 1000 kg (2204 lb)
   d. 1500 kg (3306 lb)
7. **Una meta de la EPCRA es**
   a. Reducir la cantidad de cloro que se encuentra en la instalación.
   b. Aumentar el trabajo administrativo de las empresas de servicios públicos.
   c. Mantener a salvo a los primeros respondedores.
   d. Asegurar el cumplimiento de las normas de contención secundaria.
8. **Tanto la ACGIH como la OSHA establecieron el nivel seguro de exposición al gas cloro para un día de trabajo de 8 horas en**
   a. 0.1 ppmv
   b. 0.5 ppmv
   c. 1.0 ppmv
   d. 10 ppmv

Desinfección ultravioleta

Desde finales de la década de 1970, las inquietudes acerca del almacenamiento y la manipulación del cloro y sus efectos sobre la calidad del agua condujeron a algunas WRRF a considerar alternativas a la desinfección con cloro. La desinfección ultravioleta se ha convertido en el segundo método más frecuente de desinfección en los Estados Unidos. Un recurso importante y útil para los operadores son las *UV Disinfection Guidelines* (NWRI y WRF, 2012).

TEORÍA DE OPERACIÓN

Un *nanómetro* equivale a la milmillonésima parte de un metro. Una hoja de papel tiene un grosor de aproximadamente 100 000 nm.

En el capítulo 6 (Estanques de tratamiento de las aguas residuales) se describió el espectro de luz visible y cómo se relaciona con la fotosíntesis. La luz visible incluye solo la luz que los seres humanos pueden ver sin equipo especial, desde el violeta (V) al rojo (R). Es una pequeña parte de un espectro electromagnético mucho más grande que incluye desde las ondas gamas hasta las ondas de radio (figura 10.43). La luz ultravioleta es una banda de luz por debajo del violeta en el espectro electromagnético, de entre 10 y 400 *nanómetros* (nm). La luz ultravioleta es invisible para los seres humanos, pero algunos animales e insectos pueden verla. Recuerde, como se mencionó en el capítulo 6, Estanques de tratamiento de las aguas residuales, que la longitud de onda es una forma de describir los distintos tipos de luz. La luz con una longitud de onda de 620 nm nos parece anaranjada, mientras que la luz con una longitud de onda de 495 nm nos parece azul. La longitud de onda de la luz está relacionada con la cantidad de energía que contiene. A medida que la longitud de onda disminuye, la cantidad de energía aumenta de manera proporcional. En términos más técnicos, la longitud de onda es la distancia entre un pico y el siguiente en una onda de luz (figura 10.44).

ADN significa ácido desoxirribonucleico. El ADN es un tipo de molécula genética que utilizan los virus y las células. Estas moléculas contienen instrucciones para construir las proteínas que un virus o una célula pudieran necesitar para vivir y reproducirse. Si las instrucciones reciben el daño suficiente, los virus y las células no pueden reproducirse y finalmente morirán.

En general no pensamos en la luz como energía, pero eso es exactamente. Esta energía puede ser beneficiosa para la vida, como cuando las plantas cosechan energía proveniente de la luz para vivir y crecer. También puede ser dañina si es demasiado intensa o el tiempo de exposición es muy prolongado. Piense en lo que sucede cuando pasa demasiado tiempo al sol. A corto plazo, puede producir una quemadura. A largo plazo, el daño al *ADN* producido por la exposición al sol puede, finalmente, causar cáncer de piel. Esto se debe a que la luz ultravioleta es de alta energía y tiene el tamaño justo para interactuar con las moléculas grandes como el ADN. La luz ultravioleta es especialmente dañina para el ADN en longitudes de onda entre 250 y 270 nm (EPA de los EE. UU., 1986).

Las moléculas de ADN están compuestas por cuatro moléculas constitutivas diferentes denominadas *pares de bases*. Las pares de bases son: adenina (A), timina (T), guanina (G) y citosina (C). Los cuatro pares de bases se conectan entre ellos por medio de largas cadenas que contienen cientos de miles de pares de bases cada una. Todas las instrucciones necesarias para producir proteínas, enzimas, hormonas y otras moléculas que necesitan las células para vivir se escriben por medio de distintas disposiciones de los cuatro pares de bases. Los pares de base son como un alfabeto simple de cuatro letras organizadas para redactar el manual de instrucciones bioquímicas para crear la vida. Cuatro letras no parece ser una cantidad suficiente para formar todo un alfabeto. La célula lee los pares de bases en grupos de tres y cada grupo de tres forma un código corto. Al usar grupos de tres en lugar de letras individuales, aumenta la cantidad de "letras" posibles del alfabeto a sesenta y cuatro.

Cada molécula de ADN contiene dos cadenas de pares de bases, ubicadas una frente a la otra, en forma de escalera. A la escalera se la denomina *hélice doble* por la manera en que las líneas se enrollan y giran una alrededor

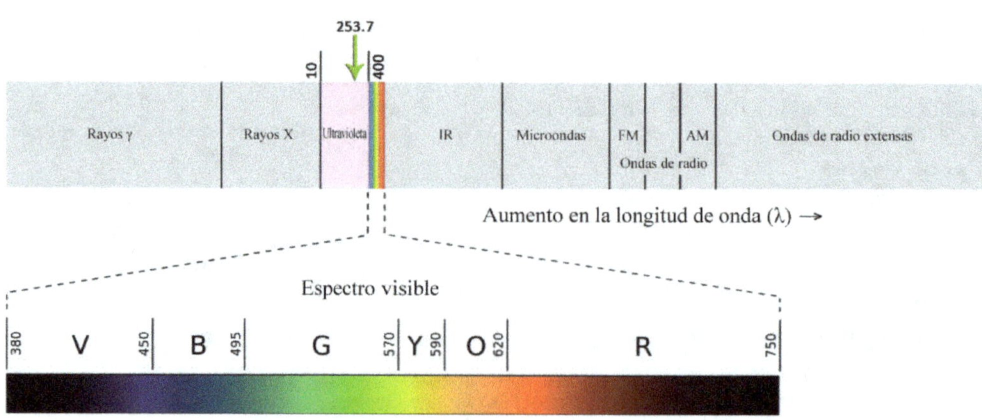

Figura 10.43 Espectro electromagnético (R = rojo, O = anaranjado, Y = amarillo, G = verde, B = azul, V = violeta, UV = ultravioleta, IR = infrarrojo) (adaptado de la imagen de Philip Ronan, Gringer [CC BY-SA 3.0 (https://creativecommons.org/licenses/by-sa/3.0)], por Wikimedia Commons)

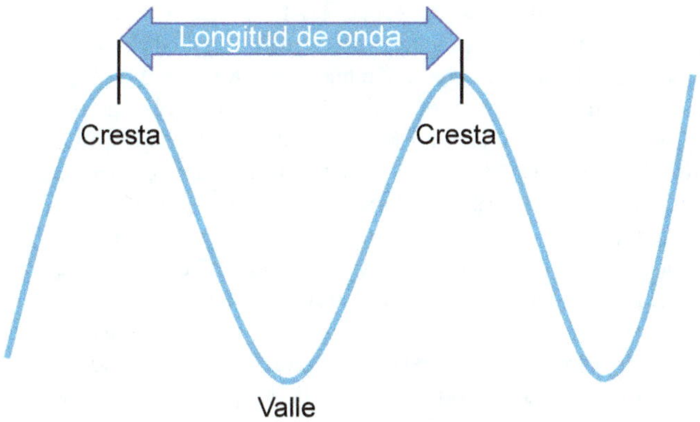

Figura 10.44 Longitud de onda (reimpreso con autorización de Indigo Water Group)

de la otra. En la parte superior de la figura 10.45 se muestra un ejemplo de una escalera de ADN. Observe que la guanina (G) siempre se opone a la citosina (C) y la adenina (A) siempre se opone a la timina (T). Este sistema de apareamiento único permite al ADN autorreplicarse y contribuye a evitar pérdida de información si se daña una molécula de ADN. Cuando las células se dividen, primero deben duplicar todas sus instrucciones de vida (ADN) para que se pueda pasar una copia a cada célula hija. Una *enzima* especial se une a la molécula de ADN, desciende por su largo y desconecta las dos mitades de la escalera. Las diferentes enzimas de la célula después reconstituyen los lados opuestos de cada escalera, como se muestra en la figura 10.45. Debido a que solo hay un apareamiento perfecto para cada tipo de par de base, cada una de las dos moléculas de ADN nuevas se puede reconstruir de forma de igualar a la original. El ADN dañado con frecuencia se puede reparar con el mismo método. La información de la cadena que no presenta daño se usa para reparar la cadena dañada.

Las *enzimas* son moléculas producidas por células que las ayudan a llevar a cabo funciones biológicas específicas. La amilasa es una enzima que se encuentra en la saliva y convierte almidón en azúcar.

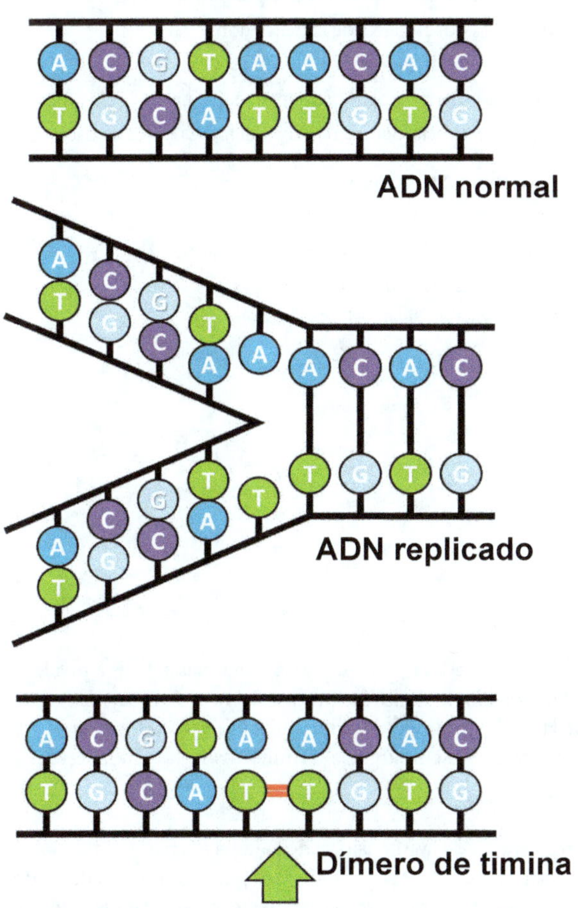

Figura 10.45 Formación de dímeros timina-timina en el ADN (Bernstein, 1981)

La palabra *dímero* significa dos partes. Es una molécula que consiste en dos monómeros unidos. Un monómero es una molécula que se puede enlazar para formar moléculas más grandes. En este caso, el monómero es un único par de bases de ADN. Un oligómero contiene algunos monómeros enlazados y un polímero contiene muchos monómeos enlazados.

El deslizador de una cremallera es la pieza que se jala para abrir o cerrar la cremallera.

La desinfección ultravioleta produce un tipo de daño particular a las moléculas de ADN. En los lugares donde dos pares de bases de timina (T) están uno al lado del otro en una cadena, la luz ultravioleta puede hacer que se rompa la unión con el par de base de adenina (A) en la cadena opuesta. En lugar de volver a unirse con adenina, las dos moléculas de timina se fusionan y forman un *dímero*de timina. La formación del dímero evita que la célula se replique. La molécula de ADN es como una gran cremallera. Los dientes de uno de los lados de la cremallera se engranan con los dientes del otro lado. La enzima que separa las dos mitades de la escalera de ADN antes de que se repliquen es el *deslizador* de la cremallera. Cuando todos los dientes (pares de bases) de la cremallera encajan correctamente, el deslizador (enzima) se mueve con facilidad hacia arriba y abajo de la cremallera (ADN) para cumplir su función de separar y unir los dientes (pares de bases). Cuando se dañan algunos de los dientes (pares de bases) o no se engranan adecuadamente, el deslizador (enzima) se atasca. No puede pasar por los dientes dañados y por lo tanto no puede terminar de abrir la cremallera. La desinfección ultravioleta no necesariamente mata a un microorganismo, pero puede dañarlo y crear suficiente cantidad de dímeros de timina como para evitar que el microorganismo se reproduzca. Si el microorganismo no se puede reproducir, no puede causar enfermedades. Esos microorganismos están inactivos.

La luz ultravioleta para desinfección utiliza bombillas de luz especiales denominadas *lámparas*. Son similares a las luces fluorescentes que se encuentran en la mayoría de las oficinas y tiendas pero están fabricadas con materiales más resistentes. En lugar de ser de un vidrio fino, están fabricadas con cuarzo transparente. Las lámparas contienen mercurio y vapor de mercurio. Se hace pasar electricidad por las lámparas ultravioletas. Los átomos de mercurio absorben la energía temporalmente y después la liberan. Diferentes tipos de átomos absorben y liberan energía en longitudes de ondas diferentes. El mercurio libera energía absorbida principalmente a 254 nm y de esa forma genera la luz ultravioleta necesaria para la desinfección.

COMPROBACIÓN DE CONOCIMIENTOS

1. **La luz visible es la porción del espectro electromagnético que pueden ver los seres humanos.**
   - ☐ Verdadero
   - ☐ Falso
2. **Algunas longitudes de onda de la luz pueden dañar el material genético.**
   - ☐ Verdadero
   - ☐ Falso
3. **A veces, el material genético dañado se puede reparar por medio de una enzima especial dentro de la célula.**
   - ☐ Verdadero
   - ☐ Falso
4. **¿Cuál de las siguientes longitudes de onda de la luz sería más dañina para una bacteria?**
   a. 190 nm
   b. 260 nm
   c. 480 nm
   d. 700 nm
5. **La luz ultravioleta deteriora el ADN porque**
   a. Separa las dos mitades de la hélice doble
   b. Sustituye la adenina por timina en las uniones
   c. Produce la formación de dímeros de timina
   d. Interfiere directamente en la reparación de pares de bases
6. **La luz ultravioleta se genera**
   a. Cuando se ilumina el mercurio líquido
   b. Como subproducto de la electricidad estática
   c. Solo a una longitud de onda de 254 nm
   d. Con el paso de la electricidad por el vapor de mercurio

PARÁMETROS DE DISEÑO

Los sistemas de desinfección ultravioleta están diseñados para reducir la cantidad de bacterias activas a niveles permitidos, de acuerdo a los límites del permiso de descarga. En la desinfección con cloro, la cantidad de microorganismos inactivos o eliminados depende de la dosis (cantidad de cloro agregado) y el tiempo de exposición. Lo mismo sucede con la desinfección ultravioleta; sin embargo, la terminología y las unidades de medida son distintas y puede ser un tanto confuso.

En lugar de concentración, los sistemas ultravioletas dependen de la intensidad de la luz o *fluencia*. La fluencia es la cantidad de energía lumínica emitida en una superficie y se expresa en milivatios por centímetro cuadrado (mW/cm^2). Se usa el término fluencia en lugar de concentración porque solo una pequeña cantidad de la luz ultravioleta que se aplica en el agua es realmente absorbida por los microorganismos, en general menos del 1 %. A la fluencia también se la denomina *irradiancia*. En lugar de tiempo de contacto con el cloro, la cantidad de luz ultravioleta disponible para desinfección por unidad de tiempo se denomina *tasa de fluencia*. La ecuación básica para calcular la tasa o dosis de fluencia (ecuación 10.31) es similar a la ecuación de tiempo de contacto utilizada para la desinfección con cloro (ecuación 10.32). La tasa de fluencia (dosis) se mide en *milijulios* por centímetro cuadrado (mJ/cm^2) o milivatios·segundos por centímetro cuadrado ($mW \cdot s/cm^2$). Un W·s es igual a un J.

En el sistema métrico, la unidad básica de energía es el julio, denominada así por el famoso científico James Prescott Joule. Un julio es equivalente a 0.000000278 kW·h o 1 W·s.

$$\text{Dosis} = \text{Intensidad de la luz} \times \text{tiempo}$$

o bien

$$\text{Tasa de fluencia}, \frac{\text{mW} \cdot \text{s}}{\text{cm}^2} = \text{Fluencia}, \frac{\text{mW}}{\text{cm}^2} \times \text{tiempo} \tag{10.31}$$

$$\text{TC} = \text{Concentración de cloro} \times \text{Tiempo} \tag{10.32}$$

No hay una medida única para todos los sistemas ultravioletas porque la dosis ultravioletas entregada depende de varios factores, incluidos

A las bombillas ultravioletas individuales también se las denomina *lámparas*.

- El tipo de lámpara: Diferentes tipos de *lámparas* emiten diferentes longitudes de onda de luz ultravioleta y varía la eficacia.
- La potencia de salida de la lámpara ultravioleta: Los distintos tipos de lámparas ultravioletas proporcionan distintas potencias de salida ultravioleta por unidad de área superficial de la lámpara. Cuanto mayor sea la salida, mayor será la intensidad en la superficie de la lámpara. Además, la salida ultravioleta de la lámpara aumenta con la longitud de la lámpara.
- La configuración de potencia de la lámpara: La intensidad ultravioleta es menor si la lámpara se opera por debajo de su potencia máxima.
- Antigüedad de la lámpara: Después de la fase inicial, la potencia de salida de la lámpara y la intensidad ultravioleta resultante disminuyen gradualmente a medida que la lámpara llega al final de su vida útil.
- Calidad y antigüedad del tubo de cuarzo: El tubo de cuarzo absorbe parte de la luz ultravioleta, lo que reduce la dosis entregada. Con el paso del tiempo, el cuarzo del tubo puede aumentar la absorción ultravioleta.
- Ensuciamiento del tubo de cuarzo: El ensuciamiento con sustancias orgánicas o inorgánicas puede reducir la transmisión ultravioleta a las aguas residuales.
- Transmitancia de las aguas residuales: La transmitancia es la cantidad de luz que pasa por las aguas residuales. La transmitancia es lo opuesto a la absorbancia. Cuando pasa luz ultravioleta a través de las aguas residuales, su intensidad de reduce exponencialmente con la distancia a la fuente, porque el agua y las sustancias en las aguas residuales absorben parte de la luz.
- Tipo y tamaño de sólidos en suspensión: La concentración, el tipo y tamaño de los sólidos en suspensión afectan la intensidad de la luz ultravioleta porque los sólidos en suspensión pueden absorber y dispersar la luz.
- Las partículas pueden proteger a los microorganismos de la radiación ultravioleta: La intensidad ultravioleta que recibe un microorganismo que flota libremente en las aguas residuales es mayor que la intensidad ultravioleta que recibe un microorganismo incrustado en una partícula en el mismo lugar.
- Distancia al centro de la lámpara: La intensidad ultravioleta disminuye a mayor distancia de la lámpara.
- Hidráulica: El espacio muerto reduce el tiempo de detención hidráulica a través de un sistema ultravioleta. Además, si no hay una buena disposición del sistema ultravioleta, un microorganismo puede pasar por el reactor ultravioleta entre las lámparas y estar expuesto a una dosis ultravioletas menor.

La dosis ultravioleta (tasa de fluencia) que se debe utilizar para desinfectar las aguas residuales está especificada por una agencia reguladora o la determina el ingeniero de diseño. Por ejemplo, la norma de diseño del estado de Colorado exige una fluencia mínima de 30 mJ/cm^2 para efluentes provenientes de procesos de lodos activados y requiere que los ingenieros de diseño presuman una transmitancia ultravioleta de solo el 65 % (CDPHE WQCD, 2012). Los fabricantes e ingenieros de sistemas ultravioletas utilizan una combinación de datos históricos de los efluentes de una instalación y proyecciones de caudales futuros para determinar la fluencia necesaria.

DESEMPEÑO ESPERADO

La desinfección ultravioleta puede tratar efluentes secundarios de una WRRF y lograr con seguridad niveles bacterianos inferiores a 200 colonias de coliformes fecales/100 mL. Muchas instalaciones logran niveles muy inferiores y en general informan $<$2 UFC/100 mL de *E. coli* y coliformes fecales. El desempeño depende de la penetración de la luz ultravioleta en las aguas residuales.

COMPROBACIÓN DE CONOCIMIENTOS

1. **La desinfección ultravioleta puede utilizar una dosis alta y un tiempo de contacto corto o una dosis baja y un tiempo de contacto más prolongado para lograr el mismo nivel de desinfección.**
   - ☐ Verdadero
   - ☐ Falso

2. **Los tubos de cuarzo se utilizan en las lámparas ultravioletas porque no absorben luz ultravioleta.**
   - ☐ Verdadero
   - ☐ Falso

3. **En la desinfección con cloro, el tiempo de contacto es el producto de la concentración de cloro residual y el TD. ¿Cuál de los siguientes términos de desinfección ultravioleta es más parecido a tiempo de contacto?**
   a. Fluencia
   b. TD
   c. Tasa de fluencia
   d. Milijulios

4. **La eficiencia de la desinfección ultravioleta se puede ver reducida por todo lo que se menciona a continuación, EXCEPTO**
   a. Ensuciamiento del tubo de cuarzo
   b. Disminución de la turbiedad del efluente
   c. Antigüedad de la lámpara ultravioleta
   d. Aumento de SST en el efluente

5. **¿Cuál de los siguientes enunciados es verdadero?**
   a. La intensidad de la luz ultravioleta disminuye con la distancia a la lámpara.
   b. La luz ultravioleta fácilmente penetra en las partículas para inactivar microorganismos.
   c. Los espacios muertos en un reactor ultravioleta aumentan el TD.
   d. El fabricante determina los requisitos de tasa de fluencia.

6. **A medida que aumenta la turbiedad del efluente**
   a. Las concentraciones de coliformes fecales permanecen invariables.
   b. Se necesitará menos luz ultravioleta para desinfectar.
   c. La penetración de la luz ultravioleta también aumentará.
   d. Las concentraciones de *E. coli* probablemente aumenten.

EQUIPOS

Los procesos con luz ultravioleta constan de varios componentes, cada uno con una función distinta (tabla 10.12). Los sistemas ultravioletas se pueden instalar en un conducto cerrado similar a un tubo de gran diámetro o en un canal abierto. Casi todos los sistemas ultravioletas de las WRRF utilizan lámparas ultravioletas dentro de tubos de cuarzo, sumergidas directamente en el flujo de aguas residuales. Los sistemas ultravioletas pueden consistir en una única lámpara ultravioleta o constar de múltiples lámparas dispuestas en grupos denominados *módulos*. Cuando se colocan varios módulos juntos para funcionar como una sola unidad, el grupo se denomina *banco ultravioleta*. En la figura 10.46 se muestra un método de disposición de lámparas ultravioletas, horizontales y paralelas al caudal. Este ejemplo incluye un banco con módulos múltiples. Las lámparas también se pueden disponer en posición vertical (figura 10.47) o en ángulo con el caudal (figura 10.48). El sistema que se muestra en la figura 10.47 incluye dos trenes de tratamiento, uno al lado del otro, con cuatro bancos de lámparas cada uno.

En la figura 10.49 se muestran lámparas individuales (A) dispuestas en posición horizontal dentro de un módulo. Un balastro electrónico (B) con un panel de control (C) en la parte superior proporcionan suministro eléctrico a las lámparas individuales. El cable de suministro eléctrico (D) conecta el módulo con un panel de control más grande. En la figura 10.50 se pueden ver cuatro módulos conectados a un panel de control que abarca todo el canal ultravioleta. En la mayoría de los casos, el canal ultravioleta contiene múltiples bancos en serie. Esto permite que los operadores puedan sacar de servicio uno o más bancos y mantener la desinfección con los bancos restantes. También aumenta el tiempo de contacto total y la tasa de fluencia (dosis). Debido a que los rayos ultravioletas no viajan largas distancias en el agua, las lámparas se colocan juntas en módulos, en general a unos pocos centímetros (pulgadas) una de otra.

La mayoría de los sistemas ultravioletas utilizados en las WRRF están equipados con algún tipo de limpiador mecánico. Los limpiadores recorren periódicamente el largo de las lámparas para contribuir a evitar la formación de biopelículas, la adherencia y crecimiento de algas, el depósito de sarro de productos químicos y la acumulación de sólidos y demás desechos. En la figura 10.49 se puede ver un ejemplo de un limpiador mecánico. Los limpiadores (E) pueden ser neumáticos o hidráulicos. En este ejemplo, el sistema de limpiadores es hidráulico y pueden observarse las líneas de fluido hidráulico (F). Todo el módulo del limpiador se mueve por el módulo de lámparas y limpia todas las lámparas al mismo tiempo. Cada manguito del limpiador contiene una junta, habitualmente de Teflon™, que actúa como escobilla (figura 10.51). Las juntas se desgastan y se deben reemplazar periódicamente. Según el tamaño y la complejidad del sistema ultravioleta, el limpiador se puede operar de manera manual o automática. La frecuencia de limpieza de un sistema automático se puede configurar a un

Tabla 10.12 Componentes del sistema de desinfección por luz ultravioleta y sus usos (WEF et al., 2018)

Componente	Características	Función
Cámara de desinfección ultravioleta	Larga y angosta. Diseñada para minimizar cortocircuitos.	Proporciona TD suficiente para que la dosis ultravioletas surta efecto.
Caja de control	Señales remotas, balastros de lámparas ultravioletas	Operaciones eléctricas y alarmas de los sistemas de control ultravioleta.
Lámpara ultravioleta	Conector de tres patas	Genera luz ultravioleta.
	Medidor de tiempo transcurrido, no se puede restablecer	Registra el tiempo de funcionamiento transcurrido (en horas) y mantiene un registro permanente.
Control de caudal	Compuertas operadas manualmente	Desvía el caudal a un reactor de reserva para realizar el servicio al canal.
	Compuerta de control de caudal con contrapeso (caudal inferior) o vertedero con compuerta de abertura descendente	Mantiene constante el nivel del agua en el canal con caudales variables para asegurar que el nivel del agua sobre las lámparas ultravioletas sea constante.
Alarma	Luz y zumbador de advertencia remoto	Indica desborde o baja salida ultravioleta.
Monitor de intensidad	Fotocelda y circuito electrónico	Mide y monitorea la energía ultravioleta a través del agua o en la superficie de la lámpara.
Luces indicadoras	Específico del fabricante	Indica condiciones seguras de operación y condiciones adversas según el color.

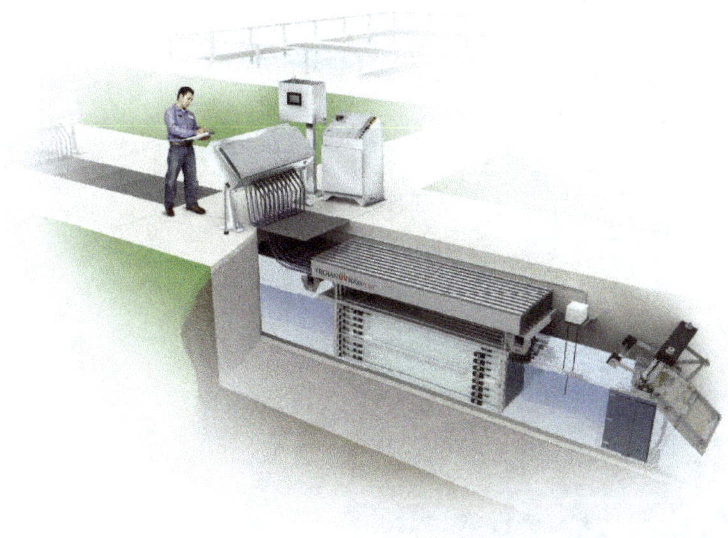

Figura 10.46 Lámparas ultravioletas paralelas al caudal (cortesía de TrojanUV)

Figura 10.47 Lámparas ultravioletas verticales al caudal (cortesía de Glasco UV)

Figura 10.48 Lámparas ultravioletas dispuestas en ángulo con respecto al caudal (cortesía de TrojanUV)

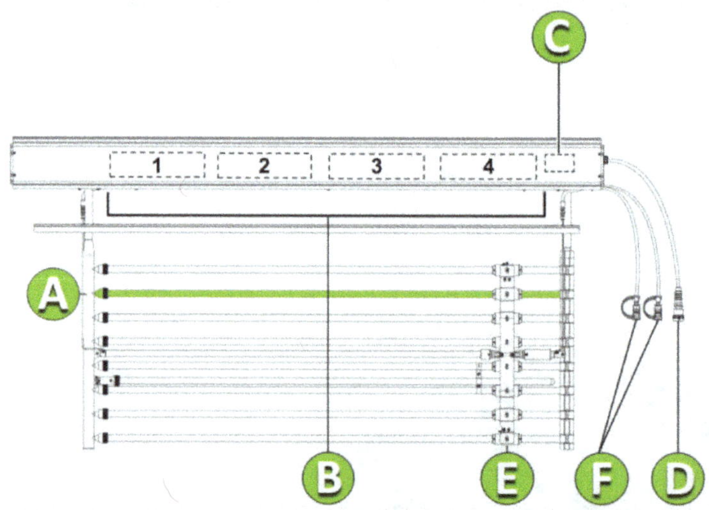

Figura 10.49 Módulos de lámparas ultravioletas (cortesía de TrojanUV)

Figura 10.50 Módulos ultravioletas conectados a panel de control (reimpreso con autorización de Indigo Water Group)

Figura 10.51 Junta de Teflon™ para limpiar lámparas ultravioletas (reimpreso con autorización de Indigo Water Group)

intervalo fijo, como por ejemplo 2 minutos, o puede ser proporcional al caudal, como por ejemplo una limpieza cada tantos litros (galones) que pasen por el sistema.

Aún cuando se utilicen sistemas de limpieza, se produce ensuciamiento gradual por productos químicos o biológicos en los tubos de cuarzo. Cuando esto ocurre, se deben retirar las lámparas y realizar una limpieza más profunda. En los sistemas ultravioletas de canal abierto más pequeños, puede ser suficiente una limpieza química manual realizada por un operador. Habitualmente, se suministran rejas de limpieza para lámparas individuales o módulos (figura 10.52). En los sistemas de canal abierto más grandes, se pueden retirar todos los módulos de lámparas o los bancos completos y limpiar en un tanque de inmersión. En este caso, es necesario un elevador o grúa para retirar y manipular los bancos. Los tanques de inmersión se pueden llenar con ácido cítrico, ácido fosfórico, limpiador de baño comercial u otra solución ácida diluida. Los distintos fabricantes recomiendan distintos protocolos de limpieza. Algunos sistemas ultravioletas de canal abierto están equipados con sistemas de limpieza con aire que libera burbujas de aire debajo de las lámparas. A medida que las burbujas de aire ascienden y se mueven por las lámparas, frotan los tubos de cuarzo. Los sistemas de limpieza con aire pueden extender el tiempo entre lavados químicos pero no los reemplazan.

Los sistemas ultravioletas con sistemas de limpieza neumáticos o limpieza por aire necesitan un suministro de aire presurizado. Se puede suministrar aire desde un compresor o soplador exclusivo. O se puede suministrar aire para el sistema ultravioleta desde el sistema de aire de la instalación, siempre y cuando la calidad y cantidad de aire cumplan con los requisitos del fabricante del sistema ultravioleta.

Figura 10.52 Reja de limpieza con módulo ultravioleta (reimpreso con autorización de Manuel Freyre, ciudad de Northglenn, Colorado)

TIPOS DE LÁMPARAS

Hay tres tipos principales de lámparas de mercurio que se utilizan para desinfección: lámparas de baja presión, de amalgama y de media presión. Las lámparas están recubiertas por tubos de cuarzo transparente ultravioleta que las protegen de la exposición al agua y controlan la temperatura de la lámpara (figura 10.53). Las juntas en ambos extremos del tubo de cuarzo evitan que el agua ingrese a la lámpara.

Lámparas de baja presión

Germicida significa que es eficaz para dañar o matar microorganismos.

Monocromático significa de un solo color. La luz monocromática se emite en una sola longitud de onda. *Policromático* significa de varios colores. La luz policromática se emite en múltiples longitudes de onda.

Las lámparas de baja presión son las más antiguas y más comúnmente utilizadas. Las lámparas de baja presión generan principalmente luz ultravioleta *monocromática* y *germicida*, a una longitud de onda de 253.7 nm. En una lámpara de mercurio de baja presión, el vapor de mercurio se encuentra en equilibrio con un pequeño depósito de mercurio líquido dentro de la lámpara. Una lámpara de baja presión típica contiene aproximadamente 60 mg de mercurio. La eficiencia de la lámpara depende de la presión del vapor del mercurio que, a su vez, depende de la temperatura del "punto frío". Para lograr la mayor eficiencia de la lámpara, el punto frío se debe mantener cerca de los 40 °C (104 °F). La eficiencia de la lámpara disminuye a temperaturas superiores o inferiores. Por lo tanto, la potencia de salida de la lámpara puede verse afectada por cambios en la temperatura del agua.

Son dos las longitudes estándar de lámparas que comúnmente se utilizan en los sistemas de desinfección convencional: 0.9 m (36 in) y 1.6 m (64 in). Las lámparas de baja presión tienen una eficiencia de entre el 25 y el 30 % en la producción de radiación ultravioleta en la longitud de onda ideal, pero su intensidad es relativamente baja. Una lámpara de baja potencia de salida, en general, tiene una vida operativa de 8000 horas; sin embargo, si las lámparas se encienden y apagan con frecuencia, los filamentos se vuelven quebradizos y se acorta la vida de la lámpara.

Lámparas de amalgama

Las lámparas de amalgama disminuyen y controlan la presión del vapor del mercurio al combinarlo con otros metales para crear una amalgama sólida (figura 10.54). Como resultado, el vapor de mercurio se puede mantener cerca de su valor óptimo en un rango más amplio de temperaturas que una lámpara de baja presión. Esto permite que estas lámparas se puedan operar a una mayor potencia, lo que aumenta la salida ultravioleta de una lámpara de un tamaño dado y mantiene, al mismo tiempo, la salida casi monocromática (longitud de onda de luz única) de la lámpara de baja presión. Por ello, las lámparas de amalgama, también conocidas como lámparas de *baja presión y alta potencia*, son cada vez más usadas. Las lámparas de amalgama en general funcionan con mayor corriente eléctrica, a mayor temperatura y con una mayor presión interna total que las lámparas de baja presión. Una lámpara de amalgama típica contiene aproximadamente 120 mg de mercurio, el doble que una lámparas de baja presión. Las lámparas de amalgama no se ven afectadas por las fluctuaciones en la temperatura del agua, pero pueden tardar hasta 800 segundos en alcanzar la máxima potencia.

Lámparas de media presión

El operador no puede ajustar las longitudes de onda de luz emitida por un sistema ultravioleta en particular.

Las lámparas de media presión no usan amalgamas, pero operan a una densidad de potencia y temperatura mayores, por lo que el mercurio en su interior está completamente vaporizado. Las lámparas mismas pueden alcanzar los 800 °C (1472 °F), pero el tubo de cuarzo exterior, en general, permanece por debajo de los 60 °C (140 °F). Las lámparas de media presión son las que más mercurio contienen de los tres tipos de lámparas; una lámpara típica contiene 300 mg de mercurio. Las lámparas de media presión son *policromáticas* y emiten un rango de longitudes de onda de luz ultravioleta más amplio, incluidas las longitudes de onda germicidas entre 200 y 300 nm (figura 10.55). Estas lámparas son menos eficientes que las lámparas de baja presión. Una lámpara de media presión típica tiene una vida útil de 12 000 horas.

Figura 10.53 Tubo de cuarzo (reimpreso con autorización de Indigo Water Group)

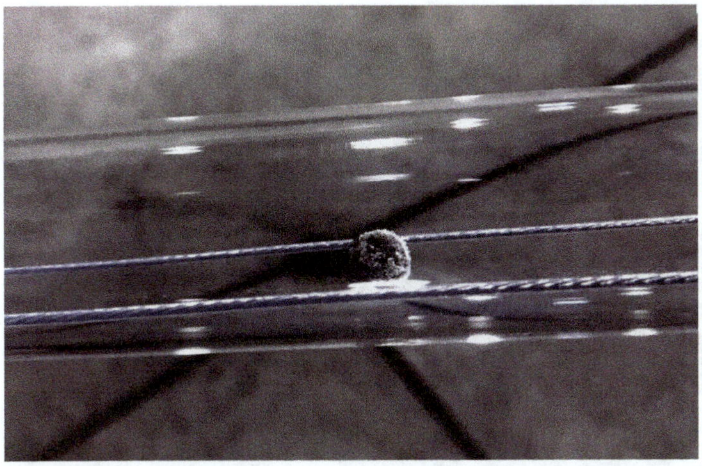

Figura 10.54 Amalgama de mercurio dentro de una lámpara de baja presión y alta salida (reimpreso con autorización de Indigo Water Group)

CÁMARA ULTRAVIOLETA

Debido a que la desinfección es rápida, la cámara o canal ultravioleta es relativamente pequeño, incluso en instalaciones de tratamiento grandes. El tiempo de contacto puede durar apenas unos segundos. Es necesario que el caudal que pasa por las lámparas tenga turbulencia para asegurar la mezcla y la exposición a la luz ultravioleta, a fin de que todo el material del efluente reciba una dosis letal de luz ultravioleta. En general, se coloca una placa perforada, como la que se muestra en la figura 10.56, aguas arriba del sistema ultravioleta para crear turbulencia.

ELEVACIÓN DEL BANCO/MÓDULO

En los sistemas de canal abierto más grandes, puede ser necesario un elevador o grúa para retirar y manipular los bancos. Se pueden retirar bancos completos de una sola vez para limpiarlos en un tanque de inmersión. También puede ser necesario retirar el banco, o al menos un módulo, para inspeccionar y reemplazar las lámparas.

Con frecuencia, se montan grúas de mástil o grúas pluma al costado de los canales ultravioletas. Para transportar un banco a un tanque de limpieza, es frecuente el uso de grúas monorriel o puentes grúa.

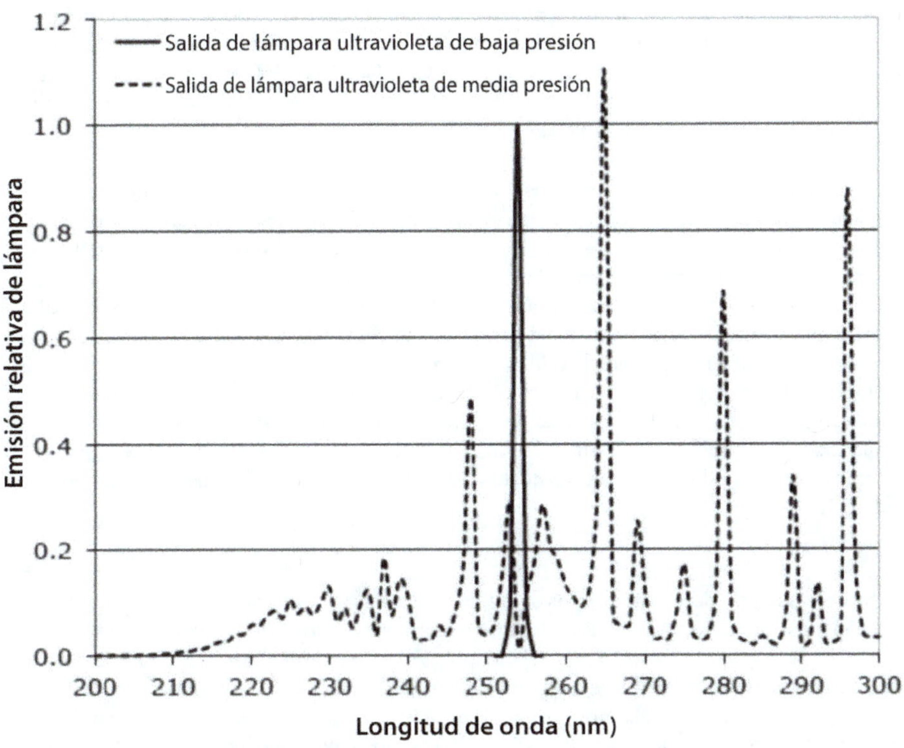

Figura 10.55 Salida de luz ultravioleta de lámparas de media presión y de baja presión (WEF y IUA, 2015)

Figura 10.56 Deflector de canal ultravioleta (reimpreso con autorización de Indigo Water Group)

SENSORES DE INTENSIDAD ULTRAVIOLETA

La medición de la intensidad ultravioleta refleja los cambios en la salida de la lámpara en relación con la configuración de potencia, la antigüedad de la lámpara, el ensuciamiento y la antigüedad del tubo de cuarzo, y las variaciones en grados Celsius (WERF, 2007). Los fabricantes de sistemas ultravioletas, en general, suministran un sensor de intensidad ultravioleta con cada sistema o con cada banco de lámparas ultravioletas. El sensor de intensidad solo mide la cantidad de luz (fluencia) que recibe un lugar. El sensor no puede dar información cerca de la intensidad de luz promedio dentro de todo el reactor o banco. Los sensores de intensidad se deben utilizar para controlar la cantidad de energía que reciben las bombillas lo que, a su vez, controla la cantidad de luz ultravioleta producida. La ubicación del sensor es importante. Un sensor de intensidad que esté ubicado cerca de la lámpara tendrá una mayor respuesta a las variaciones en la salida de la lámpara y el ensuciamiento del tubo, pero menos a las variaciones en la calidad de las aguas residuales. Los sensores de intensidad que estén ubicados a mayor distancia de las lámparas tendrán mayor respuesta a las variaciones en la calidad del agua que a la antigüedad o el ensuciamiento de la lámpara. Los sensores de intensidad se deben colocar en el lugar preciso si la intención es incorporar las variaciones de la transmitancia ultravioleta (*ultraviolet transmittance*, UVT) de las aguas residuales en la medición de la intensidad. Si la UVT se monitorea de manera separada con un monitor de transmitancia, el sensor de intensidad se puede colocar más cerca de las lámparas ultravioletas y la ubicación del sensor no es tan importante.

Un *algoritmo* es un modelo matemático que predice el valor de un número a partir de una o más mediciones o datos. Un algoritmo ultravioleta puede predecir el desempeño del sistema a partir de la intensidad, la transmitancia o ambas. También puede predecir el porcentaje de ensuciamiento a partir de la misma información.

Algunos fabricantes de sistemas ultravioletas desarrollaron *algoritmos* de dosis para visualización del sistema, informes y regulación de dosis. Los algoritmos se calibran con las lecturas del sensor de intensidad, con o sin la inclusión de los datos del medidor de transmitancia. Otros sistemas de control ultravioleta utilizan sensores de intensidad para informar diferencias relativas en el desempeño o solo para disparar alarmas. Se pueden usar los sensores de intensidad para estimar los efectos de la antigüedad de la lámpara o del ensuciamiento del tubo con el transcurso del tiempo. Se registran las lecturas del sensor de una lámpara nueva antes de que se produzca el ensuciamiento y se repite con el tiempo. Se puede utilizar la disminución de la intensidad para predecir el momento en que será necesaria la limpieza o no se cumplirán las metas de calidad de efluentes. También se pueden comparar las lecturas del sensor antes y después de la limpieza para estimar su eficacia. Se pueden comparar con el transcurso del tiempo en los sistemas de limpieza para establecer la necesidad de reemplazar las lámparas o los tubos. Se pueden usar los puntos de ajuste de alarma/advertencia de baja intensidad para advertir sobre posible desinfección inadecuada.

Un *evento de clima húmedo* está causado por lluvia o nieve en exceso que ingresa a la red de alcantarillado. Esto causa que el caudal de entrada a una WRRF aumente de manera considerable en un periodo corto de tiempo.

MEDIDORES DE TRANSMITANCIA ULTRAVIOLETA

La transmitancia ultravioleta es uno de los parámetros de calidad del agua más críticos para determinar la eficacia de la desinfección. Las descargas industriales y los *eventos de clima húmedo* con frecuencia afectan significativamente la UVT. Es importante observar que el ojo humano no puede detectar las variaciones de UVT. Que el agua presente un color determinado (por ej., una coloración verdosa por las algas) no significa que el agua posea una UVT baja. Por el contrario, algunos productos químicos no tienen color pero absorben mucha luz ultravioleta y ocasionan efectos importantes en la UVT. El solo hecho de que un efluente sea cristalino no significa que tenga una UVT alta.

Los sistemas de desinfección ultravioleta pueden estar equipados con sensores UVT en línea. Durante la operación, el sistema de control de desinfección puede regular el suministro de la dosis como respuesta a la UVT para minimizar el consumo de energía. Se usa más energía para aumentar la intensidad de la luz (dosis) cuando resulta necesario y se usa menos cuando no. Otra opción es mantener la dosis que el sistema necesita según la UVT mínima del diseño y utilizar el monitoreo de transmitancia en línea para disparar alarmas.

MONITOREO DEL CAUDAL

Los sistemas de control de desinfección ultravioleta, en general, utilizan información del caudal para equiparar la cantidad de equipos ultravioletas en servicio, o potencia de la lámpara, con el caudal actual. Sin embargo, los fabricantes de sistemas de desinfección ultravioleta, en general, no proveen instrumentación de caudal. Se utilizan los datos del caudalímetro de los efluentes de la instalación como información de entrada para el sistema de control de desinfección. Habitualmente, el caudalímetro envía una señal de 4 a 20 mA. Los datos pueden ser retransmitidos a través del sistema de control de supervisión y adquisición de datos (*supervisory control and data acquisition*, SCADA) de la instalación o, especialmente en instalaciones más pequeñas, puede haber una conexión directa de datos entre el caudalímetro del efluente y el sistema de control de desinfección.

Los operadores de la instalación deben analizar la relación entre el caudal del efluente registrado y el caudal que pasa a través del sistema de desinfección ultravioleta. Estos caudales pueden diferir debido al agregado o a la desviación de varios flujos de agua de servicio o reciclado. Si la diferencia de caudal es importante o muy variable, se puede calcular un caudal de desinfección ultravioleta más preciso si en un PLC se agregan o restan otros caudales estimados o medidos al caudal registrado y el resultado de ese cálculo se envía, por medio del sistema SCADA de la instalación, al sistema de control de desinfección. Los operadores deben consultar el manual del fabricante del caudalímetro para conocer los requisitos de mantenimiento y calibración.

MONITOREO DEL NIVEL

En los sistemas de desinfección ultravioleta de canal abierto, se deben mantener las aguas residuales dentro del canal a un nivel casi constante y se debe permitir solo una pequeña fluctuación. El nivel de las aguas residuales, en general, se controla por medio de una compuerta con contrapeso mecánico o de vertederos fijos o ajustables aguas abajo de los reactores ultravioletas. El control del nivel en los sistemas ultravioletas de canal abierto es necesario para evitar

- Un nivel de agua demasiado alto que dé como resultado una capa no desinfectada de agua que pase por encima de las lámparas o la inundación de los canales o los componentes del sistema de desinfección que no deben mojarse, como los balastros y
- Un nivel de agua demasiado bajo que dé como resultado que las lámparas ultravioletas funcionen en el aire en lugar de sumergidas, lo que puede dañar las lámparas por sobrecalentamiento o exponer al personal a radiación ultravioleta.

Los sistemas de desinfección ultravioleta, en general, se diseñan para asegurar que el nivel del agua permanezca dentro del rango requerido. Sin embargo, los canales abiertos pueden estar equipados con instrumentos de monitoreo del nivel que generen alarmas para protección contra condiciones inesperadas. Se pueden usar instrumentos de nivel discretos (p. ej. interruptores de flotador) o analógicos (sensores de nivel ultrasónicos, transmisores de presión, sensores de nivel radar, etc.) para monitorear el nivel en los canales ultravioletas abiertos. Puntos de ajuste de nivel bajo y alto en el sistema de control de desinfección pueden disparar alarmas y apagar del equipo. Los sistemas de desinfección ultravioleta de recipiente cerrado deben permanecer llenos de agua en todo momento y, por lo tanto, los sistemas de tuberías de conexión, en general, se diseñan para asegurar un caudal completo. Los operadores deben consultar el manual del fabricante de instrumentos de nivel para conocer los requisitos de mantenimiento y calibración.

En el capítulo 6 del libro II se describen los dispositivos de medición de caudal. Puede encontrar información adicional en *Teledyne Isco Open Channel Flow Measurement Handbook* (Teledyne Isco, 2014).

MONITOREO DE LA TEMPERATURA

La mayoría de las lámparas de desinfección ultravioleta dependen del flujo de las aguas residuales para enfriarse debido a las altas temperaturas operativas de las lámparas. Las lámparas ultravioletas de media presión y de baja presión y alta potencia (de amalgama) funcionan a las temperaturas más altas. Los sistemas de desinfección ultravioleta, en general, están diseñados para asegurar que el rango esperado de caudales de diseño sea suficiente para enfriar la lámpara. Sin embargo, los fabricantes de sistemas ultravioletas pueden proporcionar sensores de temperatura para evitar el sobrecalentamiento. Los caudales en los sistemas con bombas pueden llegar a cero si las bombas no están funcionando.

Se pueden utilizar instrumentos discretos (p. ej., interruptores de temperatura) o analógicos (sensores de temperatura) para monitorear la temperatura en los reactores ultravioletas. Los puntos de ajuste de temperatura alta en el sistema de control de desinfección disparan alarmas o apagan el equipo. Los operadores deben consultar el manual del fabricante de instrumentos de temperatura para conocer los requisitos de mantenimiento y calibración.

Tabla 10.13 Condiciones de alarma típicas para sistemas de desinfección ultravioleta (adaptado de EPA de los EE. UU. [2006])

Nombre de la alarma	Categoría de la alarma	Descripción
Antigüedad de la lámpara	Alarma no urgente	Final de vida útil de la lámpara según la vida útil definida para la lámpara
Calibración del sensor ultravioleta	Alarma no urgente	Se cumplió el intervalo de calibración del sensor ultravioleta
Falla de la lámpara o balastro	Alarma no urgente	Falla de una sola lámpara o balastro
Múltiples fallas de lámparas o balastros	Alarma importante	Falla de lámparas o balastros adyacentes o falla del 5 % de las lámparas o balastros en un mismo reactor
Baja intensidad ultravioleta	Alarma importante	La intensidad ultravioleta medida es inferior al valor validado o de diseño
Baja transmitancia ultravioleta	Alarma importante	La UVT medida es inferior al valor mínimo de diseño
Baja dosis ultravioleta	Alarma importante	La dosis ultravioleta calculada es inferior a la dosis validada o de diseño
Caudal alto	Alarma importante	El caudal de efluente medido excede la capacidad de diseño ultravioleta
Alto nivel de líquido	Alarma importante	Puede haber una capa de agua sin desinfectar sobre las lámparas o posible inundación
Falla del sistema de limpieza mecánica	Alarma importante	Falla del sistema de limpieza de la lámpara
Bajo nivel de líquido	Alarma crítica	Posibilidad de lámparas expuestas o recalentamiento
Alta temperatura	Alarma crítica	Recalentamiento

SISTEMAS DE CONTROL

Los sistemas de control que proporcionan los fabricantes de sistemas de desinfección ultravioleta, en general, constan de diversas advertencias, alarmas no urgentes y alarmas importantes y críticas. La terminología y categorización varían de un fabricante a otro. Las advertencias y las alarmas pueden tener un sonido audible localmente en el panel de control del sistema ultravioleta o puede ser transmitido a un sistema SCADA de la instalación. Para las instalaciones que no cuentan con personal las 24 horas, se recomienda que, como mínimo, las alarmas importantes/críticas estén conectadas a un sistema de alarma remoto (como por ejemplo, un marcador automático) para notificar de la alarma al personal que no se encuentra en la instalación. Algunos sistemas pueden estar configurados para que el sistema de control ultravioleta apague el equipo ultravioleta automáticamente en caso de ciertas alarmas críticas. En la tabla 10.13 se incluye una lista de advertencias y alarmas típicas del sistema ultravioleta.

COMPROBACIÓN DE CONOCIMIENTOS

1. **Los bancos contienen más bombillas ultravioletas que los módulos.**
   - ☐ Verdadero
   - ☐ Falso

2. **Los limpiadores mecánicos se pueden operar de manera manual, hidráulica o neumática.**
   - ☐ Verdadero
   - ☐ Falso

3. **El sensor de intensidad de un sistema ultravioleta ofrece información sobre la intensidad promedio de la luz en todo el sistema.**
   - ☐ Verdadero
   - ☐ Falso

4. **Los efluentes transparentes y sin color tienen baja absorbancia ultravioleta y alta transmitancia ultravioleta.**
   - ☐ Verdadero
   - ☐ Falso

5. **El balastro de un módulo ultravioleta**
   a. Suministra corriente a cada lámpara
   b. Mantiene las lámparas en su lugar
   c. Agrega peso para reducir la vibración
   d. Siempre contiene seis lámparas

6. **Los limpiadores mecánicos de los sistemas ultravioletas**
   a. Evitan que se acumulen gotas de agua
   b. Reducen la formación de biopelícula y el crecimiento de algas
   c. Empapan las lámparas con ácido cítrico automáticamente
   d. Habitualmente contienen escobillas de fibra de vidrio

7. **Una el componente del sistema ultravioleta con su función.**

a. Lámpara	1. Medición indirecta de dosis ultravioletas
b. Balastro	2. Limpia las lámparas dentro de un canal ultravioleta
c. Tanque de inmersión	3. Genera luz ultravioleta
d. Tubo de cuarzo	4. Elimina el sarro de los tubos de cuarzo
e. Monitoreo de la intensidad	5. Controla la temperatura de la lámpara
f. Monitoreo de la transmitancia	6. Mide la salida de luz de la lámpara
g. Limpieza por aire	7. Suministra corriente a las lámparas

8. **Este tipo de lámpara ultravioleta emite luz en distintas longitudes de onda.**
   a. De baja presión
   b. De amalgama
   c. De baja presión y alta intensidad
   d. De media presión

9. **Las lámparas ultravioletas que emiten luz solo a 254 nm son**
   a. Monocromáticas
   b. De media presión
   c. Policromáticas
   d. De alta presión

10. **Las bombillas ultravioletas de baja presión, en general, tienen una vida útil de 8000 horas, pero se puede acortar si se hace lo siguiente.**
    a. Operar las lámparas de manera continua
    b. Ajustar la longitud de onda por encima de 300 nm
    c. Encender y apagar las lámparas con frecuencia
    d. Aumentar la frecuencia del ciclo del limpiador

11. **Una lámpara de amalgama con mercurio**
    a. Genera luz en múltiples longitudes de onda.
    b. Contiene aproximadamente el doble de mercurio que una lámpara de baja presión.
    c. Necesita menos tiempo para calentarse que una lámparas de baja presión.
    d. Es más sensible a los cambios de temperatura que otras lámparas.

12. **Un canal ultravioleta puede contener deflectores o una placa perforada**
    a. Para crear turbulencia
    b. Para mantener sólidos en suspensión
    c. Para sostener los extremos de las lámparas ultravioletas
    d. Para aumentar el TD

13. **Los fabricantes, habitualmente, proporcionan ______ sensores ultravioletas.**
    a. Uno por banco
    b. Uno por módulo
    c. Dos por banco
    d. Dos por módulo

14. **Una WRRF recibe descargas industriales que causan fluctuaciones en la turbiedad de su efluente. ¿Cuál de las siguientes es la mejor ubicación para un sensor ultravioleta utilizado para ajustar la salida de la lámpara?**
    a. Lo más cerca posible de la lámpara
    b. A mitad de camino entre dos lámparas
    c. A cierta distancia de las lámparas
    d. En la entrada del canal ultravioleta

15. **La lectura de la intensidad ultravioleta fue decreciendo gradualmente durante el último mes. ¿Cuál es la causa más probable?**
    a. Trozos de tela o desechos atrapados en el sensor
    b. Ensuciamiento de los tubos con material inorgánico o biológico
    c. Aumento de caudales y uso de energía
    d. Tubos de cuarzo nuevos en las lámparas

16. **Este tipo de medidor será el más eficaz para determinar la eficacia de la limpieza de la lámpara ultravioleta.**
    a. Medidor de transmitancia
    b. Sensor termográfico
    c. Medidor de intensidad
    d. Medidor de turbiedad

17. **El nivel de agua en un canal ultravioleta**
    a. Se debe mantener lo más alto posible para que las lámparas queden sumergidas.
    b. Habitualmente se controla con un vertedero fijo o ajustable.
    c. Aumenta y disminuye a medida que cambia el caudal de entrada de la instalación.
    d. Puede modificarse día a día para reducir el crecimiento de algas.

18. **Una consecuencia de que las lámparas ultravioletas funcionen en el aire en lugar de quedar sumergidas puede ser**
    a. Los operadores se exponen a la luz ultravioleta y pueden sufrir quemaduras de piel
    b. Enfriamiento excesivo de las lámparas y pérdida de radiación
    c. Capa sin desinfectar de agua que pasa por encima de las lámparas
    d. Inundación de balastros y cortocircuito eléctrico

19. **Las bombas de efluentes envían efluentes secundarios al sistema de desinfección ultravioleta. La bomba de efluentes falla. El vertedero en el canal ultravioleta mantiene las lámparas sumergidas. Si la bomba sigue apagada ¿qué puede ocurrir?**
    a. Las lámparas estarán expuestas al aire.
    b. El canal ultravioleta puede desbordar.
    c. Los balastros pueden hacer cortocircuito.
    d. Las lámparas se pueden recalentar.

20. **De las siguientes condiciones posibles de alarma de un sistema de desinfección ultravioleta ¿cuál es lo suficientemente grave como para requerir un apagado automático del sistema ultravioleta?**
    a. Baja transmitancia ultravioleta
    b. Falla de la lámpara o balastro
    c. Bajo nivel de líquido
    d. Lámpara cerca del final de su vida útil

VARIABLES DEL PROCESO

La eficiencia de la desinfección ultravioleta depende de los siguientes factores:

- Intensidad de la lámpara,
- Transmitancia o absorbancia de luz ultravioleta y
- Tiempo de exposición.

INTENSIDAD DE LA LÁMPARA

La antigüedad de la lámpara afecta en gran medida la intensidad. A medida que las lámparas envejecen, disminuyen la intensidad de la luz y la salida de la lámpara. La transmitancia ultravioleta del tubo de cuarzo de la lámpara disminuye con el tiempo. Esto se denomina *solarización*. Una baja salida de la lámpara junto con la solarización producen un deterioro en el desempeño de la lámpara durante su vida útil. Se deben reemplazar las lámparas cuando la intensidad de la luz sea inferior al nivel recomendado por el fabricante o a los intervalos recomendados por el fabricante. Por ejemplo, un fabricante puede recomendar el reemplazo de las lámparas cuando la intensidad de la luz sea inferior a 20 mW/cm^2 o después de 6000 horas de funcionamiento. Nunca se debe hacer funcionar las lámparas hasta que fallen.

Se debe monitorear y registrar la salida de la lámpara como parte del registro histórico de la lámpara. Además, se debe mantener un inventario adecuado de lámparas de repuesto.

TRANSMITANCIA O ABSORBANCIA ULTRAVIOLETA

La eficacia de la desinfección ultravioleta depende de la intensidad de la luz y de la cantidad de tiempo que los microorganismos están expuestos. Cualquier condición que reduzca la intensidad de la luz o el tiempo de contacto disminuirá el desempeño del sistema de desinfección ultravioleta. Los dos parámetros que más afectan al desempeño son la *transmitancia* ultravioleta y la concentración de sólidos en suspensión. La transmitancia ultravioleta a través del agua se define como el porcentaje de intensidad de luz ultravioleta no *absorbida* después de pasar por 1 cm de agua y depende de la materia disuelta y en suspensión. Una reducción en la transmitancia disminuye la intensidad de la luz que llega a las bacterias y produce menor inactivación. Los sólidos en suspensión pueden disminuir la transmitancia ultravioleta al dispersar y absorber la luz; también pueden reducir el nivel de inactivación al *encapsular* las bacterias y protegerlas de la exposición a la luz ultravioleta. Las instalaciones que utilizan material ferroso (como las sales férricas) para eliminar el fósforo o aumentar la sedimentación y coagulación también pueden reducir la eficacia del desempeño de la desinfección ultravioleta. La transparencia del agua no siempre es un buen indicador de la transmitancia ultravioleta porque el agua que puede parecer transparente a la luz visible puede en realidad absorber longitudes de onda ultravioleta invisibles.

CAUDAL Y TIEMPO DE CONTACTO

El caudal afecta el tiempo de contacto. Un aumento del caudal que pasa a través de las lámparas ultravioletas disminuye el tiempo de contacto y reduce la tasa de inactivación. Muchas WRRF tienen gran variación del caudal, en especial cuando se compara el diseño diario promedio con los valores de caudal pico. La mayoría de los sistemas ultravioletas están diseñados para desinfectar a tasa de caudales pico. Si se produce un cortocircuito en el canal de contacto, la duración del contacto se reducirá.

CONTROL DEL PROCESO

Según el fabricante, los operadores pueden configurar una transmisividad o intensidad mínimas. Se deben seleccionar los puntos de ajuste para cumplir con las metas de calidad de efluentes en condiciones de caudal mínimo, promedio y máximo. Determinar los puntos de ajuste ideales puede requerir ejercicios de prueba y error.

La desinfección ultravioleta es una importante fuente de consumo de energía en las WRRF, por lo que, con frecuencia, resultan centrales para la operación las estrategias para ahorrar energía. Un elemento fundamental para el ahorro de la energía es el uso de reguladores de caudal y dosis. Habitualmente, el fabricante incorpora reguladores de caudal y dosis en los sistemas ultravioletas. El regulador de caudal modula (varía) la potencia o el número de lámparas de acuerdo con el caudal de aguas residuales. El regulador de dosis, en general, se considera el modo más eficiente de control operativo de la energía y consiste en modular la potencia de las lámparas ultravioletas para lograr la dosis deseada en función de tres o cuatro factores: caudal, potencia de la lámpara, UVT y, en algunos casos, intensidad ultravioleta. Sin embargo, una variación excesiva de la potencia de la lámpara puede reducir su vida útil; por lo tanto, muchos operadores dejan que las lámparas funcionen durante un periodo mínimo cada vez que se enciende una lámpara.

El controlador, con frecuencia, está diseñado para regular la potencia de las lámparas en los bancos y canales a fin de desgastar todas las lámparas a un ritmo similar. Los operadores deben controlar el logaritmo programado y verificar si el sistema está operando dentro del rango validado. Si el permiso de desinfección es estacional, se puede ahorrar una gran cantidad de energía con el apagado del sistema ultravioleta durante el periodo sin desinfección.

OPERACIÓN

OPERACIÓN DIARIA

En general, se debe operar un sistema de desinfección ultravioleta conforme al manual O&M suministrado por el fabricante o el ingeniero de diseño. Según la instalación, la operación del sistema puede estar regulada por el caudal, regulada por la dosis o estar en modo manual. Para verificar que el sistema ultravioleta funciona adecuadamente, se deben implementar un número de actividades de mantenimiento de rutina, como se describen en este capítulo.

En la tabla 10.14 se resumen las tareas operativas típicas. Durante la operación normal, el efluente secundario o terciario pasa a través de los reactores ultravioletas en caudales y transmitancias que se encuentran dentro del rango del diseño del sistema. El sistema habitualmente estará operado con sistemas de monitoreo para que las alarmas puedan señalar problemas en el sistema.

PUESTA EN FUNCIONAMIENTO

Antes de introducir agua en el sistema ultravioleta, se deben completar una serie de controles de puesta en funcionamiento. Se deben inspeccionar los equipos o canales para verificar que no haya materia extraña en el canal. Además, se deben realizar controles exhaustivos de entradas y salidas durante las actividades de puesta en funcionamiento. Estos controles son necesarios para verificar la integridad y precisión de las señales entre los reactores ultravioletas, es decir, equipos auxiliares como compuertas, válvulas y analizadores; paneles de control locales; el panel de control maestro y cualquier plataforma SCADA relacionada. Además, también se debe controlar el estado de cada lámpara. Las lámparas se deben reparar o reemplazar, según sea necesario.

Antes de iniciar el sistema de desinfección ultravioleta, los operadores deben controlar lo siguiente:

- El suministro de energía de las siguientes unidades:
  - El centro de control del motor,
  - La desconexión local y
  - El panel de control local;
- El sistema de suministro de energía de reserva. Para asegurar la disponibilidad, pruebe el sistema ultravioleta con el suministro de reserva y haga funcionar el suministro de energía de reserva periódicamente;
- Las posiciones operativas normales de las válvulas aguas arriba y aguas abajo de las cámaras correspondientes;
- La disponibilidad de la unidad ultravioleta, incluidas las luces indicadoras, los monitores y manómetros;
- El punto de vuelco del efluente (debe estar abierto) y
- La compuerta de control o vertedero ajustable del caudal del efluente (debe operar libre y automáticamente).

Una vez completados los controles previos a la puesta en funcionamiento y sumergidas las lámparas completamente, los operadores pueden poner el interruptor local de encendido y apagado en posición de encendido.

APAGADO

Cuando los operadores saquen de servicio una unidad ultravioleta deben

- Poner el interruptor de encendido y apagado en la posición de apagado;
- Realizar los procedimientos de seguridad de bloqueo y etiquetado para aislar las rejas de lámparas individuales sin afectar el resto del sistema operativo;
- Cerrar las válvulas correspondientes aguas arriba y aguas abajo de las cámaras;
- Si se apaga debido a una falla mecánica (largo plazo) o es para realizar un mantenimiento preventivo de rutina, abra y bloquee/etiquete todos los disyuntores;

Tabla 10.14 Tareas operativas típicas para los sistemas de desinfección ultravioleta

Frecuencia	Tareas recomendadas
A diario	■ Realice inspecciones visuales generales de los reactores ultravioletas. ■ Verifique que el control del sistema se encuentra en modo automático (si correspondiera). ■ Controle en el visor del panel del control el estado de los componentes del sistema y el estado y el registro histórico de la alarma. ■ Verifique que todos los analizadores en línea, caudalímetros y equipo de registro de datos están operando dentro de los parámetros normales. ■ Revise los datos del efluente.
Semanalmente	■ Inicie la operación manual de los limpiadores (si estuviera disponible).
Mensualmente	■ Controle los valores de tiempo de funcionamiento de la lámpara. Considere cambiar las lámparas si las horas de operación exceden la vida útil garantizada o la intensidad ultravioleta es baja.
Semestralmente	■ Controle que no haya fugas en el sistema de enfriamiento de los balastros ni ruidos inusuales en los ventiladores de refrigeración. ■ Controle la operación de las válvulas manuales y automáticas.

- Almacene adecuadamente el equipo ultravioleta y los controles y
- Limpie el canal para eliminar algas y demás materiales acumulados.

MANTENIMIENTO

Es necesario realizar un mantenimiento adecuado de todos los sistemas del equipo para propiciar operaciones eficientes, incluidos los siguientes (EPA de los EE. UU., 2006; WEF, 2006):

- Semanalmente: controle y calibre los analizadores UVT en línea;
- Mensualmente: controle que los tubos de cuarzo y los limpiadores no posean grietas o fugas;
- Semanal a mensualmente: controle la eficacia de la limpieza. Si el sistema ultravioleta no está equipado con un sistema de limpieza automático, se deben limpiar los tubos de cuarzo manualmente, que puede consistir en una limpieza simple con la mano o dentro del canal o en un tanque separado exclusivo para la limpieza;
- Trimestralmente: pruebe el interruptor de puesta a tierra;
- Semestralmente: controle el depósito de líquido de limpieza (semestralmente);
- Cuando sea necesario
  - Controle la precisión de los caudalímetros (según recomendación del fabricante);
  - Reemplace las lámparas
    - Cuando falle una lámpara,
    - Cumpla con las horas de servicio predeterminadas,
    - El sistema no logre el desempeño requerido,
    - La alarma de monitoreo en línea indique reemplazo de lámpara y
    - El monitor ultravioleta indique que la intensidad ultravioleta es baja;
  - Reemplace los tubos de cuarzo
    - A intervalos preestablecidos,
    - Cuando se observen daños o grietas y
    - Cuando se produzca ensuciamiento excesivo que no se pueda eliminar con la limpieza y
  - Reemplace los balastros cuando fallen.

En la tabla 10.15 se resumen consideraciones de mantenimiento importantes para los sistemas ultravioletas.

Desviación significa que la lectura aumenta o disminuye gradualmente. La desviación ocurre cuando el sensor no puede obtener una lectura precisa.

Los sensores de intensidad necesitan limpieza y verificación de calibración frecuentes para proporcionar resultados precisos. La limpieza periódica evita la presencia de sarro y el ensuciamiento en la superficie receptora de intensidad ultravioleta y la frecuencia de limpieza depende de la calidad del agua del lugar. La verificación de la calibración puede consistir en mantener un sensor sin usar como estándar de referencia e insertar un sensor en el lugar donde funcionan los sensores para medir la *desviación*. En otras palabras, se utiliza un sensor limpio para comparar las lecturas de un sensor limpio y un sensor sucio. Cuando la desviación de los sensores en funcionamiento se torna excesiva, se puede incluir un factor de calibración en el sistema de control o se pueden recalibrar o reemplazar esos sensores. Algunos fabricantes proporcionan sensores de intensidad que se pueden calibrar en la instalación (en general cuando las lecturas de intensidad no se utilicen para el control o la verificación de la dosis), pero muchos sensores solo se pueden recalibrar en la fábrica. Para sistemas de aguas recuperadas, el *National Water Resources Institute*, (NWRI) exige que los sensores de intensidad se calibren al menos una vez al mes (NWRI y WRF, 2012). El *Ultraviolet Disinfection Guidance Manual for the Final Long Term 2 Enhanced Surface Water Treatment Rule* (EPA de los EE. UU., 2006) describe procedimientos de calibración detallados para los monitores de intensidad. En otros sistemas de control ultravioleta que no se basan en lecturas de intensidad, la calibración y el mantenimiento del sensor pueden estar determinados por las recomendaciones del fabricante o seleccionados por el personal de la instalación.

Los sensores de transmitancia ultravioleta se deben mantener y calibrar de acuerdo con las recomendaciones del fabricante. Las pautas de NWRI y WRF (NWRI y WRF, 2012) exigen que los sistemas de desinfección ultravioleta para la recuperación del agua controlen semanalmente la precisión de los sensores de transmitancia en línea mediante la comparación con un analizador UVT calibrado de laboratorio. La frecuencia de la calibración y el mantenimiento del sensor de transmitancia en las aplicaciones de tratamiento de aguas residuales de baja dosis depende de que el sistema de control suministrado por el fabricante del sistema ultravioleta se base en sensores UVT para la regulación de la dosis. Como mínimo, se debe cumplir con las recomendaciones de limpieza, mantenimiento y calibración del fabricante del sensor.

Tabla 10.15 Tareas de mantenimiento típicas para sistemas de desinfección ultravioleta

Frecuencia	Tarea o pautas generales	Acción
Semanalmente	Controle la calibración del analizador de transmitancia ultravioleta en línea (si correspondiera).	Calibre el analizador de transmitancia ultravioleta cuando se exceda la incertidumbre de la medición garantizada por el fabricante.
Mensualmente	Controle que no haya fugas en tubos y limpiadores.	Reemplace tubos, asientos, juntas tóricas o sellos de limpiadores si estuvieran dañados o hubiera fugas.
Mensualmente	Control de calibración de la intensidad ultravioleta.	Controle la calibración del sensor en la potencia de salida de la lámpara en uso en condiciones operativas de rutina.
Semestralmente	Controle el depósito de líquido de limpieza (si correspondiera).	Recargue con solución si hubiera poca en el depósito. Drene y reemplace la solución si estuviera descolorida.
Anualmente	Pruebe el disparo del interruptor de puesta a tierra (*ground fault interrupt*, GFI).	Mantenga los disyuntores GFI según las recomendaciones del fabricante.
Según sea necesario	Reemplace las lámparas.	Reemplace las lámparas cuando ocurra lo siguiente: ■ Comienzo de baja intensidad ultravioleta después de verificar que la condición es consecuencia de baja salida de la lámpara. ■ Comienzo de alarma de falla de la lámpara o ■ El sistema no logra cumplir con los requisitos del permiso de descarga después de exceder el tiempo de funcionamiento garantizado de la lámpara.
Frecuencia recomendada por el fabricante	Controle la calibración del caudalímetro.	Si hay vertedero o canaleta para el efluente, controle manualmente la profundidad y compare con la medición del dispositivo primario. El dispositivo primario debe calibrarse a la frecuencia recomendada o cuando se exceda la incertidumbre de la medición.
	Limpie y calibre el monitor de transmitancia (si estuviera instalado).	Limpie y calibre según la frecuencia recomendada por el fabricante.
Cuando se reemplacen las lámparas	Deseche las lámparas adecuadamente.	Envíe las lámparas gastadas a una instalación de reciclado de mercurio o devuélvalas al fabricante.
Cuando se reemplacen los tubos de cuarzo	Deseche los tubos de cuarzo adecuadamente.	Reemplace los tubos según las recomendaciones del fabricante en caso de daño, grietas o ensuciamiento excesivo que interfirieran con la intensidad ultravioleta.

REEMPLAZO DE LAS LÁMPARAS

El rango típico de la frecuencia de reemplazo de las lámparas es de 6 meses a 3 años. Algunas instalaciones reemplazan las lámparas en cumplimiento estricto de las recomendaciones del fabricante, mientras que otras instalaciones solo las reemplazan cuando la intensidad disminuye o aumentan los conteos del indicador.

REEMPLAZO DE TUBOS

De manera similar a lo que sucede con las lámparas, el rango típico de la frecuencia de reemplazo de los tubos es de 1 a 5 años. De manera similar a lo que sucede con las lámparas, algunas instalaciones solo reemplazan los tubos cuando disminuye la intensidad o aumentan los conteos del indicador y, en los sistemas de baja presión, pueden conservar tubos en uso durante la vida útil del sistema.

REEMPLAZO DE BALASTROS

El rango típico de la frecuencia de reemplazo de los balastros es de 3 a 8 años.

LIMPIEZA DEL TUBO

El control del ensuciamiento del tubo de la lámpara se lleva a cabo por medio de diversas técnicas. A continuación se mencionan opciones de limpieza de tubos utilizadas actualmente:

- Estrategias de limpieza manual, para las que es necesario retirar los tubos de manera periódica para empaparlos en un baño químico o limpiarlos manualmente con un limpiador químico;
- Estrategias automatizadas en línea, que utilizan dispositivos de limpieza mecánica que limpian con frecuencia y requieren limpieza química manual periódica;

- Sistemas de limpieza mecánica/química automatizados (que pueden requerir limpieza química manual periódica [p. ej., en la parte externa de la longitud de arco de la lámpara o en función de la índole de los componentes del sarro]);
- La eliminación química del sarro se logra por medio de la aplicación de ácido diluido (pH de aproximadamente 1 a 3) en la superficie sucia. El ácido se puede aplicar mediante la limpieza individual de las lámparas o la inmersión de los módulos de lámparas completos. Las técnicas de inmersión son más eficientes para la eliminación de sarro. En los sistemas grandes es necesario contar con un equipo para la inmersión del módulo;
- Se han utilizado distintas soluciones ácidas para la limpieza química, incluido el ácido cítrico, fosfórico y limpiadores de baño disponibles en el mercado. La selección del ácido adecuado depende de los requisitos específicos del lugar, pero en la decisión se deben incluir aspectos relacionados con la disposición de los ácidos utilizados. En los sistemas grandes, se debe considerar el uso de ácido cítrico o fosfórico grado alimenticio, a fin de que el líquido neutralizado que contiene el ácido usado pueda ser enviado a las obras de cabecera de la WRRF (es importante observar que los operadores primero deben considerar el efecto de los flujos de reciclado que contienen las soluciones de limpieza utilizadas en el desempeño de la instalación);
- Se pueden incorporar algunos procesos físicos para mitigar la presencia de sarro. Introducir burbujas de aire en la base del canal durante periodos cortos pero de manera frecuente (p. ej., 10 min/d) ha tenido buenos resultados en algunos sistemas ultravioletas. Este procedimiento no elimina la necesidad de limpiar en las instalaciones donde se produce ensuciamiento, pero resulta eficaz para aumentar el intervalo entre limpiezas;
- Para limpiar los tubos, comúnmente se ha utilizado ácido cítrico, fosfórico, mezclas patentadas y limpiadores de baño disponibles en el mercado. En general, las WRRF deben usar agentes de limpieza económicos y disponibles en el mercado que sean fáciles de manipular y desechar. Se deben tener en cuenta las características de los materiales (p. ej., corrosión) si la limpieza se realiza *in situ*. Se puede utilizar una unidad pequeña a escala de banco con paso de caudal para evaluar distintos agentes mediante prueba y error y la frecuencia de limpieza óptima. Las frecuencias de limpieza manual históricas informadas son muy específicas del lugar y son de semanal a anual, con una frecuencia media de aproximadamente una vez por mes (EPA de los EE. UU., 1992). Sin embargo, con la proliferación de sistemas de limpieza automáticos, los tiempos de los ciclos de limpieza son superiores a esos niveles;
- La limpieza de las lámparas de baja presión y baja intensidad de los sistemas horizontales habitualmente se lleva a cabo mediante la extracción del banco o módulo a una estación de limpieza móvil o exclusiva. El nivel de complejidad de la limpieza varía desde un área con drenaje equipada con una reja de soporte, una manguera y solución de limpieza, a la inyección automática de aire o tanque de inmersión ultrasónico para los bancos grandes con acceso mediante elevadores aéreos y
- La limpieza de las lámparas verticales de baja presión y baja intensidad, en general, se lleva a cabo de forma similar a la de los sistemas horizontales. Las opciones actuales incluyen tanques de inmersión y un sistema de inyección de aire que se instala en el lugar y funciona durante el proceso. Se utiliza para aumentar el intervalo entre los ciclos de limpieza química de las lámparas, que se puede realizar *in situ* (se aísla el canal) o se traslada el módulo a un tanque de inmersión.

LIMPIEZA DEL CANAL

Es sabido que la sedimentación de sólidos y el crecimiento de algas ocasionan que se excedan los límites de los permisos porque tanto los sólidos como las algas pueden albergar bacterias. La limpieza de estos elementos molestos es una práctica estándar para lograr una operación exitosa de los sistemas ultravioletas. La acumulación de sólidos y el crecimiento de algas ocurre en la mayoría de los reactores ultravioletas, pero la filtración terciaria reduce la cantidad de sólidos sedimentados. La acumulación de sólidos y el crecimiento también pueden ocurrir en los módulos ultravioletas, fuera de la longitud del arco de las lámparas; también se observó crecimiento aguas abajo de los sistemas ultravioletas en los vertederos de efluentes. Por lo tanto, para minimizar el efecto de los sólidos y las algas, se deben limpiar los canales ultravioletas (y los reactores ultravioletas presurizados) a intervalos regulares.

COMPROBACIÓN DE CONOCIMIENTOS

1. **Se sabe que este químico, comúnmente utilizado en las WRRF, reduce la transmitancia ultravioleta.**
   a. Hipoclorito de sodio
   b. Cloruro férrico
   c. Hidróxido de sodio
   d. Ácido cítrico

2. **Dos métodos comunes para ahorrar energía en la desinfección ultravioleta son**
   a. Regulación de caudal y de dosis
   b. Agregado suplementario de cloro y regulación de caudal
   c. Derivación de caudales de clima húmedo y agregado de cloro
   d. Reducción de ciclos de limpieza y horas frente al televisor

3. **¿Con cuánta frecuencia se deben controlar los valores de tiempo de funcionamiento de la lámpara ultravioleta?**
   a. A diario
   b. Semanalmente
   c. Mensualmente
   d. Semestralmente

4. **Solo se deben poner en funcionamiento los sistemas ultravioletas después de que**
   a. Las bombas de alimentación se hayan puesto en funcionamiento.
   b. Los balastros no reciban suministro eléctrico.
   c. Las cubiertas del canal estén colocadas.
   d. Todas las lámparas estén completamente sumergidas.

5. **Las lámparas ultravioletas se deben reemplazar**
   a. Cuando cumplan con un número predeterminado de horas de servicio.
   b. Cuando se produzca ensuciamiento excesivo que no se pueda eliminar.
   c. Cuando el crecimiento de algas penetre los tubos de cuarzo.
   d. Cuando la intensidad de la lámpara se encuentre por debajo del 90 %.

6. **Para los sistemas de aguas recuperadas, el NWRI exige que los sensores de intensidad se calibren**
   a. A diario
   b. Semanalmente
   c. Mensualmente
   d. Anualmente

7. **Los sensores de intensidad se deben limpiar con frecuencia**
   a. Para asegurar la precisión
   b. Para eliminar sarro
   c. Para evitar la desviación
   d. Todas las anteriores

8. **¿Cuál de los siguientes químicos se utiliza con frecuencia para la limpieza a gran escala de lámparas ultravioletas?**
   a. Ácido sulfúrico reactivo
   b. Ácido cítrico grado alimenticio
   c. Hipoclorito de sodio
   d. Cloruro férrico o ferroso

RESOLUCIÓN DE PROBLEMAS

En la tabla 10.16 se resumen las consideraciones típicas de resolución de problemas para los sistemas ultravioletas. En los siguientes párrafos se incluye mayor información acerca de áreas comunes que requieren resolución de problemas.

Tabla 10.16 Lista típica de resolución de problemas para sistemas de desinfección ultravioleta

Equipos	Qué controlar	Problemas potenciales	Acciones correctivas
Balastros	Temperatura de la superficie de los balastros durante la operación con suministro de energía normal	Sobrecalentamiento ocasionado por mala ventilación del panel	Agregar ventilación al panel o sistema de refrigeración.
	Temperatura de la superficie de los balastros durante la operación con suministro de energía de reserva	Sobrecalentamiento ocasionado por distorsión armónica de corriente causada por los balastros electrónicos	Controle la calidad del suministro eléctrico con distintas cargas ultravioletas. Puede requerir agregado de sistemas o equipos para filtrar los armónicos.
Medidor de intensidad del sistema ultravioleta	Indicadores de las lámparas	Lámpara quemada	Reemplace si fuera necesario.
		Secuencia errónea	Las lámparas respectivas indican la secuencia de los componentes individuales.
	Indica intensidad ultravioleta de la cámara	Acumulación en tubos de cuarzo	Limpie periódicamente según resulte necesario.
Monitor de intensidad	Circuito electrónico y fotocelda que indica la condición de la alarma del medidor y luces piloto	No funciona	Reparare o reemplace.
Lámparas ultravioletas	Lámparas	Quemadas	Reemplace según resulte necesario.
	Acumulación de calor o exposición de la lámpara de baja presión al aire	Con poco o nada de caudal	Aumente el suministro de agua.
		Falla del sistema de control de nivel	Limpie los sensores de nivel; reparare o reemplace, según resulte necesario.
	Indicador del interruptor de puesta a tierra	Tubo de cuarzo roto o falla del sistema de sellado	Verifique que no haya roturas o fugas en los tubos; contactos secos; reemplace los componentes de las lámparas según resulte necesario.
Luces indicadoras de la caja de control	Ámbar	Baja salida ultravioleta	Limpie la cámara o reemplace la lámpara.
	Rojas	Mala calidad del agua	Limpie la cámara o reemplace la lámpara. Controle los procesos aguas arriba.
Ensamble con sello prensa estopa	Junta tórica	Fugas de agua	Ajuste la tuerca presa estopa para comprimir la junta tórica o reemplace.
Servicio eléctrico	Voltios en CA, voltios en CC, ohms en CA	Por encima del rango	Utilice un multímetro y configure los rangos de acuerdo con la recomendación del fabricante.
Sistema de advertencia de las lámparas	Tablero de circuitos	Defectuoso	Reemplace.
	Bombilla indicadora	Quemada	Reemplace.
	Luz del piloto	Quemada	Reemplace.

CUESTIONES ELÉCTRICAS

Cuestiones relacionadas con el suministro eléctrico y los circuitos de control, incluidos los balastros, las lámparas y los sistemas de control, son causas comunes de problemas ultravioletas. En general, se recomienda consultar los manuales de los fabricantes para solucionar problemas relativos a cuestiones eléctricas. Es esencial tomar las precauciones pertinentes; con frecuencia, para solucionar problemas eléctricos es necesario contar con un electricista matriculado.

BAJA TRANSMITANCIA ULTRAVIOLETA

La transmitancia baja es casi siempre consecuencia de un mal desempeño de los procesos de tratamiento aguas arriba. Pérdida excesiva de sólidos, aumento de la turbiedad y sobredosis de cloruro férrico o ferroso reducen la transmitancia ultravioleta. Un mal mantenimiento del sistema ultravioleta y una limpieza inadecuada reducen la intensidad ultravioleta. En algunos casos, los efluentes industriales aportan componentes con alta absorbancia ultravioleta que pueden afectar en gran medida la UVT de las aguas residuales domésticas e industriales combinadas. Cuando se recogen datos UVT para resolución de problemas de baja UVT, es importante medir el parámetro en muestras filtradas y no filtradas para determinar si los componentes disueltos podrían estar absorbiendo luz ultravioleta (Swift et al., 2007). Algunas industrias han descargado aguas residuales con alta absorbancia ultravioleta disuelta (baja UVT filtrada) como resultado de la presencia de componentes orgánicos que no se degradan fácilmente (Swift et al., 2001), incluidos los fabricantes de protector solar, café y productos químicos y farmacéuticos; instalaciones centralizadas de tratamiento de residuos y fabricantes de placas de circuito impreso. Se ha documentado que varias WRRF han violado potencialmente los estándares de desinfección de efluentes como resultado de la presencia de ciertos componentes orgánicos que pasan a través de la WRRF y disminuyen la UVT del efluente.

HIDRÁULICA

Las cuestiones hidráulicas son causas bastante comunes de problemas con sistemas ultravioletas, en especial cuando se cambian los equipos o procesos aguas arriba o aguas abajo. Un problema común de los sistemas de canal abierto es un nivel de agua demasiado alto o demasiado bajo, que puede suceder si la compuerta de control de nivel no funciona. Con frecuencia, se recomienda controlar el nivel del agua cuando disminuye el desempeño de la desinfección y se descartaron problemas en lámparas, balastros o UVT.

COMPROBACIÓN DE CONOCIMIENTOS

Examine las fotografías de un sistema ultravioleta que funciona mal. Con sus palabras, describa dos problemas que se pueden observar y el efecto que cada uno de ellos tendrá en la calidad del efluente.

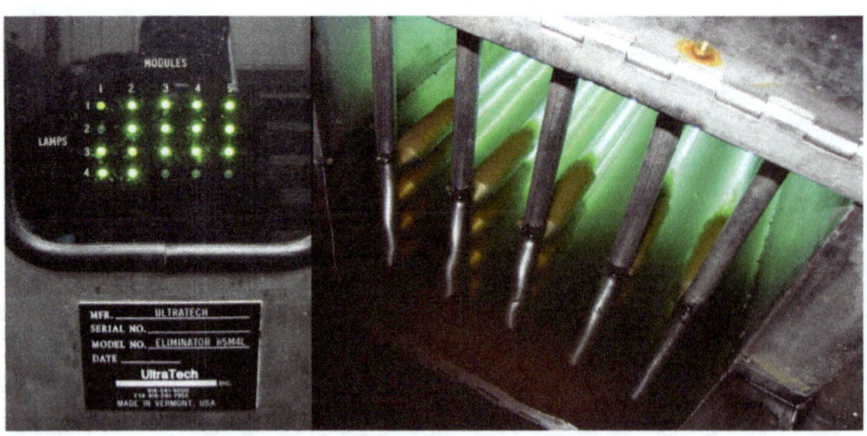

(Reimpreso con autorización de Indigo Water Group)

CONSIDERACIONES DE SEGURIDAD

La seguridad es una de las cuestiones más importantes a tener en cuenta en la operación y el mantenimiento de los sistemas de desinfección ultravioleta. Se deben usar equipos de seguridad que suministra el fabricante (de acuerdo con lo descrito por el fabricante) para evitar lesiones.

PELIGROS ELÉCTRICOS

Para evitar peligros eléctricos, se deben tomar todas las precauciones operativas y de seguridad requeridas por la Agencia Nacional de Protección contra Incendios, el Código Nacional de Electricidad, OSHA, los códigos eléctricos locales y el fabricante ultravioleta y se deben tomar la siguientes precauciones (EPA de los EE. UU., 2006):

- Adecuada puesta a tierra,
- Procedimientos de bloqueo/etiquetado,
- Uso de aisladores eléctricos adecuados y
- Instalación de interruptores de corte de seguridad.

PELIGROS DE RADIACIÓN ULTRAVIOLETA

La radiación ultravioleta puede causar problemas de seguridad como quemaduras y daños en los ojos y la piel. Para proteger al personal de lesiones asociadas a la exposición a la luz ultravioleta, se deben implementar las siguientes precauciones:

- Si bien en general se incluyen cubiertas o rejillas en los canales para evitar o minimizar una posible exposición a luz ultravioleta durante la operación del sistema, se deben colocar señales de advertencia concernientes a la radiación ultravioleta;
- Los ojos nunca deben estar expuestos a la radiación ultravioleta. Es importante no mirar directamente a una lámpara ultravioleta encendida. (Tenga en cuenta que en los sistemas ultravioletas de recipiente cerrado hay una exposición mínima a la luz ultravioleta en comparación con los sistemas ultravioletas de canal abierto; sin embargo, se debe proceder con cautela si los sensores fueron retirados de los puertos para ser inspeccionados);
- El equipo de protección personal debe incluir gafas envolventes o escudos faciales que absorban la luz ultravioleta. Cubra la piel expuesta y proteja manos, brazos y cara de la radiación;
- Se puede producir una exposición potencialmente peligrosa a radiación ultravioleta si se operan las lámparas en seco sin haberlas sumergido o cubierto adecuadamente. Verifique que las lámparas están sumergidas a la profundidad recomendada por el fabricante y que las cubiertas están en su lugar antes de la puesta en funcionamiento y durante toda la operación del sistema;
- El mantenimiento de rutina se debe realizar con las lámparas ultravioletas apagadas, si fuera posible y
- Para algunas pruebas y procedimientos de mantenimiento puede ser necesario operar el sistema sin las protecciones adecuadas. Si esto fuera necesario, todas las personas que se encuentran en el área deben usar equipo de protección personal y una alarma debe advertir a las personas que estuvieran entrando al área que se mantengan fuera. La piel y los ojos absorben fácilmente la radiación ultravioleta y son vulnerables a las lesiones. Se puede producir conjuntivitis o enrojecimiento de los ojos después de algunas horas. Si bien es dolorosa, la conjuntivitis en general es temporal.

PELIGROS DE LA ELEVACIÓN

Los módulos y bancos ultravioletas pueden ser pesados y es necesario usar grúas o elevadores para subirlos cuando se realiza el mantenimiento de rutina. El diseño de los sistemas de elevación necesarios para algunos sistemas ultravioletas debe cumplir con todas las pautas locales, estatales y federales (p. ej., el Código Nacional de Electricidad), pero, además, los operadores deben recibir entrenamiento sobre cómo seguir las recomendaciones del fabricante para retirar el equipo ultravioleta. En todos los casos, se debe actuar con cautela para evitar riesgos de lesiones cuando se levantan y mueven los módulos y bancos. A las grúas las debe operar únicamente el personal con experiencia que ha recibido el entrenamiento necesario para operar grúas de manera segura.

PELIGROS QUÍMICOS

Las soluciones de limpieza en general contienen ácidos y se deben manipular con las precauciones adecuadas. Las soluciones de limpieza pueden contener ácidos fosfóricos y otros ácidos moderados (cítricos) o algunos fuertes (clorhídrico). Es necesario usar guantes y protección ocular. Consulte las *FDS* pertinentes sobre recomendaciones específicas para manipular y desechar productos químicos.

Las lámparas ultravioletas contienen mercurio que se puede liberar si las lámparas se rompen accidentalmente. Se debe evitar el contacto con el mercurio. El mercurio liberado se debe contener con herramientas de contención de mercurio. La disposición del mercurio puede estar regida por normas de disposición de residuos estatales y federales; por lo tanto, es importante consultar tanto las pautas del fabricante como los requisitos locales, estatales y federales concernientes a los procedimientos de manipulación y disposición adecuados para lámparas usadas, defectuosas y rotas. No es recomendable enviar las lámparas a un relleno sanitario. En algunos casos, se puede realizar la disposición del mercurio liberado al mismo tiempo que la disposición de la lámpara ultravioleta.

Hasta 2012, las *SDS* se llamaban fichas de datos de seguridad de los materiales. Estos documentos de múltiples páginas resumen las propiedades de las sustancias químicas, advierten a los usuarios sobre los peligros y ofrecen guías para la manipulación, el almacenamiento y uso seguros. Las fichas de datos de seguridad (SDS) son parte del estándar de comunicación de peligros de la OSHA.

OTROS PELIGROS

Otros peligros incluyen los siguientes:

- Las lámparas ultravioletas permanecen calientes por un tiempo considerable después de apagadas. Se debe permitir a las lámparas enfriarse después del uso durante al menos 5 minutos para las lámparas de baja presión y 15 minutos para las lámparas de media presión;
- Hay riesgo de inundación durante los eventos de caudal pico en los sistemas de canal abierto. Puede ser necesaria una protección con interconexiones para cortar el suministro eléctrico en función del nivel de agua para proteger al equipo de daños causados por el agua (cortocircuito, daños en el equipo y peligro de electrocución) si el equipo está energizado y se inunda;
- Puede haber peligro de tropiezos y resbalones alrededor de los canales ultravioletas. Este riesgo está presente especialmente cuando se retiran las rejas y
- El personal debe ser cauto cuando sostiene las lámparas rotas porque con el vidrio roto se pueden cortar. Almacene las lámparas, los tubos de cuarzo y balastros en áreas secas apartadas, en estantes, para evitar roturas y posibilitar un acceso fácil y seguro. Embale las lámparas usadas, los tubos y balastros para desecharlos de manera segura.

Recolección, muestreo y análisis de los datos

Esta sección resume los distintos métodos disponibles para el análisis del cloro residual. Los métodos de análisis de los organismos indicadores se resumen en la tabla 10.1 al comienzo de este capítulo. Para procedimientos de laboratorio completos paso a paso, consulte el *Basic Laboratory Procedures for the Operator-Analyst*, 5.ª edición, publicado por la Water Environment Federation en 2012.

El método de análisis de cloro residual más utilizado actualmente es el método amperométrico. Algunos laboratorios utilizan la técnica colorimétrica. Los métodos colorimétricos se utilizan con frecuencia cuando se necesitan análisis rápidos en campo. Los métodos de laboratorio aprobados actualmente para medir cloro residual en aguas residuales se encuentran en la parte 4500-Cl de los *Standard Methods.* En la tabla 10.17 se comparan los distintos métodos de análisis.

Tabla 10.17 Métodos de análisis de cloro residual (Connell, 2002)

Método	Número de procedimiento de los métodos estándar	Tipo de residual	Interferencias	Rango	Comentarios
Yodométrico I y II	4500 Cl ByC	Total	Óxido de manganeso, oxidante, agentes reductores, férrico e iones de nitrito	1 mg/L con inicio de yoduro o 40 mg/L con tiosulfato	Fácil de realizar
Amperométrico	4500 Cl D	Libre, combinado o total, monocloramina y dicloramina	Otros halógenos, dióxido de cloro y tricloruro de nitrógeno (tricloramina), alta velocidad de mezclado	0.1 a 2 mg/L	Mayor grado de entrenamiento que los juegos para análisis
Amperométrico de bajo nivel	4500 Cl E	Total	Igual que el anterior	10 a 100 mg/L	
N, N-dietil-p-fenilendiamina (DPD) titrimétrico ferroso	4500 Cl F	Libre, combinado o total	Oxidantes fuertes, óxido de manganeso, cobre, cromato	<0.1 mg/L	Más difícil de realizar, requiere cálculos matemáticos para distintos componentes
DPD colorimétrico	4500 Cl G	Libre, combinado o total	Oxidantes fuertes, color, turbiedad, cromato	<0.1 mg/L	Subjetivo y sin los niveles de precisión y exactitud del ensayo de titulación. Se puede tornar rosa en ausencia de cloro.
HECHOS	4500 Cl H	Libre	Color, turbiedad y otros oxidantes	0.1 a 10 mg/L	Igual que el anterior
Electrodo yodométrico	4500 Cl I	Total	Agentes oxidantes, óxido de manganeso, yodato, bromo e iones cúpricos	<1 mg/L	Sin lectura directa

RECOLECCIÓN DE MUESTRAS

Las muestras de efluentes para organismos indicadores son siempre muestras puntuales y se deben recoger en contenedores esterilizados de plástico o vidrio. Se agrega una pequeña cantidad de polvo o solución de tiosulfato de sodio a cada contenedor de muestra antes de la esterilización. El tiosulfato de sodio elimina todo cloro residual presente al momento de la recolección de la muestra. De esta forma, la muestra no se seguirá desinfectando mientras aguarda el análisis. El análisis de la muestra debe comenzar lo antes posible después de la recolección. Cuando no se analizan inmediatamente, las muestras se deben enfriar a menos de 10 °C (50 °F). Las muestras para organismos indicadores se pueden almacenar por un máximo de 8 horas desde el momento en que la muestra es recolectada hasta que comienza la incubación.

Las muestras para cloro residual son siempre muestras puntuales. El polietileno y el vidrio son materiales aceptables para los contenedores de muestras. Los contenedores deben estar limpios pero no es necesario que estén esterilizados. Las muestras para cloro residual se deben analizar dentro de los 15 minutos de la recolección.

COMPROBACIÓN DE CONOCIMIENTOS

1. **Es seguro que los operadores miren directamente a las lámparas ultravioletas mientras realizan operaciones.**
   - ☐ Verdadero
   - ☐ Falso

2. **Mantener los canales ultravioletas cubiertos reduce el crecimiento de algas y la exposición del operador a la luz ultravioleta.**
   - ☐ Verdadero
   - ☐ Falso

3. **Los ojos irritados y la conjuntivitis se producen inmediatamente después de una exposición ultravioleta prolongada.**
   - ☐ Verdadero
   - ☐ Falso

4. **Se deben utilizar herramientas de contención del mercurio para limpiar el mercurio liberado de una lámpara ultravioleta rota.**
   - ☐ Verdadero
   - ☐ Falso

5. **Las muestras recolectadas para organismos indicadores o cloro residual deben ser**
   a. Muestras puntuales
   b. Muestras compuestas
   c. Recolectadas en contenedores estériles
   d. Contener tiosulfato de sodio

6. **Las muestras para cloro residual deben ser analizadas**
   a. Tan pronto como sea razonablemente posible.
   b. Por un laboratorio estatal certificado.
   c. Dentro de los 15 minutos después de su recolección.
   d. Después de ser enfriadas por debajo de 10 °C (50 °F).

7. **Se agrega una pequeña cantidad de tiosulfato de sodio en las botellas de las muestras que van a ser analizadas para *E. coli***
   a. Para preservar la muestra durante el tiempo de espera.
   b. Para neutralizar el cloro residual.
   c. Para esterilizar el contenedor de la muestra.
   d. Para evitar que se replique la *E. coli*.

RESUMEN DEL CAPÍTULO

<table>
<tr><th></th><th>Desinfección con cloro</th><th>Desinfección ultravioleta</th></tr>
<tr><td>OBJETO</td><td colspan="2">■ Protege la salud pública y el medio ambiente.
■ Inactiva patógenos.
■ Los patógenos dañados no se pueden reproducir ni causar enfermedades.</td></tr>
<tr><td>ORGANISMOS INDICADORES</td><td colspan="2">■ Analizar todos los patógenos es costoso y consume tiempo.
■ Los organismos indicadores viven en los intestinos de los animales de sangre caliente. Si están presente, es posible que los patógenos también estén presentes.
■ Busque pajares en lugar de agujas.
■ Los organismos indicadores no son patógenos.
■ Rápida detección de contaminación fecal.
■ Resultados de laboratorio expresados en n.° UFC/100 mL o NMP/100 mL.</td></tr>
<tr><td>TEORÍA DE OPERACIÓN</td><td>■ El cloro destruye proteínas y enzimas críticas necesarias para que funcionen los patógenos.
■ La descloración neutraliza el cloro y protege el medio ambiente.
■ El cloro está disponible como cloro gaseoso, hipoclorito de sodio líquido o hipoclorito de calcio sólido (también conocido como HTH).
■ Todas las formas del cloro producen ácido hipocloroso e ion de hipoclorito cuando se agregan al agua.
■ El porcentaje de cada ion varía con el pH y la temperatura.
■ Dosis = Demanda + Residual
■ Residual total = Residual combinado + Residual libre
■ El amoníaco se combina con el cloro para formar residual combinado, pero también puede destruir el cloro residual.
■ El nivel de inactivación de patógenos alcanzado es un producto de la concentración de cloro residual y el tiempo (tiempo de contacto).
■ En la descloración, los iones de sulfito reducen los compuestos de cloro a cloruro. El sulfito se transforma en sulfato en el proceso.</td><td>■ La luz ultravioleta daña el ADN.
■ Se forman dímeros de timina.
■ Los dientes de la "cremallera" de ADN se atoran y por ende el ADN no se puede usar o replicar.
■ Se genera radiación ultravioleta con el paso de energía por el vapor de mercurio.
■ Las lámparas de baja presión y de amalgama producen luz a 254 nm.
■ Las lámparas de media presión producen luz a múltiples longitudes de onda.</td></tr>
<tr><td>PARÁMETROS DE DISEÑO</td><td>■ La dosis depende de la calidad del agua.
■ El tiempo de contacto requerido varía de un estado al otro.
■ En general,15 minutos de tiempo de contacto en caudal de diseño diario promedio.
■ Los estados también pueden requerir 30 minutos de tiempo de contacto en caudal de diseño diario promedio.</td><td>■ La intensidad de la luz ultravioleta es la fluencia (mW/cm^2).
■ La luz ultravioleta suministrada por unidad de tiempo es la tasa de fluencia (mJ/cm^2 o $mW{\cdot}s/cm^2$).
■ La tasa de fluencia es igual a la dosis ultravioletas.
■ La tasa de fluencia depende de la calidad del agua.
■ Las tasas de fluencia requeridas varían de una agencia reguladora a otra.</td></tr>
<tr><td>DESEMPEÑO ESPERADO</td><td>■ Depende del tiempo de contacto y la calidad del efluente.
■ Capaz de cumplir con <2 UFC/100 mL para E. coli y coliformes fecales.
■ Informado como la media geométrica.</td><td>■ Depende de la tasa de fluencia y la calidad del efluente.
■ Capaz de cumplir con <2 UFC/100 mL para E. coli y coliformes fecales.
■ Informado como la media geométrica.</td></tr>
</table>

EQUIPOS	■ Los distintos tipos de sistemas incluyen • Presión de gas • Gas al vacío • Combinación de gas a presión y al vacío • Cloro líquido (100%) • Solución de hipoclorito de líquido ■ Los cilindros y contenedores se pueden unir con un tubo múltiple para obtener tasas de alimentación superiores. ■ Las colas de cochino conectan los cilindros y contenedores a los tubos múltiples o cloradores montado en la pared. ■ Válvula auxiliar y regulador de vacío utilizados con cloradores y sulfonadores montados en la pared. ■ El evaporador utilizado con el sistemas de cloro líquido convierte el líquido en gas. ■ Los sistemas al vacío son más seguros que los sistemas a presión y los de dióxido de azufre y cloro líquido. ■ Los sistemas de hipoclorito constan de un tanque de almacenamiento de químicos, una bomba medidora y un dispositivo mezclador o difusor. ■ Una cámara de contacto con cloro o tubería con una relación mínima entre longitud y ancho de 40 a 1 provee tiempo de contacto.	■ Las lámparas de vapor de mercurio se agrupan en módulos. ■ Los módulos consisten en una o más lámparas y un balastro para suministro de corriente. ■ Los módulos se agrupan en bancos. ■ En general, se colocan dos o más bancos en serie. ■ Las lámparas se pueden colocar en posición vertical, horizontal o en ángulo con el caudal. ■ Las lámparas se pueden colocar paralelas al caudal o a través de la trayectoria del caudal. ■ El sistema limpiador evita la acumulación en los tubos de cuarzo. ■ Se utilizan múltiples clases de sensores para monitorear y controlar la salida de luz ultravioleta: • Sensores de intensidad ultravioleta • Medidores de transmitancia ultravioleta • Monitoreo de nivel y caudal • Monitoreo de la temperatura ■ Canal ultravioleta con el ancho justo para alojar módulos/bancos ultravioletas.	EQUIPOS
QUÍMICOS	■ Cloro gaseoso, hipoclorito de sodio o hipoclorito de calcio para la cloración. ■ Dióxido de azufre o sales de sulfito para la descloración. ■ El cloro e hipoclorito de sodio se venden con un determinado porcentaje comercial. ■ Porcentaje comercial y porcentaje de cloro disponible son equivalentes. ■ El hipoclorito de calcio se vende por porcentaje en peso de cloro disponible. ■ Los operadores deben conocer las propiedades químicas de cada uno de estos químicos. ■ El cloro seco y húmedo corroen materiales diferentes. ■ Que el cloro se considere húmedo depende de la concentración de agua y la temperatura. ■ Las soluciones de hipoclorito no se deben almacenar por >30 días.	■ Los sistemas limpiadores no evitan completamente la acumulación en los tubos de cuarzo. ■ Las lámparas se deben limpiar manualmente o empaparlas en un tanque de inmersión. ■ Los tanques de inmersión se llenan con ácido fosfórico diluido, ácido cítrico, limpiador de baños u otro ácido diluido. ■ Los protocolos de limpieza son específicos de cada fabricante. ■ Algunos sistemas utilizan limpieza por aire para limpiar las lámparas sin retirarlas del canal. ■ La limpieza por aire prolonga el tiempo entre las limpiezas manuales o en tanque de inmersión.	QUÍMICOS
CONTENEDORES	■ Tres tamaños de contenedores para el gas cloro y el gas dióxido de azufre: 68 kg (150 lb), 907 kg (1 t) y vagones cisterna (hasta 81 000 kg [90 t]). ■ Llenos en un 80 % de su capacidad para permitir la expansión del líquido. ■ Equipados con tapones fusibles para aliviar la presión. ■ Los cilindros de 68 kg (150 lb) solo suministran gas. ■ Los contenedores de 907 kg (1 t) suministran cloro líquido o gaseoso por medio de tubos eductores. ■ Los vagones cisterna solo suministran líquido.	■ Tres tipos de lámparas ultravioletas: de baja presión, de amalgama y de media presión. ■ Las lámparas de baja presión y de amalgama generan luz ultravioleta a 254 nm. ■ Las lámparas de media presión generan luz ultravioleta a múltiples longitudes de onda. ■ Las lámparas están recubiertas por tubos de cuarzo. ■ Las lámparas deben estar completamente sumergidas cuando están operando.	LÁMPARAS

CLORADORES/SULFONADORES	■ En combinación con un inyector, convierte la presión de gas en vacío. ■ El rotámetro indica la tasa de alimentación de gas. ■ El diafragma se cierra y corta el suministro de gas en caso de una fuga. ■ Diferentes materiales de construcción para el cloro en comparación con el dióxido de azufre. ■ Unidades montadas directamente o en la pared. ■ El regulador de vacío se usa habitualmente con cloradores y sulfonadores montados en la pared. ■ La arandela de plomo forma un sello hermético de gas entre el cilindro o contenedor y el clorador/sulfonador. ■ El tubo venturi en el punto de inyección utiliza la velocidad del agua a través de una abertura angosta para crear vacío. ■ El vacío tira del diafragma del clorador y lo abre, lo que permite el ingreso de gas en el agua a través del inyector. ■ Los dispositivos de conmutación automática contribuyen a mantener el agregado continuo de químicos.		
VAPORIZADORES	■ El calor disponible limita la extracción de gas. ■ La formación de hielo no limita la extracción de líquido desde los cilindros y contenedores. ■ Convierte el cloro y el dióxido de azufre líquidos en gas. ■ Los baños de agua caliente hierven el cloro o el dióxido de azufre a una temperatura preestablecida. ■ Los vaporizadores no aumentan la presión del sistema.		
HIPOCLORADORES	■ La solución de hipoclorito concentrado se almacena en un tanque de plástico o fibra de vidrio. ■ Los sistemas más pequeños también pueden tener un tanque de día para soluciones de menor fuerza. ■ Las bombas dosificadoras de químicos envían la solución de hipoclorito al agua tratada. ■ Es necesario realizar la mezcla antes o al comienzo de la cámara de contacto con cloro.		
ALIMENTADORES A TABLETAS	■ Las tabletas de hipoclorito de calcio se apilan en un tubo. ■ El agua que fluye por la parte inferior disuelve las tabletas. ■ Se genera solución de hipoclorito concentrado.		
TIEMPO DE CONTACTO	■ 15 minutos de tiempo de contacto a caudal de diseño de hora pico ■ 30 minutos de tiempo de contacto a caudal de diseño diario promedio	■ Los tiempos de contacto de los sistemas ultravioletas pueden ser de unos pocos minutos. ■ La turbulencia del caudal que pasa por las lámparas ultravioletas asegura que toda el agua está expuesta a la luz ultravioleta.	TIEMPO DE CONTACTO
VARIABLES DEL PROCESO	■ La eficacia del cloro está determinada por el tiempo de contacto y la concentración de cloro residual. ■ La eficacia del cloro está determinada por el tiempo de contacto y la concentración del cloro residual. ■ El agua con pH alto es más difícil de desinfectar que el agua con pH bajo. ■ El mal desempeño de los procesos aguas arriba aumenta la demanda de cloro. ■ Ajuste el tiempo de contacto para cumplir con las metas del efluente.	■ La eficacia del sistema ultravioleta está determinada por la transmitancia de la luz ultravioleta (dosis recibida por los microorganismos) y el tiempo de contacto. ■ La dosis en los sistemas ultravioletas es la tasa de fluencia. ■ Todo lo que absorba o disperse la luz ultravioleta disminuye la eficiencia de la desinfección. ■ El mal desempeño de los procesos aguas arriba disminuye la transmitancia. ■ Ajuste la fluencia ultravioleta para cumplir con las metas del efluente.	VARIABLES DEL PROCESO

CONTROL DEL PROCESO	■ Múltiples métodos para controlar la tasa de alimentación de cloro. ■ El control manual es el más simple. ■ La regulación del caudal ajusta la dosis de cloro para hacerla coincidir con el caudal. No se tienen en cuenta las variaciones en la demanda. ■ El control de residual puede utilizar PR para ajustar el caudal. ■ El control de bucle combinado utiliza señales de caudal y de cloro residual para ajustar la dosis.	■ Regulación de caudal y dosis utilizada por la mayoría de los sistemas ultravioletas. ■ Se aumenta o disminuye el suministro eléctrico para aumentar o disminuir la producción de luz ultravioleta. ■ Se pueden utilizar mediciones de transmitancia e intensidad para ajustar la dosis.	CONTROL DEL PROCESO
OPERACIÓN	■ Controle la concentración de residual en el efluente. ■ Ajuste la dosis de cloro para cumplir con las metas del efluente. ■ Controle los pesos del cilindro y contenedor diariamente. ■ Nunca reutilice las arandelas. ■ Controle la formación de condensación o hielo. Corrija según fuera necesario. ■ Verifique que el equipo funcione correctamente.	■ Opere los sistemas ultravioletas según las recomendaciones del fabricante. ■ Reemplace las lámparas cuando se alcance el límite de transmitancia o se cumplan las horas de servicio. ■ Verifique que se completó el mantenimiento de rutina.	OPERACIÓN
MANTENIMIENTO	■ Reemplace las colas de cochino con revestimiento de monel cuando se escuche un crujido. ■ Reemplace las colas de cochino de plástico transparente cuando se decoloren. ■ Reemplace las líneas de gas si estuvieran retorcidas o presentaran otro tipo de daño. ■ Pruebe regularmente los equipos de seguridad, el circuito de las alarmas y los equipos de monitoreo de fugas. ■ Elimine los depósitos de hipoclorito con ácido clorhídrico diluido. ■ Evite que se acumulen desechos y sólidos sedimentables en la cámara de contacto.	■ Controle y calibre los sensores semanalmente. ■ Limpie los tubos de cuarzo, según resulte necesario, para mantener la transmitancia ultravioleta. ■ Monitoree la vida útil de la lámpara y reemplace si fuera necesario. ■ Reemplace los balastros cuando fallen. ■ Limpie regularmente el canal ultravioleta para eliminar depósitos y algas.	MANTENIMIENTO
SEGURIDAD	■ Informes exigidos por EPCRA, también conocida como SARA, Título III. ■ La Norma de Administración de Seguridad de Procesos (*Process Safety Management Rule*) de la OSHA incluye requisitos para la planificación de emergencia de las instalaciones que poseen 681 kg (1500 lb) de cloro o 453 kg (1000 lb) de dióxido de azufre en el lugar en cualquier momento. ■ La exposición al cloro (PEL) no debe exceder los 0.5 ppmv en promedio en un día de trabajo de 8 horas. ■ Se acepta un límite de exposición de corto plazo (15 min) a 1 ppmv. ■ La concentración IDLH de cloro es de 10 ppmv. ■ La exposición a 30 ppmv de cloro causa dolor en el pecho y tos. ■ Una concentración de 1000 ppmv es fatal después de unos pocos minutos. ■ Las soluciones de hipoclorito de sodio y calcio pueden causar quemaduras químicas. ■ Use guantes, gafas y demás equipo de protección personal para evitar la exposición.	■ La radiación ultravioleta puede causar quemaduras de piel y daño en los ojos. ■ Mantenga cerrados los canales ultravioletas para reducir la exposición ultravioleta. ■ Nunca mire directamente a una lámpara ultravioleta en funcionamiento. ■ Mantenga las lámparas sumergidas en todo momento cuando estén funcionando. ■ Las soluciones de limpieza pueden producir quemaduras químicas. ■ Use guantes, gafas y demás equipo de protección personal para evitar la exposición. ■ Se puede liberar mercurio cuando las lámparas ultravioletas se rompen accidentalmente. ■ Limpie el mercurio liberado con herramientas de contención de mercurio.	SEGURIDAD

Referencias

American Water Works Association (2006) *Water Chlorination and Chloramination Practices and Principles,* 2.ª ed.; AWWA Manual M20; American Water Works Association: Denver, Colorado.

Bernstein, L. A. (1981) *Biological Influences on Environmental Toxicity*. Deeds and Data, Water Pollution Control Federation, **18** (5).

Black & Veatch Corporation (2010) *White's Handbook of Chlorination and Alternative Disinfectants,* 5.ª ed.; Wiley & Sons: Hoboken, Nueva Jersey.

Colorado Department of Public Health and Environment, Water Quality Control Division (2012) *State of Colorado Design Criteria for Domestic Wastewater Treatment Works*; WPC-DR-1; Colorado Department of Public Health and Environment, Water Quality Control Division: Denver, Colorado.

Compressed Gas Association (2017) *Sulfur Dioxide,* 6.ª ed.; CGA G-3; Compressed Gas Association: Arlington, Virginia.

Connell, G. (2002) *The Chlorination/Dechlorination Handbook*; Water Environment Federation: Alexandria, Virginia.

De Nora Water Technologies (2015, octubre) The Uniform Fire Code: Realities and Options: 005.9101.3; De Nora Water Technologies, Capital Controls: Colmar, Pensilvania.

Great Lakes Upper Mississippi River Board of State and Provincial Public Health and Environmental Managers (2014) *Recommended Standards for Wastewater Facilities: Policies for the Design, Review, and Approval of Plans and Specifications for Wastewater Collection and Treatment Facilities*; Minnesota Department of Administration: St. Paul, Minnesota.

Marske, D. M.; Boyle, V. D. (1973) Chlorine Contact Chamber Design: A Field Evaluation. *Water and Sewage Works*, 120, 70.

Metcalf & Eddy, Inc./AECOM (2014) *Wastewater Engineering: Treatment and Resource Recovery*; McGraw Hill Education: Nueva York.

Morris, J. (1966) The Acid Ionization Constant of HOCl from 5 °C to 35 °C. *J. Phys. Chem.*, **70** (12), 3798–3806.

National Fire Protection Association (2016) *Standard for Fire Protection in Wastewater Treatment and Collection Facilities*; NFPA 820; National Fire Protection Association: Quincy, Massachusetts.

National Water Research Institute and Water Research Foundation (2012) *Ultraviolet Disinfection Guidelines for Drinking Water and Water Reuse,* 3.ª ed.; National Water Research Institute and Water Research Foundation: Fountain Valley, California.

PVC Pipe Supplies (2017) *What Are the Differences Between CPVC and PVC?* PVC Pipe Supplies. http://pvcpipesupplies.com/cpvc-vs-pvc (acceso el 15 de oct. de 2017).

Swift, J.; Wilson, J.; Hunter, G. (2007) Implementing Local Limits for the Control of WWTP Effluent Ultraviolet Transmittance. *Proceedings of the 80th Annual Water Environment Federation Technical Exposition and Conference* [CD-ROM]; San Diego, California, 13–17 de oct.; Water Environment Federation: Alexandria, Virginia.

Swift, J.; Wilson, J.; Johnson, M.; Jacobsen, B. (2001) The Impact of UV-Absorbing Wastewater from Printed Circuit Board Manufacturing Facility on the Performance of a Municipal UV Disinfection System. *Proceedings of the 74th Annual Water Environment Federation Technical Exposition and Conference* [CD-ROM]; Atlanta, Georgia, oct 13–17: Water Environment Federation: Alexandria, Virginia.

Teledyne Isco (2014) *Teledyne Isco Open Channel Flow Measurement Handbook*, 7.ª ed.; Teledyne Isco, Inc.: Lincoln, Nebraska.

The Chlorine Institute (1997) *The Chlorine Manual; Pamphlet I,* 6.ª ed.; The Chlorine Institute: Washington, D.C.

The Chlorine Institute (2000) *Sodium Hypochlorite, Safety and Handling (Pamphlet 96),* 2.ª ed.; The Chlorine Institute: Washington, D.C.

The Chlorine Institute (2014) *Chlorine Basics (Pamphlet 1),* 8.ª ed.; The Chlorine Institute: Arlington, Virginia.

The Chlorine Institute (2017) *Gaskets for Chlorine Service (Pamphlet 95),* 5.ª ed., Revisión 2; The Chlorine Institute: Arlington, Virginia.

U.S. Environmental Protection Agency (1978a) *Field Manual for Performance Evaluation and Troubleshooting at Municipal Wastewater Treatment Facilities*; EPA-0430/9-78-001; U.S. Environmental Protection Agency, Office of Water Program Operations: Washington, D.C.

U.S. Environmental Protection Agency (1978b) *Full-scale Demonstration of Nitrogen Removal by Breakpoint Chlorination: Environmental Protection Technology Series*; EPA-600/2-78-029; U.S. Environmental Protection Agency, Municipal Environmental Research Laboratory: Cincinnati, Ohio.

U.S. Environmental Protection Agency (1978c) *Microbiological Methods for Monitoring the Environment, Water, and Wastes*; EPA-600/8-78-017; U.S. Environmental Protection Agency: Washington, D.C.

U.S. Environmental Protection Agency (1986) *Design Manual: Muncipal Wastewater Disinfection*; EPA-625/1-86-021; U.S. Environmental Protection Agency, Office of Research and Development, Water Engineering Research Laboratory, Center for Environmental Research Information: Cincinnati, Ohio.

U.S. Environmental Protection Agency (1992) *Ultraviolet Disinfection Technology Assessment*; EPA-832/R-92-004; U.S. Environmental Protection Agency: Washington, D.C.

U.S. Environmental Protection Agency (2006) *Ultraviolet Disinfection Guidance Manual for the Final Long Term 2 Enhanced Surface Water Treatment Rule*; EPA-815/R-06-007; U.S. Environmental Protection Agency: Washington, D.C.

U.S. Environmental Protection Agency (2012) *2012 Recreational Water Quality Criteria*; EPA-820/F-12-061; U.S. Environmental Protection Agency, Office of Water: Washington, D.C.

Wallace & Tiernan (2017) *Series V-2000 Wall-Mounted Chlorinator*; Technical Data Sheet 25.056; Wallace & Tiernan: Belleville, Nueva Jersey.

Washington State University (2017) *Emerging Technologies*. http://e3tnw.org/ItemDetail.aspx?id=13 (acceso el 12 de oct, 2017).

Water Environment Federation (2006) *Wastewater Disinfection Training Manual*; Water Environment Federation: Alexandria, Virginia.

Water Environment Federation (2016) *Operation of Water Resource Recovery Facilities*, 7.ª ed.; WEF Manual of Practice n.º 11; Water Environment Federation: Alexandria, Virginia.

Water Environment Federation; American Society of Civil Engineers; Environmental and Water Resources Institute (2018) *Design of Water Resource Recovery Facilities,* 6.ª ed.; WEF Manual of Practice n.º 8/ASCE Manuals and Reports on Engineering Practice n.º 76; Water Environment Federation: Alexandria, Virginia.

Water Environment Federation; International Ultraviolet Association (2015) *Ultraviolet Disinfection for Wastewater: Low-Dose Application Guidance for Secondary and Tertiary Discharges*; Water Environment Federation: Alexandria, Virginia

Water Environment Research Foundation (2007) *Disinfection of Wastewater Effluent—Comparison of Alternative Technologies*; Report n.º 04-HHE-4; Water Environment Research Foundation: Alexandria, Virginia.

World Health Organization (2003) *Guidelines for Safe Recreational Water Environments; Volumen 1: Coastal and Fresh Waters*. http://www.who.int/water_sanitation_health/bathing/srwe1/en (acceso en ene. 2015).

Bibliografía sugerida

Arasmith, S. (1997) *O&M of Chlorine Systems*; ACR Publications, Inc.: Albany, Oregon. http://www.acrp.com.

Loge, F.; Emerick, R.; Thompson, D.; Nelson, D.; Darby, J. (1999) Factors Influencing Ultraviolet Disinfection Performance Parte I: Light Penetration to Wastewater Particles. *Water Environ. Res.*, **71**, 377–381.

The Chlorine Institute (1999) *Water and Wastewater Operators Chlorine Handbook*, 1st ed.; The Chlorine Institute: Washington D.C.

The Chlorine Institute (2000) *Emergency Response Plans for Chlorine Facilities*, 5.ª ed.; The Chlorine Institute: Washington, D.C.

Lista de siglas

°C = grados Celsius
°F = grados Fahrenheit
μ = tasa específica de crecimiento de los microorganismos, representada mediante la letra griega μ (pronunciada "mu")
μm = micrómetro = 0.001 mm
$\mu_{máx}$ = tasa de crecimiento máxima de los microorganismos cuando están saturados (no limitados) por el sustrato
μS = microsiemens
A^2/O = proceso de lodo activado anaerobio, anóxico, óxico
ABC = *Association of Boards of Certification*
ABS = acrilonitrilo butadieno estireno
ac = acre
ACGIH = *American Conference of Governmental Industrial Hygienists*
ADN = ácido desoxirribonucleico
aerobio = en la presencia de oxígeno
AGV = ácido graso volátil
AHA = ácido haloacético
anaerobio = sin oxígeno, nitrito o nitrato
anóxico = sin oxígeno, pero en la presencia de nitrito o nitrato
ASE = área superficial específica
ASME = *American Society of Mechanical Engineers*
atm = atmósfera
ATP = trifosfato de adenosina
AWT = tratamiento avanzado de aguas residuales
BFP = prensa de filtro de banda
BOA = bacterias oxidantes de amoníaco
BON = bacterias oxidantes de nitrito
BrINClHOF = mnemotecnia para recordar los elementos que forman moléculas con dos átomos iguales en la naturaleza
BRS = bacterias reductoras de sulfato
$C_6H_{12}O_6$ = azúcar
CAC = cloro disponible combinado
caudal de entrada = las aguas residuales crudas que ingresan a la WRRF
CCTV = circuito cerrado de televisión
CDC = cadena de custodia
CDP = caudal diario promedio
CFR = *Code of Federal Regulations* (Código de Regulaciones Federales)
cfs = pies cúbicos por segundo
CI = Chlorine Institute
cm = centímetro
CO_2 = dióxido de carbono
COT = carbono orgánico total
COV = compuesto orgánico volátil
CPVC = policloruro de vinilo clorado
CWA = *Clean Water Act* (Ley de Agua Limpia)
DAFT = espesador de flotación por aire disuelto
DBO = demanda bioquímica de oxígeno
DBO_5 = demanda bioquímica de oxígeno (5 días)
DBOC = demanda bioquímica de oxígeno carbonácea
$DBOC_5$ = demanda bioquímica de oxígeno carbonácea (5 días)
DBOs = DBO soluble
DOT = *Department of Transportation* (Departamento de Transporte) (EE. UU.)
DQO = demanda química de oxígeno
EBPR = eliminación biológica mejorada del fósforo
efluente = aguas residuales tratadas
EPA de los EE. UU. = *Environmental Protection Agency* (Agencia de Protección Ambiental) de los EE. UU.
EPCRA = *Emergency Planning and Community Right-to-Know Act* (Ley de Planificación de Emergencias y del Derecho a Saber de la Comunidad)
EPS = sustancias poliméricas extracelulares
FAC = cloro disponible libre
ft = pies
ft^2 = pies cúbicos
ft/s = pies por segundo
F/M = Relación alimento:microorganismos
FOG = lípidos, aceites y grasas
FPN = filtro percolador nitrificante
FRP = plástico reforzado con fibra de vidrio (también puede significar poliéster reforzado con fibra de vidrio)
g = gramo
gal = galón
gpd = galones por día
gpd/cap = galones per cápita (por persona) por día
gpd/ft^2 = galones por día por pie cuadrado
gpm = galones por minuto
gpm/ft^2 = galones por minuto por pie cuadrado
GSA = edad de lodo de Gould
H_2O = agua
H_2S = Sulfuro de hidrógeno
ha = hectárea
HCO_3^{-2} = ion de bicarbonato
HDPE = polietileno de alta densidad
HMA = mezcla asfáltica en caliente
HRR = potencial rédox
HTH = hipoclorito de calcio sólido (High Test Hypochlorite)
IDLH = inmediatamente peligroso para la vida o la salud
IMD = informe de monitoreo de descarga
IMLR = reciclado interno de licor mezclado
in = pulgada

JHB = proceso de lodo activado de Johannesburgo
K_s = coeficiente de saturación media o constante de saturación media
kg = kilogramo
kg/ha·d = kilogramos por hectárea por día
kg/m^3 = kilogramos por metro cúbico
kPa = kilopascal, una unidad de presión
L = litro
LAP = lodo activado de purga
LAR = lodo activado recirculado
lb = libra
$lb/1000\ ft^2/d$ = libras por mil pies cuadrados por día
$lb/1000\ ft^3/d$ = libras por mil pies cúbicos por día
lb/ac/d = libras por acre por día
lb/ft^3 = libras por pie cúbico
lb/gal = libras por galón
L/cap·d = litros per cápita (por persona) por día
L/d = litros por día
LEM = proceso de lodo activado Ludzack-Ettinger modificado
LOTO = bloqueo/etiquetado
m = metro
m^3 = metro cúbico
m^3/d = metros cúbicos por día
$m^3/(m^2\cdot d)$ = metros cúbicos por metros cuadrados por día
Me_{dosis} = dosis de sales metálicas
mg = miligramo
mgd = millones de galones por día
mg/L = miligramos por litro
mil. gal = millones de galones
mJ/cm^2 = milijoules por centímetros cuadrados
ML/d = megalitros por día
mL/min = mililitros por minuto
MLSS = sólidos en suspensión en el licor mezclado
MLVSS = sólidos en suspensión volátiles en el licor mezclado
mm = milímetro = 0.001 m
m/s = metros por segundo
MSDS = ficha de datos de seguridad de los materiales
MUG = 4-metilumbeliferil-beta-D-glucuronido
mV = milivoltios
mW/cm^2 = milivatios por centímetros cuadrados
$mW\cdot s/cm^2$ = milivatios·segundos por centímetros cuadrados
NH_3 = amoníaco o amoníaco sin ionizar
NH_3-N = nitrógeno amoniacal (como N)
NH_4Cl = cloruro de amonio
NIOSH = *National Institute of Occupational Health and Safety* (Instituto Nacional de Salud y Seguridad Ocupacionales)
nm = nanómetro = 0.001 μm
NMP/100 mL = número más probable por 100 mililitros
N_2 = gas nitrógeno
NDMA = nitrosodimetilamina
NH_4^+ = ion de amonio
NH_4^+-N = ion de nitrógeno amonio (como N)
NIT = nitrógeno inorgánico total
NKT = nitrógeno Kjeldahl total
NO_2 = nitrito
NO_2^- = ion de nitrito
NO_2-N = nitrógeno nitrito (como N)
NO_3 = nitrato
NO_3^- = ion de nitrato
NO_3-N = nitrógeno nitrato (como N)
NPDES = *National Pollutant Discharge Elimination System* (Sistema Nacional para la Eliminación de Descargas Contaminantes)
NWRI = *National Water Resources Institute* (Instituto Nacional de Recursos Hídricos)
O&M = operaciones y mantenimiento
O_2 = oxígeno
OAF = organismo acumulador de fosfato
OD = oxígeno disuelto
OSHA = *Occupational Safety and Health Administration* (Administración de Seguridad y Salud Ocupacionales)
OUR = tasa de captación de oxígeno
P = fósforo
P_{ini} = concentración inicial de fósforo soluble
PO_4 = fosfato
PO_4^{-3} = ion de fosfato
PO_4-P = fosfato como fósforo (como P)
PACl = policloruro de aluminio, también denominado PAX
PE = polietlieno
PEL = nivel de exposición permisible
PEMDAS = mnemotecnia para recordar el orden de las operaciones matemáticas al resolver ecuaciones: "Pedro escucha mientras dos alumnos sonríen" significa paréntesis, exponentes, multiplicación, división, adición y sustracción
PFRP = proceso para reducir aún más los patógenos
PHB = poli-β-hidroxibutirato
PLC = controlador lógico programable
PP = polipropileno
ppd = libras por día
ppm = partes por millón
ppmv = partes por millón por volumen de aire
PR = potencial REDOX
pruebas WET = pruebas de toxicidad en el efluente completo
PRV = válvula reductora de presión
psi = libras por pulgada cuadrada
psig = libras por pulgada cuadrada manométrica
PSRP = proceso para reducir de manera significativa los patógenos
PTFE = politetrafluoretileno
PVC = cloruro de polivinilo
PVdC = cloruro de polivinilideno
RBC = contactor biológico rotativo
RBN = eliminación biológica de nutrientes
RR = tasa de respiración
RW = medios de conífera
S = concentración de sustrato o nutriente limitante

S = azufre elemental
SARA = *Superfund Amendment and Reauthorization Act* (Ley de Reautorización y Modificación del Superfondo)
SBR = reactor secuencial por lotes
SCADA = control de supervisión y adquisición de datos
SCBA = respirador autocontenido
SDS = ficha de datos de seguridad (anteriormente, ficha de datos de seguridad de los materiales o MSDS)
SDT = sólidos disueltos totales
SIU = usuario industrial importante
SK = intensidad de la descarga (*Spülkraft*)
SLR = tasa de carga de sólidos
SPDES = *State Pollutant Discharge Elimination System* (Sistema Estatal para la Eliminación de Descargas Contaminantes)
SO_4^{-2} = ion de sulfato
SOR = tasa de carga superficial
SOUR = tasa de captación de oxígeno específica
SPD = subproducto de la desinfección
SRT = tiempo de retención de sólidos
SSC = concentración de lodo sedimentado
SST = sólidos en suspensión totales
SSV = volumen de lodo sedimentado
SSV_5 = volumen de lodo sedimentado *después de 5 minutos*
SSV_{30} = volumen de lodo sedimentado *después de 30 minutos*
SSVT = sólidos volátiles en suspensión totales
STEL = límite de exposición a corto plazo
STV = valor umbral estadístico
SU = unidades estándar, utilizadas para el pH
SVI = índice de volumen del lodo
SVS = sólidos volátiles en suspensión
TC = tiempo de contacto
TCH = tasa de carga hidráulica
TCO = tasa de carga orgánica
TCR = cloro residual total
TD = tiempo de detención
THM = trihalometano
TIA = transmisor indicador de análisis
TIC = transmisor indicador de caudal
TDH = tiempo de detención hidráulica
TLV = valor límite umbral
TP = fósforo total
TPRC = tiempo promedio de residencia de las células
TRH = tiempo de retención hidráulica
$TRS_{aerobio}$ = tiempo de retención de sólidos aerobio
TS = sólidos totales
TTO = tasa de transferencia de oxígeno
TWA = promedio ponderado por tiempo
UFC = unidad formadora de colonias
UFC = *Uniform Fire Code* (Código Uniforme para Incendios)
UFC/100 mL = unidades formadoras de colonias por 100 mililitros
UIC = usuarios industriales categóricos
UNT = unidad nefelométrica de turbiedad
UV = ultravioleta (radiación)
UVT = transmitancia UV
vector = un transmisor de enfermedades
VF = medios de flujo vertical
VFD = accionador de frecuencia variable
WRF = *Water Research Foundation*
WRRF = (*water resource recovery facility*) instalación de recuperación de recursos hídricos (anteriormente, planta de tratamiento de aguas residuales [*wastewater treatment plant*, WWTP])
XF = medios de flujo atravesado
Y = rendimiento, g SVS/g sustrato

Respuestas

CAPÍTULO 1

COMPROBACIÓN DE CONOCIMIENTOS, PÁGINA 4

1. Falso. Los sistemas de tratamiento natural tienen una capacidad limitada para asimilar contaminantes. Las áreas urbanas concentran una gran cantidad de personas y negocios en un área pequeña y los descargan en una ubicación, o en pocas ubicaciones. Los resultados son una menor cantidad de oxígeno disuelto, la muerte de peces y otros efectos adversos.
2. Verdadero
3. Verdadero
4. Falso; en su mayoría provienen de fuentes animales, como el tocino.
5. B
6. C
7. D
8. A
9. D
10. A
11. A
12. C

COMPROBACIÓN DE CONOCIMIENTOS, PÁGINA 8

1. Verdadero
2. Verdadero
3. Verdadero
4. Falso. Las sanciones federales detalladas en la tabla 1.2, incluida la prisión, rigen cuando una persona con conocimiento e intencionalmente falsifica, oculta o cubre una infracción al permiso o realiza una manifestación falsa sobre la infracción a un permiso con declaraciones fraudulentas.
5. Falso. Las solicitudes de permisos y los informes exigidos deben estar firmados por una persona con autorización estatal y cargo de responsabilidad, un funcionario ejecutivo principal o un funcionario electo de jerarquía.
6. Verdadero
7. B
8. A
9. D

COMPROBACIÓN DE CONOCIMIENTOS, PÁGINA 14

1. Verdadero
2. Falso. Las rejas para basura flotante tienen aberturas grandes para eliminar la basura y los desechos de mayor tamaño.
3. A
4. D
5. B
6. A
7. B
8. C
9. A

COMPROBACIÓN DE CONOCIMIENTOS, PÁGINA 21

1. Verdadero
2. Verdadero
3. Verdadero
4. Falso. El propósito del tratamiento secundario es aumentar el tamaño de las partículas que permanecen en el caudal de entrada después del filtrado, de la eliminación de la arena y de la sedimentación primaria. Los sólidos biológicos que crecen durante el tratamiento secundario deben separarse de las aguas residuales tratadas antes de la descarga mediante un clarificador secundario u otro proceso de separación de sólidos.
5. Falso. Las lagunas están revestidas para prevenir la contaminación de las aguas subterráneas subyacentes. Pueden estar revestidas con arcilla natural (bentonita) o con un revestimiento sintético.
6. Verdadero
7. Falso. Los filtros percoladores se denominan de ese modo porque las aguas residuales percolan sobre la superficie del medio. Se requieren espacios libres entre las partes del medio para que penetre aire y proporcione oxígeno a los microorganismos que conforman la biopelícula.
8. Verdadero
9. Falso. La desinfección reduce la cantidad de bacterias y de patógenos en el efluente fina, pero no esteriliza las aguas residuales. La esterilización es la destrucción o la inactivación completa de todos los organismos vivientes.
10. B
11. B
12. B
13. C
14. B
15. A
16. C
17. C
18. B
19. 1 = A, 2 = D, 3 = B, 4 = E, 5 = C
20. 1 = C, 2 = E, 3 = B, 4 = D, 5 = A

COMPROBACIÓN DE CONOCIMIENTOS, PÁGINA 28

1. Verdadero
2. Verdadero
3. Falso. Los biosólidos están regulados según la sección 503 del título 40 del *Code of Federal Regulations* (Código de Regulaciones Federales).
4. Verdadero
5. Clarificador secundario, espesamiento, digestión, deshidratación
6. A
7. C
8. A
9. A
10. C
11. A
12. D
13. B
14. 1 = C, 2 = D, 3 = B, 4 = E, 5 = A
15. C

CAPÍTULO 2

COMPROBACIÓN DE CONOCIMIENTOS, PÁGINA 40

1. Falso. La Ley de Pretratamiento (*Pretreatment Act*) no distingue entre usuarios comerciales e industriales. Solo define las aguas residuales domésticas e industriales.
2. Verdadero
3. Verdadero
4. D
5. A
6. D

COMPROBACIÓN DE CONOCIMIENTOS, PÁGINA 50

1. Verdadero
2. Falso. El ingreso de aguas pluviales probablemente reducirá la temperatura del caudal de entrada.
3. Verdadero
4. Falso. Aunque algunos medidores de conductividad ofrecen un resultado de SDT, no se trata de una medición fidedigna. Los SDT se calculan mediante la aplicación de un factor a la medición de conductividad. Aunque es posible desarrollar una correlación entre la conductividad y los SDT para aguas residuales en específico, la única manera de medir con exactitud los SDT es secar una muestra de aguas residuales filtradas y pesar el residuo que queda.
5. C
6. B
7. D
8. A
9. B
10. A
11. B
12. C
13. B

CAPÍTULO 3

COMPROBACIÓN DE CONOCIMIENTOS, PÁGINA 57

1. Falso. Las obras de cabecera pueden contener todos o ninguno de ellos según el tamaño y la complejidad de la WRRF.
2. Falso. La medición de caudal puede llevarse a cabo antes del filtrado o de la eliminación de arena.
3. B
4. C
5. D

COMPROBACIÓN DE CONOCIMIENTOS, PÁGINA 60

1. Verdadero
2. Verdadero
3. Verdadero
4. C
5. A
6. C. La cantidad del material filtrado se duplica cada 13 mm (0.5 in) de reducción en el tamaño de las aberturas. Aquí, el tamaño se redujo dos veces; por lo tanto, el material resultante del filtrado aumentará en un factor de 4.
7. A
8. D = microrrejilla, A = rejilla fina, C = rejilla de barras, B = rejas para basura flotante

COMPROBACIÓN DE CONOCIMIENTOS, PÁGINA 72

1. Verdadero
2. Falso. La limpieza mecánica reduce los costos de mano de obra.
3. Falso. Las rejillas finas capturan más cantidad de todo que las rejas gruesas, incluido material orgánico.
4. Verdadero
5. A
6. 1 = E, 2 = G, 3 = A, 4 = B, 5 = F, 6 = C, 7 = H, 8 = D
7. D
8. C

COMPROBACIÓN DE CONOCIMIENTOS, PÁGINA 78

1. Falso. Los alcantarillados combinados llevan aguas de alcantarillado y aguas pluviales a la WRRF. Después de una tormenta, se debe esperar que se descarguen desechos acumulados de la red de alcantarillado hacia la WRRF. La frecuencia de limpieza debe aumentar.
2. Verdadero
3. B
4. B
5. A = 3, B = 1, C = 2, D = 6, E = 5, F = 4, G = 7 (B, C, A, F, E, D, G)
6. A

COMPROBACIÓN DE CONOCIMIENTOS, PÁGINA 80

1. Falso. El volumen de arena eliminada depende mucho de las actividades en el área de servicio, del estado de la red de alcantarillado, del tipo de red de alcantarillado y de otros factores.
2. Verdadero
3. C
4. A
5. D
6. B

COMPROBACIÓN DE CONOCIMIENTOS, PÁGINA 89

1. Falso. La velocidad se calcula al dividir el caudal por el área de la sección transversal. De manera alternativa, la velocidad se puede calcular también al dividir la distancia recorrida por el tiempo.
2. Verdadero
3. C. Para resolver este problema, divida la velocidad actual por la velocidad deseada. La velocidad actualmente es de 0.8 m/s (2.6 ft/s). La velocidad máxima deseada es de 0.3 m/s (1 ft/s). $0.8 \div 0.3 = 2.7$ depósitos en servicio. La velocidad mínima deseada es de 0.24 m/s (0.8 ft/s). $0.8 \div 0.24 = 3.3$ depósitos en servicio.
4. D
5. A
6. C
7. B
8. D

COMPROBACIÓN DE CONOCIMIENTOS, PÁGINA 93

1. Verdadero
2. Falso. El tiempo de funcionamiento de la bomba debe coordinarse con el tiempo necesario para llenar la tolva y el tiempo de bombeo necesario para vaciar la tolva.
3. Falso. El mecanismo debe iniciarse tan pronto como las placas se cubren con agua. Si se espera que el depósito esté lleno, se acumularán cantidades excesivas de arena alrededor de las paletas. Cuando finalmente se ponga en funcionamiento, es posible que el mecanismo no pueda moverse.
4. B
5. A
6. C
7. B

COMPROBACIÓN DE CONOCIMIENTOS, PÁGINA 98

1. Verdadero
2. Falso. El alcantarillado suele tener una mayor concentración que las aguas residuales domésticas.
3. Verdadero
4. Falso. Los residuos por separación de grasa se consideran residuos industriales y comerciales, no domésticos. Se regulan según 40 CFR Parte 257.
5. C
6. B
7. D

CAPÍTULO 4

COMPROBACIÓN DE CONOCIMIENTOS, PÁGINA 107

1. Falso. El clarificador solo puede eliminar la parte sedimentable de SST y DBO_5.
2. D
3. B

COMPROBACIÓN DE CONOCIMIENTOS, PÁGINA 109

1. Verdadero
2. Falso. Las partículas con mayor área superficial se sedimentarán más lentamente, no más rápidamente.
3. Falso. La compactación se completa después de aproximadamente 2 horas.
4. C
5. D
6. B
7. C
8. A

COMPROBACIÓN DE CONOCIMIENTOS, PÁGINA 111

1. Falso. El porcentaje de eliminación depende de la cantidad de DBO_5 particulado y soluble que ingresa al clarificador.
2. Verdadero
3. Verdadero
4. B
5. D
6. B

COMPROBACIÓN DE CONOCIMIENTOS, PÁGINA 113

1. Verdadero
2. Verdadero
3. Falso. En su mayoría, los clarificadores tienen de 0.5 a 0.7 m (1.5 a 2.0 ft) de altura libre.
4. C
5. B
6. A

COMPROBACIÓN DE CONOCIMIENTOS, PÁGINA 115

1. Verdadero
2. Falso. El pozo de alimentación reduce la velocidad de entrada.
3. B
4. A

COMPROBACIÓN DE CONOCIMIENTOS, PÁGINA 121

1. Falso. Los vertederos para los clarificadores circulares típicamente son vertederos con muesca en V.
2. Verdadero
3. Falso. El impulsor generalmente está montado en la plataforma central.
4. D
5. C
6. A
7. B

COMPROBACIÓN DE CONOCIMIENTOS, PÁGINA 126

1. Verdadero
2. Verdadero
3. Verdadero
4. B
5. D
6. C
7. B
8. C
9. A

COMPROBACIÓN DE CONOCIMIENTOS, PÁGINA 132

1. Falso. El caudal es longitudinal de un extremo al otro.
2. Verdadero
3. Verdadero
4. B
5. D
6. D
7. A
8. B
9. C
10. A
11. D
12. C
13. C

COMPROBACIÓN DE CONOCIMIENTOS, PÁGINA 140

1. Verdadero
2. Falso. *Tasa de carga superficial* es otra manera de denominar la velocidad específica de los clarificadores.

3. 4805.6 m^3 (169 560 ft^3)
4. 1.8 horas
5. 28.8 $m^3/m^2 \cdot d$ (707.7 gpd/ft^2)
6. D
7. A
8. A
9. C
10. D
11. B

COMPROBACIÓN DE CONOCIMIENTOS, PÁGINA 148

1. Verdadero
2. Verdadero
3. 1400 kg/d (3083 lb/d)
4. 63.7 m^3/d (16 828 gpd)
5. 46.4 minutos
6. B
7. C
8. A
9. D
10. B

COMPROBACIÓN DE CONOCIMIENTOS, PÁGINA 151

1. Verdadero
2. Falso. Los caudales de reciclado deben regresarse cuando tienen el menor efecto. Si se regresan durante el caudal de las horas pico, aumentará la SOR, posiblemente a niveles inaceptables.
3. C
4. D
5. B

COMPROBACIÓN DE CONOCIMIENTOS, PÁGINA 155

1. Falso. Algunos mecanismos de recolección de lodo tienen cojinetes lubricados con agua. Estos mecanismos solo deben ponerse en funcionamiento cuando están sumergidos.
2. Verdadero
3. Falso. El lodo que permanece en las líneas continuará descomponiéndose. Los gases producidos pueden acumular presión y dañar equipos y líneas.
4. C
5. A
6. D
7. B

COMPROBACIÓN DE CONOCIMIENTOS, PÁGINA 158

1. Verdadero
2. B
3. A
4. C

COMPROBACIÓN DE CONOCIMIENTOS, PÁGINA 161

1. A
2. C
3. B
4. D

CAPÍTULO 5

COMPROBACIÓN DE CONOCIMIENTOS, PÁGINA 180

1. Verdadero
2. Falso. Se requiere un microscopio para ver las bacterias individuales.
3. Falso. Algunos materiales son biodegradables, pero tardan más de 5 días en descomponerse y la prueba de 5 días no los medirá.
4. Falso. El líquido se absorbe, no se adsorbe, en una esponja.
5. C
6. B
7. C
8. D
9. B
10. A

COMPROBACIÓN DE CONOCIMIENTOS, PÁGINA 186

1. Verdadero
2. Verdadero
3. Verdadero
4. Falso. Los metazoos son de mayor tamaño que las bacterias y los protozoos.
5. B
6. D
7. B
8. C
9. A

COMPROBACIÓN DE CONOCIMIENTOS, PÁGINA 194

1. Verdadero
2. Falso. Las bacterias autotróficas no pueden usar DBOC. Obtienen el carbono del carbonato disuelto.
3. Falso. Las bacterias autotróficas usan fuentes de combustible con poca energía, como el amoníaco.
4. Verdadero
5. C
6. B
7. 1 = C, 2 = B, 3 = A
8. C
9. B
10. C
11. A
12. B
13. C
14. C
15. B

COMPROBACIÓN DE CONOCIMIENTOS, PÁGINA 202

1. Verdadero
2. Verdadero
3. Falso. La tasa de crecimiento estará limitada por la cantidad de bacterias en el proceso.
4. Falso. Cada sustrato tiene una concentración mínima necesaria para respaldar el crecimiento más rápido posible de las bacterias. Múltiples sustratos pueden resultar limitantes. Por ejemplo, es posible que a las bacterias heterotróficas nitrificantes les falten tanto oxígeno como amoníaco.
5. Verdadero

6. C
7. B
8. D
9. B
10. D
11. A

CAPÍTULO 6

COMPROBACIÓN DE CONOCIMIENTOS, PÁGINA 211

1. Falso. No todos los sistemas de estanque tienen filtrado y eliminación de arena.
2. Verdadero
3. Falso. Los estanques no eliminan los nutrientes de manera uniforme.
4. C
5. D
6. A
7. D

COMPROBACIÓN DE CONOCIMIENTOS, PÁGINA 214

1. C
2. B
3. B
4. C
5. A
6. B
7. 1 = C, 2 = F, 3 = A, 4 = E, 5 = B, 6 = D
8. B

COMPROBACIÓN DE CONOCIMIENTOS, PÁGINA 221

1. A
2. C
3. B
4. A
5. D
6. D
7. B
8. C
9. A
10. C
11. B
12. A
13. B
14. C
15. C

COMPROBACIÓN DE CONOCIMIENTOS, PÁGINA 225

1. B
2. C
3. C

COMPROBACIÓN DE CONOCIMIENTOS, PÁGINA 227

1. D
2. B
3. C
4. A

COMPROBACIÓN DE CONOCIMIENTOS, PÁGINA 238

1. Falso. Los tiempos de detención reales son menores debido al mezclado incompleto.
2. Falso. Las inclinaciones de los diques no son tan pronunciadas en la parte exterior del estanque. Es difícil cortar la maleza de las inclinaciones pronunciadas.
3. Verdadero
4. B
5. C
6. 1 = C, 2 = F, 3 = E, 4 = A, 5 = B, 6 = G, 7 = D
7. A
8. D
9. A
10. C
11. B
12. D
13. D
14. B
15. C
16. A
17. D

COMPROBACIÓN DE CONOCIMIENTOS, PÁGINA 246

1. Verdadero
2. Verdadero
3. Falso. Las concentraciones de saturación de oxígeno se reducen con una menor presión barométrica (elevación).
4. C
5. C
6. B
7. A
8. B
9. D
10. A
11. C

COMPROBACIÓN DE CONOCIMIENTOS, PÁGINA 252

1. Falso. Aquashade y otros colorantes que bloquean la luz solar no están aprobados por la EPA de los EE. UU. para su uso en estanques de tratamiento de aguas residuales.
2. Verdadero
3. B
4. B
5. D
6. A

COMPROBACIÓN DE CONOCIMIENTOS, PÁGINA 258

1. C
2. A
3. A
4. D
5. Falso. Las regulaciones pueden cambiar con el tiempo. Un químico aplicado la temporada anterior o la semana anterior posiblemente ya no esté en la lista de aprobaciones.
6. Verdadero

CAPÍTULO 7

COMPROBACIÓN DE CONOCIMIENTOS, PÁGINA 270

1. Verdadero
2. Verdadero
3. Falso. Los filtros percoladores no están sumergidos. Las aguas residuales percolan sobre el medio.
4. D
5. C
6. A

COMPROBACIÓN DE CONOCIMIENTOS, PÁGINA 279

1. Verdadero
2. Falso. Las sustancias se desplazan de las áreas con alta concentración a las áreas con baja concentración.
3. Falso. Las EPS aumentan con la edad de la biopelícula.
4. A
5. B
6. C
7. A
8. B
9. D
10. B
11. D
12. C
13. C

COMPROBACIÓN DE CONOCIMIENTOS, PÁGINA 284

1. Verdadero
2. Verdadero
3. Falso. A medida que la carga aumenta, como con un filtro percolador grueso, el porcentaje eliminado se reduce y la concentración de DBO en el efluente aumenta.
4. C
5. C
6. B
7. A
8. B
9. C

COMPROBACIÓN DE CONOCIMIENTOS, PÁGINA 287

1. Falso. Muchos filtros percoladores tienen impulsión hidráulica y no tienen motores.
2. Verdadero
3. A
4. C
5. D
6. B

COMPROBACIÓN DE CONOCIMIENTOS, PÁGINA 294

1. A = 3, B = 5, C = 1, D = 2, E = 4
2. C
3. D
4. B
5. A

COMPROBACIÓN DE CONOCIMIENTOS, PÁGINA 302

1. Verdadero
2. Falso. Los cojinetes de la parte superior del mástil están mejor protegidos de la corrosión.
3. B
4. D
5. A
6. A
7. D
8. C
9. A

COMPROBACIÓN DE CONOCIMIENTOS, PÁGINA 312

1. Falso. Es la masa de DBO_5 por VOLUMEN de medio del filtro percolador.
2. Verdadero
3. D
4. A
5. A
6. D
7. C
8. A
9. D
10. B. El volumen del filtro percolador es de 9679.8 m^3 (343 359 ft^3) y la carga total de DBO que ingresa al filtro percolador es de 4086 kg (9007.2 lb). El caudal de reciclado no debe incluirse en este cálculo.
11. C
12. B

COMPROBACIÓN DE CONOCIMIENTOS, PÁGINA 317

1. Falso. El agua caerá a través de la torre. El calor se transferirá del aire caliente al agua más fría. Esto hace que el aire dentro del filtro percolador sea más fresco que el aire exterior.
2. Verdadero
3. Verdadero
4. B
5. B
6. D
7. B

COMPROBACIÓN DE CONOCIMIENTOS, PÁGINA 321

1. Verdadero
2. Falso. Sacar de servicio los depósitos de arena y los clarificadores primarios puede aumentar la cantidad de arena, grasa, nata y carga orgánica que accede al filtro percolador. El exceso de arena puede provocar la obstrucción del medio y la acumulación de grasa y nata, en particular en los filtros percoladores de medios de piedra. El aumento de la tasa de carga orgánica aumentará la cantidad de biopelícula producida y puede requerir un ajuste de la relación de reciclado y de la velocidad del distribuidor.
3. Verdadero
4. B
5. A
6. C
7. C
8. A

COMPROBACIÓN DE CONOCIMIENTOS, PÁGINA 324

1. B
2. C. Debe verificar también si los orificios del distribuidor están bloqueados.
3. B. También es posible usar un alambre con gancho.
4. A
5. D
6. C
7. A

COMPROBACIÓN DE CONOCIMIENTOS, PÁGINA 333

1. B
2. C
3. C
4. A
5. D
6. B
7. A

COMPROBACIÓN DE CONOCIMIENTOS, PÁGINA 341

1. Verdadero
2. Falso. Los metales se expanden cuando se calientan y se contraen cuando se enfrían.
3. Verdadero
4. B
5. C
6. A
7. B
8. C
9. B
10. C
11. A

COMPROBACIÓN DE CONOCIMIENTOS, PÁGINA 348

1. Falso. La carga se calcula como masa aplicada por área superficial.
2. Falso. La eliminación de amoníaco requiere más tiempo.
3. B
4. C
5. B
6. C
7. B

COMPROBACIÓN DE CONOCIMIENTOS, PÁGINA 350

1. B
2. C
3. B
4. D
5. A
6. C

COMPROBACIÓN DE CONOCIMIENTOS, PÁGINA 354

1. B
2. C
3. A
4. D
5. A
6. C
7. B

CAPÍTULO 8

COMPROBACIÓN DE CONOCIMIENTOS, PÁGINA 368

1. Verdadero
2. Verdadero
3. B
4. D
5. C
6. A

COMPROBACIÓN DE CONOCIMIENTOS, PÁGINA 375

1. Verdadero
2. Falso. Las partículas de MLSS se sedimentan a la misma velocidad que un manto.
3. C
4. D
5. A
6. B
7. B
8. B
9. A
10. C
11. B

COMPROBACIÓN DE CONOCIMIENTOS, PÁGINA 379

1. Falso. Muchos filamentos provocarán problemas de sedimentación en el clarificador.
2. $A = 4, B = 1, C = 7, D = 2, E = 6, F = 3, G = 5$
3. C
4. D
5. $A = 3, B = 5, C = 1, D = 2, E = 4$
6. A

COMPROBACIÓN DE CONOCIMIENTOS, PÁGINA 381

1. B
2. A
3. B
4. C
5. A

COMPROBACIÓN DE CONOCIMIENTOS, PÁGINA 398

1. Verdadero
2. Verdadero
3. Falso. El oxígeno debe transferirse del aire al agua para disolverse.
4. D
5. B
6. C
7. D
8. B
9. C
10. A
11. B
12. D
13. D
14. A
15. B
16. A

17. B
18. D
19. B
20. C

COMPROBACIÓN DE CONOCIMIENTOS, PÁGINA 407

1. Verdadero
2. Verdadero
3. D
4. A
5. C
6. D
7. B
8. C. [(2.3 mgd ÷ 1.45 mgd) + 1] × 2600 mg/L = 6724 mg/L, redondeado a 6700 mg/L
9. B. (1000 mL ÷ 280 mL) × 1850 mg/L = 6607 mg/L
10. B. El clarificador no puede tener un mejor desempeño que el medidor de sedimentación.
11. C
12. D
13. C. (2000 mL ÷ 280 mL) × 1800 mg/L = 12 857 mg/L
14. A. Para resolver el problema, suponga que el caudal de entrada es de 1 m^3/d (o 1 mgd) y establezca el caudal de LAR en 0.7 m^3/d (o 0.70 mgd). Entonces, la concentración de LAR = [(1.0 ÷ 0.7) + 1] × 2600 mg/L = 6314 mg/L
15. A. 10 000 mg/L = [(1.0 ÷ caudal de LAR) + 1] × 2500 mg/L. Vuelva a ordenar la ecuación para resolver el caudal de LAR.

COMPROBACIÓN DE CONOCIMIENTOS, PÁGINA 422

1. Falso. La edad del lodo es el tiempo que las partículas de lodo permanecen en el sistema antes de desecharse.
2. Verdadero
3. A
4. A
5. B
6. B
7. A
8. B
9. B
10. D
11. B
12. D
13. B
14. C
15. D
16. B. En primer lugar, determine la masa de MLSS en el depósito de lodo activado. Es de 28 387.5 kg (62 550 lb). A continuación, determine la masa de LAP. Es de 3488.3 kg (7686 lb). Para las unidades habituales en los EE. UU., primero es necesario convertir la tasa de desechado en gpm a mgd. 80 gpm = 0.1152 mgd. A continuación, divida la masa de MLSS por la masa de LAP para determinar el TRS.

COMPROBACIÓN DE CONOCIMIENTOS, PÁGINA 428

1. Falso. El desechado debe llevarse a cabo al menos a diario.
2. A
3. B
4. D
5. B
6. C
7. A
8. C
9. B

COMPROBACIÓN DE CONOCIMIENTOS, PÁGINA 432

1. Verdadero
2. A. En primer lugar, determine la masa total de MLSS. A continuación, multiplique por 0.8 (80 %) para determinar la masa de MLVSS.
3. B. Si el clarificador elimina un 35 %, entonces el 65 % de la carga atraviesa el proceso de lodo activado.
4. B
5. D

COMPROBACIÓN DE CONOCIMIENTOS, PÁGINA 438

1. Falso. Al ajustar la edad del lodo, también se ajusta la F/M.
2. Falso. El rendimiento es fijo. No es posible cultivar una mayor cantidad de microorganismos sin más carga.
3. C
4. B
5. A
6. C
7. D
8. D
9. A = 2, B = 3, C = 5, D = 1, E = 4

COMPROBACIÓN DE CONOCIMIENTOS, PÁGINA 446

1. Falso. La captación de DBO pude completarse incluso si los MLSS no están floculando.
2. Verdadero
3. Tiempo de detención = aire extendido es mayor, TRS = aire extendido es mayor, F/M = convencional es mayor, tasa de carga volumétrica = convencional es mayor
4. A
5. C
6. C
7. A
8. D
9. B
10. B
11. D
12. C
13. C
14. B

COMPROBACIÓN DE CONOCIMIENTOS, PÁGINA 450

1. B
2. C
3. B
4. B
5. A
6. D

COMPROBACIÓN DE CONOCIMIENTOS, PÁGINA 459

1. D
2. B. El área superficial del clarificador es de 308 m^2 (3317 ft^2)
3. C
4. B. El área superficial del clarificador es de 1052 m^2 (11 304 ft^2)

5. C
6. A. La distancia de la pared exterior al vertedero debe restarse de ambos lados.
7. B. La concentración de LAR es información adicional que no está destinada a la solución del problema.
8. D
9. A
10. D
11. B

COMPROBACIÓN DE CONOCIMIENTOS, PÁGINA 464

1. D
2. B
3. C
4. A
5. B
6. C

COMPROBACIÓN DE CONOCIMIENTOS, PÁGINA 469

1. Falso. El lodo de inoculación debe provenir de un depósito de lodo activado que funcione correctamente.
2. Verdadero
3. B
4. D
5. A
6. B

COMPROBACIÓN DE CONOCIMIENTOS, PÁGINA 490

1. A
2. B
3. B
4. C
5. B
6. D
7. B
8. C
9. B
10. A
11. C
12. D
13. D
14. B
15. C
16. C
17. C
18. B

COMPROBACIÓN DE CONOCIMIENTOS, PÁGINA 495

1. Verdadero
2. Falso. Tome una medida correctiva por vez.
3. B
4. A
5. a, c, d y e son controles del proceso. b y f son resoluciones de problemas.

COMPROBACIÓN DE CONOCIMIENTOS, PÁGINA 500

1. B
2. A
3. D
4. B
5. B

COMPROBACIÓN DE CONOCIMIENTOS, PÁGINA 509

1. 1 = E, 2 = B, 3 = G, 4 = H, 5 = D, 6 = C, 7 = F, 8 = A
2. B
3. A
4. D
5. B
6. C
7. B
8. D
9. D
10. C
11. A

COMPROBACIÓN DE CONOCIMIENTOS, PÁGINA 521

1. Verdadero
2. B
3. C
4. D
5. B
6. A
7. B
8. C
9. A
10. B
11. C

CAPÍTULO 9

COMPROBACIÓN DE CONOCIMIENTOS, PÁGINA 540

1. B
2. A
3. C
4. A
5. C. Se elimina 1 mg/L de P cada 100 mg/L de DBO_5. 300 mg/L de DBO_5 = 3 mg/L de P
6. D
7. El nitrógeno orgánico total es la diferencia entre el NKT y el nitrógeno amoniacal:

   $$\text{Nitrógeno orgánico} = 36.0 - 22.0 = 14.0 \text{ mg/L N}$$

   Todo el amoníaco es soluble. Por lo tanto, el nitrógeno orgánico soluble es la diferencia entre el NKT filtrado y la concentración de amoníaco.

   $$\text{Nitrógeno orgánico soluble} = 26.0 - 22.0 = 4.0 \text{ mg/L N}$$

   El nitrógeno orgánico particulado es la diferencia entre el nitrógeno orgánico total y el nitrógeno orgánico soluble.

   $$\text{Nitrógeno orgánico particulado} = 14.0 - 4.0 = 10.0 \text{ mg/L N}$$

COMPROBACIÓN DE CONOCIMIENTOS, PÁGINA 545

1. A
2. D
3. C
4. D
5. C
6. C
7. B
8. C
9. B
10. A
11. D

COMPROBACIÓN DE CONOCIMIENTOS, PÁGINA 548

1. Falso. La nitrificación es un proceso de dos pasos.
2. Verdadero
3. Verdadero
4. Falso. Las BON crecen más rápido que las BOA cuando la temperatura del agua es inferior a los 25 °C.
5. Verdadero
6. D
7. B
8. A
9. C

COMPROBACIÓN DE CONOCIMIENTOS, PÁGINA 557

1. B
2. C
3. D
4. B
5. C
6. D
7. D
8. A
9. D
10. A

COMPROBACIÓN DE CONOCIMIENTOS, PÁGINA 561

1. B
2. D
3. A
4. B
5. A
6. B

COMPROBACIÓN DE CONOCIMIENTOS, PÁGINA 566

1. B
2. C
3. D
4. A
5. B
6. C
7. D
8. B
9. C

COMPROBACIÓN DE CONOCIMIENTOS, PÁGINA 571

1. C
2. D
3. B
4. A
5. C

COMPROBACIÓN DE CONOCIMIENTOS, PÁGINA 580

1. Falso. El óxido de calcio (cal) se utiliza menos que las sales de aluminio y hierro.
2. Falso. Solo el ortofosfato puede precipitarse químicamente.
3. Verdadero
4. C
5. B
6. C
7. A
8. D
9. B
10. B
11. D
12. A
13. B
14. C
15. D

COMPROBACIÓN DE CONOCIMIENTOS, PÁGINA 586

1. A
2. A
3. B
4. C
5. B
6. D
7. C
8. B
9. B

COMPROBACIÓN DE CONOCIMIENTOS, PÁGINA 593

1. C
2. B
3. C
4. A
5. B
6. C
7. B
8. B
9. A
10. C
11. A
12. C

CAPÍTULO 10

COMPROBACIÓN DE CONOCIMIENTOS, PÁGINA 603

1. Falso. La esterilización mata o inactiva todos los microorganismos. La desinfectación reduce su cantidad a niveles seguros.
2. Verdadero

3. A
4. B
5. B
6. C

COMPROBACIÓN DE CONOCIMIENTOS, PÁGINA 607

1. Falso. Los patógenos pueden estar o no presentes.
2. Falso. No hay métodos de análisis confiables para determinar la presencia de muchos patógenos.
3. C
4. B
5. C. Coliformes totales → A. Coliformes fecales → B. *E. coli*
6. D
7. C

COMPROBACIÓN DE CONOCIMIENTOS, PÁGINA 615

1. Verdadero
2. Falso. El hipoclorito de calcio se expresa como una relación de peso del cloro.
3. Falso. La dosis es igual a la demanda MÁS el residual.
4. Verdadero
5. A
6. A
7. C
8. A
9. C
10. B
11. C
12. A
13. B
14. D
15. C
16. B
17. A
18. C

COMPROBACIÓN DE CONOCIMIENTOS, PÁGINA 617

1. Falso. Se mueve más caudal a través de la instalación cuando se trata del caudal de la hora pico, lo que reduce la cantidad de tiempo que pasa en el proceso.
2. B
3. D
4. C
5. A

COMPROBACIÓN DE CONOCIMIENTOS, PÁGINA 621

1. Verdadero
2. Falso. La solubilidad se reduce con una mayor temperatura.
3. Falso. La cantidad de agua que el cloro puede contener para considerarse "húmedo" depende de la temperatura.
4. B
5. A
6. A
7. D
8. C
9. B
10. C
11. B
12. Gas cloro = amarillo verdoso, Cloro líquido = ámbar, Gas dióxido de azufre = incoloro, Solución de bisulfito de sodio = amarilla, Metabisulfito de sodio = blanco

COMPROBACIÓN DE CONOCIMIENTOS, PÁGINA 626

1. Verdadero
2. Falso. El tapón fusible está ubicado debajo del sello de metal a metal y puede abrirse independientemente de la posición de la válvula.
3. Falso. Aunque los vagones cisterna están equipados con líneas de gas, se usan para presurizar el vagón y no para eliminar el gas cloro.
4. C
5. B
6. C
7. C
8. A

COMPROBACIÓN DE CONOCIMIENTOS, PÁGINA 633

1. Verdadero
2. Falso. Aunque esta es la tasa de extracción confiable recomendada, es posible obtener mayores tasas al minimizar la presión de retroceso y aumentar la circulación de aire.
3. Verdadero
4. Falso. Se usa cloro líquido cuando no es posible extraer gas del contenedor lo suficientemente rápido para satisfacer la demanda.
5. B
6. C
7. B
8. A
9. C
10. B
11. D
12. A
13. B
14. B

COMPROBACIÓN DE CONOCIMIENTOS, PÁGINA 644

1. B
2. D
3. A
4. C
5. D
6. D
7. A
8. B
9. 1 = C, 2 = F, 3 = A, 4 = E, 5 = B, 6 = D
10. C
11. B
12. D
13. D
14. C

COMPROBACIÓN DE CONOCIMIENTOS, PÁGINA 652

1. D
2. C
3. C

4. D
5. D
6. B
7. A

COMPROBACIÓN DE CONOCIMIENTOS, PÁGINA 657

1. Falso. Los cambios en la calidad del efluente pueden provocar cambios en la concentración de cloro residual, incluso cuando la alimentación de cloro es lenta.
2. Verdadero
3. Verdadero
4. A
5. A
6. C

COMPROBACIÓN DE CONOCIMIENTOS, PÁGINA 661

1. Verdadero
2. Falso. Debe usarse una plataforma rodante manual (carretilla) sin importar lo corta que sea la distancia.
3. Verdadero
4. Falso. Las arandelas de plomo no pueden volver a utilizarse nunca.
5. Falso. No hay requisitos para el uso de un SCBA durante el cambio.
6. A
7. B
8. D
9. B
10. A
11. C
12. C

COMPROBACIÓN DE CONOCIMIENTOS, PÁGINA 665

1. Falso. En su mayoría, los humanos no pueden detectar los niveles bajos de cloro, y por eso se requieren detectores de gas en las salas de gas.
2. Falso. El dióxido de azufre es menos tóxico que el cloro.
3. Verdadero
4. A
5. B
6. C
7. C
8. B

COMPROBACIÓN DE CONOCIMIENTOS, PÁGINA 668

1. Verdadero
2. Verdadero
3. Verdadero
4. B
5. C
6. D

COMPROBACIÓN DE CONOCIMIENTOS, PÁGINA 670

1. Verdadero
2. Falso. Los tubos de cuarzo absorben algo de luz UV.
3. C
4. B
5. A
6. D

COMPROBACIÓN DE CONOCIMIENTOS, PÁGINA 678

1. Verdadero. Los bancos son grupos de módulos.
2. Verdadero
3. Falso. El sensor de intensidad solo puede informar la intensidad de la luz en la ubicación del sensor.
4. Falso. Los efluentes transparentes e incoloros pueden contener sustancias que absorben UV.
5. A
6. B
7. A = 3, B = 7, C = 4, D = 5, E = 6, F = 1, G = 2
8. D
9. A
10. C
11. B
12. A
13. A
14. C
15. B
16. C
17. B
18. A
19. D
20. C

COMPROBACIÓN DE CONOCIMIENTOS, PÁGINA 684

1. B
2. A
3. C
4. D
5. A
6. C
7. D
8. B

COMPROBACIÓN DE CONOCIMIENTOS, PÁGINA 686

El panel de control muestra que hay varias lámparas quemadas. Esto crea un orificio hidráulico. El agua que atraviesa estas áreas no se está desinfectando. La imagen de las lámparas muestra una acumulación excesiva de sólidos y es posible ver sólidos de gran tamaño entre las lámparas. Esto reduce la transmitividad y reduce la desinfección.

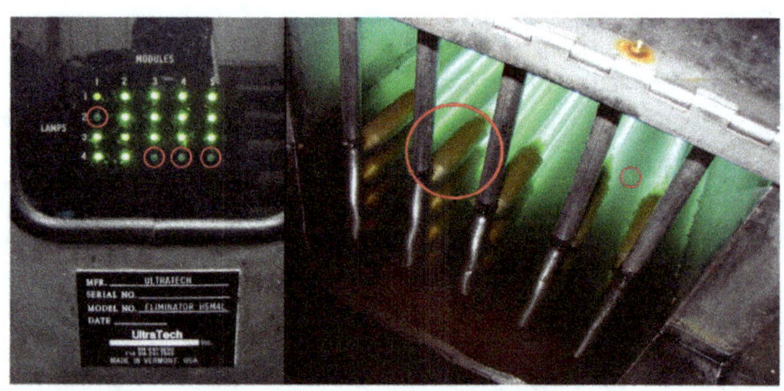

(Reimpreso con autorización de Indigo Water Group)

COMPROBACIÓN DE CONOCIMIENTOS, PÁGINA 689

1. Falso. Mirar directamente una lámpara UV puede provocar conjuntivitis o irritación de los ojos.
2. Verdadero
3. Falso. Como sucede con las quemaduras por el sol, los efectos de irritación en los ojos pueden tardar varias horas en aparecer.
4. Verdadero
5. A
6. C
7. B

Tabla periódica

TABLA PERIÓDICA

nombre del elemento → HIDRÓGENO
número atómico → 1
símbolo químico → H
peso atómico (u) → 1,008

Metal alcalino · Metal alcalinotérreo · Lantánido · Actínido · Metal de transición · Metal de postransición · Metaloide · No metal · Halógeno · Gas noble

● Sólido ● Líquido ● Gaseoso ● Desconocido

grupo

periodo	1	2	3	4	5	6	7	8	9	10	11	12	13	14	15	16	17	18
	IA	IIA	IIIB	IVB	VB	VIB	VIIB	VIIIB	VIIIB	VIIIB	IB	IIB	IIIA	IVA	VA	VIA	VIIA	VIIIA
1	HIDRÓGENO 1 H 1,008																	HELIO 2 He 4,003
2	LITIO 3 Li 6,941	BERILIO 4 Be 9,012											BORO 5 B 10,81	CARBONO 6 C 12,01	NITRÓGENO 7 N 14,01	OXÍGENO 8 O 16,00	FLÚOR 9 F 19,00	NEÓN 10 Ne 20,18
3	SODIO 11 Na 22,99	MAGNESIO 12 Mg 24,31											ALUMINIO 13 Al 26,98	SILICIO 14 Si 28,09	FÓSFORO 15 P 30,97	AZUFRE 16 S 32,07	CLORO 17 Cl 35,45	ARGÓN 18 Ar 39,95
4	POTASIO 19 K 39,10	CALCIO 20 Ca 40,08	ESCANDIO 21 Sc 44,96	TITANIO 22 Ti 47,87	VANADIO 23 V 50,94	CROMO 24 Cr 52,00	MANGANESO 25 Mn 54,94	HIERRO 26 Fe 55,85	COBALTO 27 Co 58,93	NÍQUEL 28 Ni 58,69	COBRE 29 Cu 63,55	ZINC 30 Zn 65,39	GALIO 31 Ga 69,72	GERMANIO 32 Ge 72,59	ARSÉNICO 33 As 74,92	SELENIO 34 Se 78,96	BROMO 35 Br 79,90	KRIPTÓN 36 Kr 83,80
5	RUBIDIO 37 Rb 85,47	ESTRONCIO 38 Sr 87,62	ITRIO 39 Y 88,91	ZIRCONIO 40 Zr 91,22	NIOBIO 41 Nb 92,91	MOLIBDENO 42 Mo 95,94	TECNECIO 43 Tc (98,91)	RUTENIO 44 Ru 101,1	RODIO 45 Rh 102,9	PALADIO 46 Pd 106,4	PLATA 47 Ag 107,9	CADMIO 48 Cd 112,4	INDIO 49 In 114,8	ESTAÑO 50 Sn 118,7	ANTIMONIO 51 Sb 121,8	TELURIO 52 Te 127,6	YODO 53 I 126,9	XENÓN 54 Xe 131,3
6	CESIO 55 Cs 132,9	BARIO 56 Ba 137,3	LANTANO 57 La 138,9	HAFNIO 72 Hf 178,5	TANTALIO 73 Ta 180,9	TUNGSTENO 74 W 183,9	RENIO 75 Re 186,2	OSMIO 76 Os 190,2	IRIDIO 77 Ir 192,2	PLATINO 78 Pt 195,1	ORO 79 Au 197,0	MERCURIO 80 Hg 200,6	TALIO 81 Tl 204,4	PLOMO 82 Pb 207,2	BISMUTO 83 Bi 209,0	POLONIO 84 Po (210,0)	ASTATO 85 At (210,0)	RADÓN 86 Rn (222,0)
7	FRANCIO 87 Fr (223,0)	RADIO 88 Ra (226,0)	ACTINIO 89 Ac (227,0)	RUTHERFORDIO 104 Rf ---	DUBNIO 105 Db ---	SEABORGIO 106 Sg ---	BOHRIO 107 Bh ---	HASSIO 108 Hs ---				COPERNICIO 112 Cn ---						

Lantánidos	CERIO 58 Ce 140,1	PRASEODIMIO 59 Pr 140,9	NEODIMIO 60 Nd 144,2	PROMETIO 61 Pm (144,9)	SAMARIO 62 Sm 150,4	EUROPIO 63 Eu 152,0	GADOLINIO 64 Gd 157,3	TERBIO 65 Tb 158,9	DISPROSIO 66 Dy 162,5	HOLMIO 67 Ho 164,9	ERBIO 68 Er 167,3	TULIO 69 Tm 168,9	ITERBIO 70 Yb 173,0	LUTECIO 71 Lu 175,0
Actínidos	TORIO 90 Th (232,0)	PROTACTINIO 91 Pa (231,0)	URANIO 92 U (238,0)	NEPTUNIO 93 Np (237,0)	PLUTONIO 94 Pu (239,1)	AMERICIO 95 Am (243,1)	CURIO 96 Cm (247,1)	BERKELIO 97 Bk (247,1)	CALIFORNIO 98 Cf (252,1)	EINSTEINIO 99 Es (252,1)	FERMIO 100 Fm (257,1)	MENDELEVIO 101 Md (256,1)	NOBELIO 102 No (259,1)	LAURENCIO 103 Lr (260,1)

Índice

Q

R

U

V

W

¡Avance en su carrera!

¡Conviértase en operador profesional!

Como profesional en aguas, administra el recurso más valioso del mundo.

¡Es el momento de avanzar en su carrera y recibir reconocimiento!

PROPORCIONE
seguridad • agua limpia • tranquilidad
PRESERVE
la Tierra • la vida • el medio ambiente
PROTEJA
a las familias • la salud • la comunidad

Obtenga su designación como operador profesional

La designación como operador profesional está disponible para los operadores de recolección de aguas residuales, tratamiento de aguas residuales, tratamiento de agua y distribución de agua. Se les concede a quienes cumplen requisitos específicos, aprueban un examen estándar y aceptan el *código de conducta* de los operadores profesionales.

Obtener su designación como operador profesional es una decisión inteligente para su carrera

¡Destáquese! Con una certificación y designación como operador profesional, aumenta su visibilidad y recibirá reconocimiento como líder en la industria. Esto puede ayudarlo a ampliar sus oportunidades de carrera y su potencial de ingresos.

Para obtener detalles sobre cómo obtener su designación como operador profesional, visite:

ProfessionalOperator.org

PO
OPERADOR PROFESIONAL

ABC
Association of Boards of Certification

PROPORCIONE • PRESERVE • PROTEJA

¿Todo listo para convertirse en operador profesional?

1 **Visite**
Acceda a www.ProfessionalOperator.org para obtener información sobre la elegibilidad, completar su perfil y presentar su solicitud para convertirse en operador profesional.

2 **Examen**
Cuando reciba aprobación, podrá elegir entre uno de cientos de centros de examen para programar su examen de certificación.

3 **Certificación**
Después de aprobar su examen, tendrá la certificación como profesional en aguas de primer nivel, al haber recibido su certificación como operador profesional.

Beneficios de obtener la certificación como operador profesional

- Designación de operador profesional: El privilegio de poder incluir PO (*Professional Operator*) después de su nombre en todas las comunicaciones
- Certificado: Recibirá un certificado como operador profesional que podrá enmarcar
- Pin de operador profesional: Úselo con orgullo (se incluye con el certificado de operador profesional)
- Evento POWER: Reciba reconocimiento en el contexto del sector de actividad
- Insignia digital: Comparta sus credenciales en tiempo real en línea
- Tarjetas de presentación y productos: Acceso a productos especiales con la denominación de operador profesional
- Conexión con otros operadores profesionales: Comuníquese con otros operadores profesionales en las redes sociales

www.ProfessionalOperator.org

www.ingramcontent.com/pod-product-compliance
Lightning Source LLC
LaVergne TN
LVHW080553150226
831573LV00005B/39